学ぶ人は、
変えて
ゆく人だ。

目の前にある問題はもちろん、

人生の問いや、

社会の課題を自ら見つけ、

挑み続けるために、人は学ぶ。

「学び」で、

少しずつ世界は変えてゆける。

いつでも、どこでも、誰でも、

学ぶことができる世の中へ。

旺文社

全国高校入試問題正解 2025年受験用
分野別過去問 483題

理科

化学・物理・生物・地学

旺文社

≪ 2025 年受験用　全国高校入試問題正解≫

分野別過去問　理科　化学・物理・生物・地学

はじめに

本書は、2021 年から 2023 年に実施された公立高校入試問題を厳選し、分野別に並べ替えた問題集です。小社刊行『全国高校入試問題正解』に掲載された問題、解答・解き方が収録されています。

◆特長◆

①入試の出題傾向を知る！

本書をご覧いただければ、類似した問題が複数の都道府県で出題されていることは一目瞭然です。本書に取り組むことにより、入試の出題傾向を知ることができます。

②必要な問題を必要なだけ解く！

本書は様々な分野に渡ってたくさんの問題を掲載しています。苦手意識のある分野や、攻略しておきたい分野の問題を集中的に演習することができます。

本書が皆さんの受験勉強の一助となれば幸いです。

旺文社

目　　次

［デザイン］土屋真郁（丸屋）

化学編

第1章　物質とその性質

実験器具の使い方
身のまわりの物質

●実験器具の使い方

1　右の図で，ア～エのうち，ガスバーナーの火を消すときに行う操作の手順として最も適当なものはどれですか。一つ選び，その記号を書きなさい。

ア．空気調節ねじをしめたあと，ガス調節ねじをしめる。
イ．空気調節ねじをゆるめたあと，ガス調節ねじをゆるめる。
ウ．ガス調節ねじをしめたあと，空気調節ねじをしめる。
エ．ガス調節ねじをゆるめたあと，空気調節ねじをゆるめる。

＜岩手県＞

2　右の図のガスバーナーに点火し，適正な炎の大きさに調整したが，炎の色から空気が不足していることが分かった。炎の色を青色の適正な状態にする操作として適切なのは，次のア～エのうちではどれか。

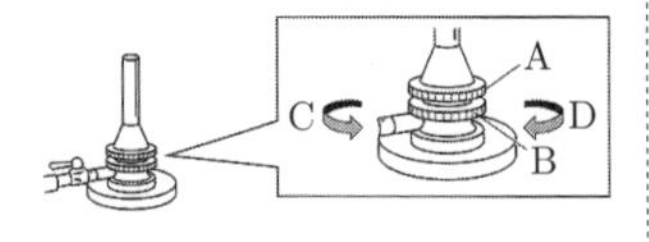

ア．Aのねじを押さえながら，BのねじをCの向きに回す。
イ．Aのねじを押さえながら，BのねじをDの向きに回す。
ウ．Bのねじを押さえながら，AのねじをCの向きに回す。
エ．Bのねじを押さえながら，AのねじをDの向きに回す。

＜東京都＞

●身のまわりの物質

3　1 mmくらいの太さの銅線に対して次の操作1，操作2を行った。その結果の組み合わせとして最も適切なものを，下のア～エの中から1つ選んで，その記号を書きなさい。

操作1：電流が流れるかどうか調べる
操作2：ハンマーでたたく

	操作1	操作2
ア	流れた	くずれて割れた
イ	流れた	広がった
ウ	流れなかった	くずれて割れた
エ	流れなかった	広がった

＜茨城県＞

4　ポリエチレンの袋に液体のエタノール4.0 gを入れ，空気を抜いて密閉したものに，右の図のように熱湯をかけると，エタノールはすべて気体となり，袋の体積は2.5 Lになりました。このときのエタノールの気体の密度は何g/cm^3か，求めなさい。

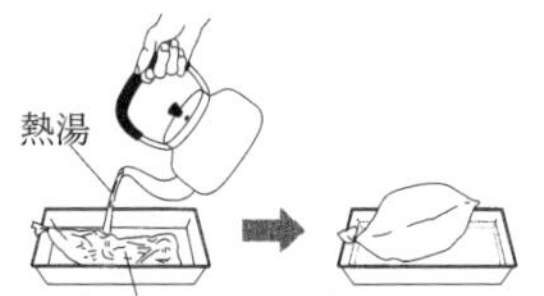

＜埼玉県＞

5　右の表は，液体のロウと固体のロウの体積と質量を，それぞれまとめたものである。

	液体のロウ	固体のロウ
体積[cm^3]	62	55
質量[g]	50	50

(1)　固体のロウの密度は何g/cm^3か。小数第3位を四捨五入して，小数第2位まで書きなさい。

(2)　次の［　　］の①～③に当てはまる正しい組み合わせを，ア～カから1つ選び，符号で書きなさい。

液体のロウに固体のロウを入れると，固体のほうが液体よりも密度が［①］ため，固体のロウは［②］。水に氷を入れると，氷のほうが水よりも密度が［③］ため，氷は浮かぶ。

ア．①小さい　②沈む　③大きい
イ．①小さい　②浮かぶ　③小さい
ウ．①小さい　②浮かぶ　③大きい
エ．①大きい　②沈む　③大きい
オ．①大きい　②浮かぶ　③小さい
カ．①大きい　②沈む　③小さい

＜岐阜県＞

6 次の文を読んで，あとの問いに答えなさい。

近年，問題となっている海洋プラスチックごみは，海中を浮遊して海岸に漂着したり，海底に沈んだりして，海の生態系に影響を与えるといわれている。プラスチックが浮遊したり，沈んだりしているのは，物質によって密度が異なるためである。そこで，身の回りでよく使われているプラスチックについて，密度の違いに着目して，次の実験1と実験2を行った。表1と表2は，室温における4種類のプラスチック，水，20％食塩水の密度を示したものである。ただし，実験に用いたプラスチックは，内部に空洞はなく，密度は均一であるとする。

表1

物質	ポリプロピレン	ポリスチレン	ポリエチレンテレフタラート	ポリ塩化ビニル
密度[g/cm³]	0.90～0.92	1.05～1.07	1.38～1.40	1.20～1.60

表2

物質	水	20％食塩水
密度[g/cm³]	1.00	1.15

【実験1】　表1のいずれかの物質である4種類のプラスチックA，B，C，Dを約1 cm²の小片にして，水と20％食塩水をそれぞれ入れたビーカーの中に図のように入れた。ピンセットを静かに離してプラスチックの小片が浮くか，沈むかを観察し，その結果を表3にまとめた。

表3

	プラスチックA	プラスチックB	プラスチックC	プラスチックD
水	沈む	沈む	浮く	沈む
20％食塩水	浮く	沈む	浮く	沈む

問1．実験1の結果から，プラスチックAとして最も適当な物質は表1のどれか答えよ。

問2．プラスチックについて説明した文として最も適当なものは，次のどれか。

ア．ポリエチレンは，主にペットボトルとして利用されている。

イ．ポリエチレンテレフタラートは，主にポリ袋として利用されている。

ウ．プラスチックは，種類によらず同じようによく燃え，同じようにすすを出す。

エ．プラスチックは，一般的に石油を原料としてつくられ，様々な用途に利用されている。

問3．プラスチックや砂糖のように炭素を含み，燃焼させると二酸化炭素が発生する物質を何というか。

【実験2】　実験1において，プラスチックBとプラスチックDは同じ結果であったため，プラスチックBの体積と質量をはかり，計算して求めた密度によってプラスチックBとプラスチックDを区別することにした。実験1で用いた小片とは別に，新たに体積をはかりやすい大きさにしたプラスチックBを容量の半分の水を入れたメスシリンダーを用いて体積をはかると8.0 cm³であった。

問4．下線部について，プラスチックBの体積のはかり方を説明せよ。

問5．プラスチックBの質量は12 gであった。プラスチックBの密度は何g/cm³か。また，プラスチックBとして最も適当な物質は表1のどれか答えよ。

＜長崎県＞

7 見た目では区別しにくい物質を区別する方法について，次の(1)・(2)の問いに答えなさい。

(1)　3種類の白い物質A，B，Cは，デンプン，白砂糖，食塩のいずれかである。これらの物質の性質を調べるために，次の実験Ⅰ・Ⅱを行った。実験の結果から，デンプン，白砂糖，食塩は，それぞれ物質A～Cのいずれだと考えられるか，A～Cの記号で書きなさい。

実験Ⅰ．同じ質量の物質A～Cを，それぞれ同じ体積の水に入れたところ，AとBは水に溶けて透明になったが，Cは水に溶けずに白くにごった。

実験Ⅱ．同じ質量の物質A～Cを，それぞれ別の燃焼さじにとって加熱すると，Aは変化が見られず，BとCはこげて黒い炭のようなものができた。

(2)　物質名のわからない単体の金属の塊D，E，F，G，Hがある。これらの金属を区別するために，それぞれの質量と体積を測定した。右の図は，測定結果を示したものである。Dと同じ種類の金属からなると考えられる塊はどれか，図中のE～Hから一つ選び，その記号を書きなさい。

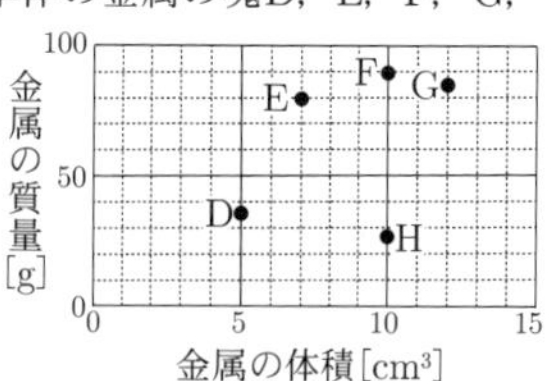

＜高知県＞

8 金属球Xの性質を調べ，金属の種類を見分ける実験を行った。ここでの金属球Xとは鉄，アルミニウム，銅，亜鉛のいずれかであることが分かっている。

<実験>

①　電子てんびんを用い，金属球Xの質量をはかったところ，35 gであった。

②　図1のように，水を50 cm³入れた器具Aに，糸でつないだ金属球Xを入れて体積をはかった。

③　種類の分かっている4つの金属球(鉄，アルミニウム，銅，亜鉛)の質量と体積を金属球Xと同様にはかり，その測定値を●で記入すると図2のようになった。ただし，糸の体積は無視できるものとする。

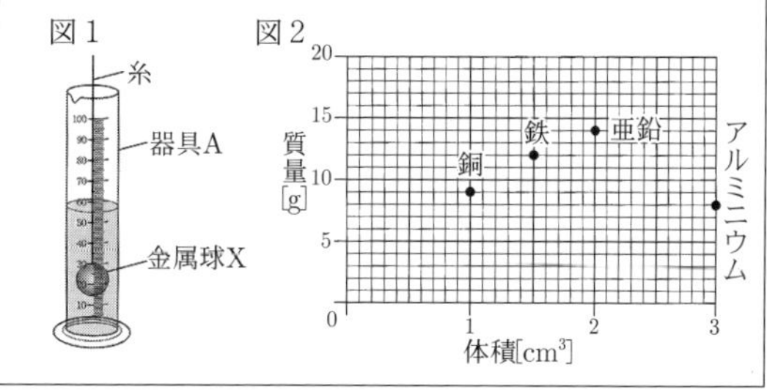

問1．器具Aの名称を答えなさい。

問2．物質1 cm³あたりの質量を何というか答えなさい。

問3．<実験>②において，器具A内の水面が図3のようになった。金属球Xの物質1 cm³あたりの質量は何g/cm³か答えなさい。

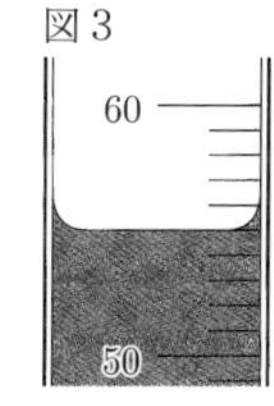

問4．次の文は，実験結果をもとに考察し，まとめたものである。

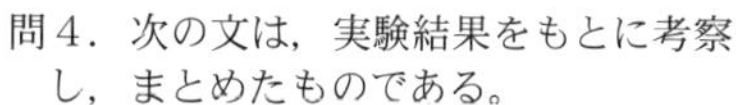

> 図２より，「物質1 cm³あたりの質量」の値が最も大きい金属は（　①　），最も小さい金属は（　②　）である。この値は，物質の種類によって決まっているため，金属球Xは（　③　）と考えられる。

(1) 文中の（　①　），（　②　）に当てはまる金属の種類として，最も適当なものを次のア～エの中からそれぞれ１つ選び記号で答えなさい。
ア．鉄　　イ．アルミニウム
ウ．銅　　エ．亜鉛

(2) 文中の（　③　）に当てはまる金属の種類として，最も適当なものを次のア～エの中から１つ選び記号で答えなさい。
ア．鉄　　イ．アルミニウム
ウ．銅　　エ．亜鉛

＜沖縄県＞

9

金属の密度を調べるために，質量と体積をはかる実験を行った。下の□内は，その実験の手順と結果である。ただし，温度による金属の体積の変化はないものとする。

【手順】
① 物質名がわからない単体の金属A～Dを準備し，それぞれの質量をはかる。
② 30.0 mLの水が入っているメスシリンダーに，Aを静かに入れて完全に水に沈める。
③ 図１のように，水平な台の上にメスシリンダーを置き，目盛りを読み取りAの体積を求める。
④ B～Dについても，②，③の操作を行い，体積をそれぞれ求める。
⑤ 質量と体積から，金属の密度をそれぞれ求める。

図１
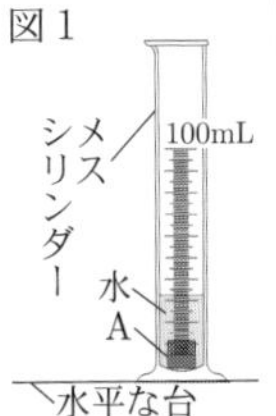

【結果】

金属	A	B	C	D
質量[g]	18.2	10.9	40.5	8.9
体積[cm³]	2.3	4.0	4.6	3.3
密度[g/cm³]	7.9	2.7	（　）	2.7

問１．手順④で，Bを入れた後のメスシリンダーの一部を模式的に表した図として，最も適切なものを，次の１～４から１つ選び，番号を書け。

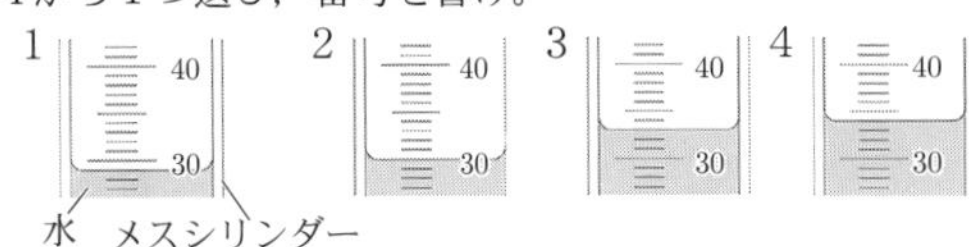

問２．【結果】の（　　）に入る，数値を書け。なお，数値は小数第２位を四捨五入し，小数第１位まで求めること。

問３．下の□内は，この実験について考察した内容の一部である。文中の〔　　〕にあてはまる内容を，「種類」という語句を用いて，簡潔に書け。

> 結果からA～Dのうち，BとDは同じ物質であると考えられる。これは，〔　　　〕が決まっているからである。

問４．次の□内は，図２のように，水銀に鉄を入れたときのようすについて説明した内容の一部である。また，表は，20℃における水銀と鉄の密度を示したものである。文中のアの（　　）内から，適切な語句を選び，記号を書け。また，（　イ　）にあてはまる内容を，「密度」という語句を用いて，簡潔に書け。

図２
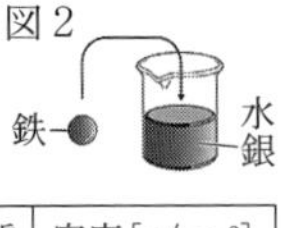

物質	密度[g/cm³]
水銀	13.55
鉄	7.87

> 20℃における水銀は，液体の状態である。水銀に鉄を入れると，鉄はア（P．浮く　Q．沈む）。これは，鉄は，（　イ　）からである。

＜福岡県＞

10

右の図の粉末A～Cは，砂糖，食塩，デンプンのいずれかである。これらの粉末を区別するために，それぞれ0.5 gを，20℃の水10 cm³に入れてかきまぜたときの変化や，燃焼さじにとってガスバーナーで加熱したときの変化を観察する実験を行った。次の表は，この実験の結果をまとめたものである。粉末A～Cの名称の組合せとして，最も適当なものを，下のア～カから一つ選び，その符号を書きなさい。

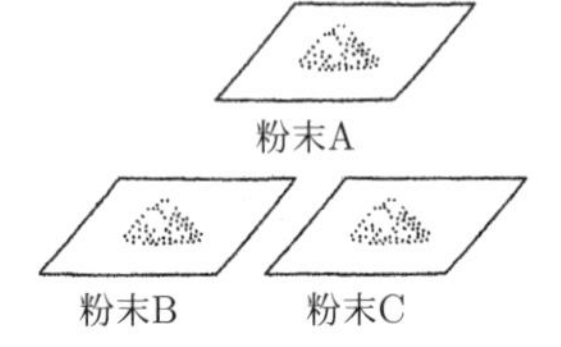

	粉末A	粉末B	粉末C
水に入れてかきまぜたときの変化	溶けた	溶けた	溶けずに残った
ガスバーナーで加熱したときの変化	変化が見られなかった	黒くこげた	黒くこげた

ア．〔A．砂糖，　B．食塩，　C．デンプン〕
イ．〔A．砂糖，　B．デンプン，　C．食塩〕
ウ．〔A．食塩，　B．砂糖，　C．デンプン〕
エ．〔A．食塩，　B．デンプン，　C．砂糖〕
オ．〔A．デンプン，　B．砂糖，　C．食塩〕
カ．〔A．デンプン，　B．食塩，　C．砂糖〕

＜新潟県＞

11

食塩，砂糖，デンプンのいずれかである粉末A～Cの性質を調べる実験を行った。表は実験の結果をまとめたものである。

＜実験＞
㋐ 粉末A～Cをそれぞれ別のビーカーに入れ，同量の水を加えてガラス棒でよくかき混ぜた。
㋑ 図１のように，粉末A～Cをそれぞれ別の燃焼さじに少量とり，ガスバーナーで熱した。
㋒ ㋑の後，さらに強く熱して粉末に火がついたもののみ，図２のように集気びんに入れた。
㋓ ㋒の後，火が消えてから燃焼さじを取り出し，図３のように集気びんに石灰水を入れてふたをし，よくふった。

図１
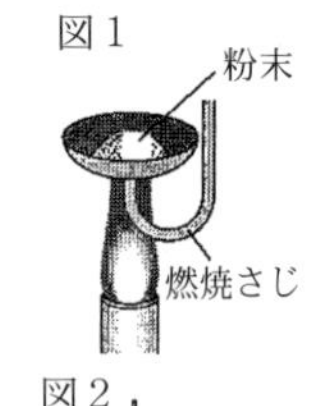

図２
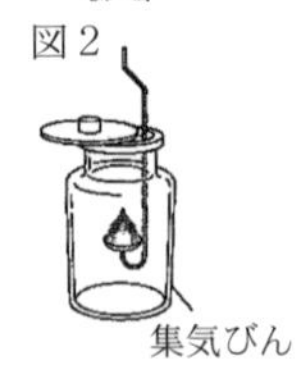

図３
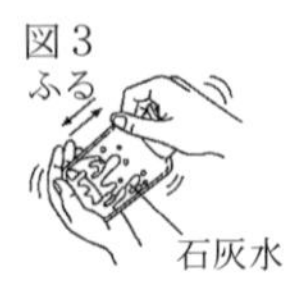

表

粉末	㋐の結果	㋑の結果	㋒の結果	㋓の結果
A	水が白くにごった	粉末はこげた	集気びんの内側が水滴でくもった	石灰水が白くにごった
B	粉末が水にとけた	変わらなかった		
C	粉末が水にとけた	粉末はとけてこげた	集気びんの内側が水滴でくもった	石灰水が白くにごった

(1)　粉末Cは何か，名称を書きなさい。

(2)　㋒，㋓の結果をふまえると，粉末A，Cに含まれている元素は何か。元素の名前を酸素以外に2つ書きなさい。

＜富山県＞

12

白色の粉末X，Y，Zはそれぞれ，砂糖，食塩，デンプンのいずれかである。これらの粉末を区別するために，次の実験を行った。表は，実験の結果をまとめたものである。後の(1)，(2)の問いに答えなさい。

[実験1]

粉末X，Y，Zをそれぞれ燃焼さじにのせて，ガスバーナーを用いて加熱し，粉末のようすを調べた。

[実験2]

実験1で粉末が燃えた場合には，図のように石灰水を入れた集気びんに燃焼さじを入れてふたをし，火が消えてから燃焼さじを取り出した。再びふたをして集気びんをよく振り，石灰水の色の変化を調べた。

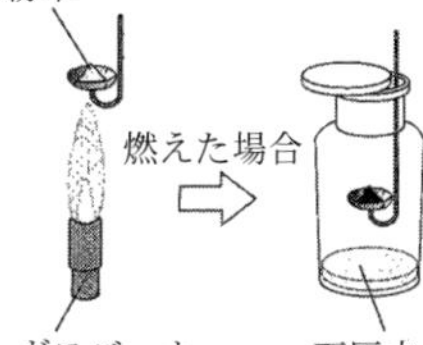

[実験3]　水の入ったビーカーを3つ用意し，その中に少量の粉末X，Y，Zをそれぞれ入れ，ガラス棒でよくかき混ぜ，粉末が水に溶けるか調べた。

	粉末X	粉末Y	粉末Z
実験1	燃えなかった	焦げて燃えた	一部が液体になりながら焦げて燃えた
実験2	—	石灰水は白くにごった	石灰水は白くにごった
実験3	溶けた	溶けなかった	溶けた

(1)　石灰水の色の変化から，粉末Yと粉末Zでは二酸化炭素が発生したことが分かった。粉末Yと粉末Zのように，焦げて炭になったり，燃えて二酸化炭素を発生したりする物質を何というか，書きなさい。

(2)　粉末X，粉末Zはそれぞれ何であるか，書きなさい。

＜群馬県＞

13

白色粉末W～Zは，塩(塩化ナトリウム)，砂糖，デンプン，重そう(炭酸水素ナトリウム)をすりつぶしたもののいずれかである。W～Zが何かを調べるために，(a)～(c)の実験を行い，表に結果をまとめた。

＜実験＞

(a)　燃焼さじに入れ，ガスバーナーで強く加熱した。

(b)　(a)で火がついたら，図のように石灰水の入った集気びんに入れ，火が消えた後，取り出して石灰水のようすを調べた。(a)で火がつかなければ集気びんには入れなかった。

(c)　水の量と白色粉末の質量をそろえて，水へのとけ方を調べた。

図

表

白色粉末	W	X	Y	Z
実験(a)	燃えてこげた	燃えずに白い粉が残った	燃えてこげた	燃えずに白い粉が残った
実験(b)	白くにごった	—	白くにごった	—
実験(c)	とけ残りがなかった	とけ残りがあった	とけ残りがあった	とけ残りがあった

(1)　実験(b)の結果について説明した次の文の［①］，［②］に入る語句の組み合わせとして適切なものを，あとのア～エから1つ選んで，その符号を書きなさい。

実験(b)の結果で，石灰水が白くにごったのは，WとYに含まれていた［①］が燃焼したためである。このことから，WとYは［②］であることがわかる。

ア．①水素　　②無機物
イ．①水素　　②有機物
ウ．①炭素　　②無機物
エ．①炭素　　②有機物

(2)　表の結果より，白色粉末W，Yとして適切なものを，次のア～エからそれぞれ1つ選んで，その符号を書きなさい。

ア．塩
イ．砂糖
ウ．デンプン
エ．重そう

(3)　実験(a)～(c)では，白色粉末XとZを区別できなかった。XとZを区別するための実験と，その結果について説明した次の文の［①］に入る実験操作として適切なものを，あとのア～ウから1つ選んで，その符号を書きなさい。また，［②］，［③］に入る白色粉末として適切なものを，あとのア～エからそれぞれ1つ選んで，その符号を書きなさい。

実験(c)の水溶液に［①］，Xの水溶液は色が変化しなかったが，Zの水溶液はうすい赤色になったため，Xは［②］，Zは［③］である。

【①の実験操作】	ア．フェノールフタレイン溶液を加えると イ．BTB溶液(緑色)を加えると ウ．ベネジクト液を加えて加熱すると
【②，③の白色粉末】	ア．塩 イ．砂糖 ウ．デンプン エ．重そう

＜兵庫県＞

気体とその性質

1 次の文は，ある気体の性質について説明したものである。これに当てはまる気体を，下のア～エの中から一つ選んで，その記号を書きなさい。

この気体は肥料の原料やガス冷蔵庫などの冷却剤として用いられている。また，無色で特有の刺激臭があり，水にひじょうに溶けやすい性質がある。

ア．酸素　　イ．二酸化炭素
ウ．水素　　エ．アンモニア

<茨城県>

2 次のうち，空気中に最も多く含まれる気体はどれか。

ア．水素　　イ．窒素
ウ．酸素　　エ．二酸化炭素

<栃木県>

3 酸化銀が熱により分解すると，ある気体が発生する。この気体を説明したものとして最も適切なものを，次のア～エの中から１つ選んで，その記号を書きなさい。

ア．色もにおいもなく，空気中で火をつけると爆発して燃える。
イ．体積で，乾燥した空気の約８割を占めている。
ウ．水に溶けやすく，上方置換法で集める。
エ．ものを燃やすはたらきがあり，空気よりも密度が大きい。

<茨城県>

4 右の図のような装置を用いて，水を入れたスポイトを押してアンモニアをみたした丸底フラスコ内に水を入れると，ビーカー内のフェノールフタレイン溶液を加えた水がガラス管を通って丸底フラスコ内に噴き出し，その水が赤く色づいた。次の［　　］中のａ～ｃのうち，この現象からわかるアンモニアの性質として最も適するものをあとの１～６の中から一つ選び，その番号を答えなさい。

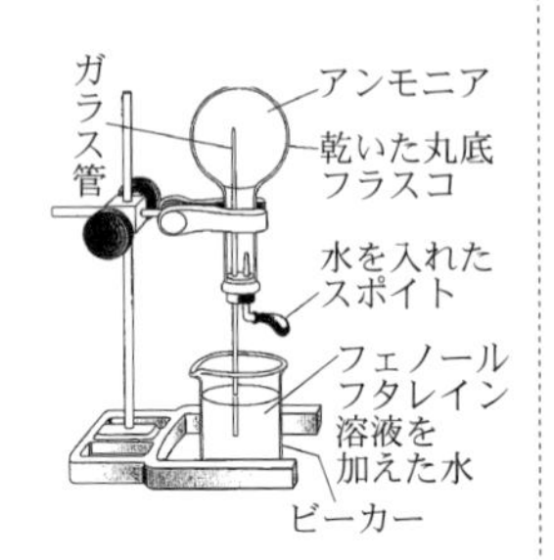

ａ．刺激臭がある。
ｂ．水に溶けやすい。
ｃ．水に溶けるとアルカリ性を示す。

１．ａのみ　　２．ｂのみ
３．ｃのみ　　４．ａとｂ
５．ａとｃ　　６．ｂとｃ

<神奈川県>

5 次の表は，気体Ａ～Ｅおよび二酸化窒素について，におい，密度，気体の集め方，その他の特徴や用途をまとめたものであり，気体Ａ～Ｅはそれぞれ，アンモニア，二酸化炭素，塩化水素，酸素，水素のいずれかである。これについて，下の問い(1)・(2)に答えよ。ただし，密度は25℃での1 cm^3あたりの質量[g]で表している。

	A	B	C	D	E	二酸化窒素
におい	刺激臭	なし	なし	刺激臭	なし	刺激臭
密度 [g/cm^3]	0.00150	0.00008	0.00131	0.00071	0.00181	0.00187
気体の集め方	下方置換法	水上置換法	水上置換法	上方置換法	下方置換法 水上置換法	［　　］
その他の特徴や用途	水溶液は酸性を示す。	すべての気体の中で最も密度が小さい。	ものを燃やすはたらきがある。	肥料の原料として利用される。	消火剤として利用される。	水に溶けやすい。

(1) からのペットボトルに気体Ｅを十分に入れた後，すばやく少量の水を加え，すぐにふたをして振るという操作を行うと，ペットボトルがへこんだ。これはペットボトル内で，ある変化が起こったことが原因である。この操作を，気体Ｅのかわりに気体Ａ～Ｄをそれぞれ用いて行ったとき，気体Ｅを用いたときと同じ原因でペットボトルがへこむものを，気体Ａ～Ｄからすべて選べ。

(2) 表から考えて，25℃での空気の密度[g/cm^3]は次のｉ群(ア)～(ウ)のうち，どの範囲にあると考えられるか，最も適当なものを１つ選べ。また，表中の［　　］に入る語句として最も適当なものを，下のii群(カ)～(ク)から１つ選べ。

ｉ群．(ア)　0.00008 g/cm^3より大きく，0.00071 g/cm^3より小さい。
(イ)　0.00071 g/cm^3より大きく，0.00150 g/cm^3より小さい。
(ウ)　0.00150 g/cm^3より大きく，0.00181 g/cm^3より小さい。

ii群．(カ)　下方置換法　　(キ)　上方置換法
(ク)　水上置換法

<京都府>

6 気体Ａ，Ｂ，Ｃ，Ｄは，二酸化炭素，アンモニア，酸素，水素のいずれかである。気体について調べるために，次の実験(1)，(2)，(3)，(4)を順に行った。

(1) 気体Ａ，Ｂ，Ｃ，Ｄのにおいを確認したところ，気体Ａのみ刺激臭がした。
(2) 気体Ｂ，Ｃ，Ｄをポリエチレンの袋に封入して，実験台に置いたところ，気体Ｂを入れた袋のみ浮き上がった。
(3) 気体Ｃ，Ｄをそれぞれ別の試験管に集め，水でぬらしたリトマス試験紙を入れたところ，気体Ｃでは色の変化が見られ，気体Ｄでは色の変化が見られなかった。
(4) 気体Ｃ，Ｄを1：1の体積比で満たした試験管Ｘと，空気を満たした試験管Ｙを用意し，それぞれの試験管に火のついた線香を入れ，反応のようすを比較した。

このことについて，次の１，２，３の問いに答えなさい。

１．実験(1)より，気体Ａは何か，図１の書き方の例にならい，その右へ文字や数字の大きさを区別して，化学式で書きなさい。

図１

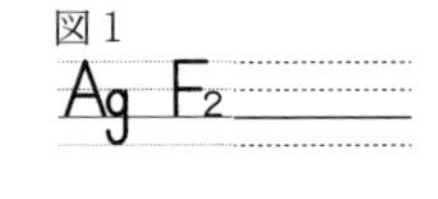

２．次の［　　］内の文章は，実験(3)について，結果とわかったことをまとめたものである。①，②，③に当てはまる語をそれぞれ書きなさい。

気体Cでは，(　①　)色リトマス試験紙が(　②　)色に変化したことから，気体Cは水に溶けると(　③　)性を示すといえる。

3．実験(4)について，試験管Xでは，試験管Yと比べてどのように反応するか。反応のようすとして，適切なものをア，イ，ウのうちから一つ選び，記号で答えなさい。また，そのように判断できる理由を，空気の組成(体積の割合)を表した図２を参考にして簡潔に書きなさい。

図２

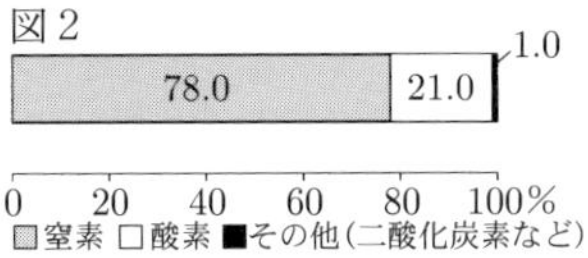

ア．同じように燃える。
イ．激しく燃える。
ウ．すぐに火が消える。

＜栃木県＞

水溶液の性質

1　質量パーセント濃度が12%の塩化ナトリウム水溶液が150 gあるとき，この水溶液の溶媒の質量は何gか。計算して答えなさい。

＜静岡県＞

2　４%の食塩水100 gをビーカーに入れておくと，一部蒸発し，その食塩水は80 gとなった。このとき80 gの食塩水の濃度は何%か，書きなさい。

＜北海道＞

3　60℃の水300 gが入っているビーカーに，硝酸カリウム200 gを入れ，よくかき混ぜたところ，全部溶けた。この水溶液の温度をゆっくりと下げていくと，結晶が出てきた。水溶液の温度を20℃まで下げたとき，出てくる結晶の質量は何gか。求めなさい。ただし，20℃の水100 gに溶ける硝酸カリウムの質量は32 gとする。

＜新潟県＞

4　水の温度と水に溶ける物質の質量との関係を調べるために，純物質(純粋な物質)である物質Xの固体を用いて実験を行った。次のノートは，学(まなぶ)さんがこの実験についてまとめたものの一部であり，あとの表は，学さんが水の温度と100 gの水に溶ける物質Xの質量との関係をまとめたものである。これについて，あとの問い(1)・(2)に答えよ。ただし，水の蒸発は考えないものとする。

ノート

物質Xの飽和水溶液をつくるために，水の温度を70℃に保ちながら<u>物質Xを溶かした</u>。できた70℃の物質Xの飽和水溶液の質量をはかると119 gだった。この物質Xの飽和水溶液の温度を，70℃から［　A　］℃にすると，物質Xの固体が53 g出てきた。［　A　］℃における物質Xの飽和水溶液の質量パーセント濃度を求めると［　B　］%であることがわかった。

水の温度[℃]	10	20	30	40	50	60	70
100gの水に溶ける物質Xの質量[g]	21	32	46	64	85	109	138

(1)　ノート中の下線部<u>物質Xを溶かした</u>に関して，次の文章は，物質の溶解について学さんがまとめたものである。文章中の［　P　］・［　Q　］に入る語句の組み合わせとして最も適当なものを，下の(ア)～(カ)から１つ選べ。

この実験の物質Xのように，水に溶けている物質を［　P　］という。また，この実験の水のように，［　P　］を溶かしている液体を［　Q　］という。

(ア)　P．溶質　　Q．溶媒
(イ)　P．溶質　　Q．溶液
(ウ)　P．溶媒　　Q．溶質
(エ)　P．溶媒　　Q．溶液
(オ)　P．溶液　　Q．溶質
(カ)　P．溶液　　Q．溶媒

(2) 表から考えて，ノート中の[A]に共通して入る数として最も適当なものを，次の(ア)～(カ)から１つ選べ。また，[B]に入る数値を，小数第１位を四捨五入し，整数で求めよ。

(ア) 10　(イ) 20　(ウ) 30
(エ) 40　(オ) 50　(カ) 60

＜京都府＞

5

物質による溶解度の違いを調べるために【実験】を行った。右図のグラフは，ミョウバンと塩化ナトリウムの溶解度曲線である。あとの(1)～(3)の各問いに答えなさい。

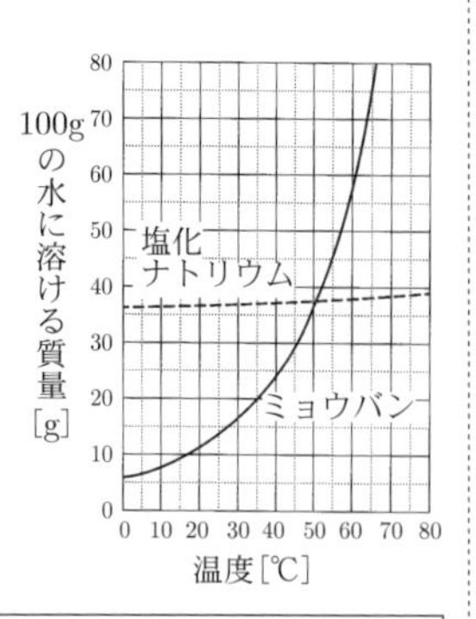

【実験】

> ミョウバン，塩化ナトリウムを6 gずつはかりとり，それぞれ60℃の水25 gに溶かした。その後，これらの水溶液を20℃まで冷やした。このときにあらわれた結晶をろ過し，ろ紙に残った結晶を乾燥させ，質量を測った。

(1) 次の式は，塩化ナトリウムが水に溶けたときの電離のようすをあらわしている。(①)，(②)にあてはまる化学式を書きなさい。

NaCl → (①) ＋ (②)

(2) 【実験】のように，溶解度の差を利用して，一度溶かした物質を再び結晶としてとり出すことを何というか書きなさい。

(3) 【実験】において，あらわれた結晶は何gか，最も適当なものを次のア～エの中から１つ選び，記号を書きなさい。ただし，結晶はすべて回収できたものとする。

ア．約1.15 g　イ．約3.15 g
ウ．約6.65 g　エ．約11.5 g

＜佐賀県＞

6

図１は，硝酸カリウム，塩化ナトリウム，塩化カリウム，ホウ酸の溶解度曲線である。

このことについて，次の１，２，３，４の問いに答えなさい。

図１

１．70℃の水100 gに，塩化ナトリウムを25 gとかした水溶液の質量パーセント濃度は何％か。

２．44℃の水20 gに，ホウ酸を7 g加えてよくかき混ぜたとき，とけずに残るホウ酸は何gか。ただし，44℃におけるホウ酸の溶解度は10 gとする。

３．次の[　　]内の文章は，60℃の硝酸カリウムの飽和水溶液と塩化カリウムの飽和水溶液をそれぞれ30℃に冷却したときのようすを説明したものである。①，②に当てはまる語句の組み合わせとして，正しいものはどれか。

> それぞれの水溶液を30℃に冷却したとき，とけきれずに出てきた結晶は(①)の方が多かった。この理由は，(①)の方が温度による溶解度の変化が(②)からである。

	①	②
ア	硝酸カリウム	大きい
イ	硝酸カリウム	小さい
ウ	塩化カリウム	大きい
エ	塩化カリウム	小さい

４．60℃の水100 gを入れたビーカーを２個用意し，硝酸カリウムを60 gとかしたものを水溶液A，硝酸カリウムを100 gとかしたものを水溶液Bとした。次に，水溶液A，Bを20℃まで冷却し，とけきれずに出てきた結晶をろ過によって取り除いた溶液をそれぞれ水溶液A′，水溶液B′とした。図２は水溶液A，B，図３は水溶液A′における溶質の量のちがいを表した模式図であり，・は溶質の粒子のモデルである。水溶液B′の模式図として最も適切なものは，次のア，イ，ウ，エのうちどれか。また，そのように判断できる理由を，「溶解度」という語を用いて簡潔に書きなさい。なお，模式図が表す水溶液はすべて同じ体積であり，ろ過ではとけきれずに出てきた結晶のみ取り除かれ，ろ過による体積や温度の変化はないものとする。

図２　水溶液A　60℃　水溶液B

図３　水溶液A′　20℃

ア　イ　ウ　エ

＜栃木県＞

7

珠美(たまみ)さんは，学校の調理実習で，塩分は料理の全体量の0.8～0.9％が適量とされていることを知り，塩化ナトリウムのとけ方について調べるために実験を行った。次の１～４の問いに答えなさい。

〔実験〕

> ①　水100 gが入ったビーカーを用意した。
> ②　①の水に塩化ナトリウムを入れ，完全にとかした。
> ③　できた水溶液の質量パーセント濃度を塩分濃度計で測定した。

１．塩化ナトリウムの化学式として，適切なものはどれか。次のア～エから１つ選び，記号で答えなさい。

ア．NaCL
イ．NaCl
ウ．NaOH
エ．NaOh

２．実験の結果，塩化ナトリウム水溶液の質量パーセント濃度は4.0％であった。このとき水溶液には塩化ナトリウムが何gとけているか，求めなさい。ただし，答えは，小数第２位を四捨五入して求めなさい。

３．珠美さんは，実験でできた塩化ナトリウム水溶液を加熱したときの質量パーセント濃度の変化についても調べ，次のようにまとめた。[a]，[b]に入る適切な言葉の組み合わせを，あとのア～エから１つ選び，記号で答えなさい。

> 〔まとめ〕
> 塩化ナトリウム水溶液を加熱していくと，しだいに[a]の量が減少するため，塩化ナトリウム水溶液の質量パーセント濃度は[b]。

ア．ａ：溶媒　ｂ：高くなる
イ．ａ：溶媒　ｂ：低くなる
ウ．ａ：溶質　ｂ：高くなる
エ．ａ：溶質　ｂ：低くなる

４．珠美さんは，60℃の水に，とけ残りがないように塩化ナトリウムをできるだけとかして飽和水溶液をつくった。この水溶液をしばらくそのままにして温度を下げることで，結晶として塩化ナトリウムをとり出そうとしたが，ほとんどとり出すことができなかった。珠美さんは，その理由について，図をもとに次のようにまとめた。［ａ］にＡまたはＢのいずれか１つを入れなさい。また，［ｂ］に入る適切な内容を，「温度」という言葉を使って，簡潔に書きなさい。ただし，塩化ナトリウムの溶解度曲線は，図のグラフＡ，Ｂのいずれかで示されている。

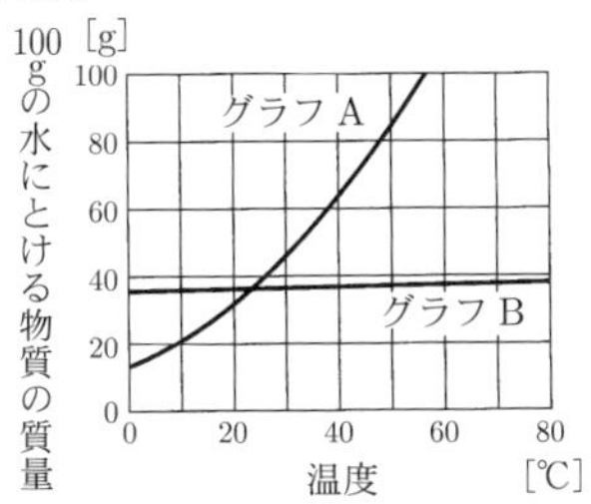

〔まとめ〕
図において，塩化ナトリウムの溶解度曲線はグラフ［ａ］で示されている。このグラフから，塩化ナトリウムは［ｂ］ので，温度を下げても結晶をほとんどとり出すことはできない。

＜宮崎県＞

8　Ｋさんは，授業で，物質の溶解度の違いを利用して４種類の物質Ａ～Ｄを区別するために，次のような実験を行った。これらの実験とその結果について，あとの各問いに答えなさい。ただし，物質Ａ～Ｄはショ糖（砂糖），硝酸カリウム，塩化ナトリウム，ホウ酸のうちのいずれかであることがわかっており，グラフは，それぞれの物質の溶解度曲線を表したものである。

〔実験１〕　物質Ａ～Ｄを20ｇずつ薬包紙にとり，30℃の水100ｇを入れた４つのビーカーにそれぞれ加えてよくかき混ぜたところ，物質Ｂ～Ｄはいずれもすべて水に溶けたが，物質Ａは一部が溶け残った。

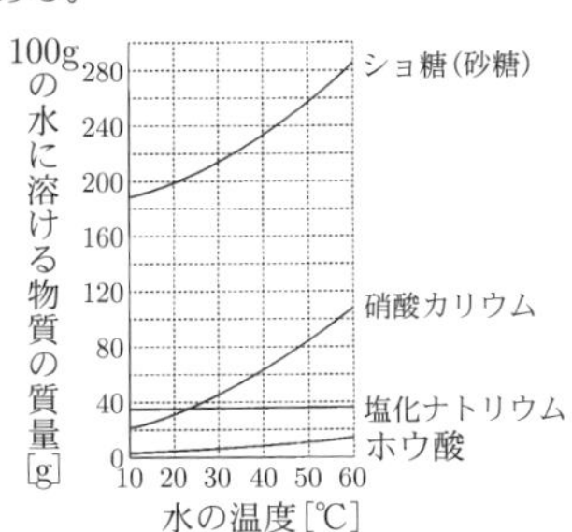

〔実験２〕　〔実験１〕で用いた物質Ｂ～Ｄの水溶液の温度を30℃に保ったまま，それぞれの物質を30ｇ追加してよくかき混ぜたところ，物質Ｄはすべて水に溶けたが，物質Ｂ，Ｃはどちらも一部が溶け残った。

(ア)　〔実験１〕，〔実験２〕の結果から，物質Ａと物質Ｄの組み合わせとして最も適するものを次の１～６の中から一つ選び，その番号を答えなさい。

１．	Ａ：ショ糖	Ｄ：硝酸カリウム
２．	Ａ：ショ糖	Ｄ：ホウ酸
３．	Ａ：硝酸カリウム	Ｄ：ショ糖
４．	Ａ：硝酸カリウム	Ｄ：ホウ酸
５．	Ａ：ホウ酸	Ｄ：ショ糖
６．	Ａ：ホウ酸	Ｄ：硝酸カリウム

(イ)　〔実験２〕のあとの物質Ｂと物質Ｃが入ったビーカーを用いて〔実験３〕を行ったところ，片方の物質がすべて水に溶けたことで，物質Ｂと物質Ｃがそれぞれ何であるかがわかった。このときの〔実験３〕の操作として最も適するものを次の１～４の中から一つ選び，その番号を答えなさい。
１．物質Ｂと物質Ｃの水溶液がともに60℃になるまで加熱する。
２．物質Ｂと物質Ｃの水溶液がともに10℃になるまで冷却する。
３．物質Ｂと物質Ｃが入ったビーカーに30℃の水をそれぞれ100ｇずつ追加する。
４．物質Ｂと物質Ｃが入ったビーカーに30℃の水をそれぞれ200ｇずつ追加する。

(ウ)　Ｋさんは，塩化ナトリウムの飽和水溶液から結晶を取り出すために，次の〔実験４〕を行った。
〔実験４〕　塩化ナトリウムの飽和水溶液をペトリ皿に入れ，実験室で１日放置して水を蒸発させたところ，結晶が出てきた。
次の［　　］は，〔実験４〕に関するＫさんと先生の会話である。(i) 文中の下線部の写真，(ii) 文中の（　Ｘ　）にあてはまるものとして最も適するものをそれぞれの選択肢の中から一つずつ選び，その番号を答えなさい。

Ｋさん	「これは<u>〔実験４〕で出てきた結晶の写真</u>です。数時間おきにペトリ皿のようすを観察したところ，結晶がだんだん大きくなっていくようすがわかりました。」
先　生	「そうですね。では，塩化ナトリウムの飽和水溶液をペトリ皿に入れてから結晶が出てくるまでの，塩化ナトリウム水溶液の濃度について考えてみましょう。ペトリ皿に入れた直後の水溶液の質量パーセント濃度を濃度①，しばらく時間がたち，水が蒸発して量が減ったときの水溶液の質量パーセント濃度を濃度②とすると，２つの濃度の関係はどのようになりますか。ただし，水溶液の温度は一定であったとします。」
Ｋさん	「濃度①の値は（　Ｘ　）と思います。」
先　生	「そのとおりですね。」

(i)　文中の下線部の写真

１
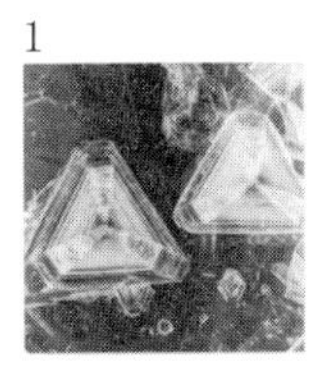
２

３

(ii)　文中の（　Ｘ　）にあてはまるもの
１．濃度②の値より大きい
２．濃度②の値より小さい
３．濃度②の値と等しい

(エ)　Ｋさんは，〔実験４〕のあと，水溶液を冷却して結晶が出てくる場合の濃度の変化について考えた。次の［　　］は，そのことについてまとめたものである。文中の（　あ　），（　い　）に最も適するものをそれぞれの選択肢の中から一つずつ選び，その番号を答えなさい。ただし，水の蒸発は考えないものとする。

30℃の水100ｇを入れたビーカーに硝酸カリウムを30ｇ溶かし，この水溶液を10℃まで冷却したときの水溶液の質量パーセント濃度は（　あ　）であり，この値は水溶液を冷却する前の濃度の値と比べて（　い　）。

(あ)の選択肢
　1．8%　　2．13%　　3．18%
　4．23%　　5．28%
(い)の選択肢
　1．大きい　　2．小さい　　3．変わらない

＜神奈川県＞

9 物質A～Dは，白い粉末状の，砂糖，かたくり粉，硝酸カリウム，塩化ナトリウムのいずれかである。これらの物質A～Dが何であるかを明らかにするために，次の実験1，実験2を行った。あとの会話は，実験1を行ったあとに，ゆきこさんとたいちさんが話し合ったものである。あとの各問いに答えなさい。

実験1

操作1．図1のように，物質A～Dをそれぞれ炎の中に入れて強く加熱する。

操作2．操作1で物質が燃えた場合は，図2のように，物質が燃えている状態の燃焼さじを石灰水の入った集気びんに入れる。火が消えたら燃焼さじをとり出し，集気びんにふたをして，よく振り，石灰水のようすを調べる。

操作3．4本の試験管に20℃の水を5 cm³(5 g)ずつとり，0.5 gずつはかりとった物質A～Dを，図3のように，それぞれ別々の試験管に入れてよく振り，水へのとけやすさを調べる。

図1
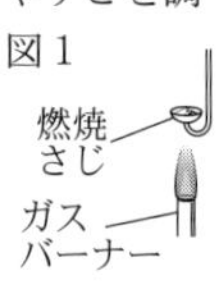

図2

図3
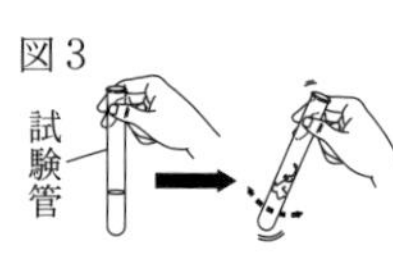

表は，実験1の結果をまとめたものである。

表

	物質A	物質B	物質C	物質D
操作1の結果	炎を出して燃えた	炎を出して燃えた	燃えずに，白い粉が残った	燃えずに，白い粉が残った
操作2の結果	石灰水が白くにごった	石灰水が白くにごった	―	―
操作3の結果	ほとんどとけなかった	すべてとけた	すべてとけた	すべてとけた

問1．操作2の結果で，石灰水が白くにごったことで，物質Aと物質Bに共通して含まれていたことがわかる元素は何か，元素名で答えなさい。

問2．問1の元素を含む物質を，次のア～オからすべて選び，記号で答えなさい。
ア．マグネシウム
イ．ポリエチレン
ウ．エタノール
エ．アンモニア
オ．炭酸ナトリウム

問3．操作3で，物質Bがすべてとけたとき，この水溶液の質量パーセント濃度は何%か，小数第1位を四捨五入して，整数で答えなさい。

会話.

ゆきこさん	実験1の結果から，物質Aはかたくり粉で，物質Bは砂糖とわかったけど，物質Cと物質Dは，どうしたら特定できるかな。
たいちさん	一定量の水にとける物質の質量は，物質の種類と温度によって決まっているから，水の温度を変えながら，とけやすさをくらべてみよう。

実験2

操作1．2本の試験管に10℃の水を5 cm³(5 g)ずつとり，一方の試験管に物質Cを，もう一方の試験管に物質Dをそれぞれ4 g入れて，よく振り混ぜる。

操作2．図4のように，2本の試験管を加熱し，ビーカー内の水の温度が20℃になったら，試験管をとり出して振り混ぜ，試験管内のようすを観察する。

図4
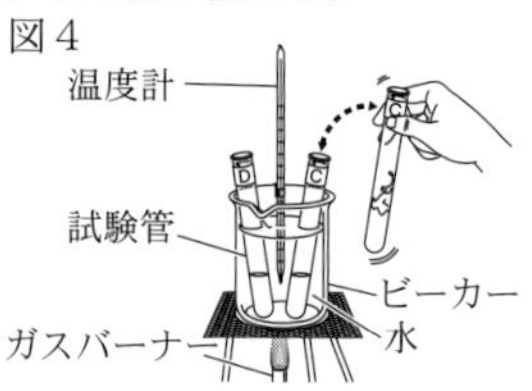

操作3．操作2と同様に加熱していき，ビーカー内の水の温度が30℃，40℃，50℃，60℃になったら，それぞれ試験管をとり出して振り混ぜ，試験管内のようすを観察する。

図5は，硝酸カリウムと塩化ナトリウムについて，温度と溶解度の関係を表したものである。なお，加熱による水の蒸発は考えないものとし，ビーカー内の水の温度と試験管内の水溶液の温度は同じものとする。

図5
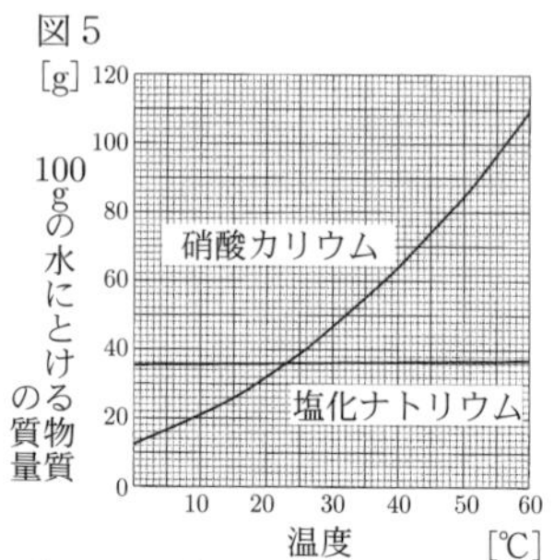

問4．実験2の結果から，物質Cは塩化ナトリウム，物質Dは硝酸カリウムであることがわかった。実験2の結果として，最も適切なものを，次のア～エからひとつ選び，記号で答えなさい。

	実験2の結果
ア	物質Cは，すべての温度でとけ残り，物質Dは，20℃のときはとけ残ったが，30℃，40℃，50℃，60℃のときはすべてとけた。
イ	物質Cは，すべての温度でとけ残り，物質Dは，20℃，30℃のときはとけ残ったが，40℃，50℃，60℃のときはすべてとけた。
ウ	物質Cは，すべての温度でとけ残り，物質Dは，20℃，30℃，40℃のときはとけ残ったが，50℃，60℃のときはすべてとけた。
エ	物質Cは，すべての温度でとけ残り，物質Dは，20℃，30℃，40℃，50℃のときはとけ残ったが，60℃のときはすべてとけた。

問5．図5から考えると，実験2の操作2で20℃のときにとけ残った塩化ナトリウムは何gか，小数第2位を四捨五入して，小数第1位まで答えなさい。

＜鳥取県＞

10 Sさんたちは，水にとけた物質の質量を調べる実験を行いました。これに関する先生との会話文を読んで，あとの(1)～(4)の問いに答えなさい。なお，会話文のあとの資料は，それぞれの水の温度において，塩化ナトリウムとミョウバンがそれぞれ100 gの水にとける最大の質量(溶解度)を示しています。また，ある温度において，物質が水にとける最大の質量は，水の質量に比例します。

Sさん：図1のように，30℃の水50gが入った2つのビーカーを用意し，ビーカーⅠは塩化ナトリウム15.0gを，ビーカーⅡはミョウバン15.0gを入れてかき混ぜました。ビーカーⅠには，とけ残りはなくすべてとけましたが，ビーカーⅡには，とけ残りがありました。

図1

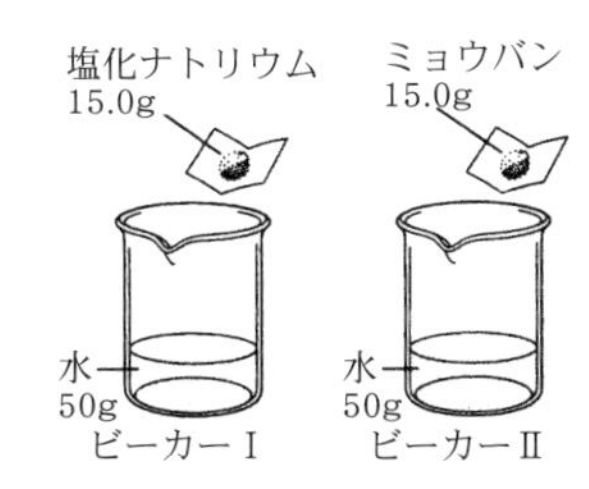

先　生：そうですね。物質の種類と水の温度によって，一定量の水にとける物質の最大の質量が決まっています。資料をみると，水の温度が高いほうがとける量が多くなっていることがわかります。とけ残りがないように水溶液をつくるために，水溶液を加熱してみましょう。

Tさん：はい。ビーカーⅠ，Ⅱを加熱し，水溶液の温度を60℃にしたところ，ビーカーⅠの塩化ナトリウムだけでなく，ビーカーⅡのミョウバンもすべてとけました。

先　生：そうですね。それでは，60℃に加熱したビーカーⅠ，Ⅱを水が入った容器の中にそれぞれ入れて，水溶液を20℃まで徐々（じょじょ）に冷やし，水溶液のようすを観察してみましょう。

Sさん：はい。aビーカーⅡを40℃まで冷やすと，ミョウバンの結晶が出ていました。20℃まで冷やすと，さらに多くの結晶が出ていました。20℃まで冷やしたビーカーⅡの中の，bミョウバンの結晶が混ざったミョウバン水溶液を図2のようにろ過したところ，ミョウバンの結晶とcろ液にわけることができました。

図2

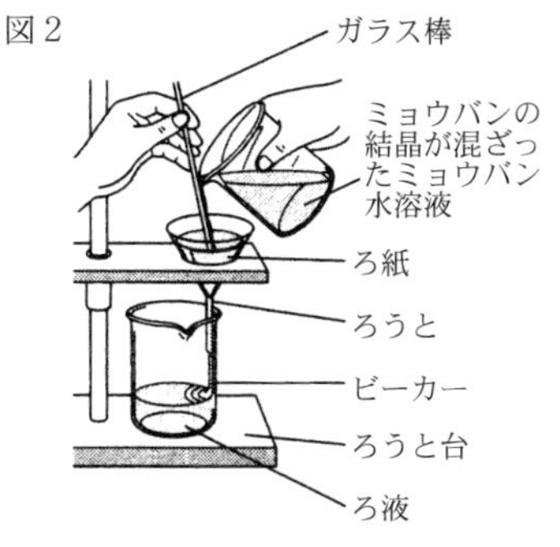

先　生：そうですね。このように，物質を一度水にとかし，水溶液を冷やして再び結晶としてとり出す操作を［ x ］といいます。

Tさん：はい。一方で，ビーカーⅠを20℃まで冷やしても，塩化ナトリウムの結晶が出てきませんでした。

先　生：そのとおりです。ビーカーⅡのミョウバン水溶液とは異なり，ビーカーⅠの塩化ナトリウム水溶液を20℃まで冷やしても塩化ナトリウムの結晶をとり出すことはできない理由は，［ y ］からです。しかし，塩化ナトリウム水溶液を［ z ］ことによって結晶をとり出すことができます。

資　料.

水の温度[℃]	10	20	30	40	50	60
100gの水にとける塩化ナトリウムの質量[g]	35.7	35.8	36.1	36.3	36.7	37.1
100gの水にとけるミョウバンの質量[g]	7.6	11.4	16.6	23.8	36.4	57.4

(1)　会話文中の下線部aについて，ビーカーⅡを60℃に加熱してミョウバンをすべてとかした水溶液をD，Dを40℃まで冷やした水溶液をE，Eをさらに20℃まで冷やした水溶液をFとするとき，D～Fの水溶液にとけているミョウバンの質量について述べたものとして最も適当なものを，次のア～エのうちから一つ選び，その符号を書きなさい。

ア．とけているミョウバンの質量は，Dが最も小さく，EとFは同じである。
イ．とけているミョウバンの質量は，Dが最も大きく，EとFは同じである。
ウ．とけているミョウバンの質量の大きいものから順に並べると，D，E，Fになる。
エ．とけているミョウバンの質量の大きいものから順に並べると，F，E，Dになる。

(2)　会話文中の下線部bについて，ミョウバンの結晶が混ざったミョウバン水溶液をろ過しているとき，ろ紙の穴(すきま)の大きさ，水の粒子の大きさ，ミョウバンの結晶の大きさの関係を模式的に表した図として最も適当なものを，次のア～エのうちから一つ選び，その符号を書きなさい。なお，水にとけているミョウバンの粒子は図には示していない。

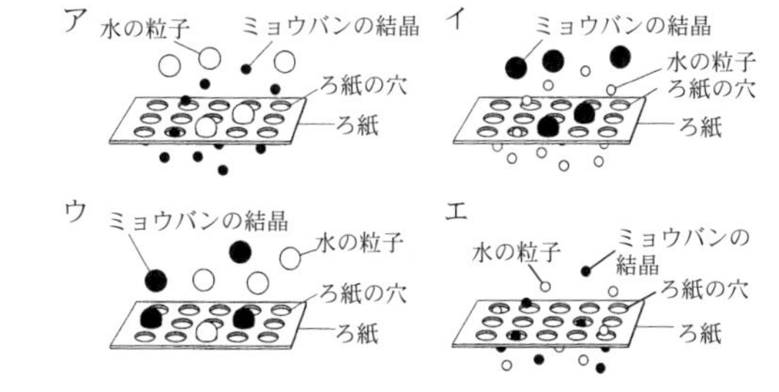

(3)　会話文中の下線部cについて，20℃まで冷やしたビーカーⅡの中の，ミョウバンの結晶が混ざったミョウバン水溶液をろ過したときのろ液の質量パーセント濃度として最も適当なものを，次のア～エのうちから一つ選び，その符号を書きなさい。ただし，実験をとおして溶媒の水は蒸発していないものとする。

ア．約10％　　イ．約13％
ウ．約19％　　エ．約23％

(4)　会話文中の［ x ］～［ z ］について，次の①，②の問いに答えなさい。

①　［ x ］，［ z ］にあてはまるものの組み合わせとして最も適当なものを，次のア～エのうちから一つ選び，その符号を書きなさい。

ア．x：蒸留　　z：10℃まで冷やす
イ．x：蒸留　　z：蒸発皿上で加熱する
ウ．x：再結晶　　z：10℃まで冷やす
エ．x：再結晶　　z：蒸発皿上で加熱する

②　［ y ］にあてはまる理由を，前掲の資料を参考に，ミョウバンと塩化ナトリウムのそれぞれの溶解度の変化にふれて，「水の温度」ということばを用いて書きなさい。

<千葉県>

状態変化

1 理科室で水の沸騰を観察するため，ビーカーに水を入れ，沸騰石を入れた後，ガスバーナーを用いて加熱した。右の図は水が沸騰しているときのようすである。次の(1)，(2)の問いに答えなさい。

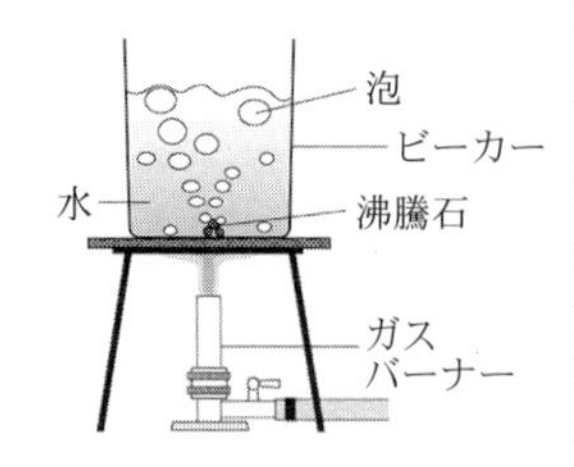

(1) この観察を行うときの注意点として誤っているものを，次のア～エの中から１つ選び，記号を書きなさい。
ア．加熱器具が安定するように設置して観察する。
イ．観察結果をすぐに記録できるように，ガスバーナーの近くに記録用紙をおいて観察する。
ウ．安全のためにイスは実験台の下にしまい，立って観察する。
エ．ガスバーナーの火を消すときは，空気調節ねじ，ガス調節ねじの順に閉める。
(2) 上の図の泡に最も多く含まれる物質の名称を書きなさい。

＜佐賀県＞

2 表は，４種類の物質における，固体がとけて液体に変化するときの温度と，液体が沸騰して気体に変化するときの温度をまとめたものである。

	鉄	パルミチン酸	窒素	エタノール
固体がとけて液体に変化するときの温度[℃]	1535	63	－210	－115
液体が沸騰して気体に変化するときの温度[℃]	2750	360	－196	78

(1) 固体がとけて液体に変化するときの温度を何というか。言葉で書きなさい。
(2) 表の４種類の物質のうち，20℃のとき固体の状態にあるものを，ア～エから全て選び，符号で書きなさい。
ア．鉄
イ．パルミチン酸
ウ．窒素
エ．エタノール

＜岐阜県＞

3 次の表は，水銀，塩化ナトリウム，水，エタノールの４種類の物質の融点と沸点を示したものである。このことについて，あとの(1)～(3)の問いに答えよ。

	水銀	塩化ナトリウム	水	エタノール
融点[℃]	－39	801	0	－115
沸点[℃]	357	1413	100	78

(1) 液体が冷やされて固体になったり，液体が温められて気体になったりするように，物質が温度によってすがたを変えることを何というか，書け。
(2) 温度が20℃のとき液体でないものを，次のア～エから一つ選び，その記号を書け。
ア．水銀
イ．塩化ナトリウム
ウ．水
エ．エタノール
(3) ポリエチレンの袋に少量の液体のエタノールを入れ，袋の中の空気を抜いた後，密閉した。これに熱湯をかけると，袋は大きくふくらみ，袋の中の液体のエタノールは見えなくなった。このことについて述べた文として正しいものを，次のア～エから一つ選び，その記号を書け。
ア．エタノールの粒子の大きさが，熱によって大きくなり，質量が増加した。
イ．エタノールの粒子の数が，熱によって増加し，粒子と粒子の間が小さくなった。
ウ．エタノールの粒子の運動が，熱によって激しくなり，粒子と粒子の間が広がった。
エ．エタノールの粒子が，熱によって二酸化炭素と水蒸気に変化した。

＜高知県＞

4 物質の性質に関する次の問いに答えなさい。

［実験］ 固体の物質X 2 gを試験管に入れておだやかに加熱し，物質Xの温度を１分ごとに測定した。図は，その結果を表したグラフである。ただし，温度が一定であった時間の長さをt，そのときの温度をTと表す。

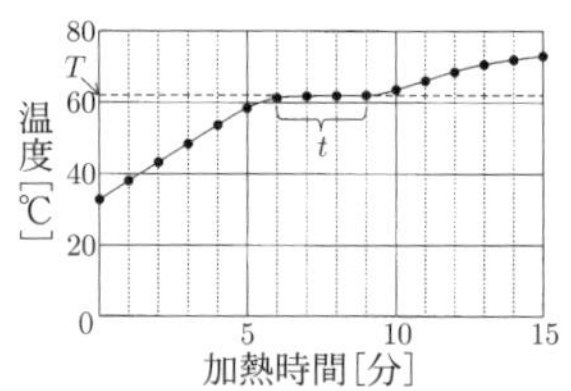

(1) 全ての物質Xが，ちょうどとけ終わったのは，加熱時間がおよそ何分のときか。次のア～エのうち，最も適当なものを１つ選び，その記号を書け。
ア．3分
イ．6分
ウ．9分
エ．12分
(2) 実験の物質Xの質量を2倍にして，実験と同じ火力で加熱したとき，時間の長さtと温度Tはそれぞれ，実験と比べてどうなるか。次のア～エのうち，最も適当なものを１つ選び，その記号を書け。
ア．時間の長さtは長くなり，温度Tは高くなる。
イ．時間の長さtは長くなり，温度Tは変わらない。
ウ．時間の長さtは変わらず，温度Tは高くなる。
エ．時間の長さtも，温度Tも変わらない。
(3) 表は，物質A～Cの融点と沸点を表したものである。物質A～Cのうち，１気圧において，60℃のとき液体であるものを１つ選び，A～Cの記号で書け。また，その物質が，60℃のとき液体であると判断できる理由を，融点，沸点との関係に触れながら，「選んだ物質では，物質の温度(60℃)が」という書き出しに続けて，簡単に書け。

表 〔1気圧における融点，沸点〕

	融点[℃]	沸点[℃]
物質A	－115	78
物質B	－95	56
物質C	81	218

＜愛媛県＞

5 右の図のような装置で，エタノールをとり出すために試験管Aに赤ワインを入れて蒸留しました。次のア～エのうち，実験操作について正しく説明したものはどれですか。一つ選び，その記号を書きなさい。

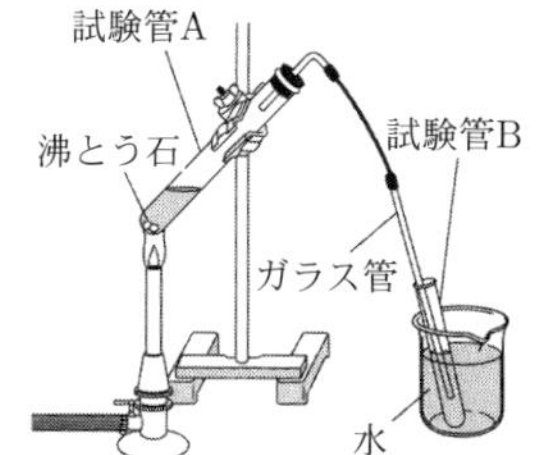

ア．試験管Aに沸とう石を入れるのは，赤ワインの沸とうを防ぐためである。
イ．試験管Aを加熱するのは，最初に水だけを蒸発させて試験管Bに取り出すためである。
ウ．試験管Bを水で冷やすのは，エタノールを固体として取り出すためである。
エ．ガラス管の先を試験管Bの液に入れないのは，加熱をやめたときに液が逆流するのを防ぐためである。

＜岩手県＞

6 右図のように，水とエタノールの混合物を枝つきフラスコに入れて加熱し，出てくる気体を冷やして生じた液体を順に3本の試験管A～Cに約 $3\ cm^3$ ずつ集め，加熱をやめた。(a)・(b)に答えなさい。

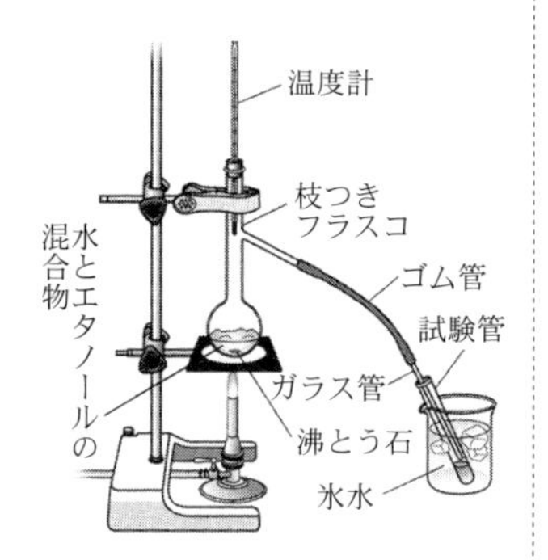

(a) 液体を加熱して沸とうさせ，出てくる気体を冷やして再び液体にして集める方法を何というか，書きなさい。

(b) エタノールと水の沸点および最初の試験管Aと最後の試験管Cに集められた液体に含まれるエタノールの割合について述べた文として正しいものはどれか，ア～エから1つ選びなさい。

ア．エタノールの沸点は水より高いので，エタノールの割合は試験管Aの方が高い。
イ．エタノールの沸点は水より低いので，エタノールの割合は試験管Aの方が高い。
ウ．エタノールの沸点は水より高いので，エタノールの割合は試験管Cの方が高い。
エ．エタノールの沸点は水より低いので，エタノールの割合は試験管Cの方が高い。

＜徳島県＞

7 図のような装置を組み立て，水20 mLとエタノール5 mLの混合物を加熱し，ガラス管から出てくる液体を試験管A，B，Cの順に約3 mLずつ集めた。また，液体を集めているとき，<u>出てくる蒸気(じょうき)の温度を測定した</u>。その後，A～Cに集めた液体をそれぞれ脱脂綿(だっしめん)につけ，火をつけて液体の性質を調べた。次の表は，実験の結果を示したものである。

ただし，図は，枝つきフラスコにとりつける温度計を省略している。

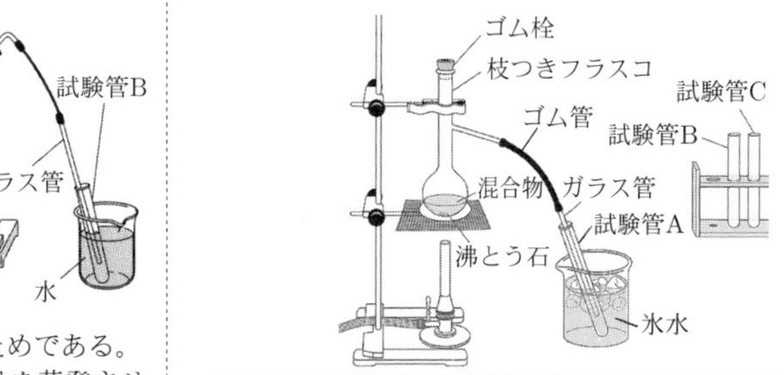

試験管	A	B	C
温度[℃]	72.5～84.5	84.5～90.0	90.0～93.0
脱脂綿に火をつけたときのようす	長く燃えた。	少し燃えるが，すぐに消えた。	燃えなかった。

(1) 下線部の操作を行うために，枝つきフラスコに温度計を正しくとりつけた図として，最も適切なものを，次の1～4から1つ選び，番号を書け。

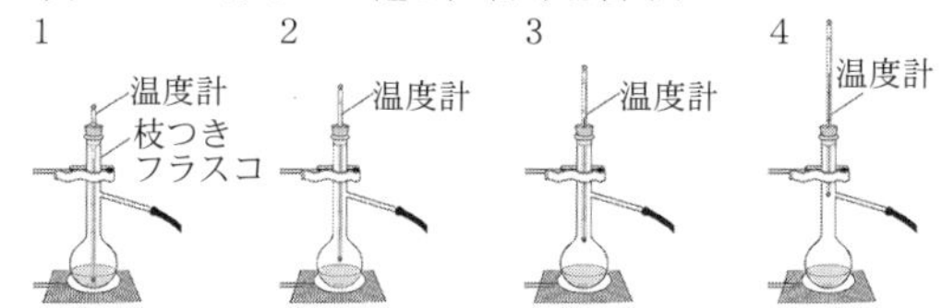

(2) 表の脱脂綿に火をつけたときのようすのちがいから，エタノールを最も多くふくんでいるのはAであることがわかった。Aに集めた液体が，エタノールを最も多くふくんでいる理由を，「沸点(ふってん)」という語句を用いて，簡潔に書け。

(3) この実験のように，液体を加熱して気体にし，冷やして再び液体にして集める方法を何というか。

＜福岡県＞

8 智也さんは，液体成分として水とエタノールがふくまれるみりんから，エタノールをとり出せないかと考え，仮説を立てて実験を行い，次のようなレポートにまとめた。後の(1)～(3)の問いに答えなさい。ただし，みりんにふくまれる水とエタノール以外の物質は考えないものとする。

〔レポート〕(一部)

【学習問題】
みりんからエタノールをとり出せるだろうか。
【仮説】
蒸留を利用すると，…

【実験】
① 図1のように，枝つきフラスコにみりん $25\ cm^3$ と沸とう石を入れ，弱火で加熱した。
② 出てきた液体を順に3本の試験管に約 $2\ cm^3$ ずつ集め，加熱をやめた。3本の試験管を，液体を集めた順に，試験管A，B，Cとした。
③ 試験管A，B，Cにたまった液体のにおいを比べた。
④ 試験管A，B，Cにたまった液体をそれぞれ蒸発皿に移し，マッチの火を近づけ，ちがいを比べた。

図1

【結果】　表

試験管	A	B	C
液体のにおい	エタノールのにおいがした。	少しエタノールのにおいがした。	ほとんどにおいはしなかった。
火を近づけたときのようす	火がついて，しばらく燃えた。	火がついたが，すぐに消えた。	火がつかなかった。

【考察】
表から，試験管Aにはエタノールが多くふくまれており，試験管Cにはエタノールよりも水が多くふくまれていると考えられる。

(1) 実験を行うときの注意点として，適切でないものはどれか。次のア～エから1つ選び，記号で答えなさい。
ア．沸とう石は，液体を加熱する前に入れる。
イ．加熱中は，出てくる物質やたまった液体に火を近づけない。
ウ．ガラス管が試験管の液体につかっていないことを確認してから火を消す。
エ．液体のにおいをかぐときは，できるだけ長く，深く吸いこむ。

(2) エタノールが液体から気体に状態変化するときの説明として，適切なものはどれか。次のア～エから1つ選び，記号で答えなさい。
ア．質量は増加し，分子どうしの間隔が広がるため，体積も増加する。
イ．質量は増加するが，分子どうしの間隔は変わらないため，体積は変化しない。
ウ．質量は変わらないが，分子どうしの間隔が広がるため，体積は増加する。
エ．質量は変わらず，分子どうしの間隔も変わらないため，体積も変化しない。

(3) 次の文は，智也さんが実験を行う前に，図2，3をもとに立てた仮説であり，この仮説は，結果から正しいことがわかった。　　　に入る適切な内容を，「エタノール」，「水」という言葉を使って，簡潔に書きなさい。ただし，図2は，水とエタノールの混合物を加熱したときの温度変化を示しており，図3は，エタノールを加熱したときの温度変化を示している。

【仮説】
蒸留を利用すると，　　　　　　により，みりんからエタノールをとり出せるだろう。

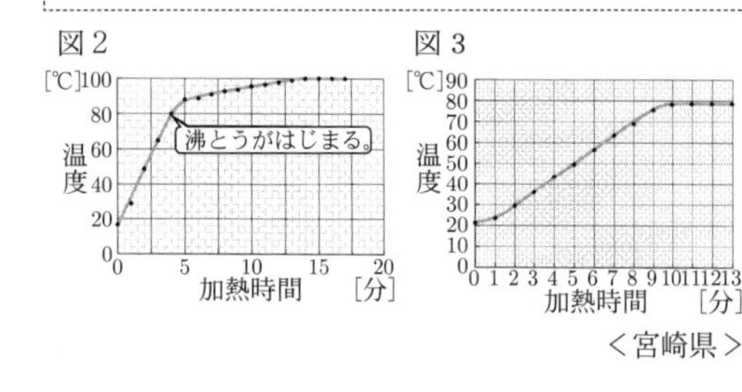

＜宮崎県＞

9 混合物の分け方に関する次の問いに答えなさい。

1．ワインの成分は，おもに水とエタノールであり，かつてはワインを蒸留し，とり出したエタノールを医療用として利用していた。図1の実験器具を用いて，赤ワインからエタノールをとり出すために，次の(a)～(c)の手順で実験を行い，結果を表1にまとめた。

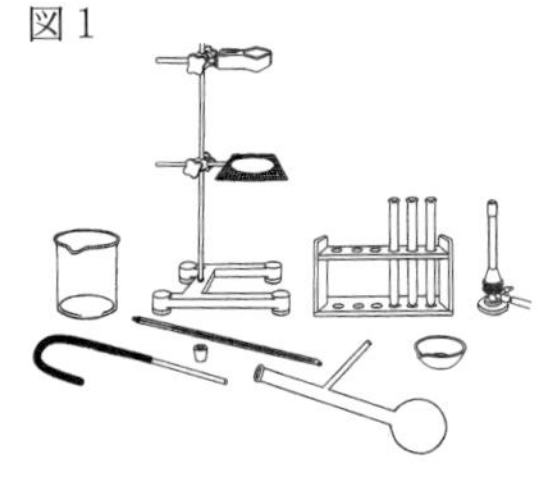
図1

＜実験＞
(a) 枝つきフラスコに赤ワイン30 cm^3と沸騰石を入れて，温度計をとりつけた。
(b) 赤ワインを加熱し，出てきた気体を氷水に入れた試験管で冷やし，再び液体にした。この液体を試験管A～Cの順に約2 cm^3ずつ集め，加熱をやめた。
(c) 試験管にたまった液体の体積と質量をはかった後，液体をそれぞれ蒸発皿に移し，マッチの火を近づけたときのようすを観察した。

表1

試験管	A	B	C
体積[cm^3]	2.0	2.1	1.9
質量[g]	1.64	1.89	1.84
火を近づけたときのようす	火がついて，しばらく燃えた	火がついたが，すぐに消えた	火がつかなかった

(1) 図2は，手順(a)で用いた実験用具の一部を表している。手順(a)の温度計のとりつけ方として適切なものを，次のア～エから1つ選んで，その符号を書きなさい。

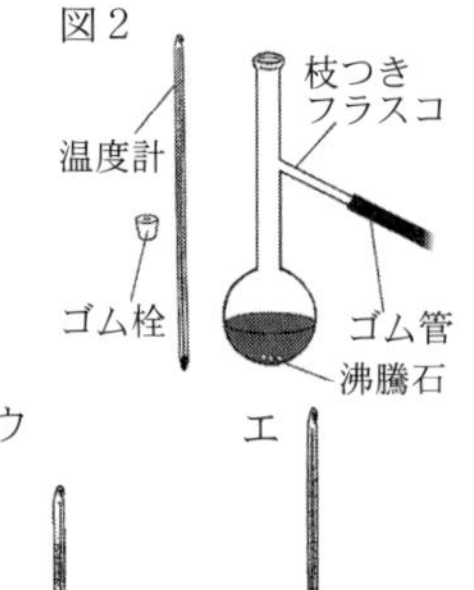

図2

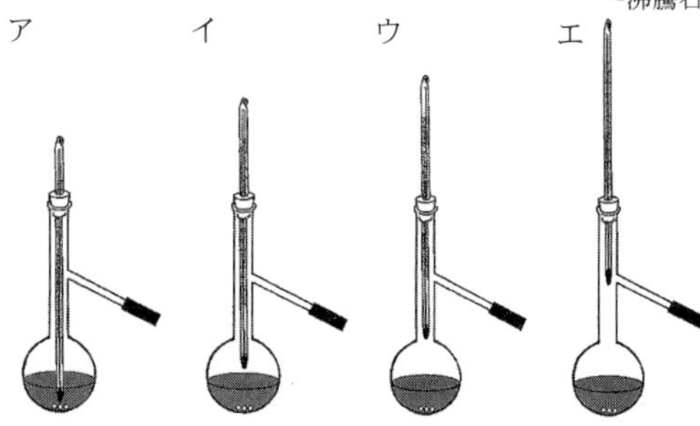

(2) 水とエタノールの混合物を加熱したときの温度変化を表したグラフとして適切なものを，次のア～エから1つ選んで，その符号を書きなさい。

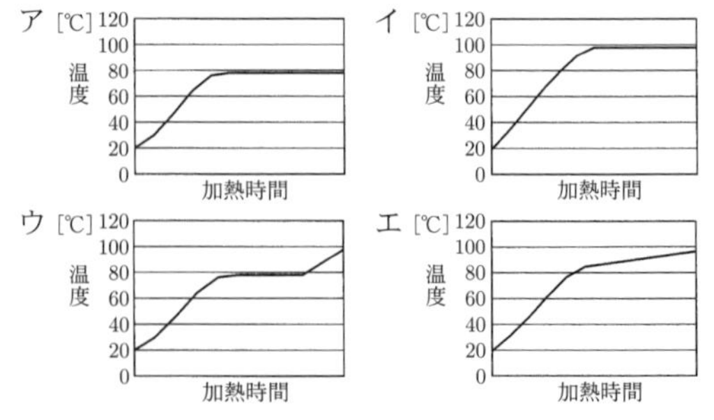

(3) この実験で，試験管A～Cにたまった液体について説明した次の文の ① ～ ③ に入る語句の組み合わせとして適切なものを，あとのア～クから1つ選

んで，その符号を書きなさい。

試験管A～Cにたまった液体の色は全て［　①　］であり，表1の結果から，試験管A～Cの液体にふくまれるエタノールの割合は，試験管A，B，Cの順に［　②　］くなると考えられる。また，塩化コバルト紙を試験管A～Cのそれぞれの液体につけると，塩化コバルト紙の色が全て［　③　］に変化することで，試験管A～Cの液体には水がふくまれていることが確認できる。

ア．①　赤色　②　低　③　赤色
イ．①　赤色　②　低　③　青色
ウ．①　赤色　②　高　③　赤色
エ．①　赤色　②　高　③　青色
オ．①　無色　②　低　③　赤色
カ．①　無色　②　低　③　青色
キ．①　無色　②　高　③　赤色
ク．①　無色　②　高　③　青色

(4)　図3は，水とエタノールの混合物の密度と質量パーセント濃度の関係を表したものである。試験管A～Cの液体のうち，エタノールの割合が2番目に高い液体の質量パーセント濃度として最も適切なものを，次のア～オから1つ選んで，その符号を書きなさい。ただし，赤ワインの成分は水とエタノールのみとする。

図3

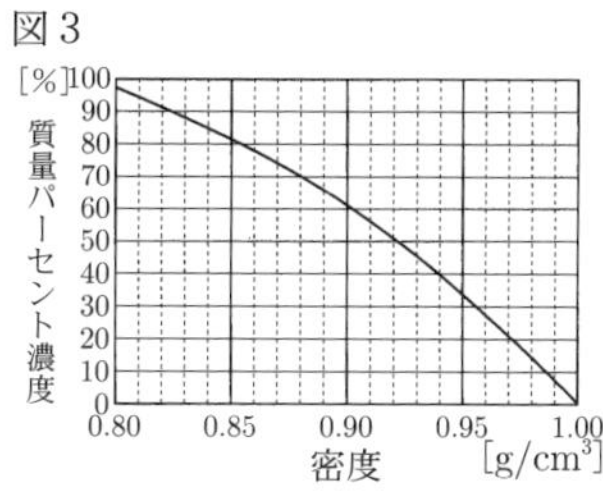

ア．21%　イ．31%　ウ．61%
エ．81%　オ．91%

2．水にとけた物質をとり出すために，温度が20℃の部屋で，次の(a)～(d)の手順で実験を行った。表2は，100 gの水にとける物質の質量の限度と水の温度の関係を表したものである。

<実験>

(a)　ビーカーA～Cにそれぞれ80℃の水150 gを入れ，ビーカーAには塩化ナトリウム，ビーカーBにはミョウバン，ビーカーCには硝酸カリウムをそれぞれ50 gずつ入れてとかした。

(b)　ビーカーA～Cの水溶液をゆっくり20℃まで冷やしたところ，結晶が出てきた水溶液があった。

(c)　結晶が出てきた水溶液をろ過して，とり出した結晶の質量をはかった。

(d)　とり出した結晶を薬さじで少量とり，スライドガラスの上にのせて，顕微鏡で観察した。

表2

物質 ＼ 水の温度[℃]	20	40	60	80
塩化ナトリウム [g]	35.8	36.3	37.1	38.0
ミョウバン [g]	11.4	23.8	57.4	321.6
硝酸カリウム [g]	31.6	63.9	109.2	168.8

(1)　ビーカーAにおいて，塩化ナトリウムの電離を表す式として適切なものを，次のア～エから1つ選んで，その符号を書きなさい。

ア．$NaCl \rightarrow Na^- + Cl^+$
イ．$2NaCl \rightarrow Na_2^+ + Cl_2^-$
ウ．$NaCl \rightarrow Na^+ + Cl^-$
エ．$2NaCl \rightarrow Na^{2+} + Cl^{2-}$

(2)　この実験において，結晶が出てきた水溶液をろ過しているとき，ろ紙の穴，水の粒子，結晶の粒子の大きさの関係を表した模式図として適切なものを，次のア～エから1つ選んで，その符号を書きなさい。ただし，水の粒子は○，結晶の粒子は●で表す。

(3)　顕微鏡で図4のように観察した結晶について，手順(c)ではかった質量として最も適切なものを，次のア～オから1つ選んで，その符号を書きなさい。

図4

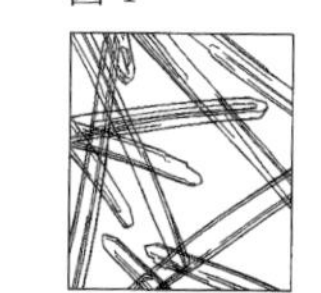

ア．2.6 g　イ．11.4 g
ウ．14.2 g　エ．18.4 g　オ．31.6 g

(4)　手順(c)において，結晶をとり出した後の水溶液の質量パーセント濃度を求めた。このとき，求めた値が最も小さい水溶液の質量パーセント濃度は何%か，四捨五入して小数第1位まで求めなさい。

<兵庫県>

第２章　物質のつくりと化学変化

物質の成り立ち

1　二酸化炭素のように，原子がいくつか結びついた粒子で，物質としての性質を示す最小単位の粒子を［　　］という。

＜北海道＞

2　原子は［①］と電子からできており，［①］は陽子と中性子からできている。

＜北海道＞

3　Kさんは，図１のような，原子のモデルを表す丸いカードを複数枚用いて化学反応式のつくり方を学習しており，図２は，酸化銀を加熱し，固体の銀と気体の酸素に分解するときの化学変化をこれらのカードを用いて表している途中のものである。これを完成させるには，図２の状態からどのカードがあと何枚必要か。最も適するものをあとの１～５の中から一つ選び，その番号を答えなさい。

図１

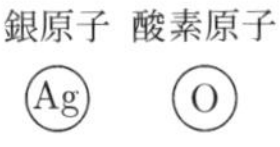

銀原子　酸素原子

(Ag)　(O)

図２

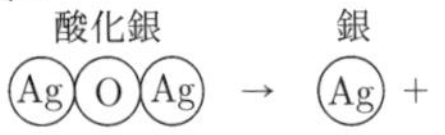

酸化銀　　　銀　酸素

(Ag)(O)(Ag)　→　(Ag)　＋

1．酸素原子のカードが１枚
2．銀原子のカードが１枚と，酸素原子のカードが１枚
3．銀原子のカードが１枚と，酸素原子のカードが２枚
4．銀原子のカードが５枚と，酸素原子のカードが２枚
5．銀原子のカードが５枚と，酸素原子のカードが３枚

＜神奈川県＞

4　炭酸水素ナトリウムを加熱したときの化学変化について調べるために，次のⅠ～Ⅲの手順で実験を行った。この実験に関して，あとの(1)～(3)の問いに答えなさい。

Ⅰ　右の図のように，炭酸水素ナトリウムの粉末を乾いた試験管Aに入れて加熱し，発生する気体を試験管Bに導いた。しばらくすると，試験管Bに気体が集まり，その後，気体が出なくなってから，加熱をやめた。試験管Aの底には白い粉末が残り，口の方には液体が見られた。<u>この液体に塩化コバルト紙をつけたところ，塩化コバルト紙の色が変化した</u>。

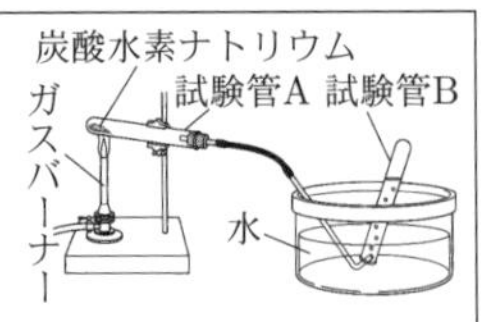

Ⅱ　Ⅰで加熱後の試験管Aに残った白い粉末を取り出し，水溶液をつくった。また，炭酸水素ナトリウムの水溶液を用意し，それぞれの水溶液に，フェノールフタレイン溶液を加えると，白い粉末の水溶液は赤色に，炭酸水素ナトリウムの水溶液はうすい赤色に変わった。

Ⅲ　Ⅰで試験管Bに集めた気体に，水でしめらせた青色リトマス紙をふれさせたところ，赤色に変わった。

(1)　Ⅰについて，次の①，②の問いに答えなさい。
　①　図のようにして気体を集める方法を何というか。その用語を書きなさい。
　②　下線部分の色の変化として，最も適当なものを，次のア～エから一つ選び，その符号を書きなさい。
　　ア．青色から桃色
　　イ．桃色から青色
　　ウ．青色から黄色
　　エ．黄色から青色

(2)　Ⅱについて，Ⅰで加熱後の試験管Aに残った白い粉末の水溶液の性質と，炭酸水素ナトリウムの水溶液の性質を述べた文として，最も適当なものを，次のア～エから一つ選び，その符号を書きなさい。
　ア．どちらも酸性であるが，白い粉末の水溶液の方が酸性が強い。
　イ．どちらも酸性であるが，炭酸水素ナトリウムの水溶液の方が酸性が強い。
　ウ．どちらもアルカリ性であるが，白い粉末の水溶液の方がアルカリ性が強い。
　エ．どちらもアルカリ性であるが，炭酸水素ナトリウムの水溶液の方がアルカリ性が強い。

(3)　Ⅲについて，試験管Bに集めた気体の性質を，書きなさい。

＜新潟県＞

5　美希さんは，炭酸水素ナトリウムを加熱したときの変化について調べるために，実験を行い，レポートにまとめた。次の(1)～(3)の問いに答えなさい。

〔レポート〕(一部)

【学習問題】　炭酸水素ナトリウムを加熱すると何ができるだろうか。

【実験】

① 炭酸水素ナトリウム2gを乾いた試験管Aに入れ，右図のような装置を組み立てた。

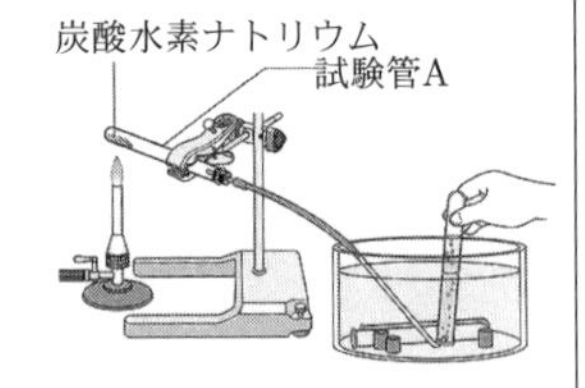

② 試験管Aを加熱して，はじめに出てくる気体を試験管１本分捨ててから，発生した気体を３本の試験管(B，C，D)に集めた。
③ 試験管Bに火のついた線香を入れた。
④ 試験管Cに火のついたマッチを近づけた。
⑤ 試験管Dに石灰水を入れてよく振った。
⑥ 加熱後の試験管Aの口付近についた液体に，乾燥した塩化コバルト紙をつけた。
⑦ 加熱後の試験管Aに残った白い物質を別の試験管に移し，水を加えてとかした後，フェノールフタレイン溶液を加えた。

【結果】 表

実験の操作	結　果
③	［　a　］。
④	変化はなかった。
⑤	石灰水は［　b　］。
⑥	塩化コバルト紙が赤色に変化した。
⑦	濃い赤色になった。

【考察】 表から，発生した気体は二酸化炭素であり，試験管Aの口付近についた液体は水だとわかった。また，加熱後の試験管Aに残った白い物質を水にとかすと，その水溶液は［ c ］であることもわかった。

(1) 図のように，安全に実験を行うために試験管Aの口を少し下げて加熱する理由を，簡潔に書きなさい。

(2) ［ a ］，［ b ］に入る適切な内容の組み合わせを，次のア～エから1つ選び，記号で答えなさい。

ア．a：線香が激しく燃えた
　　b：透明のままであった

イ．a：線香が激しく燃えた
　　b：白くにごった

ウ．a：線香の火が消えた
　　b：透明のままであった

エ．a：線香の火が消えた
　　b：白くにごった

(3) ［ c ］に入る適切な言葉を，次のア～ウから1つ選び，記号で答えなさい。

ア．アルカリ性　　イ．酸性　　ウ．中性

〈宮崎県〉

6 炭酸水素ナトリウムを加熱したときの変化について調べるために，【実験】を行った。あとの(1)～(5)の各問いに答えなさい。

【実験】

① 図のような装置を組み立て，試験管Aに約1gの炭酸水素ナトリウムを入れて加熱し，発生した気体を水上置換法で試験管Bに集め，水中でゴム栓をした。その後，気体が出なくなったところで加熱をやめた。

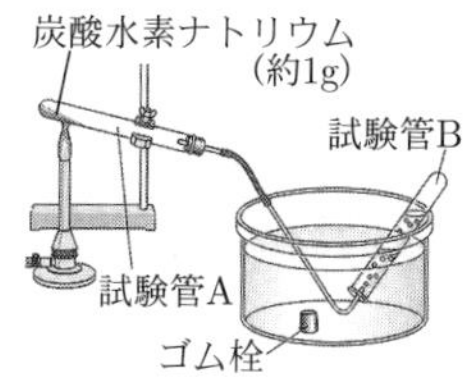

② 加熱をやめてしばらくして，試験管Aの口元にできた液体に塩化コバルト紙をつけると，色が変化した。

③ 炭酸水素ナトリウムと試験管Aに残った白い固体をそれぞれ別の試験管に入れて，水に溶かし，フェノールフタレイン液を加えた。

④ 試験管Bに石灰水を加えてよく振ると，石灰水は白くにごった。

(1) 【実験】の①で，加熱をやめる前にしなければならない操作として最も適当なものを，次のア～エの中から1つ選び，記号を書きなさい。

ア．水の逆流を防ぐために，ガラス管を水そうからとり出す。

イ．物質をしっかりと反応させるために，試験管Aの口を上に向ける。

ウ．水槽の温度を下げるために，氷を入れる。

エ．ゴム管を指でつまむ。

(2) 次の文は，【実験】の②の結果をまとめたものである。文中の(a)～(c)にあてはまる語句の組み合わせとして最も適当なものを，下のア～エの中から1つ選び，記号を書きなさい。

> 塩化コバルト紙は，(a)色から(b)色に変化した。このことから，試験管Aの口元にできた液体は(c)であることが分かる。

	a	b	c
ア	赤	青	水
イ	赤	青	エタノール
ウ	青	赤	水
エ	青	赤	エタノール

(3) 【実験】の③について，フェノールフタレイン液を加えたときの色の変化のようすとして最も適当なものを，次のア～エの中から1つ選び，記号を書きなさい。

ア．炭酸水素ナトリウムを溶かしたものはうすい赤色に変化し，試験管Aに残った白い固体を溶かしたものは変化が見られなかった。

イ．炭酸水素ナトリウムを溶かしたものには変化が見られず，試験管Aに残った白い固体を溶かしたものは，うすい赤色に変化した。

ウ．炭酸水素ナトリウムを溶かしたものはうすい赤色に，試験管Aに残った白い固体を溶かしたものは濃い赤色に変化した。

エ．炭酸水素ナトリウムを溶かしたものは濃い赤色に，試験管Aに残った白い固体を溶かしたものはうすい赤色に変化した。

(4) 試験管Aを加熱したときに起こった化学変化を，化学反応式で書きなさい。

(5) 次の文は，【実験】を行ったあとのともみさんともえさんの会話である。二人の会話の最後の［　　］に合う適当な言葉を書きなさい。

ともみ：炭酸水素ナトリウムはベーキングパウダーの主成分らしいよ。

もえ　：ホットケーキはベーキングパウダーを入れて作るけれど，入れずに焼くとどうなるのかしら？

ともみ：やってみるとわかるね。ベーキングパウダーなしとベーキングパウダーありでホットケーキを作ってみよう。ベーキングパウダー以外の材料は，小麦粉，砂糖，卵，水だよね。

ベーキングパウダーなし

ベーキングパウダーあり

もえ　：ベーキングパウダーありの方のホットケーキの断面を見ると，空間ができてふくらんでいるね。どうしてだろう。

ともみ：ホットケーキは焼いて作るから，ベーキングパウダーの主成分である炭酸水素ナトリウムを加熱しているよね。炭酸水素ナトリウムを加熱したときに，［　　　　］からだよね。

〈佐賀県〉

7 気体の発生とその性質について答えなさい。

(1) 酸化銀の熱分解を表す化学反応式を完成させるために，次の□に入れるものとして適切なものを，あとのア～エから１つ選んで，その符号を書きなさい。

$2Ag_2O \rightarrow$ □

ア．$2Ag_2 + 2O$
イ．$2Ag_2 + O_2$
ウ．$4Ag + 2O$
エ．$4Ag + O_2$

(2) (1)で発生した気体の性質として適切なものを，次のア～エから１つ選んで，その符号を書きなさい。

ア．無色，無臭で，ものを燃やすはたらきがある。
イ．無色で，刺激臭があり，空気より軽い。
ウ．無色，無臭で，空気中で燃えると水になる。
エ．黄緑色で，刺激臭があり，有毒である。

＜兵庫県＞

8 酸化銀を加熱したときの変化を調べるために次の実験を行った。

＜実験＞ 図のように，酸化銀1.00 gを乾いた試験管Aに入れ，完全に反応させるため，気体が発生しなくなるまでガスバーナーで加熱した。はじめに出てきた気体を水で満たしておいた試験管Bに集めた後，続けて出てきた気体を試験管Cに集めた。

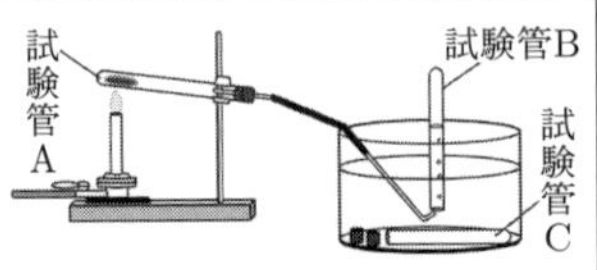

＜結果＞ 酸化銀を加熱すると気体が発生し，試験管Aには酸化銀とは色の異なる物質が残った。

問１．次の文は試験管Aに残った物質についてまとめたものである。文中の(①)～(③)に当てはまる語句の組み合わせとして，最も適当なものをあとのア～エの中から１つ選び記号で答えなさい。

試験管Aに入れた加熱前の酸化銀は黒色であったが，加熱後試験管Aに残った物質は(①)であった。この物質を取り出し，みがくと光沢が出た。金づちでたたくと(②)。また，電気を通すか確認したところ(③)。

	①	②	③
ア	赤褐色	粉々になった	電気を通した
イ	赤褐色	薄く広がった	電気を通さなかった
ウ	白色	粉々になった	電気を通さなかった
エ	白色	薄く広がった	電気を通した

問２．発生した気体の性質を調べるとき，はじめに集めた試験管Bの気体を使わず，２本目の試験管Cの気体を調べた。その理由として最も適当なものを次のア～オの中から１つ選び記号で答えなさい。

ア．はじめに出てくる気体と，試験管Aにあった固体が入ってきてしまうため。
イ．はじめに出てくる気体には，試験管Aにあった空気が多くふくまれるため。
ウ．はじめに出てくる気体には，試験管Aで発生した気体が多くふくまれるため。
エ．はじめに出てくる気体が，水に溶けにくいか調べるため。
オ．はじめに出てくる気体は，高温であるため。

問３．試験管Cに集めた気体の性質として，最も適当なものを次のア～カの中から１つ選び記号で答えなさい。

ア．石灰水をいれてよくふると，石灰水が白くにごった。
イ．においをかぐと，刺激臭があった。
ウ．マッチの火を近づけると，音を立ててもえた。
エ．水でぬらした赤色リトマス紙を近づけると，青色になった。
オ．水を加えてよくふり，緑色のBTB溶液を入れると，黄色になった。
カ．火のついた線香を入れると，線香が炎を出して激しくもえた。

問４．試験管Aに入れた酸化銀を加熱したときに起こる化学変化を下に化学反応式で書き表しなさい。ただし，酸化銀の化学式はAg_2Oとする。化学式は，アルファベットの大文字，小文字，数字を書く位置や大きさに気をつけて書きなさい。

$2Ag_2O \rightarrow$

問５．酸化銀の質量を2.00 g，3.00 gにかえて同様の実験を行い，試験管A内に残った物質の質量を下の表にまとめた。

次に酸化銀の質量を5.00 gにかえて実験を行い，反応を途中でとめ，試験管Aに残った物質の質量をはかると4.72 gであった。この中に，化学変化によって生じた物質は何g含まれるか答えなさい。

表

酸化銀の質量[g]	1.00	2.00	3.00
加熱後の試験管A内に残った物質の質量[g]	0.93	1.86	2.79

＜沖縄県＞

9 塩化銅水溶液の電気分解について調べるために，次の実験(1)，(2)，(3)を順に行った。

(1) 図１のように，電極に炭素棒を用いて，10％の塩化銅水溶液の電気分解を行ったところ，陽極では気体が発生し，陰極では表面に赤色の固体が付着した。

図１

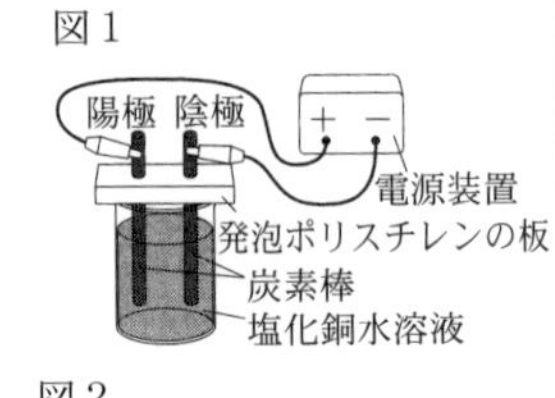

(2) 新たに10％の塩化銅水溶液を用意し，実験(1)と同様の装置を用いて，0.20 Aの電流を流して電気分解を行った。その際，10分ごとに電源を切って陰極を取り出し，付着した固体の質量を測定した。

図２

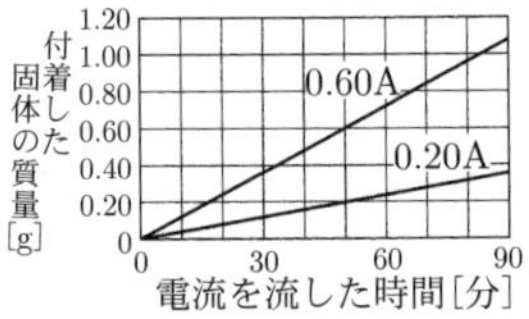

(3) 電流の大きさを0.60 Aに変えて，実験(2)と同様に実験を行った。

図２は，実験(2)，(3)について，電流を流した時間と付着した固体の質量の関係をまとめたものである。

このことについて，次の１，２，３の問いに答えなさい。

１．実験(1)について，気体のにおいを調べるときの適切なかぎ方を，簡潔に書きなさい。

2．実験(1)で起きた化学変化を，図3の書き方の例にならい，文字や数字の大きさを区別して，化学反応式で下に書きなさい。

図3

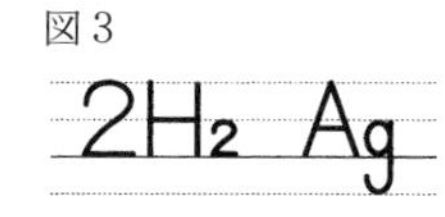

3．実験(2)，(3)について，電流の大きさを0.40 Aにした場合，付着する固体の質量が1.0 gになるために必要な電流を流す時間として，最も適切なものはどれか。

ア．85分

イ．125分

ウ．170分

エ．250分

＜栃木県＞

10 物質の表面に金属をめっきするときなど，電気分解の技術を用いて，さまざまな製品が作られている。水酸化ナトリウムを溶かした水を装置上部まで満たして電気分解し，図のように気体が集まったところで実験を終了した。陰極で発生した気体の性質として正しいものを，次のア～エの中から一つ選んで，その記号を書きなさい。

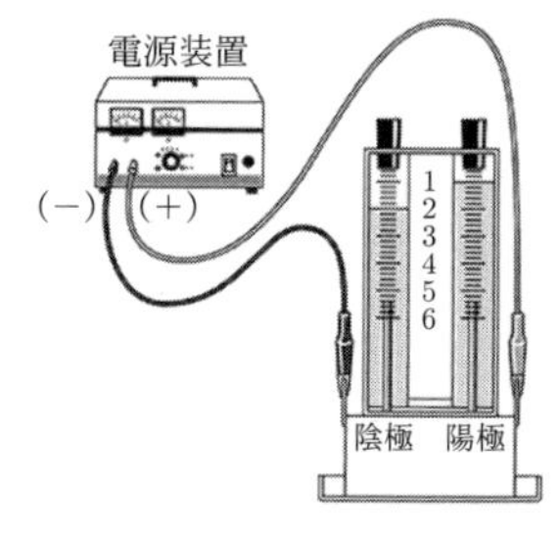

ア．発生した気体に，赤インクをつけたろ紙を近づけるとインクの色が消える。

イ．発生した気体に，マッチの火を近づけると音を立てて気体が燃える。

ウ．発生した気体に，水でぬらした青色リトマス紙をかざすと赤色になる。

エ．発生した気体に，火のついた線香を入れると線香が激しく燃える。

＜茨城県＞

11 電気分解によって発生する気体について調べるために，次の実験1，実験2を行った。あとの各問いに答えなさい。

実験1

操作1．図1のような装置に，少量の水酸化ナトリウムを溶かした水を100 cm³入れた。

操作2．電源装置につなぎ，6 Vの電圧を加えて電流を流した。

操作3．気体が発生し，電極A側または電極B側のどちらか一方の気体が4の目盛りまでたまったら電源を切る。

操作4．電極A側，電極B側に発生した気体の性質を調べた。

図1

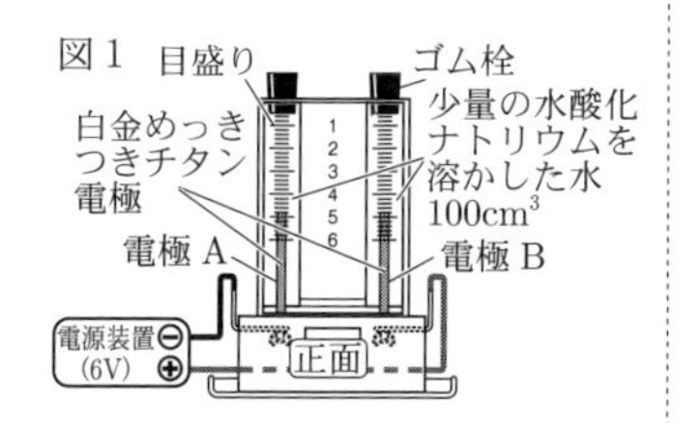

実験2

操作1．図2のような装置に，2.5％塩酸100 cm³を入れた。

操作2．電源装置につなぎ，6 Vの電圧を加えて電流を流した。

操作3．気体が発生し，電極C側または電極D側のどちらか一方の気体が4の目盛りまでたまったら電源を切る。

操作4．電極C側，電極D側に発生した気体の性質を調べた。

図2

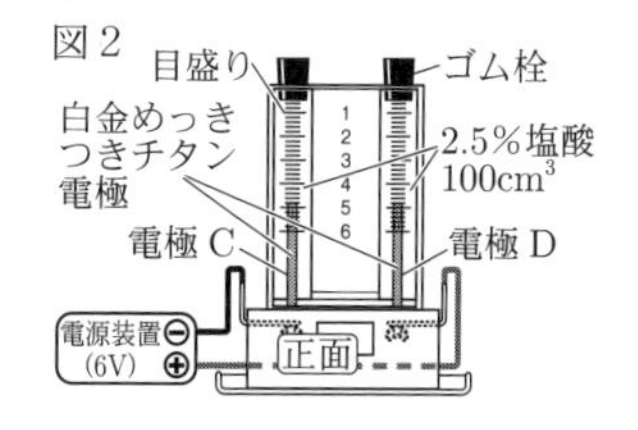

問1．実験1では質量パーセント濃度が2.5％の水酸化ナトリウム水溶液を用いた。この水酸化ナトリウム水溶液を300 gつくるとき，必要となる水酸化ナトリウムは何gか，答えなさい。

問2．実験1で，電極A側に発生した気体の性質を調べる方法とその結果として，最も適切なものを，次のア～エからひとつ選び，記号で答えなさい。

ア．火のついた線香を入れると，線香が激しく燃える。

イ．赤インクで着色した水に管の上部の液を入れると，着色した水の色が消える。

ウ．マッチの火を近づけると，音を立てて燃える。

エ．水でぬらした赤色リトマス紙を近づけると，青色に変化する。

問3．実験1で電極B側に発生した気体と同じ気体を発生させる方法として，適切なものを，次のア～オからすべて選び，記号で答えなさい。

ア．石灰石にうすい塩酸を加える。

イ．炭酸水素ナトリウムを加熱する。

ウ．二酸化マンガンにうすい過酸化水素水を加える。

エ．酸化銀を加熱する。

オ．酸化銅と活性炭をまぜたものを加熱する。

問4．実験2で用いた塩酸は，塩化水素が水に溶けた水溶液である。塩化水素の電離のようすを，化学式を使って表しなさい。

問5．実験1，実験2の結果，電極A側，電極B側，電極C側，電極D側に発生し，管にたまった気体の体積をそれぞれa cm³，b cm³，c cm³，d cm³とする。実験1における，a，bの関係，実験2における，c，dの関係として，最も適切なものを，次のア～カからそれぞれひとつ選び，記号で答えなさい。

ア．$a>b$　　イ．$a=b$　　ウ．$a<b$

エ．$c>d$　　オ．$c=d$　　カ．$c<d$

＜鳥取県＞

さまざまな化学変化

1 次のうち，化学変化はどれか。

ア．氷がとける。
イ．食塩が水に溶ける。
ウ．砂糖がこげる。
エ．熱湯から湯気が出る。

＜栃木県＞

2 マグネシウムを加熱すると，激しく熱と光を出して酸素と化合し，酸化マグネシウムができる。この化学変化を，化学反応式で表しなさい。なお，酸化マグネシウムの化学式はMgOである。

＜静岡県＞

3 右図のように，水素が入った試験管のゴム栓をはずし，すぐに火のついたマッチを試験管の口に近づけると，音を立てて水素が燃え，試験管の内側がくもりました。この化学変化を化学反応式で表しなさい。

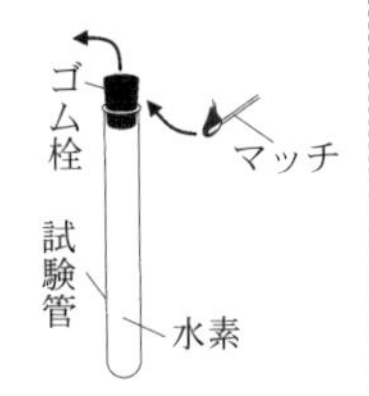

＜埼玉県＞

4 家庭で用いられるガス燃料にはメタンを主成分とするものとプロパンを主成分とするものがある。メタンが燃焼して二酸化炭素と水ができるときの化学変化のモデルと化学反応式は，それぞれ次のようになる。

化学変化のモデル.　メタン ＋ 酸素 → 二酸化炭素 ＋ 水
（水素原子を◎，酸素原子を○，炭素原子を●として表してある。）

化学反応式.　$CH_4 + 2O_2 \rightarrow CO_2 + 2H_2O$

Kさんは，プロパンも燃焼すると二酸化炭素と水ができることを知り，その化学反応式を次のように表した。化学反応式中の（ あ ），（ い ）にあてはまる数の組み合わせとして最も適するものをあとの1～4の中から一つ選び，その番号を答えなさい。

プロパン　酸素　二酸化炭素　水
C_3H_8 ＋ （ あ ）O_2 → $3CO_2$ ＋ （ い ）H_2O

1．あ：5　い：4
2．あ：7　い：8
3．あ：10　い：4
4．あ：14　い：8

＜神奈川県＞

5 鉄粉3.5 gと硫黄の粉末2.0 gの混合物を試験管に入れ，図のように混合物の上部をガスバーナーで加熱しました。混合物の色が赤くなり始めたところで加熱をやめ，しばらく置いたところ，鉄と硫黄がすべて反応して黒色の物質に変化しました。この化学変化を化学反応式で表しなさい。

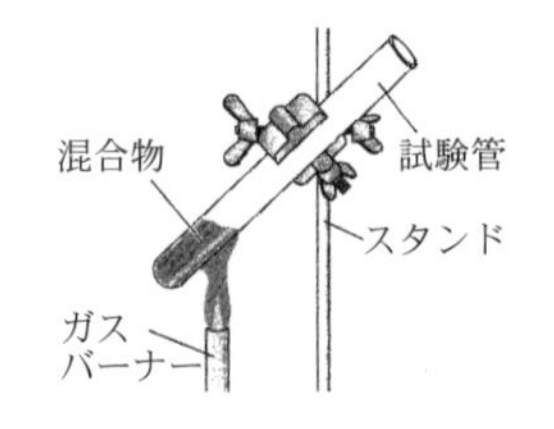

＜埼玉県＞

6 鉄と硫黄の混合物を加熱する実験を行った。(1)～(5)に答えなさい。

実験

① 図1のように，鉄粉3.5 gと硫黄2.0 gを，乳ばちでよく混ぜ合わせ，試験管Aにその$\frac{1}{4}$を，試験管Bに残りの分をそれぞれ入れた。

図1

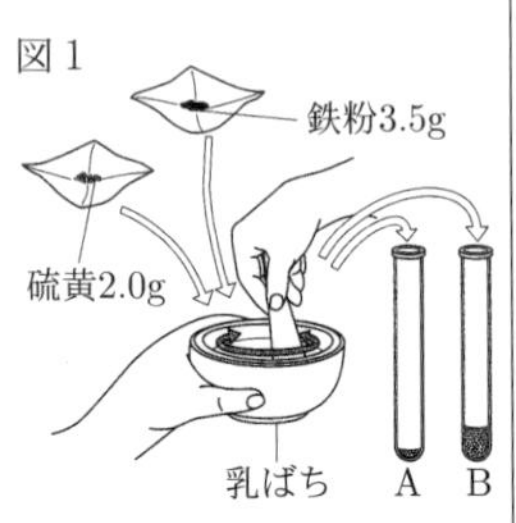

② 図2のように，試験管Bの口に脱脂綿でゆるく栓をしてから，試験管の中の混合物の上部を加熱し，鉄粉と硫黄を反応させた。赤く色が変わり始めたら，加熱をやめて，変化のようすを観察した。変化が終わったら，加熱後の試験管Bを金網の上に置き，温度が下がるのを待った。加熱後の試験管Bの中には，黒い物質が生じていた。

図2

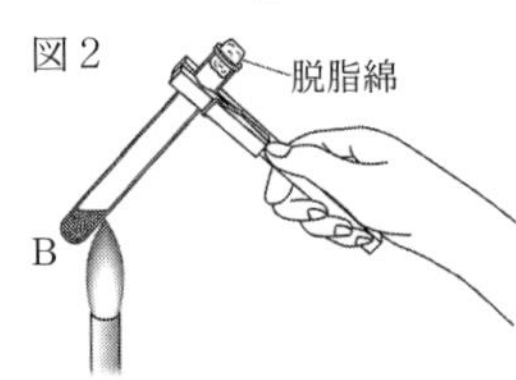

③ 試験管Aと加熱後の試験管Bのそれぞれにフェライト磁石を近づけ，中の物質のつき方を比べた。

④ 試験管Aの中身を試験管Cに，加熱後の試験管Bの中身を試験管Dに，それぞれ少量ずつとり出して入れた。その後，試験管C・Dのそれぞれに，5％塩酸を2，3滴ずつ入れ，発生する気体のにおいを調べた。

(1) 鉄や硫黄は1種類の原子がたくさん集まってできている。このように，1種類の原子だけからできている物質を何というか，書きなさい。

(2) 実験②では，加熱をやめても，しばらく反応が続いた。このとき，加熱をやめても反応が続いた理由として正しいものはどれか，ア～エから1つ選びなさい。

ア．この反応は吸熱反応であるため，反応によって温度が上がり，連続的に反応がおこるため。
イ．この反応は吸熱反応であるため，反応によって温度が下がり，連続的に反応がおこるため。
ウ．この反応は発熱反応であるため，反応によって温度が上がり，連続的に反応がおこるため。
エ．この反応は発熱反応であるため，反応によって温度が下がり，連続的に反応がおこるため。

(3) 実験③の結果を，試験管Aと加熱後の試験管Bのそれぞれについて書きなさい。また，その結果からいえることを書きなさい。

(4) 実験④では，試験管C・Dからそれぞれ異なる性質の気体が発生した。次の文は，このとき試験管C・Dから発生した気体について述べたものである。正しい文になるように，文中の（ ⓐ ）・（ ⓑ ）にあてはまるものを，

C・Dからそれぞれ選びなさい。また，ⓒについて，ア・イのいずれかを選びなさい。

> 試験管（ ⓐ ）から発生した気体は，においがなかったが，試験管（ ⓑ ）から発生した気体は，ⓒ［ア．プールの消毒のにおい　イ．卵の腐ったようなにおい］がした。

(5) 実験 において，鉄と硫黄の混合物を加熱したときの変化を，化学反応式で書きなさい。

＜徳島県＞

7 次の実験について，(1)～(5)の問いに答えなさい。

実験１．
図１のように，酸化銀の粉末を加熱すると，気体が発生して，加熱した試験管の中に白い固体ができた。

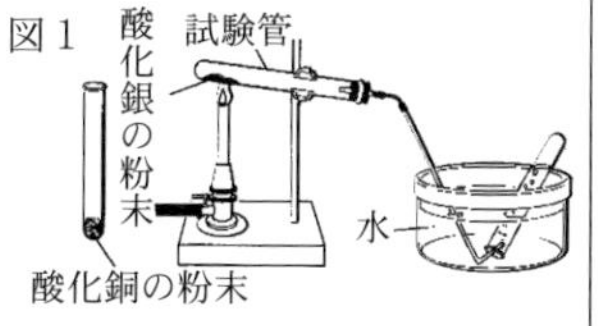

次に，酸化銅の粉末を同じように加熱したが，変化はみられなかった。

実験２．
図２のように，酸化銅の粉末4.0 gと炭素の粉末をよく混ぜ合わせて加熱すると，気体が発生し，石灰水が白くにごった。気体が発生しなくなったあと，石灰水からガラス管をとり出し，ピンチコックでゴム管をとめてから加熱をやめ，十分に冷ました。

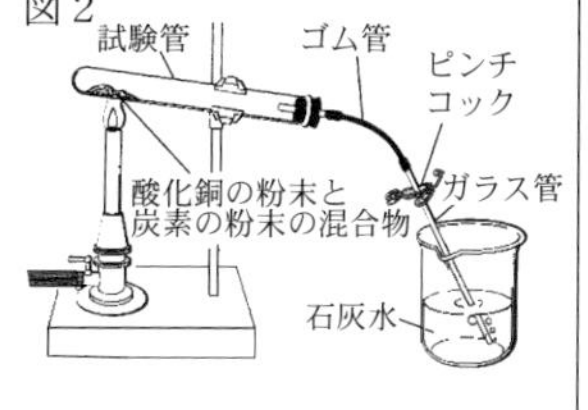

試験管の中には，赤色の固体が3.2 gできていた。ただし，試験管の中では，酸化銅と炭素との反応以外は起こらず，用いた酸化銅がすべて反応したものとする。

(1) 実験１で発生した気体を確かめる方法について述べた文として正しいものを，次のア～エの中から１つ選びなさい。
ア．発生した気体を水でぬらした青色リトマス紙にふれさせると，リトマス紙が赤くなる。
イ．発生した気体を水でぬらした赤色リトマス紙にふれさせると，リトマス紙が青くなる。
ウ．発生した気体を試験管の中にため，マッチの火を近づけると，ポンと音を立てて燃える。
エ．発生した気体を試験管の中にため，火のついた線香を入れると，線香が激しく燃える。

(2) 実験１で起こった化学変化について，次の化学反応式を完成させなさい。

$2Ag_2O \rightarrow$

(3) 下線部の操作を行わないと，試験管の中にできた赤色の固体の一部が黒くなる。その理由を，「試験管の中にできた赤色の固体が，」という書き出しに続けて書きなさい。

(4) 酸化銅の粉末0.80 gと炭素の粉末を用いて，実験２と同様の操作を行うと，反応によってできる赤色の固体の質量は何gか。求めなさい。

(5) 次の文は，実験２について述べたものである。X～Zにあてはまることばの組み合わせとして最も適当なものを，右のア～クの中から１つ選びなさい。

> 酸化銅は，炭素と混ぜ合わせて加熱すると，炭素に［　X　］をうばわれて［　Y　］された。このことから，銅，炭素のうち，酸素と結びつきやすいのは，［　Z　］であることがわかる。

	X	Y	Z
ア	銅	酸化	銅
イ	銅	酸化	炭素
ウ	銅	還元	銅
エ	銅	還元	炭素
オ	酸素	酸化	銅
カ	酸素	酸化	炭素
キ	酸素	還元	銅
ク	酸素	還元	炭素

＜福島県＞

8 黒色の酸化銅と炭素の粉末をよく混ぜ合わせた。これを図のように，試験管Pに入れて加熱すると，気体が発生して，試験管Qの液体Yが白く濁り，試験管Pの中に赤色の物質ができた。

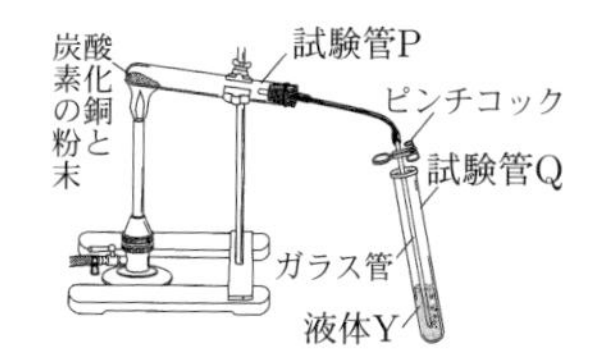

試験管Pが冷めてから，この赤色の物質を取り出し，性質を調べた。

(1) 次の文の①，②の｛　｝の中から，それぞれ適当なものを１つずつ選び，その記号を書け。
下線部の赤色の物質を薬さじでこすると，金属光沢が見られた。また，赤色の物質には，①｛ア．磁石につく　イ．電気をよく通す｝という性質も見られた。これらのことから，赤色の物質は，酸化銅が炭素により②｛ウ．酸化　エ．還元｝されてできた銅であると確認できた。

(2) 液体Yが白く濁ったことから，発生した気体は二酸化炭素であると分かった。次のア～エのうち，液体Yとして，最も適当なものを１つ選び，その記号を書け。
ア．食酢
イ．オキシドール
ウ．石灰水
エ．エタノール

(3) 酸化銅と炭素が反応して銅と二酸化炭素ができる化学変化を，化学反応式で表すとどうなるか。次の化学反応式の下線部を完成させよ。

$2CuO + C \rightarrow$ ＿＿＿＿＿＿＿＿

(4) 実験と同じ方法で，黒色の酸化銅2.00 gと炭素の粉末0.12 gを反応させたところ，二酸化炭素が発生し，試験管Pには，黒色の酸化銅と赤色の銅の混合物が1.68 g残った。このとき，発生した二酸化炭素の質量と，試験管Pに残った黒色の酸化銅の質量はそれぞれ何gか。ただし，酸化銅に含まれる銅と酸素の質量の比は4：1であり，試験管Pの中では，酸化銅と炭素との反応以外は起こらず，炭素は全て反応したものとする。

＜愛媛県＞

9 酸化物が酸素をうばわれる化学変化に関して，あとの１～３に答えなさい。

１．小林さんと上田さんは，酸化銅から銅を取り出す実験を，次に示した手順で行いました。あとの(1)・(2)に答えなさい。

> Ⅰ．酸化銅3.0 gと炭素0.1 gを混ぜて混合物をつくる。
> Ⅱ．次の図１に示した装置を用いて，混合物を加熱する。

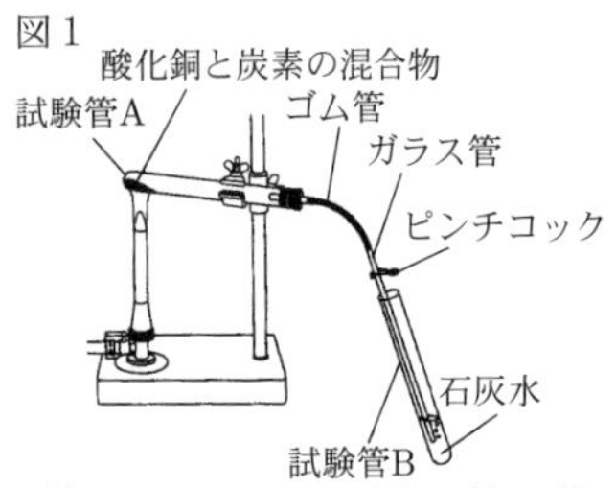

Ⅲ．反応が終わったら，①石灰水の外へガラス管を取り出してから加熱をやめ，ピンチコックでゴム管をとめて試験管Aを冷ます。
Ⅳ．②試験管A内に残った固体の質量を測定する。

(1) 下線部①について，この操作を加熱をやめる前に行うのは，石灰水がどうなることを防ぐためですか。簡潔に書きなさい。

(2) 下線部②について，この固体を観察したところ，赤色の物質が見られました。次の文は，この赤色の物質について述べたものです。文中の［　　］に当てはまる適切な語を書きなさい。

加熱後の試験管A内に残った赤色の物質を厚紙の上に取り出し，赤色の物質を薬さじの裏で強くこすると［　　］が見られることから，この赤色の物質が銅であることが分かる。

2．次の【ノート】は，小林さんと上田さんが，日本古来の製鉄方法であるたたら製鉄について調べてまとめたものであり，下の【会話】は，小林さんと上田さんと先生が，酸化物が酸素をうばわれる化学変化について話したときのものです。あとの(1)・(2)に答えなさい。

【ノート】

③たたら製鉄という製鉄方法は，右の図2のように，炉の下部からふいごという道具で空気を送り込みながら，砂鉄(酸化鉄)と木炭(炭素)を交互に炉の中に入れ，3日間ほど燃やし続けることで，鉄が炉の底にたまる仕組みになっている。たたら製鉄で作られた良質な鉄は玉鋼（たまはがね）とよばれ，日本刀などの材料になる。

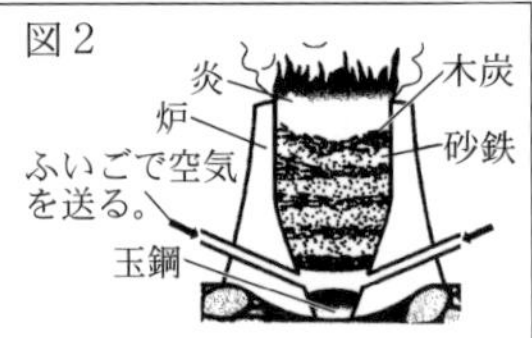

【会話】

小林：たたら製鉄も，酸化銅と炭素の混合物を加熱して銅を取り出す実験のように，酸化鉄と炭素の混合物を加熱することにより，炭素が酸素をうばうことで，鉄が取り出されるんだね。逆に，炭素の酸化物が他の物質によって，酸素をうばわれることはあるのかな。
上田：私も同じ疑問を抱いていたから，その疑問を先生に伝えたんだよ。すると，空気中で火をつけたマグネシウムリボンを，集気びんに入れた二酸化炭素の中で燃焼させる実験を紹介してくれたんだ。先生にお願いして実験をやってみよう。

小林：マグネシウムリボンは，二酸化炭素の中なのに激しく燃えて，燃焼後に白い物質に変わるんだね。あと，この白い物質の表面には黒い物質もついているね。
上田：④白い物質は，マグネシウムリボンを空気中で燃焼させたときにできる物質と同じような物質だから酸化マグネシウムで，黒い物質は炭素かな。
先生：そのとおりです。
小林：ということは，さっきの実験では，炭素の酸化物である二酸化炭素がマグネシウムによって酸素をうばわれたことになるね。
上田：そうだね。物質によって，酸素との結びつきやすさが違うんだね。

(1) 下線部③について，たたら製鉄では，砂鉄(酸化鉄)は酸素をうばわれ，鉄に変わります。このように，酸化物が酸素をうばわれる化学変化を何といいますか。その名称を書きなさい。

(2) 下線部④について，マグネシウム原子のモデルを(Mg)，酸素原子のモデルを(O)として，マグネシウムを空気中で燃焼させたときの化学変化をモデルで表すと，次のようになります。［　　］内に当てはまるモデルをかきなさい。

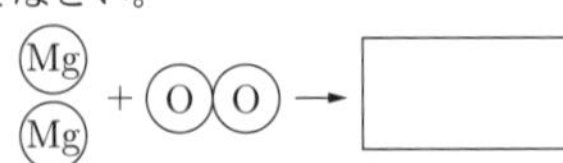

3．次のア～オの中で，図1の酸化銅と炭素の混合物を加熱して銅を取り出す実験，たたら製鉄について調べた【ノート】及び小林さんと上田さんと先生の【会話】を基に，物質の酸素との結びつきやすさについて説明している文として適切なものはどれですか。その記号を全て書きなさい。

ア．炭素は，全ての金属よりも酸素と結びつきやすい。
イ．マグネシウムと鉄を比べると，マグネシウムの方が酸素と結びつきやすい。
ウ．炭素と鉄を比べると，炭素の方が酸素と結びつきやすい。
エ．炭素と銅を比べると，銅の方が酸素と結びつきやすい。
オ．鉄と銅では，どちらの方が酸素と結びつきやすいかは判断できない。

＜広島県＞

10

化学変化と熱の関係を調べるための実験を行った。次の問いに答えなさい。

＜実験1＞
集気びんに鉄粉5g，活性炭粉末2g，食塩水数滴を入れ，ガラス棒でかき混ぜながら温度を測定する(図1)。

＜実験2＞
水酸化バリウム3gと塩化アンモニウム1gをビーカーの底の両端に入れ温度をはかる。
水でぬらしたろ紙をビーカーにかぶせ，ガラス棒でよく混ぜたあと，しばらくして温度を測定する(図2)。

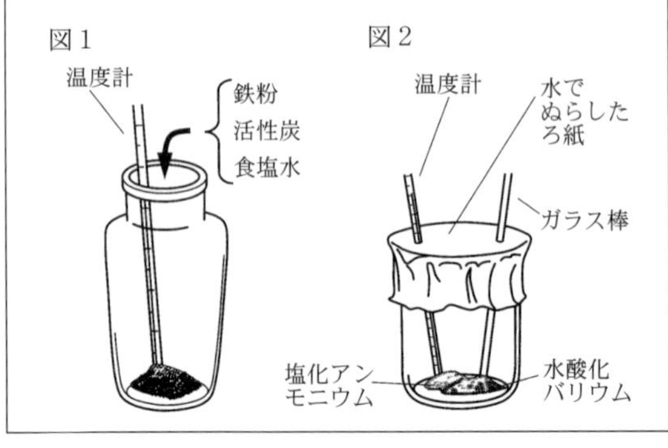

問1．＜実験１＞で温度はどのように変化するか。また，この化学変化を利用しているものは何か。組み合わせとして最も適当なものを右のア～エの中から１つ選び記号で答えなさい。

	温度変化	利用例
ア	上がる	マッチ
イ	上がる	使い捨てカイロ
ウ	下がる	ドライアイス
エ	下がる	冷却パック

問2．＜実験１＞で室温と集気びん内の温度差が最も大きくなった直後，集気びんの中に火のついたロウソクを入れると，すぐにロウソクの火が消えた。その理由として最も適当なものを次のア～エの中から１つ選び記号で答えなさい。

ア．集気びん内で水素が発生していたため
イ．集気びん内で二酸化炭素が発生していたため
ウ．集気びん内の酸素が使われていたため
エ．集気びん内の窒素が使われていたため

問3．＜実験２＞で反応前の温度は25.0℃だったが，反応後は9.0℃になった。この反応について述べた次の文の（ ① ）に当てはまる語句として適当なものを　　　内のア，イから１つ選び記号で答えなさい。また，（ ② ）に当てはまる最も適当な語句を答えなさい。

この化学変化(化学反応)は熱を（ ① ）ので，（ ② ）反応である。

ア．周囲に出している
イ．周囲からうばっている

問4．＜実験２＞の反応では気体が発生する。この気体の化学式を答えなさい。ただし，化学式はアルファベットの大文字，小文字，数字を書く位置や大きさに気を付けて書きなさい。

問5．＜実験２＞で，水でぬらしたろ紙を用いる理由として，最も適当なものを次のア～エの中から１つ選び記号で答えなさい。

ア．空気が反応に影響することを防ぐため
イ．ビーカーを冷やすため
ウ．気体の発生に水分が必要なため
エ．発生する気体を吸着するため

＜沖縄県＞

化学変化と物質の質量

1　図のように，AとBの２つのフラスコの中に同量の鉄粉を入れ，燃焼させるのに十分な酸素を加えたあと密閉し，上皿てんびんにのせたところ，２つのフラスコはつり合った。その後，Bのフラスコを上皿てんびんから外し，加熱して鉄粉を燃焼させた。

燃焼が終わったあと，十分に冷ましてから，Bのフラスコを上皿てんびんに戻したところ，２つのフラスコは再びつり合った。次の(1)，(2)の問いに答えなさい。

(1)　下線部のように，化学変化でどんな物質が生成しても，物質が入ってきたり逃げたりしなければ，化学変化の前後で全体の質量は変化しない。この法則を何というか，書きなさい。

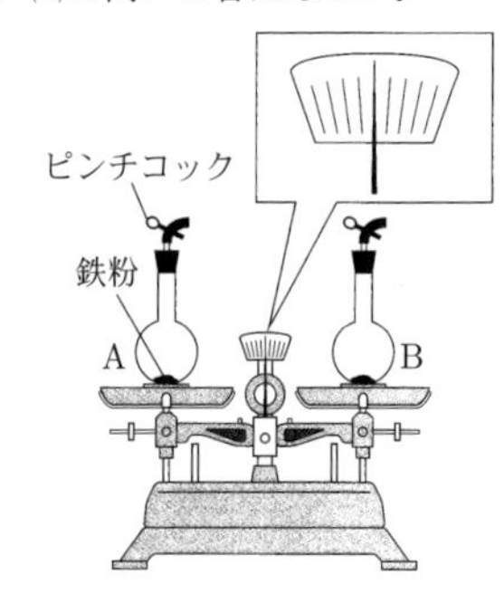

(2)　下線部の後，加熱したBのフラスコのピンチコックを開いてしばらく置いた。このときの上皿てんびんの指針のようすとして最も適当なものを，次のア～ウの中から１つ選び，記号を書きなさい。

ア

Aのフラスコ側に振れる

イ

Bのフラスコ側に振れる

ウ

変化しない

＜佐賀県＞

2　うすい塩酸に石灰石を加えたときに発生する気体の質量を求めるために，次の①～③の順に操作を行った。発生した気体の質量[g]を①～③中のa，b，cを用いて表したものとして最も適するものをあとの１～６の中から一つ選び，その番号を答えなさい。ただし，発生した気体のうち，水に溶けたものの質量とビーカーの中にたまったものの質量は考えないものとする。

①　図のように，うすい塩酸を入れたビーカーを電子てんびんにのせて質量を測定したところ，a[g]であった。

②　ビーカーを電子てんびんにのせたまま，質量b[g]の石灰石をうすい塩酸に加えて反応させたところ，気体が発生した。

③　気体が発生しなくなったときのビーカー全体の質量を測定したところ，c[g]であった。

１．$a-c$　　２．$c-a$
３．$a+b-c$　　４．$a-b+c$
５．$c-a+b$　　６．$c-a-b$

＜神奈川県＞

3 図1は，質量を測定した木片に火をつけ，酸素で満たした集気びんPに入れ，ふたをして燃焼させた後の様子を示したものである。図2は，質量を測定したスチールウールに火をつけ，酸素で満たした集気びんQに入れ，ふたをして燃焼させた後の様子を示したものである。

燃焼させた後の木片と，燃焼させた後のスチールウールを取り出し質量を測定するとともに，それぞれの集気びんに石灰水を入れ，ふたをして振った。

燃焼させた後に質量が大きくなった物体と，石灰水が白くにごった集気びんとを組み合わせたものとして適切なのは，下の表のア〜エのうちではどれか。

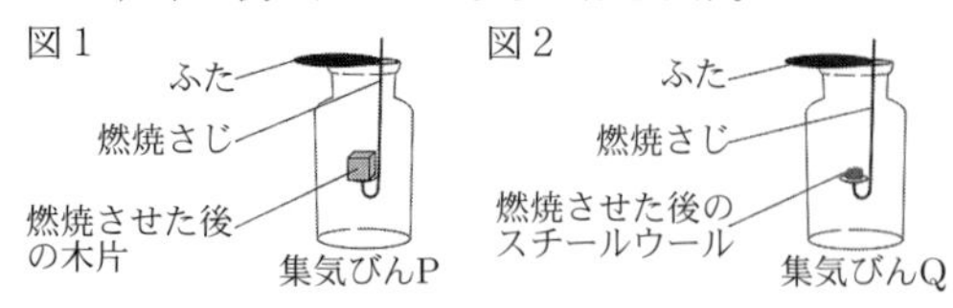

	燃焼させた後に質量が大きくなった物体	石灰水が白くにごった集気びん
ア	木片	集気びんP
イ	スチールウール	集気びんP
ウ	木片	集気びんQ
エ	スチールウール	集気びんQ

＜東京都＞

4 次の表は，マグネシウムをステンレス皿に入れて加熱し，1分ごとにステンレス皿内の物質の質量を測定したときのものです。下のア〜エのうち，表から読みとれることとして正しいものはどれですか。一つ選び，その記号を書きなさい。

加熱時間[分]	0	1	2	3	4	5	6
ステンレス皿内の物質の質量[g]	2.40	3.36	3.72	3.96	4.00	4.00	4.00

ア．加熱時間1分のステンレス皿内の物質の質量は，加熱時間0分と比べて3.36 g増加する。
イ．加熱時間とステンレス皿内の物質の質量は，比例の関係にある。
ウ．加熱を続けると，やがてステンレス皿内の物質の質量は変化しなくなる。
エ．加熱時間0分のステンレス皿内の物質の質量と，加熱時間6分のステンレス皿内の物質の質量の比は2：3である。

＜岩手県＞

5 3枚の蒸発皿A〜Cを準備し，Aに塩化ナトリウム，Bに炭酸水素ナトリウム，Cに塩化ナトリウムと炭酸水素ナトリウムの混合物を3.2 gずつ入れ，それぞれをかき混ぜながら十分に加熱した。下の表は，加熱前後のそれぞれの質量をまとめたものである。混合物3.2 gにふくまれていた炭酸水素ナトリウムの質量は何gか，求めなさい。

蒸発皿	物質	加熱前の質量[g]	加熱後の質量[g]
A	塩化ナトリウム	3.2	3.2
B	炭酸水素ナトリウム	3.2	2.0
C	混合物	3.2	2.3

＜青森県＞

6 マグネシウム，銅それぞれの粉末を空気中で加熱し，完全に反応させて酸化物としてから，加熱前の金属の質量と加熱後の酸化物の質量との関係を調べた。その結果，反応する銅と酸素の質量の比は4：1であり，同じ質量の，マグネシウム，銅それぞれと反応する酸素の質量は，マグネシウムと反応する酸素の質量の方が，銅と反応する酸素の質量より大きいことがわかった。右図は，実験の結果を表したグラフである。

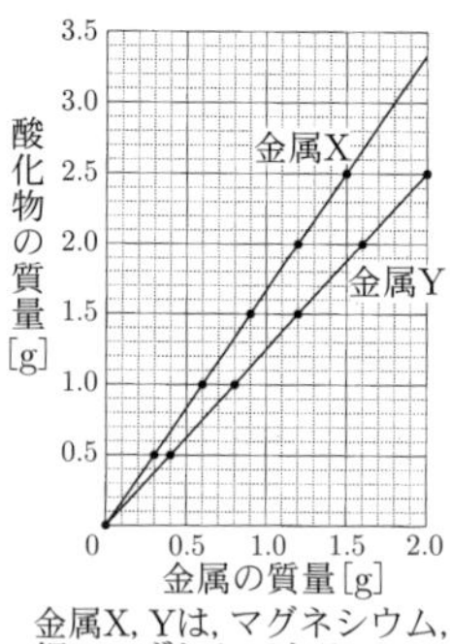

金属X, Yは，マグネシウム，銅のいずれかである。

(1) マグネシウムが酸素と反応して，酸化マグネシウム(MgO)ができる化学変化を，化学反応式で書け。
(2) 酸素1.0 gと反応するマグネシウムは何gか。
(3) 下線部の酸素の質量を比べると，マグネシウムと反応する酸素の質量は，銅と反応する酸素の質量の何倍か。次のア〜エのうち，適当なものを1つ選び，その記号を書け。

ア．$\frac{4}{3}$倍　　イ．2倍　　ウ．$\frac{8}{3}$倍　　エ．4倍

＜愛媛県＞

7 次の実験について，(1)〜(5)の問いに答えなさい。

実　験．
Ⅰ．図のように，ステンレス皿に，銅の粉末とマグネシウムの粉末をそれぞれ1.80 gはかりとり，うすく広げて別々に3分間加熱した。

Ⅱ．十分に冷ました後に，質量をはかったところ，どちらも加熱する前よりも質量が増加していた。
Ⅲ．再び3分間加熱し，十分に冷ました後に質量をはかった。この操作を数回繰り返したところ，どちらも質量が増加しなくなった。このとき，銅の粉末の加熱後の質量は2.25 g，マグネシウムの粉末の加熱後の質量は3.00 gであった。ただし，加熱後の質量は，加熱した金属の酸化物のみの質量であるものとする。

(1) マグネシウムは，空気中の酸素と結びつき，酸化物を生じる。この酸化物の化学式を書きなさい。
(2) 加熱によって生じた，銅の酸化物とマグネシウムの酸化物の色の組み合わせとして正しいものを，下のア〜カの中から1つ選びなさい。

	銅の酸化物	マグネシウムの酸化物
ア	白色	白色
イ	白色	黒色
ウ	赤色	白色
エ	赤色	黒色
オ	黒色	白色
カ	黒色	黒色

(3) 下線部について，質量が増加しなくなった理由を，「銅やマグネシウムが」という書き出しに続けて書きなさい。

(4)　Ⅲについて，同じ質量の酸素と結びつく，銅の粉末の質量とマグネシウムの粉末の質量の比はいくらか。最も適切なものを，次のア～カの中から１つ選びなさい。

ア．3：4　　イ．3：8
ウ．4：3　　エ．4：5
オ．5：3　　カ．8：3

(5)　銅の粉末とマグネシウムの粉末の混合物3.00 gを，実験のように，質量が増加しなくなるまで加熱した。このとき，混合物の加熱後の質量が4.10 gであった。加熱する前の混合物の中に含まれる銅の粉末の質量は何gか。求めなさい。ただし，加熱後の質量は，加熱した金属の酸化物のみの質量であるものとする。

<福島県>

8　里奈さんと慎也さんは，酸化と還元について調べるために，次の①～⑤の手順で実験を行った。あとの問いに答えなさい。

【実験】

①　酸化銅の粉末4.00 gと炭素粉末0.10 gを乳鉢でよく混ぜ合わせた。

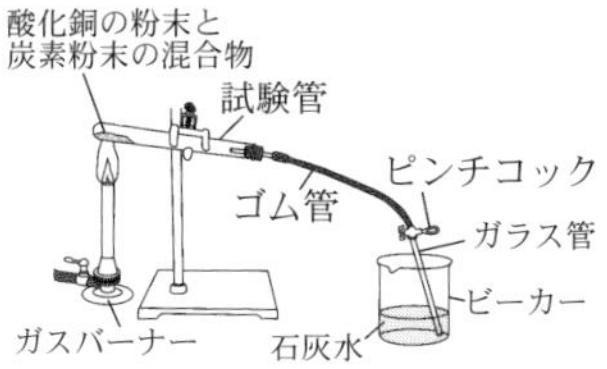

②　①の混合物を試験管に入れ，右の図のような装置を組み，加熱した。

③　気体が発生しなくなったら，石灰水からガラス管をとり出したあとに加熱をやめ，ピンチコックでゴム管を閉じて試験管を冷ました。

④　試験管内に残った固体をとり出し，質量をはかった。

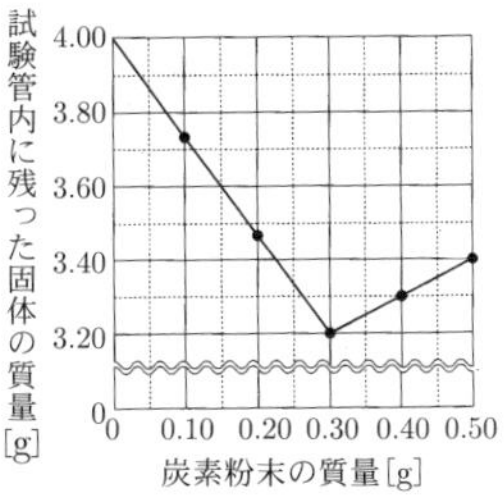

⑤　炭素粉末の質量を0.20 g, 0.30 g, 0.40 g, 0.50 gにして，①～④と同様のことをそれぞれ行った。

1．下線部について，加熱をやめる前に石灰水からガラス管をとり出すのはなぜか，簡潔に書きなさい。

2．前掲のグラフは，実験結果をまとめたものであり，次は，実験後の里奈さんと慎也さんの対話である。あとの問いに答えなさい。

里奈：炭素粉末の質量がそれぞれどんな場合でも，加熱後の試験管には赤色の固体が観察できて，石灰水は発生した気体によって白くにごったよ。
慎也：そうすると，試験管内で起こった化学変化は，$2CuO + C \rightarrow$ [a] の化学反応式で表すことができるね。
里奈：炭素が [b] され，酸化銅が [c] されたんだね。
慎也：銅と炭素では，[d] の方が酸素と結びつきやすいといえるね。
里奈：それから，炭素粉末が [e] gのとき，反応後の試験管内に残った固体は銅だけだったね。
慎也：そうだったね。グラフからは，反応によって発生する気体の質量が求められるよ。炭素粉末の質量が0.15 gのとき，反応によって発生する気体の質量は [f] gと考えられるね。

(1)　[a] に適切な化学式や数字，記号を書き，化学反応式を完成させなさい。

(2)　[b] ～ [d] にあてはまる語の組み合わせとして適切なものを，次のア～エから一つ選び，記号で答えなさい。

ア．b．酸化　c．還元　d．炭素
イ．b．酸化　c．還元　d．銅
ウ．b．還元　c．酸化　d．炭素
エ．b．還元　c．酸化　d．銅

(3)　[e]，[f] にあてはまる数値の組み合わせとして最も適切なものを，次のア～カから一つ選び，記号で答えなさい。

ア．e．0.30　f．0.40
イ．e．0.30　f．0.55
ウ．e．0.30　f．0.70
エ．e．0.40　f．0.40
オ．e．0.40　f．0.55
カ．e．0.40　f．0.70

3．実験結果から，酸化銅に含まれる，銅の質量と酸素の質量の比を，最も簡単な整数比で書きなさい。

<山形県>

9　化学変化と物質の質量について調べるため，次のような実験を行いました。これについて，あとの(1)～(5)の問いに答えなさい。

課題．

酸化銅を炭素で還元するとき，酸化銅5.0 gと過不足なく反応する炭素の質量は何gになるか求めてみよう。

実験１．

[1]　図のような装置を用いて，試験管Aに酸化銅の粉末(黒色)と炭素の粉末(黒色)をよく混ぜて入れ十分に加熱した。

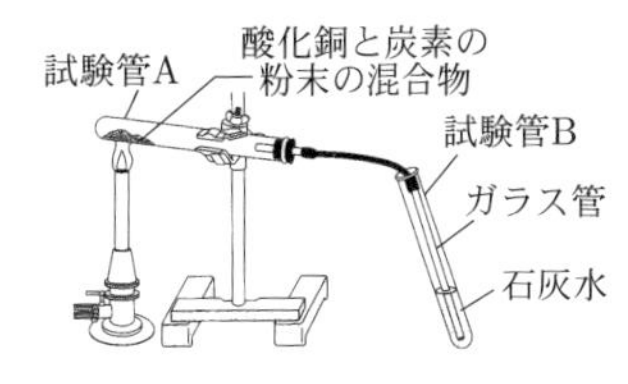

[2]　加熱すると気体が発生し，試験管Bの石灰水が白くにごった。

[3]　気体が発生しなくなった後，ガラス管の先を石灰水から引きぬいてから，加熱をやめた。その後，試験管Aを冷ましてから中の固体をとり出した。

[4]　[3]の固体を観察したところ，黒い固体と赤褐色の固体があり，赤褐色の固体を薬さじでこすると光沢が見られた。

実験２．

[5]　酸化銅の粉末5.0 gと炭素の粉末5.0 gをはかりとり[1]，[3]の操作を行った。その後，炭素の質量を4.0 g，3.0 g，2.0 g，1.0 gと1.0 gずつ減らしながら同様の操作を行い，反応後の試験管A内の固体の質量をはかった。

[6]　[5]の結果を表Ⅰにまとめた。

表Ⅰ

炭素の質量[g]	5.0	4.0	3.0	2.0	1.0
固体の質量[g]	8.6	7.6	6.6	5.6	4.6

[7]　[5]の各操作後に試験管A内の固体を観察したところ，[5]の反応後の固体すべてで赤褐色の固体と黒い固体が見られた。

実験３．

[8]　実験２のあと，さらに炭素の質量を0.1 gずつ減らしながら[1]，[3]の操作を行い，反応後の試験管A内の固体の質量をはかり，その結果を表Ⅱにまとめた。

表Ⅱ

炭素の質量[g]	0.9	0.8	0.7	0.6	0.5	0.4	0.3	0.2	0.1
固体の質量[g]	4.5	4.4	4.3	4.2	4.1	4.0	4.2	4.5	4.8

(1)　1，2で，次のア～エのうち，酸化銅の粉末と混ぜて加熱したときに2で発生した気体と同じ気体が発生する物質はどれですか。一つ選び，その記号を書きなさい。

ア．硫黄　　　　イ．食塩

ウ．スチールウール　　　　エ．ポリエチレン

(2)　1で，試験管A内で起こった化学変化を化学反応式で表しなさい。ただし，化学式は次のすべてを用いることとします。

炭素(C)　　銅(Cu)　　酸化銅(CuO) 二酸化炭素(CO_2)

(3)　3で，加熱をやめる前にガラス管の先を石灰水から引きぬいたのはなぜですか。その理由を簡単に書きなさい。

(4)　6，8で，次のア～ウのうち，炭素の質量が1.0 gと0.1 gのとき，それぞれ反応後の試験管A内の固体にふくまれる物質はどれですか。それぞれすべて選び，その記号を書きなさい。ただし，酸化銅と炭素のいずれか一方は，完全に反応したものとします。

ア．銅　　　イ．炭素　　　ウ．酸化銅

(5)　8で，5.0 gの酸化銅を炭素で還元するとき，酸化銅と過不足なく反応する炭素の質量は，表Ⅱから何gと考えられますか。次のア～エのうちから，その値をふくむ範囲として最も適当なものを一つ選び，その記号を書きなさい。

ア．0.2 g以上0.3 g未満

イ．0.3 g以上0.4 g未満

ウ．0.4 g以上0.5 g未満

エ．0.5 g以上0.6 g未満

＜岩手県＞

10

酸素がかかわる化学反応について調べるため，次の実験を行った。あとの問いに答えなさい。

＜実験1＞

酸化銅を得るために，A～Eの班ごとに銅粉末をはかりとり，それぞれを図1のようなステンレス皿全体にうすく広げてガスバーナーで熱した。その後，よく冷やしてから加熱後の物質の質量を測定した。次の表は班ごとの結果をまとめたものである。

図1

班	A	B	C	D	E
銅粉末の質量[g]	1.40	0.80	0.40	1.20	1.00
加熱後の物質の質量[g]	1.75	1.00	0.50	1.35	1.25

(1)　表において，銅粉末がじゅうぶんに酸化されなかった班が1つある。それはA～Eのどの班か，1つ選び，記号で答えなさい。なお，必要に応じて右のグラフを使って考えてもよい。

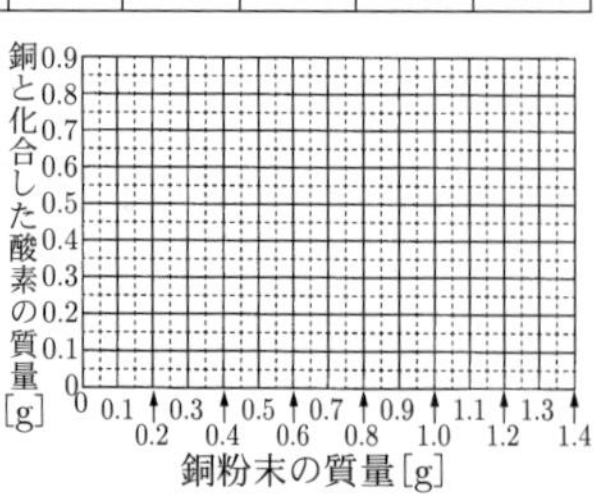

(2)　(1)で答えた班の銅粉末は何％が酸化されたか，求めなさい。

(3)　実験1と同様の操作で3.0 gの酸化銅を得るとき，銅と結びつく酸素の質量は何gか，求めなさい。

＜実験2＞

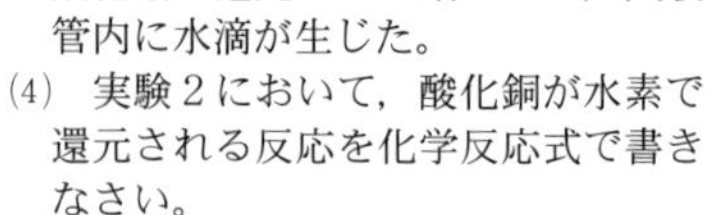

銅線をガスバーナーでじゅうぶんに加熱し，表面を黒色の酸化銅にした。この黒くなった銅線を，図2のように水素をふきこんだ試験管の中に入れたところ，銅線表面に生じた酸化銅は還元されて銅になり，試験管内に水滴が生じた。

図2

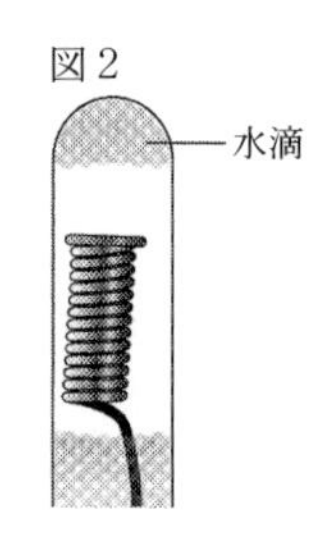

(4)　実験2において，酸化銅が水素で還元される反応を化学反応式で書きなさい。

(5)　酸化銅が水素で還元されて銅になり，水が生じる反応において，水が0.9 g得られたとすると，何gの酸化銅が還元されたことになるか，求めなさい。ただし，水素原子と酸素原子の質量比を1：16とする。

＜富山県＞

11

金属の酸化について，下の実験1，2を行った。次の(1)～(4)に答えなさい。

実験1．

ステンレス皿にマグネシウムの粉末1.20 gをはかりとり，図1の装置を用いて，全体の色が変化するまで加熱した後，よく冷やしてから物質の質量をはかった。

図1

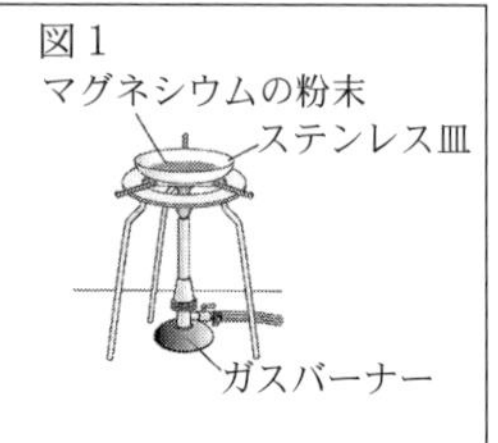

これをよく混ぜてから一定時間加熱し，よく冷やして質量をはかった。この操作を，物質の質量が一定になるまでくり返し，その結果を，下の表にまとめた。

マグネシウムの粉末の質量[g]	加熱後の物質の質量[g]				
	1回目	2回目	3回目	4回目	5回目
1.20	1.56	1.80	1.94	2.00	2.00

実験2．

ステンレス皿に銅粉1.20 gをはかりとり，実験1と同じ装置を用いて，かき混ぜながら全体の色が変化するまで加熱した後，よく冷やしてから物質の質量をはかった。

これをかき混ぜながら一定時間加熱し，よく冷やして質量をはかった。この操作を，物質の質量が一定になるまでくり返した。

さらに，最初にはかりとる銅粉の質量を1.60 g，2.00 gと変えて，同様の操作を行い，その結果を，図2にまとめた。

図2

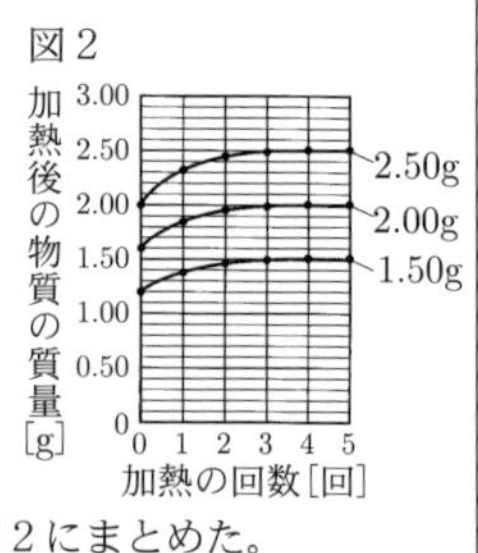

(1)　実験1について，次のア，イに答えなさい。

ア．マグネシウムの酸化を表した次の化学反応式を完成させなさい。

［　　　］＋［　　　］→2MgO

イ．1回目の加熱で，酸素と反応したマグネシウムの質量は何gか，求めなさい。

(2)　実験2について，次のア，イに答えなさい。

ア．銅粉を加熱したときに見られる変化として適切なものを，次の1～4の中から一つ選び，その番号を書きなさい。

1．激しく熱や光を出して，黒色の物質に変化する。
2．激しく熱や光を出して，白色の物質に変化する。
3．おだやかに黒色の物質に変化する。
4．おだやかに白色の物質に変化する。

イ．加熱後の物質の質量が一定になったときの結果をもとに，銅の質量と結びついた酸素の質量との関係を表すグラフを次にかきなさい。

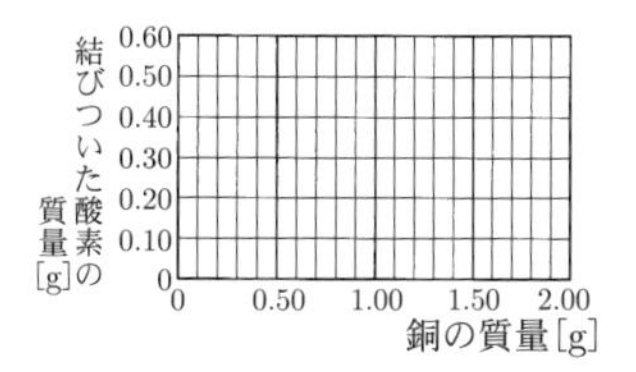

(3)　下の文章は，マグネシウムと銅の質量と原子の数について考察したものである。文章中の[①]，[②]に入る語の組み合わせとして適切なものを，次の1～4の中から一つ選び，その番号を書きなさい。

> 実験1，2より，同じ質量のマグネシウムと銅を比べると，結びつく酸素の質量は[①]の方が大きいので，結びつく酸素原子の数も[①]の方が多いことがわかる。また，マグネシウム原子1個と銅原子1個は，それぞれ酸素原子1個と結びつくため，同じ質量のマグネシウムと銅にふくまれる原子の数も[①]の方が多いことがわかる。これらのことから，原子1個の質量は，[②]の方が多いと考えられる。

1．①　銅　　　　　　　②　マグネシウム
2．①　マグネシウム　　②　マグネシウム
3．①　銅　　　　　　　②　銅
4．①　マグネシウム　　②　銅

(4)　ある生徒が実験をしていたところ，マグネシウムの粉末と銅粉が混ざってしまった。この混合物の質量をはかると，1.10 gであった。これをステンレス皿に入れて，実験1と同様の手順で実験を行った。全体の質量が一定になったとき，物質の質量は，1.50 gであった。加熱する前の混合物の中にふくまれていた銅粉の質量は何gか，求めなさい。

＜青森県＞

12

酸化銀を加熱すると銀と酸素ができる化学変化について調べるために，次の①，②の手順で実験を行った。表は，実験結果である。あとの問いに答えなさい。

試験管に入れた酸化銀の質量[g]	1.00	2.00	3.00
試験管内に残った固体の質量[g]	0.93	1.86	2.79

【実験】
①　酸化銀1.00 gを試験管に入れ，酸素が発生しなくなるまで十分に加熱した。加熱した試験管が冷めたあと，試験管内に残った固体の質量をはかった。
②　酸化銀を2.00 g，3.00 gにして，①と同様のことをそれぞれ行った。

1．酸化銀を加熱したときの色の変化として最も適切なものを，次のア～カから一つ選び，記号で答えなさい。
ア．赤色から黒色　　　イ．黒色から白色
ウ．白色から黒色　　　エ．赤色から白色
オ．黒色から赤色　　　カ．白色から赤色

2．酸化銀の熱分解の化学反応式を，次のア～エから一つ選び，記号で答えなさい。
ア．$2Ag_2O \rightarrow 2Ag_2 + 2O$
イ．$2Ag_2O \rightarrow 4Ag + 2O$
ウ．$2Ag_2O \rightarrow 2Ag_2 + O_2$
エ．$2Ag_2O \rightarrow 4Ag + O_2$

3．酸化銀を4.00 gにして，①と同様のことを行った。発生した酸素の質量は何gか，求めなさい。

4．酸化銀を5.00 gにして，加熱した。加熱した試験管が冷めたあと，試験管内に残った固体の質量をはかったところ，4.72 gであり，加熱が不十分であったことがわかった。試験管内に残った固体のうち銀の質量は何gか，求めなさい。

＜山形県＞

13

石灰石と塩酸の反応について調べるために，次の①～③の手順で実験を行った。あとの表は，実験結果である。あとの問いに答えなさい。

【実験】
①　うすい塩酸12 cm³をビーカーに入れ，図1のように，ビーカーを含めた全体の質量をはかったところ，59.0 gであった。

図1

②　①のビーカーに，石灰石の粉末0.5 gを入れて，気体が発生しなくなったことを確認したあと，ビーカーを含めた全体の質量をはかった。
③　石灰石の粉末の質量を，1.0 g，1.5 g，2.0 g，2.5 gにして，②と同様のことをそれぞれ行った。

入れた石灰石の質量[g]	0.5	1.0	1.5	2.0	2.5
反応後の全体の質量[g]	59.3	59.6	59.9	60.4	60.9

1．下線部に関連して，化学変化の前後で物質全体の質量が変化しないことを，何の法則というか，書きなさい。

2．②において，石灰石と塩酸の反応で発生した気体は何か，化学式で書きなさい。

3．実験結果をもとに，入れた石灰石の質量と発生した気体の質量の関係を表すグラフを，図2にかきなさい。

図2
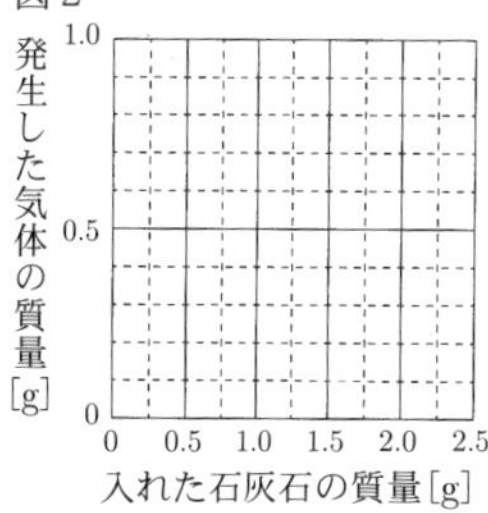

4．実験で使ったものと同じうすい塩酸18 cm³に，実験で使ったものと同じ石灰石の粉末3.0 gを入れると，発生する気体は何gか。最も適切なものを，次のア～オから一つ選び，記号で答えなさい。
ア．0.6 g　　イ．0.9 g　　ウ．1.2 g
エ．1.5 g　　オ．1.8 g

＜山形県＞

14

化学変化の前後で，物質全体の質量が変化するかどうかを調べる実験を行った。下の[　　]内は，その実験の手順である。

【実験1】
①　図1のように，うすい硫酸20 mLとうすい水酸化バリウム水溶液20 mLをそれぞれビーカーA，Bに入れ，全体の質量をはかる。

図1
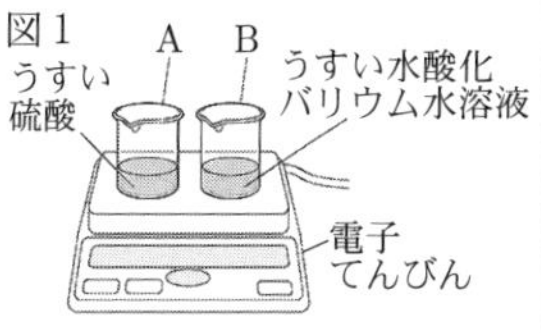

② <u>Bの中のうすい水酸化バリウム水溶液に，Aの中のうすい硫酸を全て加えて混ぜ合わせ</u>，変化のようすを観察し，A，Bを含む全体の質量をはかる。

【実験2】

① 図2のように，プラスチック容器にうすい塩酸5 mLと炭酸水素ナトリウム1 gを別々に入れて密閉し，容器全体の質量をはかる。

図2

② 容器を傾けて，うすい塩酸と炭酸水素ナトリウムを混ぜ合わせて，変化のようすを観察し，反応が終わってから容器全体の質量をはかる。

問1．下線部の操作によって，白い沈殿ができた。この操作によって起こった化学変化を，化学反応式で表すとどうなるか。図3を完成させよ。

図3 (　　　)+(　　　)→$BaSO_4$+(　　　)

問2．下の［　　］内は，実験1，2の結果について説明した内容の一部である。文中の(X)，(Y)にあてはまる語句の正しい組み合わせを，あとの1～4から1つ選び，番号を書け。また，(Z)に，適切な語句を入れよ。

> 化学変化の前後では，物質をつくる(X)は変化するが，(Y)は変化しないため，化学変化に関係する物質全体の質量は変化しない。これを(Z)の法則という。

1．X：原子の種類
　Y：原子の組み合わせと数
2．X：原子の種類と数
　Y：原子の組み合わせ
3．X：原子の組み合わせと数
　Y：原子の種類
4．X：原子の組み合わせ
　Y：原子の種類と数

問3．実験2②の操作の後，容器のふたをゆっくり開けるとプシュッと音がした。その後，再びふたを閉めてから，容器全体の質量をはかった。容器全体の質量は，ふたを開ける前と比べてどうなるか。次の1～3から1つ選び，番号を書け。また，そう判断した理由を，「気体」という語句を用いて，簡潔に書け。

1．増加する　　2．減少する　　3．変化しない

＜福岡県＞

15 花子さんは石灰石の主成分である炭酸カルシウム($CaCO_3$)と，うすい塩酸が反応するときの質量の関係を調べるため，次のような実験を行い，ノートにまとめた。あとの(1)～(5)の問いに答えなさい。

花子さんのノートの一部．

【方法】

❶ 炭酸カルシウムを2.00 g，4.00 g，6.00 g，8.00 g，10.00 gずつはかりとる。

❷ ❶ではかりとった炭酸カルシウムを，それぞれ図のようにうすい塩酸20.00 gに加え，反応させる。

❸ 反応が終了したら質量を測定し記録する。

【化学反応式】

$CaCO_3$ + [あ] HCl → [い] + H_2O + CO_2

【結果】

炭酸カルシウムの質量[g]	2.00	4.00	6.00	8.00	10.00
反応後の質量[g]	21.12	22.24	23.58	25.58	27.58

※反応後の質量は，ビーカーの質量を差し引いた値

(1) [あ]に当てはまる数値を書きなさい。また，[い]に当てはまる化学式として最も適当なものを，次のア～エの中から一つ選んで，その記号を書きなさい。

ア．CaCl　　イ．$CaCl_2$
ウ．CaHCl　　エ．Ca_2Cl

(2) この実験では，反応前後の質量を比較することで，二酸化炭素の発生量を求めることができる。これは化学変化におけるある法則を利用しているからである。この法則の説明として最も適当なものを，次のア～エの中から一つ選んで，その記号を書きなさい。

ア．化学変化の前後で，化学変化に関係する物質全体の質量は変化しない。
イ．物質が化合するとき，それに関係する物質の質量の比は変化する。
ウ．化学変化の後，化学変化に関係する物質全体の質量は増加する。
エ．化学変化の後，化学変化に関係する物質全体の質量は減少する。

(3) この実験で用いたうすい塩酸20.00 gに，炭酸カルシウムは何gまで反応すると考えられるか。あとの方眼紙にグラフを書いて数値を求め，最も適当なものを，次のア～オの中から一つ選んで，その記号を書きなさい。

ア．4.00 g　　イ．4.50 g
ウ．5.00 g　　エ．5.50 g
オ．6.00 g

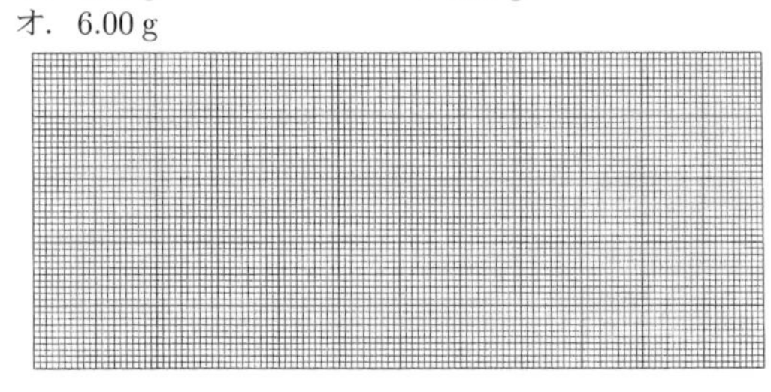

(4) 実験の結果から，どのように考察することができるか。次の文中の[う]と[え]に当てはまる語句の組み合わせとして，最も適当なものを，あとのア～カの中から一つ選んで，その記号を書きなさい。

> 実験の結果，ある質量以上の炭酸カルシウムをうすい塩酸に加えると，反応せず残った炭酸カルシウムが見られた。これは，うすい塩酸の量に対して炭酸カルシウムの量が[う]と考えられる。反応せず残った炭酸カルシウムが見られる場合は，加える炭酸カルシウムの質量が[え]と考えられる。

	う	え
ア	過剰になったため	増加すると，発生する二酸化炭素の質量も増加する
イ	過剰になったため	増加しても，発生する二酸化炭素の質量は変わらない
ウ	過剰になったため	増加すると，発生する二酸化炭素の質量は減少する
エ	不足したため	増加すると，発生する二酸化炭素の質量も増加する

オ	不足したため	増加しても，発生する二酸化炭素の質量は変わらない
カ	不足したため	増加すると，発生する二酸化炭素の質量は減少する

(5)　花子さんは今回の実験で炭酸カルシウムとうすい塩酸を用いて二酸化炭素を発生させた。同様に二酸化炭素が発生するものを，次のア～キの中からすべて選んで，その記号を書きなさい。

ア．メタンを空気中で燃焼させる。
イ．塩化銅水溶液を電気分解する。
ウ．酸化銅に炭素を混ぜて加熱する。
エ．炭酸水素ナトリウムを加熱する。
オ．炭酸水素ナトリウムにうすい塩酸を加える。
カ．炭酸ナトリウム水溶液に塩化カルシウム水溶液を加える。
キ．マグネシウムを空気中で燃焼させる。

＜茨城県＞

16　炭酸カルシウムとうすい塩酸を用いて，次の実験を行った。ただし，反応によってできた物質のうち，二酸化炭素だけがすべて空気中へ出ていくものとする。

＜実験１＞

うすい塩酸20.0 cm^3を入れたビーカーA～Fを用意し，加える炭酸カルシウムの質量を変化させて，(a)～(c)の手順で実験を行い，結果を表１にまとめた。

図１

反応前

図２

反応後

(a)　図１のように，炭酸カルシウムを入れたビーカーとうすい塩酸20.0 cm^3を入れたビーカーを電子てんびんにのせ，反応前の質量をはかった。
(b)　うすい塩酸を入れたビーカーに，炭酸カルシウムをすべて加え反応させると，二酸化炭素が発生した。
(c)　じゅうぶんに反応させた後，図２のように質量をはかった。

表１

	A	B	C	D	E	F
炭酸カルシウムの質量[g]	1.00	2.00	3.00	4.00	5.00	6.00
反応前(a)の質量[g]	91.00	92.00	93.00	94.00	95.00	96.00
反応後(c)の質量[g]	90.56	91.12	91.90	92.90	93.90	94.90

＜実験２＞

実験１の後，ビーカーFに残っていた炭酸カルシウムを反応させるために，実験１と同じ濃度の塩酸を8.0 cm^3ずつ，合計40.0 cm^3加えた。じゅうぶんに反応させた後，発生した二酸化炭素の質量を求め，表２にまとめた。

表２

実験１の後，加えた塩酸の体積の合計[cm^3]	8.0	16.0	24.0	32.0	40.0
実験１の後，発生した二酸化炭素の質量の合計[g]	0.44	0.88	1.32	1.54	1.54

(1)　次の文の［①］に入る数値を書きなさい。また，［②］に入るグラフとして適切なものを，あとのア～エから１つ選んで，その符号を書きなさい。

実験１において，炭酸カルシウムの質量が1.00 gから2.00 gに増加すると，発生した二酸化炭素の質量は［①］g増加している。うすい塩酸の体積を40.0 cm^3にして実験１と同じ操作を行ったとき，炭酸カルシウムの質量と発生した二酸化炭素の質量の関係を表したグラフは［②］となる。

ア
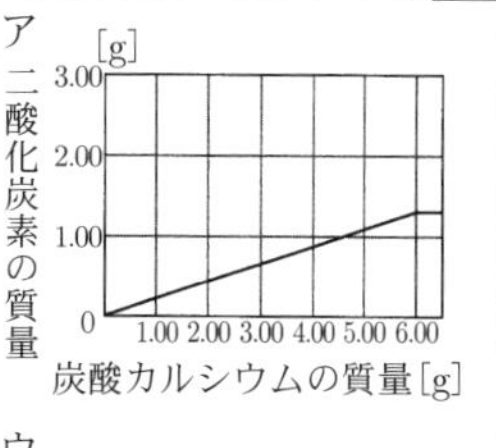

イ
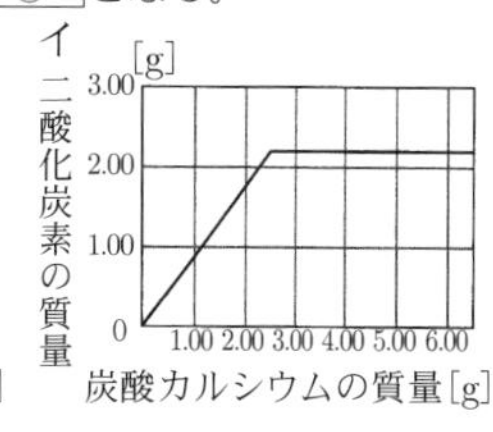

ウ
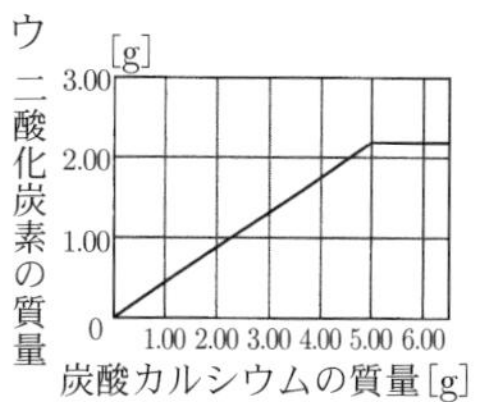

エ
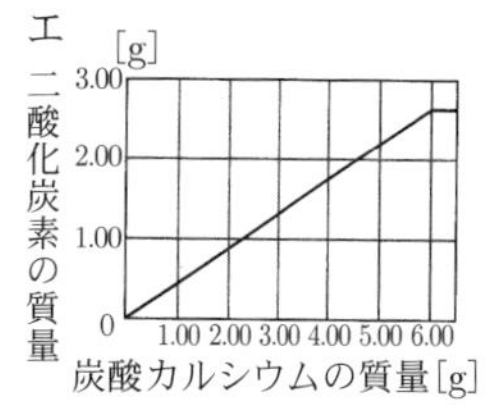

(2)　実験１，２の後，図３のように，ビーカーA～Fの中身をすべて１つの容器に集めたところ気体が発生した。じゅうぶんに反応した後，気体が発生しなくなり，容器には炭酸カルシウムが残っていた。この容器に実験１と同じ濃度の塩酸を加えて残っていた炭酸カルシウムと過不足なく反応させるためには，塩酸は何cm^3必要か，求めなさい。

図３

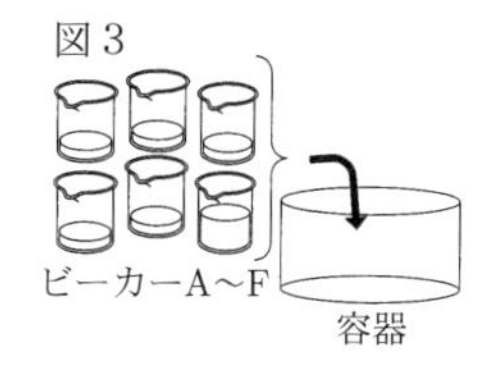

(3)　(2)において求めた体積の塩酸を図３の容器に加えて，残っていた炭酸カルシウムをすべて反応させた後，容器の中に残っている物質の質量として最も適切なものを，次のア～エから１つ選んで，その符号を書きなさい。ただし，用いた塩酸の密度はすべて1.05 g/cm^3とする。

ア．180 g
イ．188 g
ウ．198 g
エ．207 g

＜兵庫県＞

第3章　化学変化とイオン

水溶液とイオン

1 水溶液の性質について，次の(1)，(2)に答えなさい。

(1) 塩化ナトリウムのように，水にとかしたときに電流が流れる物質を何というか，書きなさい。

(2) 次のア～エの水溶液のうち，電流が流れるものをすべて選び，その符号を書きなさい。

ア．エタノール水溶液
イ．塩酸
ウ．砂糖水
エ．炭酸水

＜石川県＞

2 次の文中の［ a ］～［ c ］にあてはまることばを書け。

> 原子は，原子核と［ a ］からできている。原子核は，＋の電気をもつ［ b ］と電気をもたない［ c ］からできている。

＜鹿児島県＞

3 原子とイオンについて，次の(1)，(2)に答えなさい。

(1) 原子の中心にある原子核の一部で，電気をもたない粒子のことを何というか，書きなさい。

(2) カリウムイオンのでき方について述べたものはどれか，次のア～エから最も適切なものを1つ選び，その符号を書きなさい。

ア．カリウム原子が，電子を1個受けとる。
イ．カリウム原子が，電子を1個失う。
ウ．カリウム原子が，電子を2個受けとる。
エ．カリウム原子が，電子を2個失う。

＜石川県＞

4 1個のアンモニウムイオンNH_4^+について述べた文として正しいものはどれか，ア～エから1つ選びなさい。

ア．窒素原子4個と水素原子4個からできており，電子1個を受けとっている。
イ．窒素原子4個と水素原子4個からできており，電子1個を失っている。
ウ．窒素原子1個と水素原子4個からできており，電子1個を受けとっている。
エ．窒素原子1個と水素原子4個からできており，電子1個を失っている。

＜徳島県＞

5 次の(1)～(3)の各問いに答えなさい。

(1) すべての物質は原子からできている。原子についての説明として<u>誤っているもの</u>を，次のア～オの中から<u>すべて選び</u>，記号を書きなさい。

ア．原子核の大きさは，原子の大きさに比べてたいへん小さい。
イ．原子はたいへん小さいので，質量はない。
ウ．原子はたいへん小さいので，ルーペを用いても観察することができない。
エ．原子核は陽子と電子からできている。
オ．電子の質量は，陽子の質量に比べてたいへん小さい。

(2) 次の文は陽イオンと陰イオンのでき方について述べたものである。文中の(a)～(c)にあてはまる内容の組み合わせとして最も適当なものを，あとのア～エの中から1つ選び，記号を書きなさい。

> 原子は，(a)の電気をもつ電子を受けとったり，放出したりすることがある。電子を(b)と，＋(プラス)の電気を帯びた陽イオンになる。電子を(c)と，－(マイナス)の電気を帯びた陰イオンになる。

	a	b	c
ア	＋	受けとる	放出する
イ	＋	放出する	受けとる
ウ	－	受けとる	放出する
エ	－	放出する	受けとる

(3) 塩化銅($CuCl_2$)水溶液中に存在する銅イオンを<u>イオンの化学式</u>で書きなさい。

＜佐賀県＞

6 5種類の水溶液A～Eがある。これらは，砂糖水，塩化ナトリウム水溶液，塩酸，水酸化ナトリウム水溶液，水酸化バリウム水溶液のいずれかである。A～Eが何かを調べるために，次のⅠ～Ⅴの実験を，順にそれぞれ行った。

Ⅰ．A～Eをそれぞれ試験管にとり，フェノールフタレイン溶液を数滴ずつ加えると，CとDだけ水溶液の色が赤色になった。

Ⅱ．CとDをそれぞれ試験管にとり，うすい硫酸を加えると，Dだけ水溶液中に白色の沈殿ができた。

Ⅲ．A～Eをそれぞれビーカーにとり，図のような装置を用いて電圧を加えると，A～Dでは豆電球が点灯したが，Eでは豆電球が点灯しなかった。

電源装置
豆電球
水溶液
電極

Ⅳ．A～Dをそれぞれ電気分解装置に入れ，電流を流すと，AとBだけ陽極から刺激臭のある塩素が発生した。

Ⅴ．AとBをそれぞれⓐ<u>蒸発皿にとり，水分がなくなるまで加熱する</u>と，Aを入れた蒸発皿にだけⓑ<u>白色の物質</u>が残った。

下線部ⓑの物質は何か。その物質の化学式を書け。また，B～Eから２つを選んで混合したものを，下線部ⓐのように加熱したとき，下線部ⓑと同じ物質ができるのは，どの水溶液を混合し加熱したときか。B～Eのうち，混合した水溶液として，適当なものを２つ選び，その記号を書け。

＜愛媛県＞

7

［実験１］　図１のような装置を用いて，塩化銅水溶液に一定時間電流を流すと，電極Mの表面に赤色の銅が付着し，電極N付近から刺激臭のある気体Xが発生した。

［実験２］　図２のような装置を用いて，うすい塩酸に一定時間電流を流すと，気体Xが実験１と同じ極で発生し，もう一方の極では気体Yが発生した。

図１　電源装置　発泡ポリスチレンの板　電極M　電極N　塩化銅水溶液

図２　ゴム栓　うすい塩酸　電極　電極　電源装置

(1)　塩化銅が水に溶けて電離するときに起こる化学変化を，イオンの化学式を用いて，化学反応式で表すとどうなるか。下の化学反応式を完成させよ。

$CuCl_2$ →

(2)　気体Xは何か。その気体の名称を書け。

(3)　次の文の①，②の｛　｝の中から，それぞれ適当なものを１つずつ選び，ア～エの記号で書け。

図１の，電源装置と電極の接続を，電極Mと電極Nが逆になるようにつなぎかえて，実験１と同じ方法で実験を行った。このとき，銅が付着したのは，①｛ア．電極Mの表面　イ．電極Nの表面｝で，その電極は，②｛ウ．陽極　エ．陰極｝である。

(4)　次のア～エのうち，気体Yが何であるかを確かめるために行う実験操作として，最も適当なものを１つ選び，その記号を書け。

ア．インクで着色した水に気体Yを通す。
イ．石灰水に気体Yを通す。
ウ．火のついたマッチを気体Yに近づける。
エ．水で湿らせた赤色リトマス紙を気体Yに近づける。

＜愛媛県＞

8

塩化銅の電気分解について，下の実験を行った。次の(1)～(5)に答えなさい。

実験.

ビーカーにあ10.0％の塩化銅水溶液60.0 cm³を入れ，図１の装置を用いて，電圧を加えて約30分間電流を流したところ，陰極には赤色の物質が付着し，陽極では気体が発生した。陰極に付着した物質をけずり取って薬さじでこすると，金属光沢が現れたことから，銅であることがわかった。また，陽極で発生した気体は，特有の刺激臭があったことから，い塩素であることがわかった。

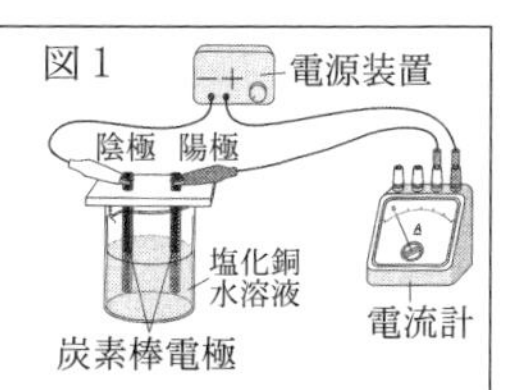

図１

(1)　塩化銅の電離のようすは，次のようにイオンを表す化学式を使って表すことができる。(　　)に入る適切なイオンを表す化学式を書きなさい。

$CuCl_2$ →(　　)＋$2Cl^-$

(2)　下線部あの水溶液に溶けている塩化銅は何gか，求めなさい。ただし，この水溶液の密度を1.08 g/cm³とする。

(3)　下線部いの性質について述べたものとして適切なものを，次の１～４の中から一つ選び，その番号を書きなさい。

1．気体の中で最も軽い。
2．殺菌作用や漂白作用がある。
3．石灰水を白くにごらせる。
4．ものを燃やすはたらきがある。

(4)　実験において，電流を流した時間と水溶液中の銅イオンの数の関係を図２のように表したとき，電流を流した時間と塩化物イオンの数の関係はどのようになると考えられるか，そのグラフを右にかき入れなさい。

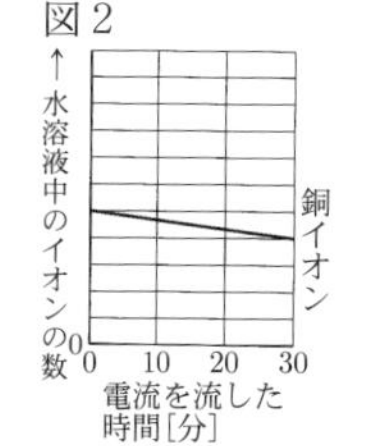

(5)　実験において，陰極に付着した銅の質量が0.60 gであったとき，陽極で発生した塩素の質量は何gと考えられるか，求めなさい。ただし，銅原子１個と塩素原子１個の質量の比が20：11であるものとする。

＜青森県＞

9

塩酸の電気分解について調べるために，次の実験を行った。あとの問いに答えなさい。

【実験】　図１のような装置を組み，炭素棒を電極として用いてうすい塩酸を電気分解し，各電極で起こる変化の様子を観察した。

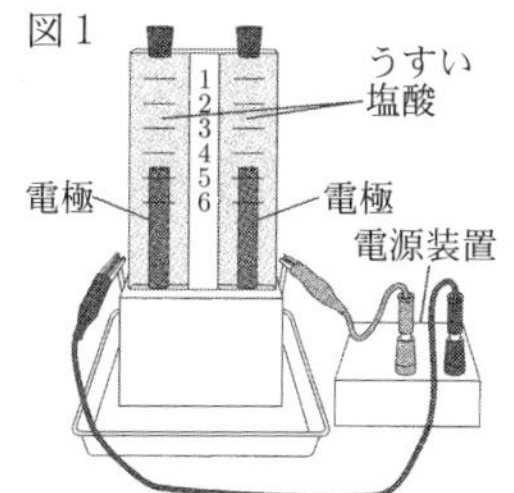

1．次は，実験の結果をまとめたものである。あとの問いに答えなさい。

> うすい塩酸を電気分解すると，陰極からは［ a ］，陽極からは塩素が発生する。両極で発生する気体の体積は同じであると考えられるが，実際に集まった気体の体積は［ b ］極側の方が少なかった。これは，［ b ］極で発生した気体が［ c ］という性質をもつためである。

(1)　［ a ］，［ b ］にあてはまる語の組み合わせとして適切なものを，次のア～カから一つ選び，記号で答えなさい。

ア．a．水素　b．陰
イ．a．窒素　b．陰
ウ．a．酸素　b．陰
エ．a．水素　b．陽
オ．a．窒素　b．陽
カ．a．酸素　b．陽

(2)　［ c ］にあてはまる言葉を書きなさい。

(3)　下線部について，陽極から塩素が発生するのは，うすい塩酸の中に，あるイオンが存在するためである。そのイオンとは何か，イオンを表す式で答えなさい。

2．次のア～オの物質に，図２のような電極を用いて電圧をかけたとき，電流が流れるものはどれか。ア～オからすべて選び，記号で答えなさい。

図２

ア．エタノール　　イ．塩化銅水溶液
ウ．砂糖　　　　　エ．食塩
オ．鉄

＜山形県＞

10 水溶液に電流を通したときの変化について調べるために，次の実験１，実験２を行った。あとの会話は，りょうさんとかなえさんが実験１の結果について話し合ったものである。あとの各問いに答えなさい。

実験１

操作１．①硝酸カリウム水溶液で湿らせたろ紙を，スライドガラスにはりつけ，その中央に塩化銅水溶液のしみをつける。

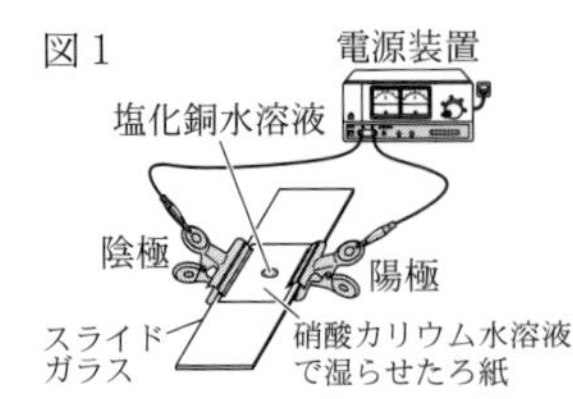

図１

操作２．図１のような装置をつくり，ろ紙の両端に約10Ｖの電圧を加える。

会話.

りょうさん	ろ紙に電圧を加えたら，青色のしみが陰極側へ移動するのが見られたよ。なぜ，青色のしみは陰極側へ移動したのだろう。
かなえさん	この青色のしみは，②銅原子が電気を帯びたものだと思うよ。
りょうさん	反対の陽極側へ移動したものはないのかな。
かなえさん	では，陽極のようすを確認するために，別の実験をしてみよう。

問１．操作１の下線部①について，ろ紙を硝酸カリウム水溶液で湿らせるのはなぜか，理由を答えなさい。

問２．塩化銅水溶液は，塩化銅が電離しているため，電流を通す。塩化銅のように，水にとけると，水溶液が電流を通す物質を何というか，答えなさい。

問３．塩化銅の電離のようすを，化学式を使って表しなさい。

問４．会話の下線部②について，銅原子が電気を帯びた理由として，最も適切なものを，次のア～エからひとつ選び，記号で答えなさい。

ア．銅原子が陽子を受けとったから
イ．銅原子が陽子を失ったから
ウ．銅原子が電子を受けとったから
エ．銅原子が電子を失ったから

実験２

操作１．図２のような装置をつくり，ビーカーに5％の塩化銅水溶液を100 cm^3入れる。

操作２．電源装置につなぎ，6Ｖで電流を通す。

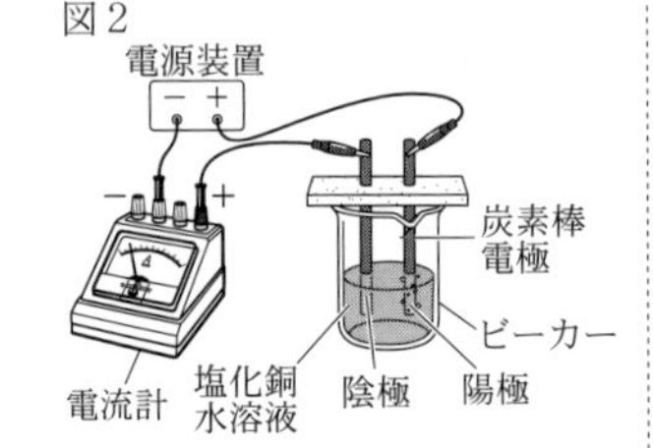

図２

問５．実験２では，陽極付近から気体が発生した。この気体は，塩素Cl_2であることがわかった。陽極付近で発生した塩素Cl_2を分子のモデルで書き表しなさい。ただし，原子のモデルは◎，陽イオンのモデルは○⁺，陰イオンのモデルは○⁻とし，必要なモデルを用いて表すこと。

＜鳥取県＞

11 次の問いに答えなさい。

うすい塩酸と塩化銅水溶液を用いて，次の実験１，２を行った。

実験１.

［１］図１のように，うすい塩酸に電流を流すと，電極Ａ，Ｂの両方で気体が発生した。

［２］しばらくしてから電流を流すのをやめ，気体の量を調べたところ，ⓐ電極Ａ側と電極Ｂ側では，集まった気体の量が異なっていた。

［３］電極Ａ側のゴム栓をはずし，マッチの火を近づけたところ，音を立てて燃えた。

［４］図２のように，赤インクで着色した水を入れた試験管Ｐと，BTB溶液を数滴加えた水を入れた試験管Ｑを用意した。

［５］電極Ｂ側のゴム栓をはずし，気体のにおいを調べたところ，特有の刺激臭があった。また，電極Ｂ付近の液体をスポイトでとって，試験管Ｐ，Ｑにそれぞれ少しずつ加えると，試験管Ｐの水溶液は赤インクの色が消えて無色になり，試験管Ｑの水溶液は黄色くなった後に色が消えて無色になった。

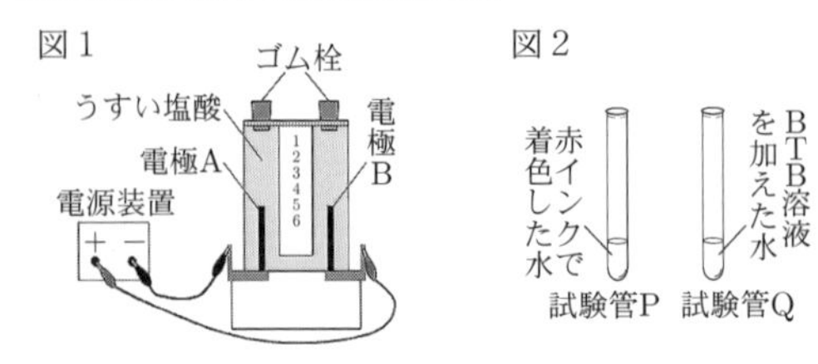

実験２.

［１］図３のように，塩化銅水溶液に電流を流すと，電極Ｃに赤色(赤茶色)の物質が付着し，電極Ｄで気体が発生した。

［２］図４のように，BTB溶液を数滴加えた水を入れた試験管Ｒを用意した。

［３］電極Ｄ側のゴム栓をはずし，電極Ｄ付近の液体をスポイトでとって，試験管Ｒに少しずつ加えると，試験管Ｒの水溶液は黄色になった後にうすい青色になった。

［４］ⓑ図３の塩化銅水溶液にさらに30分間電流を流すと，その水溶液の色は実験前に比べ，うすくなった。

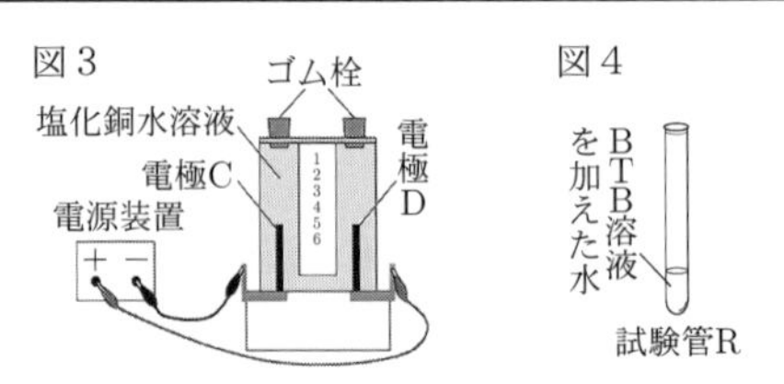

問１．実験１について，次の(1)，(2)に答えなさい。

(1) 次の文の［ ① ］に当てはまる語句を書きなさい。また，②の｛　｝に当てはまるものを，ア，イから選びなさい。

電極Ａで発生した気体は［ ① ］であることから，うすい塩酸から生じた［ ① ］イオンは②｛ア．陽極　イ．陰極｝に向かって移動したことがわかる。

(2) 下線部ⓐについて説明した次の文の①の｛　｝に当てはまるものを，ア，イから選び，［ ② ］に当てはまる語句を書きなさい。

電極Ａ，Ｂで発生した気体の量は同じであるが，集まった気体の量が①｛ア．電極Ａ　イ．電極Ｂ｝で少なかったのは，発生した気体が［ ② ］という性質をもつからである。

問２．実験２について，次の(1)，(2)に答えなさい。

(1) 電極Ｃに付着した物質は何か。化学式を書きなさい。

(2) 下線部ⓑについて塩化銅水溶液中のイオンの数の変化を表したグラフとして最も適当なものを，ア～カから選びなさい。

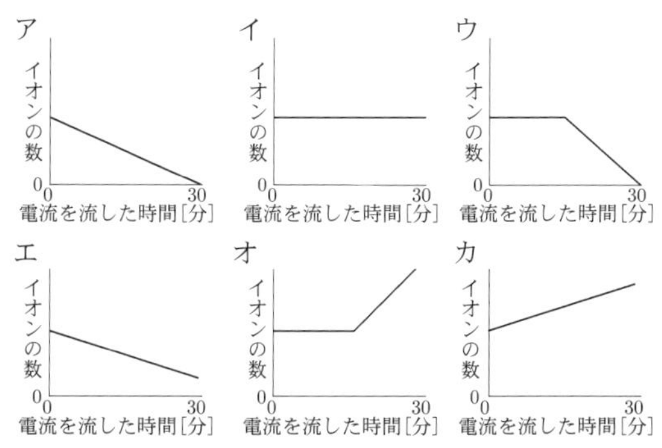

問3．次の文は，実験1，2の結果から，試験管Rの水溶液の色について説明したものである。説明が完成するように，［①］，［③］に当てはまる語句を書き，②の｛　｝に当てはまるものを，ア，イから選びなさい。ただし，［①］に当てはまる語句は物質名とその性質にふれて書きなさい。

実験1で，赤インクの色が消えた理由は［①］からであり，BTB溶液の色が消えた理由も同じと考えられる。実験2では，試験管Rに電極D付近の液体を入れると，BTB溶液の色が黄色になったことから，試験管Rの水溶液は②｛ア．酸性　イ．アルカリ性｝になったことがわかる。これらのことから，黄色になった後の試験管Rの水溶液のうすい青色は，［③］の色であると考えられる。

＜北海道＞

12 水溶液の実験について，次の各問に答えよ。

＜実験1＞を行ったところ，＜結果1＞のようになった。

＜実験1＞

(1) 右の図のように，炭素棒，電源装置をつないで装置を作り，ビーカーの中に5％の塩化銅水溶液を入れ，3.5 Vの電圧を加えて，3分間電流を流した。

電流を流している間に，電極A，電極B付近の様子などを観察した。

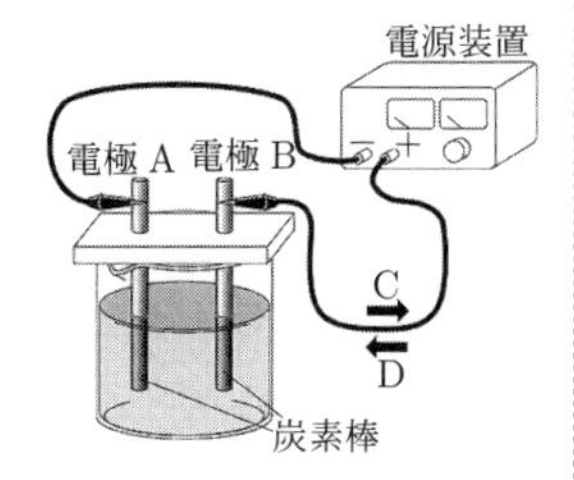

(2) ＜実験1＞の(1)の後に，それぞれの電極を蒸留水(精製水)で洗い，電極の様子を観察した。

電極Aに付着した物質をはがし，その物質を薬さじでこすった。

＜結果1＞

(1) ＜実験1＞の(1)では，電極Aに物質が付着し，電極B付近から気体が発生し，刺激臭がした。

(2) ＜実験1＞の(2)では，電極Aに赤い物質の付着が見られ，電極Bに変化は見られなかった。

その後，電極Aからはがした赤い物質を薬さじでこすると，金属光沢が見られた。

次に＜実験2＞を行ったところ，＜結果2＞のようになった。

＜実験2＞

(1) 上の図のように，炭素棒，電源装置をつないで装置を作り，ビーカーの中に5％の水酸化ナトリウム水溶液を入れ，3.5 Vの電圧を加えて，3分間電流を流した。

電流を流している間に，電極Aとその付近，電極Bとその付近の様子を観察した。

(2) ＜実験2＞の(1)の後，それぞれの電極を蒸留水で洗い，電極の様子を観察した。

＜結果2＞

(1) ＜実験2＞の(1)では，電流を流している間に，電極A付近，電極B付近からそれぞれ気体が発生した。

(2) ＜実験2＞の(2)では，電極A，電極B共に変化は見られなかった。

〔問1〕 塩化銅が蒸留水に溶けて陽イオンと陰イオンに分かれた様子を表したモデルとして適切なのは，下のア～オのうちではどれか。

ただし，モデルの●は陽イオン1個，○は陰イオン1個とする。

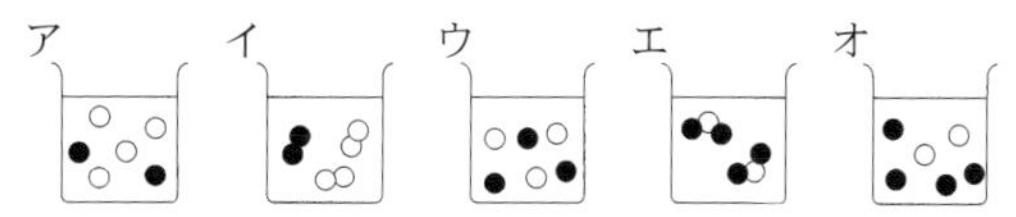

〔問2〕 ＜結果1＞から，電極Aは陽極と陰極のどちらか，また，回路に流れる電流の向きはCとDのどちらかを組み合わせたものとして適切なのは，次の表のア～エのうちではどれか。

	電極A	回路に流れる電流の向き
ア	陽極	C
イ	陽極	D
ウ	陰極	C
エ	陰極	D

〔問3〕 ＜結果1＞の(1)から，電極B付近で生成された物質が発生する仕組みを述べた次の文の［①］と［②］にそれぞれ当てはまるものを組み合わせたものとして適切なのは，下の表のア～エのうちではどれか。

塩化物イオンが電子を［①］，塩素原子になり，塩素原子が［②］，気体として発生した。

	①	②
ア	放出し(失い)	原子1個で
イ	放出し(失い)	2個結び付き，分子になり
ウ	受け取り	原子1個で
エ	受け取り	2個結び付き，分子になり

〔問4〕 ＜結果1＞から，電流を流した時間と水溶液中の銅イオンの数の変化の関係を模式的に示した図として適切なのは，下の［①］のア～ウのうちではどれか。また，＜結果2＞から，電流を流した時間と水溶液中のナトリウムイオンの数の変化の関係を模式的に示した図として適切なのは，下の［②］のア～ウのうちではどれか。

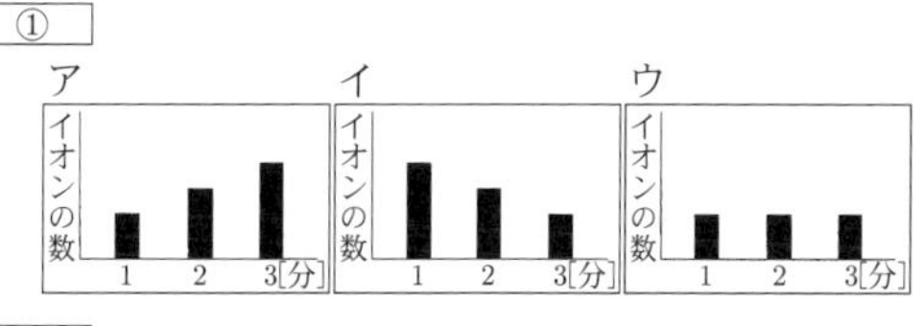

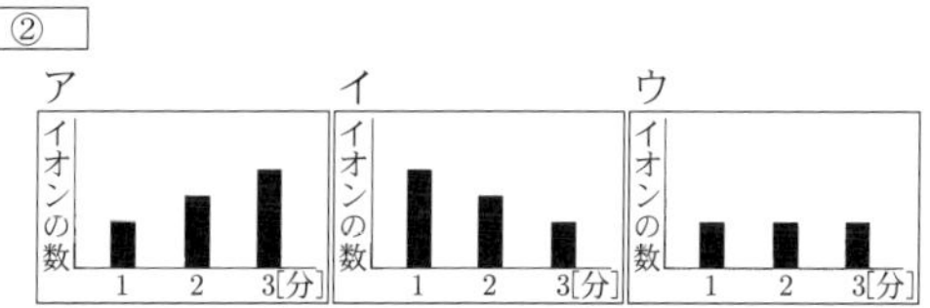

＜東京都＞

酸・アルカリとイオン

1 BTB溶液は，酸性の水溶液では黄色，アルカリ性の水溶液では青色に変化する。このように変化した色で，溶液の酸性，中性，アルカリ性を調べる薬品を［　　］という。

＜北海道＞

2 スライドガラスの上に溶液Aをしみ込ませたろ紙を置き，図のように，中央に×印を付けた２枚の青色リトマス紙を重ね，両端をクリップで留めた。薄い塩酸と薄い水酸化ナトリウム水溶液を青色リトマス紙のそれぞれの×印に少量付けたところ，一方が赤色に変色した。両端のクリップを電源装置につないで電流を流したところ，赤色に変色した部分は陰極側に広がった。このとき溶液Aとして適切なのは，下の［①］のア～エのうちではどれか。また，青色リトマス紙を赤色に変色させたイオンとして適切なのは，下の［②］のア～エのうちではどれか。

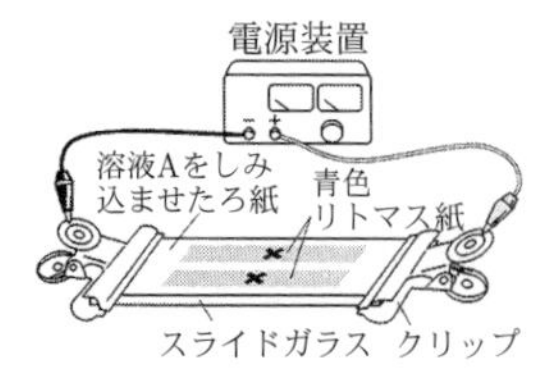

［①］ ア．エタノール水溶液
イ．砂糖水
ウ．食塩水
エ．精製水（蒸留水）

［②］ ア．H^{+}
イ．Cl^{-}
ウ．Na^{+}
エ．OH^{-}

＜東京都＞

3 木や草などを燃やした後の灰を水に入れてかき混ぜた灰汁（あく）には，衣類などのよごれを落とす作用がある。ある灰汁にフェノールフタレイン溶液を加えると赤色になった。このことから，この灰汁のpHの値についてわかることはどれか。

ア．７より小さい。
イ．７である。
ウ．７より大きい。

＜鹿児島県＞

4 アルカリ性を示す物質の性質を調べるため，次の〔実験〕を行った。

〔実験〕
① 次の図のように，スライドガラスに硫酸ナトリウム水溶液をしみこませたろ紙をのせ，両端を金属製のクリップでとめた。
② ろ紙の上に，赤色と青色のリトマス紙をのせてしばらく置いた。
③ うすい水酸化ナトリウム水溶液をしみこませた糸を，赤色リトマス紙と青色リトマス紙の中央にのせた。
④ 電源とクリップを導線でつなぎ，10 Vの電圧を加えて，赤色リトマス紙と青色リトマス紙の色の変化を観察した。

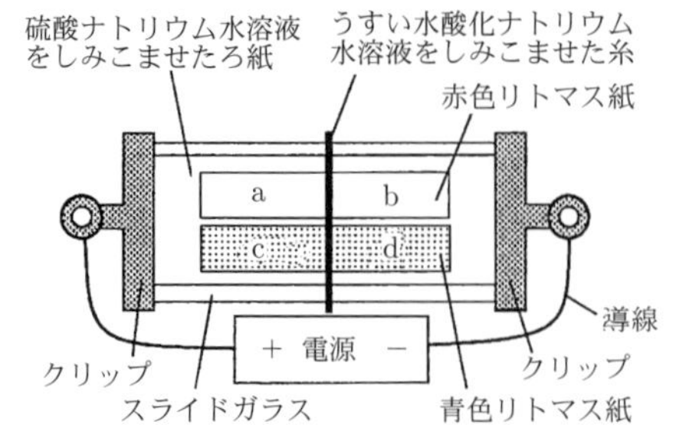

次の文章は，〔実験〕の結果と，〔実験〕の結果からわかることについて説明したものである。文章中の（ Ⅰ ）と（ Ⅱ ）にあてはまる語の組み合わせとして最も適当なものを，下のアからクまでの中から選んで，そのかな符号を書きなさい。

> 電流を流すと，リトマス紙の（ Ⅰ ）の部分の色が変化した。このことから，アルカリ性の性質を示す物質は，（ Ⅱ ）の電気をもったイオンであると考えられる。

ア．Ⅰ．a，Ⅱ．＋（プラス）
イ．Ⅰ．a，Ⅱ．－（マイナス）
ウ．Ⅰ．b，Ⅱ．＋（プラス）
エ．Ⅰ．b，Ⅱ．－（マイナス）
オ．Ⅰ．c，Ⅱ．＋（プラス）
カ．Ⅰ．c，Ⅱ．－（マイナス）
キ．Ⅰ．d，Ⅱ．＋（プラス）
ク．Ⅰ．d，Ⅱ．－（マイナス）

＜愛知県＞

5 里奈さんと慎也さんは，酸性やアルカリ性を示す水溶液に興味をもち，次の①，②の手順で実験を行った。あとの問いに答えなさい。

【実験】
① <u>塩化ナトリウム水溶液でしめらせたろ紙</u>をスライドガラスにのせ，それらの両端を金属のクリップでとめ，電源装置につないだ。
② 図のように，赤色リトマス紙，青色リトマス紙，うすい塩酸をしみこませたたこ糸を，塩化ナトリウム水溶液でしめらせたろ紙の上にのせ，約10 Vの電圧を加えて，リトマス紙の色の変化を観察した。

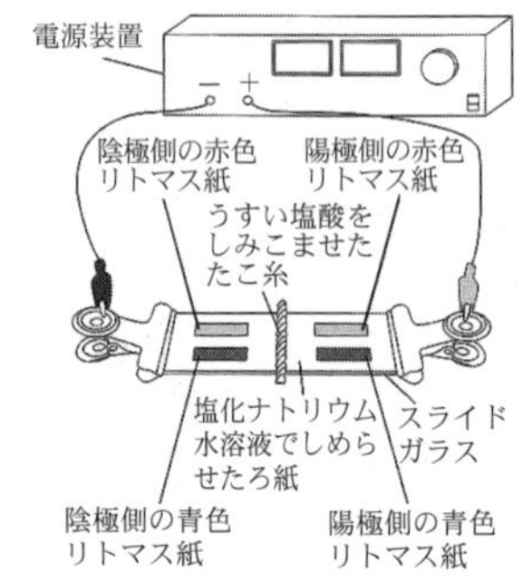

【結果】
電圧を加えると，陰極側の青色リトマス紙が，たこ糸側からしだいに赤色に変化した。ほかのリトマス紙には，色の変化はなかった。

1．塩化ナトリウム水溶液は，物質の分類上，次のア～エのどれにあたるか。適切なものを一つ選び，記号で答えなさい。
ア．単体　　イ．純粋な物質
ウ．混合物　　エ．化合物

2．下線部について，純粋な水ではなく塩化ナトリウム水溶液でろ紙をしめらせた理由を，書きなさい。

3．次は，実験後の里奈さんと慎也さんの対話である。あとの問いに答えなさい。

里奈：電圧を加えると，陰極側の青色リトマス紙の色がたこ糸側からしだいに変化したね。
慎也：そうだね。リトマス紙の色は，塩化ナトリウム水溶液でしめらせたろ紙にのせても変化しなかったから，うすい塩酸に含まれる陽イオンの［　a　］イオンが，青色リトマス紙の色を変化させたことがわかるね。
里奈：酸性を示すイオンは［　a　］イオンだと確認できたね。では，アルカリ性を示すイオンが水酸化物イオンであることも，授業で習ったアルカリ性の水溶液を使って確認できるかな。
慎也：うすい塩酸のかわりにうすい水酸化ナトリウム水溶液を使って実験してみたらどうかな。うすい水酸化ナトリウム水溶液にはナトリウムイオンと水酸化物イオンが含まれているよね。塩化ナトリウム水溶液と共通のイオンであるナトリウムイオンはリトマス紙の色を変化させないから，水酸化物イオンに着目して確認できると思うよ。
里奈：なるほど。確かにそうだね。
慎也：この実験で［　b　］リトマス紙の色がたこ糸側からしだいに変化すれば，アルカリ性を示すイオンが，水酸化物イオンであるといえるね。

(1)　［　a　］にあてはまる語を書きなさい。
(2)　［　b　］にあてはまる言葉として適切なものを，次のア～エから一つ選び，記号で答えなさい。
　ア．陰極側の赤色
　イ．陽極側の赤色
　ウ．陰極側の青色
　エ．陽極側の青色

4．うすい塩酸は，水に濃い塩酸を加えてつくられる。水に質量パーセント濃度が35％の濃い塩酸10 gを加えて，質量パーセント濃度が2％のうすい塩酸をつくりたい。必要な水は何gか，求めなさい。

＜山形県＞

6　次の実験について，あとの問いに答えなさい。

【実験】　中和について調べるために，次の手順で実験を行い，その結果をあとの表にまとめた。

手順1．図1のようにうすい硫酸25 cm^3をそれぞれビーカーA，B，C，Dに入れ，次にうすい水酸化バリウム水溶液をビーカーA，B，C，Dに10 cm^3，20 cm^3，30 cm^3，40 cm^3加えた。

図1

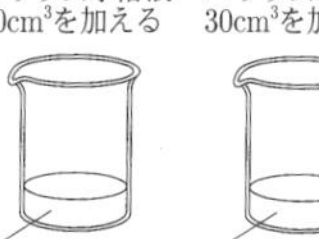

手順2．ビーカーA，B，C，Dの中に反応によってできた白い沈殿をそれぞれろ過により分離した。ろ過して得られたろ液をそれぞれ2本の試験管に分け，図2のようにマグネシウムリボン，フェノールフタレイン溶液を数滴入れ試験管のようすを観察した。

図2

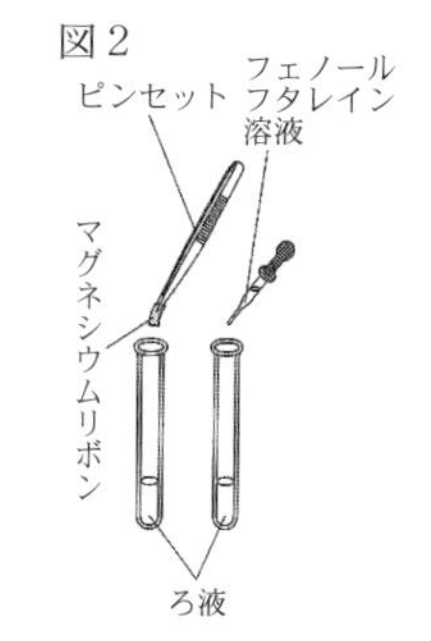

手順3．ろ過して得られた白い沈殿をそれぞれ十分に乾燥させ，質量を測定した。

	ビーカーA	ビーカーB	ビーカーC	ビーカーD
ろ液にマグネシウムリボンを入れたときのようす	気体が発生した	気体が発生した	変化しなかった	変化しなかった
ろ液にフェノールフタレイン溶液を入れたあとのろ液の色	無色	無色	赤色	赤色
白い沈殿の質量[g]	0.23	0.47	0.58	0.58

問1．ろ液にマグネシウムリボンを入れたときに発生した気体は何か。化学式で答えよ。
問2．手順2で入れたフェノールフタレイン溶液の代わりに，BTB溶液をビーカーBとビーカーCのろ液に入れると何色になるか。最も適当な色を次の あ～え からそれぞれ1つ選び，記号で答えよ。
　あ．青色
　い．黄色
　う．赤色
　え．緑色
問3．硫酸と水酸化バリウムが中和する反応を化学反応式で書け。
問4．実験で得られた白い沈殿のように，中和をしたときにアルカリの陽イオンと酸の陰イオンが結びついてできる物質を何というか。
問5．表の白い沈殿の質量について，ビーカーC，Dの結果は同じである。その理由を「バリウムイオン」と「硫酸イオン」の2つの語句を用いて，簡潔に説明せよ。

＜長崎県＞

7　真由(まゆ)さんは，水酸化ナトリウム水溶液に塩酸を加えたときの変化について調べるために，次のような実験を行い，結果を表にまとめた。後の1，2の問いに答えなさい。

〔実験〕

①　うすい水酸化ナトリウム水溶液3 cm^3を試験管にとり，緑色のBTB溶液を2，3滴加えて，色の変化を見た。
②　①の試験管に，図1のようにうすい塩酸を2 cm^3加え，色の変化を見た。
③　②の試験管に，うすい塩酸をさらに2 cm^3ずつ加えて，そのたびに色の変化を見た。

図1

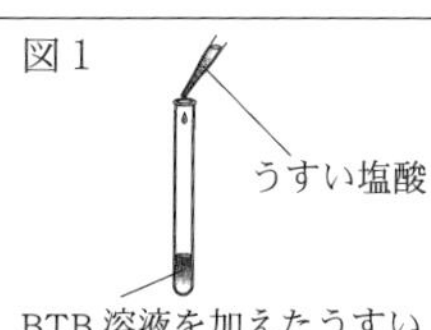

加えた塩酸の量[cm^3]	0	2	4	6	8
水溶液の色	青色	うすい青色	緑色	うすい黄色	黄色

1．次の文は，実験の①のときの水溶液について説明したものである。□に入る適切な言葉を書きなさい。

> 緑色のBTB溶液が青色に変化したことから，□性の水溶液であることがわかる。

2．真由さんは，実験において，うすい塩酸を加えていったときの水溶液中のイオンの数が，どのように変化するかをグラフに表すことにした。次の(1)，(2)の問いに答えなさい。ただし，それぞれのグラフは加えた塩酸の量[cm^3]を横軸に，水溶液中のイオンの数を縦軸にとったものである。

(1) ナトリウムイオンの数の変化を表しているグラフとして，最も適切なものはどれか。次のア～エから1つ選び，記号で答えなさい。

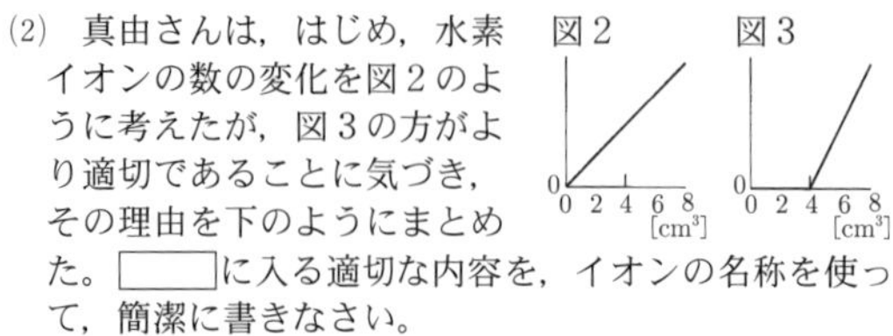

(2) 真由さんは，はじめ，水素イオンの数の変化を図2のように考えたが，図3の方がより適切であることに気づき，その理由を下のようにまとめた。□に入る適切な内容を，イオンの名称を使って，簡潔に書きなさい。

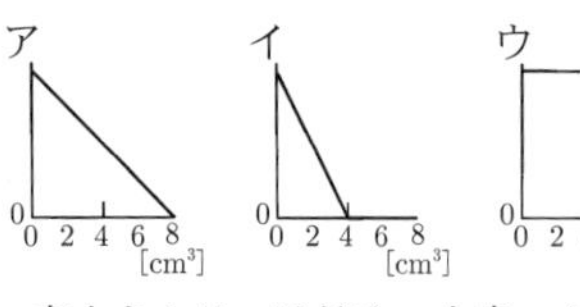

> 加えた塩酸の量が0 cm^3～4 cm^3の間では，水素イオンは□ので，図2のようには水素イオンが増えないことから，図3の方がより適切である。

＜宮崎県＞

8

中和について調べるために，次の実験(1)，(2)，(3)を順に行った。

> (1) ビーカーにうすい塩酸10.0 cm^3を入れ，緑色のBTB溶液を数滴入れたところ，水溶液の色が変化した。
> (2) 実験(1)のうすい塩酸に，<u>うすい水酸化ナトリウム水溶液をよく混ぜながら少しずつ加えていった。</u>10.0 cm^3加えたところ，ビーカー内の水溶液の色が緑色に変化した。ただし，沈殿は生じず，この段階で水溶液は完全に中和したものとする。
> (3) 実験(2)のビーカーに，続けてうすい水酸化ナトリウム水溶液をよく混ぜながら少しずつ加えていったところ，水溶液の色が緑色から変化した。ただし，沈殿は生じなかった。

このことについて，次の1，2，3，4の問いに答えなさい。

1．実験(1)において，変化後の水溶液の色と，その色を示すもととなるイオンの名称の組み合わせとして正しいものはどれか。

	水溶液の色	イオンの名称
ア	黄　色	水素イオン
イ	黄　色	水酸化物イオン
ウ	青　色	水素イオン
エ	青　色	水酸化物イオン

2．実験(2)で中和した水溶液から，結晶として塩（えん）を取り出す方法を簡潔に書きなさい。

3．実験(2)の下線部について，うすい水酸化ナトリウム水溶液を5.0 cm^3加えたとき，水溶液中のイオンの数が，同じ数になると考えられるイオンは何か。考えられるすべてのイオンのイオン式を，書き方の例にならい，文字や記号，数字の大きさを区別して右に書きなさい。

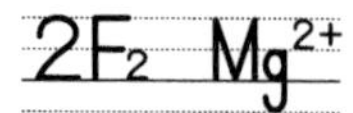

4．実験(2)，(3)について，加えたうすい水酸化ナトリウム水溶液の体積と，ビーカーの水溶液中におけるイオンの総数の関係を表したグラフとして，最も適切なものはどれか。

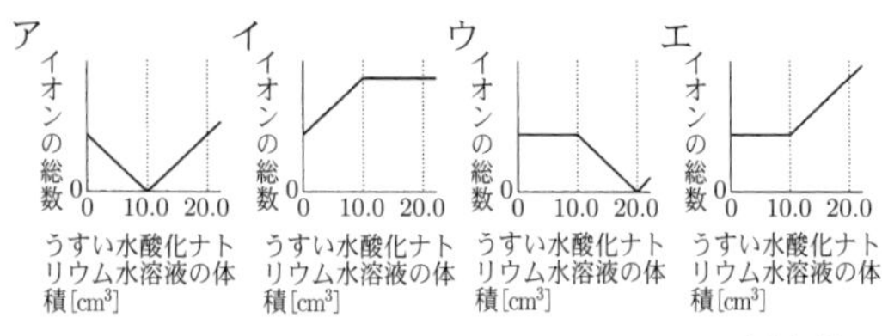

＜栃木県＞

9

塩酸に含まれている水素イオンの数と，水酸化ナトリウム水溶液に含まれている水酸化物イオンの数が等しいときに，この2つの溶液をすべて混ぜ合わせると，溶液は中性になる。

質量パーセント濃度が3％の水酸化ナトリウム水溶液が入ったビーカーXを用意する。また，ビーカーAを用意し，うすい塩酸20 cm^3を入れ，BTB溶液を数滴加える。図1のように，ビーカーAに，ビーカーXの水酸化ナトリウム水溶液を，ガラス棒でかき混ぜながらこまごめピペットで少しずつ加えていくと，8 cm^3加えたところで溶液は中性となり，このときの溶液の色は緑色であった。図2は，ビーカーAについて，加えたビーカーXの水酸化ナトリウム水溶液の体積と，ビーカーA内の溶液中に含まれている水素イオンの数の関係を表したものである。ただし，水酸化ナトリウム水溶液を加える前のビーカーA内の溶液中に含まれている水素イオンの数をn個とし，塩化水素と水酸化ナトリウムは，溶液中において，すべて電離しているものとする。

図1

こまごめピペット
ガラス棒
ビーカーXの水酸化ナトリウム水溶液
ビーカーA
BTB溶液を数滴加えたうすい塩酸

図2

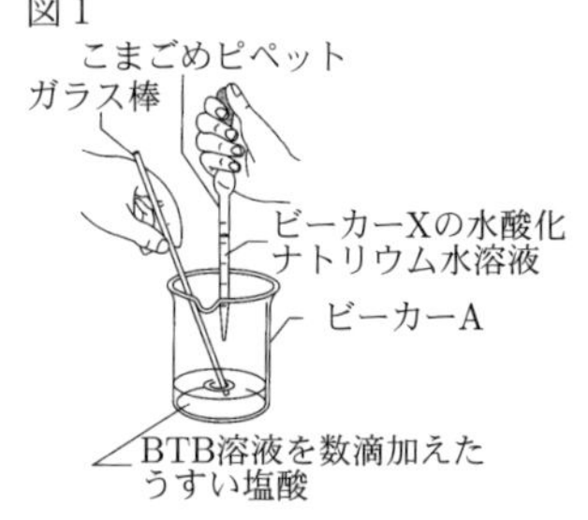

① 質量パーセント濃度が3％の水酸化ナトリウム水溶液が50 gあるとき，この水溶液の溶質の質量は何gか。計算して答えなさい。

② 酸の水溶液とアルカリの水溶液を混ぜ合わせると，水素イオンと水酸化物イオンが結びついて水が生じ，酸とアルカリの性質を打ち消し合う反応が起こる。この反応は何とよばれるか。その名称を書きなさい。

③ ビーカーA内の溶液が中性になった後，ビーカーXの水酸化ナトリウム水溶液をさらに6 cm^3加えたところ，溶液の色は青色になった。溶液が中性になった後，水酸化ナトリウム水溶液をさらに加えていくと，溶液中の水酸化物イオンの数は増加していく。ビーカーA内の溶液が中性になった後，ビーカーXの水酸化ナト

リウム水溶液をさらに6 cm³加えたときの，ビーカーA内の溶液中に含まれている水酸化物イオンの数を，nを用いて表しなさい。

④　ビーカーXとは異なる濃度の水酸化ナトリウム水溶液が入ったビーカーYを用意する。また，ビーカーB，Cを用意し，それぞれに，ビーカーAに入れたものと同じ濃度のうすい塩酸20 cm³を入れる。ビーカーBにはビーカーX，Yの両方の水酸化ナトリウム水溶液を，ビーカーCにはビーカーYの水酸化ナトリウム水溶液だけを，それぞれ加える。ビーカーB，Cに，表で示した体積の水酸化ナトリウム水溶液を加えたところ，ビーカーB，C内の溶液は，それぞれ中性になった。表のⓐに適切な値を補いなさい。

	X	Y
B	3cm³	15cm³
C	0	（ ⓐ ）cm³

＜静岡県＞

10

ある濃度のうすい塩酸とある濃度のうすい水酸化ナトリウム水溶液を混ぜ合わせたときに，どのような変化が起こるか調べるために，次の実験を行った。

実験．うすい塩酸を10.0 cm³はかりとり，ビーカーに入れ，緑色のBTB溶液を数滴加えた。次に，図のようにこまごめピペットでうすい水酸化ナトリウム水溶液を3.0 cm³ずつ加えてよくかき混ぜ，ビーカー内の溶液の色の変化を調べた。

ガラス棒
こまごめピペット
うすい水酸化ナトリウム水溶液

表は，実験の結果をまとめたものである。

加えたうすい水酸化ナトリウム水溶液の体積の合計　[cm³]	0	3.0	6.0	9.0	12.0	15.0	18.0	21.0
ビーカー内の溶液の色	黄色	黄色	黄色	黄色	緑色	青色	青色	青色

1．塩酸の性質について正しく述べているものはどれか。
　ア．電気を通さない。
　イ．無色のフェノールフタレイン溶液を赤色に変える。
　ウ．赤色リトマス紙を青色に変える。
　エ．マグネシウムと反応して水素を発生する。

2．実験で，ビーカー内の溶液の色の変化は，うすい塩酸の中の陽イオンが，加えたうすい水酸化ナトリウム水溶液の中の陰イオンと結びつく反応と関係する。この反応を化学式を用いて表せ。

3．実験で使ったものと同じ濃度のうすい塩酸10.0 cm³とうすい水酸化ナトリウム水溶液12.0 cm³をよく混ぜ合わせた溶液をスライドガラスに少量とり，水を蒸発させるとスライドガラスに結晶が残った。この結晶の化学式を書け。なお，この溶液をpHメーターで調べると，pHの値は7.0であった。

4．次の文は，実験におけるビーカー内の溶液の中に存在している陽イオンの数について述べたものである。次の文中の［ a ］，［ b ］にあてはまる最も適当なことばとして，「ふえる」，「減る」，「変わらない」のいずれかを書け。

　ビーカー内の溶液に存在している陽イオンの数は，うすい塩酸10.0 cm³のみのときと比べて，加えたうすい水酸化ナトリウム水溶液の体積の合計が6.0 cm³のときは［ a ］が，加えたうすい水酸化ナトリウム水溶液の体積の合計が18.0 cm³のときは［ b ］。

＜鹿児島県＞

11

酸とアルカリの性質を調べるために，次の実験を行った。表は，この実験の結果をまとめたものである。このことについて，あとの1～5の問いに答えなさい。

実験．

操作1．6個のビーカーA，B，C，D，E，Fを用意し，それぞれに同じ濃度のうすい硫酸を20.0 cm³ずつ入れた。

操作2．次の図のように，同じ濃度の水酸化バリウム水溶液を，ビーカーBには10.0 cm³，ビーカーCには20.0 cm³，ビーカーDには30.0 cm³，ビーカーEには40.0 cm³，ビーカーFには50.0 cm³加えると，B～Fのすべてのビーカーで白い沈殿が生じた。

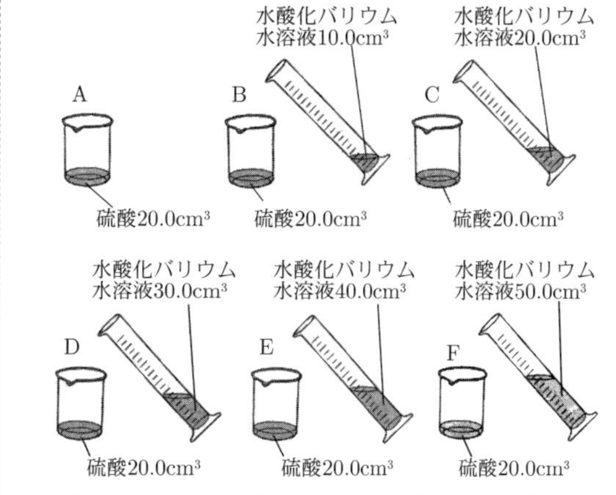

操作3．6個のビーカーA～Fの溶液をそれぞれろ過して，ろ紙に残った白い沈殿を十分に乾燥させ，その質量を測定した。

操作4．6個のビーカーA～Fのろ過した後の液体に，それぞれBTB溶液を数滴ずつ入れ，色の変化を観察した。

	ビーカーA	ビーカーB	ビーカーC	ビーカーD	ビーカーE	ビーカーF
硫酸の体積[cm³]	20.0	20.0	20.0	20.0	20.0	20.0
水酸化バリウム水溶液の体積[cm³]	0	10.0	20.0	30.0	40.0	50.0
白い沈殿の質量[g]	0	0.2	0.4	0.6	X	Y
BTB溶液を加えたときの色	黄	黄	黄	緑	青	青

1．この実験で生じた白い沈殿は何か，化学式でかけ。

2．操作3で行ったろ過のしかたとして最も適切なものを，次のア～エから一つ選び，その記号を書け。

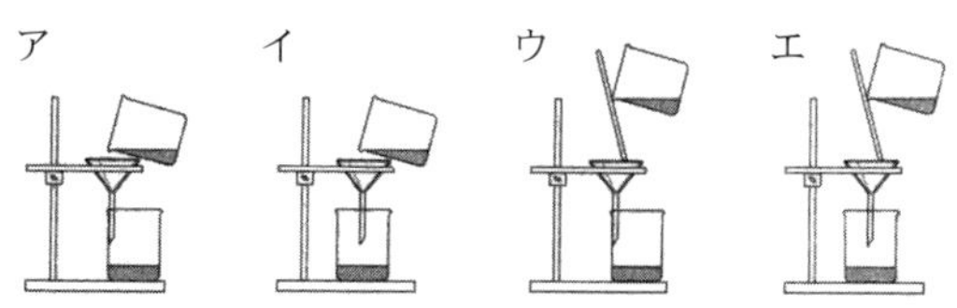

3．ビーカーBのろ過した後の液体にマグネシウムリボンを入れると，気体が発生した。この気体の名称は何か，書け。

4．ビーカーDのろ過した後の液体に，BTB溶液を入れると緑色になったのは，中和が起こったためである。中和とはどのような反応か，酸性とアルカリ性を示す原因になるイオンの名称をそれぞれ挙げて，簡潔に書け。

5．ビーカーDのろ過した後の液体のpHを測定すると7であった。実験の結果の表をもとにして，水酸化バリウム水溶液を0 cm³から50.0 cm³まで加えたときの，水酸化バリウム水溶液の体積と，生じた白い沈殿の質量との関係を表すグラフを，実線でかけ。ただし，表中のXとYの値は，操作4の結果から考察すること。

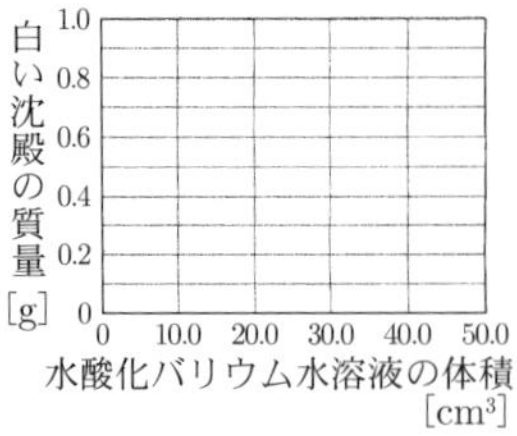

白い沈殿の質量 [g]
1.0
0.8
0.6
0.4
0.2
0
0
10.0
20.0
30.0
40.0
50.0
水酸化バリウム水溶液の体積 [cm³]

＜高知県＞

12

ある日の理科の授業の様子です。次の問いに答えなさい。

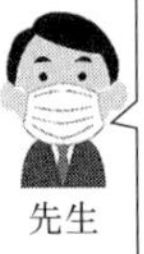

先生「今日の理科の授業は酸とアルカリの反応の実験を行います。まず，うすい塩酸5 cm³を試験管に入れて，次に，BTB溶液を数滴加え，マグネシウムリボンを入れてください。何か気づいたことはありますか。」

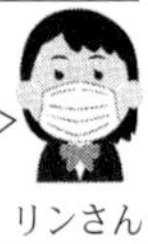

リンさん「溶液の色が黄色になり，マグネシウムリボンの表面からa<u>気体が発生し</u>，b<u>マグネシウムリボンが小さくなっている</u>ように見えます。」

先生「それではさらに，この試験管にうすい水酸化ナトリウム水溶液を少しずつ加えていき，気づいたことを記録してください。」

リンさん「わかりました。気づいたことを記録します。」

〈記録〉

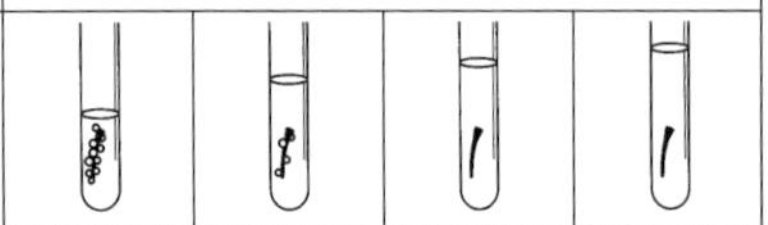

水酸化ナトリウム水溶液の量	少 ——————→ 多			
試験管内の様子	気体の発生がさかんで，マグネシウムリボンが小さくなる	気体の発生が減少し，マグネシウムリボンがさらに小さくなる	気体の発生がなくなり，マグネシウムリボンも変化しなくなる	気体の発生がなく，マグネシウムリボンも変化しない
水溶液の色	黄色	黄色	緑色	青色

先生「水溶液中には何種類かのイオンが含まれていると考えられます。水溶液の色が黄色を示しているとき，この水溶液に含まれているイオンのうち，最も多く含まれているイオンは何だと考えられますか。」

リンさん「私は［ ① ］だと考えます。」

先生「リンさん，反応についてのイメージがよくできていますね。今度は，マグネシウムリボンは入れず，うすい塩酸にうすい水酸化ナトリウム水溶液を加えていったときのようすをモデルで考えてみましょう。図1～図3を見てください。」

先生「リンさん，図1，図2のモデルから，図3のモデルを考え，［　　　］に書いてみましょう。」

図1

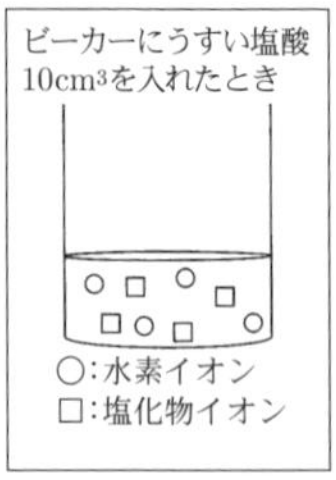

ビーカーにうすい塩酸10cm³を入れたとき
○:水素イオン
□:塩化物イオン

図2

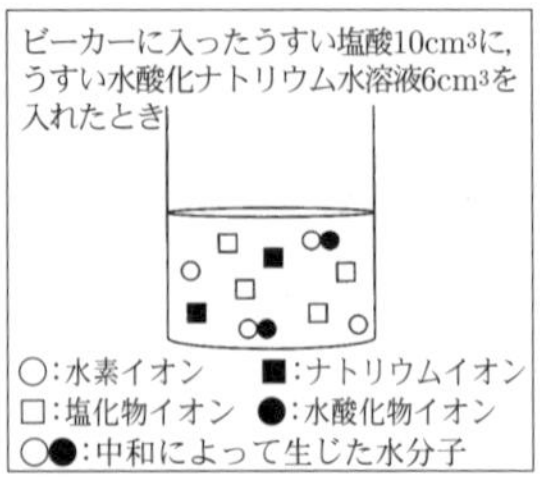

ビーカーに入ったうすい塩酸10cm³に，うすい水酸化ナトリウム水溶液6cm³を入れたとき
○:水素イオン
■:ナトリウムイオン
□:塩化物イオン
●:水酸化物イオン
○●:中和によって生じた水分子

図3

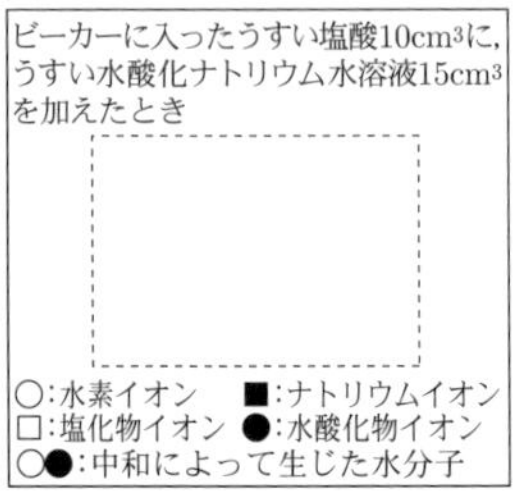

ビーカーに入ったうすい塩酸10cm³に，うすい水酸化ナトリウム水溶液15cm³を加えたとき
○:水素イオン
■:ナトリウムイオン
□:塩化物イオン
●:水酸化物イオン
○●:中和によって生じた水分子

問1．下線部aの気体の性質として最も適当なものを，次のア～オの中から1つ選び記号で答えなさい。

ア．石灰水を白く濁らせる
イ．物質を燃やすはたらきがある
ウ．漂白や殺菌のはたらきがある
エ．物質の中で密度がいちばん小さい
オ．水にとけやすく，水溶液はアルカリ性である

問2．下線部bは，マグネシウムがとけてマグネシウムイオンになる反応である。マグネシウムイオンについて，正しく説明しているものを，次のア～エの中から1つ選び記号で答えなさい。

ア．マグネシウム原子が電子を2個受け取って，－の電気を帯びた陰イオンになったもの。
イ．マグネシウム原子が電子を2個失って，－の電気を帯びた陰イオンになったもの。
ウ．マグネシウム原子が電子を2個失って，＋の電気を帯びた陽イオンになったもの。
エ．マグネシウム原子が電子を2個受け取って，＋の電気を帯びた陽イオンになったもの。

問3．［ ① ］にあてはまる最も適当なものを，次のア～オの中から1つ選び記号で答えなさい。

ア．水素イオン　　イ．塩化物イオン
ウ．マグネシウムイオン　　エ．ナトリウムイオン
オ．水酸化物イオン

問4．実験で用いたうすい塩酸とうすい水酸化ナトリウム水溶液の反応について，次の化学反応式を完成させなさい。ただし，化学式は，アルファベットの大文字，小文字，数字を書く位置や大きさに気をつけて書きなさい。

$$HCl + NaOH \rightarrow \underline{\qquad} + \underline{\qquad}$$

問5．図3の［　　　］に当てはまるモデルとして最も適当なものを次のア～エの中から，図3の［　　　］のモデルのpHとして最も適当なものをあとのオ～キの中から，それぞれ1つずつ選び記号で答えなさい。

〔モデルの選択肢〕

ア 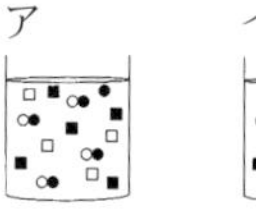
イ 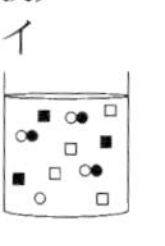
ウ 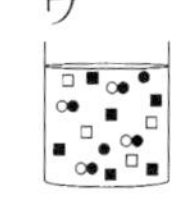
エ 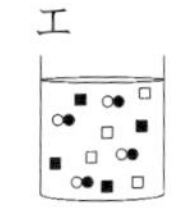

〔pHの選択肢〕

オ．pHは7より大きい
カ．pHは7より小さい
キ．pHは7である

＜沖縄県＞

13 次の1，2の問いに答えなさい。

1．酸性，アルカリ性を示すものの正体について調べるため，水酸化ナトリウム水溶液を用いて【実験1】を行った。下の(1)～(4)の各問いに答えなさい。

【実験1】

図のように，スライドガラスの上にろ紙を置き，クリップではさみ，電源装置につないだ。pH試験紙をろ紙の上に置き，中央に鉛筆で線を引き，pH試験紙とろ紙の両方に食塩水をしみこませた。pH試験紙の中央に水酸化ナトリウム水溶液を少量付けると，つけた部分は青色に変化した。その後，電圧を加えて変化を観察すると，青色の部分は陽極側へ広がった。

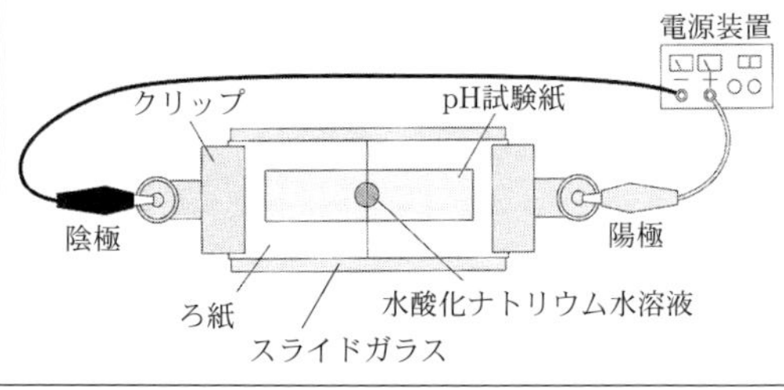

(1) 水酸化ナトリウム水溶液が誤って手についてしまったとき，すぐに行うべき対応として最も適当なものを，次のア～エの中から1つ選び，記号を書きなさい。
　ア．手にうすい塩酸をかけて中和する。
　イ．手を大量の水で洗い流す。
　ウ．手を氷で冷やす。
　エ．手を乾いたタオルで拭く。

(2) 水酸化ナトリウムのように，水に溶かしたときに電流が流れる物質を何というか，書きなさい。

(3) 【実験1】によって，水酸化ナトリウム水溶液においてアルカリ性を示すイオンを確かめることができた。アルカリ性を示すイオンは何か，化学式で書きなさい。

(4) 次の文は，【実験1】の水酸化ナトリウム水溶液を塩酸に変えて実験を行ったときのpH試験紙のようすについて述べたものである。文中の(X)，(Y)にあてはまる語句を書きなさい。

pH試験紙の中央についた(X)色の部分が(Y)極側に広がっていった。

2．酸とアルカリの中和について調べるため，次のような【実験2】を行った。あとの(1)～(4)の各問いに答えなさい。

【実験2】

① 試験管a～eを用意し，そのすべてにうすい水酸化ナトリウム水溶液3mLを入れ，緑色のBTB溶液を2滴加えた。BTB溶液により試験管の水溶液は青色になった。

② 次に，試験管a～eにうすい塩酸1mL～5mLをそれぞれ加えて振り混ぜ，水溶液の色を観察し，その結果を表にまとめた。

試験管	a	b	c	d	e
水酸化ナトリウム水溶液 [mL]	3	3	3	3	3
加えた塩酸 [mL]	1	2	3	4	5
BTB溶液を加えた水溶液の色	青色	青色	緑色	黄色	黄色

③ ②の観察後，試験管a～eにそれぞれマグネシウムリボンを入れ，ようすを観察した。

(1) 塩酸と水酸化ナトリウム水溶液の反応を，化学反応式で書きなさい。

(2) 【実験2】の②の試験管cの水溶液を少量とって蒸発皿に移し，ガスバーナーでしばらく加熱したときのようすを説明した文として最も適当なものを，次のア～エの中から1つ選び，記号を書きなさい。
　ア．水を蒸発させると何も残らなかった。
　イ．水を蒸発させると白い粉が残り，加熱を続けると粉は炎を上げて燃えた。
　ウ．水を蒸発させると白い粉が残り，加熱を続けると粉は黒くなった。
　エ．水を蒸発させると白い粉が残り，加熱を続けても粉は変化しなかった。

(3) 【実験2】の②の結果より，水酸化ナトリウム水溶液3mLに塩酸5mLを少量ずつ加えたときの，試験管中のイオンの総数の変化を表すグラフはどのようになるか。最も適当なものを，次のア～カの中から1つ選び，記号を書きなさい。ただし，水分子は電離しないものとする。

ア
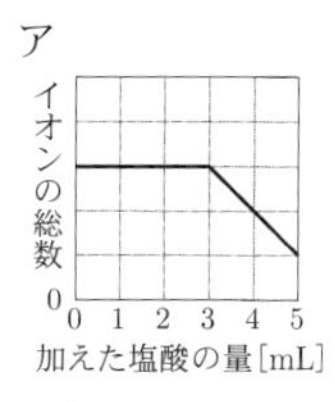

イ
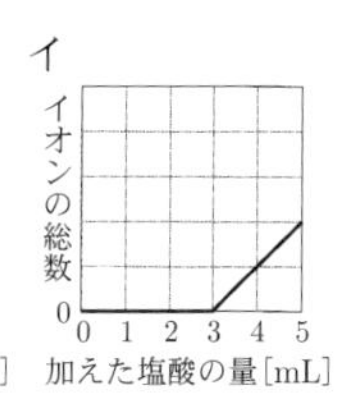

ウ
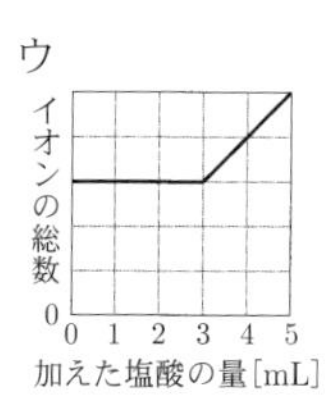

エ
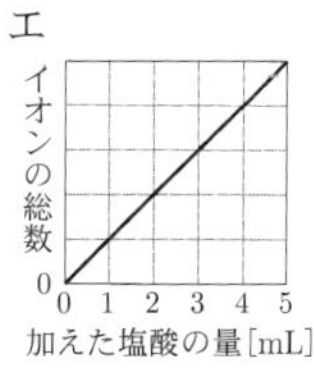

オ
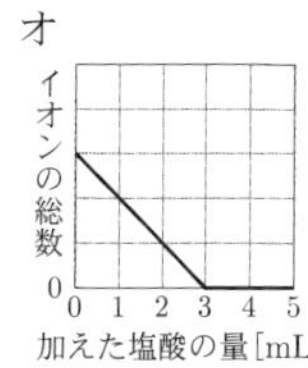

カ
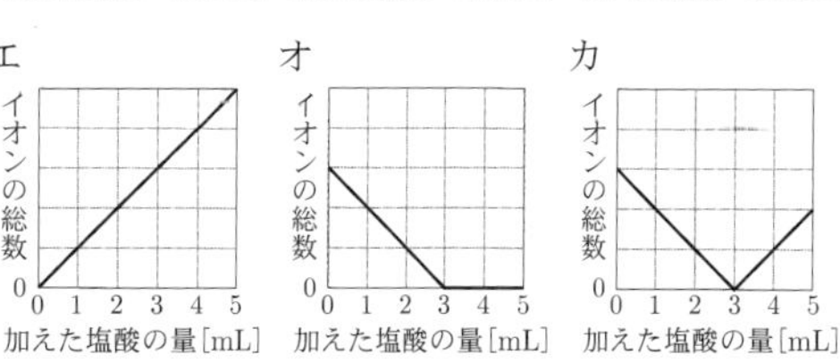

(4) 【実験2】の③で試験管にマグネシウムリボンを入れたときのようすを説明したものとして最も適当なものを，次のア～オの中から1つ選び，記号を書きなさい。
　ア．試験管a～eすべてで気体が発生した。
　イ．試験管a，b，d，eで気体が発生した。
　ウ．試験管aとbで気体が発生した。
　エ．試験管dとeで気体が発生した。
　オ．試験管a～eすべてで変化がなかった。

＜佐賀県＞

化学変化と電池

1 水の電気分解とは逆の化学変化を利用して，水素と酸素が化学反応を起こして水ができるときに，発生する電気エネルギーを直接取り出す装置を□電池という。

＜北海道＞

2 硫酸銅水溶液，硫酸亜鉛水溶液の入った試験管を3本ずつ用意し，それぞれの水溶液に，銅，亜鉛，マグネシウムの金属片を右の図のように入れました。次の表はしばらくおいたあとに観察した結果をまとめたものです。この結果から，銅，亜鉛，マグネシウムをイオンになりやすい順に並べたものを，下のア～エの中から一つ選び，その記号を書きなさい。

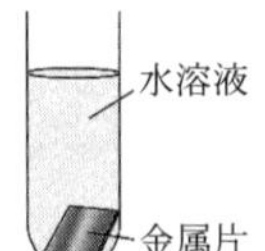

表

		水溶液	
		硫酸銅水溶液	硫酸亜鉛水溶液
金属片	銅	変化がなかった。	変化がなかった。
	亜鉛	金属表面に赤色の物質が付着した。	変化がなかった。
	マグネシウム	金属表面に赤色の物質が付着した。	金属表面に銀色の物質が付着した。

ア．銅＞亜鉛＞マグネシウム
イ．銅＞マグネシウム＞亜鉛
ウ．マグネシウム＞銅＞亜鉛
エ．マグネシウム＞亜鉛＞銅

＜埼玉県＞

3 右の図のように，6本の試験管を準備し，硫酸マグネシウム水溶液，硫酸亜鉛水溶液，硫酸銅水溶液をそれぞれ2本ずつに入れた。次に，硫酸マグネシウム水溶液には亜鉛板と銅板を，硫酸亜鉛水溶液にはマグネシウムリボンと銅板を，硫酸銅水溶液にはマグネシウムリボンと亜鉛板をそれぞれ入れて変化を観察した。下の表は，その結果をまとめたものである。次のア，イに答えなさい。

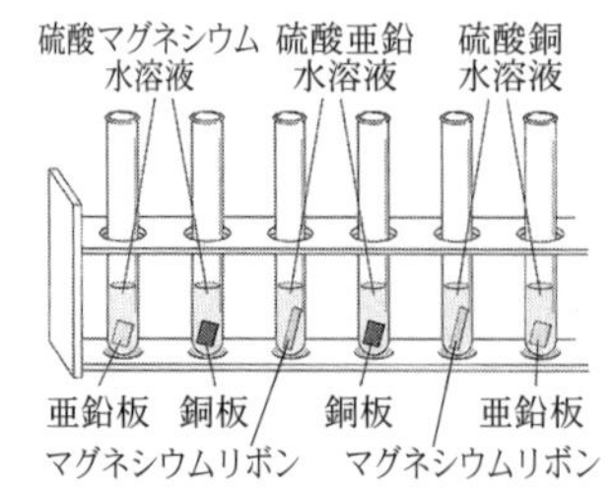

	硫酸マグネシウム水溶液	硫酸亜鉛水溶液	硫酸銅水溶液
マグネシウムリボン	／	亜鉛が付着した	銅が付着した
亜鉛板	変化しなかった	／	銅が付着した
銅板	変化しなかった	変化しなかった	／

ア．硫酸銅水溶液に亜鉛板を入れたときの亜鉛原子の変化のようすは，次のように化学式を使って表すことができる。(　　)に入る適切なイオンの化学式を書きなさい。

$$Zn \rightarrow (\quad) + 2e^-$$

イ．マグネシウム，亜鉛，銅を陽イオンになりやすい順に左から並べたものとして適切なものを，次の1～6の中から一つ選び，その番号を書きなさい。
1．マグネシウム・亜鉛・銅
2．マグネシウム・銅・亜鉛
3．亜鉛・マグネシウム・銅
4．亜鉛・銅・マグネシウム
5．銅・マグネシウム・亜鉛
6．銅・亜鉛・マグネシウム

＜青森県＞

4 花子さんと太郎さんは，次の実験を行った。(1)～(3)の問いに答えなさい。

2人は，「金属の種類によって，イオンへのなりやすさにちがいがあるのだろうか」という疑問を持ち，次の実験を行った。

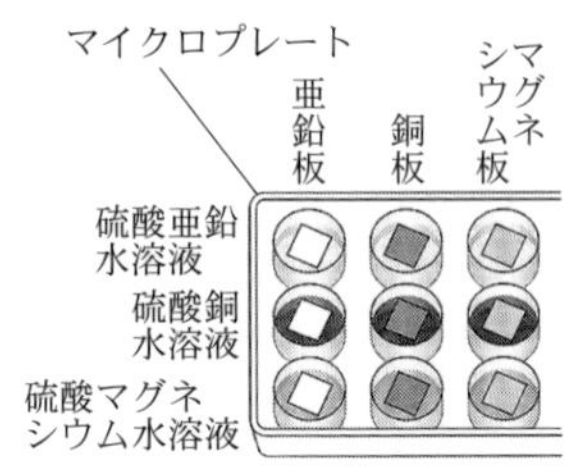

[1] マイクロプレートを用意した。右図のように，横の列に硫酸亜鉛水溶液，硫酸銅水溶液，硫酸マグネシウム水溶液をそれぞれ入れ，縦の列に亜鉛板，銅板，マグネシウム板の3種類の金属板をそれぞれ入れた。ただし，硫酸亜鉛水溶液，硫酸銅水溶液，硫酸マグネシウム水溶液の濃度はそれぞれ同じである。また，亜鉛板，銅板，マグネシウム板の質量はそれぞれ同じである。

[2] 金属板のようすを一定時間後に確認した。
下の表は，その結果をまとめたものである。

	亜鉛板	銅板	マグネシウム板
硫酸亜鉛水溶液	変化なし	変化なし	金属板がうすくなり，黒い物質が付着した
硫酸銅水溶液	金属板がうすくなり，赤い物質が付着した	変化なし	金属板がうすくなり，赤い物質が付着した
硫酸マグネシウム水溶液	変化なし	変化なし	変化なし

(1) [1]で用いた硫酸銅水溶液は，質量パーセント濃度15%であった。この硫酸銅水溶液200 gに含まれている水の質量は何gか，整数で求めなさい。

(2) 上の表で，硫酸亜鉛水溶液にマグネシウム板を入れたときに，マグネシウム板で起こる下線部の化学変化を，電子をe^-として化学反応式で書きなさい。

(3) 上の表の結果から，亜鉛，銅，マグネシウムのうち，最もイオンになりやすいものと，最もイオンになりにくいものの組み合わせとして最も適当なものを，ア～カから1つ選び，記号を書きなさい。

	最もイオンになりやすいもの	最もイオンになりにくいもの
ア	亜鉛	マグネシウム
イ	亜鉛	銅
ウ	銅	亜鉛
エ	銅	マグネシウム
オ	マグネシウム	銅
カ	マグネシウム	亜鉛

＜大分県＞

5 あきらさんは，次の<実験>を行った。これについて，下の問い(1)〜(3)に答えよ。

<実験>
操作① 試験管A・Bを用意し，試験管Aには5％硫酸亜鉛水溶液を，試験管Bには5％硫酸マグネシウム水溶液をそれぞれ5.0 mLずつ入れる。
操作② 右のⅠ図のように，試験管Aにはマグネシウム片を，試験管Bには亜鉛片を1つずつ入れ，それぞれの試験管内のようすを観察する。

Ⅰ図

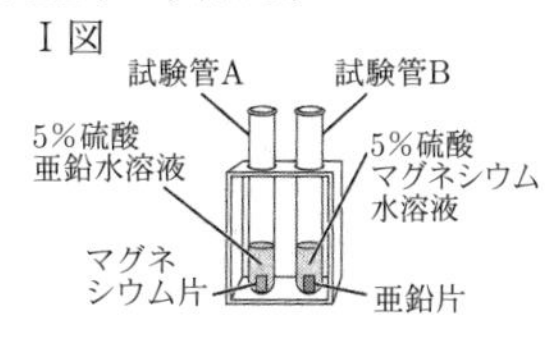

【結果】 操作②の結果，試験管Aではマグネシウム片に色のついた物質が付着したが，試験管Bでは変化が見られなかった。

(1) 下線部5％硫酸亜鉛水溶液について，5％硫酸亜鉛水溶液の密度を1.04 g/cm³とすると，5％硫酸亜鉛水溶液5.0 mL中の水の質量は何gか，小数第2位を四捨五入し，小数第1位まで求めよ。

(2) 右のⅡ図はあきらさんが，試験管A中で起こった，マグネシウム片に色のついた物質が付着する反応における電子(⊖)の移動を，原子やイオンのモデルを用いて模式的に表そうとしたものである。上の図中の点線で示された矢印(---→)のうち，マグネシウム片に色のついた物質が付着する反応における電子の移動を表すために必要なものを2つ選び，実線(——)でなぞって図を完成させよ。

Ⅱ図

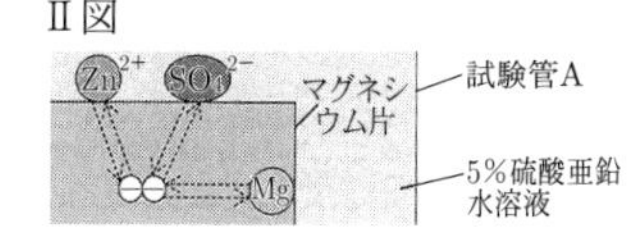

(3) 次の文は，あきらさんが操作①・②で用いる水溶液と金属片を変えて行った<実験>について書いたものの一部である。文中の[X]〜[Z]に入る語句の組み合わせとして最も適当なものを，あとの(ア)〜(エ)から1つ選べ。

> 硫酸銅水溶液を入れた試験管に亜鉛片を，硫酸亜鉛水溶液を入れた試験管に銅片をそれぞれ入れると，[X]水溶液に[Y]片を入れたときに[Y]片に色のついた物質が付着したので，[Z]の方がイオンになりやすいとわかる。

(ア) X．硫酸銅　Y．亜鉛　Z．銅
(イ) X．硫酸銅　Y．亜鉛　Z．亜鉛
(ウ) X．硫酸亜鉛　Y．銅　Z．銅
(エ) X．硫酸亜鉛　Y．銅　Z．亜鉛

<京都府>

6 右の図のように，亜鉛板を硫酸亜鉛水溶液に入れたものと，銅板を硫酸銅水溶液に入れたものを，セロハンで隔てて組み合わせた電池を作った。これにモーターをつないだところ，モーターがまわった。次のア，イに答えなさい。

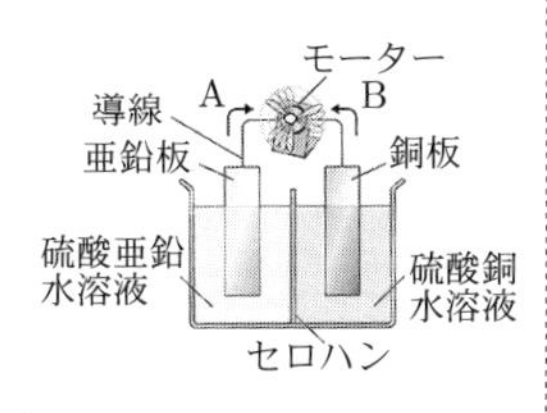

ア．下線部のような化学電池を何というか，書きなさい。
イ．次の文章は，モーターを十分にまわした後の亜鉛板と銅板の表面の変化と，電子の移動の向きについて述べたものである。文章中の[①]に入る内容として適切なものを，次の1〜4の中から一つ選び，その番号を書きなさい。また，[②]に入る電子の移動する向きは，図のA，Bのどちらか，その記号を書きなさい。

> モーターを十分にまわした後，[①]。このことから，電子は，図の[②]の向きに移動していることがわかる。

1．亜鉛板では亜鉛が付着し，銅板では銅が溶け出した
2．亜鉛板では亜鉛が付着し，銅板では銅が付着した
3．亜鉛板では亜鉛が溶け出し，銅板では銅が溶け出した
4．亜鉛板では亜鉛が溶け出し，銅板では銅が付着した

<青森県>

7 次の〈実験〉について，下の問い(1)・(2)に答えよ。

〈実験〉
操作① ビーカーに，円筒型の素焼きの容器を入れ，その容器に硫酸銅水溶液を入れる。また，ビーカー内の，素焼きの容器の外側に硫酸亜鉛水溶液を入れる。
操作② 右の図のように，発泡ポリスチレンの板を用いて亜鉛板と銅板をたて，硫酸亜鉛水溶液に亜鉛板を，硫酸銅水溶液に銅板をさしこみ，電子オルゴールに亜鉛板と銅板を導線でつなぐ。

【結果】 操作②の結果，電子オルゴールが鳴った。

(1) 〈実験〉では，何エネルギーが電気エネルギーに変わることで電子オルゴールが鳴ったか，最も適当なものを，次の(ア)〜(エ)から1つ選べ。
(ア) 核エネルギー
(イ) 熱エネルギー
(ウ) 位置エネルギー
(エ) 化学エネルギー

(2) 次の文章は，〈実験〉について述べたものの一部である。文章中の[A]・[B]に入る表現の組み合わせとして最も適当なものを，下のⅰ群(ア)〜(エ)から1つ選べ。また，[C]に入る表現として最も適当なものを，下のⅱ群(カ)〜(コ)から1つ選べ。

> 〈実験〉で，銅板は[A]，亜鉛板は[B]となっている。また〈実験〉で，素焼きの容器を用いたのは，素焼きの容器だと，[C]ためである。

ⅰ群．
(ア) A．導線へと電流が流れ出る＋極　B．導線から電流が流れこむ－極
(イ) A．導線へと電流が流れ出る－極　B．導線から電流が流れこむ＋極
(ウ) A．導線から電流が流れこむ＋極　B．導線へと電流が流れ出る－極
(エ) A．導線から電流が流れこむ－極　B．導線へと電流が流れ出る＋極

ⅱ群．
(カ) イオンなどの小さい粒子は，通過することができない
(キ) それぞれの水溶液の溶媒である水分子だけが，少しずつ通過できる
(ク) イオンなどの小さい粒子が，硫酸銅水溶液から硫酸亜鉛水溶液へのみ少しずつ通過できる

(ケ) イオンなどの小さい粒子が，硫酸亜鉛水溶液から硫酸銅水溶液へのみ少しずつ通過できる
(コ) それぞれの水溶液に含まれるイオンなどの小さい粒子が，少しずつ通過できる

＜京都府＞

8 金属のイオンへのなりやすさのちがいと電池のしくみについて調べるために，次の実験1，実験2を行った。あとの各問いに答えなさい。

実験1

操作1．図1のように，試験管に無色の硝酸銀($AgNO_3$)水溶液を入れる。
操作2．硝酸銀水溶液に銅線(Cu)を入れて，静かに置いておく。

図1
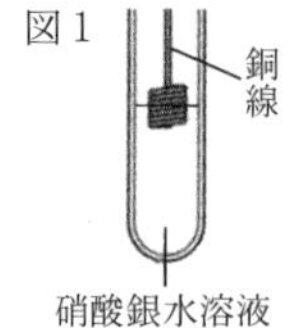

問1．硝酸銀は水にとけると，陽イオンと陰イオンに分かれる。このように，水にとけて物質が陽イオンと陰イオンに分かれることを何というか，答えなさい。

問2．実験1では，硝酸銀水溶液に銅線を入れると，銅線のまわりに銀色の結晶が現れ，樹木の枝のように成長していくようすと，水溶液の色の変化が観察できた。次の文1は，水溶液の色の変化について説明したものである。文1の(①)にあてはまるイオンの名称と，(②)にあてはまる色の組み合わせとして，最も適切なものを，あとのア～エからひとつ選び，記号で答えなさい。

文1．

硝酸銀水溶液に銅線を入れると，水溶液中に(①)が生じたため，水溶液が(②)色に変化した。

	(①)	(②)
ア	銀イオン	赤褐
イ	銀イオン	青
ウ	銅イオン	赤褐
エ	銅イオン	青

問3．実験1で，硝酸銀水溶液に銅線を入れ，銅線のまわりに銀色の結晶が現れたときの反応について，次の化学反応式を完成させなさい。

化学反応式．

$2Ag^{+} \quad + \quad Cu \quad \rightarrow$

実験2

操作1．図2のようなダニエル電池の装置をつくる。
操作2．図3のように，ダニエル電池に，光電池用のプロペラつきモーターをつなぎ，モーターが回転したことを確認し，しばらくつないだままにした後，金属板の表面を観察する。

図2
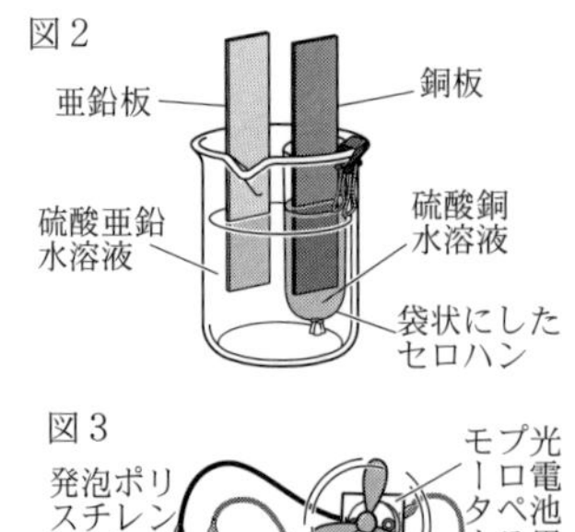

図3
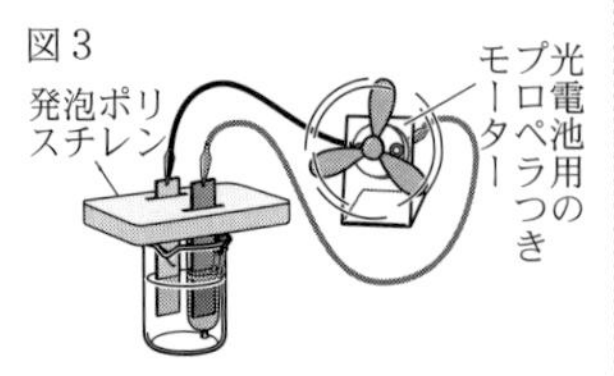

問4．次の文2は，実験2の結果について説明したものである。文2の(③)，(④)にあてはまる語句の組み合わせとして，最も適切なものを，あとのア～エからひとつ選び，記号で答えなさい。

文2．

銅板の表面には新たな銅が付着し，亜鉛板は表面がぼろぼろになっていた。このことから，ダニエル電池では，亜鉛原子が電子を(③)，電子は導線を通って(④)へ移動していることがわかり，亜鉛板が－(マイナス)極となる。

	(③)	(④)
ア	受け取り	亜鉛板から銅板
イ	受け取り	銅板から亜鉛板
ウ	失い	亜鉛板から銅板
エ	失い	銅板から亜鉛板

問5．実験1，実験2の結果から，銀(Ag)，銅(Cu)，亜鉛(Zn)の3種類の金属を，イオンになりやすい金属の順に並べたものとして，最も適切なものを，次のア～カからひとつ選び，記号で答えなさい。

ア．銀＞銅＞亜鉛
イ．銀＞亜鉛＞銅
ウ．銅＞銀＞亜鉛
エ．銅＞亜鉛＞銀
オ．亜鉛＞銀＞銅
カ．亜鉛＞銅＞銀

＜鳥取県＞

9 ［実験1］ 次の表のような，水溶液と金属の組み合わせで，水溶液に金属の板を1枚入れて，金属板に金属が付着するかどうか観察し，その結果を表にまとめた。

水溶液＼金属	マグネシウム	亜鉛	銅
硫酸マグネシウム水溶液	＼	×	×
硫酸亜鉛水溶液	○	＼	×
硫酸銅水溶液	○	○	＼

○は金属板に金属が付着したことを，×は金属板に金属が付着しなかったことを示す。

［実験2］ 硫酸亜鉛水溶液に亜鉛板，硫酸銅水溶液に銅板を入れ，両水溶液をセロハンで仕切った電池をつくり，導線でプロペラ付きモーターを接続すると，モーターは長時間回転し続けた。右図は，その様子をモデルで表したものである。

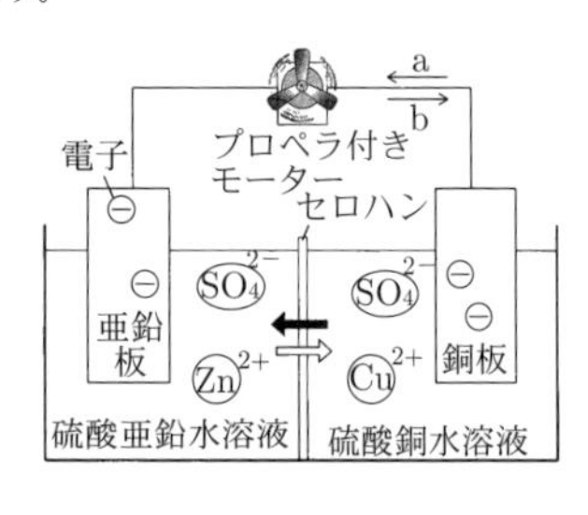

(1) 表の3種類の金属を，イオンになりやすい順に左から名称で書け。

(2) 実験1で，硫酸亜鉛水溶液に入れたマグネシウム板に金属が付着したときに起こる反応を，「マグネシウムイオン」「亜鉛イオン」の2つの言葉を用いて，簡単に書け。

(3) 次の文の①，②の{ }の中から，それぞれ適当なものを1つずつ選び，ア～エの記号で書け。

図で，－(マイナス)極は①{ア．亜鉛板 イ．銅板}であり，電流は導線を②{ウ．aの向き エ．bの向き}に流れる。

(4) 次のア～エのうち，図のモデルについて述べたものとして，最も適当なものを1つ選び，その記号を書け。

ア．セロハンのかわりにガラス板を用いても，同様に長時間電流が流れ続ける。
イ．セロハンがなければ，銅板に亜鉛が付着して，すぐに電流が流れなくなる。
ウ．Zn^{2+}が⇨の向きに，SO_4^{2-}が⬅の向きにセロハンを通って移動し，長時間電流が流れ続ける。
エ．陰イオンであるSO_4^{2-}だけが，両水溶液間をセロハンを通って移動し，長時間電流が流れ続ける。

(5) 次の文の①，②の｛　｝の中から，それぞれ適当なものを１つずつ選び，その記号を書け。
　実験２の，硫酸銅水溶液を硫酸マグネシウム水溶液，銅板をマグネシウム板にかえて，実験２と同じ方法で実験を行うと，亜鉛板に①｛ア．亜鉛　イ．マグネシウム｝が付着し，モーターは実験２と②｛ウ．同じ向き　エ．逆向き｝に回転した。

＜愛媛県＞

10

次の実験１，２を行った。１～７の問いに答えなさい。

〔実験１〕 図１のように，マイクロプレートの縦の列に同じ種類の金属板，横の列に同じ種類の水溶液を入れ，それぞれの金属板の様子を観察した。表は，その結果をまとめたものである。

図１
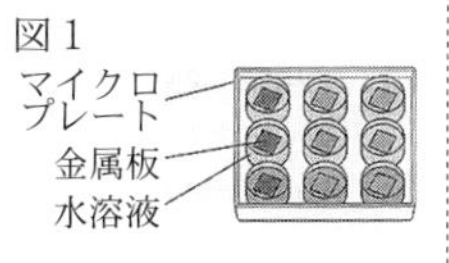

	銅板	亜鉛板	マグネシウム板
硫酸マグネシウム水溶液	変化しなかった。	変化しなかった。	変化しなかった。
硫酸亜鉛水溶液	変化しなかった。	変化しなかった。	マグネシウム板がうすくなり，物質が付着した。
硫酸銅水溶液	変化しなかった。	亜鉛板がうすくなり，赤色の物質が付着した。	マグネシウム板がうすくなり，赤色の物質が付着した。

〔実験２〕 ビーカーに５％の硫酸亜鉛水溶液と亜鉛板を入れ，12％の硫酸銅水溶液と銅板を入れた袋状のセロハンを，ビーカーの中に入れた。図２のように，亜鉛板と銅板に，光電池用プロペラ付きモーターをつなぐと，プロペラが回転した。

図２
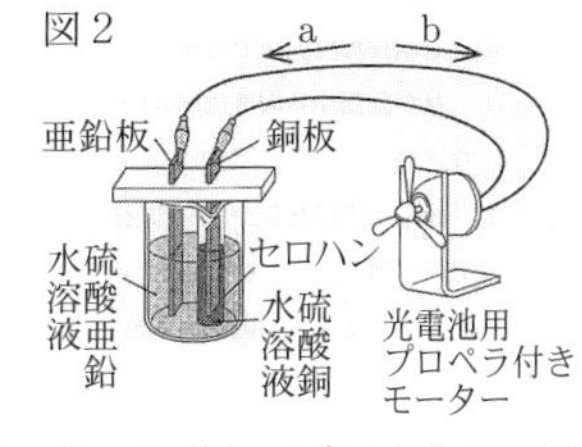

1．次の［　　］の(1)，(2)に当てはまる正しい組み合わせを，ア～エから１つ選び，符号で書きなさい。
　実験１で，硫酸亜鉛水溶液にマグネシウム板を入れたとき，マグネシウム板に付着した物質は亜鉛である。これは，マグネシウム原子が電子を［(1)］マグネシウムイオンになり，亜鉛イオンが電子を［(2)］亜鉛原子になったからである。
ア．(1)　１個失って　　(2)　１個受け取って
イ．(1)　１個受け取って　　(2)　１個失って
ウ．(1)　２個失って　　(2)　２個受け取って
エ．(1)　２個受け取って　　(2)　２個失って

2．実験１で，硫酸銅水溶液にマグネシウム板や亜鉛板を入れたとき，赤色の物質が付着した。このとき，硫酸銅水溶液の青色は実験前と比べてどうなったか。ア～ウから最も適切なものを１つ選び，符号で書きなさい。
ア．濃くなった。
イ．変化しなかった。
ウ．うすくなった。

3．実験１の結果から，銅，亜鉛，マグネシウムの３種類の金属を，イオンへのなりやすさが大きい順に左から並べたものはどれか。ア～カから最も適切なものを１つ選び，符号で書きなさい。
ア．銅，亜鉛，マグネシウム
イ．亜鉛，銅，マグネシウム
ウ．マグネシウム，銅，亜鉛
エ．銅，マグネシウム，亜鉛
オ．亜鉛，マグネシウム，銅
カ．マグネシウム，亜鉛，銅

4．次の［　　］の(1)，(2)に当てはまる正しい組み合わせを，ア～エから１つ選び，符号で書きなさい。
　実験２で，銅板は電池の［(1)］極であり，図２の［(2)］の向きに電流が流れる。
ア．(1)　＋　　(2)　a
イ．(1)　＋　　(2)　b
ウ．(1)　－　　(2)　a
エ．(1)　－　　(2)　b

5．実験２で使用した12％の硫酸銅水溶液100 mLに含まれる硫酸銅の質量は何gか。小数第１位を四捨五入して，整数で書きなさい。ただし，12％の硫酸銅水溶液の密度は1.13 g/cm³とする。

6．実験２で，銅板では銅イオンが銅に変化する反応が起こる。銅板で起こる反応を，化学反応式で書きなさい。ただし，電子はe^-で表すものとする。

7．実験２で使われているセロハンには，イオンなどが通過できる小さな穴があいている。亜鉛板側から銅板側にセロハンを通過する主なイオンは何か。イオンの化学式で書きなさい。

＜岐阜県＞

11

化学変化とイオン及び化学変化と原子・分子に関する(1)・(2)の問いに答えなさい。

(1) 図１のように，ビーカー内の硫酸亜鉛水溶液に，硫酸銅水溶液が入ったセロハンの袋を入れ，硫酸亜鉛水溶液の中に亜鉛板を，硫酸銅水溶液の中に銅板を入れて電池をつくる。この電池の，亜鉛板と銅板に光電池用モーターを接続すると，光電池用モーターは回転した。

図１
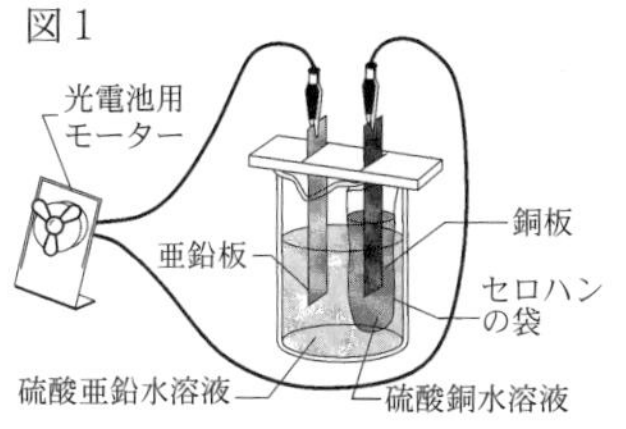

　図１の電池のしくみを理解したＲさんとＳさんは，光電池用モーターの回転を速くする方法について話している。このとき，次の①～③の問いに答えなさい。

Ｒさん：ⓐ図１の電池は，金属のイオンへのなりやすさによって，銅板と亜鉛板で起こる反応が決まっていたよね。
Ｓさん：そうだね。光電池用モーターの回転の速さは，使用した金属のイオンへのなりやすさと関係していると思うよ。
Ｒさん：銅は変えずに，亜鉛を，亜鉛よりイオンになりやすいマグネシウムに変えて試してみよう。そうすれば，光電池用モーターの回転が速くなりそうだね。

> Sさん：金属板の面積を大きくしても，電子を放出したり受け取ったりする場所が増えて，光電池用モーターの回転が速くなりそうだね。
> Rさん：なるほど。ⓑ図１の，亜鉛板と硫酸亜鉛水溶液を，マグネシウム板と硫酸マグネシウム水溶液に変えて，銅板，マグネシウム板の面積を，図１の，銅板，亜鉛板の面積よりも大きくして，光電池用モーターの回転が速くなるかを調べてみよう。

① 硫酸銅や硫酸亜鉛は，電解質であり，水に溶けると陽イオンと陰イオンに分かれる。電解質が水に溶けて陽イオンと陰イオンに分かれることは何とよばれるか。その名称を書きなさい。

② 下線部ⓐの銅板で起こる化学変化を，電子１個をe^-として，化学反応式で表すと，

$Cu^{2+}+2e^-\rightarrow Cu$となる。

a．下線部ⓐの銅板で起こる化学変化を表した化学反応式を参考にして，下線部ⓐの亜鉛板で起こる化学変化を，化学反応式で表しなさい。

b．次のア～エの中から，図１の電池における，電極と，電子の移動について，適切に述べたものを１つ選び，記号で答えなさい。

ア．銅板は＋極であり，電子は銅板から導線を通って亜鉛板へ移動する。
イ．銅板は＋極であり，電子は亜鉛板から導線を通って銅板へ移動する。
ウ．亜鉛板は＋極であり，電子は銅板から導線を通って亜鉛板へ移動する。
エ．亜鉛板は＋極であり，電子は亜鉛板から導線を通って銅板へ移動する。

③ 下線部ⓑの方法で実験を行うと，光電池用モーターの回転が速くなった。しかし，この実験の結果だけでは，光電池用モーターの回転の速さは使用した金属のイオンへのなりやすさと関係していることが確認できたとはいえない。その理由を，簡単に書きなさい。ただし，硫酸銅水溶液，硫酸亜鉛水溶液，硫酸マグネシウム水溶液の濃度と体積は，光電池用モーターの回転が速くなったことには影響していないものとする。

(2) Sさんは，水素と酸素が反応することで電気が発生する燃料電池に興味をもち，燃料電池について調べた。資料は，燃料電池で反応する水素と酸素の体積比を調べるために，Sさんが行った実験の結果をまとめたレポートの一部を示したものである。

<資料>

準備．燃料電池，タンクP，タンクQ，光電池用モーター

実験．図２のように，タンクPに気体の水素8 cm³を，タンクQに気体の酸素2 cm³を入れ，水素と酸素を反応させる。燃料電池に接続した光電池用モーターの回転が終わってから，タンクP，Qに残った気体の体積を，それぞれ測定する。その後，タンクQに入れる気体の酸素の体積を4 cm³，6 cm³，8 cm³に変えて，同様の実験を行う。

図２

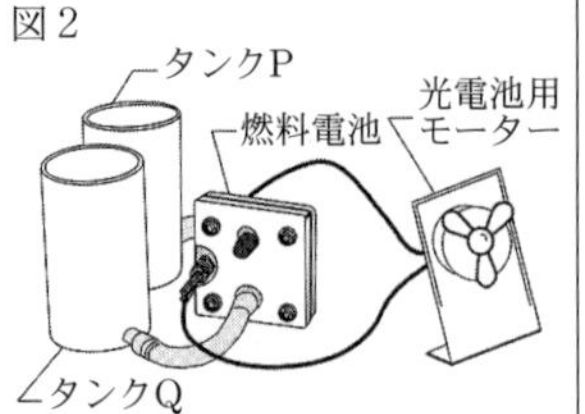

結果．

表のようになった。

表

入れた水素の体積[cm³]	8	8	8	8
入れた酸素の体積[cm³]	2	4	6	8
残った水素の体積[cm³]	4	0	0	0
残った酸素の体積[cm³]	0	0	2	4

考察．

表から，反応する水素と酸素の体積比は2：1である。

① この実験で用いた水素は，水を電気分解して発生させたが，ほかの方法でも水素を発生させることができる。次のア～エの中から，水素が発生する反応として適切なものを１つ選び，記号で答えなさい。

ア．酸化銀を試験管に入れて加熱する。
イ．酸化銅と炭素を試験管に入れて加熱する。
ウ．硫酸と水酸化バリウム水溶液を混ぜる。
エ．塩酸にスチールウール(鉄)を入れる。

② 燃料電池に接続した光電池用モーターが回転しているとき，反応する水素と酸素の体積比は2：1であり，水素1 cm³が減少するのにかかる時間は5分であった。表をもとにして，タンクPに入れる水素の体積を8 cm³にしたときの，タンクQに入れる酸素の体積と光電池用モーターが回転する時間の関係を表すグラフを，図３にかきなさい。ただし，光電池用モーターが回転しているとき，水素は一定の割合で減少しているものとする。

図３

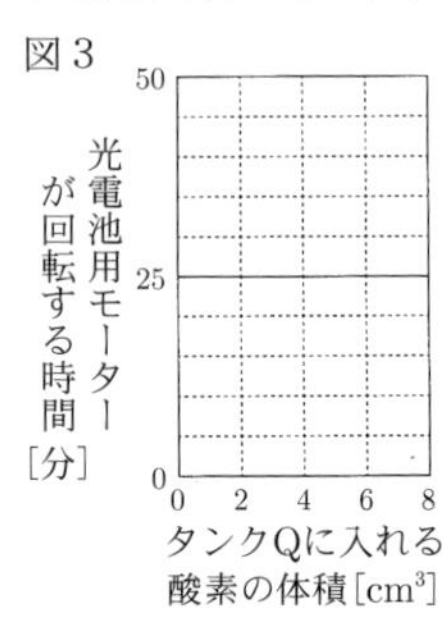

＜静岡県＞

第４章　化学領域の思考力活用問題

1　気体に関する，次の実験を行った。これらをもとに，以下の各問に答えなさい。

［実験Ⅰ］　緑色のBTB溶液にアンモニアを通したところ，BTB溶液が青色に変化した。

［実験Ⅱ］　図１のように，酸化銀を加熱したところ，気体が発生した。この気体が酸素であることを確かめるために，ある操作を行った。

図１

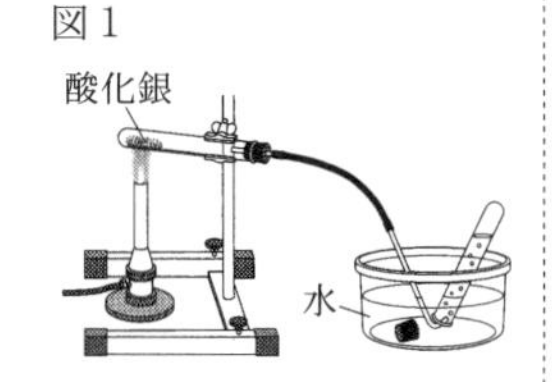

［実験Ⅲ］　ビーカーＡ～Ｅを準備し，すべてのビーカーに，うすい塩酸を20 cm³ずつ入れ，図２のように，それぞれの質量を測定した。次に，ビーカーＡに0.40 gの炭酸カルシウムを加えたところ，二酸化炭素を発生しながらすべてとけた。二酸化炭素の発生が完全に終わった後，反応後のビーカー全体の質量を測定した。また，ビーカーＢ～Ｅそれぞれについて，表に示した質量の炭酸カルシウムを加え，二酸化炭素の発生が完全に終わった後，反応後のビーカー全体の質量を測定した。表は，それらの結果をまとめたものである。

図２

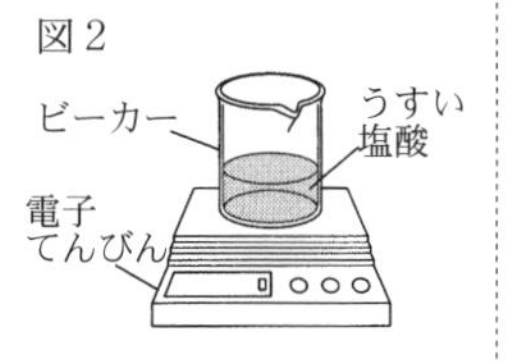

ビーカー	A	B	C	D	E
うすい塩酸20cm³が入ったビーカー全体の質量[g]	61.63	61.26	62.01	61.18	62.25
加えた炭酸カルシウムの質量[g]	0.40	0.80	1.20	1.60	2.00
反応後のビーカー全体の質量[g]	61.87	61.74	62.75	62.32	63.79

問１．実験Ⅰについて，次の⑴，⑵に答えなさい。

⑴　アンモニア分子をモデルで表したものはどれか，次のア～エから最も適切なものを１つ選び，その符号を書きなさい。

ア 

イ 

ウ 

エ 

⑵　緑色のBTB溶液を青色に変えたイオンは何か，その名称を書きなさい。

問２．実験Ⅱについて，次の⑴～⑶に答えなさい。

⑴　下線部について，どのような操作を行ったか，酸素の性質に着目して書きなさい。

⑵　酸化銀の加熱により酸素が発生する変化を，化学反応式で表しなさい。

⑶　酸素を発生させる別の方法を，次のア～エから１つ選び，その符号を書きなさい。

ア．亜鉛にうすい塩酸を加える。
イ．酸化銅と炭素を混ぜ，加熱する。
ウ．鉄と硫黄を混ぜ，加熱する。
エ．二酸化マンガンにオキシドールを加える。

問３．実験Ⅲについて，次の⑴，⑵に答えなさい。

⑴　反応後のビーカーＢ～Ｅのうち，炭酸カルシウムの一部が反応せずに残っているものはどれか，すべて書きなさい。

⑵　実験Ⅲと濃度が同じうすい塩酸100 cm³と石灰石5.00 gを反応させたところ，発生した二酸化炭素の質量は1.56 gであった。このとき用いた石灰石に含まれる炭酸カルシウムの質量の割合は何％か，求めなさい。ただし，この反応においては，石灰石に含まれる炭酸カルシウムはすべて反応し，それ以外の物質は反応していないものとする。

＜石川県＞

2　ＧさんとＭさんは，炭酸水素ナトリウムを加熱したときに起こる変化について調べるために，次の実験を行った。後の⑴～⑷の問いに答えなさい。

［実験１］

(A)　図Ⅰのように，炭酸水素ナトリウムが入った試験管Ｘをガスバーナーで加熱したところ，気体が発生した。はじめに出てきた気体は集めずに，しばらくしてから試験管Ｙに気体を集め，水中でゴム栓をした。しばらくすると気体が発生しなくなったので，ガラス管を水中から取り出した後にガスバーナーの火を消した。試験管Ｘの内側には無色透明の液体がつき，底には白い物質が残った。

図Ⅰ

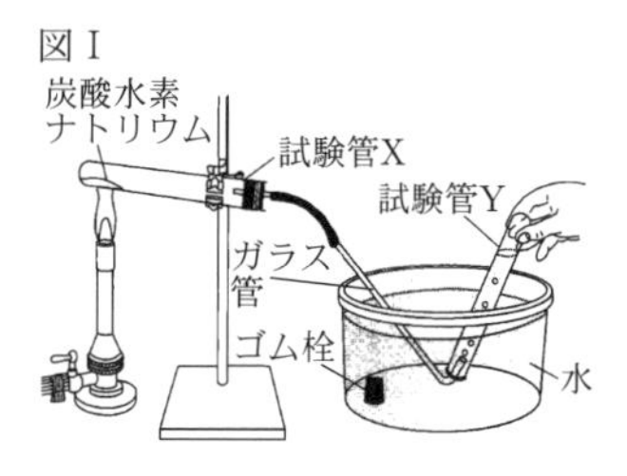

(B)　試験管Ｘの内側についた無色透明の液体に，乾燥させた塩化コバルト紙をつけたところ，色が変化した。

(C)　試験管Ｙに石灰水を加えてよく振ったところ，石灰水が白くにごった。

⑴　実験１の下線部について，ガスバーナーの火を消す前にガラス管を水中から取り出すのはなぜか，その理由を簡潔に書きなさい。

⑵　実験１について，次の①～③の問いに答えなさい。

①　次の文は，実験１(B)の結果について考察し，まとめたものである。文中の［ａ］，［ｂ］に当てはまる語を，それぞれ書きなさい。

> 塩化コバルト紙の色が［ａ］色から［ｂ］色に変化したことから，試験管Ｘの内側についた無色透明の液体は水であることが分かる。

②　次の文は，加熱後の試験管Ｘに残った白い物質と，元の炭酸水素ナトリウムとの違いを調べるために行った実験とその結果について述べたものである。文中のａ，ｂについて｛　　　｝内のア，イから正しいものを，それぞれ選びなさい。

> 白い物質が残っている試験管Ｘと，試験管Ｘに残った白い物質と同量の炭酸水素ナトリウムを入れた試験管に，それぞれ水を加えて溶け方を比較した。その結果，試験管Ｘに残った白い物質の方がａ｛ア．溶けやすかった　イ．溶けにくかった｝。次に，フェノールフタレイン溶液をそれぞれの試験管に加え，水溶液の色を比較した。その結果，白い物質が残っている試験管Ｘの方がｂ｛ア．濃い　イ．うすい｝赤色となった。

③　実験１の化学変化は次のように表すことができる。これを参考にして，試験管Ｘに残った白い物質に含ま

れている原子の種類を，原子の記号で全て書きなさい。

$2NaHCO_3$→［試験管Ｘに残った白い物質］$+H_2O+CO_2$

(3) ＧさんとＭさんは，実験１において炭酸水素ナトリウムの代わりに炭酸水素アンモニウムを加熱した場合の化学変化について考えた。物質名に「アンモニウム」とあることからアンモニアが発生すると予想したが，図Ⅰの装置はアンモニアを集めるのには適さないと判断した。このように判断した理由を，簡潔に書きなさい。

［実験２］

(A) 炭酸水素ナトリウムをはかりとり，図Ⅱのようにステンレス皿に広げて一定の時間加熱し，冷ましてからステンレス皿上の物質の質量を測定した。その後，再び一定の時間加熱し，加熱後の物質の質量を測定する操作を繰り返した。

図Ⅱ

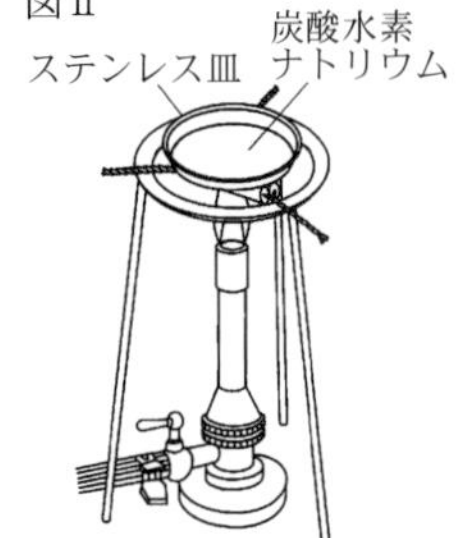

(B) 炭酸水素ナトリウムの質量を変えて，(A)と同じ実験を行った。表は，測定結果をまとめたものである。

加熱前の炭酸水素ナトリウムの質量[g]	加熱後の物質の質量[g]				
	1回目	2回目	3回目	4回目	5回目
2.00	1.68	1.28	1.26	1.26	1.26
4.00	3.36	3.04	2.52	2.52	2.52
6.00	5.04	4.56	4.08	3.78	3.78

(4) 実験２について，次の①，②の問いに答えなさい。ただし，炭酸水素ナトリウムの加熱によって生じる水は，全て蒸発するものとする。

① 表では，操作の回数が増えると，加熱後の物質の質量に変化が見られなくなった。この理由を，簡潔に書きなさい。

② 炭酸水素ナトリウム7.00 gを加熱し，加熱後の物質の質量に変化が見られなくなったとき，残った物質の質量はいくらか，書きなさい。

＜群馬県＞

3

次の文は，ある海岸のごみの調査に来ていたＡさんとＢさんの会話の一部である。(1)～(5)の問いに答えなさい。

［Ａさん］ 海水を採取してみると，プラスチックのかけらなどの目に見えるごみがふくまれていることがわかるね。

［Ｂさん］ それは，ａ実験操作によって海水からとり出すことができるよ。

［Ａさん］ 砂浜にもごみが落ちているよ。これもプラスチックだね。

［Ｂさん］ プラスチックごみは大きな問題だよね。ｂ微生物のはたらきで分解できるプラスチックも開発されているけれど，プラスチックごみを減らすなどの対策も重要だね。

［Ａさん］ 砂をよく見てみると，砂の中にプラスチックのかけらのようなものが見られるよ。この砂の中から小さいプラスチックのかけらをとり出すのは難しそうだなあ。砂の中にふくまれているプラスチックのかけらをとり出す方法はないのかな。

［Ｂさん］ それならば，ｃ密度のちがいを利用する方法がいいと思うよ。砂とプラスチックの密度は異なっているだろうから，適当な密度の水溶液中にその２つを入れれば，プラスチックをとり出すことができると思うよ。

(1) 海水や空気のように，いくつかの物質が混じり合ったものを何というか。漢字３字で書きなさい。

(2) 下線部ａについて，粒子の大きさのちがいを利用して，プラスチックのかけらをふくむ海水からプラスチックのかけらをとり出す実験操作として最も適当なものを，次のア～エの中から１つ選びなさい。

ア．ろ過　　イ．再結晶
ウ．蒸留　　エ．水上置換法

(3) 次のⅠ，Ⅱの文はプラスチックの特徴について述べたものである。これらの文の正誤の組み合わせとして正しいものを，右のア～エの中から１つ選びなさい。

Ⅰ．すべてのプラスチックは電気を通しにくい。
Ⅱ．すべてのプラスチックは有機物である。

	Ⅰ	Ⅱ
ア	正	正
イ	正	誤
ウ	誤	正
エ	誤	誤

(4) 下線部ｂのようなプラスチックを何プラスチックというか。漢字４字で書きなさい。

(5) 下線部ｃについて，次の文は，密度が2.6g/cm³の粒からなる砂に，密度が1.4 g/cm³のポリエチレンテレフタラートのかけら(PET片)を混ぜ，その混ぜたものからPET片をとり出す方法について述べたものである。下の①，②の問いに答えなさい。

温度が一定のもと，ある物質をとかした水溶液に砂とPET片を混ぜたものを入れ，密度のちがいを利用してPET片をとり出す実験を行う。グラフは，ある物質をとかした水溶液の濃度と密度の関係を表している。ただし，水の密度は1.0 g/cm³とする。

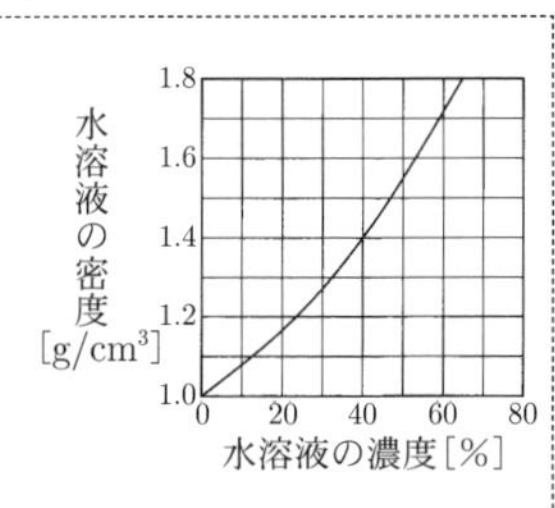

水溶液の密度が1.4 g/cm³より大きく，2.6 g/cm³より小さければ，PET片のみが［　X　］ため，砂とPET片を分けてとり出すことができる。

グラフより，PET片をとり出すための水溶液の濃度は，40%よりもこくなっている必要があることがわかる。水300 gに，溶質を［　Y　］gとかせば，水溶液の濃度は40%となるため，溶質を［　Y　］gよりも多くとかすことで，濃度が40%よりもこい水溶液をつくることができる。

① Ｘにあてはまることばを書きなさい。

② Ｙにあてはまる数値を求めなさい。

＜福島県＞

4

金属と水溶液の反応に関する実験Ⅰ，実験Ⅱを行った。次の〔問１〕～〔問８〕に答えなさい。

実験Ⅰ．「亜鉛にうすい塩酸を加える実験」

(i) 図１のように，試験管Ａに①亜鉛を入れ，うすい②塩酸を加えて気体を発生させた。はじめに出てきた気体を試験管１本分捨てたあと，試験管Ｂに気体を集め，水中でゴム栓をしてとり出した。

(ii) 図２のように，試験管Ｂの口に火のついたマッチを近づけ，試験管Ｂのゴム栓を外すと，音を立てて燃えた。

図1　気体を集めているようす　　図2　マッチの火を近づけるようす

実験Ⅱ.「化学電池のしくみを調べる実験」

(i)　うすい硫酸亜鉛水溶液を入れたビーカーに亜鉛板を入れた。

(ii)　(i)で用意したビーカーに硫酸銅水溶液と銅板を入れたセロハンチューブを入れ，図3のような化学電池をつくった。

(iii)　図4のように(ii)でつくった化学電池と光電池用のプロペラつきモーターを導線でつなぎ，しばらく電流を流して，プロペラの動きとそれぞれの金属板のようすを観察した。

図3　化学電池　　図4　化学電池で電気エネルギーをとり出すようす

〔問1〕　実験Ⅰの下線部①について，亜鉛は金属である。金属に共通する性質として適切なものを，次のア～エの中からすべて選んで，その記号を書きなさい。

ア．磁石につく。

イ．熱を伝えにくい。

ウ．電気をよく通す。

エ．みがくと特有の光沢が出る。

〔問2〕　実験Ⅰの下線部②について，塩酸は塩化水素が水にとけた水溶液である。次の式は，塩化水素が電離しているようすを化学式を使って表している。［X］，［Y］にあてはまるイオンの化学式を書きなさい。

HCl　→　［X］　+　［Y］

〔問3〕　実験Ⅰについて，図1の気体の集め方は，どのような性質をもった気体を集めるのに適しているか，簡潔に書きなさい。

〔問4〕　実験Ⅰで発生した気体と同じ気体が発生する実験として最も適切なものを，次のア～エの中から1つ選んで，その記号を書きなさい。

ア．うすい水酸化ナトリウム水溶液を電気分解する実験。

イ．酸化銀を熱分解する実験。

ウ．炭酸水素ナトリウムにうすい塩酸を加える実験。

エ．二酸化マンガンにうすい過酸化水素水を加える実験。

〔問5〕　実験Ⅱについて，図3の化学電池のしくみは，約200年前にイギリスの科学者によって発明された。発明した科学者の名前がつけられたこの電池の名称を書きなさい。

〔問6〕　実験Ⅱについて，硫酸亜鉛や硫酸銅のように，水にとけると水溶液に電流が流れる物質を何というか，書きなさい。

〔問7〕　実験Ⅱ(iii)について，亜鉛板や銅板の表面での反応のようすと電流の向きや電子の移動の向きを模式的に表した図として最も適切なものを，次のア～エの中から1つ選んで，その記号を書きなさい。ただし，電流の向きを➡，電子の移動の向きを⇨，電子を⊖，原子がイオンになったり，イオンが原子になったりするようすを→で表している。

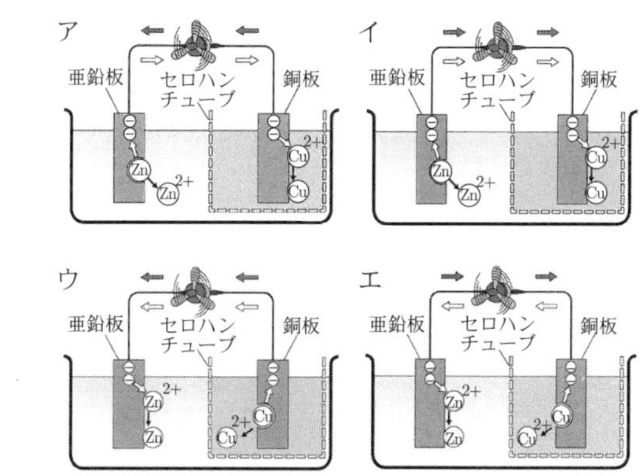

〔問8〕　次の文は，実験Ⅱにおけるセロハンチューブの役割を説明したものである。［Z］にあてはまる適切な内容を簡潔に書きなさい。ただし，「イオン」という語を用いること。

> セロハンチューブには，2種類の水溶液がすぐに混ざらないようにする役割と，［Z］ことで電流を流し続ける役割がある。

＜和歌山県＞

5　アルミニウムでできている1円硬貨よりも，主に銅でできている10円硬貨の方が重いことに興味をもったWさんは，Y先生と一緒に実験し，考察した。あとの問いに答えなさい。

【WさんとY先生の会話1】

Wさん：1円硬貨より10円硬貨の方が重いのは，10円硬貨の体積が1円硬貨の体積より大きいことや異なる物質でできていることが関係しているのでしょうか。

Y先生：はい。ⓐアルミニウムと銅では密度が違います。同じ体積で質量を比べてみましょう。1 cm^3の金属の立方体が三つあります。アルミニウムの立方体は2.7 g，銅の立方体は9.0 g，マグネシウムの立方体は1.7 gです。

Wさん：同じ体積でも，銅に比べてアルミニウムの方が軽いのですね。マグネシウムはさらに軽いことに驚きました。銅の立方体の質量はマグネシウムの立方体の質量の約5.3倍もありますが，銅の立方体に含まれる原子の数はマグネシウムの立方体に含まれる原子の数の約5.3倍になっているといえるのでしょうか。

Y先生：いい質問です。実験して調べてみましょう。マグネシウムと銅をそれぞれ加熱して，結びつくⓘ酸素の質量を比べれば，銅の立方体に含まれる原子の数がマグネシウムの立方体に含まれる原子の数の約5.3倍かどうか分かります。

(1)　下線部ⓐについて述べた次の文中のⓐ〔　　〕，ⓑ〔　　〕から適切なものをそれぞれ一つずつ選び，記号を○で囲みなさい。

アルミニウムは電気をⓐ〔ア．よく通し　イ．通さず〕，磁石にⓑ〔ウ．引き付けられる　エ．引き付けられない〕金属である。

(2)　下線部ⓘについて，酸素を発生させるためには，さまざまな方法が用いられる。

①　次のア～エに示した操作のうち，酸素が発生するものはどれか。一つ選び，記号を○で囲みなさい。

ア．亜鉛にうすい塩酸を加える。

イ．二酸化マンガンにオキシドール(うすい過酸化水素水)を加える。

ウ．石灰石にうすい塩酸を加える。

エ．水酸化バリウム水溶液にうすい硫酸を加える。

②　発生させた酸素の集め方について述べた次の文中の［　　　］に入れるのに適している語を書きなさい。

酸素は水にとけにくいので［　　　］置換法で集めることができる。

【実験１】　1.30 gのマグネシウムの粉末を，ステンレス皿に薄く広げ，粉末が飛び散らないように注意しながら図Ⅰのように加熱すると，マグネシウムの粉末は燃焼した。十分に冷却した後に粉末の質量を測定し，その後，粉末をかき混ぜ，加熱，冷却，質量の測定を繰り返し行った。表Ⅰは，加熱回数と加熱後の粉末の質量をまとめたものである。

図Ⅰ

表Ⅰ

加熱回数[回]	0	1	2	3	4	5	6
加熱後の粉末の質量[g]	1.30	1.70	1.98	2.11	2.16	2.16	2.16

(3)　実験１について述べた次の文中のⓒ〔　　〕から適切なものを一つ選び，記号を○で囲みなさい。

表Ⅰから，1.30 gのマグネシウムの粉末は４回めの加熱が終わったときには完全に反応しており，空気中の酸素がⓒ〔ア．2.16　イ．1.08　ウ．0.86　エ．0.43〕g結びついたと考えられる。

【Wさんが立てた，次に行う実験の見通し】

一定量のマグネシウムに結びつく酸素の質量には限界があることが分かった。次に，加熱前のマグネシウムの質量と，結びつく酸素の質量の間に規則性があるかを確かめたいので，異なる分量のマグネシウムの粉末を用意し，それぞれを加熱する実験を行う。

【実験２】　0.30 gから0.80 gまで0.10 gごとに量り取ったマグネシウムの粉末を，それぞれ別のステンレス皿に薄く広げ，実験１のように加熱した。この操作により，それぞれのマグネシウムの粉末は酸素と完全に反応した。図Ⅱは，加熱前のマグネシウムの質量と，結びつく酸素の質量の関係を表したものである。

図Ⅱ

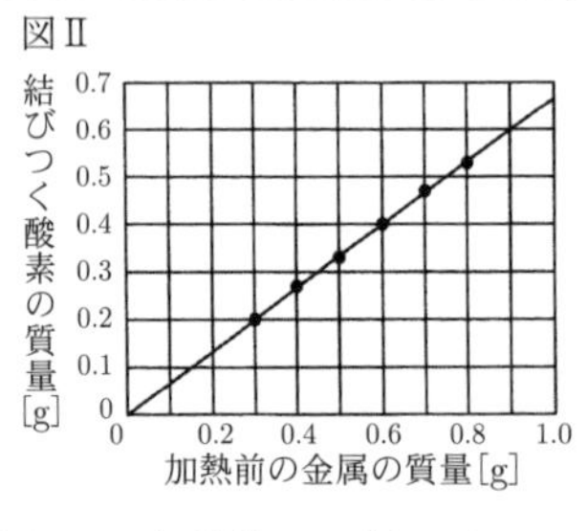

(4)　マグネシウム0.9 gに結びつく酸素の質量は，図Ⅱから読み取ると何gと考えられるか。答えは小数第１位まで書くこと。

【WさんとY先生の会話２】

Wさん：マグネシウムの質量と，結びつく酸素の質量は比例することが分かりました。これは，マグネシウム原子と結びつく酸素原子の数が決まっているということですか。

Y先生：はい。ⓤ空気中でマグネシウムを加熱すると，酸化マグネシウムMgOとなります。酸化マグネシウムMgOに含まれる，マグネシウム原子の数と酸素原子の数は等しいと考えられます。

Wさん：ということは，加熱前のマグネシウムに含まれるマグネシウム原子の数は，加熱により結びつく酸素原子の数と等しくなるのですね。

Y先生：その通りです。では，次に銅について実験２と同様の操作を行いましょう。銅は酸化されて，酸化銅CuOになります。酸化銅CuOでも銅原子の数と酸素原子の数は等しいと考えられます。

図Ⅲ

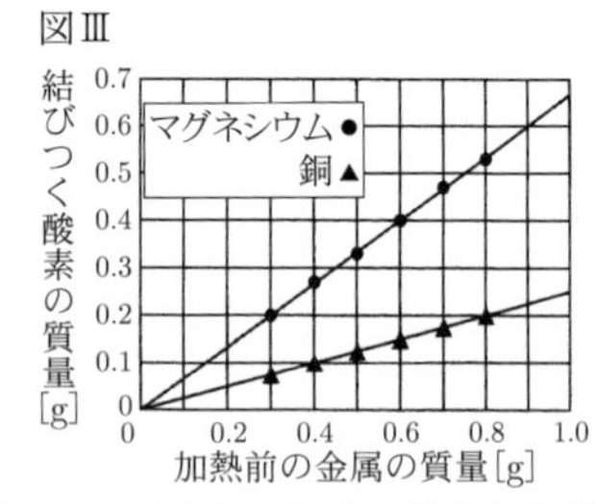

Wさん：銅は穏やかに反応しました。得られた結果を図Ⅱにかき加えて図Ⅲを作りました。図Ⅲから，銅の質量と，結びつく酸素の質量は比例することも分かりました。

Y先生：では，図Ⅲから，それぞれの金属の質量と，結びつく酸素の質量の関係が分かるので，先ほどの1 cm³の金属の立方体に結びつく酸素の質量を考えてみましょう。

Wさん：図Ⅲから分かる比例の関係から考えると，銅やマグネシウムの立方体の質量と，それぞれに結びつく酸素の質量は，表Ⅱのようにまとめられます。ⓔ結びつく酸素の質量は，結びつく酸素原子の数に比例するので，銅の立方体に含まれる原子の数は，マグネシウムの立方体に含まれる原子の数の約［　ⓓ　］倍になると考えられます。

Y先生：その通りです。原子は種類により質量や大きさが異なるため，約5.3倍にはならないですね。

表Ⅱ

	1cm³の立方体の質量[g]	結びつく酸素の質量[g]
マグネシウム	1.7	1.1
銅	9.0	2.3

(5)　下線部ⓤについて，次の式がマグネシウムの燃焼を表す化学反応式になるように［　Ⓧ　］に入れるのに適しているものをあとのア～オから一つ選び，記号を○で囲みなさい。

［　Ⓧ　］→$2MgO$

ア．$Mg + O$

イ．$Mg + O_2$

ウ．$2Mg + O$

エ．$2Mg + O_2$

オ．$2Mg + 2O_2$

(6)　下線部ⓔについて，次の文中の［　Ⓨ　］に入れるのに適している数を求めなさい。答えは小数第１位まで書くこと。

結びつく酸素の質量に着目すると，図Ⅲから，0.3 gのマグネシウムに含まれるマグネシウム原子の数と［　Ⓨ　］gの銅に含まれる銅原子の数は等しいと考えられる。

(7)　上の文中の［　ⓓ　］に入れるのに適している数を，表Ⅱ中の値を用いて求めなさい。答えは小数第２位を四捨五入して小数第１位まで書くこと。

<大阪府>

物理編

第5章　身のまわりの現象

光による現象

●光の反射・屈折

1　次の文中の[　　]にあてはまることばを書け。

> 光が，水やガラスから空気中へ進むとき，入射角を大きくしていくと，屈折した光が境界面に近づいていく。入射角が一定以上大きくなると境界面を通りぬける光はなくなる。この現象を[　　]という。通信ケーブルなどで使われている光ファイバーは，この現象を利用している。

＜鹿児島県＞

2　右図は，平らな底に「A」の文字が書かれた容器に水を入れた状態を模式的に表したものである。水中から空気中へ進む光の屈折に関する説明と，観察者と容器の位置を変えずに内側の「A」の文字の形が全て見えるようにするときに行う操作とを組み合わせたものとして適切なのは，下の表のア〜エのうちではどれか。

	水中から空気中へ進む光の屈折に関する説明	「A」の文字の形が全て見えるようにするときに行う操作
ア	屈折角より入射角の方が大きい。	容器の中の水の量を減らす。
イ	屈折角より入射角の方が大きい。	容器の中の水の量を増やす。
ウ	入射角より屈折角の方が大きい。	容器の中の水の量を減らす。
エ	入射角より屈折角の方が大きい。	容器の中の水の量を増やす。

＜東京都＞

3　たろうさんは，自分の部屋の鏡に映る像について興味を持ち，次の観察を行った。

＜観察1＞

鏡の正面に立って鏡を見ると，タオルの像が見えた。振り返ってタオルを直接見ると，図1のように見えた。タオルには，「LET'S」の文字が印字されていた。

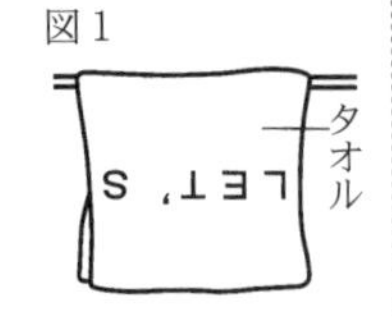

(1)　鏡に映るタオルの像の文字の見え方として適切なものを，次のア〜エから1つ選んで，その符号を書きなさい。

ア　LET'S　　イ　ƨ'TƎ⅃　　ウ　ΓEꓕ,ƨ　　エ　S,ꓕƎ⅂

＜観察2＞

鏡の正面に立って鏡を見ると，天井にいるクモが移動しているようすが見えた。その後，クモを直接見ると，天井から壁に移動していた。このとき，鏡では壁にいるクモを見ることができなかった。

たろうさんは，観察2について次のように考え，レポートにまとめた。

【課題】
光の直進と，反射の法則を使って，天井や壁にいるクモを鏡で見ることができる位置を求める。

【方法】
・方眼紙の方眼を直定規ではかると，一辺の長さは5.0 mm，対角線の長さは7.1 mmだった。この方眼紙の方眼の一辺の長さを25 cmと考えて，部屋のようすを作図した。
・図2は，部屋を真上から見たようすを模式的に表している。点Pは，はじめの目の位置を表し，点A，B，C，D，Eはクモが移動した位置を表す。また，鏡は正方形で縦横の幅は1.0 mである。図3は，図2の矢印の向きに，部屋を真横から見たようすを模式的に表している。

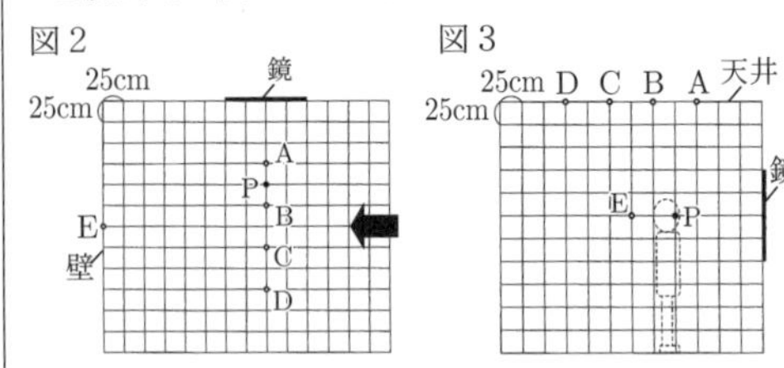

【考察】
・クモが天井を，点Aから，点B，点C，点Dの順に直線で移動したとき，点Pから，鏡に映るクモの像を見ることができるのは，クモが[　①　]の位置にいるときであると考えられる。
・点Eは，目の高さとちょうど同じ高さにある。点Eにクモがいるとき，点Pでは，鏡に映るクモの像は見えない。点Pから，目の高さは変えずに，鏡を見る位置を変えると，鏡に映るクモの像が見えるようになる。その位置と点Pとの距離が最短になるとき，その距離は[　②　]cmであると考えられる。

(2)　【考察】の中の[　①　]に入る点として適切なものを，次のア〜カから1つ選んで，その符号を書きなさい。

ア．A，B
イ．A，B，C
ウ．A，B，C，D
エ．B，C
オ．B，C，D
カ．C，D

(3)　【考察】の中の[　②　]に入る数値として最も適切なものを，次のア〜エから1つ選んで，その符号を書きなさい。

ア．35.5　　イ．37.5
ウ．50　　エ．71

＜兵庫県＞

4 図1のように，直方体のガラスを通して鉛筆を見ると，光の屈折により，鉛筆が実際にある位置よりずれて見えた。次のア，イに答えなさい。

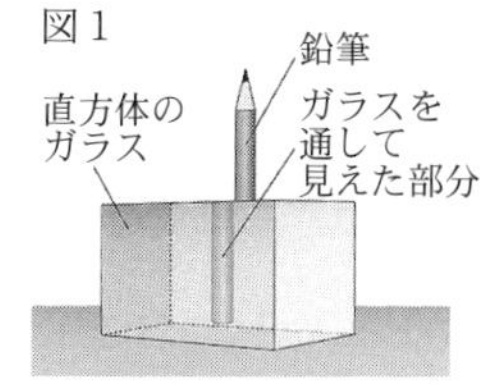

ア．下線部による現象として最も適切なものを，次の1～4の中から一つ選び，その番号を書きなさい。

1．鏡にうつった物体は，鏡のおくにあるように見える。
2．虫めがねを物体に近づけると，物体が大きく見える。
3．でこぼこのある物体に光を当てると，光がいろいろな方向に進む。
4．光ファイバーの中を光が進む。

イ．図2は，図1の直方体のガラスと鉛筆，ガラスを通して見えた鉛筆の位置の関係を模式的に表したものである。鉛筆を見た位置をA点として，鉛筆からガラスの中を通ってA点に向かう光の道すじを実線(――)でかき入れなさい。ただし，空気中から直方体のガラスに光が入るときの入射角と，直方体のガラスから空気中に光が出るときの屈折角は同じ大きさであるものとする。

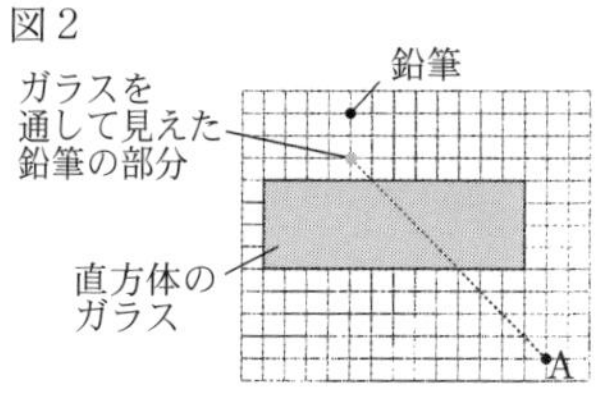

＜青森県＞

5 光の進み方について調べるために，次の実験1，2を行った。この実験に関して，あとの(1)～(4)の問いに答えなさい。

実験1．
図1のように，半円形のガラスの中心を光が通るように，光源装置で光を当てて，光の道すじを観察した。

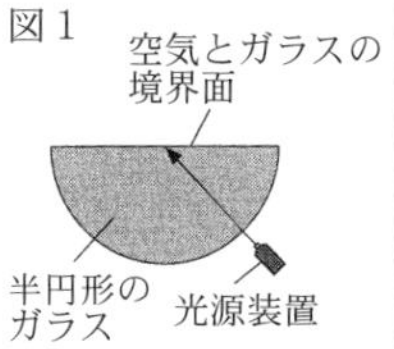

実験2．
図2のように，和実さんは，床に垂直な壁にかけた鏡を用いて，自分の像を観察した。なお，和実さんの全身の長さは154 cm，目の位置は床から142 cm，鏡の縦方向の長さは52 cm，鏡の下端の位置は床から90 cm，和実さんと鏡との距離は100 cmとする。

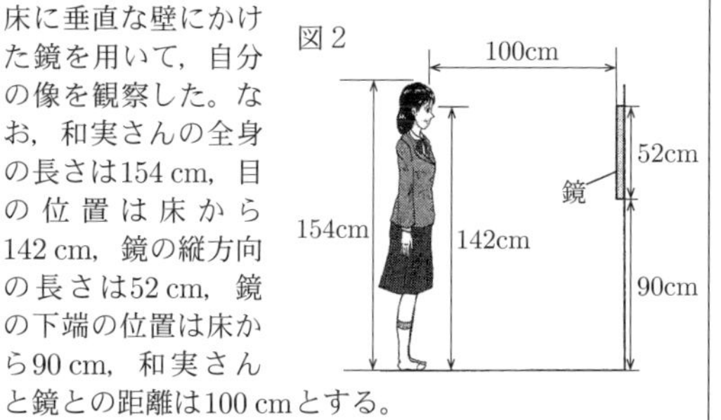

(1) 実験1について，光の進み方を表したものとして，最も適当なものを，図3のア～エから一つ選び，その符号を書きなさい。

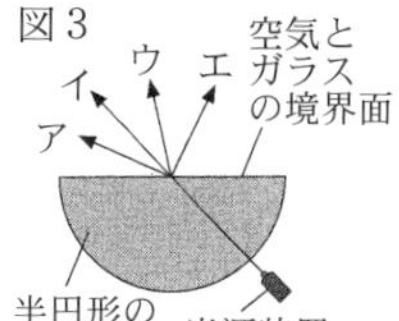

(2) 実験1について，光がガラスから空気へ進むときの入射角を大きくしていくと，全反射が起きた。このような光の性質を利用しているものとして，最も適当なものを，次のア～エから一つ選び，その符号を書きなさい。

ア．エックス線写真
イ．けい光灯
ウ．光ファイバー
エ．虫眼鏡

(3) 実験2について，和実さんから見える自分の像として，最も適当なものを，次のア～エから一つ選び，その符号を書きなさい。

ア  イ  ウ  エ

(4) 次の文は，実験2において，和実さんが全身の像を観察するために必要な鏡の長さと，その鏡を設置する位置について述べたものである。文中の［ X ］，［ Y ］に当てはまる値を，それぞれ求めなさい。ただし，和実さんと鏡との距離は変えないものとする。

> 和実さんが全身の像を観察するためには，縦方向の長さが少なくとも［ X ］cmの鏡を用意し，その鏡の下端が床から［ Y ］cmの位置になるように設置すればよい。

＜新潟県＞

●凸レンズを通った光

6 図のような光学台に，光源，物体(矢印の形をくりぬいた板)，凸(とつ)レンズ，スクリーンを一直線になるように置いた。物体と凸レンズとの距離を20 cmにして，スクリーンを移動させたところ，凸レンズとスクリーンとの距離が20 cmになったときに，物体と同じ大きさの像がスクリーンにはっきりとうつった。［　　］は，この実験から考えられることをまとめたものである。文中の(X)，(Y)にあてはまるものの組み合わせとして最も適するものをあとの1～4の中から一つ選び，その番号を答えなさい。

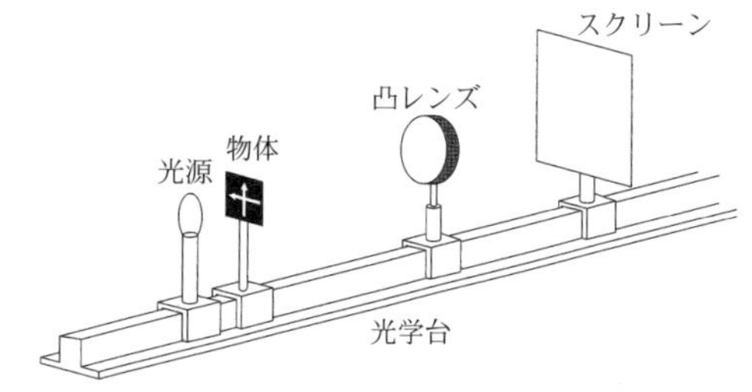

> この実験で用いた凸レンズの焦点距離は(X)cmである。この凸レンズを焦点距離が15 cmの凸レンズに取りかえて，物体と凸レンズとの距離を20 cmにすると，スクリーンに物体の像がはっきりとうつるときの凸レンズとスクリーンとの距離は，20 cmより(Y)と考えられる。

1．X：10　Y：長くなる
2．X：10　Y：短くなる
3．X：20　Y：長くなる
4．X：20　Y：短くなる

＜神奈川県＞

7 下の図のように，凸レンズの二つの焦点を通る一直線上に，物体(光源付き)，凸レンズ，スクリーンを置いた。

凸レンズの二つの焦点を通る一直線上で，スクリーンを矢印の向きに動かし，凸レンズに達する前にはっきりと像が映る位置に調整した。図のA点，B点のうちはっきりと像が映るときのスクリーンの位置と，このときスクリーンに映った像の大きさについて述べたものとを組み合わせたものとして適切なのは，下の表のア～エのうちではどれか。

物体(光源付き)　焦点距離の２倍の位置　焦点　A点　B点　凸レンズの二つの焦点を通る一直線　焦点　焦点距離の２倍の位置　凸レンズ　スクリーン

	スクリーンの位置	スクリーンに映った像の大きさについて述べたもの
ア	A点	物体の大きさと比べて，スクリーンに映った像の方が大きい。
イ	A点	物体の大きさと比べて，スクリーンに映った像の方が小さい。
ウ	B点	物体の大きさと比べて，スクリーンに映った像の方が大きい。
エ	B点	物体の大きさと比べて，スクリーンに映った像の方が小さい。

＜東京都＞

8 凸レンズのはたらきを調べるために，次の実験(1)，(2)，(3)，(4)を順に行った。

(1)　図１のような，透明シート(イラスト入り)と光源が一体となった物体を用意し，図２のように，光学台にその物体と凸レンズP，半透明のスクリーンを配置した。物体から発する光を凸レンズPに当てて，半透明のスクリーンにイラスト全体の像がはっきり映し出されるように，凸レンズPとスクリーンの位置を調節し，Aの方向から像を観察した。

図１　物体　透明シート　光源　図２　物体　凸レンズP　スクリーン　A

(2)　実験(1)で，スクリーンに像がはっきり映し出されているとき，図３のように，凸レンズPをAの方向から見て，その半分を黒いシートでおおって光を通さないようにした。

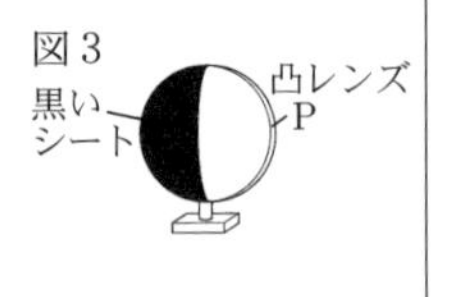

このとき，スクリーンに映し出される像を観察した。

(3)　図４のように，凸レンズPから物体までの距離a[cm]と凸レンズPからスクリーンまでの距離b[cm]を変化させ，像がはっきり映し出されるときの距離をそれぞれ調べた。

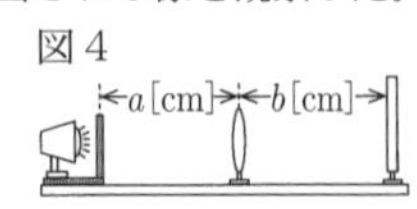

(4)　凸レンズPを焦点距離の異なる凸レンズQにかえて，実験(3)と同様の実験を行った。

表は，実験(3)，(4)の結果をまとめたものである。

	凸レンズP			凸レンズQ		
a[cm]	20	24	28	30	36	40
b[cm]	30	24	21	60	45	40

このことについて，次の１，２，３，４の問いに答えなさい。

1．実験(1)で，Aの方向から観察したときのスクリーンに映し出された像として，最も適切なものはどれか。

ア　イ　ウ　エ

2．右の図は，透明シート上の点Rから出て，凸レンズPに向かった光のうち，矢印の方向に進んだ光の道すじを示した模式図である。その光が凸レンズPを通過した後に進む道すじを上の図にかき入れなさい。なお，図中の点Fは凸レンズPの焦点である。

R　F　F　凸レンズP　透明シート

3．実験(2)で，凸レンズPの半分を黒いシートでおおったときに観察した像は，実験(1)で観察した像と比べてどのように見えるか。

ア．像が暗くなる。
イ．像が小さくなる。
ウ．像の半分が欠ける。
エ．像がぼやける。

4．実験(3)，(4)の結果から，凸レンズPと凸レンズQの焦点距離を求めることができる。これらの焦点距離を比較したとき，どちらの凸レンズが何cm長いか。

＜栃木県＞

9 Kさんは，凸レンズによる像について調べるために，次のような実験を行った。これらの実験とその結果について，あとの各問いに答えなさい。

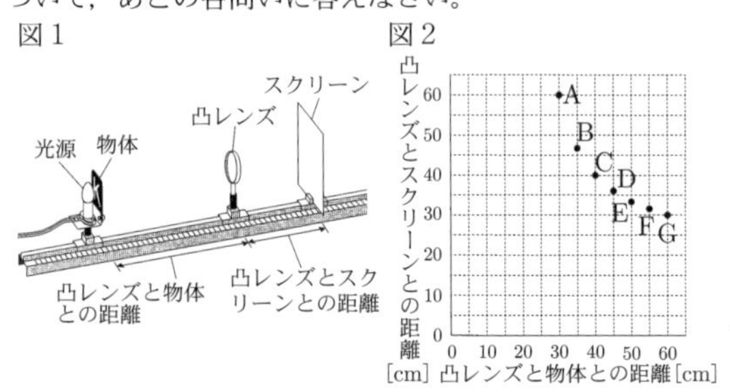

〔実験１〕　図１のように，光源，物体(Kの文字をくりぬいた板)，凸レンズ，スクリーンを一直線上に並べた装置を用意した。まず，凸レンズと物体との距離を30 cmにして，スクリーンを動かしてはっきりとした像が映るようにし，そのときの凸レンズとスクリーンとの距離を記録した。次に，凸レンズと物体との距離を5 cmずつ，60 cmまで変えて，それぞれスクリーンにはっきりとした像が映るようにしたときの凸レンズとスクリーンとの距離を記録した。図２のA～Gは，これらの結果をまとめたものである。

〔実験２〕　〔実験１〕のあと，凸レンズと物体との距離を15 cmにして，スクリーンを動かしてはっきりとした像が映るかどうかを調べたところ，像は映らなかった。次に，スクリーンを取り外し，スクリーンがあった側から凸レンズをのぞいたところ，凸レンズの向こう側に像が見えた。

(ア)　図３は，〔実験１〕においてスクリーンにはっきりとした像が映っているときの，物体のある１点から出た光を模式的に示したものである。①～⑦で示した光のうち，図３の凸レンズより右側で１点に集まる光をすべて含むものとして最も適するものを次の１～４の中から一つ選び，その番号を答えなさい。ただし，③は凸レンズの軸(光軸)に平行な光，④は凸レンズの中心を通る光，⑤は凸レンズの手前の焦点を通る光を示している。

図３
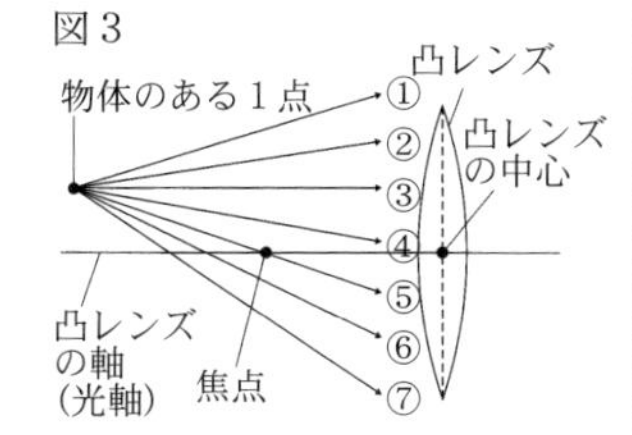

1．①，②，③，④，⑤，⑥，⑦
2．②，③，④，⑤，⑥
3．③，④，⑤
4．③，④

(イ)　〔実験１〕の結果から，この凸レンズの焦点距離として最も適するものを次の１～６の中から一つ選び，その番号を答えなさい。

1．10 cm　　2．20 cm
3．30 cm　　4．40 cm
5．50 cm　　6．60 cm

(ウ)　〔実験１〕において，(i)図２のA～Gのうち，スクリーンに映った像の大きさが物体の大きさよりも小さいものと，(ii)スクリーンに映った像の向きとの組み合わせとして最も適するものを次の１～４の中から一つ選び，その番号を答えなさい。

1．i：A，B　　ii：物体と同じ向き
2．i：A，B　　ii：物体と上下左右が逆向き
3．i：D，E，F，G　　ii：物体と同じ向き
4．i：D，E，F，G　　ii：物体と上下左右が逆向き

(エ)　次の□は，〔実験２〕に関するKさんと先生の会話である。(i)文中の(X)にあてはまるもの，(ii)文中の(Y)，(Z)にあてはまるものの組み合わせとして最も適するものをそれぞれの選択肢の中から一つずつ選び，その番号を答えなさい。

> Kさん　「〔実験２〕においてスクリーンがあった側から凸レンズをのぞいたとき，凸レンズの向こう側に(X)像が見えました。」
> 先生　「そうですね。では，凸レンズの物体との距離を5 cmにすると，できる像の大きさは，15 cmのときと比べてどうなると思いますか。物体から出た光の道すじを作図して考えてみましょう。」
> Kさん　「はい。凸レンズと物体との距離が15 cmのとき，物体のある１点から出た光のうち，凸レンズの軸に平行な光と凸レンズの中心を通る光の道すじをそれぞれ作図すると，これらの光は凸レンズを通ったあと，(Y)ことがわかります。凸レンズと物体との距離が5 cmのときの光の道すじを同様に作図して，できる像の大きさを比べると，凸レンズと物体との距離が5 cmのときの像の大きさは，15 cmのときの像の大きさよりも(Z)と思います。」
> 先生　「そのとおりですね。」

(i)　文中の(X)にあてはまるもの
1．大きさが物体よりも大きく，物体と同じ向きの
2．大きさが物体よりも大きく，物体と上下左右が逆向きの
3．大きさが物体よりも小さく，物体と同じ向きの
4．大きさが物体よりも小さく，物体と上下左右が逆向きの

(ii)　文中の(Y)，(Z)にあてはまるものの組み合わせ
1．Y：１点に集まる　　Z：大きくなる
2．Y：１点に集まる　　Z：小さくなる
3．Y：１点に集まらない　　Z：大きくなる
4．Y：１点に集まらない　　Z：小さくなる

<神奈川県>

10

次の各問いに答えなさい。答えを選ぶ問いについては記号で答えなさい。

凸レンズのはたらきを調べるため，図１のように，光源，焦点距離10 cmの凸レンズ，スクリーン，光学台を使って実験装置を組み立て，次の実験１～３を行った。このとき，凸レンズは光学台に固定した。

図１
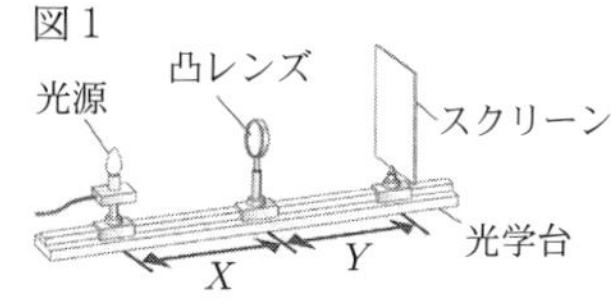

実験１．光源を動かして，光源から凸レンズまでの距離Xを30 cmから5 cmまで5 cmずつ短くした。そのたびに，はっきりとした像がうつるようにスクリーンを動かして，そのときの凸レンズからスクリーンまでの距離Yをそれぞれ記録した。表はその結果であり，「－」はスクリーンに像がうつらなかったことを示す。

X[cm]	30	25	20	15	10	5
Y[cm]	15	17	20	30	－	－

実験２．図１の装置でスクリーンにはっきりとした像がうつったとき，図２のように，凸レンズの下半分を光を通さない厚紙でかくした。このとき，スクリーンにうつった像を観察した。

図２

実験３．図１と焦点距離の異なる凸レンズを使って，スクリーンにはっきりとした像がうつるようにした。図３は，このときの光源，凸レンズ，スクリーンを真横から見た位置関係と，点Aから凸レンズの点Bに向かって進んだ光の道すじを模式的に表したものである。

図３
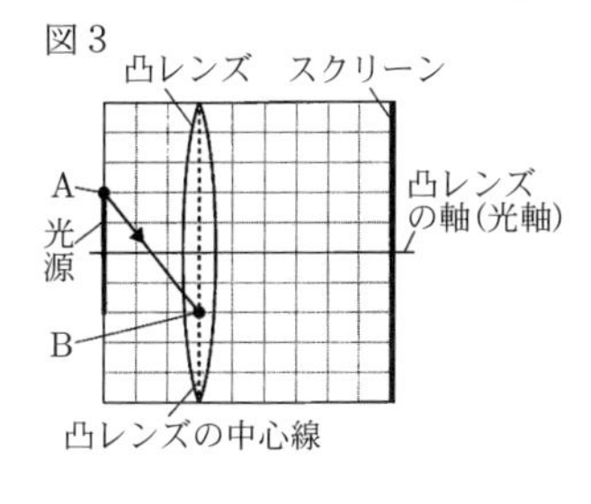

1．凸レンズのような透明な物体の境界面に，ななめに入射した光が境界面で曲がる現象を光の何というか。
2．実験１で，スクリーンに光源と同じ大きさの像がうつった。このときのXは何cmか。
3．実験２について述べた次の文中の①，②について，それぞれ正しいものはどれか。

> 凸レンズの下半分を厚紙でかくしたとき，かくす前と比べて，観察した像の明るさや形は次のようになる。
> ・観察した像の明るさは ①（ア．変わらない　イ．暗くなる）。
> ・観察した像の形は ②（ア．変わらない　イ．半分の形になる）。

4．実験３で，点Bを通った後の光の道すじを右の図中に実線(——)でかけ。ただし，作図に用いる補助線は破線(- - -)でかき，消さずに残すこと。また，光が曲がって進む場合は，凸レンズの中心線で曲がるものとする。

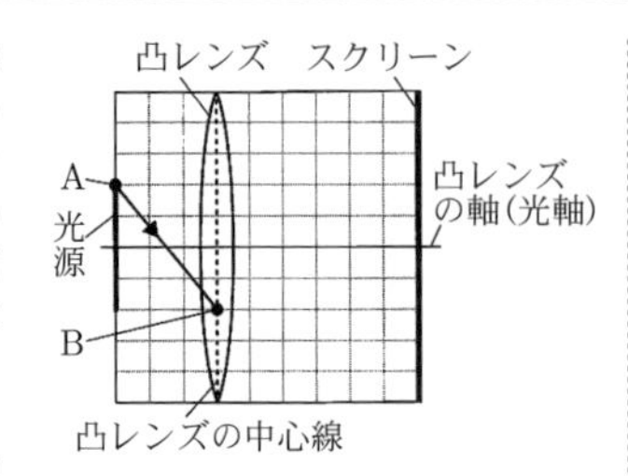

＜鹿児島県＞

11 光に関する次の問いに答えなさい。

［実験］ 光学台に，物体Mを固定し，凸レンズとスクリーンNを光学台の上で動かすことができる，図１のような装置をつくった。物体Mと凸レンズとの距離Xを変え，スクリーンNに像がはっきりできる位置にスクリーンNを動かし，このときの，物体Mと凸レンズとの距離X，物体MとスクリーンNとの距離Y，図２に示すスクリーンN上にできた青色LEDの像の中心と赤色LEDの像の中心との距離Zを測定した。表は，その結果をまとめたものである。

図１

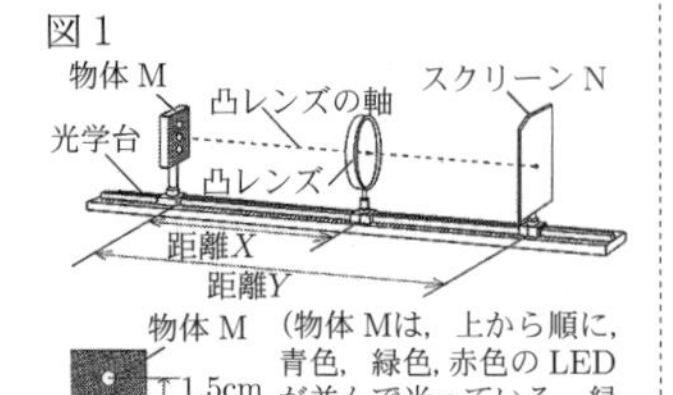

（物体Mは，上から順に，青色，緑色，赤色のLEDが並んで光っている。緑色LEDは，凸レンズの軸上にある。）

図２

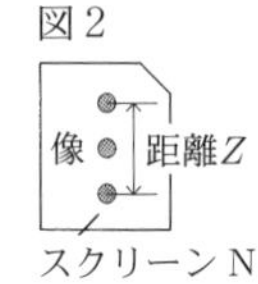

	距離X	距離Y	距離Z
測定１	60.0cm	90.0cm	1.5cm
測定２	40.0cm	80.0cm	3.0cm
測定３	30.0cm	90.0cm	6.0cm

(1) 図３は，図１の装置を模式的に表したものである。物体Mの赤色LEDから出た光hが，凸レンズを通過したあとにスクリーンNまで進む道筋を，右下の図中に実線でかけ。

図３

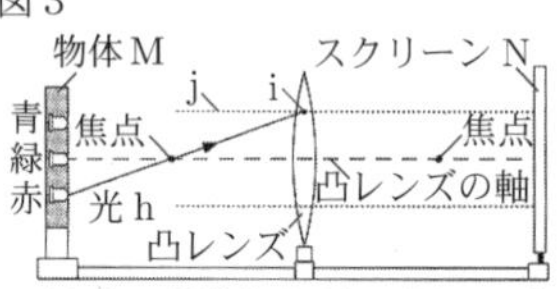

（２本の破線(----)は，凸レンズの軸と平行で，凸レンズの軸との距離が同じである。光hは，点iで破線jと交わっている。）

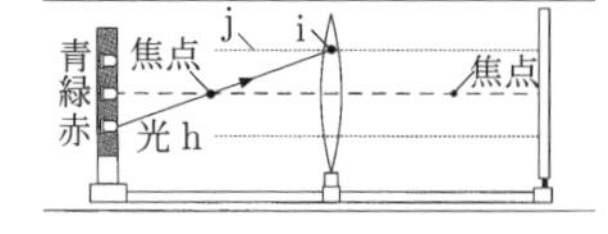

(2) 実験で用いた凸レンズの焦点距離は何cmか。

(3) 次の文の①，②の{ }の中から，それぞれ適当なものを１つずつ選び，その記号を書け。

図１の装置で，物体Mと凸レンズとの距離Xを，焦点距離より短くすると，スクリーンN上に像はできず，スクリーンNをはずして凸レンズをのぞきこむと，像が見えた。このとき見えた，LEDの像の色は，凸レンズの上側から①{ア．青色，緑色，赤色　イ．赤色，緑色，青色}の順で並び，青色LEDの像の中心と赤色LEDの像の中心との距離は，3.0 cmより②{ウ．大きい　エ．小さい}。

＜愛媛県＞

12 演劇部のKさんとMさんは，四方八方に広がる光を一方向に集める図１のようなスポットライトを，部活動で使用するために自作できないかと考え，試行錯誤しています。問１～問５に答えなさい。

図１

会話１

Kさん：スポットライトを作るには，図２のように電球にかさをつけるだけではだめかな。

図２

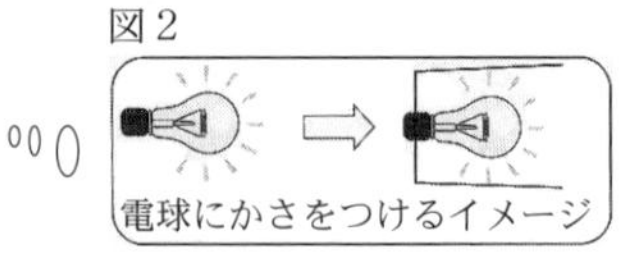

Mさん：かさだけだと，電球から出た光の一部しか有効に使えないのではないかな。懐中電灯には電球のまわりが鏡のようになっているものもあるよ。

Kさん：そうか，光が鏡で［　A　］する性質を使って光を一方向に集めるんだね。

問１．［会話１］の［　A　］にあてはまる語を書きなさい。

問２．Kさんは，電球のまわりを鏡でおおい，スクリーンを照らす実験を行いました。図３は，その断面のようすを横から見た模式図です。矢印の向きに出た光はどのように進みますか。スクリーンまでの光の道すじを，定規を用いて作図しなさい。

図３

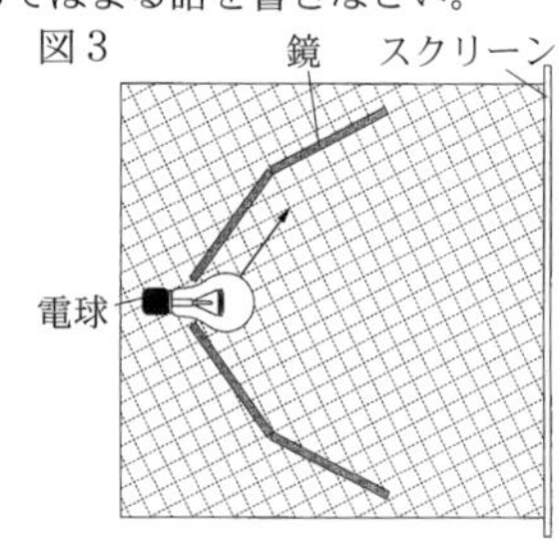

会話２

Mさん：スポットライトを作るなら，凸レンズでも光を一方向に集められるのではないかな。

Kさん：なるほどね。光源に対する凸レンズの位置を変えて，光の進み方がどのように変わるのか，いろいろと試してみよう。

実験

課題

光源に対する凸レンズの位置によって，光の進み方はどのように変わるのだろうか。

【方法】

［1］ 直径が6 cmで焦点距離が10 cmの凸レンズを準備し，図４のように光学台の上に光源，凸レンズ，スクリーンを置いた装置を組み立て，光源のフィラメントが凸レンズの軸(光軸)上になるように調整した。

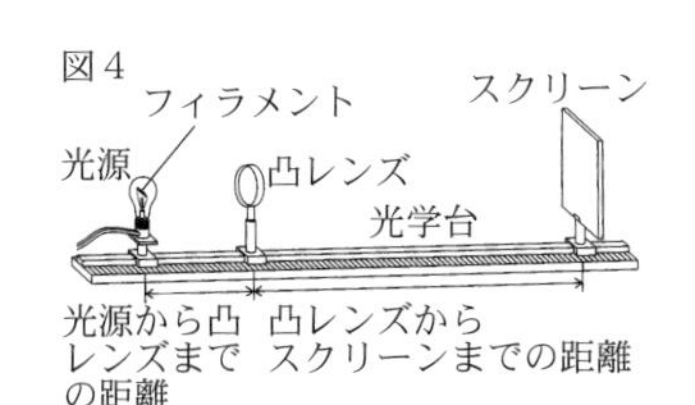

［2］　光源を固定したまま凸レンズの位置を変え，スクリーンにうつる光のようすを，スクリーンを凸レンズから10 cmずつ遠ざけて調べた。

【結果】

		凸レンズからスクリーンまでの距離					
		10cm	20cm	30cm	40cm	50cm	60cm
光源から凸レンズまでの距離	10cm	像はできず，いずれの距離でも明るい光が直径約6cmの円としてうつった。					
	20cm	像はできず，明るい光が直径約3cmの円としてうつった。	上下左右が逆向きのフィラメントの<u>実像ができた</u>。	像はできず，遠ざけるほど光が広がり，暗くなった。			

問3．【結果】の下線部について，このときできた像の大きさはもとの光源の大きさの何倍ですか。最も適切なものを，次のア～エの中から一つ選び，その記号を書きなさい。

ア．0.5倍　　イ．1倍

ウ．1.5倍　　エ．2倍

問4．実験について，光源から凸レンズまでの距離が10 cmのとき，スクリーンを凸レンズから遠ざけても，明るい光が同じ大きさの円としてうつる理由を，平行という語を使って説明しなさい。ただし，光源から出た光は凸レンズの軸（光軸）上の1点から出たものとします。

会話3

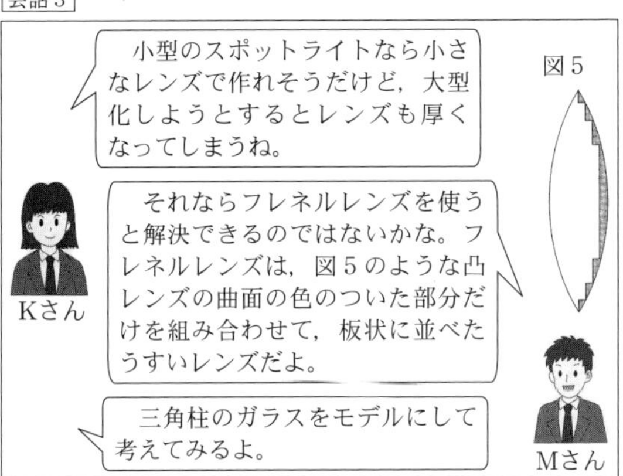

問5．Kさんはフレネルレンズを理解するために，三角柱のガラスを机に並べ，光源装置から光を当てる実験を行いました。図6は，そのようすを上から見た模式図です。Kさんは，1点から出た光源装置の光を図6の6か所の□に置いた三角柱のガラスに当てると，それぞれの光がたがいに平行になるように進むことを確認しました。このときの三角柱のガラスの並べ方として最も適切なものを，次のア～エの中から一つ選び，その記号を書きなさい。

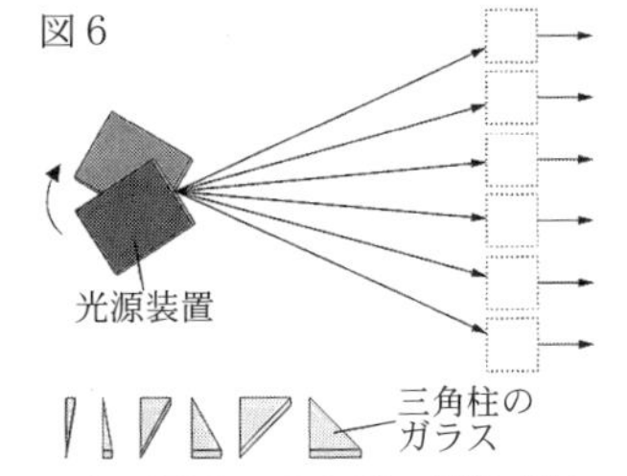

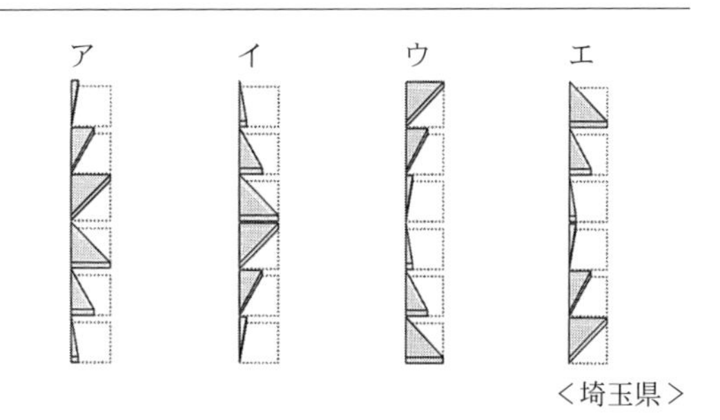

＜埼玉県＞

13 次の問いに答えなさい。

凸レンズによってできる像について調べるため，LEDをL字形にとりつけた物体を使って図1のような装置を組み立て，次の実験1～3を行った。

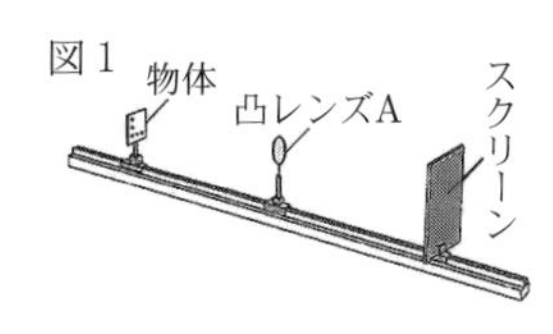

実験1．凸レンズAの位置を動かさずに，スクリーンにはっきりとした像がうつるように物体とスクリーンの位置を動かし，像の大きさを調べた。次の図2，3はこのときの結果をグラフに表したものである。

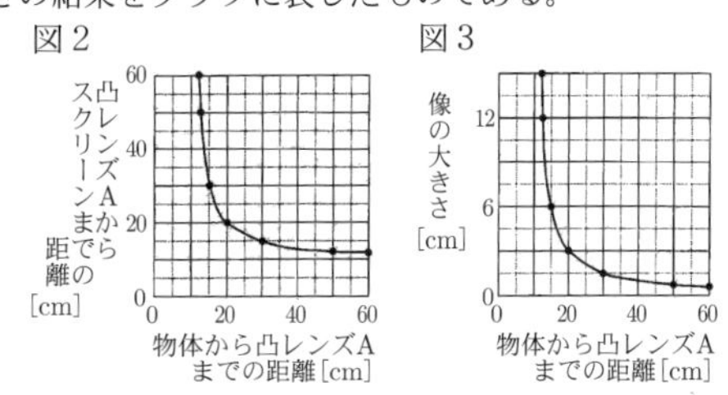

実験2．物体とスクリーンの位置を動かさずに，凸レンズAを物体側からスクリーン側に近づけていったところ，物体から凸レンズAまでの距離が15 cmのときと30 cmのときにスクリーンにはっきりとした像がうつった。

実験3．物体を凸レンズAとその焦点の間に置き，スクリーン側から凸レンズAをのぞいたときの像の大きさを調べた。次に，物体と凸レンズAの位置を動かさずに，凸レンズAをふくらみの小さい凸レンズBにかえ，同じように像の大きさを調べると，凸レンズAのときに比べ，小さくなった。

問1．図4は，ヒトの目のつくりを模式的に示したものである。図4のXがYの上に像を結ぶしくみについて，XからYまでの距離は変わらないという条件を設定して，図1の装置でヒトの目のつくりを再現する実験を行うとき，変えない条件として最も適当なものを，ア～エから選びなさい。

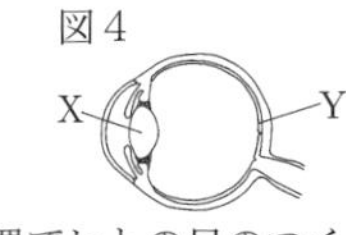

ア．凸レンズAの位置

イ．物体から凸レンズAまでの距離

ウ．物体からスクリーンまでの距離

エ．凸レンズAからスクリーンまでの距離

問2．実験1について，次の(1)，(2)に答えなさい。

(1)　図5は，実験1で物体から凸レンズAを通る光の進み方の一部を模式的に示したものであり，光軸（凸レンズAの軸）上にある2つの•は凸レンズAの焦点の位置を示している。物体の先端から出た光は，凸レンズAを通過後，どのような道すじを通るか，図5にかき加えなさい。ただし，作図に用いた線は消さないこと。

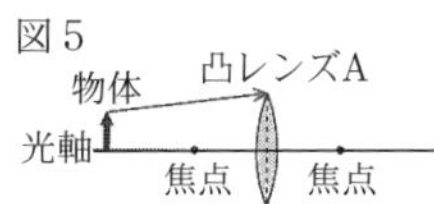

⑵　凸レンズAの焦点距離と物体の大きさはそれぞれ何cmと考えられるか，書きなさい。

問3．実験1，2について，次の文の［①］～［③］に当てはまる数値を，それぞれ書きなさい。また，［④］に当てはまる内容を書きなさい。

　スクリーン上にはっきりとした像を見ることができる，物体，凸レンズA，スクリーンの位置について考えると，物体から凸レンズAまでの距離が15 cmのときは凸レンズAからスクリーンまでの距離は［①］cm，物体から凸レンズAまでの距離が30 cmのときは凸レンズAからスクリーンまでの距離は［②］cmであり，物体からスクリーンまでの距離はどちらも［③］cmである。したがって，物体からスクリーンまでの距離が一定のとき，実像ができる凸レンズの位置は2つあり，［④］という規則性があることがわかる。

問4．実験3について，凸レンズBをふくらみの限りなく小さい凸レンズにとりかえたとすると，像の大きさはどのようになると考えられるか，書きなさい。

＜北海道＞

14

千秋さんと夏希さんは，光の進み方や凸レンズのはたらきについて興味をもち，実験を行いました。後の1から5までの各問いに答えなさい。

千秋さん

虫眼鏡のレンズを通すと，物体が大きく見えたり，さかさに見えたりするね。また，遠くの景色を紙にうつすこともできるね。

レンズはガラスなどでできているけれど，光がガラスに出入りするとき，どのような進み方をしているのかな。

夏希さん

千秋さん

光がガラスの境界面でどのように進むのかを観察したり，凸レンズのはたらきを調べる実験をしたりしてはどうかな。

レンズのはたらきを応用した機器にカメラがあるね。カメラのしくみについても調べてみよう。

夏希さん

【実験1】

＜方法＞

①　図1のように，半円形のガラスを分度器の上に中心をかさねて置き，光源装置の光が中心を通るようにする。

図1

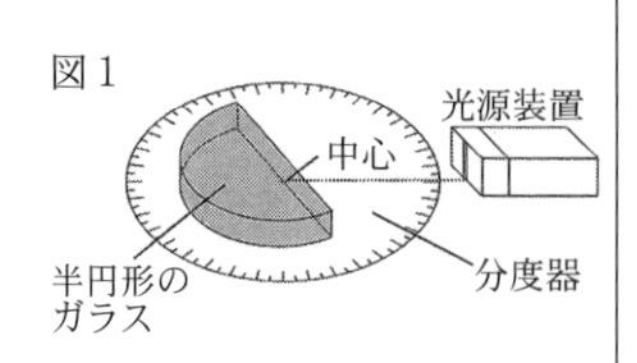

図2　図3

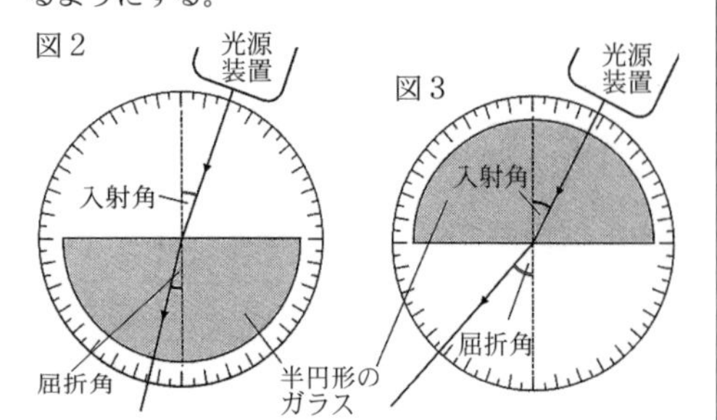

②　図2のように，空気中から半円形のガラスに光を当てて真上から光の道すじを観察して，入射角と屈折角の大きさをはかる。光源装置を動かし，入射角を変えて同様に入射角と屈折角をはかる。

③　図3のように，半円形のガラスから空気中に光を当てて真上から光の道すじを観察して，入射角と屈折角の大きさをはかる。光源装置を動かし，入射角を変えて同様に入射角と屈折角をはかる。

＜結果＞

　表1，表2は，光が空気中からガラスに入るときと，光がガラスから空気中に入るときの入射角と屈折角の測定値である。

表1　光が空気中からガラスに入るとき

	1回目	2回目	3回目
入射角	20°	34°	43°
屈折角	13°	22°	27°

表2　光がガラスから空気中に入るとき

	1回目	2回目	3回目
入射角	27°	34°	40°
屈折角	43°	57°	75°

1．実験1の結果から考えて，光が空気中からガラスに入るときと，光がガラスから空気中に入るときの光の進み方を正しく説明しているものを，次のアからエまでの中から1つ選びなさい。

ア．表1では，入射角は屈折角よりも小さく，入射角が大きくなると屈折角は小さくなる。

イ．表2では，入射角は屈折角よりも小さく，入射角が大きくなると屈折角は小さくなる。

ウ．表1で入射角をさらに大きくすると，ある角度からガラスの表面で屈折せずにすべて反射する。

エ．表2で入射角をさらに大きくすると，ある角度からガラスの表面で屈折せずにすべて反射する。

2．図4のAの位置に鉛筆を立て，矢印(➡)の方向から観察しました。鉛筆の見え方を正しく表したものを，次のアからエまでの中から1つ選びなさい。

図4

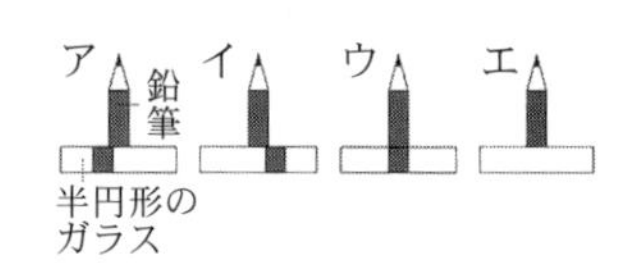

【話し合い】

夏希さん：カメラのしくみを調べるために段ボールと，薄紙のスクリーンを用いて簡易カメラをつくったよ。

千秋さん：中づつにあるスクリーンをのぞくと周りの景色が上下左右逆にうつるね。

夏希さん：中づつの位置を変えると像がぼやけることに気づいたよ。

千秋さん：凸レンズから物体までの距離と，物体の像がはっきりとうつるときの凸レンズからスクリーンまでの距離との関係を調べてみよう。

【実験2】

＜方法＞

①　凸レンズの軸に平行な光を当てて焦点を調べ，焦点距離をはかる。

② ①で焦点距離を調べた凸レンズ，段ボール，薄紙でつくったスクリーンを用いて次の図5のような簡易カメラをつくる。また，凸レンズからスクリーンまでの距離は，0 cmよりも大きく36 cmよりも小さい範囲で移動できるようにする。

図5

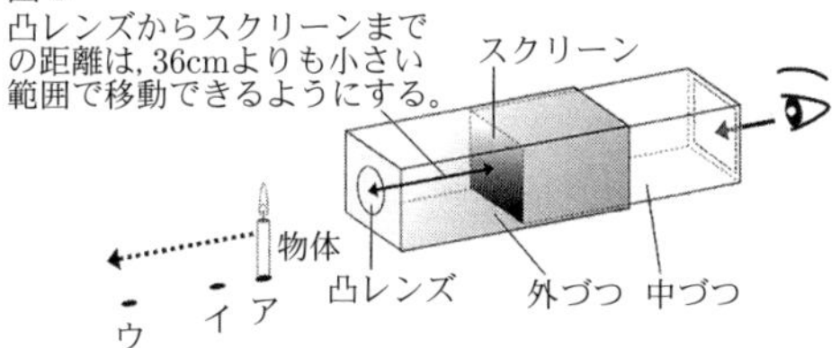

③ 物体を図5のア，イ，ウの位置に置き，中づつを動かしながら，像がはっきりとうつるときの凸レンズからスクリーンまでの距離を調べる。

<結果>

①の結果，実験で使用した凸レンズの焦点距離は，12 cmであることがわかった。

表3は，実験の結果をまとめたものである。

表3

物体の位置	凸レンズから物体までの距離	像がはっきりとうつるときの凸レンズからスクリーンまでの距離
ア	焦点距離の1.5倍	焦点距離の3倍
イ	焦点距離の2倍	焦点距離の2倍
ウ	焦点距離の3倍	焦点距離の1.5倍

3．実験2の①で，凸レンズの軸に平行な3本の光を当てたとき，光が凸レンズを通る道すじを図6に表しなさい。ただし，方眼紙の1マスは1 cmとし，屈折は凸レンズの中心線で1回だけするものとします。

図6

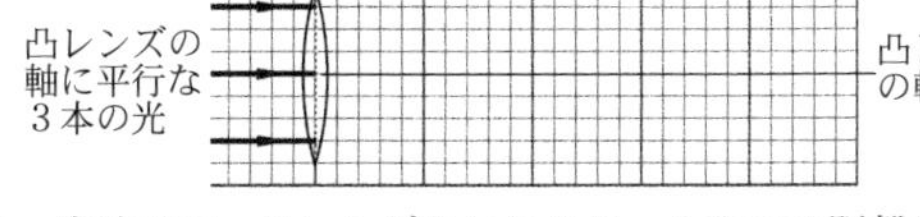

4．実験2で，凸レンズからスクリーンまでの距離が焦点距離よりも短いとき，スクリーンにはっきりとした像をうつすことはできません。その理由を書きなさい。

5．千秋さんは図5の簡易カメラを使って，物体の像をスクリーンにはっきりとうつしたいと考えました。次の(1)，(2)の問いに答えなさい。

(1) 凸レンズから物体を遠ざけていくとき，物体の像をはっきりとうつすためには，スクリーンの位置を変える必要があります。物体をしだいに遠ざけていくと，スクリーンは凸レンズから何cmのところに近づいていきますか。整数で答えなさい。

(2) この簡易カメラを使って，物体よりも大きい像をスクリーンにはっきりとうつすためには，凸レンズからスクリーンまでの距離は，何cmよりも大きく，何cmよりも小さい範囲となりますか。整数で答えなさい。

<滋賀県>

15 まさとさんは，光の進み方について調べるために，光源装置と鏡，水で満たした透明の直方体の容器などを使って，次の実験Ⅰ～Ⅳを行った。このことについて，あとの1～5の問いに答えなさい。ただし，容器の厚さは考えないものとする。

実験Ⅰ．次の図1のように，方眼紙に鏡と棒を垂直に立てて置き，光源装置から出る光が鏡に反射して棒に当たるように，光源装置を調節した。図2は，このときの光の道筋を真上から見て記録したものであり，図中のaは鏡の面と光の道筋との間にできる角，bは鏡の面に垂直な線と光の道筋との間にできる角を表したものである。

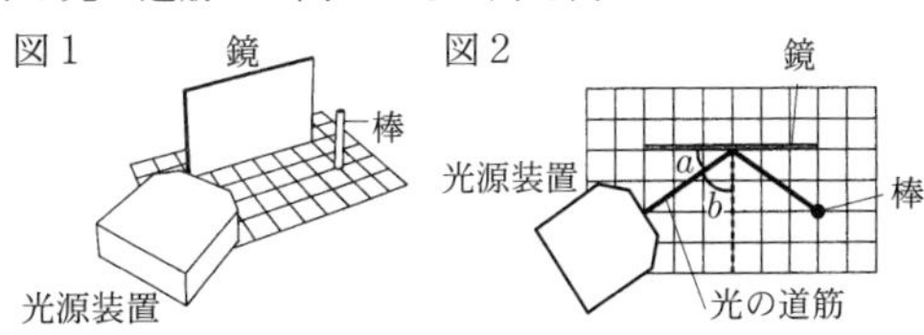

実験Ⅱ．図3の置き時計を用意し，図4のように，2枚の鏡を90度の角度に開き，鏡のつなぎ目の正面にその置き時計を文字盤が鏡と向き合うように置いた。置き時計の真後ろから鏡を見ると，正面と左右に置き時計の像が映って見えた。

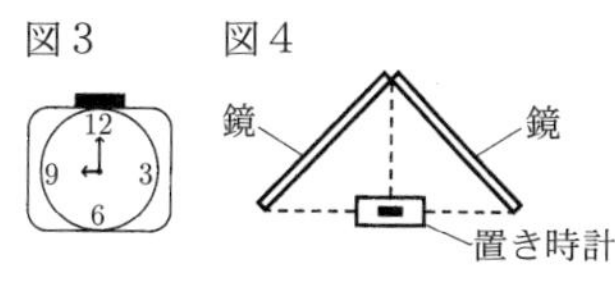

実験Ⅲ．図5のように，方眼紙に，水で満たした透明の直方体の容器と垂直に立てた棒を置き，光源装置から出した光を，直方体の容器を通して棒に当てた。図6は，このときの光の道筋を真上から見て記録したものである。

図5　水で満たした透明の直方体の容器　棒　光源装置

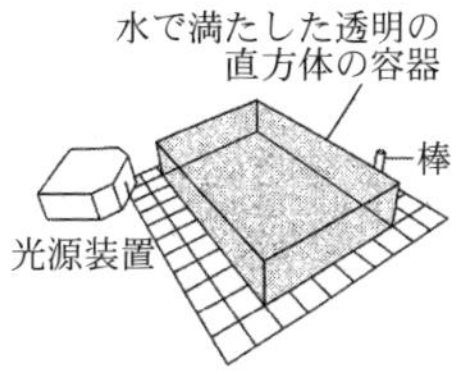

図6　直方体の容器　光源装置　光の道筋　棒

実験Ⅳ．実験Ⅲの後，光源装置の位置を変え，図7のように，直方体の容器の面A上の点Pに実験Ⅲと同じ入射角で，光源装置から出した光を当てた。すると，光は面Aから直方体の容器に入り，面Bで全反射し，面Aと向かい合った面Cから空気中に出て，棒に当たった。

図7

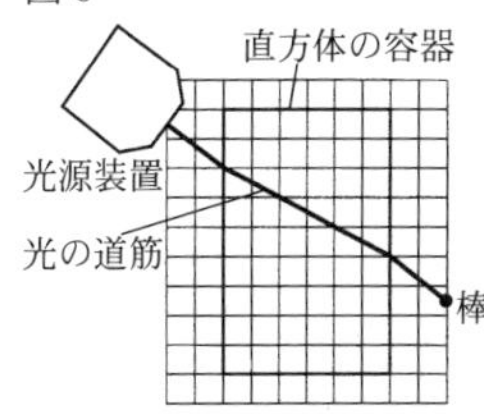

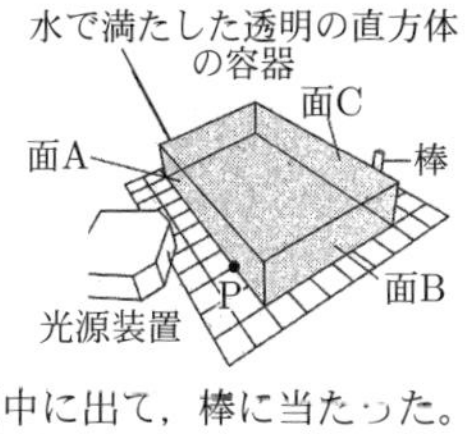

1．実験Ⅰの結果について述べた文として正しいものを，次のア～エから一つ選び，その記号を書け。

ア．入射角はaであり，光が反射するとき入射角と反射角の大きさは等しいことがわかる。

イ．入射角はaであり，光が反射するとき入射角と反射角の大きさは異なることがわかる。

ウ．入射角はbであり，光が反射するとき入射角と反射角の大きさは等しいことがわかる。

エ．入射角はbであり，光が反射するとき入射角と反射角の大きさは異なることがわかる。

2．実験Ⅱで，正面に映る置き時計の像として正しいものを，次のア～エから一つ選び，その記号を書け。

ア

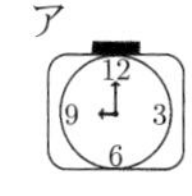

イ

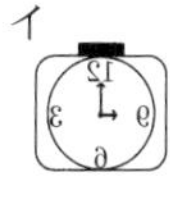

ウ

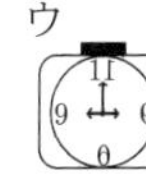

エ

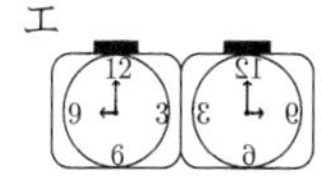

3．右の図のように，カップの底にコインを置き，カップに水を注ぐと，見えなかったコインが浮き上がって見えるようになった。コインが浮き上がって見える理由を，実験Ⅲの結果からわかる，光が水中から空気中に出るときの入射角と屈折角の関係を使って，書け。

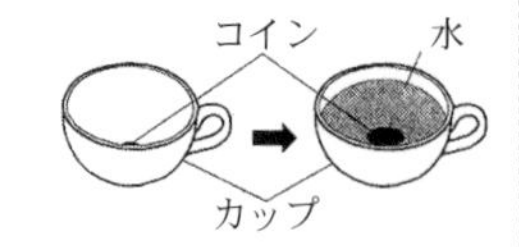

4．右の図は，図7のようすを真上から見たものを表したものである。図中の実線━━は，光源装置から点Pまでの光の道筋を表している。このときの点Pから棒に達するまでの光の道筋を，図中に実線でかけ。

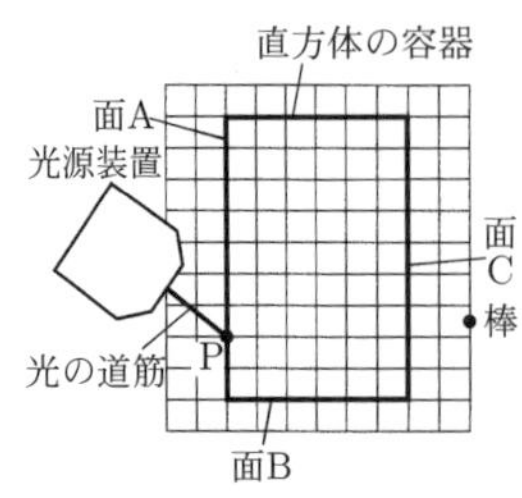

5．まさとさんは，身長が164 cm，目の高さが床から152 cmであり，まさとさんの弟は，身長が126 cm，目の高さが床から114 cmである。次の図のように，まさとさんと弟が並んで立って真正面の鏡を見たとき，二人がそれぞれ自分の全身を見ることができるような鏡を，床に垂直に取り付けたい。そのために必要な鏡の上下の長さは少なくとも何cmか。また，そのとき，鏡の下端の床からの高さは何cmか。

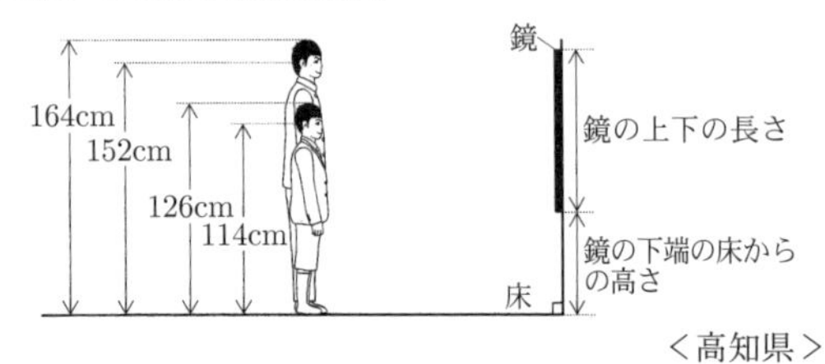

＜高知県＞

16 次の文は，優斗（ゆうと）さんがイルミネーションを見に行ったことを，香奈（かな）さんに話しているときの会話である。次の会話文を読んで，後の1～3の問いに答えなさい。

優斗：　とてもきれいなイルミネーションだったよ。
香奈：　何がいちばん印象に残っているの。
優斗：　光る文字が池の水面に映って，「FUN」に見えるようになっていたのが特に印象的だったよ。イルミネーションを見ていたら，鏡を使った反射の実験を思い出して，光についてもっと調べてみたくなったよ。
香奈：　私も興味があるので，一緒に調べてみましょう。

1．図1は，光が鏡で反射するときの光の道すじを示したものである。「反射角」として適切なものはどれか。図1のア～エから1つ選び，記号で答えなさい。ただし，光は矢印の方向に進んでおり，点線は，鏡の面に垂直な直線を示している。

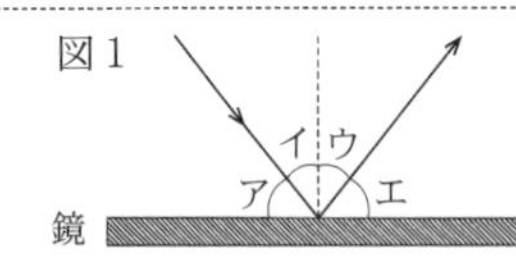

2．図2は，優斗さんと「FUN」の文字をつくる物体との位置関係を示している。また，図3は，水面に映った文字を模式的に示したものである。下の(1)，(2)の問いに答えなさい。ただし，「FUN」の文字をつくる物体は▨でかくされた部分に設置されている。

図2（優斗さん／文字をつくる物体を支える支柱／池）　図3（FUN／池　水面に映った文字）

(1) 優斗さんの位置から，図3のように，「FUN」と見えるようにするためには，「F」の文字をつくる物体は，優斗さんから見て，どの向きに設置すればよいか。次のア～エから1つ選び，記号で答えなさい。

ア F　イ ꟻ（左右反転）　ウ （上下反転したꟻ）　エ （上下反転したF）

(2) 図4は，図2の文字をつくる物体の一部と優斗さんの目の位置との位置関係を，真横から模式的に示したものである。文字をつくる物体の一部である●で示した部分の光が水面で反射して，○で示した優斗さんの目の位置に届くまでの光の道すじを，図4にかき入れなさい。

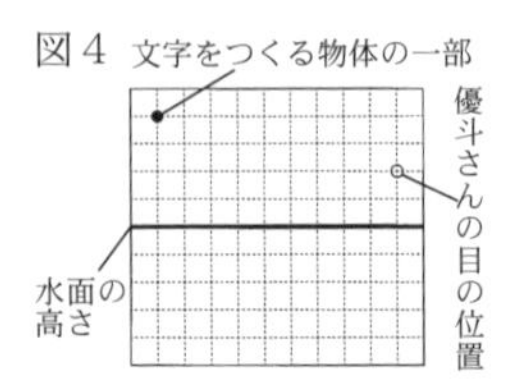

3．光の屈折について調べることにした優斗さんたちは，図5のような半円形ガラスを使って実験を行い，結果を表にまとめた。後の(1)，(2)の問いに答えなさい。ただし，図5のa，bはレンズの直線部分の両端を示している。

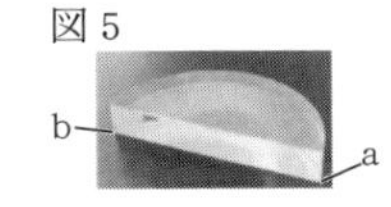

〔実験〕

① 次の図6のように，垂直に交わる横軸と縦軸を紙にかいて交点をXとし，Xを中心とする円をかいて，半円形ガラスを，aとbが横軸上にあり，ab間の中央とXが重なるように置いた。
② 図7のように，円周上のAに光源装置を設置し，Xを通るように光を当てて，半円形ガラスを通りぬけた光と円が交わった点をBとし，A，Bを●印で記録して，●印とXを線でつないだ。
③ 図8のように，A，Bから縦軸に垂線を引き，それぞれの交点をC，Dとし，AC，BD間の長さをそれぞれ測定した。
④ Aの位置を変え，②，③をくり返した。

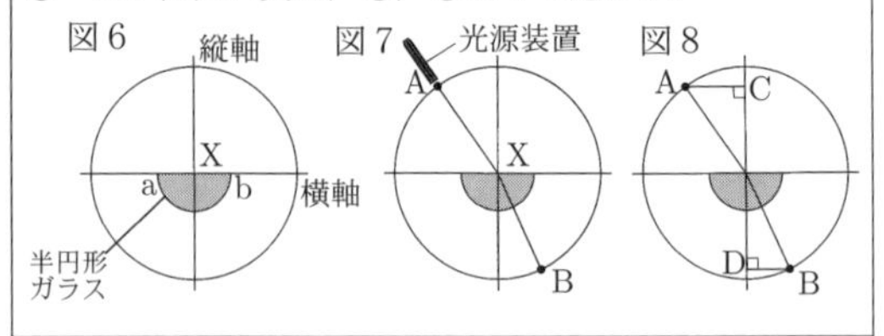

表

AC間の長さ[cm]	4.0	6.0	8.0
BD間の長さ[cm]	2.7	4.0	5.4

(1) 実験からわかることとして，最も適切なものはどれか。次のア～エから1つ選び，記号で答えなさい。
ア．AC間が長くなるにつれて，入射角は小さくなり，屈折角は大きくなる。
イ．AC間の長さが8.0 cmのときの入射角は，屈折角より小さい。
ウ．BD間の長さが変わっても，屈折角の大きさは変わらない。
エ．BD間の長さが4.0 cmのときの屈折角は，2.7 cmのときの屈折角よりも大きい。

(2) 優斗さんたちは，実験の後，図9のように半円形ガラスを通して鉛筆を見た。図9の矢印の方向から観察したときの鉛筆の見え方として，最も適切なものはどれか。次のア～エから1つ選び，記号で答えなさい。ただし，図9は，半円形ガラスに接するように鉛筆を置いたときの位置関係を，真上から模式的に示したものである。

図9

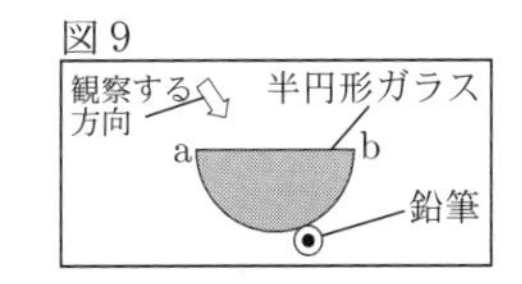

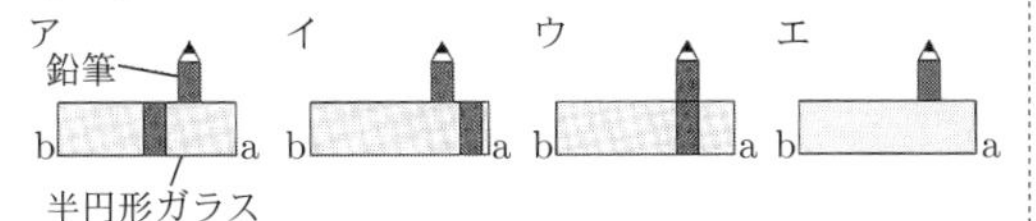

＜宮崎県＞

音による現象

1 ある場所で発生した雷の，光が見えた瞬間の時刻と，音が聞こえ始めた時刻を観測した。下の表は，その結果をまとめたものである。

光が見えた瞬間の時刻	音が聞こえ始めた時刻
19時45分56秒	19時46分03秒

(1) 次の［　　］の①，②に当てはまる正しい組み合わせは，ア，イのどちらか。符号で書きなさい。

　光が見えてから音が聞こえ始めるまでに時間がかかった。これは，空気中を伝わる［①］の速さが，［②］の速さに比べて，遅いためである。

ア．①光　　②音
イ．①音　　②光

(2) 観測した場所から，この雷までの距離は約何kmか。ア～エから最も適切なものを1つ選び，符号で書きなさい。ただし，空気中を伝わる音の速さは340 m/sとする。

ア．約2.38 km
イ．約18.0 km
ウ．約19.4 km
エ．約48.6 km

＜岐阜県＞

2 音さXと音さYの二つの音さがある。音さXをたたいて出た音をオシロスコープで表した波形は，図のようになった。図中のAは1回の振動にかかる時間を，Bは振幅を表している。音さYをたたいて出た音は，図で表された音よりも高くて大きかった。この音をオシロスコープで表した波形を図と比べたとき，波形の違いとして適切なのは，次のうちではどれか。

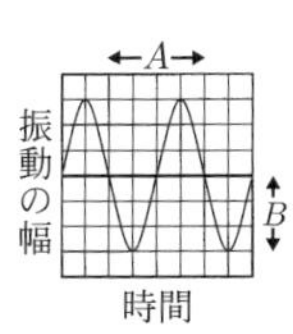

ア．Aは短く，Bは大きい。
イ．Aは短く，Bは小さい。
ウ．Aは長く，Bは大きい。
エ．Aは長く，Bは小さい。

＜東京都＞

3 弦をはじいたときの音の高さについて調べるため，次の〔実験1〕と〔実験2〕を行った。

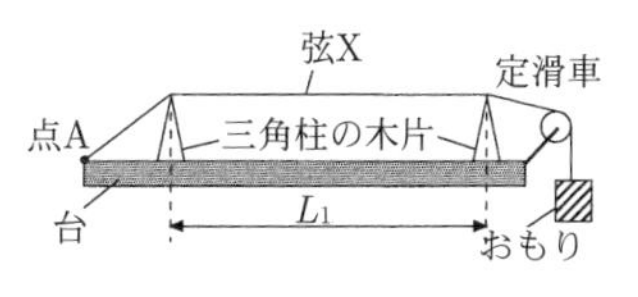

〔実験1〕

① 図のように，定滑車を取り付けた台の点Aに弦Xの片方の端を固定し，2つの同じ三角柱の木片の上と定滑車を通しておもりをつるした。

　ただし，木片間の距離はL_1，おもりの質量はM_1とする。

② 弦をはじいて，音の高さを調べた。

③ 距離L_1とおもりの質量M_1をそのままにして，弦を弦Xより細い弦Yに取りかえ，弦をはじいて，音の高さを調べた。

〔実験1〕では，弦Yのほうが，音が高かった。

〔実験２〕〔実験１〕の装置を用いて，木片間の距離，弦の種類，おもりの質量をかえ，弦をはじいて，音の高さを調べた。

表は，そのときの条件を〔実験１〕も含めて整理したものである。

ただし，木片間の距離L_2はL_1より短く，おもりの質量M_2はM_1より小さいものとする。

	木片間の距離	弦	おもりの質量
Ⅰ	L_1	X	M_2
Ⅱ	L_1	X	M_1
Ⅲ	L_1	Y	M_1
Ⅳ	L_2	X	M_1

実験の結果，条件ⅠからⅣまでのうち，２つの条件で音の高さが同じであった。

実験で発生する音の高さが同じになる２つの条件の組み合わせとして最も適当なものを，次のアからオまでの中から選んで，そのかな符号を書きなさい。

ア．Ⅰ，Ⅱ　　イ．Ⅰ，Ⅲ
ウ．Ⅰ，Ⅳ　　エ．Ⅱ，Ⅲ
オ．Ⅲ，Ⅳ

＜愛知県＞

4

音の伝わり方について調べるために，次の実験を行った。

＜実験１＞

図１のように，おんさをたたいて振動させて水面に軽くふれさせたときの，おんさの振動と水面のようすを観察した。

図１

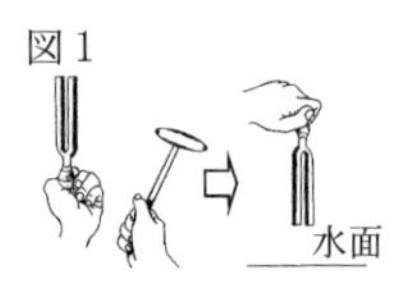

＜実験２＞

４つのおんさＡ～Ｄを用いて(a)～(c)の実験を行った。

(a) おんさをたたいて音を鳴らすと，おんさＤの音は，おんさＢ，おんさＣの音より高く聞こえた。

(b) 図２のように，おんさＡの前におんさＢを置き，おんさＡだけをたたいて音を鳴らして，おんさＢにふれて振動しているかを確認した。おんさＢをおんさＣ，おんさＤと置き換え，おんさＢと同じ方法で，それぞれ振動しているかを確認した。おんさＢは振動していた。

図２

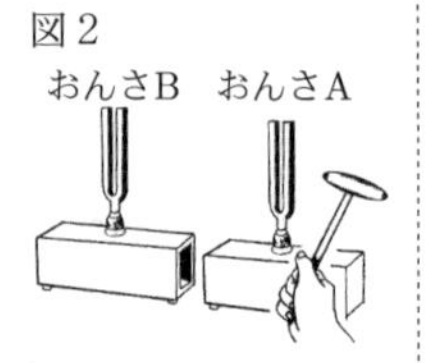

(c) 図３のように，おんさＡをたたいたときに発生した音の振動のようすを，コンピュータで表示した。横軸の方向は時間を表し，縦軸の方向は振動の振れ幅を表す。図４は，おんさＡと同じ方法で，おんさＢ～Ｄの音の振動をコンピュータで表示させたもので，Ｘ～ＺはおんさＢ～Ｄのいずれかである。コンピュータで表示される目盛りのとり方はすべて同じである。

図３

図４

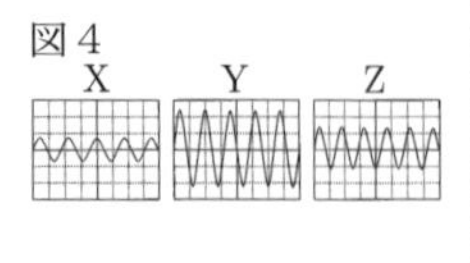

(1) 実験１での，おんさの振動と水面のようすについて説明した文の組み合わせとして適切なものを，あとのア～エから１つ選んで，その符号を書きなさい。

① おんさの振動によって水面が振動し，波が広がっていく。

② おんさの振動によっておんさの近くの水面は振動するが，波は広がらない。

③ おんさを強くたたいたときのほうが，水面の振動は激しい。

④ おんさの振動が止まった後でも，おんさの近くの水面は振動し続けている。

ア．①と③　　イ．①と④
ウ．②と③　　エ．②と④

(2) おんさＡの音は，５回振動するのに，0.0125秒かかっていた。おんさＡの振動数は何Hzか，求めなさい。

(3) おんさＢ～Ｄは，図４のＸ～Ｚのどれか。Ｘ～Ｚからそれぞれ１つ選んで，その符号を書きなさい。

＜兵庫県＞

5

葵さんと令子さんは，音の性質を調べるため，図１のように，コンピュータにマイクを接続し，モノコードの弦をはじいたときの振動のようすを波形として表示した。図２は，その結果を示したものである。

図１

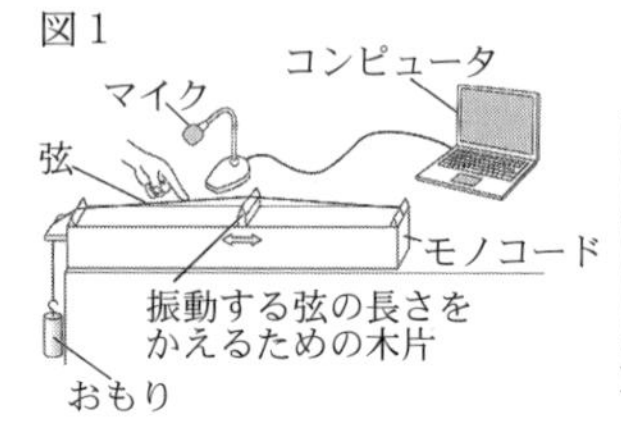

図２

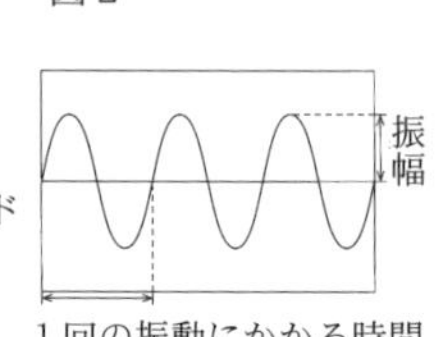

(1) 図２の波形が得られてから時間が経過するにつれて，モノコードの音が小さくなった。音が小さくなったとき，１回の振動にかかる時間は①(ア．長くなり　イ．短くなり　ウ．変化せず)，振幅は②(ア．大きくなる　イ．小さくなる　ウ．変化しない)。

また，図１の木片を移動させて弦をはじいたとき，モノコードの音が高くなった。音が高くなったとき，振動数は③(ア．大きくなる　イ．小さくなる　ウ．変化しない)。

①～③の(　　)の中からそれぞれ最も適当なものを一つずつ選び，記号で答えなさい。

次に二人は，図１のモノコードを用いて，はじく弦の太さや長さ，弦を張るおもりの質量をかえ，弦をはじいたときの音の振動数を調べる実験Ⅰ～Ⅳを行った。下の表は，その結果をまとめたものである。

	弦の太さ［mm］	弦の長さ［cm］	おもりの質量［g］	振動数［Hz］
実験Ⅰ	0.3	20	800	270
実験Ⅱ	0.3	20	1500	370
実験Ⅲ	0.3	60	1500	125
実験Ⅳ	0.5	20	1500	225

(2) 上の表において，弦の長さと音の高さの関係を調べるには，［　①　］を比較するとよい。また，弦の太さと音の高さの関係を調べるには，［　②　］を比較するとよい。

［　①　］，［　②　］に当てはまるものを，次のア～カからそれぞれ一つずつ選び，記号で答えなさい。

ア．実験Ⅰと実験Ⅱ　　イ．実験Ⅰと実験Ⅲ
ウ．実験Ⅰと実験Ⅳ　　エ．実験Ⅱと実験Ⅲ
オ．実験Ⅱと実験Ⅳ　　カ．実験Ⅲと実験Ⅳ

(3)　20 cmの長さの弦と1500 gのおもりを使って，200 Hzの音を出すためには，弦の太さを①(ア．0.3 mmより細く　イ．0.3 mmより太く0.5 mmより細く　ウ．0.5 mmより太く)する必要がある。また，0.3 mmの太さの弦と800 gのおもりを使って，150 Hzの音を出すためには，弦の長さを②(ア．20 cmより短く　イ．20 cmより長く60 cmより短く　ウ．60 cmより長く)する必要がある。

①，②の(　　)の中からそれぞれ最も適当なものを一つずつ選び，記号で答えなさい。

＜熊本県＞

6

ユウさんとアキさんは，音の性質について調べるために，次の実験(1)，(2)を行った。

(1)　図1のようなモノコードで，弦のPQ間の中央をはじいて音を発生させた。発生した音を，マイクとコンピュータで測定すると図2の波形が得られた。図2の横軸は時間を表し，1目盛りは200分の1秒である。縦軸は振動の振れ幅を表している。なお，砂ぶくろの重さにより弦の張り具合を変えることができる。

図1

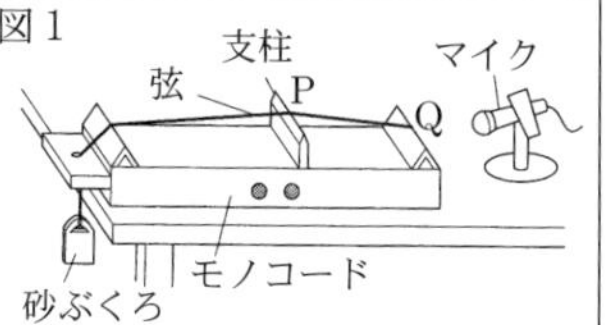

図2

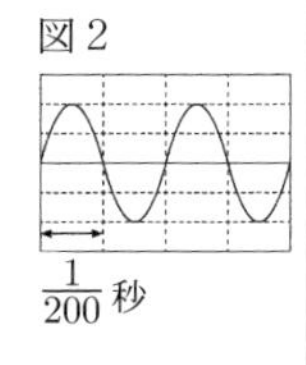

(2)　砂ぶくろの重さ，弦の太さ，弦のPQ間の長さと音の高さの関係を調べるために，モノコードの条件を表の条件A，B，C，Dに変え，実験(1)と同様に実験を行った。なお，砂ぶくろⅠより砂ぶくろⅡの方が重い。また，弦Ⅰと弦Ⅱは同じ材質でできているが，弦Ⅰより弦Ⅱの方が太い。

	砂ぶくろ	弦	弦のPQ間の長さ
条件A	砂ぶくろⅠ	弦Ⅰ	40cm
条件B	砂ぶくろⅠ	弦Ⅰ	80cm
条件C	砂ぶくろⅡ	弦Ⅰ	40cm
条件D	砂ぶくろⅠ	弦Ⅱ	40cm

このことについて，次の1，2，3，4の問いに答えなさい。

1．次の［　　］内の文は，弦をはじいてから音がマイクに伝わるまでの現象を説明したものである。(　　)に当てはまる語を書きなさい。

> 弦をはじくと，モノコードの振動が(　　)を振動させ，その振動により音が波としてマイクに伝わる。

2．実験(1)で測定した音の振動数は何Hzか。

3．実験(2)で，砂ぶくろの重さと音の高さの関係，弦の太さと音の高さの関係，弦のPQ間の長さと音の高さの関係を調べるには，それぞれどの条件とどの条件を比べるとよいか。条件A，B，C，Dのうちから適切な組み合わせを記号で答えなさい。

4．次の［　　］内は，実験(2)を終えてからのユウさんとアキさんの会話である。①，②に当てはまる語句をそれぞれ(　　)の中から選んで書きなさい。また，下線部のように弦をはじく強さを強くして実験を行ったときに，コンピュータで得られる波形は，弦をはじく強さを強くする前と比べてどのように変化するか簡潔に書きなさい。

> ユウ「弦をはじいて発生する音の高さは，砂ぶくろの重さや弦の太さ，弦の長さが関係していることがわかったね。」
>
> アキ「そうだね。例えば，図2の波形を図3のようにするには，それぞれどのように変えたらよいだろう。」
>
> ユウ「実験結果から考えると，砂ぶくろを軽くするか，弦を①(太く・細く)するか，弦のPQ間の長さを②(長く・短く)すればよいことがわかるよ。」
>
> アキ「ところで，弦をはじく強さを強くしたときはどのような波形が得られるのかな。」
>
> ユウ「どのような波形になるか，確認してみよう。」

図3

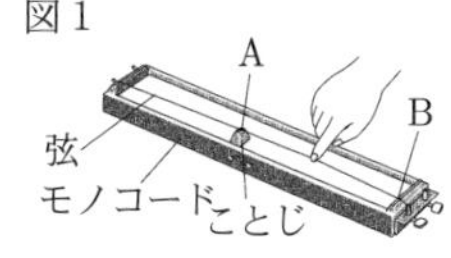

＜栃木県＞

7

次の実験について，あとの各問いに答えなさい。

〈実験〉　音の大きさや高さと弦(げん)の振動(しんどう)の関係を調べるために，次の①，②の実験を行った。

①　図1のように，モノコードの弦のAB間をはじいて，音を聞いた。1回目は，弦のAB間の長さを34 cmにしてはじいた。2回目は，ことじを移動させて，弦のAB間の長さを47 cmにして，弦の張り，弦をはじく強さは変えずにはじいた。

図1

A
B
弦
モノコード
ことじ

②　図2のように，弦をはじいたときに出た音をマイクロホンで拾って，音の波形をコンピュータで観察した。図3は，コンピュータの画面に表示された音の波形を模式的に表したものである。

図2

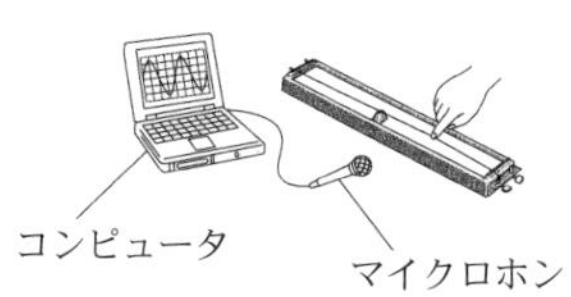

図3

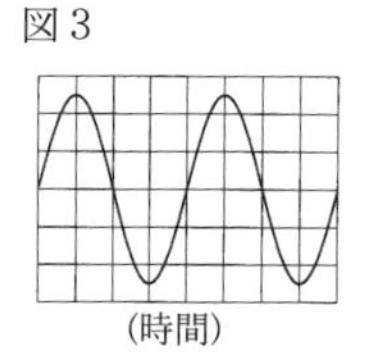

(1)　①について，次の(a)，(b)の各問いに答えなさい。

(a)　次の文は，弦をはじいたときの音を，ヒトがどのように受け取るかを説明したものである。文中の(X)に入る最も適当な言葉は何か，書きなさい。

> 弦の振動が空気を振動させ，その振動が空気中を次々と伝わり，耳の中にある(X)で空気の振動をとらえる。

(b)　2回目は，1回目と比べて，音の高さや振動数はどのように変化するか，次のア～エから最も適当なものを1つ選び，その記号を書きなさい。

ア．音の高さは高くなり，振動数は多くなった。
イ．音の高さは高くなり，振動数は少なくなった。
ウ．音の高さは低くなり，振動数は多くなった。
エ．音の高さは低くなり，振動数は少なくなった。

(2)　②について，次の(a)，(b)の各問いに答えなさい。

(a)　図3の横軸(よこじく)の1目盛りが0.001秒を表しているとき，この音の振動数は何Hzか，求めなさい。

(b)　弦をはじいたときに出た音は，音の高さは変わらず，音の大きさが小さくなっていき，やがて聞こえなくなった。図4は，音が出てから聞こえなくなるまでの，コンピュータで観察された音の波形の変化を表している。［ Y ］に入る波形はどれか，あとのア～エから最も適当なものを1つ選び，その記号を書きなさい。

ただし，音の波形を表した図3と図4の縦軸，横軸の1目盛りが表す値は同じものとする。

図4

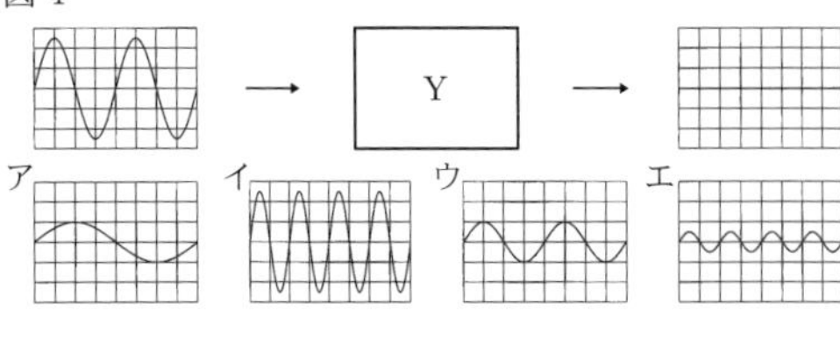

＜三重県＞

8 花子さんと太郎さんは，音の性質について調べるために，次の実験を行った。(1)～(5)の問いに答えなさい。

Ⅰ　2人は，ギターが出す音のちがいに疑問を持ち，「弦の振動のしかたによって音の大きさはどう変化するのだろうか」という課題を設定し，次のように予想を立て，実験を行った。

【予想】「弦をはじく強さ」が強いほど，大きい音になる。

【実験】

1　［図1］のように，輪ゴムを空き箱全体にかけ，割りばしを移動させて，弦の長さを変えられる自作のギターを用意した。

2　「弦の長さ」と「弦をはる強さ」と「弦の太さ」を一定にして，「弦をはじく強さ」が強いときと弱いときで，音の大きさ，弦の動き，音の高さを調べた。

［表］は，その結果をまとめたものである。

［図1］

割りばし　輪ゴム　弦の長さ　空き箱

［表］

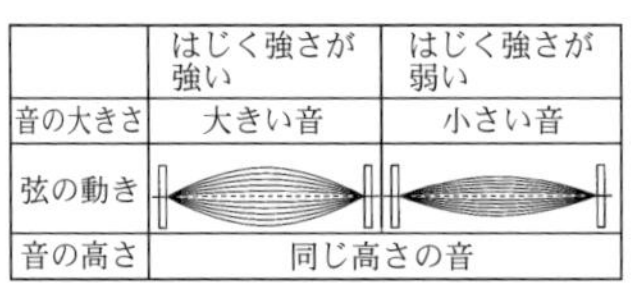

	はじく強さが強い	はじく強さが弱い
音の大きさ	大きい音	小さい音
弦の動き		
音の高さ	同じ高さの音	

Ⅱ　「弦の振動のしかたによって音の高さはどう変化するのだろうか」という課題を設定し，次のように予想を立てた。

【予想】(i)「弦の太さ」が細いほど，高い音になる。
(ii)「弦の長さ」が短いほど，高い音になる。

(1)　音の性質について述べた文として適切なものを，ア～エからすべて選び，記号を書きなさい。

ア．ブザーを入れた容器の中の空気をぬいていくと，聞こえるブザーの音が大きくなっていく。

イ．遠くで打ち上げられた花火を観察すると，花火が見えた後に音が聞こえる。

ウ．集音器は，小さな音や遠くの音を録音するために，反射板で音を反射させてマイクに集めている。

エ．音が伝わる速さは，固体の中よりも空気中の方が速い。

(2)　次の文は，［表］の結果から考察したものである。①，②の問いに答えなさい。

> 弦を強くはじくと，弦の<u>振動の幅</u>が大きくなり，大きい音になるが，音の高さは変わらない。これは，ばちで太鼓の皮を強くたたくと，大きい音になるが，音の高さは変わらないことと同じだと気づいた。このことから，［図2］のように，発泡ポリスチレン球を置いて太鼓の皮を強くたたくと，同じ場所を弱くたたくときに比べ，(　　)と考えられる。

［図2］

①　文中の下線部について，音源の振動の幅のことを何というか，書きなさい。

②　正しい文になるように，(　　)に当てはまる語句として最も適当なものを，ア～エから1つ選び，記号を書きなさい。

ア．発泡ポリスチレン球が高く飛びはねるが，太鼓の皮が一定の時間に振動する回数は変わらない

イ．発泡ポリスチレン球が高く飛びはね，太鼓の皮が一定の時間に振動する回数は多くなる

ウ．発泡ポリスチレン球の飛びはねる高さは低いが，太鼓の皮が一定の時間に振動する回数は変わらない

エ．発泡ポリスチレン球の飛びはねる高さは低くなり，太鼓の皮が一定の時間に振動する回数は少なくなる

(3)　次の文は，Ⅱの【予想】(i)，(ii)を確かめる実験について検討しているときの2人の会話である。会話文中の下線部の理由を，「太さ」「長さ」という2つの語句を用いて，「［図3］の方が［図4］より音が高くなったとしても，」という書き出しに続けて書きなさい。

> 花子：【予想】(i)と(ii)は，どちらも高い音になることを調べたらよいから，はる強さを同じにした［図3］と［図4］の弦を，同じ強さではじいて，音の高さを比較することで，【予想】(i)と(ii)をまとめて確かめることができるのではないかな。
> 太郎：<u>【予想】(i)と(ii)は，別々に確かめないといけない</u>よ。
>
> ［図3］「弦の太さ」が細くて，「弦の長さ」が短い
> ［図4］「弦の太さ」が太くて，「弦の長さ」が長い

次の文は，Ⅰ，Ⅱの【予想】がすべて正しいことを，実験を行って確かめた後の，2人の会話である。

> 太郎：［図5］のように，コップに水を入れていくと，コップから聞こえる音は，だんだん高い音になっていくよね。弦の振動のしかたと共通点があるのかな。
> 花子：Ⅱの【予想】(ii)と関連付けて考えると，「コップの中の空気の部分の長さが短いほど，高い音になる」といえるのではないかしら。

［図5］

新たな疑問が生じた2人は，それを解決するために，次の実験を行った。

Ⅲ　「コップの中の空気の部分の長さと音の高さにはどのような関係があるのだろうか」という課題を設定し，次のように予想を立て，実験を行った。

【予想】「コップの中の空気の部分の長さ」が短いほど，高い音になる。

【実験】

3　同じコップを2つ用意し，［図6］のように，片方には水を少し入れ，［図7］のように，もう一方には水を多く入れた。

［図6］　［図7］

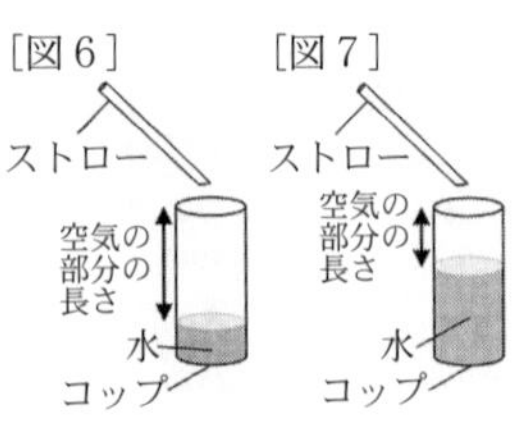

4　それぞれのコップの上面に，ストローを使って同じ強さで息をふきかけた。このとき，コップから出る音の波形を，［図8］のように，コンピュータのオシロスコープで調べた。

［図8］

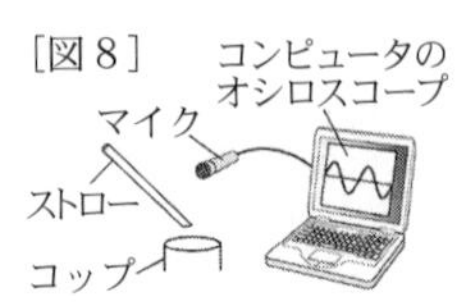

(4) Ⅲで，［図6］のコップから出る音の波形を模式的に表すと，［図9］のようになった。①，②の問いに答えなさい。

［図9］

① ［図9］で，この音の振動数は何Hzか，求めなさい。ただし，グラフの横軸の1目盛りは0.0005秒である。

② Ⅲの【予想】が正しければ，［図7］のコップから出る音の波形はどのようになると考えられるか。音の波形を模式的に表したものとして最も適当なものを，ア～エから1つ選び，記号を書きなさい。ただし，下のア～エのグラフの縦軸および横軸の1目盛りの大きさは，［図9］と同じものとする。

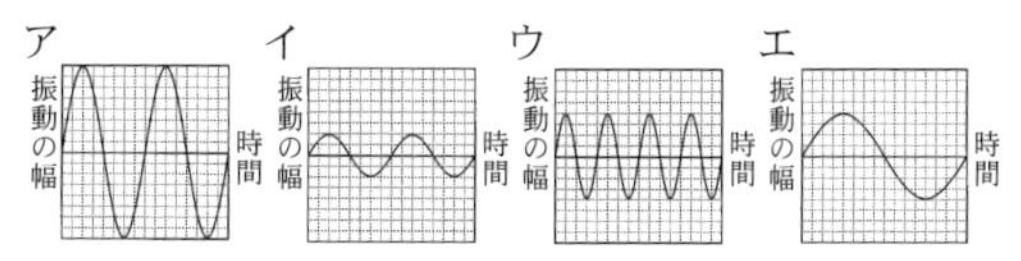

(5) ［図10］のように，漁業では，超音波の反射を利用して，魚の群れの位置を調べている。船の底から発射した超音波が魚の群れにあたり，はね返って戻ってくるまでの時間が0.04秒であったとすると，船の底と魚の群れとの距離は何mか，求めなさい。ただし，水中の音の速さは1500 m/sとする。

［図10］

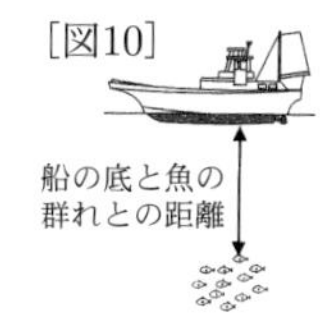

＜大分県＞

力による現象

1 右の図において，斜面上に置かれた物体にはたらく垂直抗力の向きは，ア，イ，ウ，エのうちどれか。

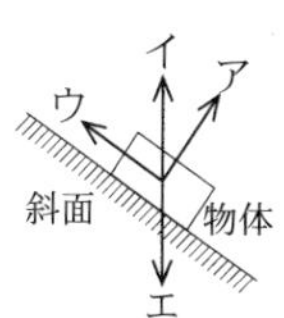

＜栃木県＞

2 力や圧力について述べた文として，正しいものを，次のア～オから二つ選び，その符号を書きなさい。

ア．物体にはたらく重力の大きさは，物体が置かれている場所によって変化することがある。
イ．物体が静止している状態を続けるのは，その物体に力がはたらいていないときのみである。
ウ．圧力の単位は，ニュートン(記号N)が用いられる。
エ．変形した物体が，もとにもどろうとする力を，弾性力という。
オ．大気圧は，標高が高い場所ほど大きくなる。

＜新潟県＞

3 右の図のように，おもりが天井から糸でつり下げられている。このとき，おもりにはたらく重力とつり合いの関係にある力はどれか。

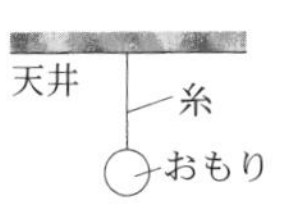

ア．糸がおもりにおよぼす力
イ．おもりが糸におよぼす力
ウ．糸が天井におよぼす力
エ．天井が糸におよぼす力

＜栃木県＞

4 長さ3 cmのばねを引く力の大きさとばねののびとの関係を調べたところ，図のようになった。このばねを0.4 Nの力で引くと，ばねの長さは何cmになるか，書きなさい。

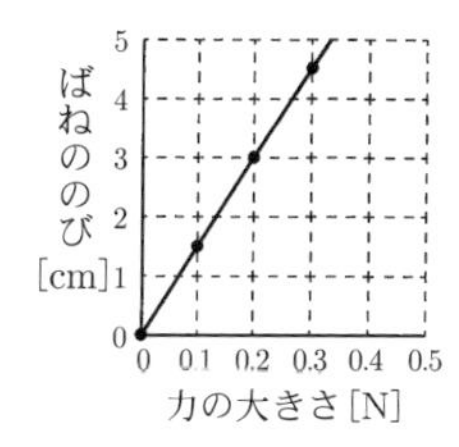

＜北海道＞

5 図1のように，ばねばかりに物体Sをつり下げたところ，物体Sは静止した。このとき，ばねばかりの示す値は1.5 Nであった。次に，図2のように，ばねばかりに物体S，Tをつり下げたところ，物体S，Tは静止した。このとき，ばねばかりの示す値は2.0 Nであった。

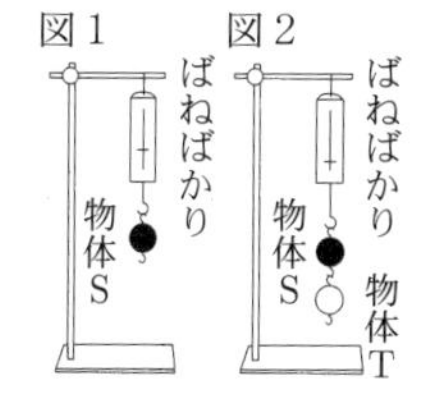

(1) 図1で，物体Sには，ばねばかりが引く力と，地球が引く力がはたらいている。地球が物体Sを引く力の大きさは何Nか。

(2) 図2で，物体Sには，ばねばかりが引く力，物体Tが引く力，地球が引く力がはたらいている。このときの物体Sにはたらいている3つの力の大きさの比を，最も簡単な整数の比で書け。

<愛媛県>

6 次のⅠ，Ⅱの問いに答えなさい。

Ⅰ．図1は，ばねに質量の異なるおもりをつるし，ばねに加える力の大きさを変えて，ばねののびを測定し，その測定値を点(•)で記入したものである。

図1

問1．次の文は，図1に関して説明したものである。(①)，(②)に適する語句を入れ，文を完成せよ。

> 図1から，点(•)はほぼ，原点を通る一直線上にあることが分かり，ばねののびが，ばねに加えた力の大きさに(①)することが分かる。この関係を(②)の法則という。

問2．問1の説明文中の下線部について，実際には誤差のため，図1のすべての測定値の点(•)が一直線上にあるわけではない。図1に直線を引くときの注意点を述べた文として最も適当なものは，次のどれか。

ア．ばねに加えた力の大きさが1.0 Nのときの点(•)を通るように，原点から直線を引く。

イ．すべての点(•)のなるべく近くを通るように，原点から直線を引く。

ウ．すべての点(•)が線上か線より下にくるように，原点から直線を引く。

エ．すべての点(•)が線上か線より上にくるように，原点から直線を引く。

Ⅱ．磁力(磁石の力)の大きさを調べるために，ばねに加えた力の大きさとばねののびの関係が図2のようになるばねを使って，次の手順1，手順2で測定を行った。手順2の結果については，あとの表のとおりである。ただし，質量100 gの物体にはたらく重力の大きさを1 Nとし，磁力は磁石間にはたらくもの以外は考えないものとする。

図2

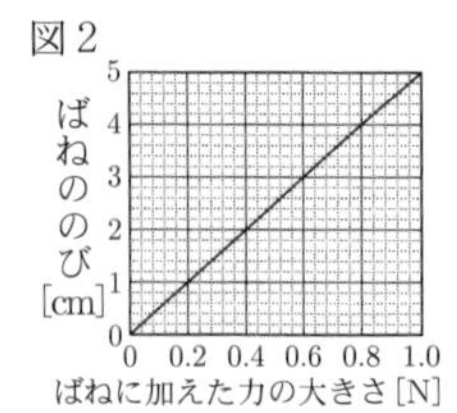

手順1．図3のように，質量20 gの小さな磁石Aをばねにつるして静止させ，ばねののびを測定した。

手順2．図4のように，ばねにつるした磁石AのS極を，水平な床の上に固定した磁石BのN極に近づけて静止させ，磁石Aと磁石Bの距離と，ばねののびを測定した。

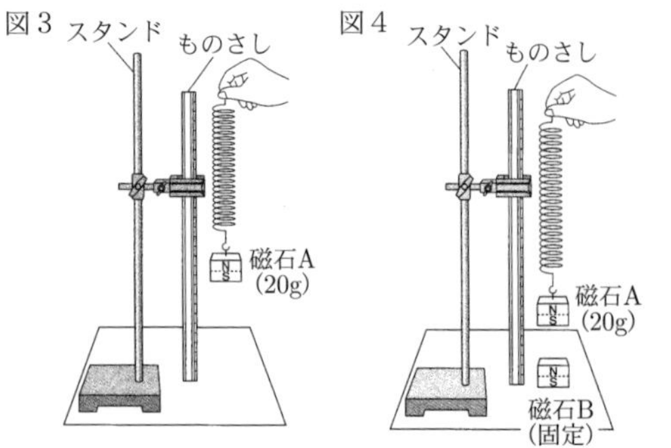

磁石Aと磁石Bの距離[cm]	2.0	3.0	4.0	5.0	6.0
ばねののび[cm]	5.0	2.8	2.0	1.6	1.4

問3．手順1で，ばねののびは何cmか。

問4．手順2で，磁石Aと磁石Bの距離が2.0 cmのときの磁石Bが磁石Aを引く磁力の大きさは，磁石Aと磁石Bの距離が4.0 cmのときの磁力の大きさの何倍か。

<長崎県>

第6章　電流とそのはたらき

電流の性質

1　抵抗器や電熱線(金属線)に流れる電流の大きさは，それらに加わる電圧の大きさに比例する。この関係を□□の法則という。

＜北海道＞

2　10Ωの抵抗器を2個と電流計，電源装置を用いて回路をつくり，電源装置の電圧を10Vにしたところ電流計は2Aを示しました。次のア～エのうち，このときの回路図として正しいものはどれですか。一つ選び，その記号を書きなさい。

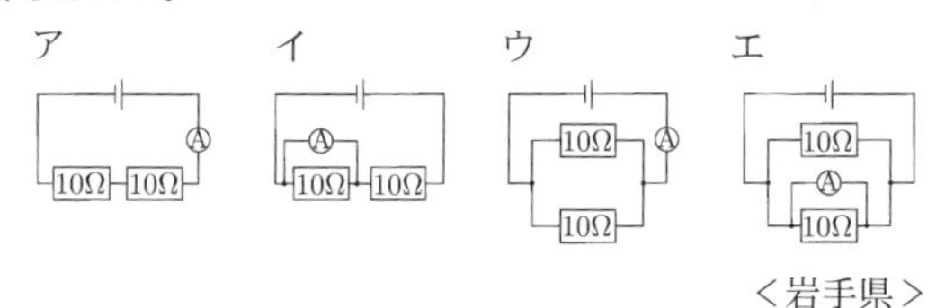

＜岩手県＞

3　次の□□は，電源タップに多くの電気器具をつなぐ「たこ足配線」についてKさんがまとめたものである。文中の(　あ　)，(　い　)にあてはまるものの組み合わせとして最も適するものをあとの1～4の中から一つ選び，その番号を答えなさい。

> 右の図のように電源タップに多くの電気器具をつなぐ「たこ足配線」は，危険な場合がある。その理由は，電源タップにつないだすべての電気器具が並列接続になっているため，これらの電気器具に同じ大きさの(　あ　)ことで図中のコードXに大きな電流が流れ，発熱により発火するおそれがあるからである。
>
> 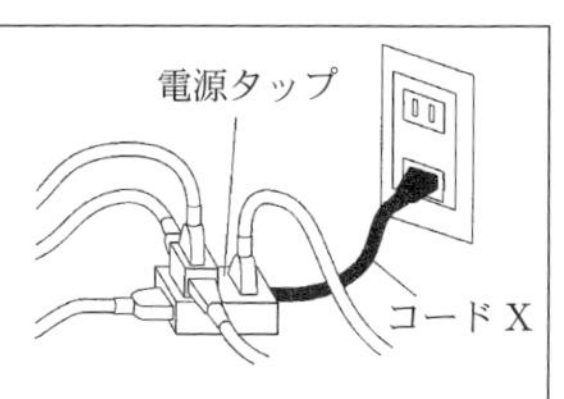
>
>
> 電源タップには，定格電流(図中のコードXに流せる電流の上限)が記載されている。定格電流が15Aである電源タップを電圧100Vの家庭用電源につなぎ，電源タップに消費電力が30Wのノートパソコン，20Wの蛍光灯スタンド，120Wのテレビ，1200Wのドライヤー(いずれも100Vの電圧で使用したときの値)をつないで同時に使用した場合，コードXを流れる電流の大きさは定格電流を(　い　)。

1．あ：電流が流れる　　い：こえる
2．あ：電流が流れる　　い：こえない
3．あ：電圧がかかる　　い：こえる
4．あ：電圧がかかる　　い：こえない

＜神奈川県＞

4　回路における電流，電圧，抵抗について調べるために，次の実験(1)，(2)，(3)を順に行った。

> (1)　図1のように，抵抗器Xを電源装置に接続し，電流計の示す値を測定した。
> (2)　図2のように回路を組み，10Ωの抵抗器Yと，電気抵抗がわからない抵抗器Zを直列に接続した。その後，電源装置で5.0Vの電圧を加えて，電流計の示す値を測定した。
> (3)　図3のように回路を組み，スイッチA，B，Cと電気抵抗が10Ωの抵抗器をそれぞれ接続した。閉じるスイッチによって，電源装置で5.0Vの電圧を加えたときに回路に流れる電流の大きさがどのように変わるのかについて調べた。
>
> 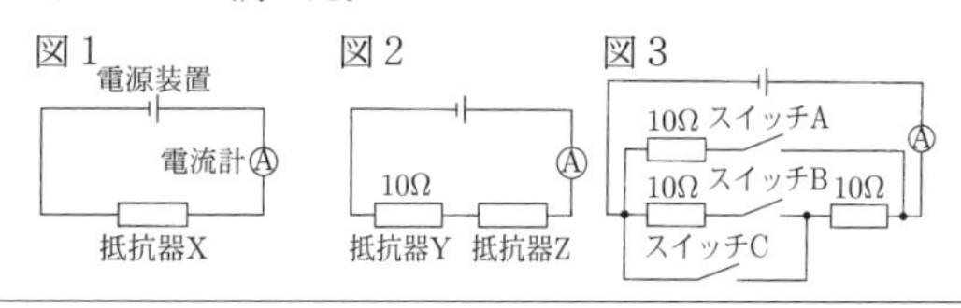
>

このことについて，次の1，2，3の問いに答えなさい。ただし，抵抗器以外の電気抵抗を考えないものとする。

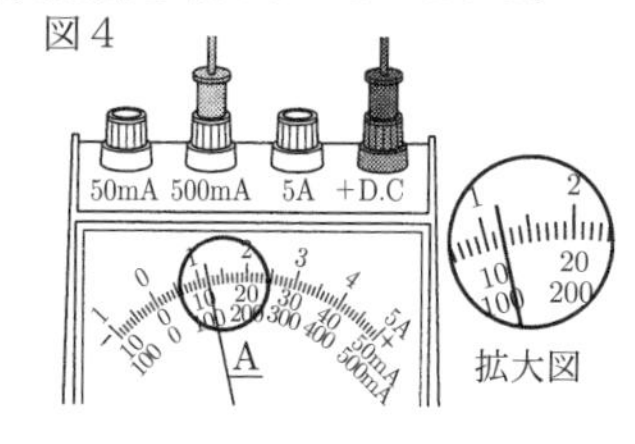

1．実験(1)で，電流計が図4のようになったとき，電流計の示す値は何mAか。
2．実験(2)で，電流計が0.20Aの値を示したとき，抵抗器Yに加わる電圧は何Vか。また，抵抗器Zの電気抵抗は何Ωか。
3．実験(3)で，電流計の示す値が最も大きくなる回路にするために，閉じるスイッチとして適切なものは，次のア，イ，ウ，エのうちどれか。また，そのときの電流の大きさは何Aか。
ア．スイッチA
イ．スイッチB
ウ．スイッチAとB
エ．スイッチAとC

＜栃木県＞

5　ある家庭には，エアコン，電磁調理器(IH調理器)，ドライヤーがあり，それぞれの消費電力と使用電圧は次の表のとおりです。エアコンと電磁調理器を使用したままドライヤーの電源を入れたとき，電気の供給が止まりました。この家庭で使用することができる最大の電流は何Aと考えられますか。最も適当なものを，下のア～エのうちから一つ選び，その記号を書きなさい。ただし，エアコン，電磁調理器，ドライヤー以外の電化製品には電流が流れていないこととします。

電化製品	消費電力[W]	使用電圧[V]
エアコン	1200	200
電磁調理器	2300	100
ドライヤー	600	100

ア．10A　　イ．20A
ウ．30A　　エ．40A

＜岩手県＞

6 抵抗器の電力を調べるため，抵抗器に加える電圧と，流れる電流を測定したところ，次の図のような結果が得られた。次の(1)，(2)に答えなさい。

(1) ガラスやゴムのように，電流をほとんど通さない物質を何というか，書きなさい。

(2) 電圧が2.0 Vのときの電力は何Wか，求めなさい。

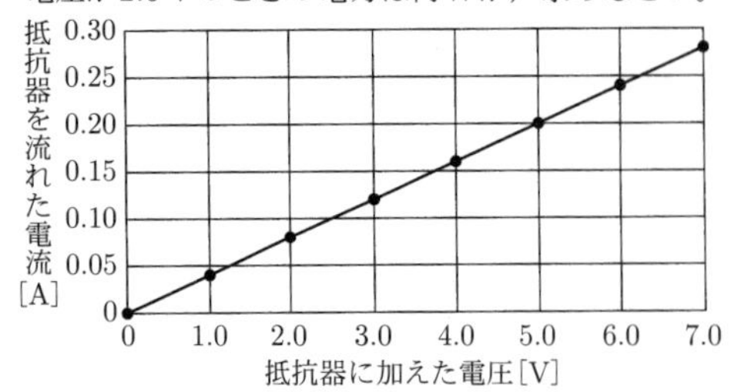

＜石川県＞

7 抵抗の値が異なる２本の電熱線Aと電熱線Bを用いて次の〔実験〕を行った。

〔実験〕

① 電熱線A，電源装置，電流計及び電圧計を用いて図１のような回路をつくり，スイッチを入れてから，電圧の大きさをさまざまな値に変えて，電流計と電圧計の示す値をそれぞれ記録した。

② ①の電熱線Aを電熱線Bに取りかえて①と同じことを行った。

③ 次に，図２のように，電熱線Aと電熱線Bを並列に接続し，スイッチを入れてから電圧計の示す値が3.0 Vになるように電源装置を調節し，電流計の示す値を記録した。

④ さらに，図３のように，電熱線Aと電熱線Bを直列に接続し，スイッチを入れてから電圧計の示す値が3.0 Vになるように電源装置を調節し，電流計の示す値を記録した。

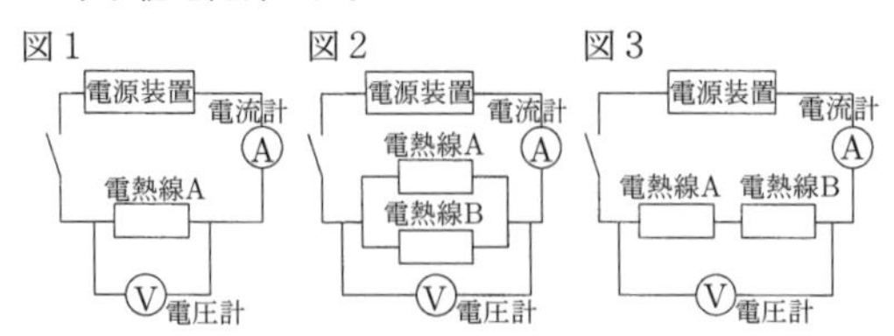

図４は，〔実験〕の①，②で得られた結果をもとに，横軸に電圧計が示す値を，縦軸に電流計が示す値をとり，その関係をグラフに表したものである。

図４

電流計が示す値[mA]　60 50 40 30 20 10 0　1.0 2.0 3.0　電圧計が示す値[V]

〔実験〕の③で電流計が示す値は，〔実験〕の④で電流計が示す値の何倍か。最も適当なものを，次のアからコまでの中から選びなさい。

ア．0.5倍	イ．1.0倍
ウ．1.5倍	エ．2.0倍
オ．2.5倍	カ．3.0倍
キ．3.5倍	ク．4.0倍
ケ．4.5倍	コ．5.0倍

＜愛知県＞

8 次の実験を行った。１～６の問いに答えなさい。

〔実験〕

図１のような回路を作り，抵抗器Aに流れる電流と加わる電圧の大きさを調べた。次に，抵抗の値が異なる抵抗器Bに変え，同様の実験を行った。表は，その結果をまとめたものである。

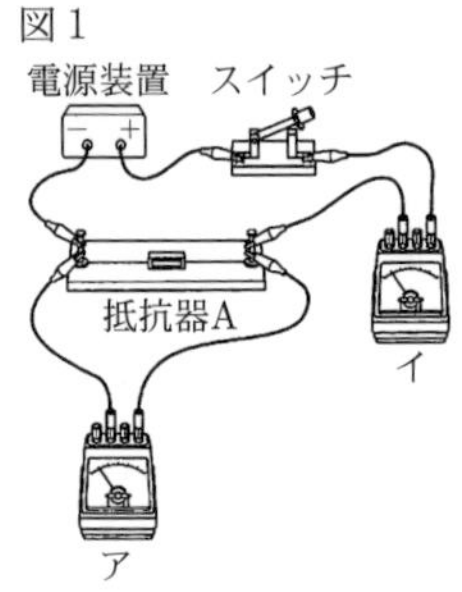

電圧[V]		0	3.0	6.0	9.0	12.0
電流[A]	抵抗器A	0	0.15	0.30	0.45	0.60
	抵抗器B	0	0.10	0.20	0.30	0.40

１．図１で，電圧計はア，イのどちらか。符号で書きなさい。

２．抵抗器を流れる電流の大きさは，加わる電圧の大きさに比例する。この法則を何というか。言葉で書きなさい。

３．実験の結果から，抵抗器Aの抵抗の値は何Ωか。

４．実験で使用した抵抗器Bの両端に5.0 Vの電圧を4分間加え続けた。抵抗器Bで消費された電力量は何Jか。

５．次の図２のように，実験で使用した抵抗器A，Bを並列につないだ回路を作った。表をもとに，図２の抵抗器Aに加わる電圧と回路全体に流れる電流の関係をグラフにかきなさい。なお，グラフの縦軸には適切な数値を書きなさい。

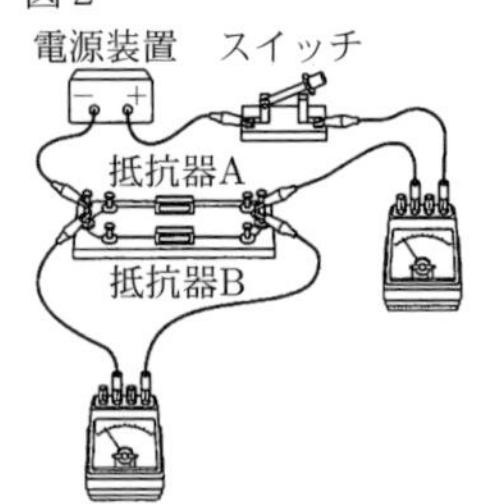

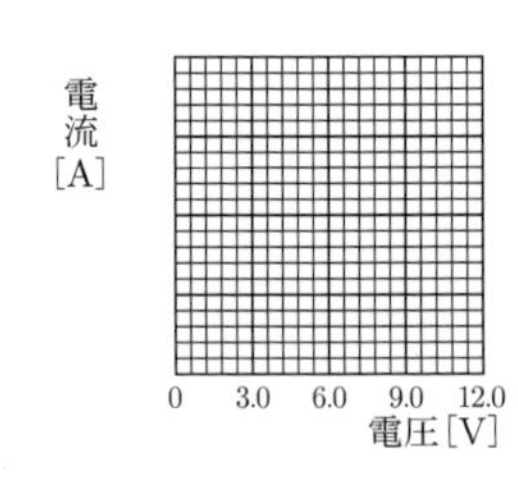

６．図３のように，実験で使用した抵抗器A，Bと抵抗器Cをつないだ回路を作った。抵抗器Bに加わる電圧を6.0 Vにしたところ，回路全体に流れる電流は0.30 Aであった。抵抗器Cの抵抗の値は何Ωか。

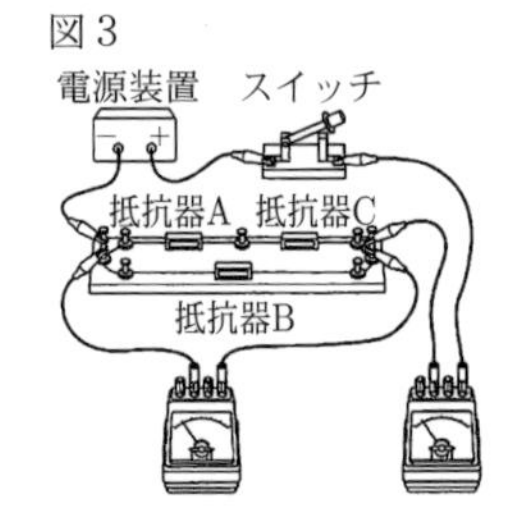

＜岐阜県＞

9 電流とそのはたらきを調べるために，電熱線a，電気抵抗30Ωの電熱線b，電気抵抗10Ωの電熱線cを用いて，次の実験１～３を行った。この実験に関して，あとの(1)～(4)に答えなさい。

実験１．図１の端子Pと端子Qに，図２の電熱線aをつないで回路をつくり，スイッチを入れて，電圧計が3.0 Vを示すように電源装置を調節したところ，電流計の針が図３のようになった。

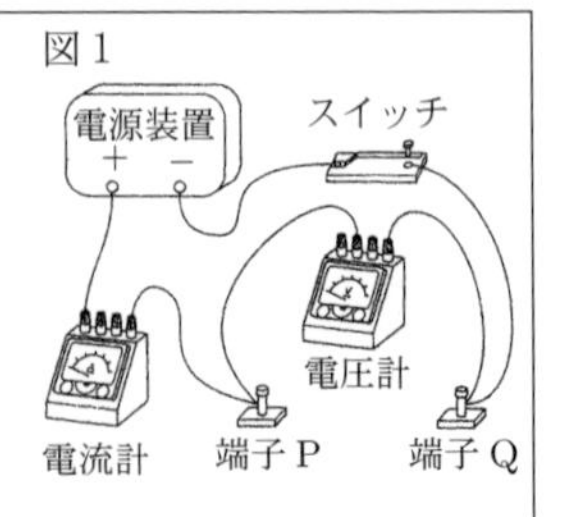

実験２．図４のように電熱線bを２つつないだものを，図１の端子Pと端子Qにつないで回路をつくり，スイッチを入れて，電圧計が3.0 Vを示すように電源装置を調節した。

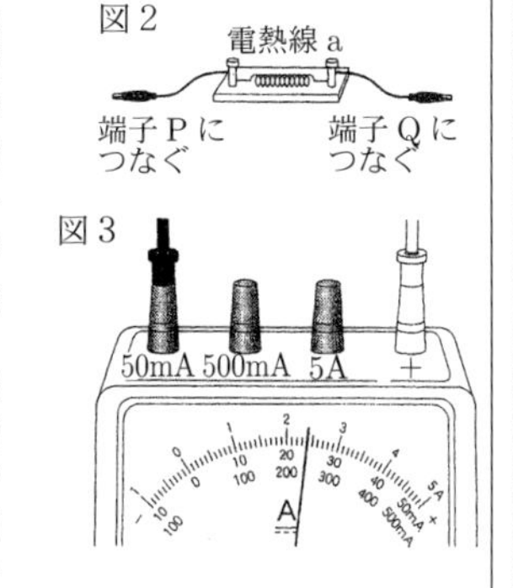

実験３．図５のように電熱線cを２つつないだものを，図１の端子Pと端子Qにつないで回路をつくり，スイッチを入れて，電圧計が3.0 Vを示すように電源装置を調節した。

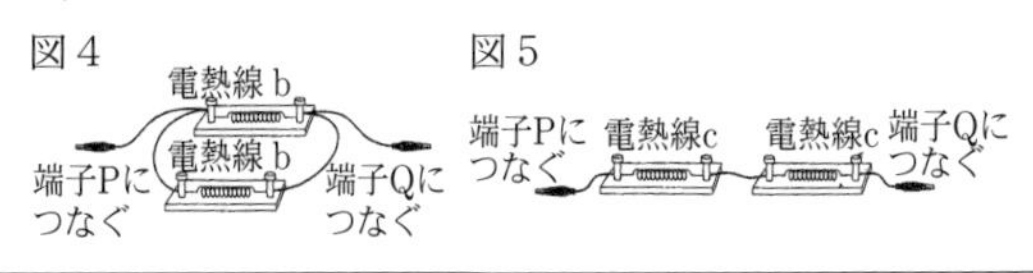

(1)　実験１について，次の①，②の問いに答えなさい。

　①　電熱線aを流れる電流は何mAか。書きなさい。

　②　電熱線aの電気抵抗は何Ωか。求めなさい。

(2)　実験２について，電流計は何mAを示すか。求めなさい。

(3)　実験３について，２つの電熱線cが消費する電力の合計は何Wか。求めなさい。

(4)　次のア～エの，電熱線b，電熱線c，電熱線bと電熱線cをつないだもののいずれかを，図１の端子Pと端子Qにつないで回路をつくり，スイッチを入れて，電圧計が3.0 Vを示すように電源装置を調節し，電流計の示す値を測定した。このとき，ア～エを，電流計の示す値が大きいものから順に並べ，その符号を書きなさい。

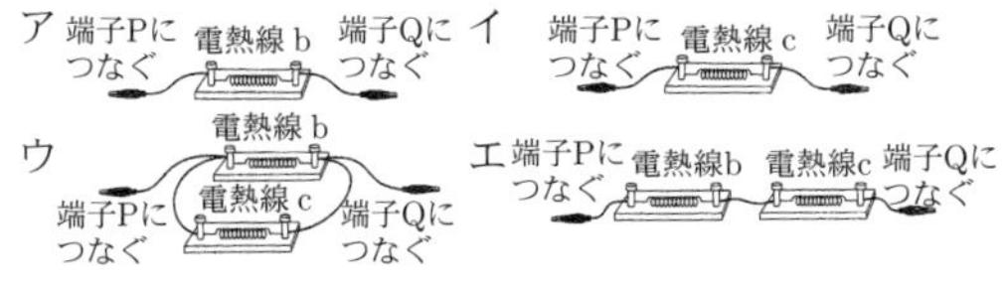

〈新潟県〉

10

回路に加わる電圧と流れる電流について，次の実験を行った。

〈実験１〉

　図１のような回路をつくり，電源装置で電圧を変化させ，抵抗器A，Bの順に加えた電圧と流れた電流をはかった。図２は，抵抗器A，Bのそれぞれについて，抵抗器に加えた電圧と流れた電流の大きさの関係を表したものである。

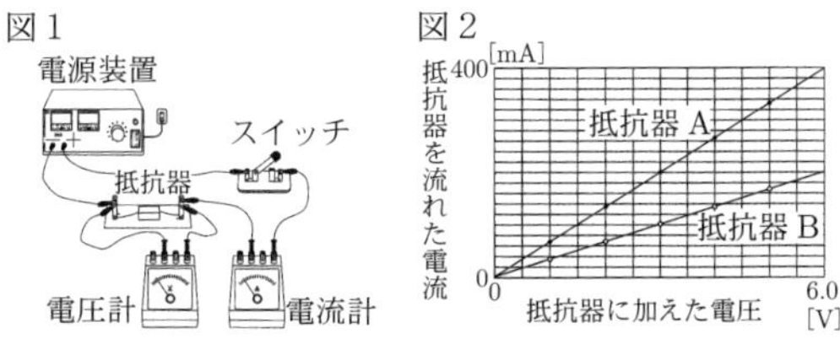

(1)　電圧計の使い方について説明した文として適切なものを，次のア～エから１つ選んで，その符号を書きなさい。

　ア．電圧をはかりたい区間に直列につなぐ。

　イ．最小目盛りの$\frac{1}{100}$まで目分量で読みとる。

　ウ．指針の振れが小さければ，－端子と＋端子につないだ導線を，逆につなぎかえる。

　エ．電圧の大きさが予想できないときは，いちばん大きい電圧がはかれる－端子につなぐ。

(2)　図２のグラフから読みとれることに関して説明した次の文①，②について，その正誤の組み合わせとして適切なものを，あとのア～エから１つ選んで，その符号を書きなさい。

　①　グラフの傾きは抵抗器Aより抵抗器Bのほうが小さく，同じ電圧を加えたとき，抵抗器Aより抵抗器Bのほうが流れる電流が小さい。

　②　いずれの抵抗器においても，抵抗器を流れた電流は，抵抗器に加えた電圧に反比例する。

　ア．①－正　　②－正

　イ．①－正　　②－誤

　ウ．①－誤　　②－正

　エ．①－誤　　②－誤

〈実験２〉

　図３のように，実験１で用いた抵抗器A，Bと，抵抗器Cを用いて回路をつくった。電流計は，500 mAの－端子を使用し，はじめ電流は流れていなかった。電源装置の電圧を6.0 Vにしてスイッチを入れると，電流計の目盛りは，図４のようになった。スイッチを切り，クリップPを端子Xからはずしてからスイッチを入れ，電流計の目盛りを読み，スイッチを切った。その後，クリップPを端子Zにつなげてからスイッチを入れ，電流計の目盛りを読んだ。

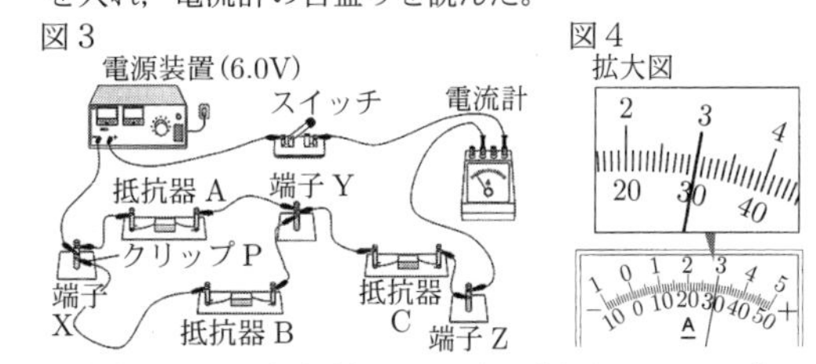

(3)　抵抗器Cの電気抵抗として最も適切なものを，次のア～エから１つ選んで，その符号を書きなさい。

　ア．10 Ω　　　　イ．15 Ω

　ウ．20 Ω　　　　エ．30 Ω

(4)　この実験において，電流計が示す値を表したグラフとして適切なものを，次のア～オから１つ選んで，その符号を書きなさい。

ア　イ　ウ　エ　オ

電流　時間

〈兵庫県〉

11

次の問いに答えなさい。

電熱線a，bを用いて，次の実験１～３を行った。

実験１．図１のような回路をつくり，電熱線aの両端に電圧を加え，電圧計の示す電圧と，電流計の示す電流の大きさを調べた。次に，電熱線aを電熱線bにかえ，同じように実験を行った。図２は，このときの結果をグラフに表したものである。

図1

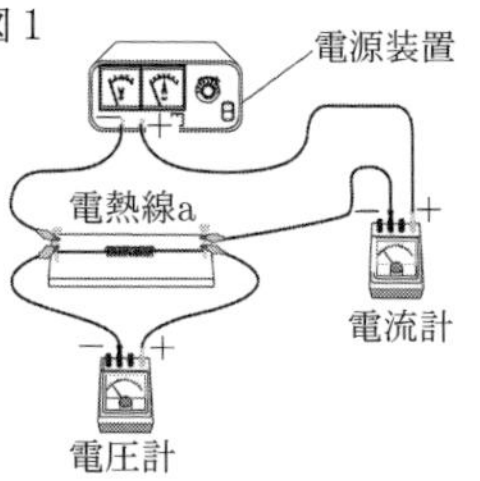

図2

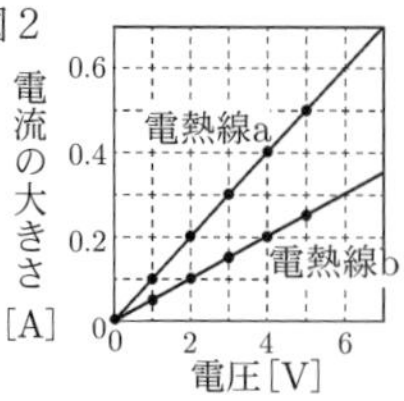

実験2．図3のように電熱線a, bをつないだ回路をつくり，電圧計の示す電圧と電流計の示す電流の大きさを調べた。

実験3．図3の電熱線bを抵抗の大きさがそれぞれ30Ω，100Ω，500Ω，1200Ω，1400Ωの別の抵抗器にとりかえ，電熱線aと抵抗器の両端に5Vの電圧を加え，とりかえた抵抗器の抵抗の大きさと電流計を流れる電流の大きさとの関係を調べると，図4のようになった。

図3

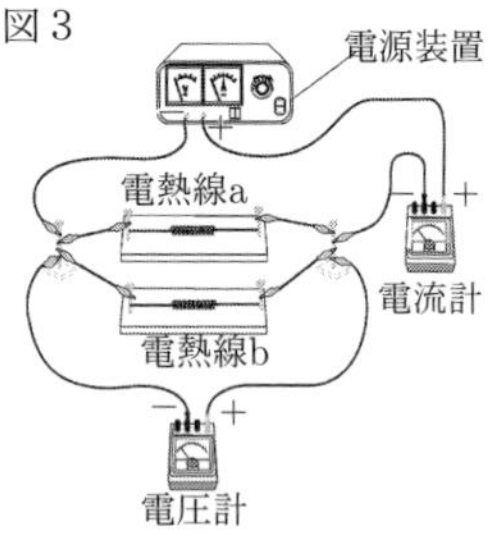

図4

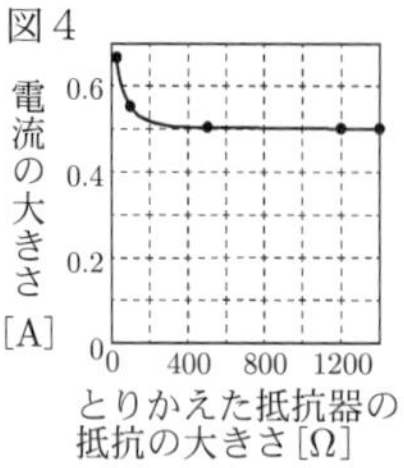

問1．実験1について，次の(1)，(2)に答えなさい。

(1) 図5に，電気用図記号をかき加えて，図1の回路のようすを表す回路図を完成させなさい。

図5

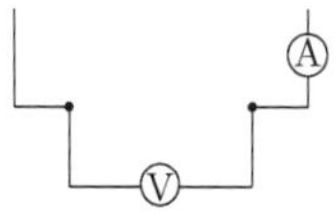

(2) 図2のグラフから，電熱線a, bの電圧が同じとき，aの電流の大きさはbの何倍か，書きなさい。

問2．実験2について，次の(1)，(2)に答えなさい。

(1) 図3の回路について，電圧計の示す電圧と電流計の示す電流の大きさとの関係を右のグラフにかきなさい。その際，横軸，縦軸には目盛りの間隔(1目盛りの大きさ)がわかるように目盛りの数値を書き入れ，グラフの線は右のグラフの端から端まで引くこと。

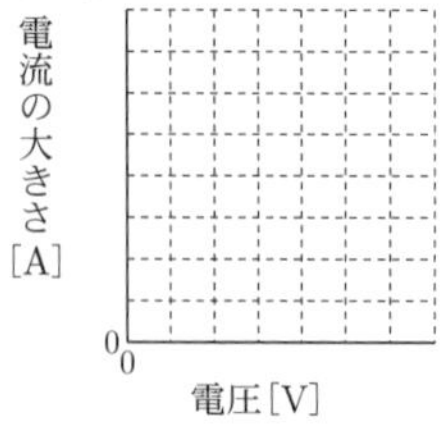

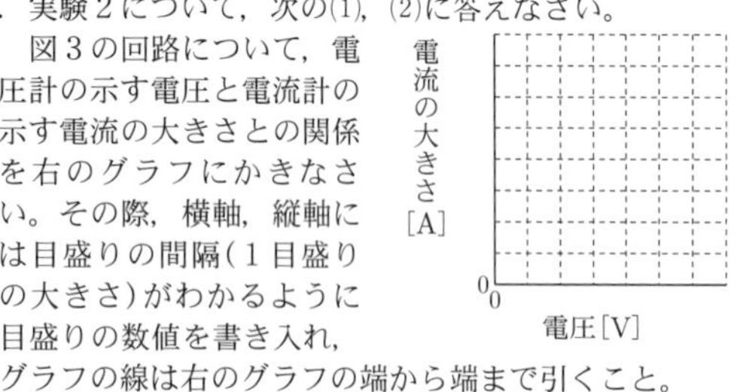

(2) 図3の回路に次のア～エのように豆電球をつなぎ，電源の電圧を同じにして豆電球を点灯させたとき，ア～エを豆電球の明るい順に並べて記号で書きなさい。

ア

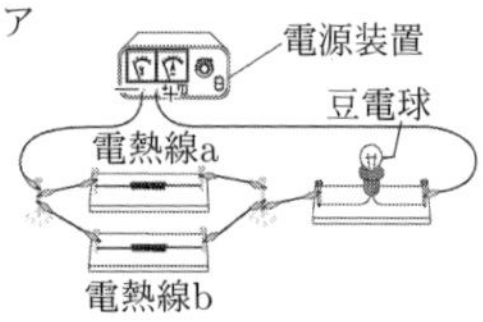

イ

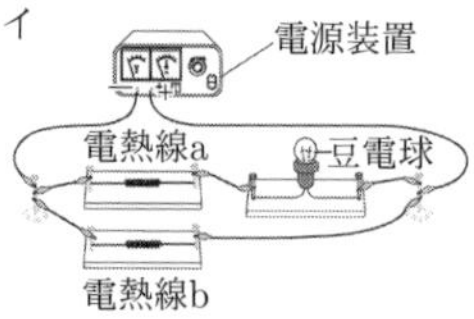

ウ

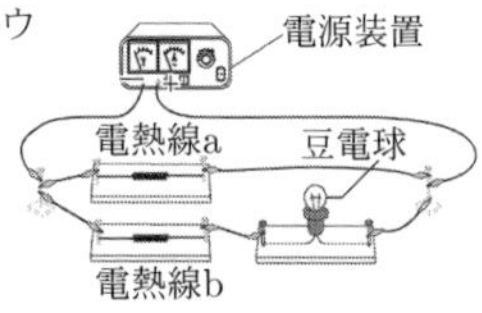

エ

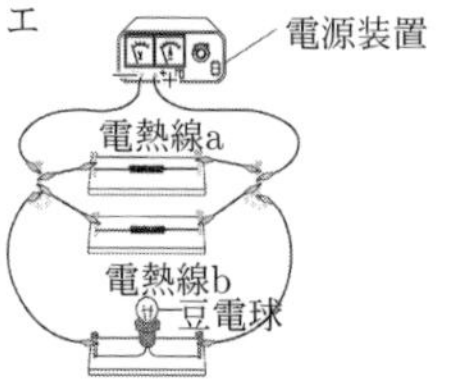

問3．実験3について，次の文の[①]に当てはまる数値を書きなさい。また，[②]に当てはまる語句を書きなさい。

図4のグラフで，とりかえる抵抗器の抵抗を大きくしていくと，電流計を流れる電流の大きさが一定になった理由は，電熱線aを流れる電流は[①]Aであるのに対して，[②]からと考えられる。

＜北海道＞

12

次の実験について，(1)～(5)の問いに答えなさい。ただし，導線，電池，電流計，端子の抵抗は無視できるものとする。また，電池は常に同じ電圧であるものとする。

実験.

抵抗器と電流計を用いて，回路を流れる電流について調べる実験を行った。

グラフは，実験で用いた抵抗器aと抵抗器bそれぞれについて，抵抗器に加わる電圧と抵抗器を流れる電流の関係を表している。

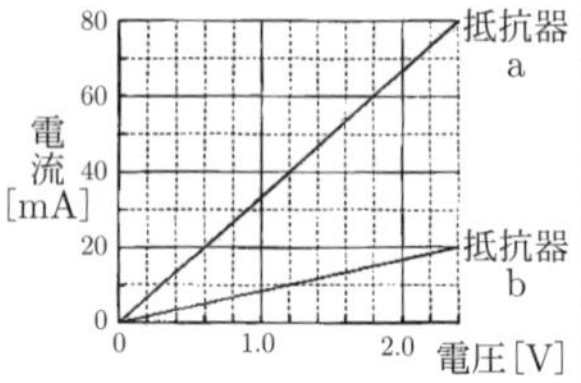

Ⅰ．図1のように電池，抵抗器a，電流計X，電流計Y，2つの端子を用いて回路をつくり，電流を流した。

Ⅱ．図1の回路の2つの端子に抵抗器bをつないで，図2のような回路をつくり電流を流し，電流計X，電流計Yの値を読みとった。電流計Xの値は40 mA，電流計Yの値は50 mAであった。

図1

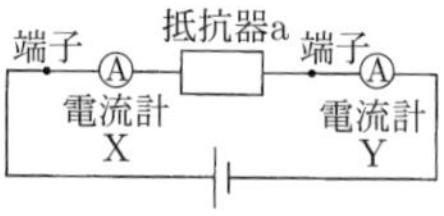

図2

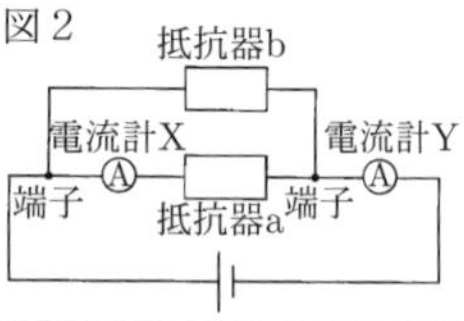

(1) 次の文は，グラフからわかることについて述べたものである。下の①，②の問いに答えなさい。

抵抗器aと抵抗器bのどちらについても，抵抗器に流れる電流の大きさは[P]しており，オームの法則が成り立つことがわかる。また，2つの抵抗器に同じ電圧を加えたとき，抵抗器aに流れる電流の大きさは，抵抗器bに流れる電流の大きさより[Q]ことから，抵抗器aの抵抗の大きさは，抵抗器bの抵抗の大きさより[R]ことがわかる。

① Pにあてはまることばを書きなさい。

② Q，Rにあてはまることばの組み合わせとして正しいものを，右のア～エの中から1つ選びなさい。

	Q	R
ア	大きい	大きい
イ	大きい	小さい
ウ	小さい	大きい
エ	小さい	小さい

(2) Ⅰについて，電流計X，電流計Yの値をそれぞれI_1，I_2とすると，これらの関係はどのようになるか。次のア～ウの中から1つ選びなさい。

ア．$I_1 > I_2$
イ．$I_1 < I_2$
ウ．$I_1 = I_2$

(3) 次の文は，実験からわかったことについて述べたものである。S，Tにあてはまることばの組み合わせとして最も適当なものを，あとのア～カの中から1つ選びなさい。

図1と図2で電流計Xの値を比べると，図2の電流計Xの値は，[　S　]。また，図2の回路全体の抵抗の大きさは，抵抗器aの抵抗の大きさより[　T　]。

	S	T
ア	図1の電流計Xの値より大きい	大きい
イ	図1の電流計Xの値より小さい	大きい
ウ	図1の電流計Xの値と等しい	大きい
エ	図1の電流計Xの値より大きい	小さい
オ	図1の電流計Xの値より小さい	小さい
カ	図1の電流計Xの値と等しい	小さい

(4)　Ⅱについて，抵抗器bに流れる電流は何mAか。求めなさい。

(5)　図2の回路全体の抵抗の大きさは何Ωか。求めなさい。

＜福島県＞

13

電流による発熱について調べるために，発泡ポリスチレンの容器に入れた室温と同じ温度の水50 gと，抵抗の大きさがわからない電熱線を使って図のような回路をつくり，次の実験を行った。(1)，(2)の問いに答えなさい。

〔実験〕

① 電熱線1個を回路につなぎ，図に示すように水の中に入れ，電圧計の示す値が6 Vとなるように電源装置を調整し，ガラス棒で静かにかき混ぜながら電流を5分間流したところ，水の温度上昇は電流を流した時間に比例していた。

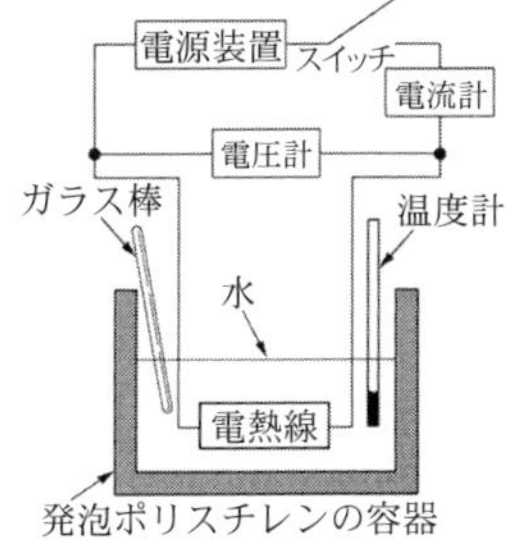

② ①と同じ電熱線2個を並列にして回路につなぎ，①と同様に水の中に入れ，電圧計の示す値が6 Vとなるように5分間電流を流したところ，水の温度上昇は電流を流した時間に比例していた。

③ ①と同じ電熱線2個を直列にして回路につなぎ，①と同様に水の中に入れ，電圧計の示す値が6 Vとなるように5分間電流を流したところ，水の温度上昇は電流を流した時間に比例していた。

(1)　〔実験〕の①において，電熱線から発生した熱量が2160 Jであるとき，回路に流れた電流の大きさを求め，単位をつけて答えなさい。ただし，単位は記号で書きなさい。

(2)　表は〔実験〕の③における，回路全体に流れる電流の大きさと，水の温度が5℃上昇するまでの時間について，②の結果との比較をまとめたものである。ⓐ，ⓑに当てはまる最も適当なものを，次のア～オから一つずつ選び，その記号をそれぞれ書きなさい。ただし，〔実験〕の②および③において，電流が一定時間流れたときの水の温度上昇は，電熱線の電力に比例しているものとする。

〔実験〕の③における，②の結果との比較	
回路全体に流れる電流の大きさ	ⓐ
水の温度が5℃上昇するまでの時間	ⓑ

ア．0.25倍になる　　イ．0.5倍になる
ウ．変わらない　　エ．2倍になる
オ．4倍になる

＜山梨県＞

14

電熱線に電流を流したときの水の温度変化を調べるために，A～Cの3つの班に分かれ，異なる種類の電熱線を用いて図1の装置をつくり，実験を行った。

図1

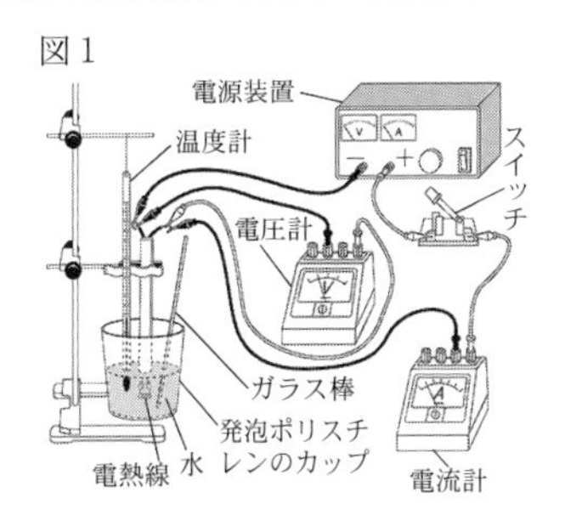

実験では，発泡ポリスチレンのカップに水100 gを入れ，しばらくしてから水温をはかった。次に，カップの中の水に電熱線を入れ，電圧計の値が6.0 Vになるように電圧を調整して，回路に電流を流した。その後，水をガラス棒でゆっくりかき混ぜながら1分ごとに5分間，水温をはかった。

表1は，電圧が6 Vのときに消費する，各班が用いた電熱線の電力を示したものであり，表2は，実験結果を示したものである。

表1

	電力[W]
A班	6
B班	9
C班	3

表2

電流を流した時間[分]		0	1	2	3	4	5
水温[℃]	A班	16.0	16.8	17.6	18.4	19.2	20.0
	B班	16.1	17.3	18.5	19.7	20.9	22.1
	C班	16.0	16.4	16.8	17.2	17.6	18.0

問1．下線部について，発泡ポリスチレンのカップが，この実験に用いる器具として適している理由を，「熱量」という語句を用いて，簡潔に書け。

問2．図1の装置に用いられている回路の回路図を，電気用図記号を使って表せ。ただし，図1に示されている電気器具を全て使用すること。

問3．表2のA班の結果をもとに，「電流を流した時間」と「水の上昇温度」の関係を，図2にグラフで表せ。なお，グラフには水の上昇温度の値を•で示すこと。

図2

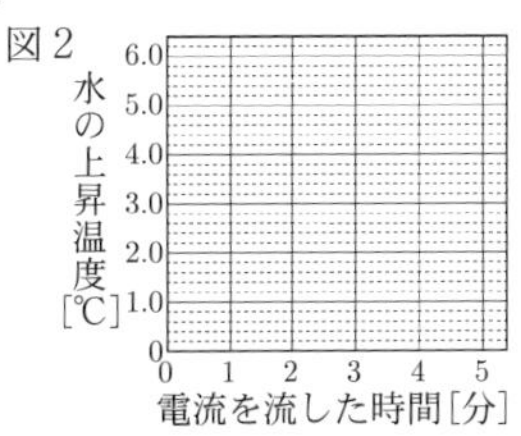

問4．下の[　　]内は，この実験について考察した内容の一部である。文中の(ア)に，A～Cのうち，適切な記号を書け。また，(イ)に，適切な語句を入れよ。

電力と5分後の水の上昇温度の関係をグラフで表すと，図3のようになった。表1から，最も電気抵抗が小さいのは，(ア)班の電熱線であることがわかるので，図3から，電気抵抗の小さい電熱線の方が，発熱量が(イ)と考えられる。

図3（縦軸：5分後の水の上昇温度[℃]　0～6.0，横軸：電力[W]　0～9）

＜福岡県＞

15 電熱線の発熱と電力について調べるため，電熱線a（抵抗3.0Ω），電熱線b（抵抗4.0Ω），電熱線c（抵抗8.0Ω）を使って実験を行った。あとの問いに答えなさい。ただし，電熱線から発生した熱はすべて水の温度上昇に使われたものとする。

＜実験＞

㋐ 発泡ポリスチレンのカップに一定量の水を入れて室温と同じ温度になるまで放置し，そのときの水温を測定した。

㋑ 電熱線aを使って次の図1のような回路をつくった。

㋒ 電熱線aに6.0Vの電圧を加え，回路に流れる電流の大きさを測定した。

㋓ ときどき水をかき混ぜながら，水温を1分ごとに5分間測定した。

㋔ 電熱線aを電熱線bや電熱線cにかえて，㋒，㋓と同様の操作を行った。

㋕ 電流を流す時間と水の上昇温度との関係を，図2のようにグラフにまとめた。

図1

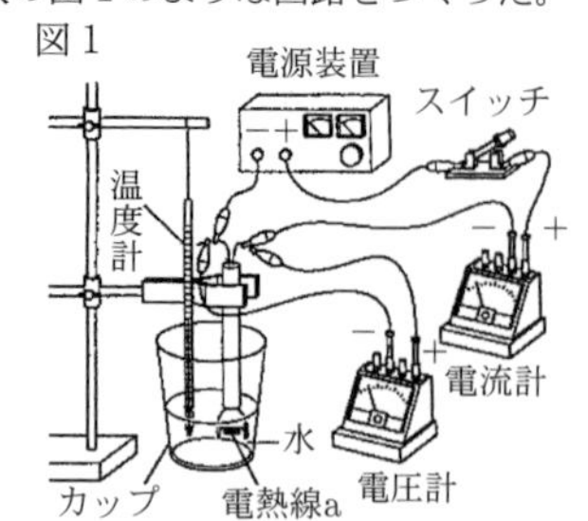

図2

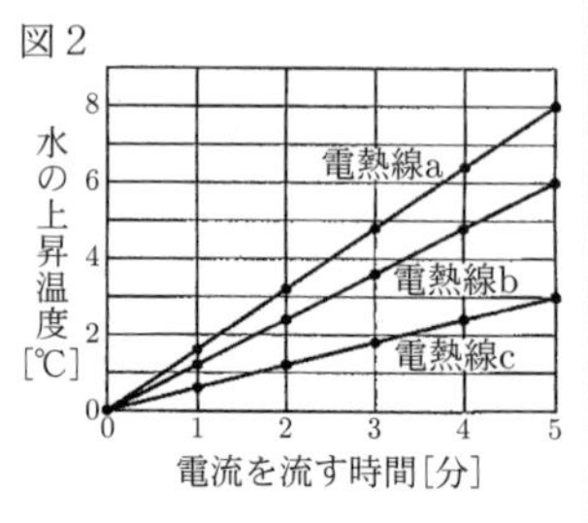

(1) ㋒において，電熱線aに流れる電流の大きさは何Aか，求めなさい。

(2) 次の文は，電熱線に一定の電圧を加えたときの水の上昇温度について，図2からわかることをまとめたものである。文中の空欄（ X ），（ Y ）に適切なことばを書きなさい。

・水の上昇温度は，電流を流す時間に（ X ）する。
・水の温度を同じだけ上昇させるとき，電流を流す時間は，抵抗の小さい電熱線の方が（ Y ）なる。

(3) 図2から，電熱線の電力の大きさと5分後の水の上昇温度との関係を下のグラフにかきなさい。

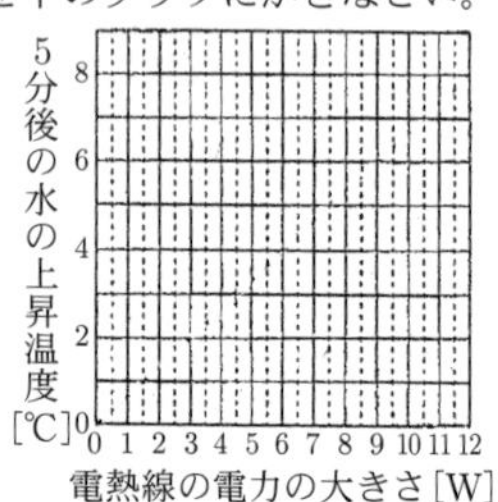

(4) 実験の一部をかえて，5分後の水の上昇温度を2.0℃にするための方法を説明した次の2つの文の空欄（ P ）～（ S ）に適切な数値や記号を書きなさい。ただし，空欄（ Q ），（ R ）にはa～c，空欄（ S ）には図3のア，イのいずれかが入る。

図3

ア　イ

方法1：電熱線aを使って，加える電圧を（ P ）Vにする。

方法2：電熱線（ Q ）と電熱線（ R ）を（ S ）のようにつなぎ，電熱線全体に6.0Vの電圧を加える。

＜富山県＞

16 次の文は，勇人（ゆうと）さんが自宅で停電があったことを，佳菜（かな）さんに話しているときの会話である。次の会話文を読んで，後の1～3の問いに答えなさい。

勇人：昨日，急に停電してびっくりしたんだ。確認してみたら，家族でいろいろな電気器具を同時に使っていたので，ブレーカーがはたらいて停電したみたいだよ。

佳菜：それはびっくりしたね。一定以上の大きさの電流が流れると，ブレーカーがはたらいて自動的に電流が流れるのを止めるようにしているというのを調べたことがあるよ。

勇人：そういえば，テーブルタップにも同じような安全のための機能がついているものがあって，発熱して火災になるのを防いでいると聞いたことがあるよ。

佳菜：調べてみるとおもしろそうだね。一緒に調べてみよう。

1．勇人さんたちは，熱と電気エネルギーの関係を調べるために，図1のように電熱線を水の中に入れて電流を流す実験を行った。このとき，電熱線に4Vの電圧を加えて，1.5Aの電流が5分間流れたとすると，発生した熱量は何Jになるか，求めなさい。

図1

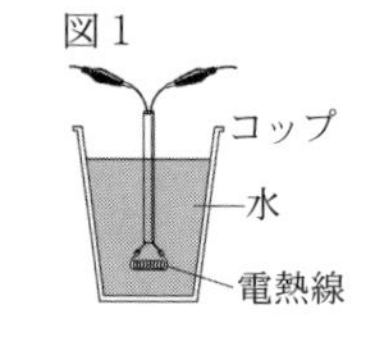

2．勇人さんたちは，複数の抵抗器を同時に使用した際の電流の大きさについて調べるために，図2のような回路をつくり，スイッチを切り替えて電流を測定し，結果を次の表1にまとめた。このとき，抵抗器aの電気抵抗は50Ωであることがわかっている。後の(1)～(3)の問いに答えなさい。ただし，抵抗器以外の電気抵抗は考えないものとし，電源の電圧は一定であるものとする。

図2

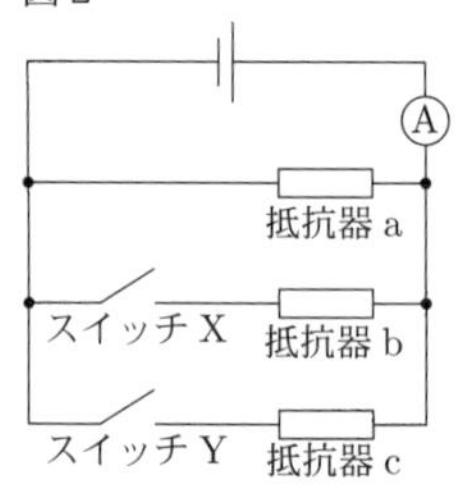

表1

スイッチX	切る	入れる	切る	入れる
スイッチY	切る	切る	入れる	入れる
電流計の値	120mA	360mA	200mA	□mA

(1) スイッチXとYを両方とも切っているとき，抵抗器aに加わる電圧は何Vか，答えなさい。

(2) 表1の□に入る数値として最も適切なものを，次のア～エから1つ選び，記号で答えなさい。

ア．320　イ．440
ウ．560　エ．680

(3) 抵抗器bの電気抵抗の値は，抵抗器cの電気抵抗の値と比べて何倍か。答えとして最も適切なものを，次のア～オから1つ選び，記号で答えなさい。

ア．$\frac{1}{3}$倍　イ．$\frac{1}{2}$倍
ウ．1倍　エ．2倍
オ．3倍

3．勇人さんは，家の電気器具を100 Vで使用したときの消費電力を調べ，表2にまとめた。また，図3のように，15 A以上の電流が流れると自動で電流が流れるのを止めるテーブルタップをコンセントにつないだ。このテーブルタップに表2の電気器具をつなぐときの説明として，適切なものはどれか。下のア～エから1つ選び，記号で答えなさい。ただし，テーブルタップの差し込み口は3か所あり，コンセントの電圧は100 Vであるものとする。また，表2の電気器具は，それぞれ1つずつしかないものとする。

表2

電気器具	消費電力[W]
ヘアドライヤー	1200
テレビ	350
そうじ機	850
扇風機	30

図3

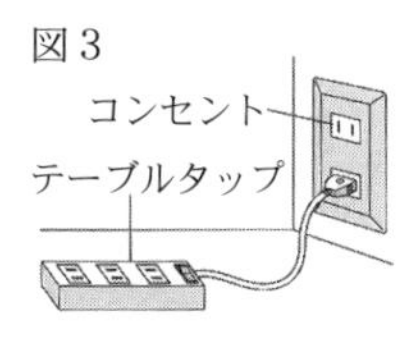

ア．そうじ機は，他の電気器具と同時に使用することはできない。
イ．テレビをつないだとき，あと1つの電気器具をつないで同時に使用できる組み合わせは3通りである。
ウ．2つ以上の電気器具をつなぐとき，同時に使用できる組み合わせは5通りである。
エ．3つの電気器具をつなぐとき，同時に使用できる組み合わせは3通りである。

〈宮崎県〉

17 次の1，2の問いに答えなさい。

1．電圧と電流の関係を調べるために，次の実験を行った。(1)～(3)の問いに答えなさい。

〔実験〕

① 3.8 Vの電圧を加えると，500 mAの電流が流れる2つの豆電球X_1，X_2と，3.8 Vの電圧を加えると，760 mAの電流が流れる豆電球Yを用意した。

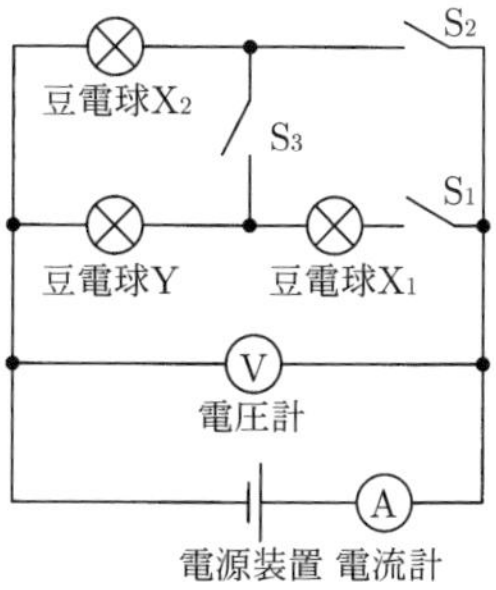

② 豆電球X_1，豆電球X_2，豆電球Y，電源装置，スイッチS_1～S_3，電圧計，電流計を使い，図のような回路をつくった。

③ S_1を入れ，S_2とS_3を切って回路をつくり，電流を流し，電圧計の示す値が5.7 Vとなるように電源装置を調整したところ，豆電球X_1と豆電球Yが点灯した。

④ S_2とS_3を入れ，S_1を切って回路をつくり，電流を流し，電圧計の示す値が5.7 Vとなるように電源装置を調整したところ，豆電球X_2と豆電球Yが点灯した。

豆電球X_2　S_2　S_3　S_1　豆電球Y　豆電球X_1　電圧計　電源装置　電流計

(1) 〔実験〕の③について，回路全体の抵抗は何Ωになると考えられるか，求めなさい。

(2) 〔実験〕の④について，電流計の示す値は何Aか，求めなさい。

(3) 〔実験〕で，最も明るく点灯した豆電球はどれか，次のア～エから一つ選び，その記号を書きなさい。

ア．〔実験〕③の豆電球X_1
イ．〔実験〕③の豆電球Y
ウ．〔実験〕④の豆電球X_2
エ．〔実験〕④の豆電球Y

2．次の［　　］は，えりさんが白熱電球とLED電球の違いを調べてまとめた文章である。(1)，(2)の問いに答えなさい。

> 白熱電球では，電気エネルギーの一部が［①］エネルギーになり，残りのほとんどが［②］エネルギーになる。LED電球では，明るさが同じくらいの白熱電球より［②］エネルギーに変換される量が少なく，消費電力が小さい。

(1) ［①］，［②］に当てはまる語句を書きなさい。

(2) えりさんの家庭では，消費電力が60 Wの白熱電球4個と40 Wの白熱電球8個が使われている。60 Wの白熱電球4個を10.6 WのLED電球4個に，40 Wの白熱電球8個を8.0 WのLED電球8個にそれぞれ取り替えた。このとき，LED電球の消費電力の合計は，白熱電球の消費電力の合計の何%になるか，求めなさい。ただし，LED電球は，白熱電球と同じ条件で使用し，表示どおりの電力が消費されるものとする。

〈山梨県〉

18 Hさんは，電熱線の両端に電圧を加えたときの温度の変化を調べる実験を行い，レポートにまとめました。問1～問5に答えなさい。

レポート

課題

電熱線の両端に電圧を加えたときの，回路に流れる電流の大きさと電熱線の温度上昇にはどのような関係があるのだろうか。

【実験】

(1) 抵抗の大きさが5Ω，7.5Ω，10Ωの電熱線を用意した。

(2) 図1のように抵抗の大きさが5Ωの電熱線を用いた回路をつくった。電熱線の表面温度を測定したあと，スイッチを入れて回路の電熱線に加わる電圧が3.0 Vになるように電圧を調整し，電流の大きさを測定した。

図1

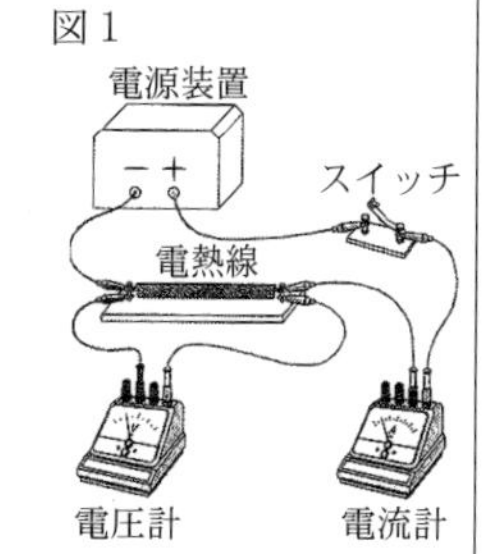

(3) 電流を流してから1分後に電源装置の電源を切り，同時に電熱線の表面温度を測定した。

(4) 回路に用いる電熱線を7.5Ωと10Ωのものにとりかえ，それぞれ(2)，(3)と同じ操作を行った。

問1．図1について，この回路の回路図を完成させなさい。ただし，図2のように回路図の一部を示しているので，これに続けて，図3に示した電気用図記号を用いてかきなさい。なお，必要に応じて定規を用いてもかまいません。

図2

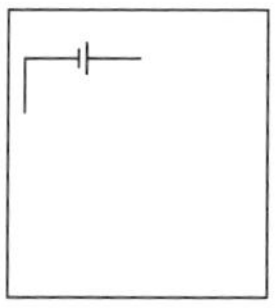

図3

電熱線　スイッチ　電流計　電圧計

レポートの続き

【結果】

電圧…3.0 V　電流を流す前の電熱線の表面温度…30.0℃

	5Ωの電熱線	7.5Ωの電熱線	10Ωの電熱線
電流[A]	0.6	0.4	0.3
電流を流してから1分後の電熱線の表面温度[℃]	42.2	34.9	32.3
上昇した温度[℃]	12.2	4.9	2.3

【考察】

○　電熱線の両端に加わる電圧が一定である場合，電流の大きさは電熱線の抵抗の大きさに［ I ］していた。

○　電熱線の両端に加わる電圧が一定で電流の流れた時間が等しい場合，電熱線の消費する電力が大きいほど発生する熱量が大きくなったことから，抵抗の大きさが［ II ］ほど電熱線の消費する電力が大きくなり，温度上昇が大きくなる。

【新たな疑問】

実験中，電熱線に手をかざすとあたたかく感じた。これは，電熱線の表面から熱が空気中ににげているからではないだろうか。

【新たな実験】

図４のような電気ケトルを使って水を加熱し，消費した電力量と水の温度上昇に使われた熱量を比較して，水からにげた熱量を考える。

図４

問２．【結果】について，7.5Ωの電熱線が消費する電力の大きさは何Wか，求めなさい。

問３．【考察】の［ I ］，［ II ］にあてはまる語の組み合わせとして正しいものを，次のア～エの中から一つ選び，その記号を書きなさい。

ア．I…比例　II…小さい
イ．I…反比例　II…小さい
ウ．I…比例　II…大きい
エ．I…反比例　II…大きい

問４．【新たな実験】について，消費電力が910 Wの電気ケトルを使って，水温20℃の水150 cm³を100℃まで温度上昇させると90秒かかりました。発生した熱量のうち，水からにげた熱量は，150 cm³の水を何℃上昇させる熱量にあたるか，求めなさい。ただし，水1 gの温度を1℃上昇させるのに必要な熱量は4.2 J，水の密度は1 g/cm³とし，電気ケトルから発生した熱はすべて水に伝わったものとします。

Hさんは，電気器具を図５のような電源タップに接続して使用しているとき，電源タップのコードの温度が上昇することから，電流を流すためのコード自体にも抵抗があることに気づきました。そこで，電源タップについて調べたところ，使用上の注意点をみつけました。

図５

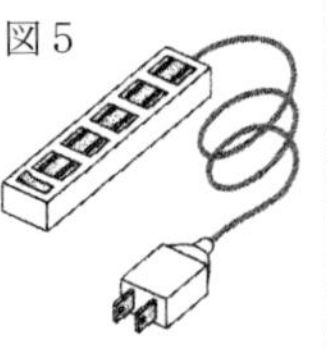

使用上の注意点

電源タップに接続した電気器具の消費電力の合計が大きくなると，電源タップのコードの温度が高くなります。電源タップに表示された電力に対し，余裕をもって使用しましょう。

問５．Hさんは［使用上の注意点］について調べてわかったことを，次のようにまとめました。下の(1)，(2)に答えなさい。

○　電源タップは並列回路になっていて，接続した電気器具に加わる電圧は［ a ］。
○　消費電力が400 Wのこたつと1300 Wの電気ストーブを１つの電源タップに接続して同時に使用すると，全体の消費電力は［ b ］Wとなる。そのため，消費電力が1500 Wまで使用できる電源タップの場合，［ c ］。
○　電源タップに表示された電力以上の電気器具を電源タップに接続して使用すると，電源タップに［ X ］ので，特に電源タップのコードをたばねているときは，発火する危険性が高くなる。

(1)　［ a ］～［ c ］にあてはまることばや数値の組み合わせとして正しいものを，次のア～エの中から一つ選び，その記号を書きなさい。

ア．a…すべて等しい
　　b…1700
　　c…安全には使用できない
イ．a…すべて等しい
　　b…850
　　c…安全に使用できる
ウ．a…すべての電圧の和になる
　　b…1700
　　c…安全には使用できない
エ．a…すべての電圧の和になる
　　b…850
　　c…安全に使用できる

(2)　［ X ］にあてはまることばを，電流，発生する熱量という語句を使って書きなさい。

＜埼玉県＞

19　ある学級の理科の授業で，直樹さんたちは，電流による発熱量が何によって決まるかを調べるために，電熱線に電流を流して水の上昇温度を測定する実験をして，レポートにまとめました。次に示したものは，直樹さんのレポートの一部です。あとの１～５に答えなさい。

〔装置〕

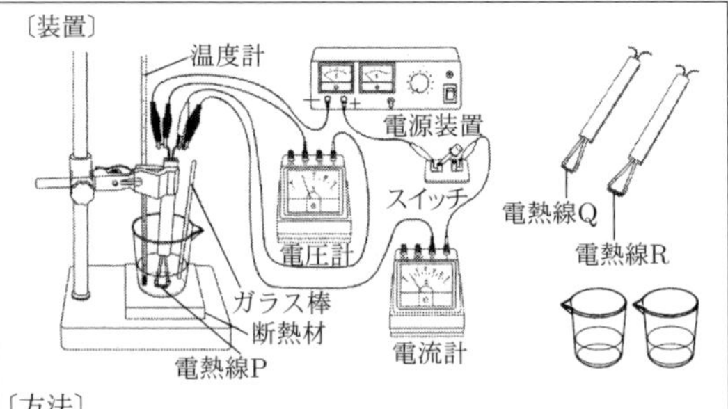

〔方法〕

I．プラスチック製の容器に水100 gを入れ，室温と同じくらいの温度になるまで放置しておき，そのときの水温を測定する。
II．抵抗値が2Ωの電熱線Pを使って，上の図のような装置を作る。
III．電熱線Pに6.0 Vの電圧を加えて電流を流し，その大きさを測定する。
IV．①水をときどきかき混ぜながら，1分ごとに水温を測定する。
V．抵抗値が4Ωの電熱線Qと，抵抗値が6Ωの電熱線Rについても，I～IVを同じように行う。

〔結果〕

○　電流の大きさ

	電熱線P	電熱線Q	電熱線R
電流〔A〕	3.02	1.54	1.03

○　電流を流す時間と水の上昇温度

	時間〔分〕	0	1	2	3	4	5
電熱線P	水温〔℃〕	25.6	27.7	29.7	31.9	34.1	36.1
	上昇温度〔℃〕	0	2.1	4.1	6.3	8.5	10.5
電熱線Q	水温〔℃〕	25.6	26.7	27.8	28.8	29.8	30.9
	上昇温度〔℃〕	0	1.1	2.2	3.2	4.2	5.3
電熱線R	水温〔℃〕	25.6	26.3	27.1	27.8	28.5	29.1
	上昇温度〔℃〕	0	0.7	1.5	2.2	2.9	3.5

1．下線部①について，水をときどきかき混ぜないと水温を正確に測定できません。それはなぜですか。その理由を簡潔に書きなさい。

2．〔結果〕から，電熱線Pについて，電流を流す時間と水の上昇温度との関係を表すグラフを右にかきなさい。

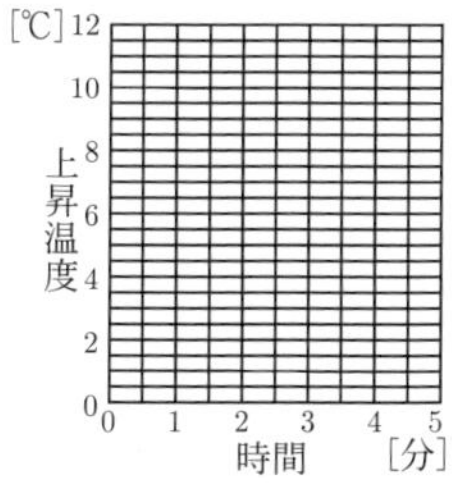

3．電熱線P，電熱線Q，電熱線Rについて，それぞれ6.0 Vの電圧を加えて，同じ時間だけ電流を流したとき，電熱線が消費する電力と電流による発熱量との間にはどのような関係がありますか。〔結果〕を基に，簡潔に書きなさい。

4．直樹さんたちは，実験を振り返りながら話し合っています。次に示したものは，このときの会話です。あとの(1)・(2)に答えなさい。

直樹：電熱線の抵抗値が大きいほど発熱量が大きくなると思っていたけど逆だったんだね。
春奈：どうしてそう思っていたの？
直樹：②家にある電気ストーブだよ。右の図1のように，2本の電熱線があるんだけど，電熱線は抵抗器だから，1本よりも2本で使用したときの方が抵抗値は大きくなり，発熱量も大きくなってあたたかくなると思ったんだよ。

図1

春奈：なるほどね。それはきっと，2本の電熱線のつなぎ方が関係していると思うわ。つなぎ方が直列と並列とでは，同じ電圧を加えても回路全体に流れる電流の大きさや回路全体の抵抗の大きさが違うのよ。
直樹：どういうこと？
春奈：例えば，下の図2，図3のように，2Ωの抵抗器を2個，直列につなぐ場合と並列につなぐ場合を考えるよ。どちらの回路も加える電圧を8Vとして，それぞれの回路全体に流れる電流の大きさと回路全体の抵抗の大きさを求めて比較すると分かるよ。

図2

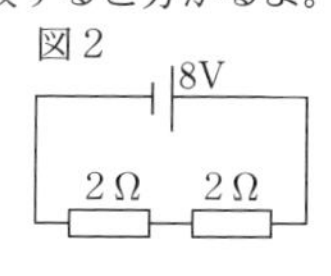

図3

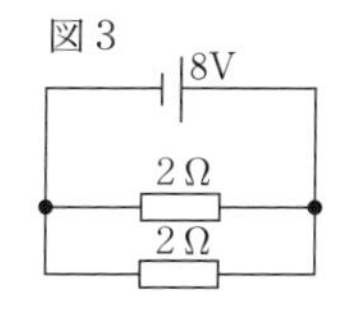

直樹：図2の回路では，回路全体に流れる電流の大きさは[a]Aで，回路全体の抵抗の大きさは[b]Ωになるね。それから，図3の回路では，回路全体に流れる電流の大きさは[c]Aで，回路全体の抵抗の大きさは[d]Ωになるね。確かに違うね。
春奈：そうよ。加える電圧は同じでも，抵抗器を直列につなぐより並列につないだ方が，回路全体の抵抗は小さくなり，回路全体に流れる電流は大きくなるから，全体の発熱量も大きくなり，あたたかくなるということよ。
直樹：そうだったんだね。

(1)　下線部②について，直樹さんの自宅の電気ストーブは，100 Vの電圧で2本の電熱線を使用したときの消費電力が800 Wになります。この電気ストーブを800 Wで30時間使ったときの電力量は何kWhですか。

(2)　会話文中の[a]～[d]に当てはまる値をそれぞれ書きなさい。

5．その後，直樹さんたちは，次の【回路の条件】を基に，家にある電気ストーブのように，電流を流す電熱線を0本，1本，2本と変えられる回路を考え，次の図に示しました。この図の中に示されているe～hの4つの[ ]に，電熱線Y，2個のスイッチの電気用図記号及び導線を示す実線——のいずれかをかき入れ，回路の図を完成しなさい。ただし，それぞれの[ ]には，1つだけの電気用図記号または実線をかくことができるものとします。

【回路の条件】

・電源と，電熱線を2本，スイッチを2個使用し，それぞれを導線でつなぐものとする。
・2本の電熱線をそれぞれ電熱線Xと電熱線Yとする。
・2個のスイッチは，別々に操作でき，それぞれ「入れる」「切る」のいずれかに切り替えることができる。
・回路は，スイッチの操作により，「電熱線Xにのみ電流が流れる」「電熱線Xと電熱線Yの2本ともに電流が流れる」「電熱線Xと電熱線Yの2本ともに電流が流れない」の3つの状態のいずれかになり，「電熱線Yにのみ電流が流れる」という状態にはならないものとする。
・電熱線Yとスイッチの電気用図記号は，次のとおりとする。なお，導線は実線——で示すものとする。

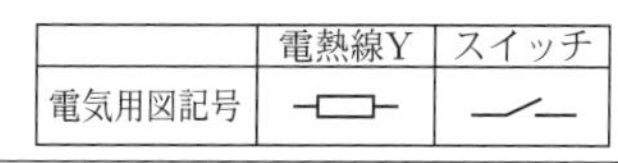

	電熱線Y	スイッチ
電気用図記号		

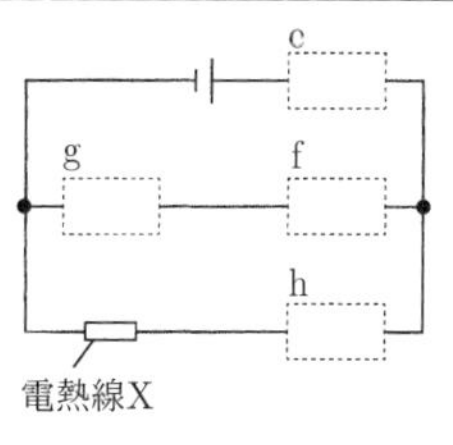

＜広島県＞

静電気と電流

1 ティッシュペーパーでプラスチックのストローをこすると，こすったティッシュペーパーとこすられたストローのそれぞれに静電気が生じた。この電気の力が利用されている装置として最も適切なものを，次のア～エの中から１つ選んで，その記号を書きなさい。

ア．手回し発電機　　イ．電子レンジ
ウ．コピー機　　エ．スピーカー

<茨城県>

2 図１のように，同じ材質のプラスチックでできているストローAとストローBを一緒にティッシュペーパーでこすった。その後，図２のように，ストローAを洗たくばさみでつるした。

図１

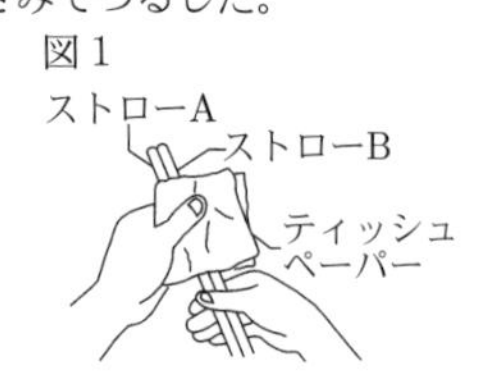

図２

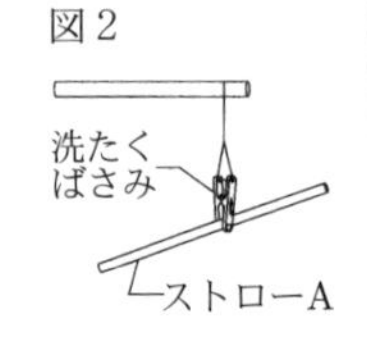

図２のストローAに，ストローBと，こすったティッシュペーパーをそれぞれ近づけると，電気の力がはたらいて，ストローAが動いた。図２のストローAが動いたときの，ストローAに近づけたものとストローAとの間にはたらいた力の組み合わせとして最も適切なものを，右上のア～エの中から１つ選び，記号で答えなさい。

	ストローAに近づけたもの	
	ストローB	ティッシュペーパー
ア	退け合う力	引き合う力
イ	退け合う力	退け合う力
ウ	引き合う力	引き合う力
エ	引き合う力	退け合う力

<静岡県>

3 図１のように，蛍光板を入れた真空放電管の電極A，B間に高い電圧を加えると，蛍光板上に光る線が現れた。さらに，図２のように，電極C，D間にも電圧を加えると，光る線は電極D側に曲がった。

図１

図２

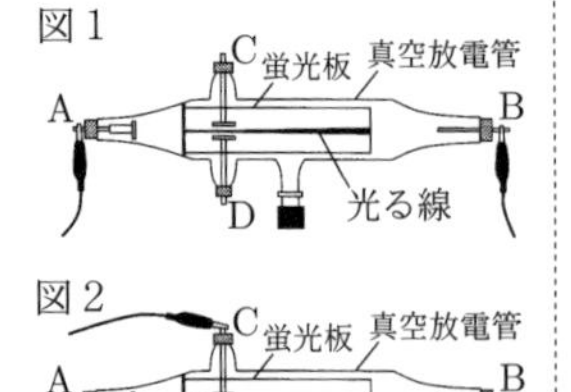

(1) 図１の蛍光板上に現れた光る線は，何という粒子の流れによるものか。その粒子の名称を書け。

(2) 図２の電極A，Cは，それぞれ＋極(プラス)，－極(マイナス)のいずれになっているか。＋，－の記号で書け。

<愛媛県>

4 図１のように，クルックス管の電極AB間に高い電圧を加えたところ，電極Aから出た電子の流れが観察された。次に，AB間に電圧をかけたまま，電極CD間に電圧をかけたところ，<u>図２のように電子の流れが曲がった</u>。次のア，イに答えなさい。

図１

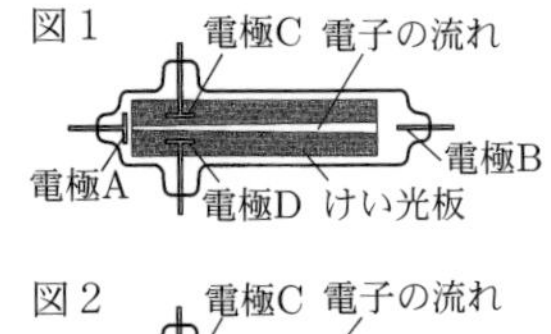

図２

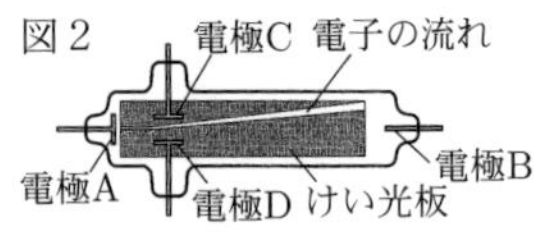

ア．図１において，クルックス管内で観察された現象を何というか，書きなさい。

イ．下の文は，下線部の理由について述べたものである。文中の［ ① ］～［ ③ ］に入る適切な＋，－の符号を書きなさい。

> 電子の流れが曲がったのは，［ ① ］極である電極Aから出た電子が［ ② ］の電気をもった粒子であるため，［ ③ ］極である電極Cの方に引きつけられたから。

<青森県>

5 次の［　　］は，真空放電管(クルックス管)で起こる放電についてまとめたものである。文中の(あ)，(い)にあてはまるものの組み合わせとして最も適するものをあとの１～４の中から一つ選び，その番号を答えなさい。

> 誘導コイルを使って真空放電管に高い電圧を加えたところ，図のように蛍光板上に光るすじが見えた。このとき，蛍光板を光らせる粒子は，真空放電管の内部で(あ)に向かって流れている。次に，光るすじが見えている状態のまま，別の電源を用意し，電極板Xをその電源の＋極に，電極板Yをその電源の－極にそれぞれつないで電圧を加えたところ，光るすじは(い)の側に曲がった。

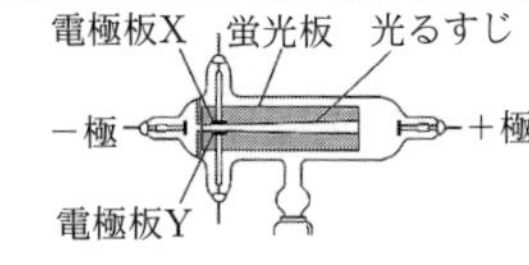

1．あ：＋極から－極　　い：電極板X
2．あ：＋極から－極　　い：電極板Y
3．あ：－極から＋極　　い：電極板X
4．あ：－極から＋極　　い：電極板Y

<神奈川県>

6 KさんとLさんは，教科書で紹介されている陰極線に関する２つの実験を，それぞれまとめ，発表した。次は，KさんとLさんが発表で使用したスライドである。あとの(1)～(3)に答えなさい。

[Kさんのスライド]

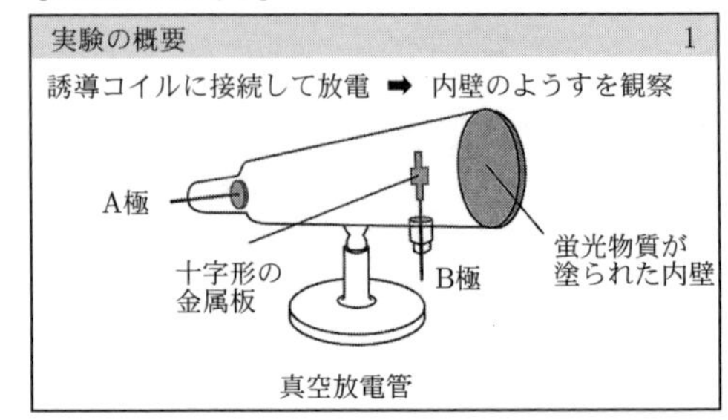

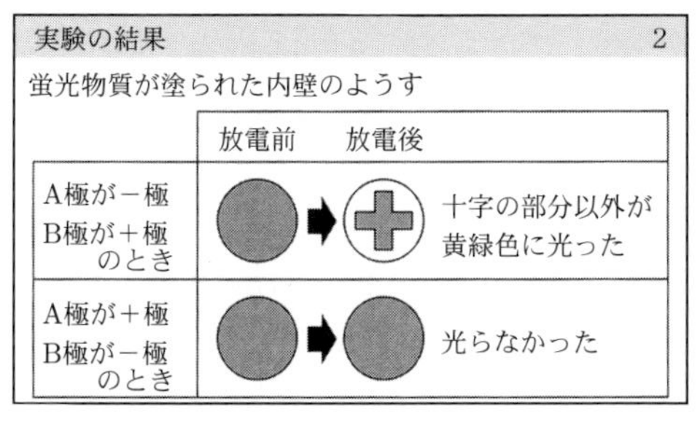

実験の結果　2

蛍光物質が塗られた内壁のようす

	放電前　放電後	
A極が－極 B極が＋極 のとき		十字の部分以外が黄緑色に光った
A極が＋極 B極が－極 のとき		光らなかった

［Lさんのスライド］

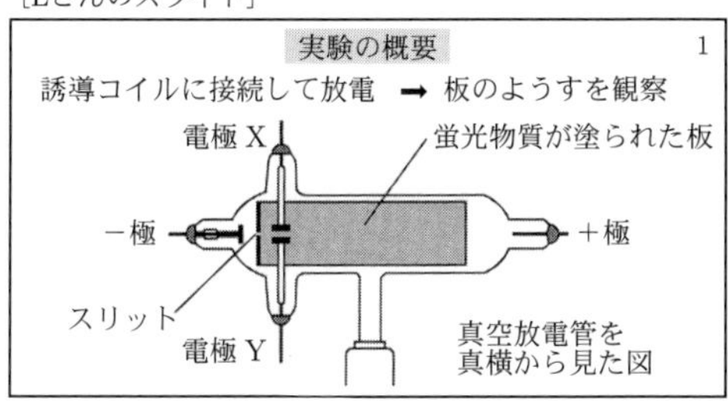

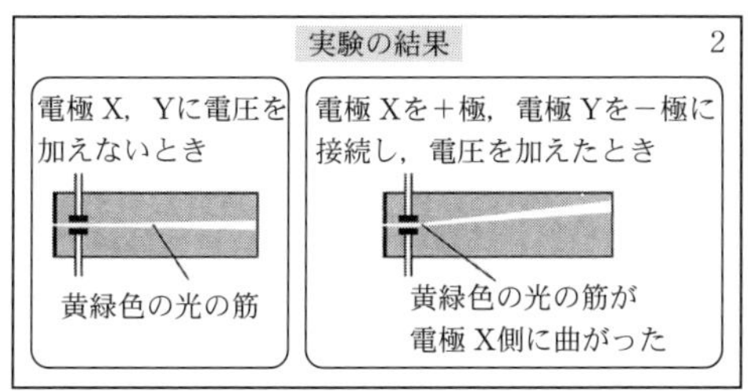

(1)　実験で用いられる誘導コイルは，電磁誘導を利用した装置である。電磁誘導とはどのような現象か。「電圧」という語を用いて述べなさい。

(2)　２人の発表を聞いたT先生は，陰極線の性質について，次の説明をした。下のア，イに答えなさい。

> ２人がまとめたどちらの実験からも，陰極線が直進することや，蛍光物質を光らせることがわかりますね。
> 他にも，Kさんがまとめた実験において，A極が－極，B極が＋極のときのみ内壁が光ったことから，陰極線が［　あ　］という性質をもつことや，金属板にさえぎられることがわかります。また，Lさんがまとめた実験からは，電極Xと電極Yの間に電圧を加えたときに黄緑色の光の筋が曲がったことから，陰極線が－の電気をもつこともわかりますね。

ア．［　あ　］に入る適切な語句を書きなさい。

イ．下線部について，黄緑色の光の筋が曲がったしくみと同じしくみによって起こる現象として最も適切なものを，次の１～４から選び，記号で答えなさい。

　１．息をふき入れた風船がふくらんだ。
　２．プラスチック板を布でこすると紙がくっついた。
　３．磁石を近づけると方位磁針の針が動いた。
　４．虫めがねのレンズに入った光が曲がった。

(3)　現在では，陰極線は小さな粒子の流れであることがわかっている。この小さな粒子は何か。書きなさい。

<山口県>

7

静電気の性質について調べるため，次の〔実験〕を行った。

〔実験〕　①　図１のように，ポリエチレンのストローA，まち針，木片，紙コップを用いて，ストローAがまち針を軸として自由に回転できる装置をつくった。

②　ストローAをティッシュペーパーでよくこすった。

③　ポリエチレンのストローBをティッシュペーパーでよくこすり，図１のようにストローAの点Xに近づけて，ストローAの動きを観察した。

④　次に，アルミ箔（はく）を丸めて棒状にした物体C，Dをつくった。

⑤　ストローAのかわりに，物体Cを用いて図１の装置をつくった。

⑥　ストローBのかわりに物体Dを，物体Cの点Yに近づけて，物体Cの動きを観察した。

⑦　ストローBをティッシュペーパーでよくこすり，物体Cの点Yに近づけて，物体Cの動きを観察した。

〔実験〕の⑥では，物体Cは動かなかった。

〔実験〕の⑦では，物体Cは図１のbの向きに動いた。

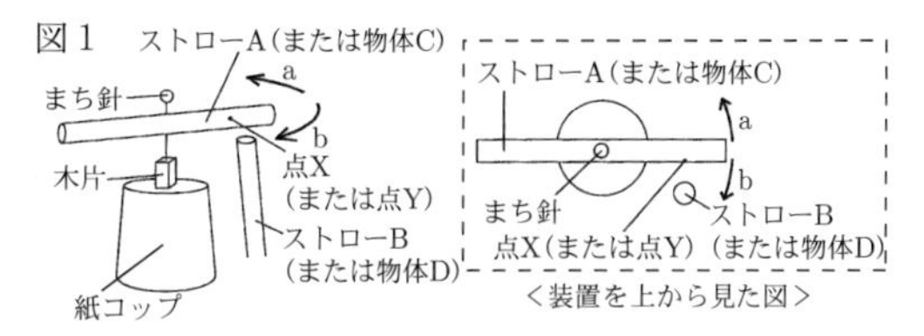

次の(1)から(4)までの問いに答えなさい。

(1)　〔実験〕の③で，ストローAは図１のa，bのどちらの向きに動くか。また，ストローAとBが帯びた電気の種類は同じ種類か異なる種類か。その組み合わせとして最も適当なものを，次のアからエまでの中から選んで，そのかな符号を書きなさい。

	ア	イ	ウ	エ
ストローAの動く向き	a	a	b	b
ストローAとBの電気の種類	同じ種類	異なる種類	同じ種類	異なる種類

(2)　次の文章は，静電気が生じるしくみを説明したものである。文章中の（　Ⅰ　）と（　Ⅱ　）にあてはまる語句の組み合わせとして最も適当なものを，下のアからエまでの中から選んで，そのかな符号を書きなさい。

> 異なる２種類の物質をこすり合わせると，（　Ⅰ　）の電気をもつ粒子が一方の物質の表面から他方の物質の表面に移動するため，（　Ⅰ　）の電気が多くなった物質は，（　Ⅰ　）の電気を帯びる。〔実験〕の③で，ストローBのかわりに，ストローBをこすったティッシュペーパーをストローAに近づけると，ストローAとティッシュペーパーは（　Ⅱ　）。

ア．Ⅰ．＋（プラス），　Ⅱ．反発し合う
イ．Ⅰ．＋（プラス），　Ⅱ．引き合う
ウ．Ⅰ．－（マイナス），　Ⅱ．反発し合う
エ．Ⅰ．－（マイナス），　Ⅱ．引き合う

(3)　次の文章は，〔実験〕の⑦の結果について説明したものである。文章中の（　Ⅰ　）と（　Ⅱ　）にあてはまる語句の組み合わせとして最も適当なものを，あとのアからエまでの中から選んで，そのかな符号を書きなさい。

> 〔実験〕の⑦の結果については，物体Cの中の電子の動きを考えることで説明することができる。まず，ティッシュペーパーでストローBをこすると，ストローBは－（マイナス）の電気を帯びる。その後，図１のようにストローBを物体Cの点Yに近づけると，物体Cの中の電子は，－（マイナス）の電気を帯びたストローBから力を受けて，（　Ⅰ　）

向きに移動する。そのため，物体Cの点Y付近が(Ⅱ)の電気を帯び，物体Cは図１のbの向きに動いたと考えられる。

ア．Ⅰ．点Yから遠ざかる，　Ⅱ．＋（プラス）
イ．Ⅰ．点Yから遠ざかる，　Ⅱ．－（マイナス）
ウ．Ⅰ．点Yに近づく，　Ⅱ．＋（プラス）
エ．Ⅰ．点Yに近づく，　Ⅱ．－（マイナス）

(4)〔実験〕の後，電子の性質を確認するため，図２のように蛍光板，スリット，電極E，電極F，電極板G，電極板Hが入ったクルックス管を用いて実験を行った。次の文章は，このクルックス管を用いた実験とその結果について説明したものである。文章中の(Ⅰ)から(Ⅴ)までにあてはまる語の組み合わせとして最も適当なものを，あとのアからクまでの中から選んで，そのかな符号を書きなさい。

図２

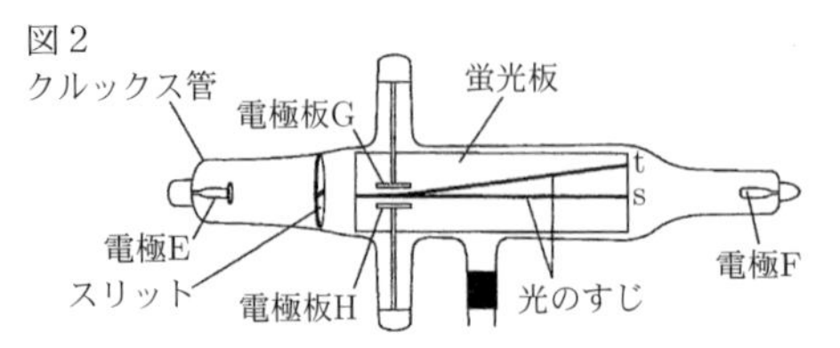

電極Eが(Ⅰ)，電極Fが(Ⅱ)となるように，電極Eと電極Fの間に大きな電圧をかけたところ，真空放電が起こった。このとき，電子の流れに沿って蛍光板が光るため，図２のsのような光のすじを観察した。
この状態で，電極板Gが(Ⅲ)，電極板Hが(Ⅳ)となるように，別の電源を使って，電極板Gと電極板Hの間に電圧をかけたところ，図２のtのように光のすじが上向きに曲がった。これらの結果から，電子は(Ⅴ)の電気をもつことがわかる。

	ア	イ	ウ	エ	オ	カ	キ	ク
Ⅰ	＋極	＋極	＋極	＋極	－極	－極	－極	－極
Ⅱ	－極	－極	－極	－極	＋極	＋極	＋極	＋極
Ⅲ	＋極	＋極	－極	－極	＋極	＋極	－極	－極
Ⅳ	－極	－極	＋極	＋極	－極	－極	＋極	＋極
Ⅴ	－	＋	－	＋	－	＋	－	＋

＜愛知県＞

8

電気について調べる実験を行いました。後の１から５までの各問いに答えなさい。

【実験１】

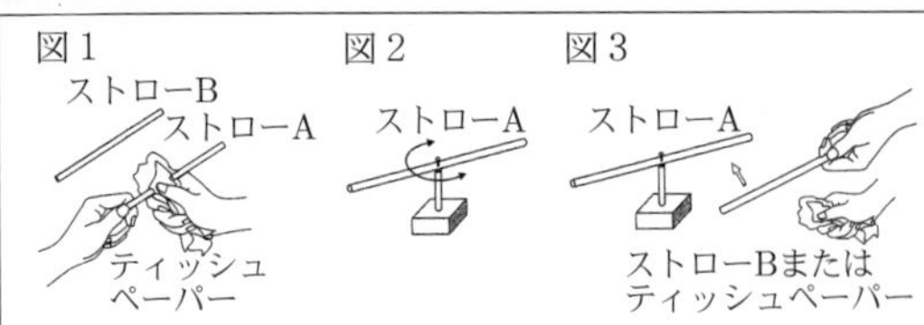

＜方法＞
① 図１のように，ストローAをティッシュペーパーでよくこする。同様にストローBもよくこする。
② 図２のように，台の上でストローAを回転できるようにする。
③ 図３のように，ストローAにストローBを近づけて，ストローAの動きを観察する。同様にティッシュペーパーを近づけて，ストローAの動きを観察する。

＜結果＞
図３で，ストローBまたはティッシュペーパーを近づけたとき，ストローAはどちらも動いた。

１．実験１の結果で，ストローAが引きよせられるのはどれですか。次のアからエまでの中から１つ選びなさい。
ア．ストローB
イ．ティッシュペーパー
ウ．ストローBとティッシュペーパーの両方
エ．ストローBとティッシュペーパーのどちらでもない

２．実験１で，ストローをティッシュペーパーでよくこすることによって，ストローに静電気が生じるのはなぜですか。「電子」という語を使って説明しなさい。ただし，ストローは－（マイナス）に帯電するものとします。

【実験２】

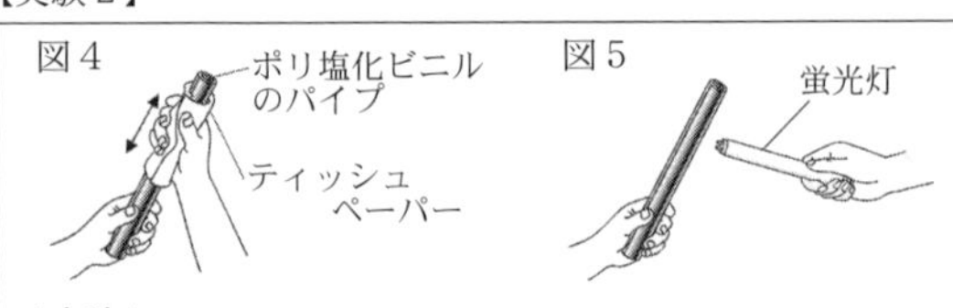

＜方法＞
① 図４のように，ポリ塩化ビニルのパイプをティッシュペーパーでよくこする。
② 図５のように，暗い場所で，帯電したポリ塩化ビニルのパイプに小型の蛍光灯(４W程度)を近づける。

＜結果＞
小型の蛍光灯が一瞬点灯した。

３．実験２で，ポリ塩化ビニルのパイプを使って蛍光灯を一瞬点灯させることができます。このとき，蛍光灯が点灯したのはなぜですか。「静電気」という語を使って説明しなさい。

【実験３】

＜方法＞
① 図６のように，十字板の入った放電管に，誘導コイルで大きな電圧を加える。
② 誘導コイルの＋極と－極を入れかえて同様の実験を行う。

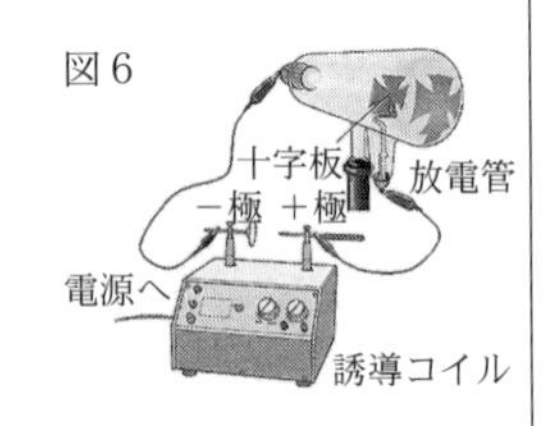

＜結果＞
①のとき，放電管のガラス壁が黄緑色に光った。また，図６のように十字板の影ができた。
②のとき，ガラス壁の上部は黄緑色に光ったが，十字板の影はできなかった。

４．実験３のように，気体の圧力を小さくした空間に電流が流れる現象を何といいますか。書きなさい。

５．実験３の結果から，電流のもととなる粒子と電流について正しく説明しているものはどれですか。次のアからエまでの中から１つ選びなさい。
ア．電流のもととなる粒子は＋極の電極から－極側に向かい，電流も＋極から－極に流れる。
イ．電流のもととなる粒子は＋極の電極から－極側に向かい，電流は－極から＋極に流れる。
ウ．電流のもととなる粒子は－極の電極から＋極側に向かい，電流は＋極から－極に流れる。
エ．電流のもととなる粒子は－極の電極から＋極側に向かい，電流も－極から＋極に流れる。

＜滋賀県＞

電流と磁界

●電流がつくる磁界

1 まっすぐな導線に電流を流したときにできる磁界について調べた。(a)・(b)に答えなさい。

(a) 次の文は，まっすぐな導線を流れる電流がつくる磁界について述べたものである。正しい文になるように，文中の①・②について，ア・イのいずれかをそれぞれ選びなさい。

> まっすぐな導線を流れる電流がつくる磁界の強さは，電流が①[ア. 小さい　イ. 大きい]ほど，また，②[ア. 導線に近い　イ. 導線から遠い]ほど強くなる。

(b) 図は，電流を流す前の導線abを，aが北，bが南になるようにし，その真上に方位磁針を置いたときのようすを表したものである。aからbの向きに電流を流したときの方位磁針の針がさす向きとして，最も適切なものをア～エから選びなさい。

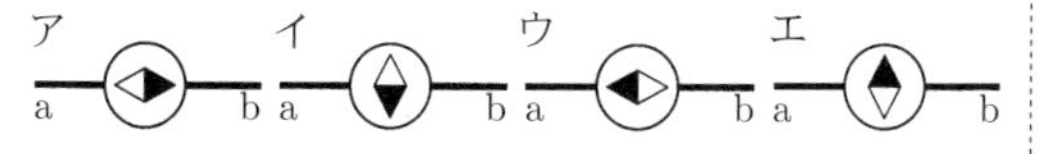

＜徳島県＞

2 図1のように，まっすぐな導線に電流を流すとき，最も磁界が強い点として適当なものを，導線に垂直な平面上にある点A～Fから1つ選びなさい。なお，図2は導線の真上から平面を見たものである。

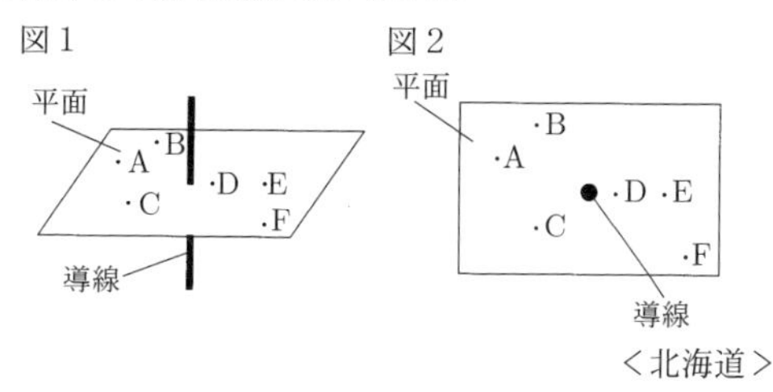

＜北海道＞

3 右の図のように，コイルを水平に置いた厚紙に差し込んで固定し，コイルに電流を流してコイルのまわりにできる磁界のようすを調べた。コイルに電流が流れていないとき，方位磁針を点Pの位置に置くと，方位磁針のN極は北を指した。次に，スイッチを入れ，コイルに電流を流すと，点Pの位置に置かれた方位磁針のN極は南を指した。さらに，方位磁針を取り除いた後，コイルのまわりの厚紙の上に鉄粉を一様にまき，磁界のようすを調べた。このことについて，次の(1)・(2)の問いに答えなさい。

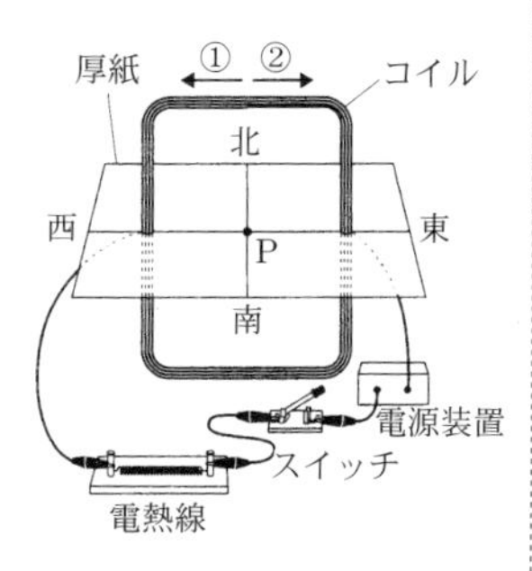

(1) コイルに電流を流したとき，点Pの位置における磁界の向きとコイルに流れる電流の向きはどのようになるか。磁界の向きを南向き，北向き，電流の向きを図中の①，②から選ぶとき，その組み合わせとして正しいものを，次のア～エから一つ選び，その記号を書きなさい。

ア．磁界の向き－北向き　　電流の向き－①
イ．磁界の向き－南向き　　電流の向き－①
ウ．磁界の向き－北向き　　電流の向き－②
エ．磁界の向き－南向き　　電流の向き－②

(2) コイルのまわりの磁界によって，鉄粉はどのような模様になるか。最も適切なものを，次のア～エから一つ選び，その記号を書きなさい。ただし•は点P，◦はコイルの位置，------は鉄粉がつくる模様を表したものである。

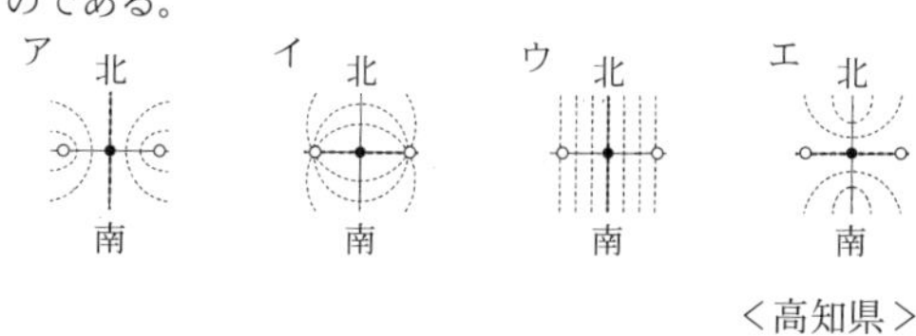

＜高知県＞

4 アキラさんとユウさんは，電流がつくる磁界のようすを調べるために，次の実験(1)，(2)，(3)を順に行った。

(1) 図1のように，厚紙に導線を通し，鉄粉を均一にまいた。次に，電流を流して磁界をつくり，厚紙を指で軽くたたいて鉄粉のようすを観察した。

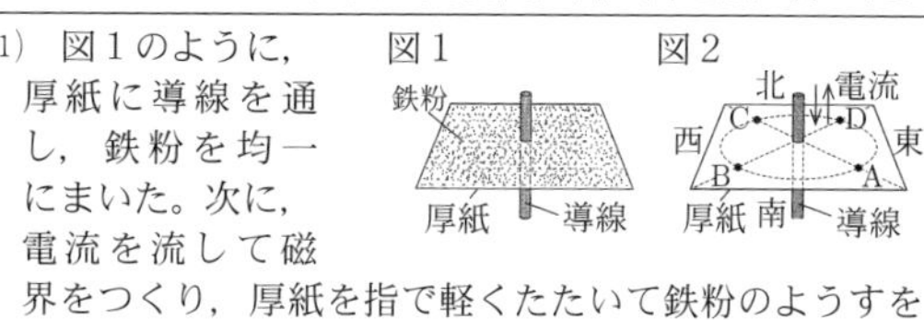

(2) 図2のように，導線に上向きまたは下向きの電流を流して磁界をつくり，導線から等しい距離の位置A，B，C，Dに方位磁針を置いて，N極がさす向きを観察した。

(3) 図3のように，コイルを厚紙に固定して電流を流せるようにし，コイルからの距離が異なる位置P，Qに方位磁針をそれぞれ置いた。その後，コイルに流す電流を少しずつ大きくして，N極がさす向きの変化を観察した。図4は，図3の装置を真上から見たようすを模式的に示したものである。

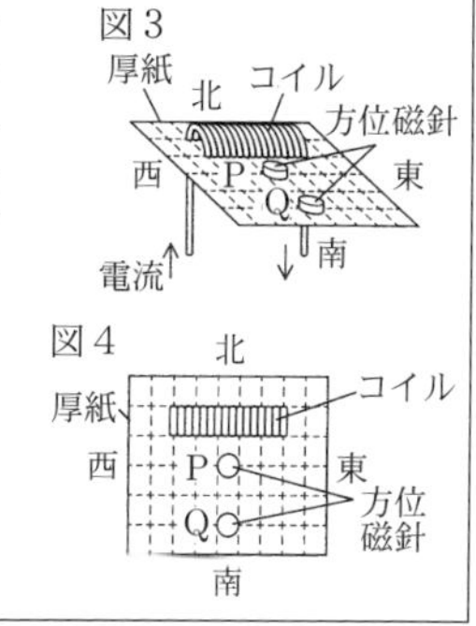

このことについて，次の1，2，3の問いに答えなさい。

1．実験(1)で，真上から観察した鉄粉のようすを模式的に表したものとして，最も適切なものは次のうちどれか。

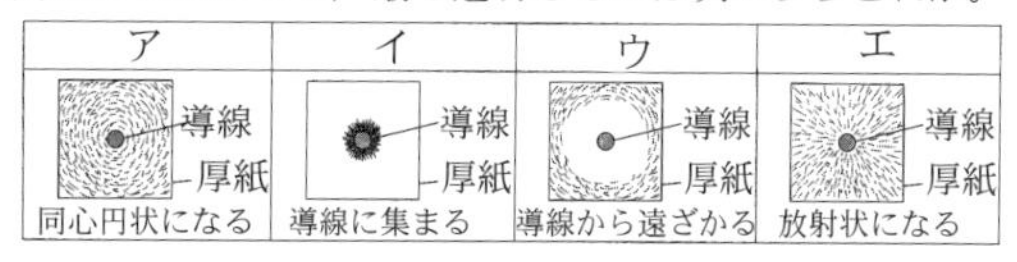

2．次の［　　］内は，実験(2)を行っているときのアキラさんとユウさんの会話である。①に当てはまる語と，②に当てはまる記号をそれぞれ(　　)の中から選んで書きなさい。

アキラ「電流を流したから，N極がさす向きを確認してみよう。」

ユ　ウ「電流が流れたら，位置Aでは南西向きになったよ(右図)。電流は①(上向き・下向き)に流れているよね。」

アキラ「そうだよ。次は同じ大きさの電流を，逆向きに流すね。」

ユ　ウ「位置②(A・B・C・D)では，N極は北西向きになったよ。」

3．実験(3)について，位置P，Qに置かれた方位磁針のN極がさす向きは表のように変化した。この結果からわかることは何か。「コイルがつくる磁界の強さは」の書き出しで，簡潔に書きなさい。

	電流の大きさ		
	0	小 ⟹	大
位置Pの方位磁針の向き			
位置Qの方位磁針の向き			

〈栃木県〉

●電流が磁界から受ける力

5　電流と磁界の関係について答えなさい。

(1)　厚紙の中央にまっすぐな導線を差しこみ，そのまわりにN極が黒くぬられた磁針を次の図1のように置いた。電流をa→bの向きに流したときの磁針がさす向きとして適切なものを，下のア～エから1つ選んで，その符号を書きなさい。

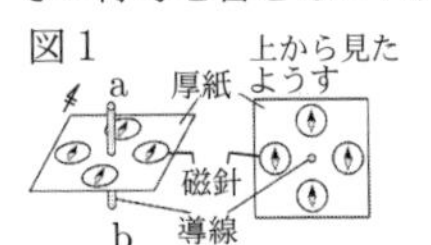

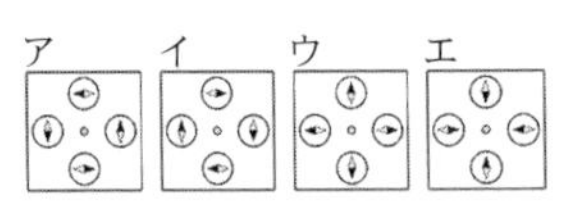

(2)　U字形磁石の間に通した導線に，電流をa→bの向きに流すと，図2の矢印の向きに導線が動いた。図3において，電流をb→aの向きに流したとき，導線はどの向きに動くか。適切なものを，図3のア～エから1つ選んで，その符号を書きなさい。

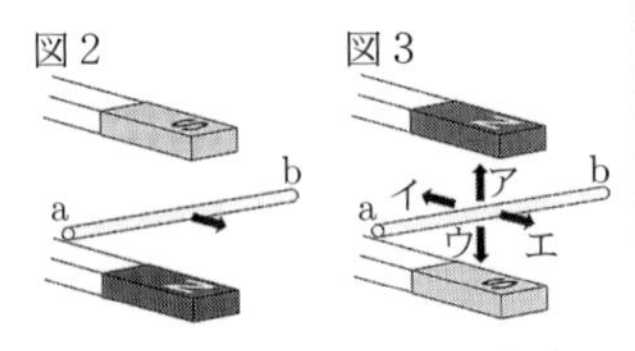

〈兵庫県〉

6　エナメル線を数回巻いたコイルをつくり，図1のような装置を組んだ。コイルに一定の大きさの電圧をかけると，端子Aから端子Bの向きに電流が流れ，コイルが連続して回転した。

図2は，図1のコイルを，端子A側から見た模式図であり，コイルに，端子Aから端子Bの向きに電流が流れると，矢印の向きに力がはたらくことを示している。次の(1)～(3)に答えなさい。

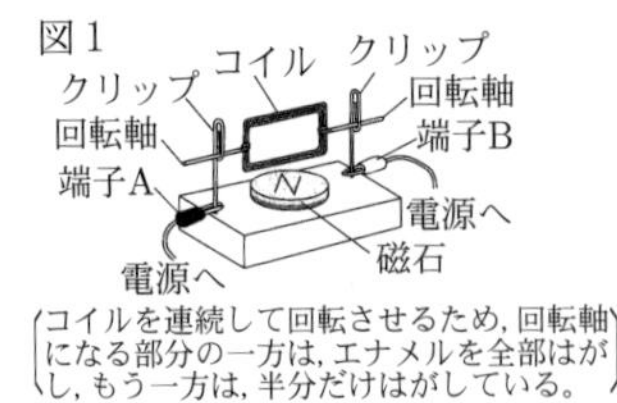

(コイルを連続して回転させるため，回転軸になる部分の一方は，エナメルを全部はがし，もう一方は，半分だけはがしている。)

図2　コイル　力の向き　力の向き　N極　S極

〔端子A側から見た模式図〕

(1)　流れる向きが一定で変わらない電流を何というか。書きなさい。

(2)　電流の向きを，端子Bから端子Aの向きに変えると，コイルにはたらく力の向きはどのようになるか。適切なものを，次の1～4から1つ選び，記号で答えなさい。

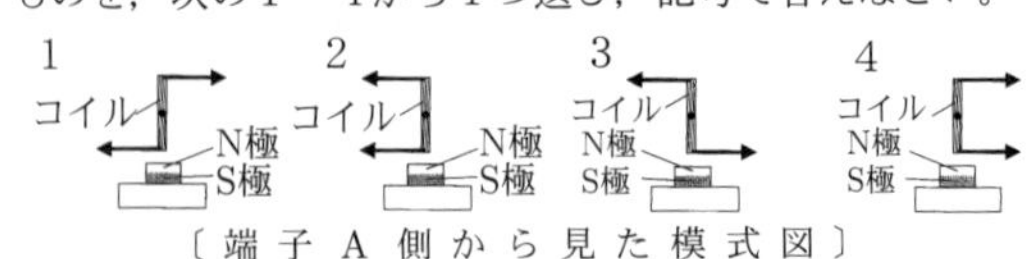

〔端子A側から見た模式図〕

(3)　図1のコイルにはたらく力を大きくする操作として，適切なものを，次の1～4から1つ選び，記号で答えなさい。ただし，コイルにかかる電圧は変わらないものとする。

1．電気抵抗の大きいエナメル線でつくったコイルに変える。

2．コイルのエナメル線の巻数を少なくする。

3．磁石を裏返してS極を上に向ける。

4．磁石をより磁力の大きい磁石に変える。

〈山口県〉

7　磁界の中で導線に電流を流したとき，導線が磁界から受ける力の規則性を調べるために，次の実験1～実験3を行った。あとの各問いに答えなさい。

実験1

図1のような装置をつくり，電圧を3.0 V，6.0 Vに変えて，電流計の値とコイルの振れ方を調べる。

図1

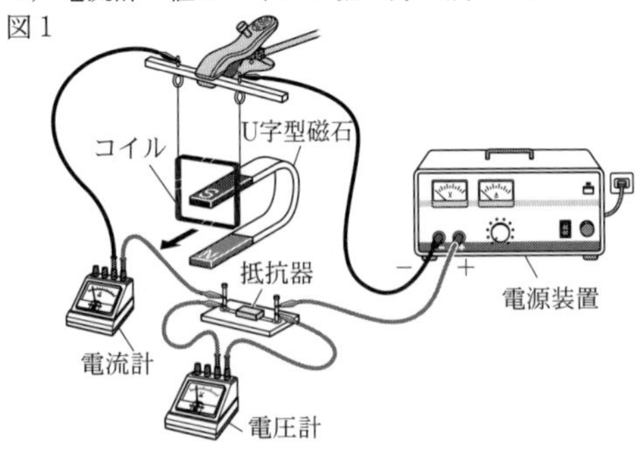

表は，実験1の結果をまとめたものである。

電圧計の値[V]	0	3.0	6.0
電流計の値[mA]	0	200	400
コイルの振れ方	振れなかった	小さく図1の矢印の方向に振れた	大きく図1の矢印の方向に振れた

問1．図1の回路に，抵抗器が入っている理由として，最も適切なものを，次のア～エからひとつ選び，記号で答えなさい。

ア．回路の抵抗が小さいと大きな電流が流れて，電流計がこわれてしまうため。

イ．回路の抵抗が大きいと大きな電流が流れて，電流計がこわれてしまうため。

ウ．回路の抵抗が小さいと電流が流れにくくなり，電流の測定ができなくなるため。

エ．回路の抵抗が大きいと電流が流れにくくなり，電流の測定ができなくなるため。

問2．表をもとに，抵抗器に加わる電圧と抵抗器を流れる電流との関係を表すグラフを右にかきなさい。

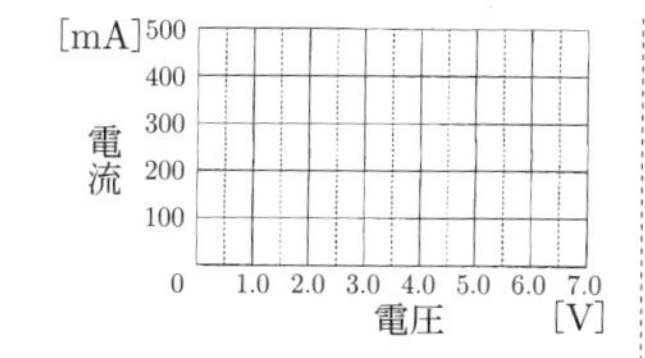

問3．実験1と同じ装置で，電流計の値が100 mAを示したとき，抵抗器で消費される電力は何Wか，答えなさい。

実験2

図2のような装置をつくり，電流を流して，コイルが回転する向きを調べる。

図2

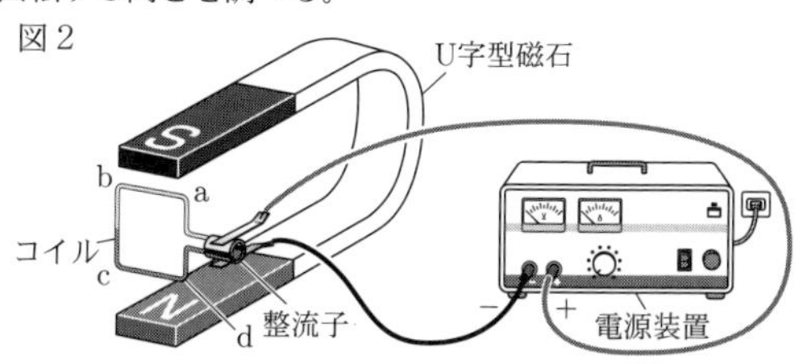

問4．実験2において，コイルが回転したときコイルはどのように動いたと考えられるか，次のアに続けて，イ～エをコイルが動いた順に並べ，記号で答えなさい。

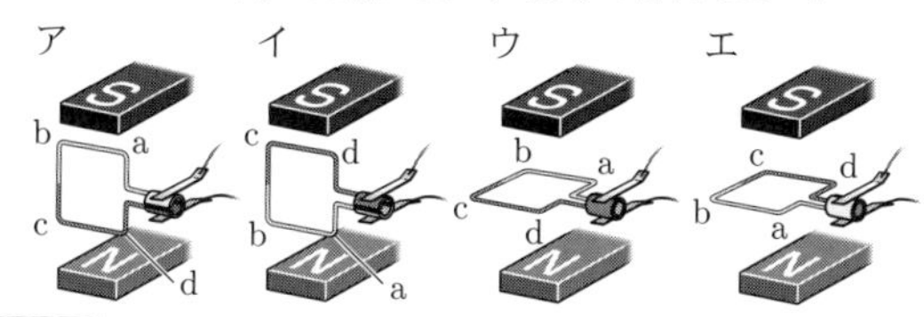

実験3

図3のような装置をつくり，指でコイルを押して回転させる。

図3

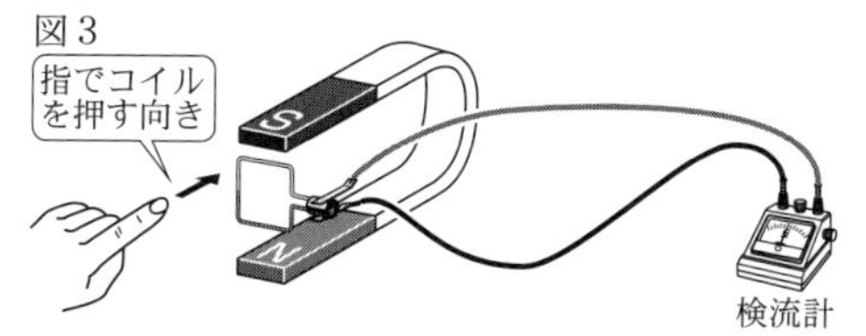

問5．実験3では，指でコイルを回転させたときに，検流計の針が振れ，電流が流れたことが確認できた。このとき，電流が流れた理由を，「コイルの中の」という語句に続けて，答えなさい。

<鳥取県>

8 令子さんは，透明なプラスチックの板，導線，方位磁針を使って，図1，図2のような装置を作り，それぞれ矢印の向きに電流を流して，電流がつくる磁界を調べたところ，方位磁針のN極は，図1では東を指し，図2では西を指した。

図1　　図2

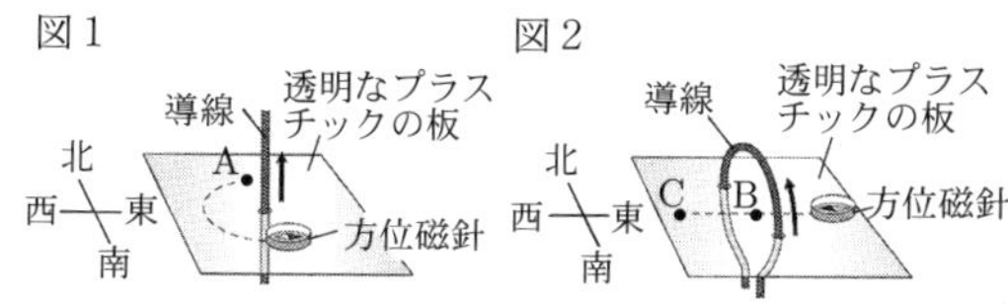

(1) 図1の方位磁針を，------で示す線に沿って点Aへゆっくり動かすと，方位磁針のN極は，①(ア．時計回りに回って西を指す　イ．反時計回りに回って西を指す　ウ．東を指し続ける)。

また，図2の方位磁針を，------で示す線に沿って点Bを通って点Cへゆっくり動かすと，方位磁針のN極は，②(ア．点Bで反転して東を指す　イ．点Cで反転して東を指す　ウ．西を指し続ける)。

①，②の(　　)の中からそれぞれ最も適当なものを一つずつ選び，記号で答えなさい。

次に令子さんは，図3のような装置を作り，電磁石と磁石が相互におよぼす力の関係を調べた。この装置を使って図4の矢印の向きに電流を流し，電磁石の右側から磁石のN極を近づけて固定すると，電磁石は左に移動し図4の位置で静止した。

図3

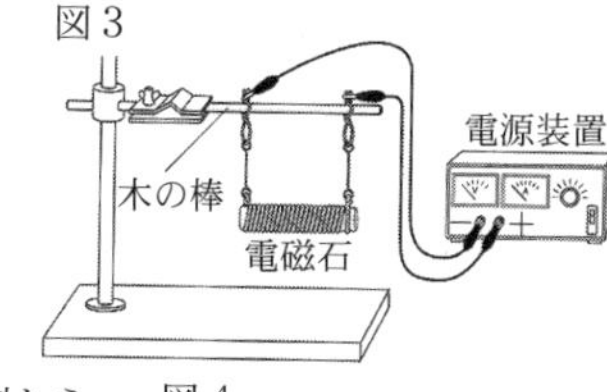

図4

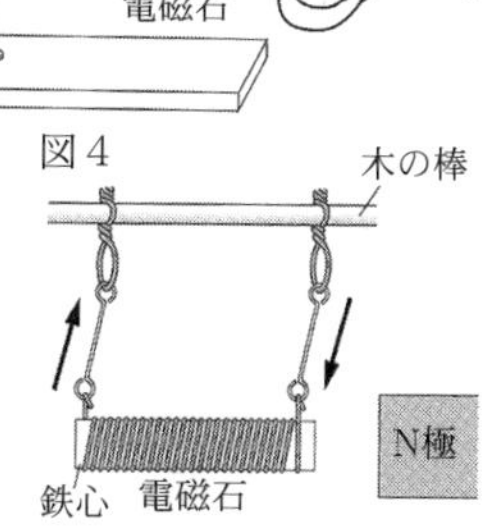

(2) 図4の電流の向きと磁石のN極の位置を変えずに，電磁石の位置が図4よりも左側にくるようにするには，電流の大きさを①(ア．小さく　イ．大きく)するとよい。または，別の磁石を用意して，電磁石の左側に②(ア．S極　イ．N極)を近づけるとよい。

①，②の(　　)の中からそれぞれ最も適当なものを一つずつ選び，記号で答えなさい。

令子さんは，エナメル線を8の字形に巻いた導線を用いて，図5のような装置を作った。8の字部分の両側に磁石を置いて，電流を流したところ，導線は矢印の向きに回転し続けた。

図5

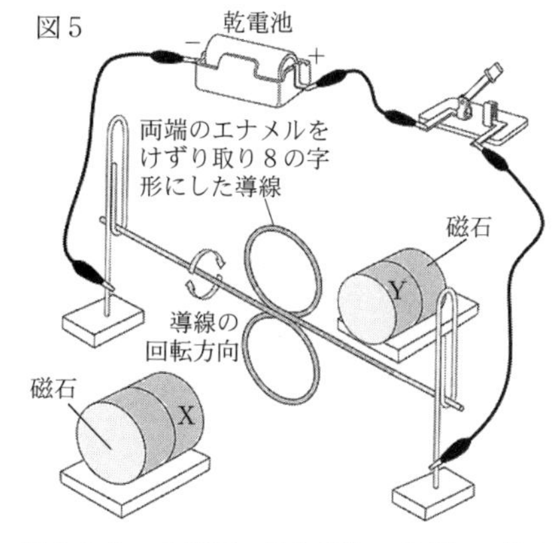

(3) 図5の2つの磁石，それぞれのX側，Y側の極の組み合わせとして最も適当なものを，次のア～エから一つ選び，記号で答えなさい。

ア．X側：N極　　Y側：S極
イ．X側：S極　　Y側：N極
ウ．X側：N極　　Y側：N極
エ．X側：S極　　Y側：S極

<熊本県>

●電磁誘導

9 図1の装置を用いて，コイルAに電流を流したところ，コイルBにつないだ<u>検流計の針が+にふれた。</u>次のア，イに答えなさい。

図1

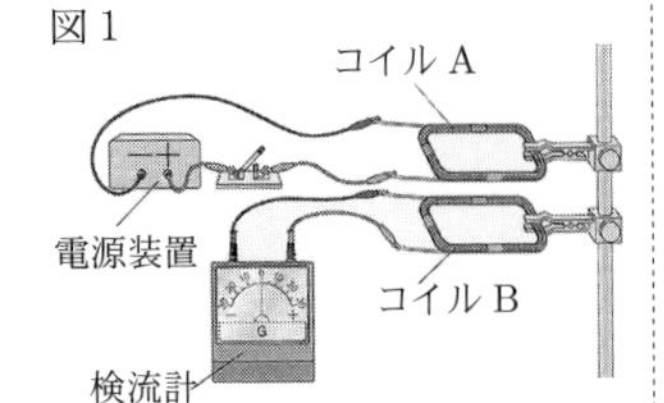

ア．下線部について，このとき流れた電流の名称を書きなさい。

イ．図2のように，図1のコイルBの真上からS極を下にして棒磁石を落下させるときの，検流計の針のふれのようすについて述べたものとして適切なものを，次の1～4の中から一つ選び，その番号を書きなさい。

図2

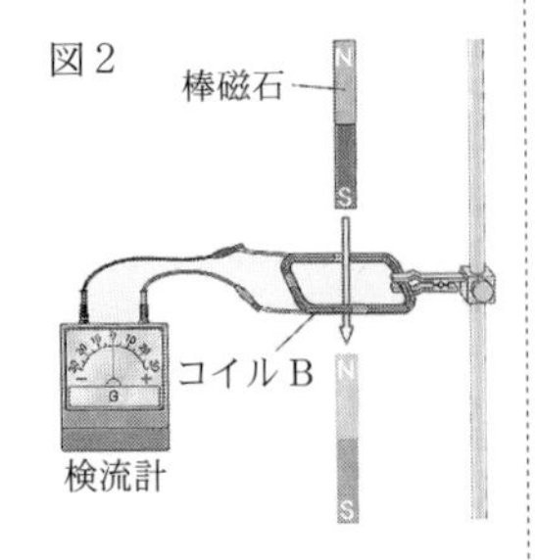

1．+にふれた後，−にふれて0に戻る。
2．+にふれた後，0に戻る。
3．−にふれた後，+にふれて0に戻る。
4．−にふれた後，0に戻る。

＜青森県＞

10 電流と磁界の関係について調べるために，次の実験を行った。(1)～(3)の問いに答えなさい。

〔実験〕

① 図1に示すように，コイルX，電源装置，スイッチ，電熱線，電流計を使って回路をつくり，PおよびQの位置に方位磁針を置いた。

図1（電源装置，スイッチ，電熱線，コイルX，電流計，P，Q）

② スイッチを入れてコイルXに電流を流し，方位磁針のN極の針が指す向きを調べた。図2はこのときのコイルXと方位磁針を上から見たようすを示したものである。

図2（N極，P，方位磁針，コイルX，ア，イ，Q，方位磁針）

③ スイッチを一度切った後，しばらくしてから図3のように，コイルXの隣にコイルYを並べた。その後，ふたたびスイッチを入れて電流を流し，検流計の針の動きを調べた。

図3

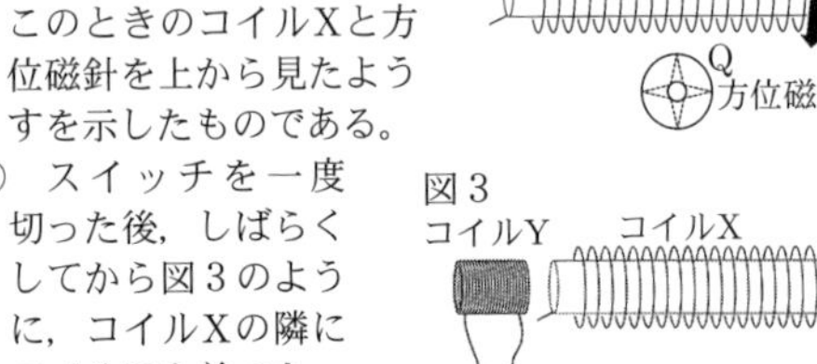

(1) 〔実験〕の②で，Pの位置においた方位磁針が図2のように示されるとき，コイルXに流れる電流の向きとして適当なものを，ア，イから一つ選び，その記号を書きなさい。また，Qの位置に置いた方位磁針のN極の針はどの向きを指すと考えられるか，図4の点線を利用し，図2のPの位置においた方位磁針にならって，N極の針を塗りつぶしてかきなさい。

図4

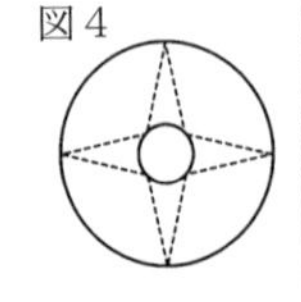

(2) 〔実験〕の③で，コイルYにつないだ検流計の針は，一瞬振れてから0の位置に戻ることが確認できたため，コイルYには電流が流れたことがわかった。このように，コイルの内部の磁界が変化することによって電流が流れる現象を何というか，その名称を書きなさい。

(3) 次の文は，〔実験〕で，回路に電熱線が入れてある理由について述べたものである。「電流」という語句を使って□に入る適当な言葉を書きなさい。

理由：電熱線を入れることで，回路に□ため。

＜山梨県＞

11 棒磁石のつくる磁界について，次の(1)，(2)の問いに答えなさい。

(1) 図Ⅰ中のN極から出てS極に入る曲線は，棒磁石のつくる磁界の様子を表している。この曲線を何というか，書きなさい。

図Ⅰ

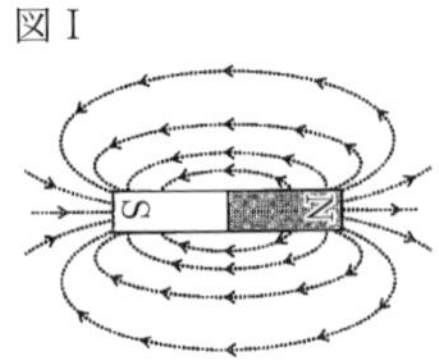

(2) 図Ⅱのように，固定したコイルの上方のある位置で棒磁石を持ち，棒磁石のN極を下向きにしてコイルの中心へ近づける実験を行ったところ，図Ⅲに示す値まで検流計の針が振れた。続いて，同じ棒磁石を用いて，次のア～エの実験を行った。図Ⅳに示す値まで検流計の針が振れたときの実験はどれか，ア～エから選びなさい。ただし，棒磁石を動かす範囲は常に同じとする。

図Ⅱ

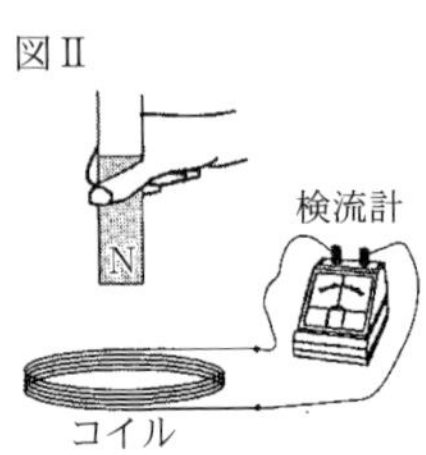

図Ⅲ　図Ⅳ

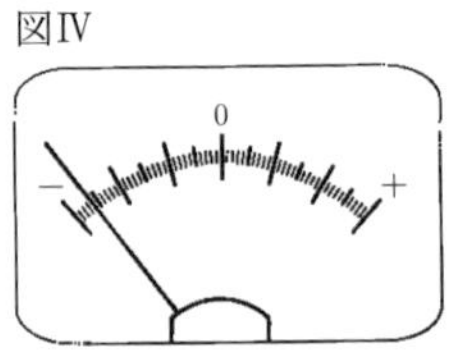

実験	極の向き	動かす方向	動かす速さ
ア	N極を下向き	コイルの中心へ近づけた	速くした
イ	N極を下向き	コイルの中心から離した	遅くした
ウ	S極を下向き	コイルの中心へ近づけた	速くした
エ	S極を下向き	コイルの中心から離した	遅くした

＜群馬県＞

12 磁石とコイルを使って，電流をつくり出す実験を行った。あとの問いに答えなさい。

＜実験1＞

図1　図2

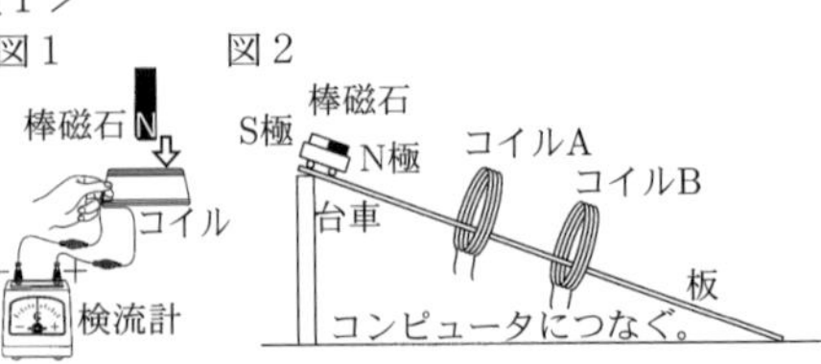

㋐ 図1のように，コイルと検流計をつなぎ，手で固定したコイルにN極を下にした棒磁石を上から近づけると，検流計の針が+側にふれた。

㋑ 次に，コイルと検流計のつなぎ方は変えず，棒磁石のS極を下にして，コイルや棒磁石を動かすと，検流計の針がふれた。

＜実験２＞

㋒　同じ巻き数の２つのコイルA，Bを，傾けた板に間隔をあけて固定した装置をつくった。また，コイルに生じる電流のようすを観察するため，各コイルをコンピュータにつないだ。図２は装置を模式的に表したものである。

㋓　棒磁石を固定した台車を斜面上方から静かに離したところ，台車は各コイルに触れることなく，それらの中を通過した。

(1)　㋐において，検流計の針がふれたのは，コイルに棒磁石を近づけることで，電圧が生じ，電流が流れたためである。このような現象を何というか，書きなさい。

(2)　㋐のあと，棒磁石をコイルに近づけたまま静止させると，コイルに電流が流れなくなる。その理由を「磁界」ということばを使って簡単に書きなさい。

(3)　㋑において，検流計の針が㋐と同じように＋側にふれるのはどの場合か，次のア～エからすべて選び，記号で答えなさい。

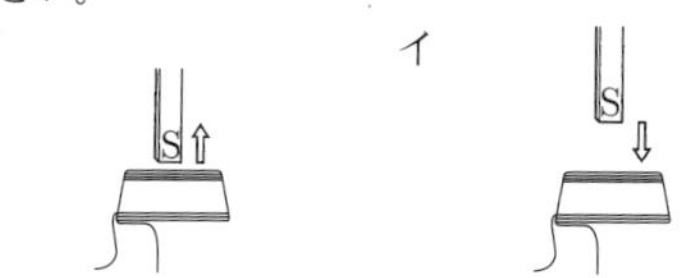

ア　コイルを固定し，棒磁石のS極を遠ざける。

イ　コイルを固定し，棒磁石のS極を近づける。

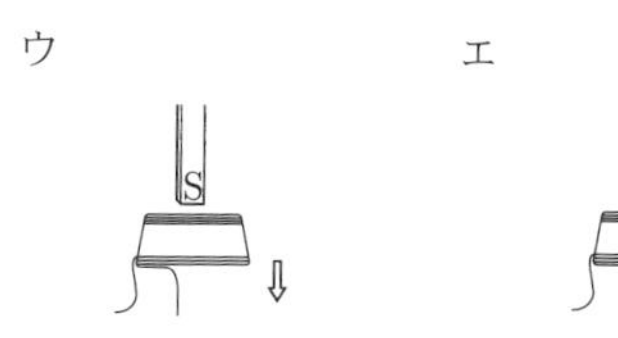

ウ　棒磁石のS極を固定し，コイルを遠ざける。

エ　棒磁石のS極を固定し，コイルを近づける。

(4)　実験２において，時間とコイルAに生じた電流の関係が図３のようになったとき，時間とコイルBに生じた電流の関係を表す図として最も適切なものはどれか，次のア～エから１つ選び，記号で答えなさい。ただし，横軸は各コイルに電流が生じはじめてからの時間を表し，ア～エの各図の１目盛りの大きさは，図３のものと同じである。また，空気抵抗，台車と板の間の摩擦は考えないものとする。

図３

コイルAに生じた電流（＋，0，－）／時間

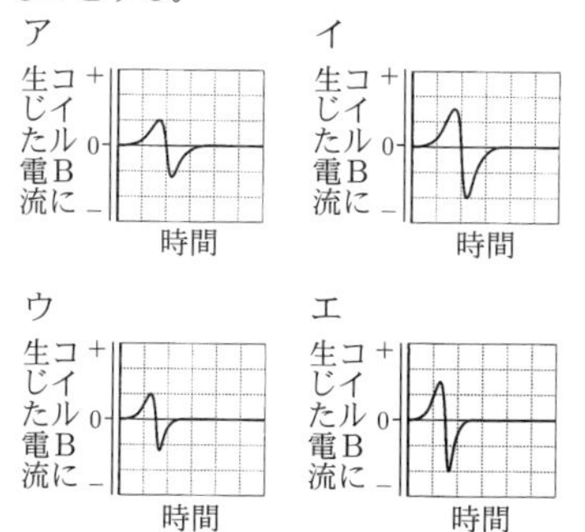

(5)　発電所では，磁石とコイルを使って電流をつくり出し，家庭に送電している。ある家庭で使用している電力11 WのLED電球を40分間点灯したときに消費する電力量は何Whか。小数第２位を四捨五入して小数第１位まで求めなさい。

＜富山県＞

13　エネルギーの変換について調べるため，次のような実験を行いました。これについて，あとの(1)～(4)の問いに答えなさい。

実験１．

[1]　図Ⅰのように，コイルをオシロスコープにつなぎ，コイルの中に板を水平に通した。力学台車に棒磁石をN極が台車の進行方向に向くようにとり付けた。

[2]　板の上を，一定の速さで力学台車を走らせてコイルを通過させた。このとき，オシロスコープの波形は図Ⅱのようになり，台車の通過前後で電圧がプラスからマイナスに変化した。

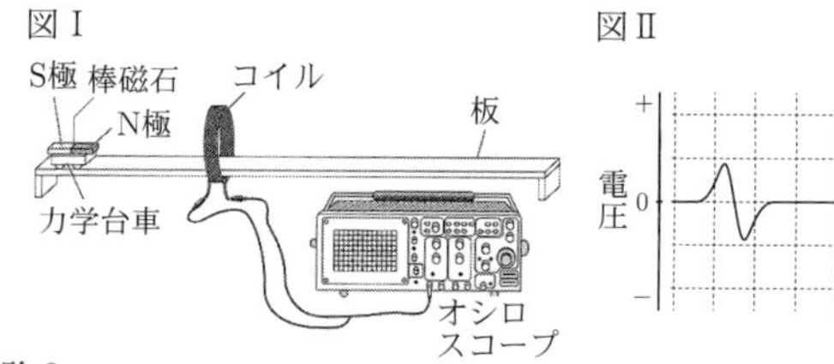

実験２．

[3]　図Ⅲのように，図Ⅰの板を傾け，[1]と同じように棒磁石をとり付けた力学台車を，上の方から静かに放してコイルを通過させ，オシロスコープの波形を観察した。

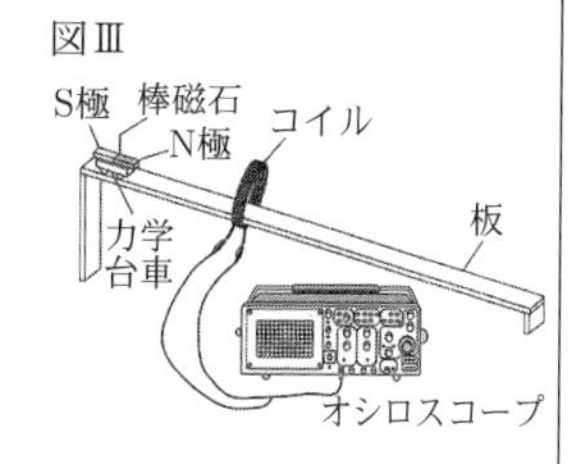

実験３．

[4]　図Ⅳのように，滑車つきモーターでおもりを持ち上げるための装置を組みたてた。

[5]　スイッチを入れて滑車つきモーターを回転させたところ，250 gのおもりを0.60 m持ち上げるのに2.0秒かかった。

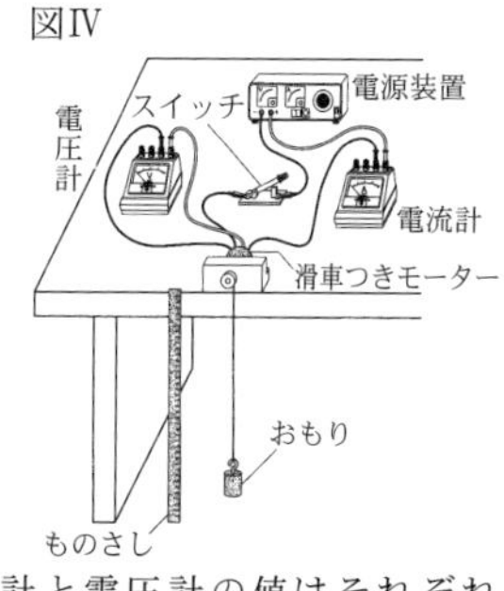

[6]　[5]のあいだ，電流計と電圧計の値はそれぞれ0.60 A，5.0 Vを示した。

(1)　[2]で，磁石がコイルに近づくことで，コイルの内部の磁界が変化し，電流が流れました。この電流を何といいますか。ことばで書きなさい。

(2)　[3]で，次のア～エのうち，このときのオシロスコープの波形として最も適当なものはどれですか。一つ選び，その記号を書きなさい。

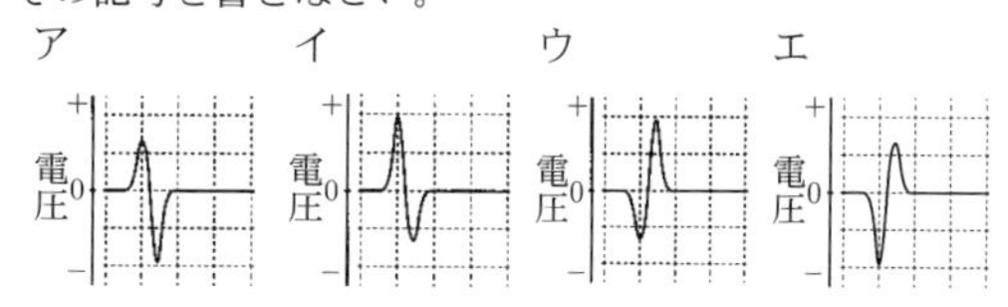

(3)　[5]で，モーターに電流を流したとき，磁界の向き（⇨）とコイルが回転する方向（➡）を模式的に表すとどのようになりますか。次のア～エのうちから，最も適当なものを一つ選び，その記号を書きなさい。

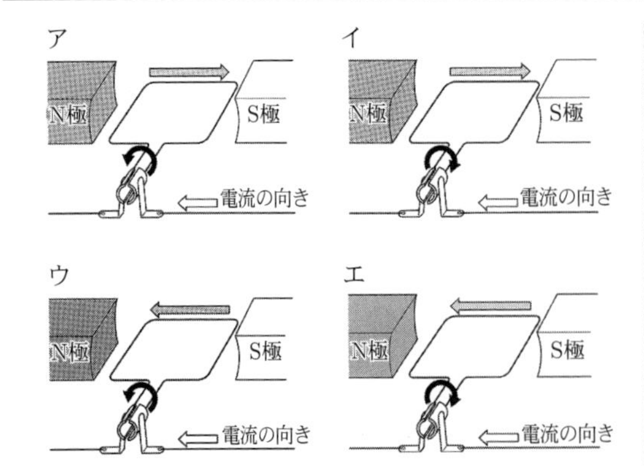

(4) 5で，モーターがおもりにした仕事は何Jですか。小数第1位まで求め，数字で書きなさい。また，5，6で，エネルギーの変換効率は何％ですか。数字で書きなさい。ただし，100 gの物体にはたらく重力の大きさを1 Nとします。

＜岩手県＞

14

コイルに流れる電流について調べるために，次の実験1，2を行った。あとの問いに答えなさい。ただし，空気抵抗は無視できるものとする。

【実験1】

スタンドに固定したコイルに流れる電流の向きと大きさを調べるために，図1のような装置を組み，オシロスコープにつないだ。オシロスコープは，表示画面に，コイルに流れる電流の向きと大きさを波形で表すことができる。表示画面の縦軸は電流の向きと大きさを示し，横軸は経過時間を示している。図1の状態からN極が下を向くようにして，上から磁石をコイルに近づけた。図2は，このときの，オシロスコープの画面を模式的に表したものである。

図1

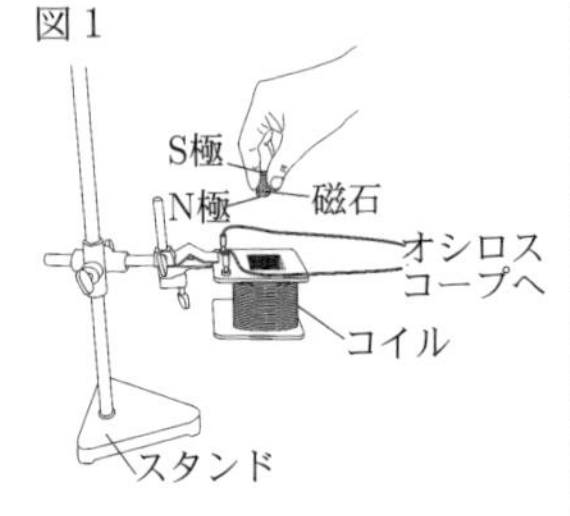

図2

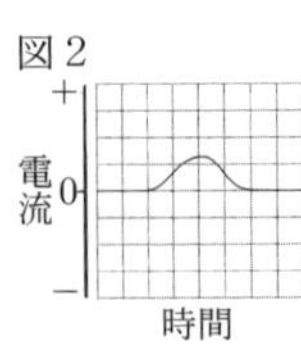

【実験2】

図1の状態から，静かに磁石から手をはなし，磁石がコイルに触れないように，磁石のN極は下向きのままで，コイルの中を通過させた。このときの，オシロスコープの画面を観察した。

1．実験1について，コイルに磁石を近づけたときにコイルに電圧が生じる現象を何というか，書きなさい。

2．発電所では，実験1の現象を応用して発電し，その電気を家庭に供給している。家庭で使用される5 WのLED電球を30分間点灯させたときに消費する電力量は何Jか，求めなさい。

3．実験2について，オシロスコープの画面を模式的に表したものとして最も適切なものはどれか，次のア～エから一つ選び，記号で答えなさい。

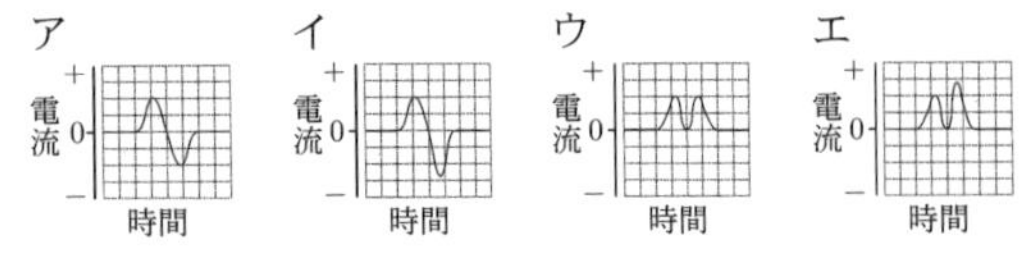

4．図3は，鉄道の乗車券や電子マネーなどに使われる非接触型ICカードと，情報を読みとるカードリーダーを模式的に表したものである。次は，ICカードの情報を，カードリーダーが読みとるしくみをまとめたものである。[　　]にあてはまる語を書きなさい。ただし，[　　]には同じ語が入る。

図3

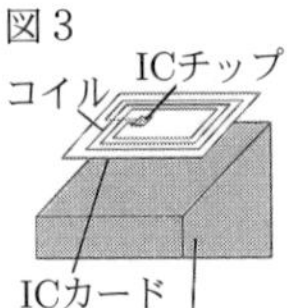

> カードリーダーからは，変化する[　　]が発生している。ICカードの内部には電源はないが，カードをカードリーダーに近づけると，変化する[　　]によって，コイルに電流が流れる。これによりICチップが作動して，カードリーダーはICチップの情報を読みとることができる。

＜山形県＞

第7章　運動とエネルギー

力のはたらき

●力の合成と分解

1 GさんとMさんは，物体にはたらく力について調べるために，次の実験を行った。後の(1)〜(3)の問いに答えなさい。

［実験1］

図Ⅰのように，机の上に水平に置かれた木の板に記録用紙を固定し，ばねの一方を画びょうで留めた。ばねのもう一方の端に取り付けた金属製のリングを，ばねばかりXで直線Lに沿って引っ張り，点Oの位置でリングの中心を静止させた。このとき，ばねばかりXの示す値は5.0Nであった。

図Ⅰ

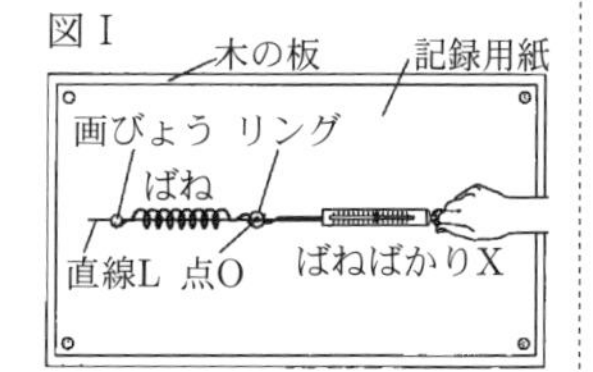

(1) 次の文は，実験1のリングにはたらく2力のつり合いについて述べたものである。文中の①，②について{　}内のア，イから正しいものを，それぞれ選びなさい。

> ばねがリングを引く力とばねばかりXがリングを引く力は，一直線上にはたらき，力の大きさは①{ア．等しく　イ．異なり}，力の向きは②{ア．同じ　イ．逆}向きである。

［実験2］

(A) 図Ⅱのように，実験1のリングにばねばかりYを取り付け，実験1と同じ点Oの位置でリングの中心が静止するよう，ばねばかりX，Yを直線Lに沿って引っ張った。ただし，2本のばねばかりは一直線上にあるものとして考える。

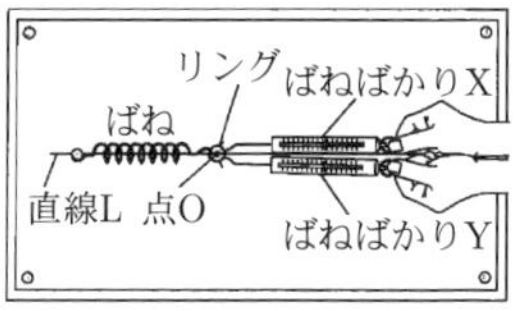

(B) 図Ⅲのように，実験1と同じ点Oの位置でリングの中心が静止するよう，直線Lとばねばかり X，Yの間の角度x，yを変化させた。表は，引っ張ったばねばかりX，Yの示す値をまとめたものである。

図Ⅱ

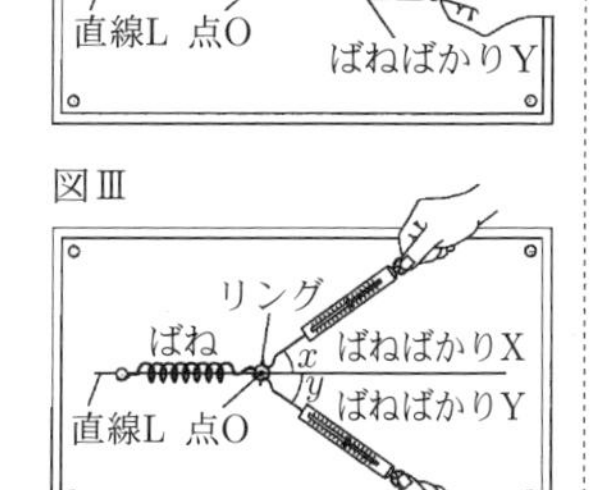

図Ⅲ

角度x	角度y	ばねばかりXの示す値	ばねばかりYの示す値
30°	30°	2.9N	2.9N
45°	45°	3.5N	3.5N
60°	60°	□N	□N

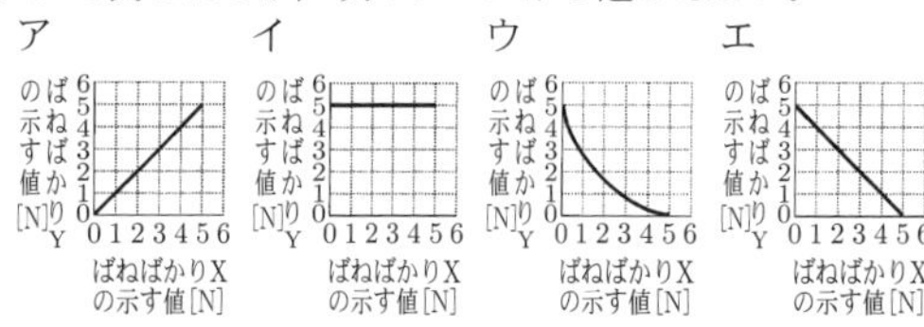

(2) 実験2(A)において，点Oの位置でリングの中心を静止させている状態で，ばねばかりX，Yの引く力を変えたとき，ばねばかりX，Yの示す値の関係はどのようなグラフで表されるか，次のア〜エから選びなさい。

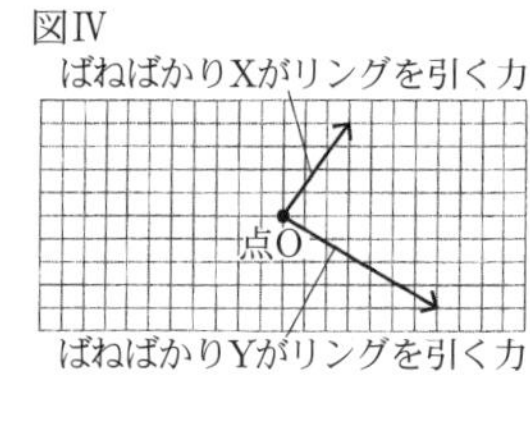

(3) 実験2(B)について，次の①，②の問いに答えなさい。

① 表の□に共通して当てはまる数値を書きなさい。

② 角度x，yを，それぞれ異なる角度にして実験を行ったとき，ばねばかりX，Yがリングを引く力は，図Ⅳの矢印のように表すことができる。このとき，ばねばかりX，Yがリングを引く力の合力を表す矢印を図Ⅳにかき入れなさい。ただし，作図に用いた線は消さないこと。

図Ⅳ

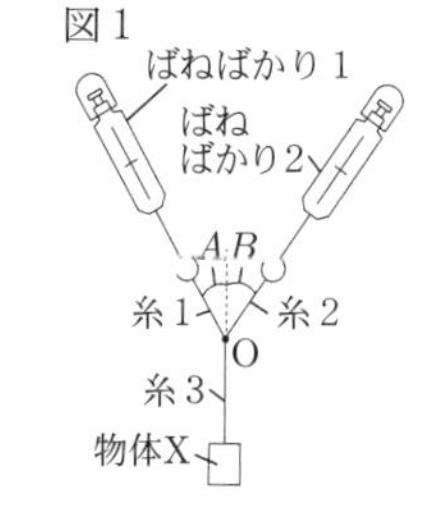

＜群馬県＞

2 物体にはたらく力について調べるために，次の実験を行った。あとの問いに答えなさい。ただし，糸は質量が無視でき，伸び縮みしないものとする。

【実験】 図1のように，点Oで結んだ三本の糸のうち，一本に重力の大きさが5.0Nの物体Xをつるし，他の二本にばねばかり1，2をつけて異なる向きに引いて物体Xを静止させた。A，Bは，糸3の延長線と糸1，2の間のそれぞれの角を表す。

図1

1．糸1，2が点Oを引く力は，一つの力で表すことができる。このように，複数の力を同じはたらきをする一つの力で表すことを，力の何というか，書きなさい。

2．図2は，実験におけるA，Bの組み合わせの一つを表しており，物体Xにつけた糸3が点Oを引く力Fを方眼上に示している。このとき，糸1が点Oを引く力と糸2が点Oを引く力を，図2にそれぞれかきなさい。

図2

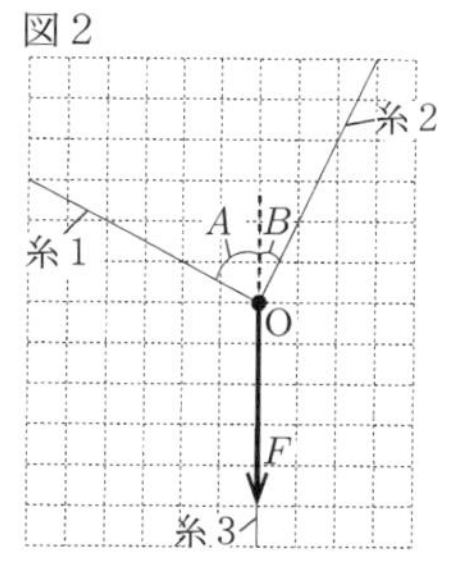

3．次は，*A*，*B*の角度を大きくしていったときの，ばねばかり1，2がそれぞれ示す値と，糸1，2が点Oを引く力の合力についてまとめたものである。[a]，[b]にあてはまる言葉として適切なものを，あとのア～ウからそれぞれ一つずつ選び，記号で答えなさい。

> *A*，*B*の角度を大きくしていったとき，ばねばかり1，2がそれぞれ示す値は，[a]。また，*A*，*B*の角度を大きくしていったとき，糸1，2が点Oを引く力の合力は，[b]。

ア．大きくなる
イ．小さくなる
ウ．変わらない

4．図1で*A*，*B*の角度の大きさがそれぞれ60°のとき，ばねばかり1が示す値は何Nか，求めなさい。

＜山形県＞

●水圧と浮力

3 水に浮かぶ物体にはたらく水圧の大きさを，矢印の長さで模式的に表すとどのようになりますか。次のア～エのうちから最も適当なものを一つ選び，その記号を書きなさい。ただし，矢印が長いほど水圧が大きいことを表すものとします。

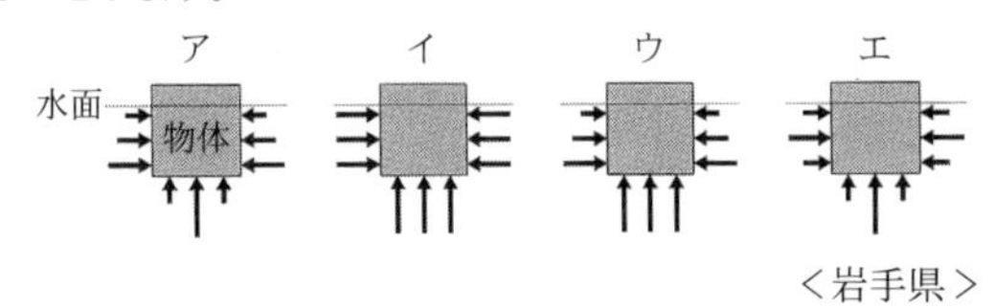

＜岩手県＞

4 図1のように高さが6.0 cmの直方体の物体を軽くて細い糸でばねばかりにつるすと，ばねばかりは2.0 Nの値を示した。次に，図2のように水面と物体の下面とを一致させた状態から，物体の下面を水平に保ったまま図3の状態をへて，水面から物体の下面までの距離が14.0 cmとなる図4の状態までゆっくり沈めた。図4のとき，ばねばかりは0.5 Nの値を示した。

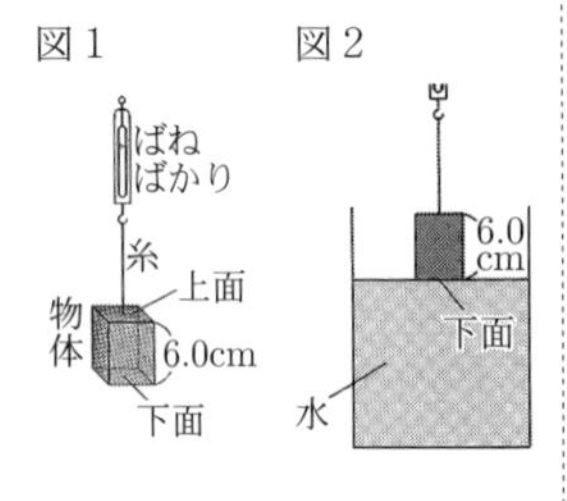

問1．次の文は図3，図4のように，水中にある物体の面にはたらく力と浮力について説明したものである。文中の空欄（ X ），（ Y ）に適する語句を下の語群から選び，文を完成せよ。ただし，同じ語句を2度用いてもよい。

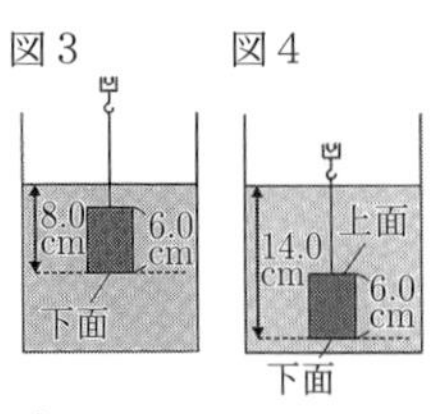

> 図3のときの物体の下面にはたらく力の大きさは，図4のときの物体の上面にはたらく力の大きさ（ X ）。また，水中の深いところの水圧は浅いところの水圧（ Y ）ため，この差により浮力が生じる。

語群．と等しい　　より大きい　　より小さい

問2．図2の状態から図4の状態まで物体を沈めるとき，「ばねばかりの値」と，「水面から物体の下面までの距離」の関係を表すグラフを右の図5にかけ。

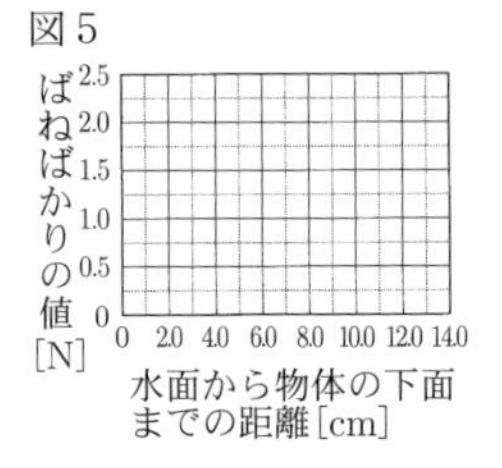

＜長崎県＞

5 浮力に関して，あとの1～3に答えなさい。

1．右の図1のように，質量30 g，底面積1 cm²，高さ10 cmの直方体の物体Bに糸をつけ，ばねばかりでつるした装置を下方に動かして物体Bをゆっくりと水中に沈め，水面から物体Bの底面までの距離を2 cmずつ変えてそれぞれ静止させたときの物体Bにはたらく力を調べる実験をしました。表は，水面から物体Bの底面までの距離と，そのときのばねばかりの示す値をそれぞれ示したものです。あとの(1)～(3)に答えなさい。ただし，質量100 gの物体にはたらく重力の大きさを1 Nとします。

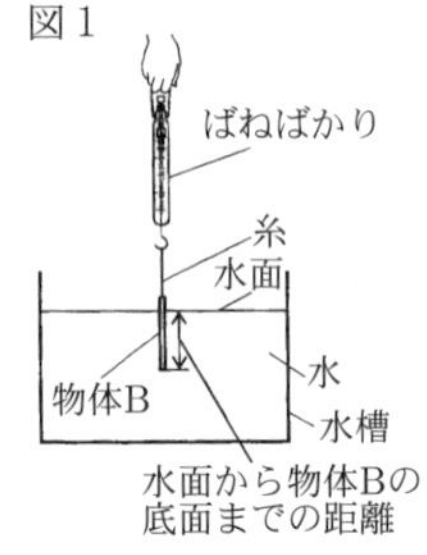

表

水面から物体Bの底面までの距離[cm]	0	2	4	6	8	10
ばねばかりの示す値[N]	0.30	0.28	0.26	0.24	0.22	0.20

(1) この実験で用いたばねばかりは，フックの法則を利用してつくられています。次の文は，フックの法則を説明したものです。文中の[a]・[b]に当てはまる語はそれぞれ何ですか。あとのア～エの組み合わせの中から適切なものを選び，その記号を書きなさい。

ばねの[a]は，ばねを引く力の大きさに[b]する。

ア．[a]：長さ　[b]：比例
イ．[a]：長さ　[b]：反比例
ウ．[a]：のび　[b]：比例
エ．[a]：のび　[b]：反比例

(2) 水面から物体Bの底面までの距離が10 cmの位置に物体Bを静止させているとき，物体Bにはたらく浮力の大きさは何Nですか。

(3) 右の図2のように，図1と同じ装置を用いて，水面から物体Bの底面までの距離が10 cmの位置から，水槽に当たらないように物体B全体をゆっくりと水中に沈め，水面から物体Bの底面までの距離を変えて静止させたときの物体Bにはたらく力を調べる実験をします。この実験で得られる結果と，表を基にして，水面から物体Bの底面ま

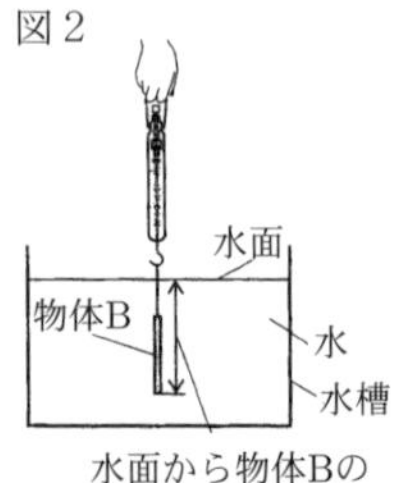

での距離と，そのときのばねばかりの示す値との関係をグラフで表すと，どのようなグラフになると考えられますか。次のア～エの中から適切なものを選び，その記号を書きなさい。

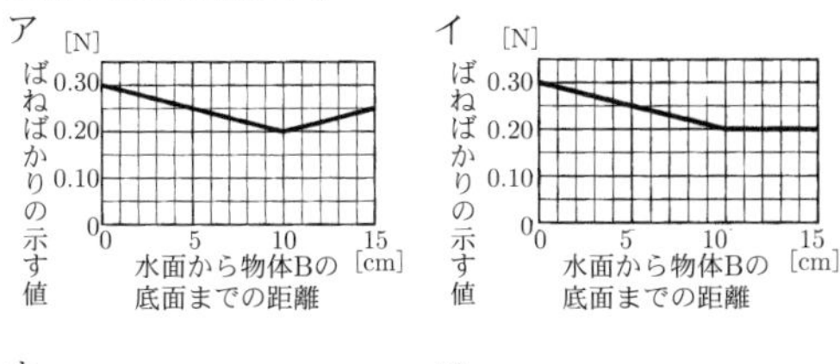

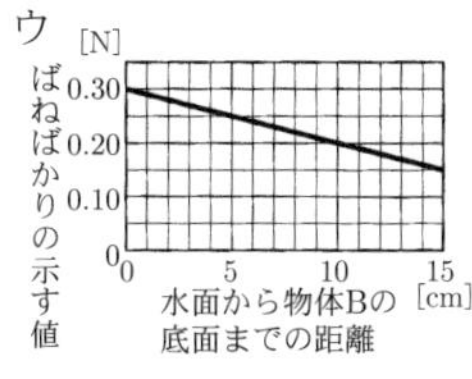

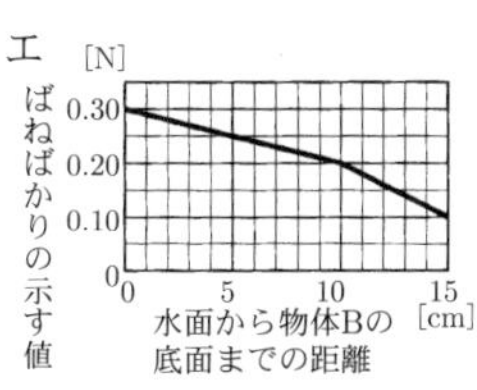

2．質量が同じで，形がともに直方体である物体Xと物体Yがあり，この２つの物体は，いずれか一方は亜鉛で，もう一方は鉄でできています。次の図３のように，この２つの物体を１本の棒の両端に取り付けた同じ長さの糸でそれぞれつるし，棒の中央に付けた糸を持って棒が水平につり合うことを確認した後，図４のように，この２つの物体全体を水中に沈め，棒が水平になるように手で支えました。

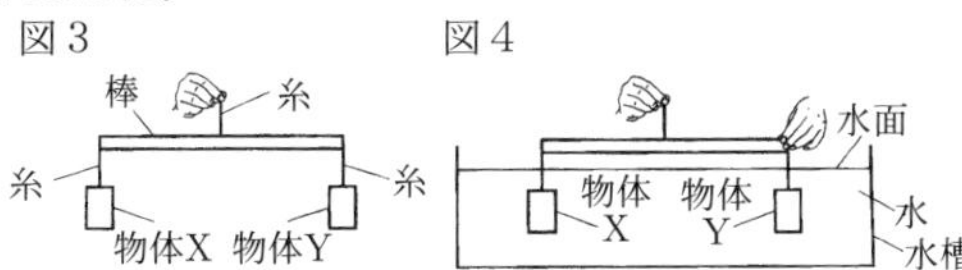

次の文章は，図４で棒を支える手をはなした後の２つの物体の様子と，その様子から分かることについて述べたものです。文章中の［　c　］に当てはまる内容を，「質量」，「体積」，「密度」の語を用いて簡潔に書きなさい。また，［　d　］に当てはまる語は亜鉛・鉄のうちどちらですか。その語を書きなさい。ただし，亜鉛の密度は$7.14 \mathrm{g/cm^3}$，鉄の密度は$7.87 \mathrm{g/cm^3}$とします。

> 棒を支えている手をはなすと，物体Xが上に，物体Yが下に動き始めた。これは，水中にある物体の体積が大きいほど，浮力が大きくなるためである。このことから，２つの物体のうち，物体Xの方が［　c　］ことが分かり，物体Xが［　d　］であることが分かる。

3．水に浮く直方体の物体Zがあります。次の図５は，物体Zを水中に沈めて静かに手をはなしたときの物体Z全体が水中にある様子を，図６は，物体Zの一部が水面から出た状態で静止している様子を，それぞれ模式的に示したものです。図５における物体Zにはたらく重力と浮力をそれぞれ重力ｉ，浮力ｉとし，図６における物体Zにはたらく重力と浮力をそれぞれ重力ii，浮力iiとしたとき，あとのア～オの中で，物体Zにはたらく力について説明している文として適切なものはどれですか。その記号を全て書きなさい。ただし，物体Zの形や質量は常に変わらないものとします。

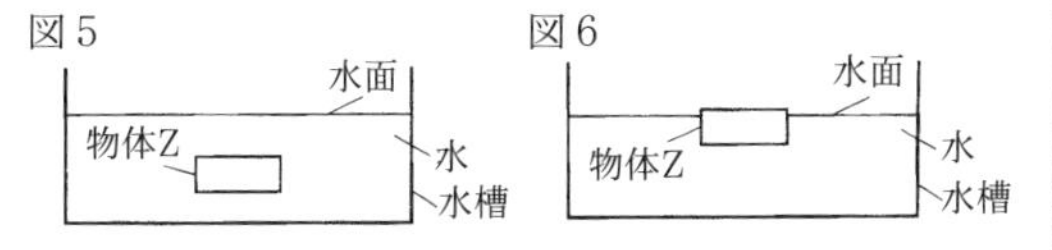

ア．重力ｉと浮力ｉの大きさを比べると，浮力ｉの方が大きい。
イ．重力ｉと浮力iiの大きさを比べると，浮力iiの方が大きい。
ウ．重力iiと浮力ｉの大きさを比べると，重力iiの方が大きい。
エ．重力iiと浮力iiの大きさを比べると，大きさが等しい。
オ．浮力ｉと浮力iiの大きさを比べると，大きさが等しい。

＜広島県＞

6　有人潜水調査船「しんかい6500」が深海に潜るときや海面に戻るときには，浮力と重力の差を利用する。このことを知ったSさんは，ばねを用いて浮力と重力について調べる実験を行い，「しんかい6500」の下降・上昇について考察を行った。あとの問いに答えなさい。ただし，実験１～３で用いたばねはすべて同じばねで，ばねの重さや体積，ばねにはたらく浮力の大きさは考えないものとする。また，質量100 gの物体にはたらく重力の大きさは1 Nとする。

【実験１】　図Ⅰのように，ばねにおもりをつるし，ばねに加えた力の大きさとばねの長さとの関係を調べた。

図Ⅰ　ばね　ばねの長さ　おもり

［実験１のまとめ］

測定結果をグラフに表すと図Ⅱのようになった。ばねの長さから，ばねに力を加えていないときの長さをひいて，ばねののびを求めると，㋐ばねののびは，ばねに加えた力の大きさに比例していることが分かった。

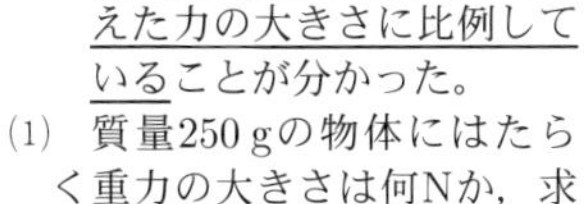

図Ⅱ　ばねの長さ[cm]（0, 10, 20, 30, 40）　ばねに加えた力の大きさ[N]（0, 1.0, 2.0, 3.0）

(1)　質量250 gの物体にはたらく重力の大きさは何Nか，求めなさい。

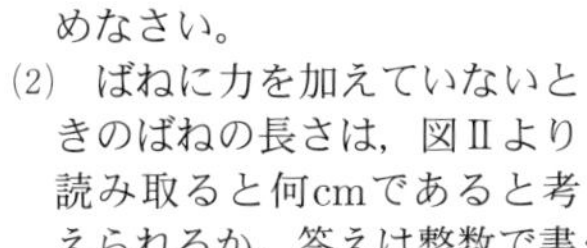

(2)　ばねに力を加えていないときのばねの長さは，図Ⅱより読み取ると何cmであると考えられるか。答えは整数で書くこと。

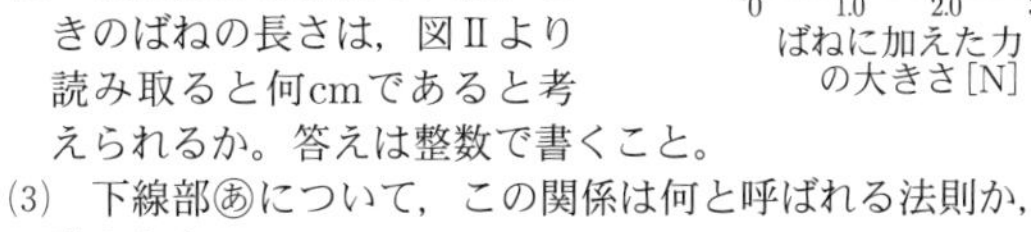

(3)　下線部㋐について，この関係は何と呼ばれる法則か，書きなさい。

【実験２】　図Ⅲのように，高さの調節できる台に水槽を置き，円柱A（重さ2.0 N，高さ6.0 cm，底面積$20 \mathrm{cm^2}$）を，円柱の底面と水面がつねに平行になるようにしながら，ばねにつるした。このとき，台の高さを調節することで，水面から円柱の底面までの長さとばねの長さとの関係を調べた。

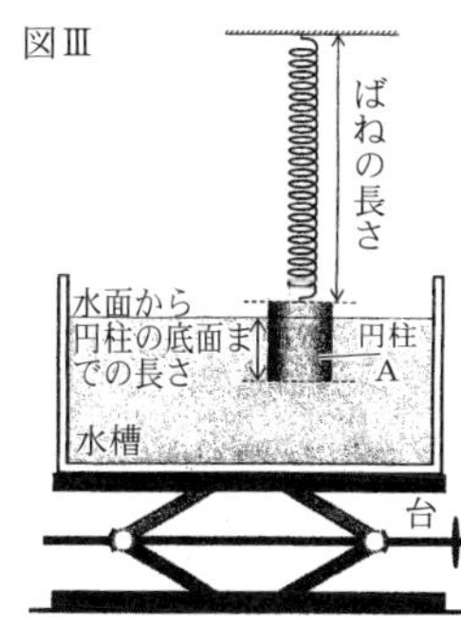

［実験２のまとめ］

・測定結果

水面から円柱の底面までの長さ[cm]	0	2.0	4.0	6.0	8.0	10.0
ばねの長さ[cm]	31	27	23	19	19	19

・浮力の大きさは，円柱Aにはたらく重力の大きさからばねに加えた力の大きさをひくと求めることができる。

・円柱の一部分が水中にあるとき，水面から円柱の底面までの長さが2.0 cm増えるごとに，ばねの長さが[ⓐ]cmずつ短くなるので，浮力の大きさは0.4 Nずつ大きくなる。
・円柱の底面と水面が平行なので，円柱の一部分が水中にあるとき，水面から円柱の底面までの長さと，円柱の水中にある部分の体積は比例する。よって，浮力の大きさは物体の水中にある部分の体積に比例すると考えられる。
・円柱Aが完全に水中にあるときには，深さに関わらず，浮力の大きさは[ⓑ]Nである。

(4) 上の文中の[ⓐ]，[ⓑ]に入れるのに適している数をそれぞれ求めなさい。

【Sさんが「しんかい6500」について調べたこと】
・乗員3名を乗せて，水深6500 mまで潜ることができる有人潜水調査船である。
・乗員3名が乗った状態では海に浮くように設計されており，深海に潜るときには鉄のおもりを複数個船体に取り付ける必要がある。
・下降をはじめると，やがて㋑下降の速さは一定となり，6500 m潜るのに2時間以上かかる。
・深海での調査を終え，海面に戻るときには，船体に取り付けていた鉄のおもりをすべて切り離して上昇する。

(5) 下線部㋑について，次の文中の①〔　〕，②〔　〕から適切なものをそれぞれ一つずつ選び，記号を○で囲みなさい。

鉄のおもりを取り付けた「しんかい6500」が下降しているとき，浮力と重力の大きさに差があるにもかかわらず，下降する速さは一定となる。これは，三つめの力として「しんかい6500」の動きをさまたげようとする力がはたらき，三つの力の合力が0になっているためと考えられる。図Ⅳを「しんかい6500」が一定の速さで深海に向かって下降している途中のようすを示しているものとすると，「しんかい6500」の動きをさまたげようとする力の向きは，図Ⅳ中の①〔ア. ㋐の向き　イ. ㋑の向き〕であり，②〔ウ. 浮力　エ. 重力〕の向きと同じと考えられる。

図Ⅳ
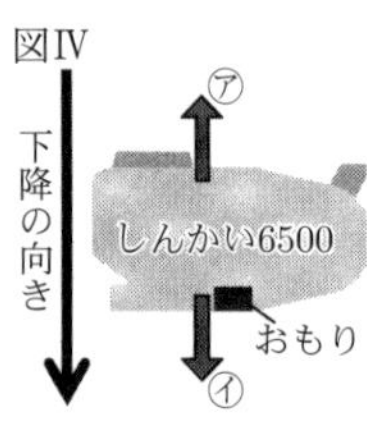

【実験3】 図Ⅲの実験装置を使い，円柱A(重さ2.0 N，高さ6.0 cm，底面積20 cm²)を，図Ⅴに示した円柱B(重さ1.0 N, 高さ6.0 cm, 底面積20 cm²)や，円柱C(重さ0.30 N，高さ1.0 cm，底面積20 cm²)に替えて，実験2と同じように実験を行った。

[円柱Bに替えたときの結果]　図Ⅴ
・水面から円柱の底面までの長さが5.0 cm以下のときには，水面から円柱の底面までの長さが長くなるにつれ，実験2のときと同じ割合で浮力の大きさは大きくなった。
・水面から円柱の底面までの長さが5.0 cmになったところで，ばねののびはなくなり，それ以上沈むことはなかった。

	重さ	高さ	底面積
円柱B	1.0N	6.0cm	20cm²
円柱C	0.30N	1.0cm	20cm²

[円柱Cに替えたときの結果]
・円柱Cが完全に水中にあるときのばねの長さは12 cmであった。

(6) 次の文は，Sさんが実験3で用いた円柱Bを「しんかい6500」に見立て，円柱Cを鉄のおもりに見立てて考察したものである。文中の[①]〜[③]に入れるのに適している数をそれぞれ求めなさい。答えはそれぞれ小数第1位まで書くこと。ただし，円柱Cは複数個あり，複数個同時に円柱Bの下部に取り付けて一体の物体とすることが可能である。

ばねをはずした円柱Bが水面に浮かんで静止しているとき，円柱Bにはたらいている重力の大きさは1.0 Nであり，浮力の大きさは[①]Nである。

次に，図Ⅵのように円柱Bに円柱Cを3個取り付けると，一体となった物体全体にはたらく重力の大きさは[②]Nとなり，一体となった物体がすべて水中にあるときの浮力の大きさは[③]Nとなる。したがって，一体となった物体は下降を続ける。

図Ⅵ
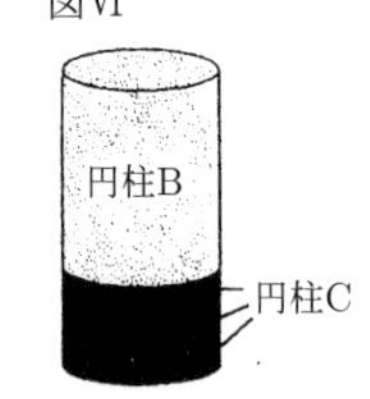

(7) 「しんかい6500」が海底近くの一定の深さにとどまり調査を行うためには，潜るために船体に取り付けていた鉄のおもりを，具体的にどのようにすることで，浮力と重力の関係をどのようにしていると考えられるか，書きなさい。ただし，調査のときの水平方向や上下方向へのわずかな移動にともなう力については，考えないものとする。

＜大阪府＞

7

物体にはたらく力について調べるため，次の実験1〜3を行いました。これに関して，あとの(1)〜(4)の問いに答えなさい。ただし，ひも，糸，動滑車(どうかっしゃ)およびばねばかりの質量，ひもとそれぞれの滑車との間の摩擦(まさつ)，糸の体積は考えないものとし，おもりの変形，ひもや糸の伸び縮みはないものとします。また，質量100 gの物体にはたらく重力の大きさを1 Nとします。

実験1.

① ひもの一端(たん)を天井にある点Aに固定し，他端を動滑車，天井に固定した定滑車Mを通してばねばかりにつないだ装置を用意した。また，水の入った容器の底に沈(しず)んだ質量1 kgのおもりを，糸がたるまないようにして，動滑車に糸でつないだ。

② 図1のように，矢印(➡)の向きに，手でばねばかりをゆっくりと引き，おもりを容器の底から高さ0.5 mまで引き上げた。このとき，おもりは水中にあり，ばねばかりの目もりが示す力の大きさは4 Nで，手でばねばかりにつないだひもを引いた長さは1 mであった。

図1
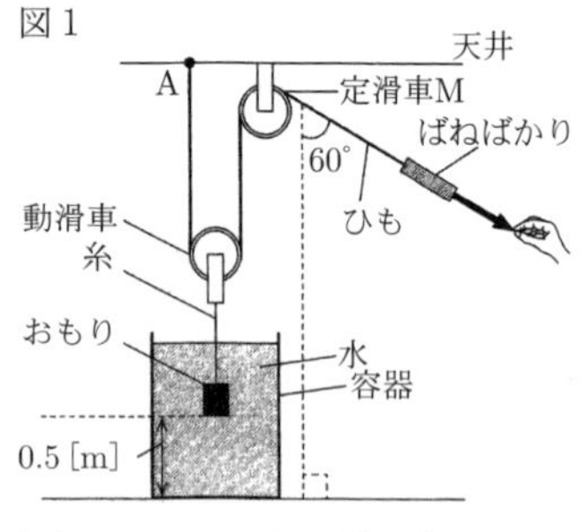

③ さらにばねばかりを同じ向きに引き，おもりが水中から完全に出たところで静止させた。このとき，ばねばかりの目もりが示す力の大きさは5 Nであった。

実験2.

① 実験1の装置から，動滑車，点Aに固定したひもの一端および水の入った容器を取り外した。

② 図２のように，ひもの一端を天井の点Bに固定し，おもりをひもに糸で直接つないで，ばねばかりを実験１と同じ向きにゆっくり引いておもりを静止させた。このとき，ひもに糸をつないだ点を点O，ひもが定滑車Mと接する点を点Pとすると，∠BOPの角度は120°であった。

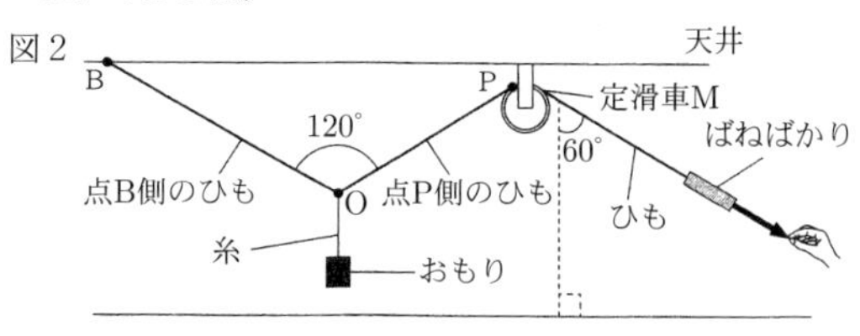

実験３．

① 実験２の装置の点Bに固定したひもの一端を外し，天井に固定した定滑車Nを通して，質量600 gの分銅をつないだ。

② 図３のように，ばねばかりを実験１と同じ向きにゆっくり引いておもりを静止させた。このとき，ひもが定滑車Mと接する点を点Q，ひもが定滑車Nと接する点を点Rとすると，点Rと点Qは同じ水平面上にあった。

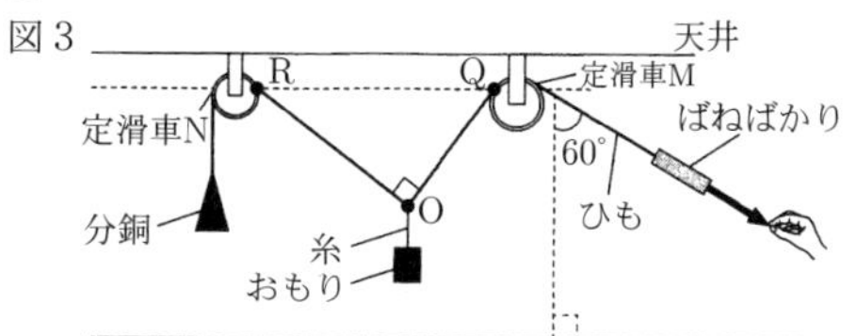

(1) 次の文章中の［　　］にあてはまる最も適当なことばを書きなさい。

> 実験１のように，動滑車などの道具を使うと，小さな力で物体を動かすことができるが，物体を動かす距離は長くなる。このように，同じ仕事をするのに，動滑車などの道具を使っても使わなくても仕事の大きさは変わらないことを［　　］という。

(2) 実験１の①で，水の入った容器の底にあるおもりにはたらく浮力は何Nか，書きなさい。

(3) 図４は，実験２で，おもりを静止させたときのようすを模式的に表したものである。このとき，点B側のひも，点P側のひも，およびおもりをつないでいる糸が点Oを引く力を，図４中にそれぞれ矢印でかきなさい。ただし，方眼の１目もりは1 Nの力の大きさを表している。また，作用点を•で示すこと。

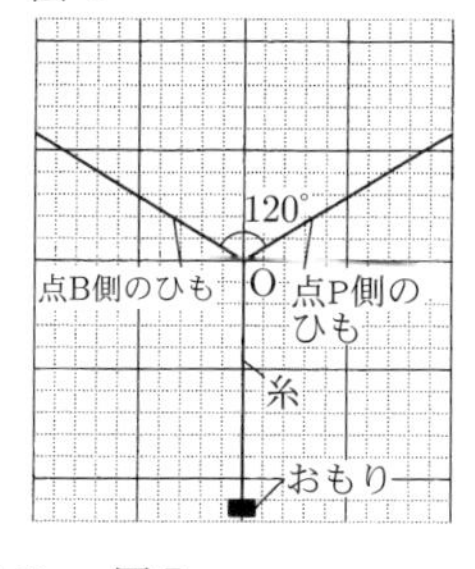

(4) 実験３の②で，点R，O，Qの位置と各点の間の長さは図５のようになっていた。このとき，ばねばかりの目もりが示す力の大きさは何Nか，書きなさい。

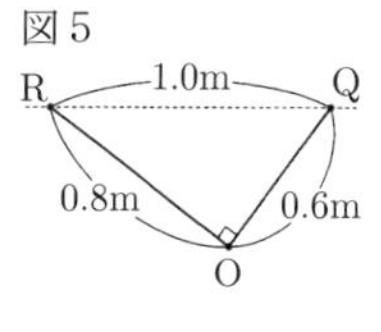

＜千葉県＞

物体の運動

1 自動車が36 kmの道のりを45分間で移動した。このとき，自動車の平均の速さとして最も適当なものを，次のア～エのうちから一つ選び，その符号を書きなさい。

ア．12 km/h　　イ．27 km/h
ウ．48 km/h　　エ．80 km/h

＜千葉県＞

2 1秒間に50回打点する記録タイマーで運動を記録したテープを５打点ごとに切ると，どの長さも4.2 cmだった。この運動の平均の速さは何cm/sか，書きなさい。

＜北海道＞

3 次の図は，1秒間に50打点する記録タイマーを用いて，物体の運動のようすを記録した記録テープです。記録テープのXの区間が24.5 cmのとき，Xの区間における平均の速さとして最も適切なものを，あとのア～エの中から一つ選び，その記号を書きなさい。

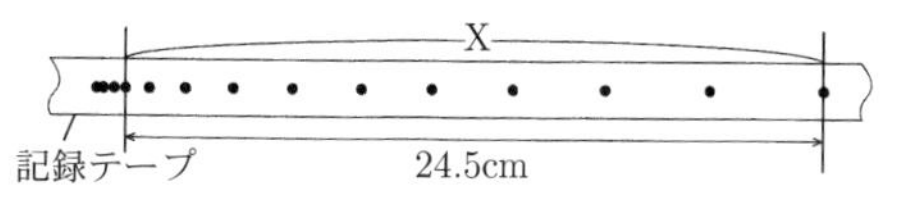

ア．4.9 cm/s　　イ．24.5 cm/s
ウ．122.5 cm/s　　エ．245.0 cm/s

＜埼玉県＞

4 カーリングでは，氷の上で目標に向けて，図１のようにストーンを滑らせる。ストーンは，選手が手をはなした後も長い距離を進み続けるが，徐々に減速して止まったり，別のストーンに接触して速さや向きを変えたりする。次の(1)，(2)に答えなさい。

(1) 氷の上を動いているストーンが徐々に減速するのは，動いている向きと反対の向きの力がストーンの底面にはたらくからである。このように，物体どうしがふれ合う面ではたらき，物体の動きを止める向きにはたらく力を何というか。書きなさい。

(2) 図２は，静止しているストーンBと，ストーンBに向かって動いているストーンAの位置を真上から見たものであり，⇧は，ストーンAの動いている向きを表している。また，図３は，ストーンBにストーンAが接触したときの位置を真上から見たものであり，•⟶は，２つのストーンが接触したときに，ストーンBがストーンAから受けた力を表している。２つのストーンが接触したとき，ストーンAがストーンBから受けた力を，図３に矢印でかき入れなさい。なお，作用点を「•」で示すこと。

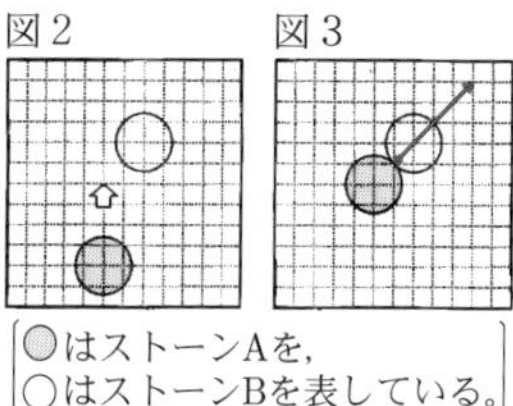

＜山口県＞

5 図のA～Cは，机の上に物体を置いたとき，机と物体に働く力を表している。力のつり合いの関係にある２力と作用・反作用の関係にある２力とを組み合わせたものとして適切なのは，下の表のア～エのうちではどれか。

ただし，図ではA～Cの力は重ならないように少しずらして示している。

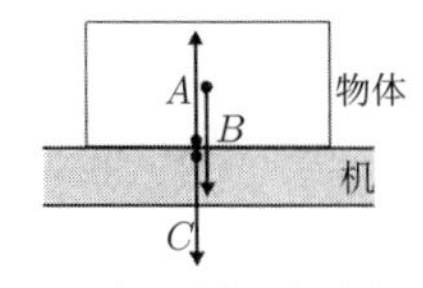

A：机が物体を押す力
B：物体に働く重力
C：物体が机を押す力

	力のつり合いの関係にある２力	作用・反作用の関係にある２力
ア	AとB	AとB
イ	AとB	AとC
ウ	AとC	AとB
エ	AとC	AとC

＜東京都＞

6 次の会話は，優香さんと先生が，力と運動について交わしたものの一部である。これについて，あとの問い(1)・(2)に答えよ。

優香　水平な床の上に置かれた重い荷物を，床に平行な向きに押したとき，荷物が重すぎて動かすことができませんでした。もし，床に摩擦がなければ，私は荷物を簡単に動かすことができたのでしょうか。

先生　床に摩擦がなければ荷物は簡単に動きそうですが，その場合，荷物と床の間だけでなく，人と床の間にも摩擦がないことになってしまいますね。

優香　なるほど。荷物と床の間に摩擦がなく，人と床の間にも摩擦がない場合，どのようなことが起こるのでしょうか。

先生　では，図のように，摩擦がない水平な床の上で，人が自分よりも重い荷物を，床に平行な向きに押す状況を想定しましょう。そして，荷物と人にはたらく力を，床に平行な方向と垂直な方向に分けて，荷物と人がそれぞれどう動くのか考えましょう。

優香　はい。床に平行な方向の力を考えると，荷物は人から力を受け，［ A ］ので，［ B ］ことになります。

先生　そうですね。では，床に垂直な方向の力はどのようになっているかわかりますか。

優香　はい。荷物にも人にも重力がはたらいていますが，重力と，床からの垂直抗力は［ C ］と考えられます。

先生　その通りです。

優香　ちなみに，動いている物体は，摩擦や空気の抵抗などの力がはたらいていなければ，［ D ］の法則が成り立つので，止まることなく動き続けるのですよね。

先生　そうですね。物体に力がはたらいていないときはもちろん，重力や摩擦力，空気の抵抗など，大きさや向きが異なる複数の力がはたらいていても，それらの力が［ C ］ときは，［ D ］の法則が成り立つので，動いている物体は等速直線運動を続けます。また，物体がそれまでの運動を続けようとする性質を［ D ］というのでしたね。

(1) 会話中の［ A ］・［ B ］に入る表現として最も適当なものを，［ A ］は次の i 群(ア)～(エ)から，［ B ］は下の ii 群(カ)～(ク)からそれぞれ１つずつ選べ。ただし，荷物は変形しないものとする。

i 群．(ア) 人は荷物から力を受けない
(イ) 人は荷物が受けた力と反対向きで，同じ大きさの力を受ける
(ウ) 人は荷物が受けた力と反対向きの力を受けるが，人が受ける力の方が大きい
(エ) 人は荷物が受けた力と反対向きの力を受けるが，荷物が受ける力の方が大きい

ii 群．(カ) 荷物だけが動く
(キ) 人だけが動く
(ク) 荷物と人の両方が動く

(2) 会話中の［ C ］に共通して入る適当な表現を，７字以内で書け。また，［ D ］に共通して入る語句を，漢字２字で書け。

＜京都府＞

7 物体の運動について調べるために，次の実験１，２を行った。あとの問いに答えなさい。ただし，台車や滑車および記録タイマーの摩擦，テープおよび糸の重さや伸び，空気の抵抗は，無視できるものとする。

【実験１】

図１のように，水平な台と記録タイマーを用いた装置を組み，台車を手で押さえて止めたまま，糸をおもりXの上面の中心につないだ。

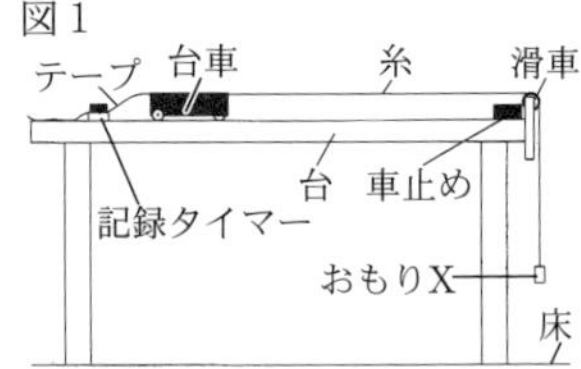

台車から静かに手をはなすと，台車は車止めに向かってまっすぐ進み，おもりが床に達したあともそのまま進み続け，車止めに当たった。台車から手をはなしたあとの台車の運動を，１秒間に50回打点する記録タイマーで記録した。

図２は，テープを基準点から0.1秒ごとに切り取り，グラフ用紙に貼りつけたものである。

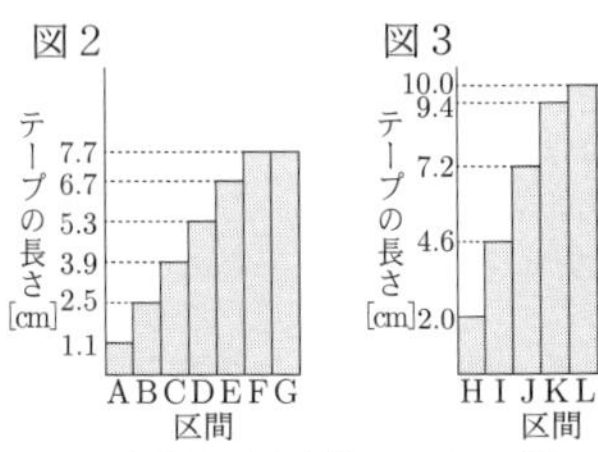

【実験２】

おもりXよりも重いおもりYにとりかえ，実験１と同様のことを行った。

図３は，テープを基準点から0.1秒ごとに切り取り，グラフ用紙に貼りつけたものである。

1．図４は，台車から手をはなす前の，おもりにはたらく重力を，方眼紙上に示したものである。おもりにはたらく重力とつり合っている力を，重力の記入のしかたにならって，図４にかきなさい。

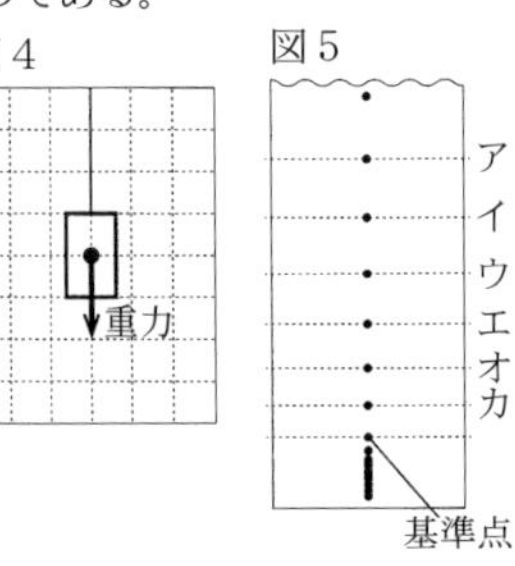

2．実験１について，次の問いに答えなさい。

(1)　図５は，テープと打点を表している。基準点から0.1秒の区間を切り取る場合，どの位置で切り取ればよいか，適切なものを図５中のア～カから一つ選び，記号で答えなさい。

(2)　区間Cの台車の平均の速さに比べて，区間Dの台車の平均の速さは，何cm/s変化したか，書きなさい。

3．次は，実験１，２の結果をもとにまとめたものである。［ a ］，［ b ］にあてはまるものの組み合わせとして適切なものを，あとのア～カから一つ選び，記号で答えなさい。

> 運動の向きに一定の力がはたらく場合，物体の速さは一定の割合で変化する。また，物体にはたらく力が大きいほど，速さの変化の割合は［ a ］なる。
> また，実験２では，区間［ b ］でおもりが床につき，それ以降は物体を水平方向に引く力がはたらかなくなり，物体にはたらく力がつり合うため，物体の速さは一定になる。

ア．a．小さく　　b．J
イ．a．小さく　　b．K
ウ．a．小さく　　b．L
エ．a．大きく　　b．J
オ．a．大きく　　b．K
カ．a．大きく　　b．L

＜山形県＞

8　次の問いに答えなさい。

［実験］　次の図１のように，なめらかな斜面上のAの位置に小球を置いて，手で支えて静止させた。次に，斜面に沿って上向きに，小球を手で押しはなした。図２は，小球を手で押しはなしたときの，小球が斜面上を運動する様子を表したものであり，一定時間ごとに撮影した小球の位置を，A～Fの順に示している。また，表は，図２の各区間の長さを測定した結果をまとめたものである。ただし，摩擦や空気抵抗はないものとする。

図１

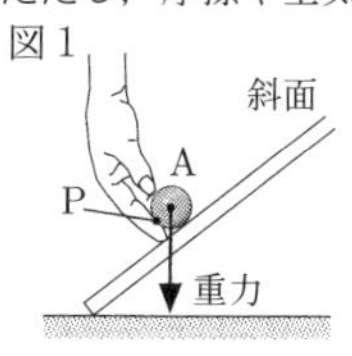

図２

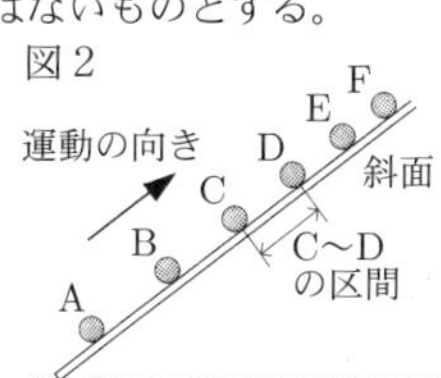

表

区間	B～C	C～D	D～E	E～F
区間の長さ[cm]	11.3	9.8	8.3	6.8

(1)　図１の矢印は，小球にはたらく重力を示したものである。Aの位置で，手が小球を静止させる，斜面に平行で上向きの力を，右の図中に，点Pを作用点として，矢印でかけ。

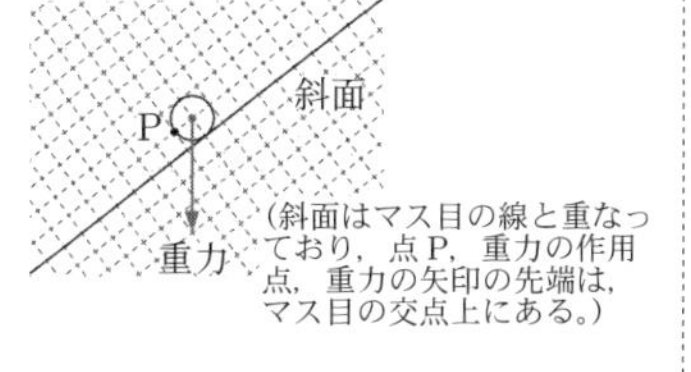

(2)　次の文の①，②の｛　｝の中から，それぞれ適当なものを１つずつ選び，その記号を書け。

表から，B～Fの区間で小球が斜面上を運動している間に，小球にはたらく，斜面に平行な力の向きは，①｛ア．斜面に平行で上向き　イ．斜面に平行で下向き｝で，その力の大きさは，②｛ア．しだいに大きくなる　イ．しだいに小さくなる　ウ．一定である｝ことが分かる。

＜愛媛県＞

9　太郎さんは，斜面を下る台車の速さを調べる実験を行い，ノートにまとめた。あとの(1)～(4)の問いに答えなさい。ただし，実験において斜面と台車の間の摩擦や空気の抵抗は考えないものとする。

> 太郎さんの実験ノートの一部.
> 【課題】
> 斜面を下る台車は，どのように速さが変化するのだろうか。
> 【手順】
> ❶　滑走台を斜めに固定する(図１)。
> ❷　台車を斜面上に静止させ，そっと手を離す。このときの台車の運動を記録タイマー(1秒間に50回打点するもの)で記録する。
> ❸　<u>テープを0.1秒間ごとにハサミで切り取り</u>，図２のように，左から順に紙へ貼りつける。

図１　図２

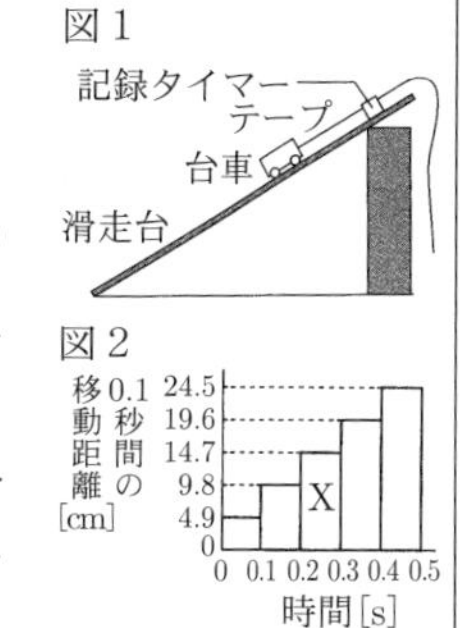

(1)　図３において，斜面上の台車にはたらく重力Wを，斜面にそう力Aと斜面に垂直な力Bに分解し，力Aと力Bを矢印でかき入れなさい。ただし，作図した矢印が力Aと力Bのどちらかがわかるように，A，Bの記号をそれぞれ書きなさい。

図３

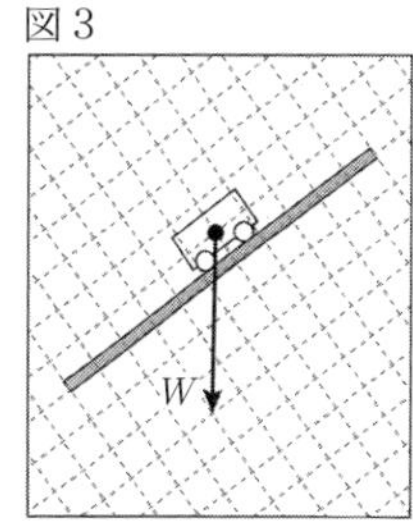

(2)　下線部について，テープの切り方として最も適当なものを，次のア～エの中から一つ選んで，その記号を書きなさい。

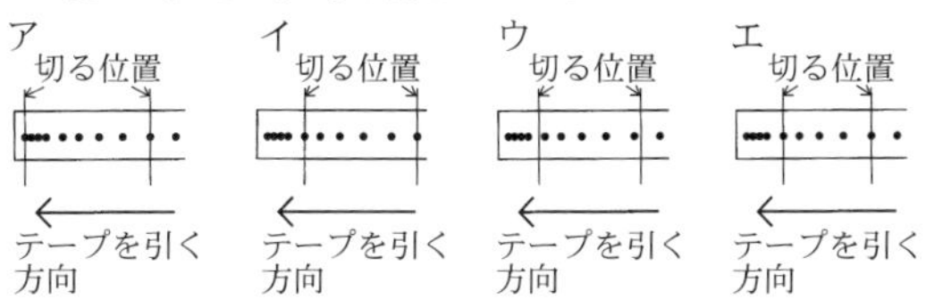

(3)　図２において，Xのテープに打点が記録された間の台車の平均の速さは何cm/sか，求めなさい。

(4)　実験をもとに，太郎さんは自転車で坂道を下るときの速さの変化について考えた。図４のように，自転車が斜面上の点Pで静止していたとする。自転車が斜面を下り始めたところ，速さは一定の割合で増えた。5秒後から，ブレーキをかけることで，自転車は一定の速さで斜面を下った。この運動のようすを表したグラフとして最も適当なものを，次のア～エの中から一つ選んで，その記号を書きなさい。ただし，自転車が点Pから斜面を下り始めるときを0秒とする。

図４

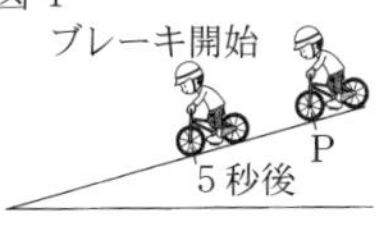

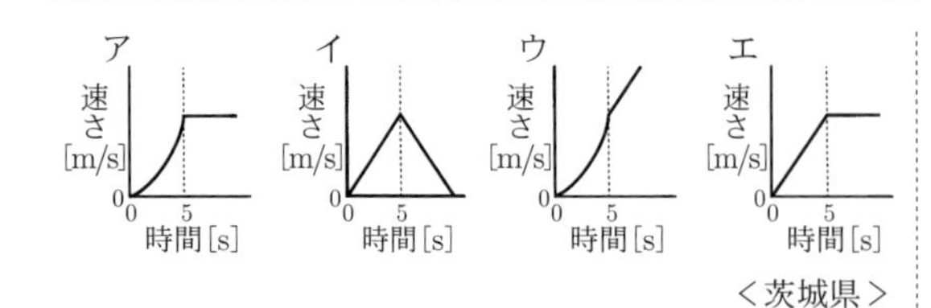

＜茨城県＞

10

物体の運動について調べるために次の実験を行った。1～5の問いに答えなさい。ただし，空気の抵抗，運動する台車にはたらく摩擦，記録タイマーの摩擦は考えないものとする。

〔実験〕

① 図1のように，1秒間に50回点を打つ記録タイマーを斜面上部に固定し，記録テープを台車にはりつけた。記録テープを手で支え，台車を静止させた。

図1

記録タイマー
記録テープ
台車
台車が斜面上を進む距離
斜面
水平面

② 記録タイマーのスイッチを入れた後，記録テープから静かに手をはなし，台車が斜面を下りて水平面上をまっすぐに進んでいく運動を記録した。

図2

記録テープの長さ[cm]
0 3 7 11 15 19 21
A B C D E F G H I
区間

③ 記録テープを，打点が重なり合わずはっきりと判別できる点から，0.1秒ごとに切り離し，記録テープの基準点側から順にA～Iとし，それぞれの長さを測定した。結果は表のようになった。図2は，記録テープを台紙にはりつけたものである。ただし，記録テープの打点は省略してある。

区間	A	B	C	D	E	F	G	H	I
記録テープの長さ[cm]	3.0	7.0	11.0	15.0	19.0	21.0	21.0	21.0	21.0

1．図3は，記録テープと打点を表している。記録テープを基準点から0.1秒後のところで切り離すとき，どこで切り離せばよいか，基準点に示した線にならって図3に実線でかき入れなさい。

図3

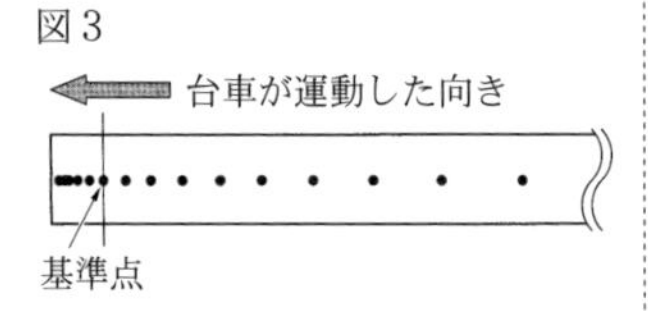

2．〔実験〕の②，③について，表のCとDを合わせた区間の平均の速さを求め，単位をつけて答えなさい。ただし，単位は記号で書きなさい。

3．〔実験〕の②，③について，区間Fの直前に，台車が水平面に達したため，区間F～Iでは，区間A～Eと違い，記録テープの長さが変わらなくなり，台車は等速直線運動をした。その理由を簡潔に書きなさい。

4．次の□は，〔実験〕で斜面上の台車にはたらく力について述べた文章である。ⓐ，ⓑに当てはまるものをア～ウから一つずつ選び，その記号をそれぞれ書きなさい。

> 斜面上の台車にはたらく重力をW，垂直抗力をNとし，WとNの大きさを比べると，ⓐ〔ア．$W>N$　イ．$W=N$　ウ．$W<N$〕である。また，台車が斜面を下っている間，Wの斜面に平行な分力は，ⓑ〔ア．だんだん大きくなった　イ．一定であった　ウ．だんだん小さくなった〕。

5．図1の装置を用いて，台車が斜面上を進む距離は変えずに，斜面の傾きを大きくし，〔実験〕と同じ操作を行った。このときの実験結果として最も適当なものを，次のア～エから一つ選び，その記号を書きなさい。

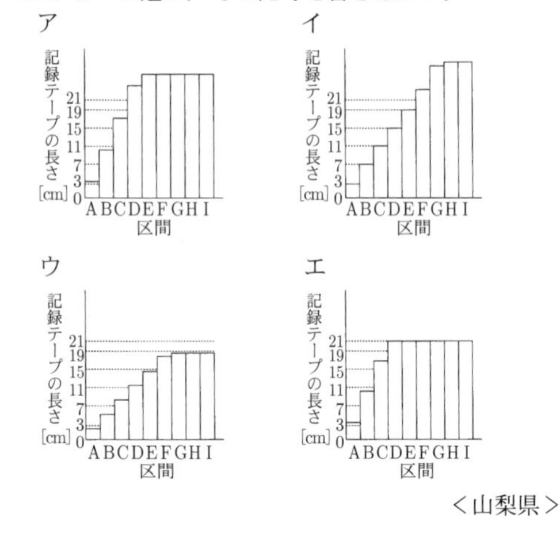

＜山梨県＞

11

物体にはたらく力と運動の関係を調べるために，次の実験1，実験2を行った。あとの各問いに答えなさい。ただし，小球にはたらく摩擦や空気の抵抗はないものとする。

実験1

操作1．図1のように，長さの目盛りのついたレールを使って斜面と水平面をつくった。

図1

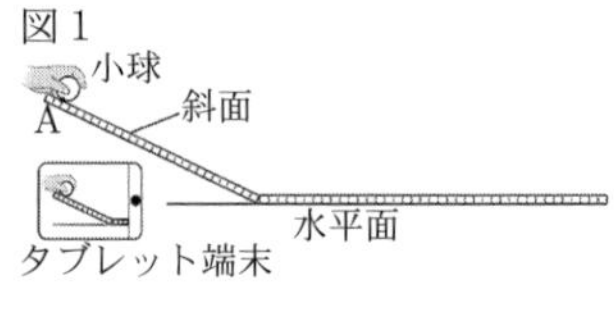

操作2．小球を斜面の点Aに置き，タブレット端末の動画撮影アプリを用いて撮影を開始してから静かに手をはなし，小球の運動を撮影した。小球は途中で斜面から水平面に達し，そのまま運動をつづけた。

操作3．アプリのコマ送り機能を使って，斜面上の0.1秒ごとの小球の位置を読み取り，表にまとめた。

時間[秒]	0	0.1	0.2	0.3	0.4	0.5
点Aからの距離[cm]	0	1.2	4.8	10.8	19.2	30.0

問1．実験1において，0.2秒から0.3秒の間の小球の平均の速さは何cm/秒か，答えなさい。

問2．実験1で，小球が斜面上を運動しているときの，時間と速さとの関係をグラフに表したものとして，最も適切なものを，次のア～エからひとつ選び，記号で答えなさい。

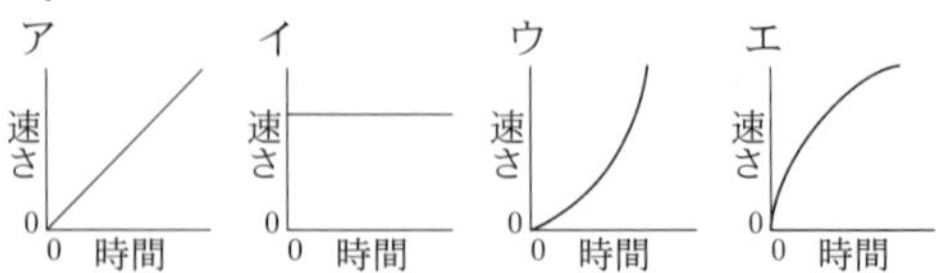

問3．実験1で，小球は水平面に達した後，一定の速さで一直線上を動いた。この運動を何というか，答えなさい。

問4．図2の矢印は，斜面上の小球にはたらく重力を示している。この時に小球にはたらく斜面からの垂直抗力を矢印で表しなさい。ただし，図2の重力のように，力の向き，大きさ，作用点がわかるように表すこと。

図2
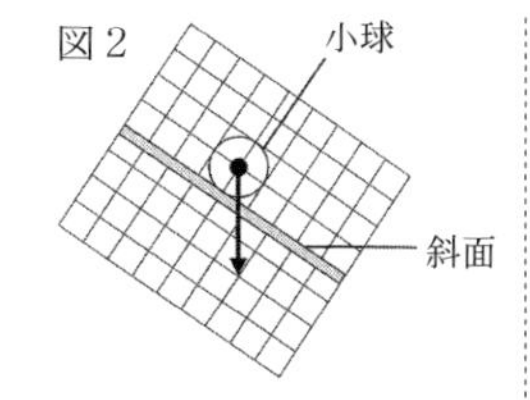

実験2

図3のように，実験1と同じ装置を用いて，図1よりも斜面の傾きの角度を大きくし，点Aと同じ高さの点Bに小球を置き，静かに手をはなした。

図3
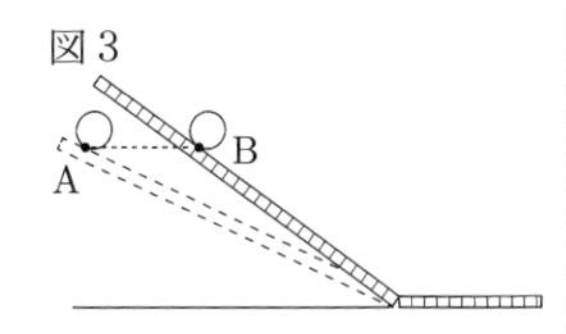

問5．次の文は，実験2の小球の運動について，実験1と比較したものである。文の(　①　)，(　②　)にあてはまる語句の組み合わせとして，最も適切なものを，あとのア～カからひとつ選び，記号で答えなさい。

> 実験2は，実験1と比べて，斜面を下る小球の速さのふえ方は(　①　)，水平面に達した時の小球の速さは(　②　)。

	(　①　)	(　②　)
ア	大きくなり	大きくなる
イ	大きくなり	小さくなる
ウ	大きくなり	変わらない
エ	変わらず	大きくなる
オ	変わらず	小さくなる
カ	変わらず	変わらない

＜鳥取県＞

12

物体の運動のようすについて調べるため，次のような実験を行いました。これについて，あとの(1)～(5)の問いに答えなさい。

実験1．

1 図Iのように，レール①と，レール①のB点からD点をつなぎ替えたレール②を使って，質量30 gの小球を転がす実験を行った。レール①とレール②のA点とG点の高さは同じである。ただし，それぞれのレールは摩擦がなく，なめらかにつながっているものとし，小球はレールに沿って運動するものとする。

図I
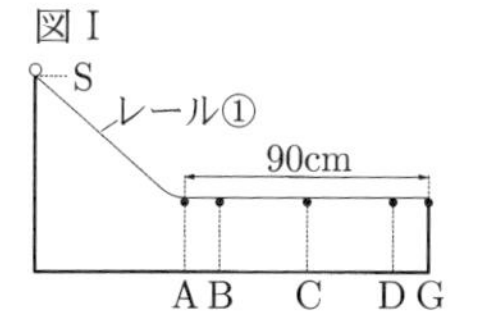

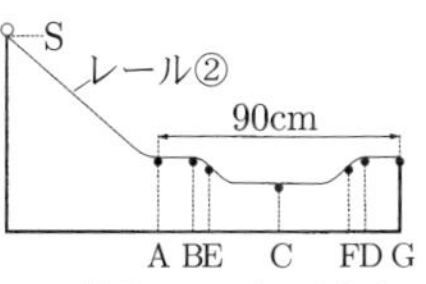

2 S点からそれぞれ小球を静かに放し，G点に達するまでの時間をそれぞれ計測したところ，レール②の方がレール①よりわずかに短くなった。

3 S点から小球を静かに放し，各地点の速さを簡易速度計でそれぞれ計測し，その結果を表にまとめた。

各地点の速さ[単位：cm/s]

	A	C	G
レール①	300	300	300
レール②	300	340	300

実験2．

4 図IIのように，レール①で，S点から小球を静かに放したときの水平面での運動のようすをストロボ装置を使って0.1秒ごとに写真を撮影した。

図II
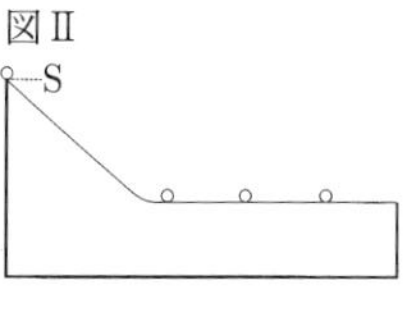

5 図IIIのように，レール①で，S点より低いT点から小球を静かに放し，4と同様にストロボ装置を使って0.1秒ごとに写真を撮影した。

図III
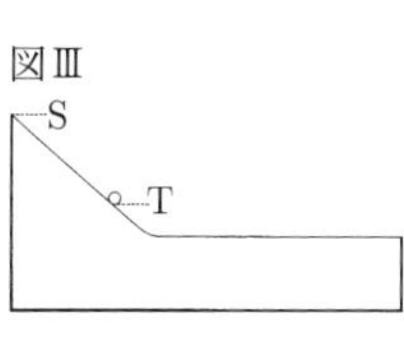

実験3．

6 図IVのように，レール②のB点からC点をつなぎ替えたレール③を作った。S点から小球を静かに放し，G点に達するまでの時間を計測したところ，2のレール②よりわずかに長くなった。

図IV
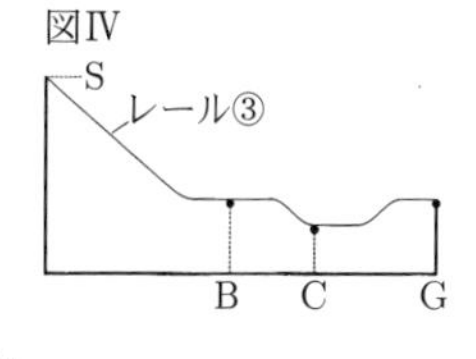

(1) 3で，小球がレール①のA点からG点に達するまでの時間は何秒ですか。数字で書きなさい。

(2) 実験1で，レール②のA点，E点，C点，F点のうち，小球のもつ位置エネルギーと運動エネルギーが最大なのはそれぞれどの地点ですか。最も適当なものを，一つずつ選び，その記号を書きなさい。

(3) 右の図は，4で，レール上の水平面を運動する小球を表しています。このとき，小球にはたらいている重力以外の力はどのようになりますか。図に矢印でかき入れなさい。ただし，100 gの物体にはたらく重力の大きさを1 N，図の1目盛りは0.1 Nとします。また，力の矢印には(●──▶)のように作用点を•で図にかき入れなさい。

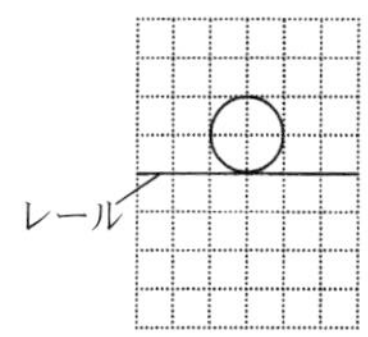

(4) 5で，水平面での写真として，最も適当なものはどれですか。次のア～エのうちから一つ選び，その記号を書きなさい。

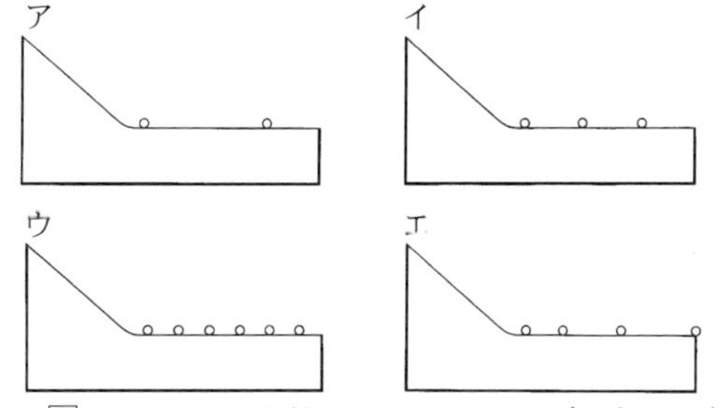

(5) 6で，そのような結果になったのはなぜですか。速さということばを用いて簡単に書きなさい。

＜岩手県＞

13 次のⅠ，Ⅱの問いに答えなさい。

Ⅰ．斜面上においた台車に力を加え，斜面に沿って台車を上向きに押し出した。力を加えるのをやめたあとも台車は斜面をのぼり続け，図1に示す斜面上のP点を通過した。台車の先端がP点を通過してからの時間と，P点から台車の先端までの距離の関係は次の表のようになった。ただし，空気抵抗や摩擦力は無視できるものとし，台車は一直線上を運動するものとする。

図1

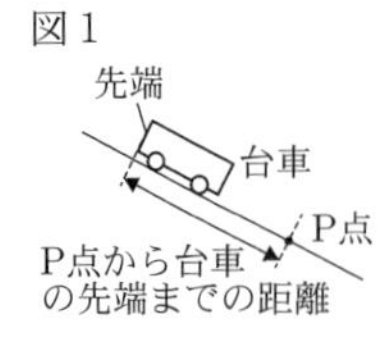

P点を通過してからの時間[s]	0	0.10	0.20	0.30	0.40
P点から台車の先端までの距離[cm]	0	23	41	55	65

問1．表の0.10～0.20秒の間の平均の速さは何cm/sか。

問2．図2の矢印は台車にはたらく重力を表している。この重力を斜面に平行な方向と斜面に垂直な方向の2つに分解し，その分力を右の図2にかけ。

図2

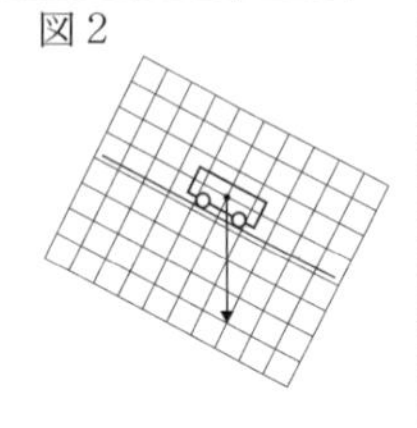

Ⅱ．図3のような装置を用いて手順1，2で実験を行った。ただし，物体A，Bの重さはともに0.70 Nであり，糸1，2は伸び縮みせず，その質量は考えなくてよい。また，空気抵抗や摩擦力は無視できるものとする。

図3

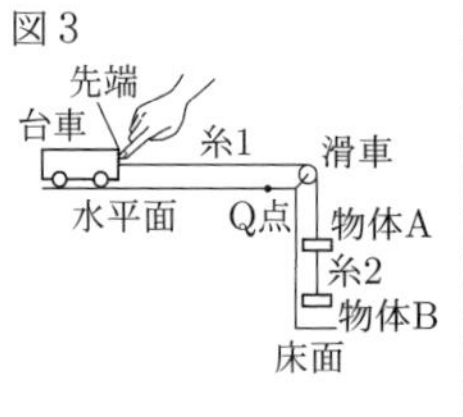

手順1．図3のように，水平面においた台車の先端を手で支え，糸1，2と滑車をつかって物体Aと物体Bを床面から離して静止させた。

手順2．糸1と糸2がたるまないように台車から静かに手を離し，台車を走らせた。まず，物体Bが床面に達してはね返ることなく静止し，糸2がたるんだ。つづいて，物体Aが物体B上に達して静止し，糸1がたるんだ。糸1が十分にたるんだあと台車はQ点に達した。手を離してからの台車の速さと時間を計測した。

問3．手順1の下線部のとき，糸1が物体Aを引く力は何Nか。

問4．手順2で，手を離してからの台車の速さと時間の関係を表したグラフとして最も適当なものは，次のどれか。ただし，たるんだ糸は運動をさまたげないものとし，台車の先端がQ点に達した時間をTとし，Tまでのグラフとする。

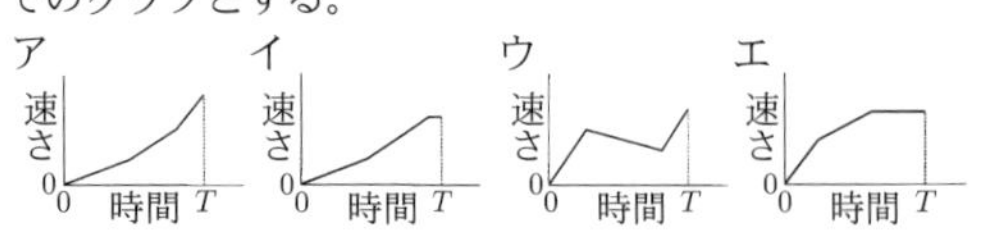

＜長崎県＞

14 小球をレール上で運動させる実験を行った。

＜実験1＞

図1のように，2本のまっすぐなレールを点Bでつなぎ合わせて，傾きが一定の斜面と水平面をつくる。レールには目盛りが入っており，移動距離を測定することができる。点Aはレールの一端である。次の(a)～(d)の手順で実験を行い，小球の移動距離を測定し，結果をあとの表1にまとめた。小球はレールから摩擦力は受けず，点Bをなめらかに通過できるものとする。

図1

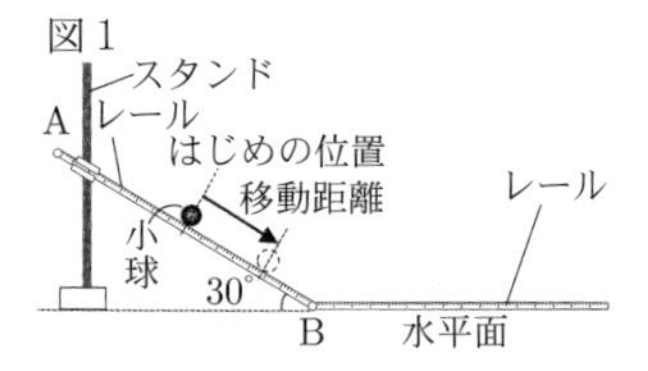

(a) 図1のように，斜面ABのレール上に小球を置いた。

(b) デジタルカメラの連写の時間間隔を0.1秒に設定し，カメラのリモートシャッターを押して連写をはじめた後に，小球からそっと手をはなして小球を運動させた。

(c) 小球が移動したことが確認できる最初の写真の番号を1とし，そのあとの番号を，2，3，4…と順につけた。

(d) レールの目盛りを読み，小球がはじめの位置からレール上を移動した距離を測定した。

表1

	撮影された写真の番号							
	1	2	3	4	5	6	7	8
小球の移動距離[cm]	0.2	3.6	11.9	25.1	43.2	66.0	90.3	114.6

＜実験2＞

実験1の後，図2のように，斜面ABのレール上で，水平面からの高さが20 cmの位置に小球を置いた。このとき，小球の位置と点Bの距離は40 cmであった。実験1と同じ方法で測定し，結果を表2にまとめた。

図2

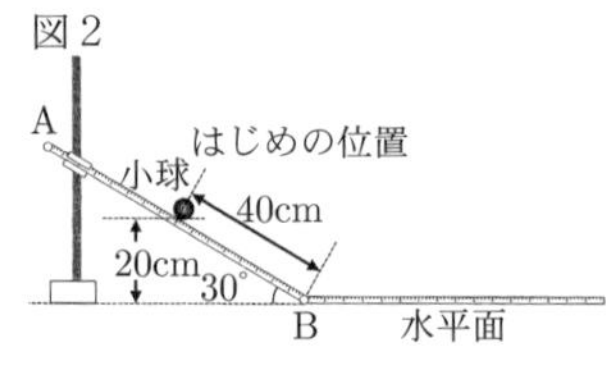

表2

	撮影された写真の番号							
	1	2	3	4	5	6	7	8
小球の移動距離[cm]	0.9	6.3	16.6	31.8	51.1	70.9	90.7	110.5

(1) レール上を運動する小球にはたらく力について説明した文として適切なものを，次のア～エから1つ選んで，その符号を書きなさい。

ア．斜面ABでは，小球にはたらく重力と垂直抗力の大きさは等しい。

イ．斜面ABでは，小球には，運動の向きに力がはたらき，その力は徐々に大きくなる。

ウ．水平面では，小球にはたらく重力と垂直抗力の大きさは等しい。

エ．水平面では，小球には，運動の向きに一定の力がはたらき続ける。

(2) 実験1，2の結果について説明した次の文の[①]に入る区間として適切なものを，あとのア～エから1つ選んで，その符号を書きなさい。また，[②]，[③]に入る語句の組み合わせとして適切なものを，あとのア～エから1つ選んで，その符号を書きなさい。

実験1において，手をはなした小球は，表1の[①]の間に点Bを通過する。また，水平面での小球の速さは実験2のほうが[②]ため，実験1において，小球のはじめの位置の水平面からの高さは20 cmよりも[③]。

【①の区間】	ア．3番と4番　イ．4番と5番 ウ．5番と6番　エ．6番と7番
【②・③の語句の組み合わせ】	ア．② 大きい　③ 低い イ．② 小さい　③ 低い ウ．② 大きい　③ 高い エ．② 小さい　③ 高い

<実験3>

実験2の後，図3のように，斜面のレールと水平面のレールとの間の角度を小さくした。斜面ABのレール上で，水平面からの高さが20 cmの位置に小球を置き，実験1と同じ方法で測定した。小球のはじめの位置と点Bの距離は60 cmであった。また，点Cは水平面のレール上にあり，点Bと点Cの距離は60 cmである。

図3

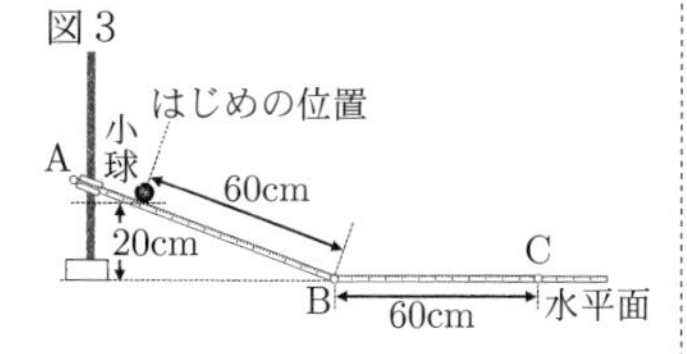

(3) 実験2と実験3について，小球の速さと時間の関係を表したグラフとして適切なものを，次のア～エから1つ選んで，その符号を書きなさい。

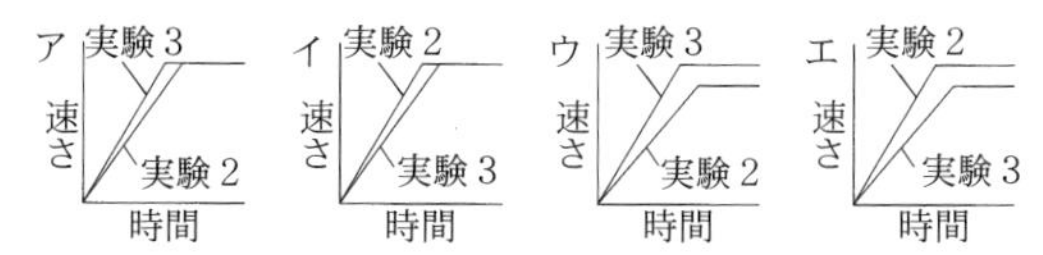

(4) 実験3において，小球が動きだしてから点Cを通過するまでにかかる時間は何秒か，四捨五入して小数第2位まで求めなさい。

<兵庫県>

15 次の会話文を読み，次の問いに答えなさい。

翔太　今日の理科の授業，ボールを落とす実験楽しかったね。記録テープではなく他の方法で同じ実験できないかな。

理子　そう言えば私，最近タブレットを買ってもらったの。アプリで連続写真の機能も付いているのよ。

翔太　すごいね。あっ！ボールを落とす実験をそのアプリで撮影しても同じような実験ができるのかな？

理子　そうね。楽しそう。さっそく私の家でやってみましょう。

―理子の家にて―

翔太　まず図1のように，ある高さからボールを静止させた状態から落として，落下するようすをタブレットのアプリで撮影しよう。落下距離が分かるようにものさしを垂直に立てて，ボールの下がちょうどものさしの0 cmのところに合うようにしよう。

図1

理子　静止していた物体が真下に落ちる運動をなんて言ったかしら… 今日習ったのに，忘れちゃった。

翔太　「(A)」だよ。

理子　そうだったね。用意はいい？　写すよ。

―撮影―

翔太　見せて。いい感じに撮れているね。タブレットのアプリを使って撮影した記録を編集して落下距離や落下時間を書き込むと，連続写真の結果は図2のようになったよ。

理子　では，グラフを作ってみるね。今日の授業で記録テープをグラフ用紙に貼ったから，同じように棒グラフとしよう。はじめは0.05秒間に1.3 cm落下しているから，グラフ用紙のここまで色を塗るといいね。(区間⑤までの作業後)a完成したグラフをよく見ると今日の授業のときと同じような棒グラフになっているね。

翔太　速さは増加しているかな？　計算してb表にまとめよう。

図2

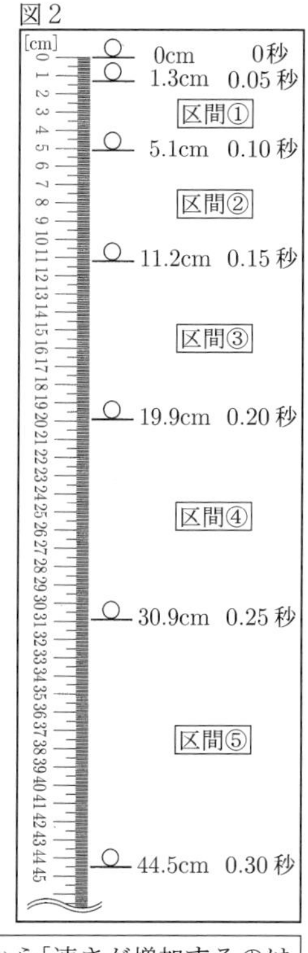

理子　なるほど！　この実験から「速さが増加するのは(B)」ということがわかるね。

問1．会話文中の(A)を表す運動名を漢字4文字で答えなさい。

問2．図3は図1で手を離した直後のボールのようすを表したものである。このとき，重さ2 Nのボールにはたらく重力を図3に力の矢印で示しなさい。ただし，力の作用点を●で示し，1目盛りは1 Nとする。

図3

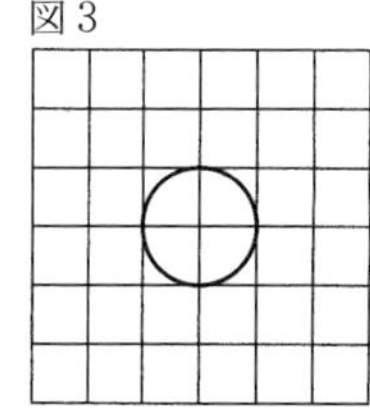

問3．会話文中の下線部aの完成したグラフとして，最も適当なものを次のア～ウの中から1つ選び記号で答えなさい。

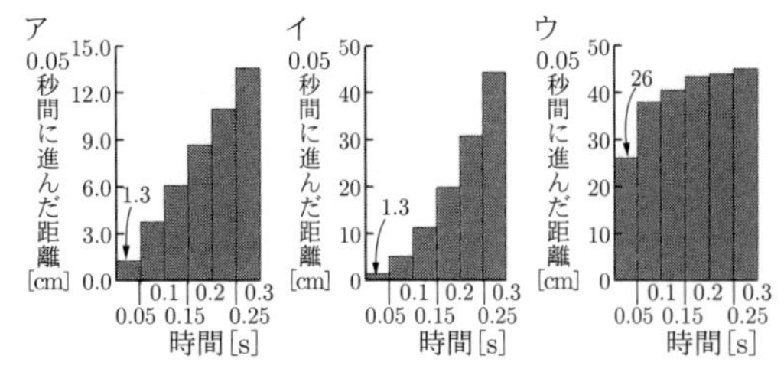

問4．会話文中の下線部bについて，下の表はそれぞれの区間の平均の速さをまとめている途中のものである。区間①におけるボールの平均の速さ(ア)を求めなさい。

表

	0秒から0.05秒の間	区間①	区間②	区間③	区間④	区間⑤
平均の速さ[cm/s]	26	(ア)				

問5．会話文中の(B)にあてはまる言葉として，最も適当なものを次のア～エの中から1つ選び記号で答えなさい。

ア．ボールにはたらく力がつり合うから

イ．ボールにはたらく重力が徐々に大きくなるから

ウ．ボールの運動の向きに力がはたらいているから

エ．ボールがもつ力学的エネルギーが増えているから

<沖縄県>

16

物体の運動についての実験を行った。(1)～(5)に答えなさい。ただし，空気の抵抗や摩擦，記録テープの質量は考えないものとする。

かなでさん　ジェットコースターは，斜面をものすごいスピードで下りていきますね。

まさるさん　いちばん下まで下りたら，一気にのぼっていくのもわくわくします。

かなでさん　ジェットコースターに乗っていると，大きな力を受けているように感じます。物体にはたらく力と運動のようすについて，実験で確かめてみましょう。

実験1

① 水平面に形と大きさが同じ3個の木片を積み，平らな板を置いて斜面Xとし，斜面上に点a，点b，点cをとった。

② 図1のように，力学台車に糸でつないだばねばかりを斜面Xに平行になるように持ち，力学台車の前輪を点aに合わせ，力学台車が静止したときのばねばかりの値Aを調べた。

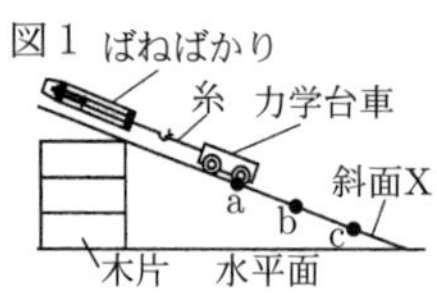

③ ②と同じように，力学台車の前輪を点bに合わせたときのばねばかりの値B，点cに合わせたときのばねばかりの値Cを調べた。

実験2

① 図2のように，1秒間に60回打点する記録タイマーを斜面Xの上部に固定し，記録テープを記録タイマーに通して力学台車につけ，力学台車を手で支えて前輪を斜面X上の点Pに合わせた。なお，斜面Xは点Qで水平面になめらかにつながっていることとする。

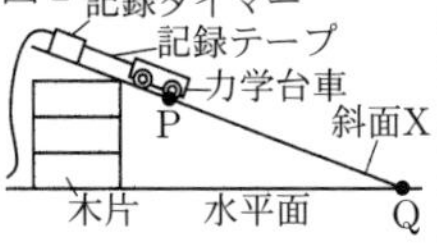

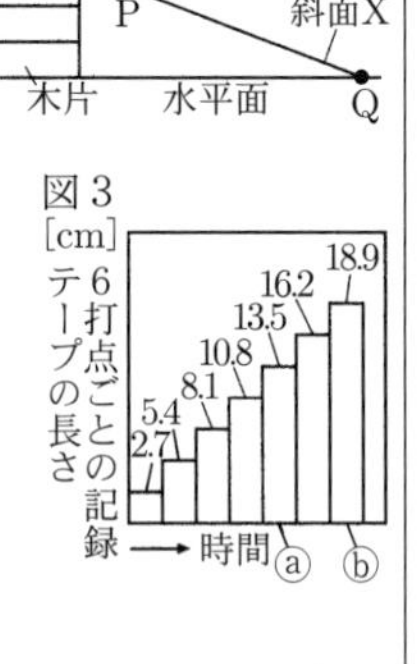

② 記録タイマーのスイッチを入れて，力学台車を支える手を静かに離し，力学台車を運動させた。

③ 記録テープを6打点ごとに切り，左から時間の経過順に下端をそろえてグラフ用紙にはりつけた。図3は，この結果を示したものである。ただし，打点は省略している。

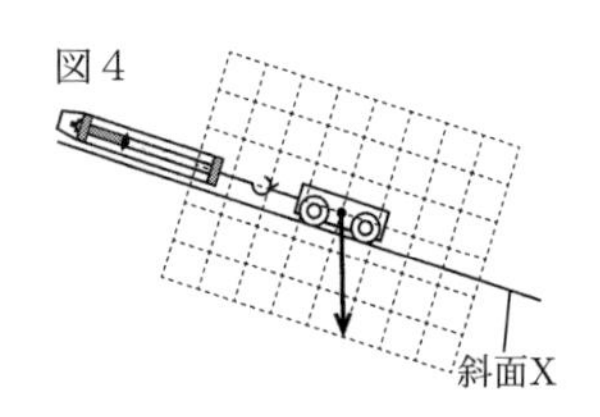

(1) 実験1で調べたばねばかりの値A～Cの大きさの関係として，正しいものはどれか，ア～エから1つ選びなさい。

ア．$A=B=C$

イ．$A<B<C$

ウ．$A>B>C$

エ．$A<B$，$A=C$

(2) 図4は，実験1②で力学台車にはたらく重力を矢印で示したものである。ばねばかりが糸を引く力を，図に矢印でかき入れなさい。ただし，作用点を「•」で示すこと。

図4

斜面X

(3) 実験2について，(a)・(b)に答えなさい。

(a) 図3の記録テープⓐの打点を省略せずに示した図として正しいものはどれか，ア～エから1つ選びなさい。ただし，⟶は力学台車が記録テープを引く向きを示している。

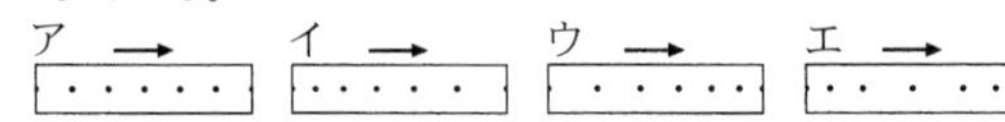

(b) 図3の記録テープⓑについて，この区間における力学台車の平均の速さは何cm/sか，求めなさい。

まさるさん　斜面をのぼるときの物体の運動は，どうなっているのでしょうか。急な斜面とゆるやかな斜面ではジェットコースターの進み方も違いますね。

かなでさん　斜面をのぼる運動について，斜面の傾きをいろいろ変えて調べてみましょう。

実験3

① 図5のように，実験2の斜面Xと同様の平らな板を点Rで水平面になめらかにつなぎ，斜面Yとした。斜面Xと同様の木片3個で斜面Yを支え，斜面Xと同じ傾きになるように調整し，PQとRSが同じ長さになるように点Sをとった。

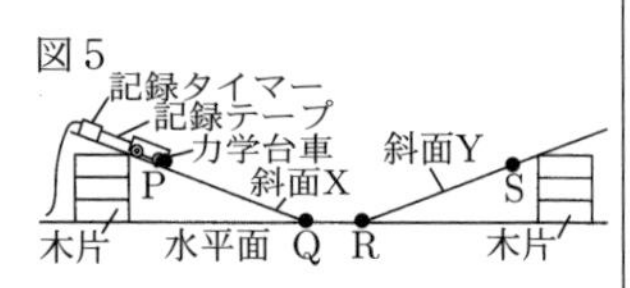

② 記録テープをつけた力学台車を手で支えて前輪を点Pに合わせた。記録タイマーのスイッチを入れて力学台車を支える手を静かに離し，力学台車を運動させた。
③ 斜面Yの木片が2個，1個のときについて，実験3②と同じようにして調べた。
④ 斜面Y上の力学台車の運動について，力学台車の後輪が点Rを通過してから点Sを通過するまでの記録テープを6打点ごとに切り，左から時間の経過順に下端をそろえてグラフ用紙にはりつけた。次の図6は，この結果を示したものである。ただし，打点は省略している。また，最後の記録テープは6打点に足りない場合がある。なお，斜面をのぼるとき，記録テープは浮き上がらないものとする。

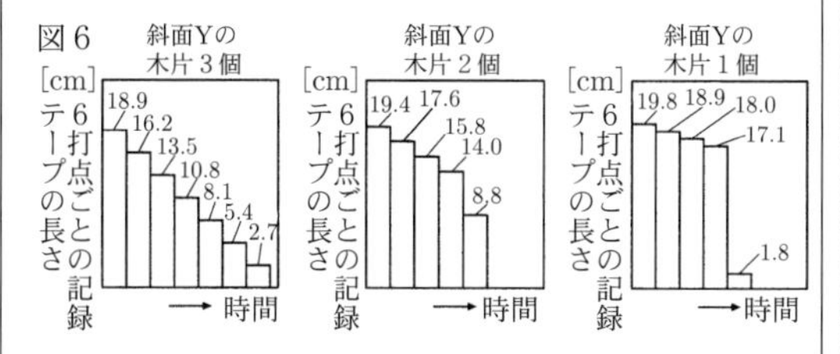

かなでさん　図6ではわかりませんが，点Pから同じ傾きの斜面を同じ距離だけ下りてくるので，点Rを通過するときの速さはどれも同じです。
まさるさん　斜面Yと木片が3個のときは，力学台車は点Sで止まりましたが，木片が2個と1個のときは，力学台車は点Sを通り過ぎました。
かなでさん　斜面Yの木片が3個，2個，1個と少なくなると，斜面の傾きは小さくなります。ⓒ斜面Yの傾きが小さくなると，点Sでの力学台車の速さは(　あ　)なりました。その理由は，斜面Yの傾きが小さいほど，(　い　)からです。
まさるさん　もし，ⓓ力学台車の運動がこのまま続けば，どこまで進むことができるでしょうか，斜面Yが十分に長いとして，実験結果をもとに，考えてみましょう。
かなでさん　上りの斜面の傾きによって，ジェットコースターを楽しむことができる長さが変わってくるようですね。

(4) 下線部ⓒについて，点Rで同じであった力学台車の速さが，点Sではどのようになったのか，(　あ　)にあてはまる言葉を書きなさい。また，(　い　)には，力学台車にはたらく力に着目して，その理由を書きなさい。
(5) 下線部ⓓについて，かなでさんたちは，斜面Yの木片が1個のとき，力学台車がどこまで進むことができるのかを考えることにした。斜面Yと記録テープは十分に長いものとして，実験3と同じように実験を行ったとき，力学台車が自然に止まるまでに，6打点ごとに切り離した記録テープは何本できると考えられるか。ただし，最後の記録テープが6打点に足りない場合も1本と数えるものとする。

＜徳島県＞

仕事とエネルギー

●仕事

1 次の図1のように，糸の一端に重さ20 Nのおもりを取り付け，もう一方の端を手で持って，おもりを水平面に置いた。図2のように，おもりを，30 cmの高さまでゆっくりと引き上げた後，その高さのまま水平方向にゆっくりと90 cm移動させて，高さ30 cmの台の上に静かにのせた。水平面に置いたおもりを台の上にのせるまでに，おもりを持つ手がした仕事は何Jか，整数で求めなさい。

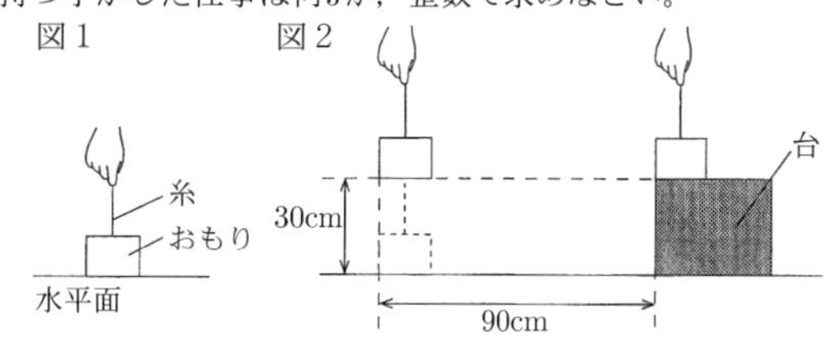

＜愛知県＞

2 図Ⅰ，図Ⅱのように2種類の方法で，滑車を用いて質量300 gの物体を床から0.3 mの位置までゆっくりと一定の速さで引き上げた。次の(1)，(2)の問いに答えなさい。ただし，滑車やひもの摩擦，滑車やひもの重さ，ひもののび縮みは考えないものとする。

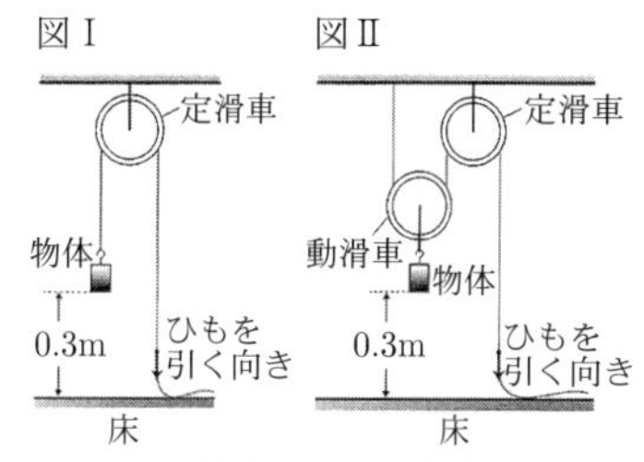

(1) 図Ⅰの方法で物体を引き上げたとき，ひもを引く力がした仕事はいくらか，書きなさい。ただし，100 gの物体にはたらく重力の大きさを1 Nとする。
(2) 次のア～ウのうち，図Ⅰの方法と図Ⅱの方法を比較したときに，図Ⅰの方法の方が図Ⅱの方法より大きくなるものとして適切なものを，選びなさい。
ア．ひもを引く力の大きさ
イ．ひもを引く距離
ウ．ひもを引く力がした仕事の大きさ

＜群馬県＞

3 図のように，一定の速さで糸を引いて物体を0.2 mもち上げます。物体に20 Nの重力がはたらいているとき，糸を引く力の大きさと，糸を引く距離の組み合わせとして最も適切なものを，次のア～エの中から一つ選び，その記号を書きなさい。ただし，糸と滑車の質量，糸と滑車の間の摩擦は考えないものとします。

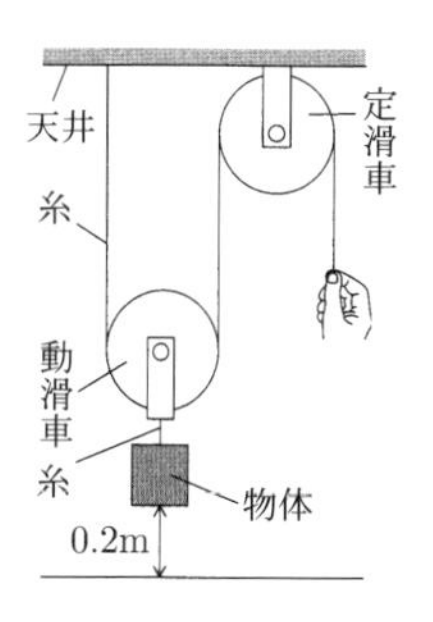

	糸を引く力の大きさ[N]	糸を引く距離[m]
ア	10	0.2
イ	10	0.4
ウ	20	0.2
エ	20	0.4

<埼玉県>

4

図１のように，300 gの物体にひもをつけ，床から40 cmの高さまでゆっくりと一定の速さで引き上げた。次に，図２のように，同じ物体を斜面に置き，床から40 cmの高さまで斜面に沿ってゆっくりと一定の速さで引いたところ，ばねばかりは2.0 Nを示した。次のア，イに答えなさい。ただし，100 gの物体にはたらく重力の大きさを1 Nとし，ひもの重さや物体と斜面との摩擦は考えないものとする。

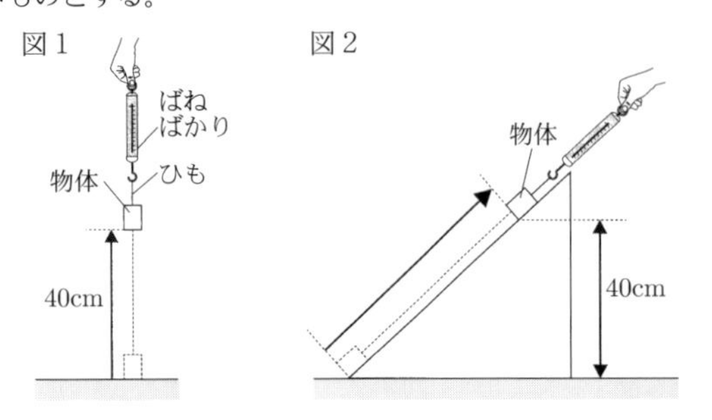

ア．図１，２で，手が物体にした仕事の大きさは変わらない。このことを何というか，書きなさい。　(2点)

イ．図２について，物体が斜面に沿って移動した距離は何cmか，求めなさい。

<青森県>

5

博樹さんと明雄さんは，滑車を使った仕事について調べるため，滑車A，Bと，重さが1.0 Nのおもりを使って，実験Ⅰ，Ⅱを行った。なお，実験で使用する糸の，伸び縮みと重さ，糸と滑車の摩擦は考えないものとする。

実験Ⅰ．図１のように，滑車Aを使っておもりを高さ0.10 mまでゆっくり引き上げ，このときの力の大きさと糸を引いた距離を調べた。

実験Ⅱ．図２のように，滑車Bを使っておもりを高さ0.10 mまでゆっくり引き上げ，このときの力の大きさと糸を引いた距離を調べた。

図１ ものさし　滑車A　ばねばかり　糸　おもり　0.10m

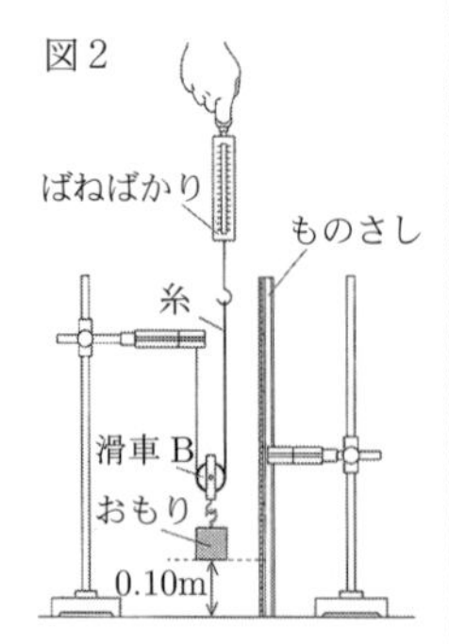

下の表は，実験Ⅰ，Ⅱの結果を示したものである。

	力の大きさ[N]	糸を引いた距離[m]
実験Ⅰ	1.0	0.10
実験Ⅱ	0.6	0.20

実験を終えて，博樹さんと明雄さんは上の表を見ながら，次のような会話をした。

博樹：ⓐ実験Ⅰの仕事の大きさは，実験Ⅱとは異なっているよ。ⓑ滑車などの道具を使っても仕事の大きさは変わらないと学習したけど，仕事の大きさが同じにならないのはどうしてだろう。

明雄：滑車の重さに注目したらどうかな。

博樹：そうか。表から，滑車Bの重さは[　　　]Nであることがわかるね。

明雄：滑車の重さがあるから，それだけ仕事が大きくなるんだね。

(1)　下線部ⓐについて，実験Ⅰの仕事の大きさは何Jか，求めなさい。また，下線部ⓑのように，道具を使っても仕事の大きさは変わらないことを何というか，適当な語を答えなさい。

(2)　[　　　]に適当な数字を入れなさい。

<熊本県>

6

運動とエネルギーに関する次の(1)，(2)の問いに答えなさい。

(1)　図１のように，質量400 gのおもりを床に置き，おもりとモーターを糸で結ぶ。糸がたるんでいない状態で，モーターに電圧をかけ，糸を等速で巻き上げて，おもりを床から真上に60 cm引き上げる。おもりを床から真上に60 cm引き上げる仕事をするのに12秒かかったときの，モーターがおもりに対してした仕事の仕事率は何Wか。計算して答えなさい。ただし，100 gの物体にはたらく重力の大きさを1 Nとし，糸の質量は無視できるものとする。

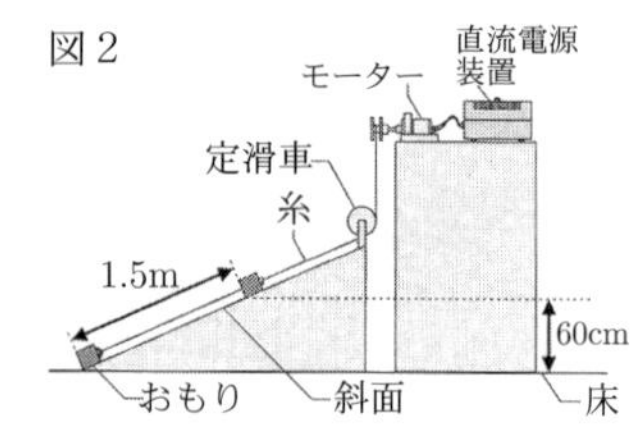

(2)　図２のように，上部に定滑車をつけた斜面を床に固定し，質量400 gのおもりを斜面の最も低い位置に置き，おもりとモーターを，定滑車を通した糸で結ぶ。ただし，おもりから定滑車までの糸は斜面と平行であるものとする。

図２ モーター　直流電源装置　定滑車　糸　1.5m　60cm　おもり　斜面　床

①　図２のモーターに電圧をかけ，糸を等速で巻き上げて，おもりを斜面に沿って1.5 m引き上げたところ，おもりの床からの高さは60 cmであった。このときのおもりを引く力の大きさは何Nか。計算して答えなさい。ただし，100 gの物体にはたらく重力の大きさを1 Nとし，定滑車や糸の質量は無視でき，おもりと斜面の間にはたらく摩擦や定滑車の摩擦はないものとする。

②　おもりが斜面に沿って等速で引き上げられている間において，おもりのもつ力学的エネルギーの大きさは，どのようになっていくと考えられるか。次のア～ウの中から１つ選び，記号で答えなさい。

ア．増加していく。
イ．変わらない。
ウ．減少していく。

<静岡県>

7 次の実験について，(1)～(5)の問いに答えなさい。ただし，ひも，定滑車，動滑車，ばねばかりの質量，ひものび，ひもと滑車の間の摩擦は考えないものとする。

実　験.

仕事について調べるために，次のⅠ～Ⅲを行った。水平な床に置いたおもりを真上に引き上げるとき，ばねばかりは常に一定の値を示していた。ただし，Ⅰ～Ⅲは，すべて一定の同じ速さで手を動かしたものとする。

Ⅰ．図1のように，aおもりにはたらく重力に逆らって，bおもりを5.0 cm引き上げた。おもりを引き上げるときに手が加えた力の大きさを，ばねばかりを使って調べた。また，おもりが動き始めてから5.0 cm引き上げるまでに手を動かした距離を，ものさしを使って調べた。

図1

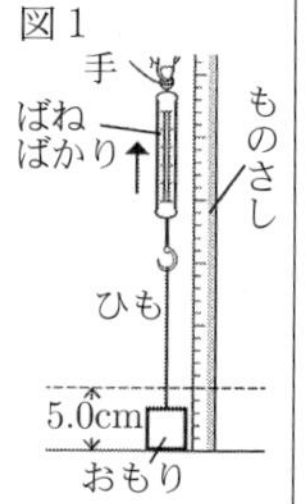

Ⅱ．図2のように，定滑車を2個使って，Ⅰと同じおもりを5.0 cm引き上げた。このとき手が加えた力の大きさと手を動かした距離を，Ⅰと同じように調べた。

Ⅲ．図3のように，動滑車を使って，Ⅰと同じおもりを5.0 cm引き上げた。このとき手が加えた力の大きさと手を動かした距離を，Ⅰと同じように調べた。

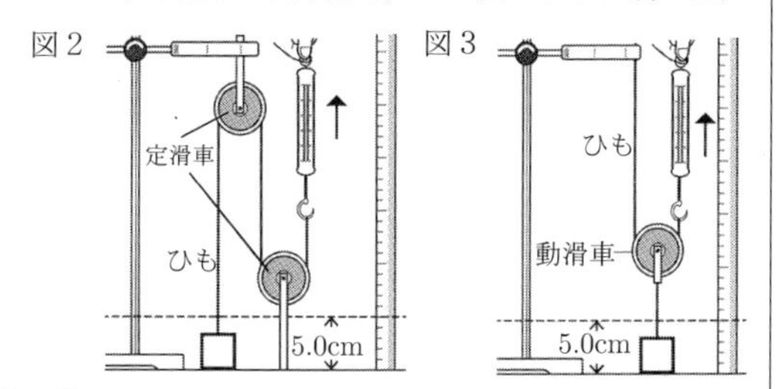

結　果.

	手が加えた力の大きさ[N]	手を動かした距離[cm]
Ⅰ	3.0	5.0
Ⅱ	3.0	5.0
Ⅲ	1.5	10.0

(1) 下線部aについて，方眼の1目盛りを1Nとして，おもりにはたらく重力を表す力の矢印を右にかき入れなさい。ただし，おもりは立方体で，一様な物質からできているものとする。

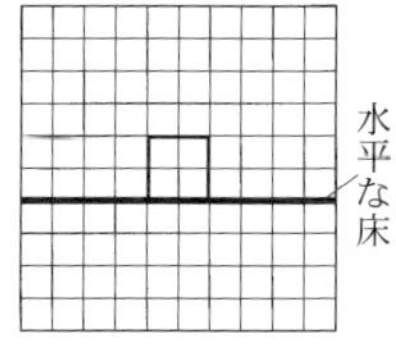

(2) 次の文は，下線部bについて述べたものである。[　　]にあてはまることばを，漢字2字で書きなさい。

おもりが5.0 cmの高さに引き上げられて静止したとき，おもりがもつ[　　]エネルギーは，引き上げる前よりも大きくなったといえる。

(3) 次の文は，実験の結果からわかったことについて述べたものである。[　　]にあてはまる適切なことばを，仕事ということばを用いて書きなさい。

動滑車を使うと，小さい力でおもりを引き上げることができるが，[　　　　]。

(4) Ⅰ～Ⅲで，おもりを5.0 cm引き上げたときの仕事率をそれぞれP_1，P_2，P_3とすると，これらの関係はどのようになるか。次のア～カの中から1つ選びなさい。

ア．$P_1=P_2$，$P_1>P_3$
イ．$P_1>P_2>P_3$
ウ．$P_1=P_2=P_3$
エ．$P_1=P_2$，$P_1<P_3$
オ．$P_1<P_2<P_3$
カ．$P_2=P_3$，$P_1>P_2$

(5) 図4のように定滑車と動滑車を組み合わせて質量15 kgのおもりを引き上げることにした。ひもの端を一定の速さで真下に1.0 m引いたとき，ひもを引く力がした仕事の大きさは何Jか。求めなさい。ただし，質量100 gの物体にはたらく重力の大きさを1 Nとする。

図4

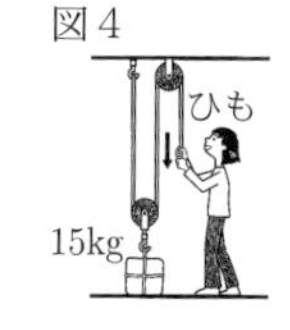

＜福島県＞

8 明さんは，ある港で図1のような見慣れない船を見つけ，興味をもった。そこで，資料で調べ，疑問に思ったことについて実験を行った。下の(1)，(2)の問いに答えなさい。

【資料】

図1はSEP船といい，風力発電用の風車の建設などに使われる。重いおもりや部品を持ち上げたり，高い所からおもりを落として風車の土台となるくいを打ち込んだりする。

図1

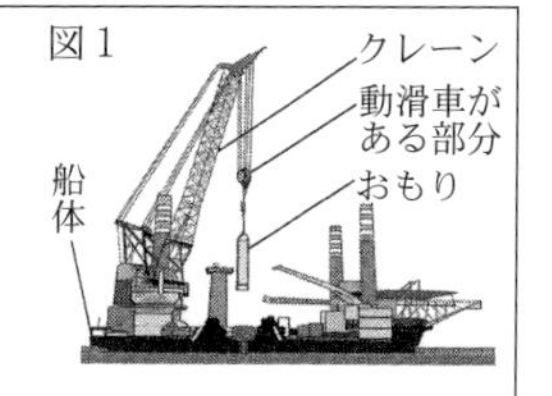

【疑問】

クレーンは，どのようにして重いおもりや部品を持ち上げているのだろうか。

(1) クレーンで重いおもりを持ち上げている理由について説明した次の文が正しくなるように，Pにあてはまる内容を「位置エネルギー」という語句を用いて書きなさい。

持ち上げるおもりの高さが高いほど，また，質量が大きいほど[　P　]ので，おもりを落としたとき，くいを深く打ち込むことができる。

(2) 明さんは，動滑車のはたらきを調べるため，次の実験を行った。ただし，100 gの物体にはたらく重力の大きさを1 Nとし，糸の質量，糸と滑車の間にはたらく摩擦，糸の伸び縮みは考えないものとする。

【実験】 図2，図3の装置のように質量40 gの定滑車や動滑車を使って，質量500 gのおもりを床から10 cmの高さまで持ち上げるのに必要な力の大きさと糸を引いた距離を調べ，結果を次の表にまとめた。

図2

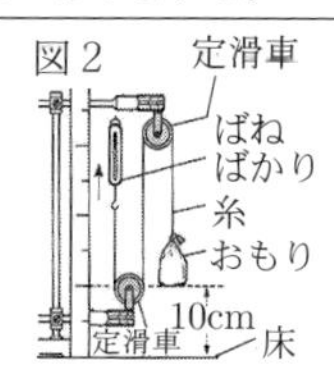

図3

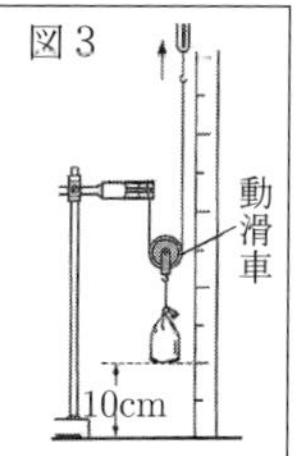

	図2	図3
力の大きさ[N]	5.0	2.7
糸を引いた距離[cm]	10	20

① 仕事の大きさを表す単位を何というか，記号で書きなさい。

② 図３でおもりを持ち上げるのに3秒かかった。このときの仕事率は何Wか，求めなさい。求める過程も書きなさい。

③ 図４のように，クレーンのフックをワイヤーで巻き上げて動かす部分には，複数の動滑車が使われている。そこで，明さんは実験で使ったものと同じ定滑車と動滑車で図５のような装置を作り，おもりを床から10 cmの高さまで持ち上げた。持ち上げるのに必要な力が1.7 Nのとき，おもりの質量は何gか，求めなさい。ただし，動滑車２つと動滑車をつなぐ板の質量の合計は100 gとし，動滑車をつなぐ板は水平に動くものとする。

図４

図５

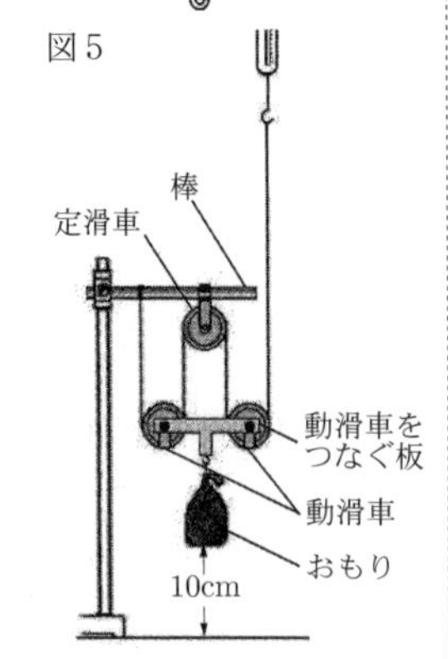

④ 実験の結果をもとに，明さんがまとめた次の考えが正しくなるように，X，Yにあてはまる語句をそれぞれ書きなさい。

> 動滑車を使うと，糸を引く距離は，物体を持ち上げる距離より(　X　)なりますが，加える力の大きさは，物体にはたらく力の大きさより(　Y　)なるので，クレーンは複数の動滑車をつなげて，重いおもりや部品を持ち上げています。

＜秋田県＞

●力学的エネルギーの保存

9 右の図のように，P点にあるおもりをはなしたところ，Q点，R点を通過してS点に達した。次のア，イに答えなさい。ただし，空気の抵抗や摩擦は考えないものとし，Q点は基準面から6 cm，R点は12 cm，S点は18 cmの高さとする。

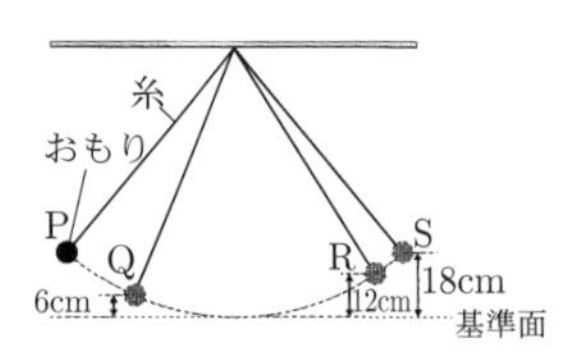

ア．図のQ点，R点，S点の中で，おもりのもつ運動エネルギーが最も大きい位置と位置エネルギーが最も大きい位置として適切なものを，それぞれ一つ選び，その記号を書きなさい。

イ．図のS点でおもりのもつ位置エネルギーは，R点でおもりのもつ位置エネルギーの何倍か，求めなさい。

＜青森県＞

10 おもりを糸でつるし，図１のように，位置Aからおもりを静かにはなすと，おもりは位置Bを通過する。おもりが再び位置Aまで戻ってきたときに，図２のように糸を切ると，おもりは自由落下し，水平面からの高さが，位置Bと同じ位置Cを通過する。摩擦や空気の抵抗はないものとして，次の(1)，(2)に答えなさい。

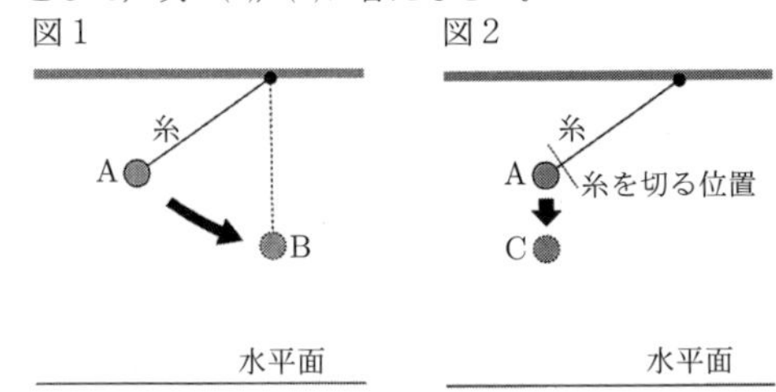

(1) 図２でおもりが自由落下するのは，おもりが地球の中心に向かって引かれているからである。このように，地球上の物体が地球の中心に向かって引かれる力を何というか。書きなさい。

(2) 図１でおもりが位置Bを通過するときの速さと，図２でおもりが位置Cを通過するときの速さは等しくなる。速さが等しくなる理由を，「減少」という語を用いて述べなさい。

＜山口県＞

11 物体の運動に関する実験について，次の各問に答えよ。

＜実験＞を行ったところ，＜結果＞のようになった。

＜実験＞

(1) 形が異なるレールAとレールBを用意し，それぞれに目盛りを付け，図１のように水平な床に固定した。

(2) レールA上の水平な部分から9 cmの高さの点aに小球を静かに置き，手を放して小球を転がし，小球がレールA上を運動する様子を，小球が最初に一瞬静止するまで，発光時間間隔0.1秒のストロボ写真で記録した。レールA上の水平な部分からの高さが4 cmとなる点を点b，レールA上の水平な部分に達した点を点cとした。

(3) (2)で使用した小球をレールB上の水平な部分から9 cmの高さの点dに静かに置き，(2)と同様の実験をレールB上で行った。レールB上の水平な部分からの高さが5.2 cmとなる点を点e，レールB上の水平な部分に達した点を点fとした。

(4) ストロボ写真に記録された結果から，小球がレールA上の点aから運動を始め，最初に一瞬静止するまでの0.1秒ごとの位置を模式的に表すと図２のようになった。さらに，0.1秒ごとに①から⑪まで，順に区間番号を付けた。

(5) レールBについて，(4)と同様に模式的に表し，0.1秒ごとに①から⑪まで，順に区間番号を付けた。

(6) レールAとレールBにおいて，①から⑪までの各区間における小球の移動距離を測定した。

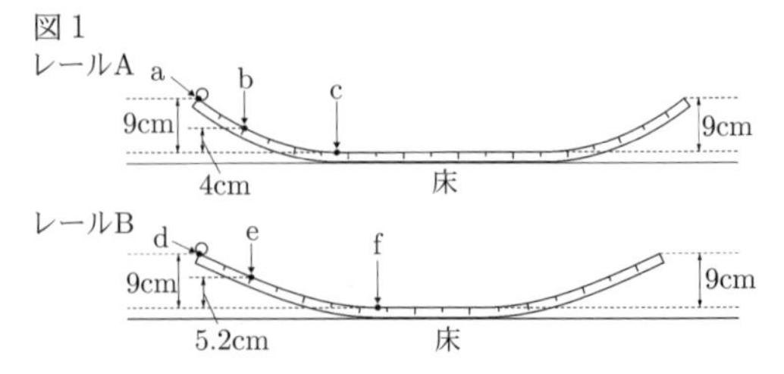

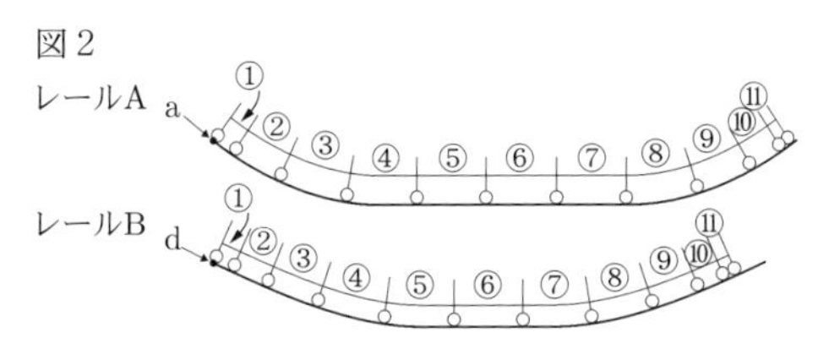

＜結果＞

区間番号	①	②	③	④	⑤	⑥	⑦	⑧	⑨	⑩	⑪
時間[s]	0～0.1	0.1～0.2	0.2～0.3	0.3～0.4	0.4～0.5	0.5～0.6	0.6～0.7	0.7～0.8	0.8～0.9	0.9～1.0	1.0～1.1
レールAにおける移動距離[cm]	3.6	7.9	10.4	10.9	10.9	10.9	10.8	10.6	9.0	5.6	1.7
レールBにおける移動距離[cm]	3.2	5.6	8.0	10.5	10.9	10.9	10.6	9.5	6.7	4.2	1.8

〔問1〕　＜結果＞から，レールA上の⑧から⑩までの小球の平均の速さとして適切なのは，次のうちではどれか。

ア．0.84 m/s
イ．0.95 m/s
ウ．1.01 m/s
エ．1.06 m/s

〔問2〕　＜結果＞から，小球がレールB上の①から③まで運動しているとき，小球が運動する向きに働く力の大きさと小球の速さについて述べたものとして適切なのは，次のうちではどれか。

ア．力の大きさがほぼ一定であり，速さもほぼ一定である。
イ．力の大きさがほぼ一定であり，速さはほぼ一定の割合で増加する。
ウ．力の大きさがほぼ一定の割合で増加し，速さはほぼ一定である。
エ．力の大きさがほぼ一定の割合で増加し，速さもほぼ一定の割合で増加する。

〔問3〕　図3の矢印は，小球がレールB上の⑨から⑪までの斜面上にあるときの小球に働く重力を表したものである。小球が斜面上にあるとき，小球に働く重力の斜面に平行な分力と，斜面に垂直な分力を図3にそれぞれ矢印で書き入れよ。

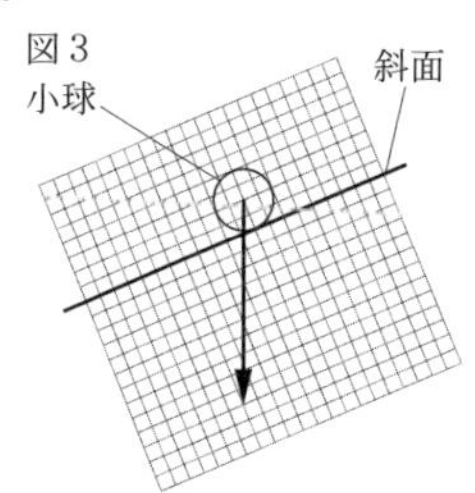

〔問4〕　＜実験＞の(2)，(3)において，点bと点eを小球がそれぞれ通過するときの小球がもつ運動エネルギーの大きさの関係について述べたものと，点cと点fを小球がそれぞれ通過するときの小球がもつ運動エネルギーの大きさの関係について述べたものとを組み合わせたものとして適切なのは，次の表のア～エのうちではどれか。

	点bと点eを小球がそれぞれ通過するときの小球がもつ運動エネルギーの大きさの関係	点cと点fを小球がそれぞれ通過するときの小球がもつ運動エネルギーの大きさの関係
ア	点bの方が大きい。	点fの方が大きい。
イ	点bの方が大きい。	ほぼ等しい。
ウ	ほぼ等しい。	点fの方が大きい。
エ	ほぼ等しい。	ほぼ等しい。

＜東京都＞

12　仕事やエネルギーに関する実験Ⅰ～実験Ⅲを行った。あとの〔問1〕～〔問7〕に答えなさい。ただし，質量100 gの物体にはたらく重力の大きさを1 Nとし，実験で用いる糸やばねばかりの質量，糸の伸び，台車と斜面の間の摩擦はないものとする。

実験Ⅰ.

「仕事について調べる実験」

(i)　質量500 gの台車を，真上にゆっくりと一定の速さで，30 cmそのまま引き上げる①仕事を行った(図1)。

(ii)　質量500 gの台車を，なめらかな斜面に沿って平行に60 cm引き，もとの高さから30 cmの高さまでゆっくりと一定の速さで引き上げる仕事を行った(図2)。

図1　そのまま引き上げる場合の仕事

ばねばかり
台車
ものさし
30cm

図2　斜面を使う場合の仕事

ばねばかり
台車
60cm
30cm

実験Ⅱ.

「エネルギーの変換について調べる実験」

(i)　床から2.0 mの高さに設置された台に滑車つきモーターを固定し，豆電球，電流計，電圧計を使って図3のような回路をつくり，滑車に質量55 gのおもりを糸でとりつけた。

(ii)　おもりを床から2.0 mの高さまで巻き上げた後，床まで落下させて発電し，ある程度安定したときの電流と電圧の値を読みとった。また，そのときの落下時間も測定した。

図3　実験装置

豆電球
滑車つきモーター
電流計
電圧計
糸
おもり
木片
落下の向き

(iii)　(ii)の操作を5回行い，測定結果の平均値を表にまとめた。

表　実験結果

電流[A]	電圧[V]	落下時間[s]
0.2	1.1	1.4

【わかったこと】

床から2.0 mの高さにある質量55 gのおもりの位置エネルギー1.1 Jのうち，［　X　］%が豆電球を光らせる電気エネルギーに変換されたと考えられる。このことから，②おもりの位置エネルギーがすべて電気エネルギーに変換されないことがわかった。

実験Ⅲ．
「小球の位置エネルギーと運動エネルギーについて調べる実験」
(i) レールを用意し，小球を転がすためのコースをつくった(図4)。

図4 小球が運動するコース

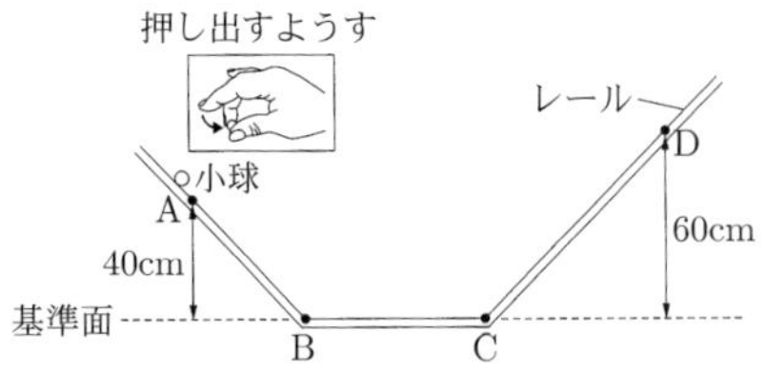

(ii) BCを高さの基準(基準面)として，高さ40 cmの点Aより数cm高いレール上に小球を置き，斜面を下る向きに小球を指で押し出した。小球はレールに沿って点A，点B，点Cの順に通過して最高点の点Dに達した。

〔問1〕 実験Ⅰの下線部①について，仕事の単位には「J」を用いる。この単位のよみをカタカナで書きなさい。

〔問2〕 実験Ⅰ(ii)のとき，ばねばかりの示す力の大きさは何Nか，書きなさい。

〔問3〕 実験Ⅰ(ii)の仕事にかかった時間は(i)のときの時間に対して2倍の時間であった。(ii)の仕事率は(i)の仕事率の何倍か。最も適切なものを，次のア～オの中から1つ選んで，その記号を書きなさい。

ア．$\frac{1}{4}$倍　イ．$\frac{1}{2}$倍　ウ．1倍
エ．2倍　オ．4倍

〔問4〕 実験Ⅱの【わかったこと】の[X]にあてはまる適切な数値を書きなさい。

〔問5〕 実験Ⅱの下線部②について，その理由を「おもりの位置エネルギーの一部が」という言葉に続けて簡潔に書きなさい。

〔問6〕 実験Ⅱについて，位置エネルギーを利用して電気エネルギーを生み出す発電方法として最も適切なものを，次のア～エの中から1つ選んで，その記号を書きなさい。

ア．火力発電　イ．原子力発電
ウ．水力発電　エ．風力発電

〔問7〕 実験Ⅲについて，次の(1)，(2)に答えなさい。

(1) 位置エネルギーと運動エネルギーの和を何というか，書きなさい。

(2) 図5は，レール上を点A～点Dまで運動する小球の位置エネルギーの変化のようすを表したものである。このときの点A～点Dまでの小球の運動エネルギーの変化のようすを，図5にかき入れなさい。ただし，空気の抵抗や小球とレールの間の摩擦はないものとする。

図5 小球の位置エネルギーの変化のようす

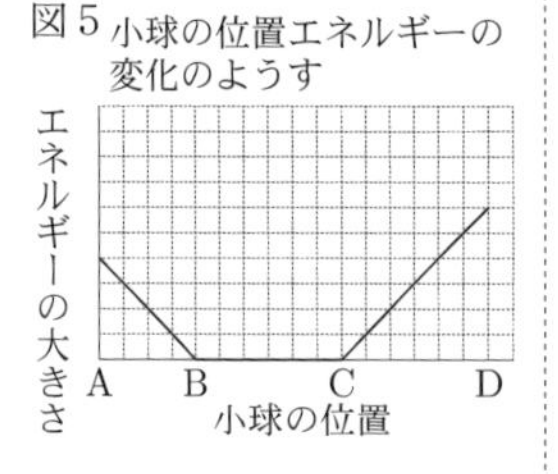

＜和歌山県＞

13

次の実験について，(1)～(5)の問いに答えなさい。ただし，空気の抵抗は考えないものとする。

実験1．
図1のように，小球に糸をとりつけて，糸がたるまないようにAの位置で小球を静止させ，この状態で手をはなしたところ，小球はふりこの運動を行った。

図1

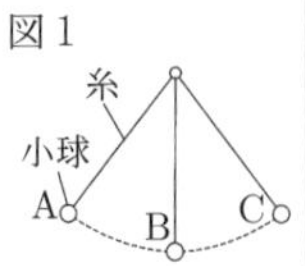

小球は，Bの位置で高さが最も低くなり，Aの位置と同じ高さのCの位置で速さが0になった。
ただし，Bの位置を高さの基準とし，糸の質量は考えないものとする。

実験2．
図2のように，水平な台の上に置かれたレールをスタンドで固定し，質量20 gの小球Xをレールの水平部分からの高さが10 cmとなる斜面上に置いて，静かに手をはなした。小球が斜面を下って水平部分に置いた木片に当たり，木片とともに移動して止まった。このとき，木片の移動距離を調べた。つづけて，斜面上に置く小球の高さを変えて実験を行い，そのときの木片の移動距離を調べた。次に，小球Xを質量30 gの小球Yに変えて，同様の測定を行った。その結果，小球を置いた高さと木片の移動距離の関係がグラフのようになることがわかった。

図2

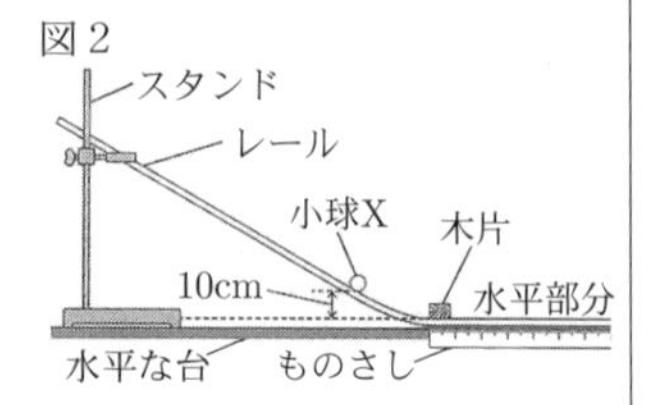

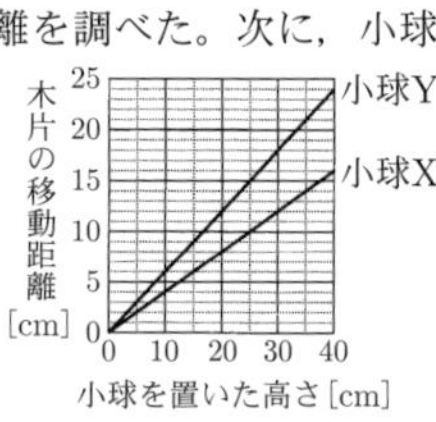

ただし，小球とレールの間の摩擦は考えないものとし，木片とレールの間には一定の大きさの摩擦力がはたらくものとする。

(1) 実験1について，小球がもつ位置エネルギーと運動エネルギーを合わせた総量を何エネルギーというか。漢字3字で書きなさい。

(2) 実験1について，次の①～④のうち，Aの位置の小球がもつ位置エネルギーと大きさが等しいものを，あとのア～カの中から1つ選びなさい。

① Bの位置の小球がもつ運動エネルギー
② Bの位置の小球がもつ位置エネルギー
③ Cの位置の小球がもつ運動エネルギー
④ Cの位置の小球がもつ位置エネルギー

ア．①と②　イ．①と③
ウ．①と④　エ．②と③
オ．②と④　カ．③と④

(3) 実験1について，小球がCの位置に達したとき糸を切ると，小球はどの向きに動くか。最も適当なものを，右のア～エの中から1つ選びなさい。

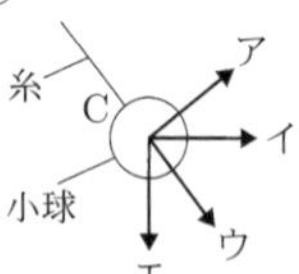

(4) 実験2について，小球Yを使って実験を行ったとき，小球Xを15 cmの高さに置いてはなしたときと木片の移動距離が同じになるのは，小球Yを置く高さが何cmのときか。求めなさい。

(5) 実験2について，仕事やエネルギーに関して述べた文として誤っているものを，次のア～オの中から1つ選びなさい。

ア．小球が斜面上を運動しているとき，小球がもつ位置エネルギーが運動エネルギーに移り変わっている。
イ．小球が木片とともに移動しているとき，小球がもつ位置エネルギーと運動エネルギーを合わせた総量は保存されている。
ウ．小球が木片とともに移動しているとき，木片とレールの間に摩擦力がはたらき，熱が発生している。
エ．小球の質量が同じ場合，小球を置いた高さが高いほど，小球が木片にした仕事が大きくなっている。
オ．小球を置いた高さが同じ場合，小球の質量が大きいほど，小球が木片にした仕事が大きくなっている。

＜福島県＞

●エネルギーの移り変わり

14 様々な発電方法の1つに，地下のマグマの熱でつくられた高温・高圧の水蒸気を利用した発電があります。この発電方法を何といいますか。その名称を書きなさい。

＜広島県＞

15 右の図は，火力発電のしくみを模式的に表したものである。火力発電では，化石燃料の燃焼により，高温・高圧の水蒸気をつくり，タービンを回して発電が行われており，この過程でエネルギーが変換されている。火力発電において，エネルギーが変換される順に，次のア～エを並べ替え，その符号を書きなさい。

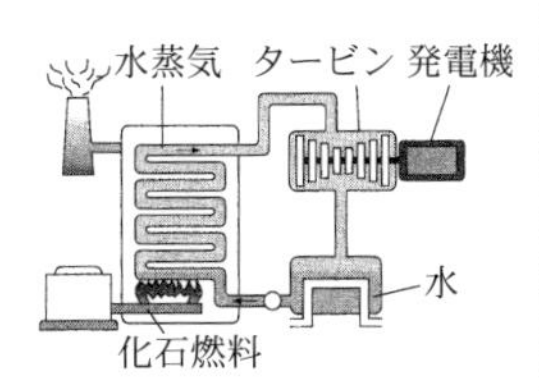

ア．運動エネルギー
イ．化学エネルギー
ウ．電気エネルギー
エ．熱エネルギー

＜新潟県＞

16 エネルギーの変換について，(a)・(b)に答えなさい。

(a) エネルギーは，さまざまな装置を使うことによってたがいに変換することができる。もとのエネルギーから目的のエネルギーに変換された割合を何というか，書きなさい。
(b) 白熱電球やLED電球は，電気エネルギーを光エネルギーに変換しているが，光エネルギー以外のエネルギーにも変換されてしまう。何エネルギーに変換されるか，最も適切なものをア～エから選びなさい。

ア．運動エネルギー　　イ．位置エネルギー
ウ．熱エネルギー　　エ．化学エネルギー

＜徳島県＞

17 愛さんは，バイオマス発電や風力発電について興味をもち，資料で調べたり説明を聞いたりした。次の(1)～(3)の問いに答えなさい。

(1) 愛さんは，バイオマス発電について資料で調べ，次のようにまとめた。

【調べたこと】 農林業からでる作物の残りかすや家畜のふん尿，間伐材（かんばつざい）などを利用して，そのまま燃焼させたり，微生物を使って発生させたアルコールなどを燃焼させたりして発電している。また，間伐材などを燃焼させた際に排出される$_a$二酸化炭素は，原料の植物が生育する過程で光合成によって大気からとりこまれたものである。よって，全体としてみれば，大気中の二酸化炭素の量は［　P　］という長所がある。

① 次のうち，下線部aを発生させる方法はどれか，1つ選んで記号を書きなさい。
ア．二酸化マンガンにオキシドールを加える。
イ．石灰石にうすい塩酸を加える
ウ．亜鉛にうすい塩酸を加える
エ．塩化アンモニウムと水酸化カルシウムを混ぜ合わせて熱する
② 愛さんの調べたことが正しくなるように，Pにあてはまる内容を書きなさい。

(2) 愛さんは，風力発電の会社の人から次のような説明を聞いた。

風力発電では，図1のような風車を，風の力で回転させて発電機を動かし発電しています。交流という種類の電流を$_b$送電線で各家庭や工場などに送っているのですが，途中で電気エネルギーの一部が失われてしまいます。

図1

① 図2のように，2つの発光ダイオードを，足の長い方と短い方が逆になるように電源装置につないだ。3Vの電圧を加えて交流の電流を流し，発光ダイオードを左右に振ると，発光ダイオードはどのように見えるか，次から1つ選んで記号を書きなさい。

図2

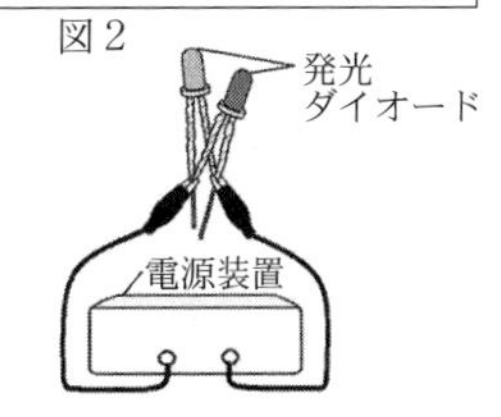

ア．2つとも光っていない
イ．一方だけ光り続け，1本の線に見える
ウ．2つとも光り続け，2本の線に見える
エ．交互に光り，2本の点線に見える
② 下線部bのようになるのはなぜか，書きなさい。

(3) バイオマス発電や風力発電について，愛さんがまとめた次の考えが正しくなるように，X，Yにあてはまる語句をそれぞれ書きなさい。

バイオマス発電では，燃料となる物質がもっている(　X　)エネルギーを，風力発電では，風による空気の(　Y　)エネルギーを，それぞれ電気エネルギーに変換しており，発電の際に石油や石炭などを使用しません。よって，このような再生可能なエネルギーの開発を進めていくことが必要であると考えました。

＜秋田県＞

第8章　物理領域の思考力活用問題

1　理科の授業で，異なる物質の境界で光の進み方が変わることを知ったRさんは，運動する物体についても，異なる場所で進み方が変わるか興味をもった。そこで，光源装置を用いた光の屈折を調べる実験と，物体の運動を調べる実験を行った。次の問いに答えなさい。

(1)　図Ⅰは，乾電池で動作するLED(発光ダイオード)の光源装置の写真である。

図Ⅰ

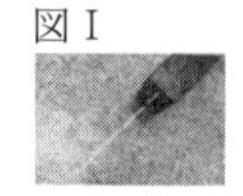

①　次のア～エのうち，乾電池の電気用図記号を表すものはどれか。一つ選び，記号を○で囲みなさい。

②　LEDの明るさは，電圧をかけて電流を流したときの電力によって決まる。電力の単位を表す記号をアルファベット1字で書きなさい。

③　図Ⅱのように，光源装置の電池ケースから，直列につながれた2個の乾電池のうちの1個だけを取り外すと，LEDは点灯しない。

図Ⅱ

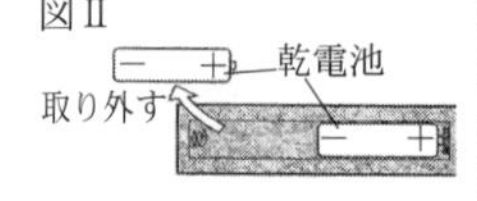

次のア～エのうち，この理由として最も適しているものを一つ選び，記号を○で囲みなさい。

ア．回路が途切れるため。
イ．LEDにかかる電圧が半分になるため。
ウ．空気中で放電が起きるため。
エ．LEDを流れる電流の向きが逆になるため。

(2)　次の文は，図Ⅲのように，線香の煙を入れた容器に光源装置の光を向けたときのようすについて述べたものである。あとのア～エのうち，文中の［　　］に入れる内容として最も適しているものを一つ選び，記号を○で囲みなさい。

図Ⅲ

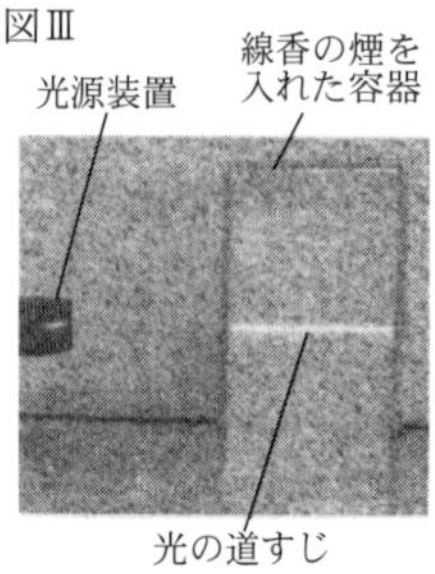

光源装置　線香の煙を入れた容器　光の道すじ

容器内では光の道すじがはっきり観察できる。これは，容器外から直進してきた光が容器内で煙の粒子によって乱反射することで［　　］ためである。

ア．光が容器内を往復し続ける
イ．光がより強くなって直進し続ける
ウ．平行な光が1点に集まる
エ．光の一部が観察する人の方に向かう

【光の屈折を調べる実験のまとめ】

目的：光が空気からガラスに向かって進むときの，入射角の大きさと屈折角の大きさの関係を調べる。

方法：図Ⅳのように，記録用紙上で点Oを中心としてかいた円に，均一な厚さの半円形ガラスを重ねて置き，光源装置の光をOに向ける。光の道すじを記録し，入射角の大きさと屈折角の大きさを測定する。

図Ⅳ

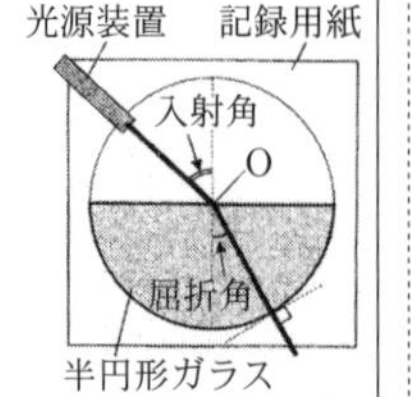

結果：表は，入射角の大きさと屈折角の大きさの関係をまとめたものである。

表

入射角の大きさ[度]	0	10	20	30	40	50	60
屈折角の大きさ[度]	0	7	13	19	25	31	35

考察：[1]　表中では，［　ⓐ　］ことが分かる。
[2]　それぞれの場合で，ガラスから空気に出る光が直進していたのは，Oからの光の道すじが円の接線に垂直なので，空気とガラスの境界面に対する入射角の大きさと屈折角の大きさがともに0度となるためであると考えられる。

(3)　空気からガラスに向かって光が入射するとき，屈折光と同時に，ガラス表面での反射光も観察される。入射角の大きさが30度のとき，反射角の大きさは何度になるか，書きなさい。

(4)　次のア～エのうち，考察[1]中の［　ⓐ　］に入れる内容として最も適しているものはどれか。一つ選び，記号を○で囲みなさい。

ア．屈折角の大きさは，入射角の大きさに比例している
イ．入射角の大きさが10度大きくなると，屈折角の大きさは10度以上大きくなっている
ウ．入射角の大きさが0度の場合を除くと，屈折角の大きさは入射角の大きさよりも小さくなっている
エ．入射角の大きさがある角度以上になると，屈折角の大きさは0度になっている

(5)　実験をふまえ，図Ⅴのように，Oと異なる位置に向けて置いた光源装置から，ガラスの平らな面に垂直に光を入射させたところ，光はスクリーン上の点Xに達した。反射光は考えないものとしたとき，光源装置からXまでの光の道すじを，図Ⅴの図中に実線でかき加えなさい。ただし，作図には直定規を用いること。なお，図Ⅴ中の点線はいずれも，ガラスの平らな面に垂直な直線を表している。

図Ⅴ

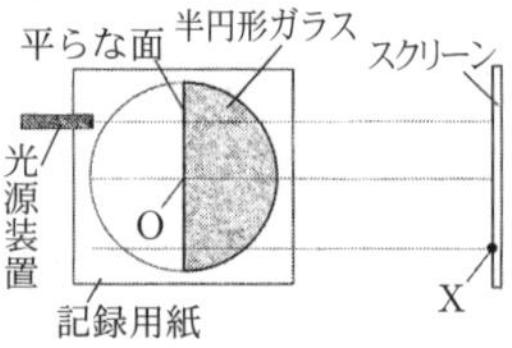

平らな面　半円形ガラス　スクリーン　光源装置　O　記録用紙　X

【物体の運動を調べる実験のまとめ】

目的：物体にはたらく力に注目し，摩擦のない場所とある場所で物体の進み方が変わるかを調べる。

方法：水平で凹凸のないなめらかな面Aと，水平で細かな凹凸のある面Bを，段差がないようにつなげておく。ドライアイスの小片を面Aから面Bに向かってはじき，その運動のようすを観察する。

結果：図Ⅵは，小片の0.1秒ごとの位置を示したものであり，その間隔は，面A上ではいずれも等しく，面B上では次第に短くなっている。

図Ⅵ

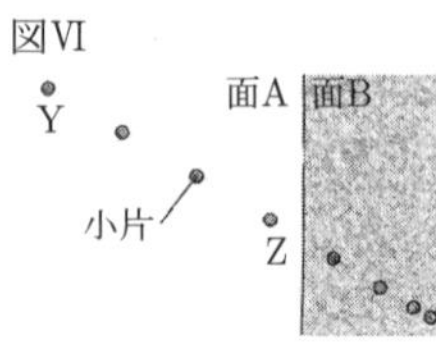

考察：[1]　<u>面A上では小片は一定の速さで一直線上を進んだ</u>ことが分かる。これは，ドライアイスである小片の表面から気体が出て，小片自体がわずかに浮くことで，小片と面Aとの摩擦がなくなり，

[　ⓑ　]ためであると考えられる。

[2] 面Aと面Bの境界を通過した後も小片はそのまま直進したが，面B上では小片は減速しながら進んだことが分かる。これは，表面から出た気体によって浮く高さでは足りず，小片が面Bから摩擦力を受け，その摩擦力の向きが[　ⓒ　]ためであると考えられる。このように物体の進み方は光の進み方と異なり，物体の運動の向きが変わる場合には，運動の向きを変える力のはたらきが必要であると考えられる。

(6) 下線部について，図Ⅵ中に示した小片の位置Yと位置Zの間の距離が60 cmであったとき，YZ間における小片の平均の速さは何cm/秒か，求めなさい。

(7) 次のア，イのうち，上の文中の[　ⓑ　]に入れるのに最も適しているものを一つ選び，記号を○で囲みなさい。また，[　ⓒ　]に入れるのに適している内容を簡潔に書きなさい。

ア．小片には，運動の向きにも，運動の向きと反対向きにも，力がはたらいていなかった

イ．小片をはじくときにはたらいた力が，一定の大きさで小片を運動の向きに押し続けた

＜大阪府＞

2

たろうさん，はなこさん，先生の会話文を読んで，あとの問いに答えなさい。

たろう：見てよ。このワイヤレスチャイム（図１）に電池不要と書いてあるよ。

図１

はなこ：ほんとうだ。電池がないのに，作動するのはどうしてかな。

先生　：このワイヤレスチャイムの押しボタンの中には，磁石とコイルが入っていて，①押しボタンを押すわずかな動きで発電ができるのです。

たろう：磁界の変化によってコイルに電流が発生する（　X　）という現象ですね。

はなこ：指でボタンを押す動きで発電しているから電池がいらないんですね。

先生　：そのとおりです。似たものだと，歩く振動を電気エネルギーに変換する発電床が実用化されていますよ。

たろう：振動のエネルギーが発電に利用できるんですね。

先生　：この他にも，太陽光のように，②持続的に利用可能なエネルギーのことを（　Y　）エネルギーと呼び，発電にも利用されていますよ。

はなこ：私は，太陽光発電について調べたことがあります。

たろう：③風力発電もそうですよね。はなこさん，今度一緒に調べてみようよ。

問１．空欄（　X　），（　Y　）に入る語句を答えよ。

問２．下線部①に関連して，図２のように固定したコイルに検流計をつなぎ，コイルの上方から棒磁石のN極を近づけると，検流計の針がふれた。検流計の針が，図２でふれた向きと逆向きにふれる操作として最も適当なものは，次のどれか。ただし，検流計の針はかかれていない。

図２

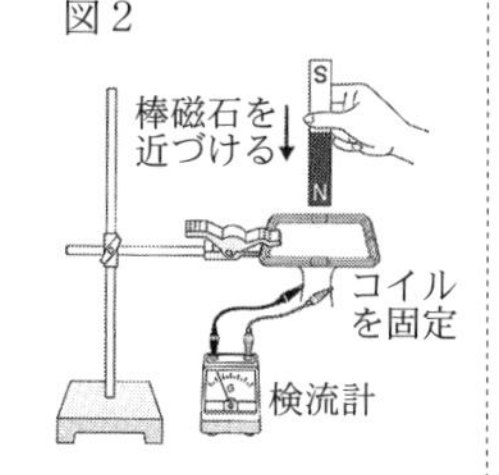

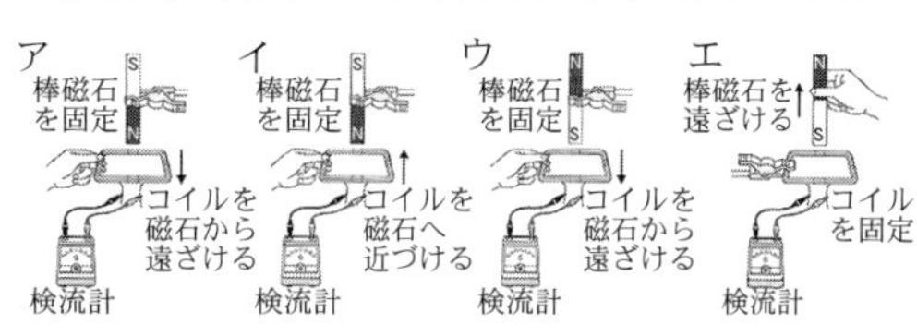

問３．下線部②について，次の発電方法ａ～ｃのうち，持続的に利用可能なエネルギーを用いる発電方法をすべて選び，記号で答えよ。

ａ．火力発電

ｂ．水力発電

ｃ．地熱発電

問４．下線部③について，風力発電機１基で，800世帯が使用する電気エネルギーを作ることができると仮定する。長崎県内の世帯数を56万世帯とし，全世帯が使用する電気エネルギーを風力発電のみで作るとすると，すべての風力発電機を設置するためには最低何km²の面積が必要か。整数で答えよ。ただし，風力発電機１基を設置するためには0.10 km²の面積が必要であるとする。

＜長崎県＞

3

エネルギーの変換について，次の実験を行った。

＜実験１＞

図１のように，コンデンサーと手回し発電機をつないで，一定の速さで20回ハンドルを回した後，手回し発電機をはずし，コンデンサーに豆電球をつなぐと，点灯して消えた。同じ方法で，コンデンサーにLED豆電球をつなぐと，LED豆電球のほうが豆電球よりも長い時間点灯して消えた。次に，同じ方法で，コンデンサーにモーターをつなぐと，モーターが回り，しばらくすると回らなくなった。

図１

(1) 豆電球，LED豆電球が点灯したことについて説明した次の文の[　①　]～[　③　]に入る語句の組み合わせとして適切なものを，あとのア～エから１つ選んで，その符号を書きなさい。

この実験において，コンデンサーには[　①　]エネルギーが蓄えられており，豆電球やLED豆電球では[　①　]エネルギーが[　②　]エネルギーに変換されている。LED豆電球のほうが点灯する時間が長かったことから，豆電球とLED豆電球では，[　③　]のほうが変換効率が高いと考えられる。

ア．①　力学的　②　電気　③　LED豆電球

イ．①　力学的　②　電気　③　豆電球

ウ．①　電気　②　光　③　LED豆電球

エ．①　電気　②　光　③　豆電球

(2) 図２は，モーターが回転するしくみを表したものである。このことについて説明した文として適切でないものを，次のア～エから１つ選んで，その符号を書きなさい。

図２

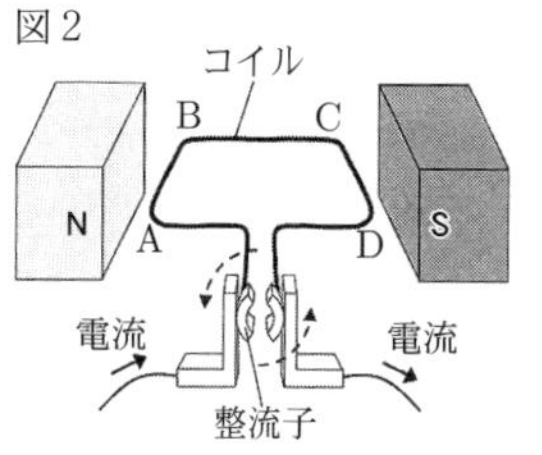

ア．整流子のはたらきにより，半回転ごとにコイルに流れる電流の向きが入れかわり，同じ向きに回転を続ける。
イ．コイルのABの部分にはたらく力の向きは，電流と磁界の両方の向きに垂直である。
ウ．電流の大きさは一定にしたまま，磁界を強くすると，コイルにはたらく力は大きくなる。
エ．コイルのABの部分とBCの部分には，大きさの等しい力がいつもはたらく。

<実験２>

図３のような回路をつくり，滑車つきモーターの軸に重さ0.12 Nのおもりを糸でとりつけた。

次に，手回し発電機のハンドルを時計回りに1秒間に１回の速さで回して発電し，おもりを持ち上げ，LED豆電球と豆電球のようすを観察した。また，おもりを80 cm持ち上げるのにかかった時間，おもりが持ち上げられている間の電流と電圧をはかった。表１は，この実験を複数回行った結果をまとめたものである。ただし，数値は平均の値を示している。

図３

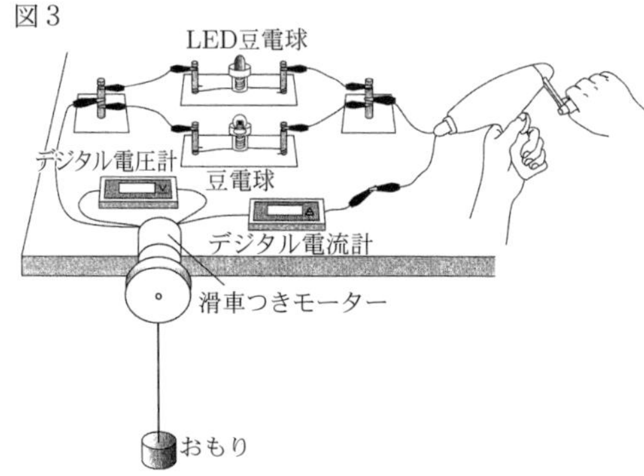

表１

LED豆電球，豆電球のようす	どちらも点灯した
持ち上げるのにかかった時間[s]	2.0
電流[A]	1.0
電圧[V]	0.70

(3)　この実験におけるモーターの変換効率は何％か，四捨五入して小数第１位まで求めなさい。

(4)　手回し発電機を反時計回りに1秒間に１回の速さで回したとき，LED豆電球，豆電球，モーターとおもりそれぞれのようすについてまとめた表２の［X］，［Y］に入る語句として適切なものを，それぞれ次のア，イから１つ選んで，その符号を書きなさい。また，［Z］に入る語句として適切なものを，次のア～ウから１つ選んで，その符号を書きなさい。

表２

LED豆電球のようす	X
豆電球のようす	Y
モーターとおもりのようす	Z

【Xの語句】	ア．点灯した　　イ．点灯しなかった
【Yの語句】	ア．点灯した　　イ．点灯しなかった
【Zの語句】	ア．モーターは実験２と同じ向きに回転し，おもりは持ち上がった イ．モーターは実験２と逆向きに回転し，おもりは持ち上がった ウ．モーターは回転せずに，おもりは持ち上がらなかった

<兵庫県>

4　花子さんと太郎さんは，次の実験を行った。(1)～(7)の問いに答えなさい。

[Ⅰ]　電流をつくり出すしくみについて調べた。

[1]　［図１］のように，棒磁石を乗せた台車を用意し，進行方向にＮ極を向けて置き，検流計につないだコイルを水平面に垂直に立てた。

［図１］

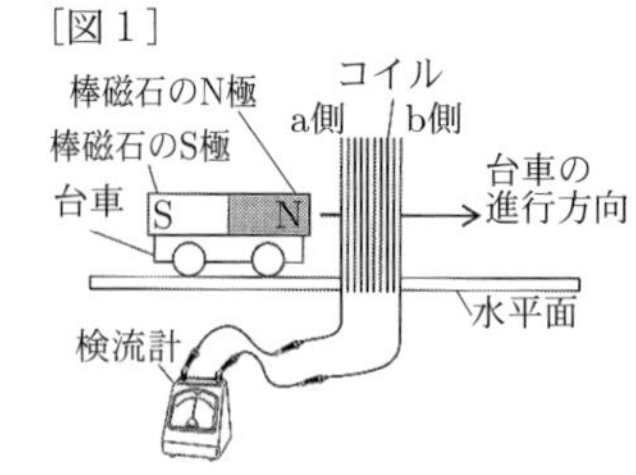

[2]　台車に乗せた棒磁石のＮ極がa側からコイルに近づくと，検流計の針は＋側に振れた。

[3]　[1]と同様に，［図１］の場所に台車を置いた。検流計の針が０の位置にあることを確かめた後，進行方向に台車を勢いよく押し，台車はコイルの中をa側からb側に通過した。台車がコイルのa側に近づいたとき，検流計の針は＋側に振れた。針の振れを確認し，流れた電流の大きさを記録した。

(1)　[2]のように，磁石を動かしたとき，コイルに流れる電流を何というか，書きなさい。

(2)　［図２］のように，棒磁石を乗せた台車をコイルの中央に置いた。コイルのa側からb側へ台車を勢いよく押したとき，棒磁石のS極の影響による検流計の針の振れ方として最も適当なものを，ア～ウから１つ選び，記号を書きなさい。

［図２］

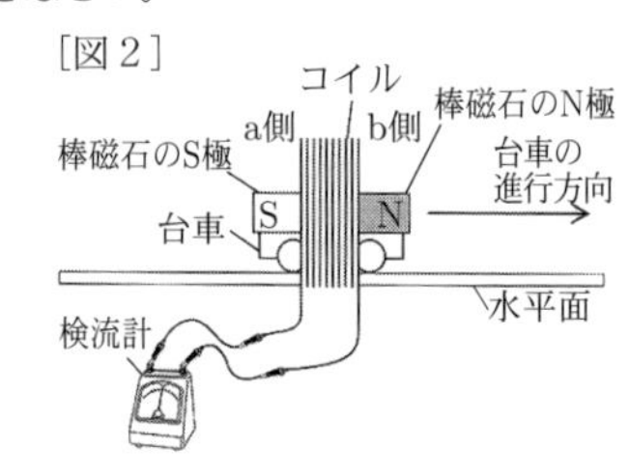

ア．＋側に振れた。
イ．－側に振れた。
ウ．０の位置から動かなかった。

[Ⅱ]　２人は，[1]で台車を押す勢いを変えて，コイルの中を通過させると，コイルに流れる電流の大きさが変わることに気づき，次の実験を行った。ただし，台車とレールの間の摩擦力や空気の抵抗はないものとする。

[4]　斜面と水平面がなめらかにつながったレールを用意した。[1]で使用したコイルをレールの水平面に垂直に立て，検流計につないだ。

[5]　［図３］のように，進行方向にＮ極を向けた棒磁石を乗せた台車を用意し，水平面からの高さ5 cmのＡ点に置いた。

［図３］

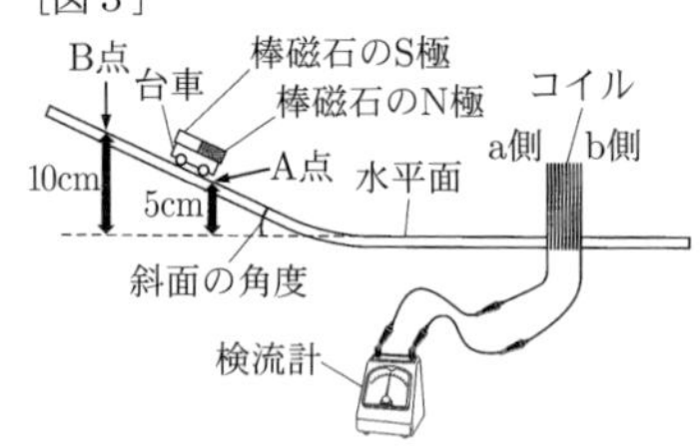

[6]　台車から静かに手をはなしたところ，台車は斜面を下り，コイルの中をa側からb側に通過した。台車がコイルのa側に近づいたとき，検流計の針は＋側に振れた。針の振れを確認し，流れた電流の大きさを[3]と同様に記録した。

[7]　[5]と斜面の角度は変えずに，棒磁石を乗せた台車を，水平面からの高さ10 cmのＢ点に置いた。

[8] 台車から静かに手をはなしたところ，台車は斜面を下り，コイルの中をa側からb側に通過した。台車がコイルのa側に近づいたとき，検流計の針は＋側に振れた。針の振れを確認し，流れた電流の大きさを記録した。それを[6]の結果と比較したところ，流れた電流は[6]の結果よりも大きかった。

(3) [6]で，台車が水平面を進む速さは一定であった。このように，速さが一定で一直線上を進む運動のことを何というか，書きなさい。

(4) [8]でコイルに流れた電流が，[6]でコイルに流れた電流より大きくなった理由を，台車の運動に注目し，「磁界」という語句を用いて簡潔に書きなさい。

[Ⅲ] 太郎さんは，「さらに大きな電流を流すためにはどうすればよいのだろうか」という新たな疑問を持ち，次の実験を行った。

[9] ［図４］のように，[Ⅱ]より斜面の角度を大きくし，棒磁石を乗せた台車を水平面からの高さ５cmのC点に置いた。ただし，棒磁石を乗せた台車，コイル，検流計は[Ⅱ]と同じものである。

［図４］

[10] 台車から静かに手をはなしたところ，台車は斜面を下り，コイルの中をa側からb側に通過した。台車がコイルのa側に近づいたとき，検流計の針は＋側に振れた。針の振れを確認し，流れた電流の大きさを記録した。それを[6]の結果と比較したところ，流れた電流の大きさは[6]の結果と同じであった。

(5) [10]でコイルに流れた電流と，[6]でコイルに流れた電流の大きさが同じであった理由を，「力学的エネルギー」と「磁界」という語句を用いて簡潔に書きなさい。

(6) [Ⅲ]の実験結果より大きな電流を流すためには，[Ⅲ]の実験の条件をどのように変えればよいか，誤っているものを，ア～エから１つ選び，記号を書きなさい。

ア．コイルの巻数を増やす。
イ．台車に乗せる棒磁石を質量が同じで磁力の強い磁石に変える。
ウ．C点よりも高い位置に台車を置き，静かに手をはなす。
エ．台車に乗せる棒磁石のN極とS極の向きを変える。

(7) 多くの発電所では，磁石とコイルを利用して電気エネルギーをつくっており，家庭ではその電気エネルギーを消費している。家庭で使われているような照明器具は電気エネルギーを光エネルギーに変換している。ある家庭において，消費電力が60 Wの白熱電球と，消費電力が7.4 WのLED電球はほぼ同じ明るさであった。白熱電球１個をLED電球１個に取りかえて30日間使用するとき，削減できる電力量は何kWhか，四捨五入して小数第一位まで求めなさい。ただし，白熱電球とLED電球を使うのは1日4時間とする。

＜大分県＞

5 Kさんは，電流が磁界から受ける力による物体の運動について調べるために，次のような実験を行った。これらの実験とその結果について，あとの各問いに答えなさい。ただし，実験に用いるレールや金属製の棒は磁石につかないものとする。また，レールと金属製の棒との間の摩擦，金属製の棒にはたらく空気の抵抗は考えないものとする。

〔実験〕 図１のように，金属製のレールとプラスチック製のレールをなめらかにつないだものを２本用意し，水平な台の上に平行に固定した。次に，金属製のレールの区間PQに，同じ極を上にした磁石をすき間なく並べて固定した。また，金属製のレールに電源装置，電流計，スイッチを導線でつないだ。金属製の棒(以下金属棒という)をPに置き，電源装置の電圧を4.0 Vにしてスイッチを入れ，金属棒の運動を観察したところ，金属棒は区間PQで速さを増しながら運動し，Qを通過したあと，やがてRに達した。

図１
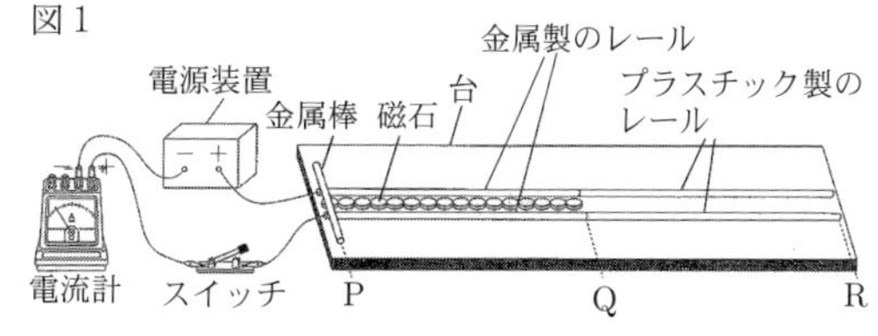

(ア) 〔実験〕において金属棒が区間PQを運動しているとき，金属棒に流れる電流がつくる磁界の向きを表す図として最も適するものを次の１～４の中から一つ選び，その番号を答えなさい。ただし，１～４の図において左側にPがあるものとする。

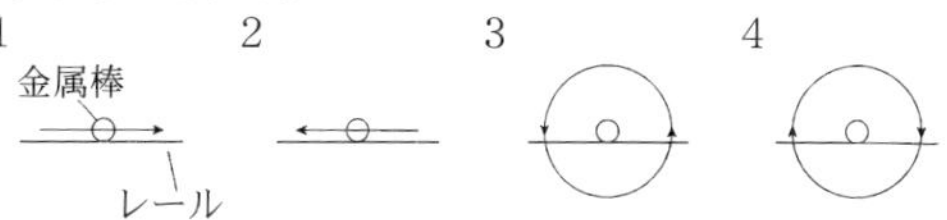

(イ) 〔実験〕において金属棒が区間PQを運動しているとき，金属棒にはたらく力を表す図として最も適するものを次の１～４の中から一つ選び，その番号を答えなさい。ただし，同一直線上にはたらく力であっても，矢印が重ならないように示してある。また，１～４の図において左側にPがあるものとする。

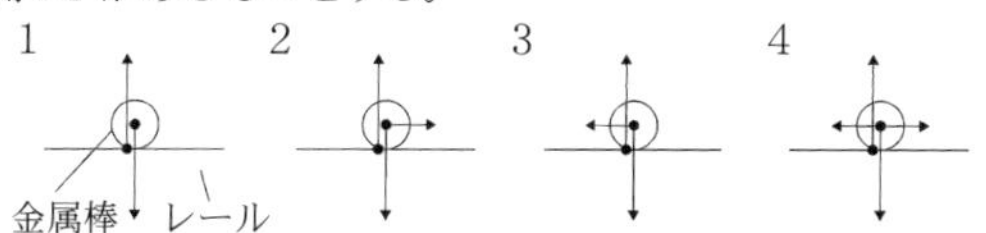

(ウ) Kさんは，〔実験〕における金属棒の運動を，区間PQでは一定の割合で速くなる運動，区間QRでは一定の速さの運動だと考え，時間と速さの関係を図２のように表した。なお，点Aは，金属棒がQに達したときの時間と速さを示している。電源装置の電圧を6.0 Vに変えて〔実験〕と同様の操作を行ったときの時間と速さの関係を，図２をもとにして表したものとして最も適するものを次の１～４の中から一つ選び，その番号を答えなさい。ただし，１～４には図２の点Aを示してある。また，回路全体の抵抗の大きさは〔実験〕と同じであるものとする。

図２
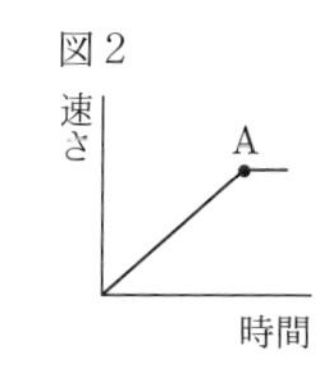

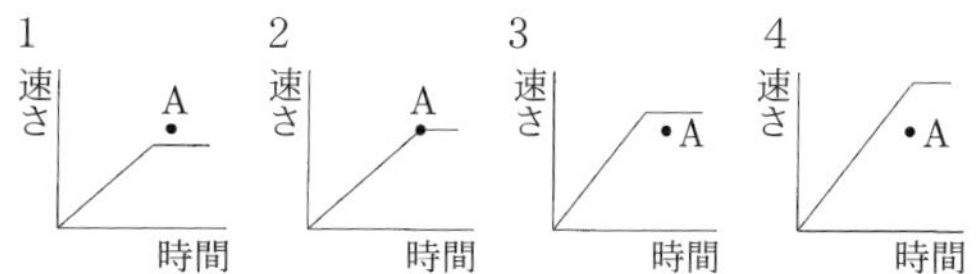

(エ) Kさんは，〔実験〕の装置が電気エネルギーから力学的エネルギーへの変換装置になっていることに気がつき，その変換効率を求めるために次の〔実験計画〕を立てた。〔実験計画〕中の(　　)にあてはまる式として最も適するものをあとの1～4の中から一つ選び，その番号を答えなさい。

〔実験計画〕

図3のように，〔実験〕で用いたレールと磁石が固定された台を傾けて斜面をつくる。〔実験〕と同様にレールには電源装置，電流計，スイッチがつながれているが，図3ではそれらを省略してある。電源装置の電圧をV[V]にしてスイッチを入れ，重さW[N]の金属棒をPに置き，静かに手を離す。金属棒が，Pからの距離と高さがそれぞれL[m]とH[m]であるQまで斜面を上るのにかかった時間がt[s]であり，その間に流れた電流がI[A]で一定であったとする。このとき，電気エネルギーがすべて位置エネルギーに変換されたとすると，変換効率は次の式で求められる。

変換効率[%]＝(　　)×100

図3

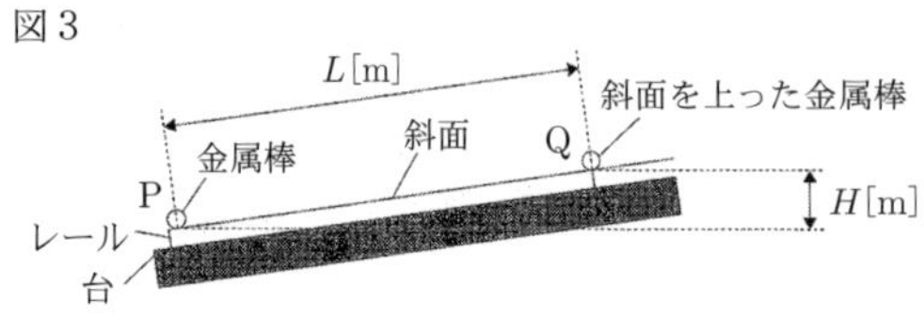

1．$\frac{WH}{VIt}$　2．$\frac{WL}{VIt}$　3．$\frac{VIt}{WH}$　4．$\frac{VIt}{WL}$

＜神奈川県＞

6

身近な物理現象及び運動とエネルギーに関する(1)～(3)の問いに答えなさい。

(1) 図1のように，斜面上に質量120 gの金属球を置き，金属球とばねばかりを糸で結び，糸が斜面と平行になるようにばねばかりを引いて金属球を静止させた。ただし，糸の質量は無視でき，空気の抵抗や摩擦はないものとする。

図1

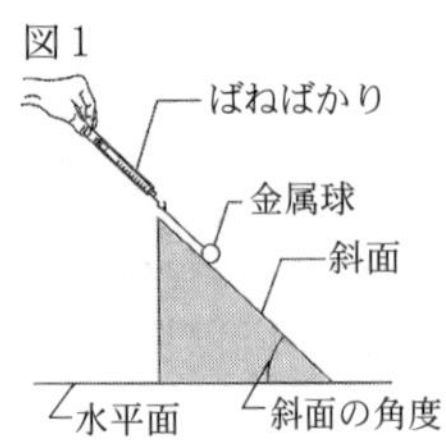

① ばねばかりは，フックの法則を利用した装置である。次の［　　］の中の文が，フックの法則について適切に述べたものとなるように，［　　］に言葉を補いなさい。

ばねののびは，［　　　　］の大きさに比例する。

② 図1の斜面を，斜面の角度が異なるさまざまな斜面に変え，糸が斜面と平行になるようにばねばかりを引いて質量120 gの金属球を静止させたときのばねばかりの値を読み取った。図2は，このときの，斜面の角度とばねばかりの値の関係を表したものである。

図2

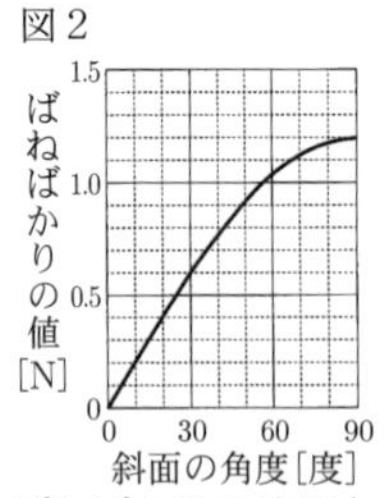

a．斜面の角度が大きくなると，ばねばかりの値が大きくなる。その理由を，分力という言葉を用いて，簡単に書きなさい。

b．図1の質量120 gの金属球を，質量60 gの金属球に変え，糸が斜面と平行になるようにばねばかりを引いて静止させた。このとき，ばねばかりの値は0.45 Nであった。図2をもとにすると，このときの斜面の角度は何度であると考えられるか。次のア～カの中から，最も近いものを1つ選び，記号で答えなさい。

ア．10°　イ．20°　ウ．30°
エ．40°　オ．50°　カ．60°

(2) 図3のように，レールを用いて，区間ABが斜面，区間BCが水平面である装置をつくり，区間BCの間に木片を置く。ただし，区間ABと区間BCはなめらかにつながっているものとする。

図3

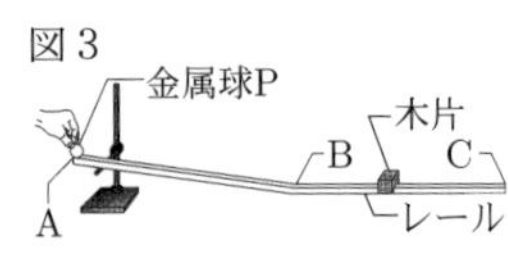

金属球PをAに置き，静かにはなして，木片に当てたところ，木片は金属球Pとともに動いて，やがてレール上で静止した。次に，金属球Pを，金属球Pより質量が大きい金属球Qに変えて，同様の実験を行ったところ，木片は金属球Qとともに動いて，やがてレール上で静止した。ただし，空気の抵抗はないものとする。また，摩擦は，木片とレールの間にのみはたらくものとする。

① 位置エネルギーと運動エネルギーの和は何とよばれるか。その名称を書きなさい。

② 金属球P, Qが木片に当たる直前の速さは同じであった。このとき，金属球Pを当てた場合と比べて，金属球Qを当てた場合の，木片の移動距離は，どのようになると考えられるか。運動エネルギーに関連付けて，簡単に書きなさい。

(3) 図4のように，図3の装置に置いた木片を取り除く。金属球PをAに置き，静かにはなしたところ，金属球Pは斜面を下り，Cに達した。図5は，金属球Pが動き始めてからCに達するまでの，時間と金属球Pの速さの関係を，Cに達したときの金属球Pの速さを1として表したものである。ただし，空気の抵抗や摩擦はないものとする。

図4

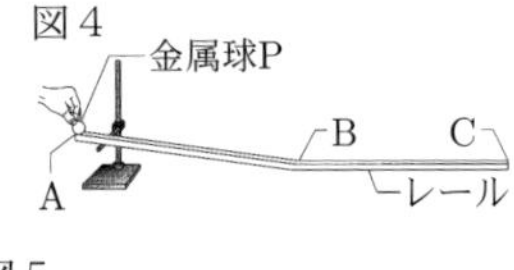

図5

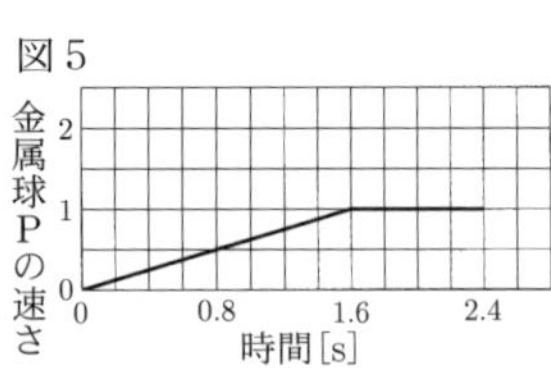

① 図5をもとに，金属球Pが動き始めてから区間ABの中点に達するまでの時間として適切なものを，次のア～ウの中から1つ選び，記号で答えなさい。

ア．0.8秒より長い時間
イ．0.8秒
ウ．0.8秒より短い時間

② 図6のように，図4の装置の区間AB，BCの長さを変えずに水平面からのAの高さを高くする。金属球Pと，同じ材質でできた，質量が等しい金属球RをAに置き，静かにはなしたところ，金属球Rは斜面を下り，Cに達した。金属球Rが動き始めてからCに達するまでの時間は1.2秒であった。また，金属球RがCに達したときの速さは，金属球Pが図4の装置でCに達したときの速さの2倍であった。金属球Rの速さが，金属球Pが図4の装置でCに達したときの速さと同じになるのは，金属球Rが動き始めてから何秒後か。図5をもとにして，答えなさい。

図6

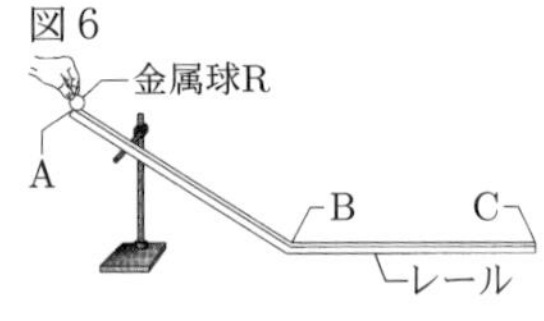

＜静岡県＞

生物編

第９章　生物の特徴と分類

身近な生物の観察

1 かいとさんは，校庭に生えていたタンポポの花をルーペで観察した。右の図は，かいとさんが，観察したタンポポの花をスケッチしたものである。このことについて，次の(1)〜(3)の問いに答えなさい。

(1) タンポポの花のように，手に持って動かせるものを観察するときのルーペの使い方として正しいものを，次のア〜エから一つ選び，その記号を書きなさい。

ア．ルーペを目に近づけ，観察するものを前後に動かして，よく見える位置で観察する。

イ．ルーペを観察するものに近づけ，顔を前後に動かして，よく見える位置で観察する。

ウ．ルーペと目，ルーペと観察するものの距離をそれぞれ20 cmほどに保ち観察する。

エ．観察するものを目から20 cmほど離し，ルーペを前後に動かして，よく見える位置で観察する。

(2) かいとさんがかいたスケッチには，記録のしかたとして適切でないところがある。次のア〜エから一つ選び，その記号を書きなさい。

ア．スケッチの中に，観察するものの各部の名前を書いている。

イ．その日の天気など，観察するものとは関係のない情報を書いている。

ウ．大きさや色など，文字で観察するものの情報を表している。

エ．観察するものが立体的に見えるように，影をつけている。

(3) タンポポの花は，多くの花が集まってできており，一つ一つの花は，花弁が５枚くっついた合弁花である。タンポポと同じ合弁花類に分類される植物を，次のア〜エから一つ選び，その記号を書きなさい。

ア．アブラナ　　イ．ユリ
ウ．ツツジ　　エ．マツ

＜高知県＞

2 顕微鏡で生物を観察する際，倍率を40倍から100倍に変えたときの視野の広さと明るさについての説明として最も適するものを次の１〜４の中から一つ選び，その番号を答えなさい。

１．視野は広くなり，明るくなる。
２．視野は広くなり，暗くなる。
３．視野はせまくなり，明るくなる。
４．視野はせまくなり，暗くなる。

＜神奈川県＞

3 顕微鏡を使って小さな生物などを観察するとき，はじめに視野が最も広くなるようにする。次のア〜エのうち，最も広い視野で観察できる接眼レンズと対物レンズの組み合わせはどれか。

ア．10倍の接眼レンズと４倍の対物レンズ
イ．10倍の接眼レンズと10倍の対物レンズ
ウ．15倍の接眼レンズと４倍の対物レンズ
エ．15倍の接眼レンズと10倍の対物レンズ

＜鹿児島県＞

4 細胞の観察について，次の(1)，(2)に答えなさい。

(1) 右の図の顕微鏡を用いて細胞を観察するには，次のア〜エをどの順番で行えばよいか，最も適切な順に並べ，その符号を書きなさい。

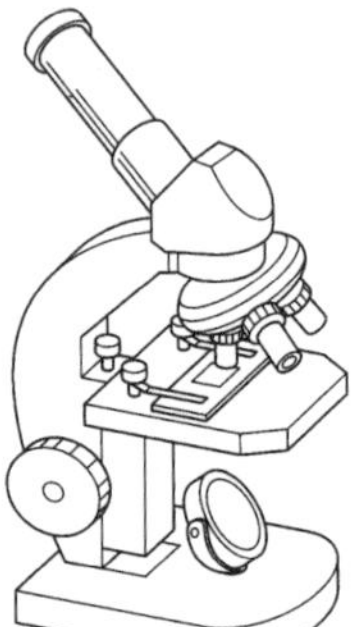

ア．調節ねじを回して，プレパラートと対物レンズを遠ざけながら，ピントを合わせる。

イ．反射鏡を調節して，視野全体が明るく見えるようにする。

ウ．横から見ながら，プレパラートと対物レンズをできるだけ近づける。

エ．プレパラートをステージにのせ，クリップで固定する。

(2) 接眼レンズの倍率が15倍，対物レンズの倍率が40倍のとき，顕微鏡の倍率は何倍か，求めなさい。

＜石川県＞

5 次の図は，双眼実体顕微鏡の写真である。このことについて，次の(1)・(2)の問いに答えよ。

(1) 次のア〜エは，双眼実体顕微鏡の操作について述べたものである。ア〜エを最も適切な操作の順に並べ，その記号を書け。

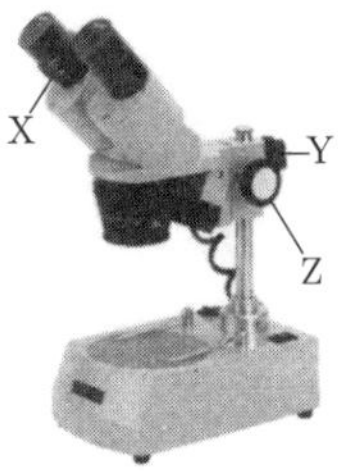

ア．左目だけでのぞきながらXでピントを合わせる。

イ．Yをゆるめて，鏡筒を上下させ両目でおよそのピントを合わせる。

ウ．右目だけでのぞきながらZでピントを合わせる。

エ．両目の間隔に合うように鏡筒を調節し，左右の視野が重なるようにする。

(2) 双眼実体顕微鏡を用いて観察することができるものを，次のア〜エからすべて選び，その記号を書け。

ア．ホウセンカの花粉から花粉管がのびるようす
イ．タンポポの花のめしべのつくり
ウ．火山灰に含まれる粒のようす
エ．タマネギの根の先端の細胞分裂のようす

＜高知県＞

植物の分類

●花のつくり

1 被子植物の花は受粉すると，［①］が成長して果実になり，［①］の中の胚珠は種子となる。

＜北海道＞

2 タンポポの花は，たくさんの小さい花が集まってできている。右図は，タンポポの一つの花のスケッチであり，ア～エは，おしべ，めしべ，がく，花弁のいずれかである。これらのうち，花のつくりとして，外側から2番目にあたるものはどれか。その記号と名称を書け。

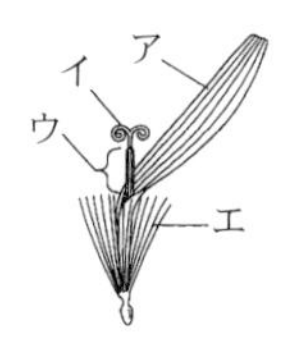

＜鹿児島県＞

3 右の図はアブラナの花の各部分を外側にあるものからピンセットではがし，スケッチしたものである。図のA～Dの名称を組み合わせたものとして適切なのは，次の表のア～エのうちではどれか。

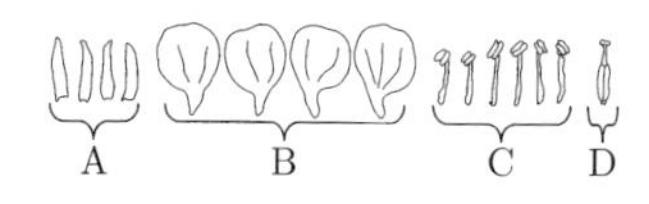

	A	B	C	D
ア	がく	花弁	めしべ	おしべ
イ	がく	花弁	おしべ	めしべ
ウ	花弁	がく	おしべ	めしべ
エ	花弁	がく	めしべ	おしべ

＜東京都＞

4 右図は，アブラナの花の断面を模式的に表したもので，Xはおしべの先端の小さな袋です。このXの名称を書きなさい。

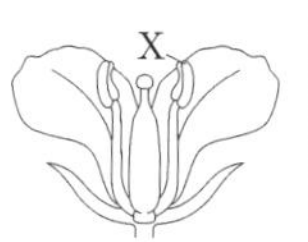

＜埼玉県＞

5 アブラナとツツジについて，(a)・(b)に答えなさい。

(a) アブラナとツツジの花を比べると，形も大きさも違うが，各部分の並び方は共通している。花の各部分を，外側から順に並べたものとして正しいものはどれか，ア～エから1つ選びなさい。

ア．がく　→　花弁　→　めしべ　→　おしべ
イ．がく　→　花弁　→　おしべ　→　めしべ
ウ．花弁　→　がく　→　めしべ　→　おしべ
エ．花弁　→　がく　→　おしべ　→　めしべ

(b) アブラナとツツジの花は，子房の中に胚珠とよばれる粒がある。このように，胚珠が子房の中にある植物を何というか，書きなさい。

＜徳島県＞

6 七海さんは，花のつくりについて詳しく調べるため，エンドウとツツジの花を分解し，スケッチした。図のア～カはエンドウの花の各部分，キ～コはツツジの花の各部分をスケッチしたものである。あとの問いに答えなさい。

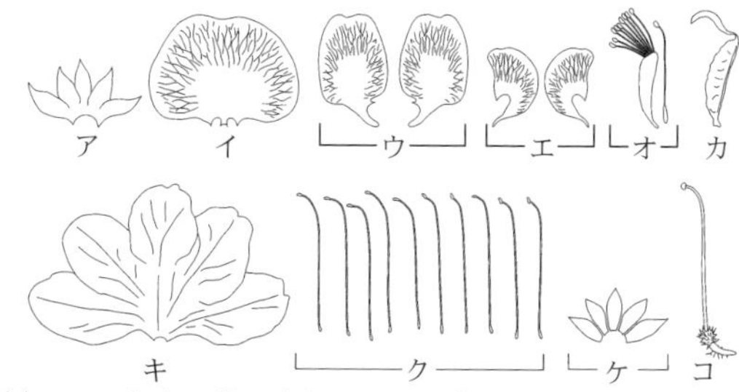

(1) エンドウの花のオとツツジの花のクは，共通のはたらきをもつため，同じ名称でよばれる。その名称を書きなさい。

(2) 花弁が1枚ずつ分かれているエンドウに対し，ツツジは花弁が1枚につながっている。花弁のつき方の違いに注目した分類において，ツツジのような花を何というか，書きなさい。

(3) エンドウの花のつくりは，外側からア→イ→ウ→エ→オ→カの順になっている。ツツジの花のキ～コを，花のつくりの外側から適切な順に並べかえ，記号で答えなさい。

＜山形県＞

7 和也さんは，次の観察を行った。あとの(1)～(4)に答えなさい。

観察.
「エンドウの花のつくり」
(i) エンドウの花(図1)を用意し，花全体を<u>ルーペ</u>を使って観察した。
(ii) 花の各部分をピンセットではずし，特徴を確認して，スケッチした(次の図2)。
(iii) めしべの子房をカッターナイフで縦に切り，断面を観察した(次の図3)。

図1
エンドウの花

図2　花の各部分のスケッチ

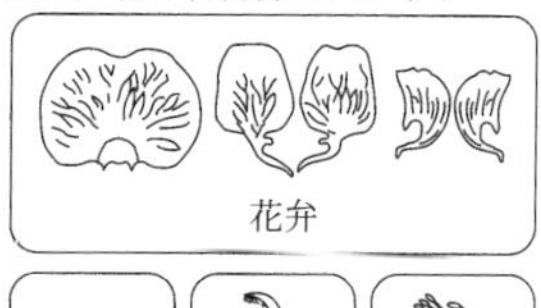

図3
子房を縦に切っためしべの断面

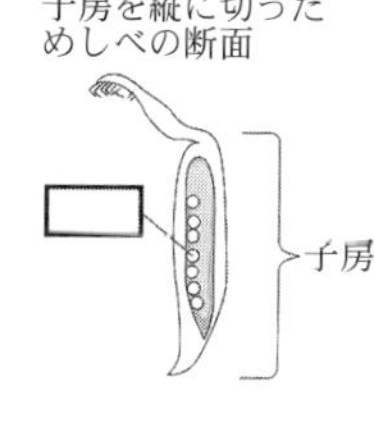

(1) 下線部について，手に持ったエンドウの花を観察するときのルーペの使い方として最も適切なものを，次のア～エの中から1つ選んで，その記号を書きなさい。

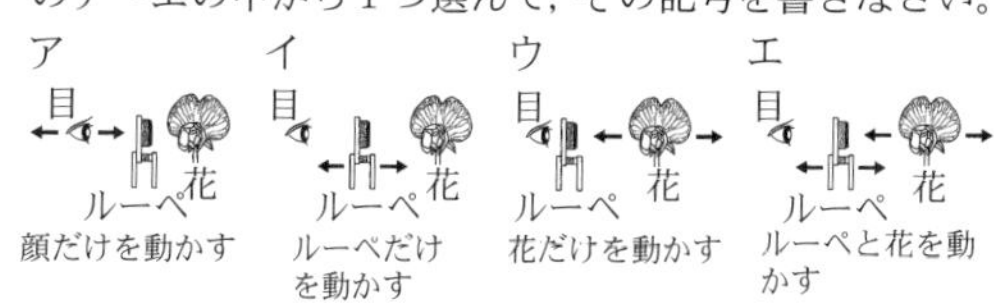

(2) 図2について，花の各部分は，中心にあるめしべから外側に向かってどのような順番でついていたか。花弁，がく，めしべ，おしべを順に並べて，その名称を書きなさい。ただし，めしべをはじまりとする。

(3) 図2の花弁について，エンドウのように，花弁が1枚ずつ分かれている植物のなかまを何というか，書きなさい。

(4) 図3の［　　］にあてはまる，子房の中にあって受粉すると種子になる部分の名称を書きなさい。

＜和歌山県＞

8 アブラナとマツの花を，図1のルーペを用いて観察した。はじめに，採取したアブラナの花全体を観察した。その後，アブラナの花を分解し，めしべの根もとのふくらんだ部分を縦に切ったものを観察した。図2は，そのスケッチである。次に，図3のマツの花P，Qからはがしたりん片を観察した。図4は，そのスケッチである。

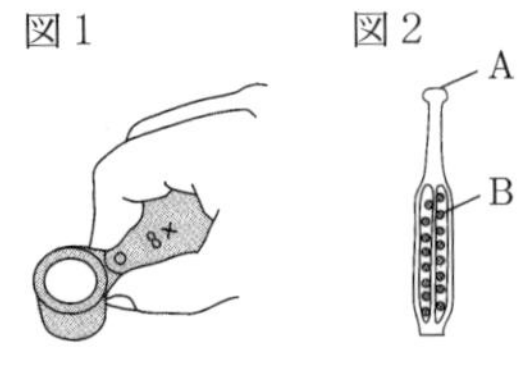

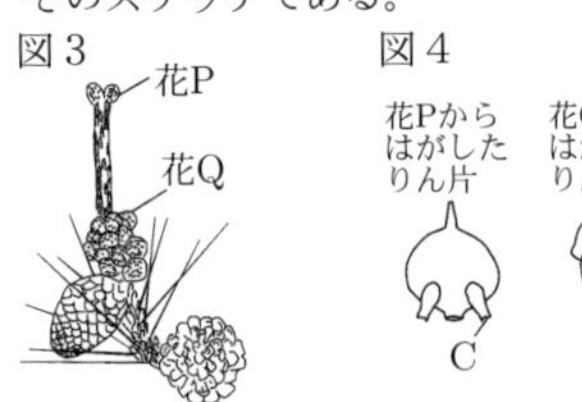

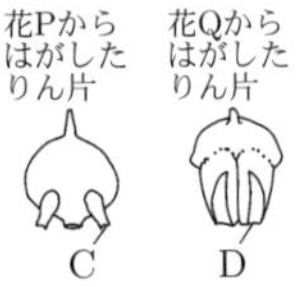

(1) 次のア～エのうち，採取したアブラナの花全体を，図1のルーペを用いて観察するときの方法として，最も適当なものを1つ選び，その記号を書け。

ア．顔とアブラナの花は動かさず，ルーペを前後に動かす。

イ．ルーペを目に近づけて持ち，アブラナの花だけを前後に動かす。

ウ．ルーペをアブラナの花からおよそ30 cm離して持ち，顔だけを前後に動かす。

エ．ルーペを目からおよそ30 cm離して持ち，アブラナの花だけを前後に動かす。

(2) アブラナの花全体を観察したとき，花の中心にめしべが観察できた。次のa～cは，花の中心から外側に向かってどのような順についているか。めしべに続けてa～cの記号で書け。

a．がく

b．おしべ

c．花弁

(3) 図2と図4のA～Dのうち，花粉がついて受粉が起こる部分はどこか。次のア～エのうち，その組み合わせとして，適当なものを1つ選び，ア～エの記号で書け。

ア．A，C

イ．A，D

ウ．B，C

エ．B，D

(4) 次の文の①，②の{ }の中から，それぞれ適当なものを1つずつ選び，その記号を書け。

アブラナとマツのうち，被子植物に分類されるのは①{ア．アブラナ　イ．マツ}であり，被子植物の胚珠は，②{ウ．子房の中にある　エ．むき出しである}。

＜愛媛県＞

●植物の分類

9 次のア～エは，植物の葉をスケッチしたものである。アサガオの葉を示したものとして，最も適当なものを，ア～エから一つ選び，その符号を書きなさい。

ア  イ  ウ  エ 

＜新潟県＞

10 植物のスギ，イチョウ，ソテツに共通する特徴を説明したものとして最も適切なものを，次のア～エの中から1つ選んで，その記号を書きなさい。

ア．花には外側からがく，花弁，おしべ，めしべが見られる。

イ．雌花には子房があり，果実の中に種子ができる。

ウ．胞子のうがあり，胞子によってふえる。

エ．胚珠（はいしゅ）がむきだしになっており，花粉は直接胚珠につく。

＜茨城県＞

11 図は，種子植物であるアサガオ，アブラナ，イチョウ，ツユクサを体のつくりの特徴をもとにして分類したものであり，［a］～［d］には，それらの植物のいずれかが入る。後の(1)，(2)の問いに答えなさい。

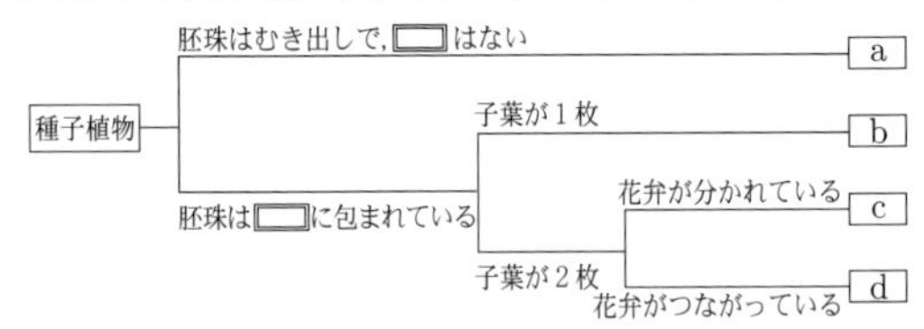

(1) 図中の［　　］に共通して当てはまる語を書きなさい。

(2) 図中の［b］と［c］に入る植物の組み合わせとして正しいものを，次のア～エから選びなさい。

ア．［　b．アブラナ　　c．アサガオ　］

イ．［　b．ツユクサ　　c．アブラナ　］

ウ．［　b．ツユクサ　　c．イチョウ　］

エ．［　b．イチョウ　　c．アサガオ　］

＜群馬県＞

12 右の図はゼニゴケ，スギナ，マツ，ツユクサ，エンドウの5種類の植物を，種子をつくらない，種子をつくるという特徴をもとに分類したものである。

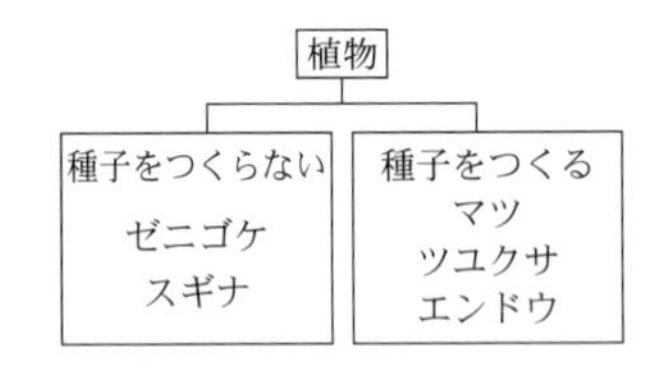

1．種子をつくらないゼニゴケやスギナは，何によってふえるか。

2．マツには，ツユクサやエンドウとは異なる特徴がみられる。それはどのような特徴か，「子房」と「胚珠」ということばを使って書け。

3．ツユクサの根は，ひげ根からなり，エンドウの根は，主根と側根からなるなど，ツユクサとエンドウには異なる特徴がみられる。ツユクサの特徴を述べた次の文中の①，②について，それぞれ正しいものはどれか。

ツユクサの子葉は①(ア．１枚　イ．２枚)で，葉脈は②(ア．網目状　イ．平行)に通る。

＜鹿児島県＞

13 図は，ゼニゴケ，タンポポ，スギナ，イチョウ，イネの５種類の植物を，「種子をつくる」，「葉，茎，根の区別がある」，「子葉が２枚ある」，「子房がある」の特徴に注目して，あてはまるものには○，あてはまらないものには×をつけ，分類したものである。これらの植物を分類したそれぞれの特徴は，図の①～④のいずれかにあてはまる。

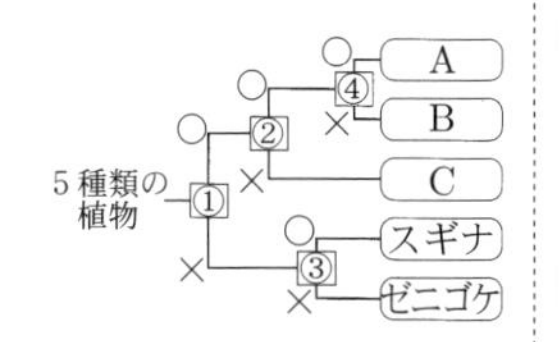

(1)　図の②，④の特徴として適切なものを，次のア～エからそれぞれ１つ選んで，その符号を書きなさい。
ア．種子をつくる
イ．葉，茎，根の区別がある
ウ．子葉が２枚ある
エ．子房がある

(2)　図のA～Cの植物として適切なものを，次のア～ウからそれぞれ１つ選んで，その符号を書きなさい。
ア．タンポポ　　イ．イチョウ　　ウ．イネ

(3)　ゼニゴケの特徴として適切なものを，次のア～オから１つ選んで，その符号を書きなさい。
ア．花弁はつながっている
イ．葉脈は平行に通る
ウ．雄花に花粉のうがある
エ．維管束がある
オ．水を体の表面からとり入れる

＜兵庫県＞

14 植物のからだのつくりの特徴について，学校周辺にある植物を観察したり資料で調べたりした。次の(1)，(2)の問いに答えなさい。

(1)　図１は，アブラナの花とマツの花についてまとめたものである。

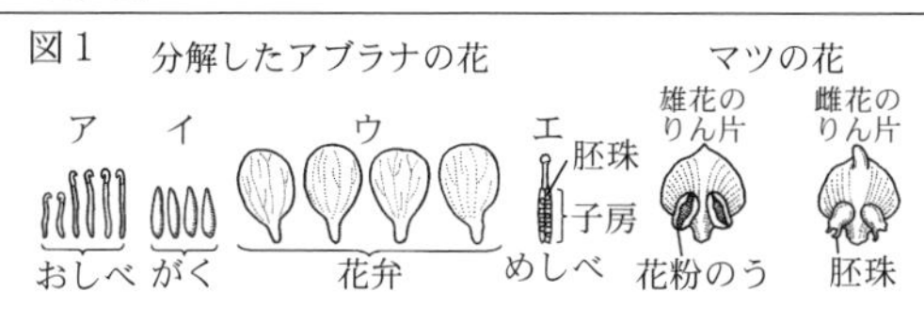

・アブラナの花はa花弁が１枚ずつ分かれている。マツの雄花，雌花には花弁がない。
・アブラナの花の胚珠は子房の中にある。マツの花の胚珠はむき出しである。

①　アブラナの花は，花の外側から中心に向かってどのような順に構成されているか。図１のア～エを順に並べて記号を書きなさい。

②　双子葉類のうち，下線部aのような花弁をもつ植物を何類というか，書きなさい。

③　図１の特徴にもとづいた分類について説明した次の文が正しくなるように，P～Rにあてはまる語句をあとのア～ウから１つずつ選んで記号を書きなさい。

（　P　）の有無に着目すると，アブラナとマツは異なるグループに分類される。しかし，（　Q　）に着目すると，どちらも受粉後に（　Q　）が成長して（　R　）になるため同じグループに分類される。

ア．胚珠
イ．子房
ウ．種子

(2)　図２は，イヌワラビとコスギゴケについてまとめたものである。

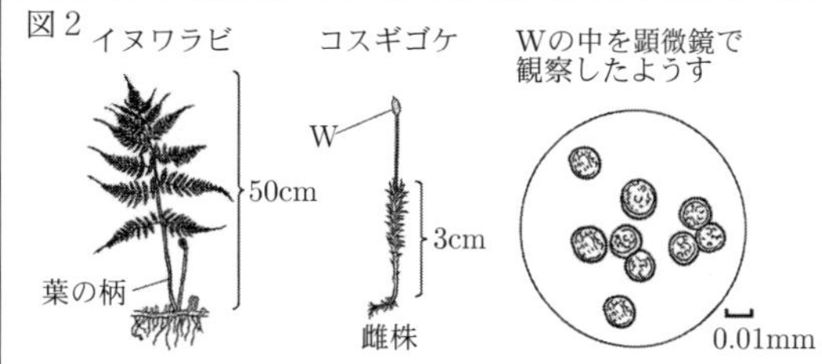

・Wの中を顕微鏡で観察すると，小さな粒がたくさん見られた。
・イヌワラビにはb維管束がある。
・コスギゴケには維管束がない。また，c根のように見える部分がある。

①　Wを何というか，書きなさい。

②　下線部bがどこにあるかを確認するため，染めることにした。染める方法について説明した次の文が正しくなるように，Xにあてはまる内容を書きなさい。

下線部bを染めるため，イヌワラビを葉の柄の部分で切って［　X　］。

③　下線部cについて説明した次の文が正しくなるように，Y，Zにあてはまる語句や内容を下のア～エから１つずつ選んで記号を書きなさい。

下線部cは（　Y　）とよばれ，［　Z　］ように変形したものである。

ア．地下茎
イ．仮根
ウ．からだを土や岩に固定させる
エ．効率的に吸水する

＜秋田県＞

15 Sさんたちは，理科の授業で学校に生育する植物の観察を行いました。これに関する先生との会話文を読んで，あとの(1)～(4)の問いに答えなさい。

先　生：a学校にはいろいろな植物がありましたね。

図１　　図２

1cm　　1mm

Sさん：いくつかの植物を観察できました。図１は，タンポポのスケッチです。図２は，bルーペを使って観察した，cタンポポの小さな１つの花のスケッチです。タンポポの花は，小さな花がたくさん集まっていることがわかりました。

先　生：よく観察できましたね。

Tさん：私は，イヌワラビを観察しました。図３は，イヌワラビの葉をスケッチしたものです。さらに，ルーペを使ってd葉の裏側も観察しましたが，小さくてくわしく観察できないものがありました。

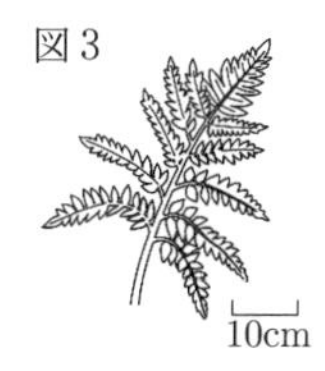

先　生：そのような場合には，顕微鏡(けんびきょう)を使って観察してみましょう。

(1) 会話文中の下線部aについて，次のレポートは，Sさんたちが観察した植物についてまとめたものである。レポート中の下線部eについて，葉が互(たが)いに重ならないようになっていることは，タンポポやアブラナなどの植物が光合成をする上で，どのような点で都合がよいか，簡潔に書きなさい。

レポート.

気づいたこと.

- タンポポは，日当たりがよく乾燥した場所に多く見られた。
- 日当たりがよい花壇(かだん)には，アブラナが植えられていた。
- イヌワラビは，日かげや湿(しめ)りけの多いところに見られた。
- タンポポやアブラナのe<u>葉のつき方を真上から見たとき，いずれも葉が互いに重ならないようになっていた</u>。

観察した場所.

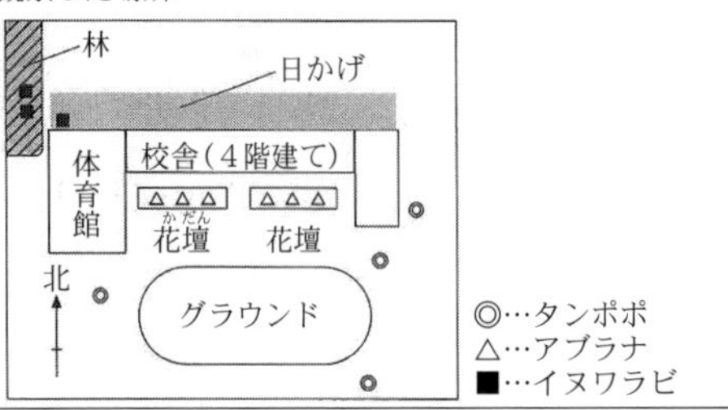

(2) 会話文中の下線部bについて，植物を手にとってルーペで観察するときの，ルーペの使い方として最も適当なものを，次のア～エのうちから一つ選び，その符号を書きなさい。

ア

ルーペを植物に近づけ，その距離(きょり)を保ちながら，ルーペと植物を一緒に動かして，よく見える位置をさがす。

イ

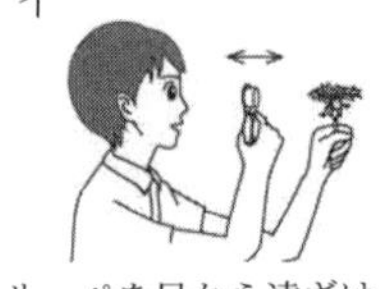

ルーペを目から遠ざけ，植物を動かさずにルーペを動かして，よく見える位置をさがす。

ウ

ルーペを目に近づけ，ルーペを動かさずに植物を動かして，よく見える位置をさがす。

エ

ルーペを目から遠ざけ，ルーペを動かさずに植物を動かして，よく見える位置をさがす。

(3) 会話文中の下線部cについて，タンポポのように，花弁が互いにくっついている花を何というか，書きなさい。また，花弁が互いにくっついている花として最も適当なものを，次のア～エのうちから一つ選び，その符号を書きなさい。

ア．ツツジ　　イ．アブラナ
ウ．エンドウ　　エ．サクラ

(4) 会話文中の下線部dについて，Tさんがまとめた次の文章中の[x]，[y]にあてはまる最も適当なことばを，それぞれ書きなさい。

イヌワラビの葉の裏側には，図4のような茶色いものが多数ついていました。顕微鏡を使って，その茶色いもの1つをくわしく観察したところ，図5のようなものであることがわかりました。

それについて調べたところ，図5は[x]とよばれるものであり，イヌワラビは，タンポポとは異なり[y]によってふえる植物であることがわかりました。

＜千葉県＞

16 次の文を読んで，あとの各問いに答えなさい。

はるかさんは，学校とその周辺の植物を観察した。また，観察した植物について，その特徴(とくちょう)をもとに，分類を行った。そして，観察したことや分類した結果を，次の①～③のようにノートにまとめた。

【はるかさんのノートの一部】

① 学校の周辺で，マツ，アブラナ，ツツジを観察した。図1は，マツの雌花(めばな)と雄花(おばな)のりん片(ぺん)を，図2，図3は，それぞれアブラナの花と葉をスケッチしたものである。

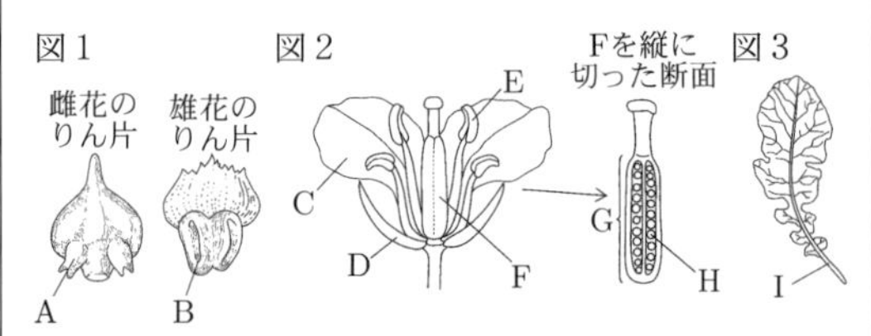

② 学校で，イヌワラビとスギゴケを観察した。図4，図5は，それぞれ観察したイヌワラビとスギゴケをスケッチしたものである。

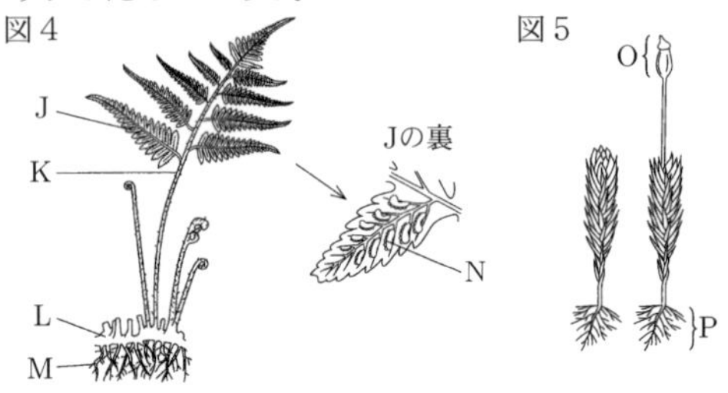

③ 図6は，観察した5種類の植物を，さまざまな特徴によって分類した結果である。

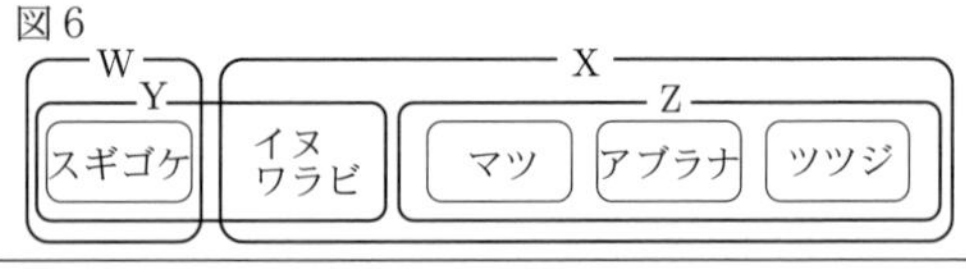

(1) ①について，次の(a)～(e)の各問いに答えなさい。

(a) 次の文は，生物を観察しスケッチするときの，理科における適切なスケッチのしかたについて説明したものである。文中の(あ)，(い)に入る言葉はそれぞれ何か，あとのア～オから最も適当なものを1つずつ選び，その記号を書きなさい。

スケッチは，(あ)線と点で(い)かく。

ア．細い　　　　イ．太い
ウ．ぼやかして　　エ．はっきりと
オ．二重がきして

(b) 図1のAを何というか，その名称を書きなさい。また，図2のC，D，E，G，Hのうち図1のAと同じはたらきをする部分はどれか，C，D，E，G，Hから最も適当なものを1つ選び，その記号を書きなさい。

(c) アブラナのように，図2のHがGで包まれている植物を何植物というか，その名称を書きなさい。

(d) 図3のアブラナの葉のつくりから予想される，アブラナの子葉の枚数と茎(くき)の横断面の特徴を模式的に表したものはどれか，次のア～エから最も適当なものを1つ選び，その記号を書きなさい。

	ア	イ	ウ	エ
子葉の枚数	1枚	1枚	2枚	2枚
茎の横断面				

(e) アブラナとツツジの花弁を比較(ひかく)したところ，アブラナは花弁が1枚1枚離(はな)れており，ツツジは花弁が1つにくっついていた。花弁に注目したとき，アブラナのように花弁が1枚1枚離れている植物を何類というか，その名称を書きなさい。

(2) ①，②について，観察した植物のからだのつくりとはたらきの説明として正しいものはどれか，次のア～エから最も適当なものを1つ選び，その記号を書きなさい。

ア．図1のBと図5のOの中には，どちらも胞子(ほうし)が入っている。
イ．図2のEと図4のNは，どちらも花粉をつくるところである。
ウ．図3のIと図4のKの中には，どちらも維管束(いかんそく)がある。
エ．図4のMと図5のPは根で，どちらもからだ全体に運ぶための水を吸収する。

(3) ③について，WとXのグループを比較したとき，Xのグループのみにみられる特徴はどれか，また，YとZのグループを比較したとき，Zのグループのみにみられる特徴はどれか，次のア～エから最も適当なものを1つずつ選び，その記号を書きなさい。

ア．葉・茎・根の区別がある。
イ．根がひげ根である。
ウ．種子をつくる。
エ．葉緑体がある。

＜三重県＞

17

ある地域の公園とその付近に生えている植物を調べ，見つけた植物を，それぞれの特徴に注目して，表1のようにA～Eに分類した。1～3の問いに答えなさい。

表1

A	B	C	D	E
ゼニゴケ	イヌワラビ	イチョウ・マツ	ツユクサ	サクラ・アブラナ・タンポポ

1．Aについて，(1)，(2)の問いに答えなさい。

(1) 図は，植物について調べた公園とその付近の一部を模式的に表したものであり，図のⓐ～ⓓ(■)は，植物が見つかった主な場所を示している。また，表2は，ⓐ～ⓓの日当たりや土のようすについてまとめたものである。ゼニゴケが多く見つかったと考えられる最も適当な場所を，ⓐ～ⓓから一つ選び，その記号を書きなさい。

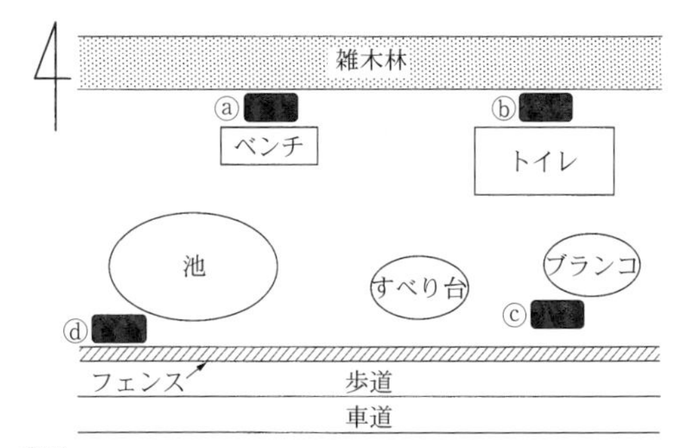

表2

ⓐ	日当たりがあまりよくない。土は乾いていて，かたい。
ⓑ	日当たりが悪い。土は湿っていて，やわらかい。
ⓒ	日当たりがよい。土は乾いていて，かたい。
ⓓ	日当たりがよい。土は湿っていて，やわらかい。

(2) ゼニゴケは，どのようにして水分を吸収するか，簡単に書きなさい。

2．BとCに共通する特徴として適当なものを，次のア～エから一つ選び，その記号を書きなさい。

ア．種子でふえる。
イ．雄花と雌花がある。
ウ．胞子でふえる。
エ．根・茎・葉の区別がある。

3．次の［　　］は，DとEを分類することに関連して述べた文章である。［①］に当てはまる語句を書きなさい。また，②，③に当てはまるものをア，イから一つずつ選び，その記号をそれぞれ書きなさい。

> DとEの植物は，子房の有無に注目すると同じ［①］植物のなかまに分類できるが，子葉の枚数，葉脈や根の特徴などの違いからDとEに分類した。Eの植物は，花弁のつき方からさらに二つに分類することができ，サクラは②〔ア．合弁花類　イ．離弁花類〕に分類される。アブラナとタンポポのうち，サクラと同じ②に分類されるのは，③〔ア．アブラナ　イ．タンポポ〕である。

＜山梨県＞

動物の分類

1 モンシロチョウは昆虫に分類される。昆虫のからだのつくりについて述べた次の文中の［ a ］にあてはまることばを書け。また，［ b ］にあてはまる数を書け。

> 昆虫の成虫のからだは，頭部，［ a ］，腹部からできており，足は［ b ］本ある。

＜鹿児島県＞

2 無せきつい動物について，次のア，イに答えなさい。

ア．クモやエビのように，外骨格をもち，からだに節がある動物のなかまを何というか，書きなさい。

イ．次の１～４の中で，動物名とその特徴の組み合わせとして適切なものを二つ選び，その番号を書きなさい。

	動物名	特徴
1	カブトムシ，バッタ	3対のあしがある。
2	カニ，ミジンコ	からだが頭部と腹部からなる。
3	イカ，タコ	内臓が外とう膜でおおわれている。
4	アサリ，サザエ	肺や皮膚で呼吸している。

＜青森県＞

3 動物のなかまについて，次の(1)，(2)の問いに答えなさい。

(1) 無セキツイ動物のうち，アサリやイカのように，内臓が外とう膜とよばれるやわらかい膜で包まれている動物を何というか，書きなさい。

(2) 次の文は，セキツイ動物のなかまについて述べたものである。文中の［ ① ］，［ ② ］に当てはまる文として最も適切なものを，後のア～エからそれぞれ選びなさい。

> セキツイ動物は，体のつくりや生活の特徴から，魚類，両生類，ハチュウ類，鳥類，ホニュウ類の５つのなかまに分けることができる。このうち，一般的に，［ ① ］という特徴はハチュウ類と鳥類のみに当てはまり，［ ② ］という特徴は鳥類とホニュウ類のみに当てはまる。

ア．殻のある卵をうむ
イ．一生を通して肺で呼吸する
ウ．体の表面の大部分がうろこでおおわれている
エ．周囲の温度が変化しても，体温がほぼ一定に保たれる

＜群馬県＞

4 リカさんとマナブさんは，５つのなかまに分類されるせきつい動物である，サケ，カエル，ヘビ，ハト，ネズミのいずれかが裏に書かれた５枚のカードA～Eを用いて，せきつい動物の特徴について考えた。次の【会話文】は，２人が話した内容である。あとの(1)～(6)に答えなさい。

［A］［B］［C］［D］［E］

【会話文】

リ　カ：一生を水の中で過ごす動物が書かれているのはどのカードですか。
マナブ：Aです。
リ　カ：卵でうまれる動物が書かれているのはどのカードですか。
マナブ：A，B，C，Eです。Ⓐ<u>Dだけが違います。</u>
リ　カ：A，B，C，Eのうち，殻がある卵を陸上にうむ動物が書かれているのはどのカードですか。
マナブ：C，Eです。
リ　カ：体温調節にはどのような特徴がありますか。
マナブ：C，DはⒾ<u>外界の温度によらず体温をほぼ一定に保つ</u>のに対し，A，B，Eは外界の温度によって体温が変わります。
リ　カ：これで，A～Eに書かれている動物がわかりました。
マナブ：A～Eに書かれている動物には，他にⓊ<u>からだの表面のようす</u>やⒺ<u>呼吸のしかた</u>などに異なる特徴があります。

(1) Aに書かれているせきつい動物の分類の名称を書きなさい。

(2) 下線部Ⓐについて，Dに書かれている動物のうまれ方の名称を書きなさい。

(3) 下線部Ⓘのようなしくみをもつ動物を何というか，書きなさい。

(4) 下線部Ⓤについて，からだの表面がうろこでおおわれている動物が書かれているカードとして適切なものを，A～Eの中から二つ選び，その記号を書きなさい。

(5) 下の文は，下線部Ⓔについて，Bに書かれている動物の特徴を述べたものである。文中の［ ① ］～［ ③ ］に入る適切な語を書きなさい。

> Bは，サケ，カエル，ヘビ，ハト，ネズミのうち［ ① ］であり，幼生のときは［ ② ］で呼吸し，成体のときは［ ③ ］と皮ふで呼吸する。

(6) 次の１～６の中で，C，Eに書かれている動物と同じなかまに分類される動物の組み合わせとして適切なものを一つ選び，その番号を書きなさい。

1．C．コウモリ　E．カメ
2．C．イモリ　E．ワシ
3．C．ペンギン　E．トカゲ
4．C．カメ　E．コウモリ
5．C．ワシ　E．イモリ
6．C．トカゲ　E．ペンギン

＜青森県＞

5 右の図は，イカ，イヌ，イモリ，ニワトリの４種類の動物がかかれたカードである。これらのカードを利用して，４枚のカードの中から，先生が選んだ１枚のカードを，太郎さんが当てるゲームを行った。次の会話文は，太郎さんが，先生と話をしたときのものである。

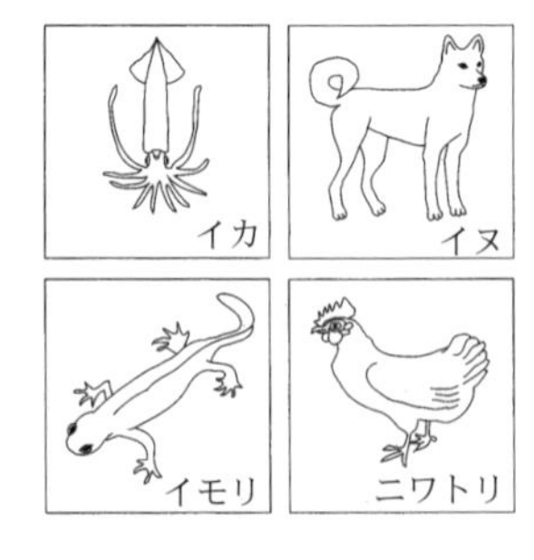

先　生：授業で習った，動物を分類するときの，動物の特徴についての質問をして，私がどの動物のカードを選んだか当ててください。

太郎さん：その動物は，背骨を持っていますか。
先　　生：はい。背骨を持っています。
太郎さん：その動物は，卵を産みますか。
先　　生：はい。卵を産みます。
太郎さん：その動物の卵に，殻はありますか。
先　　生：いいえ。卵に殻はありません。
太郎さん：先生が選んだカードは，［ X ］のカードです。
先　　生：そのとおりです。

(1)　Xに当てはまる動物は何か。その動物の名称を書け。
(2)　図の4枚のカードにかかれた動物を，体温調節に着目してグループ分けすると，周囲の温度の変化にともない体温が変化するグループと，周囲の温度が変化しても体温がほぼ一定に保たれるグループとに分けることができる。4枚のカードにかかれた動物の中から，周囲の温度が変化しても体温がほぼ一定に保たれる動物を全て選ぶと，［ Y ］が当てはまる。このように，周囲の温度が変化しても体温がほぼ一定に保たれる動物は，［ Z ］動物と呼ばれる。
　①　Yに当てはまる動物は何か。その動物の名称を全て書け。
　②　Zに当てはまる適当な言葉を書け。

＜愛媛県＞

6　生徒が，毎日の暮らしの中で気付いたことを，科学的に探究しようと考え，自由研究に取り組んだ。生徒が書いたレポートの一部を読み，次の問いに答えよ。

＜レポート＞　しらす干しに混じる生物について

　食事の準備をしていると，しらす干しの中にはイワシの稚魚だけではなく，エビのなかまやタコのなかまが混じっていることに気付いた。

表

グループ	生物
A	イワシ・アジのなかま
B	エビ・カニのなかま
C	タコ・イカのなかま
D	二枚貝のなかま

しらす干しは，製造する過程でイワシの稚魚以外の生物を除去していることが分かった。そこで，除去する前にどのような生物が混じっているのかを確かめることにした。
　しらす漁の際に捕れた，しらす以外の生物が多く混じっているものを購入（こうにゅう）し，それぞれの生物の特徴を観察し，表のように4グループに分類した。

〔問〕＜レポート＞から，生物の分類について述べた次の文章の［ ① ］と［ ② ］にそれぞれ当てはまるものとして適切なのは，下のア～エのうちではどれか。

　表の4グループを，セキツイ動物とそれ以外の生物で二つに分類すると，セキツイ動物のグループは，［ ① ］である。また，軟体動物（なんたいどうぶつ）とそれ以外の生物で二つに分類すると，軟体動物のグループは，［ ② ］である。

［ ① ］　ア．A　　イ．AとB
　　　　ウ．AとC　　エ．AとBとD
［ ② ］　ア．C　　イ．D
　　　　ウ．CとD　　エ．BとCとD

＜東京都＞

7　次の文は，細胞のつくりについて調べた美穂さんと先生との会話である。次の会話文を読んで，下の(1)，(2)の問いに答えなさい。

美穂：植物の細胞には，動物の細胞には見られないつくりがあることがわかりました。
先生：植物の細胞だけに見られるつくりにはどんなものがありましたか。
美穂：細胞壁や光合成を行う緑色の粒である［　　］などがありました。
先生：動物と植物の細胞のつくりやそのはたらきをくわしく調べるのもおもしろそうですね。動物といえば，昨日の授業で<u>脊椎動物の特徴をカードを使ってホワイトボードにまとめましたが，はられたカードのうち8枚がはずれてしまいました。正しい位置にはっておいてもらえませんか。</u>
美穂：わかりました。

(1)　［　　］に入る適切な言葉を漢字で書きなさい。
(2)　下線部に関して，次の図は，ホワイトボードから8枚のカードがはずれた状態の表である。また，下のア～クは，ホワイトボードからはずれた8枚のカードである。［ ① ］～［ ③ ］のカードとして適切なものを，下のア～クからそれぞれ1つずつ選び，記号で答えなさい。

脊椎動物の5つのなかまの特徴
(あてはまるものに○がつけてある)

特　　徴	①			②	魚類
			○	○	○
えらで呼吸する時期がある				○	○
肺で呼吸する時期がある	○	○	○	○	
③		○			
				○	○
卵生で，卵を陸上に産む	○		○		
	○	○	○	○	○

ア．哺乳類
イ．は虫類
ウ．鳥類
エ．両生類
オ．背骨をもっている
カ．卵生で，卵を水中に産む
キ．胎生である
ク．羽毛や体毛がない

＜宮崎県＞

8　家のまわりで見つけた動物を，次のように分類しました。これについて，あとの(1)～(4)の問いに答えなさい。

［1］　家のまわりで次の動物を見つけた。

トカゲ　イモリ　フナ　ネズミ　スズメ

［2］　表Ⅰは，［1］の動物を「体表のようす」で分類し，まとめたものである。

表Ⅰ

特徴	うろこ	しめった皮膚	体毛	羽毛
動物	フナ　トカゲ	イモリ	ネズミ	スズメ

③ 表Ⅱは，①の動物を「呼吸の方法」で分類し，まとめたものである。

表Ⅱ

特徴	えら呼吸	幼生はえら呼吸，成体は肺・皮膚呼吸	肺呼吸
動物	フナ	イモリ	トカゲ　ネズミ　スズメ

(1) ①で，見つけた動物はすべてセキツイ動物です。次のア～エのうち，地球上に最初に現れたと考えられているセキツイ動物はどれですか。一つ選び，その記号を書きなさい。

ア．ハチュウ類　　イ．両生類
ウ．魚類　　エ．ホニュウ類

(2) バッタの体表は，セキツイ動物と異なり，からだがかたい殻でおおわれています。このからだを支えたり保護するための殻を何といいますか。ことばで書きなさい。

バッタ

(3) ③で，次のア～エのうち，動物が呼吸でとり込んだ気体によって細胞内で起きていることとして，最も適当なものはどれですか。一つ選び，その記号を書きなさい。

ア．二酸化炭素とデンプンから，光のエネルギーを使い，酸素と水がつくられる。
イ．二酸化炭素と水から，光のエネルギーを使い，酸素と水がつくられる。
ウ．酸素を使って養分からエネルギーがとり出され，二酸化炭素と水ができる。
エ．酸素を使って養分からエネルギーがとり出され，二酸化炭素とデンプンができる。

(4) ①で見つけた動物を，「子のうみ方」または「体温の調節方法」で分類し，表を完成させるとどうなりますか。分類のしかたをどちらか一つ選んで，（ A ）と（ B ）にはあてはまる特徴を，（ X ）と（ Y ）にはあてはまるすべての動物を，それぞれことばで書きなさい。

分類のしかた	子のうみ方　・　体温の調節方法	
特徴	（ A ）	（ B ）
動物	（ X ）	（ Y ）

＜岩手県＞

9

ゆきさんとりんさんは，図1の生物をさまざまな特徴の共通点や相違点をもとに分類している。次は，そのときの2人と先生の会話の一部である。

ゆき：動物について，動き方の観点で分類すると，カブトムシとスズメは，はねや翼をもち，飛ぶことができるから同じグループになるね。
りん：ほかに体の表面の観点で分類すると，トカゲとメダカにだけ［　　　］があるから，同じグループになるね。
先生：そのとおりですね。
ゆき：植物と動物について，それぞれ観点を変えて分類してみようよ。

図1

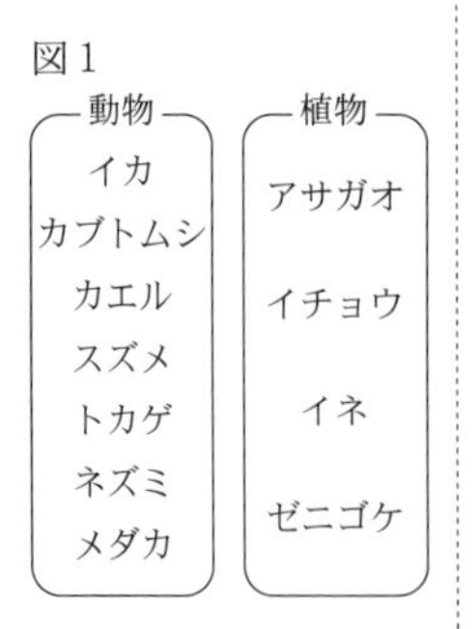

1．会話文中の［　　　］にあてはまることばを書け。

2．2人は図1の植物について，表1の観点で図2のように分類した。図2のA～Fは，表1の基準のア～カのいずれかである。AとDはそれぞれア～カのどれか。

表1

観点	基　準
胚珠	ア．胚珠がむきだしである イ．胚珠が子房に包まれている
子葉	ウ．子葉は1枚 エ．子葉は2枚
種子	オ．種子をつくる カ．種子をつくらない

図2

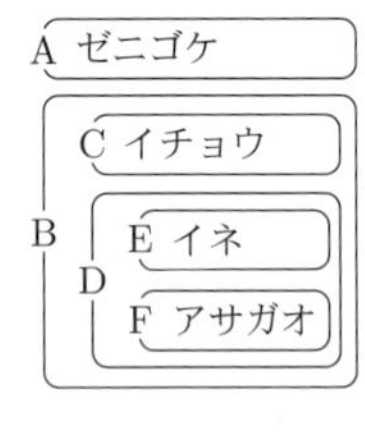

3．2人は図1の動物について，表2の観点で図3のように分類した。図3の②，③にあてはまる動物はそれぞれ何か。なお，図3のG～Jは表2の基準のキ～コのいずれかであり，図3の①～③は，イカ，スズメ，ネズミのいずれかである。

表2

観　点	基　準
子の生まれ方	キ．卵生 ク．胎生
背骨の有無	ケ．背骨がある コ．背骨がない

図3

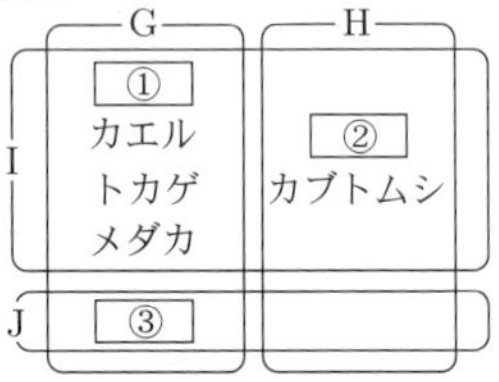

G　H
I
①
カエル
トカゲ
メダカ
②
カブトムシ
J
③

4．2人は図1の動物について，「生活場所」を観点にして，「陸上」，「水中」という基準で分類しようとしたが，一つの動物だけはっきりと分類することができなかった。その動物は何か。また，その理由を生活場所に着目して，「幼生」，「成体」ということばを使って書け。

＜鹿児島県＞

第10章　生物の生きるしくみ

生物をつくる細胞

1　オオカナダモの葉の細胞を顕微鏡で観察したところ，細胞内に緑色の粒が多数見られた。この緑色の粒を何というか，書きなさい。

＜千葉県＞

2　植物と動物の体のつくりについて調べるために，次の観察1，観察2を行った。あとの各問いに答えなさい。

観察1　オオカナダモの若い葉をとり，酢酸オルセイン溶液で染色したものと，染色しないものと2種類のプレパラートを作成し，顕微鏡で細胞のつくりを観察した。

観察2　口をよくゆすいでから，ほおの内側を綿棒で軽くこすりとり，酢酸オルセイン溶液で染色したものと，染色しないものと2種類のプレパラートを作成し，顕微鏡で細胞のつくりを観察した。

問1．図1の顕微鏡を用いて，「よ」と印刷した紙をはりつけたスライドガラスを，図2のようにステージにのせた。顕微鏡をのぞいて観察したときの「よ」の見え方として，最も適切なものを，次のア～エからひとつ選び，記号で答えなさい。

図1

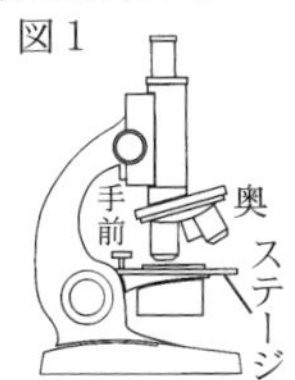

図2

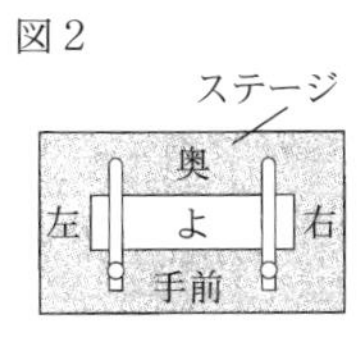

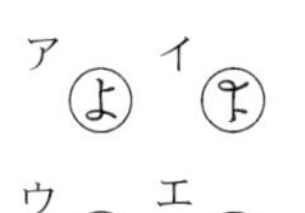

問2．次の表のア～オは，観察1，観察2の結果と，図書館で調べてわかった細胞の特徴である。植物の細胞と動物の細胞の特徴について，ベン図を用いて整理するとき，下の表のア～オを，右のベン図に記入しなさい。なお，ベン図とは，円が重なる部分に共通点を，重ならない部分に相違点を記入するものである。

ベン図

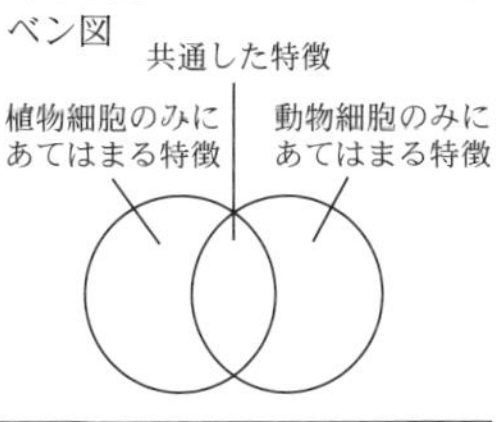

	細胞の特徴
ア	細胞質のいちばん外側に，うすい膜がある。
イ	細胞の中に，緑色の粒状のつくりがある。
ウ	細胞のいちばん外側に，厚くしっかりした仕切りがある。
エ	細胞の中に，酢酸オルセイン溶液でよく染まる丸い粒が1個ある。
オ	成長した細胞には大きな袋状のつくりがある。

＜埼玉県＞

植物のからだのつくりとはたらき

●光合成と呼吸

1　細胞で行われる光合成や呼吸について次のようにまとめた。［○，●，◇］は［水，酸素，二酸化炭素］のいずれかを表している。

・光合成では，気孔からとり入れた○と根から吸い上げた◇を使い，光のエネルギーを利用して，デンプンなどの養分と●がつくられる。
・呼吸では，●を使って［　Q　］ときに，○と◇ができる。

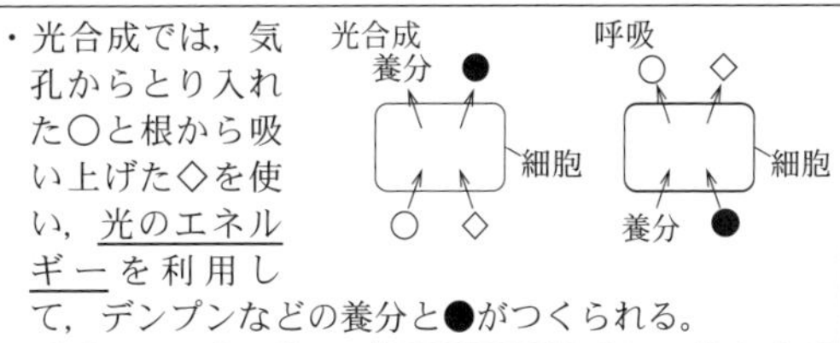

①　◇が表しているものは何か，書きなさい。
②　下線部を利用して，細胞質の中で光合成を行う部分を何というか，書きなさい。
③　Qにあてはまる内容を「養分」と「エネルギー」という語句を用いて，書きなさい。

＜秋田県＞

2　植物の葉のはたらきについて答えなさい。

(1)　図は，植物が葉で光を受けて栄養分をつくり出すしくみを模式的に表したものである。図中の［①］～［③］に入る語句として適切なものを，次のア～ウからそれぞれ1つ選んで，その符号を書きなさい。

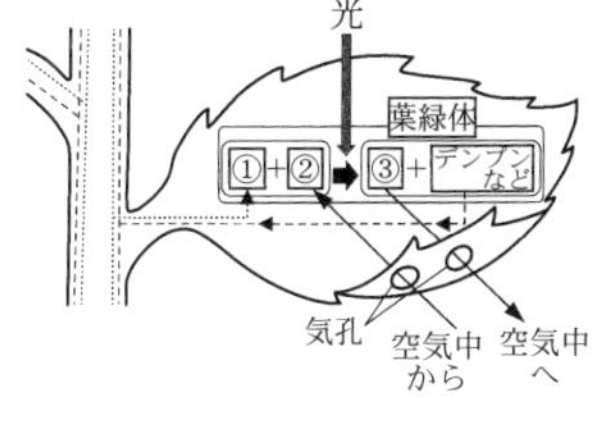

ア．二酸化炭素
イ．酸素
ウ．水

(2)　(1)の下線部のはたらきを何というか，漢字で書きなさい。

＜兵庫県＞

3　植物の葉で行われている光合成と呼吸について調べるために，次の実験(1)，(2)，(3)，(4)を順に行った。

(1)　同じ大きさの透明なポリエチレン袋A，B，C，Dと，暗室に2日間置いた鉢植えの植物を用意した。袋A，Cには，大きさと枚数をそろえた植物の葉を入れ，袋B，Dには何も入れず，すべての袋に息を吹き込んだ後，袋の中の二酸化炭素の割合を測定してから密封した。

(2) 図1，図2のように，袋A，Bを強い光の当たる場所，袋C，Dを暗室にそれぞれ2時間置いた後，それぞれの袋の中の二酸化炭素の割合を測定し，結果を表1にまとめた。

図1

図2
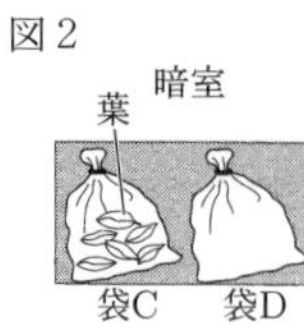

表1

		袋A	袋B	袋C	袋D
二酸化炭素の割合[%]	息を吹き込んだ直後	4.0	4.0	4.0	4.0
	2時間後	2.6	4.0	4.6	4.0

(3) 袋A，Cから取り出した葉を熱湯につけ，あたためたエタノールに入れた後，水で洗い，ヨウ素液にひたして反応を調べたところ，袋Aの葉のみが青紫色に染まった。

(4) 実験(2)の袋A，Bと同じ条件の袋E，Fを新たにつくり，それぞれの袋の中の二酸化炭素の割合を測定した。図3のように，袋E，Fを弱い光の当たる場所に2時間置いた後，それぞれの袋の中の二酸化炭素の割合を測定し，結果を表2にまとめた。

図3
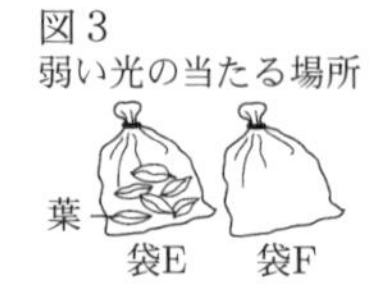

表2

		袋E	袋F
二酸化炭素の割合[%]	息を吹き込んだ直後	4.0	4.0
	2時間後	4.0	4.0

このことについて，次の1，2，3，4の問いに答えなさい。ただし，実験中の温度と湿度は一定に保たれているものとする。

1．実験(3)において，下線部の操作を行う目的として，最も適切なものはどれか。
 ア．葉を消毒する。
 イ．葉をやわらかくする。
 ウ．葉を脱色する。
 エ．葉の生命活動を止める。

2．実験(3)の結果から確認できた，光合成によって生じた物質を何というか。

3．次の①，②，③のうち，実験(2)において，袋Aと袋Cの結果の比較から確かめられることはどれか。最も適切なものを，次のア，イ，ウ，エのうちから一つ選び，記号で書きなさい。
 ① 光合成には光が必要であること。
 ② 光合成には水が必要であること。
 ③ 光合成によって酸素が放出されること。
 ア．① イ．①，②
 ウ．①，③ エ．①，②，③

4．実験(4)で，袋Eの二酸化炭素の割合が変化しなかったのはなぜか。その理由を，実験(2)，(4)の結果をもとに，植物のはたらきに着目して簡潔に書きなさい。

<栃木県>

4 みくさんとゆうとさんは，光が当たるとき，植物が二酸化炭素を吸収することを確認するために，次の実験を行った。1～4の問いに答えなさい。ただし，実験で使用する気体検知管による空気の出入りはないものとする。

〔実験〕
① アジサイの鉢植えを2つ用意した。
② それぞれ同じ大きさのポリエチレンの袋で葉全体を包んで密閉し，ストローで息を吹き込みA，Bとした。
③ 気体検知管でA，Bの袋の中の二酸化炭素の割合をそれぞれ測定した。
④ 図のように，Aは光が十分に当たる明るい場所，Bは光が当たらない暗い場所に置いた。
⑤ 4時間後，気体検知管でA，Bの袋の中の二酸化炭素の割合をそれぞれ測定した。
⑥ 実験の結果を表にまとめた。

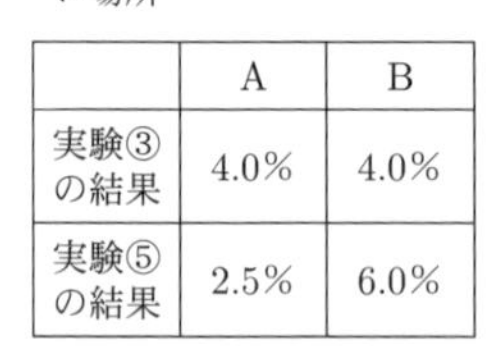

	A	B
実験③の結果	4.0%	4.0%
実験⑤の結果	2.5%	6.0%

1．〔実験〕では，光が当たるとき，植物が二酸化炭素を吸収することを確認したい。そのためには，用意するアジサイの葉についての条件をそろえる必要があるが，どのような条件にすればよいか，簡潔に書きなさい。

2．〔実験〕で袋の内側に水滴が観測された。これは，水蒸気が植物の葉の表皮から放出されたものである。植物の葉の表皮に見られる気体の出入り口を何というか，その名称を書きなさい。

3．次の［　　］は，〔実験〕の結果を，植物のはたらきと関連付けて考察したものである。［ⓐ］～［ⓓ］に当てはまる語句の組み合わせを，次のア～エから一つ選び，その記号を書きなさい。

> 表から，光が当たるところでは，袋の中の二酸化炭素の割合が減ったことがわかる。これは植物が［ⓐ］をすることによって増える二酸化炭素の量よりも，［ⓑ］をすることによって減る二酸化炭素の量が多いためである。また，光が当たらないところでは，袋の中の二酸化炭素の割合が増えた。これは，植物が［ⓒ］をしないときでも，［ⓓ］をするからである。

 ア．ⓐ 光合成 ⓑ 呼吸 ⓒ 光合成 ⓓ 呼吸
 イ．ⓐ 光合成 ⓑ 呼吸 ⓒ 呼吸 ⓓ 光合成
 ウ．ⓐ 呼吸 ⓑ 光合成 ⓒ 光合成 ⓓ 呼吸
 エ．ⓐ 呼吸 ⓑ 光合成 ⓒ 呼吸 ⓓ 光合成

4．次の［　　］は，〔実験〕について二人が先生と交わした会話の一部である。(1)，(2)の問いに答えなさい。

> みく：〔実験〕から光が当たると二酸化炭素が減ることが確かめられました。
> ゆうと：つまり，植物が二酸化炭素を吸収したからだといえます。
> 先生：そうですね。さらに，その考えが正しいことを確かめるために，二酸化炭素が減る要因が植物以外にないと調べることが必要です。
> ゆうと：どうすれば調べられますか。
> 先生：対照実験として，二酸化炭素の割合の変化が，［　　　　］によるものではないと調べるとよいです。
> みく：ポリエチレンの袋に何も入れずに密閉し，ストローで息を吹き込み，光が十分に当たる明るい場所に4時間置いた装置の二酸化炭素の割合を調べればいいのですね。

先　生：そのとおりです。どのような結果になるのか，やってみましょう。

(1) [　　] に当てはまる言葉として，最も適当なものを，次のア～エから一つ選び，その記号を書きなさい。
ア．光が十分に当たること
イ．使用するポリエチレンの袋
ウ．ストローで吹き込む息
エ．光が当たらないこと

(2) 下線部の実験をしたとき，光を当てる前の袋の中の二酸化炭素の濃度をX，光を十分に当てた後の袋の中の二酸化炭素の濃度をYとするとき，XとYの関係はどのようになると考えられるか，次のア～ウから一つ選び，その記号を書きなさい。
ア．$X=Y$　　イ．$X>Y$　　ウ．$X<Y$

＜山梨県＞

5 タンポポの葉のはたらきを調べるために，次の手順1～3で実験を行った。

【実験】
手順1．図1のように，試験管Aにはタンポポの葉を入れた状態で，試験管Bには何も入れない状態で，両方の試験管にストローで息をふきこんだ。
手順2．図2のように，試験管Aと試験管Bにゴム栓をし，太陽の光を30分間当てた。
手順3．試験管Aと試験管Bに，それぞれ静かに少量の石灰水を入れ，再びゴム栓をしてよく振った。

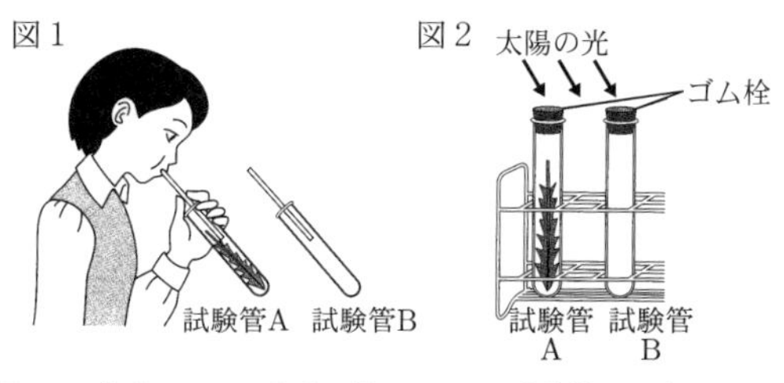

問1．実験でタンポポの葉を入れた試験管Aと何も入れない試験管Bを用意したように，調べたいことの条件を一つだけ変え，それ以外の条件を同じにして行う実験を何というか。

問2．実験についてまとめた次の文の(①)にはAまたはBを，(②)には適する語句を，[③]には適する説明を入れて，文を完成せよ。

> 手順3の結果，石灰水がより白くにごったのは試験管(①)である。石灰水のにごり方のちがいは，試験管内の(②)の量に関係している。試験管A内と試験管B内で(②)の量にちがいが見られた理由は，試験管A内で，[　　③　　]と考えられる。

＜長崎県＞

6 一郎さんは，植物が行う光合成について興味をもち，オオカナダモとアジサイを使って観察や実験を行った。次の問いに答えなさい。

1．一郎さんは，光合成が葉の細胞のどの部分で行われるかを調べるため，光を十分に当てたオオカナダモの先端近くの葉をいくつか切り取り，次の①，②の手順で実験1を行い，わかったことをまとめた。あとの問いに答えなさい。

【実験1】
① 切り取った葉をスライドガラスにのせ，水を1滴落として，カバーガラスをかけ顕微鏡で観察した。
② ①とは別の切り取った葉を熱湯にひたし，あたためたエタノールに入れて脱色した。5分後，水でよくゆすぎスライドガラスにのせ，ヨウ素液を1滴落として，カバーガラスをかけ顕微鏡で観察した。

【わかったこと】
図1は①，図2は②において，顕微鏡で観察したオオカナダモの葉のスケッチである。<u>オオカナダモの葉は同じような形のたくさんの細胞が集まってつくられている</u>ことがわかった。

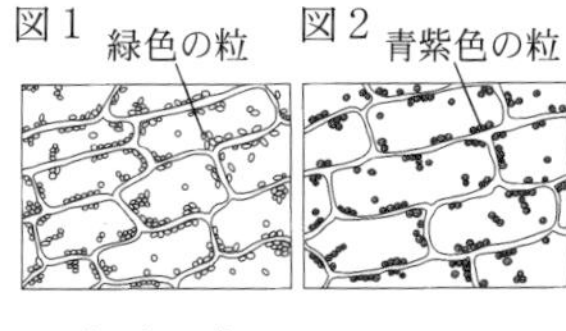

①では細胞内に緑色の粒の葉緑体がたくさん観察され，②では葉緑体が青紫色の粒として観察された。このことから，葉緑体で[a]がつくられており，光合成は葉緑体で行われていることがわかった。

(1) 下線部について，形やはたらきが同じ細胞が集まって組織をつくり，さらにいくつかの種類の組織が集まって葉がつくられる。葉のように特定のはたらきをもつ，組織の集まりを何というか，書きなさい。

(2) [a]にあてはまる語を書きなさい。

2．一郎さんは，植物が光合成を行うときに必要なものを調べるため，次の①～③の手順で実験2を行った。あとの問いに答えなさい。

【実験2】
① 試験管A，Bを用意し，試験管Aにだけアジサイの葉を入れた。
② 試験管A，Bにストローで息をふきこみ，次の図3のように，ゴム栓をした。
③ 試験管A，Bに30分間光を当てたあと，それぞれの試験管に少量の石灰水を入れ，ゴム栓をしてよく振り，石灰水の変化を観察した。

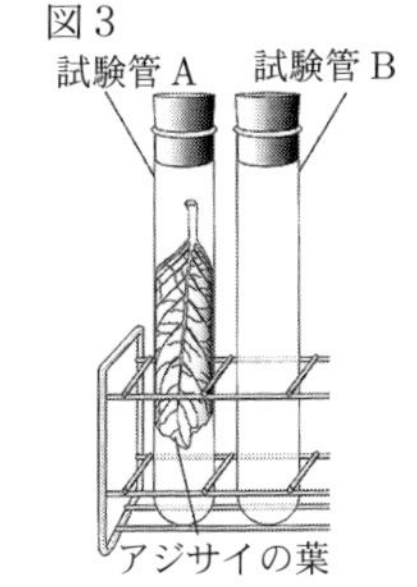

【結果】
試験管Aの石灰水は変化せず，試験管Bの石灰水は白くにごった。

(1) 実験2において，石灰水の変化を観察したのはなぜか，「アジサイの葉が」のあとに続けて書きなさい。

(2) 実験2のあと，一郎さんは，実験2だけでは植物が光合成を行うときに必要なものを調べきれていないことに気づいた。そこで，試験管Cを用意し，光が必要であることを確かめるために追加の実験を行った。次は，一郎さんが行った追加の実験の手順をまとめたものである。[b]～[d]にあてはまる言葉の組み合わせとして最も適切なものを，あとのア～クから一つ選び，記号で答えなさい。

> 試験管Aと比較するために，試験管Cには，アジサイの葉を[b]，息を[c]，ゴム栓をして，光を[d]。30分後，少量の石灰水を入れ，ゴム栓をしてよく振り，白くにごるかを確認する。

ア．b．入れ　c．ふきこみ　d．当てる
イ．b．入れ　c．ふきこみ　d．当てない
ウ．b．入れ　c．ふきこまず　d．当てる
エ．b．入れ　c．ふきこまず　d．当てない

オ．b．入れず　c．ふきこみ　d．当てる
カ．b．入れず　c．ふきこみ　d．当てない
キ．b．入れず　c．ふきこまず　d．当てる
ク．b．入れず　c．ふきこまず　d．当てない

＜山形県＞

7 GさんとMさんは，植物の光合成と呼吸について調べるために，次の観察と実験を行った。後の(1)～(4)の問いに答えなさい。

［観　察］
じゅうぶんに光を当てたオオカナダモの葉を採取し，薬品aで処理して脱色した。その葉を水ですすいだ後，スライドガラスにのせ，薬品bを１滴落として細胞のようすを顕微鏡で観察した。その結果，葉の細胞内に青紫色に染まった小さな粒が多数見られた。

［実験１］
青色のBTB液に息を吹き込んで緑色にしたものを，３本の試験管A, B, Cに入れた。図Ⅰのように，３本の試験管のうち，試験管AとBのみに同じ大きさのオオカナダモを入れ，全ての試験管にすぐにゴム栓でふたをした。また，試験管Bはアルミニウムはくでおおい，光が当たらないようにした。３本の試験管に一定時間光を当てた後，BTB液の色を調べた。表Ⅰは，その結果をまとめたものである。

図Ⅰ
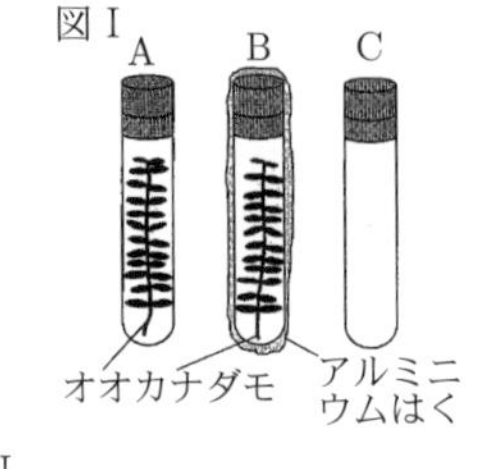

表Ⅰ

試験管	A	B	C
光を当てた後のBTB液の色	青色	黄色	緑色

また，試験管Aでは光を当てた後，気体が発生していることが分かった。ゴム栓を外し，発生した気体に線香の火を近づけると，火が大きくなった。

(1) 観察について，次の①～③の問いに答えなさい。

① 次の文は，顕微鏡の基本的な使い方について述べたものである。文中の{　}内のア，イから正しいものを選びなさい。

> 顕微鏡を横から見ながら調節ねじを回し，対物レンズとステージ上のプレパラートを{ア．近づけ　イ．遠ざけ}ておく。その後，接眼レンズをのぞきながらピントを合わせる。

② 観察で用いた薬品a, 薬品bとして最も適切なものを，次のア～エからそれぞれ選びなさい。
ア．フェノールフタレイン液
イ．エタノール
ウ．ベネジクト液
エ．ヨウ素液

③ 顕微鏡で観察した結果見られた青紫色に染まった小さな粒の名称を，書きなさい。

(2) 次の文は，実験１の試験管Aの結果から分かることについてまとめたものである。文中の［①］，［③］には当てはまる語を，それぞれ書きなさい。また，②については{　}内のア，イから正しいものを選びなさい。

> 試験管Aは，BTB液の色の変化から，溶液が［①］性になったことが分かる。これは，溶液中の二酸化炭素が②{ア．増加　イ．減少}したためと考えられる。また，線香の火を近づけると火が大きくなったことから，試験管A内に発生した気体は［③］だと考えられる。

(3) 試験管BのBTB液の色が黄色になったことが，オオカナダモのはたらきによるものであることを確かめるためには，新たな試験管を準備し，実験を行う必要がある。どのような条件の試験管を準備する必要があるか，実験１で用いた試験管との違いに着目して，簡潔に書きなさい。

［実験２］
息を吹き込んで緑色にしたBTB液と，同じ大きさのオオカナダモを入れた試験管X, Y, Zを用意した。図Ⅱのように試験管Xはアルミニウムはくでおおい，光が当たらないようにした。試験管Yには実験１より弱い光を，試験管Zには実験１と同じ強さの光を当て，一定時間後のBTB液の色を調べた。表Ⅱは，その結果をまとめたものである。

図Ⅱ
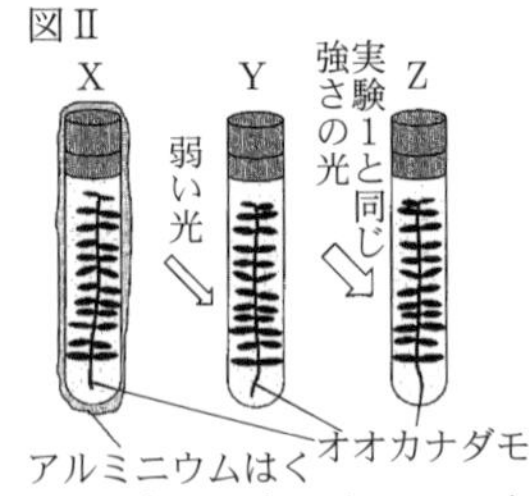

表Ⅱ

試験管	X	Y	Z
光を当てた後のBTB液の色	黄色	緑色	青色

(4) 次のア～エは，オオカナダモによる二酸化炭素の吸収量と放出量の関係を模式的に表したものである。実験２における試験管X, Y, Z内のオオカナダモによる二酸化炭素の吸収量と放出量の関係を表した図として最も適切なものを，それぞれ選びなさい。

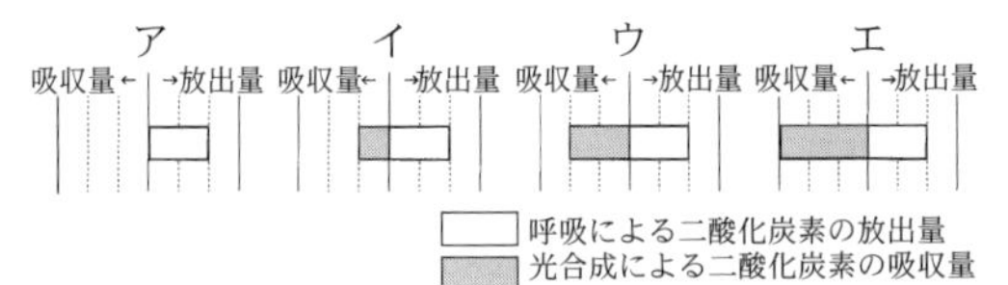

＜群馬県＞

8 タンポポを用いて，次の実験を行った。これらをもとに，以下の各問に答えなさい。

［実験Ⅰ］ タンポポの花を１つ切りとり，手で持ってルーペで観察し，スケッチした。

［実験Ⅱ］ 試験管A～Eを準備し，すべての試験管に，青色のBTB溶液を入れ，ストローで息をふきこんで緑色に調整した。その後，図のようにA～Cには大きさがほぼ同じタンポポの葉を入れ，A～Eにゴム栓をした。次に，Bをガーゼでおおい，C，Dを光が当たらないようにアルミニウムはくでおおった。すべての試験管を日の当たる場所に2時間置き，BTB溶液の色の変化を観察して表１にまとめた。その後，A，Cから取り出したタンポポの葉を，①あたためたエタノールにしばらく浸した後，水洗いし，ヨウ素液につけて葉の色の変化を観察して表２にまとめた。なお，この実験に用いた鉢植えのタンポポには，②実験結果を正しく読みとるために必要な操作を事前に行った。

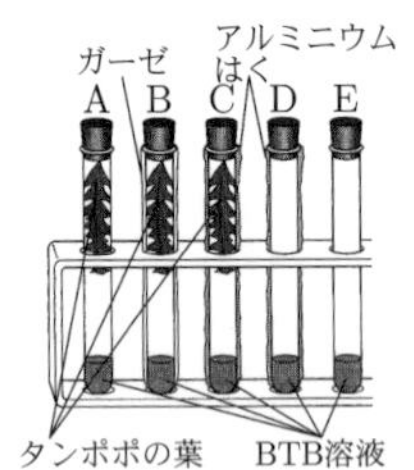

表１

試験管	A	B	C	D	E
BTB溶液の色	青色	緑色	黄色	緑色	緑色

表2

試験管	A	C
ヨウ素液による葉の色の変化	あり	なし

問1．タンポポは，花弁が1つにくっついている。このような花弁の特徴をもつなかまを何というか，書きなさい。

問2．実験Ⅰについて，切りとったタンポポの花を観察するとき，どのようなルーペの使い方をすればよいか，次のア～エから最も適切なものを1つ選び，その符号を書きなさい。

ア．ルーペを目に近づけ，花を動かさず，顔とルーペを前後に動かす。

イ．ルーペを目に近づけ，顔とルーペを動かさず，花を前後に動かす。

ウ．ルーペを花に近づけ，花とルーペを動かさず，顔を前後に動かす。

エ．ルーペを花に近づけ，顔を動かさず，花とルーペを前後に動かす。

問3．実験Ⅱについて，次の(1)～(4)に答えなさい。

(1) 試験管AとCのように，1つの条件以外を同じにして行う実験がある。このような実験を何というか，書きなさい。

(2) 次の文は下線部①の操作について述べたものである。文中の(　あ　)には下のア～エのいずれか1つの符号を，(　い　)にはあてはまる内容をそれぞれ書き，文を完成させなさい。

> この操作は，葉を(　あ　)して観察しやすくするために行う。また，エタノールは(　　　い　　　)という性質があるので，エタノールをあたためるときは，エタノールの入った容器を熱湯であたためる。

ア．消毒

イ．洗浄

ウ．染色

エ．脱色

(3) 下線部②について，鉢植えのタンポポに事前に行った操作について述べたものはどれか，次のア～エから最も適切なものを1つ選び，その符号を書きなさい。

ア．葉のデンプンをなくすための操作

イ．葉からの蒸散を行えなくするための操作

ウ．葉のデンプンを増やすための操作

エ．葉からの蒸散を行いやすくするための操作

(4) 試験管AのBTB溶液が青色に変化したのはなぜか，その理由を，表1，2をもとに「呼吸」という語句を用いて書きなさい。

<石川県>

9 博樹(ひろき)さんは，教室の水槽で育てているメダカとオオカナダモの細胞の観察を行い，記録をまとめた。次は，その記録の一部である。

> メダカとオオカナダモの細胞の観察
>
> 〔観察日と天気〕
> 　9月8日　晴れ
>
> 〔目的〕
> 　メダカとオオカナダモの細胞のようすを観察する。
>
> 〔方法〕
> Ⅰ．チャックのついた透明な袋にメダカを水とともに入れ，ⓐ顕微鏡で尾びれを観察する。観察後はすぐにメダカを水槽に戻す。
>
> Ⅱ．オオカナダモの葉を2枚用意する。それぞれを熱湯に数分ひたした後，1枚は水を1滴落とし，もう1枚はヨウ素液を1滴落として，それぞれを顕微鏡で観察する。
>
> 〔結果〕
> ・方法Ⅰで観察した尾びれのようすは図1のとおり。丸い粒Aが毛細血管の中を一定方向に流れているようすが観察された。
> ・方法Ⅱで観察したそれぞれの葉のようすは図2のとおり。ⓑヨウ素液を1滴落としたものでは，丸い粒Bが青紫色に染まっているようすが観察された。
>
> 図1　　図2
>
> 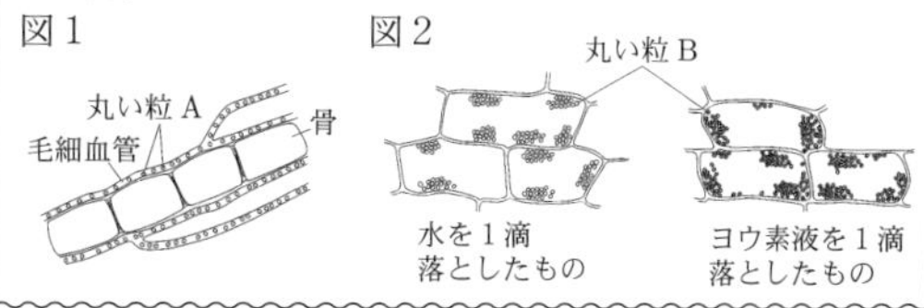
>

(1) 下線部ⓐについて，次のア～エを顕微鏡を正しく操作する順に並べたとき，2番目と4番目にくるものはどれか。ア～エからそれぞれ一つずつ選び，記号で答えなさい。

ア．観察したいものが，よりはっきり見えるようにしぼりを調節する。

イ．対物レンズを最も低い倍率のものにする。

ウ．調節ねじを回して対物レンズとプレパラートを離していき，ピントを合わせる。

エ．プレパラートをステージの上にのせ，プレパラートと対物レンズの間をできるだけ近づける。

(2) 下線部ⓑのようすから，丸い粒Bは［　①　］であると考えられる。また，丸い粒A，Bのうち，細胞であるのは丸い粒［　②　］の方である。

［　①　］に適当な語を入れなさい。また，［　②　］に当てはまるものを，A，Bのいずれかの記号で答えなさい。

次に，博樹さんはオオカナダモの行う光合成について調べるため，次のような実験を行った。

図3のように，BTB液を加えて青色になった水を三角フラスコの上部まで入れ，その中にオオカナダモを入れた。BTB液の色が黄色になるまで十分に息を吹き込んだ後，ガラス管つきゴム栓をして光を当てた。チューブから気泡が出始めてから，メスシリンダーに集まった気体の体積を20分ごとに180分間測定した。表4は，その結果を示したものである。測定開始180分後には，三角フラスコ内のBTB液の色は青色になっていた。

図3

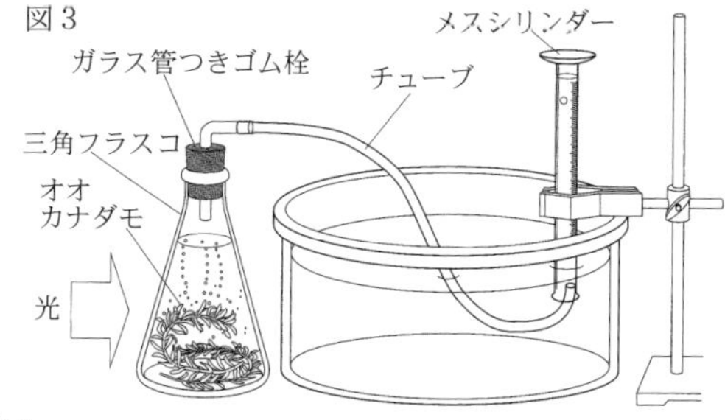

表4

時間[分]	20	40	60	80	100	120	140	160	180
気体の体積[cm^3]	0.4	0.9	1.5	2.1	2.7	3.2	3.6	4.0	4.2

(3) 表4から，測定を開始して①(ア．60分　イ．100分　ウ．140分)以降に，20分ごとの気体の発生量が減少していることがわかる。博樹さんは，この20分ごとの

気体の発生量の減少について，「水中の二酸化炭素量が原因ではないか」と考えた。この考えが正しいことを確かめるためには，測定開始180分後すぐに，三角フラスコ内の水に二酸化炭素を溶かして光を当て，20分ごとの気体の発生量が②(ア．0.0 cm³　イ．0.2 cm³　ウ．0.4 cm³　エ．0.6 cm³)より多くなることを確認するとよい。

①，②の(　　)の中からそれぞれ最も適当なものを一つずつ選び，記号で答えなさい。

次に博樹さんは，BTB液を加えて青色になった水に息を吹き込んで緑色にし，これを3つのガラスの容器に入れ，それぞれA，B，Cとした。図5のように，Aにメダカを，Bにオオカナダモを，Cにメダカとオオカナダモを入れ，それぞれゴム栓で密閉した。A，Bは，光が当たらないように全体をアルミニウムはくでおおい，A～Cの容器に光を当てて放置し，一定時間後のBTB液の色の変化を調べた。表6は，その結果を示したものである。なお，メダカ，オオカナダモは，それぞれほぼ同じ大きさのものを用いた。

図5

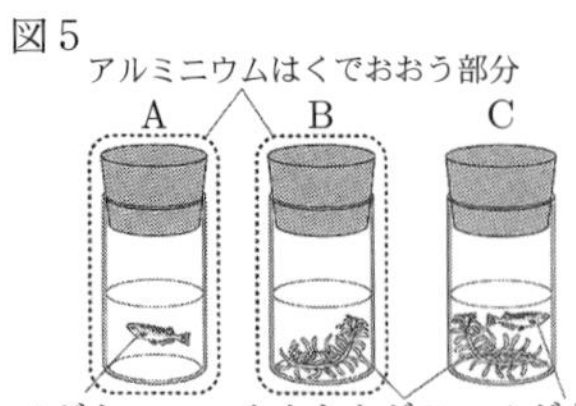

表6

	A	B	C
BTB液	黄色	緑色	青色

(4) この実験において，メダカの呼吸によって放出された二酸化炭素の量をX，オオカナダモの呼吸によって放出された二酸化炭素の量をY，オオカナダモの光合成によって吸収された二酸化炭素の量をZとする。表6の結果をもとにX～Zを比較したとき，それらの量の関係として適当なものを，次のア～カから三つ選び，記号で答えなさい。

ア．$X>Y$　　イ．$X<Y$
ウ．$X>Z$　　エ．$X<Z$
オ．$Y>Z$　　カ．$Y<Z$

＜熊本県＞

10

植物の光合成について実験を行った。(1)～(5)に答えなさい。

実験
① ふ入りの葉をもつ植物の鉢植えを用意し，暗室に1日置いた。
② その後，図1のように，この植物の葉の一部をアルミニウムはくでおおい，図2のように，この植物全体にポリエチレンの袋をかぶせ，ポリエチレンの袋に息を十分に吹き込んだあと，茎の部分でしばって密閉し，袋の中の気体の割合について調べた。

図1

図2

③ この植物に数時間光を当てたあと，再び袋の中の気体の割合について調べ，ポリエチレンの袋をはずした。
④ アルミニウムはくでおおった葉を茎から切りとり，アルミニウムはくをはずして，熱湯につけた。
⑤ 熱湯からとり出した葉を，90℃の湯であたためたエタノールにつけた。その後，エタノールからとり出した葉を水でよく洗った。
⑥ 水で洗った葉をヨウ素溶液につけて色の変化を調べると，図3のようになった。表は，このときの結果をまとめたものである。

図3
A 光が当たった緑色の部分
B 光が当たらなかったふの部分
C 光が当たらなかった緑色の部分
D 光が当たったふの部分

図3の葉の部分	A	B	C	D
色の変化	青紫色になった	変化なし	変化なし	変化なし

(1) 実験②・③で，ポリエチレンの袋の中の気体のうち，数時間光を当てたあと，割合が減少したものはどれか，最も適切なものを次のア～エから選びなさい。
ア．酸素　　イ．水素
ウ．窒素　　エ．二酸化炭素

(2) 実験⑤で，葉をエタノールにつけたのはなぜか，その理由を書きなさい。

(3) 表において，Aの部分が青紫色になったのは，この部分にヨウ素溶液と反応した物質があったためである。この物質は何か，書きなさい。

(4) 次の文は，実験の結果からわかったことについて述べたものである。正しい文になるように，文中の(ⓐ)～(ⓓ)にあてはまるものを，A～Dからそれぞれ選びなさい。ただし，同じ記号を何度使ってもよい。

> 表の(ⓐ)と(ⓑ)の色の変化を比べることで，光合成は葉の緑色の部分で行われることがわかった。また，表の(ⓒ)と(ⓓ)の色の変化を比べることで，光合成を行うためには光が必要であることがわかった。

(5) 実験①で暗室に1日置くかわりに，十分に明るい部屋に1日置き，実験②～⑥を行ったとき，表とは違う結果となった。違う結果となったのはどの部分か，A～Dから選びなさい。また，その部分はどのような結果となったか，書きなさい。

＜徳島県＞

●葉・茎・根のつくりとはたらき

11

図1と図2は，それぞれ被子植物双子葉類の茎と葉の断面の一部を模式的に表したものである。

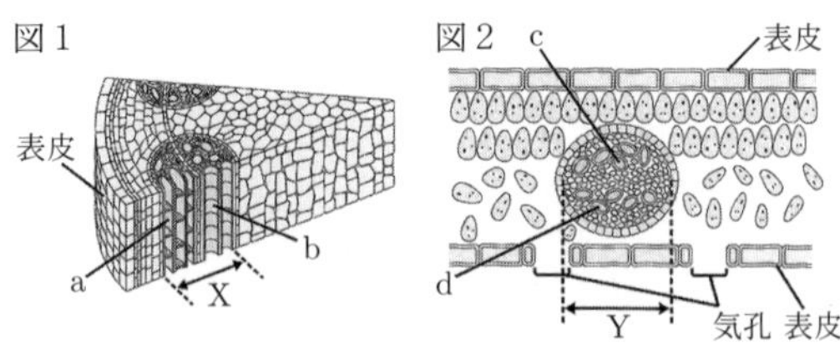

問1．根からとり入れた水などは，茎と葉のどの部分を通るか。茎については図1のa，bから，葉については図2のc，dから，それぞれ一つずつ選べ。

問2．図1のX，図2のYは水や養分の通り道の集まりである。この部分を何というか。

＜長崎県＞

12 赤インクをうすめた液を三角フラスコに入れ，約30 cmの長さに切ったトウモロコシの苗を，次の図１のように茎の切り口が三角フラスコの中の液にひたるように入れた。3時間後に茎をかみそりの刃でうすく切り，横断面をルーペで観察すると，図２のように着色されたところがばらばらに分布していた。着色された部分を顕微鏡で観察すると，図３のようにXの部分のまわりが赤く染まっていた。このことについて，あとの(1)・(2)の問いに答えなさい。

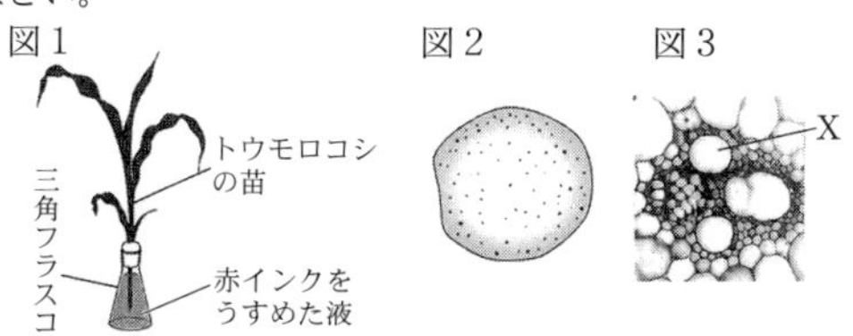

図１

図２

図３

(1) 図３のXの部分の名称を書きなさい。また，そのはたらきを簡潔に書きなさい。

(2) トウモロコシの根と子葉について述べた文として最も適切なものを，次のア～エから一つ選び，その記号を書きなさい。

ア．根はひげ根で，子葉は１枚である。
イ．根は主根と側根があり，子葉は１枚である。
ウ．根はひげ根で，子葉は２枚である。
エ．根は主根と側根があり，子葉は２枚である。

＜高知県＞

13 ［観察］ ユリとブロッコリーの茎のつくりを調べるために，それぞれの茎を，赤インクを溶かした水につけた。しばらく置いたのち，茎を輪切りにすると，図１のように，茎の断面に赤インクで染色された部分が観察できた。次に，ブロッコリーの茎を薄く切ってスライドガラスにのせ，水を１滴落とし，図２のように，カバーガラスを<u>端から静かに置いて</u>プレパラートをつくり，顕微鏡で観察した。図３は，そのスケッチである。

図１

図２

図３

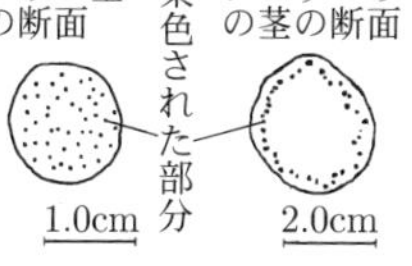

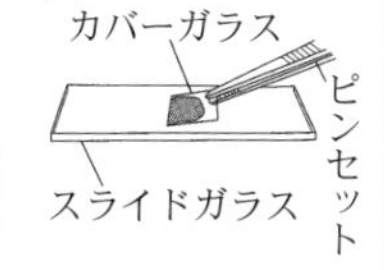

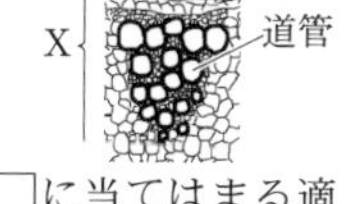

(1) プレパラートをつくるとき，カバーガラスを下線部のように置くのは，スライドガラスとカバーガラスの間に［　　　　］ようにするためである。［　　　　］に当てはまる適当な言葉を，「空気の泡」という言葉を用いて簡単に書け。

(2) 次の文の①に当てはまる適当な言葉を書け。また，②，③の｛　｝の中から，それぞれ適当なものを１つずつ選び，その記号を書け。

図３で，道管と師管が集まって束になったXの部分は，［　①　］と呼ばれる。図３の道管と師管のうち，茎の中心側にあるのは②｛ア．道管　イ．師管｝である。また，図３の道管と師管のうち，染色された部分は，根から吸収した水が通る③｛ウ．道管　エ．師管｝である。

(3) 次のア～エのうち，［観察］で，ユリとブロッコリーについて分かることとして，適当なものをそれぞれ１つずつ選び，その記号を書け。

ア．双子葉類であり，根は主根と側根からなる。
イ．双子葉類であり，根はひげ根からなる。
ウ．単子葉類であり，根は主根と側根からなる。
エ．単子葉類であり，根はひげ根からなる。

＜愛媛県＞

14 右の図のように，２本の試験管に水を入れ，葉のついたホウセンカをさしたものをa，葉をとり除いたホウセンカをさしたものをbとし，日の当たる場所に置いた。

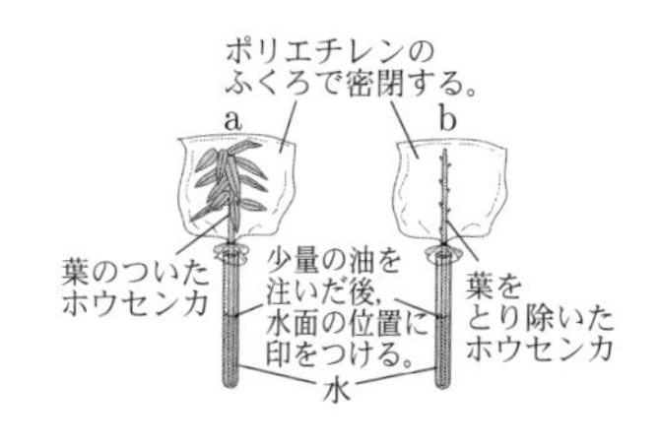

数時間後，それぞれの変化を調べたところ，<u>aは水面の位置が下がってふくろの内側が水滴でくもったが，bはほとんど変化が見られなかった</u>。下線部のようになった理由を，植物のはたらきに着目して，書きなさい。

＜青森県＞

15 栄介さんは，蒸散について調べるために，次のような実験を行い，レポートにまとめた。あとの(1)～(3)の問いに答えなさい。

〔実験〕

① 長さと太さ，葉の数や大きさがほぼ等しいホウセンカの枝を３本用意した。
② ３本の枝を，A～Cのように準備し，同じ量の水を入れた試験管３本にそれぞれの枝をさし，少量の油を注いだ。

A すべての葉の表側にワセリンをぬる。　B すべての葉の裏側にワセリンをぬる。　C 葉をすべてとり，茎の切り口にワセリンをぬる。

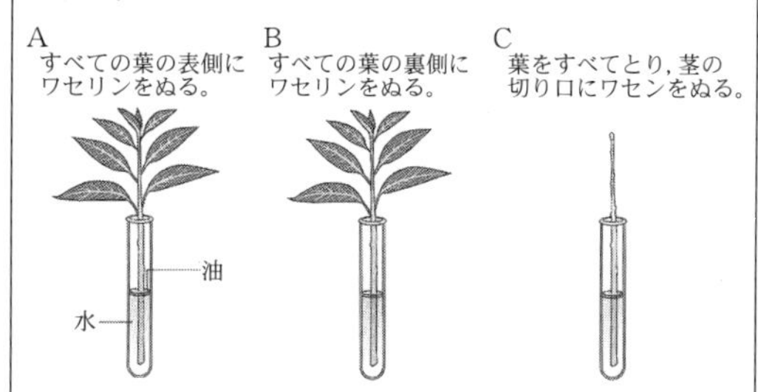

③ それぞれの試験管の全体の質量を測定した。
④ 明るく風通しのよいところにしばらく置いた。
⑤ 再び質量を測定し，水の減少量を求めた。

〔レポート〕(一部)

【結果】
それぞれの試験管の水の減少量は，次の表のようになった。

試験管	Aを入れた試験管	Bを入れた試験管	Cを入れた試験管
水の減少量[g]	X	Y	Z

【まとめ】
植物の体の表面には，２つの三日月形の細胞で囲まれたすきまである［　ア　］が見られ，水蒸気の出口としての役割を果たしている。実験において，<u>葉の表側に比べて，葉の裏側からの蒸散量が多かった</u>のは，葉の裏側には表側よりも［　ア　］が多く存在しているからだと考えられる。

(1) ［　ア　］に入る適切な言葉を漢字で書きなさい。

(2) 下線部のことを確認するためには表のX～Zの値のうち，どの２つを比べて，どのような結果が得られればよいか，簡潔に書きなさい。

(3) 実験の結果より，ホウセンカの枝全体からの蒸散量はどのような式で表すことができるか。適切な式を，表のX～Zの記号を使って書きなさい。

<宮崎県>

16

アジサイの葉の吸水量を調べる実験を行った。下の□内は，その実験の手順と結果である。

【手順】

① 大きさがほぼ同じ4枚のアジサイの葉を，表のa～dのように準備する。

a	ワセリンを表側にぬった葉
b	ワセリンを裏側にぬった葉
c	ワセリンを表側と裏側にぬった葉
d	ワセリンをぬらない葉

② 太さの同じシリコンチューブを4本準備し，図1のように，水の入った水槽(すいそう)に沈め，水を入れた注射器でシリコンチューブの中にある空気をそれぞれ追い出す。

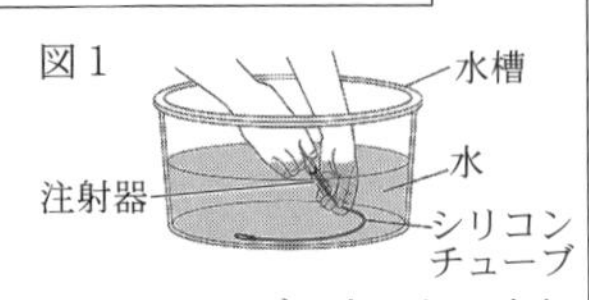

③ 水の入った水槽の中で，a～dとシリコンチューブを，空気が入らないようにそれぞれつなぐ。

④ 葉の表側を上にしてバットに置き，シリコンチューブ内の水の位置に合わせて，シリコンチューブにそれぞれ印をつけ，図2のような装置A～Dをつくる。

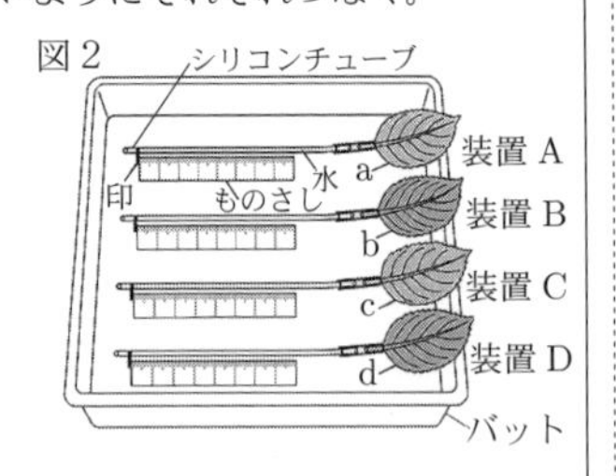

⑤ 直接日光の当たらない明るい場所にA～Dを置き，20分後に水の位置の変化をものさしで調べる。

【結果】

装置	A	B	C	D
水の位置の変化[mm]	31	11	2	45

問1．アジサイは，双子葉類である。双子葉類を，次の1～4から全て選び，番号を書け。

1．トウモロコシ
2．アブラナ
3．アサガオ
4．ツユクサ

問2．主に葉から水が水蒸気として出ていくことによって，吸水が起こる。植物の体の中の水が水蒸気として出ていく現象を何というか。

問3．下の□内は，この実験について考察した内容の一部である。文中のア[(　　)と(　　)]のそれぞれの(　　)にあてはまる装置を，A～Cから1つずつ選び，記号を書け。また，イの(　　)内から，適切な語句を選び，記号を書け。

ワセリンをぬらなかった葉を用いたDの吸水量が，最も多くなった。また，ワセリンを葉にぬることで吸水量にちがいが見られた。ワセリンをぬった葉を用いたA～Cのうち，ア[(　　)と(　　)]の2つの結果を比べると，主に葉のイ(P．表側　Q．裏側)から，水が水蒸気として出ていくと考えられる。

問4．下の□内は，実験後，根のつくりと水を吸収するはたらきについて，生徒が調べた内容の一部である。文中の(　　)にあてはまる内容を，簡潔に書け。

根は，先端近くにある根毛によって土から水などを吸収する。根毛は細いので，土の小さな隙間(すきま)に広がることができる。また，根毛があることで，根の(　　)ため，水などを効率よく吸収することができる。

<福岡県>

17

次の問いに答えなさい。

植物のからだのしくみについて調べるために，身のまわりの植物を用いて，次の観察と実験を行った。

〔観察〕

［1］ アスパラガスとキクの茎を赤く着色した水に1時間さしておいた。

［2］ アスパラガスの茎の一部を切り取り，横断面をルーペで観察した。図1は，そのときのようすを模式的に示したものである。また，ⓐ図1のXの部分を顕微鏡で観察した。

図1
アスパラガスの茎の横断面
Xの部分
赤く染まっていた部分

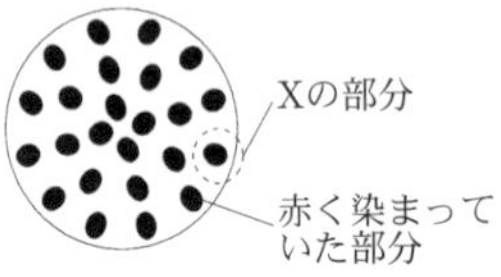

［3］ キクの茎の一部を切り取り，横断面をルーペで観察した。図2は，そのときのようすを模式的に示したものである。

図2
キクの茎の横断面
赤く染まっていた部分

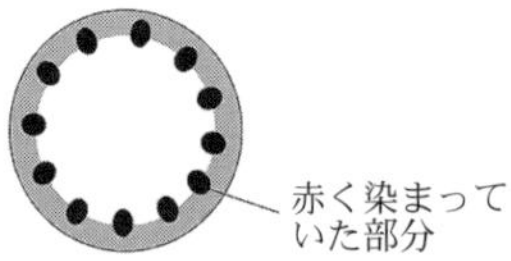

［4］ ［3］のキクの茎を，縦に半分に切って，縦断面をルーペで観察すると，赤く染まっていた部分が見られた。

〔実験〕

［1］ 葉の枚数と葉の大きさ，茎の太さがほぼ同じキクA～Dを用意し，花を切ったものをキクA，花と葉を切ったものをキクB，何も切らずにそのままの状態にしたものをキクC，Dとした。切り取った部分からの蒸散を防ぐために，AとBの花や葉を切り取った部分にワセリンを塗った。

［2］ 図3のようにキクA～Cを10 cm^3の水が入っているメスシリンダーに1本ずつ入れ，それぞれのⓑメスシリンダー内の水面を少量の油でおおった。

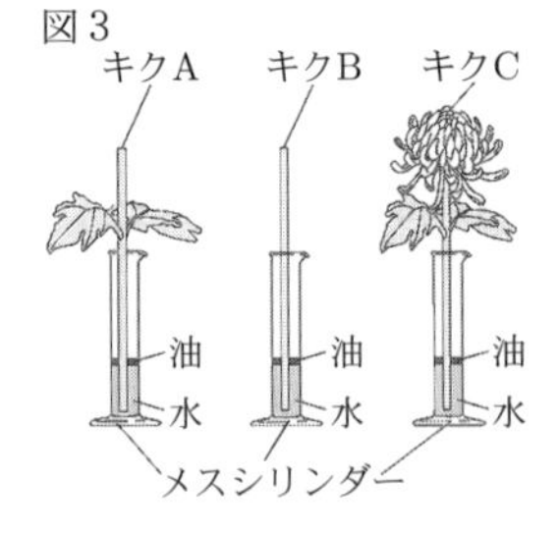

［3］ キクA～Cを入れた3つのメスシリンダーを日中の明るく風通しがよいところに置き，3時間後にメスシリンダー内の水面の目盛りを読んで，それぞれの水の減少量を調べた。表は，このときの結果をまとめたものである。

	キクA	キクB	キクC
水の減少量[cm^3]	2.2	0.3	2.7

［4］ キクDを10 cm^3の水が入っているメスシリンダーに入れ，メスシリンダー内の水面を少量の油でおおった。次に，暗室で1時間置き，その後蛍光灯の光を当てて1時間置いたときの，30分ごとの水の減少量を4回

記録した。

問１．〔観察〕について，次の(1)，(2)に答えなさい。

(1)　図４は，下線部ⓐのときに見られたようすを模式的に示したものである。次の文の①，②の｛　　｝に当てはまるものを，それぞれア，イから選びなさい。

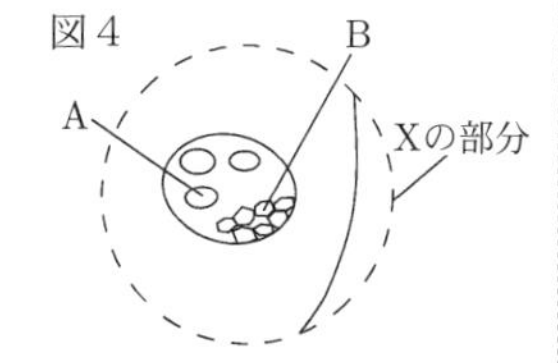

赤く染まっていた部分のうち赤い水が通った部分は，図４の①｛ア．A　イ．B｝であり，②｛ア．道管　イ．師管｝という。

(2)　［４］の縦断面のようすを模式的に示したものとして，最も適当なものを，ア～エから選びなさい。

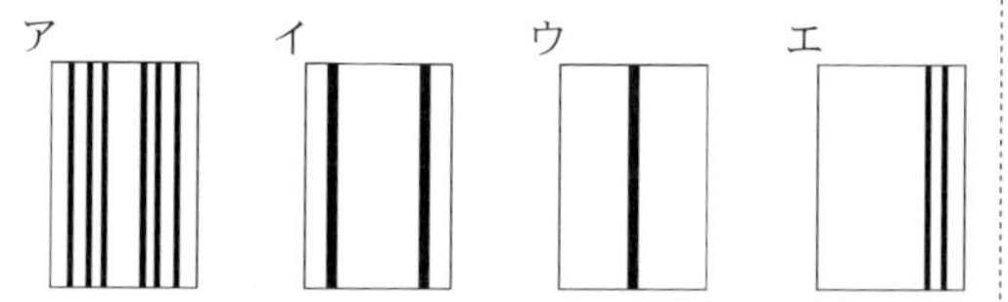

問２．〔実験〕について，次の(1)～(3)に答えなさい。

(1)　次の文は，下線部ⓑのようにメスシリンダー内の水面を少量の油でおおった理由を説明したものである。説明が完成するように，［　　］の中に当てはまる語句を書きなさい。

メスシリンダー内の水面から［　　　　］ため。

(2)　次の文の①の｛　　｝に当てはまるものを，ア～ウから選びなさい。また，［②］に当てはまる数値を書きなさい。

水の減少量がキクの蒸散量と等しいとしたとき，花の部分で蒸散が起こっていることは，①｛ア．AとB　イ．BとC　ウ．AとC｝の水の減少量を比較するとわかり，葉の蒸散量は花の［②］倍である。

(3)　［４］をグラフに表したものとして，最も適当なものを，ア～ウから選びなさい。また，選んだ理由を明るさと気孔の状態にふれて書きなさい。

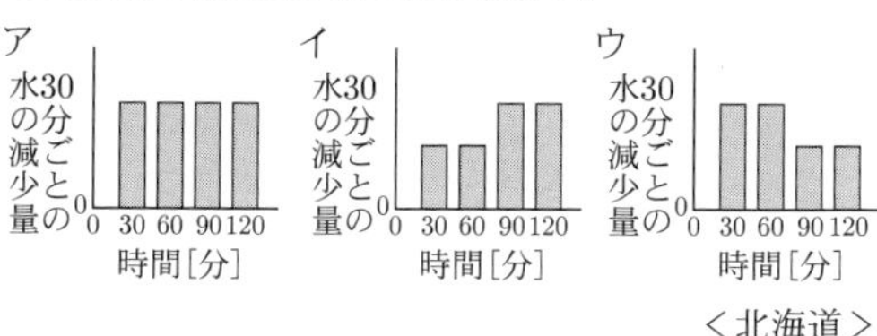

＜北海道＞

18

優子（ゆうこ）さんと博樹（ひろき）さんは，校内にあるアジサイの葉の観察を行い，記録をまとめた。次は，その記録の一部である。

> アジサイの葉の観察
>
> 〔観察日と天気〕
> 　7月22日　晴れ
>
> 〔目的〕
> 　アジサイの葉のつき方やつくりを観察して，どのような特徴があるかを調べる。
>
> 〔結果〕
> ・方法Ⅰで観察した葉のつき方は図１のとおり。
> ・方法Ⅱで観察した葉のようすは図２のとおり。
> ・方法Ⅲで観察した葉の断面のようすは図３のとおり。

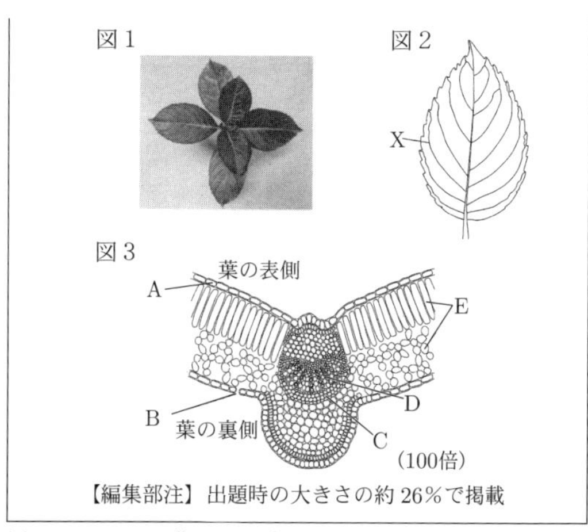

【編集部注】出題時の大きさの約26％で掲載

(1)　アジサイの葉のつき方が図１のようになっているのは，葉の重なりを①（ア．少なく　イ．多く）し，光合成に必要な②（ア．酸素　イ．二酸化炭素　ウ．光　エ．水）をできるだけ多く受けとるためと考えられる。

①，②の（　　）の中からそれぞれ正しいものを一つずつ選び，記号で答えなさい。

(2)　図２のXは，維管束が枝分かれしたもので［①］といい，アジサイの［①］は，網目状になっている。このような［①］をもつ植物の茎を輪切りにして維管束を観察すると，維管束は②（ア．輪状に並んで　イ．ばらばらに散らばって）見える。

［①］に適当な語を入れなさい。また，②の（　　）の中から正しいものを一つ選び，記号で答えなさい。

(3)　図３のA～Eは，師管，道管，気孔，葉肉細胞，表皮細胞のいずれかである。図３のA～Eについて正しく説明しているものはどれか。次のア～オから<u>すべて</u>選び，記号で答えなさい。

ア．Aが集まった組織を葉肉組織という。
イ．Bでは，つねに水蒸気や酸素を出し，二酸化炭素をとり入れている。
ウ．Cは，光合成でできた二酸化炭素を運ぶ通路である。
エ．Dは，根で吸い上げた水を運ぶ通路である。
オ．Eでは，光が当たるかどうかに関係なく，呼吸が行われている。

優子さんと博樹さんは，葉で光合成によってつくられたデンプンが，葉以外のどの器官に存在するのかを調べるため，アジサイの茎と根を輪切りにしたものを用意し，図４のように，ヨウ素液を加えて，色の変化を観察した。表は，その結果を示したものである。

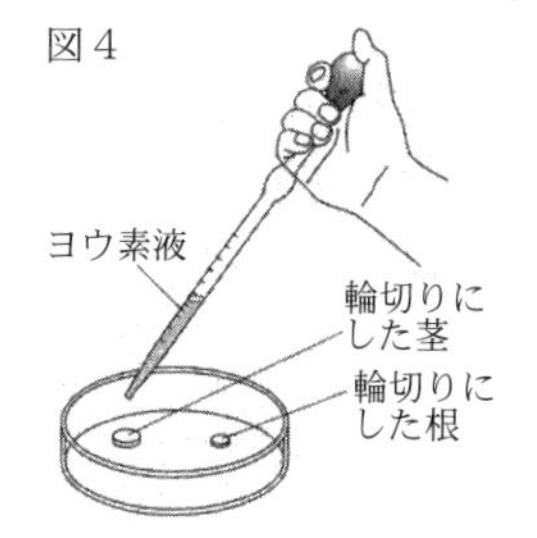

表

器官	色の変化
茎	変化しなかった。
根	青紫色に変化した。

実験を終えて，二人は表を見ながら，先生と次のような会話をした。

優子：実験結果から，アジサイは，［①］ではなく，［②］にデンプンをたくわえていると考えられます。

先生：そうですね。たくわえられたデンプンは成長のためのエネルギー源になるんだよ。

博樹：[①]にデンプンが見られないのはどうしてでしょうか。

先生：それは，デンプンが体全体に運ばれるときに，デンプンとは異なる物質に変化しているからだよ。その方が移動に適しているんだ。

優子：そうなんですね。

(4) [①]，[②]に入る器官名を答えなさい。また，下線部について，移動に適しているのは，デンプンが変化した物質がどのような性質をもっているからか，その性質について書きなさい。

＜熊本県＞

19 次の観察や実験について，あとの各問いに答えなさい。

植物の葉や茎のつくりとはたらきについて調べるために，次の①，②の観察や実験を行った。

① アジサイの葉の表面を観察するために，葉の表側と裏側の表面のプレパラートをつくり，図１のように，顕微鏡のステージにプレパラートをのせ，アジサイの葉の表面を観察した。図２，図３は，それぞれ顕微鏡で観察したアジサイの葉の表側と裏側の表面をスケッチしたものである。

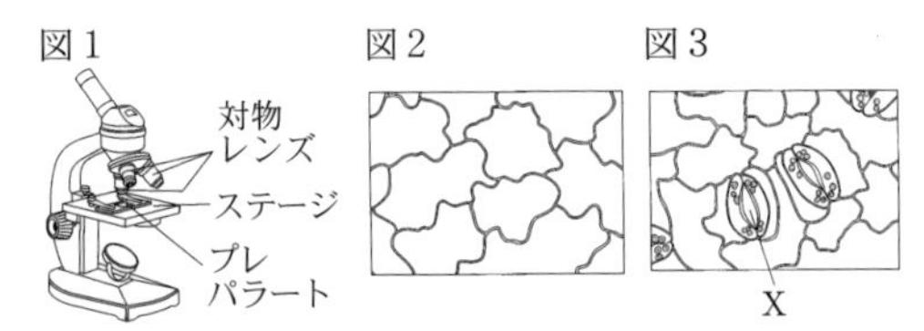

② 次の図４のように，アジサイの葉の枚数や大きさがほぼ同じ枝を４本用意し，何も処理しないものをA，すべての葉の表側全体にワセリンをぬったものをB，すべての葉の裏側全体にワセリンをぬったものをC，すべての葉の両側全体にワセリンをぬったものをDとし，水を入れたメスシリンダーに入れ，メスシリンダーの水面に少量の油を入れた。水面の位置に印をつけ，電子てんびんでそれぞれの質量を測定した後，明るく風通しのよいところに2時間置いて，再び水面の位置を調べ，それぞれの質量を測定し，水の減少量を求めた。表は，A～Dにおける，水の減少量をまとめたものである。また，水面の位置は水の減少量に比例して下がっていた。ただし，葉にぬったワセリンは，ぬった部分からの蒸散をおさえることができ，ぬらなかった部分からの蒸散には影響を与えないものとする。

図４

A

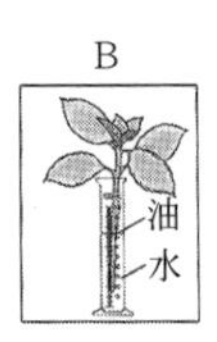

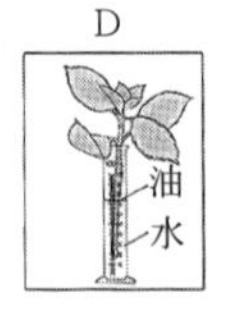

	A	B	C	D
水の減少量[g]	4.8	4.1	1.2	[Y]

(1) ①について，次の(a)，(b)の各問いに答えなさい。

(a) 顕微鏡でアジサイの葉の表面を観察するとき，対物レンズを低倍率のものから高倍率のものにかえると，視野の明るさと，レンズを通して見える葉の範囲が変わった。対物レンズを低倍率のものから高倍率のものにかえると，視野の明るさと，レンズを通して見える葉の範囲はそれぞれどのように変わるか，次のア～エから最も適当なものを１つ選び，その記号を書きなさい。

	ア	イ	ウ	エ
視野の明るさ	明るくなる	明るくなる	暗くなる	暗くなる
レンズを通して見える葉の範囲	広くなる	せまくなる	広くなる	せまくなる

(b) 図３に示したXは，２つの三日月形の細胞で囲まれたすきまで，水蒸気の出口，酸素や二酸化炭素の出入り口としての役割を果たしている。図３のXを何というか，その名称を書きなさい。

(2) ②について，次の(a)～(e)の各問いに答えなさい。

(a) メスシリンダーの水面に油を入れたのはなぜか，その理由を簡単に書きなさい。

(b) 図５，図６は，それぞれアジサイの茎と葉の断面を模式的に表したものである。茎の切り口から吸収された水が通る管は，図５，図６のP～Sのうちどれか，次のア～エから最も適当な組み合わせを１つ選び，その記号を書きなさい。また，茎の切り口から吸収された水が通る，維管束の一部の管を何というか，その名称を漢字で書きなさい。

図５ P Q

図６

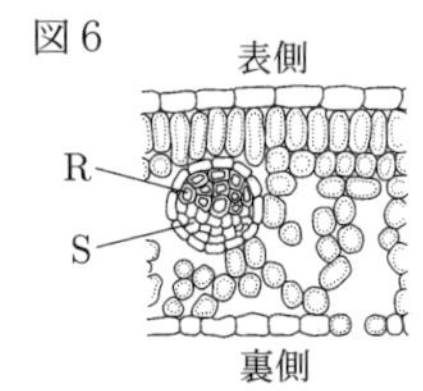

ア．PとR　イ．PとS　ウ．QとR　エ．QとS

(c) 次の文は，表にまとめた水の減少量から，蒸散と吸水の関係について考察したものである。文中の(　あ　)，(　い　)に入る言葉はそれぞれ何か，あとのア～エから最も適当な組み合わせを１つ選び，その記号を書きなさい。

> アジサイの葉の裏側にワセリンをぬったCと比べて，ワセリンを全くぬらなかったAや，表側にワセリンをぬったBの方が，水の減少量が(　あ　)なった。このことから，アジサイでは主に葉の(　い　)でさかんに蒸散が行われており，蒸散が行われると吸水が起こることがわかる。

ア．あ―多く　　い―表側
イ．あ―多く　　い―裏側
ウ．あ―少なく　い―表側
エ．あ―少なく　い―裏側

(d) この実験におけるアジサイの葉の裏側からの蒸散量は何gか，求めなさい。ただし，蒸散量は水の減少量と等しいものとする。

(e) 表の中の[Y]に入る数は何か，次のア～エから最も適当なものを１つ選び，その記号を書きなさい。

ア．0.5　イ．0.7　ウ．2.9　エ．5.3

＜三重県＞

20 Kさんは，気孔のはたらきや性質について調べるために，次のような実験を行った。これらの実験とその結果について，あとの各問いに答えなさい。

〔実験〕 図のように，水を入れたメスシリンダーにアジサイをさして，メスシリンダー内の水の蒸発を防ぐために少量の油で水面を覆った装置を6個つくり，次の条件①や条件②を変えたものを装置A～Fとした。

条件①　アジサイに，気孔をふさぐためのワセリンを塗る部分

条件②　装置を放置する場所

装置A～Fをしばらく放置し，メスシリンダー内の水の減少量を調べた。その後，すべての葉からワセリンを取り除き，葉を脱色してヨウ素溶液と反応させ，青紫色に染まるかどうかを調べた。

表1は，装置A～Fにおける条件①，②と実験の結果をあわせてまとめている途中のものである。なお，装置A～Fに用いたアジサイは，葉の大きさや枚数，茎の太さや長さがほぼ同じであり，実験前に暗室で1日放置したものである。また，装置A～Fを放置した場所は，いずれも気温や湿度がほぼ同じであり，風通しがよい場所である。

表1

	条件① アジサイにワセリンを塗る部分	条件② 装置を放置する場所	水の減少量［cm³］	ヨウ素溶液と反応させた結果
装置A	すべての葉の表面	日光の当たる場所		
装置B	すべての葉の裏面	日光の当たる場所	2.0	
装置C	すべての葉の表面と裏面	日光の当たる場所	0.2	ほぼ染まらなかった
装置D	なし	日光の当たる場所	10.0	青紫色に染まった
装置E	すべての葉の表面と裏面	暗室	0.2	ほぼ染まらなかった
装置F	なし	暗室	2.3	ほぼ染まらなかった

(ア) 次の［　　］は，植物が物質を運ぶ管についてKさんがまとめたものである。文中の（ X ），（ Y ），（ Z ）にあてはまるものの組み合わせとして最も適するものをあとの1～4の中から一つ選び，その番号を答えなさい。

> 植物が生きるために必要な物質を運ぶ管は2種類ある。根から吸い上げられた水や養分は（ X ）を通って運ばれ，葉でつくられた栄養分は（ Y ）を通って運ばれる。これらの管は数本が束になっており，この束を維管束という。アジサイの茎を輪切りにした場合，維管束は（ Z ）。

1．X：道管　Y：師管　Z：輪のように並んでいる
2．X：道管　Y：師管　Z：散在している
3．X：師管　Y：道管　Z：輪のように並んでいる
4．X：師管　Y：道管　Z：散在している

(イ) 表1から，アジサイに日光を当てたときの葉の裏面からの蒸散量は何cm³だと考えられるか。最も適するものを次の1～6の中から一つ選び，その番号を答えなさい。

1．1.8 cm³　　2．2.0 cm³
3．2.2 cm³　　4．7.8 cm³
5．8.0 cm³　　6．8.2 cm³

(ウ) Kさんは，〔実験〕の装置C～Fの結果から，ワセリンや日光の有無と，蒸散や光合成との関係について整理し，気孔のはたらきや性質について考察した。表2は，Kさんが装置C～Fのうち2つの装置の結果を比較してわかることをまとめている途中のものである。

表2

比較する装置	比較してわかること
（ あ ）	アジサイに日光を当てると，ワセリンを塗らないアジサイでは光合成が行われるが，葉の両面にワセリンを塗ったアジサイでは光合成がほぼ行われない。
（ い ）	ワセリンを塗らないアジサイの蒸散量は，日光を当てたときの方が多い。
装置Cと装置E	葉の両面にワセリンを塗ったアジサイの蒸散量は，日光を当てるか当てないかによらず，ほぼ一定である。
	アジサイにワセリンを塗るか塗らないかによらず，暗室では光合成がほぼ行われない。

(i) 表2中の（ あ ），（ い ）に最も適するものを次の1～4の中からそれぞれ一つずつ選び，その番号を答えなさい。

1．装置Cと装置D
2．装置Cと装置F
3．装置Dと装置F
4．装置Eと装置F

(ii) 次の［　　］中のa～dのうち，装置C～Fの結果から気孔のはたらきや性質について考察できることとして最も適するものをあとの1～6の中から一つ選び，その番号を答えなさい。

> a．葉の気孔の数は，表面よりも裏面の方が多い。
> b．気孔には，日光が当たると開き，日光が当たらないと閉じる性質がある。
> c．光合成が行われるための気体の出入りは，気孔を通して行われる。
> d．光合成には，根から吸い上げた水と，気孔から取り入れた水の両方が使われる。

1．aとb
2．aとc
3．aとd
4．bとc
5．bとd
6．cとd

＜神奈川県＞

動物のからだのつくりとはたらき

●消化と吸収

1 ヒトのだ液などに含まれ，デンプンの分解にはたらく消化酵素はどれか。

ア．リパーゼ　　イ．ペプシン
ウ．アミラーゼ　　エ．トリプシン

＜栃木県＞

2 太郎さんは家庭科の授業で，食物に含まれている栄養について学び，ヒトがどのように養分を消化しているかについて興味をもった。図はさまざまな養分がいろいろな消化酵素のはたらきによって，どのような物質に分解されるかを表している。だ液中の消化酵素と物質Bの組み合わせとして正しいものを，次のア～カの中から一つ選んで，その記号を書きなさい。

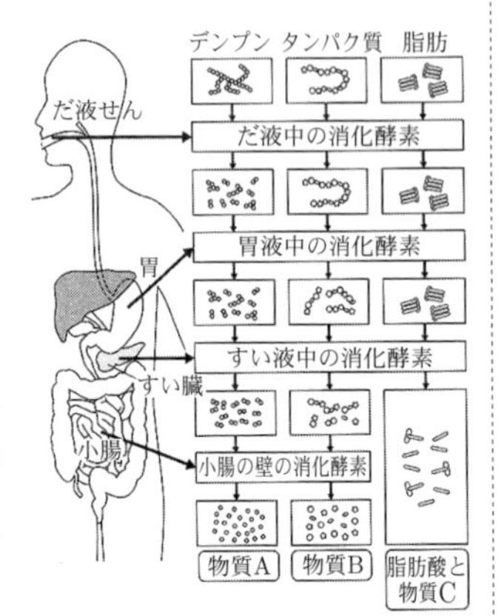

	だ液中の消化酵素	物質B
ア	アミラーゼ	モノグリセリド
イ	ペプシン	モノグリセリド
ウ	アミラーゼ	ブドウ糖
エ	ペプシン	ブドウ糖
オ	アミラーゼ	アミノ酸
カ	ペプシン	アミノ酸

＜茨城県＞

3 恵さんは，料理の本を見て次の内容に興味をもち，実験を行ったり資料で調べたりした。あとの(1)，(2)の問いに答えなさい。

【興味をもったこと】 肉の下ごしらえをするとき，図1のように，生の肉に生のパイナップルをのせておくと，肉が柔らかくなる。これは，パイナップルに消化酵素がふくまれているためである。

図1
生のパイナップル
生の肉

(1) 恵さんは，消化酵素のはたらきについて調べるため，だ液を用いて次の実験を行った。

【実験】 図2のように，デンプンをふくむ寒天にヨウ素液を加えて青紫色にし，ペットボトルのふたA，Bに少量入れて固めた。Aには水をふくませたろ紙を，Bにはだ液をふくませたろ紙をそれぞれ上に置いた。次に，図3のようにA，Bを$_a$約40℃の湯に入れて10分間あたためた。

図2
ペットボトルのふた
A　B
水をふくませたろ紙
だ液をふくませたろ紙
デンプンをふくむ寒天にヨウ素液を加え，固めたもの

図3
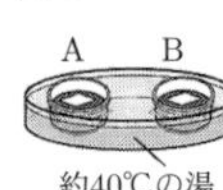

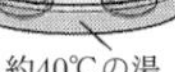
約40℃の湯

図4
A　B
青紫色が消えた部分

【結果】 ろ紙を取り除いたところ，図4のようにAに変化はなかったが，Bのろ紙の下の部分は青紫色が消えた。

【考察】 だ液にふくまれている消化酵素のはたらきにより，デンプンが［　P　］ことがわかった。ご飯をかんでいると甘くなってくることから，デンプンが$_b$糖に変わったのではないかと考えた。

① 次のうち，だ液にふくまれる消化酵素はどれか，1つ選んで記号を書きなさい。
ア．ペプシン
イ．アミラーゼ
ウ．リパーゼ
エ．トリプシン

② 下線部aのようにするのはなぜか，「ヒトの」に続けて書きなさい。

③ 恵さんの考察が正しくなるように，Pにあてはまる内容を書きなさい。

④ 下線部bがふくまれていることを確認するための方法について説明した次の文が正しくなるように，Qにあてはまる内容を書きなさい。

下線部bがふくまれている水溶液に，ベネジクト液を加えて［　Q　］と，赤褐色（せきかっしょく）の沈殿（ちんでん）が生じる。

(2) 恵さんは，消化酵素のはたらきについて資料で調べ，次のようにまとめた。

【まとめ】 生のパイナップルにふくまれる消化酵素には，胃液にふくまれる消化酵素と同じように肉の主な成分であるタンパク質に作用し，図5のような小腸の柔毛で吸収されやすい物質に変化させるはたらきがある。

図5
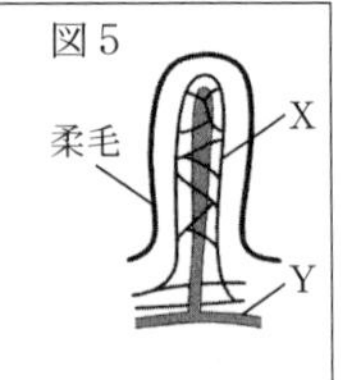

① タンパク質が消化酵素によって変化した物質は，図5のX，Yのどちらの管に入るか，記号を書きなさい。また，その管の名称を書きなさい。

② 小腸に柔毛がたくさんあると，効率よく養分を吸収することができる。それはなぜか，「表面積」という語句を用いて書きなさい。

＜秋田県＞

4 Kさんは，胃腸薬の中に消化酵素が含まれていることを知り，胃腸薬の粉末と脱脂粉乳を用いて次のような実験を行った。これらの実験とその結果について，あとの各問いに答えなさい。ただし，脱脂粉乳に含まれるタンパク質が分解されると，実験で用いた脱脂粉乳溶液のにごりが消えて透明になるものとする。また，酵素液のにごりはないものとする。

〔実験〕

① 脱脂粉乳0.5 gを水200 cm^3に溶かし，脱脂粉乳溶液とした。

② 表1のように，5本の試験管に脱脂粉乳溶液の体積と水の体積をそれぞれ変えて入れ，にごりの度合いを0（透明）～4（脱脂粉乳溶液の色）のように定め，これらをにごりの度合いの見本液とした。

表1

にごりの度合いの見本液	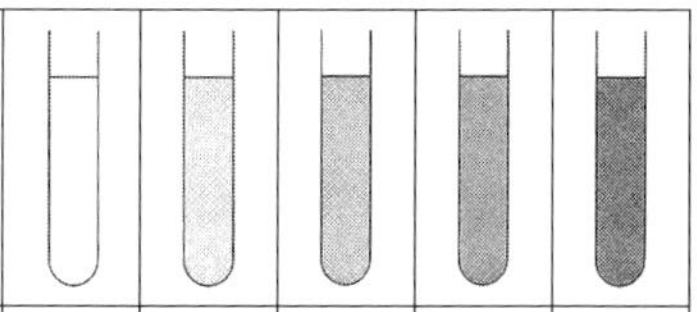				
にごりの度合い	0	1	2	3	4
脱脂粉乳溶液の体積[cm^3]	0	2.5	5.0	7.5	10.0
水の体積[cm^3]	10.0	7.5	5.0	2.5	0

③　胃腸薬の粉末を水に加えてよく混ぜ，しばらく静置したあと，消化酵素が含まれる上澄み液をビーカーに移した。

④　表2のように，③の上澄み液の体積と水の体積をそれぞれ変えて混合し，含まれる消化酵素の量が異なる4種類の酵素液Ⅰ～Ⅳをつくった。

表2

	酵素液Ⅰ	酵素液Ⅱ	酵素液Ⅲ	酵素液Ⅳ
上澄み液の体積[cm^3]	20.0	10.0	5.0	2.5
水の体積[cm^3]	0	10.0	15.0	17.5

⑤　表3のように，4本の試験管A～Dに脱脂粉乳溶液を入れ，④でつくった酵素液をそれぞれ加えた。

表3

試験管A	試験管B	試験管C	試験管D
脱脂粉乳溶液 9.0cm^3	脱脂粉乳溶液 9.0cm^3	脱脂粉乳溶液 9.0cm^3	脱脂粉乳溶液 9.0cm^3
酵素液Ⅰ 1.0cm^3	酵素液Ⅱ 1.0cm^3	酵素液Ⅲ 1.0cm^3	酵素液Ⅳ 1.0cm^3

⑥　試験管A～Dを湯にひたして温度を40℃に保ち，試験管A～D中の液のにごりの度合いの変化を表1の見本液を参考にして調べた。図は，試験管を湯にひたしてからの経過時間と液のにごりの度合いの関係を，Kさんが試験管A～Cについてまとめたものである。

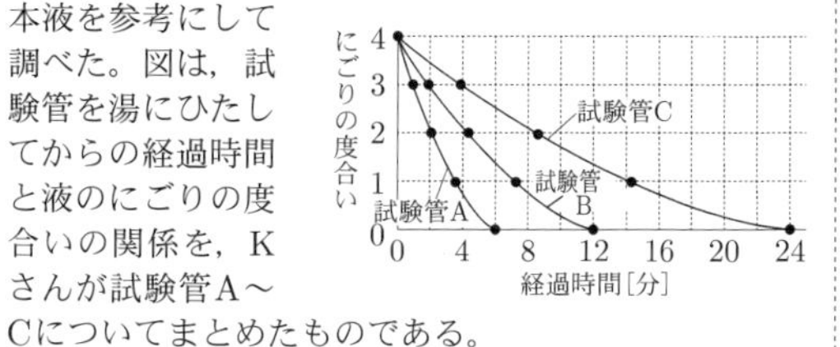

(ア)　ヒトの消化液(だ液，胃液，胆汁，すい液)のうち，タンパク質を分解する消化酵素が含まれているものはどれか。最も適するものを次の1～6の中から一つ選び，その番号を答えなさい。

1．だ液のみ　　2．胃液のみ
3．胆汁のみ　　4．すい液のみ
5．だ液と胆汁　　6．胃液とすい液

(イ)　〔実験〕において，試験管Aと比較することにより，「酵素液のはたらきでタンパク質が分解された」ということを確認するためには，どのような対照実験が必要か。最も適するものを次の1～4の中から一つ選び，その番号を答えなさい。

1．脱脂粉乳溶液9.0 cm^3に水1.0 cm^3を加えた試験管を，25℃に保つ。
2．脱脂粉乳溶液9.0 cm^3に水1.0 cm^3を加えた試験管を，40℃に保つ。
3．脱脂粉乳溶液9.0 cm^3に酵素液Ⅰを1.0 cm^3加えた試験管を，25℃に保つ。
4．脱脂粉乳溶液10.0 cm^3を入れた試験管を，40℃に保つ。

(ウ)　⑥の図から，試験管D中の液のにごりの度合いが0になるまでの時間は何分と考えられるか。最も適するものを次の1～5の中から一つ選び，その番号を答えなさい。

1．3分　　2．6分
3．12分　　4．24分
5．48分

(エ)　Kさんは，〔実験〕の結果から消化酵素の性質に興味をもち，「消化酵素は，一度はたらいたあとも，くり返しはたらくことができる」という仮説を立てた。この仮説を確かめるための実験とその結果として最も適するものを次の1～4の中から一つ選び，その番号を答えなさい。ただし，〔実験〕において酵素液に含まれるすべての消化酵素がタンパク質にはたらいたものとする。

1．脱脂粉乳溶液18.0 cm^3に酵素液Ⅰを1.0 cm^3加えた試験管を用意して40℃に保つと，試験管中の液のにごりの度合いが0になるまでの時間が〔実験〕の試験管Aと同じになる。
2．脱脂粉乳溶液4.5 cm^3に酵素液Ⅰを1.0 cm^3加えた試験管を用意して40℃に保つと，試験管中の液のにごりの度合いが0になるまでの時間が〔実験〕の試験管Aと同じになる。
3．〔実験〕のあと，試験管Aに残った液体に酵素液Ⅰを1.0 cm^3加えて40℃に保つと，にごりの度合いが0になる。その後，酵素液Ⅰをさらに加えて同様の操作を数回行っても，にごりの度合いが0になる。
4．〔実験〕のあと，試験管Aに残った液体に脱脂粉乳溶液9.0 cm^3を加えて40℃に保つと，にごりの度合いが0になる。その後，脱脂粉乳溶液をさらに加えて同様の操作を数回行っても，にごりの度合いが0になる。

<神奈川県>

5　表1は，葵(あおい)さんが食べ物に含まれる栄養分のつくりについてまとめたものの一部である。

表1

	デンプン	タンパク質	脂肪
模式図	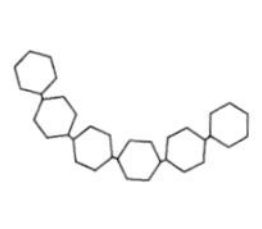	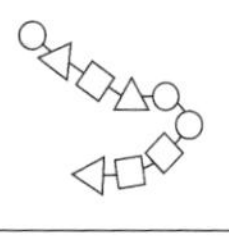	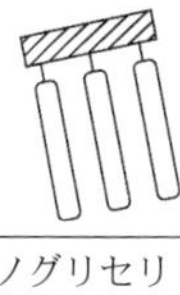
特徴	ブドウ糖がたくさんつながってできている。	数種類のアミノ酸がたくさんつながってできている。	モノグリセリドと脂肪酸からなる。

(1)　脂肪が分解されてできるモノグリセリドを，表1の模式図をもとにしてかきなさい。

(2)　タンパク質に関する内容として正しいものを，次のア～オから二つ選び，記号で答えなさい。

ア．筋肉など体をつくる材料になる。
イ．主に米や小麦，いもに含まれる。
ウ．胆汁によって分解されやすくなる。
エ．小腸の柔毛で吸収され，リンパ管に入る。
オ．胃液に含まれる消化酵素によって分解される。

葵さんは，デンプンがセロハンを通り抜けないことを利用し，だ液によるデンプンの分解について調べる実験を行った。右の図のように，デンプン溶液20 cm^3と，水でうすめただ液10 cm^3を混ぜた液をセロハンの袋に入れ，約

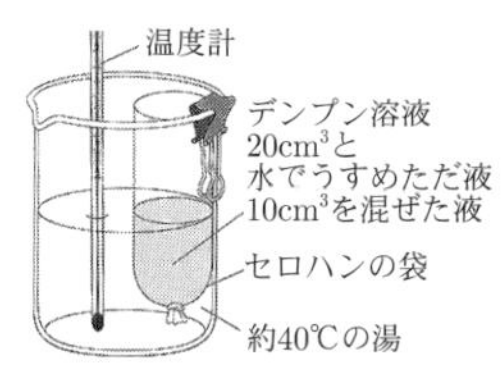

40℃の湯を入れたビーカーに30分間つけた。試験管A～Dを用意し，A，Bにセロハンの袋の中の液を5 cm³ずつ入れ，C，Dにセロハンの袋の外の液を5 cm³ずつ入れた。その後，試験管A，Cにヨウ素液を2，3滴加えた。また，試験管B，Dにベネジクト液を少量加え，沸とう石を入れてガスバーナーで加熱した。表2は，その結果を示したものである。

表2

ヨウ素液	試験管A	試験管C
	変化なし	変化なし
ベネジクト液	試験管B	試験管D
	赤褐色になった	赤褐色になった

実験を終えた葵さんは，表2を見ながら，先生と次のような会話をした。

葵　：デンプンがすべて分解されていることは，表2の試験管[①]の結果から判断できます。また，分解されてできた糖がセロハンの穴よりも小さいことは，試験管[②]の結果から判断できます。

先生：そうですね。しかし，この実験だけでは，だ液によってデンプンが分解されたとは言い切れませんよ。さらに，セロハンの袋に入れる液をかえて，同様の実験を行い，結果を比較する必要がありますね。

(3) [①]，[②]に当てはまるものを，A～Dのいずれかの記号でそれぞれ答えなさい。

(4) 下線部の実験では，セロハンの袋に入れる液をどのような液にかえればよいか，書きなさい。また，液をかえた実験において，試験管A'～D'を用意し，試験管A'には試験管Aと同じ操作を行い，同様に試験管B'，C'，D'には，それぞれ試験管B，C，Dと同じ操作を行ったとき，その結果はどうなると考えられるか。試験管A'～D'について，次のア～ウからそれぞれ一つずつ選び，記号で答えなさい。

ア．赤褐色になる
イ．青紫色になる
ウ．変化しない

＜熊本県＞

6 だ液のはたらきによるデンプンの変化について調べるため，次のような実験を行いました。これについて，あとの(1)～(5)の問いに答えなさい。

実験1．

[1] 図Ⅰのように，試験管Aにうすめただ液2 cm³を入れ，試験管Bに水2 cm³を入れたあと，試験管A，試験管Bにデンプン溶液を10 cm³入れてふり混ぜ，試験管の底を10分間手であたためた。

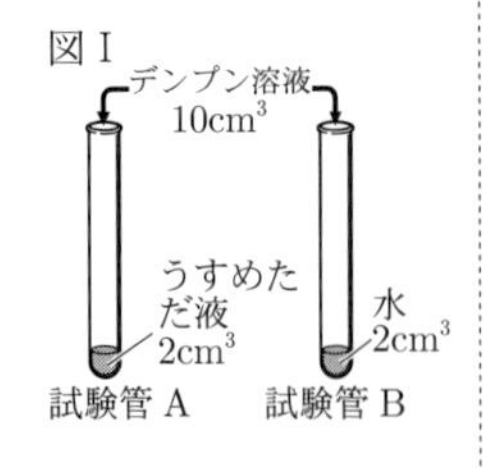

[2] 図Ⅱのように，デンプンの変化を確認するため，水を張ったペトリ皿を2つ準備し，セロハン膜を張った。そのセロハン膜の上に，[1]であたためた試験管Aの液を入れたペトリ皿をXとし，試験管Bの液を入れたペトリ皿をYとした。その後，しばらく放置した。なお，セロハン膜には，目には見えない小さなすき間がたくさんあいている。デンプンは，そのすき間より大きいため通過できないが，麦芽糖は，そのすき間より小さいため通過できる。

図Ⅱ　セロハン膜　試験管Aの液　試験管Bの液　水　ペトリ皿X　ペトリ皿Y

[3] [2]のあと，図Ⅲのように，セロハン膜内にある液a，c，セロハン膜外にある液b，dをそれぞれ試験管に取り分けて，ヨウ素液を加え色の変化を確認したところ，液cの色が変化した。

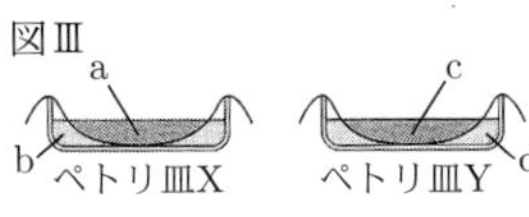

[4] [3]で，麦芽糖の有無を確かめるために，ヨウ素液のかわりにベネジクト液を用いて，[3]と同様の実験をした。

実験2．

[5] デンプン溶液が入った試験管と，うすめただ液の入った試験管を1本ずつ準備した。それぞれの試験管を5℃にし，温度を保ちながら混ぜ合わせ，しばらく放置したあと，ヨウ素液を加え，試験管内の色の変化を確認した。

次に，同じ量のデンプン溶液とうすめただ液で同様の操作を35℃で行い，その結果を表にまとめた。

温度[℃]	5	35
色の変化	濃い青紫色	変化なし

(1) ご飯を口に入れてくり返しかんでいるとあまさを感じるのは，舌がその刺激を受け取っているからです。このように外界からさまざまな刺激を受け取る器官を何といいますか。ことばで書きなさい。

(2) [4]で，ベネジクト液を入れた溶液の色の変化を確認するために必要な操作は何ですか。また，その操作後，何色に変化すれば溶液中に麦芽糖が含まれているとわかりますか。次のア～エのうちから，操作と色の組み合わせとして正しいものを一つ選び，その記号を書きなさい。

	操作	色
ア	冷やす	赤褐色
イ	冷やす	青色
ウ	加熱する	赤褐色
エ	加熱する	青色

(3) [2]～[4]では，セロハン膜を用いました。このとき，次の①，②の問いに答えなさい。

① 図Ⅲで，液a～dのうち，麦芽糖があるのはどれですか。すべて選び，その記号を書きなさい。

② 右の図は，水を張ったペトリ皿の上にセロハン膜を張り，その上に麦芽糖とデンプンの溶液を入れたものです。破線(-----)で囲まれたセロハン膜付近の麦芽糖とデンプンを模式的に表すとどうなりますか。下のア～エのうちから最も適当なものを一つ選び，その記号を書きなさい。

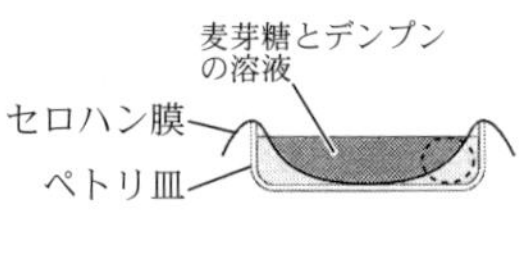

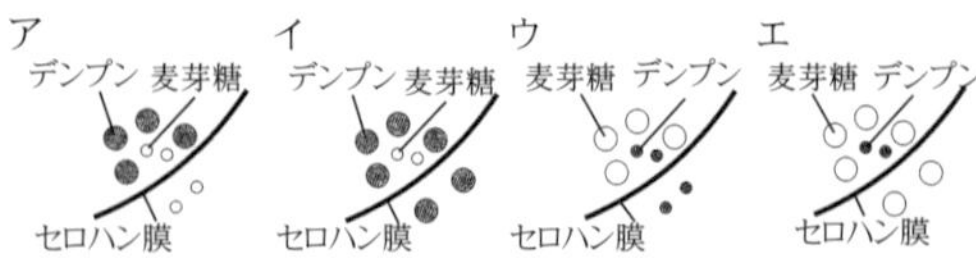

(4) 実験2の結果から，温度とだ液のはたらきの関係について明らかになったことは何ですか。簡単に書きなさい。

(5) 次の文は，ヒトの消化と吸収について述べたものです。文中の(あ)，(い)にあてはまることばを，それぞれ書きなさい。

デンプンは，だ液に含まれる(　あ　)という消化酵素のはたらきによって麦芽糖などに変化する。さらに，麦芽糖は消化管を移動しながら，さまざまな消化酵素によってより吸収されやすい物質となる。吸収されやすい物質は，小腸の表面にある(　い　)という突起で吸収される。

＜岩手県＞

7 ヒトのだ液に含まれる消化酵素のはたらきについて調べるため，次の〔実験1〕と〔実験2〕を行った。

〔実験1〕

① デンプンを水に溶かしたうすいデンプン溶液をつくり，試験管X，Yのそれぞれに5 cm^3ずつ入れた。さらに，試験管Xには水でうすめたヒトのだ液2 cm^3を，試験管Yには水2 cm^3を入れてよく混ぜた。

② 試験管Xと試験管Yを40℃の湯の中に入れた。10分後，試験管Xの液の半分を試験管aに，残りを試験管bに移した。同様に，試験管Yの液の半分を試験管cに，残りを試験管dに移した。

③ 試験管aとcにはヨウ素液を数滴加えて混ぜた後，液の色の変化を観察した。また，試験管bとdにはベネジクト液を少量加えて混ぜた後，ガスバーナーで加熱して液の色の変化を観察した。

図1は，〔実験1〕の手順の一部を模式的に表したものであり，表1は，〔実験1〕の③の結果をまとめたものである。

図1

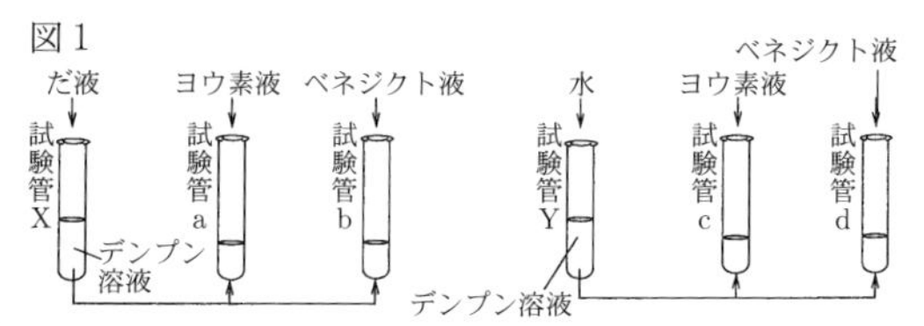

表1

試験管	a	b	c	d
試験管の液の色	変化なし	赤かっ色に変化	青紫色に変化	変化なし

〔実験2〕

① 2つのセロファンの袋を用意し，一方に〔実験1〕の①の試験管Xと同じ液を入れ，もう一方に〔実験1〕の①の試験管Yと同じ液を入れた。なお，セロファンには肉眼では見えない小さな穴があいている。

② ①のセロファンの袋を，40℃の湯を入れた2つのビーカーⅠとⅡの中にそれぞれ入れた。10分後，ビーカーⅠの湯を試験管eとfに，ビーカーⅡの湯を試験管gとhに入れた。

③ 試験管eとgにはヨウ素液を数滴加えて混ぜた後，液の色の変化を観察した。また，試験管fとhにはベネジクト液を少量加えて混ぜた後，ガスバーナーで加熱して，液の色の変化を観察した。

図2は，〔実験2〕の手順の一部を模式的に表したものであり，表2は，〔実験2〕の③の結果をまとめたものである。

図2

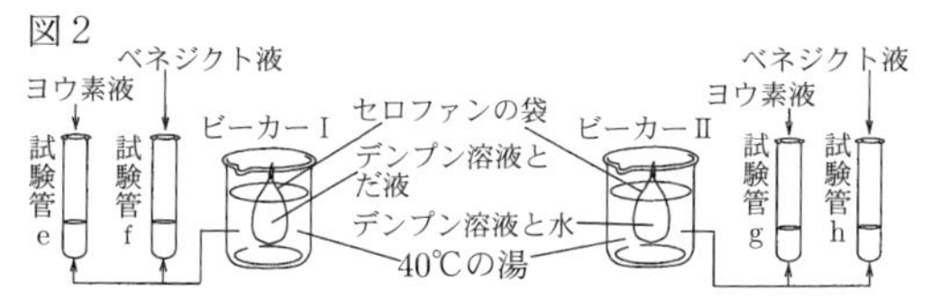

表2

試験管	e	f	g	h
試験管の液の色	変化なし	(　P　)	(　Q　)	変化なし

次の(1)から(4)までの問いに答えなさい。

(1) 〔実験1〕と〔実験2〕で，ガスバーナーを使い試験管を加熱するときの操作として最も適当なものを，次のアからエまでの中から選んで，そのかな符号を書きなさい。

ア．試験管に温度計を入れ，試験管を動かさないようにして加熱する。
イ．試験管に温度計を入れ，試験管を軽くふりながら加熱する。
ウ．試験管に沸騰石を入れ，試験管を動かさないようにして加熱する。
エ．試験管に沸騰石を入れ，試験管を軽くふりながら加熱する。

(2) 次の文章は，〔実験1〕の結果からわかることについて説明したものである。文章中の(　i　)と(　ii　)にあてはまる語の組み合わせとして最も適当なものを，下のアからカまでの中から選んで，そのかな符号を書きなさい。

試験管aと(　i　)の比較から，だ液のはたらきによりデンプンが分解されたことがわかる。また，試験管(　ii　)の比較から，だ液のはたらきにより糖ができたことがわかる。

ア．i．b，　ii．aとc　　イ．i．b，　ii．bとc
ウ．i．b，　ii．bとd　　エ．i．c，　ii．aとb
オ．i．c，　ii．bとc　　カ．i．c，　ii．bとd

(3) 〔実験1〕と〔実験2〕の結果から，だ液のはたらきでデンプンが分解されてできる糖は，セロファンの小さな穴を通り抜けるが，デンプンはその穴を通り抜けないことがわかった。〔実験2〕の③は，どのような結果になったと考えられるか。表2の(　P　)と(　Q　)にあてはまる語句の組み合わせとして最も適当なものを，次のアからエまでの中から選んで，そのかな符号を書きなさい。

ア．P．赤かっ色に変化，　Q．青紫色に変化
イ．P．赤かっ色に変化，　Q．変化なし
ウ．P．変化なし，　Q．青紫色に変化
エ．P．変化なし，　Q．変化なし

(4) 図3は，ヒトの体内における食物の消化に関係する器官を模式的に示したものである。①から④までの器官のはたらきを説明したものとして正しいものを，次のアからカまでの中から2つ選んで，そのかな符号を書きなさい。

図3

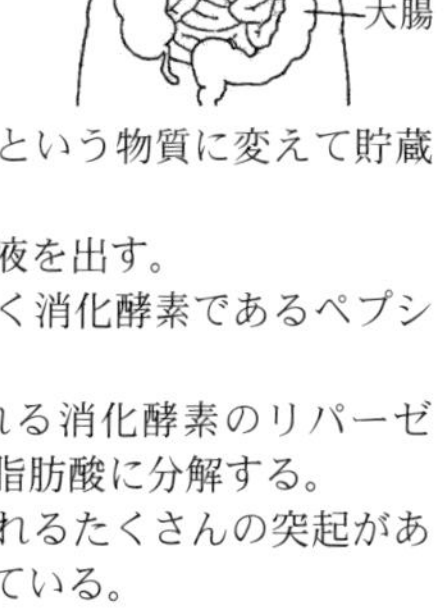

肝臓　①　②　③　④　大腸

ア．①は，デンプンにはたらく消化酵素であるアミラーゼを含む消化液を出す。
イ．②は，体内に吸収された糖のほとんどをグリコーゲンという物質に変えて貯蔵する。
ウ．②は，脂肪の消化を助ける液を出す。
エ．③は，たんぱく質にはたらく消化酵素であるペプシンを含む消化液を出す。
オ．③から出る消化液に含まれる消化酵素のリパーゼは，モノグリセリドを脂肪と脂肪酸に分解する。
カ．④は，その壁に柔毛とよばれるたくさんの突起があり，糖などの栄養分を吸収している。

＜愛知県＞

8 KさんとLさんは，だ液に含まれるアミラーゼや胃液に含まれるペプシンのはたらきを確認するため，片栗粉を溶かしたデンプン溶液と，うすく切ったニワトリの肉(主成分はタンパク質)を用いて，次の実験を行った。あとの(1)～(3)に答えなさい。

［実験1］
① アミラーゼとペプシンをそれぞれ蒸留水に溶かした水溶液を用意し，どちらの水溶液も中性であることを確認した。
② 試験管A，Bに，①のアミラーゼの水溶液4 mLを入れ，試験管C，Dに，①のペプシンの水溶液4 mLを入れた。
③ 試験管A，Cに少量のデンプン溶液を，試験管B，Dに少量のニワトリの肉を入れた。
④ 試験管A～Dを，約38℃の湯の中で15分間放置した。
⑤ 試験管A，Cにヨウ素液を加え，試験管内の液の色の変化を観察した。
⑥ 試験管B，Dに入れたニワトリの肉のようすを観察した。
⑦ 実験の結果を表1にまとめた。

表1

	試験管A	試験管B	試験管C	試験管D
②で入れた水溶液	アミラーゼの水溶液	アミラーゼの水溶液	ペプシンの水溶液	ペプシンの水溶液
③で入れたもの	デンプン溶液	ニワトリの肉	デンプン溶液	ニワトリの肉
⑤または⑥の結果	変化がみられなかった。	変化がみられなかった。	青紫色に変化した。	変化がみられなかった。

［実験1］を終えたKさんとLさんは，タンパク質を分解するはずのペプシンが，ニワトリの肉を分解しなかったことに疑問をもった。そこで，T先生のアドバイスを受け，消化酵素を溶かす液体を蒸留水からうすい塩酸に変えて，次の［実験2］を行った。

［実験2］
① アミラーゼとペプシンをそれぞれうすい塩酸に溶かした溶液を用意し，どちらの溶液も酸性であることを確認した。
② 試験管E，Fに，①のアミラーゼをうすい塩酸に溶かした溶液4 mLを入れ，試験管G，Hに，①のペプシンをうすい塩酸に溶かした溶液4 mLを入れた。
③ 試験管E，Gに少量のデンプン溶液を，試験管F，Hに少量のニワトリの肉を入れた。
④ 試験管E～Hを，約38℃の湯の中で15分間放置した。
⑤ 試験管E，Gにヨウ素液を加え，試験管内の液の色の変化を観察した。
⑥ 試験管F，Hに入れたニワトリの肉のようすを観察した。
⑦ 実験の結果を表2にまとめた。

表2

	試験管E	試験管F	試験管G	試験管H
②で入れた溶液	アミラーゼをうすい塩酸に溶かした溶液	アミラーゼをうすい塩酸に溶かした溶液	ペプシンをうすい塩酸に溶かした溶液	ペプシンをうすい塩酸に溶かした溶液
③で入れたもの	デンプン溶液	ニワトリの肉	デンプン溶液	ニワトリの肉
⑤または⑥の結果	青紫色に変化した。	変化がみられなかった。	青紫色に変化した。	ニワトリの肉が小さくなった。

(1) 表1の試験管Aの結果から，ヨウ素液によって，デンプンが分解されて別の物質に変化したことを確認することができる。デンプンがアミラーゼによって分解されると，ブドウ糖が数個つながったものになる。ブドウ糖が数個つながったものを確認する薬品として適切なものを，次の1～4から1つ選び，記号で答えなさい。
1．フェノールフタレイン液
2．ベネジクト液
3．酢酸カーミン液
4．石灰水

(2) 実験を終えたKさんとLさんは，T先生と次の会話をした。KさんとLさんの発言が，実験の結果をもとにしたものとなるように，［あ］，［い］，［う］に入る試験管の記号として正しいものを，それぞれA～Hから1つずつ選び，記号で答えなさい。
なお，実験で使用した蒸留水や塩酸は，デンプンやニワトリの肉を分解しないことがわかっている。

T先生：表1と表2から，どのようなことがわかりましたか。
Kさん：試験管［あ］と試験管Hの比較から，酸性の液体に溶かすことで，ペプシンがはたらくことがわかりました。［実験2］で消化酵素をうすい塩酸に溶かしたのは，ペプシンがはたらく胃の中の環境に近い条件にするためだったのですね。
T先生：そのとおりです。消化酵素がはたらく場所は体内であるため，消化酵素のはたらきを確認するには，体内の環境に近い条件を設定することが大切です。
Lさん：なるほど。試験管［い］と試験管［う］の比較から，だ液に含まれるアミラーゼについても同じことがいえますね。

(3) 次の文章が，ヒトの体内でデンプンやタンパク質が分解・吸収される過程や，吸収された栄養分の利用について説明したものとなるように，［え］，［お］，［か］に入る適切な語を書きなさい。

デンプンは，アミラーゼや小腸の壁にある消化酵素のはたらきで，最終的にブドウ糖に分解される。また，タンパク質は，ペプシンやトリプシン，小腸の壁にある消化酵素のはたらきで，最終的に［え］に分解される。ブドウ糖や［え］は，小腸の壁にある柔毛内部の［お］に入り，肝臓を通って全身に運ばれる。
肝臓に運ばれたブドウ糖の一部は［か］という物質に変えられて貯蔵される。また，体の各部に運ばれた［え］は，体をつくるタンパク質の材料に用いられる。

＜山口県＞

●血液のはたらき

9 次のア～エのうち，血液の成分の中で酸素を主に運んでいるものはどれですか。最も適当なものを一つ選び，その記号を書きなさい。

ア．赤血球　　イ．白血球
ウ．血小板　　エ．血しょう

＜岩手県＞

10 ひろみさんは，授業で血液の流れるようすを見るために，学校で飼育されているメダカを少量の水とともにポリエチレンぶくろに入れ，顕微鏡で尾びれを観察した。

右図は，観察した尾びれの模式図である。(1)，(2)の問いに答えよ。

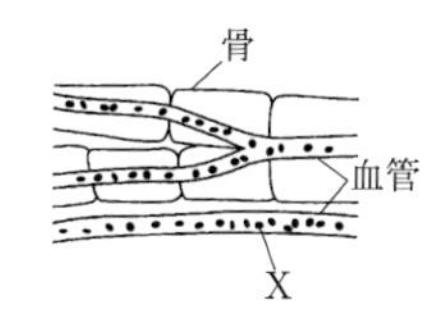

(1) 右図のXは，酸素を全身に運ぶはたらきをしている。Xの名称を書け。

(2) Xは，血管の中にあり，血管の外では確認できなかった。ひろみさんは，このことが，ヒトでも同じであることがわかった。そこで，ヒトでは酸素がどのようにして細胞に届けられるのかを調べて，次のようにまとめた。次の文中の［ a ］，［ b ］にあてはまることばを書け。

> 血液の成分である［ a ］の一部は毛細血管からしみ出て［ b ］となり，細胞のまわりを満たしている。Xによって運ばれた酸素は［ b ］をなかだちとして細胞に届けられる。

＜鹿児島県＞

11 大輝さんは，水質調査の際にメダカを採取し，図のように，顕微鏡を用いてメダカを詳しく観察した。次は，大輝さんが観察の結果をまとめたものである。あとの問いに答えなさい。

> メダカの尾びれの血管には小さな粒がたくさん見られた。血液の流れには，①尾びれの先端に向かう流れと，その逆向きの流れの，２つの向きの流れがあった。血管は先端に向かうほど枝分かれして細くなっていき，②ごく細い血管では，粒は同じ向きに一定の速さで流れていた。

(1) 下線部①の向きに流れているような血液を何というか，書きなさい。

(2) 下線部②は毛細血管という。ヒトの毛細血管について述べた文として適切でないものを，次のア～エから一つ選び，記号で答えなさい。

ア．小腸の毛細血管では，脂肪酸やモノグリセリドなどを取りこんでいる。
イ．じん臓の毛細血管では，水分などをこし出している。
ウ．肺胞の毛細血管では，酸素と二酸化炭素の交換を行っている。
エ．毛細血管からしみ出してくる血しょうは，組織液として細胞をひたしている。

＜山形県＞

12 綾香(あやか)さんは，激しい運動のあと，心臓がドキドキし，息がきれることに興味をもち，心臓のつくりと呼吸との関係について調べた。図は，ヒトの心臓の断面を模式的に表したものである。

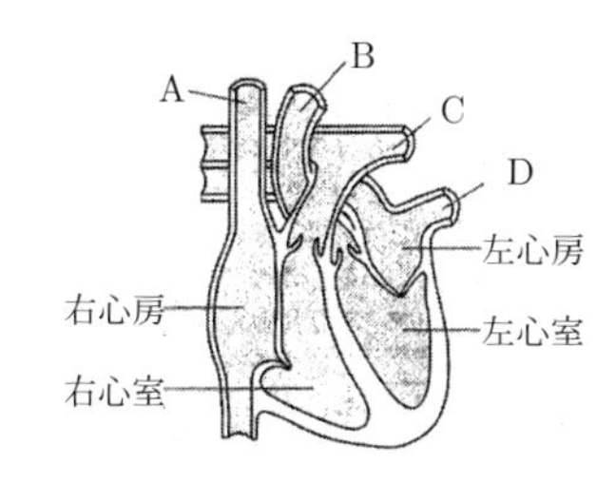

(1) 酸素は肺でとりこまれた後，血液によって肺から心臓へ運ばれ，そこから全身へと送られる。心臓から全身へ送り出される血液が流れる血管を，図のA～Dから一つ選び，記号で答えなさい。また，その名称を書きなさい。

(2) ヒトの肺は，細かく枝分かれした気管支と，毛細血管で囲まれたたくさんの小さな袋が集まってできている。この小さな袋を［ ① ］という。肺は［ ① ］がたくさんあることで空気にふれる表面積が②(ア．大きく　イ．小さく)なり，効率よく酸素と二酸化炭素の交換を行うことができる。

［ ① ］に適当な語を入れなさい。また，②の(　　)の中から正しいものを一つ選び，記号で答えなさい。

次に綾香さんは，安静時と全速力で走った直後の，呼吸数と心拍数(心臓の拍動数)について調べた。表は，友人の１人に協力してもらい，安静時と全速力で走った直後の，それぞれ15秒間の呼吸数と心拍数を３回ずつ測定した結果である。なお，全速力で走る距離は，３回とも同じである。

		1回目	2回目	3回目
安静時	呼吸数[回]	6	5	6
	心拍数[回]	21	19	20
全速力で走った直後	呼吸数[回]	10	11	11
	心拍数[回]	45	43	47

(3) この友人の体内の全血液量を4200 cm^3，１回の心臓の拍動によって送り出される血液の量を70 cm^3とする。安静時において，この友人の心臓が全血液量を送り出すのにかかる時間は何秒か，表の心拍数の３回の平均値から求めなさい。

(4) 赤血球は酸素を全身に運ぶ役割をしている。赤血球が，肺で受けとった酸素を細胞にわたすことができるのはなぜか。赤血球に含まれるヘモグロビンの性質にふれながら書きなさい。

(5) この実験で，激しい運動をすると呼吸数と心拍数がともに増加することがわかった。この増加によって体に生じる変化として正しいものを次のア～カから三つ選び，記号で答えなさい。

ア．体外から体内にとり入れる酸素の量が増える。
イ．体外から体内にとり入れる養分の量が増える。
ウ．体内の血液の量が大きく変化する。
エ．一定時間に流れる血液の量が大きく変化する。
オ．細胞でより多くの養分をとり出すことができる。
カ．細胞でより多くのエネルギーをとり出すことができる。

＜熊本県＞

13 右の図は，ヒトの血液の循環を模式的に示したものであり，器官W，X，Y，Zは肝臓，小腸，腎臓，肺のいずれかである。次のa～dのうち，器官Xと器官Zについての説明の組み合わせとして最も適するものをあとの1～9の中から一つ選び，その番号を答えなさい。

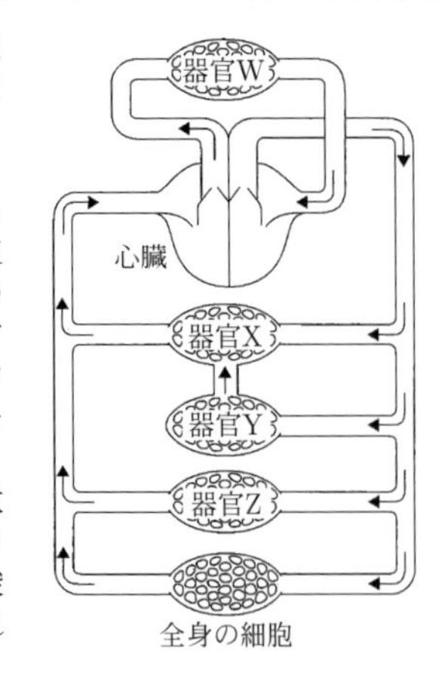

a．この器官では，多数の小さな袋状のつくりを通して，酸素と二酸化炭素の交換が行われる。
b．この器官では，栄養分や水分が主に吸収され，血液中に取りこまれる。
c．この器官では，血液中の尿素などの不要な物質が，余分な水分や塩分とともにこし出される。
d．この器官では，血液中のアンモニアが，害の少ない尿素に変えられる。

1．器官X：a　器官Z：b
2．器官X：a　器官Z：c
3．器官X：a　器官Z：d
4．器官X：b　器官Z：c
5．器官X：b　器官Z：d
6．器官X：c　器官Z：b
7．器官X：c　器官Z：d
8．器官X：d　器官Z：b
9．器官X：d　器官Z：c

＜神奈川県＞

14 血液と呼吸のはたらきについて調べた。

(1) 図は，ヒトの体内における血液の循環の様子を模式的に表したものである。図の矢印(→)は，血液が流れる向きを表している。血液の循環には，肺循環と体循環がある。次の①～⑤を，肺循環で血液が流れる順に並べかえたものとして最も適切なものを，ア～エから1つ選び，符号で書きなさい。

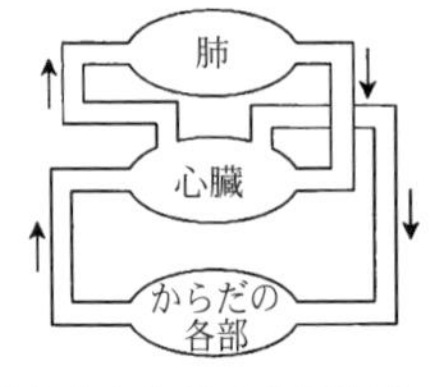

①左心房　②右心室　③肺動脈
④肺静脈　⑤肺

ア．①→③→⑤→④→②
イ．①→④→⑤→③→②
ウ．②→③→⑤→④→①
エ．②→④→⑤→③→①

(2) 激しい運動をしたとき，呼吸の回数が増える理由として最も適切なものを，ア～エから1つ選び，符号で書きなさい。
ア．養分から運動に必要なエネルギーを取り出すために，二酸化炭素をたくさん取り込む必要があるから。
イ．養分から運動に必要なエネルギーを取り出すために，酸素をたくさん取り込む必要があるから。
ウ．二酸化炭素から運動に必要なエネルギーを取り出すために，酸素をたくさん取り込む必要があるから。
エ．酸素から運動に必要なエネルギーを取り出すために，二酸化炭素をたくさん取り込む必要があるから。

＜岐阜県＞

●呼吸・排出

15 ヒトの呼吸のしくみと血液のはたらきについて述べた文として，最も適当なものを，次のア～エから一つ選び，その符号を書きなさい。
ア．血液中の二酸化炭素は，肺胞から毛細血管に排出される。
イ．肺では，動脈血が静脈血に変わる。
ウ．酸素は，血液によって全身の細胞に運ばれる。
エ．空気を吸うときは，ろっ骨が上がり，横隔膜も上がる。

＜新潟県＞

16 右の図は，ヒトの排出にかかわる器官を模式的に表したものであり，下の文章は，排出のしくみについて述べたものである。次のア，イに答えなさい。

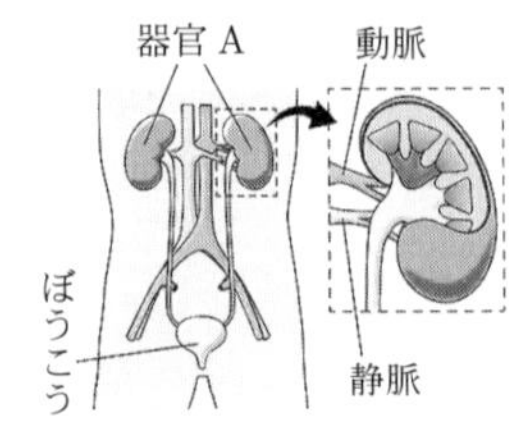

細胞の活動によって，ある有毒な物質ができるが，肝臓で尿素という無毒な物質に変えられる。尿素は，血液によって図の器官Aに運ばれ，水などとともに血液からこしとられて，尿として体外に排出される。

ア．下線部の名称として適切なものを，次の1～4の中から一つ選び，その番号を書きなさい。
1．アミラーゼ　2．アンモニア
3．グリセリン　4．胆汁
イ．器官Aの名称を書きなさい。また，図の動脈と静脈のうち，尿素をより多くふくむ血液が流れている血管はどちらか，書きなさい。

＜青森県＞

17 ヒトの肺のしくみとはたらきについて，科学的に探究した内容を，レポートにまとめました。次の問いに答えなさい。

レポート．

肺による呼吸

【課題】ヒトの肺のしくみとはたらきはどうなっているのだろうか。
【資料】ヒトの吸う息とはく息のそれぞれにふくまれる気体の体積の割合(水蒸気を除く)

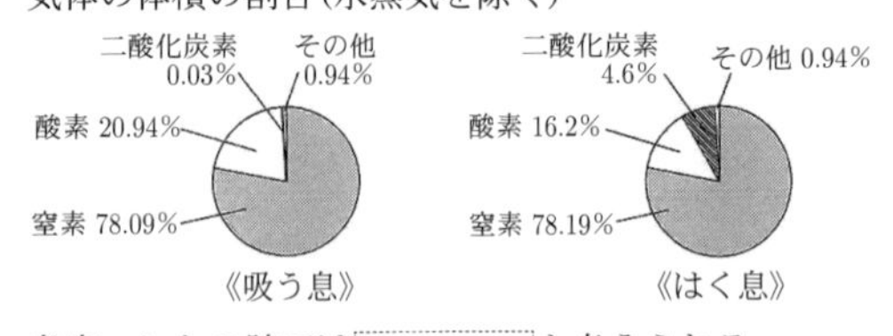

考察．ヒトの肺では［　　　］と考えられる。

【実験1】安静時と運動時の呼吸回数の平均値を調べた。
方法．Aさん，Bさん，Cさんの安静時と運動時の1分間の呼吸回数をそれぞれ調べて，平均値を求めた。
結果．

	安静時の呼吸回数[回]	運動時の呼吸回数[回]
Aさん	18	58
Bさん	23	63
Cさん	19	59
平均値	20	60

考察．運動時に呼吸回数が増加したのは，酸素をより多くとりこむためだと考えられる。

【実験２】 ヒトの肺のモデルをつくって，ゴム膜を操作したときのゴム風船の動きを調べた。

方法．下半分を切りとったペットボトルに，ゴム膜と，ゴム風船をつけたガラス管つきゴム栓をとりつけた。次に，ゴム膜の中心を指でつまんで下に引いた。

結果．<u>ガラス管から空気が入り，ゴム風船がふくらんだ</u>。

考察．ヒトの肺では，ゴム膜のかわりに［　①　］することで空気を出し入れすると考えられる。

【実験３】 血液に酸素を入れたときの色の変化を調べた。

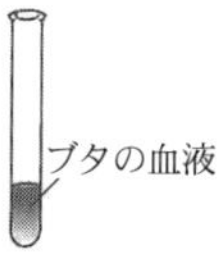

方法．ブタの血液の入った試験管に酸素を入れた。

結果．あざやかな赤色に変化した。

考察．酸素が赤血球中の［　②　］ため，あざやかな赤色に変化したと考えられる。

ブタの血液

【総合的な考察】

・ヒトの肺では［　①　］することによって呼吸が行われており，肺に吸い込まれた空気中の酸素が血液にとりこまれて［　②　］ことで全身の細胞に運ばれるのではないか。

・安静時と比べ，運動時には多くの［　　］ことから，より多くの酸素が全身の細胞に運ばれて，細胞による呼吸がさかんに行われるのではないか。

問１．レポートの［　　］に共通して当てはまる語句を書きなさい。

問２．【実験１】において，平均値を求める理由として最も適当なものを，ア～エから選びなさい。

ア．運動の前後で，呼吸の回数が異なるから。

イ．同じ条件でも個体によって，呼吸の回数が異なるから。

ウ．同じ個体でも調べるたびに，呼吸の回数が異なるから。

エ．測定する時間の長さによって，呼吸の回数が異なるから。

問３．次の表は，安静時と運動時の１回の呼吸における吸う息の体積と肺でとりこまれる酸素の体積の割合を示したものである。【実験１】の結果と表から，肺で1分間にとりこまれる酸素の体積を，安静時と運動時でそれぞれ求め，右の図に棒グラフで表しなさい。

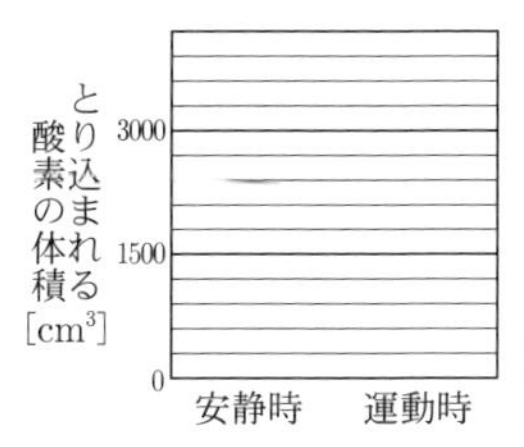

	１回の呼吸における吸う息の体積[cm³]	肺でとりこまれる酸素の体積の割合[%]
安静時	500	3
運動時	1000	6

問４．【実験２】において，下線部のような結果になった理由を書きなさい。

問５．レポートの［　①　］，［　②　］にそれぞれ共通して当てはまる語句を書きなさい。

＜北海道＞

刺激と反応

1 ヒトのからだの刺激に対する反応について，次の(1)，(2)に答えなさい。

(1) 熱いものにふれたとき，熱いと感じる前に，思わず手を引っこめる。このように，刺激に対して無意識に起こる反応を何というか，書きなさい。

(2) 目が光の刺激を受けとってから手の筋肉が反応するまでに信号が伝わる経路を，伝わる順に並べたものはどれか，次のア～エから最も適切なものを１つ選び，その符号を書きなさい。

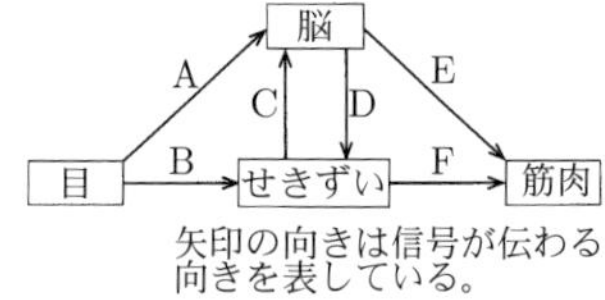

矢印の向きは信号が伝わる向きを表している。

ア．AE　　イ．ADF　　ウ．BCDF　　エ．BF

＜石川県＞

2 動物は外界のさまざまな情報を刺激として受けとっている。

１．図１のヒトの〈受けとる刺激〉と〈感覚〉の組み合わせが正しくなるように，図１の「•」と「•」を実線(—)でつなげ。

図１

〈受けとる刺激〉			〈感覚〉
光	•	•	聴覚
におい	•	•	視覚
音	•	•	嗅覚

２．刺激に対するヒトの反応を調べるため，意識して起こる反応にかかる時間を計測する実験を次の手順１～４で行った。

手順１．図２のように，５人がそれぞれの間で棒を持ち，輪になる。

図２

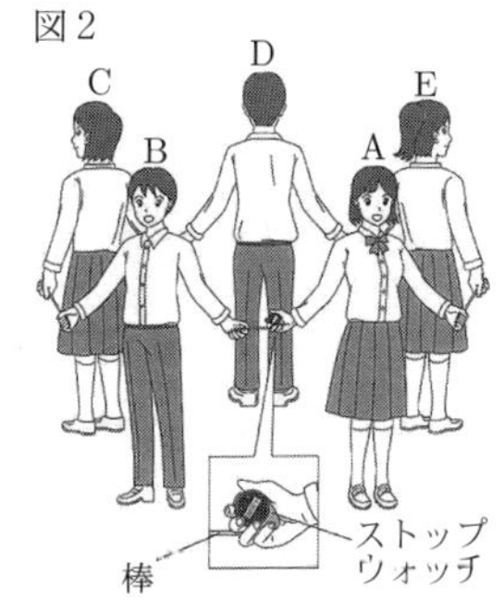

手順２．Aさんは，右手でストップウォッチをスタートさせると同時に，右手で棒を引く。左手の棒を引かれたBさんは，すぐに右手で棒を引く。Cさん，Dさん，Eさんも，Bさんと同じ動作を次々に続ける。

手順３．Aさんは左手の棒を引かれたらすぐにストップウォッチを止め，かかった時間を記録する。

手順４．手順１～３を３回くり返す。

表は，実験の結果をまとめたものである。ただし，表には結果から求められる値を示していない。

回数	結果[秒]	１人あたりの時間[秒]
１回目	1.46	
２回目	1.39	
３回目	1.41	
平均		X

(1) 表の[X]にあてはまる値はいくらか。小数第3位を四捨五入して小数第2位まで答えよ。
(2) 中枢神経から枝分かれして全身に広がる感覚神経や運動神経などの神経を何というか。
(3) 実験の「意識して起こる反応」とは異なり，意識とは無関係に起こる反応もある。次の文中の①，②について，それぞれ正しいものはどれか。

> 手で熱いものにさわってしまったとき，とっさに手を引っ込める反応が起こる。このとき，命令の信号が①(ア. 脳　イ. せきずい)から筋肉に伝わり，反応が起こっている。また，熱いという感覚が生じるのは，②(ア. 脳　イ. せきずい　ウ. 手の皮ふ)に刺激の信号が伝わったときである。

＜鹿児島県＞

3 刺激に対するヒトの反応時間を調べるために，次の＜実験＞を行った。また，下のノートは＜実験＞についてまとめたものである。これについて，あとの問い(1)～(3)に答えよ。

＜実験＞　右の図のように，Aさんを含む7人が輪になって隣の人と手をつなぎ，Aさんは右手にストップウォッチを持ち，全員が目を閉じる。Aさんは，右手でストップウォッチをスタートさせ，時間の測定を始めると同時に，左手でBさんの右手をにぎる。Aさんはスタートさせたストップウォッチをすばやく右隣のDさんに渡す。Bさんは右手をにぎられたら，すぐに左手でCさんの右手をにぎる。このように，右手をにぎられたらすぐに左手で隣の人の右手をにぎるという動作を続けていく。Dさんは，自分の右手がにぎられたら，左手でストップウォッチをにぎって止め，かかった時間を記録する。ストップウォッチをスタートさせてから止めるまでを1回とし，これを3回行う。

【結果】　測定した時間はそれぞれ1.69秒，1.47秒，1.52秒であった。

ノート

＜実験＞で測定した時間の平均値を用いて，①右手をにぎられるという刺激を受けとってから左手でにぎるという反応をするまでの1人あたりの時間を求めた。このとき，Aさんは，ストップウォッチをスタートさせると同時にBさんの右手をにぎるため，計算する際の数には入れなかった。その結果，1人あたりの時間は[X]であった。この時間を，1人のヒトの右手から左手まで刺激や命令の信号が伝わる時間とし，1人のヒトの右手から左手まで刺激や命令の信号が伝わる経路の距離を1.5 mとすると，右手から左手まで信号が伝わる平均の速さは，[Y]になった。一方，信号がヒトの②感覚神経や運動神経を伝わる速さはおよそ40～90 m/sである。今回の＜実験＞で求めた平均の速さと，実際に信号が神経を伝わる速さにちがいがあるのは，脳で信号を受けとり，その信号に対して判断や命令を行う時間が影響するためである。

(1) 下線部①右手をにぎられるという刺激を受けとってから左手でにぎるという反応とは異なる反応で，刺激に対して無意識に起こる反射とよばれる反応がある。反射の例として最も適当なものを，次の(ア)～(エ)から1つ選べ。
(ア) 水をこぼしたので，ハンカチでふいた。
(イ) スタートの合図が聞こえたので，走り出した。
(ウ) 寒くなったので，手に息を吹きかけた。
(エ) 食物を口の中に入れたので，だ液が出た。

(2) ノート中の[X]に入るものとして最も適当なものを，次の(ア)～(エ)から1つ選べ。また，[Y]に入る平均の速さは何m/sか，小数第2位を四捨五入し，小数第1位まで求めよ。
(ア) 0.24秒　(イ) 0.25秒
(ウ) 0.26秒　(エ) 0.27秒

(3) ＜実験＞では，手をにぎられるという刺激を皮ふで受けとっているが，ヒトには皮ふ以外にも刺激の種類に応じた感覚器官があり，耳では音の刺激を受けとっている。耳にある，音の刺激を受けとる感覚細胞が存在する部位として最も適当なものを，次の(ア)～(ウ)から1つ選べ。また，下線部②感覚神経や運動神経のように，脳や脊髄から枝分かれして全身に広がっている神経を何神経というか，ひらがな5字で書け。
(ア) 鼓膜　(イ) 耳小骨
(ウ) うずまき管

＜京都府＞

4 次の文は，刺激に対する反応のしくみについての真(まこと)さんと優衣(ゆい)さんの会話である。次の会話文を読んで，後の1～4の問いに答えなさい。

> 真　：学習したa瞳の大きさの変化について，家で実際に確かめてみたら，本当に変化したよ。
> 優衣：瞳の大きさの変化のように，b刺激に対して無意識に起こる，生まれつきもっている反応は反射といわれることを学習したね。
> 真　：刺激に対する反応には，神経が関わっているよね。
> 優衣：ヒトの神経系は，脳や脊髄(せきずい)からなる[　　]神経と，そこから枝分かれした末しょう神経で構成されていたね。
> 真　：反射だけではなく，意識して起こる反応にも神経が関わっているはずだから，それについて調べてみよう。

1．下線部aに関して，明るいところから暗いところへ移動したときの変化を説明したものとして，適切なものはどれか。次のア～エから1つ選び，記号で答えなさい。
ア．虹彩(こうさい)のはたらきにより，瞳の大きさが小さくなる。
イ．虹彩のはたらきにより，瞳の大きさが大きくなる。
ウ．レンズのはたらきにより，瞳の大きさが小さくなる。
エ．レンズのはたらきにより，瞳の大きさが大きくなる。

2．下線部bの例として，適切なものはどれか。次のア～エから1つ選び，記号で答えなさい。
ア．友人に名前を呼ばれて，返事をした。
イ．飛んでくるボールを見て，バットを振った。
ウ．短距離走で笛の音を聞いて，走り出した。
エ．口の中に食物が入ると，自然にだ液が出た。

3．[　　]に入る適切な言葉を書きなさい。

4．真さんたちは，意識して起こる反応について調べるために，次のような実験を行い，結果を表にまとめた。後の(1)，(2)の問いに答えなさい。

〔実験〕

① 次の図1のように，11人で背中合わせに手をつないで輪になった。
② 最初の人は，ストップウォッチをスタートさせると同時に，となりの人の手をにぎった。手をにぎられた人は，さらにとなりの人の手をにぎり，これを手を見ないようにして次々に行った。

③　最後の人は，最初の人からすぐにストップウォッチを受けとり，自分の手がにぎられたらストップウォッチを止めた。
④　計測した時間を，刺激や命令の信号が伝わる時間として記録した。
⑤　①～④を3回行い，平均値を求めた。

図1

回数[回]	1	2	3	平均値
時間[秒]	2.80	2.69	2.61	2.70

(1)　実験において，刺激を受けてから反応を起こすまで，信号はどのような経路で伝わるか。信号が伝わる順になるように，図2のア～カから必要な記号をすべて選び，左から順に並べなさい。

図2
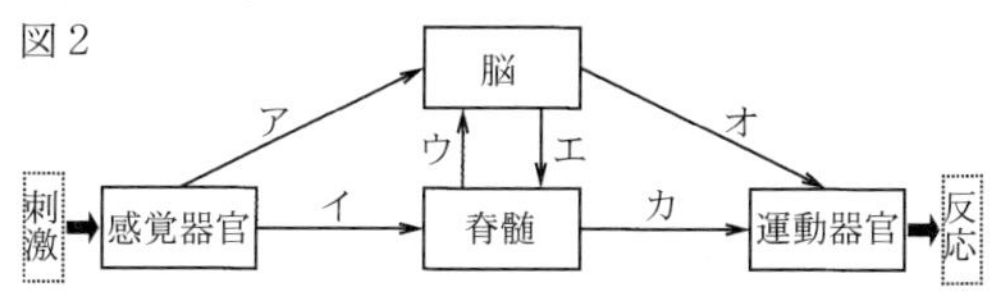

(2)　1人の人の右手から左手まで信号が伝わる経路の距離を1.5 mとしたとき，右手から左手まで信号が伝わる平均の速さは何m/sになるか，表の平均値をもとに求めなさい。ただし，答えは，小数第2位を四捨五入して求めなさい。なお，最初の人は，スタートと同時にとなりの人の手をにぎるので，計算する際の数には入れないものとする。

＜宮崎県＞

5　花子さんと太郎さんは，刺激に対するヒトの反応時間について調べるために，次の実験を行った。①～③の問いに答えなさい。

1　［図1］のように，花子さんはものさしの上端をつかみ，太郎さんはものさしの0の目盛りのところに親指と人差し指をそえて，いつでもつかめるようにし，目を閉じた。

［図1］
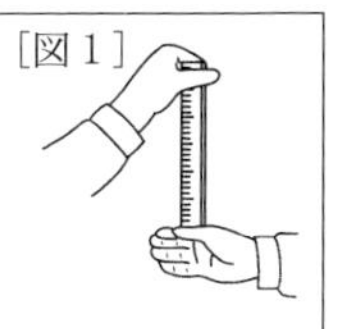

2　花子さんは「はい」と声を出し，同時にものさしから手をはなした。
3　［図2］のように，「はい」の声を聞いたら，太郎さんは落ちるものさしをつかみ，ものさしの0の目盛りからどれくらいの距離でつかめたかを調べた。

［図2］
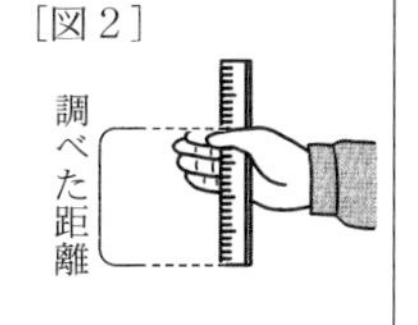

4　1～3を5回くり返した。
［表］は，調べた結果をまとめたものである。

［表］

	1回目	2回目	3回目	4回目	5回目
距離[cm]	14.7	15.5	17.8	16.5	15.5

①　3で，太郎さんが「はい」の声を聞いてから落ちるものさしをつかむまでの，刺激の信号と命令の信号が伝わる経路として最も適当なものを，ア～オから1つ選び，記号を書きなさい。

ア．耳→手　　イ．耳→脳→手
ウ．耳→脳→脊髄→手　　エ．耳→脊髄→脳→手
オ．耳→脊髄→手

②　［図3］はものさしが落ちる距離とものさしが落ちるのに要する時間の対応目盛りの一部である。［図3］を用いて，［表］の調べた距離の平均から，「はい」の声を聞いてから落ちるものさしをつかむまでの，およその反応時間として最も適当なものを，ア～エから1つ選び，記号を書きなさい。

［図3］
ものさしが落ちる距離[cm]
20cm　0.20秒
0.19秒
0.18秒
15cm
0.17秒
ものさしが落ちるのに要する時間[秒]

ア．0.17秒　　イ．0.18秒
ウ．0.19秒　　エ．0.20秒

③　刺激に対するヒトの反応について調べたところ，今回の実験での反応とは別に，反射という反応があることがわかった。反射の例として適当なものを，ア～オからすべて選び，記号を書きなさい。

ア．名前を呼ばれたので，返事をした。
イ．暗いところから明るいところに出たので，目のひとみが小さくなった。
ウ．地震の揺れを感じたので，机の下に隠れた。
エ．寒かったので，手に息を吹きかけた。
オ．おにぎりを口に入れたので，だ液が出た。

＜大分県＞

6　右の図は夏実さんが作成した模式図であり，ヒトを正面から見たときの左うでの骨格と筋肉の一部を表している。また，次のノートは夏実さんが，左うでの曲げのばしについて説明するためにまとめたものの一部である。これについて，あとの問い(1)～(3)に答えよ。ただし，図中の手のひらは正面へと向けられているものとする。

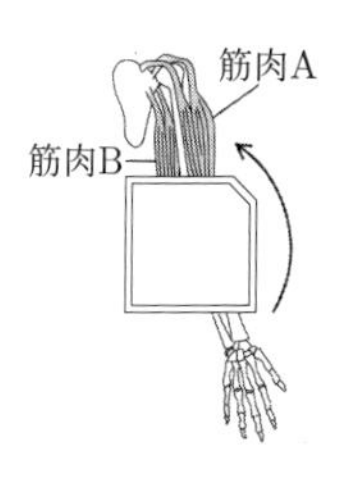

ノート

私たちが意識してうでを曲げたりのばしたりできるのは，骨や筋肉がたがいに関係し合って動いているためである。図中の，筋肉Aと筋肉Bは左うでの曲げのばしに関わっている筋肉である。

例えば，左手を左肩へ近づけようとして，図中の矢印(⟶)の方向へ左うでを曲げるときには，［　　　］。その結果，左うでが曲がり，左手を左肩へと近づけることができる。

(1)　ノート中の下線部骨や筋肉について述べた次の(ア)～(エ)の文のうち，適当でないものを1つ選べ。

(ア)　ホニュウ類はすべて，体の中に骨をもっている。
(イ)　ヒトの筋肉の両端の，骨についている部分は，けんというつくりになっている。
(ウ)　筋肉をつくる細胞は，二酸化炭素をとり入れてエネルギーをとり出し，酸素を出している。
(エ)　ヒトが口からとり入れた食物は，筋肉の運動によって，消化管を通って肛門へと送られていく。

(2)　図中の二重線(＝＝)で囲まれた部分に入る図として最も適当なものを，次のi群(ア)～(エ)から1つ選べ。また，ノート中の［　　　］に入る表現として最も適当なものを，あとのii群(カ)～(ケ)から1つ選べ。

ⅰ群.

(ア) 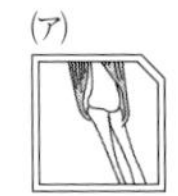
(イ) 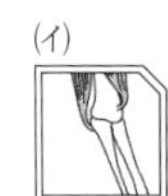
(ウ) 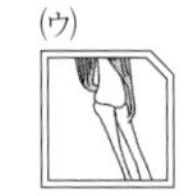
(エ) 

ⅱ群.
(カ) 筋肉Aも筋肉Bも縮む
(キ) 筋肉Aは縮み，筋肉Bはゆるむ
(ク) 筋肉Aはゆるみ，筋肉Bは縮む
(ケ) 筋肉Aも筋肉Bもゆるむ

(3) 筋肉は，多細胞生物の手やあしといった器官をつくっているものの１つである。次の文章は，夏実さんが器官について書いたものの一部である。文章中の[X]に入る語句として最も適当なものを，漢字２字で書け。また，下の(ア)～(エ)のうち，多細胞生物であるものとして最も適当なものを１つ選べ。

> 器官をつくっている，形やはたらきが同じ細胞が集まったものを[X]という。それぞれ特定のはたらきを受けもつ器官が，たがいにつながりをもって調和のとれたはたらきをすることで，多細胞生物の体全体が１つの生物として生きていくことができる。

(ア) アメーバ　(イ) オオカナダモ
(ウ) ゾウリムシ　(エ) ミカヅキモ

＜京都府＞

7 次の文は，調理実習での先生と生徒の会話の一部である。(1)～(5)の問いに答えなさい。

> [先生] 今日は肉じゃがを作ります。まず，a手元をよく見て材料を切りましょう。
> [生徒] はい。先生，切り終わりました。
> [先生] では，切った材料を鍋に入れていためます。その後，水と調味料を加えましょう。鍋からぐつぐつというb音が聞こえてきたら，弱火にしてください。
> [生徒] わかりました。あ，熱い！
> [先生] 大丈夫ですか。
> [生徒] 鍋に触ってしまいました。でも，cとっさに手を引っ込めていたので，大丈夫です。
> [先生] 気をつけてくださいね。念のため，手を十分に冷やした後に，d戸棚の奥から器を取り出して盛り付けの準備をしましょう。

(1) 感覚器官で受けとられた外界からの刺激は，感覚神経に伝えられる。感覚神経や運動神経のように，中枢神経から枝分かれして全身に広がる神経を何というか。書きなさい。

(2) 下線部aについて，次の文は，ヒトの目のつき方と視覚の特徴について述べたものである。[　　]にあてはまる適切なことばを，あとのア～エの中から１つ選びなさい。

> ヒトの目は前向きについているため，シマウマのように目が横向きについている動物と比べて，[　　]。

ア．視野は広いが，立体的に見える範囲はせまい
イ．視野も，立体的に見える範囲も広い
ウ．視野はせまいが，立体的に見える範囲は広い
エ．視野も，立体的に見える範囲もせまい

(3) 下線部bについて，図１は，耳の構造の模式図である。音の刺激を電気的な信号として感覚神経に伝える部分はどこか。図１のア～エの中から１つ選びなさい。

図１
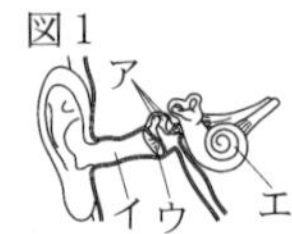

(4) 下線部cについて，次の文は，無意識のうちに起こる反応での，信号の伝わり方について述べたものである。[　　]にあてはまる適切なことばを，運動神経，脳という２つのことばを用いて書きなさい。

> 刺激を受けとると，信号は感覚神経からせきずいに伝わる。無意識のうちに起こる反応では，信号は[　　]運動器官に伝わり，反応が起こる。

(5) 下線部dについて，図２は，うでをのばす運動に関係する筋肉X，Yとその周辺の骨の模式図である。次の文は，ヒトがうでをのばすしくみについて述べたものである。①，②にあてはまることばの組み合わせとして最も適切なものを，下のア～カの中から１つ選びなさい。

図２
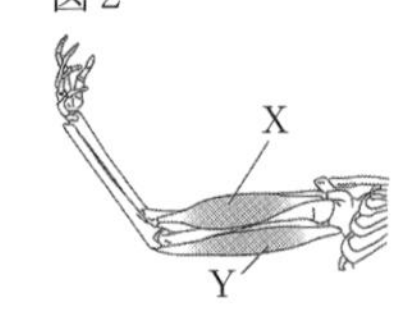

> 筋肉は，[①]。そのため，うでをのばすときには，図２の[②]。

	①	②
ア	縮むことはできるが，自らのびることはできない	Xが縮み，Yがのばされる
イ	縮むことはできるが，自らのびることはできない	Yが縮み，Xがのばされる
ウ	のびることはできるが，自ら縮むことはできない	Xがのび，Yが縮められる
エ	のびることはできるが，自ら縮むことはできない	Yがのび，Xが縮められる
オ	自らのびることも縮むこともできる	Xが縮み，Yがのびる
カ	自らのびることも縮むこともできる	Yが縮み，Xがのびる

＜福島県＞

第11章　生命の連続性

生物の成長と生殖

●生物の成長と細胞の変化

1　発根したソラマメの根に，図のように，根の先端とそこから6 mmごとに印をつけました。図の状態から2日後の印のようすとして最も適切なものを，次のア～エの中から一つ選び，その記号を書きなさい。

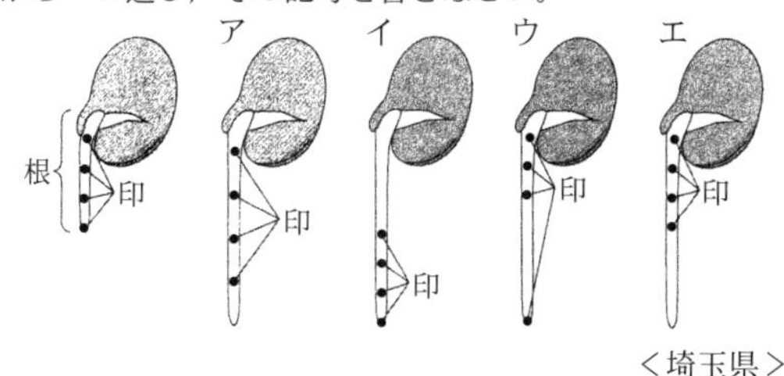

＜埼玉県＞

2　次のプリントは，細胞分裂のようすを観察する方法について書かれたものの一部である。太郎さんは，プリントを見ながら実験を行ったが，プリント中の操作の一部において，誤った操作で実験を行ってしまった。これについて，あとの問い(1)・(2)に答えよ。

> プリント
>
> 操作①　発芽して10 mm程度に成長した<u>タマネギの根</u>の先端を3 mm切りとる。
>
> 操作②　操作①で切りとったタマネギの根の先端をうすい塩酸に5分間ひたす。
>
> 操作③　操作②でうすい塩酸にひたしたタマネギの根を，スライドガラスの上にのせて，染色液を1滴落として5分間待つ。その後，カバーガラスをかけ，その上をろ紙でおおい，指でゆっくりと垂直にタマネギの根を押しつぶす。
>
> 操作④　操作③でつくったプレパラートを顕微鏡で低倍率から観察しはじめ，観察したい部分が視野の中央にくるようにしてから高倍率で観察する。

(1)　太郎さんは操作④で，プレパラートを顕微鏡で観察すると，細胞が多数重なり合っており，核や染色体のようすが十分に観察できなかった。これは太郎さんが，プリント中の操作の一部において，誤った操作で実験を行ってしまったことが原因であると考えられる。次の(ア)～(エ)のうち，細胞が多数重なり合って見えた原因と考えられる誤った操作として，最も適当なものを１つ選べ。

(ア)　操作①で，発芽して5 mm程度までしか成長していないタマネギの根を用いてしまった。

(イ)　操作②で，タマネギの根の先端をうすい塩酸にひたさなかった。

(ウ)　操作③で，タマネギの根に染色液を落とさなかった。

(エ)　操作④で，顕微鏡の倍率を高倍率に変えなかった。

(2)　下線部<u>タマネギの根</u>について，タマネギの根でみられる体細胞分裂に関して述べた文として適当でないものを，次の(ア)～(エ)から１つ選べ。

(ア)　細胞が分裂して細胞の数がふえ，ふえた細胞が大きくなることで根はのびる。

(イ)　染色体が見られる細胞の数の割合は，根のどの部分を観察するかによって異なる。

(ウ)　細胞の中央部分に仕切りができはじめるときには，染色体の数は２倍にふえている。

(エ)　根の細胞の大きさは，先端に近い部分と比べて，根もとに近い部分の方が小さいものが多い。

＜京都府＞

3　植物の根の成長について調べるため，発芽して根がのびたソラマメを用意し，図１のように，根の先端から3 mm，10 mm，30 mmの位置を，それぞれ順にa，b，cとした。その根をうすい塩酸に1分間浸した後，それぞれの位置の細胞を酢酸オルセイン液で染色して，顕微鏡で観察した。図２のa，b，cは，それぞれ図１のa，b，cで観察された細胞のスケッチである。なお，この観察において顕微鏡の倍率は一定であった。

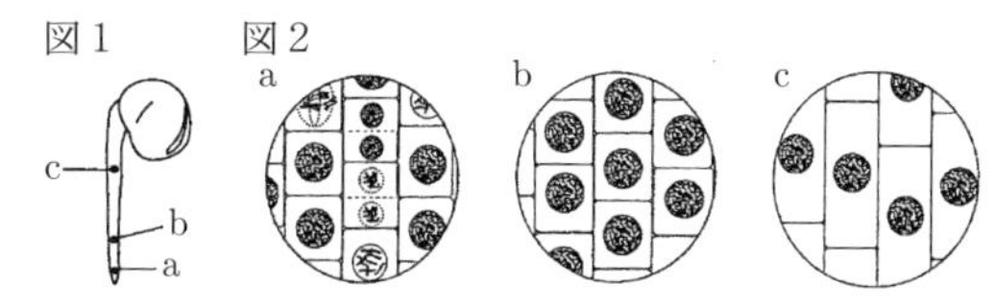

次の文は，観察の結果からわかることについて説明したものである。文中の(　Ⅰ　)と(　Ⅱ　)にあてはまる語句の組み合わせとして最も適当なものを，下のアからカまでの中から選んで，そのかな符号を書きなさい。

> 観察の結果から，根では(　Ⅰ　)の位置に近い部分で細胞が分裂して細胞の数を増やし，その後，(　Ⅱ　)ことで根が成長する。

ア．Ⅰ．a，　Ⅱ．分裂したいくつかの細胞が合体して大きくなる
イ．Ⅰ．a，　Ⅱ．分裂したそれぞれの細胞が大きくなる
ウ．Ⅰ．b，　Ⅱ．分裂したいくつかの細胞が合体して大きくなる
エ．Ⅰ．b，　Ⅱ．分裂したそれぞれの細胞が大きくなる
オ．Ⅰ．c，　Ⅱ．分裂したいくつかの細胞が合体して大きくなる
カ．Ⅰ．c，　Ⅱ．分裂したそれぞれの細胞が大きくなる

＜愛知県＞

4　次の観察について，あとの各問いに答えなさい。

〈観察〉　細胞分裂（さいぼうぶんれつ）のようすについて調べるために，観察物として，種子から発芽したタマネギの根を用いて，次の①，②の順序で観察を行った。

①　次の方法でプレパラートをつくった。

1．タマネギの根を先端（せんたん）部分から5 mm切り取り，スライドガラスにのせ，えつき針でくずす。

2．観察物に溶液Xを１滴落として，3分間待ち，ろ紙で溶液Xをじゅうぶんに吸いとる。

3．観察物に<u>酢酸オルセイン溶液を１滴落として，5分間待つ</u>。

4．観察物にカバーガラスをかけてろ紙をのせ，根を押しつぶす。

② ①でつくったプレパラートを顕微鏡で観察した。右の図は，観察した細胞の一部をスケッチしたものである。

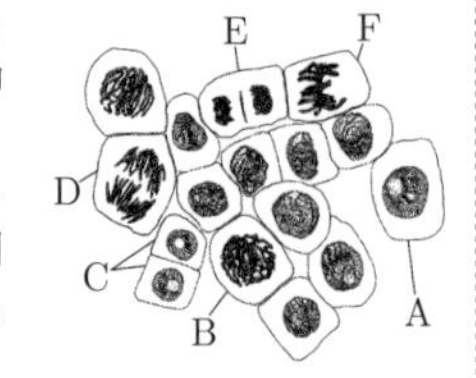

(1) ①について，次の(a)，(b)の各問いに答えなさい。

(a) 溶液Xは，細胞を１つ１つ離れやすくするために用いる溶液である。この溶液Xは何か，次のア～エから最も適当なものを１つ選び，その記号を書きなさい。

ア．ヨウ素溶液　　　イ．ベネジクト溶液
ウ．うすい塩酸　　　エ．アンモニア水

(b) 下線部の操作を行う目的は何か，次のア～エから最も適当なものを１つ選び，その記号を書きなさい。

ア．細胞の分裂を早めるため。
イ．細胞の核や染色体を染めるため。
ウ．細胞を柔らかくするため。
エ．細胞に栄養を与えるため。

(2) ②について，図のA～Fは，細胞分裂の過程で見られる異なった段階の細胞を示している。図のA～Fを細胞分裂の進む順に並べるとどうなるか，Aを最初として，B～Fの記号を左から並べて書きなさい。

＜三重県＞

5

拓海さんは，「山寺が支えた紅花文化」が日本遺産に認定されていることを知り，山形県の花である「べにばな」に興味をもち，調べた。次の問いに答えなさい。

1．拓海さんは，ベニバナの種子を発芽させて，根の成長の様子を観察するために，次の①～③の手順で実験１を行った。あとの問いに答えなさい。

図１

吸水させたろ紙　ペトリ皿

ベニバナの種子

【実験１】

① 図１のように，ペトリ皿に吸水させたろ紙をしき，ベニバナの種子をまいてふたをした。

② <u>発芽した根</u>の長さが1 cmぐらいになるまで，暗所に置いた。

③ 図２のように，発芽した根に等間隔に印をつけて，継続的に観察した。

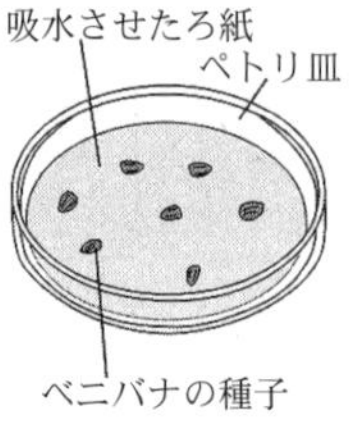

図２

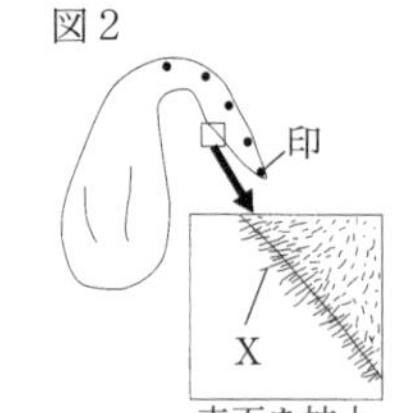

(1) 下線部について，次は，拓海さんがまとめたものである。
[a]にあてはまる語を書きなさい。また，[b]にあてはまる言葉を書きなさい。

> 発芽した根の先端近くには，図２のXのような，[a]とよばれるとても細い突起が数多く見られる。根は，[a]があることで，土と[b]ため，水や肥料分を効率よく吸収できる。

(2) ③について，継続的に観察をはじめてから3日後，印をつけた根は，どのように変化していると考えられるか。最も適切なものを，次のア～オから一つ選び，記号で答えなさい。

2．拓海さんは，成長している根について，細胞にはどのような変化があるのかを調べるために，次の①～⑤の手順で実験２を行った。あとの問いに答えなさい。

【実験２】

① 発芽した根を，A<u>うすい塩酸に5分間つけた</u>あと，水の中で静かにすすいだ。

② スライドガラスの上で，発芽した根を，B<u>柄つき針で切ってつぶした</u>。

③ C<u>酢酸オルセイン溶液を根に１滴落として，5分間待った</u>。

④ カバーガラスをかけ，その上をろ紙でおおい，D<u>指でゆっくりと根を押しつぶした</u>。

⑤ 顕微鏡を用いて100～150倍で観察し，染色されている核が多い部分をさがし，さらに，400～600倍で，核や染色体の様子をくわしく観察した。

(1) 実験２について，下線部A～Dのうち，細胞と細胞を離れやすくするために行った操作はどれか。A～Dから一つ選び，記号で答えなさい。

(2) 図３は，⑤において，拓海さんがベニバナの根の細胞をスケッチしたものである。染色体が複製される時期の細胞として最も適切なものを，ア～オから一つ選び，記号で答えなさい。

図３

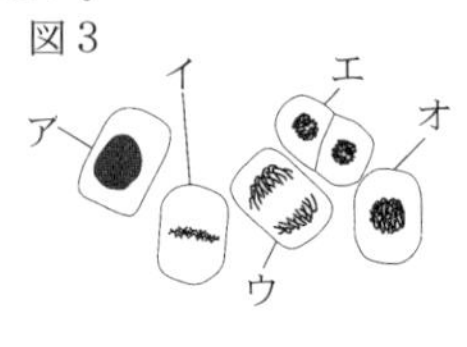

＜山形県＞

6

花子さんと太郎さんは，タマネギの根の成長のようすを調べるために，次の観察を行った。(1)～(8)の問いに答えなさい。

> [1] タマネギの根を先端から約5 mmの位置で切り取った。
> [2] 切り取った部分をうすい塩酸と酢酸カーミン液の混合液に入れ，しばらくおいた。
> [3] [2]で混合液に入れた根をスライドガラスにのせ，カバーガラスをかぶせた。
> [4] カバーガラスの上にろ紙をのせ，ずらさないように指の腹で垂直に押しつぶし，プレパラートを作成した。
> [5] 作成したプレパラートを顕微鏡で観察した。
> 次の[図１]は，そのとき観察された視野の一部をデジタルカメラで撮影したものである。
> [6] [5]で観察した細胞のうち，特徴的ないくつかの細胞をスケッチした。
> [図２]のA～Fは，そのとき観察した，体細胞分裂の過程における各時期の細胞のスケッチである。

[図１]

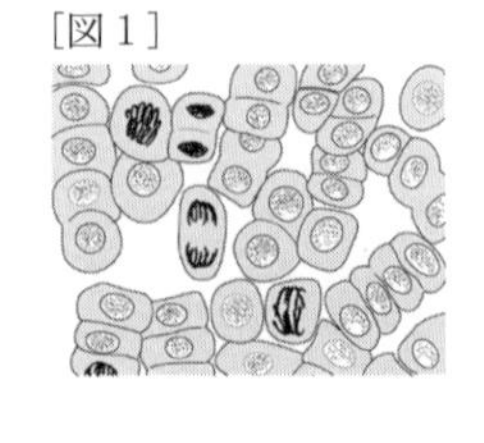

[図２]

A
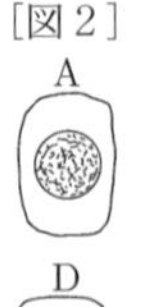

B

C
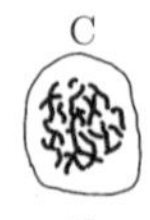

D

E
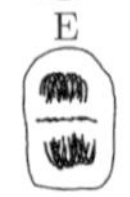

F
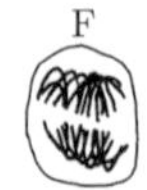

(1)　タマネギは，ひげ根をもつ単子葉類である。単子葉類に分類されるものとして適当なものを，ア～オからすべて選び，記号を書きなさい。
ア．ユリ　　イ．エンドウ
ウ．ソテツ　　エ．アブラナ
オ．ツユクサ

(2)　2で酢酸カーミン液を使う理由として最も適当なものを，ア～エから１つ選び，記号を書きなさい。
ア．体細胞分裂を促進するため。
イ．細胞と細胞をはなれやすくするため。
ウ．細胞に栄養を与えるため。
エ．核や染色体を染色するため。

(3)　［図２］のＡ～Ｆを体細胞分裂の進む順に並べるとどうなるか，Ａを体細胞分裂のはじまり，Ｂを終わりとし，Ｃ～Ｆを体細胞分裂が進む順に並べて，記号を書きなさい。

(4)　タマネギの体細胞分裂直後の１つの細胞にある染色体数は16本である。［図２］のＦの状態にある１つの細胞にふくまれる染色体の本数は何本か，書きなさい。

(5)　観察が終わった後，花子さんは先生と次の会話をした。(　a　)，(　b　)に当てはまる語句の組み合わせとして最も適当なものを，ア～エから１つ選び，記号を書きなさい。

花子：体細胞分裂によって細胞の数が増えることで，タマネギの根は成長するのですね。
先生：そうですね。でも，それだけでしょうか。体細胞分裂を終えた直後の細胞の大きさに注目するとどのようなことがわかりますか。
花子：体細胞分裂によって２つに分かれた細胞は，もとの細胞より小さいです。体細胞分裂した後に細胞が(　a　)ことでタマネギの根は成長するのだと思います。
先生：そうですね。では，それを確かめるためには，次にどのような観察を行えばよいでしょうか。
花子：タマネギの根の先端から離れた部分の細胞と比べて，根の先端に近い部分の細胞は(　b　)が多いことを確認すればよいと思います。
先生：そうですね。その観察を行えば，体細胞分裂した後の細胞が(　a　)ことで，タマネギの根が成長することがわかりますね。

	ア	イ	ウ	エ
a	大きくなる	大きくなる	根の先端に移動する	根の先端に移動する
b	小さいもの	大きいもの	小さいもの	大きいもの

(6)　体細胞分裂によって新しい個体をつくる生殖を無性生殖という。無性生殖に関連した文として最も適当なものを，ア～エから１つ選び，記号を書きなさい。
ア．無性生殖でできた新しい個体は，もとの個体とは異なる形質をもつ。
イ．無性生殖で，ジャガイモのように体の一部から新しい個体をつくるものを栄養生殖という。
ウ．無性生殖では卵細胞の核と精細胞の核が合体し，新しい１つの細胞として受精卵ができる。
エ．無性生殖では体細胞分裂によって生殖細胞がつくられる。

(7)　受精卵の細胞分裂について，太郎さんは先生と次の会話をした。(　c　)に当てはまる語句を漢字で書きなさい。また，(　d　)に当てはまる整数を書きなさい。ただし，各細胞はすべて同時に分裂するものとする。

太郎：受精卵が分裂を繰り返して親と同じような形へ成長する過程を(　c　)といいますね。
先生：そうですね。１個の受精卵が１回分裂すると細胞は２個になります。２回分裂すると４個，３回分裂すると８個になるというように分裂の回数を数えると，細胞の数がはじめて50個をこえるのは受精卵が何回分裂を行ったときになりますか。
太郎：(　d　)回分裂したときです。
先生：そうですね。そのとき，細胞の数がはじめて50個をこえます。多細胞生物は多くの細胞が集まって構成されているので，受精卵は成長するときに何回も細胞分裂することになりますね。

(8)　染色体に含まれる，遺伝子の本体である物質は何か，書きなさい。

＜大分県＞

●生物のふえ方

7　次のア～エのうち，無性生殖を行わず，有性生殖だけを行う生物はどれですか。正しいものを一つ選び，その記号を書きなさい。
ア．イソギンチャク　　イ．サツマイモ
ウ．ネズミ　　エ．ミカヅキモ

＜岩手県＞

8　図は，ある動物の雌と雄のからだの細胞に含まれる染色体のようすを，それぞれ模式的に表したものである。次の文中の(　Ⅰ　)と(　Ⅱ　)のそれぞれにあてはまる染色体のようすを模式的に表したものとして最も適当なものを，あとのアからカまでの中から選びなさい。

雌

雄

染色体のようすを模式的に表すと，この動物の雄の生殖細胞は(　Ⅰ　)であり，雌と雄の生殖細胞が受精してできた受精卵は(　Ⅱ　)である。

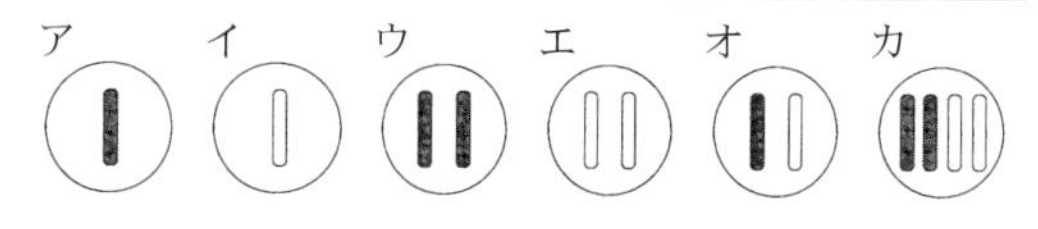

＜愛知県＞

9　次の文は，生殖細胞について述べたものです。下のア～エのうち，文中の(　Ｘ　)，(　Ｙ　)にあてはまることばの組み合わせとして正しいものはどれですか。一つ選び，その記号を書きなさい。

生殖細胞がつくられるときに(　Ｘ　)とよばれる特別な細胞分裂が行われ，その結果できる生殖細胞の染色体の数は分裂前に比べて(　Ｙ　)。

	ア	イ	ウ	エ
Ｘ	減数分裂	減数分裂	体細胞分裂	体細胞分裂
Ｙ	２倍になる	半分になる	２倍になる	半分になる

＜岩手県＞

10 次の表は，ジャガイモの新しい個体をつくる二つの方法を表したものである。方法Xは，ジャガイモAの花のめしべにジャガイモBの花粉を受粉させ，できた種子をまいてジャガイモPをつくる方法である。方法Yは，ジャガイモCにできた「いも」を植え，ジャガイモQをつくる方法である。

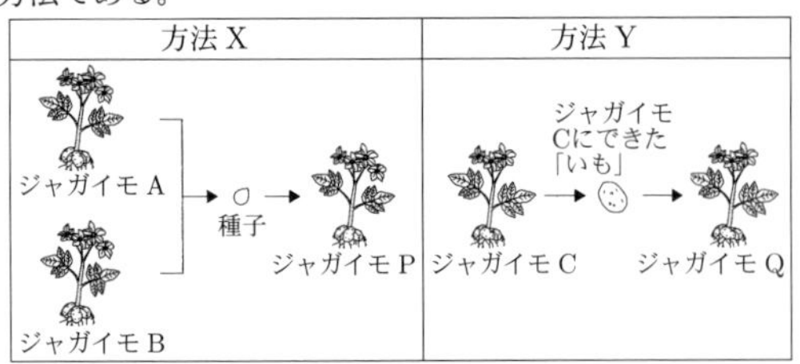

このことについて，次の1，2，3の問いに答えなさい。

1．方法Xと方法Yのうち，無性生殖により新しい個体をつくる方法はどちらか，記号で答えなさい。また，このようなジャガイモの無性生殖を何というか。

2．右の図は，ジャガイモA，Bの核の染色体を模式的に表したものである。ジャガイモPの染色体のようすとして，最も適切なものはどれか。

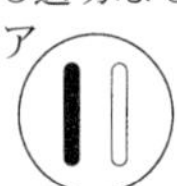

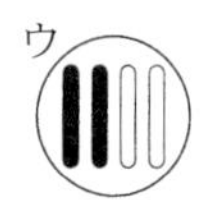
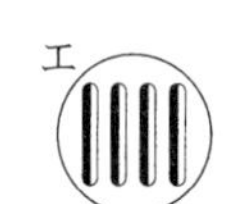

3．方法Yは，形質が同じジャガイモをつくることができる。形質が同じになる理由を，分裂の種類と遺伝子に着目して，簡潔に書きなさい。

＜栃木県＞

11 図は，受精前のアブラナの花の断面を観察してスケッチしたものである。(1)，(2)の問いに答えなさい。

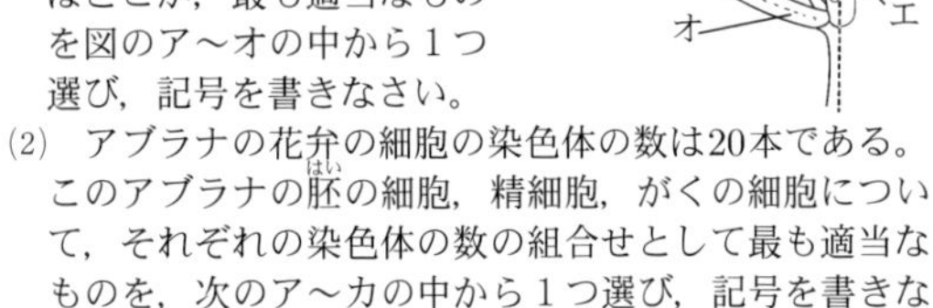

(1) 受精して種子になる部分はどこか，最も適当なものを図のア〜オの中から1つ選び，記号を書きなさい。

(2) アブラナの花弁の細胞の染色体の数は20本である。このアブラナの胚(はい)の細胞，精細胞，がくの細胞について，それぞれの染色体の数の組合せとして最も適当なものを，次のア〜カの中から1つ選び，記号を書きなさい。

	胚の細胞	精細胞	がくの細胞
ア	5	5	10
イ	5	10	20
ウ	10	5	10
エ	10	10	20
オ	20	5	10
カ	20	10	20

＜佐賀県＞

12 染色体を観察するため，ソラマメの根の先端部分を切りとり，スライドガラスにのせて，プレパラートをつくった。次の(1)〜(3)に答えなさい。

(1) 染色体に含まれている，遺伝子の本体は何という物質か。書きなさい。

(2) プレパラートをつくるとき，細胞を1つ1つ離れやすくするために用いる薬品として，最も適切なものを，次の1〜4から選び，記号で答えなさい。

1．うすい食塩水
2．うすい塩酸
3．ベネジクト液
4．酢酸オルセイン液

(3) 次の文が，染色体の特徴を説明したものとなるように，(　　)の中のa〜dの語句について，正しい組み合わせを，下の1〜4から1つ選び，記号で答えなさい。

> 1つの細胞の中にある染色体の数は，（a．生物の種類によって決まっている　b．どの生物でも同じである）。また，染色体の形や位置は，細胞分裂の過程で，（c．変化する　d．変化しない）。

1．aとc
2．aとd
3．bとc
4．bとd

＜山口県＞

13 七海さんは，花粉が柱頭についてから，花粉がどのように変化していくかを調べるため，花弁のつき方がエンドウと同じであるホウセンカを用いて，次の①〜④の手順で実験を行った。あとの問いに答えなさい。

【実験】

① スライドガラスにスポイトでショ糖水溶液を1滴落とした。

② ショ糖水溶液におしべの花粉を落として，カバーガラスをかぶせ，プレパラートをつくった。

図1

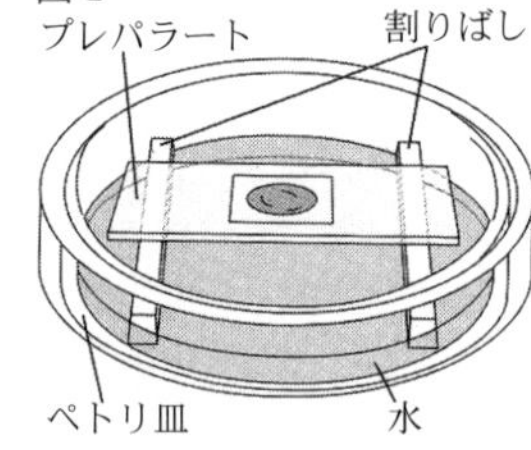

③ 顕微鏡を用い，100倍の倍率で一定時間ごとに花粉を観察した。観察しないときは，図1のように，プレパラートを<u>ペトリ皿に入れ，ふたをした</u>。

④ 花粉管が十分伸びた花粉を染色し，観察した。

(1) 下線部について，プレパラートをペトリ皿に入れ，ふたをする理由を，簡潔に書きなさい。

(2) 図2は，④で観察した花粉のスケッチであるが，精細胞は省略されている。精細胞は何個観察できるか，書きなさい。

図2

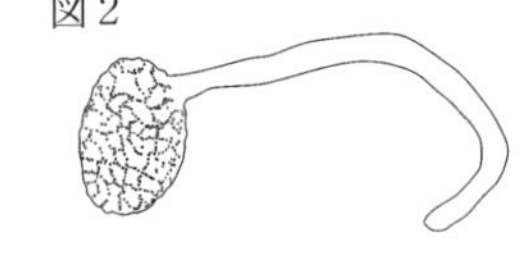

＜山形県＞

14 右の図は被子植物の花の断面を模式的に表したものである。多くの被子植物では，開花後のおしべから放出された花粉がめしべの柱頭に受粉し，花粉から花粉管が伸びていき有性生殖が行われる。このことを学習したハルさんは，開花直前の花粉と開花後の花粉では，花粉管が伸びるようすに違いがあるのかという疑問をもち，次のような予想を立てた。

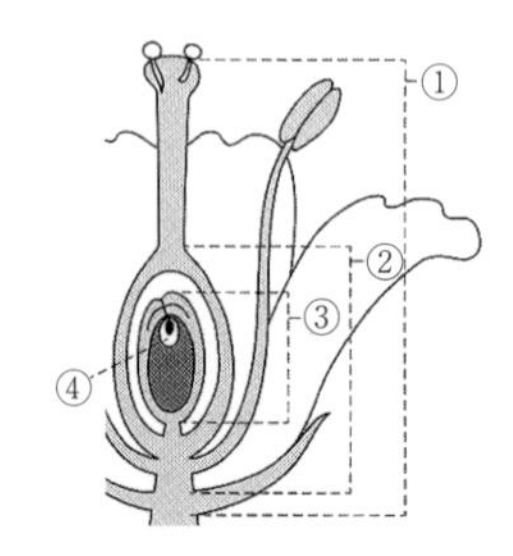

【予想】　開花後の花粉は，開花直前の花粉よりも花粉管の伸びがはやい。

問1．ハルさんは【予想】を確かめるため，2枚のスライドガラスにそれぞれスポイトで砂糖水を1滴落とし，ホウセンカの花粉をそれぞれ散布して，花粉管が伸びるようすを顕微鏡で観察して比較することにした。比較するために用いる花粉と砂糖水として適当な条件を，右のあ～えから2つ選び，記号で答えよ。

〈花粉と砂糖水の条件〉

	花粉	砂糖水
あ	開花直前のもの	10%
い	開花直前のもの	5%
う	開花後のもの	20%
え	開花後のもの	10%

問2．受精後に果実が形成されたとき，種子になるのは図中のどの部分か。①～④から1つ選び，番号で答えよ。

＜長崎県＞

15

植物の生活と種類及び生命の連続性に関する(1)～(4)の問いに答えなさい。

(1)　被子植物に関する①，②の問いに答えなさい。

①　次のア～エの中から，被子植物を1つ選び，記号で答えなさい。

ア．イチョウ　　　　イ．スギ

ウ．イヌワラビ　　　エ．アブラナ

②　被子植物の受精に関するa，bの問いに答えなさい。

a．次の[　　]の中の文が，被子植物の受精について適切に述べたものとなるように，文中の(㋐)に言葉を補いなさい。また，文中の(㋑)を「精細胞」，「卵細胞」という2つの言葉を用いて，適切に補いなさい。

> 花粉がめしべの先端にある(㋐)につくと，花粉から花粉管がのびる。花粉管がのびることによって，(㋑)ために受精することができる。

b．ある被子植物の個体の自家受粉において，精細胞1個の染色体の数をxとするとき，その個体の卵細胞1個の染色体の数と，その個体の受精直後の受精卵1個の染色体の数を，それぞれxを用いて表しなさい。

(2)　図1のように，発芽しているソラマメの根に，等間隔に印を付けた。

図1

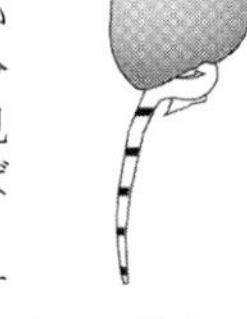

①　図1のソラマメの根を，ルーペを用いて観察したところ，細い毛のような部分が見られた。このように，植物の根に見られる，細い毛のような部分は何とよばれるか。その名称を書きなさい。また，この細い毛のような部分が土の細かいすき間に入り込むことで，植物は水や水に溶けた養分を効率よく吸収することができる。この細い毛のような部分が土の細かいすき間に入り込むことで，植物が水や水に溶けた養分を効率よく吸収することができる理由を，簡単に書きなさい。

②　図2は，根の成長を観察するために，水でしめらせたろ紙をつけた板に，図1のソラマメをピンでとめ，ソラマメが水につからないように，集気びんに水を入れた装置である。図2の装置を暗室に置き，ソラマメの根の成長を観察した。観察を始めて2日後の，このソラマメの根の様子として最も適切なものを，次のア～エの中から1つ選び，記号で答えなさい。

図2

ア　イ　ウ　エ

(3)　ソラマメの根の体細胞分裂について調べた。図3は，ソラマメの根の1つの細胞が，体細胞分裂によって2つに分かれるまでの過程を表した模式図であり，Aは体細胞分裂を始める前の細胞を，Bは体細胞分裂後に分かれた細胞を示している。図3の[　　]の中のア～エを体細胞分裂していく順に並べ，記号で答えなさい。

図3

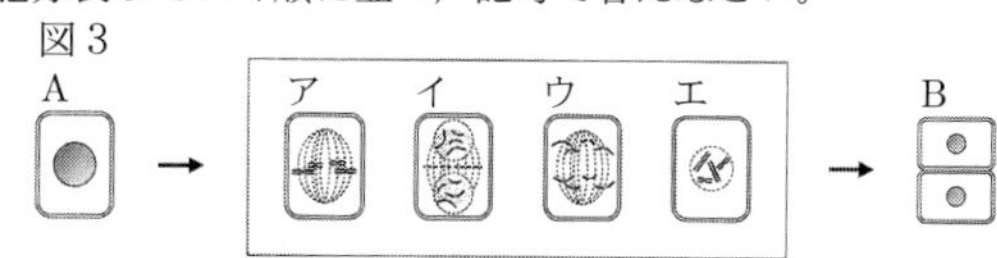

(4)　農作物として果樹などを栽培するとき，無性生殖を利用することがある。農作物として果樹などを栽培するとき，無性生殖を利用する利点を，「染色体」，「形質」という2つの言葉を用いて，簡単に書きなさい。

＜静岡県＞

16

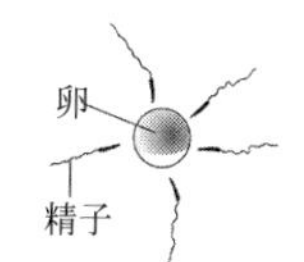

右図はカエルの精子と卵のようすを模式的に表したものです。放出された精子が卵に達すると，そのうちの1つの精子が卵の中に入り，精子の核と卵の核が合体して新しい1個の核となります。この過程を何といいますか。最も適切なものを，次のア～エの中から一つ選び，その記号を書きなさい。

ア．受精　　　　　イ．受粉

ウ．減数分裂　　　エ．体細胞分裂

＜埼玉県＞

17

図1は，カエルの生殖のようすを，図2は，ミカヅキモの生殖のようすをそれぞれ模式的に表したものである。あとの(1)，(2)の問いに答えなさい。

(1)　図1について，次の①，②の問いに答えなさい。

図1

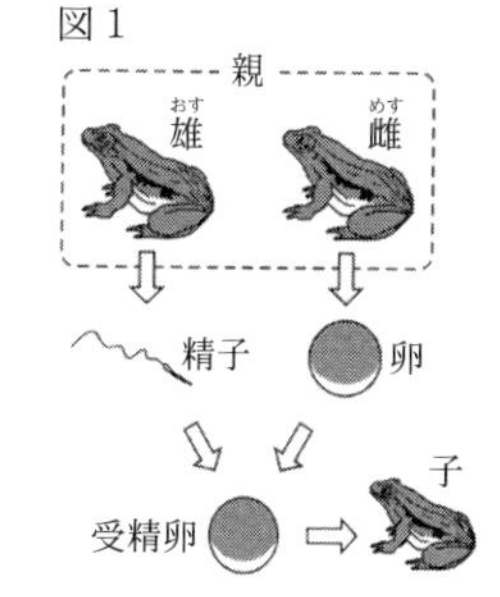

①　カエルの生殖のように，生殖細胞が受精することによって子をつくる生殖を何というか。その用語を書きなさい。

②　カエルの親が，精子や卵などの生殖細胞をつくるときに，生殖細胞の染色体の数は，親の細胞の染色体の数と比べてどのようになるか。最も適当なものを，次のア～エから一つ選び，その符号を書きなさい。

ア．4分の1になる。

イ．2分の1になる。

ウ．変化しない。

エ．2倍になる。

(2) 図2について，次の①，②の問いに答えなさい。

① ミカヅキモのように，からだが一つの細胞でできている生物として，最も適当なものを，次のア～エから一つ選び，その符号を書きなさい。

ア．ミジンコ　　イ．アオミドロ
ウ．ゾウリムシ
エ．オオカナダモ

図2
親
子　子

② ミカヅキモの生殖では，親と子の形質がすべて同じになる。その理由を，「体細胞分裂」，「染色体」という用語を用いて書きなさい。

＜新潟県＞

18 智美さんは，カエルのふえ方を，雄と雌の細胞のモデルとともに，図1のように模式的に示した。下の(1)，(2)の問いに答えなさい。ただし，細胞のモデルは，カエルの体細胞を，染色体数を2として模式的に示したもので，●や○は遺伝子を示している。

図1

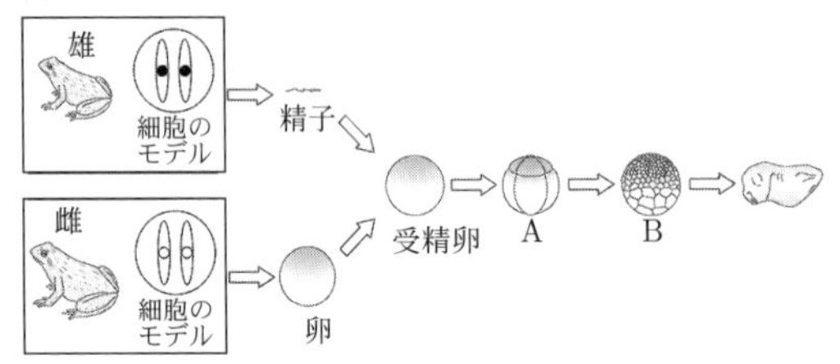

(1) 生殖細胞がつくられるときに見られる細胞分裂を何というか，漢字で書きなさい。

(2) 智美さんは，図1における遺伝子の伝わり方を考えるために，図2のように3通りの細胞のモデルを用意した。図1，2に関する説明として最も適切なものはどれか。下のア～エから1つ選び，記号で答えなさい。ただし，生殖と発生は正常に行われているものとする。

図2

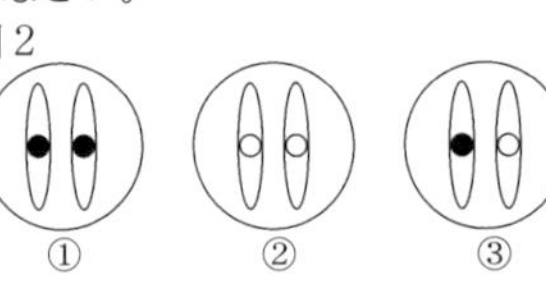

ア．Aの1つの細胞と精子の染色体の数は同じであり，Aの細胞は②で表すことができる。

イ．受精卵の染色体の数は，Aの1つの細胞の染色体の数と比べて$\frac{1}{8}$になっており，受精卵は③で表すことができる。

ウ．Bの1つの細胞の染色体の数は，卵と比べて2倍になっており，Bの細胞は③で表すことができる。

エ．AとBのそれぞれの1つの細胞の染色体の数は同じであり，Aには①と②で表すことができる細胞が4つずつある。

＜宮崎県＞

19 下の□内は，カエルの有性生殖について，生徒が調べた内容の一部である。図1は，カエルの受精から新しい個体ができるまでのようすを，模式的に表したものである。

> 雌(めす)の卵巣(らんそう)で①卵がつくられ，雄(おす)の精巣(せいそう)で②精子がつくられる。卵と精子が受精すると受精卵ができ，③受精卵は細胞分裂(さいぼうぶんれつ)をくり返しながら，形やはたらきのちがうさまざまな細胞になり，やがて個体としての体のつくりが完成する。

図1

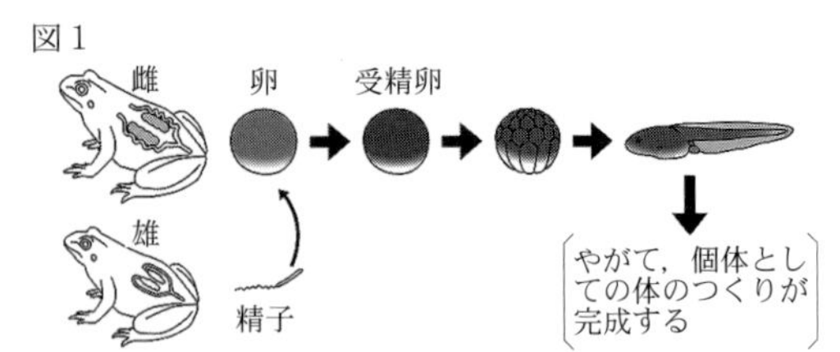

問1．下線部①，②は，有性生殖を行うための特別な細胞である。この特別な細胞の名称を書け。

問2．下線部③の過程を何というか。

問3．図2は，カエルが有性生殖を行うときの卵，精子，受精卵の中にある染色体をモデルで表そうとしたものである。図2の卵，精子，受精卵の中にある染色体のモデルとして最も適切なものを，次の1～4から1つ選び，番号を書け。

図2

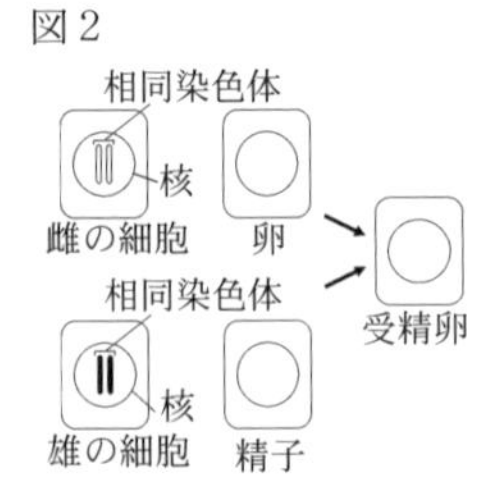

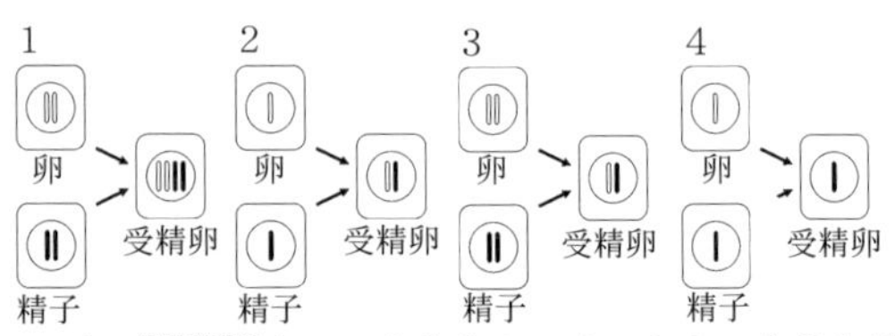

問4．次の□内は，農作物をつくるときの有性生殖と無性生殖の利用について，説明した内容の一部である。下線部について，無性生殖を利用するのは，無性生殖における染色体の受けつがれ方と形質の現れ方に，どのような特徴があるからか。「子」，「親」の2つの語句を用いて，簡潔に書け。

> 収穫量が多いジャガイモと，病気に強い別のジャガイモを交配することで，両方の優れた形質をもつジャガイモができることがある。その両方の優れた形質をもつジャガイモを親として，無性生殖をさせることで，両方の優れた形質をもつ子のジャガイモを多くつくることができる。

＜福岡県＞

20 太郎さんは田んぼでカエルの卵のかたまりを見つけたので，持ち帰って観察した。下の表の段階A～Dは観察の結果をまとめたノートの一部である。また，㋐～㋒は生殖や発生について調べてわかったことである。あとの問いに答えなさい。

段階	A	B	C	D
スケッチ	卵			
日数	1日目	10日目	40日目	50日目
メモ	卵は透明なゼリー状の管の中にあった。 卵の大きさ3mm	エサを与えたら，はじめて食べた。 体長16mm	前後のあしが出そろった。 体長23mm	尾がなくなり，成体になった。 体長10mm

㋐　精子や卵といった生殖細胞がつくられるときには，特別な細胞分裂が行われる。
㋑　このカエルはアマガエルで，からだをつくる細胞の染色体数は24本である。
㋒　生殖には有性生殖と無性生殖があり，カエルは有性生殖で子孫をふやす。

(1)　次のア～エは，段階Aから段階Bに発生が進む過程をスケッチしたものである。発生が進んだ順に並べ，記号で答えなさい。

ア 
イ 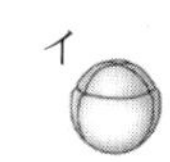
ウ 
エ 

(2)　㋐の細胞分裂を何というか，書きなさい。また，このカエルの雄がつくる精子の染色体数は何本か，㋑を参考に求めなさい。

(3)　㋒の下線部に関する説明として適切なものを，次のア～オからすべて選び，記号で答えなさい。

ア．有性生殖では，生殖細胞が受精することによって新しい細胞がつくられ，それが子となる。
イ．有性生殖では，子は必ず親と同じ形質となる。
ウ．無性生殖では，子は親の染色体をそのまま受けつぐ。
エ．植物には，有性生殖と無性生殖の両方を行って子孫をふやすものもある。
オ．動物には，無性生殖を行って子孫をふやすものはいない。

(4)　カエルが段階Dまで成長したので，右の図のように飼育環境を変えた。段階Dの飼育環境において，砂や小石の陸地，水が必要な理由を，カエルの成体の特徴をふまえて，それぞれ簡単に書きなさい。ただし，図は水そうを真横から見たようすを模式的に表したものである。

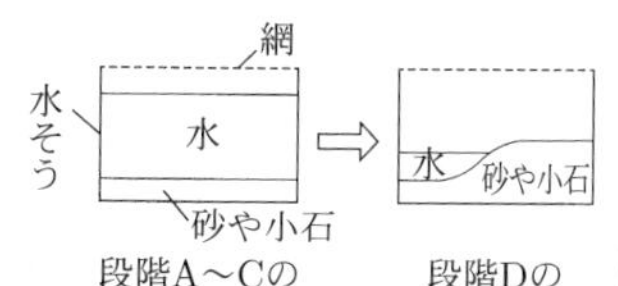

＜富山県＞

遺伝の規則性

1　19世紀の中ごろメンデルは，対になっている遺伝子が減数分裂によってそれぞれ別の生殖細胞に入るという［　　　］の法則を発表した。

＜北海道＞

2　右の図は，ある植物の個体Xと個体Yの体細胞の染色体をそれぞれ模式的に示したものであり，A，aは遺伝子を示している。次の［　　　］は，個体Xと個体Yをかけ合わせてできる子についての説明である。文中の(　あ　)，(　い　)，(　う　)にあてはまるものの組み合わせとして最も適するものをあとの1～8の中から一つ選び，その番号を答えなさい。ただし，減数分裂は分離の法則にしたがうものとする。

個体X 

個体Y 

個体Xと個体Yをかけ合わせてできる子は，体細胞の染色体の模式図が(　あ　)である子と(　い　)である子の個体数の比が(　う　)になる。

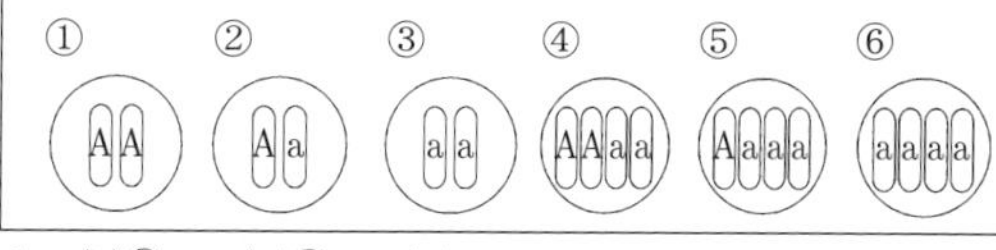

1．(あ)①　(い)③　(う)1：1
2．(あ)②　(い)③　(う)1：1
3．(あ)①　(い)③　(う)3：1
4．(あ)②　(い)③　(う)3：1
5．(あ)④　(い)⑥　(う)1：1
6．(あ)⑤　(い)⑥　(う)1：1
7．(あ)④　(い)⑥　(う)3：1
8．(あ)⑤　(い)⑥　(う)3：1

＜神奈川県＞

3　理科の授業で，花子さんは，エンドウの種子の形には丸形としわ形の対立形質があることや，丸形が顕性形質，しわ形が潜性形質であることを学習した。花子さんが，丸形の種子を一粒育て，自家受粉させたところ，丸形の種子としわ形の種子ができた。次の会話文は，花子さんが，先生と話をしたときのものである。

先　　生：種子を丸形にする遺伝子をA，しわ形にする遺伝子をaとすると，花子さんが育てた丸形の種子の遺伝子の組み合わせは，どのように考えられますか。
花子さん：自家受粉の結果，しわ形の種子もできたことから，私が育てた丸形の種子の遺伝子の組み合わせは，AAではなくAaであると考えられます。
先　　生：そうですね。では，自家受粉による方法以外にも，丸形の種子の遺伝子の組み合わせを調べる方法はありますか。
花子さん：遺伝子の組み合わせを調べたい丸形の種子と，［　①　］形の種子をつくる純系の種子とを，それぞれ育てて，かけ合わせる方法があります。このとき，調べたい丸形の種子の遺伝子の組み合わせは，丸形の種子だけができた場合はAAであると考えられ，丸形の種子としわ形の種子の両方ができた場合はAaであると考えられます。なお，調べたい丸形の種子の遺伝子の組み合わせがAaであるとき，この方法によってできる丸形の種子としわ形の種子の数の比は，理論的には［②］：［③］になります。

先　生：そのとおりです。

(1) 生殖細胞がつくられるとき，減数分裂が行われ，1つの形質を決める対になっている遺伝子が［X］して，別々の生殖細胞に入る。この法則を，［X］の法則という。Xに当てはまる適当な言葉を書け。

(2) ①に当てはまるのは，丸，しわのどちらか。また，下線部の比が，最も簡単な整数の比となるように，②，③に当てはまる適当な数値をそれぞれ書け。

＜愛媛県＞

4

エンドウの種子の形には「丸」と「しわ」の２つの形質がある。右の図のように，丸い種子をつくる純系の個体と，しわのある種子をつくる純系の個体をかけ合わせると，得られる子世代はすべて丸い種子になる。この子世代の種子を育て，自家受粉させると孫世代の種子が得られる。ただし，種子の形を「丸」にする遺伝子をA，「しわ」にする遺伝子をaとする。

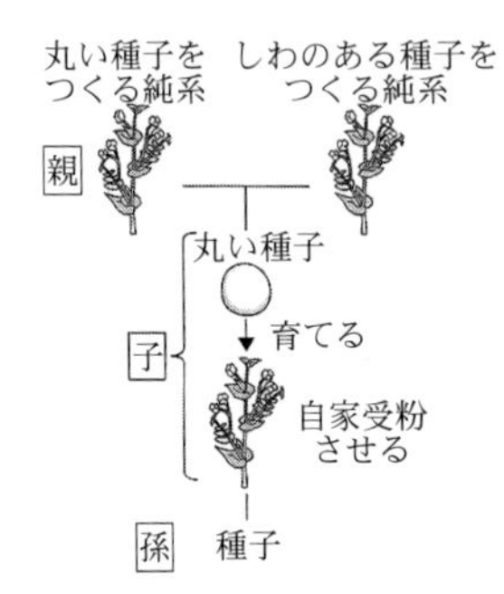

問１．図のかけ合わせにおいて，子世代に現れない「しわ」のような形質を何というか。

問２．下線部について，ここで得られる孫世代の種子全体のうち，種子の形が「丸」になる割合は理論上何％になると考えられるか。

問３．種子の形を決める遺伝子の組み合わせが互いに異なるエンドウX，Y，Zがあり，これらがもつ遺伝子の組み合わせはAA，Aa，aaのいずれかである。このエンドウX，Y，Zのめしべに，エンドウXの花粉を受粉させた。表はそれぞれの交配により得られる種子全体のうち，種子の形が「丸」となる個体の割合を示したものである。空欄（　P　）に入る数値として最も適当なものを，下のア～エから選べ。

	エンドウXのめしべ	エンドウYのめしべ	エンドウZのめしべ
エンドウXの花粉	0％	100％	（　P　）％

ア．0
イ．25
ウ．50
エ．100

＜長崎県＞

5

エンドウの種子には，丸形としわ形があり，１つの種子にはそのどちらか一方の形質が現れる。エンドウを使って次の実験を行った。あとの問いに答えなさい。なお，実験で使ったエンドウの種子の形質は，メンデルが行った実験と同じ規則性で遺伝するものとする。

表1

	親の種子の形質	子の種子の形質
A	丸形	丸形のみ
B	丸形	①丸形と②しわ形
C	しわ形	しわ形のみ

表2

	交配させた子の種子の形質の組み合わせ	孫の種子の形質
D	丸形×丸形	丸形のみ
E	丸形×丸形	丸形としわ形
F	丸形×しわ形	丸形のみ
G	丸形×しわ形	③丸形としわ形
H	しわ形×しわ形	しわ形のみ

＜実験１＞
エンドウの種子を育てて自家受粉させると，種子ができた。表１のA～Cは，自家受粉させた親の種子の形質と，その自家受粉によってできた子の種子の形質を表している。

＜実験２＞
実験１でできた子の種子のうち，表１の下線部①の丸形と下線部②のしわ形の中から種子を２つ選び，さまざまな組み合わせで交配を行った。表２のD～Hは，交配させた子の種子の形質の組み合わせと，その交配によってできた孫の種子の形質を表している。

(1) エンドウの種子の丸形としわ形のように，どちらか一方の形質しか現れない２つの形質どうしを何というか，書きなさい。

(2) 表１のように，子の種子の形質は，親の種子の形質と同じになったり，異なったりする。次の文はその理由について説明したものである。文中の空欄（　　）にあてはまる内容を「生殖細胞」，「受精」ということばをすべて使って簡単に書きなさい。

> 対になっている親の遺伝子が，減数分裂によって（　　）ことで，新たな遺伝子の対をもつ子ができるから。

(3) 表１から，親の種子が必ず純系であるといえるのはどれか。A～Cからすべて選び，記号で答えなさい。

(4) 表２の孫の種子である下線部③の丸形としわ形の数の比を，最も簡単な整数比で書きなさい。

(5) 表２において，交配させた子の種子が，両方とも必ず純系であるといえるのはどれか。D～Hからすべて選び，記号で答えなさい。

＜富山県＞

6

遺伝の規則性について調べるために，エンドウの種子を用いて，次の実験１～３を行った。この実験に関して，あとの(1)～(4)の問いに答えなさい。

> 実験１．丸形のエンドウの種子を育て，自家受粉させたところ，丸形としわ形の両方の種子（子）ができた。
> 実験２．実験１で得られたエンドウの種子（子）の中から，Ⅰ丸形の種子とⅡしわ形の種子を１つずつ選んでそれぞれ育て，かけ合わせたところ，できた種子（孫）はすべて丸形になった。

実験３．実験１で得られたエンドウの種子(子)のうち，実験２で選んだものとは異なる，丸形の種子としわ形の種子を１つずつ選んでそれぞれ育て，かけ合わせたところ，丸形としわ形の両方の種子(孫)ができ，その数の比は1：1であった。

(1)　次の文は，受粉について述べたものである。文中の［X］，［Y］に最も当てはまる用語をそれぞれ書きなさい。

めしべの先端にある［X］に，［Y］がつくことを受粉という。

(2)　実験１について，エンドウの種子の形の丸形としわ形のように，どちらか一方の形質しか現れない２つの形質どうしを何というか。その用語を書きなさい。

(3)　実験２について，次の①，②の問いに答えなさい。

①　種子の形を丸形にする遺伝子をA，しわ形にする遺伝子をaで表すとき，下線部分Ⅰの丸形の種子の遺伝子の組合せと，下線部分Ⅱのしわ形の種子の遺伝子の組合せとして，最も適当なものを，次のア～ウからそれぞれ一つずつ選び，その符号を書きなさい。

ア．AA　　イ．Aa　　ウ．aa

②　実験２で得られた種子(孫)をすべて育て，それぞれ自家受粉させてできる種子における，丸形の種子の数としわ形の種子の数の比はどのようになるか。最も適当なものを，次のア～オから一つ選び，その符号を書きなさい。

ア．1：1　　イ．1：2　　ウ．1：3
エ．2：1　　オ．3：1

(4)　実験３について，得られた種子(孫)をすべて育て，それぞれ自家受粉させてできる種子における，丸形の種子の数としわ形の種子の数の比はどのようになるか。最も簡単な整数の比で表しなさい。ただし，１つのエンドウの個体にできる種子の総数は，すべて同じであるものとする。

<新潟県>

7

遺伝について調べるために，エンドウを用いて次の実験を行った。図は実験の結果から，種子の遺伝子と染色体のようすを模式的に表そうとしたものである。［　　］は実験について，ゆみさん，ひろさん，先生の３人の間で交わされた会話の一部である。１～５の問いに答えなさい。ただし，図のQ，Rは，エンドウの種子の形を伝える遺伝子と染色体のようすを表しており，Aは丸い形質を伝える遺伝子，aはしわの形質を伝える遺伝子，⬯は染色体を表している。

〔実験１〕　丸い種子をつくる純系のエンドウのおしべの花粉を，しわのある種子をつくる純系のエンドウのめしべにつけた(他家受粉)。できた種子はすべて丸い種子であった。

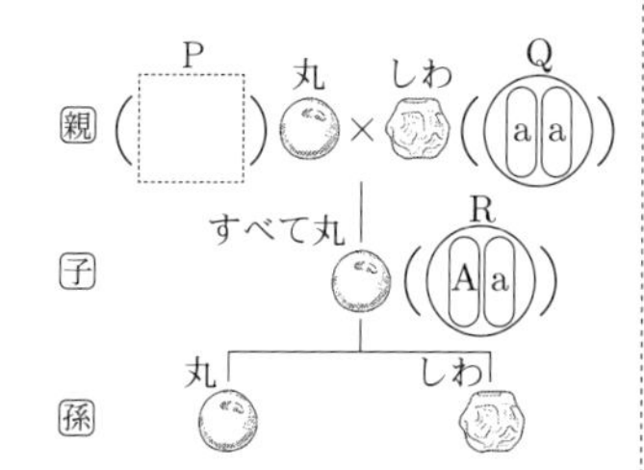

〔実験２〕　〔実験１〕でできた丸い種子をすべて育て，自家受粉させた。できた種子は丸い種子の数としわのある種子の数の比が，3：1の割合であった。

ゆみ：有性生殖の場合，子の代では，すべて丸い種子ができていますね。
ひろ：でも，孫の代には，しわのある種子ができています。どうしてでしょうか。
先生：子の代では，丸い形質を伝える遺伝子としわの形質を伝える遺伝子の両方が受けつがれていても，一方の形質だけが現れています。このようにどちらか一方しか現れない形質どうしを対立形質と言います。
ゆみ：<u>子の代では，対立形質のうち，丸い形質だけが現れ，しわの形質はかくれている</u>ということですね。
先生：そうです。現れる形質は遺伝子の組み合わせで決まります。
ひろ：有性生殖では，代によって現れる形質が異なることがわかりました。でも，無性生殖では，代を重ねても同じ形質が現れるのはなぜですか。
ゆみ：それは［　　　　　　］だと思います。
先生：そのとおりです。みんなで話したことで，考えが深まりましたね。

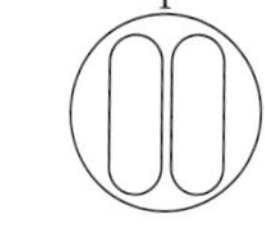

１．図のPの遺伝子はどのように表されるか，QとRにならってかきなさい。
２．下線部のように，子の代で現れる形質を何というか，その名称を書きなさい。
３．「遺伝子」という語句を使って，［　　］に入る適当な言葉を書きなさい。
４．〔実験２〕で，孫の代の種子が800個できたとき，子の代の種子と同じ遺伝子の組み合わせの種子は何個になると考えられるか，次のア～エから一つ選び，その記号を書きなさい。

ア．200個　　イ．400個
ウ．600個　　エ．800個

５．無性生殖によってふえる生物はどれか，次のア～オからすべて選び，その記号を書きなさい。

ア．ナメクジ　　イ．ミカヅキモ
ウ．ジャガイモ　　エ．カエル
オ．オランダイチゴ

<山梨県>

8

GさんとMさんは，メンデルがエンドウを用いて行った実験をもとに，遺伝の規則性について考察した。後の(1)～(4)の問いに答えなさい。

[メンデルが行った実験]

(あ)　丸形の種子をつくる純系のエンドウの花粉を，しわ形の種子をつくる純系のエンドウのめしべにつけて，種子をつくった。その結果，できた種子は全て丸形であった。

(い)　(あ)で得られた種子をまいて育て，自家受粉させて種子をつくった。その結果，丸形の種子の数としわ形の種子の数の比が，およそ3：1となった。

(1)　次の文は，[メンデルが行った実験](あ)の結果について，まとめたものである。文中の［　　］に当てはまる語を書きなさい。

できた種子が全て丸形であったことから，エンドウの種子の形では，丸形が［　　］の形質であることが分かる。

(2)　[メンデルが行った実験]を遺伝子の伝わり方で考えた場合，丸形の種子をつくる遺伝子をA，しわ形の種子をつくる遺伝子をaとすると，[メンデルが行った実験](あ)，(い)はそれぞれ図Ⅰ，図Ⅱのように表すことができる。後の①，②の問いに答えなさい。

図Ⅰ

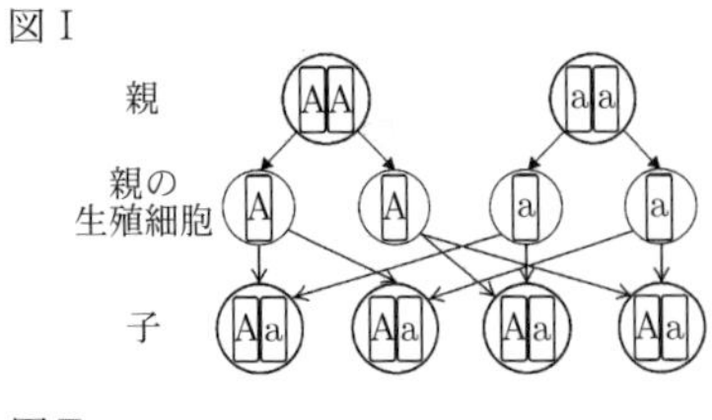

図Ⅱ

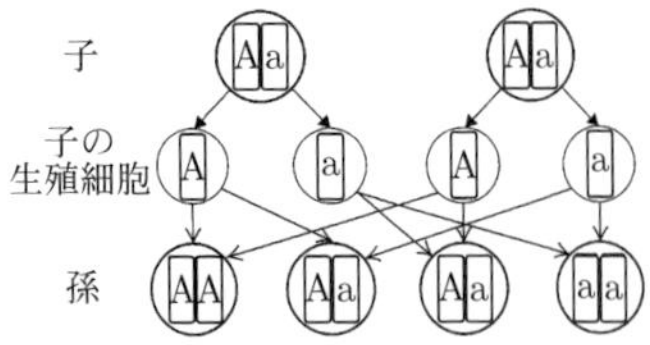

子　Aa　Aa
子の生殖細胞　A　a　A　a
孫　AA　Aa　Aa　aa

① 次の文は，図Ⅱの孫をさらに自家受粉させた場合の遺伝子の組み合わせについて，GさんとMさんが交わした会話の一部である。文中の[a]，[b]に当てはまる数値を，それぞれ書きなさい。

Gさん：	図Ⅰの子を見ると，遺伝子の組み合わせは全てAaになっているね。
Mさん：	そうだね。でも，図Ⅱの孫では，孫全体に対するAaの種子の割合は[a]%になっているよ。
Gさん：	じゃあ，孫をさらに自家受粉させた場合，孫の次の代である，ひ孫の代で生じる種子全体に対するAaの種子の割合はどう変わるかな。
Mさん：	遺伝子の組み合わせがAA，Aa，aaの種子をそれぞれ自家受粉させた場合の遺伝子の伝わり方を，次の図Ⅲにまとめてみたよ。
Gさん：	図Ⅱの孫では，Aaの種子はAAの種子の2倍あるから，図Ⅱの孫をさらに自家受粉させた場合に，生じる種子のうち，種子全体に対するAaの種子の割合は[b]%になるね。
Mさん：	こうやって自家受粉を繰り返していくと，純系の種子の割合が変化していくんだね。

図Ⅲ

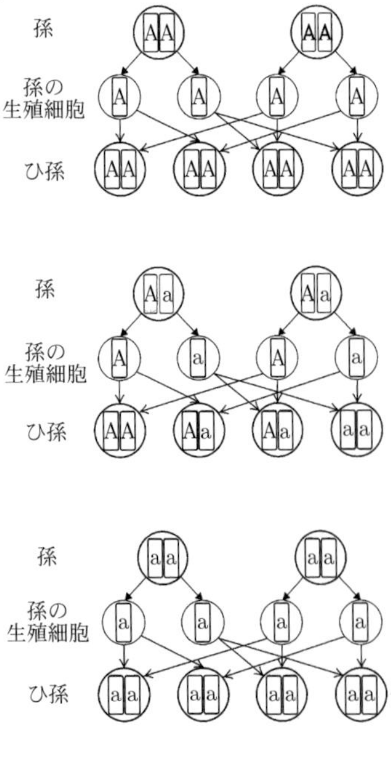

孫　AA　AA
孫の生殖細胞　A　A　A　A
ひ孫　AA　AA　AA　AA

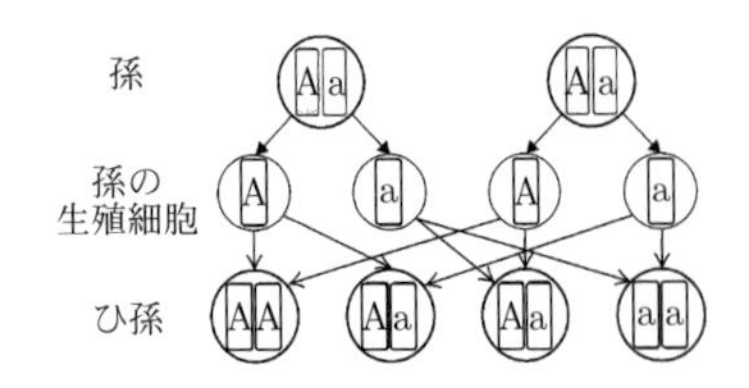

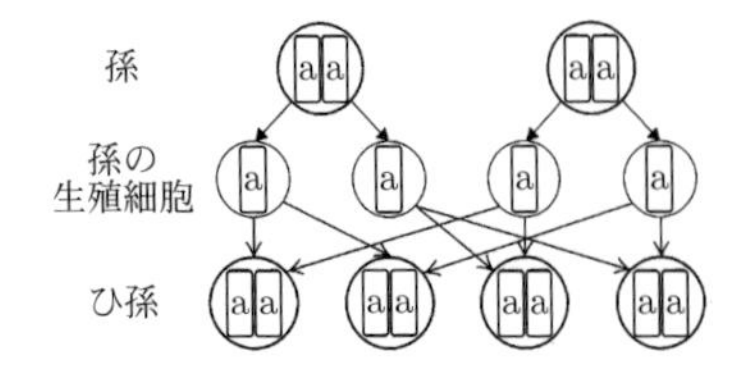

② 図Ⅱの孫をさらに自家受粉させた場合に，生じる種子のうち，丸形の種子としわ形の種子の数の比はいくらか，最も簡単な整数比で書きなさい。

(3) 図Ⅳは，エンドウの花のつくりを模式的に示したものである。次の①，②の問いに答えなさい。

図Ⅳ

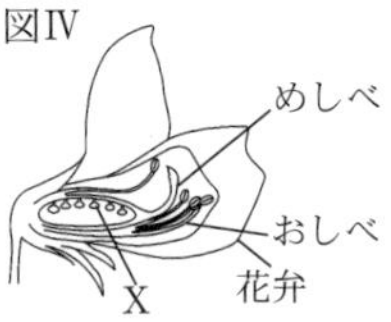

めしべ
おしべ
花弁
X

① 図ⅣのXを何というか，書きなさい。

② 図Ⅳのように，エンドウの花はめしべとおしべが一緒に花弁に包まれていることで，エンドウは純系の種子が得やすくなっている。このような花のつくりをしていることで，エンドウが純系の種子を得やすい理由を，簡潔に書きなさい。

(4) メンデルが行ったのは有性生殖であるが，農業の分野では無性生殖を用いた栽培を行うことがある。味が良い，病害虫に強いなどの形質をもつ農作物が得られた場合，それを有性生殖ではなく，無性生殖でふやすのはなぜか，「遺伝子」，「形質」という語をともに用いて，簡潔に書きなさい。

＜群馬県＞

9 次の実験について，あとの各問いに答えなさい。

〈実験〉 遺伝の規則性を調べるために，メダカの黒色と黄色の体色について，次の①～③の実験を行った。ただし，メダカの黒色と黄色の体色の遺伝は，一組の遺伝子により決まるものとする。また，体色を黒色にする遺伝子をB，黄色にする遺伝子をbとする。

① 図1のように，黒色の純系のメダカ(雌(めす))と黄色の純系のメダカ(雄(おす))を[親]としてかけ合わせて，できた受精卵(じゅせいらん)を採取し体色がわかるまで育てると，[子]はすべて黒色だった。

図1

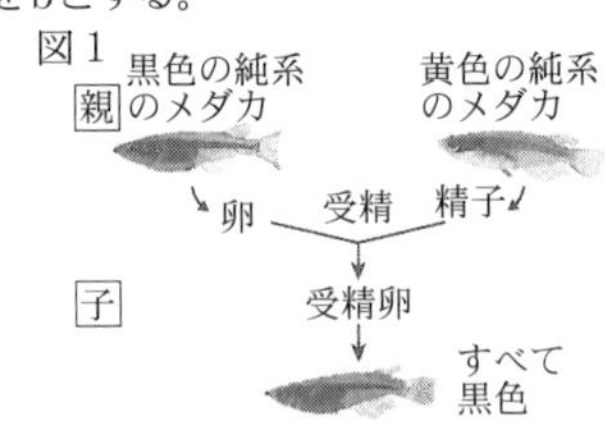

また，黄色の純系のメダカ(雌)と黒色の純系のメダカ(雄)を[親]としてかけ合わせても，[子]はすべて黒色になった。

② 図2のように，①で生まれた[子]を育てて[子]どうしをかけ合わせると，[孫]には黒色のメダカと黄色のメダカが，3：1の割合で生まれた。

図2

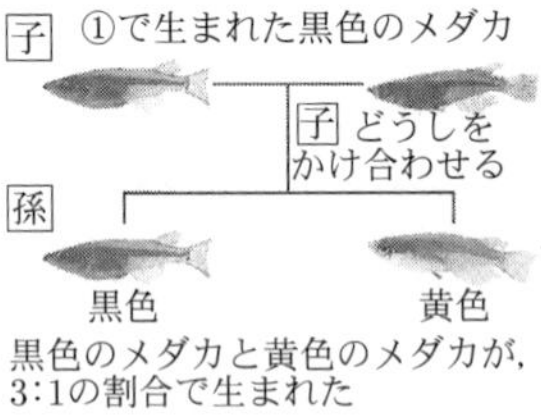

子　①で生まれた黒色のメダカ
子 どうしを
かけ合わせる
孫
黒色　黄色
黒色のメダカと黄色のメダカが，3:1の割合で生まれた

③ 遺伝子の組み合わせのわからない黒色のメダカに黄色のメダカをかけ合わせると，黒色のメダカと黄色のメダカがそれぞれ6匹(ぴき)ずつ生まれた。

(1) ①について，対立形質をもつ純系の親どうしをかけ合わせたときに，子に現れる形質を何形質というか，その名称を書きなさい。

(2) ②について，[子]の生殖細胞(せいしょくさいぼう)の遺伝子はどのように表せるか，次のア～オから適当なものを<u>すべて</u>選び，その記号を書きなさい。

ア．B　　イ．b　　ウ．BB
エ．Bb　　オ．bb

(3)　③について，かけ合わせた黒色のメダカと黄色のメダカそれぞれの遺伝子の組み合わせとして推測されるものはどれか，次のア～オから最も適当なものを1つずつ選び，その記号を書きなさい。

ア．B　　イ．b　　ウ．BB
エ．Bb　　オ．bb

＜三重県＞

10　マツバボタンの花の色には赤色と白色があり，赤色が顕性形質で，白色が潜性形質である。遺伝の規則性を調べるため，X，Y２つのグループに分けて，マツバボタンを使って，それぞれで図のような実験を行った。Xグループは実験１，２，３を行い，Yグループは実験１，２，４を行った。ただし，マツバボタンの花の色の遺伝は，メンデルの遺伝に関する法則に従うものとする。

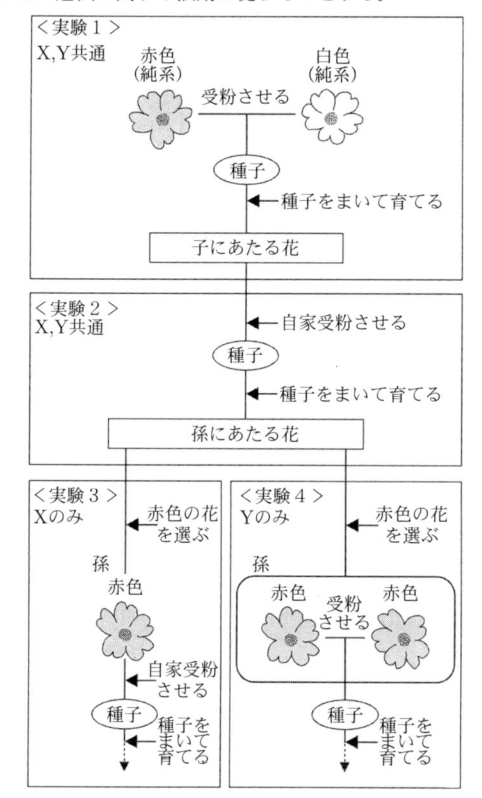

＜実験１＞
赤色の純系の花と白色の純系の花をかけ合わせた。その後，かけ合わせてできた種子をまいて育てたところ，子にあたる花が咲いた。

＜実験２＞
実験１でできた子にあたる花を自家受粉させた。その後，できた種子をすべてまいて育てたところ，孫にあたる花が咲いた。

(1)　花の色を決める遺伝子について説明した次の文の［①］～［③］に入る語句として適切なものを，あとのア～オからそれぞれ１つ選んで，その符号を書きなさい。ただし，花の色を赤色にする遺伝子をA，白色にする遺伝子をaと表すことにする。

実験１の赤色の純系のマツバボタンからつくられる生殖細胞の遺伝子は［①］，白色の純系のマツバボタンからつくられる生殖細胞の遺伝子は［②］となる。子にあたる花の遺伝子は［③］となる。

ア．A
イ．a
ウ．AA
エ．aa
オ．Aa

(2)　実験２でできた孫にあたる花のうち，実験１でできた子にあたる花と同じ遺伝子の組み合わせをもつ花の割合は何％か。最も適切なものを，次のア～エから１つ選んで，その符号を書きなさい。

ア．25％
イ．50％
ウ．75％
エ．100％

＜実験３＞
Xグループは，実験２でできた孫にあたる花のうち，赤色の花をすべて選び，自家受粉させた。その後，できた種子をすべてまいて育てた。

＜実験４＞
Yグループは，実験２でできた孫にあたる花のうち，赤色の花をすべて選び，赤色の花どうしをかけ合わせた。その後，できた種子をすべてまいて育てた。

(3)　実験３，実験４によって咲く花の色について説明した文として適切なものを，次のア～エから１つ選んで，その符号を書きなさい。

ア．実験３では花の色はすべて赤色になり，実験４では花の色は赤色と白色になる。
イ．実験３では花の色は赤色と白色になり，実験４では花の色はすべて赤色になる。
ウ．実験３，４ともに花の色はすべて赤色になる。
エ．実験３，４ともに花の色は赤色と白色になる。

＜兵庫県＞

11　ミズキさんとカエデさんは，メダカの飼育と繁殖(はんしょく)について話し合っている。２人の会話を読み，あとの問いに答えなさい。

ミズキ：カエデさん，見て，メダカをもらってきたんだ。
カエデ：すごい。10匹ももらったんだね。しかも黒色のメダカと黄色のメダカがいるね。
ミズキ：このメダカを飼育して，繁殖させて，文化祭で展示したいと思っているんだけど，カエデさんはメダカの飼育の仕方，知ってる？
カエデ：小学校の理科の授業でメダカについて習ったときに，クラスで飼ったことがあるよ。その時は，水槽(そう)に砂利(じゃり)を敷(し)いて，水草を入れて，餌(えさ)やりや水替えをして飼育したよ。春から秋にかけて①メダカが産卵して，卵が産みつけられている水草を見つけたら，親とは別の水槽に移して稚魚を育てたよ。稚魚は3か月くらいで産卵できるようになったよ。
ミズキ：カエデさんは，メダカの飼育と繁殖の経験があるんだね。相談して良かった。それでね，個人的には黒色のメダカと黄色のメダカを同じくらいの割合で増やしたいと思っているんだ。
カエデ：そうなんだね。うまくいくといいね。

～3か月後，ミズキさんはカエデさんにメダカについてまた相談しました～

ミズキ：カエデさん，聞いてよ。黒色のメダカと黄色のメダカを同じくらいの割合で増やしたかったのに，生まれたメダカは黒色だけになってしまったんだ。

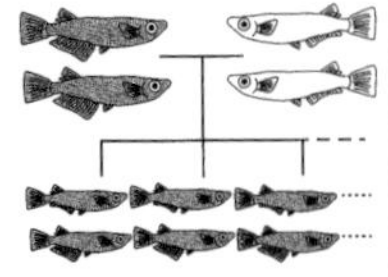

カエデ：どんなふうにしたらそうなってしまったの？

ミズキ：黒色の雄(おす)2匹と黄色の雌(めす)2匹で繁殖させたんだ。

カエデ：それって，(②)からじゃないかな。

ミズキ：そうかもしれない！　この前，理科の授業で同じようなことを，エンドウの種子の丸としわの話で習ったよ。つまり，黒色が(③)形質だってことだよね。

カエデ：きっとそうだよ。そういえば，参考書にメダカの話が載っていた気がするよ。確かめてみようよ。

～2人は参考書を開いて確かめました～

ミズキ：本当だ！「黒色と黄色のメダカの場合，黒色になるか黄色になるかは，一組の遺伝子によって決まっていて，黒色が(③)形質」だって。だから，④<u>今回生まれたメダカ</u>は黒色だけだったんだね。

カエデ：そういうことなら，次は，今回生まれたメダカの雄は(⑤)と，今回生まれたメダカの雌は(⑥)と繁殖させれば，生まれる子は黒色と黄色が同じ割合になるんじゃないかな。

ミズキ：カエデさん，アドバイスありがとう。今年の文化祭に間に合うかはわからないけど，やってみるね。

問1．下線部①に関して，メダカの卵や産卵の特徴として最も適当なものを，次のア～エの中から1つ選び記号で答えなさい。

ア．卵には殻があり，陸上に産卵する
イ．卵には殻があり，水中に産卵する
ウ．卵には殻がなく，陸上に産卵する
エ．卵には殻がなく，水中に産卵する

問2．(②)に当てはまる会話として最も適当なものを，次のア～エの中から1つ選び記号で答えなさい。

ア．雄の遺伝子のほうが子に伝わる量が多い
イ．黄色の形質は，かくれている
ウ．雌の遺伝子のほうが子に伝わる量が多い
エ．黒色の形質のほうが環境に強くて，生き残りやすい

問3．(③)に当てはまる適当な語句を答えなさい。

問4．黒色と黄色のメダカにおける，黒色のメダカになる遺伝子をA，黄色のメダカになる遺伝子をaとすると，下線部④の<u>今回生まれたメダカ</u>はどのような遺伝子の組み合わせになるか答えなさい。

問5．(⑤)，(⑥)に当てはまるメダカとして最も適当なものを，次のア～キの中からそれぞれ1つ選び記号で答えなさい。

ア．もらってきたすべての黒色の雄
イ．もらってきたすべての黒色の雌
ウ．もらってきたすべての黄色の雄
エ．もらってきたすべての黄色の雌
オ．もらってきたメダカのうち，ミズキさんが繁殖で用いた黒色の雄
カ．今回生まれた黒色のメダカのうちの雄
キ．今回生まれた黒色のメダカのうちの雌

＜沖縄県＞

生物の多様性と進化

1　生物のからだの特徴が，長い年月をかけて世代を重ねる間に，しだいに変化することを［　　］といい，その結果，地球上にはさまざまな種類の生物が出現してきた。

＜北海道＞

2　両生類は魚類から進化したと考えられている。その証拠とされているハイギョの特徴として，最も適当なものはどれか。

ア．後ろあしがなく，その部分に痕跡的に骨が残っている。
イ．体表がうろこでおおわれていて，殻のある卵をうむ。
ウ．つめや歯をもち，羽毛が生えている。
エ．肺とえらをもっている。

＜鹿児島県＞

3　Tさんは，ヒト以外の動物の骨格がどのようなつくりをしているかについても興味をもち，ホニュウ類の骨格のようすについて調べ，ノートにまとめました。

［ノート］

ホニュウ類の骨格のようす

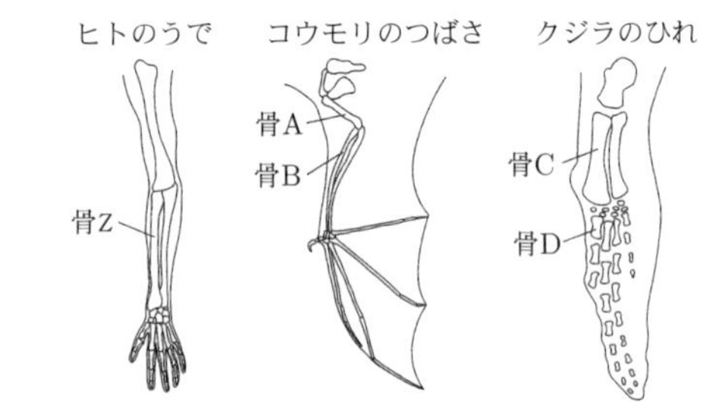

調べてわかったこと

ヒトのうで，コウモリのつばさ，クジラのひれの骨格を比べると，見かけの形やはたらきは異なっていても基本的なつくりは同じで，<u>もとは前あしであったと考えられている</u>。このように，もとは同じものであったと考えられる器官を［ I ］といい，［ I ］の存在が，生物が長い年月をかけて代を重ねる間に変化する，［ II ］の証拠の一つとして考えられている。

問1．［ノート］の［ I ］，［ II ］にあてはまる語をそれぞれ書きなさい。

問2．下線部について，コウモリのつばさとクジラのひれの骨格で，ヒトのうでの骨Zにあたる骨はそれぞれどれですか。骨A～骨Dの組み合わせとして最も適切なものを，次のア～エの中から一つ選び，その記号を書きなさい。

ア．コウモリ…骨A　　クジラ…骨C
イ．コウモリ…骨A　　クジラ…骨D
ウ．コウモリ…骨B　　クジラ…骨C
エ．コウモリ…骨B　　クジラ…骨D

＜埼玉県＞

4 Sさんたちは，理科の授業で進化について学習しました。これに関する先生との会話文を読んで，あとの(1)～(4)の問いに答えなさい。

先　生：図1は，シソチョウ(始祖鳥)の復元図です。シソチョウは，進化の道すじの手がかりになる生物です。

図1

爪　歯

Sさん：全体が羽毛でおおわれていて，翼がありますね。

Tさん：翼に爪があり，口には歯もあります。

先　生：そうですね。その他の化石の研究からも，[v]は[w]から進化したのではないかと考えられています。

Sさん：なるほど。シソチョウの羽毛や翼は，[v]がもつ特徴で，爪や歯は，[w]がもつ特徴ですね。現在，存在する生物で，他にもこのような進化の道すじの手がかりになる生物はいますか。

先　生：<u>カモノハシ</u>という生物があてはまります。カモノハシは，くちばしをもち，体の表面には毛があります。また，雌は卵を産みますが，乳(母乳)で子を育てるという特徴をもち，複数の脊椎動物(セキツイ動物)のグループの特徴をもつ動物です。

Tさん：図2の脊椎動物の各グループが出現した年代をみると，脊椎動物は，魚類から両生類，両生類からハチュウ(は虫)類へと進化し，陸上生活に適した体のつくりになったと考えられます。

図2

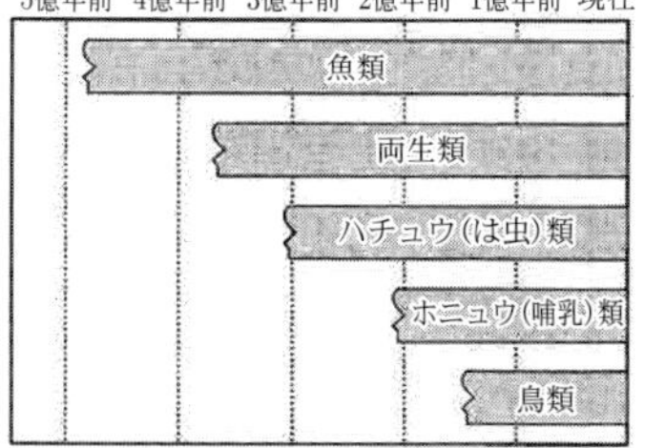

先　生：そうですね。それでは，植物の場合はどうでしょうか。最初に陸上に現れたのは，コケ植物で，次にシダ植物が現れました。コケ植物は，湿った場所で生活し，おもに[x]から水を吸収します。一方，シダ植物は，[y]があり，コケ植物に比べて，陸上生活に適した体のつくりになっています。

Sさん：植物も動物も，進化して陸上生活に適した体のつくりになったものがいるのですね。ところで，カエルは，えら呼吸で水中生活をする子から，肺呼吸で陸上生活をする親(おとな)へと体のつくりが変わりますが，これも進化でしょうか。

先　生：いいえ，一生の間に起こる変化は，進化ではありません。進化とは，生物の形質が[z]間に起こる変化のことです。

Sさん：そうなのですね。他にどのような進化があるか調べてみます。

(1) 会話文中の[v]，[w]にあてはまる脊椎動物(セキツイ動物)のグループとして最も適当なものを，次のア～オのうちからそれぞれ一つずつ選び，その符号を書きなさい。

ア．魚類　　イ．両生類　　ウ．ハチュウ(は虫)類　　エ．ホニュウ(哺乳)類　　オ．鳥類

(2) 会話文中の下線部について，カモノハシは，ホニュウ(哺乳)類に分類されている。ホニュウ類の特徴として最も適当なものを，次のア～エのうちから一つ選び，その符号を書きなさい。

ア．くちばしをもつ。
イ．えらで呼吸する。
ウ．雌は卵を産む。
エ．乳(母乳)で子を育てる。

(3) 会話文中の[x]，[y]にあてはまるものの組み合わせとして最も適当なものを，次のア～エのうちから一つ選び，その符号を書きなさい。

ア．x：根　　　　y：維管束
イ．x：体の表面　y：維管束
ウ．x：体の表面　y：仮根
エ．x：根　　　　y：仮根

(4) 会話文中の[z]にあてはまる内容を，簡潔に書きなさい。

＜千葉県＞

5 動物の進化について調べるために，無セキツイ動物のイカの解剖を行った。図1はイカの体の中のつくりを示したものである。また，イカの内臓をすべて取り除くと図2のAの位置に骨のような構造が出てきた。あとの(1)～(6)の各問いに答えなさい。

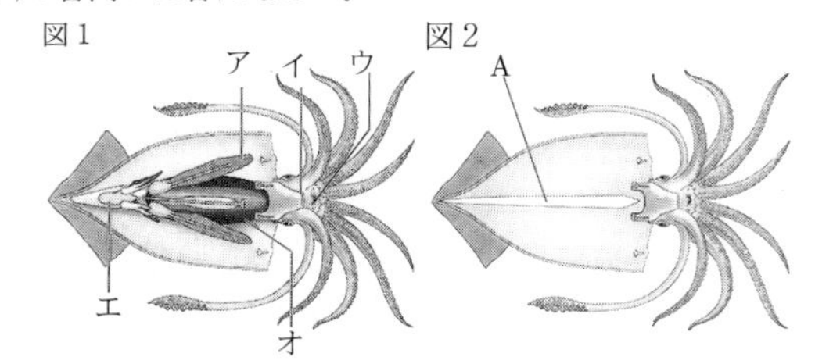

(1) 無セキツイ動物の中で，特にイカやアサリのような動物を何というか，書きなさい。

(2) イカのもつ呼吸器官として最も適当なものを，図1のア～オの中から1つ選び，記号を書きなさい。また，その部分の名称を書きなさい。

(3) 図2のAの説明として最も適当なものを，次のア～エの中から1つ選び，記号を書きなさい。

ア．貝殻が変化し，痕跡的に残ったものである。
イ．背骨が変化し，痕跡的に残ったものである。
ウ．内臓の一部が変化し，発達してできたものである。
エ．外とう膜の一部が変化し，発達してできたものである。

(4) 次のa～dの無セキツイ動物のうち，節足動物の組み合わせとして最も適当なものを，下のア～オの中から1つ選び，記号を書きなさい。

a．マイマイ	b．ザリガニ
c．イソギンチャク	d．ミジンコ

ア．aとb　　イ．aとd
ウ．bとc　　エ．bとd
オ．cとd

(5) 無セキツイ動物とセキツイ動物は共通の祖先から長い時間をかけて進化をしてきた。次の図3は，両生類，魚類など，セキツイ動物の5つのグループについて，それぞれの特徴をもつ化石がどのくらい前の年代の地層から発見されるか，そのおおよその期間を示したものである。(X)～(Z)にあてはまるセキツイ動物のグループの組み合わせとして最も適当なものを，あとのア～カの中から1つ選び，記号を書きなさい。

図3

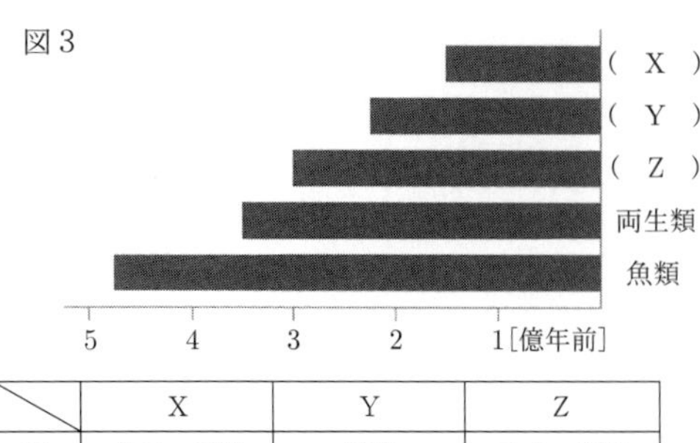

	X	Y	Z
ア	ホニュウ類	鳥類	ハチュウ類
イ	ホニュウ類	ハチュウ類	鳥類
ウ	鳥類	ホニュウ類	ハチュウ類
エ	鳥類	ハチュウ類	ホニュウ類
オ	ハチュウ類	ホニュウ類	鳥類
カ	ハチュウ類	鳥類	ホニュウ類

(6) 多くの魚類と両生類の説明として<u>誤っているもの</u>を，次のア～エの中から1つ選び，記号を書きなさい。

ア．魚類も両生類も殻（から）のある卵をうむ。

イ．魚類も両生類も変温動物である。

ウ．魚類も両生類も子は水中で卵からかえる。

エ．魚類の体はうろこでおおわれており，両生類の皮ふはしめっている。

＜佐賀県＞

6

陸さんとひなさんは，博物館でシソチョウの化石のレプリカ（複製品）を観察した。その後，二人で観察したことをノートにまとめた。次の［　　］は，二人がまとめたノートの内容について先生と交わした会話の一部である。1～5の問いに答えなさい。

ノート.

シソチョウは約1億5千万年前の中生代の地層から発見された。

シソチョウのスケッチ.

シソチョウの特徴.

① 長い尾をもち，口に歯がある。

② 体全体が羽毛でおおわれている。

③ 前あしがつばさになっている。

④ 前あしの先につめがある。

シソチョウは，ハチュウ類と鳥類の両方の特徴をもつことから，生物の進化の証拠の一つであると考えられている。

先生：博物館はどうでしたか。

ひな：いろいろな種類の化石を見ることができて面白かったです。

先生：どんな化石がありましたか。

陸　：地質年代ごとに，動物や植物の化石がありました。

ひな：中生代の化石では，［ⓐ］の化石がありました。

先生：そうですね。化石を観察することでいろいろな発見ができます。

陸　：シソチョウの化石のレプリカでも，観察すると生物の特徴がよくわかりました。

ひな：ノートのシソチョウの特徴のうち［ⓑ］はハチュウ類の特徴であり，［ⓒ］は鳥類の特徴になります。このことから，シソチョウはハチュウ類と鳥類の両方の特徴をもつことがわかります。

先生：よくまとめました。ハチュウ類と鳥類は<u>体温の変化</u>にも違いがありましたね。また，生物が進化をしたことを示す証拠は，現存する生物にもみられます。

陸　：［ⓓ］器官のことですね。博物館にも説明がありました。

先生：そのとおりです。現在と形やはたらきが違っていても，もとは同じ器官にあたると考えられるものです。例えば，ヒトのうでと［ⓔ］がそうですね。［ⓓ］器官の中には，ヘビの後ろあしのように，はたらきを失ってこん跡のみとなっているものもあります。

1．［ⓐ］に当てはまる語句を，次のア～エから一つ選び，その記号を書きなさい。

ア．フズリナ

イ．ナウマンゾウ

ウ．アンモナイト

エ．サンヨウチュウ

2．［ⓑ］，［ⓒ］に当てはまるものを，ノートのシソチョウの特徴①～④からそれぞれ二つずつ選び，その記号を書きなさい。

3．［　　］中の下線部について，図は，ハチュウ類と鳥類の体温と周囲の気温の関係を模式的に表したものである。ハチュウ類の体温の変化に当てはまるものをX，Yから一つ選び，その記号を書きなさい。また，そのように考えられる理由を，「周囲の気温」，「体温」という語句を使って簡潔に書きなさい。

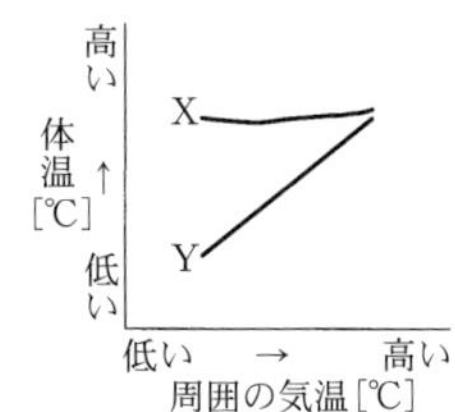

4．［ⓓ］に当てはまる語句を書きなさい。

5．［ⓔ］に当てはまるものを，次のア～エから一つ選び，その記号を書きなさい。

ア．チョウのはね

イ．コウモリのつばさ

ウ．タコのあし

エ．マグロの尾びれ

＜山梨県＞

第12章　自然と人間

自然界のつり合い

1　次のA～Fの生物を生産者と消費者とに分類したものとして適切なのは，下の表のア～エのうちではどれか。

A．エンドウ　　B．サツマイモ
C．タカ　　D．ツツジ
E．バッタ　　F．ミミズ

	生産者	消費者
ア	A，B，D	C，E，F
イ	A，D，F	B，C，E
ウ	A，B，E	C，D，F
エ	B，C，D	A，E，F

<東京都>

2　右の図は，ある地域のすべての生物とそれをとりまく環境を一つのまとまりとしてとらえたものにおいて，生物量（生物の数量）のつり合いのとれた状態をピラミッド形に表したものである。次のア，イに答えなさい。

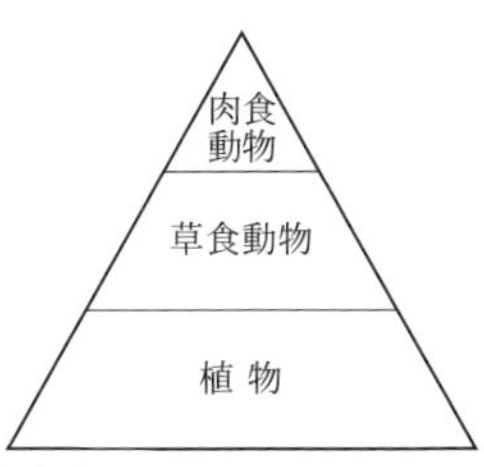

ア．下線部を何というか，書きなさい。
イ．下の文章は，この地域において，何らかの原因で急に草食動物の生物量が変化したとき，再び全体の生物量のつり合いがとれるまでの過程について述べたものである。文章中の［①］～［③］に入る語の組み合わせとして最も適切なものを，次の1～6の中から一つ選び，その番号を書きなさい。ただし，ほかの地域との間で生物の移動はないものとする。

> 草食動物の生物量が［①］すると，植物が増加し，肉食動物が［②］する。肉食動物の［②］により，その後，草食動物が［③］すると，やがて植物が減少し，肉食動物が増加する。このような増減が繰り返され，全体の生物量のつり合いがとれた状態になる。

1．①　増加　②　増加　③　増加
2．①　減少　②　増加　③　減少
3．①　増加　②　増加　③　減少
4．①　減少　②　減少　③　増加
5．①　増加　②　減少　③　増加
6．①　減少　②　減少　③　減少

<青森県>

3　自然界における生物どうしのかかわりについて，次の(1)，(2)に答えなさい。

(1)　図は，ある生態系における，植物，草食動物，肉食動物の数量の関係を模式的に表したものである。図のつり合いのとれた状態からなんらかの原因で草食動物の数量が減少した場合，もとのつり合いがとれた状態にもどるまでに，それぞれの生物の数量は変化していく。このとき，次のA～Cを変化が起こる順に並べたものはどれか，下のア～エから最も適切なものを1つ選び，その符号を書きなさい。

A．植物は減り，肉食動物は増える。
B．植物は増え，肉食動物は減る。
C．草食動物が増える。
ア．A→B→C
イ．A→C→B
ウ．B→A→C
エ．B→C→A

(2)　自然界で生活している生物の間には，食物連鎖の関係がある。生態系の生物全体では，その関係が網の目のようにつながっている。このようなつながりを何というか，書きなさい。

<石川県>

4　右の図は，自然界における炭素の循環を模式的に表そうとするものです。炭素の移動は全部で10本の矢印で示すことができ，すでに9本が実線の矢印（⟶）でかかれています。図中の破線の矢印（‐‐‐▶）ア～エのうち，あと1本の矢印として最も適当なものはどれですか。一つ選び，その記号を書きなさい。

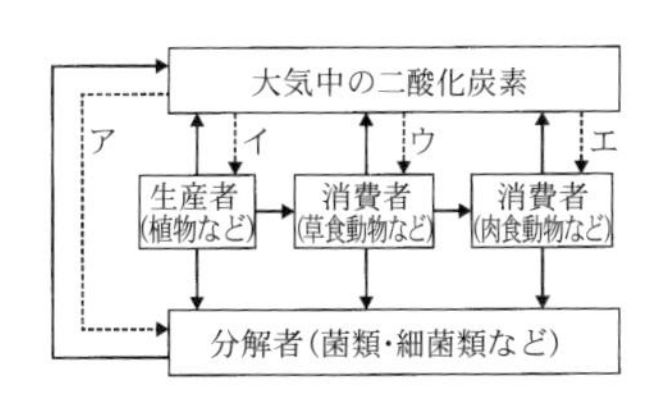

<岩手県>

5　図1は，生態系における炭素の循環を模式的に表したものであり，A～Cは，それぞれ草食動物，肉食動物，菌類・細菌類のいずれかである。

図1

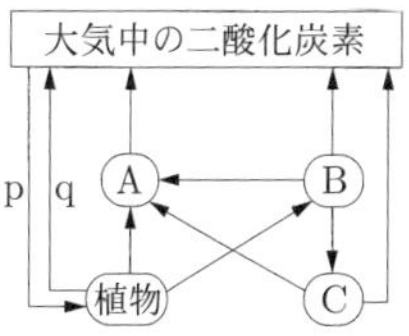

大気中の二酸化炭素
p　q　A　B　植物　C

→は炭素の流れを示す。

(1)　草食動物や肉食動物は，生態系におけるはたらきから，生産者や分解者に対して，［　　］者と呼ばれる。［　　］に当てはまる適当な言葉を書け。

(2)　次の文の①，②の{　}の中から，それぞれ適当なものを1つずつ選び，ア～エの記号で書け。

植物は，光合成によって，①{ア．有機物を無機物に分解する　イ．無機物から有機物をつくる}。また，図1のp，qの矢印のうち，光合成による炭素の流れを示すのは，②{ウ．pの矢印　エ．qの矢印}である。

(3) 菌類・細菌類は，図１のA～Cのどれに当たるか。A～Cの記号で書け。また，カビは，菌類と細菌類のうち，どちらに含まれるか。

(4) 図２は，ある生態系で，植物，草食動物，肉食動物の数量的な関係のつり合いがとれた状態を，模式的に表したものであり，K，Lは，それぞれ植物，肉食動物のいずれかである。K，Lのうち，肉食動物はどちらか。K，Lの記号で書け。また，図２の状態から，何らかの原因で草食動物の数量が急激に減ったとすると，これに引き続いてKとLの数量は，それぞれ一時的にどう変化するか。次のア～エのうち，最も適当なものを１つ選び，その記号を書け。

図２

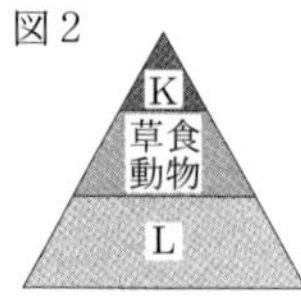

数量は面積の大小で示している。

ア．Kの数量とLの数量はどちらも減る。
イ．Kの数量は減り，Lの数量は増える。
ウ．Kの数量は増え，Lの数量は減る。
エ．Kの数量とLの数量はどちらも増える。

＜愛媛県＞

6 土の中の微生物のはたらきを調べるため，次の実験を行いました。これに関して，あとの(1)～(4)の問いに答えなさい。

実験.

① デンプンのりを混ぜた寒天を，加熱殺菌したペトリ皿A，Bに入れて固めた。

② 林の落ち葉の下の土を採取し，図１のように，ペトリ皿Aにはそのままの土を，ペトリ皿Bにはじゅうぶんに焼いて冷ました土を，デンプンのりを混ぜて固めた寒天に少量のせた。ペトリ皿A，Bそれぞれにふたをし，どちらも光の当たらない部屋に置いた。

③ 3日後，ペトリ皿A，Bの土を洗い流して取り除き，デンプンのりを混ぜて固めた寒天の表面のようすと，図２のようにヨウ素液(ヨウ素溶液)を加えたときの，デンプンのりを混ぜて固めた寒天の表面の色の変化を調べ，結果を下の表にまとめた。

図１

図２

ヨウ素液(ヨウ素溶液)

	デンプンのりを混ぜて固めた寒天の表面のようす	ヨウ素液を加えたときの，デンプンのりを混ぜて固めた寒天の表面の色の変化
ペトリ皿A	土をのせていたところの周辺では，白い粒や，表面に毛のようなものがあるかたまりがあった。	土をのせていたところの周辺では，色が変化しなかった。土をのせていなかったところでは，青紫(あおむらさき)色に変化した。
ペトリ皿B	変化がなかった。	表面全体が青紫色に変化した。

(1) 次の文は，実験について述べたものである。文中の[x]，[y]にあてはまるものの組み合わせとして最も適当なものを，あとのア～エのうちから一つ選び，その符号を書きなさい。

> ペトリ皿Aの土をのせていたところの周辺では，土の中にいる微生物の[x]によって，デンプンが[y]たが，ペトリ皿Bでは，じゅうぶんに焼いて冷ました土の中には生きた微生物がいなかったため，デンプンが[y]なかった。

ア．x：光合成　　y：つくられ
イ．x：光合成　　y：分解され
ウ．x：呼吸　　y：つくられ
エ．x：呼吸　　y：分解され

(2) 落ち葉や生物の死がい(遺骸(いがい))，ふんなどの分解にかかわる生物の具体例として最も適当なものを，次のア～エのうちから一つ選び，その符号を書きなさい。

ア．シデムシ，ミミズ，ダンゴムシ，ムカデ
イ．モグラ，ヘビ，アオカビ，シイタケ
ウ．アオカビ，シイタケ，シデムシ，ミミズ
エ．ダンゴムシ，ムカデ，モグラ，ヘビ

(3) 菌類や細菌類のなかまについての説明として最も適当なものを，次のア～エのうちから一つ選び，その符号を書きなさい。

ア．菌類や細菌類のなかまは，生態系において分解者であり，落ち葉や生物の死がい，ふんなどから栄養分を得る消費者でもある。
イ．菌類や細菌類のなかまが落ち葉や生物の死がい，ふんなどを分解してできた物質は，再び光合成の材料として植物に利用されることはない。
ウ．菌類や細菌類のなかまは，土の中にのみ存在する生物であるが，納豆菌など人間に有用なはたらきをするものもいる。
エ．菌類や細菌類のなかまは，落ち葉や生物の死がい，ふんなどを水と酸素に分解することで，生活に必要なエネルギーをとり出している。

(4) 図３は，生態系における炭素の流れ(移動)を矢印(➡)で模式的に表したものであり，Cは生産者，Dは消費者(草食動物)，Eは消費者(肉食動物)，Fは分解者を表している。

図３

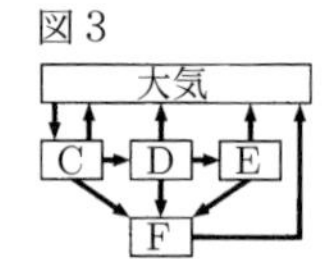

図３中の矢印のうち，おもに二酸化炭素としての炭素の流れを示した矢印をすべてかいた図として最も適当なものを，次のア～エのうちから一つ選び，その符号を書きなさい。

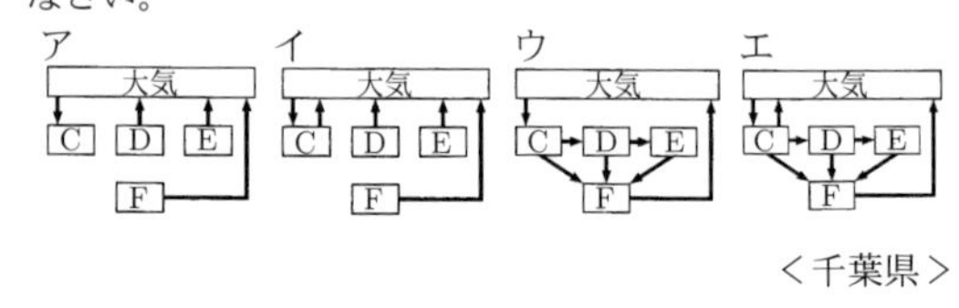

＜千葉県＞

7 生態系における生物のはたらきについて，次の(1)，(2)に答えなさい。

(1) 図１は，生態系における炭素の循環を模式的に表したもので，矢印は炭素の流れを示している。次のア～ウに答えなさい。

図１

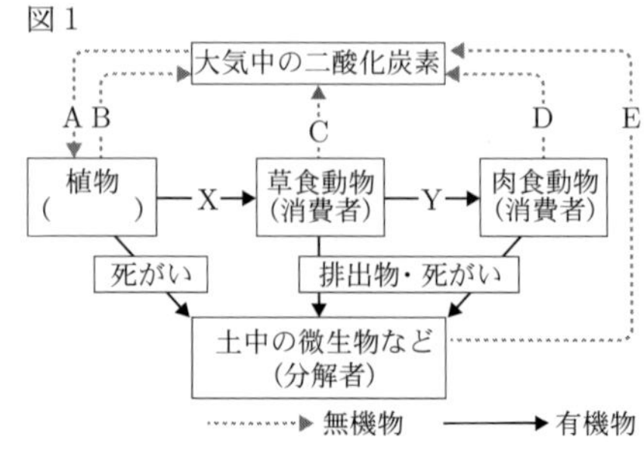

ア．図１の(　　)に入る語を書きなさい。

イ．矢印A～Eの中で，生物の呼吸による炭素の流れを示すものをすべて選び，その記号を書きなさい。

ウ．矢印X，Yは食物連鎖による炭素の流れを表している。自然界において，多くの食物連鎖が複雑にからみ合っているつながりを何というか，書きなさい。

(2)　土中の微生物のはたらきについて調べるために，下の実験を行った。次のア，イに答えなさい。

実験．

手順1．図2のように，ビーカーに森林の土と蒸留水を入れ，よくかき混ぜた後しばらく放置して，微生物をふくむ上ずみ液をつくった。

図2

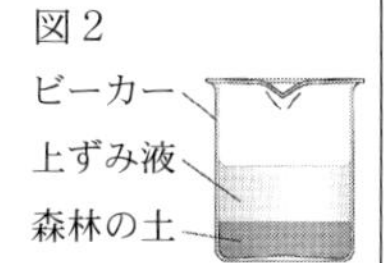

手順2．図3のように，3本の試験管P～Rを用意し，0.5%のデンプン溶液を5 cm^3ずつ入れた。次に，Pには蒸留水を，Qには上ずみ液を，それぞれ5 cm^3ずつ加えた。Rには沸騰させた上ずみ液を室温に戻してから5 cm^3加えた。その後，アルミニウムはくでふたをして室温で3日間放置した。

図3

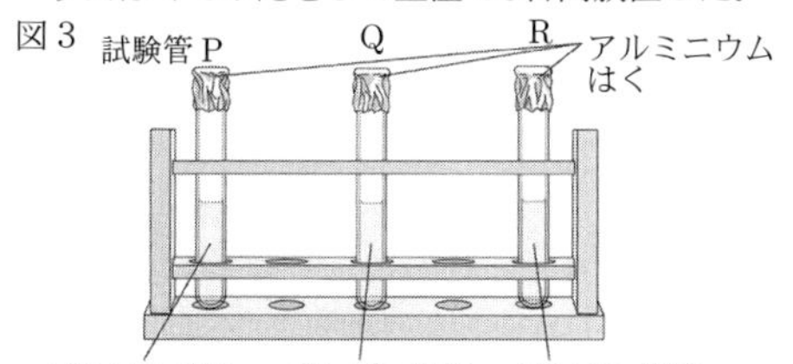

手順3．それぞれの試験管にヨウ素液を加えて色の変化を調べ，その結果を下の表にまとめた。

試験管	P	Q	R
ヨウ素液の色の変化	青紫色になった	変化しなかった	青紫色になった

ア．下の文は，試験管Q，Rが表のような結果になった理由について述べたものである。文中の［①］，［②］に入る適切な内容を書きなさい。

試験管Q：微生物が［①］ため，ヨウ素液の色が変化しなかった。
試験管R：上ずみ液を沸騰させることで，微生物が［②］ため，ヨウ素液の色が青紫色になった。

イ．試験管にアルミニウムはくでふたをせずに同じ実験を行うと，試験管Pや試験管Rでもヨウ素液の色が変化しないことがある。その理由について述べたものとして最も適切なものを，次の1～4の中から一つ選び，その番号を書きなさい。

1．試験管の中で発生した二酸化炭素が空気中に出るため。
2．試験管の中に空気中の酸素が入るため。
3．試験管の中に空気中の微生物が入るため。
4．試験管の中の温度を一定に保てないため。

＜青森県＞

8　次の1，2の問いに答えなさい。

1．理科部に在籍するひかるさんは，校庭から持ち帰った土の中にいる微生物のはたらきについて調べるために，実験を行った。実験終了後，ひかるさんはレポートにまとめるため，顧問の先生に相談した。次の【資料】は，ひかるさんが作成しているレポートの一部であり，【会話】はレポートの考察を書くために，ひかるさんが先生に相談した内容である。あとの(1)～(4)の各問いに答えなさい。

【資料】

土の中の微生物のはたらき

20XX年○月△日　天気：晴れ
3年2組　田中ひかる

目的：土の中の微生物のはたらきを調べる。

方法：

①　0.1%デンプン溶液100 mLに寒天粉末2 gを入れ，加熱して溶かし，培地*をつくった。加熱殺菌したペトリ皿A，Bに，培地を入れてふたをし，固まるまで置いた。

培地*：微生物をふやすために必要なデンプンなどの養分を寒天にふくませたもの。

②　図1のように次の作業を行った。

- ペトリ皿Aには持ち帰った土を，ペトリ皿Bには持ち帰った土を十分に加熱した後冷ましたものを，それぞれ同量ずつのせてふたをした。その後，室温の暗い場所に5日間置いた。
- その後，ペトリ皿A，Bそれぞれの培地から土を洗い流して取り除き，肉眼で培地の表面の様子を観測した。
- ペトリ皿A，Bそれぞれの培地にヨウ素液を加え，培地の色の変化を調べた。

図1

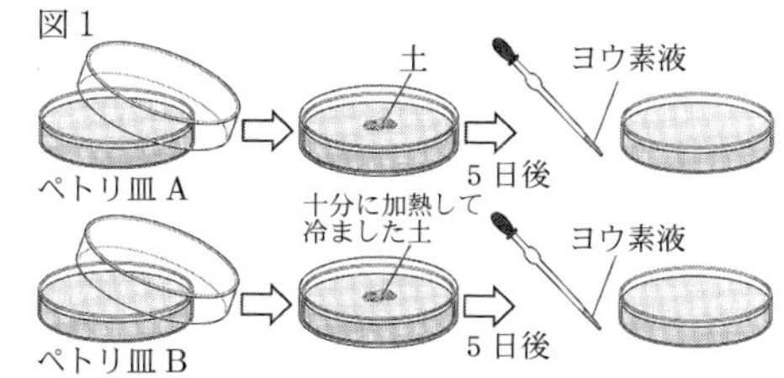

結果：

- 肉眼で観測したところ，ペトリ皿Aの表面には白い粒やかたまりが見られたが，ペトリ皿Bでは特に変化はなかった。
- ペトリ皿Aの培地にヨウ素液を加え，培地の表面の色の様子を見てみると，土があったところとその周辺は(　a　)，それ以外の場所は(　b　)。
- ペトリ皿Bの培地にヨウ素液を加え，培地の表面の色の様子を見てみると，(　c　)。

【会話】

ひかる：微生物は，何を食べて生きているのですか。

先　生：微生物は，落ち葉や生物の死がいなどを食べています。そして，それらに含まれる<u>有機物を取り込み，酸素を使って二酸化炭素や水などに分解し，生命を維持するために必要なエネルギーを取り出す活動</u>をしています。ひかるさんが行った実験は，そのことと関係していますよ。

ひかる：それでは，微生物が有機物を分解してつくった二酸化炭素と水は，どうなるのですか。

先　生：微生物が有機物を分解してつくった二酸化炭素と水の一部は再び植物に取り込まれ，使われます。私たちが普段意識していない微生物のはたらきによって，物質が循環していますよ。

(1)　【資料】の②において，持ち帰った土を十分に加熱した理由として最も適当なものを，次のア～エの中から１つ選び，記号を書きなさい。
　ア．土の中の水分を蒸発させるため。
　イ．土の中の微生物を殺すため。
　ウ．土の中の微生物を活発に活動させるため。
　エ．土のpHを変化させるため。
(2)　【資料】の(　a　)～(　c　)にあてはまる語句の組み合わせとして最も適当なものを，次のア～エの中から１つ選び，記号を書きなさい。

	a	b	c
ア	変化がなく	青紫色になった	全体が青紫色に変化した
イ	青紫色になり	変化はなかった	全体が青紫色に変化した
ウ	変化がなく	青紫色になった	変化がなかった
エ	青紫色になり	変化はなかった	変化がなかった

(3)　【会話】の下線部の活動を何というか，書きなさい。
(4)　微生物のはたらきや性質として誤っているものを，次のア～エの中から１つ選び，記号を書きなさい。
　ア．発酵食品をつくるのに利用されている。
　イ．下水処理場では水の浄化に役立っている。
　ウ．微生物の中でも，カビなどの菌類はおもに胞子によって増える。
　エ．全ての微生物は，人間にとって有益なはたらきをする。

2．自然界では，微生物以外にも様々な生物が観察される。図２は，ある地域における生物を，Ⅰ(植物)，Ⅱ(Ⅰの植物を食べる草食動物)，Ⅲ(Ⅱの草食動物を食べる肉食動物)に分け，Ⅰ～Ⅲの数量関係を模式的に表したものである。次の(1)～(3)の各問いに答えなさい。

図２
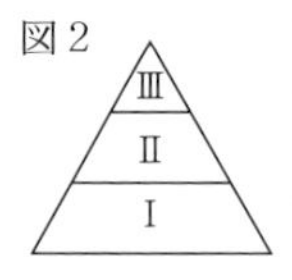

ただし，(1)～(3)①では，この地域と他の地域との間で生物の出入りはないものとする。
(1)　生物の「食べる・食べられる」の関係は，自然界では複雑に入り組んでいる。これを何というか，書きなさい。
(2)　生物Ⅰ～Ⅲの分類として最も適当なものを次のア～エの中から１つ選び，記号を書きなさい。
　ア．Ⅰ－生産者，Ⅱ－消費者，Ⅲ－分解者
　イ．Ⅰ－分解者，Ⅱ－生産者，Ⅲ－消費者
　ウ．Ⅰ－生産者，Ⅱ－生産者，Ⅲ－消費者
　エ．Ⅰ－生産者，Ⅱ－消費者，Ⅲ－消費者
(3)　図３は生物Ⅰ～Ⅲの数量の変化を示したもので，Bのように何らかの原因でⅡに分類される生物が減少しても，C，Dを経て最終的にはAのようにつり合いが保たれたもとの状態に戻ることを表している。
　ただし，図３のB，D中の破線は生物Ⅰ～Ⅲの数量のつり合いが保たれているAの状態を示している。

図３
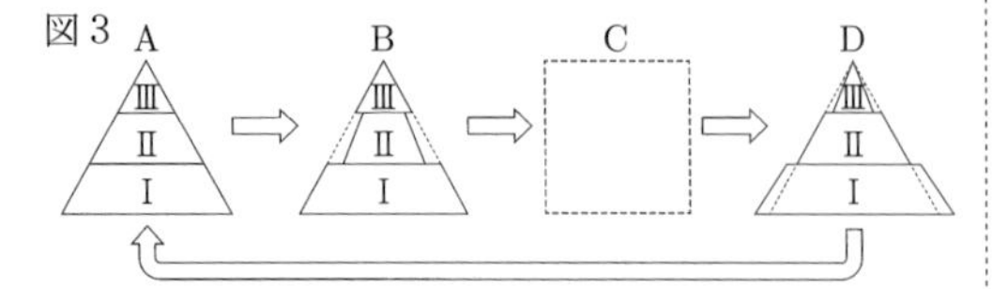

このように，ある生態系において，生物の数量に一時的な変化があっても，再びもとに戻りつりあいが保たれる。次の①，②の問いに答えよ。
①　図３のCにあてはまるものとして最も適当なものを，次のア～エの中から１つ選び，記号を書きなさい。
　ただし，ア～エ中の破線は，図３のAの状態を示している。

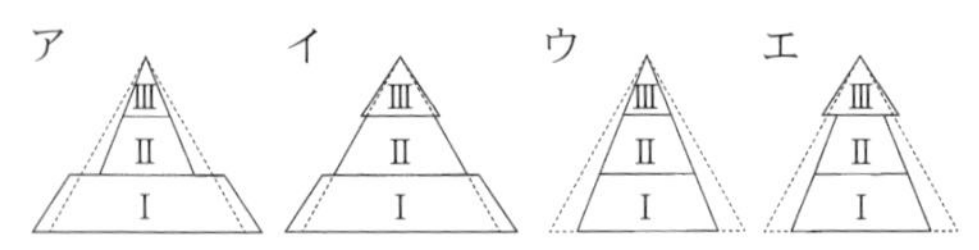

②　生態系においては，下線部のように，生物の数量に一時的な変化があっても，再びもとに戻りつり合いが保たれる。しかし，なんらかの原因により生態系のつり合いが大きくくずれた場合，もとの状態にもどらなくなることがある。このような生態系の数量関係に大きな影響を及ぼすと考えられる具体的な原因を１つ書きなさい。

＜佐賀県＞

9　ショウさんは，理科の授業で，食物連鎖と，図１のような，生物の活動を通じた炭素をふくむ物質の循環について学び，土の中の小動物や微生物のはたらきを確かめるための観察，実験を行った。

図１
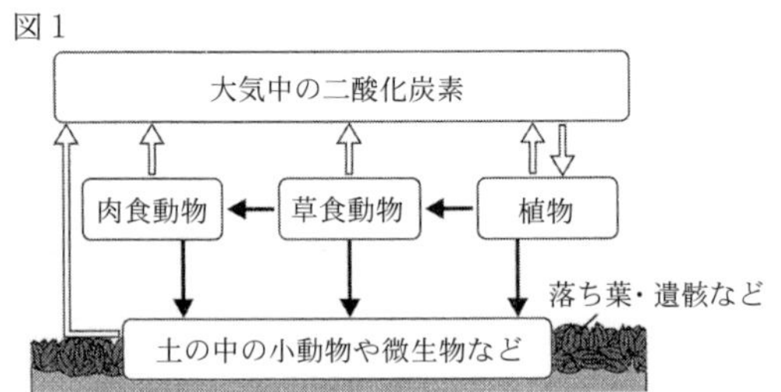

(1)　図１の植物，草食動物，肉食動物のうち，草食動物の個体数が増加しているときの，植物，肉食動物の個体数の変化を表したグラフとして適切なものを，次のア～エから１つ選んで，その符号を書きなさい。

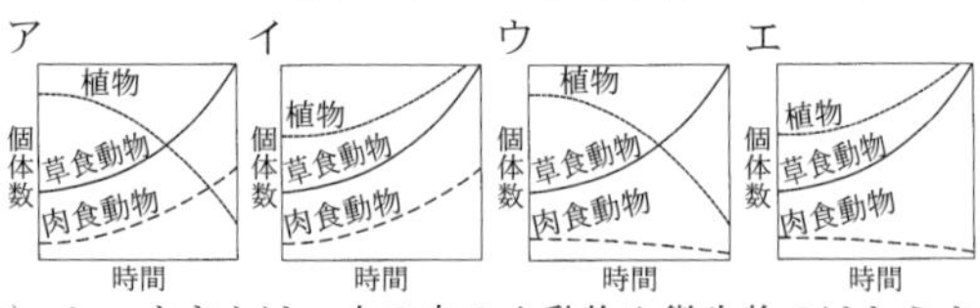

(2)　ショウさんは，土の中の小動物や微生物のはたらきについて，次の観察，実験を行い，レポートにまとめた。

【目的】
　土の中の小動物や微生物が，落ち葉や有機物を変化させることを確かめる。

【方法】

図２のように，ある地点において，地表から順に層A，層B，層Cとし，それぞれの層の小動物や微生物について，次の観察，実験を行った。

図２

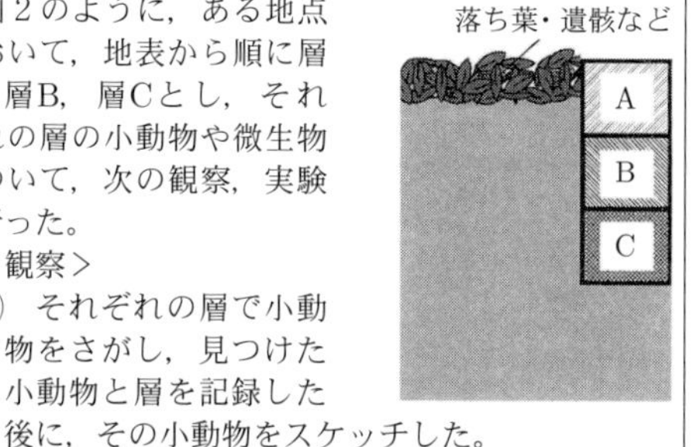

＜観察＞

(a)　それぞれの層で小動物をさがし，見つけた小動物と層を記録した後に，その小動物をスケッチした。

(b)　層Aで見つけたダンゴムシを落ち葉とともに採集した。

(c)　(b)で採集したダンゴムシと落ち葉を，湿らせたろ紙をしいたペトリ皿に入れ，数日後，ペトリ皿の中のようすを観察した。

＜実験＞

(a)　同じ体積の水が入ったビーカーを３つ用意し，層Aの土，層Bの土，層Cの土をそれぞれ別のビーカーに同じ質量入れ，かき混ぜた。

(b)　図３のように，層A～Cそれぞれの土が入ったビーカーの上澄み液をそれぞれ２本の試験管に分け，一方の試験管をガスバーナーで加熱し，沸騰させた。

図３

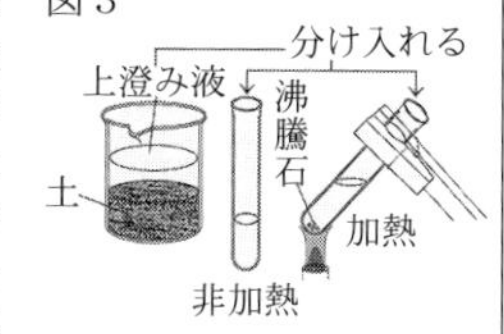

(c)　図４のように，脱脂粉乳とデンプンをふくむ寒天培地の上に，それぞれの試験管の上澄み液をしみこませた直径数mmの円形ろ紙を３枚ずつそれぞれ置き，ふたをして温かい場所で数日間保った。

図４

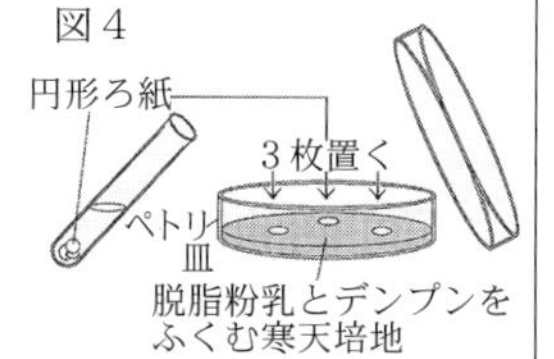

(d)　ヨウ素溶液を加える前後の寒天培地のようすを記録した。

【結果】

＜観察＞

○ダンゴムシが層Aで見つかり，ミミズやムカデが層A，Bで見つかった（図５）。

○数日後，ペトリ皿の中の落ち葉は細かくなり，ダンゴムシのふんが増えていた。

図５　見つけた小動物のスケッチ

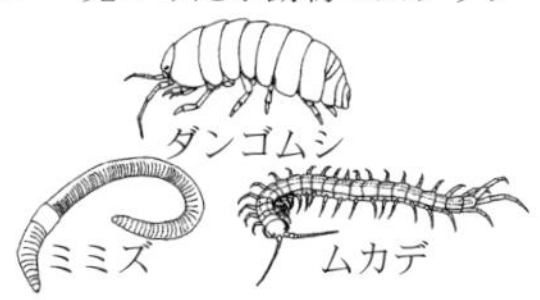

＜実験＞

○寒天培地のようすを次の表にまとめた。

（■ 脱脂粉乳により白濁した部分　□ 透明な部分）

	ヨウ素溶液	層Aの上澄み液	層Bの上澄み液	層Cの上澄み液
非加熱処理	加える前	円形ろ紙	円形ろ紙	円形ろ紙
	加えた後	Ⓐ	Ⓘ	Ⓤ
加熱処理	加える前	脱脂粉乳により白濁した部分は変わらなかった		
	加えた後	ヨウ素溶液の反応が寒天培地全体に見られた		

○土の中の微生物のはたらきによって有機物が分解されることが確認できた。

【考察】

○ダンゴムシは，層Aに食べ残した落ち葉やふんなどの有機物を残す。また，ミミズは［ ㋓ ］を食べ，ムカデは［ ㋔ ］を食べ，どちらも層A，Bにふんなどの有機物を残すと考えられる。

○実験より，土の中の微生物は層Aから層Cにかけてしだいに［ ㋕ ］していると考えられる。それぞれの層において，微生物の数量と有機物の量がつり合っているとすると，有機物は層Aから層Cにかけてしだいに［ ㋖ ］していると考えられる。

①　実験(b)において，上澄み液を沸騰させた理由を説明した文として適切なものを，次のア～エから１つ選んで，その符号を書きなさい。

ア．微生物の生育に最適な温度にするため。

イ．微生物に悪影響をおよぼす物質を除去するため。

ウ．微生物を殺すため。

エ．水を蒸発させ，実験に最適な水分量にするため。

②　【結果】の中の［ ㋐ ］に入る寒天培地のようすとして適切なものを，次のア～エから１つ選んで，その符号を書きなさい。

ア
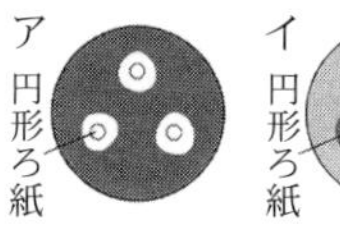

イ
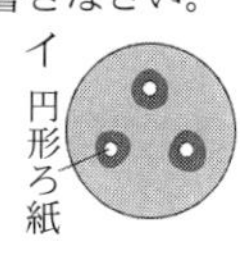

ウ
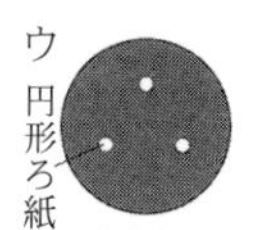

エ
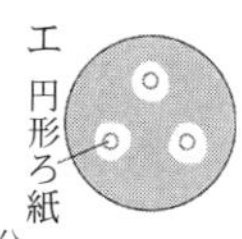

■ 青紫色の部分
▨ 脱脂粉乳により白濁した部分（ヨウ素溶液の反応なし）
□ 透明な部分（ヨウ素溶液の反応なし）

③　【考察】の中の［ ㋓ ］，［ ㋔ ］に入る語句として適切なものを，それぞれ次のア，イから１つ選んで，その符号を書きなさい。また，［ ㋕ ］，［ ㋖ ］に入る語句の組み合わせとして適切なものを，次のア～エから１つ選んで，その符号を書きなさい。

【㋓の語句】	ア．ダンゴムシ　イ．落ち葉
【㋔の語句】	ア．ダンゴムシやミミズ　イ．落ち葉
【㋕・㋖の語句の組み合わせ】	ア．㋕ 増加　㋖ 増加 イ．㋕ 減少　㋖ 増加 ウ．㋕ 減少　㋖ 減少 エ．㋕ 増加　㋖ 減少

＜兵庫県＞

第13章　生物領域の思考力活用問題

1 いろいろな生物とその共通点及び生物の体のつくりとはたらきに関する(1)，(2)の問いに答えなさい。

(1) ある湖とその周辺の植物を調査したところ，オオカナダモ，ツバキ，アサガオが見られた。

① オオカナダモの葉を１枚とって，プレパラートをつくり，図1のように，顕微鏡を用いて観察した。

図1

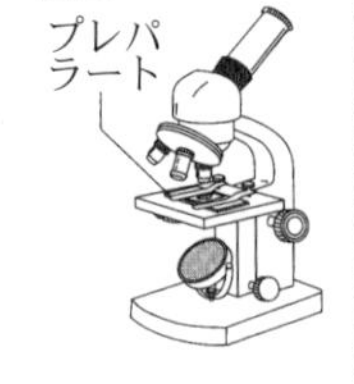

a．次の□の中の文が，低倍率で観察してから，高倍率に変えて観察するときの，図１の顕微鏡の操作について適切に述べたものとなるように，文中の(㋐)，(㋑)のそれぞれに補う言葉の組み合わせとして，下のア〜エの中から正しいものを１つ選び，記号で答えなさい。

> 倍率を高くするときは，レボルバーを回し，高倍率の(㋐)にする。倍率を高くすると，視野全体が(㋑)なるので，しぼりを調節してから観察する。

ア．㋐ 対物レンズ　㋑ 明るく
イ．㋐ 接眼レンズ　㋑ 明るく
ウ．㋐ 対物レンズ　㋑ 暗く
エ．㋐ 接眼レンズ　㋑ 暗く

b．オオカナダモの葉の細胞の中に，緑色の粒が見られた。この緑色の粒では光合成が行われている。細胞の中にある，光合成が行われる緑色の粒は何とよばれるか。その名称を書きなさい。

② ツバキとアサガオは，双子葉類に分類される。次のア〜エの中から，双子葉類に共通して見られる特徴を２つ選び，記号で答えなさい。
ア．胚珠(はいしゅ)が子房の中にある。
イ．根はひげ根からなる。
ウ．胚珠がむき出しになっている。
エ．根は主根と側根からなる。

③ 図２のように，葉の枚数や大きさ，枝の長さや太さがほぼ同じツバキを３本用意し，装置A〜Cをつくり，蒸散について調べた。装置A〜Cを，室内の明るくて風通しのよい場所に3時間置き，それぞれの三角フラスコ内の，水の質量の減少量を測定した。その後，アサガオを用いて，同様の実験を行った。表は，その結果をまとめたものである。表をもとにして，a，bの問いに答えなさい。ただし，三角フラスコ内には油が少量加えられており，三角フラスコ内の水面からの水の蒸発はないものとする。

図２

すべての葉の表にワセリンを塗る。　すべての葉の裏にワセリンを塗る。　何も塗らない。

装置A

装置B

装置C

(注)ワセリンは，白色のクリーム状の物質で，水を通さない性質をもつ。

	水の質量の減少量[g]	
	ツバキ	アサガオ
すべての葉の表にワセリンを塗る	6.0	2.8
すべての葉の裏にワセリンを塗る	1.3	1.7
何も塗らない	6.8	4.2

a．上の表から，ツバキとアサガオは，葉以外からも蒸散していることが分かる。この実験において，１本のツバキが葉以外から蒸散した量は何gであると考えられるか。計算して答えなさい。

b．ツバキとアサガオを比べた場合，１枚の葉における，葉の全体にある気孔の数に対する葉の表側にある気孔の数の割合は，どのようであると考えられるか。次のア〜ウの中から１つ選び，記号で答えなさい。ただし，気孔１つ当たりからの蒸散量は，気孔が葉の表と裏のどちらにあっても同じであるものとする。
ア．ツバキの方が大きい。
イ．どちらも同じである。
ウ．アサガオの方が大きい。

(2) 海の中には，多くの植物プランクトンが存在している。次の□の中の文は，植物プランクトンの大量発生により引き起こされる現象についてまとめた資料の一部である。

> 生活排水が大量に海に流れ込むと，これを栄養源として植物プランクトンが大量に発生することがある。大量に発生した植物プランクトンの多くは，水中を浮遊後，死んで海底へ沈む。<u>死んだ大量の植物プランクトンを，微生物が海底で分解することで，海底に生息する生物が死ぬことがある</u>。植物プランクトンを分解する微生物の中には，分解するときに硫化水素などの物質を発生させるものも存在し，海底に生息する生物が死ぬ原因の１つになっている。

① 植物プランクトンには，体が１つの細胞からできているものがいる。体が１つの細胞からできているものは，一般に何とよばれるか。その名称を書きなさい。

② 下線部のような現象が起こるのは，硫化水素などの物質の発生のほかにも理由がある。硫化水素などの物質の発生のほかに，微生物が大量の植物プランクトンを分解することによって，海底に生息する生物が死ぬことがある理由を，簡単に書きなさい。

＜静岡県＞

2 ロボットの動きに興味をもったKさんは，ロボットのうでとヒトのうでの動くしくみについて調べた。また，ロボットやヒトの活動を支えるエネルギーについて，S先生と一緒に考察した。あとの問いに答えなさい。

【Kさんが調べたこと】
・ロボットのうでには，図Ⅰの模式図のように，手首やひじ，肩などの関節に当たる場所にモーターが組み込まれていて，それらのモーターの回転によって，ロボットのうでは動く。
・ヒトは㋐<u>セキツイ動物</u>であり，体の内部に骨格がある。図Ⅱは，ヒトのうでの骨格と筋肉の一部を表した模式図である。ヒトのうでの骨格は，ひじの関節をはさんで肩側の骨と手首側の骨がつながったつくりをもつ。

・ヒトは骨格とつながった筋肉を縮めることにより，関節を用いて運動する。骨につく筋肉は，両端が［ⓐ］と呼ばれるつくりになっていて，図Ⅱのように，関節をまたいで二つの骨についている。脳やせきずいからなるⓑ〔ア．中枢　イ．末しょう〕神経からの命令がⓒ〔ウ．運動　エ．感覚〕神経を通って筋肉に伝えられると，筋肉が縮む。

図Ⅰ

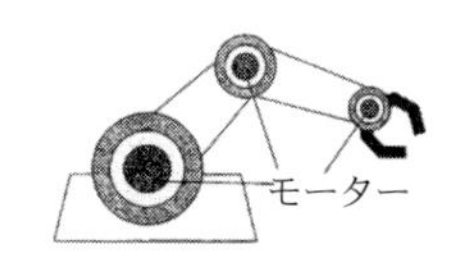

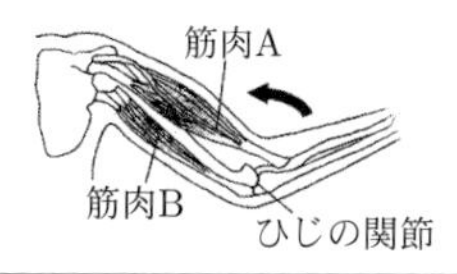

(1)　次のア～エのうち，下線部ⓐに分類される生物を一つ選び，記号を○で囲みなさい。

ア．クモ　　イ．メダカ
ウ．ミミズ　　エ．アサリ

(2)　前の文中の［ⓐ］に入れるのに適している語を書きなさい。

(3)　前の文中のⓑ〔　　〕，ⓒ〔　　〕から適切なものをそれぞれ一つずつ選び，記号を○で囲みなさい。

(4)　ロボットのうでを曲げのばしするモーターは，図Ⅰのように関節に当たる場所に組み込まれているが，ヒトのうでを曲げのばしする筋肉は，図Ⅱのように骨の両側にあり，互いに向き合うようについている。次のア～エのうち，図Ⅱ中の矢印で示された向きに，ひじの部分でうでを曲げるときの，筋肉Aと筋肉Bのようすとして最も適しているものを一つ選び，記号を○で囲みなさい。

ア．筋肉Aは縮み，筋肉Bはゆるむ(のばされる)。
イ．筋肉Aも筋肉Bも縮む。
ウ．筋肉Aはゆるみ(のばされ)，筋肉Bは縮む。
エ．筋肉Aも筋肉Bもゆるむ(のばされる)。

(5)　ヒトのうで，クジラやイルカのひれ，コウモリの翼のそれぞれの骨格には共通したつくりがある。図Ⅲは，ヒトのうで，クジラのひれ，コウモリの翼のそれぞれの骨格を表した模式図である。ヒトのうでの骨格は，肩からひじまでは1本の骨，ひじから手首までは2本の骨からなるつくりになっており，クジラのひれ，コウモリの翼の骨格のつくりと共通している。このように，現在のはたらきや形が異なっていても，もとは同じ器官であったと考えられるものは何と呼ばれる器官か，書きなさい。

図Ⅲ

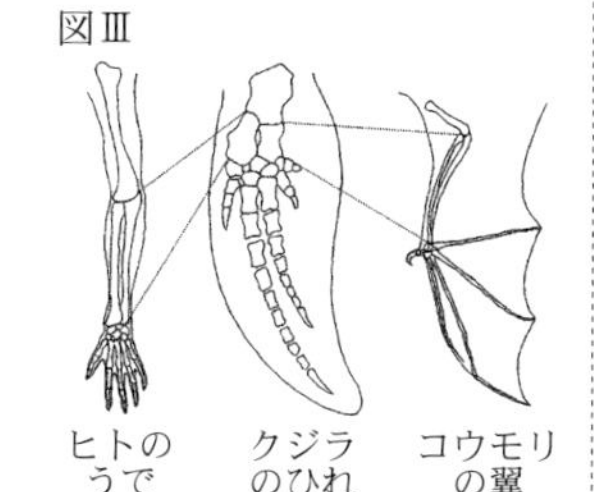

【KさんとS先生の会話】

S先生：ロボットやヒトが活動するときのエネルギーについて考えてみましょう。ロボットの活動は一般に電気エネルギーによって支えられていますが，ヒトの場合はどうでしょうか。

Kさん：食べた物の養分から取り出されるエネルギーによって支えられていると思います。

S先生：その通りです。食べた物を消化して取り出したブドウ糖やⓘ<u>脂肪</u>などの養分からエネルギーを得ることは細胞呼吸(細胞による呼吸)と呼ばれています。細胞呼吸は，体の中の細胞一つ一つが行っています。どのようにしてエネルギーが取り出されるか，段階を追って考えていきましょう。

Kさん：まず，消化管で消化・吸収された養分は，血液にとけ込んだ後，体の中にはりめぐらされた毛細血管の中を流れていきますよね。

S先生：はい。そして，毛細血管からは，血液の液体成分である血しょうがしみ出て，［ⓓ］と呼ばれる液となり，細胞の周りを満たします。細胞が必要とする養分や不要になった物質はこの［ⓓ］を介して血液とやり取りされています。また，血液は体の中を循環し，肺において体の外と物質のやり取りをしています。表には，吸う息と吐く息に含まれる成分のうち水蒸気を除いたものの体積の割合がまとめられています。吸う息と吐く息の成分を比べると，細胞呼吸のようすが分かってきますよ。

表

成分	体積の割合[%]	
	吸う息	吐く息
窒素	78.09	78.19
酸素	20.94	16.20
二酸化炭素	0.03	4.67
その他	0.94	0.94

Kさん：細胞呼吸において，ⓔ〔ア．窒素　イ．酸素　ウ．二酸化炭素〕と養分が細胞内で反応することによりエネルギーが得られ，ⓕ〔エ．窒素　オ．酸素　カ．二酸化炭素〕と水が細胞外に放出されているのが，吸う息と吐く息の成分に反映されているのですね。

S先生：その通りです。息を吸ったり吐いたりする肺での呼吸と，細胞呼吸との関係がよく分かりましたね。

(6)　下線部ⓘについて，次の文中の①〔　　〕～④〔　　〕から適切なものをそれぞれ一つずつ選び，記号を○で囲みなさい。

　口から取り入れられた脂肪は，胆汁のはたらきによって分解されやすい状態になる。胆汁は，①〔ア．肝臓　イ．すい臓　ウ．胆のう〕でつくられ，②〔エ．肝臓　オ．すい臓　カ．胆のう〕に蓄えられている。分解されやすくなった脂肪は，さらに，すい臓に含まれる消化酵素である③〔キ．アミラーゼ　ク．リパーゼ　ケ．ペプシン〕のはたらきによって脂肪酸と④〔コ．アミノ酸　サ．モノグリセリド〕に分解され，小腸の壁にある柔毛から吸収される。

(7)　会話文中の［ⓓ］に入れるのに適している語を書きなさい。

(8)　会話文中のⓔ〔　　〕，ⓕ〔　　〕から適切なものをそれぞれ一つずつ選び，記号を○で囲みなさい。

＜大阪府＞

3　メダカの呼吸回数とオオカナダモの光合成の関係について，次の1～3の各問いに答えなさい。

1．メダカの呼吸回数について調べるために，水槽(そう)に25℃の水とメダカを入れて【実験1】を行った。なお，水槽の水の温度は【実験1】の間25℃に保った。あとの(1)～(4)の各問いに答えなさい。

【実験1】

①　図1は，メダカの泳ぐ水槽の水を，pHメーターを用いて調べているようすである。このとき水槽の水は中性であった。すぐにこの水槽にふたをして，外の空気が入らないように

図1

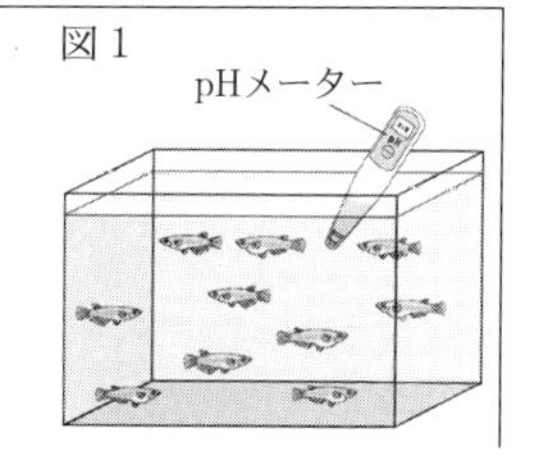

した。

② ①から30分後，ビデオカメラを用いてすべてのメダカを撮影し，1分間に行う呼吸回数を調べたところ，平均して180回であった。ただし，図２に示すメダカのえらぶたが１回開いて閉じるまでを１回の呼吸とした。このとき，pHメーターで水槽の水を調べると酸性に変化していた。

図２

③ ②の水槽にオオカナダモを入れ，再びふたをして光を十分に当てた。

④ ③から1時間後，メダカが1分間に行う呼吸回数を調べたところ，平均して120回に減少した。このとき，pHメーターで水槽の水を調べると中性に戻っていた。

(1) 卵からうまれたばかりの子がえらで呼吸する動物を，次のア～オの中からすべて選び，記号を書きなさい。

ア．イモリ
イ．フナ
ウ．イルカ
エ．ウミガメ
オ．ペンギン

(2) 呼吸によって体内に取り込まれた酸素は，ヘモグロビンという物質を含む血液中の粒（固形の成分）によって全身に運ばれる。この粒を何というか，書きなさい。

(3) ヘモグロビンについて説明した次のａ～ｄのうち，正しいものの組み合わせを，下のア～エの中から１つ選び，記号を書きなさい。

ａ．酸素の多いところで酸素と結びつき，酸素の少ないところでは結びついた酸素の一部を放す。
ｂ．酸素の少ないところで酸素と結びつき，酸素の多いところでは結びついた酸素の一部を放す。
ｃ．酸素と結びつくと，暗い赤色になる。
ｄ．酸素と結びつくと，鮮やかな赤色になる。

ア．ａとｃ
イ．ａとｄ
ウ．ｂとｃ
エ．ｂとｄ

(4) 【実験１】の下線部のように，水槽の水が酸性に変化した理由として最も適当なものを，次のア～エの中から１つ選び，記号を書きなさい。

ア．水に溶けている酸素が増加したから。
イ．水に溶けている酸素が減少したから。
ウ．水に溶けている二酸化炭素が増加したから。
エ．水に溶けている二酸化炭素が減少したから。

2．オオカナダモの光合成について調べるために，次の【実験２】を行った。あとの(1)～(3)の各問いに答えなさい。

【実験２】

① 水中に溶けている気体を追い出した25℃の水を準備した。

② 図３のように，装置Aおよび装置Bを用意した。装置Aは，①の水とオオカナダモをペットボトルに入れてふたをしたものである。装置Bは，①の水に二酸化炭素を十分に溶け込ませたものと，オオカナダモをペットボトルに入れてふたをしたものである。なお，装置A，装置Bのオオカナダモは，前日から暗い所に置いたものを使用した。

図３

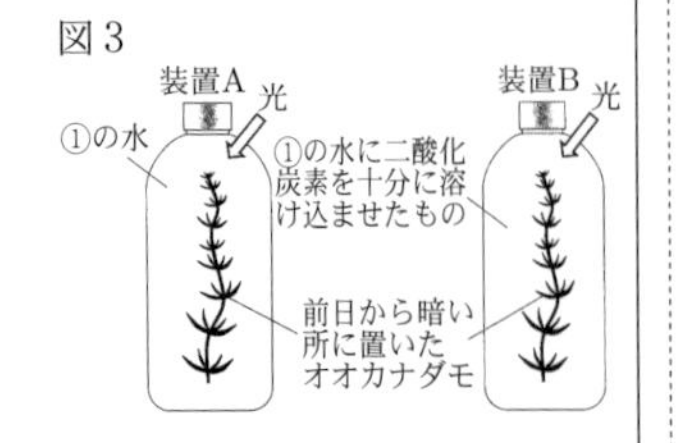

③ 水の温度を25℃に保ったまま，装置A，装置Bに十分な光を当てたところ，装置Aのオオカナダモからは気体が出てこなかったが，装置Bのオオカナダモからはさかんに気体が出てきた。

④ 装置Bのオオカナダモから出てきた気体を試験管に集めた。試験管に集めた気体に火のついた線香を入れると，炎をあげて激しく燃えた。

⑤ 装置A，装置Bのオオカナダモを取り出し，それぞれ葉を１枚とり，熱湯に数分ひたしたあと，あたためたエタノールの中に入れた。次に水洗いし，ヨウ素液にひたしたあと顕微鏡で葉の細胞を観察した。その結果，装置Bの葉の細胞の中には，青紫色に染まった小さな粒が見られたが，装置Aの葉の細胞の中には青紫色に染まった小さな粒は見られなかった。

(1) 【実験２】の下線部について，この操作を行う理由について説明した次の文の(　　)にあてはまる語句を書きなさい。

あたためたエタノールの中にオオカナダモを入れると，葉が(　　)され，ヨウ素液による色の変化が見やすくなるから。

(2) 細胞の中の小さな粒が青紫色に染まったことから，何という物質がつくられていたことがわかるか，書きなさい。

(3) オオカナダモが気体を出すためには，光が必要であることを確かめたい。装置Bに光を十分に当てた状態と比較する実験として，どのようなものが考えられるか。装置についてはア～エから，状態についてはX，Yから，予想される結果についてはⅠ，Ⅱからそれぞれ１つずつ選び，記号を書きなさい。

装置　ア．装置Aと同じもの
　　　イ．装置Aからオオカナダモを取り出したもの
　　　ウ．装置Bと同じもの
　　　エ．装置Bからオオカナダモを取り出したもの

状態　X．光を十分に当てた状態
　　　Y．光を全く当てない状態

結果　Ⅰ．気体が出てくる
　　　Ⅱ．気体が出てこない

3．１の【実験１】，２の【実験２】から，メダカの呼吸回数について，次の【考察】をまとめた。あとの(1)，(2)の問いに答えなさい。

【考察】

【実験２】から，二酸化炭素が十分に溶けた水の中にオオカナダモを入れ，十分な光を当てると，オオカナダモは光合成を行うことがわかった。つまり【実験１】の水槽内の水は，オオカナダモを入れたことで，水に溶けている(　ａ　)ことになる。このような環境変化により，【実験１】において，メダカは呼吸回数が減少しても，体内の養分を分解して，生きていくために必要な(　ｂ　)ことができたと考えられる。

(1) 【考察】の(　ａ　)にあてはまる文として最も適当なものを，次のア～エの中から１つ選び，記号を書きなさい。

ア．二酸化炭素と酸素がともに減った
イ．二酸化炭素と酸素がともに増えた
ウ．二酸化炭素が減って酸素が増えた
エ．二酸化炭素が増えて酸素が減った

(2)　【考察】の(　b　)にあてはまる適当な文を，細胞の呼吸が果たす役割に注目して書きなさい。

<佐賀県>

4

太郎さんと花子さんは，シロツメクサに興味をもち，先生と相談しながら観察や実験をして調べることにしました。図1は観察をしたときのスケッチです。後の1から5までの各問いに答えなさい。

図1

花の集まり

葉

茎

太郎さん：アブラナは種子でなかまをふやしますが，シロツメクサはどのようにふえるのですか。

先生：アブラナと同様に，おしべのやくでつくられた花粉を，めしべで受粉した後に，子房の中で種子をつくり，なかまをふやします。シロツメクサについて，自分たちで詳しく調べてみてはどうかな。

花子さん：受粉した後の花粉は，いったいどのような変化をしていくのかな。

太郎さんと花子さんは，受粉後に花粉がどのように変化するのかを調べるため，次の観察を行いました。

【観察】

<方法>

① 10％のショ糖水溶液(砂糖水)をつくり，これをスライドガラスの上に1滴落とす。

② ①のスライドガラスの上に，シロツメクサの花粉をまく。

③ 顕微鏡を使って，20分ごとに観察する。このとき，デジタルカメラで撮影しておき，花粉の変化を調べる。

図2　シロツメクサの花粉

図3　1時間後

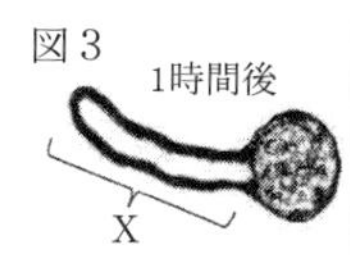

<結果>

はじめに図2のようであったシロツメクサの花粉は，1時間後，図3のように変化した。

1．受粉が行われるのは，めしべの何という部分ですか。書きなさい。

2．図3のXの部分の名称は何といいますか。書きなさい。

太郎さん：資料を詳しく調べてみると，シロツメクサは種子でなかまをふやすだけではなく，はうようにのびた茎の先が地面につくことで新たな根や芽を出して，なかまをふやすしくみもあると書いてありました。

3．シロツメクサが，茎でふえるときのように，自然のなかで受精が関係しないふえ方と同じものはどれですか。下のアからオまでの中からすべて選びなさい。

ア．ゾウリムシが，分裂してふえるとき

イ．ジャガイモが，いもでふえるとき

ウ．ヒキガエルが，卵を産んでふえるとき

エ．ミカヅキモが，分裂してふえるとき

オ．イヌが，子を産んでふえるとき

花子さん：シロツメクサの葉に注目したときに，校庭のシロツメクサのすべての葉には図4のような模様があったのですが，私の家のシロツメクサのすべての葉は図5のように模様がありませんでした。これはどうしてなのかな。

図4　図5

先生：シロツメクサの葉の模様について，模様ありが顕性形質で，模様なしが潜性形質であることがわかっています。

太郎さん：それでは，葉の模様があるかないかについて，授業で行った次のようなモデル実験を行えば，遺伝のしくみを説明できそうだね。

【モデル実験】

<方法>

図6のように黒玉を2個ずつ入れた箱Aと箱C，白玉を2個ずつ入れた箱Bと箱D，空の箱Eと箱Fを用意する。なお，黒玉(●)は葉を模様ありにする遺伝子，白玉(○)は葉を模様なしにする遺伝子とする。

操作①　箱Aおよび箱Bのそれぞれから玉を1個ずつとり出し，箱Eに入れる。なお，箱から玉をとり出すときには，箱の中を見ないようにし，以下，同様に行う。

操作②　箱Cおよび箱Dのそれぞれから玉を1個ずつとり出し，箱Fに入れる。

操作③　箱Eおよび箱Fのそれぞれから玉を1個ずつとり出し，その玉の組み合わせを記録する。その後，とり出した玉は元の箱(箱E・箱F)にもどす。

操作④　操作③を，400回くり返して行う。

図6

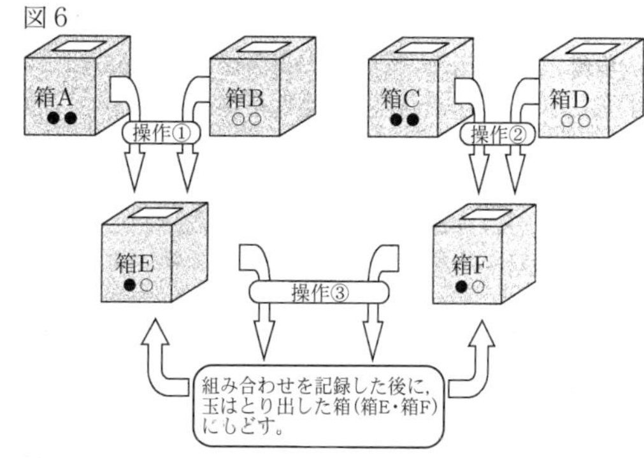

<結果>

玉の組み合わせが，黒玉2個(●●)，黒玉と白玉1個ずつ(●○)，白玉2個(○○)となった回数の比は，およそ1：2：1であった。

【話し合い】

花子さん：箱Aと箱Cは，純系の模様ありのシロツメクサ，箱Bと箱Dは純系の模様なしのシロツメクサを示しているね。操作①や操作②で得られる，箱Eと箱Fは遺伝子の組み合わせが(●○)となり，すべて模様ありになるね。

太郎さん：操作③の結果から，花子さんの家のシロツメクサは，遺伝子の組み合わせが(○○)ということがわかるね。また，校庭のシロツメクサの遺伝子の組み合わせは(●●)か(●○)のどちらかということがわかるね。

花子さん：では，校庭のシロツメクサの遺伝子の組み合わせは，どうやって確かめるといいかな。

4．モデル実験で，操作①や操作②のように，「箱から玉をとり出す操作」が表している遺伝の法則は何ですか。書きなさい。

5．話し合いの下線部について，新たに校庭のシロツメクサと花子さんの家のシロツメクサを用いて受粉させ，そのときつくられた種子を育て，個体(株)ごとに現れる葉の形質を調べる実験を行うとします。「校庭のシロツメクサの遺伝子の組み合わせは(●○)である」と仮定して，そのことを証明する場合，模様ありの葉をつけるシロツメクサの個体(株)と，模様なしの葉をつけるシロツメクサの個体(株)の数の比についてどんなことがいえるとよいですか。「個体」という語を使って説明しなさい。

＜滋賀県＞

5 アジサイの根，茎，葉のつくりとそのはたらきを調べるため，次の〔観察〕と〔実験〕を行った。

〔観察〕

① アジサイの葉の裏側から表皮をはがして，プレパラートをつくった。

② 10倍の接眼レンズと10倍の対物レンズをとりつけた顕微鏡を用いて，①のプレパラートを観察した。

〔実験〕

① アジサイの葉と茎で行われている蒸散の量を調べるため，葉の数と大きさ，茎の長さと太さをそろえ，からだ全体から蒸散する水の量が同じになるようにした3本のアジサイA，B，Cと，同じ形で同じ大きさの3本のメスシリンダーを用意した。

② アジサイAは，全ての葉の表側だけにワセリンを塗り，アジサイBは，全ての葉の裏側だけにワセリンを塗った。また，アジサイCは，ワセリンをどこにも塗らなかった。

③ 図のように，アジサイA，B，Cを，水が同量入ったメスシリンダーにそれぞれ入れ，水面に油をたらした。

④ その後，3本のメスシリンダーを明るく風通しのよい場所に置き，一定の時間が経過した後の水の減少量を調べた。

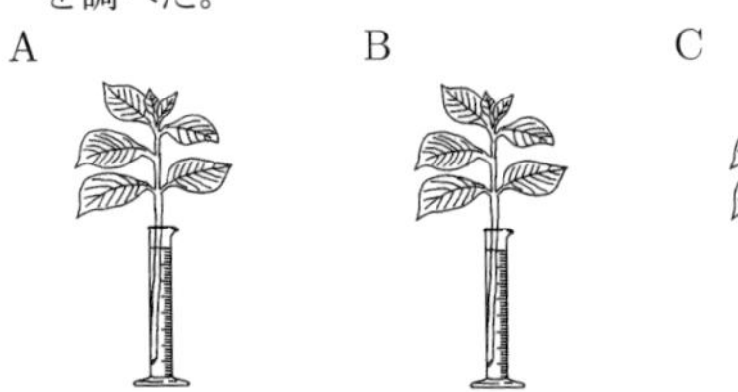

表は，〔実験〕の結果をまとめたものである。

アジサイ	水の減少量[cm³]
A	26.2
B	20.2
C	36.2

なお，ワセリンは，水や水蒸気を通さないものとし，葉の表側と裏側に塗ったワセリンは，塗らなかった部分の蒸散に影響を与えないものとする。また，メスシリンダー内の水の減少量は，アジサイの蒸散量と等しいものとする。

次の(1)から(4)までの問いに答えなさい。

(1) アジサイは双子葉類の植物である。双子葉類の茎の断面と根のつくりの特徴を表した図としてそれぞれ正しいものはどれか。最も適当な組み合わせを，次のアからエまでの中から選びなさい。

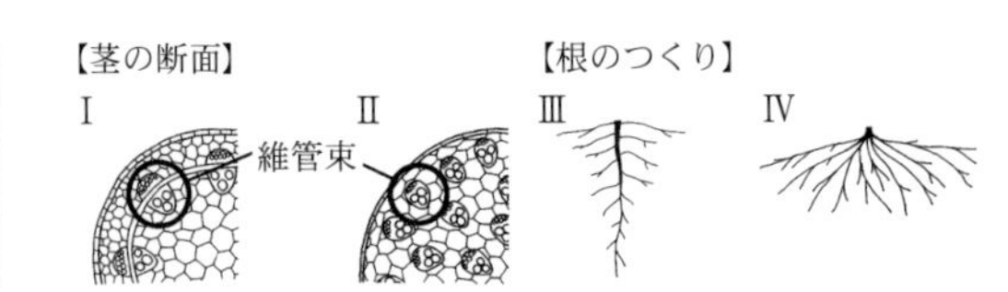

ア．Ⅰ，Ⅲ　イ．Ⅰ，Ⅳ　ウ．Ⅱ，Ⅲ　エ．Ⅱ，Ⅳ

(2) 〔観察〕の②では気孔が観察できた。その後，接眼レンズの倍率はかえずに，対物レンズだけを40倍にかえて顕微鏡で観察した。次の文は，このときの視野の中に見える気孔の数と，視野の明るさについて述べたものである。文中の(Ⅰ)と(Ⅱ)のそれぞれにあてはまる語の組み合わせとして最も適当なものを，下のアからカまでの中から選びなさい。

〔観察〕の②のときと比べて，視野の中に見える気孔の数は(Ⅰ)，視野の明るさは(Ⅱ)。

ア．Ⅰ．増え，　Ⅱ．明るくなる
イ．Ⅰ．増え，　Ⅱ．暗くなる
ウ．Ⅰ．増え，　Ⅱ．変わらない
エ．Ⅰ．減り，　Ⅱ．明るくなる
オ．Ⅰ．減り，　Ⅱ．暗くなる
カ．Ⅰ．減り，　Ⅱ．変わらない

(3) 次の文章は，〔実験〕の結果について述べたものである。文章中の(Ⅰ)と(Ⅱ)にあてはまる語句として最も適当なものを，下のアからカまでの中からそれぞれ選びなさい。

〔実験〕の結果では，葉の表側よりも裏側からの蒸散量が多いことが，(Ⅰ)ことからわかる。また，葉以外の部分からも蒸散が起こっていることが，(Ⅱ)ことからわかる。

ア．Aの水の減少量が，Bの水の減少量より大きい
イ．Bの水の減少量が，Cの水の減少量より小さい
ウ．Cの水の減少量が，Aの水の減少量より大きい
エ．Aの水の減少量が，Cの水の減少量からBの水の減少量を引いたものより大きい
オ．Bの水の減少量が，Aの水の減少量からBの水の減少量を引いたものより小さい
カ．Cの水の減少量が，Aの水の減少量からBの水の減少量を引いたものより大きい

(4) 〔実験〕で，葉の裏側から蒸散した量は，葉の表側から蒸散した量の何倍か。最も適当なものを，次のアからクまでの中から選びなさい。

ア．0.6倍　イ．0.8倍　ウ．1.1倍
エ．1.3倍　オ．1.4倍　カ．1.6倍
キ．1.8倍　ク．2.1倍

＜愛知県＞

地学編

第14章　大地の変化

地震と大地の変動

1　ある中学校では，右図のような緊急地震速報を受信したという想定で避難訓練を実施した。次の⑴，⑵に答えなさい。

緊急速報(訓練)
緊急地震速報 ●●で地震発生。強いゆれに備えてください。

⑴　地震の規模の大小を表す値を何というか。書きなさい。

⑵　次の文が，緊急地震速報について説明したものとなるように，(　　)の中のａ～ｄの語句について，正しい組み合わせを，下の１～４から１つ選び，記号で答えなさい。

> 地震発生後，地震計で感知した(ａ．P波　ｂ．S波)を直ちに解析することで，各地の(ｃ．初期微動　ｄ．主要動)の到達時刻やゆれの大きさなどを予測し，伝えるしくみである。

１．ａとｃ
２．ａとｄ
３．ｂとｃ
４．ｂとｄ

＜山口県＞

2　地震に関する説明として最も適するものを次の１～４の中から一つ選び，その番号を答えなさい。

１．マグニチュードの値が１大きくなると，地震によって放出されるエネルギーは約1000倍になる。
２．現在，日本における震度は１から７まであり，震度５と震度６はそれぞれ強と弱があるため全部で９段階に分けられている。
３．地震が起こると，震源ではまず初期微動を伝える波が発生し，しばらく時間がたってから主要動を伝える波が発生する。
４．小さなゆれを観測してから大きなゆれを観測するまでの時間は，一般的に震源から遠い場所ほど長い。

＜神奈川県＞

3　地下のごく浅い場所で発生したある地震を地点A，Bで観測した。表は，震源から地点A，Bまでの距離をそれぞれ示したものである。

地点	震源からの距離
A	80km
B	144km

この地震では，地点Aにおける初期微動継続時間が10秒であり，地点Bでは午前9時23分33秒に初期微動がはじまった。地点Bで主要動がはじまる時刻は午前何時何分何秒か，求めなさい。

ただし，地点A，Bは同じ水平面上にあり，P波とS波は一定の速さで伝わるものとする。

＜愛知県＞

4　千秋さんと夏希さんは，地震に興味をもち，調べ学習を行いました。後の１から５までの各問いに答えなさい。

地震は身の回りにいろいろな影響をおよぼす現象だね。ａ地形が変化することもあるね。

地震が起こると，震央や，震源の深さ，ｂ地震の規模を表すマグニチュードと各地の震度が伝えられるね。

１．下線部ａについて，地震などで土地がもち上がることを何といいますか。書きなさい。
２．下線部ｂについて，震央と震源の深さがほぼ同じ地震を比べたとき，マグニチュードの値が大きい地震は，マグニチュードの値が小さい地震と比べてどのような違いがありますか。ゆれの伝わる範囲について書きなさい。

千秋さんと夏希さんは，ある地震(地震ア)について，インターネットを使って調べ学習をしました。

【調べ学習】

＜地震ア＞
図１の略地図に，地震アの震央と，地震計の記録などが得られた地点を示した。
表に，地震発生から各地点でゆれが観測されるまでの時間をまとめた。
図３に，地点A，地点B，地点Cの地震計の記録をまとめた。記録の左端が地震の発生時刻である。

地点	震源からの距離[km]	地震発生から小さなゆれが観測されるまでの時間[秒]	地震発生から大きなゆれが観測されるまでの時間[秒]
地点A	13.7	2.4	4.0
地点B	37.8	6.5	11.1
地点C	31.2	5.4	9.2

図１　×は震央

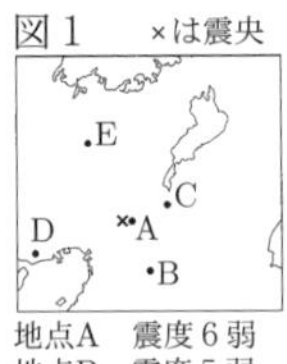

地点A　震度６弱
地点B　震度５弱
地点C　震度５弱
地点D　震度４

図２

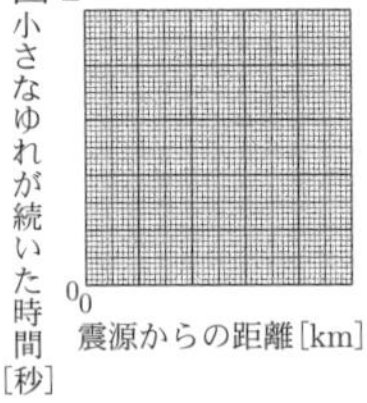

小さなゆれが続いた時間[秒]
0
震源からの距離[km]

図３

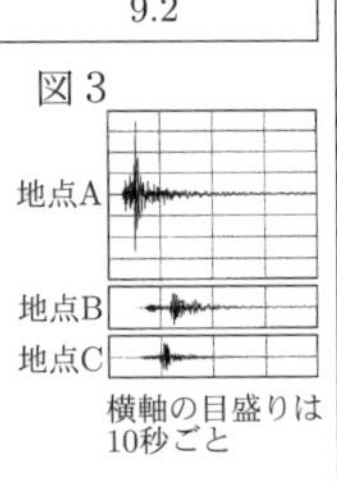

横軸の目盛りは10秒ごと

３．【調べ学習】で，図１の地域の土地の性質は一様であるとしたとき，地点Eの震度として考えられる階級はどれですか。最も適切なものを，次のアからエまでの中から１つ選びなさい。

ア．震度４　　イ．震度５強
ウ．震度６弱　　エ．震度６強

４．【調べ学習】の表をもとに，地震アについて，震源からの距離と小さなゆれが続いた時間の関係を表したグラフを，図２にかきなさい。ただし，グラフの縦軸，横軸の目盛りには適切な値を書きなさい。

【話し合い】

夏希さん：図３を見ると，初めに小さなゆれが続いてから大きなゆれが観測されているね。
千秋さん：小さなゆれが続く時間はそれぞれ違っているね。
夏希さん：ゆれの伝わり方を利用した，緊急地震速報というものがあるね。震源に近い地震計で観測された初めの小さなゆれをコンピュータによって短い時間で分析し，震度５弱以上のゆれが予想された地域に発表されるそうだよ。
千秋さん：c震源からある程度離れたところでは，大きなゆれを事前に知ることができるものだね。

５．【話し合い】の下線部ｃについて，震源からある程度離れたところには，緊急地震速報によって，大きなゆれを事前に知らせることができます。「P波」と「S波」という２つの語を使って，その理由を説明しなさい。

＜滋賀県＞

5

次の１，２の問いに答えなさい。

１．表１は，過去に発生した地震A～Eのマグニチュードと，それぞれの地震について山梨県のある地点Xで観測した震度をまとめたものである。(1)，(2)の問いに答えなさい。

表１

地震	マグニチュード	地点Xの震度
A	6.5	4
B	6.8	3
C	7.8	2
D	6.8	2
E	7.5	3

(1)　地点Xで最も大きい揺れを観測した地震はどれか，表１のA～Eから一つ選び，その記号を書きなさい。

(2)　地震Bと地震Dは，どちらも震源の深さが30 km程度の地震であった。この２つの地震は，マグニチュードは等しいが，地点Xの震度は異なっている。その理由を簡潔に書きなさい。ただし，地震の揺れが伝わる速さは一定であるものとする。

２．表２は，日本のある地域で発生した地震について，地点a～dそれぞれにおける震源からの距離と，初期微動が始まった時刻および主要動が始まった時刻をまとめたものである。(1)～(3)の問いに答えなさい。ただし，初期微動を伝える波，主要動を伝える波の速さはそれぞれ一定であるものとする。

表２

地点	震源からの距離	初期微動が始まった時刻	主要動が始まった時刻
a	36km	6時56分58秒	6時57分01秒
b	48km	6時57分00秒	6時57分04秒
c	84km	6時57分06秒	6時57分13秒
d	144km	6時57分16秒	6時57分28秒

(1)　次の［　　］は，初期微動と主要動について述べた文章である。［　①　］，［　②　］に当てはまる語句を書きなさい。また，［　③　］に当てはまる数字を書きなさい。

> 初期微動を伝える波を［　①　］といい，主要動を伝える波を［　②　］という。また，地点cでは，初期微動は［　③　］秒間続いたといえる。

(2)　この地震が発生した時刻は何時何分何秒か，求めなさい。

(3)　この地震において，震源からの距離が72 kmの地点の地震計で初期微動を感知し，8秒後に気象庁が緊急地震速報を発信したとする。このとき，地点dでは，緊急地震速報を受信してから，何秒後に主要動が始まると考えられるか，求めなさい。ただし，緊急地震速報の発信から受信するまでにかかる時間は考えないものとする。なお，緊急地震速報は，地震が起こると震源に近い地点の地震計の観測データを解析して，主要動の到達時刻をいち早く各地に知らせるものである。

＜山梨県＞

6

図１は，ある地域で起こった地震Jについて，ゆれを観測した地点A～Dにおける，初期微動の始まりの時刻と初期微動継続時間との関係を表したものである。ただし，地震Jで発生したP波，S波の伝わる速さはそれぞれ一定で，場所によって変わらないものとする。

図１

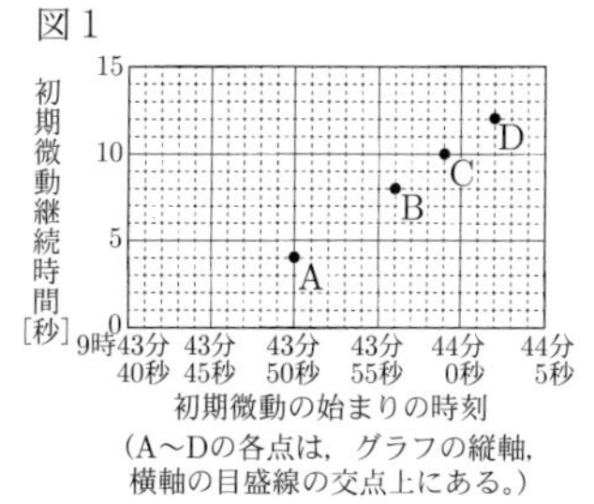

（A～Dの各点は，グラフの縦軸，横軸の目盛線の交点上にある。）

(1)　次の文は，気象庁が発表した，地震Jの情報をまとめたものである。

> 9時43分頃，地震がありました。この地震の［　X　］の深さは約10 km，地震の規模を示す［　Y　］は7.2と推定されます。この地震による［　Z　］の心配はありません。

①　表のア～エのうち，X，Yに当てはまる言葉の組み合わせとして，適当なものを１つ選び，その記号を書け。

表

	X	Y
ア	震源	マグニチュード
イ	震源	震度
ウ	震央	マグニチュード
エ	震央	震度

②　Zは，地震による海底の地形の急激な変化にともない，海水が持ち上げられることで発生する波である。Zに当てはまる最も適当な言葉を書け。

(2)　図２は，地点A～Dのいずれかにおいて，地震Jのゆれを地震計で記録したもののうち，初期微動が始まってからの30秒間の記録を示したものである。地点A～Dのうち，図２に示すゆれが記録された地点として，最も適当なものを１つ選び，A～Dの記号で書け。

図２

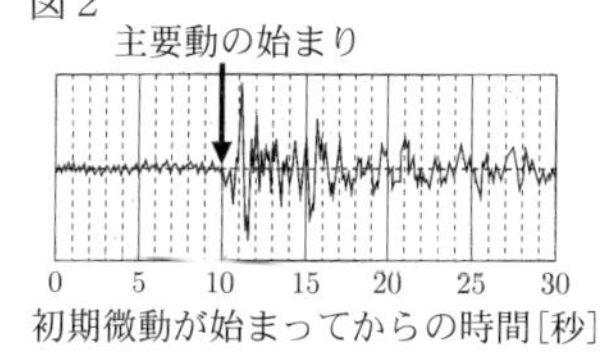

(3)　図１をもとに，地震Jの発生時刻を書け。

(4)　地震Jでは，緊急地震速報が9時43分55秒に発表された。地点Bで，地震Jの主要動が観測され始めたのは，緊急地震速報が発表されてから何秒後か。次のア～エのうち，最も適当なものを１つ選び，その記号を書け。

ア．1秒後　　イ．8秒後
ウ．9秒後　　エ．11秒後

＜愛媛県＞

7 ある場所で発生した地震のゆれを，震源からの距離がそれぞれ30 km，48 km，60 kmの地点A，B，Cで観測した。図1は，ばねとおもりを利用して，地面の上下方向のゆれを記録する地震計を模式的に示したものである。図2は，地震計を用いて地点A，B，Cでこの地震のゆれを観測したときのそれぞれの記録を模式的に表したもので，図2に記した時刻は，初期微動と主要動が始まった時刻である。

なお，この地震は地下のごく浅い場所で発生し，地点A，B，C，は同じ水平面上にあるものとする。また，発生するP波，S波はそれぞれ一定の速さで伝わるものとする。

図1

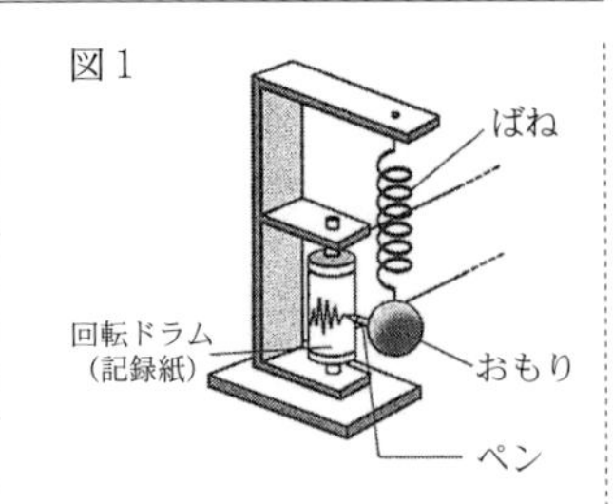

図2

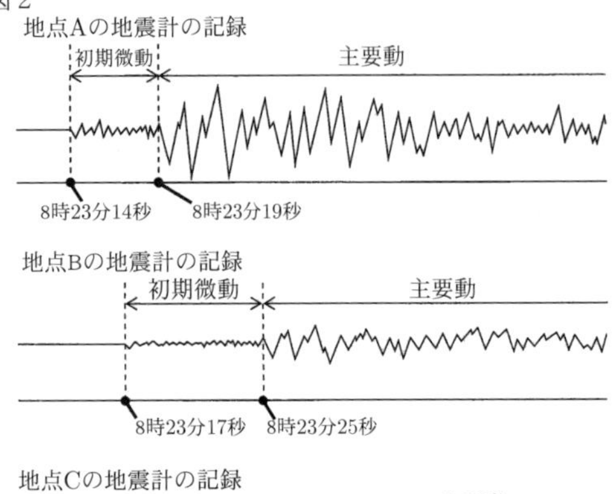

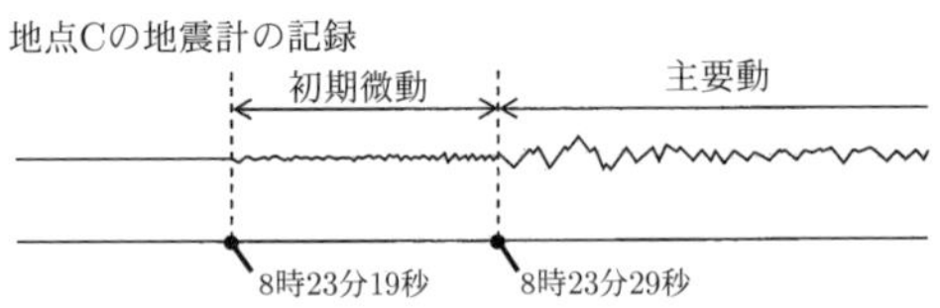

次の(1)から(4)までの問いに答えなさい。

(1) 図1の地震計のしくみについて説明した文として最も適当なものを，次のアからカまでの中から選んで，そのかな符号を書きなさい。

ア．地震で地面がゆれると，記録紙とおもりは，地面のゆれと同じ方向に動く。
イ．地震で地面がゆれると，記録紙とおもりは，地面のゆれと反対方向に動く。
ウ．地震で地面がゆれると，記録紙はほとんど動かないが，おもりは地面のゆれと同じ方向に動く。
エ．地震で地面がゆれると，記録紙はほとんど動かないが，おもりは地面のゆれと反対方向に動く。
オ．地震で地面がゆれると，おもりはほとんど動かないが，記録紙は地面のゆれと同じ方向に動く。
カ．地震で地面がゆれると，おもりはほとんど動かないが，記録紙は地面のゆれと反対方向に動く。

(2) この地震のP波の伝わる速さは何km/sか。最も適当なものを，次のアからエまでの中から選んで，そのかな符号を書きなさい。

ア．3 km/s　　イ．4 km/s
ウ．6 km/s　　エ．8 km/s

(3) この地震では，緊急地震速報が発表された。この地震の震源からの距離が96 kmである地点Xで，緊急地震速報を受信してからS波によるゆれが到達するまでにかかる時間は何秒か，整数で求めなさい。

ただし，地点Aの地震計にP波が届いた時刻の5秒後に，地点Xで緊急地震速報は受信されるものとする。

なお，緊急地震速報は，震源に近い地震計の観測データを解析して，主要動の到達時刻をいち早く予想して各地に知らせる情報のことで，この情報により避難行動をとることができる。

(4) 次の文章は，日本で発生した地震とそれに伴う災害についてまとめたものである。文章中の(　Ⅰ　)と(　Ⅱ　)にあてはまる語として最も適当なものを，あとのアからコまでの中からそれぞれ選んで，そのかな符号を書きなさい。

> 地震によるゆれの大きさは(　Ⅰ　)で表される。1995年兵庫県南部地震における最大の(　Ⅰ　)は7とされ，家屋の倒壊や火災などの被害を引き起こした。
> 2011年の東北地方太平洋沖地震は，海底で地震が起こって地形が急激に変化したため，巨大な波が沿岸部に押し寄せ，建物などが流される被害をもたらした。また，地盤のやわらかい埋め立て地が多い千葉県浦安市などでは地面から土砂や水がふき出たが，これは(　Ⅱ　)によるものである。

ア．マグニチュード
イ．ハザードマップ
ウ．震度
エ．プレート
オ．活断層
カ．液状化現象
キ．土砂くずれ
ク．土石流
ケ．侵食
コ．津波

＜愛知県＞

8 ある日の15時すぎに，ある地点の地表付近で地震が発生した。表は，3つの観測地点A～Cにおけるそのときの記録の一部である。あとの問いに答えなさい。ただし，岩盤の性質はどこも同じで，地震のゆれが伝わる速さは，ゆれが各観測地点に到達するまで変化しないものとする。

観測地点	震源からの距離	P波が到着した時刻	S波が到着した時刻
A	(　X　)km	15時9分(　Y　)秒	15時 9分58秒
B	160km	15時10分10秒	15時10分30秒
C	240km	15時10分20秒	15時10分50秒

(1) P波によるゆれを何というか，書きなさい。

(2) 地震の発生した時刻は15時何分何秒と考えられるか，求めなさい。

(3) 表の(　X　)，(　Y　)にあてはまる値をそれぞれ求めなさい。

(4) 次の文は地震について説明したものである。文中の①，②の(　　)の中から適切なものをそれぞれ選び，記号で答えなさい。

> 震源の深さが同じ場合には，マグニチュードが大きい地震の方が，震央付近の震度が①(ア．大きくなる　イ．小さくなる)。また，マグニチュードが同じ地震の場合には，震源が浅い地震の方が，強いゆれが伝わる範囲が②(ウ．せまくなる　エ．広くなる)。

(5) 日本付近の海溝型地震が発生する直前までの，大陸プレートと海洋プレートの動く方向を表したものとして，最も適切なものはどれか。次のア～エから1つ選び，記号で答えなさい。

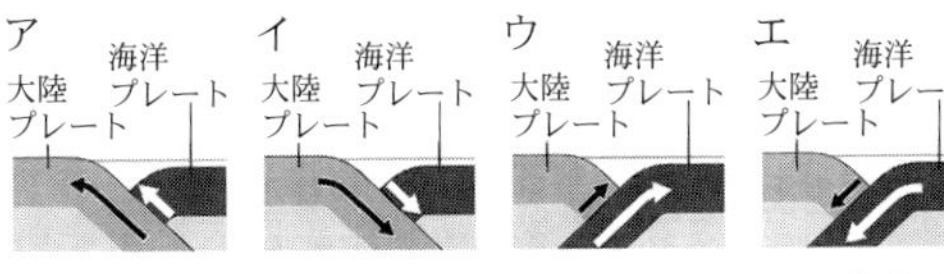

＜富山県＞

9 小春さんは，日本付近の地震の震央の分布を示す図を見つけた。図のAは日本海のある地点を，Bは太平洋のある地点をそれぞれ示している。あとの(1)，(2)の問いに答えなさい。

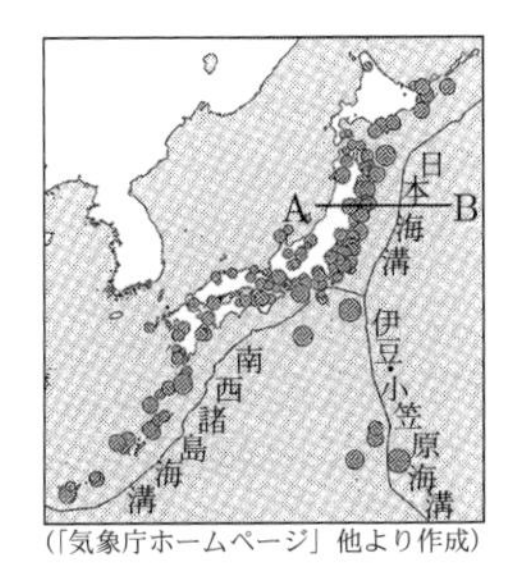

（「気象庁ホームページ」他より作成）

図の●の中心は震央を示し，●の大きさは地震の規模を示している。

(1) 地震の規模に関する説明として，適切なものはどれか。次のア～エから1つ選び，記号で答えなさい。
　ア．マグニチュードで表され，値が大きいほど地震のエネルギーは大きい。
　イ．マグニチュードで表され，ふつう，観測地点が震央に近いほど値が大きくなる。
　ウ．震度で表され，値が大きいほど地震のエネルギーは大きい。
　エ．震度で表され，ふつう，観測地点が震央に近いほど値が大きくなる。

(2) 図のA－B間のプレートのようすや動きを表す模式図として，適切なものはどれか。次のア～エから1つ選び，記号で答えなさい。ただし，図中の矢印はプレートが動く方向を示している。

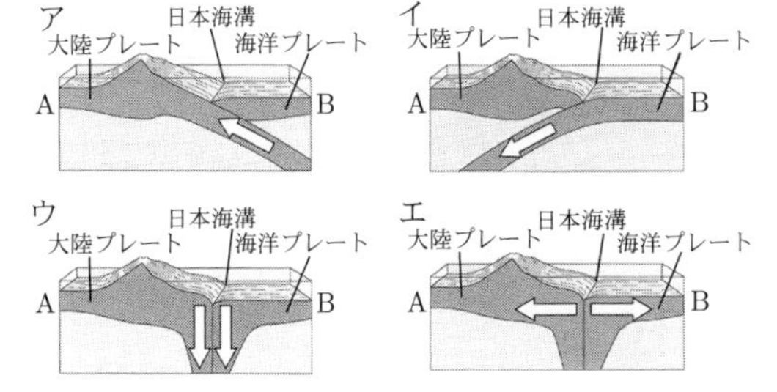

＜宮崎県＞

10 大地の成り立ちと変化に関する(1)，(2)の問いに答えなさい。

(1) 日本付近には，太平洋プレート，フィリピン海プレート，ユーラシアプレート，北アメリカプレートがある。次のア～エの中から，太平洋プレートの移動方向とフィリピン海プレートの移動方向を矢印(⇨)で表したものとして，最も適切なものを1つ選び，記号で答えなさい。

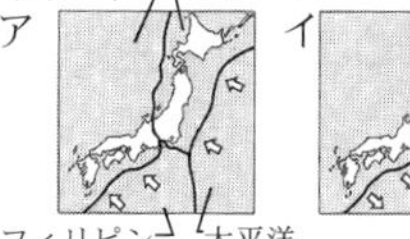

(2) 図は，中部地方で発生した地震において，いくつかの観測地点で，この地震が発生してからP波が観測されるまでの時間(秒)を，○の中に示したものである。

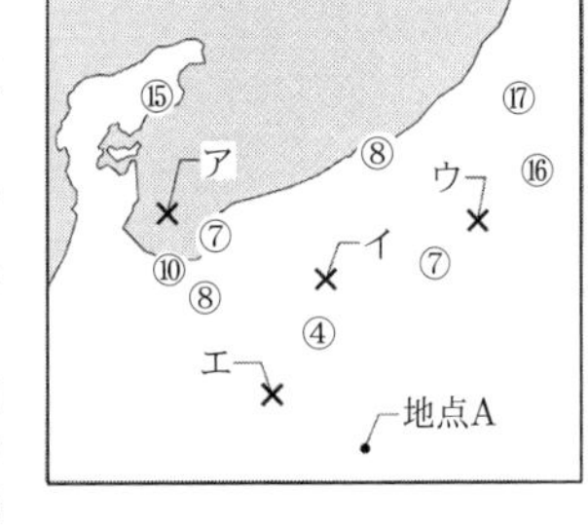

① 図のア～エの×印で示された地点の中から，この地震の推定される震央として，最も適切なものを1つ選び，記号で答えなさい。ただし，この地震の震源の深さは，ごく浅いものとする。

② 次の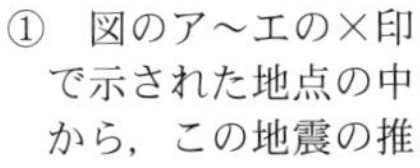の中の文が，気象庁によって緊急地震速報が発表されるしくみについて適切に述べたものとなるように，文中の(　あ　)，(　い　)のそれぞれに補う言葉の組み合わせとして，下のア～エの中から正しいものを1つ選び，記号で答えなさい。

緊急地震速報は，P波がS波よりも速く伝わることを利用し，(　あ　)を伝えるS波の到達時刻やゆれの大きさである(　い　)を予想して，気象庁によって発表される。

ア．あ初期微動　　い震度
イ．あ主要動　　い震度
ウ．あ初期微動　　いマグニチュード
エ．あ主要動　　いマグニチュード

③ 地震発生後，震源近くの地震計によってP波が観測された。観測されたP波の解析をもとに，気象庁によって図の地点Aを含む地域に緊急地震速報が発表された。震源から73.5 km離れた地点Aでは，この緊急地震速報が発表されてから，3秒後にP波が，12秒後にS波が観測された。S波の伝わる速さを3.5 km/sとすると，P波の伝わる速さは何km/sか。小数第2位を四捨五入して，小数第1位まで書きなさい。ただし，P波とS波が伝わる速さはそれぞれ一定であるものとする。

＜静岡県＞

11 次の表は，ある地震の，地点A～Cにおける観測記録である。また，図1は，ある年の1年間に，□で囲んだ部分で発生した地震のうち，マグニチュードが1.5以上のものの震源の分布を表したもので，震源を•印で表している。なお，地震の波の伝わる速さは一定であるものとする。

図1

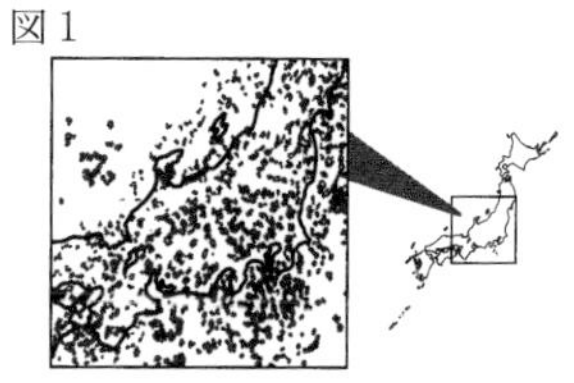

地点	震源からの距離	初期微動が始まった時刻	主要動が始まった時刻
A	72km	8時49分24秒	8時49分30秒
B	60km	8時49分21秒	8時49分26秒
C	96km	8時49分30秒	8時49分38秒

(1) 地震について説明した文の組み合わせとして適切なものを，あとのア～エから1つ選んで，その符号を書きなさい。
　① 地震が起こると，震源では先にP波が発生し，遅れてS波が発生する。

② 初期微動は伝わる速さが速いP波によるゆれである。

③ 震源からの距離が遠くなるほど初期微動継続時間が小さくなる。

④ 震源の深さが同じ地震では，マグニチュードの値が大きいほど，ゆれが伝わる範囲が広い。

ア．①と③
イ．①と④
ウ．②と③
エ．②と④

(2) 表の地震の発生時刻として最も適切なものを，次のア～エから1つ選んで，その符号を書きなさい。必要があれば下の方眼紙を利用してもよい。

ア．8時49分4秒
イ．8時49分6秒
ウ．8時49分8秒
エ．8時49分10秒

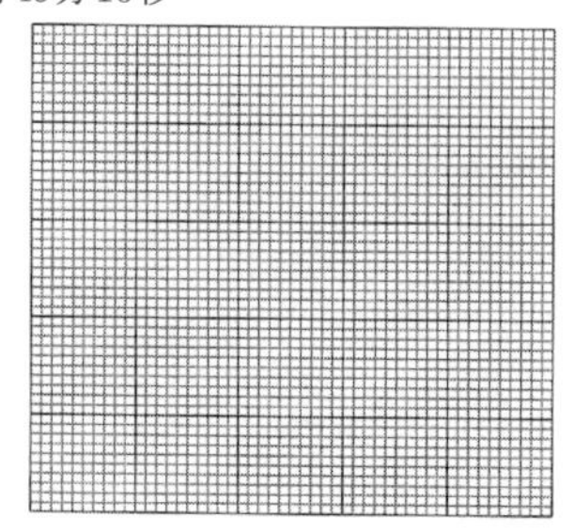

(3) 表の地震において，地点Bで初期微動が始まってから4秒後に，各地に同時に緊急地震速報が届いたとすると，震源からの距離が105 kmの地点では，緊急地震速報が届いてから何秒後に主要動が始まるか。最も適切なものを，次のア～エから1つ選んで，その符号を書きなさい。

ア．4秒後
イ．8秒後
ウ．16秒後
エ．20秒後

(4) 図2は，図1の□の部分を地下の深さ500 kmまで立体的に示したものである。また，次のア～エは，図2の矢印W～Zのいずれかの向きに見たときの震源の分布を模式的に表した図で，震源を●印で表している。矢印Wの向きに見たものとして適切なものを，次のア～エから1つ選んで，その符号を書きなさい。

図2

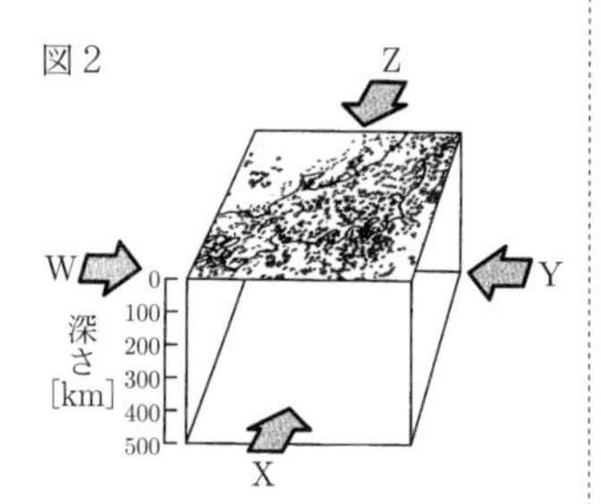

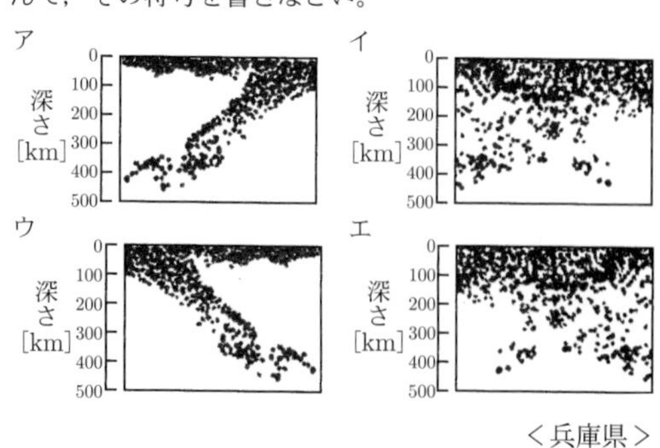

<兵庫県>

12 地震や津波に関する(1)，(2)の問いに答えなさい。

(1) 太郎さんと花子さんは地震について調べ，次の会話をした。①～③の問いに答えなさい。

太郎：過去に大分県で起こった地震について調べると，慶長元年(1596年)に大きな地震が起こり，大津波が押しよせたようです。

花子：他にも調べてみると，大分県ではこれまでに大きな地震が何度かあったようです。授業で学んだように，日本付近では4枚のプレートが押し合っており，大きな地震は，このようなXプレートの境界で起こる地震だそうです。

太郎：大きな地震を教訓に，佐伯藩では津波が来ることをY大きな音で知らせるために大筒(大砲)を打ち，臼杵藩では太鼓を打ち鳴らすなど，江戸時代にはすでに防災の取り組みがあったことがわかりました。

花子：現在では，地震が起こると，テレビなどで津波についての情報が報じられることがありますね。Zなぜ日本付近で大きな地震が起こると，津波の心配があるのでしょうか。

① 次の文は，下線部Xについて述べたものである。(a)～(c)に当てはまる語句の組み合わせとして最も適当なものを，ア～エから1つ選び，記号を書きなさい。

日本付近のプレートの境界で起こる地震は，(a)が(b)の下に沈みこみ，引きずりこまれた(b)のひずみが限界に達し，破壊が起こることが原因である。また，プレートに押されて変形する日本列島内部では，あちこちで地層が切れてずれ，くいちがいが生じて(c)ができる。

	ア	イ	ウ	エ
a	陸のプレート	陸のプレート	海のプレート	海のプレート
b	海のプレート	海のプレート	陸のプレート	陸のプレート
c	断層	かぎ層	断層	かぎ層

② 下線部Yに関連して，音の大きさについて述べたものとして最も適当なものを，ア～エから1つ選び，記号を書きなさい。

ア．振幅が大きいほど，音は大きい。
イ．振幅が小さいほど，音は大きい。
ウ．振動数が大きいほど，音は大きい。
エ．振動数が小さいほど，音は大きい。

③ 下線部Zについて，海のプレートと陸のプレートの境界で地震が起こると，地面の揺れによる災害だけでなく，地震による津波も発生して大きな災害をもたらすことがある。[図1]は日本付近のプレートを模式的に示したものである。日本付近で大きな地震が起こると，地震による津波が発生しやすい理由を[図1]をふまえて，簡潔に書きなさい。

[図1]

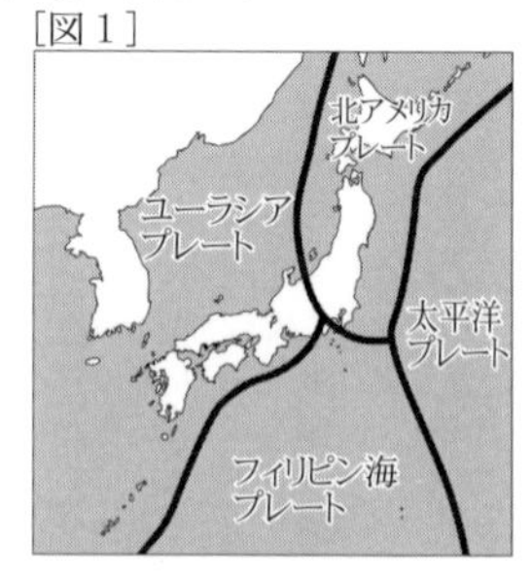

(2) [資料]は，ある日，地下のごく浅い場所で起こった地震について，地震の大きさと，同じ水平面上にある観測点A～Cにおける地震の記録をまとめたものである。

①～④の問いに答えなさい。ただし，震源の深さは無視できるものとし，P波，S波はそれぞれ一定の速さで伝わるものとする。

［資料］

・マグニチュード6.6
・最大震度５強
・各観測点の記録

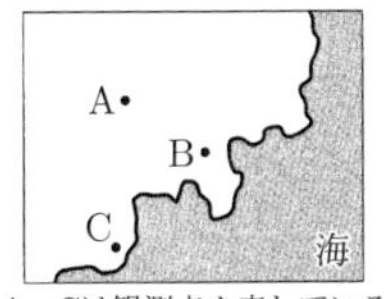

A～Cは観測点を表している

観測点	震度	震源からの距離	P波の到着時刻	S波の到着時刻
A	3	112km	2時53分02秒	2時53分18秒
B	4	77km	2時52分57秒	2時53分08秒
C	5弱	35km	2時52分51秒	2時52分56秒

①　マグニチュードについて述べた文として最も適当なものを，ア～エから１つ選び，記号を書きなさい。

ア．地震の規模を表しており，この数値が１大きくなると地震のエネルギーは約32倍になる。
イ．地震の規模を表しており，この数値が大きいほど初期微動継続時間は長い。
ウ．ある地点での地震による揺れの程度を表しており，この数値が大きいほど震源から遠い。
エ．ある地点での地震による揺れの程度を表しており，震源から遠くなるにつれて小さくなる。

②　［資料］の地震の震央の位置として最も適当なものを，［図２］のア～エから１つ選び，記号を書きなさい。ただし，［図２］のA～Cは，［資料］の観測点A～Cと同じである。

［図２］

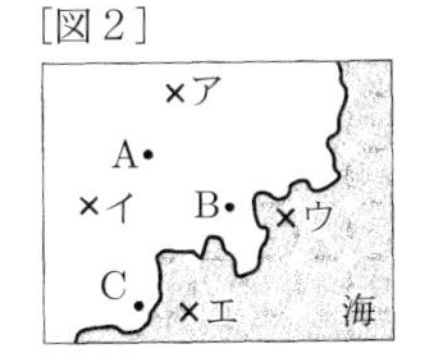

③　［資料］の各観測点の記録を用いた計算から予想されるこの地震の発生時刻は，２時何分何秒か，求めなさい。

④　［図３］のように，地震が発生すると，気象庁は震源に近い地震計で観測されたP波を直ちに解析し，S波の到達時刻などをすばやく予測し，緊急地震速報を発表する。［資料］の地震で緊急地震速報が2時52分55秒に発表されたと仮定するとき，震源からの距離が84 kmの地点にS波による揺れが到達するのは，緊急地震速報発表の何秒後か，求めなさい。ただし，緊急地震速報は瞬時に各地域に伝わるものとする。

［図３］

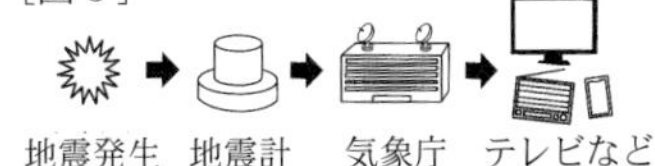

＜大分県＞

火山と火成岩

1　地球内部の熱などにより，地下で岩石がどろどろにとけているものを何というか。

＜栃木県＞

2　火山灰の中に含まれる主な鉱物のうち，無色鉱物を，ア～カからすべて選びなさい。

ア．石英(せきえい)　　イ．角閃石(かくせんせき)　　ウ．長石(ちょうせき)
エ．輝石(きせき)　　オ．黒雲母(くろうんも)　　カ．カンラン石

＜北海道＞

3　右の図は，傾斜がゆるやかで，広く平らに広がっている火山の断面を模式的に表したものである。この火山のマグマのねばりけと噴火のようすを述べた文として，最も適当なものを，次のア～エから一つ選び，その符号を書きなさい。

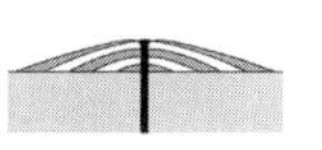

ア．マグマのねばりけが弱く，爆発的な噴火が起こりやすい。
イ．マグマのねばりけが弱く，おだやかな噴火が起こりやすい。
ウ．マグマのねばりけが強く，爆発的な噴火が起こりやすい。
エ．マグマのねばりけが強く，おだやかな噴火が起こりやすい。

＜新潟県＞

4　次の１，２の問いに答えなさい。

１．はるさんは，火山灰にふくまれる鉱物について調べるために，双眼実体顕微鏡を使って観察を行った。図は，観察した火山灰のスケッチである。［　　］は，観察の中で，はるさんが先生と交わした会話の一部である。(1)～(3)の問いに答えなさい。

はる：火山灰の色が白かったり，黒かったりするのはなぜですか。
先生：よい疑問をもちましたね。その理由を考えてみましょう。
はる：白い火山灰は，白っぽい色の鉱物でできているからだと思います。
先生：では，白い火山灰を双眼実体顕微鏡で観察してみましょう。どのようなものが見えますか。
はる：白っぽい鉱物がたくさんあります。形が柱状なのは［　X　］で，形が不規則に割れているのは［　Y　］だと思います。
先生：そのとおりです。見えるのは，白っぽい色の鉱物だけですか。
はる：よく見ると，<u>黒っぽい色の鉱物</u>が何種類か見えます。その中で，形が板状なのは［　Z　］だと思います。他にも，かっ色やこい緑色などの鉱物

が見えます。

先生：そうです。［Z］には，かっ色のものもあり，決まった方向にうすくはがれる特徴もあります。こい緑色に見えるのはカクセン石です。観察結果から，火山灰の色がちがう理由に気づきましたか。

はる：火山灰の色が白かったり，黒かったりするのは，黒っぽい色の鉱物や白っぽい色の鉱物のふくまれる割合がちがうからなのですね。

先生：そのとおりです。疑問をもったことを調べようとする姿勢がすばらしいですね。

(1) 双眼実体顕微鏡について説明しているものとして，最も適当なものを，次のア～エから一つ選び，その記号を書きなさい。

ア．試料を手に持って，観察するのに適している。
イ．試料をプレパラートにして，観察するのに適している。
ウ．試料を観察すると，立体的に見える。
エ．試料を観察すると，上下左右が逆に見える。

(2) ［X］，［Y］，［Z］に当てはまる鉱物の組み合わせとして，最も適当なものを，次のア～エから一つ選び，その記号を書きなさい。

ア．X．セキエイ
　　Y．チョウ石
　　Z．クロウンモ
イ．X．セキエイ
　　Y．クロウンモ
　　Z．チョウ石
ウ．X．チョウ石
　　Y．クロウンモ
　　Z．セキエイ
エ．X．チョウ石
　　Y．セキエイ
　　Z．クロウンモ

(3) 下線部のことを何鉱物というか，その名称を書きなさい。

2．火山の噴火について，(1)，(2)の問いに答えなさい。

(1) 次の［　　］は，噴火の様子と火山噴出物の特徴について述べた文である。ⓐ，ⓑに当てはまるものをア，イから一つずつ選び，その記号をそれぞれ書きなさい。

マグマのねばりけが，ⓐ〔ア．強い　イ．弱い〕火山ほど，火山灰などの火山噴出物の色は黒っぽくなり，ⓑ〔ア．おだやかな噴火　イ．激しい噴火〕になることが多い。

(2) 噴火によって火山灰とともにふき出た軽石や溶岩などには，多くの穴が見られる。次の文はこれらの穴ができている理由を述べたものである。［　　］に入る適当な言葉を書きなさい。

理由：噴火のときにマグマの中から［　　　　］ため。

<山梨県>

5 太郎さんは科学部の先生と地質調査に向かい，露頭（ろとう）(地層が地表面に現れているところ)を観察し，赤褐色（せきかっしょく）の層に着目した。先生から，この層にはある時代に噴火した火山Aの火山灰が含まれていると教えてもらった。そこで，この赤褐色の層を少し採取し，理科室で観察を行った。次の，観測地での先生の説明と太郎さんの観察ノートを読んで，あとの(1)～(5)の問いに答えなさい。

観測地での先生の説明．

この$_a$火山灰が含まれる層は，遠くに見える火山Aから噴出した火山灰が，主に西から東へ吹く上空の強い風の影響を受けて堆積してできたと考えられています。また，私たちの中学校の近くにも，この火山灰が含まれる層が見られます。中学校の近くで見られる層は，今私たちがいる観測地と同じ時期に堆積したもので，その厚さはこの観測地より薄いことがわかっています。

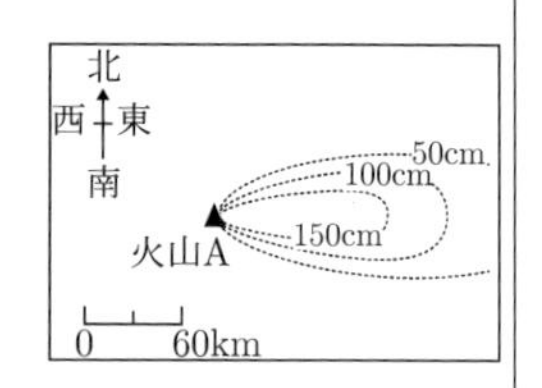

図を見てください。これは，火山Aの噴火による火山灰の広がりを推定したものです。数値は，降り積もった火山灰のおよその厚さを表しています。

太郎さんの観察ノートの一部．

【手順】

❶ 採取した火山灰を蒸発皿にとり，［あ］。これを何度も繰り返し，残った粒を乾燥させる。

❷ 乾燥させた粒をペトリ皿に広げ，双眼実体顕微鏡を用いて観察する。

【結果】

・観察できた粒の特徴とそこから推定される鉱物は，次の表のとおりであった。

主な特徴	特徴から推定される鉱物
・不規則な形　・無色や白色 →	［い］
・柱状，短冊（さく）状の形 ・無色や白色、うす桃色 →	チョウ石
・長い柱状，針状の形 ・こい緑色や黒色 →	［う］
・短い柱状，短冊状の形 ・緑色や褐色 →	キ石
・不規則な形　・黒色 ・磁石に引きつけられる →	磁鉄鉱

・観察した火山灰は$_b$［い］やチョウ石が多く見られたのに比べて，［う］やキ石や磁鉄鉱の数はとても少なかった。

(1) 下線部aの火山灰や，火山の噴火によって火口から出た火山ガス，溶岩などをまとめて何というか，書きなさい。

(2) 太郎さんと先生がいる観測地と火山A，中学校の位置関係を表している図として最も適当なものを，次のア～エの中から一つ選んで，その記号を書きなさい。

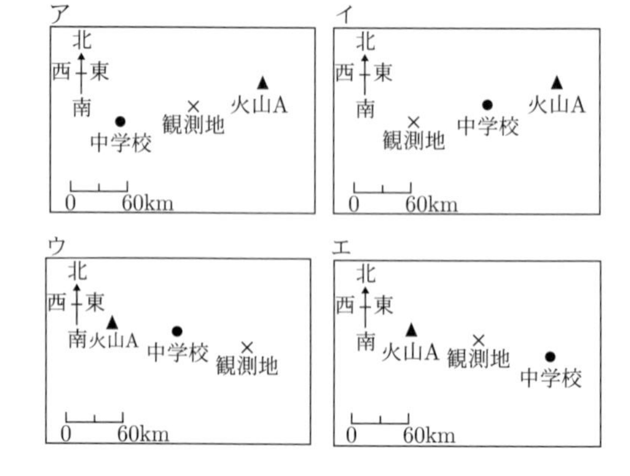

(3)　文中の[　あ　]に当てはまる具体的な操作を書きなさい。
(4)　太郎さんは，観察できた粒の特徴をもとに，火山灰に含まれる鉱物は何か考えた。表中の，[　い　]，[　う　]に当てはまる鉱物として最も適当なものを，次のア～エの中からそれぞれ一つ選んで，その記号を書きなさい。
ア．セキエイ　　　　　イ．クロウンモ
ウ．カクセン石　　　　エ．カンラン石
(5)　下線部ｂから考えられる，この火山の噴火のようすを，「マグマのねばりけが」という書き出しに続けて説明しなさい。

＜茨城県＞

6　右の図は，火山岩をルーペで観察して，スケッチしたものである。火山岩は，図のように，比較的大きな鉱物と，aのような小さな粒の部分からできていた。このとき，火山岩のでき方について述べた次の文中の[　X　]，[　Y　]に当てはまる語句の組合せとして，最も適当なものを，下のア～エから一つ選び，その符号を書きなさい。

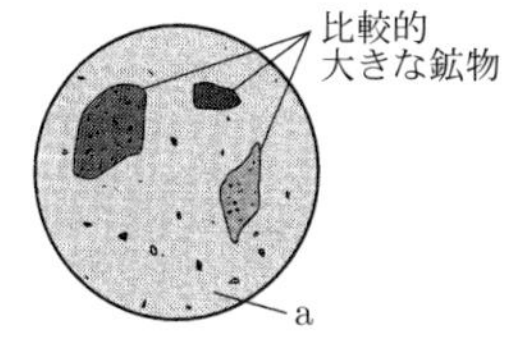

> 火山岩は，マグマが地表や地表付近で[　X　]冷えてできるので，ほとんどの鉱物は大きな結晶にならず，図中のaのような[　Y　]という組織ができる。

ア．〔X．急に，　　　Y．石基〕
イ．〔X．急に，　　　Y．斑晶〕
ウ．〔X．ゆっくりと，Y．石基〕
エ．〔X．ゆっくりと，Y．斑晶〕

＜新潟県＞

7　次の[　　　]は，Kさんが火成岩について調べ，まとめたものである。文中の(　X　)，(　Y　)にあてはまるものの組み合わせとして最も適するものをあとの１～４の中から一つ選び，その番号を答えなさい。

> 火成岩は，マグマが地表や地表付近で急に冷えてできた火山岩と，マグマが地下深くで長い時間をかけて冷えてできた深成岩に分けられる。深成岩は(　X　)構造をもち，その中でも(　Y　)はセキエイやチョウ石のような無色や白色の鉱物を多くふくむ。

1．X：肉眼で見分けられる程度の大きさの鉱物が集まっている
　　Y：花こう岩
2．X：肉眼で見分けられる程度の大きさの鉱物が集まっている
　　Y：はんれい岩
3．X：肉眼ではわからないほど小さな粒の集まりの中に，比較的大きな鉱物が散らばっている
　　Y：花こう岩
4．X：肉眼ではわからないほど小さな粒の集まりの中に，比較的大きな鉱物が散らばっている
　　Y：はんれい岩

＜神奈川県＞

8　右の図は，花こう岩をルーペで観察してスケッチしたものである。花こう岩のつくりは，結晶が大きく成長した鉱物でできており，不規則に割れる無色鉱物や，<u>決まった方向にうすくはがれる有色鉱物</u>などが見られた。次のア，イに答えなさい。

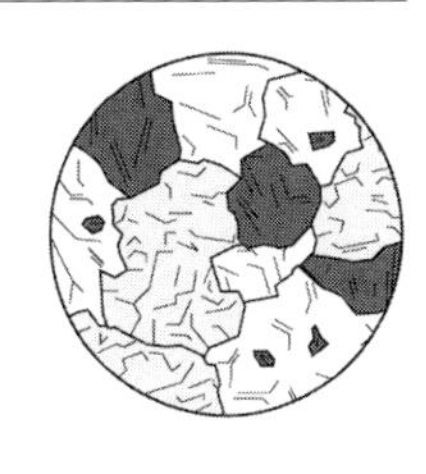

ア．下線部として適切なものを，次の１～４の中から一つ選び，その番号を書きなさい。
　1．セキエイ
　2．カンラン石
　3．クロウンモ
　4．チョウ石
イ．花こう岩をつくる鉱物について，結晶が大きく成長する理由を，マグマという語を用いて書きなさい。

＜青森県＞

9　和希さんは，マグマの冷え方のちがいと岩石のつくりの関係について調べるために，〔実験〕を行い，〔結果〕を次のようにまとめた。後の(1)，(2)の問いに答えなさい。

〔実験〕

> ①　ミョウバンをとけきれなくなるまで60℃の水にとかし，濃い水溶液をつくった。
> ②　図１のように，①の水溶液をペトリ皿AとBに注ぎ，60℃の水を入れた水そうに入れた。
> ③　結晶ができ始めたら，ペトリ皿Bだけを氷水の水そうに移した。
> ④　しばらくしてからそれぞれのペトリ皿のようすを写真で記録した。

図１
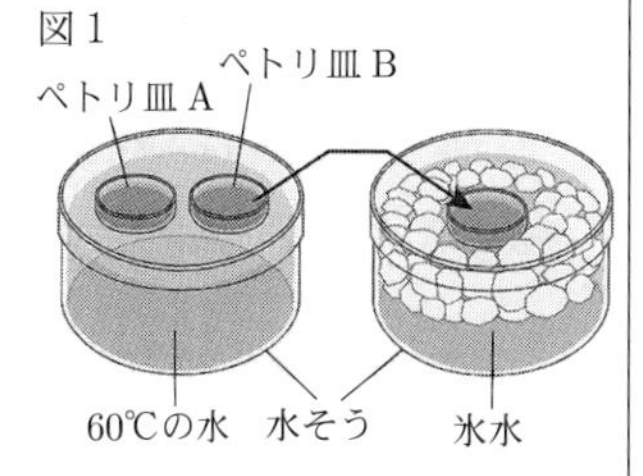

〔結果〕

ペトリ皿A
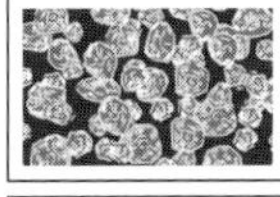
大きな結晶が見られた。

ペトリ皿B

<u>比較的大きな結晶とそれをとり囲む部分が見られた。</u>

ペトリ皿Aで見られた結晶は，ペトリ皿Bの結晶より大きいものが多かった。

(1)　〔結果〕の下線部に関して，図２は，ある火成岩の標本をルーペで観察し，そのようすをスケッチしたものである。斑晶をとり囲む小さな結晶やガラス質の部分を何というか，漢字で書きなさい。

図２
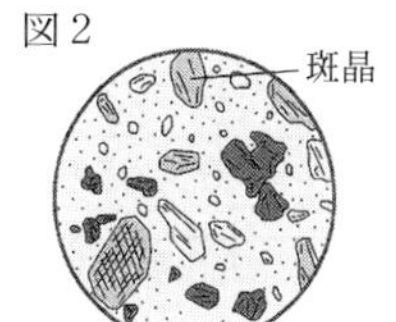

(2) 和希さんは，マグマの冷え方のちがいと火成岩のつくりの関係について，次のようにまとめた。［①］，［②］に入る適切な記号と言葉の組み合わせを，下のア～エから１つ選び，記号で答えなさい。

〔まとめ〕(一部)
〔結果〕から，冷え方のちがいによって結晶のでき方が異なることがわかった。火成岩は，深成岩と火山岩に大別される。深成岩は〔結果〕のペトリ皿［①］で見られる特徴をもち，このような深成岩のつくりを［②］という。

ア．①：A　②：斑状組織
イ．①：A　②：等粒状組織
ウ．①：B　②：斑状組織
エ．①：B　②：等粒状組織

＜宮崎県＞

10

明雄(あきお)さんは，火山噴出物の一つである図１のような火山弾に興味をもち，ルーペで観察を行った。火山弾の表面は，図２のように，大きな結晶とそのまわりの細かい粒の部分からできていた。また，明雄さんは，図２のようなつくりがどのようにしてできるのか，インターネットで調べたところ，マグマの冷え方のちがいによって結晶のでき方が変わることや，結晶のでき方を調べる実験には，ミョウバンが用いられることを知った。

図１

(熊本県博物館ネットワークセンターホームページによる)

図２

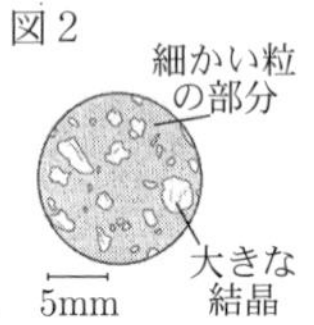

(1) 火山噴出物を次のア～カから二つ選び，記号で答えなさい。
ア．石灰岩　イ．斑れい岩　ウ．溶岩
エ．チャート　オ．軽石　カ．花こう岩

(2) 表１は，塩化ナトリウムとミョウバンの水100 gに対する溶解度を温度ごとに示したものである。下線部について，表１をもとに，塩化ナトリウムよりもミョウバンが用いられる理由を，「結晶」という語を用いて書きなさい。

表１

	0℃	20℃	40℃	60℃
塩化ナトリウム[g]	35.7	35.8	36.3	37.1
ミョウバン[g]	5.7	11.4	23.8	57.4

次に明雄さんは，ミョウバンを使って結晶のでき方を調べる実験を行った。60℃の湯であたためておいたペトリ皿A～Cに60℃のミョウバン飽和水溶液を入れ，表２のように，それぞれの冷やし方をかえて，ミョウバンの結晶のできるようすを観察した。図３は，冷やし始めてから60分後のペトリ皿A～Cにおけるミョウバンの結晶のようすを示したものである。

表２

	冷やし方
ペトリ皿A	氷水につけ，60分間放置する。
ペトリ皿B	60℃の湯につけ，30分間放置後，氷水につけ，30分間放置する。
ペトリ皿C	60℃の湯につけ，60分間放置する。

図３　ミョウバンの結晶

5mm ペトリ皿A　5mm ペトリ皿B　5mm ペトリ皿C

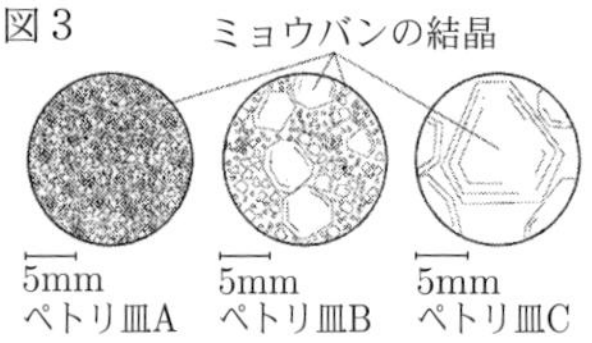

(3) ペトリ皿A～Cのようすから，ミョウバンの結晶は①(ア．急速に　イ．ゆっくり)冷えることで大きくなると考えられる。また，図２のようなつくりを［②］組織といい，このつくりに最も近いのはペトリ皿Bである。
①の(　　)の中から正しいものを一つ選び，記号で答えなさい。また，［②］に適当な語を入れなさい。

(4) 図２の組織のでき方について正しく説明したものはどれか。次のア～エから一つ選び，記号で答えなさい。
ア．大きな結晶は地下のマグマだまりで，細かい粒の部分は地表付近や，噴火したときに空中や地表でできた。
イ．細かい粒の部分は地下のマグマだまりで，大きな結晶は地表付近や，噴火したときに空中や地表でできた。
ウ．大きな結晶は地表付近や，噴火したときに空中で，細かい粒の部分は地表でできた。
エ．細かい粒の部分は地表付近や，噴火したときに空中で，大きな結晶は地表でできた。

＜熊本県＞

11

火成岩のつくりとそのでき方について調べるために，次の(1)，(2)の観察や実験を順に行った。

(1) ２種類の火成岩X，Yの表面をよく洗い，倍率10倍の接眼レンズと倍率２倍の対物レンズを用いて，双眼実体顕微鏡で観察した。それぞれのスケッチを表１に示した。

表１

火成岩X	火成岩Y
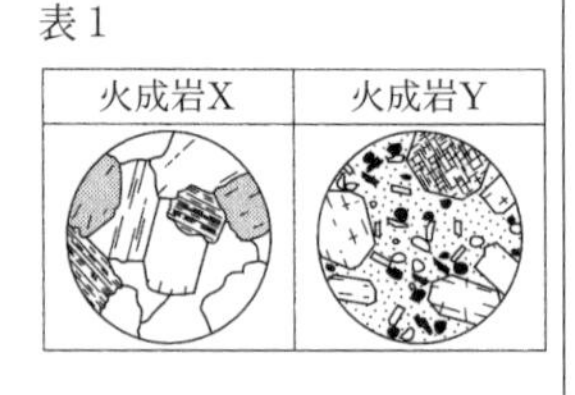	

(2) マグマの冷え方の違いによる結晶のでき方を調べるために，ミョウバンを用いて，次の操作(a)，(b)，(c)，(d)を順に行った。
(a) 約80℃のミョウバンの飽和水溶液をつくり，これを二つのペトリ皿P，Qに注いだ。
(b) 図のように，ペトリ皿P，Qを約80℃の湯が入った水そうにつけた。

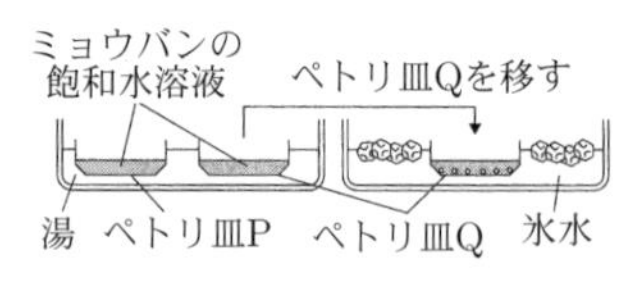

(c) しばらく放置し，いくつかの結晶がでてきたところで，ペトリ皿Pはそのままにし，ペトリ皿Qは氷水の入った水そうに移した。
(d) 数時間後に観察したミョウバンの結晶のようすを表２に示した。

表２

ペトリ皿P	ペトリ皿Q
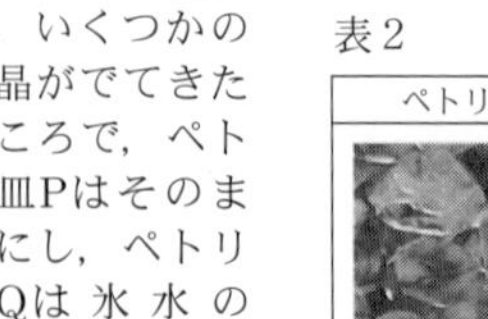	
同じような大きさの結晶が多くできていた。	大きな結晶の周りを小さな結晶が埋めるようにできていた。

このことについて，次の1，2，3の問いに答えなさい。

1．観察(1)において，観察した顕微鏡の倍率と火成岩Xのつくりの名称の組み合わせとして正しいものはどれか。

	顕微鏡の倍率	火成岩Xのつくり
ア	12倍	等粒状組織
イ	12倍	斑状組織
ウ	20倍	等粒状組織
エ	20倍	斑状組織

2．観察(1)より，つくりや色の違いから火成岩Xは花こう岩であると判断した。花こう岩に最も多く含まれる鉱物として，適切なものはどれか。

ア．カンラン石　　イ．チョウ石
ウ．カクセン石　　エ．クロウンモ

3．観察(1)と実験(2)の結果から，火成岩Yの斑晶と石基はそれぞれどのようにしてできたと考えられるか。できた場所と冷え方に着目して簡潔に書きなさい。

＜栃木県＞

12

［観察1］　火山灰Aを双眼実体顕微鏡で観察し，火山灰Aに含まれる，粒の種類と，粒の数の割合を調べた。表は，その結果をまとめたものである。

表

粒の種類	結晶の粒				結晶でない粒
	長石(ちょうせき)	輝石(きせき)	角閃石(かくせんせき)	石英(せきえい)	
粒の数の割合[%]	50	7	5	3	35

［観察2］　火成岩B，Cをルーペで観察したところ，岩石のつくりに，異なる特徴が確認できた。右図は，そのスケッチである。ただし，火成岩B，Cは，花こう岩，安山岩のいずれかである。

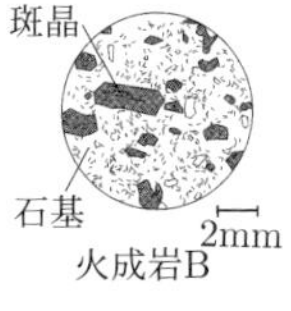

火成岩B

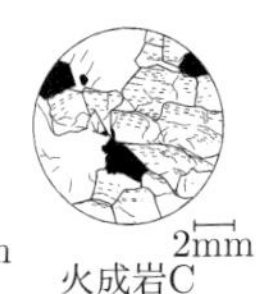

火成岩C

(1)　表で，火山灰Aに含まれる粒の総数に占める，有色鉱物である粒の数の割合は［　　］%である。［　　］に当てはまる適当な数値を書け。

(2)　次のア～エのうち，火山灰が堆積して固まった岩石の名称として，適当なものを1つ選び，その記号を書け。

ア．凝灰岩　　イ．石灰岩
ウ．砂岩　　エ．チャート

(3)　図の火成岩Bでは，石基の間に斑晶が散らばっている様子が見られた。このような岩石のつくりは［　　］組織と呼ばれる。［　　］に当てはまる適当な言葉を書け。

(4)　次の文の①，②の{　}の中から，それぞれ適当なものを1つずつ選び，ア～エの記号で書け。

火成岩B，Cのうち，花こう岩は①{ア．火成岩B　イ．火成岩C}である。また，地表で見られる花こう岩は，②{ウ．流れ出たマグマが，そのまま地表で冷えて固まったもの　エ．地下深くでマグマが冷えて固まり，その後，地表に現れたもの}である。

(5)　次の文の①，②の{　}の中から，それぞれ適当なものを1つずつ選び，その記号を書け。

一般に，激しく爆発的な噴火をした火山のマグマの粘りけは①{ア．強く　イ．弱く}，そのマグマから形成される，火山灰や岩石の色は②{ウ．白っぽい　エ．黒っぽい}。

＜愛媛県＞

13

あおいさんは，日本の火山について調べ，火山灰と冷えて固まった溶岩を観察した。次の【ノート】は，あおいさんが調べたことや観察したことをまとめたノートの一部である。このことについて，あとの1～4の問いに答えなさい。

【ノート】

日本の火山は，その形によって次のA～Cの三種類に大きく分けることができる。

A		形	おわんをふせたような形
		代表例	雲仙普賢岳，昭和新山
B		形	傾斜がゆるやかな形
		代表例	三原山(伊豆大島)
C		形	円すいのような形
		代表例	浅間山，桜島

観察1．
A，Bの火山から噴出した火山灰を双眼実体顕微鏡で観察し，火山灰中の鉱物の種類を調べて記録した。図1・図2は，観察した火山灰のスケッチである。

図1

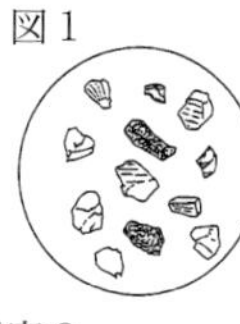

〔おもな鉱物〕
チョウ石
セキエイ
カクセン石

図2

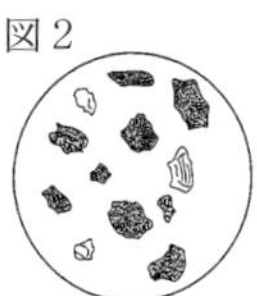

〔おもな鉱物〕
チョウ石
キ石
カンラン石

観察2．
Cの火山の溶岩の断面を，双眼実体顕微鏡で観察した。図3は断面のようすをスケッチしたものである。溶岩中には，Pのように結晶からなる部分と，Qのように結晶がほとんど見られない部分が観察された。

図3

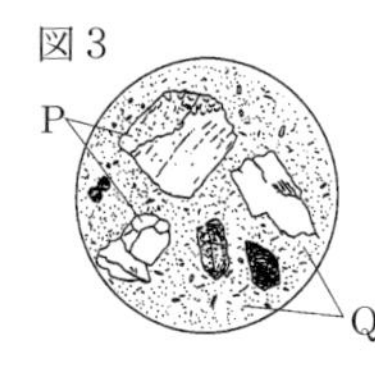

1．観察1の下線部に「火山灰を双眼実体顕微鏡で観察」とあるが，観察する前に行わなければならない処理として最も適切なものを，次のア～エから一つ選び，その記号を書きなさい。

ア．火山灰を蒸発皿にとり，水を加えて指の腹でおし洗いし，にごった水を捨てる。
イ．火山灰をペトリ皿にとり，水を加えてペトリ皿全体に広げた後，乾燥させる。
ウ．火山灰をステンレス皿にとり，ガスバーナーで十分に加熱する。
エ．火山灰を乳鉢にとり，水を加えて乳棒でよくすりつぶす。

2．あおいさんが観察1でスケッチした図1の火山灰は，A，Bのどちらの火山から噴出したと考えられるか。その記号を書きなさい。また，その理由として最も適切なものを，次のア～エから一つ選び，その記号を書きなさい。

ア．図1の火山灰は，図2の火山灰より鉱物の粒が大きいから。
イ．図1の火山灰は，図2の火山灰より有色鉱物の割合が大きいから。
ウ．図1の火山灰は，図2の火山灰より鉱物の種類が多いから。
エ．図1の火山灰は，図2の火山灰より無色鉱物の割合が大きいから。

3．あおいさんが観察2でスケッチした，図3の溶岩の断面の組織に見られるP，Qの部分を何というか。それぞれの名称を書きなさい。

4．あおいさんは，マグマの粘りけと火山の形の関係について疑問をもち，次のような【仮説】を立て，検証のための【実験】を行った。このことについて，あとの(1)・(2)の問いに答えなさい。

【仮説】

> マグマが冷えて固まるまでの時間が同じであれば，粘りけの強いマグマは遠くまで流れる前に固まってしまい，Aのようにおわんをふせたような形の火山をつくるが，粘りけの弱いマグマは遠くまで流れるので，Bのように傾斜がゆるやかな形の火山をつくる。

【実験】

操作1．
食品保存用の密閉できるプラスチック容器の底面に，直径2 cmの穴を開け，布製テープを貼って穴をふさいだ。

操作2．
容器の中に，ぬるま湯60 mL，石こう40 gを入れ，ぬるま湯と同じ温度に温めた液体の洗濯のり40 mLを，粘りけを出すために加え，ガラス棒でよくかき混ぜた。

操作3．
全体が混ざったら，重そう25 gを加えてよくかき混ぜてマグマに見立てたモデルとし，容器にふたをして閉じた。

操作4．
容器を逆さにして底面の布製テープをはがし，図4のように中央に直径3 cmの穴を開けた板を，板の穴と容器の穴が合うように置き，噴き出てくるマグマのモデルのようすを観察した。

結果．
噴き出てきたマグマのモデルは，図5のように，傾斜がゆるやかな形をつくった。

図4　図5

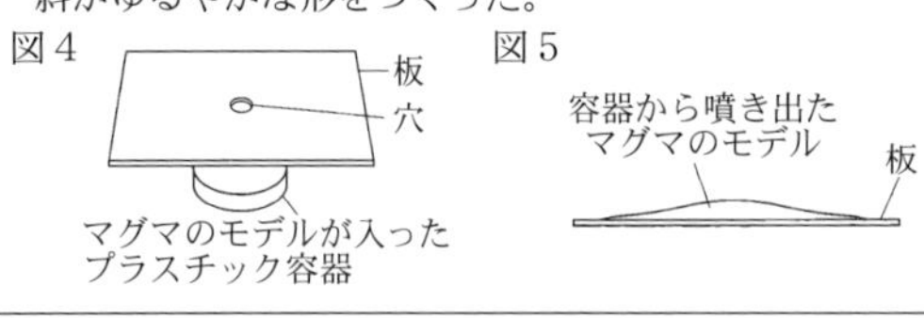

(1) 操作3で重そうを加えると，重そうが分解してマグマのモデルから二酸化炭素が発生する。実際の火山において，マグマから出てくる気体を総称して何というか，書きなさい。

(2) あおいさんが立てた【仮説】が正しいかどうかを検証するには，あおいさんが【実験】でつくったマグマのモデルのほかに，どのようなマグマのモデルをつくって実験を行う必要があるか。また，あおいさんの【仮説】が正しいとき，そのマグマのモデルを用いた実験でどのような結果が得られると予想されるか。それぞれについて簡潔に書きなさい。ただし，マグマのモデルに加える石こうと重そうの質量および容器に入れるマグマのモデル全体の体積は変化させないものとする。

＜高知県＞

14 次の文を読んで，あとの各問いに答えなさい。

はるなさんは，火山の活動に興味をもち，火山と火山噴出物のもとになるマグマの性質との関係について，理科室にある標本や資料集で調べたことを①～③のようにノートにまとめた。

【はるなさんのノートの一部】

① 火山とマグマのねばりけについて．
図1は，火山の形を模式的に表したものである。火山の形や噴火のようすは，マグマのねばりけの程度によって異なり，マグマのねばりけの程度は，マグマにふくまれる成分によって異なる。

図1

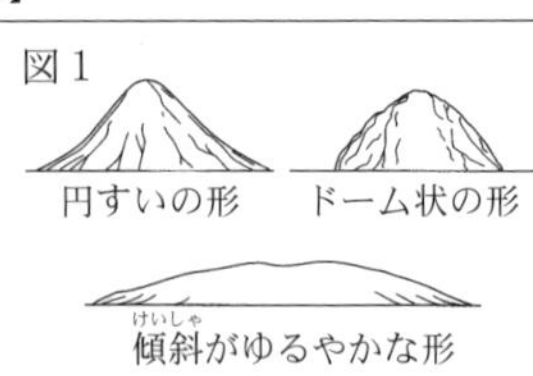

② 火山噴出物の火山灰について．
標本の火山灰を双眼実体顕微鏡を用いて観察したものを，図2のように表した。

図2

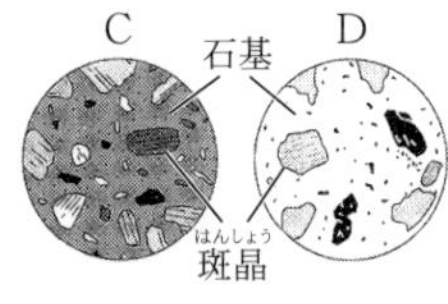

③ 火成岩の色とつくりについて．
火成岩はマグマが冷え固まってできた岩石である。標本の火成岩A～Dを観察しスケッチしたところ，図3のようになった。また，観察してわかったことを，表にまとめた。

図3

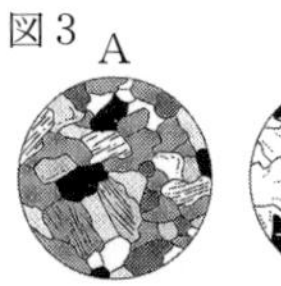

C　石基　斑晶　D

火成岩	岩石の色	岩石のつくり
A	黒っぽい	肉眼でも見分けられるぐらいの大きさの鉱物のみが組み合わさってできている。
B	白っぽい	
C	黒っぽい	肉眼でも見える比較的大きな鉱物である斑晶が，肉眼では形がわからないような細かい粒などでできた石基に囲まれてできている。
D	白っぽい	

(1) ①について，次の文は，マグマのねばりけの程度と火山の形や噴火のようすについて説明したものである。文中の(X)～(Z)に入る言葉はそれぞれ何か，あとのア～カから最も適当なものを1つ選び，その記号を書きなさい。

> いっぱんに，ねばりけが(X)マグマをふき出す火山ほど，(Y)になり，火山噴出物の色は白っぽい。また，噴火のようすは(Z)であることが多い。

	X	Y	Z
ア	弱い(小さい)	円すいの形	激しく爆発的
イ	弱い(小さい)	ドーム状の形	比較的おだやか
ウ	弱い(小さい)	傾斜がゆるやかな形	比較的おだやか
エ	強い(大きい)	円すいの形	比較的おだやか
オ	強い(大きい)	ドーム状の形	激しく爆発的
カ	強い(大きい)	傾斜がゆるやかな形	激しく爆発的

(2)　②について，図4のような双眼実体顕微鏡を用いて観察するとき，双眼実体顕微鏡はどのような順序で使うか，次のア～エを正しい順に左から並べて記号で書きなさい。

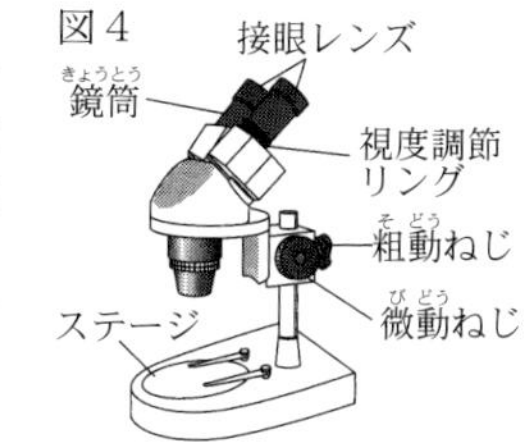

ア．鏡筒を支えながら，粗動ねじを回して観察物の大きさに合わせて鏡筒を固定する。

イ．左目でのぞきながら，視度調節リングを回して像のピントを合わせる。

ウ．左右の鏡筒を調節し，接眼レンズの幅を目の幅に合わせる。

エ．右目でのぞきながら，微動ねじを回して像のピントを合わせる。

(3)　③について，次の(a)～(e)の各問いに答えなさい。ただし，火成岩A～Dは，花こう岩，玄武岩，斑れい岩，流紋岩のいずれかである。

(a)　火成岩Aについて，火成岩Bよりもふくむ割合が大きい鉱物は何か，次のア～エから適当なものをすべて選び，その記号を書きなさい。
ア．カンラン石
イ．キ石
ウ．クロウンモ
エ．セキエイ

(b)　火成岩A，Bのように，肉眼でも見分けられるぐらいの大きさの鉱物のみが組み合わさってできている岩石のつくりを何というか，その名称を書きなさい。

(c)　火成岩C，Dのように，石基と斑晶でできている火成岩を何というか，その名称を書きなさい。

(d)　火成岩C，Dについて，斑晶が肉眼でも見える比較的大きな鉱物になったのは，マグマがどのように冷やされたからか，鉱物が大きくなったときの「地表からの深さ」と「時間の長さ」にふれ，次の文の下線部分を適当に補って，簡単に書きなさい。

マグマが＿＿＿＿＿＿＿＿＿＿冷やされたから。

(e)　火成岩Dは何か，次のア～エから最も適当なものを1つ選び，その記号を書きなさい。
ア．花こう岩
イ．玄武岩
ウ．斑れい岩
エ．流紋岩

＜三重県＞

地層と堆積岩

1　静岡県内を流れる天竜川の河口付近の川原を調査したところ，堆積岩が多く見られた。堆積岩は，れき，砂，泥などの堆積物が固まってできた岩石である。

①　岩石は，長い間に気温の変化や水のはたらきによって，表面からぼろぼろになってくずれていく。長い間に気温の変化や水のはたらきによって，岩石が表面からぼろぼろになってくずれていく現象は何とよばれるか。その名称を書きなさい。

②　川の水のはたらきによって海まで運ばれた，れき，砂，泥は海底に堆積する。一般に，れき，砂，泥のうち，河口から最も遠くまで運ばれるものはどれか。次のア～ウの中から1つ選び，記号で答えなさい。また，そのように判断した理由を，粒の大きさに着目して，簡単に書きなさい。
ア．れき
イ．砂
ウ．泥

＜静岡県＞

2　岩石について，次の(1)，(2)に答えなさい。

(1)　地層として積み重なった土砂などは，長い年月の間に押し固められて砂岩，泥岩，れき岩などの岩石になる。このような岩石を何というか，書きなさい。

(2)　砂岩，泥岩，れき岩は，岩石をつくる土砂の粒の大きさによって分けられている。砂岩，泥岩，れき岩を，岩石をつくる土砂の粒が小さいものから順に並べたものはどれか，次のア～エから最も適切なものを1つ選び，その符号を書きなさい。
ア．砂岩　→　泥岩　→　れき岩
イ．砂岩　→　れき岩　→　泥岩
ウ．泥岩　→　砂岩　→　れき岩
エ．れき岩　→　砂岩　→　泥岩

＜石川県＞

3　土砂のでき方や堆積のようすについて，次の(1)，(2)の問いに答えなさい。

(1)　次の文は，土砂のでき方について述べたものである。文中の［①］，［②］に当てはまる語を，それぞれ書きなさい。

> 地表の岩石は，長い間に気温の変化などによって，もろくなる。このような現象を［①］という。もろくなった岩石は，風や流水のはたらきでけずりとられる。このはたらきを［②］といい，これらの現象やはたらきにより，土砂ができる。

(2)　図は，山地から川そして海へと土砂が運ばれ，海底で堆積するようすを模式的に示したものである。図中の海底におけるa，b，cの3地点での一般的な堆積物の組み合わせとして最も適切なものを，次のア～エから選びなさい。

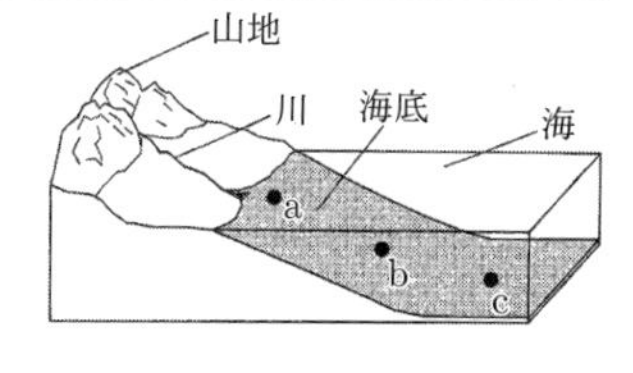

ア．［　a．れき　b．泥　c．砂　］
イ．［　a．れき　b．砂　c．泥　］
ウ．［　a．泥　b．砂　c．れき　］
エ．［　a．砂　b．泥　c．れき　］

＜群馬県＞

4 図は，ある場所の露頭を模式的に示したものである。図中のAの地層とBの地層を観察したところ，Aの地層からはシジミの化石が見つかり，Bの地層からはフズリナの化石が見つかった。次の(1)，(2)の問いに答えなさい。

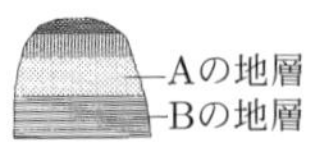

(1) Aの地層から見つかったシジミの化石は，Aの地層ができた当時の環境を推定する手がかりとなる。Aの地層ができた当時，この地域はどのような環境であったと考えられるか。最も適切なものを，次のア～ウから選びなさい。
ア．あたたかくて浅い海　　イ．寒冷な浅い海
ウ．湖や河口

(2) 次の文は，Bの地層から見つかったフズリナの化石に関連した内容について述べたものである。文中の［①］に当てはまる語を書きなさい。また，②，③については｛　｝内のア，イから正しいものを，それぞれ選びなさい。

> フズリナの化石のように，地層が堆積した時代を推定するのに役立つ化石を［①］化石という。
> ［①］化石となる生物の条件は，②｛ア．限られた　イ．様々な｝時代に栄えて，③｛ア．広い　イ．狭い｝地域に生息していたことである。

＜群馬県＞

5 Mさんは，山口県の各地で見られる岩石について調べてまとめた。あとの(1)～(4)に答えなさい。

> 山口県の岩石
>
> 【目的】
> 山口県の各地で見られる岩石の種類や，その岩石ができた時代を調べる。
>
> 【調べた方法】
> 現地で岩石を観察し(ア)スケッチした。観察した岩石について，博物館の資料やインターネットなどを利用して調べた。
>
> 【調べた岩石とその内容】
> ① 下関市(地点A)で観察した岩石。
> 中生代の泥岩であった。この岩石に(イ)シジミの化石が含まれていたことから，湖などで地層ができたと考えられる。
>
> 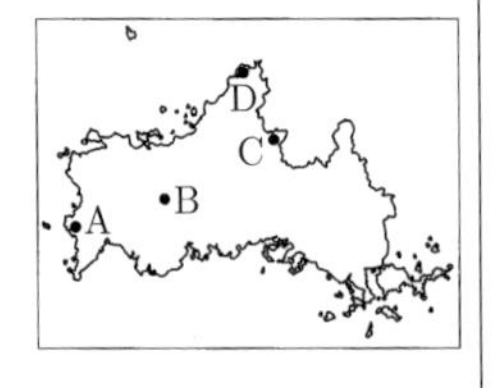
>
>
> ② 美祢市(地点B)で観察した岩石。
> 古生代の石灰岩であった。この岩石に(ウ)サンゴの化石が含まれていたことから，あたたかくて浅い海で地層ができたと考えられる。
> ③ 山口市(地点C)で観察した岩石。
> 新生代の安山岩であった。この地域では，(エ)マグマが冷えて固まったドーム状の形の火山が多く見られる。
> ④ 萩市(地点D)で観察した岩石。
> 新生代のれき岩であった。この地域では，(オ)れき岩，砂岩，泥岩などが分布していることがわかった。

(1) 下線(ア)について，スケッチのしかたとして，最も適切なものを，次の1～4から選び，記号で答えなさい。
1．観察しにくいところは推測してかく。
2．細い線で輪かくをはっきりと表す。
3．濃く表すために線を二重にかく。
4．立体感を出すために影をつける。

(2) 下線(イ)，(ウ)のような化石が地層に含まれていると，地層ができた当時の環境を推定することができる。このように，地層ができた当時の環境を推定することができる化石を何というか。書きなさい。

(3) 火山にはいろいろな形がある。傾斜がゆるやかな形の火山があるのに対し，下線(エ)になる理由を，「マグマのねばりけ」という語を用いて，簡潔に述べなさい。

(4) 下線(オ)は，れき，砂，泥が海底や湖底に堆積し，長い間にすき間がつまって固まったものである。

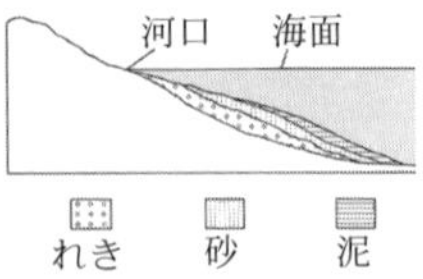

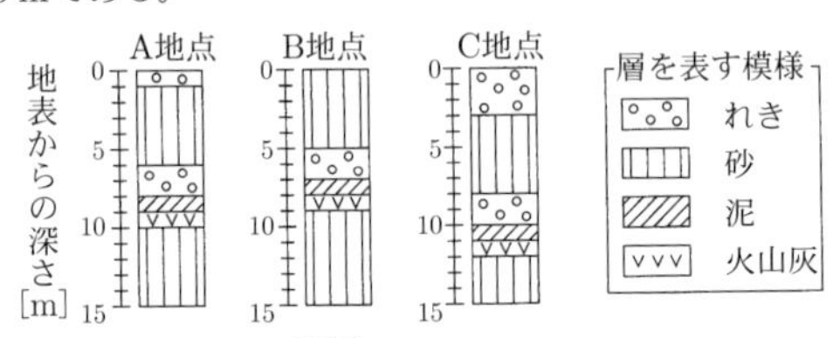

図は，川から運ばれてきた，れき，砂，泥が，海底で堆積したようすを表した模式図である。
川から運ばれてきた，れきや砂が，河口の近くで堆積しやすいのはなぜか。その理由を，泥との違いに着目して，簡潔に述べなさい。

＜山口県＞

6 大地の成り立ちと変化に関する(1)，(2)の問いに答えなさい。

(1) 地層に見られる化石の中には，ある限られた年代の地層にしか見られないものがあり，それらの化石を手がかりに地層ができた年代を推定することができる。地層ができた年代を知る手がかりとなる化石は，一般に何とよばれるか。その名称を書きなさい。

(2) 下図は，ある地域のA地点～C地点における，地表から地下15 mまでの地層のようすを表した柱状図である。また，標高は，A地点が38 m，B地点が40 m，C地点が50 mである。

A地点　B地点　C地点
地表からの深さ[m]　0　5　10　15
層を表す模様：れき　砂　泥　火山灰

① れき岩，砂岩，泥岩(でいがん)は，一般に，岩石をつくる粒の特徴によって区別されている。次のア～エの中から，れき岩，砂岩，泥岩を区別する粒の特徴として，最も適切なものを1つ選び，記号で答えなさい。
ア．粒の成分　　イ．粒の色
ウ．粒のかたさ　　エ．粒の大きさ

② 図のれきの層には，角がけずられて丸みを帯びたれきが多かった。図のれきが，角がけずられて丸みを帯びた理由を，簡単に書きなさい。

③ A地点～C地点を含む地域の地層は，A地点からC地点に向かって，一定の傾きをもって平行に積み重なっている。A地点～C地点を上空から見ると，A地点，B地点，C地点の順に一直線上に並んでおり，A地点からB地点までの水平距離は0.6 kmである。このとき，B地点からC地点までの水平距離は何kmか。図をもとにして，答えなさい。ただし，この地域の地層は連続して広がっており，曲がったりずれたりしていないものとする。

＜静岡県＞

7 次の文は，紀夫さんが，キャンプ場の近くで見つけた露頭について調べ，まとめたものの一部である。あとの(1)～(4)に答えなさい。

> キャンプ場の近くで，大きな露頭を見つけました。この露頭を観察すると，石灰岩の地層a，火山灰の地層b，れき，砂，泥からできた地層cの３つの地層が下から順に重なっていることがわかりました(次の図)。この３つの地層にはそれぞれ特徴が見られ，より詳しく調べました。
>
> １つ目の地層aは，石灰岩でできていました。石灰岩の主な成分は［ X ］で，酸性化した土や川の水を①中和するために使われる石灰の材料として利用されています。
>
> ２つ目の地層bは，火山灰でできていました。その地層から，②無色で不規則な形をした鉱物を見つけることができました。この鉱物は，マグマに含まれる成分が冷え固まってできた結晶です。
>
> ３つ目の地層cは，れき，砂，泥からできていました。③この地層の粒の積もり方から，一度に大量の土砂が水の中で同時に堆積したと考えられます。
>
> 図　露頭のスケッチの一部
> (地層cのスケッチは省略している)
>
> 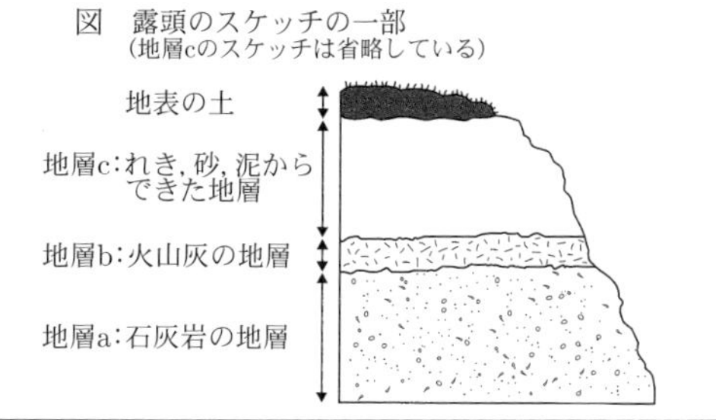
>

(1) 文中の［ X ］にあてはまる物質の名称を書きなさい。

(2) 下線部①について，次の式は，中和によって水が生じる反応を表したものである。［ A ］，［ B ］にあてはまるイオンの化学式をそれぞれ書きなさい。

［ A ］ ＋ ［ B ］ → H_2O

(3) 下線部②の鉱物として最も適切なものを，次のア～エの中から１つ選んで，その記号を書きなさい。

ア．カクセンセキ　　イ．カンランセキ
ウ．キセキ　　エ．セキエイ

(4) 下線部③について，地層cの下部，中部，上部に含まれる，主に堆積した粒の組み合わせとして最も適切なものを，次のア～エの中から１つ選んで，その記号を書きなさい。また，そのように考えた理由を簡潔に書きなさい。

	地層cの下部	地層cの中部	地層cの上部
ア	泥	砂	れき
イ	砂	泥	れき
ウ	れき	砂	泥
エ	砂	れき	泥

＜和歌山県＞

8 図１は，ある地域の地層の特徴や重なり方を調べるために観察した露頭(ろとう)(地層が地表面に現れているところ)を，模式的に表したものである。この露頭にはA～Dの地層が見られ，それぞれの地層は，一定の厚さで水平に積み重なり，上下の逆転は起こっていなかった。また，それぞれの地層をつくっている岩石を調べ，表にまとめた。１～３の問いに答えなさい。

図１

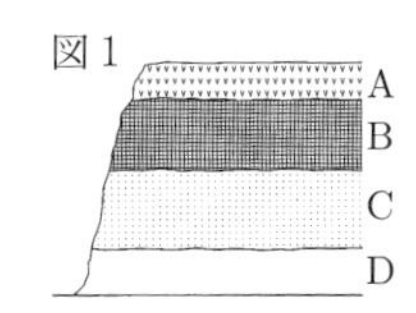

地層	地層をつくる岩石
A	れき岩
B	砂岩(さがん)
C	泥岩(でいがん)
D	岩石X

1．露頭からサンゴの化石が見つかった。(1)，(2)の問いに答えなさい。

(1) 片方の手でサンゴの化石を持ち，もう片方の手でルーペを持ってサンゴの化石を観察した。このときのピントの合わせ方について述べた文として，最も適当なものを，次のア～エから一つ選び，その記号を書きなさい。

ア．ルーペを化石に近づけ，ルーペと化石を一緒に前後に動かしてピントを合わせる。
イ．ルーペを化石に近づけ，ルーペだけを前後に動かしてピントを合わせる。
ウ．ルーペを目に近づけ，化石だけを前後に動かしてピントを合わせる。
エ．ルーペを目に近づけ，化石は動かさず，顔とルーペを一緒に前後に動かしてピントを合わせる。

(2) 次の［　　］は，化石からわかることについて述べた文章である。［ ① ］に当てはまる語句を漢字２字で書きなさい。また，②，③に当てはまるものをア，イから一つずつ選び，その記号をそれぞれ書きなさい。

> サンゴの化石は，地層が堆積した当時の環境を推定することができる化石であり，このような化石を［ ① ］化石という。地層からサンゴの化石が見つかった場合，その地層が堆積した当時の環境が，浅く②〔ア．あたたかい　イ．つめたい〕海であったと推定できる。また，シジミの化石も［ ① ］化石の一つであり，この化石が見つかった場合は，地層が堆積した当時の環境が，③〔ア．湖や河口　イ．海〕であったと推定できる。

2．A～Cの地層は，この地域が海底にあったとき，長い年月の間に，川の水によって運ばれた土砂が堆積してできたと考えられる。次の［　　］は，A～Cの地層のようすをもとにこの地域について説明した文である。①，②に当てはまる言葉の組み合わせとして最も適当なものを，次のア～エから一つ選び，その記号を書きなさい。

> A～Cの地層は，上の地層をつくる岩石ほど粒が［ ① ］なっているので，この地域は，海岸からの距離が，しだいに［ ② ］なったと考えられる。

ア．①大きく　②遠く
イ．①大きく　②近く
ウ．①小さく　②遠く
エ．①小さく　②近く

3．Dの地層の岩石Xは，れきや砂，泥などの粒をほとんどふくんでいなかったため，チャートか石灰岩のいずれかであると考えられる。そこで，図２のようにうすい塩酸を２，３滴かけたところ，反応が見られた。岩石Xはチャートと石灰岩のどちらか，名称を書きなさい。また，このとき見られる反応のようすを簡単に書きなさい。

図２

＜山梨県＞

9 右の図1は，ある地域の地形を等高線で表した地図上に，ボーリング調査が行われた地点A～Dを示したものです。地図上で地点A～Dを結んだ図形は正方形になっており，地点Aは地点Bの真北の方向にあります。下の図2は，ボーリングによって得られた試料を基に作成した各地点の柱状図です。この地域では，断層やしゅう曲，地層の逆転はなく，各地点で見られる凝灰岩の層は，同じ時期の同じ火山による噴火で火山灰が堆積してできた同一のものとします。あとの(1)・(2)に答えなさい。

図1

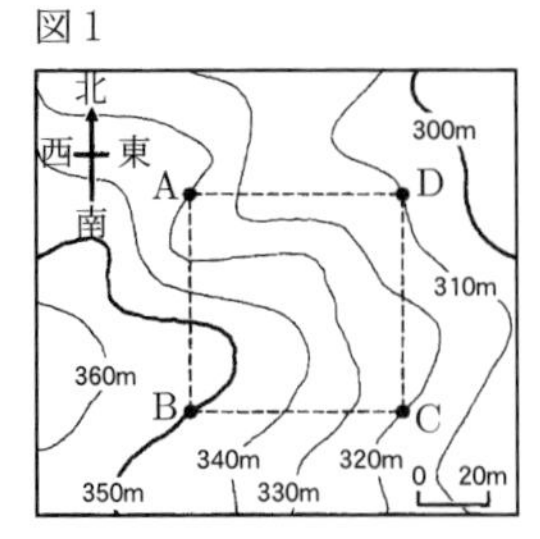

図2

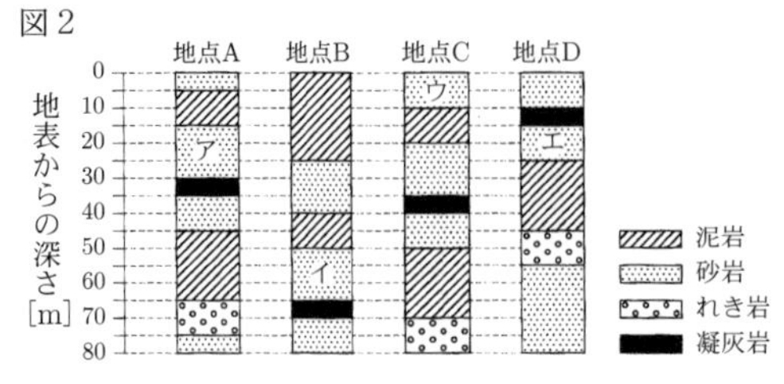

(1) 図2中のア～エの中で，堆積した時代が最も古い砂岩の層はどれだと考えられますか。その記号を書きなさい。

(2) 次の文章は，図1で示した地域における凝灰岩の層について述べたものです。文章中の[a]・[b]に当てはまる最も適切な内容を下のア～カの中からそれぞれ選び，その記号を書きなさい。また，[c]に当てはまる最も適切な方位を，東・西・南・北から選び，その語を書きなさい。

> 地点A～Dの「地表の標高」はそれぞれ異なるが，「凝灰岩の層の標高」は2地点ずつで同じである。そのうち，「凝灰岩の層の標高」が高い方の2地点は[a]mで同じであり，「凝灰岩の層の標高」が低い方の2地点は[b]mで同じである。このことから，この凝灰岩の層は，[c]が低くなるように傾いていると考えられる。

ア．275～280　　イ．280～285
ウ．285～290　　エ．290～295
オ．295～300　　カ．300～305

＜広島県＞

10 次の資料は，ある地域の地点A～Cで行った地下の地質調査をまとめたものの一部である。あとの(1)～(4)に答えなさい。ただし，この地域の地層は，各層とも均一の厚さで水平に重なっており，断層やしゅう曲はないものとする。

資料.

> 図1は，地点A～Cにおける泥岩，砂岩，れき岩，凝灰岩，㋐石灰岩の層の重なりを表した柱状図である。地点Bのa層からは㋑ビカリアの化石が見つかった。図2は，この地域の地形を等高線で表したものであり，地点Aの標高は65m，地点Bの標高は58mであった。地点Cは場所の記録がない。

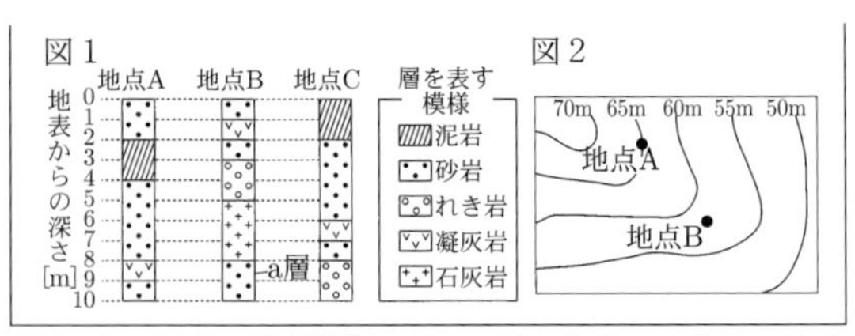

(1) 下の文は，下線部㋐について述べたものである。文中の[①]，[②]に入る語句の組み合わせとして適切なものを，次の1～4の中から一つ選び，その番号を書きなさい。

> 石灰岩は，貝殻やサンゴが堆積するなどしてできた岩石で，[①]を2，3滴かけると[②]が発生する。

1．① うすい水酸化ナトリウム水溶液
　　② 酸素
2．① うすい水酸化ナトリウム水溶液
　　② 二酸化炭素
3．① うすい塩酸
　　② 酸素
4．① うすい塩酸
　　② 二酸化炭素

(2) この地域では，かつて火山活動があったと考えられる。その理由を「火山灰」という語を用いて書きなさい。

(3) 下線部㋑のように，地層が堆積した年代を推定することができる化石を何というか，書きなさい。また，その特徴について述べたものとして最も適切なものを，次の1～4の中から一つ選び，その番号を書きなさい。
1．長い期間にわたって栄え，広い範囲にすんでいた生物の化石である。
2．長い期間にわたって栄え，せまい範囲にすんでいた生物の化石である。
3．ある期間にだけ栄え，広い範囲にすんでいた生物の化石である。
4．ある期間にだけ栄え，せまい範囲にすんでいた生物の化石である。

(4) 柱状図について，次のア，イに答えなさい。
ア．地点Cの標高は何mか，求めなさい。
イ．この地域における，標高60mの地点の層の重なりはどのようになっていると考えられるか。図1のように層を表す模様を用いて，地表からの深さ10mまでの柱状図を右にかき入れなさい。

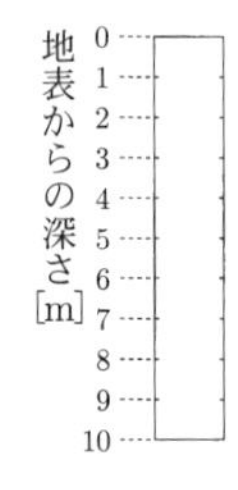

＜青森県＞

11 次の文は，傾斜がゆるやかなある山の地層の重なり方について述べたものである。(1)～(4)の問いに答えなさい。

> 図1は，この山の登山道の一部を模式的に表したものである。この山の地層の重なり方について資料で調べたところ，この山のそれぞれの地層は，一定の厚さで水平に堆積していることがわかった。また，この山には凝灰岩の層は1つしかなく，地層の上下が逆転するような大地の変化は起こっておらず，断層やしゅう曲はないことがわかっている。
> この山の登山道の途中にある，標高の異なるX～Zの3地点でボーリング調査を行い，図2のような柱状図を作成した。また，X地点のボーリング試料に見られた泥岩の層を詳しく調べたところ，サンヨウチュウの化石が見つかった。

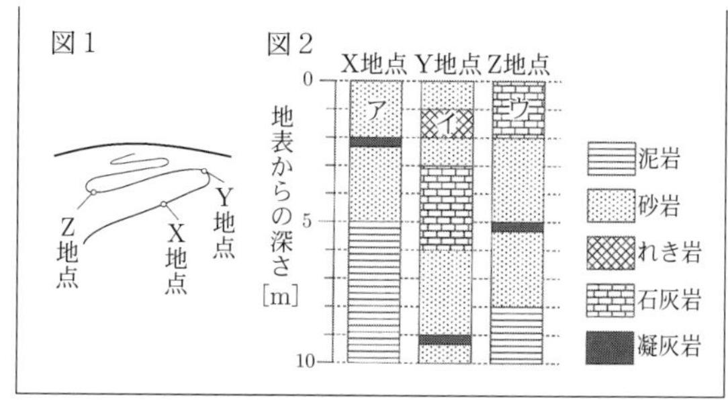

(1)　下線部について，次の①，②の問いに答えなさい。

①　X地点のボーリング試料に見られた泥岩の地質年代と，その地質年代に栄えていた生物の組み合わせとして最も適当なものを，右のア～エの中から１つ選びなさい。

	地質年代	生物
ア	古生代	フズリナ
イ	古生代	ビカリア
ウ	新生代	フズリナ
エ	新生代	ビカリア

②　化石には，地質年代を知ることができる化石のほかに，サンゴのなかまのように，当時の環境をさぐる手がかりとなる化石がある。このような，当時の環境を示す化石を何化石というか。書きなさい。

(2)　次の文は，Y地点とZ地点で見られた石灰岩について述べたものである。P，Qにあてはまることばの組み合わせとして最も適当なものを，右のア～エの中から１つ選びなさい。

	P	Q
ア	水酸化ナトリウム水溶液	傷はつかない
イ	水酸化ナトリウム水溶液	傷がつく
ウ	塩酸	傷はつかない
エ	塩酸	傷がつく

> 石灰岩は，貝殻やサンゴなどが堆積してできた岩石で，うすい［　P　］をかけると，とけて気体が発生する。かたさを調べるために石灰岩を鉄くぎでひっかいた場合，石灰岩の表面に［　Q　］。

(3)　図２のア～ウの地層を，堆積した年代の古い順に左から並べて書きなさい。

(4)　X地点の標高は47 mであった。Y地点の標高は何mか。求めなさい。

＜福島県＞

12　ある地域で，地表から深さ20 mまでの地層を調査した。図１は，この地域の地形図を模式的に表したものであり，図１の線は等高線を，数値は標高を示している。また，地点A，B，Cは東西の直線上に，地点B，Dは南北の直線上に位置している。図２の柱状図Ⅰ，Ⅱ，Ⅲは，図１の地点A，B，Cのいずれかの地点における地層のようすを，柱状図Ⅳは，地点Dにおける地層のようすを模式的に表したものである。

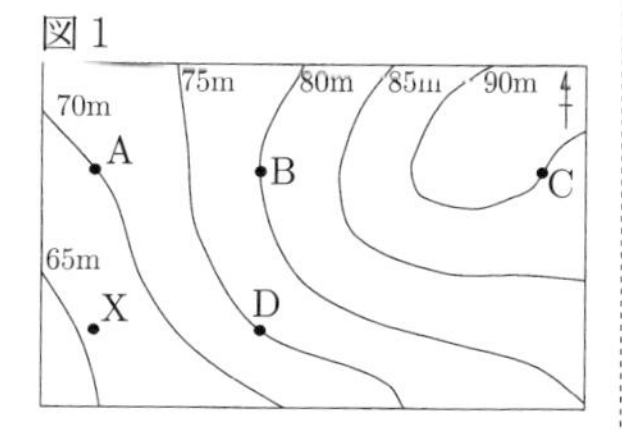

また，柱状図ⅠからⅣまでに示されるそれぞれの地層を調べたところ，いくつかの生物の化石が発見された。柱状図ⅠのPの泥岩の層からは，ビカリアの化石が発見され，このビカリアの化石を含む泥岩の層は柱状図Ⅱ，Ⅲ，Ⅳに示される地層中にも存在していた。

ただし，図１の地域の地層は互いに平行に重なっており，南に向かって一定の割合で低くなるように傾いている。また，地層には上下の逆転や断層はないものとする。

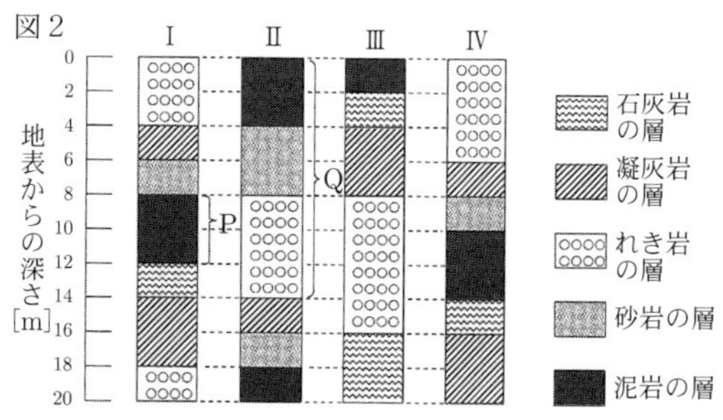

次の(1)から(4)までの問いに答えなさい。

(1)　図２の柱状図ⅡのQで示した部分は，れき岩，砂岩，泥岩の層が順に堆積しており，ここから発見された化石から，柱状図Ⅱの地点は過去に海底にあったと考えられる。次の文章は，柱状図ⅡのQで示した地層が堆積したときの環境の変化について説明したものである。文章中の（　①　）と（　②　）にあてはまる語の組み合わせとして最も適当なものを，あとのアからエまでの中から選んで，そのかな符号を書きなさい。

> 土砂が川の水によって運ばれるときには，粒の大きさが（　①　）ものほど遠くに運ばれて堆積する。このことから，柱状図Ⅱの地点は（　②　）へとしだいに環境が変化したと考えられる。

ア．①　小さい，　②　沖合から海岸近く
イ．①　小さい，　②　海岸近くから沖合
ウ．①　大きい，　②　沖合から海岸近く
エ．①　大きい，　②　海岸近くから沖合

(2)　図２の柱状図Ⅰに示されるPの泥岩の層からビカリアの化石が発見されたことから，この泥岩の層が堆積した年代を推定することができる。このような化石について説明した次の文章中の（　①　）から（　③　）までにあてはまる語の組み合わせとして最も適当なものを，次のアからクまでの中から選んで，そのかな符号を書きなさい。

> ビカリアの化石のように，限られた時代にだけ栄え，（　①　）地域に生活していた生物の化石は，地層の堆積した年代を推定するのに役立つ。このような化石を（　②　）化石といい，ビカリアを含むPの泥岩の層は（　③　）に堆積したと考えられる。

ア．①　狭い，　②　示相，　③　新生代
イ．①　狭い，　②　示相，　③　中生代
ウ．①　狭い，　②　示準，　③　新生代
エ．①　狭い，　②　示準，　③　中生代
オ．①　広い，　②　示相，　③　新生代
カ．①　広い，　②　示相，　③　中生代
キ．①　広い，　②　示準，　③　新生代
ク．①　広い，　②　示準，　③　中生代

(3)　図１の地点A，B，Cにおける地層のようすを表している柱状図は，それぞれ図２のⅠ，Ⅱ，Ⅲのどれか。その組み合わせとして最も適当なものを，次のアからカまでの中から選んで，そのかな符号を書きなさい。

	ア	イ	ウ	エ	オ	カ
地点A	Ⅰ	Ⅰ	Ⅱ	Ⅱ	Ⅲ	Ⅲ
地点B	Ⅱ	Ⅲ	Ⅰ	Ⅲ	Ⅰ	Ⅱ
地点C	Ⅲ	Ⅱ	Ⅲ	Ⅰ	Ⅱ	Ⅰ

(4) 図1の地点Xは，地点Aの真南かつ地点Dの真西に位置しており，標高は67 mである。柱状図Ⅰに示されるビカリアの化石を含むPの泥岩の層は，地点Xでは地表からの深さが20 mまでのどこにあるか。図3に黒く塗りつぶして書きなさい。

図3

＜愛知県＞

13

太郎さんは，ある地域の地層について調べ，ノートにまとめた。次の図1はボーリング調査が行われた地点A，B，C，Dとその標高を示す地図である。図2は，地点A，B，C，Dでのボーリング試料を用いて作成した柱状図である。

この地域では，断層やしゅう曲，地層の上下の逆転はなく，地層はある一定の方向に傾いている。また，各地点で見られる凝灰岩(ぎょうかいがん)の層は同一のものである。あとの(1)～(4)の問いに答えなさい。ただし，地図上で地点A，B，C，Dを結んだ図形は正方形で，地点Bから見た地点Aは真北の方向にある。

太郎さんのノートの一部.

図1　図2

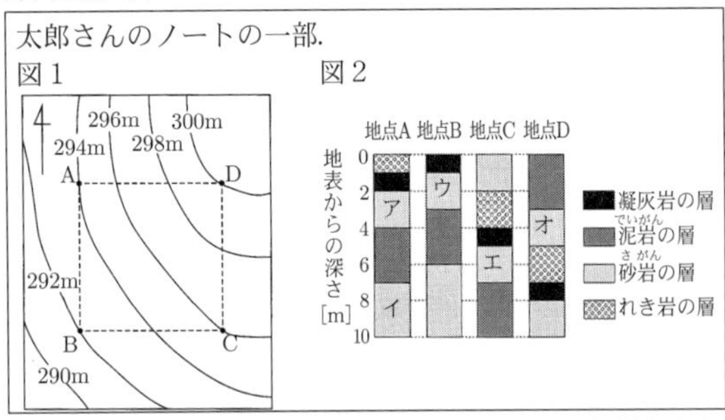

(1) 地点Dの泥岩の層から，ビカリアの化石が発見されたことから，この地層は新生代に堆積(たいせき)したことが推定される。次の文の[あ]，[い]に当てはまる語の組み合わせとして最も適当なものを，あとのア～エの中から一つ選んで，その記号を書きなさい。

地層の堆積した年代を推定できる化石を[あ]といい，ビカリアのほかに，新生代に堆積したことが推定できる化石には[い]がある。

	あ	い
ア	示相化石	アンモナイト
イ	示相化石	ナウマンゾウ
ウ	示準化石	アンモナイト
エ	示準化石	ナウマンゾウ

(2) 図2のア，イ，ウ，エ，オの砂岩の地層のうち，堆積した時代が最も新しいものはどれか。最も適当なものを，図2のア～オの中から一つ選んで，その記号を書きなさい。

(3) 太郎さんはこの地域の地層は南に傾いていると予想した。その理由を説明した次の文中の[　　]に当てはまる値として，最も適当なものを，あとのア～エの中から一つ選んで，その記号を書きなさい。

【南北方向について】

地点Aと地点Bにおいて，「凝灰岩の層の地表からの深さ」を比較すると，地点Aでは地点Bよりも1 m深いが，「地表の標高」は地点Aが地点Bよりも2 m高いので，「凝灰岩の層の標高」は地点Aが地点Bよりも1 m高い。地点Dと地点Cにおいても同様に，「凝灰岩の層の標高」は地点Dが地点Cよりも1 m高い。よって，地層は南が低くなるように傾いている。

【東西方向について】

地点Aと地点Dにおいて，「地表の標高」から「凝灰岩の層の地表からの深さ」を差し引くことで，それぞれの凝灰岩の層の標高を求めると，地点A，地点Dともに[　　]mとなった。よって，東西方向の傾きはないことがわかった。地点Bと地点Cも同様に，東西方向の傾きはなかった。

【まとめ】

南北方向，東西方向の二つの結果から，この地域の地層は南に傾いていると予想した。

ア．290～291
イ．291～292
ウ．292～293
エ．293～294

(4) 地点Aでは，凝灰岩の層の下に，砂岩，泥岩，砂岩の層が下から順に重なっている。これらは，地点Aが海底にあったとき，川の水によって運ばれた土砂が長い間に堆積してできたものであると考えられる。凝灰岩の層よりも下の層のようすをもとにして，地点Aに起きたと考えられる変化として，最も適当なものを，次のア～エの中から一つ選んで，その記号を書きなさい。

ア．地点Aから海岸までの距離がしだいに短くなった。
イ．地点Aから海岸までの距離がしだいに長くなった。
ウ．地点Aから海岸までの距離がしだいに短くなり，その後しだいに長くなった。
エ．地点Aから海岸までの距離がしだいに長くなり，その後しだいに短くなった。

＜茨城県＞

14

Kさんは，地層の成り立ちについて調べるために，次のような実験を行った。また，いくつかの地域の露頭を観察した。これらについて，あとの各問いに答えなさい。

〔実験〕 次の図1のように，水を入れた容器を傾けて固定し，容器にれき，砂，泥を混ぜてつくった土砂をのせ，土砂の上から洗浄びんで水をかけて，土砂の流され方を調べた。図2は，水をかけ終わったあとの土砂の堆積のようすを真上から観察してスケッチしたものである。

図1　図2

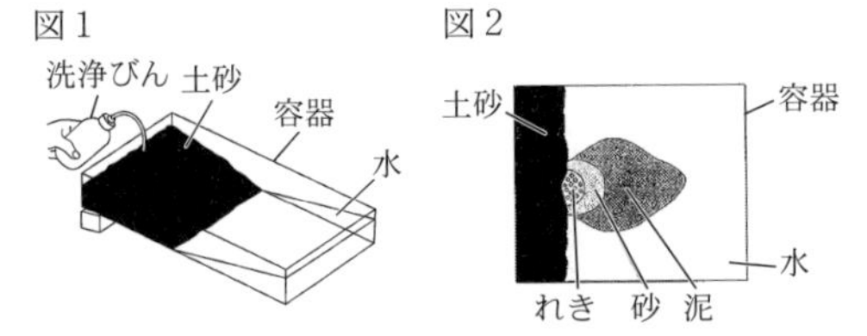

〔観察〕 それぞれ異なる地域にある露頭X，露頭Yを観察した。図3と図4はそれぞれ露頭Xと露頭Yのスケッチである。

図3　図4

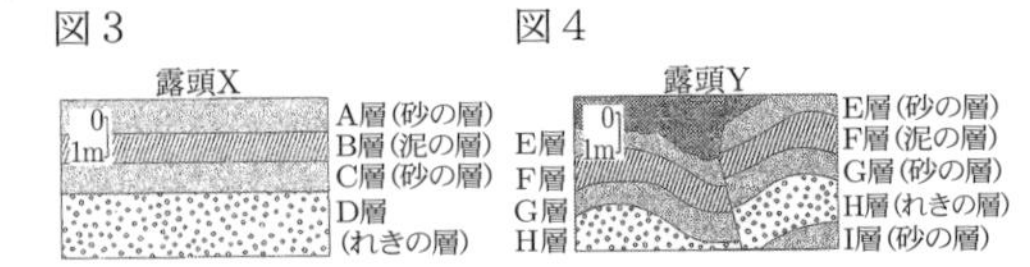

(ア) 〔実験〕の図2を参考にして，実際に河口から海に流れ込んだれき，砂，泥が堆積したようすを表す図として最も適するものを次の1～4の中から一つ選び，その番号を答えなさい。

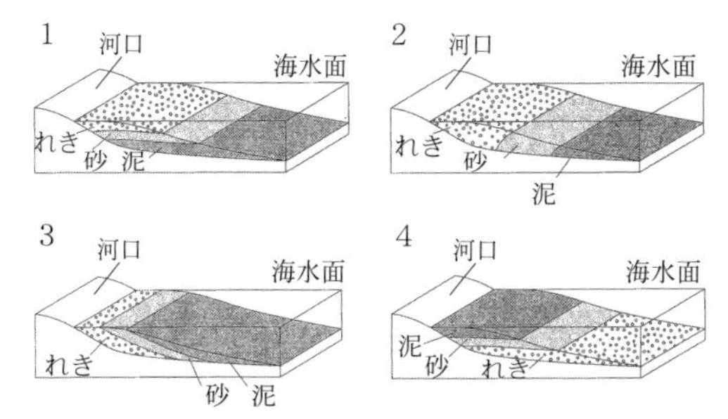

(イ)　次の［　　　］は，図3の露頭Xにみられる地層の成り立ちについてKさんがまとめたものである。文中の（　あ　），（　い　）にあてはまるものの組み合わせとして最も適するものをあとの1～8の中から一つ選び，その番号を答えなさい。

露頭Xにみられる地層の成り立ちを，海水面の変動と関連付けて考える。この地層に上下の逆転がないとすると，D層が堆積した当時，堆積した場所は河口から（　あ　）場所にあり，その後，海水面が（　い　）ことで堆積した場所の河口からの距離が変化し，C層，B層，A層が堆積したと考えられる。

1．あ：遠い　　い：上昇し続けた
2．あ：遠い　　い：上昇したのち，下降した
3．あ：遠い　　い：下降し続けた
4．あ：遠い　　い：下降したのち，上昇した
5．あ：近い　　い：上昇し続けた
6．あ：近い　　い：上昇したのち，下降した
7．あ：近い　　い：下降し続けた
8．あ：近い　　い：下降したのち，上昇した

(ウ)　図4の露頭Yにみられる断層やしゅう曲は，地層にどのような力がはたらいてできたと考えられるか。最も適するものを次の1～4の中から一つ選び，その番号を答えなさい。

1．露頭Yの断層としゅう曲はどちらも，地層を押す力がはたらいてできた。
2．露頭Yの断層としゅう曲はどちらも，地層を引く力がはたらいてできた。
3．露頭Yの断層は地層を押す力がはたらいてでき，しゅう曲は地層を引く力がはたらいてできた。
4．露頭Yの断層は地層を引く力がはたらいてでき，しゅう曲は地層を押す力がはたらいてできた。

(エ)　Kさんは，露頭の観察以外にも，ボーリング調査によって地層について調べられることを知り，〔観察〕とは異なる地域で行われたボーリング調査の試料を観察した。図5は，この調査が行われた地域の等高線と標高を示している。また，図6は，図5のP，Q，Rの各地点で行われた調査をもとにつくった柱状図である。図5のS地点でボーリング調査を行った場合，図6の火山灰を含む層は地表から何mの深さに出てくると考えられるか。最も適するものをあとの1～6の中から一つ選び，その番号を答えなさい。ただし，この地域の地層は水平であり，地層の上下の逆転やしゅう曲および断層はないものとする。また，火山灰を含む層はいずれも同時期に堆積したものとする。

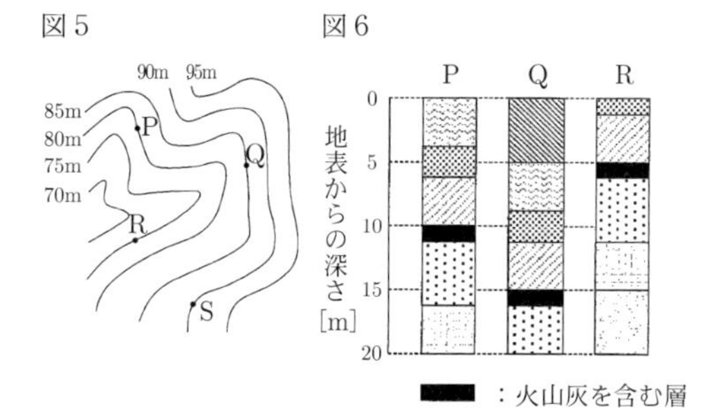

1．5 m　　2．10 m
3．15 m　　4．20 m
5．25 m　　6．30 m

<神奈川県>

第15章　天気とその変化

大気のようす

●気象の観測

1　大気中で起こるさまざまな現象を，気象という。

1．ある日，校庭で図のように厚紙でおおった温度計を用いて空気の温度をはかった。温度計を厚紙でおおった理由を，「温度計」ということばを使って書け。

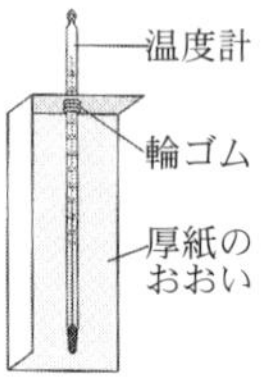

温度計
輪ゴム
厚紙のおおい

2．ある日，棒の先に軽いひもをつけ，風向を観測したところ，ひもは南西の方位にたなびいた。また，風が顔にあたるのを感じたことと，木の葉の動きから，このときの風力は2と判断した。さらに，空を見上げると，空全体の約4割を雲がおおっていた。次の表は天気と雲量の関係をまとめたものである。これらの風向，風力，天気の気象情報を天気図記号でかけ。

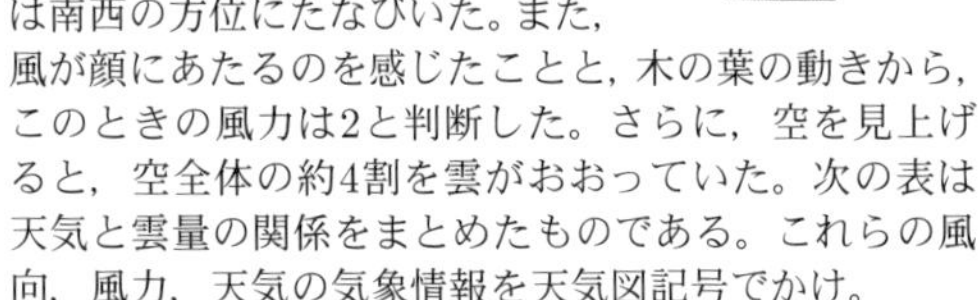

天気	快晴	晴れ	くもり
雲量	0～1	2～8	9～10

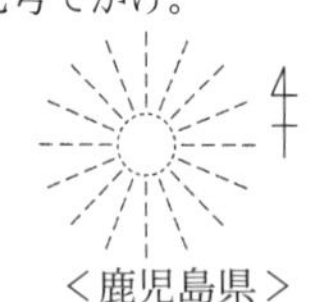

＜鹿児島県＞

2　表は，湿度表の一部である。乾湿計の乾球の示す温度(示度)が10.0℃のとき，湿球の示す温度(示度)は7.5℃であった。このときの湿度を，表を用いて求めなさい。

		乾球の示す温度と湿球の示す温度の差[℃]					
		0.0	0.5	1.0	1.5	2.0	2.5
乾球の示す温度[℃]	13	100	94	88	82	77	71
	12	100	94	88	82	76	70
	11	100	94	87	81	75	69
	10	100	93	87	80	74	68
	9	100	93	86	80	73	67
	8	100	93	86	79	72	65
	7	100	93	85	78	71	64

＜北海道＞

3　乾球温度計と湿球温度計の２本の温度計からなる乾湿計は，湿球に巻かれたガーゼの水が蒸発するときに湿球から熱をうばうことにより生じる２本の温度計の温度差を利用して湿度を求めるものである。この乾湿計を用いてよく晴れた日に湿度を求めるとき，湿球に巻かれたガーゼが完全に乾いていることに気づかずにそのまま用いたとすると，湿球温度計の示す温度と求めた湿度はガーゼがしめっているときと比べてどうなるか。最も適するものを次の１～４の中から一つ選び，その番号を答えなさい。

1．湿球温度計の示す温度と求めた湿度はどちらも高くなる。
2．湿球温度計の示す温度と求めた湿度はどちらも低くなる。
3．湿球温度計の示す温度は高くなり，求めた湿度は低くなる。
4．湿球温度計の示す温度は低くなり，求めた湿度は高くなる。

＜神奈川県＞

4　気象について，次の(1)，(2)に答えなさい。

(1)　日本付近の天気は西から東へ変わることが多い。それは，中緯度帯の上空で１年中，西から東へ風が吹いているからである。このような西よりの風を何というか，書きなさい。

(2)　図はある地点での風向，風力，天気を表したものである。この地点の風向と風力の組み合わせを,次のア～エから１つ選び，その符号を書きなさい。

北

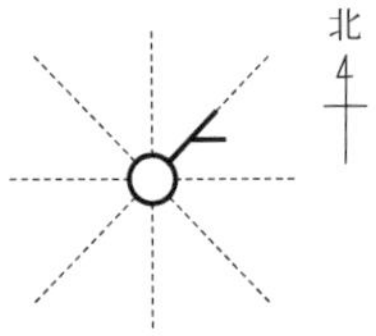

ア．風向：北東　風力：１
イ．風向：北東　風力：２
ウ．風向：南西　風力：１
エ．風向：南西　風力：２

＜石川県＞

5　右の図は，新潟市におけるある年の6月10日の気象観測の結果をまとめたものである。図中のa～cの折れ線は，気温，湿度，気圧のいずれかの気象要素を表している。a～cに当てはまる気象要素の組合せとして，最も適当なものを，次のア～カから一つ選び，その符号を書きなさい。

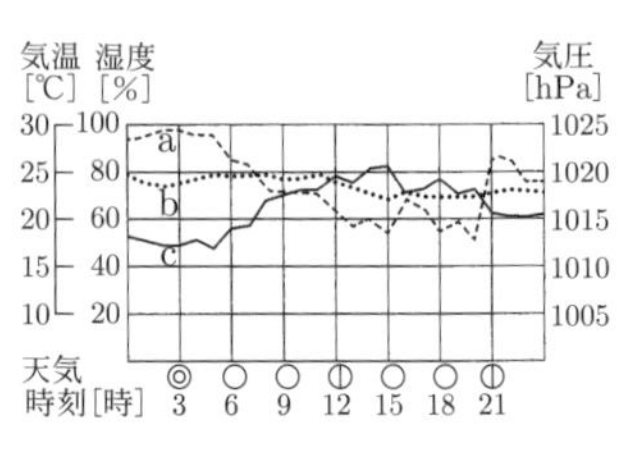

ア．〔a．気温，　b．湿度，　c．気圧〕
イ．〔a．気温，　b．気圧，　c．湿度〕
ウ．〔a．湿度，　b．気温，　c．気圧〕
エ．〔a．湿度，　b．気圧，　c．気温〕
オ．〔a．気圧，　b．気温，　c．湿度〕
カ．〔a．気圧，　b．湿度，　c．気温〕

＜新潟県＞

6 ある日の12時に気象観測を行い，その結果をレポートにまとめた。図1，2は気象観測に用いた乾湿計の12時の乾球温度計と湿球温度計の目盛りを表している。あとの問いに答えなさい。なお，表1は乾湿計用湿度表の一部を，表2は気温と飽和水蒸気量の関係を表している。

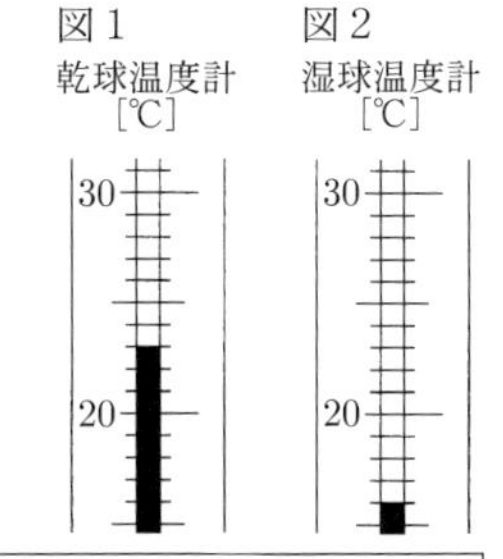

レポート
① 空全体の雲のようすをスケッチしたところ，図のように空全体の約半分が雲におおわれていた。なお，このとき雨は降っていなかった。

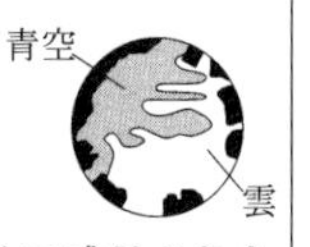

② 風向きを調べようとしたが，風向計で感じられなかった。そこで線香の煙を使って調べると，北東の方角に煙がなびいた。
③ 風向計で風向きを感じられず線香の煙で風向きが分かったことから，風力を1とした。

表1

		乾球と湿球の示度の差[℃]					
		5.5	6.0	6.5	7.0	7.5	8.0
乾球の示度[℃]	23	55	52	48	45	41	38
	22	54	50	47	43	39	36
	21	53	49	45	41	38	34
	20	52	48	44	40	36	32
	19	50	46	42	38	34	30
	18	49	44	40	36	32	28
	17	47	43	38	34	30	26
	16	45	41	36	32	28	23

表2

気温[℃]	16	17	18	19	20	21	22	23
飽和水蒸気量[g/m³]	13.6	14.5	15.4	16.3	17.3	18.3	19.4	20.6

(1) 12時の天気を正しく表している天気図記号を，次のア～カから1つ選び，記号で答えなさい。

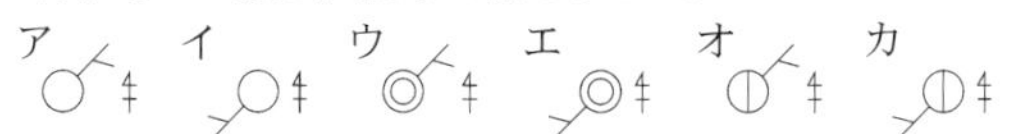

(2) 12時の1 m³中に含まれている水蒸気量は何gか。小数第2位を四捨五入して小数第1位まで求めなさい。

(3) 気象観測を行った12時以降に，観測地点付近に低気圧が近づき，空全体が雲でおおわれた。

① 低気圧の中心部では，空気は地上から上空に向かって移動するため，雲が発生することが多い。次の文は雲のでき方について説明したものである。文中のA～Cの(　　)の中から最も適切なものをそれぞれ1つずつ選び，記号で答えなさい。また，空欄(D)には，適切なことばを書きなさい。

> 空気のかたまりが上昇すると，周囲の気圧がA(ア. 高くなる　イ. 変わらない　ウ. 低くなる)ため，空気のかたまりはB(エ. 膨張　オ. 収縮)する。すると，気温がC(カ. 上がる　キ. 下がる)ため(D)に達し，空気中に含みきれなかった水蒸気が水滴などに変わり雲ができる。

② 日本付近の低気圧の中心付近における地表では，風はどの向きにふいていると考えられるか。次のア～エから最も適切なものを1つ選び，記号で答えなさい。ただし，地形の影響は考えないものとする。

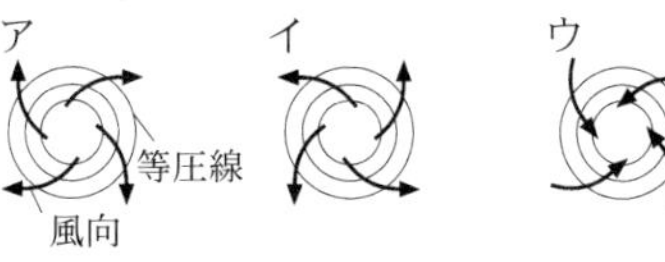

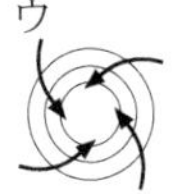

＜富山県＞

●圧力

7 図のように，質量120 gの直方体の物体が床の上にある。この物体の面A～Cをそれぞれ下にして床に置いたとき，床にはたらく圧力の大きさが最大となる置き方として最も適当なものを，次のア～エのうちから一つ選び，その符号を書きなさい。ただし，質量100 gの物体にはたらく重力の大きさを1 Nとする。

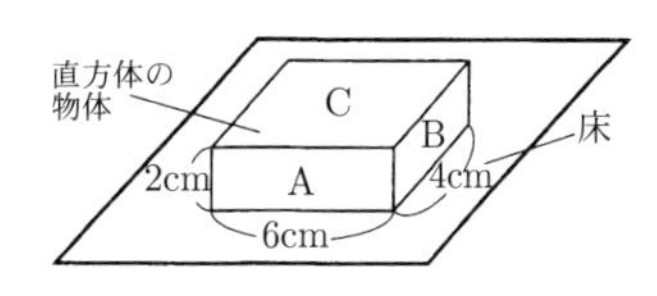

ア. 面Aを下にして置く。
イ. 面Bを下にして置く。
ウ. 面Cを下にして置く。
エ. 面A～Cのどの面を下にして置いても圧力の大きさは変わらない。

＜千葉県＞

8 図のように，直方体のレンガを表面が水平な板の上に置く。レンガのAの面を下にして置いたときの板がレンガによって受ける圧力は，レンガのBの面を下にして置いたときの板がレンガによって受ける圧力の何倍になるか。計算して答えなさい。

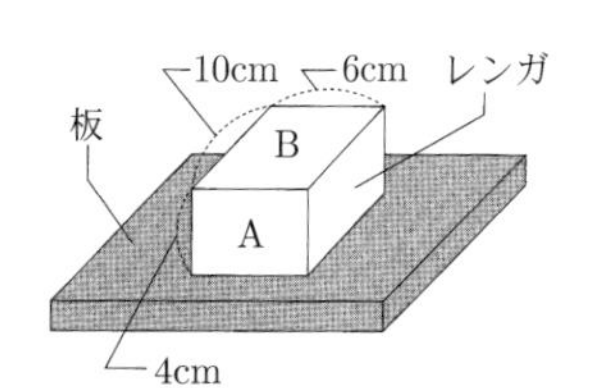

＜静岡県＞

9 右の図のように，1辺の長さが6 cmの正方形に切りとったプラスチック板をスポンジの上に置き，水を入れてふたをしたペットボトルを逆さまにして立てると，スポンジが沈んだ。このとき，正方形のプラスチック板と，水を入れてふたをしたペットボトルの質量の合計は360 gであった。ただし，100 gの物体にはたらく重力の大きさを1 Nとする。また，1 Pa＝1 N/m²である。

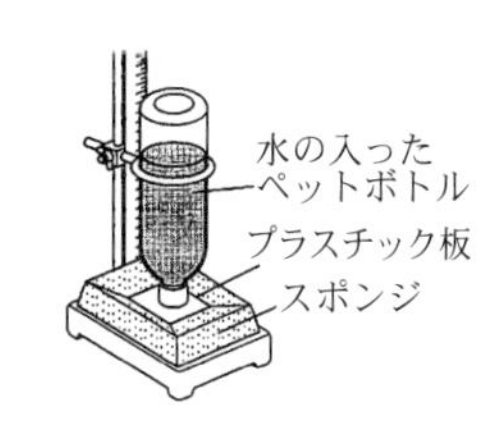

(1) プラスチック板からスポンジの表面が受ける圧力は何Paか。

(2) プラスチック板を1辺の長さが半分の正方形にしたとき，プラスチック板からスポンジの表面が受ける圧力は約何倍になるか。ア～オから最も適切なものを1つ選び，符号で書きなさい。

ア．約$\frac{1}{4}$倍　　イ．約$\frac{1}{2}$倍
ウ．約1倍　　エ．約2倍
オ．約4倍

＜岐阜県＞

●大気圧

10 花子さんは，理科の授業で，タブレット端末を用いて気象情報を収集した。図1は，ある年の10月21日12時の天気図であり，表は，図1と同じ日時における，地点X，Yで観測された，気圧，気温，天気についてまとめたものである。また，次の会話文は，花子さんが先生と話をしたときのものである。

図1

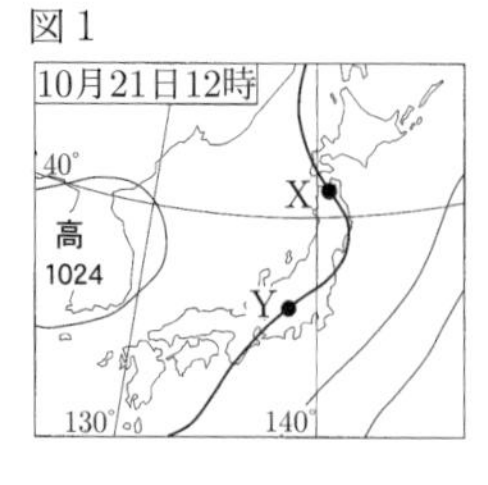

先　　生：図1の，地点Xと地点Yは，1020 hPaの等圧線上にあります。

花子さん：右の表を見てください。地点Xの気圧の値は1020 hPaなのに，地点Yの気圧の値は，1020 hPaよりかなり小さいです。

表

地点	気圧[hPa]	気温[℃]	天気
X	1020	19.3	○
Y	940	14.2	⦶

先　　生：等圧線が示す気圧の値は，実際に測定された気圧の値となるわけではありません。気圧の値は，表に示されていない，他の条件で変わりますよね。その条件をもとに，計算し直された気圧の値を使って等圧線は記入されています。では，表で気圧の値が940 hPaである地点Yが，図1では1020 hPaと大きくなっているのは，地点Yがどのような場所だからですか。

花子さん：地点Yは，［　　　　　］場所だからです。

先　　生：そのとおりです。ところで，表の，地点Xと地点Yのように気圧の値が異なると，大気の重さによって生じる，面を垂直に押す力の大きさが異なります。どのくらい異なるのか，大気が身近なものを押す力について考えてみましょう。1 hPaは100 Paであることを，覚えていますね。

花子さん：はい。それでは，<u>大気が私のタブレット端末の画面を押す力</u>について考えてみます。

(1) ［　　　　］には，地点Xと比べて，地点Yがどのような場所であるかを示す言葉が入る。［　　　　］に適当な言葉を書き入れて，会話文を完成させよ。ただし，「地点X」という言葉を用いること。

(2) 下線部について，花子さんは，表で示された気圧の値をもとに，地点X，Yにおいて，大気がタブレット端末の画面を押す力の大きさをそれぞれ計算した。このとき，求めた2つの力の大きさの差は何Nか。ただし，タブレット端末の画面の面積は0.03 m²であり，図2のように，タブレット端末は，水平な机の上に置かれているものとする。

図2

花子さんのタブレット端末
水平な机

＜愛媛県＞

11 牧子さんと京平さんは，理科部の活動で次の＜実験＞を行った。また，あとの会話は＜実験＞について，牧子さんと京平さんが交わしたものの一部である。これについて，あとの問い(1)〜(3)に答えよ。

＜実験＞
操作Ⅰ　右のⅰ図のように，耐熱用のペットボトルに，熱い湯を少量入れ，ペットボトルの中を水蒸気で十分に満たす。

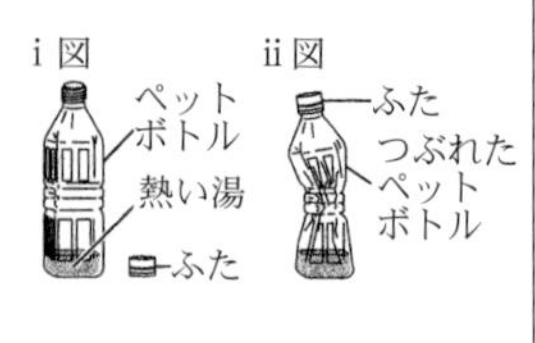

操作Ⅱ　操作Ⅰの後，すぐにペットボトルのふたをしっかりとしめ，冷たい水をかけて，ペットボトルのようすを観察する。
【結果】　操作Ⅱの結果，ⅱ図のようにペットボトルがつぶれた。

牧子　どうしてペットボトルがつぶれたのかな。
京平　ペットボトルの中の圧力と，まわりの大気圧との間に差が生じたからなんだ。冷たい水をかけると，ペットボトルの中の［A］の状態の水が一部［B］になり，ペットボトルの中の圧力が，まわりの大気圧に比べて［C］なることでつぶれたんだ。
牧子　なるほど，①<u>大気圧が関係している</u>んだね。
京平　うん。日常の生活で大気圧のはたらきを感じることは少ないけれど，たとえば右の写真のような②<u>吸盤</u>は，大気圧の力で机や壁にくっついているんだよ。

写真

(1) 会話中の［A］〜［C］に入る表現の組み合わせとして最も適当なものを，次の(ア)〜(エ)から1つ選べ。
(ア) A．液体　B．気体　C．大きく
(イ) A．液体　B．気体　C．小さく
(ウ) A．気体　B．液体　C．大きく
(エ) A．気体　B．液体　C．小さく

(2) 会話中の下線部①<u>大気圧が関係している</u>について，次の(ア)〜(エ)のうち，大気圧による現象を述べた文として最も適当なものを1つ選べ。
(ア) 煮つめた砂糖水に炭酸水素ナトリウムを加えると，膨らんでカルメ焼きができた。
(イ) 手に持ったボールを，宇宙ステーション内で離すと浮いたが，地上で離すと落下した。
(ウ) 密閉された菓子袋を，山のふもとから山頂まで持っていくと，その菓子袋が膨らんだ。
(エ) からのペットボトルのふたをしめ，水中に沈めて離すと，そのペットボトルが浮き上がった。

(3) 会話中の下線部②<u>吸盤</u>について，右のⅲ図は写真の吸盤を円柱形として表したものである。ⅲ図において，吸盤上面の面積が30 cm²，大気圧の大きさを100000 Paとするとき，吸盤上面全体にかかる大気圧による力の大きさは何Nか求めよ。

ⅲ図

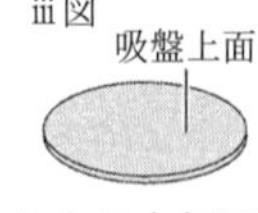

＜京都府＞

12 次の問いに答えなさい。

空気中の物体にはたらく力を調べるため，次の実験１，２を行った。

実験１．

［１］ 空のスプレー缶を用意し，ポンプで空気を入れた。

［２］ 図１のように，空気を入れたスプレー缶全体の質量をはかると，105.9 gであった。

［３］ 500 cm^3の空気を出した後，再び質量をはかると105.3 gであった。

図１
スプレー缶

実験２．

［１］ ゴム板を用意し，一辺が0.03 m，0.04 m，0.05 mの正方形に切り分け，図２のようにフックをつけ，それぞれゴム板A，B，Cとした。

図２
フック
ゴム板

［２］ Aを水平でなめらかな天井との間にすき間ができないようにはりつけた。次に，図３のようにAにおもりをつり下げ，Aがはがれたときのおもりの重さを調べた。

［３］ B，Cについても，それぞれ［２］と同じように実験を行った。

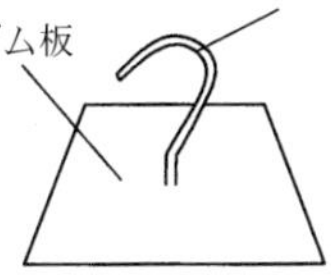

図３

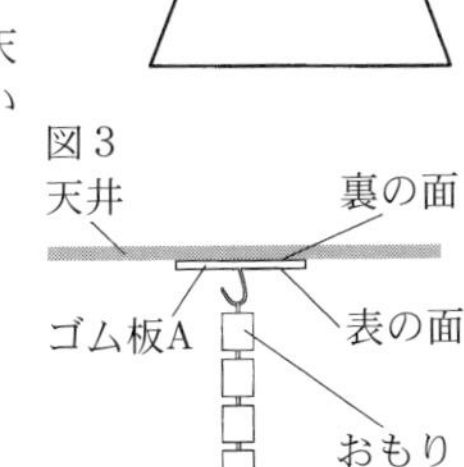

表は，このときの結果をまとめたものである。なお，この実験を行ったときの気圧は100000 Paで，実験に用いたA～Cの重さは無視できるものとする。

	ゴム板A	ゴム板B	ゴム板C
一辺の長さ［m］	0.03	0.04	0.05
はがれたときのおもりの重さ［N］	36	64	100

問１．実験１について，次の⑴，⑵に答えなさい。

⑴ 次の文の［　①　］，［　②　］に当てはまる数値を，それぞれ書きなさい。

　この実験では，スプレー缶から出した空気の質量は［　①　］gであることから，空気の密度は［　②　］g/cm^3と求められる。

⑵ 次の文の①～③の｛　　　｝に当てはまるものを，それぞれア，イから選びなさい。

　この実験から空気に重さがあることがわかる。そのため，地上からの高度が高くなるほど，上空にある空気の重さが①｛ア．大きく　イ．小さく｝なり，大気圧は②｛ア．大きく　イ．小さく｝なる。このことは，密封された菓子袋を持って高い山を登ると，菓子袋が③｛ア．ふくらむ　イ．しぼむ｝ことで確かめられる。

問２．実験２について，次の⑴～⑶に答えなさい。

⑴ 次の文の①，②の｛　　　｝に当てはまるものを，それぞれア，イから選びなさい。

　実験の結果から，ゴム板A～Cの面積とはがれたときのおもりの重さは①｛ア．比例　イ．反比例｝することがわかる。また，A～Cがはがれたとき，単位面積あたりのおもりがゴム板を引く力の大きさは②｛ア．等しい　イ．異なる｝ことがわかる。

⑵ 図３のように，すき間なくゴム板Aが天井にはりついていたとき，表の面全体が大気から受ける力の大きさは何Nか，書きなさい。

⑶ 次の文の①，②の｛　　　｝に当てはまるものを，それぞれア～ウから１つ選びなさい。

図４

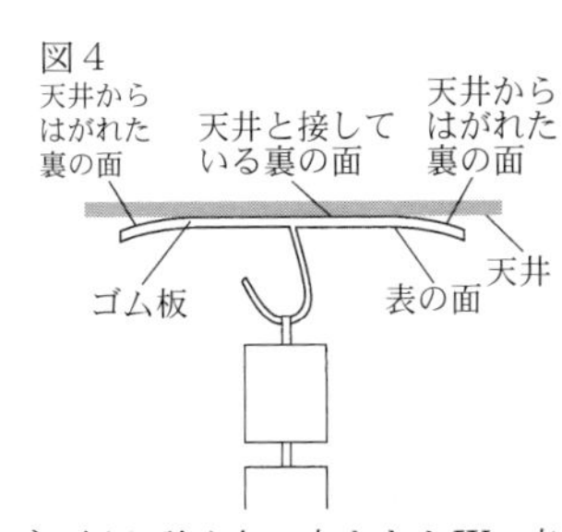

　ゴム板につり下げるおもりを増やすと，図４のように，ゴム板の端から空気が入り，さらにおもりを増やすと，天井と接している裏の面がさらに小さくなった。おもりがゴム板を引く力の大きさをW，表の面が大気から受ける力の大きさをX，天井からはがれた裏の面が大気から受ける力の大きさをY，天井がゴム板を押す力の大きさをZとするとき，ゴム板の変形が無視できるほど小さく，それぞれの力の向きが天井に対し垂直にはたらくとすると，$X=W+Y+Z$と表すことができる。この式において，図４からおもりを増やしたときに大きくなる値はWと①｛ア．X　イ．Y　ウ．Z｝で，小さくなる値は②｛ア．X　イ．Y　ウ．Z｝である。

＜北海道＞

大気中の水の変化

1 次の図は，神奈川県のある場所におけるある日の8時，11時，14時，17時の気温と空気1 m³あたりの水蒸気量を，飽和水蒸気量を表す曲線とともに示したものである。この日の湿度の変化を表すグラフとして最も適するものをあとの1～4の中から一つ選び，その番号を答えなさい。

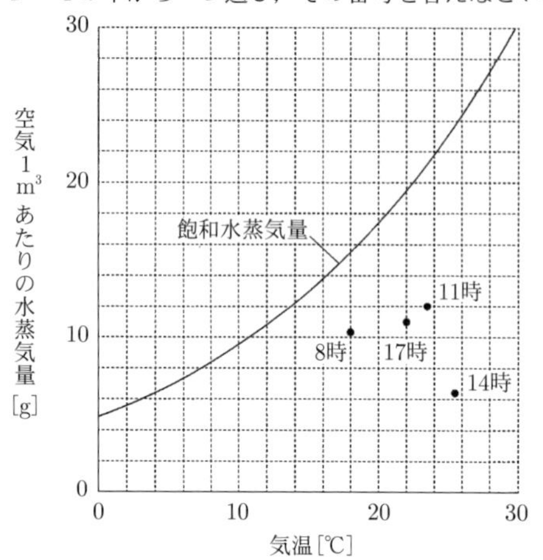

1
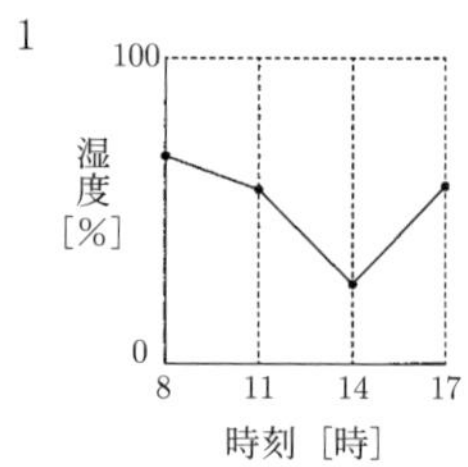

2
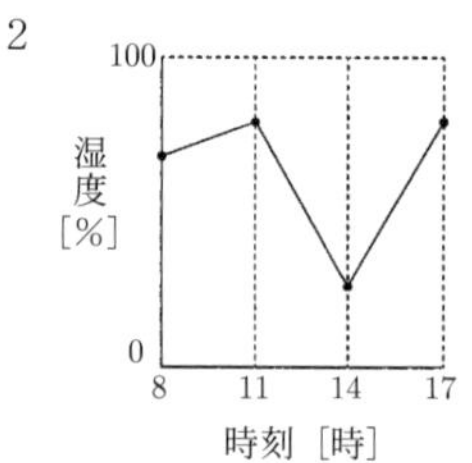

3
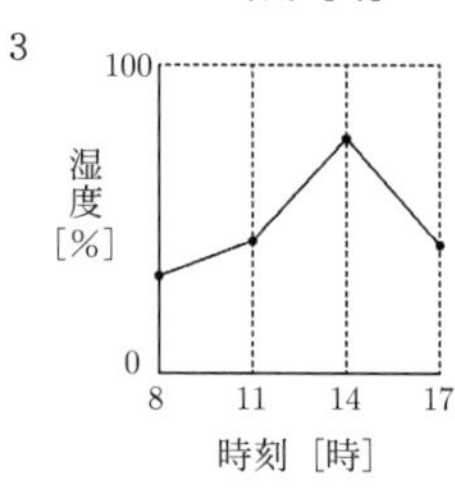

4
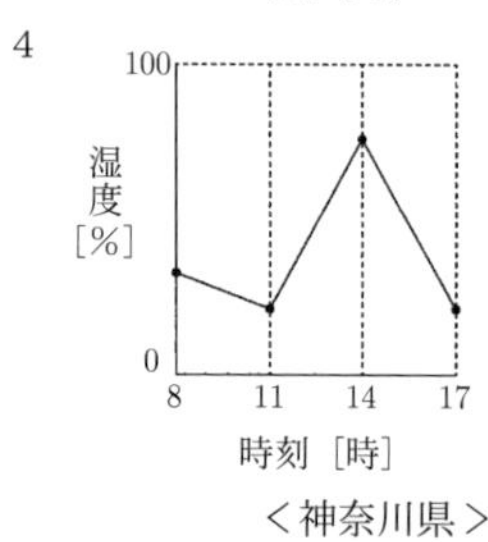

＜神奈川県＞

2 神戸市の学校に通うリンさんとユウキさんは，スキー教室で豊岡市に行ったとき，気温や湿度が神戸市とは違うと感じた。後日，両市の気温と湿度について調べ，観測結果を手に入れた。次の会話は，このことについて教室で話していたときの一部である。なお，図は，やかんの水が沸騰しているようす，あとの表1は，温度と飽和水蒸気量の関係，表2は，両市の同じ日の観測結果である。

リンさん　：スキー教室に行ったとき，ロビーで，やかんのお湯が沸いているのを見たんだけど，部屋の温度を上げるためだったのかな。
ユウキさん：乾燥を防ぐためでもあるんじゃないかな。
リンさん　：やかんの口の先をよく見ていると，少し離れたところから白く見えはじめて，さらに離れたところでは見えなくなっていたんだけど，この白く見えたものは何か知ってる？
ユウキさん：それは［　①　］だと思うよ。
先生　　　：よく知っていましたね。では，白く見えたものを消えにくくするためには，部屋の温度と湿度をどのようにすればよいか分かりますか？
リンさん　：［　②　］します。
先生　　　：その通りです。
リンさん　：温度と湿度の関係といえば，両市の観測結果の9時を比較すると，湿度に差がありました。
先生　　　：兵庫県の北部と南部では，同じ日でも気温，湿度に違いがありますね。それでは，観測結果の気温と湿度をもとに，水蒸気量について考えてみましょう。両市の9時の屋外の空気を比べたとき，1 m³中にふくむことができる水蒸気量の差は，何gになりますか。
ユウキさん：はい，計算してみます。［　③　］gになります。
先生　　　：そうですね。正解です。

表1

温度[℃]	飽和水蒸気量[g/m³]	温度[℃]	飽和水蒸気量[g/m³]
0	4.8	11	10.0
1	5.2	12	10.7
2	5.6	13	11.4
3	6.0	14	12.1
4	6.4	15	12.9
5	6.8	16	13.6
6	7.3	17	14.5
7	7.8	18	15.4
8	8.3	19	16.3
9	8.8	20	17.3
10	9.4	21	18.4

表2

神戸市

時	気温[℃]	湿度[%]
1	1	59
5	0	52
9	1	48
13	4	36
17	3	49
21	1	71

豊岡市

時	気温[℃]	湿度[%]
1	−2	96
5	−2	97
9	1	72
13	0	93
17	1	87
21	1	81

(1) 会話文中の［　①　］に入る語句として適切なものを，次のア～エから1つ選んで，その符号を書きなさい。

ア．酸素　　イ．水蒸気
ウ．空気　　エ．小さな水滴

(2)　会話文中の ② に入る語句として適切なものを，次のア～エから１つ選んで，その符号を書きなさい。
ア．温度，湿度ともに高く
イ．温度を高くし，湿度を低く
ウ．温度を低くし，湿度を高く
エ．温度，湿度ともに低く

(3)　会話文中の下線部について，温度21℃，湿度48％の空気の露点として最も適切なものを，次のア～エから１つ選んで，その符号を書きなさい。
ア．５℃　　イ．９℃
ウ．13℃　　エ．17℃

(4)　会話文中の ③ に入る数値はいくらか，四捨五入して小数第１位まで求めなさい。

＜兵庫県＞

3　次の各問に答えよ。

問１．理科室の空気の露点を調べる実験を行った。下の □ 内は，その実験の手順と結果である。

【手順】
①　理科室の室温をはかる。
②　金属製のコップの中にくみ置きの水を入れ，水温をはかる。
③　図１のような装置を用いて，氷を入れた大型試験管を動かして水温を下げ，コップの表面がくもり始めたときの水温をはかる。
④　②，③の操作を数回くり返す。

図１

【結果】

理科室の室温	25.0℃
くみ置きの水の平均の水温	25.0℃
コップの表面がくもり始めたときの平均の水温	17.0℃

(1)　下線部について，金属製のコップが，この実験に用いる器具として適している理由を，「熱」という語句を用いて，簡潔に書け。

(2)　下の □ 内は，この実験についてまとめた内容の一部である。文中の(　　)に適切な数値を書け。

理科室の空気の露点は，(　　)℃である。コップの表面がくもったのは，コップに接している空気が冷やされることで，空気中の水蒸気が水になったためである。

問２．理科室の空気の湿度について乾湿計で観測を行った。図２は観測したときの乾湿計の一部を模式的に示したものである。また，表１は湿度表の一部，表２はそれぞれの気温に対する飽和水蒸気量を示したものである。ただし，理科室の室温は気温と等しいものとする。

図２

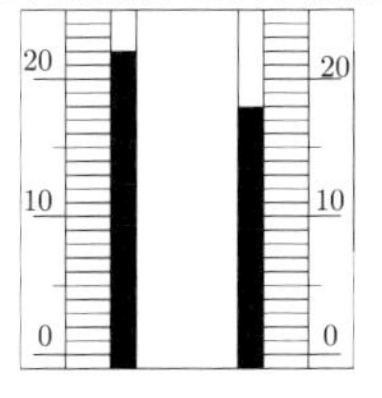

乾湿計で観測を行ったときの理科室の空気について，湿度[％]と1 m³中の水蒸気量[g]をそれぞれ書け。なお，1 m³中の水蒸気量[g]の値は，小数第２位を四捨五入し，小数第１位まで求めること。

表１

乾球の読み[℃]	乾球と湿球との目盛り(めもり)の読みの差[℃]					
	0.0	1.0	2.0	3.0	4.0	5.0
23	100	91	83	75	67	59
22	100	91	82	74	66	58
21	100	91	82	73	65	57
20	100	91	81	72	64	56
19	100	90	81	72	63	54
18	100	90	80	71	62	53
17	100	90	80	70	61	51
16	100	89	79	69	59	50

表２

気温[℃]	飽和水蒸気量[g/m³]
16	13.6
17	14.5
18	15.4
19	16.3
20	17.3
21	18.3
22	19.4
23	20.6

＜福岡県＞

4　表１は，湿度表の一部，表２は，気温と飽和水蒸気量との関係を表したものである。

表１

乾球の示度[℃]	乾球の示度－湿球の示度[℃]						
	0.0	1.0	2.0	3.0	4.0	5.0	6.0
26	100	92	84	76	69	62	55

表２

気温[℃]	14	16	18	20	22	24	26
飽和水蒸気量[g/m³]	12.1	13.6	15.4	17.3	19.4	21.8	24.4

[実験]

よく晴れた夏の日，冷房が効いた実験室の室温と湿度を，乾湿計を用いて調べると，ⓐ室温26.0℃，湿度62％であった。この実験室で，金属製のコップPに実験室の室温と同じ温度の水を$\frac{1}{3}$くらい入れ，図のように，氷水を少しずつ加えて水温を下げていくと，コップPの表面がくもった。氷水を加えるのをやめ，しばらくコップPを観察すると，ⓑコップPの中の水温が上がり，表面のくもりがなくなった。ただし，コップPの表面付近の空気の温度はコップPの中の水温と等しく，実験室の室温と湿度は変化しないものとする。

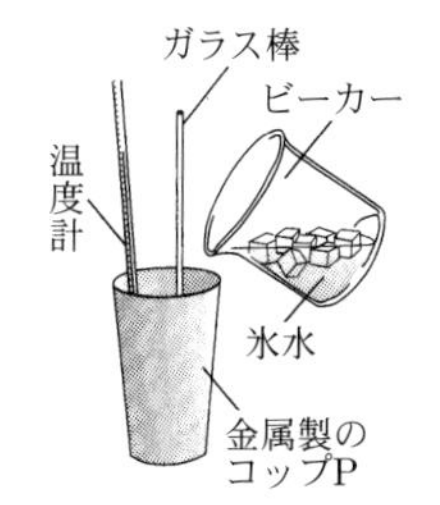

(1)　下線部ⓐのとき，乾湿計の湿球の示度は何℃か。

(2)　下線部ⓑで，コップPの表面のくもりがなくなったのは，物質の状態変化によるものである。物質の状態変化に着目し，このときに起こった変化を，「水滴」という言葉を用いて，「コップPの表面の」という書き出しに続けて簡単に書け。

(3)　下線部ⓑで，コップPの表面のくもりがなくなった直後の，コップPの中の水温はおよそ何℃か。次のア～エのうち，最も適当なものを１つ選び，その記号を書け。
ア．14℃　　イ．16℃　　ウ．18℃　　エ．20℃

(4)　実験を行っている間，実験室の外の廊下の気温は30.0℃，湿度は62％であった。次の文の①，②の{　}の中から，それぞれ適当なものを１つずつ選び，その記号を書け。

実験室と廊下のそれぞれにおける空気1 m^3中に含まれる水蒸気の量を比べると，①{ア．実験室が多い　イ．廊下が多い　ウ．同じである}。また，実験室と廊下のそれぞれにおける露点を比べると，②{ア．実験室が高い　イ．廊下が高い　ウ．同じである}。

＜愛媛県＞

5 雲のでき方を調べるために，右の図のような装置を準備した。フラスコの中をぬるま湯でぬらし，線香の煙を入れて，注射器のピストンをすばやく引くと，フラスコ内がくもった。また，ピストンをすばやく押すと，フラスコ内のくもりがなくなった。

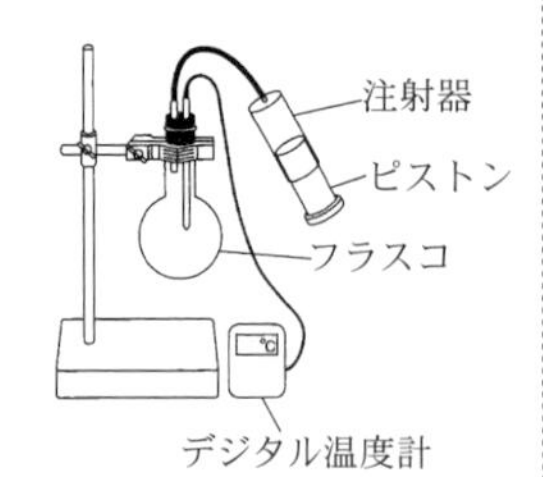

このことについて，次の(1)・(2)の問いに答えなさい。

(1) フラスコ内がくもったりくもりがなくなったりしたのは，水蒸気が水滴に変化したり水滴が水蒸気に変化したりしたからである。これらの変化を何というか，書きなさい。

(2) 次の文は，フラスコ内がくもった理由について述べたものである。［あ］，［い］に当てはまる語を書きなさい。

> ピストンをすばやく引くと，フラスコ内の気圧が［あ］，フラスコ内の空気が膨張するため，その温度が［い］。そのため，フラスコ内の空気の水蒸気のうち，飽和水蒸気量を超えた分が水滴になり，フラスコ内がくもった。

＜高知県＞

6 太郎さんと先生が，雲のでき方について話している。次の会話を読んで，あとの①～④の問いに答えなさい。

> 太郎：先生，雲はどのようにしてできるのでしょうか。
> 先生：雲の発生には，水の状態変化がかかわっています。まず，液体が気体になるようすを観察しましょう。観察しやすいように，水の代わりにエタノールを使って実験してみます。エタノールを15 mLはかりとって，質量を計測してください。
> 太郎：11.9 gでした。
> 先生：そこから，エタノールの密度が計算できますね。
> 太郎：［あ］g/cm^3です。
> 先生：では，ポリエチレンの袋にエタノールを入れ袋の空気をぬいた後，袋の口を輪ゴムでしばって密閉し，袋に熱湯をかけてみましょう。
> 図1
> 太郎：袋がふくらみました（図1）。
> 先生：このことから，ポリエチレンの袋の中にある液体のエタノールが気体になると，エタノールの粒子のようすや，密度はどのように変化すると考えられますか。
> 太郎：粒子の［い］，密度は［う］なります。
> 先生：そうですね。次に気体である水蒸気が液体に変わる現象を観察してみましょう。フラスコの内側を少量の水でぬらし，線香のけむりを少し入れ，大型注射器をつないでください（図2）。そしてピストンをすばやく押したり引いたりしてフラスコ内のようすを観察してみましょう。
>
> 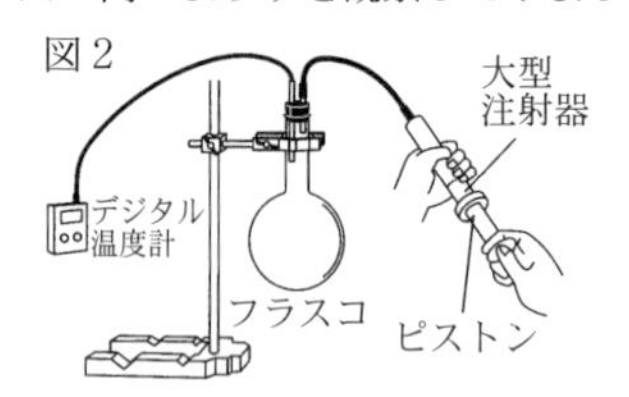
>
>
> 太郎：ピストンをすばやく引くと，フラスコ内の空気が膨張するため，フラスコ内の温度が［え］ので，フラスコ内が白くくもりました。
> 先生：では，この実験から，雲はどのように発生すると考えられますか。
> 太郎：［お］，この実験（図2）のような変化が生じ，雲が発生すると考えられます。温度や圧力の変化によって，水が状態変化することにより雲が発生するのですね。

① 文中の［あ］に当てはまる数値を求めなさい。答えは小数第3位を四捨五入し，小数第2位まで求めること。ただし，1 mL＝1 cm^3とする。

② 文中の［い］，［う］に当てはまる語の組み合わせとして正しいものを，次のア～エの中から一つ選んで，その記号を書きなさい。

	い	う
ア	数が増え	大きく
イ	数が増え	小さく
ウ	運動が激しくなり	大きく
エ	運動が激しくなり	小さく

③ 文中の［え］に当てはまる語を書きなさい。

④ 文中の［お］に当てはまる説明を，次のア～エの中から一つ選んで，その記号を書きなさい。

ア．水蒸気を含む空気が上昇すると，まわりの気圧が低くなり
イ．水蒸気を含む空気が上昇すると，まわりの気圧が高くなり
ウ．水蒸気を含む空気が下降すると，まわりの気圧が低くなり
エ．水蒸気を含む空気が下降すると，まわりの気圧が高くなり

＜茨城県＞

7 雲のでき方について調べるために，次の実験を行った。あとの各問いに答えなさい。

実験

操作1．図1のような実験装置を組み立てた。フラスコ内部をぬるま湯でぬらし，<u>少量の線香のけむりを入れた</u>。

図1

操作2．大型注射器のピストンを押しこんだ状態でフラスコにつなぎ，矢印の方向にすばやく引いて，フラスコ内のようすや温度の変化を記録した。

問1．操作1の下線部について，少量の線香のけむりは空気中のちりを再現している。フラスコに少量の線香のけむりを入れる理由を答えなさい。

問2．操作2のように，ピストンをすばやく引くと，フラスコ内が白くくもった。このとき，フラスコ内で起こったと考えられる状態変化として，最も適切なものを，次のア～エからひとつ選び，記号で答えなさい。

ア．気体から液体になった。
イ．液体から気体になった。
ウ．気体から固体になった。
エ．液体から固体になった。

問3．次の文は，フラスコ内が白くくもったことについて説明したものである。文の（ ① ），（ ② ）にあてはまる語句の組み合わせとして，最も適切なものを，あとのア～エからひとつ選び，記号で答えなさい。

> ピストンをすばやく引き，フラスコ内の空気の体積を大きくすることで，フラスコ内の空気の温度が（ ① ）なり，（ ② ）に達したためであると考えられる。

	（ ① ）	（ ② ）
ア	高く	沸点
イ	高く	露点
ウ	低く	沸点
エ	低く	露点

問4．写真のように，山に雲がかかっている姿をみることがある。このように山腹に雲ができる標高を，図2を用いて考えた。

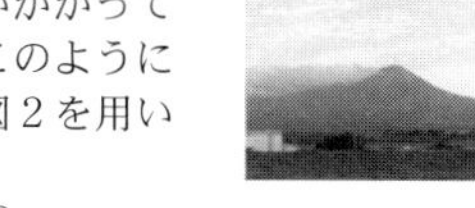

図2は，温度が20℃，湿度48％である空気のかたまりが標高0 mの地点Pから山の斜面に沿って上昇し，標高x mの地点Qで雲が発生した様子を表した模式図である。また，表は，空気の温度と飽和水蒸気量の関係を示したものである。あとの(1)，(2)に答えなさい。

図2

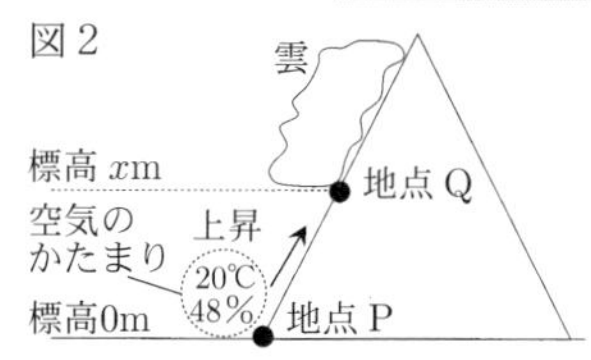

温度[℃]	飽和水蒸気量[g/m³]	温度[℃]	飽和水蒸気量[g/m³]
0	4.8	16	13.6
2	5.6	18	15.4
4	6.4	20	17.3
6	7.3	22	19.4
8	8.3	24	21.8
10	9.4	26	24.4
12	10.7	28	27.2
14	12.1	30	30.4

(1)　雲について説明したものとして，最も適切なものを，次のア～エからひとつ選び，記号で答えなさい。

ア．太陽の光によって空気が熱せられると，下降気流が生じ，雲が発生しやすい。
イ．あたたかい空気が冷たい空気にぶつかる前線面では，雲は発生しない。
ウ．雲には十種雲形とよばれるように様々な形があるが，すべての雲は同じ高度で見られる。
エ．積乱雲は垂直に発達し，雨や雪を降らせることが多い雲である。

(2)　図2において，雲が発生した地点Qの標高x mはおよそ何mか，最も適切なものを，次のア～エからひとつ選び，記号で答えなさい。ただし，空気のかたまりの温度は雲が発生していない状況下では標高が100 m高くなるごとに1℃低下するものとする。また，空気のかたまりが山の斜面に沿って上昇しても下降しても，空気1 m³あたりに含まれる水蒸気量は変化しないものとする。

ア．約1200 m　　イ．約1400 m
ウ．約1600 m　　エ．約1800 m

＜鳥取県＞

8

霧が発生する条件について調べるために，次の実験(1)，(2)，(3)，(4)を順に行った。

(1)　室内の気温と湿度を測定すると，25℃，58％であった。
(2)　ビーカーを3個用意し，表面が結露することを防ぐため，<u>ビーカーをドライヤーであたためた</u>。
(3)　図のように，40℃のぬるま湯を入れたビーカーに氷水の入ったフラスコをのせたものを装置A，空（から）のビーカーに氷水の入ったフラスコをのせたものを装置B，40℃のぬるま湯を入れたビーカーに空のフラスコをのせたものを装置Cとした。

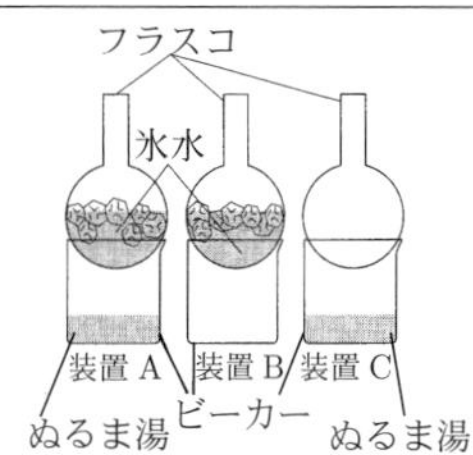

(4)　すべてのビーカーに線香のけむりを少量入れ，ビーカー内部のようすを観察した。表は，その結果をまとめたものである。

	装置A	装置B	装置C
ビーカー内部のようす	白いくもりがみられた。	変化がみられなかった。	変化がみられなかった。

このことについて，次の1，2，3の問いに答えなさい。

1．次の□内の文は，下線部の操作により，結露を防ぐことができる理由を説明したものである。①，②に当てはまる語句をそれぞれ（　）の中から選んで書きなさい。

> ビーカーの表面付近の空気の温度が，露点よりも①（高く・低く）なり，飽和水蒸気量が②（大きく・小さく）なるから。

2．装置Aと装置Bの結果の比較や，装置Aと装置Cの結果の比較から，霧が発生する条件についてわかることを，ビーカー内の空気の状態に着目して，それぞれ簡潔に書きなさい。

3．次の□内は，授業後の生徒と先生の会話である。①，②，③に当てはまる語をそれぞれ（　）の中から選んで書きなさい。

> 生徒　「『朝霧は晴れ』という言葉を聞いたことがありますが，どのような意味ですか。」
> 先生　「人々の経験をもとに伝えられてきた言葉ですね。それは，朝霧が発生する日の昼間の天気は，晴れになることが多いという意味です。では，朝霧が発生したということは，夜間から明け方にかけて，どのような天気であったと考えられますか。また，朝霧が発生する理由を授業で学んだことと結びつけて説明できますか。」

生徒「天気は①(晴れ・くもり)だと思います。そのような天気では，夜間から明け方にかけて，地面や地表がより冷却され，地面の温度とともに気温も下がります。気温が下がると，空気中の②(水滴・水蒸気)が③(凝結・蒸発)しやすくなるからです。」
先生「その通りです。授業で学んだことを，身のまわりの現象に当てはめて考えることができましたね。」

＜栃木県＞

9 次の文は，先生と生徒の会話の一部である。(1)〜(4)の問いに答えなさい。

先生　空気に水蒸気がふくまれていることは，どのような現象からわかるでしょうか。
生徒　冬になると，部屋の窓ガラスの表面に水滴がついているようすからわかります。
先生　身のまわりの現象をよく観察していますね。その現象のことをa結露といいます。結露と同じように，b雲のでき方も，空気にふくみきれなくなった水蒸気の一部が水滴になることが関係しています。ところで，冬は部屋の空気が乾燥していますよね。部屋の空気にふくまれる水蒸気の量をふやすには，どうすればよいでしょうか。
生徒　加湿器を使えばよいと思います。ここにある加熱式加湿器からはc湯気が出るので，部屋の空気にふくまれる水蒸気の量をふやすことができるのではないでしょうか。
先生　そうですね。加湿器を使うと，d湿度を上げることができます。湿度は，ある温度の1 m³の空気にふくまれる水蒸気の質量が，その温度での飽和水蒸気量に対してどれくらいの割合かを表したものです。気温と飽和水蒸気量には，表のような関係があります。この表を使って，湿度について考えてみましょう。

気温[℃]	17	18	19	20	21	22	23
飽和水蒸気量[g/m³]	14.5	15.4	16.3	17.3	18.3	19.4	20.6

(1) 下線部aについて，次の文は，窓ガラスの表面に水滴がつくしくみについて述べたものである。□にあてはまることばを，漢字2字で書きなさい。

窓ガラスの表面付近の空気の温度が，空気にふくまれる水蒸気が凝結し始める温度である□よりも低くなることで，水蒸気の一部が水滴に変わり，窓ガラスの表面につく。

(2) 下線部bについて，次の文は，水蒸気をふくむ空気のかたまりが上昇したときの雲のでき方について述べたものである。□にあてはまることばとして最も適当なものを，下のア〜エの中から1つ選びなさい。

水蒸気をふくむ空気のかたまりが上昇すると，上空の気圧が□，雲ができる。

ア．高いために圧縮されて，気温が下がり
イ．高いために圧縮されて，気温が上がり
ウ．低いために膨張して，気温が下がり
エ．低いために膨張して，気温が上がり

(3) 下線部cについて，次の文は，やかんから出る湯気について述べたものである。P，Qにあてはまることばの組み合わせとして最も適当なものを，右のア〜エの中から1つ選びなさい。

	P	Q
ア	X	水滴が水蒸気
イ	X	水蒸気が水滴
ウ	Y	水滴が水蒸気
エ	Y	水蒸気が水滴

図は，やかんで水を沸騰させているようすである。やかんの口から離れたところの白色に見えるものをX，やかんの口とXの間の無色透明のものをYとすると，湯気は，[P]である。
湯気は，[Q]に変化したものである。

(4) 下線部dについて，ある部屋は気温が17℃で，1 m³の空気にふくまれる水蒸気の質量は5.8 gであった。次の①，②の問いに答えなさい。
① この部屋の湿度は何％か。求めなさい。
② 次の文は，この部屋の空気にふくまれる水蒸気の質量の増加量について述べたものである。□にあてはまる数値を求めなさい。

この部屋の空気の体積は50 m³である。この部屋で暖房器具と加湿器を同時に使用したところ，気温が23℃になり，湿度は50％になった。このとき，この部屋の空気にふくまれる水蒸気の質量は□g増加した。

＜福島県＞

前線と天気の変化

1 気温や湿度が，広い範囲でほぼ一様な大気のかたまりを何というか。

＜栃木県＞

2 図は，前線Xと前線Yをともなう温帯低気圧が西から東に移動し，ある地点Aを前線X，前線Yの順に通過する前後のようすを表した模式図である。前線Yの通過にともなって降る雨は，前線Xの通過にともなって降る雨に比べて，降り方にどのような特徴があるか。雨の強さと雨が降る時間の長さに着目して書け。

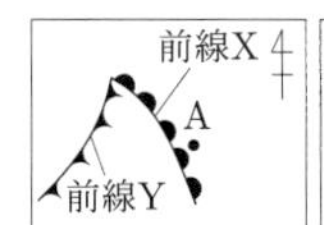

前線X，前線Yが通過する前

前線X，前線Yが通過した後

＜鹿児島県＞

3 自然界で雲が生じる要因の一つである前線について調べ，＜資料＞を得た。

＜資料＞

次の文章は，日本のある場所で寒冷前線が通過したときの気象観測の記録について述べたものである。

> 午前6時から午前9時までの間に，雨が降り始めるとともに気温が急激に下がった。この間，風向は南寄りから北寄りに変わった。

＜資料＞から，通過した前線の説明と，前線付近で発達した雲の説明とを組み合わせたものとして適切なのは，次の表のア～エのうちではどれか。

	通過した前線の説明	前線付近で発達した雲の説明
ア	暖気が寒気の上をはい上がる。	広い範囲に長く雨を降らせる雲
イ	暖気が寒気の上をはい上がる。	短時間に強い雨を降らせる雲
ウ	寒気が暖気を押し上げる。	広い範囲に長く雨を降らせる雲
エ	寒気が暖気を押し上げる。	短時間に強い雨を降らせる雲

＜東京都＞

4 次の図は，暖気が寒気の上にはい上がって進んでいくようすを模式的に表した図で，線A–Bは前線を表しています。線A–Bの前線を，破線------を利用して，天気図に使う記号で表しなさい。

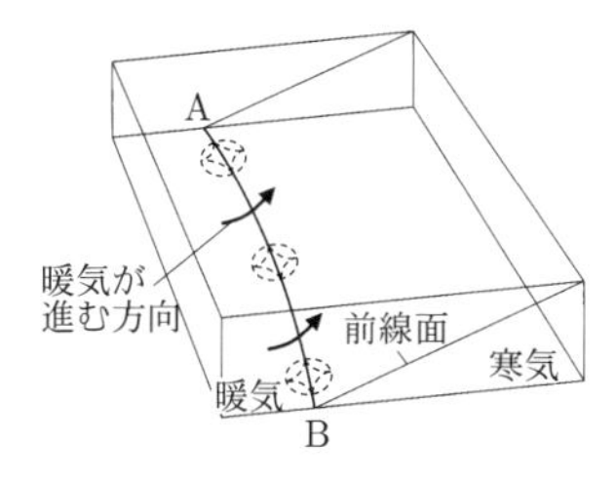

＜埼玉県＞

5 前線と天気の変化について答えなさい。

(1) 寒冷前線について説明した次の文の［ ① ］～［ ③ ］に入る語句の組み合わせとして適切なものを，あとのア～エから1つ選んで，その符号を書きなさい。

　寒冷前線付近では，［ ① ］は［ ② ］の下にもぐりこみ，［ ② ］が急激に上空高くにおし上げられるため，強い上昇気流が生じて，［ ③ ］が発達する。

ア．①寒気　②暖気　③積乱雲
イ．①寒気　②暖気　③乱層雲
ウ．①暖気　②寒気　③積乱雲
エ．①暖気　②寒気　③乱層雲

(2) 温暖前線の通過にともなう天気の変化として適切なものを，次のア～エから1つ選んで，その符号を書きなさい。

ア．雨がせまい範囲に短時間降り，前線の通過後は気温が上がる。
イ．雨がせまい範囲に短時間降り，前線の通過後は気温が下がる。
ウ．雨が広い範囲に長時間降り，前線の通過後は気温が上がる。
エ．雨が広い範囲に長時間降り，前線の通過後は気温が下がる。

＜兵庫県＞

6 次の図のA，B，Cは，6時間ごとの天気図であり，■は，山口県内のある地点を示している。下の(1)，(2)に答えなさい。

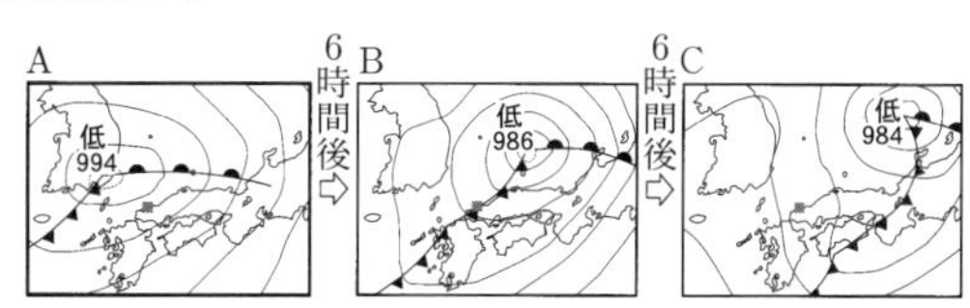

(1) 図のように，温帯低気圧が西から東へ移動することが多いのは，上空を西よりの風がふいているからである。このように，中緯度帯に一年中ふく西よりの風を何というか，書きなさい。

(2) 表は，地点■の1時間ごとの気象データをまとめたものであり，天気図がBになるときの時刻における気象データが含まれている。

表

時刻［時］	気温［℃］	気圧［hPa］	風向
13	19.0	1000.9	南南東
14	19.2	998.4	南東
15	19.4	996.5	南南東
16	19.1	996.8	南
17	18.8	994.9	南南東
18	19.0	994.6	南南東
19	19.4	994.2	南南東
20	19.5	993.9	南
21	15.3	995.8	北西
22	14.6	997.8	北西
23	14.0	998.5	北北西
24	13.8	999.0	北北西

天気図がBになるときの時刻として最も適切なものを，次の1～4から選び，記号で答えなさい。

1．17時　2．19時　3．21時　4．23時

＜山口県＞

7 図１は，3月のある日の午前9時における日本付近の気圧配置を示したものである。図２は，図１のA-B間における前線および前線面の断面を表した模式図である。

このことについて，次の１，２，３の問いに答えなさい。

図１

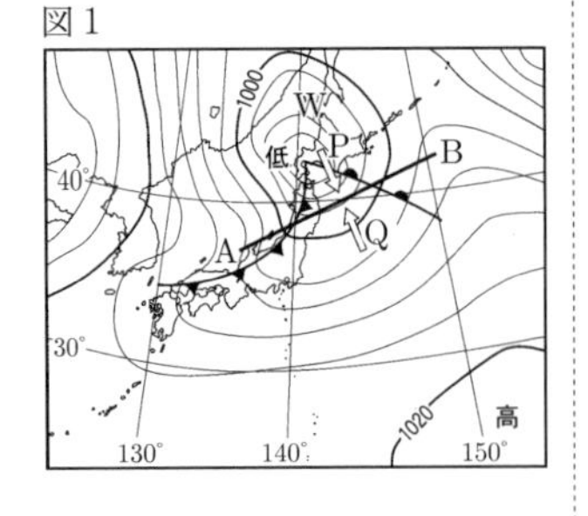

１．図１の地点Wでは，天気は雪，風向は南東，風力は３であった。このときの天気の記号として最も適切なものはどれか。

ア　イ　ウ　エ

２．次の□内の文章は，図２の前線面の断面とその付近にできる雲について説明したものである。①に当てはまる記号と，②，③に当てはまる語をそれぞれ(　　)の中から選んで書きなさい。

図２

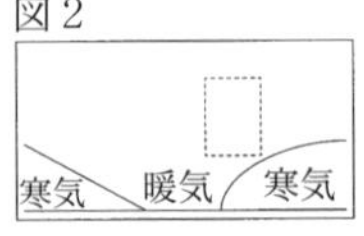

> 図２は，図１のA-B間の断面を①(P・Q)の方向から見たものである。前線面上の□の辺りでは，寒気と暖気の境界面で②(強い・弱い)上昇気流が生じ，③(乱層雲・積乱雲)ができる。

３．図３は，図１と同じ日に観測された，ある地点における気温，湿度，風向のデータをまとめたものである。この地点を寒冷前線が通過したと考えられる時間帯はどれか。また，そのように判断できる理由を，気温と風向に着目して簡潔に書きなさい。

図３

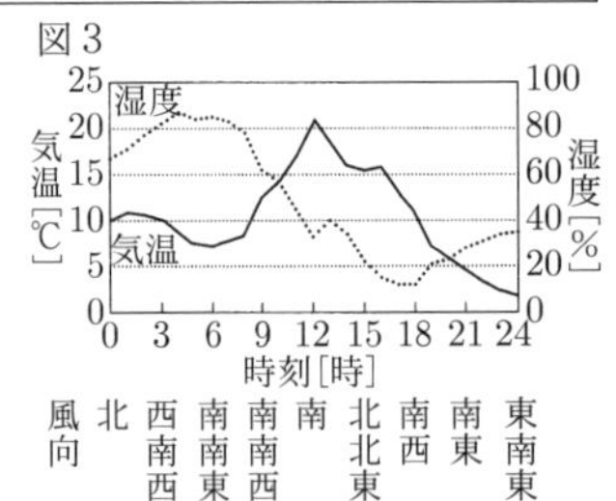

ア．0時～3時
イ．6時～9時
ウ．12時～15時
エ．18時～21時

＜栃木県＞

8 気象とその変化に関する(1)～(3)の問いに答えなさい。

図１は，ある年の4月7日9時における天気図である。

図１

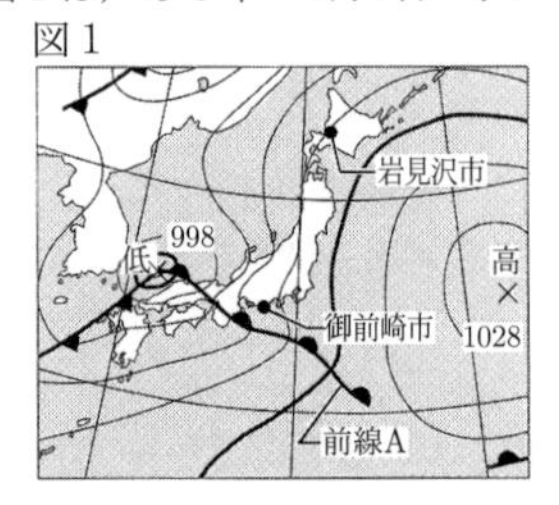

図２

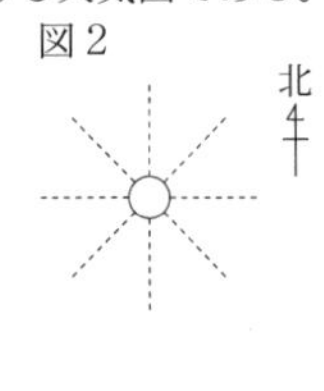

(1)　図１の岩見沢市における4月7日9時の気象情報を調べたところ，天気はくもり，風向は南，風力は４であった。岩見沢市における4月7日9時の，天気，風向，風力を，天気図記号で，図２にかきなさい。

(2)　右の表は，図１の御前崎（おまえざき）市における4月7日の4時から20時までの，1時間ごとの気象情報の一部をまとめたものである。

表

	時刻	気温	風向	風力
4月7日	4	14.7	北東	3
	5	15.0	北東	3
	6	14.8	北東	3
	7	14.3	北北東	3
	8	14.1	北東	3
	9	11.4	北北東	4
	10	11.3	北北東	4
	11	12.3	北東	4
	12	12.4	北北東	4
	13	12.7	北東	3
	14	13.2	北東	3
	15	18.6	南西	4
	16	18.7	南西	5
	17	18.9	南西	5
	18	18.9	南西	6
	19	19.1	南西	6
	20	19.2	南西	6

①　表で示された期間中に，図１の前線Aが御前崎市を通過した。前線Aが御前崎市を通過したと考えられる時間帯として最も適切なものを，次のア～エの中から１つ選び，記号で答えなさい。

ア．4時～7時
イ．8時～11時
ウ．13時～16時
エ．17時～20時

②　前線に沿ったところや低気圧の中心付近では雲ができやすいが，高気圧の中心付近では，雲ができにくく，晴れることが多い。高気圧の中心付近では，雲ができにくく，晴れることが多い理由を，簡単に書きなさい。

(3)　御前崎市では，前線Aが通過した数日後，湿度が低下したので，Rさんは，部屋で加湿器を使用した。Rさんは，飽和水蒸気量を計算して求めるために，部屋の大きさ，加湿器を使用する前後の湿度，加湿器使用後の貯水タンクの水の減少量を調べた。資料は，その結果をまとめたものである。加湿器使用後の部屋の気温が加湿器使用前と同じであるとすると，この気温に対する飽和水蒸気量は何g/m^3か。資料をもとに，計算して答えなさい。ただし，加湿器の貯水タンクの減少した水はすべて部屋の中の空気中の水蒸気に含まれており，加湿器を使用している間の気圧の変化は無視できるものとする。また，部屋は密閉されているものとする。

＜資料＞

部屋の大きさ	50 m^3
加湿器使用前	湿度は35％
加湿器使用後	湿度は50％
	貯水タンクの水は120 g減少。

＜静岡県＞

大気の動きと日本の天気

●大気の動き

1　北極と赤道における大気の動きを模式的に表したものとして，最も適当なものを，次のア～エから一つ選び，その符号を書きなさい。ただし，ア～エの図中の━►は地表付近を吹く風を，⇨は熱による大気の循環を表している。

ア
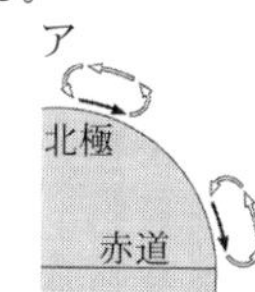

イ
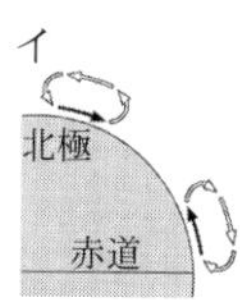

ウ

エ
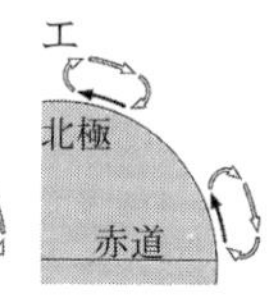

＜新潟県＞

2　風について，(a)・(b)に答えなさい。

(a)　次の文は，晴れた日の夜に海岸付近でふくことがある風について述べたものである。正しい文になるように，文中の①・②について，ア・イのいずれかをそれぞれ選びなさい。

> 陸上の気温が海上の気温より低くなったときに，陸上の気圧が海上の気圧より①［ア．高く　イ．低く］なることで，②［ア．海から陸に　イ．陸から海に］向かう風がふく。

(b)　日本付近で，夏になると，あたたかく湿った季節風がふくのはなぜか，その理由を書きなさい。

＜徳島県＞

3　Nさんは，海陸風に興味をもち，水を海，砂を陸に見立てて実験を行いました。

実験

課題
海岸地域の風の向きは，どのように決まるのだろうか。

【方法】
［1］　同じ体積の水と砂をそれぞれ容器Aと容器Bに入れ，これらを水そう内に置き，室温でしばらく放置した。
［2］　図1のように，水そう内に線香と温度計を固定し，透明なアクリル板をかぶせた装置を作った。
［3］　装置全体に日光を当て，3分ごとに18分間，水と砂の表面温度を測定した。
［4］　測定終了後，アクリル板を開けて線香に火をつけてすぐに閉め，水そう内の煙の動きを観察した。

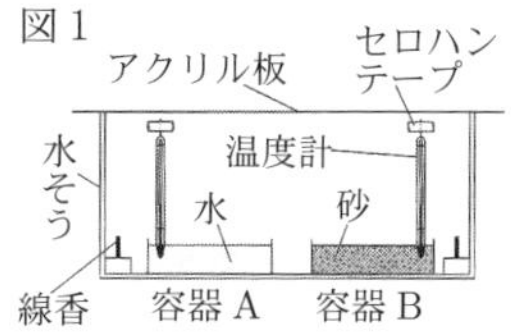

図1
アクリル板　セロハンテープ　水そう　温度計　水　砂　線香　容器A　容器B

【結果】
○　水と砂の表面温度の変化

時間［分］	0	3	6	9	12	15	18
水の表面温度［℃］	29.0	31.0	32.8	34.5	36.3	38.2	39.9
砂の表面温度［℃］	29.0	33.0	37.0	41.0	44.0	47.8	50.5

○　水そう内の線香の煙は，図2のように動いていた。

図2
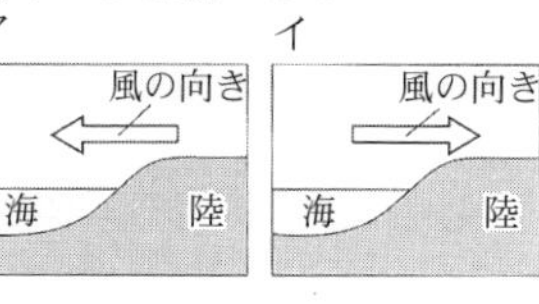

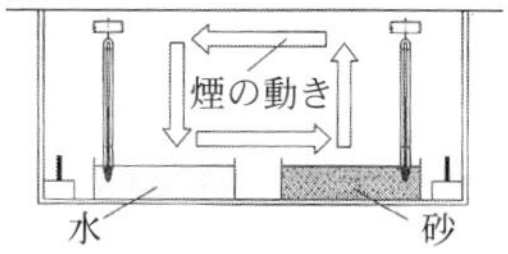

【考察】
○　水と砂のあたたまり方について，この【結果】から［　S　］ことがわかる。

問1．【考察】の［　S　］にあてはまることばとして最も適切なものを，次のア～エの中から一つ選び，その記号を書きなさい。
ア．砂の方が水よりもあたたまりやすい
イ．水の方が砂よりもあたたまりやすい
ウ．水と砂であたたまりやすさに差がない
エ．どちらがあたたまりやすいか判断できない

問2．実験から，よく晴れた日の昼における海岸地域の地表付近の風の向きは，右のア，イのどちらであると考えられますか。その記号を書きなさい。また，そのような風の向きになるしくみを，気温，上昇気流という語を使って説明しなさい。

ア　風の向き　海　陸
イ　風の向き　海　陸

Yさんは，旅行で飛行機に乗った際に気づいたことについて，Nさんと会話しました。

会話

Yさん：旅行で東京から福岡に行ったときに飛行機に乗ったけど，行きと帰りで飛行機の所要時間に差があったよ。調べてみると，表1のとおりだったよ。

表1

	行き 東京国際空港(羽田空港)から福岡空港	帰り 福岡空港から東京国際空港(羽田空港)
所要時間	115分	95分

Nさん：表1から，所要時間は帰りの方が行きよりも短いことがわかるね。図3のように，中緯度地域の上空では，偏西風という，地球を1周して移動する大気の動きがあるね。<u>帰りの所要時間が短くなるのは，飛行機が偏西風の影響を受けるから</u>ではないかな。

図3　偏西風のふく領域
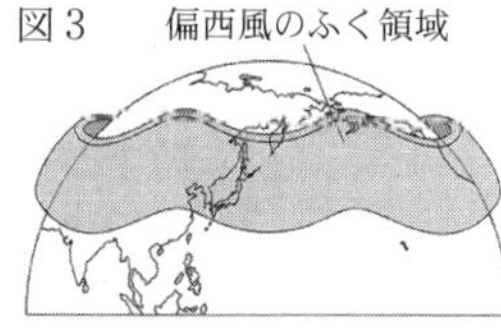

Yさん：その仮説が正しいかどうか考えてみよう。

問3．Yさんは，下線部の仮説について，数値データを集めて表2と表3にまとめ，あとのように考察しました。［　I　］～［　Ⅲ　］にあてはまる語句の組み合わせとして最も適切なものを，ア～カの中から一つ選び，その記号を書きなさい。また，

表2

	高度
偏西風のふく領域	5.5～14km
飛行機の飛ぶ高さ	10km

[　　T　　]には，帰りの飛行機が偏西風からどのような影響を受けながら飛んでいるのか書きなさい。ただし，飛行機は，行きと帰りで同じ距離を飛ぶものとします。

表3

		緯度	経度
偏西風のふく領域		北緯30～60°	—
飛行機の発着場所	東京国際空港（羽田空港）	北緯36°	東経140°
	福岡空港	北緯34°	東経130°

> [I]の数値データから，飛行機は偏西風のふく領域を飛ぶと判断でき，飛行機は偏西風の影響を受けると考えられる。
> さらに，[II]の数値データと偏西風のふく向きから，帰りの飛行機の飛ぶ向きが偏西風のふく向きと[III]向きになり，帰りの飛行機は[　　T　　]飛んでいると判断できるため，帰りの所要時間が短くなると考えられる。

ア．Ⅰ…高度と緯度　Ⅱ…経度　Ⅲ…同じ
イ．Ⅰ…高度と緯度　Ⅱ…経度　Ⅲ…逆
ウ．Ⅰ…高度と経度　Ⅱ…緯度　Ⅲ…同じ
エ．Ⅰ…高度と経度　Ⅱ…緯度　Ⅲ…逆
オ．Ⅰ…緯度と経度　Ⅱ…高度　Ⅲ…同じ
カ．Ⅰ…緯度と経度　Ⅱ…高度　Ⅲ…逆

＜埼玉県＞

4

日本国内の気象観測について，以下の各問に答えなさい。

問1．「晴れ」を表す天気記号はどれか，次のア～エから1つ選び，その符号を書きなさい。

ア ⌽　イ ○　ウ ◎　エ ●

問2．梅雨や秋雨（あきさめ）の時期には，寒気と暖気がぶつかり合って，ほとんど位置が動かない前線ができる。このような前線を何というか，書きなさい。

問3．表1は，日本国内の地点Xで，ある年の4月3日，4日に行った気象観測の結果である。これをもとに，次の(1)，(2)に答えなさい。

(1) 地点Xの，4月3日の9時と15時の，空気1 m³中に含まれる水蒸気の質量の差は何gか，表2をもとに求めなさい。ただし，小数第2位を四捨五入すること。

表1

日	時刻[時]	気温[℃]	湿度[%]	気圧[hPa]	風向
3	0	11.9	90	1017	西南西
	3	14.7	82	1017	南南西
	6	14.8	78	1017	南
	9	21.0	50	1017	南南西
	12	21.5	49	1017	南西
	15	20.0	60	1016	南西
	18	15.4	79	1017	南南西
	21	13.3	85	1018	南南東
4	0	12.1	88	1018	南南西
	3	13.5	91	1016	南南西
	6	10.9	95	1016	北東
	9	11.6	95	1015	北北東
	12	10.7	95	1015	北
	15	7.0	87	1018	北北東
	18	6.3	89	1021	北北東
	21	6.9	77	1024	北北東

表2

気温[℃]	15	16	17	18	19	20	21
飽和水蒸気量[g/m³]	12.8	13.6	14.5	15.4	16.3	17.3	18.3

(2) 地点Xを，寒冷前線が通過した時間帯はどれか，次のア～エから最も適切なものを1つ選び，その符号を書きなさい。また，そう判断した理由を，「気温」，「湿度」，「気圧」，「風向」の中から2つ選び，それらを用いて書きなさい。

ア．3日の6時から9時
イ．3日の15時から18時
ウ．4日の3時から6時
エ．4日の12時から15時

問4．次の図は，日本国内の地点Yで，ある日の0時から20時まで2時間ごとに，風速と風向を観測した結果をまとめたものである。地点Yを含む海岸沿いの地域を模式的に表したものはどれか，あとのア～エから最も適切なものを1つ選び，その符号を書きなさい。また，そう判断した理由を書きなさい。ただし，地点Yを含む地域では，この日は1日中晴天で，海風と陸風がはっきりと観測されていたものとする。

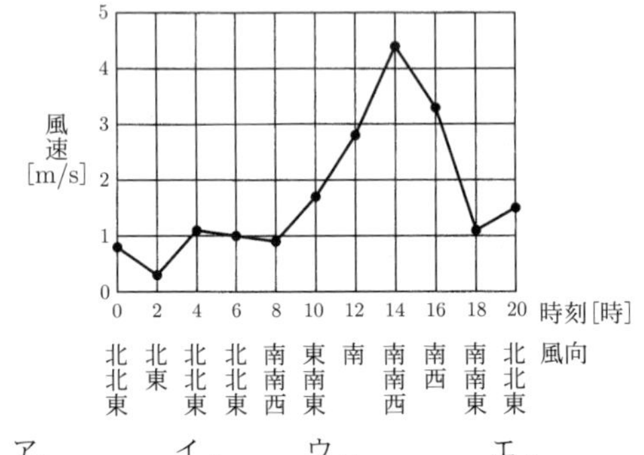

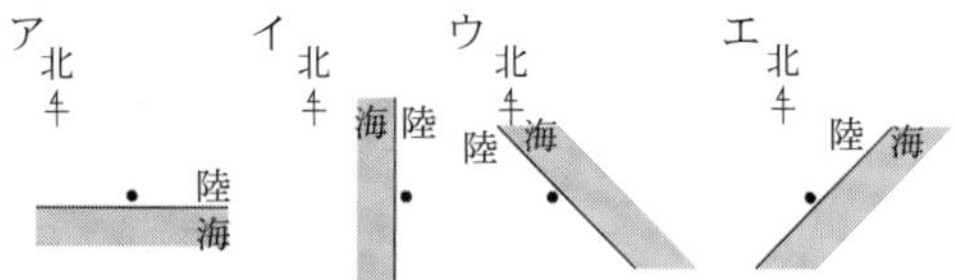

模式図はこの地域を上から見たものであり，図中の●は地点Yを示し，海岸線の長さは10kmとする。

＜石川県＞

5

右の図1は，日本付近の低気圧と前線について，あとの図2は，図1の低気圧と前線が真東に進むようすについて，図3は，地球規模での大気の動きについて，それぞれ模式的に表したものである。あとの会話は，かおるさんとりょうさんが，図3をみて，話し合ったものである。次の各問いに答えなさい。

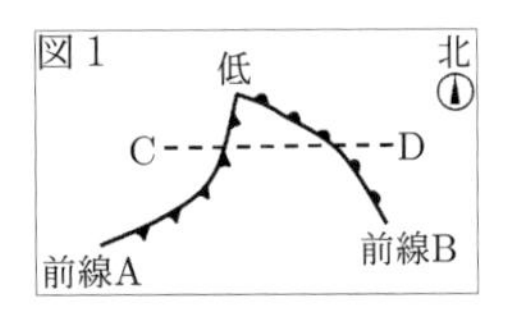

問1．図1の前線Bを何というか，答えなさい。

問2．図1の点線C---Dにおける地表面に対して垂直な断面を考えるとき，前線付近のようすとして，最も適切なものを，次のア～エからひとつ選び，記号で答えなさい。ただし，➡は暖気（暖かい空気）の動きを表している。

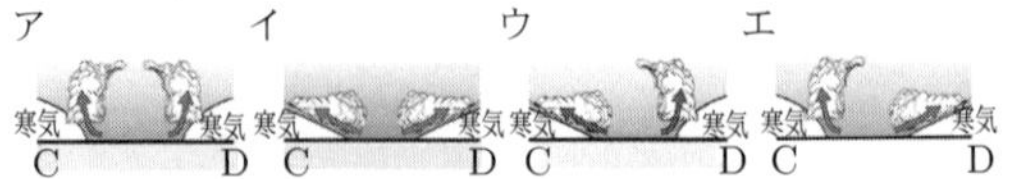

問3．次の図2のように，図1の低気圧と前線が真東に進んだとき，地点E（●印）の天気はどのように変化していくと考えられるか，あとのア～エを変化する順に並べ，記号で答えなさい。

図2

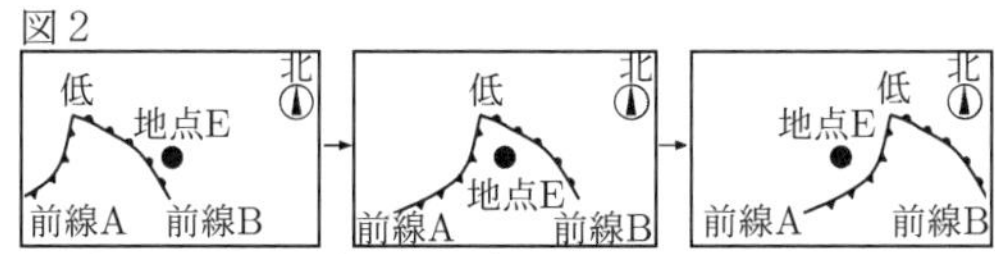

ア．南よりの風に変わり，気温が上がる。
イ．積乱雲が発達して，強いにわか雨が降る。
ウ．広い範囲にわたって雲ができ，長い時間雨が降る。
エ．北よりの風に変わり，気温が急に下がる。

図3

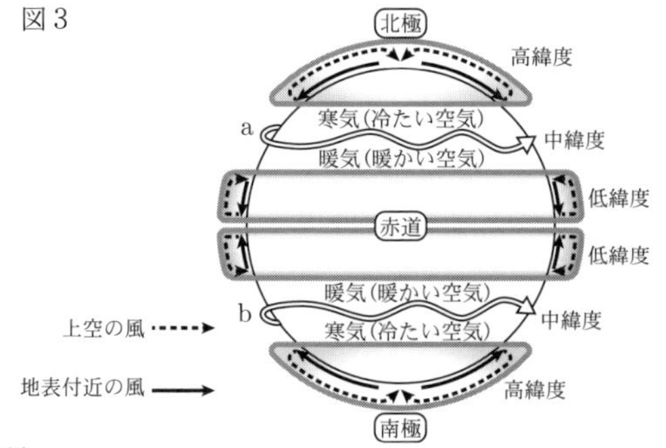

会話.

かおるさん	日本付近の低気圧や移動性高気圧はなぜ，西から東に移動することが多いのかな。天気も西から東に移り変わることが多いね。
りょうさん	そうだね。調べてみると，地球規模の大気の動きが関係しているようなんだ。地表が太陽から受ける光の量は，同じ面積では低緯度地方のほうが大きくなるから，緯度によって気温のちがいが生じて，地球規模での大気の動きが起こる原因になるんだ。
かおるさん	図3を見ると，赤道付近の地表は気圧が(　①　)い部分，極付近の地表は気圧が(　②　)い部分になっていることがわかるね。
りょうさん	中緯度の上空では，図3のaやbのような西よりの風が1年中ふいていて，この風に押し流されて，低気圧や移動性高気圧は西から東に移動するんだ。

問4．会話の(　①　)，(　②　)にあてはまる，最も適切な語を，それぞれ答えなさい。

問5．会話の下線部について，中緯度上空を1年中ふいている西よりの風を何というか，答えなさい。

＜鳥取県＞

●日本の天気

6　図1は，2021年10月5日9時の日本付近の天気図である。

図1

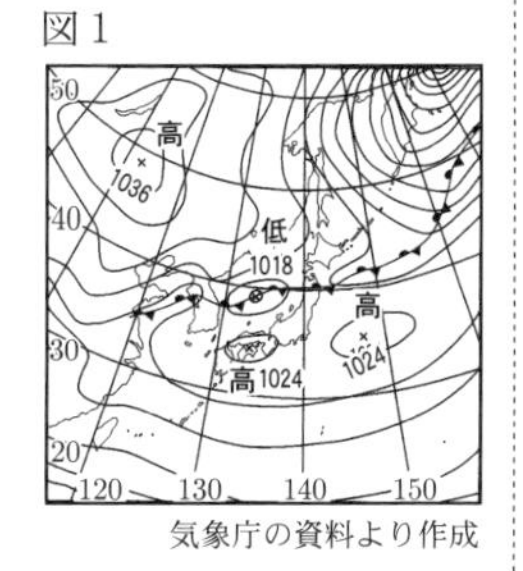

気象庁の資料より作成

(1)　ある地点の天気は晴れ，風向は東，風力は2であった。このときの天気図記号として適切なものを，次のア～エから1つ選んで，その符号を書きなさい。

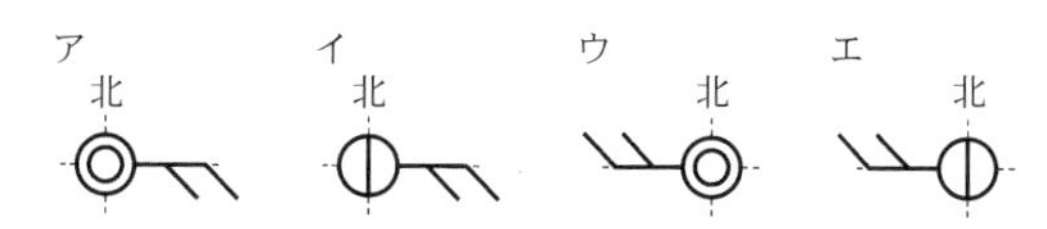

(2)　気圧と大気の動きについて説明した文として適切なものを，次のア～エから1つ選んで，その符号を書きなさい。

ア．低気圧の中心から風が時計回りに吹き出し，高気圧のまわりでは，高気圧の中心に向かって風が反時計回りに吹きこむ。
イ．低気圧の中心から風が反時計回りに吹き出し，高気圧のまわりでは，高気圧の中心に向かって風が時計回りに吹きこむ。
ウ．高気圧の中心から風が時計回りに吹き出し，低気圧のまわりでは，低気圧の中心に向かって風が反時計回りに吹きこむ。
エ．高気圧の中心から風が反時計回りに吹き出し，低気圧のまわりでは，低気圧の中心に向かって風が時計回りに吹きこむ。

(3)　図1の季節の日本付近の天気について説明した次の文の[　①　]～[　③　]に入る語句の組み合わせとして適切なものを，次のア～クから1つ選んで，その符号を書きなさい。

9月ごろになると，東西に長くのびた[　①　]前線の影響で，くもりや雨の日が続く。10月中旬になると，[　①　]前線は南下し，[　②　]の影響を受けて，日本付近を移動性高気圧と低気圧が交互に通過するため，天気は周期的に変化する。11月中旬をすぎると，[　③　]が少しずつ勢力を強める。

	①	②	③
ア．	停滞	偏西風	シベリア高気圧
イ．	停滞	台風	シベリア高気圧
ウ．	停滞	偏西風	オホーツク海高気圧
エ．	停滞	台風	オホーツク海高気圧
オ．	寒冷	偏西風	シベリア高気圧
カ．	寒冷	台風	シベリア高気圧
キ．	寒冷	偏西風	オホーツク海高気圧
ク．	寒冷	台風	オホーツク海高気圧

(4)　図2のア～エは，2021年10月，12月，2022年6月，7月のいずれかの日本付近の天気図である。これらの天気図を10月，12月，6月，7月の順に並べ，その符号を書きなさい。なお，図2のア～エには，図1の前日の天気図がふくまれている。

図2

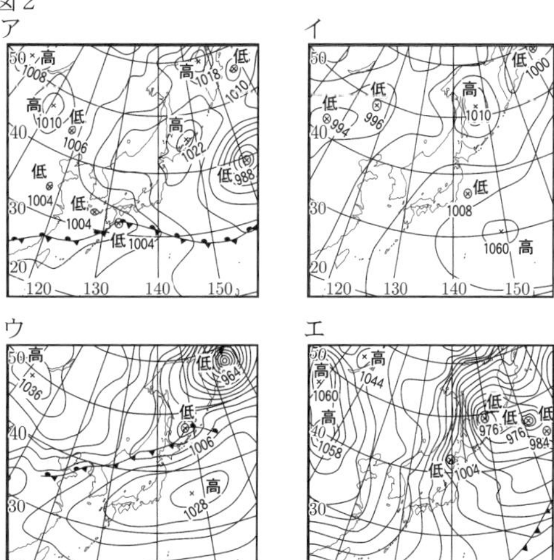

＜兵庫県＞

7 下の［　　］内は，日本の春の天気図とつゆの天気図をもとに，生徒が調べた内容の一部である。図１は，日本周辺の気団X～Zを模式的に示したものであり，図２，図３は，ある年の3月12日，7月8日のそれぞれの日における，午前9時の日本付近の気圧配置などを示したものである。また，図２の－－－は前線の位置を示している。

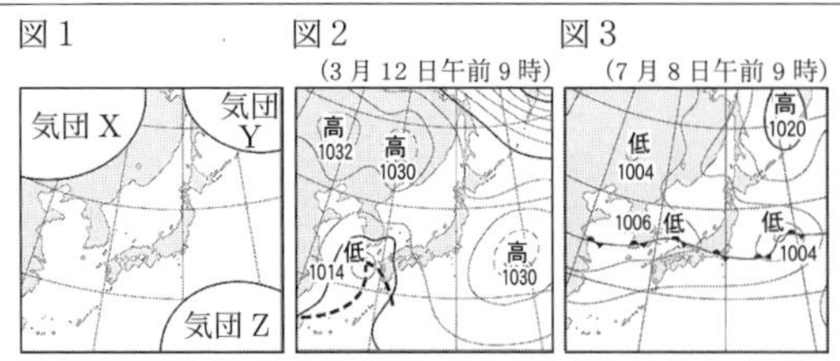

図１のように，日本付近には特徴の異なる気団があり，日本の気象に影響を与えている。

春は，4～6日くらいの周期で天気が変わることが多い。高気圧が近づいてくると晴れとなり，図２で見られるような低気圧が近づいてくると雲がふえ，雨になることが多い。

つゆの時期には，北の冷たく①(ア．しめった　イ．乾燥した)気団Yと，南のあたたかく②(ウ．しめった　エ．乾燥した)気団Zがぶつかり合い，図３で見られるような停滞前線ができるため，長雨となる地域がある。

問１．表は，福岡県のある地点における3月12日午前9時の気象観測の結果を示したものである。この結果を，図４に天気図記号で表せ。

天気	風向	風力
雨	北東	1

図４

問２．図２で見られる低気圧の中心からできるそれぞれの前線を示した図として，最も適切なものを，次の１～４から１つ選び，番号を書け。

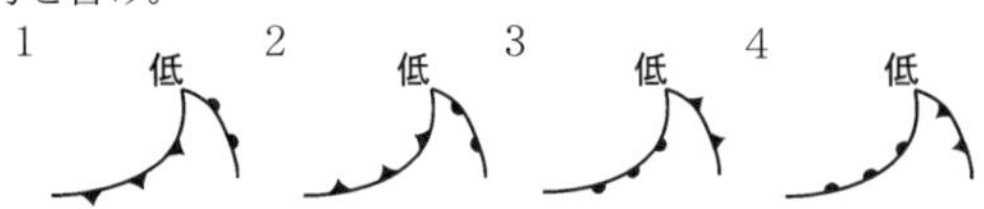

問３．文中の①，②の(　　)内から，それぞれ適切な語句を選び，記号を書け。

問４．下の［　　］内は，図３で見られる停滞前線について説明した内容の一部である。文中の(　　)内から，適切な語句を選び，記号を書け。また，〔　　　〕にあてはまる内容を，簡潔に書け。

> 図３で見られる停滞前線は，梅雨前線とよばれている。梅雨前線は，5月の中頃に沖縄付近に現れ，ゆっくりと北上し，6月の中頃から7月にかけて，本州付近に停滞することが多い。7月の中頃になると，(P．シベリア気団　Q．小笠原(おがさわら)気団)の〔　　　　〕なり，梅雨前線は北におし上げられ，やがて見られなくなる。

＜福岡県＞

8 次の資料は，日本の天気の記録についてまとめたものの一部である。あとの⑴，⑵に答えなさい。

資料．

> 図１は，ある年の7月11日の13時の天気図である。この日は，前線Aが日本列島付近にいすわっていて，西日本から北日本の広い範囲で雨が降り，ある地域では㋐雷雨であった。
>
> 図２は，ある年の1月12日の13時の天気図である。この日は，発達した気団の影響を受け，㋑冬型の気圧配置となり，日本海側で大雪であった。

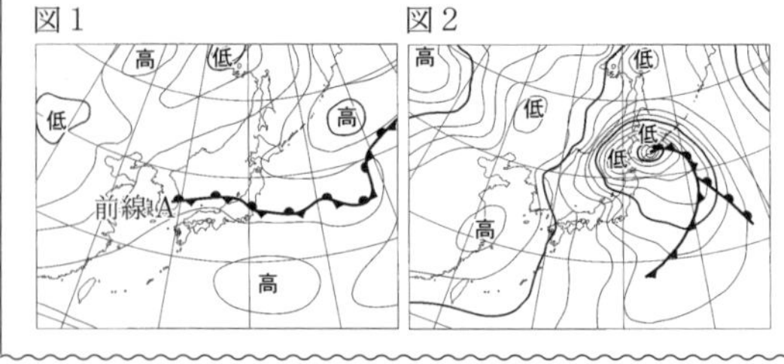

⑴　図１について，次のア～ウに答えなさい。

ア．下線部㋐をもたらす雲として最も適切なものを，次の１～４の中から一つ選び，その番号を書きなさい。

１．積乱雲　　２．乱層雲
３．高積雲　　４．巻雲

イ．前線Aの名称を書きなさい。

ウ．下の文章は，前線Aと気団の関係について述べたものである。文章中の［①］，［②］に入る気団の名称を書きなさい。また，［③］に入る方位は，東，西，南，北の中のどれか，書きなさい。

> 6月から7月にかけて，日本列島付近では［①］と［②］の勢力がつり合って前線Aはあまり動かなくなる。7月の後半になると，前線Aは勢力を増した［①］により，［③］に移動させられたり消滅させられたりする。

⑵　図２について，次のア，イに答えなさい。

ア．下のX～Zは，この年の1月10日，1月11日，1月13日のいずれかの日における13時の天気図である。X～Zを日付の早い順に左から並べて書きなさい。

X

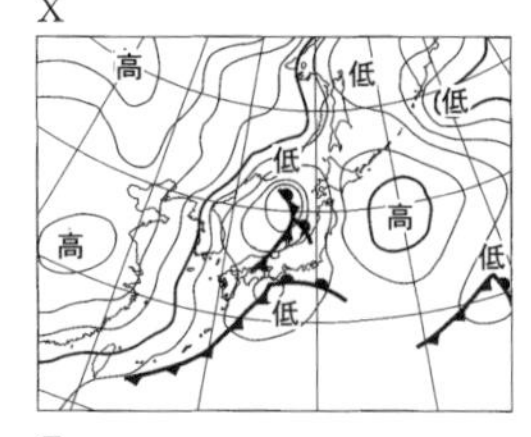

Y

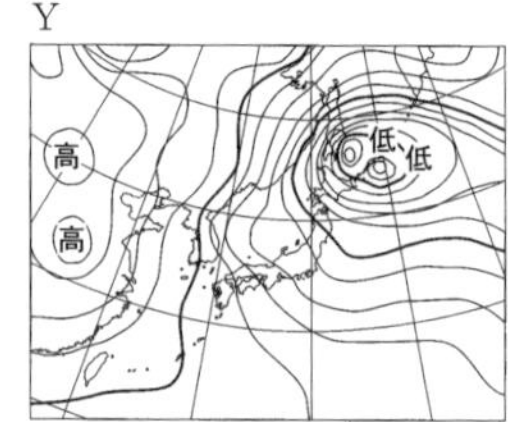

Z

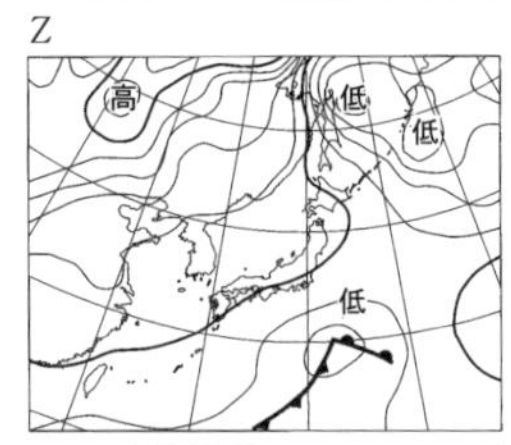

イ．下線部㋑について，下の文章は，日本海側に雪が降るしくみについて述べたものである。文章中の(　　)に入る適切な内容を書きなさい。

> ユーラシア大陸からふく冷たく乾燥した季節風は，日本海をわたるときに，比較的あたたかい海水から(　　　　　)ことで，雲を生じさせるようになる。この雲が日本の中央部の山脈に当たって上昇することによって，日本海側に雪が降る。

＜青森県＞

9 図1は，ある年の9月30日9時の天気図であり，図2は，同じ年の9月30日6時から10月1日18時までの甲府市の気圧と湿度の変化を表したグラフである。1～5の問いに答えなさい。ただし，図1の㊎は台風を表している。

図1

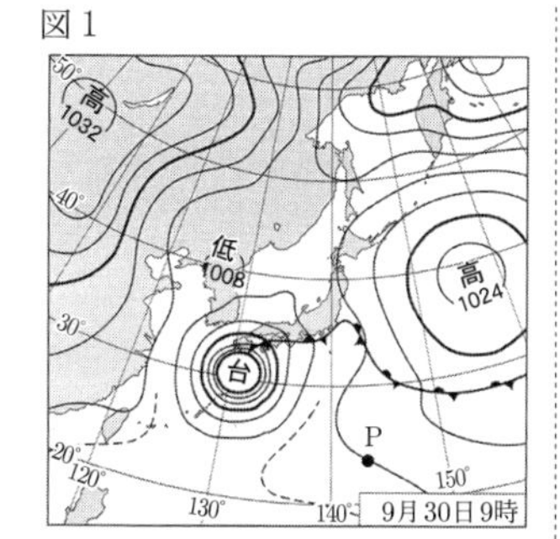

図2

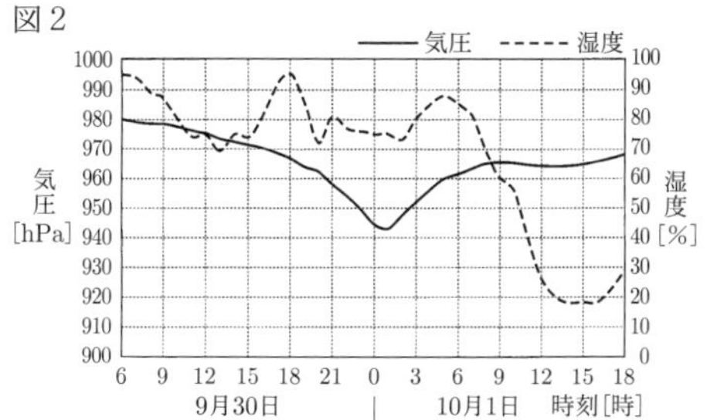

1．図1のP点における気圧は何hPaか，書きなさい。

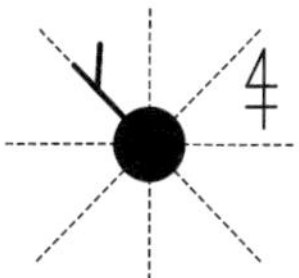

2．図3は，9月30日15時の甲府市の気象情報を天気図記号で表したものである。このときの天気，風向，風力をそれぞれ書きなさい。

図3

3．この台風の地表付近での風のふき方を模式的に表したものとして，最も適当なものはどれか。次のア～エから一つ選び，その記号を書きなさい。

ア 
イ 
ウ 
エ 

4．図2のグラフから，台風の中心が甲府市に最も近づいたのは何時ごろと考えられるか，最も適当なものを，次のア～エから一つ選び，その記号を書きなさい。また，そのように考えられる理由を簡潔に書きなさい。

ア．9月30日15時から9月30日18時の間
イ．9月30日18時から9月30日21時の間
ウ．10月1日0時から10月1日3時の間
エ．10月1日6時から10月1日9時の間

5．9月30日21時時点で部屋の気温と湿度を測定すると，気温23.0℃，湿度81.0％であった。部屋の湿度を下げるために除湿機を使用したところ，しばらくして，湿度が65.0％に低下した。この部屋の体積を50 m³とするとき，除湿されて，部屋の空気から除かれた水の量は何gか，求めなさい。なお，それぞれの気温における飽和水蒸気量は表のとおりである。ただし，気温は23.0℃で一定で，部屋の中の湿度はどこも均一であり，出入りはなかったこととする。

気温[℃]	20.0	21.0	22.0	23.0	24.0
飽和水蒸気量[g/m³]	17.3	18.3	19.4	20.6	21.8

＜山梨県＞

10 次の文を読んで，あとの問いに答えなさい。

空気の重さによって生じる①圧力を気圧という。②気圧の差が生じると，気圧の高いところから低いところへ向かって風がふく。例えば，③海風と陸風や④季節風は，陸と海のあたたまり方や冷え方の違いによって気圧の差が生じてふく風である。

問1．下線部①について，図1のように面積が400 cm²の板の上に，質量が1000 gの物体をのせるとスポンジが沈んだ。このとき，板がスポンジに加える圧力の大きさは何Paか。ただし，100 gの物体にはたらく重力の大きさを1 Nとし，スポンジと接する板の面は常に水平を保ち，板の質量は考えないものとする。

図1

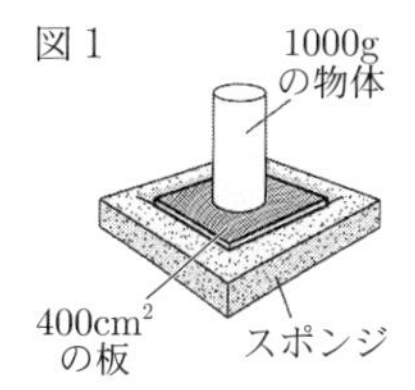

問2．下線部②について，密封された菓子袋を標高0 mから富士山の山頂へ持っていくと，菓子袋がふくらむ。この現象が起こる理由について説明した次の文の空欄（　A　），（　B　）に適する語句を入れ，文を完成せよ。

> 富士山の山頂より上にある空気の重さは，標高0 mより上にある空気の重さと比べて（　A　）。そのため，山頂では空気が菓子袋を外から押す力が標高0 mのときと比べて（　B　）ので，菓子袋の中の気体が膨張するから。

問3．下線部③について，図2を用いて説明した文として最も適当なものは，次のどれか。

図2

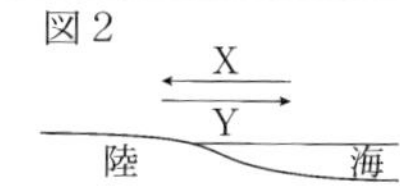

ア．陸は海よりあたたまりやすいため，昼はXの向きに海風がふく。
イ．陸は海よりあたたまりやすいため，昼はYの向きに海風がふく。
ウ．海は陸よりあたたまりやすいため，昼はXの向きに陸風がふく。
エ．海は陸よりあたたまりやすいため，昼はYの向きに陸風がふく。

問4．日本の冬に発達し，天気に最も影響を与える高気圧がつくる気団の位置を図3のC～Eから1つ選び，記号で答えよ。また，その気団の名称は何というか。

図3

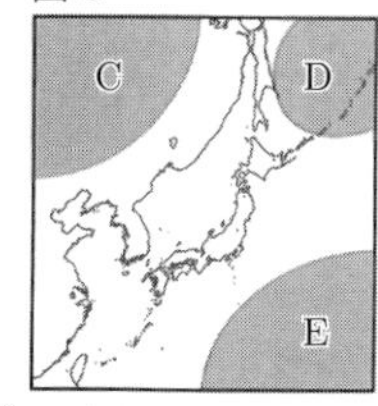

問5．下線部④について，図4は冬の日本付近の雲のようすを撮影した衛星画像である。季節風として大陸からふく乾燥した大気が，日本海側の各地に大雪をもたらす理由について説明した次の文の空欄（　F　），（　G　）に適する語句を入れ，文を完成せよ。

図4

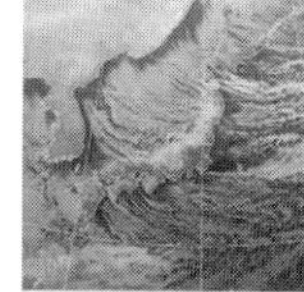

（気象庁資料から作成）

> 季節風として大陸からふく乾燥した大気は，その大気よりもあたたかい日本海から多量の（　F　）が供給され筋状の雲をつくる。そのあと，大気が日本の山脈にぶつかり（　G　）することで積乱雲が発達するから。

＜長崎県＞

11 愛知県のある地点Aで，梅雨に入った6月中旬のある日の気温と湿度について，乾湿計を用いて観測を行った。図1は，この日の午前9時における乾湿計の一部を表している。表1は，乾湿計用湿度表の一部であり，表2は，この日の午前3時から午後6時までの3時間おきの気温と湿度をまとめたものである。また，表3は，気温と飽和水蒸気量の関係を示した表の一部である。

ただし，表2の午前9時の湿度はaと示している。

図1

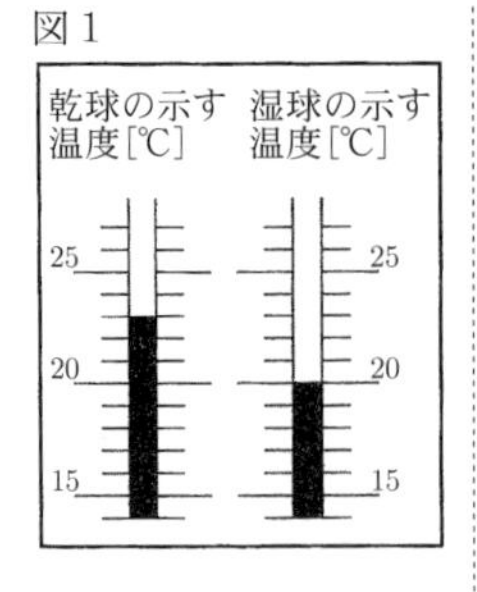

表1

		乾球温度と湿球温度との差[℃]					
		0	1	2	3	4	5
乾球温度[℃]	24	100	91	83	75	67	60
	23	100	91	83	75	67	59
	22	100	91	82	74	66	58
	21	100	91	82	73	65	57
	20	100	90	81	72	64	56

表2

時　刻［時］	3	6	9	12	15	18
気　温［℃］	20	21	23	22	21	19
湿　度［%］	70	69	a	77	80	90

表3

気温[℃]	10	13	15	18	20	23	25	28
飽和水蒸気量[g/cm³]	9.4	11.4	12.8	15.4	17.3	20.6	23.1	27.2

次の(1)から(4)までの問いに答えなさい。

(1) 図2は，観測を行った日の日本付近の天気図である。XとYを結んだ線は，地点Aの近くにかかる前線の位置を示したものであり，次の図3の実線xyは，図2のXとYを結んだ線の一部を拡大したものである。図3の実線xyが停滞前線を表す記号になるように，図3の点線や実線xyで囲まれた部分のうち，適当な部分を塗りつぶしなさい。

図2

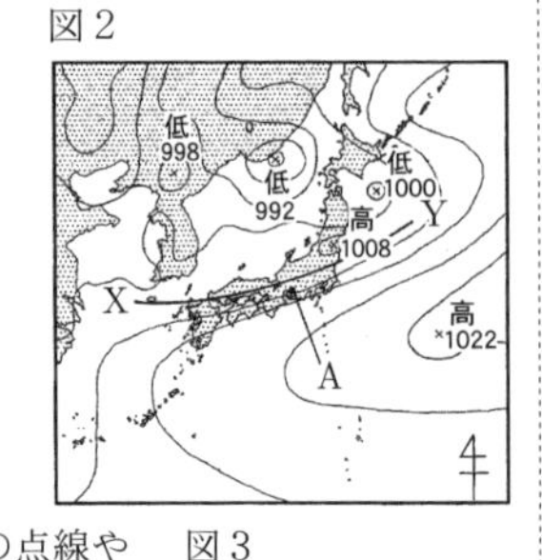

図3

x　　y

(2) 次の文章は，地点Aの気温，湿度，露点について説明したものである。文章中の(Ⅰ)と(Ⅱ)にあてはまる語句の組み合わせとして最も適当なものを，下のアからカまでの中から選んで，そのかな符号を書きなさい。

> 表2の午前6時と午後3時のように，気温は同じであるが湿度が異なる空気を比べたとき，湿度が高い方が，露点は(Ⅰ)なる。また，観測結果から，午前9時の地点Aの空気の露点を求めると，約(Ⅱ)となる。

ア．Ⅰ．高く，　Ⅱ．15℃
イ．Ⅰ．高く，　Ⅱ．18℃
ウ．Ⅰ．高く，　Ⅱ．20℃
エ．Ⅰ．低く，　Ⅱ．15℃
オ．Ⅰ．低く，　Ⅱ．18℃
カ．Ⅰ．低く，　Ⅱ．20℃

(3) 次の文章は，地点Aにおける梅雨の始まりから，梅雨が明けて本格的な夏になるまでの気象について説明したものである。文章中の(Ⅰ)から(Ⅲ)までにあてはまる語句の組み合わせとして最も適当なものを，下のアからシまでの中から選んで，そのかな符号を書きなさい。

なお，図4は，日本付近の主な気団とその特徴を示したものである。

> 地点Aでは，夏が近づく頃に図4の気団(Ⅰ)と気団Sが接するところにできる梅雨前線の影響で，雨の日が多くなる。やがて気団(Ⅰ)がおとろえて気団Sの勢力が増すと，梅雨前線は日本付近から消滅し，梅雨が明けて本格的な夏となる。夏は晴天が多いが，強い日差しによって地表付近の大気があたためられて局地的な(Ⅱ)気流が生じると(Ⅲ)が発達し，激しい雷雨となることもある。

図4

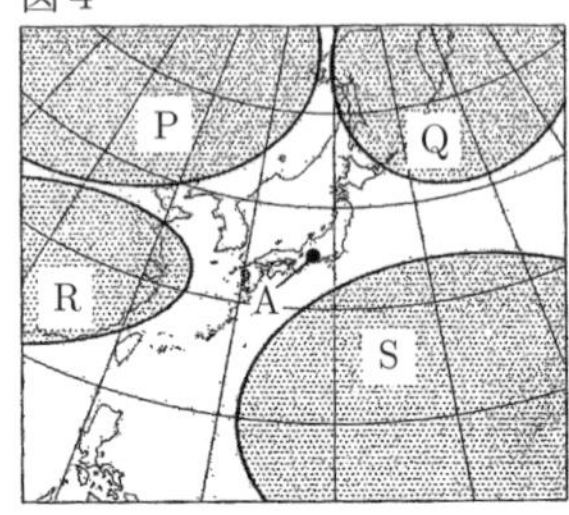

＜気団の特徴＞
気団P：冷たく，乾燥している。
気団Q：冷たく，湿っている。
気団R：あたたかく，乾燥している。
気団S：あたたかく，湿っている。

ア．Ⅰ．P，　Ⅱ．上昇，　Ⅲ．積乱雲
イ．Ⅰ．P，　Ⅱ．上昇，　Ⅲ．乱層雲
ウ．Ⅰ．P，　Ⅱ．下降，　Ⅲ．積乱雲
エ．Ⅰ．P，　Ⅱ．下降，　Ⅲ．乱層雲
オ．Ⅰ．Q，　Ⅱ．上昇，　Ⅲ．積乱雲
カ．Ⅰ．Q，　Ⅱ．上昇，　Ⅲ．乱層雲
キ．Ⅰ．Q，　Ⅱ．下降，　Ⅲ．積乱雲
ク．Ⅰ．Q，　Ⅱ．下降，　Ⅲ．乱層雲
ケ．Ⅰ．R，　Ⅱ．上昇，　Ⅲ．積乱雲
コ．Ⅰ．R，　Ⅱ．上昇，　Ⅲ．乱層雲
サ．Ⅰ．R，　Ⅱ．下降，　Ⅲ．積乱雲
シ．Ⅰ．R，　Ⅱ．下降，　Ⅲ．乱層雲

(4) 日本付近では，四季の天気に特徴がある。この特徴について説明した文章として最も適当なものを，次のアからエまでの中から選んで，そのかな符号を書きなさい。

ア．春は，移動性高気圧と低気圧が交互に東から西へ通り過ぎていく。そのため，日本付近では短い周期で天気が変化することが多い。
イ．夏は，太平洋高気圧が発達し，南高北低の気圧配置になりやすい。夏の季節風は，等圧線の間隔がせまいため，ふく風は一般的に弱い。
ウ．秋が近くなると，停滞前線が発生しやすく，日本付近を南下する台風が多くなる。また，停滞前線付近では台風などから運ばれてくる水蒸気を大量に含んだ空気により，大量の雨が降る。
エ．冬はシベリア高気圧が発達し，西高東低の気圧配置になりやすい。そのため，南北方向にのびる等圧線がせまい間隔で並び，北西の風がふく。

＜愛知県＞

第16章　地球と宇宙

地球の運動と天体の動き

●太陽の動きと季節

1 地球の自転に関する次の文中の①，②について，それぞれ正しいものはどれか。

> 地球の自転は，1時間あたり①(ア．約15°　イ．約20°　ウ．約30°)で，北極点の真上から見ると，自転の向きは②(ア．時計回り　イ．反時計回り)である。

＜鹿児島県＞

2 春分に，神奈川県のある場所で太陽の動きを観察したところ，太陽は真東の空からのぼり，南の空を通って真西の空に沈んだ。このときの南中高度は55°であった。次の(i)，(ii)のように観察する場所や時期を変えると，太陽がのぼる方角と南中高度はどのようになると考えられるか。最も適するものをあとの１～６の中からそれぞれ一つずつ選び，その番号を答えなさい。

(i)　観察する日は変えずに，日本国内のより緯度の高い場所で観察したとき

(ii)　観察する場所は変えずに，2か月後に観察したとき

1．太陽は真東の空からのぼり，南中高度は55°より高くなる。
2．太陽は真東の空からのぼり，南中高度は55°より低くなる。
3．太陽は真東よりも北寄りの空からのぼり，南中高度は55°より高くなる。
4．太陽は真東よりも北寄りの空からのぼり，南中高度は55°より低くなる。
5．太陽は真東よりも南寄りの空からのぼり，南中高度は55°より高くなる。
6．太陽は真東よりも南寄りの空からのぼり，南中高度は55°より低くなる。

＜神奈川県＞

3 青森県のある場所で，夏至の日の8時から16時まで，太陽の位置を透明半球上に1時間ごとに・で記録し，なめらかな曲線で結んだ。右の図は，その結果を表したものであり，1時間ごとの曲線の長さは同じであった。また，A，Bは，曲線を延長して透明半球のふちと交わる点を示したものである。次のア，イに答えなさい。

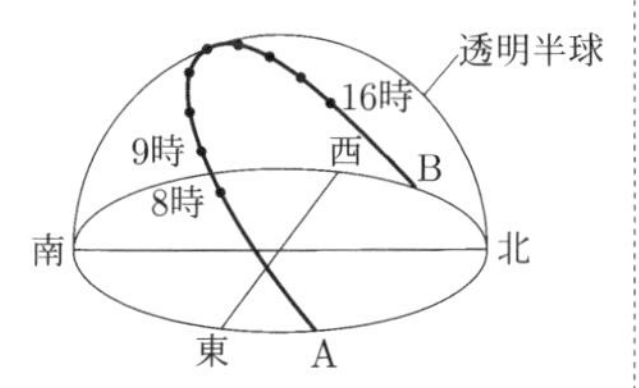

ア．下線部の理由について述べたものとして適切なものを，次の１～４の中から一つ選び，その番号を書きなさい。

1．太陽が一定の速さで自転しているため。
2．太陽が一定の速さで地球のまわりをまわっているため。
3．地球が一定の速さで自転しているため。
4．地球が一定の速さで太陽のまわりをまわっているため。

イ．図のAとBを結んだ透明半球上の曲線の長さは30.2 cm，1時間ごとの曲線の長さは2.0 cmであった。また，この日の日の入りの時刻は，19時12分であった。この日の日の出の時刻は何時何分か，求めなさい。ただし，太陽の位置がAのときの時刻を日の出，Bのときの時刻を日の入りの時刻とする。

＜青森県＞

4 高知県のある地点で，太陽の1日の動きを調べるために，白い紙と透明半球を用意した。白い紙に透明半球と同じ大きさの円をかき，その円の中心で直交する２本の線を引き，透明半球を固定して，方位磁針で東西南北を合わせ，水平な場所に置いた。次の図は，ある日の太陽の位置を一定時間ごとに透明半球上にサインペンを用いて・印で記録し，これらの点を滑らかな線で結び，さらに線の両端を延長して太陽の動いた道筋をかいたものである。また，図中の点Aは，太陽が最も高い位置に来たときの記録である。このことについて，次の(1)～(3)の問いに答えよ。

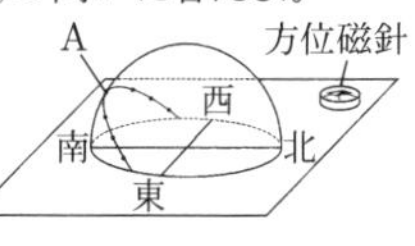

(1)　透明半球上に太陽の位置を記録するとき，サインペンの先端の影を白い紙の上のどこに重ねるべきか，書け。

(2)　点Aのときの太陽の高度のことを何というか，書け。

(3)　観測を行った「ある日」は，いつごろと考えられるか。最も適切なものを，次のア～エから一つ選び，その記号を書け。

ア．3月ごろ
イ．6月ごろ
ウ．9月ごろ
エ．12月ごろ

＜高知県＞

5 健一さんは，太陽の動きを調べるため，透明半球を用いて，太陽の観察を行うことにした。夏のある日に新潟県のある地点で，右の図のように，厚紙に透明半球を置いたときにできる円の中心をOとし，方位を定めて，透明半球を固定した。午前9時から午後3時まで1時間おきに，太陽の位置を透明半球上に油性ペンで印をつけて記録した。また，太陽が南中した時刻に，太陽の位置を透明半球上に印をつけて記録し，この点をPとした。記録した太陽の位置をなめらかに結んで，透明半球のふちまで延長して曲線XYをつくった。このことに関して，次の(1)～(6)の問いに答えなさい。なお，図中のA～Dは，それぞれOから見た東西南北のいずれかの方向にある円周上の点である。

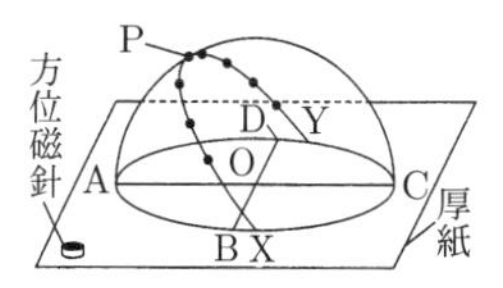

(1) Oから見て，東の方向にある点として，最も適当なものを，図中のA～Dから一つ選び，その符号を書きなさい。

(2) 太陽などの天体は，時間の経過とともにその位置を変えているように見える。このような，地球の自転による天体の見かけの動きを何というか。その用語を書きなさい。

(3) 太陽の位置を透明半球上に油性ペンで印をつけて記録するとき，どのように印をつければよいか。「油性ペンの先端の影」という語句を用いて書きなさい。

(4) 太陽の南中高度を表す角として，最も適当なものを，次のア～カから一つ選び，その符号を書きなさい。

ア．∠ACP　　イ．∠AOP
ウ．∠BOP　　エ．∠BPD
オ．∠COP　　カ．∠DOP

(5) 透明半球上につくった曲線XYについて，午前9時の点から午後3時の点までの長さと，午前9時の点からPまでの長さをはかると，それぞれ12 cm，5.5 cmであった。観察を行った日の太陽が南中した時刻として，最も適当なものを，次のア～エから一つ選び，その符号を書きなさい。

ア．午前11時45分　　イ．午前11時51分
ウ．午前11時57分　　エ．午前0時3分

(6) 健一さんが観察を行った地点と，緯度は同じで，経度が異なる日本のある地点で，同じ日に太陽の観察を行った場合，太陽が南中する時刻と太陽の南中高度は，健一さんが観察を行った地点と比べてどのようになるか。最も適当なものを，次のア～エから一つ選び，その符号を書きなさい。

ア．太陽が南中する時刻も太陽の南中高度も，ともに異なる。
イ．太陽が南中する時刻は異なるが，太陽の南中高度は同じになる。
ウ．太陽が南中する時刻は同じになるが，太陽の南中高度は異なる。
エ．太陽が南中する時刻も太陽の南中高度も，ともに同じになる。

＜新潟県＞

6

図1は，地球が太陽の周りを公転している様子を表した模式図である。

問1．地球の公転方向，北半球の季節および地球の位置を正しく表している組み合わせとして，最も適当なものを次のア～クの中から1つ選び記号で答えなさい。

図1　地球の公転模式図(地球の北極側を上にしている)

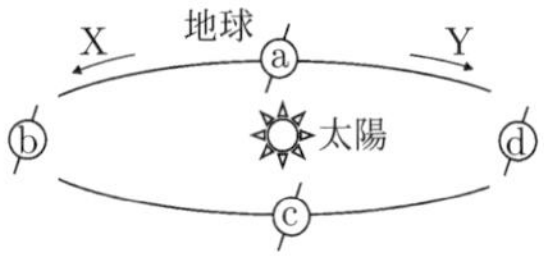

	ア	イ	ウ	エ	オ	カ	キ	ク
公転方向	X	X	X	X	Y	Y	Y	Y
北半球の季節	春	夏	秋	冬	秋	冬	春	夏
地球の位置	a	a	b	b	c	c	d	d

問2．太陽は，惑星と同じように自転している。図2は，太陽を自転軸の真上から見た模式図である。太陽が図の矢印方向へ自転し，太陽の表面にあった黒点が24時間後，元の場所から12.5°ずれた位置に移動した場合，太陽の自転周期は約何日になるか答えなさい。ただし，小数第1位まで答えなさい。

図2　太陽を自転軸の真上から見た模式図

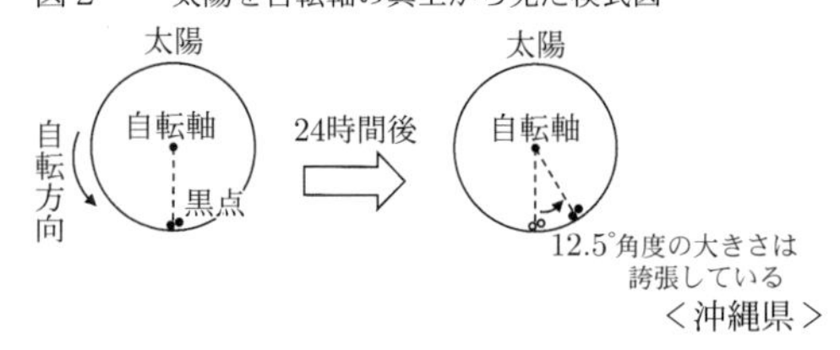

＜沖縄県＞

7

右の図は，日本のある場所で春分の日の夕方，西の地平線にしずんでいく太陽を模式的に表したものである。

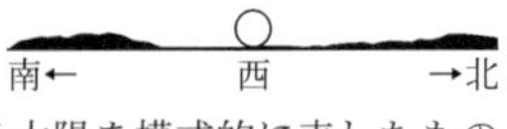

下の文は，同じ場所で春分の日から3か月後における，地平線にしずむ太陽の位置と時刻について述べたものである。文中の ① ， ② に入る語の組み合わせとして適切なものを，次の1～4の中から一つ選び，その番号を書きなさい。

> 地平線にしずむ太陽の位置は，春分の日と比べて ① 側に移動し，しずむ時刻は ② なることで，昼の長さも変わる。

1．① 北　② 遅く
2．① 南　② 遅く
3．① 北　② 早く
4．① 南　② 早く

＜青森県＞

8

神奈川県内のある水平な場所で，右の図のように，東西と南北の方向に十分長い2本の直線を引き，その交点に地面と垂直に棒を立て，太陽の光が棒に当たることでできる影の長さと動きを記録した。観察は春分の日，夏至の日，秋分の日，冬至の日に，それぞれ1日を通して行った。この観察の結果として最も適するものを次の1～4の中から一つ選び，その番号を答えなさい。ただし，2本の直線で区切られた4つの部分をそれぞれA, B, C, Dとする。

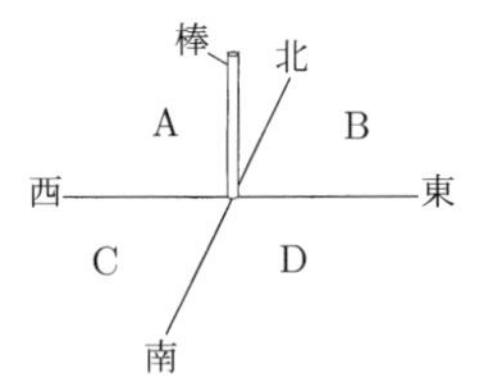

1．春分の日には，棒の影が時間とともにBからAに移動した。
2．夏至の日には，棒の影がCやDにできる時間帯があった。
3．昼の12時における棒の影の長さは，観察した4日のうち，秋分の日が最も長かった。
4．午前8時における棒の影の長さは，観察した4日のうち，冬至の日が最も短かった。

＜神奈川県＞

9

令子(れいこ)さんは，太陽の動きに興味を持ち，季節ごとの太陽の1日の動きについて調べた。

(1) 太陽は，高温の①(ア．気体　イ．液体　ウ．固体)のかたまりであり，自ら光や熱を宇宙空間に放つ天体である。このような天体を ② という。
①の(　　)の中から正しいものを一つ選び，記号で答えなさい。また， ② に適当な語を入れなさい。

(2)　図１は天球を表しており，ア～ウは春分，夏至，秋分，冬至のいずれかの太陽の日周運動のようすを示している。冬至の太陽の日周運動のようすを示しているものをア～ウから一つ選び，記号で答えなさい。また，北緯32.5°における冬至の太陽の南中高度を答えなさい。

図１
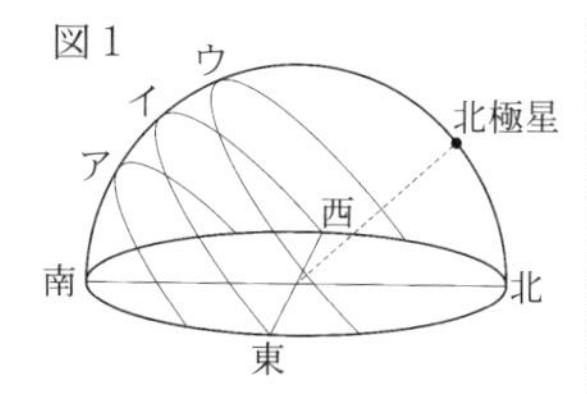

次に令子さんは，6月の晴れた日に，北緯32.5°の熊本県内のある地点で，Ⅰ～Ⅳの順で日時計を作成して時刻を調べる実験を行った。

Ⅰ．画用紙に円をかき，時刻の目安として円の中心から15°おきに円周に目盛りを記した時刻盤を作成した。
Ⅱ．時刻盤の中心に竹串を通し，竹串と時刻盤が垂直になるようにして固定した。
Ⅲ．図２のように時刻盤を真北に向け，図３のように竹串が水平面に対して観測地の緯度の分だけ上方になるようにして固定した。なお，図３は，図２を東側から見たものであり，竹串の延長線上付近には北極星があることになる。
Ⅳ．図４のように時刻盤の目盛りと竹串の影の位置が重なった12時10分から1時間ごとに，18時10分まで竹串の影を観察した。

図２　図３　図４
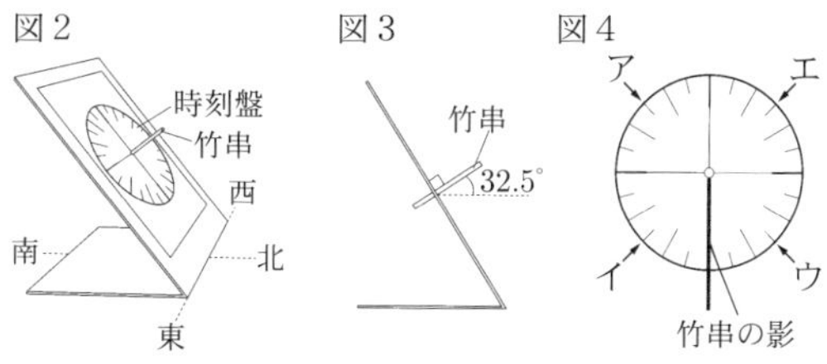

(3)　15時10分の時刻盤に映った竹串の影の位置として最も適当なものを，図４のア～エから一つ選び，記号で答えなさい。
(4)　実験で用いた日時計について，正しく説明しているものを，次のア～エから二つ選び，記号で答えなさい。ただし，日時計は晴れた日に使用するものとする。
　ア．時刻盤に映る竹串の影の長さは，1日の中では正午から夕方にかけて長くなる。
　イ．正午の時刻盤に映る竹串の影の長さは，夏至の日から秋分の日にかけて長くなる。
　ウ．夏至の日と秋分の日では，日時計を利用できる時間の長さは同じである。
　エ．冬至の日は，時刻盤に竹串の影が映らない。

<熊本県>

10

徳島県のある中学校で，太陽の動きについて調べた。(1)～(5)に答えなさい。

観測

① 図１のように，画用紙に透明半球のふちと同じ大きさの円をかき，その中心に×印をつけた。次に，透明半球を，かいた円に合わせて固定して水平な場所に置き，方位を画用紙に記入した。

図１
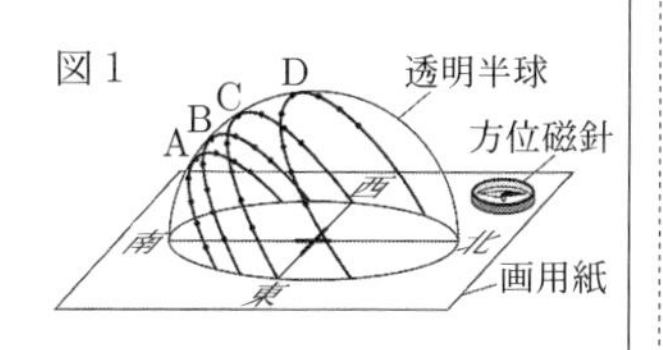

② 3月21日，6月21日，9月23日，11月22日，12月22日に，それぞれ午前8時から午後3時までおよそ1時間ごとに，太陽の位置を，透明半球の球面にペンで•印をつけて記録した。•印は，ペンの先の影が，画用紙にかいた円の中心にくる位置につけた。なお，9月23日の記録は，3月21日のものとほぼ同じであった。
③ 記録した•印を，なめらかな曲線で結び，それを透明半球のふちまでのばした。

(1)　地球の自転による太陽の見かけの動きを，太陽の何というか，書きなさい。
(2)　次の文は，観測の透明半球の記録からわかる地球の動きについて述べたものである。正しい文になるように，文中のⓐ・ⓑについて，ア・イのいずれかをそれぞれ選びなさい。

　透明半球上の太陽の1日の動きから，地球がⓐ[ア．東から西へ　イ．西から東へ]自転していることがわかる。また，それぞれの日で，1時間ごとに記録した•印の間隔がすべて同じであることから，1時間ごとの太陽の動く距離は一定であり，地球が1時間あたりⓑ[ア．約15°　イ．約30°]という一定の割合で自転していることがわかる。

(3)　観測の3月21日の記録を，図１のA～Dから１つ選びなさい。
(4)　図２は，日本付近の，太陽の光が当たっている地域と当たっていない地域を表したものであり，地点Xは観測を行った中学校の位置を示している。地点Xの日時として，最も適切なものをア～エから選びなさい。

図２
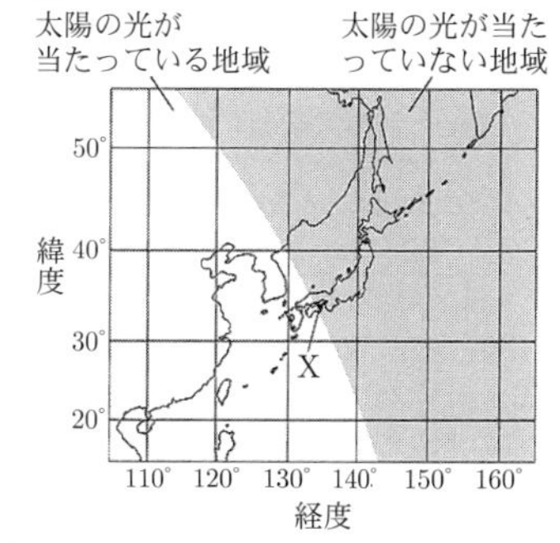

ア．6月21日午前5時　　イ．6月21日午後7時
ウ．12月22日午前7時　　エ．12月22日午後5時

(5)　観測を行った中学校の屋上で，実験用の太陽光発電パネルを設置して，発電により得られる電力について調べることにした。使用するパネルは，太陽の光が当たる角度が垂直に近いほど得られる電力が大きいものである。夏至にパネルを真南に向けて設置するとき，得られる電力を最も大きくするには，パネルと水平な床面との角度を何度にすればよいか，求めなさい。ただし，パネルを設置する地点は北緯34°であり，地球の地軸は，公転面に垂直な方向に対して23.4°傾いているものとする。

<徳島県>

11

次の図１のa～cの線は，日本の北緯35°のある地点Pにおける，春分，夏至，秋分，冬至のいずれかの日の太陽の動きを透明半球上で表したものである。また，図２は，太陽と地球および黄道付近にある星座の位置関係を模式的に示したもので，A～Dは，春分，夏至，秋分，冬至のいずれかの日の地球の位置を表している。あとの問いに答えなさい。

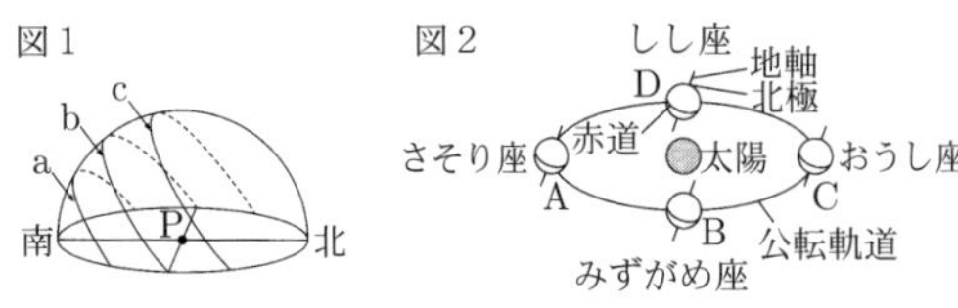

(1) 図1において，夏至の日の太陽の動きを表しているのはa～cのどれか。また，図2において，夏至の日の地球の位置を表しているのはA～Dのどれか。それぞれ1つずつ選び，記号で答えなさい。

(2) 図2において，地球がCの位置にある日の日没直後に東の空に見える星座はどれか。次のア～エから1つ選び，記号で答えなさい。

ア．しし座　　　　イ．さそり座
ウ．みずがめ座　　エ．おうし座

(3) ある日の午前0時に，しし座が真南の空に見えた。この日から30日後，同じ場所で，同じ時刻に観察するとき，しし座はどのように見えるか。最も適切なものを次のア～エから1つ選び，記号で答えなさい。

ア．30日前よりも東寄りに見える。
イ．真南に見え，30日前よりも天頂寄りに見える。
ウ．30日前よりも西寄りに見える。
エ．真南に見え，30日前よりも地平線寄りに見える。

(4) 図3のように，太陽光発電について調べる実験を行ったところ，太陽の光が光電池に垂直に当たる傾きにしたときに流れる電流が最も大きくなった。夏至の日の地点Pにおいて，太陽が南中するときに，太陽の光に対して垂直になるように光電池を設置するには傾きを何度にすればよいか，求めなさい。ただし，地球の地軸は公転面に対して垂直な方向から23.4°傾いているものとする。また，図3は実験の装置を模式的に表したものである。

図3　太陽の光　光電池　傾き　水平面

(5) 南緯35°のある地点Qにおける，ある日の天球上の太陽の動きとして最も適切なものを，次のア～エから1つ選び，記号で答えなさい。

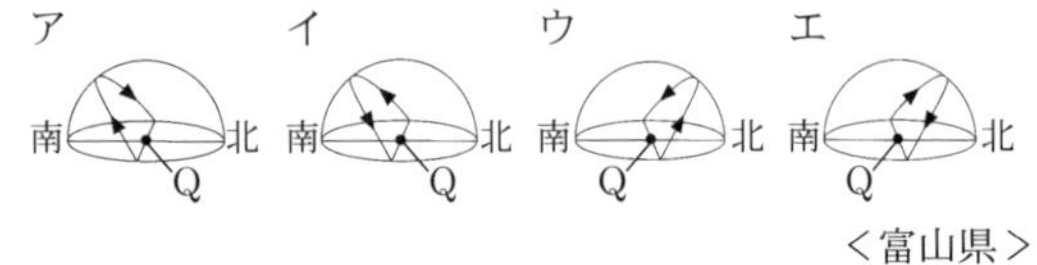

＜富山県＞

12

太陽の動きについて調べるため，日本のある地点Xで，次の〔観察1〕から〔観察3〕までを行った。

〔観察1〕

① 冬至の日に，図1のように，直角に交わるように線を引いた厚紙に透明半球を固定し，日当たりのよい水平な場所に東西南北を合わせて置いた。

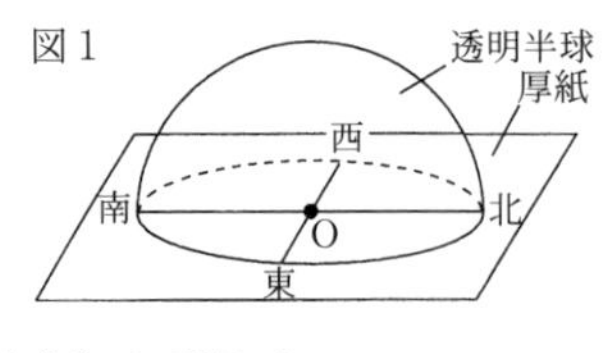

② 午前8時から午後4時までの1時間ごとに，サインペンの先端を透明半球の上で動かし，サインペンの先端の影が透明半球の中心Oと重なるようにして，透明半球上に点をつけ，太陽の位置を記録した。

③ ②で記録した点をなめらかな線で結び，さらにその線を透明半球の縁まで伸ばした。このとき，図2のように，透明半球の縁まで伸ばした線の端をそれぞれ点P，点Qとした。

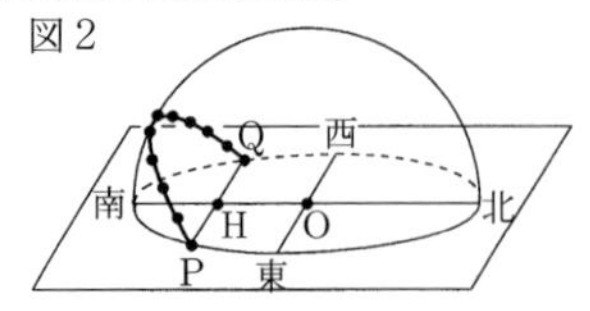

④ ③で透明半球上に結んだ線にビニールテープを重ね，点P，点Q，②で記録した太陽の位置をビニールテープに写し，各点の間の長さをはかった。

図2の点Hは，点Oを通る南北の線と線分PQとの交点である。また，図3は，図2の透明半球を真横から見たものであり，図4は，〔観察1〕の④の結果を示したものである。ただし，図3では，透明半球上に記録された太陽の位置を示す点は省略してある。

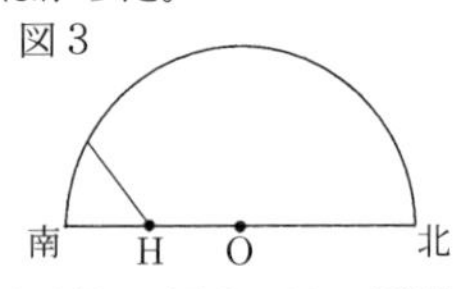

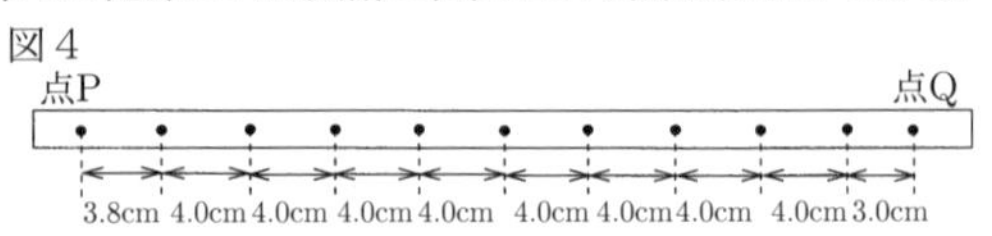

〔観察2〕

〔観察1〕で用いた透明半球を使って，春分の日と夏至の日にそれぞれ〔観察1〕と同じことを行った。

〔観察3〕

① 冬至の日に，図5のように，直角に交わるように線を引いた厚紙上の交点Rに棒を垂直に立て，日当たりのよい水平な場所に東西南北を合わせて置いた。

図5　棒　厚紙　西　南　北　R　東

② 午前8時から午後4時までの1時間ごとに，棒の影の先端の位置を厚紙に記録して，なめらかな線で結んだ。

③ 夏至の日に，①，②と同じことを行った。

次の(1)から(4)までの問いに答えなさい。

(1) 〔観察1〕で，太陽が南中した時刻として最も適当なものを，次のアからオまでの中から選んで，そのかな符号を書きなさい。

ア．午前11時48分　　イ．午前11時54分
ウ．正午　　　　　　エ．午後0時06分
オ．午後0時12分

(2) 図6は，〔観察2〕で春分の日と夏至の日に太陽の動きを記録した透明半球を真横から見たものであり，点A，Bは，それぞれ春分の日と夏至の日のいずれかに太陽が南中した位置を示している。

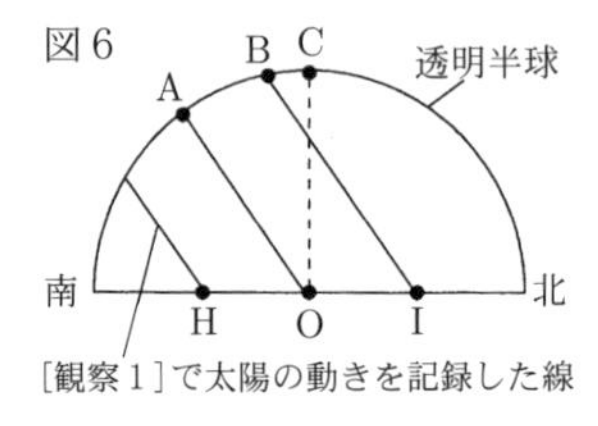

夏至の日の太陽の南中高度はどのように表されるか。最も適当なものを，次のアからカまでの中から選んで，そのかな符号を書きなさい。

ただし，点Cは天頂を示しており，点Iは直線HO上の点である。

ア．∠AOH　　イ．∠AIO
ウ．∠AOC　　エ．∠BOH
オ．∠BIO　　カ．∠BOC

(3) 春分の日に，赤道上で〔観察1〕と同じことを行ったとすると，〔観察2〕で春分の日に地点Xで観察した場合と比べてどうなるか。次の文章中の(i), (ii)にあてはまる語句の組み合わせとして最も適当なものを，あとのアからカまでの中から選んで，そのかな符号を書きなさい。

> 赤道上で観察した場合は，地点Xで観察した場合と比べると，日の出の方角は(i)，南中高度は高くなる。また，日の出から日の入りまでの時間は(ii)。

ア．ⅰ．北よりになり，　ⅱ．長くなる
イ．ⅰ．北よりになり，　ⅱ．変わらない
ウ．ⅰ．南よりになり，　ⅱ．長くなる
エ．ⅰ．南よりになり，　ⅱ．変わらない
オ．ⅰ．変わらず，　　　ⅱ．長くなる
カ．ⅰ．変わらず，　　　ⅱ．変わらない

(4)〔観察3〕で，冬至の日と夏至の日に記録して結んだ線を真上から見たものとして最も適当なものを，次のアからカまでの中からそれぞれ選んで，そのかな符号を書きなさい。

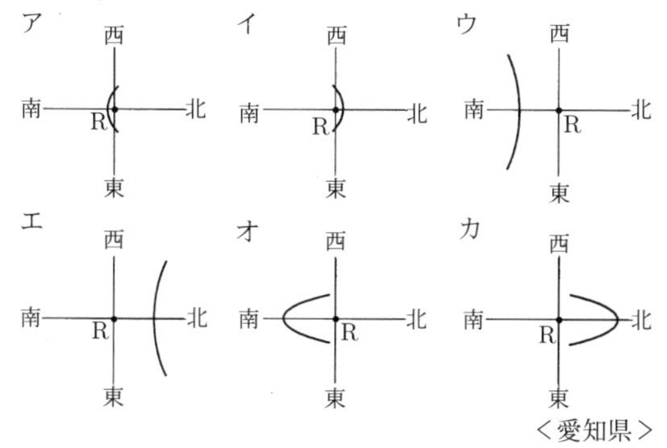

＜愛知県＞

●天球上の星の動き

13 花子さんが，ある日の午後10時に茨城県内のある地点で北の空を観察したところ，Aの位置に北斗七星が見えた。図は，北極星と北斗七星との位置関係を模式的に表したものである。

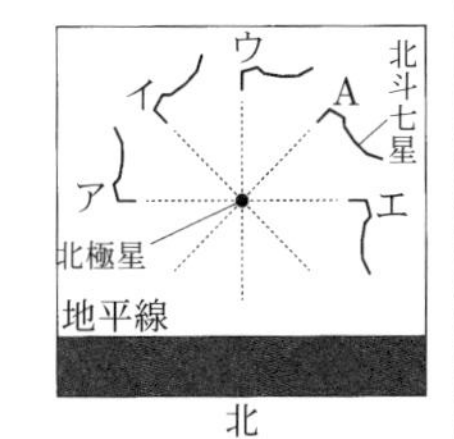

同じ地点で，3か月後の午後7時に北の空を観察したとき，北斗七星はどの位置に見えると考えられるか。最も適当なものを，図のア～エの中から一つ選んで，その記号を書きなさい。

＜茨城県＞

14 日本のある地点において，ある日の午後7時に北の空を観察したところ，恒星Xと北極星が図のように観察できた。同じ地点で毎日午後7時に恒星Xを観察したところ，恒星Xの位置は少しずつ変化した。次の文章は，1か月後の恒星Xの位置について説明したものである。文章中の(　Ⅰ　)と(　Ⅱ　)のそれぞれにあてはまる語の組み合わせとして最も適当なものを，あとのアからクまでの中から選びなさい。

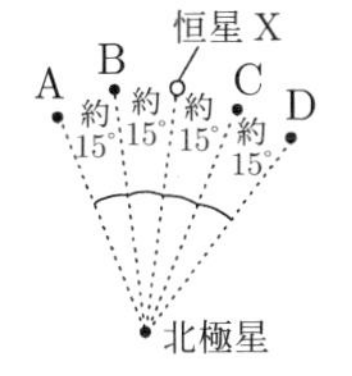

西　東

> 1か月後の午後7時に恒星Xは，(　Ⅰ　)の位置に見えた。同じ時刻に観測したとき，恒星の見られる位置が少しずつ移動するのは，地球が(　Ⅱ　)しているからである。

ア．Ⅰ．A，　Ⅱ．公転　　イ．Ⅰ．A，　Ⅱ．自転
ウ．Ⅰ．B，　Ⅱ．公転　　エ．Ⅰ．B，　Ⅱ．自転
オ．Ⅰ．C，　Ⅱ．公転　　カ．Ⅰ．C，　Ⅱ．自転
キ．Ⅰ．D，　Ⅱ．公転　　ク．Ⅰ．D，　Ⅱ．自転

＜愛知県＞

15 ある日の23時に，日本のある地点で，図1のように，土星，木星，さそり座が南の空に見えた。このとき，さそり座の恒星Sは，日周運動により，真南から西へ30°移動した位置にあった。

図1
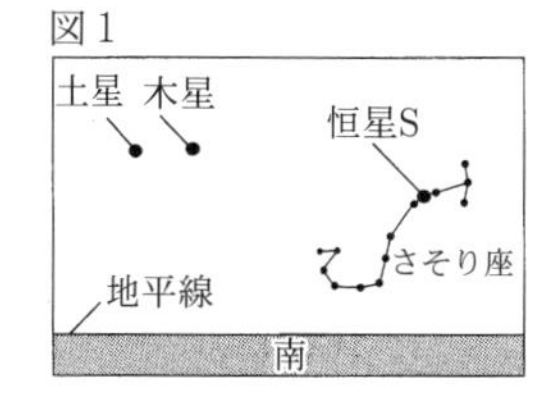

(1) 天体の位置や動きを表すのに用いられる，観測者を中心とした，実際には存在しない見かけ上の球状の天井を何というか。

(2) 図1に示す，土星，木星，恒星Sを，地球からの距離が近い順に並べるとどうなるか。次のア～エから，適当なものを1つ選び，その記号を書け。
ア．土星→木星→恒星S
イ．木星→土星→恒星S
ウ．恒星S→土星→木星
エ．恒星S→木星→土星

(3) 下線部の日から1か月後の同じ時刻に，同じ場所で観察すると，図1に示す恒星Sの方位と高度は，下線部の日と比べてどうなるか。次のア～エのうち，最も適当なものを1つ選び，その記号を書け。
ア．方位は東に寄り，高度は高くなる。
イ．方位は東に寄り，高度は低くなる。
ウ．方位は西に寄り，高度は高くなる。
エ．方位は西に寄り，高度は低くなる。

(4) 図2は，太陽を中心とした地球の公転軌道と，地球がA～Dのそれぞれの位置にあるときの，真夜中に南中する星座を模式的に表したものである。図2で，地球がA→B→C→D→Aの順に公転するとき，下線部の日の地球はどの区間にあるか。次のア～エのうち，最も適当なものを1つ選び，ア～エの記号で書け。

図2
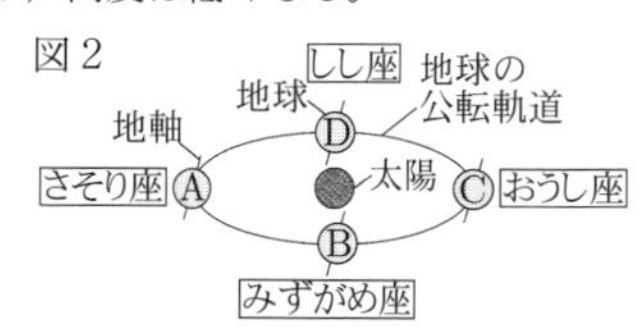

ア．A→Bの区間　　イ．B→Cの区間
ウ．C→Dの区間　　エ．D→Aの区間

＜愛媛県＞

16 次の資料1，2は，天体の運動についてまとめたものである。あとの(1)，(2)に答えなさい。

資料1
図1は，日本のある場所で観察した北の空の星の動きを模式的に表したものである。北極星はほとんど動かず，ほかの星は北極星を中心に回転しているように見えた。

図1
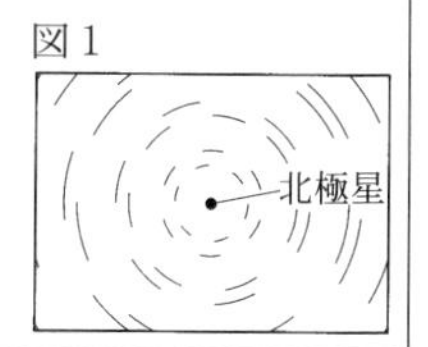

資料２

次の図２は，太陽と黄道上の12星座および地球の位置関係を模式的に表したものである。また，Aは日本における春分，夏至，秋分，冬至のいずれかの日の地球の位置を示している。

図２

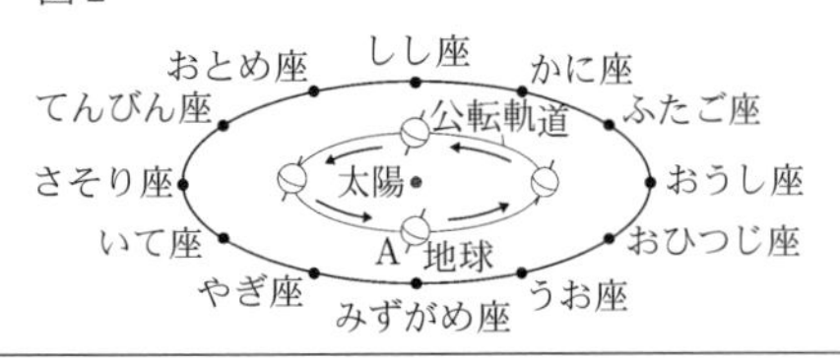

(1) 資料１について，次のア～ウに答えなさい。

ア．それぞれの恒星は，非常に遠くにあるため，観測者が恒星までの距離のちがいを感じることはなく，自分を中心とした大きな球面にはりついているように見える。この見かけの球面を何というか，その名称を書きなさい。

イ．この場所での天頂の星の動きを表したものとして最も適切なものを，次の１～４の中から一つ選び，その番号を書きなさい。

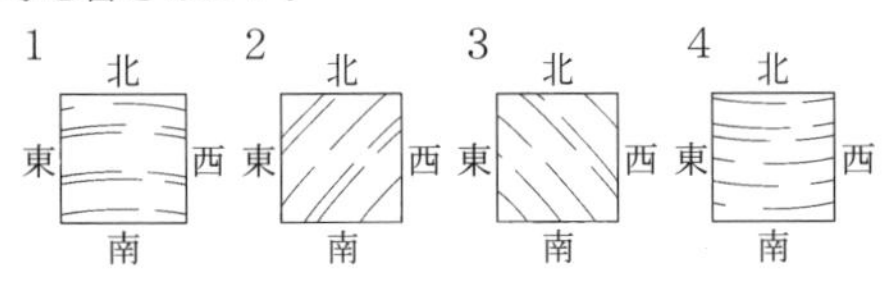

ウ．次の文章は，星の動きについて述べたものである。文章中の［①］，［②］に入る適切な語を書きなさい。

> 北の空の星は［①］を延長した方向の一点を中心として，1日に１回転しているように見える。これは，地球が［①］を中心にして自転しているために起こる見かけの運動で，星の［②］という。

(2) 資料２について，次のア，イに答えなさい。

ア．図２のAは，次の１～４の中のいずれの日の地球の位置を示しているか，適切なものを一つ選び，その番号を書きなさい。

１．春分
２．夏至
３．秋分
４．冬至

イ．青森県内のある場所において，22時にてんびん座が南中して見えた。同じ場所で2時間後には，さそり座が南中して見えた。この日から9か月後の20時に，同じ場所で南中して見える星座として最も適切なものを，図２の12星座の中から一つ選び，その名称を書きなさい。

＜青森県＞

17 次の文を読んで，あとの各問いに答えなさい。

あすかさんは，季節によって見える星座が変化することに興味をもち，星座を観測し，季節によって見える星座が変化することについて，インターネットや資料集を用いて調べた。そして，観測したことや調べたことを次の①，②のようにレポートにまとめた。

【あすかさんのレポートの一部】

① 星座の観測．

5月1日の午前0時に，三重県のある地点で，南の空に見えたてんびん座を観測した。観測したてんびん座を，周りの風景も入れて図１のように模式的に示した。1か月後，同じ時刻に同じ地点で星座を観測すると，てんびん座は5月1日の午前0時に観測した位置から移動して見え，5月1日の午前0時にてんびん座を観測した位置には異なる星座が見えた。その後，1か月ごとに，同じ時刻に同じ地点で南の空に見えた星座を観測した。

図１

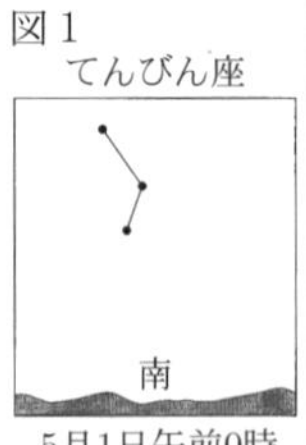

5月1日午前0時

② 季節によって見える星座の変化と地球の公転．

季節によって見える星座が変化することについて考えるために，太陽，地球，星座の位置関係と，地球の公転について調べた。地球から見た太陽は，星座の星の位置を基準にすると，地球の公転によって星座の中を動いていくように見えることがわかった。この星座の中の太陽の通り道付近にある星座の位置を調べ，図２のように模式的にまとめた。A～Dは，それぞれ3月1日，6月1日，9月1日，12月1日の公転軌道上の地球の位置を示している。

図２

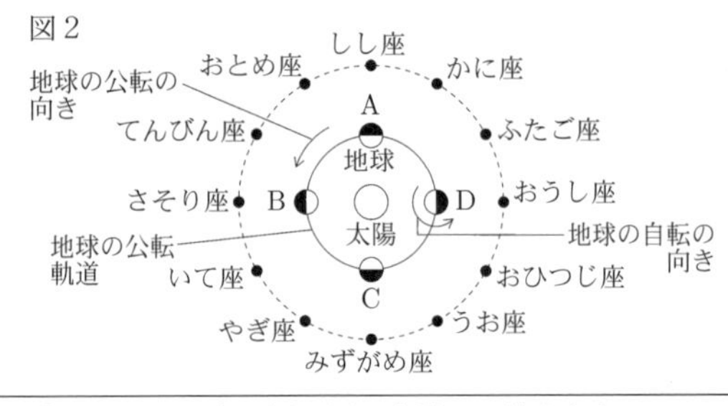

(1) ①について，次の(a)～(c)の各問いに答えなさい。

(a) 星座の星や太陽のようにみずから光をはなつ天体を何というか，その名称を書きなさい。

(b) 次の文は，観測した星座の1年間の見かけの動きについて，説明したものである。文中の（ あ ）に入る方位と，（ い ）に入る数は何か，下のア～エから最も適当な組み合わせを１つ選び，その記号を書きなさい。また，（ う ）に入る最も適当な言葉は何か，漢字で書きなさい。

> 南の空に見えた星座は，1か月後の同じ時刻には，（ あ ）に約（ い ）°移動して見え，1年後の同じ時刻には，また同じ位置に見える。これは，地球が太陽を中心にして，公転軌道上を1年かかって360°移動するからである。このような，地球の公転による星の1年間の見かけの動きを，星座の星の（ う ）という。

ア．あ－東　い－15　イ．あ－東　い－30
ウ．あ－西　い－15　エ．あ－西　い－30

(c)　ある日の午後8時にやぎ座が，図3のウの位置に南中して見えた。この日から2か月前の午後10時には，やぎ座がどの位置に見えたか，図3のア～オから最も適当なものを1つ選び，その記号を書きなさい。ただし，図3の点線のうち，となり合う線の間の角度はすべて30°とする。

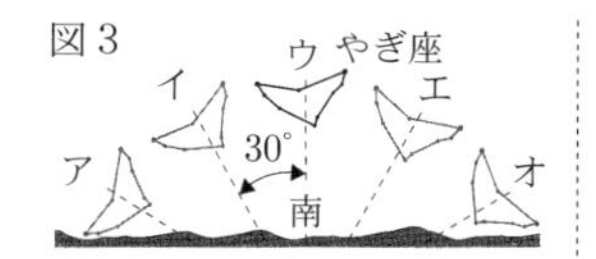

(2)　①，②について，次の(a)～(d)の各問いに答えなさい。

(a)　地球から見た太陽は，星座の星の位置を基準にすると，地球の公転によって星座の中を動いていくように見える。この星座の中の太陽の通り道を何というか，その名称を書きなさい。

(b)　あすかさんが，5月1日の午前0時にてんびん座を観測した後，1か月ごとに，午前0時に同じ地点で南の空に見えた星座を，6月1日から順に並べるとどうなるか，次のア～エから最も適当なものを1つ選び，その記号を書きなさい。

ア．おとめ座→しし座→かに座
イ．しし座→ふたご座→おひつじ座
ウ．さそり座→いて座→やぎ座
エ．いて座→みずがめ座→おひつじ座

(c)　地球が図2のDの位置にあるとき，さそり座は一日中見ることができない。一日中見ることができないのはなぜか，その理由を，「さそり座は」に続けて，「方向」という言葉を使って，簡単に書きなさい。

(d)　①と同じ地点で観測したとき，観測した星座の見え方について，正しく述べたものはどれか，次のア～エから最も適当なものを1つ選び，その記号を書きなさい。

ア．3月1日には，午前2時の東の空に，おうし座が見える。
イ．6月1日には，午前2時の東の空に，おとめ座が見える。
ウ．9月1日には，午前2時の西の空に，てんびん座が見える。
エ．12月1日には，午前2時の西の空に，うお座が見える。

＜三重県＞

月と金星の見え方

●月の見え方

1　図Ⅰは，地球と月の位置関係を模式的に示したものである。次の(1)，(2)の問いに答えなさい。

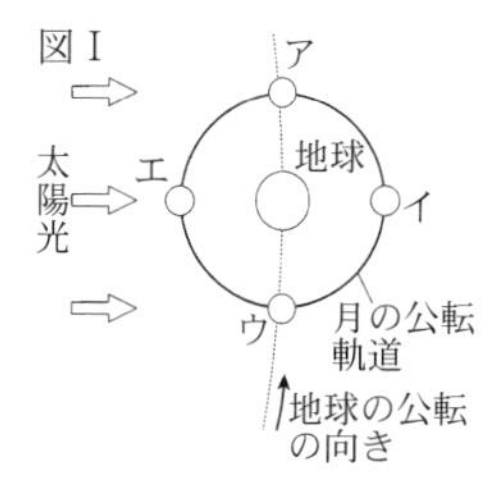

(1)　群馬県のある地点で，月を観察したところ，満月が見えた。このときの月の位置として最も適切なものを，図Ⅰ中のア～エから選びなさい。

(2)　(1)の観察を行った1週間後，群馬県の同じ地点で月を観察したところ，月が次の図Ⅱのような形に見えた。月が図Ⅱのような形に見えるのは，いつごろのどの方角の空だと考えられるか，最も適切なものを，次のア～エから選びなさい。

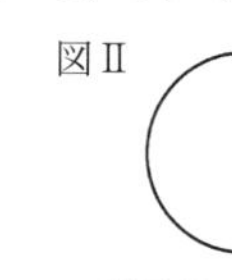
図Ⅱ

ア．夕方の東の空
イ．夕方の南の空
ウ．明け方の南の空
エ．明け方の西の空

＜群馬県＞

2　次の図は，月，地球の位置関係および太陽の光の向きを模式的に示したものである。このことについて，あとの各問いに答えなさい。

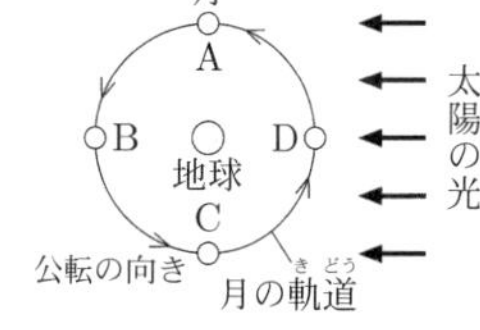

(1)　月のように，惑星（わくせい）のまわりを公転している天体を何というか，その名称（めいしょう）を漢字で書きなさい。

(2)　日食が起こるのは，月がどの位置にあるときか，図のA～Dから最も適当なものを1つ選び，その記号を書きなさい。

(3)　月食とはどのような現象か，「太陽」，「月」，「地球」の位置関係にふれて，「かげ」という言葉を使って，簡単に書きなさい。

＜三重県＞

3　健太さんは，理科の授業で月の満ち欠けに興味をもったので，月を観察することにした。ある年の9月21日午後7時頃に，新潟県のある場所で観察したところ，満月が見えた。右の図は，地球の北極側から見たときの地球，月，太陽の位置関係を模式的に表したものである。このことに関して，次の(1)～(5)の問いに答えなさい。

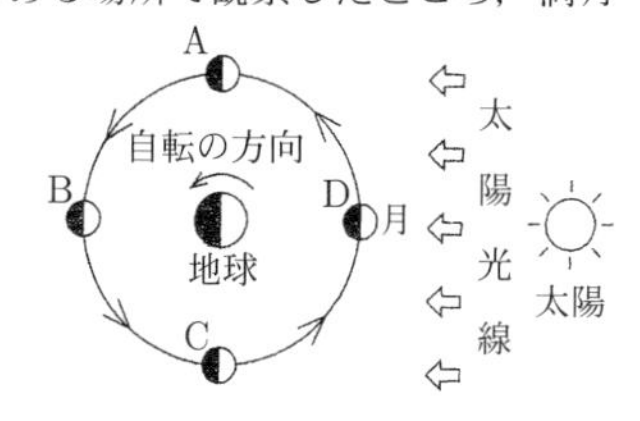

(1)　満月のときの月の位置として，最も適当なものを，図中のA～Dから一つ選び，その符号を書きなさい。

(2)　9月21日午後7時頃に，健太さんから見えた月の方向として，最も適当なものを，次のア～エから一つ選び，その符号を書きなさい。

ア．東の空　　　イ．西の空
ウ．南の空　　　エ．北の空

(3)　8日後の9月29日に，同じ場所で月を観察したとき，見える月の形の名称として，最も適当なものを，次のア～エから一つ選び，その符号を書きなさい。

ア．満月　　　イ．下弦の月
ウ．三日月　　エ．上弦の月

(4)　次の文は，月の見え方と，その理由を説明したものである。文中の［X］，［Y］に当てはまる語句の組合せとして，最も適当なものを，下のア～エから一つ選び，その符号を書きなさい。

> 月を毎日同じ時刻に観察すると，日がたつにつれ，月は地球から見える形を変えながら，見える方向を［X］へ移していく。これは，［Y］しているためである。

ア．〔X．東から西，　Y．地球が自転〕
イ．〔X．東から西，　Y．月が公転　〕
ウ．〔X．西から東，　Y．地球が自転〕
エ．〔X．西から東，　Y．月が公転　〕

(5)　令和3年5月26日に，月食により，日本の各地で月が欠けたように見えた。月食とは，月が地球の影に入る現象である。月が地球の影に入るのは，地球，月，太陽の位置がどのようなときか。書きなさい。

＜新潟県＞

4

月の動きについて調べた。①～③の問いに答えなさい。

> ［1］　ある年の2月11日に，大分県のある場所で月が真南に見えた時刻を調べると，20時21分であった。
> ［2］　次の日の2月12日に，同じ場所で20時21分の月の位置を観察したところ，真南に見えなかった。

①　［図1］は月の写真である。月には海と呼ばれる黒い部分があり，この部分は玄武岩などの黒い岩石でできている。玄武岩の説明として最も適当なものを，ア～エから1つ選び，記号を書きなさい。

［図1］

ア．深成岩で，斑状組織が見られる。
イ．深成岩で，等粒状組織が見られる。
ウ．火山岩で，斑状組織が見られる。
エ．火山岩で，等粒状組織が見られる。

②　［図2］は，地球の北極側から見た地球の自転のようす，地球の公転軌道とそのようす，月の公転軌道を模式的に表したものである。また，［図3］は，日本のある場所で観察された皆既月食における月の見え方を，デジタルカメラで同じ位置から撮影し，並べたものである。地球の自転の向き，地球の公転の向き，皆既月食における月の見え方の変化の向きの組み合わせとして最も適当なものを，ア～クから1つ選び，記号を書きなさい。

［図2］

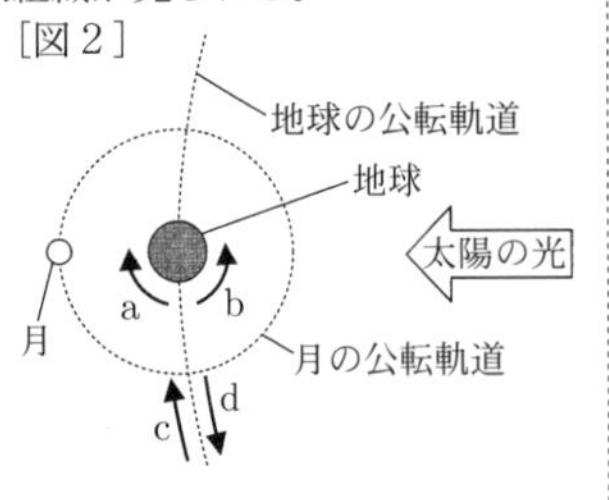

［図3］

	ア	イ	ウ	エ	オ	カ	キ	ク
地球の自転の向き	a	a	a	a	b	b	b	b
地球の公転の向き	c	c	d	d	c	c	d	d
皆既月食における月の見え方の変化の向き	e	f	e	f	e	f	e	f

③　［2］で，2月12日に観察すると，20時21分に見える月は真南から東に12°の位置に見えた。2月12日に月が真南に見える時刻を求めなさい。ただし，地球は自転により1時間当たりでは15°回転するものとする。また，2月12日の20時21分から月が真南に見える時刻までの間は，月の公転の影響は考えないものとする。

＜大分県＞

5

徳島県で，ある年の4月から5月にかけて月の形と位置の変化を観測した。(1)～(4)に答えなさい。

> **月の形と位置の変化の観測**
> 4月25日から5月7日までの間に，同じ場所で午後7時に月の観測を行い，月の形と位置の変化を調べて，図1のようにスケッチした。4月26日，5月2日，5月3日，5月5日，5月6日については，天気がくもりや雨であったため，月を観測することができなかった。
>
> 図1
> 高度 90°，45°，0°
> 5/1　4/30　4/29　4/28　4/27　5/4　4/25　5/7(満月)
> 東　南東　南　南西　西

(1)　月のような，惑星のまわりを公転している天体を何というか，書きなさい。

(2)　図2は，地球上の観測者の位置と太陽の光を模式的に表したもので，A～Dは，同じ観測者が，明け方，真昼，夕方，真夜中のいずれかに地球上で観測を行ったときの位置を示している。夕方に観測を行ったときの観測者の位置として，最も適切なものはどれか，A～Dから選びなさい。

図2

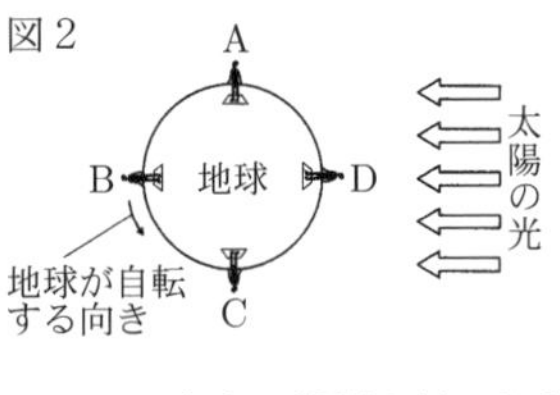

(3)　図3は，地球，月の位置，太陽の光を模式的に表したもので，ア～クは，それぞれ月の位置を示している。図1の5月4日の月が観測されたときの，図3における月の位置として，最も適切なものはどれか，ア～クから選びなさい。

図3

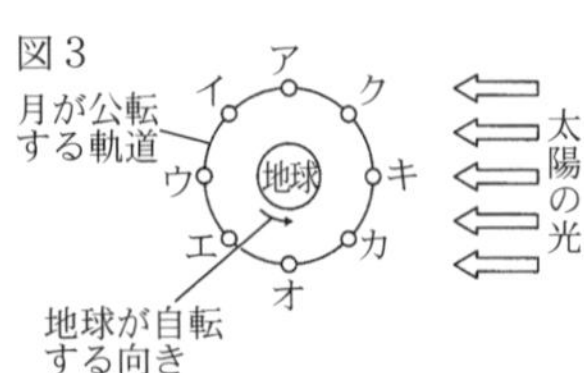

(4)　図1の観測記録から，同じ時刻に観測すると，月は1日に，およそ12°ずつ西から東に動いて見えることがわかった。(a)・(b)に答えなさい。

(a)　図4は，地球のまわりを公転する月のようすを模式的に表したもので，月が公転する向きはa・bのいずれかである。次の文は，月が南中する時刻の変化と，月が地球のまわりを公転する向きについて述べたものである。正しい文になるように，文中の①・②について，ア・イのいずれかをそれぞれ選びなさい。

図4

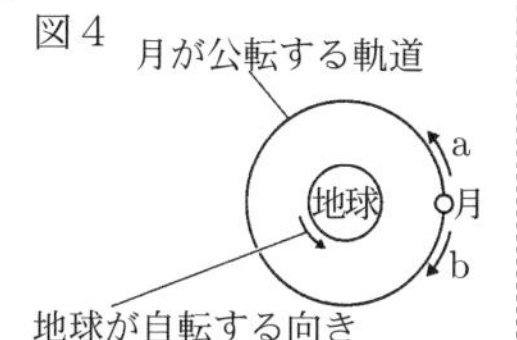

> 図1の観測記録から考えると，月が南中する時刻は，前日より①[ア. 早く　イ. 遅く]なることがわかる。これは，月が地球のまわりを，図4の②[ア. a　イ. b]の向きに公転しているためである。

(b)　同じ時刻に見える月の位置が，1日に12°ずつ西から東に動いて見えるとしたとき，月が南中する時刻は，1日につき何分変化するか，求めなさい。

＜徳島県＞

●金星の見え方

6　ある年の4月から9月にかけて，日本のある場所で，金星のようすを観察した。図1は，この年の4月から9月の太陽，金星，地球の位置関係を模式的に表したものである。この図をもとにして，次の①～③の問いに答えなさい。

図1

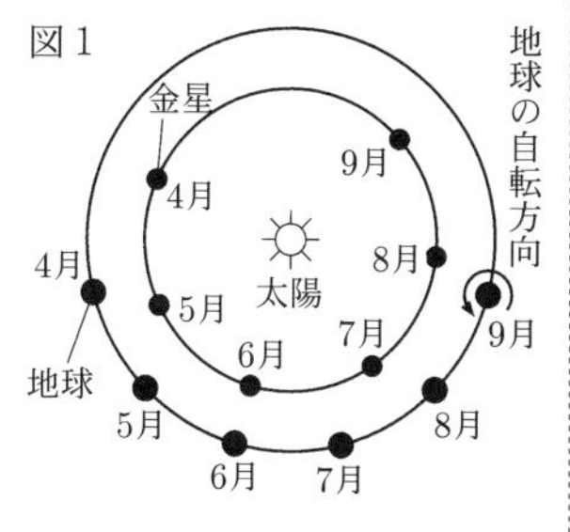

①　図2は，この年の4月10日のある時間に，この場所で，金星を撮影したものである。金星を撮影した時間と見えた方向を述べた文として，最も適当なものを，次のア～エから一つ選び，その符号を書きなさい。

図2

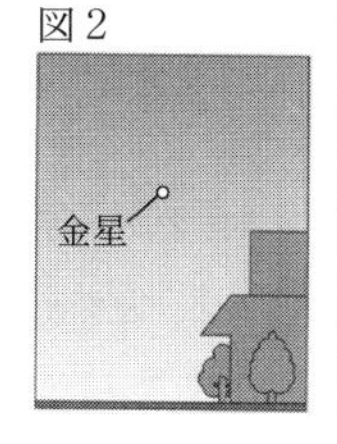

ア. 明け方に，西の空に見えた。
イ. 明け方に，東の空に見えた。
ウ. 夕方に，西の空に見えた。
エ. 夕方に，東の空に見えた。

②　この年の7月から9月にかけて，この場所で，同倍率の望遠鏡で金星を観察すると，どのように見られるか，最も適当なものを，次のア～エから一つ選び，その符号を書きなさい。ただし，金星の形は白色の部分で，肉眼で見たときのように上下左右の向きを直して示してある。

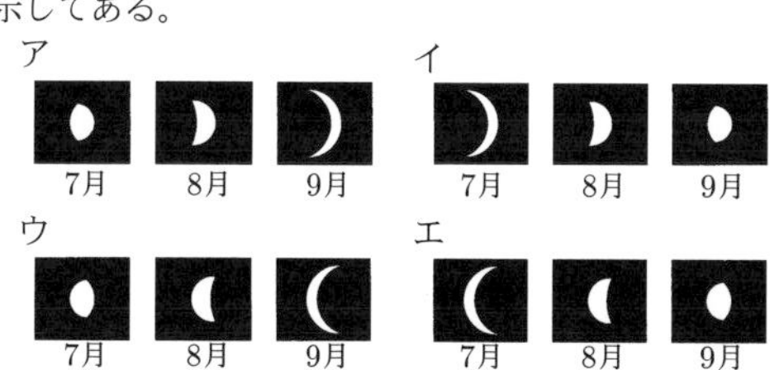

③　金星は，真夜中に見ることができない。その理由を，「公転」という用語を用いて書きなさい。

＜新潟県＞

7　県内のある場所で月と金星を観察した。1～3の問いに答えなさい。

〔観察1〕　ある日の日の出前に，月と金星を東の空に観察することができた。図1は，そのスケッチである。
〔観察2〕　別の日の日の入り後に，月を観察したところ，月食が見られた。
〔観察3〕　観察2から29日間，日の入り後の西の空に見えている金星を天体望遠鏡の倍率を一定にしたまま観察した。図2は，そのスケッチの一部である。ただし，天体望遠鏡で見える像は上下左右が逆になっているので，肉眼で見たときの向きに直してある。

図1

東

図2

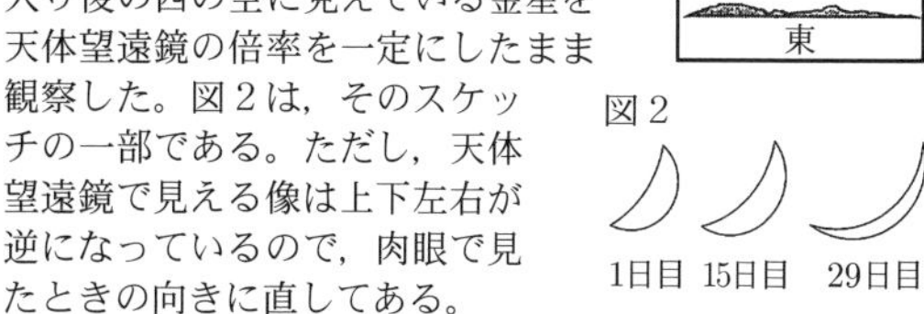

1．図3は，太陽と金星と地球の位置関係を示した模式図である。観察1の結果から，この日の地球から見た金星の位置として最も適切なものを，図3のア～エから1つ選び，符号で書きなさい。

図3

金星の公転軌道　地球の公転軌道　ア　イ　太陽　エ　ウ　地球　地球の公転の向き

2．金星は，日の出前の東の空から，日の入り後の西の空に見ることができるが，真夜中には見ることができない。その理由を，「金星は」に続けて，簡潔に説明しなさい。

3．次の□の(1)，(2)に当てはまる正しい組み合わせを，ア～カから1つ選び，符号で書きなさい。

観察3の結果から，観察された金星の大きさは，観察1日目に比べ29日目の方が大きくなった。これは，金星の公転周期が地球の公転周期よりも[(1)]，金星の位置が地球に近くなったからである。また，日の入り後から金星が沈むまでの金星が観察できる時間を，観察1日目と29日目で比べると，[(2)]。

ア. (1)　長く　　(2)　1日目の方が長かった
イ. (1)　短く　　(2)　1日目の方が長かった
ウ. (1)　長く　　(2)　変わらなかった
エ. (1)　短く　　(2)　変わらなかった
オ. (1)　長く　　(2)　1日目の方が短かった
カ. (1)　短く　　(2)　1日目の方が短かった

＜岐阜県＞

8　鹿児島県に住むたかしさんは，ある日，日の出の1時間前に，東の空に見える月と金星を自宅付近で観察した。図1は，そのときの月の位置と形，金星の位置を模式的に表したものである。

図1

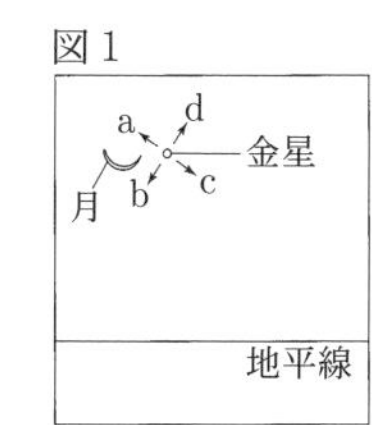

1．月のように，惑星のまわりを公転する天体を何というか。

2．この日から3日後の月はどれか。最も適当なものを選べ。

ア. 満月　　イ. 上弦の月
ウ. 下弦の月　　エ. 新月

3．図1の金星は，30分後，図1のa～dのどの向きに動くか。最も適当なものを選べ。

4．図２は，地球の北極側から見た，太陽，金星，地球の位置関係を模式的に表したものである。ただし，金星は軌道のみを表している。また，図３は，この日，たかしさんが天体望遠鏡で観察した金星の像である。

図２

この日から2か月後の日の出の1時間前に，たかしさんが同じ場所で金星を天体望遠鏡で観察したときに見える金星の像として最も適当なものをア～エから選べ。ただし，図３とア～エの像は，すべて同じ倍率で見たものであり，肉眼で見る場合とは上下左右が逆になっている。また，金星の公転の周期は0.62年とする。

図３

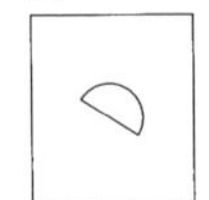

ア
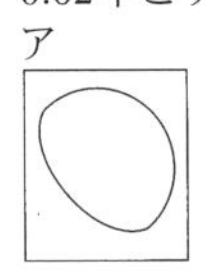
イ
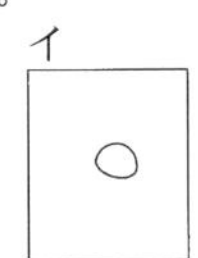
ウ
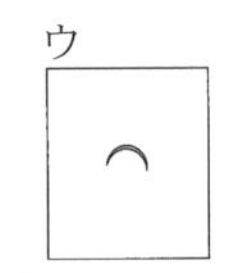
エ

＜鹿児島県＞

9 里奈さんは，地球と宇宙について興味をもち，山形県内のある場所で，天体の観察をした。次は，里奈さんと慎也さんの対話である。あとの問いに答えなさい。

里奈：6月あたりから夕方に見られるようになった明るい星の名前を知りたくて，星座早見盤を見たんだけど，あてはまりそうな星は見つからないの。この明るい星は何かな。

慎也：夕方に見えるということは，①金星なのではないかな。

里奈：あ，そうか。いつも，日没から30分後くらいの時間に見ているのだけれど，7月12日には図１のように月と並んで見えたよ。

図１

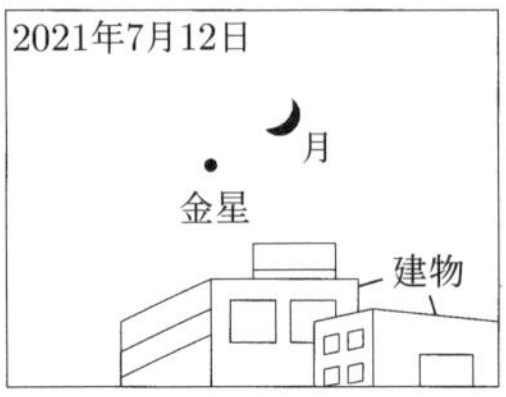

2021年7月12日
月
金星
建物

慎也：この日の太陽，金星，地球，月の位置関係を調べてみると，図２のようになっているね。

図２

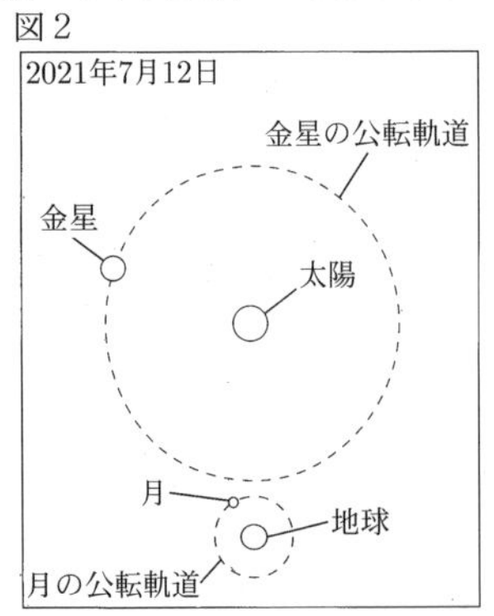

里奈：望遠鏡で見ていれば，②金星の満ち欠けを見ることができたんだね。今年は望遠鏡での観察ができなかったから，1年後には見てみよう。

慎也：1年後も，図２のような位置関係になるのかな。地球と金星の公転周期は，異なっているよ。

里奈：公転周期は，地球が約1年で，金星が約0.62年なのか。ということは，③図２の1年後には，金星は明け方に見えるね。

慎也：今年とはずいぶん違うんだなあ。1年間での天体の位置の変化は，あまり意識して見ていなかったよ。

里奈：1年を通して見ると，金星だけでなくほかの天体も見える位置が変わるんだよ。例えば，満月の南中高度は1年を通して変わっていて，春夏秋冬の四つの季節のうち，南中高度が最も高い季節は［　　　］なんだ。

慎也：そうなんだ。私も，観察してみよう。

1．下線部①や木星などのような，星座をつくる星とは違った動きをして見える，恒星のまわりを公転している天体を何というか，書きなさい。

2．図１について，このまま観察を続けると，金星はどの向きに動いて見えるか。金星が動いて見える向きを→で表すとき，向きとして最も適切なものを，図３のア～エから一つ選び，記号で答えなさい。

図３

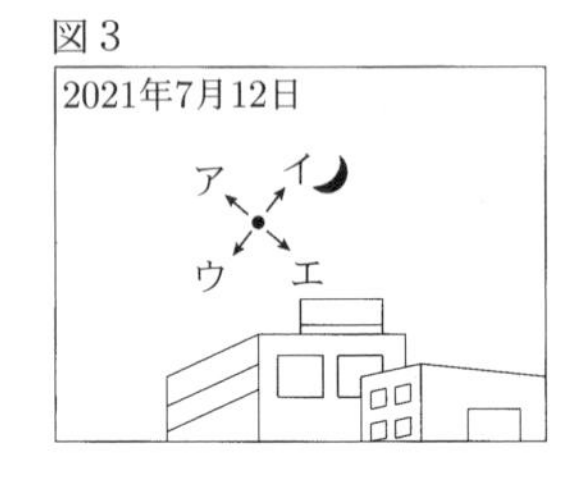

3．下線部②について，2021年7月12日に金星を地球から望遠鏡で見たとき，金星はどのように見えるか。次のア～エから一つ選び，記号で答えなさい。ただし，用いた望遠鏡は，上下左右が逆に見えるものとする。

ア
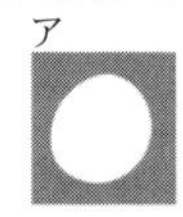
イ

ウ
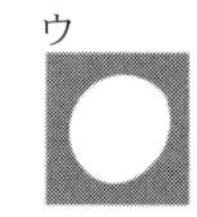
エ

4．下線部③について，図２の1年後，金星が明け方に見えるようになる理由を，地球の公転周期が約1年であることと，金星の公転周期が約0.62年であることに着目して，書きなさい。

5．［　　　］にあてはまる語を書きなさい。

＜山形県＞

10 太陽系の天体について学んだＧさんとＭさんは，群馬県内のある地点で，6月のある日に金星と月を観測した。その後，他の惑星についても資料を使って調べ，同じ日の同じ時刻の惑星と月の見える位置を図Ⅰのようにまとめた。さらに，図Ⅱのように，地球を含めた太陽系の全ての惑星の密度と半径の関係をまとめた。後の(1)～(3)の問いに答えなさい。

図Ⅰ

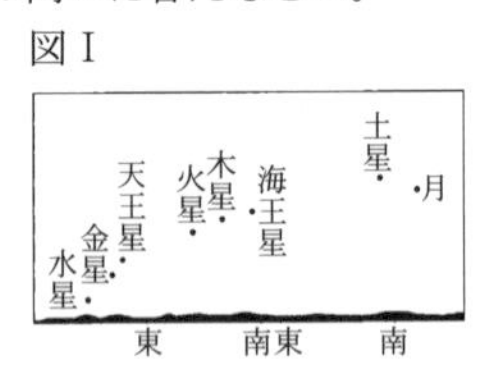

図Ⅱ

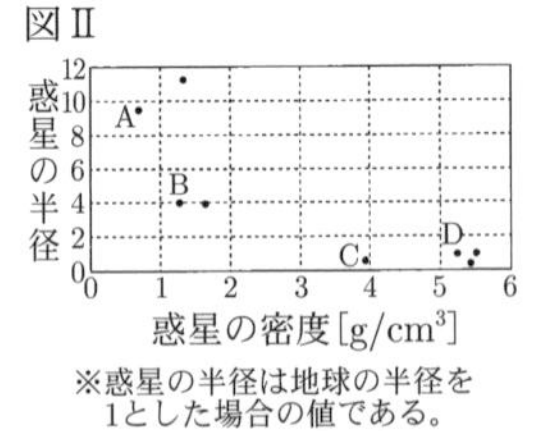

※惑星の半径は地球の半径を1とした場合の値である。

(1) 次の文は，太陽系の天体について述べたものである。文中の［ a ］，［ b ］に当てはまる語を，それぞれ書きなさい。

> 太陽のように自ら光を出して輝く天体を［ a ］という。また，太陽系には８つの惑星があり，月のように惑星のまわりを公転する天体を［ b ］という。

(2)　図Ⅰ，図Ⅱから分かることについて，次の①～③の問いに答えなさい。

①　金星と月が図Ⅰのように見える時間帯は，この日のいつごろと考えられるか，次のア～エから選びなさい。

ア．明け方　　イ．正午
ウ．夕方　　エ．真夜中

②　図Ⅰのように天体が見える日の，太陽と木星，土星，天王星，海王星の公転軌道上の位置を模式的に表したものとして，最も適切なものを，次のア～エから選びなさい。ただし，円は太陽を中心とした惑星の公転軌道を表しており，矢印の向きは各天体の公転の向きを示している。

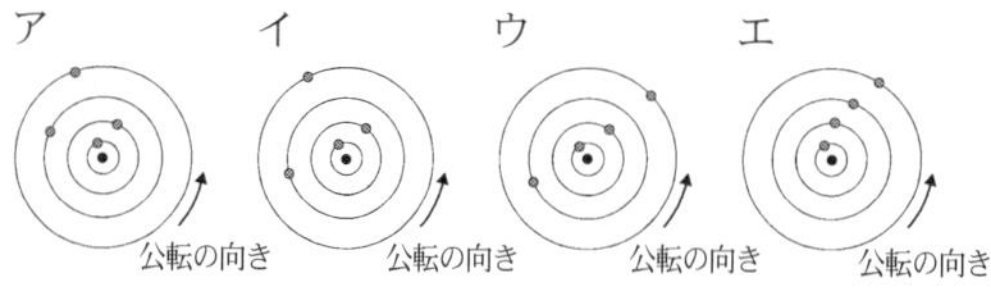

※●は太陽を，●は木星，土星，天王星，海王星の位置を表している。

③　図Ⅱ中のA～Dから，木星型惑星を示すものを全て選びなさい。

(3)　次の文は，GさんとMさんが，金星と月の見え方について交わした会話の一部である。後の①～③の問いに答えなさい。

Gさん：金星と月には，どちらも満ち欠けをするという共通点があるね。
Mさん：そうだね。調べてみたら，満ち欠けをしてもとの形に戻るまでに，月は約30日，金星は約600日かかることが分かったよ。
Gさん：そうなんだ，かなり差があるんだね。
Mさん：金星の公転の周期は約226日だと教科書に書いてあったけど，関係しているのかな。
Gさん：太陽，金星，月，地球が一直線上に並んだ日を基準にして考えてみよう。

①　金星と月は自ら光を出していないが，光って見えるのはなぜか。この理由を簡潔に書きなさい。

②　図Ⅲは，太陽，金星，月，地球が一直線上に並んだ日の各天体の位置を模式的に示したものである。このとき，次のa，bについて，最も適切なものを，後のア～エからそれぞれ選びなさい。ただし，図Ⅲ中の円は惑星と月の公転軌道を表しており，矢印の向きは各天体の公転の向きを示している。

図Ⅲ

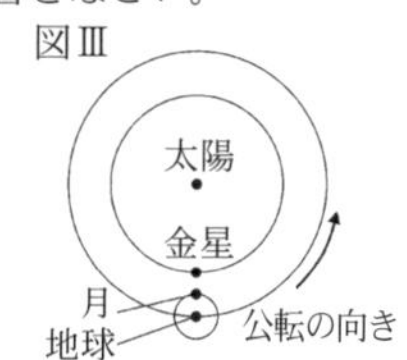

a．図Ⅲのように太陽，金星，月，地球が並んだ日から10日後に地上から見える金星の形
b．図Ⅲのように太陽，金星，月，地球が並んだ日から10日後に地上から見える月の形

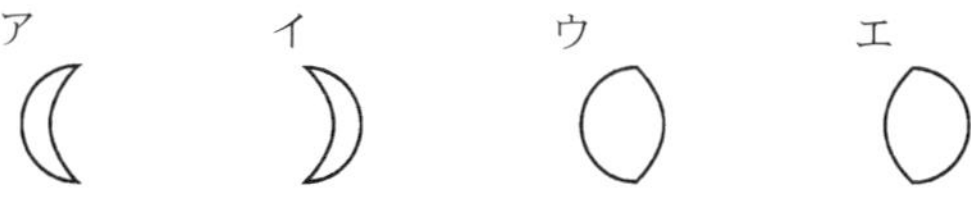

※ア～エは，肉眼で見たときと同じ向きにしてある。

③　金星と月の見え方を比べたとき，金星は見かけの大きさが変化するが，月は見かけの大きさがほとんど変化しない。この理由を金星と月の違いに触れて，書きなさい。

＜群馬県＞

11　次の文は，和夫さんが「空のようす」について調べ，まとめたものの一部である。下の〔問1〕～〔問7〕に答えなさい。

2022年(令和4年)6月24日の午前4時頃に空を見ると，①太陽はまだのぼっておらず，細く光る②月と，その近くにいくつかの明るい星が見えました。

図1は，インターネットで調べた，この時刻の日本の空を模式的に表したものです。このとき，地球を除く太陽系のすべての③惑星と月が空に並んでいました。この日の太陽と地球，④金星の位置関係をさらに詳しく調べると，図2のようになっていたことがわかりました。

惑星という名称は「星座の中を惑う星」が由来であり，毎日同じ時刻，同じ場所で惑星を観測すると，惑星は複雑に動いて見えます。それは，公転周期がそれぞれ異なることで，⑤惑星と地球の位置関係が日々変化しているからです。

図1
午前4時頃の日本の空の模式図
(2022年6月24日)

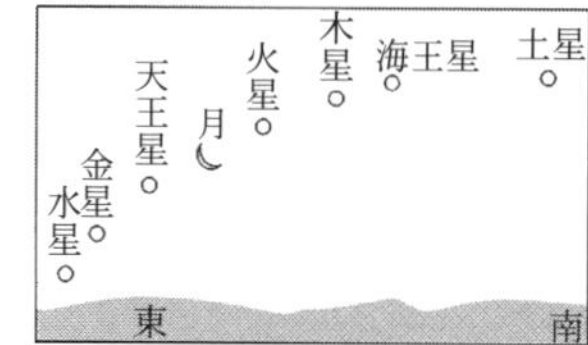

図2
太陽と地球，金星の位置関係
(2022年6月24日)

金星
太陽
地球
公転の向き

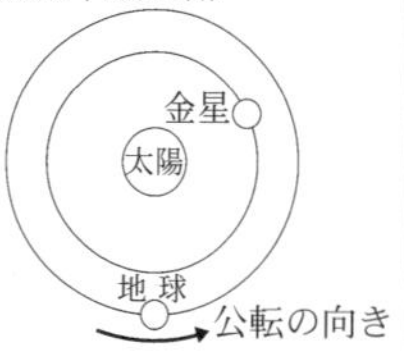

〔問1〕　下線部①について，太陽のように，自ら光や熱を出してかがやいている天体を何というか，書きなさい。

〔問2〕　下線部②について，次の文は，月食について説明したものである。[X]にあてはまる適切な内容を書きなさい。ただし，「影」という語を用いること。

月食は，月が[X]現象である。

〔問3〕　下線部②について，図1の時刻のあと観測を続けると，月はどの向きに動くか。動く向きを→で表したとき，最も適切なものを，右のア～エの中から1つ選んで，その記号を書きなさい。

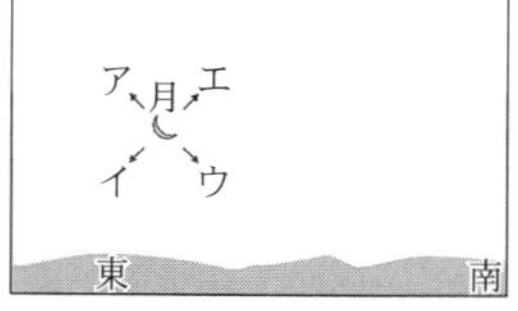

〔問4〕　下線部③について，太陽系の惑星のうち，地球からは明け方か夕方に近い時間帯にしか観測できないものをすべて書きなさい。

〔問5〕　下線部③について，次の文は，太陽系の惑星を比べたときに，地球に見られる特徴を述べたものである。[Y]にあてはまる適切な内容を書きなさい。

地球は，酸素を含む大気におおわれていることや，適度な表面温度によって表面に[Y]があることなど，生命が存在できる条件が備わっている。また，活発な地殻変動や火山活動によって，地表は変化し続けている。

〔問6〕　下線部④について，図2の位置関係のときに地球から見える金星の形を表した図として最も適切なものを，次のア～オの中から1つ選んで，その記号を書きなさい。ただし，黒く示した部分は太陽の光があたっていない部分を表している。

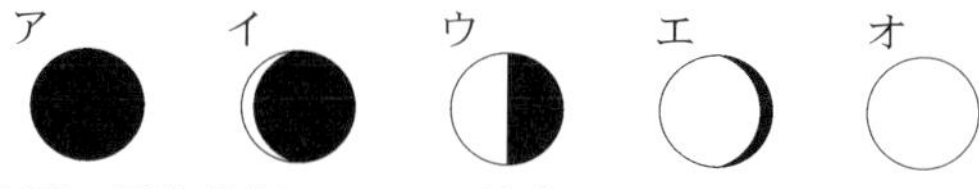

〔問7〕　下線部⑤について，地球から見える惑星が図1のように並んでいることから，図2に火星の位置をかき加えるとどのようになるか。最も適切なものを，次のア～

エの中から1つ選んで，その記号を書きなさい。

ア

イ

ウ

エ

＜和歌山県＞

宇宙の広がり

1 たかしさんとひろみさんは，太陽の黒点について調べるため，図1のような天体望遠鏡を使って太陽の表面を数日間観察した。そのとき太陽の像を記録用紙の円の大きさに合わせて投影し，黒点の位置や形をスケッチした。その後，記録用紙に方位を記入した。図2は，スケッチしたもののうち2日分の記録である。

図1

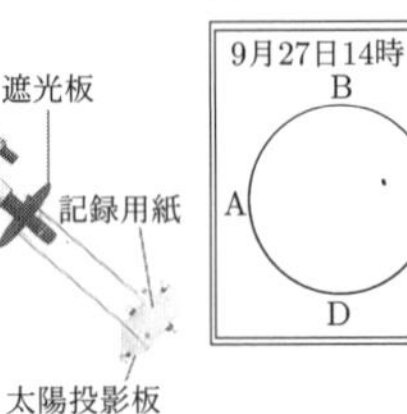

図2

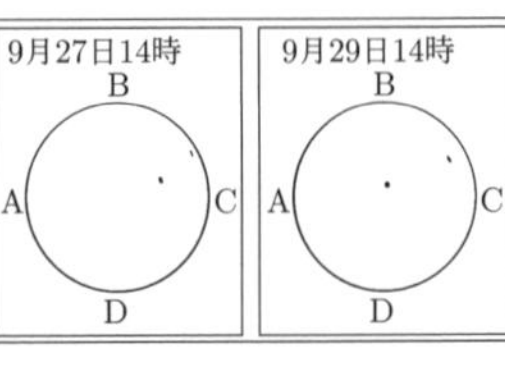

1．黒点が黒く見える理由を，「黒点はまわりに比べて，」という書き出しに続けて書け。

2．図2のA～Dには記入した方位が書かれている。天体望遠鏡を固定して観察していたとき，記録用紙の円からAの方向へ太陽の像がずれ動いていた。Aはどれか。

ア．東

イ．西

ウ．南

エ．北

次は，観察の後の2人と先生の会話である。

たかし：数日分の記録を見ると，黒点の位置が変化していることから，太陽は［ a ］していることがわかるね。

ひろみ：周辺部では細長い形に見えていた黒点が，数日後，中央部では円形に見えたことから，太陽は［ b ］であることもわかるね。

先生　：そのとおりですね。

たかし：ところで，黒点はどれくらいの大きさなのかな。

ひろみ：地球の大きさと比べて考えてみようよ。

3．この観察からわかったことについて，会話文中の［ a ］と［ b ］にあてはまることばを書け。

4．下線部について，記録用紙の上で太陽の像は直径10 cm，ある黒点はほぼ円形をしていて直径が2 mmであったとする。この黒点の直径は地球の直径の何倍か。小数第2位を四捨五入して小数第1位まで答えよ。ただし，太陽の直径は地球の直径の109倍とする。

＜鹿児島県＞

2 太陽系とその天体について，次の(1)，(2)の問いに答えなさい。

(1) 太陽の表面温度として，最も適当なものを，次のア～エから一つ選び，その符号を書きなさい。

ア．3000℃　　イ．6000℃

ウ．30000℃　　エ．60000℃

(2)　太陽系について述べた文として，最も適当なものを，次のア～エから一つ選び，その符号を書きなさい。
ア．衛星を持つ惑星は，地球以外にはない。
イ．大気を持つ惑星は，地球だけである。
ウ．小惑星は，火星と木星の間に多く存在する。
エ．海王星は，地球型惑星である。

＜新潟県＞

3　表は，８つの惑星の半径と質量をまとめたものである。なお，質量は地球を１としたときの比で表している。

表

惑星	水星	金星	地球	火星	木星	土星	天王星	海王星
半径[km]	2440	6052	6378	3396	71492	60268	25559	24764
質量	0.06	0.82	1.00	0.11	317.83	95.16	14.54	17.15

(1)　太陽のまわりには，表の８つの惑星以外にもさまざまな天体がある。太陽を中心とした，これらの天体の集まりを何というか。言葉で書きなさい。
(2)　表の８つの惑星は，地球型惑星と木星型惑星に分けることができる。地球型惑星の特徴として最も適切なものを，ア～エから１つ選び，符号で書きなさい。
ア．主に気体からできており，木星型惑星より大型で密度が小さい。
イ．主に気体からできており，木星型惑星より小型で密度が小さい
ウ．主に岩石からできており，木星型惑星より大型で密度が大きい。
エ．主に岩石からできており，木星型惑星より小型で密度が大きい。

＜岐阜県＞

4　下の表は太陽系の惑星の特徴をまとめたものである。

表　太陽系の惑星の特徴
（地球の直径・質量および公転周期を１としている）

	地球	ア	イ	ウ	エ	オ	カ	キ
直径（地球＝1）	1.00	11.21	0.38	4.01	9.45	0.95	3.88	0.53
質量（地球＝1）	1.00	317.83	0.06	14.54	95.16	0.82	17.15	0.11
公転周期（地球＝1）	1.00	11.86	0.24	84.25	29.53	0.62	165.23	1.88
平均密度[g/cm³]	5.51	1.33	5.43	1.27	0.69	5.24	1.64	3.93

問１．上の表において，水星・土星を表しているものをア～キの中からそれぞれ１つ選び記号で答えなさい。
問２．上の表の惑星は，下の図のようにAのグループとBのグループに分類することができる。Bのグループを何というか。漢字で答えなさい。

図　惑星の直径と平均密度の関係図

問３．次の文は，AのグループとBのグループの特徴をまとめたものである。（　①　），（　②　）に当てはまる語句を答えなさい。また，③については，〔　　　〕の中から選び答えなさい。

・図のAのグループの惑星は，Bのグループに比べると小型の天体で，表面は（　①　），中心部は金属でできているため平均密度が大きい。
・図のBのグループの惑星は，主に水素と（　②　）でできた大気をもち，平均密度が小さい。
・AのグループとBのグループの公転周期を比べると，③〔　A・B　〕のグループのほうが短い。

＜沖縄県＞

5　表は３つの恒星の半径，表面温度，光の量，等級をまとめたものである。下の(1)，(2)の問いに答えなさい。

恒星	半径（太陽を１とする）	表面温度[℃]	光の量（太陽を１とする）	等級
太陽	1	6000	1	−26.8
ベガ	2.6	9200	50	0.0
リゲル	70	12000	55000	0.1

(1)　数億から数千億個以上の恒星の集団のうち，表の恒星を含む集団を何というか，書きなさい。
(2)　表から分かるように，ベガとリゲルは，半径と表面温度，光の量はそれぞれ異なるが，等級はほぼ等しい。この理由を説明した次の文の（　　）にあてはまる内容を書きなさい。

リゲルはベガに比べると（　　　　　　　　）から。

＜佐賀県＞

第17章　地学領域の思考力活用問題

1　大阪に住むGさんは，季節によって気温が変化することに興味をもち，日本における太陽の南中高度や昼間の長さの違いなどについて調べた。また，Gさんはよく晴れた日に，自宅近くの公園で，太陽光が当たる角度と太陽光から受け取るエネルギーについて実験し，考察した。あとの問いに答えなさい。

【Gさんが地球の公転と太陽の南中高度について調べたこと】
- 地球の公転と，春分の日，夏至の日，秋分の日，冬至の日の地球の位置を模式的に表すと，図Ⅰのようになる。

図Ⅰ 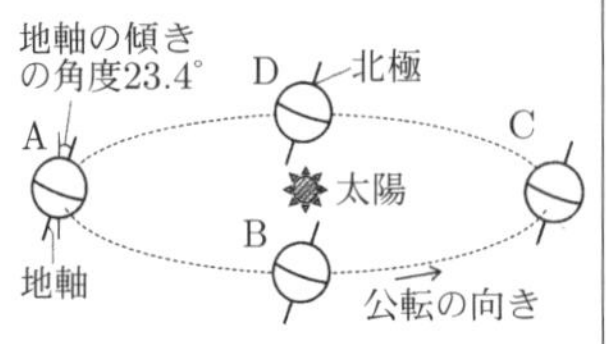
地軸の傾きの角度23.4°　A　B　C　D　北極　太陽　地軸　公転の向き

- 図Ⅰ中のA，B，C，Dのうち，春分の日の地球の位置は［ⓐ］である。
- 地球は，現在，地軸を公転面に垂直な方向から23.4°傾けたまま公転している。
- 地軸の傾きのため，太陽の南中高度は季節によって異なる。
- 春分の日，夏至の日，秋分の日，冬至の日のおおよその太陽の南中高度は，次の式で求めることができる。
  春分の日，秋分の日の太陽の南中高度
  　＝90°－緯度
  夏至の日の太陽の南中高度
  　＝90°－緯度＋地軸の傾きの角度
  冬至の日の太陽の南中高度
  　＝90°－緯度－地軸の傾きの角度
- 上の式を用いると，北緯34.5°の地点にある自宅近くの公園では，冬至の日の太陽の南中高度はⓑ〔ア．約11.1°　イ．約32.1°　ウ．約66.6°　エ．約78.9°〕と考えられる。

(1)　図Ⅰ中のA～Dのうち，上の文中の［ⓐ］に入れるのに適しているものはどれか。一つ選び，記号を○で囲みなさい。

(2)　地球の公転により，観測できる星座は季節によって異なる。1日を周期とした天体の見かけの動きが日周運動と呼ばれるのに対し，1年を周期とした天体の見かけの動きは何と呼ばれる運動か，書きなさい。

(3)　上の文中のⓑ〔　　〕から最も適切なものを一つ選び，記号を○で囲みなさい。

【Gさんが太陽の高度と昼間の長さについて調べたこと】
- 春分の日，夏至の日，冬至の日の1日の太陽の高度の変化を表すと，図Ⅱのグラフのようになる。秋分の日は，春分の日と同じようなグラフになる。

図Ⅱ

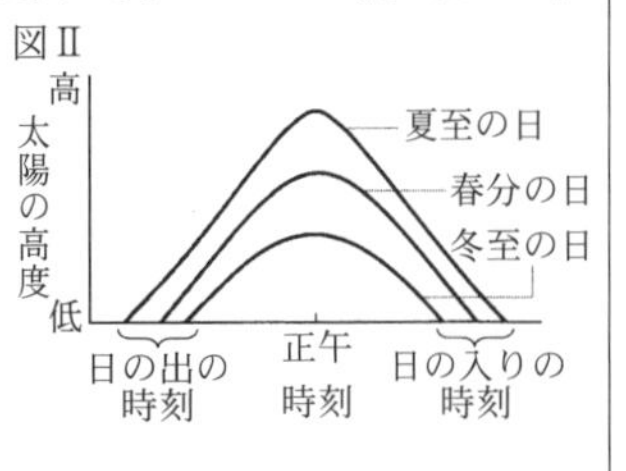

- 図Ⅱのように，ⓐ太陽の南中高度によって昼間の長さ（日の出から日の入りまでの時間）が変化する。
- 太陽の南中高度や昼間の長さの変化は，気温に影響を与えている。

(4)　下線部ⓐについて，仮に地軸の傾きの角度が1°小さくなって22.4°になった場合，夏至の日と冬至の日の昼間の長さは，現在と比較してどのように変わると考えられるか。次のア～エから最も適しているものを一つ選び，記号を○で囲みなさい。ただし，地軸の傾きの角度のほかは，現在と変わらないものとする。
ア．夏至の日も冬至の日も，昼間の長さが短くなる。
イ．夏至の日も冬至の日も，昼間の長さが長くなる。
ウ．夏至の日は昼間の長さが長くなり，冬至の日は昼間の長さが短くなる。
エ．夏至の日は昼間の長さが短くなり，冬至の日は昼間の長さが長くなる。

【実験】　Gさんは，材質と厚さが同じで，片面のみが黒く，その黒い面の面積が150 cm²である板を4枚用意し，a，b，c，dとした。Gさんは自宅近くの公園で，図Ⅲのように，太陽光が当たる水平な机の上で，a～dを水平面からの角度を変えて南向きに設置した。板を設置したときに，黒い面の表面温度を測定したところ，どの板も表面温度が等しかった。板を設置してから120秒後，a～dの黒い面の表面温度を測定した。ⓘ当初，Gさんは，実験を春分の日の正午ごろに行う予定であったが，その日は雲が広がっていたため，翌日のよく晴れた正午ごろに行った。

図Ⅲ

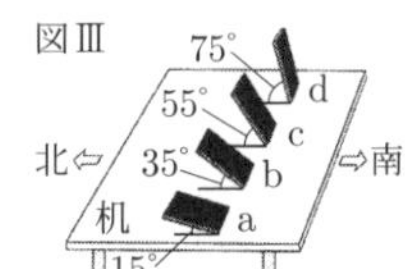

(5)　下線部ⓘについて，図Ⅳは，Gさんが当初実験を行う予定であった春分の日の正午ごろの天気図である。

図Ⅳ

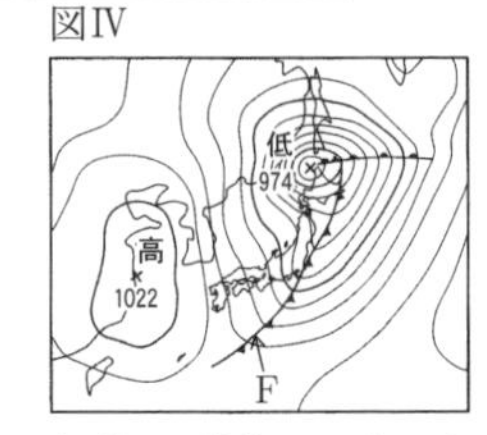

①　この日は，低気圧にともなう前線の影響で，広い範囲で雲が広がった。図Ⅳ中のFで示された南西方向にのびる前線は，何と呼ばれる前線か，書きなさい。

②　次のア～エのうち，この日の翌日に，大阪をはじめとした近畿地方の広い範囲でよく晴れた理由として考えられるものはどれか。最も適しているものを一つ選び，記号を○で囲みなさい。
ア．近畿地方が，低気圧にともなう2本の前線に挟まれたため。
イ．低気圧が近畿地方で停滞し，低気圧の勢力がおとろえたため。
ウ．発達した小笠原（おがさわら）気団が低気圧を北へ押し上げて，近畿地方を覆ったため。
エ．移動性高気圧が東へ移動し，近畿地方を覆ったため。

【Gさんが太陽光が当たる角度と太陽光から受け取るエネルギーについて調べたこと】
同じ時間で比較すると，太陽光に対して垂直に近い角度で設置された板ほど，単位面積あたりに太陽光から受け取るエネルギーは大きい。

【実験の結果と考察】
・板を設置してから120秒後，板a～dのうち，黒い面の表面温度が最も高かった板は[　　]であった。
・板を設置してからの120秒間で，単位面積あたりに太陽光から受け取ったエネルギーが大きい板の方が，黒い面の表面温度はより上昇することが分かった。

(6) 図Ⅲ中のa～dのうち，上の文中の[　　]に入ると考えられるものとして最も適しているものはどれか。一つ選び，記号を○で囲みなさい。

(7) 実験において，板を設置してからの120秒間で，aの黒い面が太陽光から受け取ったエネルギーが，単位面積($1\ cm^2$)あたり11 Jであったとすると，aの黒い面の全体($150\ cm^2$)が1秒間あたりに太陽光から受け取ったエネルギーは何Jか，求めなさい。答えは，小数第1位を四捨五入して整数で書くこと。

＜大阪府＞

2

北陸地方の福井県にある三国(みくに)港の周辺を訪れ，三国港の突堤(とってい)(岸から突き出た堤防)を見学したFさんは，突堤について調べたことをレポートにまとめた。あとの問いに答えなさい。

【Fさんが作成したレポート】

＜目的＞
三国港の突堤の建設によって港付近にどのような変化があったのかを調べ，突堤の役割を明らかにする。

＜三国港の突堤の概要＞
三国港の突堤は，明治時代に，近くでとれる㋐火山岩などを用いて建設され，その後，約920 mまで延長された。

＜突堤の建設前に三国港が抱えていた問題＞
日本海に面した三国港では，船が強風による高い波の影響を受けやすかった。また，港付近の水深は，九頭竜(くずりゅう)川の上流から運搬されてくる大量の㋑土砂の堆積によって，船の出入りが困難なほど浅かった。

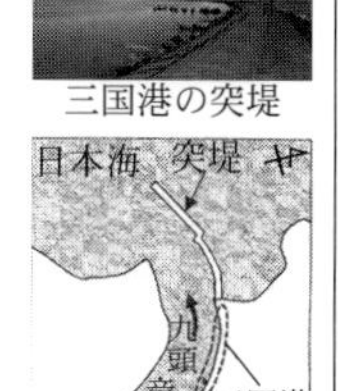
三国港の突堤

三国港付近の地図

＜突堤の建設による変化＞
沖合からの高い波が港付近まで届きにくくなった。また，河口から沖合に向かう流路ができ，沖合まで土砂が流れていきやすくなった。

＜考察＞
突堤の建設は，三国港の周辺の環境に大きな変化をもたらした。

(1) 次のア～エのうち，下線部㋐に分類される岩石を一つ選び，記号を○で囲みなさい。
ア．安山岩　　イ．石灰岩
ウ．花こう岩　　エ．チャート

(2) 下線部㋑について，図Ⅰは，河川によって運搬されてきた土砂が押し固められてできた，ある堆積岩の組織のスケッチである。土砂の堆積について述べた次の文中の①〔　〕，②〔　〕から適切なものをそれぞれ一つずつ選び，記号を○で囲みなさい。また，[③]に入れるのに適している語を書きなさい。

図Ⅰ
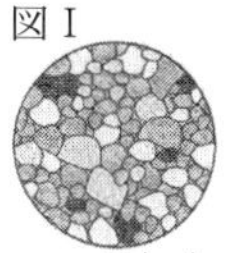

地層は土砂などが繰り返し堆積してできるため，大地の大きな変動がない限り，上にある地層ほど①〔ア．新しい　イ．古い〕。河川によって運搬されてきた土砂の粒は，流水のはたらきにより，下流にいくほど②〔ウ．角ばった　エ．丸みを帯びた〕ものが多く，岩石をつくる主な粒の大きさに着目して分類すると，図Ⅰで示された岩石は[③]岩と呼ばれる堆積岩であると考えられる。

(3) Fさんが先生にレポートを見せたところ，考察はレポート中に示したことを根拠として具体的に書くとよいという助言を受けた。Fさんはその助言に従って考察を次のように書き直した。あとのア～エのうち，[　　]に入れる内容として最も適しているものを一つ選び，記号を○で囲みなさい。

＜考察＞
突堤は，防波堤として，沖合からの高い波の勢いを弱めている。また，[　　　　]。

ア．突堤は，河川の流れの勢いを弱めることで，海からの風の勢いを弱めている
イ．突堤は，河川の流れがゆるやかなところよりも急なところに土砂を堆積しやすくしている
ウ．突堤は，河川から沖合への土砂の流出を最小限に食い止めることで，流路をつくっている
エ．突堤は，河川の流れの勢いを維持し，土砂を三国港付近の水底に堆積しにくくしている

(4) 突堤が建設された背景には周辺の気候の影響があったことを知ったFさんは，レポートをまとめた後，三国港付近には冬になると湿った季節風が強く吹く理由や，その季節風が九頭竜川の上流に雨や雪をもたらすしくみについても調べることにした。

① 次の文中の[　　]に入れるのに適している語を漢字4字で書きなさい。

冬になると，大陸のシベリア気団から，日本列島の東の海上で発達した低気圧に向かって強い季節風が吹く。このとき日本付近に現れている冬型の気圧配置は「[　　]の気圧配置」と呼ばれている。

② 次の文は，乾燥したシベリア気団から吹き出した季節風が，北陸地方の沿岸部に達するまでに，どのような影響を受けて，水蒸気を多く含んで湿った空気になるかについて述べたものである。文中の[　　]に入れるのに適している内容を，「水蒸気」の語を用いて簡潔に書きなさい。

シベリア気団から吹き出した季節風は，[　　　　]ことで，北陸地方の沿岸部に達したときには湿った空気になっている。

③ ある日の記録では，シベリアのX市は気温－16.0℃，湿度80％であり，福井県のY市は気温3.0℃，湿度80％であった。この記録がとられたときの，Y市の空気$1\ m^3$あたりに含まれる水蒸気の量は，X市の空気$1\ m^3$あたりに含まれる水蒸気の量の何倍であったと考えられるか，求めなさい。答えは整数で書きなさい。ただし，－16.0℃，3.0℃における飽和水蒸気量はそれぞれ$1.5\ g/m^3$，$6.0\ g/m^3$とする。

④ 図Ⅱは，季節風として点Aまで移動してきた湿った空気が，山に沿って，点B，C，Dを通過するようすを表した模式図である。次の文中のⓐ〔　〕，ⓑ〔　〕から適切なものをそれぞれ一つずつ選び，記号を○で囲みなさい。ただし，雲の発生以外に，移動する空気中の水蒸気の量が変化することは考えないものとし，また，Aを通過したときと，Dを通過したときの空気の体積は同じであったものとする。

図Ⅱ
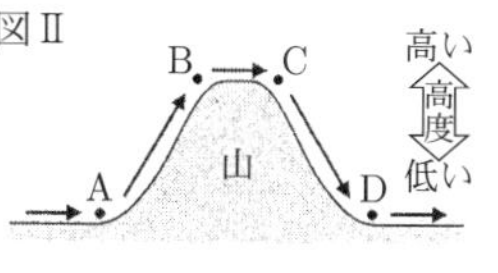

図Ⅱにおいて，山に沿った空気の移動にともなう，気圧の低下による雲の発生が最も起こりやすいと考え

られるのはⓐ〔ア．AB間　イ．BC間　ウ．CD間〕である。また，AからDまで移動する間にこの空気が雨を降らせたとすると，Aを通過したときの空気と，Dを通過したときの空気との比較では，空気1 m^3あたりに含まれる水蒸気の量が多いと考えられるのはⓑ〔エ．A　オ．D〕を通過したときの空気である。

(5)　Fさんは，山間部で雲が発生しやすいことに注目し，気圧の低下による空気の性質の変化を調べる実験を行った。次の文は，その過程をまとめたものである。あとのア～カのうち，文中の［ⓒ］～［ⓔ］に入れるのに適している内容の組み合わせはどれか。一つ選び，記号を○で囲みなさい。

図Ⅲ

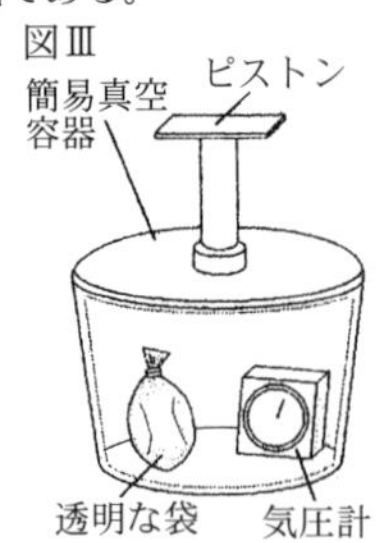

図Ⅲのように，少量の空気と水および線香の煙を入れて口をしばった透明な袋を，気圧計とともに簡易真空容器の中に密封した。そして，ピストンで容器内の空気を素早く抜いて気圧を下げていくと，袋が［ⓒ］，袋内の空気の温度が［ⓓ］ことで，袋内の空気における飽和水蒸気量が［ⓔ］ため，やがて，袋内の水蒸気の一部が細かな水滴となり袋の内側がくもった。

ア．ⓒしぼみ　ⓓ下がった　ⓔ増えた
イ．ⓒしぼみ　ⓓ下がった　ⓔ減った
ウ．ⓒ膨らみ　ⓓ下がった　ⓔ減った
エ．ⓒ膨らみ　ⓓ下がった　ⓔ増えた
オ．ⓒ膨らみ　ⓓ上がった　ⓔ増えた
カ．ⓒ膨らみ　ⓓ上がった　ⓔ減った

＜大阪府＞

第18章　全領域の思考力活用問題

1 次のメモは，山田さんが冬至の日に石川県内の自然教室に参加し，その日のできごとを書いたものの一部である。これを見て，以下の各問に答えなさい。

Ⅰ．朝，カボチャのスープを飲んだ。	Ⅱ．午前，太陽の動きを観測した。
Ⅲ．午後，スノーボードを体験した。	Ⅳ．夜，満月を観測した。

問１．Ⅰについて，次の⑴，⑵に答えなさい。

⑴　カボチャのスープから湯気が上がっていた。湯気は固体，液体，気体のどの状態か，書きなさい。

⑵　次の文は，カボチャなどの被子植物における受精についてまとめたものである。文中の①，②にあてはまる語句をそれぞれ書き，文を完成させなさい。

> めしべの柱頭についた花粉は，子房の中の胚珠に向かって，花粉管をのばす。花粉の中にある生殖細胞である（　①　）は，花粉管の中を移動し，（　①　）の核と胚珠の中にある生殖細胞である（　②　）の核が合体し，受精卵ができる。

問２．Ⅱについて，太陽の動きを調べるために，図１のような平らな板に棒を垂直に立てた装置を，水平な台の上に置いた。午前10時から正午まで30分ごとに，太陽の光によってできる棒の影の先端の位置を記録し，それらの点をなめらかな線で結んだ。このときの観測結果はどれか，次のア～エから最も適切なものを１つ選び，その符号を書きなさい。

図１

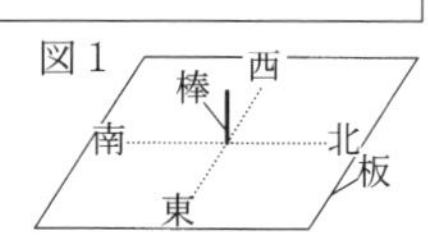

ア

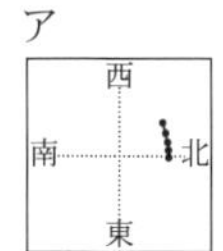

イ

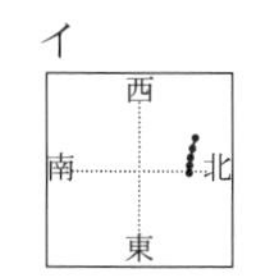

ウ

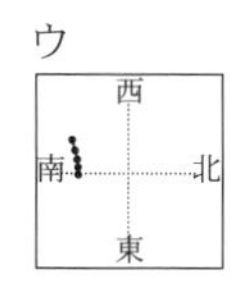

エ

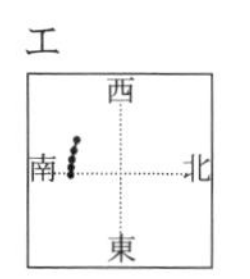

問３．Ⅲについて，50 kgの山田さんが，図２のように，水平な雪の面でスノーボードを履いて立っているとき，スノーボードが雪の面を押す圧力は何Paか，求めなさい。ただし，スノーボードの雪に触れる面積は5000 cm^{2}とし，山田さんの体以外の物体の重さは考えないものとする。また，質量100 gの物体にはたらく重力の大きさを1 Nとする。

図２

問４．Ⅳについて，次の⑴，⑵に答えなさい。

⑴　月の表面に多数見られる円形のくぼみを何というか，書きなさい。

⑵　このとき，観測した冬至の満月の南中高度は，同じ場所で観測できる夏至の満月の南中高度と比べるとどうなるか，次のア～ウから最も適切なものを１つ選び，その符号を書きなさい。また，そう判断した理由を書きなさい。

ア．夏至より高い
イ．夏至と同じ
ウ．夏至より低い

<石川県>

2 山田さんの所属する科学部では，次の実験を行った。これをもとに，以下の各問に答えなさい。

［実験］　図１のように，斜面が直線になるように，摩擦力のないレールと摩擦力のあるレールをつないで水平な台の上に設置した。<u>物体Xを点A，点Bのそれぞれの位置でそっと離してから点Dを通過するまでの運動</u>を，1秒間に60回打点する記録タイマーでテープに記録した。それを6打点ごとに切り，左から時間の経過順に下端をそろえてグラフ用紙にはりつけたところ，図２，図３のようになった。物体Xを点Cの位置でそっと離したところ，物体は静止したままであった。

図１

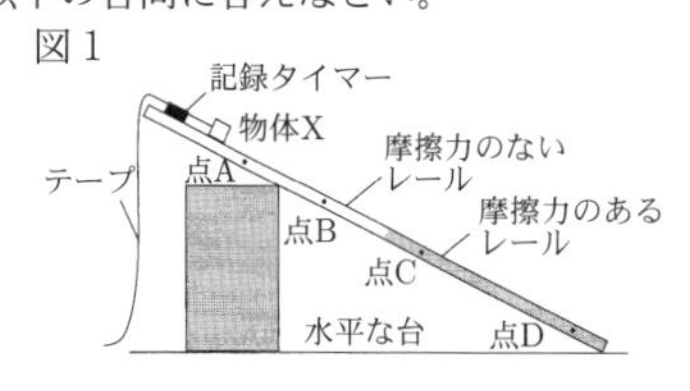

図２

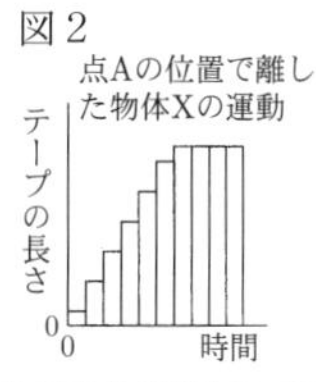

図３

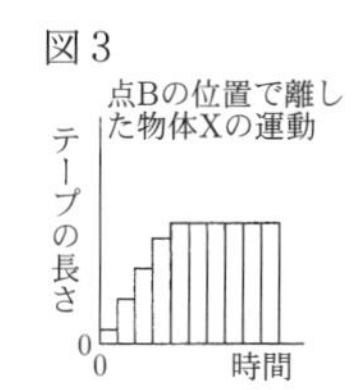

問１．高いところにある物体は，重力によって落下することで，ほかの物体の形を変えたり，動かしたりすることができる。このように高いところにある物体がもっているエネルギーを何というか，書きなさい。

問２．物体Xは，一辺が2 cmの金属の立方体で，質量は21.6 gであった。図４は，４種類の金属のサンプルの体積と質量の関係を示したグラフであり，物体Xは鉄，鉛，チタン，アルミニウムのいずれかの金属である。物体Xはどの金属と考えられるか，書きなさい。

図４

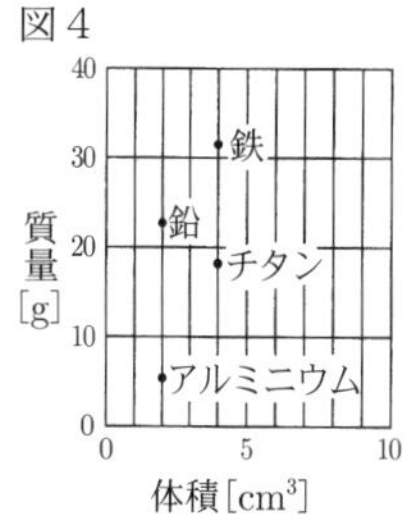

問３．下線部について，物体Xが，摩擦力のあるレール上を通過するときに，音が聞こえた。次の⑴，⑵に答えなさい。

⑴　耳や目などのように，外界からの刺激を受けとる器官を何というか，書きなさい。

⑵　次の文は，ヒトの，音が聞こえるしくみについて述べたものである。文中の①，②にあてはまる語句をそれぞれ書き，文を完成させなさい。

> 空気の振動が耳の中にある（　①　）を振動させ，その振動が耳小骨によって（　②　）に伝えられる。そこで受けとった刺激は信号にかえられ，神経を通り脳に伝わる。

問４．グラフ用紙にはりつけた記録テープのうちの１本の長さを測定したところ，15 cmであった。この区間における物体Xの平均の速さは何m/sか，求めなさい。

問５．点A，点B，点Cの位置で離した物体Xが，摩擦力のあるレール上の点Cの位置で受ける摩擦力の大きさをそれぞれa，b，cとする。a，b，cの関係を正しく表している式はどれか，次のア～オから最も適切なものを１つ選び，その符号を書きなさい。また，そう判断した理由を書きなさい。ただし，テープの質量，テープの摩擦，空気の抵抗は考えないものとする。

ア．$a=b=c$
イ．$a=b>c$
ウ．$a=b<c$
エ．$a<b<c$
オ．$a>b>c$

<石川県>

3 生徒が，南極や北極に関して科学的に探究しようと考え，自由研究に取り組んだ。生徒が書いたレポートの一部を読み，次の各問に答えよ。

<レポート1>　雪上車について．

雪上での移動手段について調べたところ，南極用に設計され，－60℃でも使用できる雪上車があることが分かった。その雪上車に興味をもち，大きさが約40分の1の模型を作った。

図1のように，速さを調べるために模型に旗(◀)を付け，1mごとに目盛りをつけた7mの直線コースを走らせた。旗(◀)をスタート地点に合わせ，模型がスタート地点を出発してから旗(◀)が各目盛りを通過するまでの時間を記録し，表1にまとめた。

図1

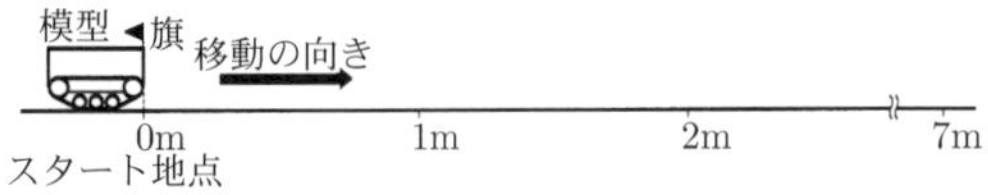

模型　◀旗　移動の向き

0m　1m　2m　7m
スタート地点

表1

移動した距離[m]	0	1	2	3	4	5	6	7
通過するまでの時間[秒]	0	19.8	40.4	61.0	81.6	101.7	122.2	143.0

〔問1〕　<レポート1>から，模型の旗(◀)が2m地点を通過してから6m地点を通過するまでの平均の速さを計算し，小数第三位を四捨五入したものとして適切なものは，次のうちではどれか。

ア．0.02 m/s
イ．0.05 m/s
ウ．0.17 m/s
エ．0.29 m/s

<レポート2>　海氷について．

北極圏の海氷について調べたところ，海水が凍ることで生じる海氷は，海面に浮いた状態で存在していることや，海水よりも塩分の濃度が低いことが分かった。海水ができる過程に興味をもち，食塩水を用いて次のようなモデル実験を行った。

図2のように，3％の食塩水をコップに入れ，液面上部から冷却し凍らせた。凍った部分を取り出し，その表面を取り除き残った部分を二つに分けた。その一つを溶かし食塩の濃度を測定したところ，0.84％であった。また，もう一つを3％の食塩水に入れたところ浮いた。

図2

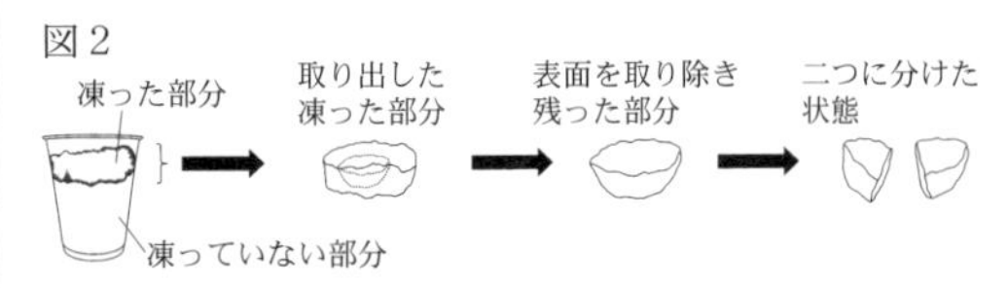

〔問2〕　<レポート2>から，「3％の食塩水100gに含まれる食塩の量」に対する「凍った部分の表面を取り除き残った部分100gに含まれる食塩の量」の割合として適切なのは，下の［①］のアとイのうちではどれか。また，「3％の食塩水の密度」と「凍った部分の表面を取り除き残った部分の密度」を比べたときに，密度が大きいものとして適切なのは，下の［②］のアとイのうちではどれか。ただし，凍った部分の表面を取り除き残った部分の食塩の濃度は均一であるものとする。

［①］　ア．約13％
　　　イ．約28％

［②］　ア．3％の食塩水
　　　イ．凍った部分の表面を取り除き残った部分

<レポート3>　生物の発生について．

水族館で，南極海に生息している図3のようなナンキョクオキアミの発生に関する展示を見て，生物の発生に興味をもった。発生の観察に適した生物を探していると，近所の池で図4の模式図のようなカエル（ニホンアマガエル）の受精卵を見付けたので持ち帰り，発生の様子をルーペで継続して観察したところ，図5や図6の模式図のように，細胞分裂により細胞数が増えていく様子を観察することができた。なお，図5は細胞数が2個になった直後の胚(はい)を示しており，図6は細胞数が4個になった直後の胚を示している。

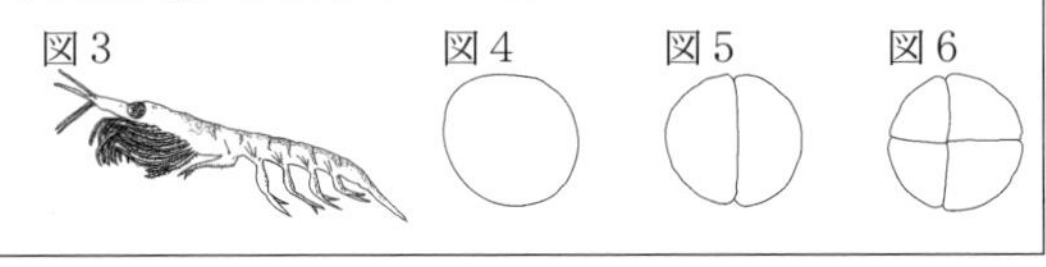

〔問3〕　<レポート3>の図4の受精卵の染色体の数を24本とした場合，図5及び図6の胚に含まれる合計の染色体の数として適切なのは，次の表のア～エのうちではどれか。

	図5の胚に含まれる合計の染色体の数	図6の胚に含まれる合計の染色体の数
ア	12本	6本
イ	12本	12本
ウ	48本	48本
エ	48本	96本

<レポート4>　北極付近での太陽の動きについて．

北極付近での天体に関する現象について調べたところ，1日中太陽が沈まない現象が起きることが分かった。1日中太陽が沈まない日に北の空を撮影した連続写真には，図7のような様子が記録されていた。

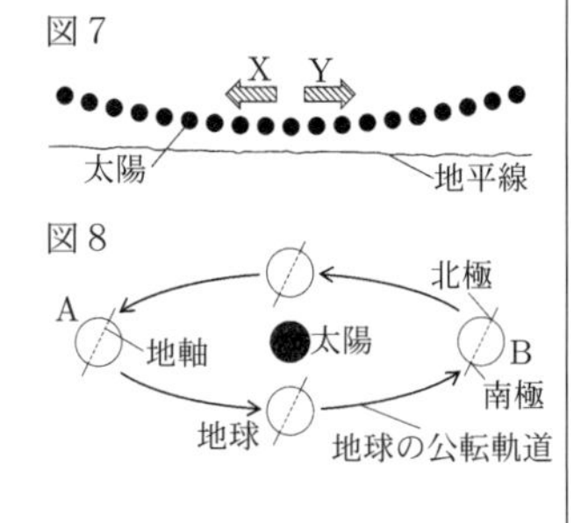

地球の公転軌道を図8のように模式的に表した場合，図7のように記録された連続写真は，図8のAの位置に地球があるときに撮影されたことが分かった。

〔問4〕　<レポート4>から，図7のXとYのうち太陽が見かけ上動いた向きと，図8のAとBのうち日本で夏至となる地球の位置とを組み合わせたものとして適切なのは，次の表のア～エのうちではどれか。

	図7のXとYのうち太陽が見かけ上動いた向き	図8のAとBのうち日本で夏至となる地球の位置
ア	X	A
イ	X	B
ウ	Y	A
エ	Y	B

<東京都>

4 次の文は，妹の美月さんと兄の大地さんが話しているようすです。これについて，あとの(1)～(7)の問いに答えなさい。

1美月：髪を切ってきたよ。美容師さんが手持ち鏡を使って見せてくれたから，後ろもちゃんと確認できたよ。(図Ⅰ)

図Ⅰ

2大地：２つの鏡をうまく使ったんだね。

3大地：鏡も興味深いけど，レンズも奥が深いんだよ。顕微鏡に使われているのは知ってる？

4美月：うん。理科の授業で，顕微鏡を使ってツバキの細胞を観察したよ。

5美月：でも世の中には顕微鏡でも見えないものもあるじゃない？

6大地：確かに，水溶液に溶けている物質は顕微鏡でも見えないけど，例えば食塩水とうすい塩酸，うすい硫酸は，指示薬やほかの水溶液を使えば見分けることができて，溶けている物質を調べることができるね。(図Ⅱ)

図Ⅱ

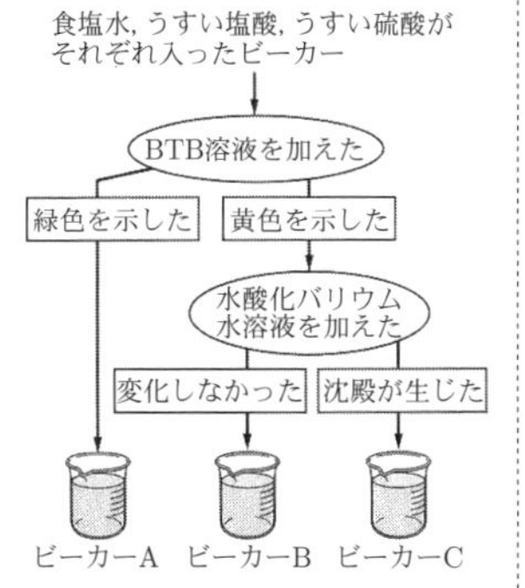

7大地：あとは，遺伝子も見えないね。だけど，親の遺伝子の組み合わせは子の形質を観察すれば，わかることもあるよ。

8美月：なるほど。すごいね。

9大地：レンズといえば，天体望遠鏡にも使われているね。天体望遠鏡を使って金星を見ると，三日月のような形に見えることもあるし，見かけの大きさも変わるんだよ。(図Ⅲ)

図Ⅲ

10美月：金星は満ち欠けするだけじゃなく，大きさも変わって見えるんだね。

11大地：人々は古くから夜空を見上げてきたけど，星々を結んで，人物や生き物に見立てて星座をつくったり，星や星座が移り変わっていくようすから，時刻や季節を知ったりしてきたんだね。今の季節は南の空にオリオン座が見えるよ。(図Ⅳ)

図Ⅳ

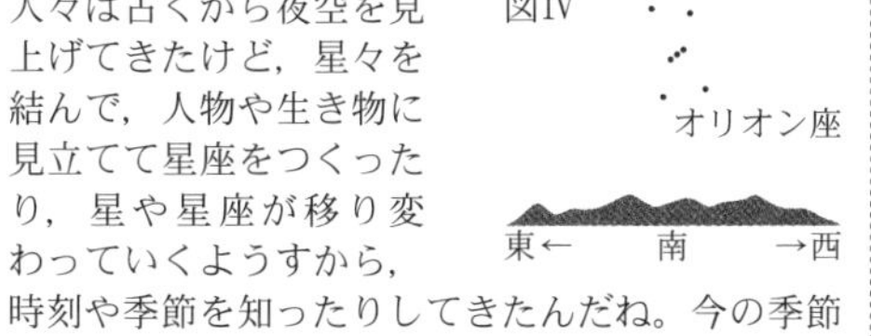

12美月：確かに，季節によって見える星座は違うよね。

13大地：地球の外側は，空を見上げればわかるけど，地球の内側のようすはどうすればわかるかな。

14美月：授業のとき先生が，柱状図を比較することで，その地域の地層の広がりを推測できるって言ってた。

15大地：火山灰や凝灰岩(ぎょうかいがん)の層はとても便利なんだよ。火山灰は広い範囲に短期間で堆積することが多いから，同じ時期に堆積した層を比較するときの目印になるんだ。

16美月：理科で学んでいることって，いろいろな場面で，見えないものを見えるようにしたり，わからないことを明らかにしたりするのに，役立てられているんだね！

(1)　1，2で，右の図は，美月さんが後頭部を確認するようすを真上から見たものです。後頭部の点Xを出た光が，図の矢印(⟶)のように進み，鏡１(手持ち鏡)と鏡２(正面の鏡)で反射して右目に届くとき，鏡２ではどこで反射しますか。図中のア～エのうちから一つ選び，その記号を書きなさい。

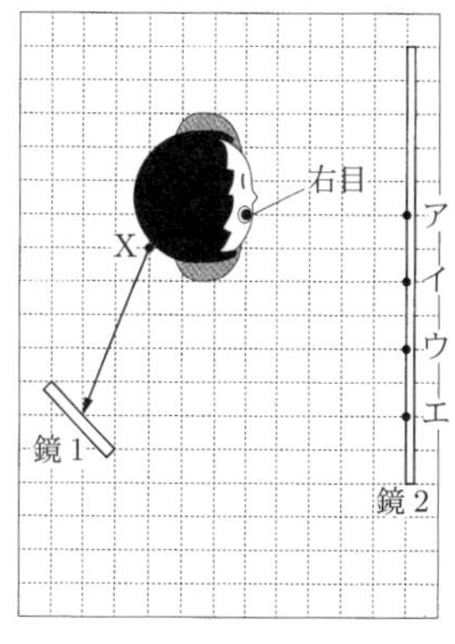

(2)　3，4で，顕微鏡の観察では，はじめに低倍率で観察します。それはなぜですか。その理由を簡単に書きなさい。

(3)　6で，食塩水，うすい塩酸，うすい硫酸がそれぞれ入ったビーカーを，図Ⅱの手順で見分けました。このとき，ビーカーA，ビーカーB，ビーカーCは，次のア～ウのうちそれぞれどれですか。一つずつ選び，その記号を書きなさい。

ア．食塩水　　イ．うすい塩酸　　ウ．うすい硫酸

(4)　7で，エンドウの種子の丸形どうしをかけ合わせたとき，丸形の他に，しわ形の種子ができることがあります。このことから，顕性形質は丸形，しわ形のどちらであることがわかりますか。ことばで書きなさい。また，しわ形どうしをかけ合わせたときにできる種子の形質はどうなりますか。次のア～エのうちから，最も適当なものを一つ選び，その記号を書きなさい。ただし，種子の丸形としわ形は対立形質です。

ア．すべてしわ形である。
イ．すべて丸形である。
ウ．しわ形と丸形の数の比が約3：1である。
エ．しわ形と丸形の数の比が約1：3である。

(5)　9，10で，金星のような内惑星は，図Ⅲのように満ち欠けをしながら，見かけの大きさも変化します。見かけの大きさが変化するのはなぜですか。その理由を簡単に書きなさい。

(6)　11，12で，ある日の午後8時ごろ，図Ⅳのように南の空にオリオン座が見えました。次のア～エのうち，1か月後に同じ場所で，オリオン座が図Ⅳと同じ位置に見える時刻として最も適当なものはどれですか。一つ選び，その記号を書きなさい。

ア．午後6時ごろ　　イ．午後7時ごろ
ウ．午後9時ごろ　　エ．午後10時ごろ

(7)　15で，次の図のような標高の異なるA～Dの４地点で，ボーリングによる調査を行い，その結果を柱状図にまとめました。このとき，D地点では，凝灰岩は地表から何mの深さに現れますか。あとのア～エのうちから最も適当なものを一つ選び，その記号を書きなさい。ただし，この地域では断層やしゅう曲は見られませんでした。

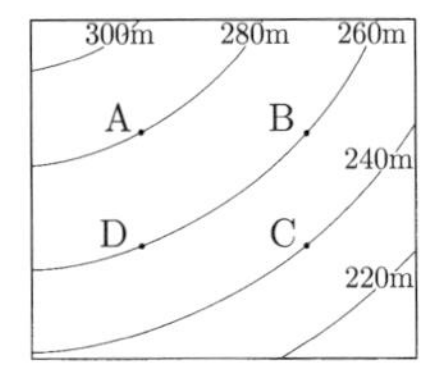

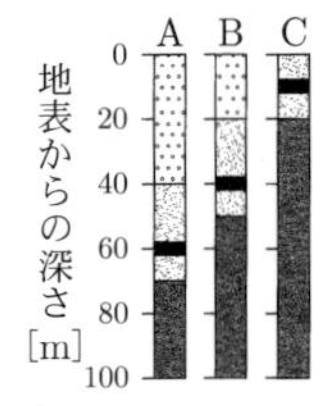

ア．30 m　　イ．40 m
ウ．50 m　　エ．60 m

＜岩手県＞

5 Kさんは，みそ汁を作っているときに，なべの底に沈んでいた豆腐が，煮込むことによって浮いてきたことに疑問をもち，Lさんと次の会話をし，実験を行った。あとの(1)～(3)に答えなさい。ただし，100 gの物体の重さを1 Nとする。

Kさん：豆腐は水に沈むと思っていたけれど，煮込んだら浮いてきて，火を消したあとも浮いたままだったんだ。水の対流が原因ではなさそうだけれど，なぜだろう。
Lさん：水に浮いてきたということは，煮込む前と後で浮力が変化したのではないかな。
Kさん：そうだね。浮力の変化の原因には，質量の変化や体積の変化が考えられるよね。
Lさん：２種類の粘土を使って，これらのことを調べてみようよ。

［実験１］
① ２種類の粘土A，Bを，それぞれ100 mLはかりとった後，図１のように糸を取り付けて形を整えた。
② １Lメスシリンダーに500 mLの水を入れた。
③ ①の粘土Aをばねばかりにつるし，空気中でのばねばかりの値を記録した。
④ 粘土Aを②のメスシリンダーの水の中にすべて入れ，ばねばかりの値とメスシリンダーの目盛りの値を記録した。
⑤ 粘土Aを粘土Bに変え，②～④を行った。
⑥ 実験の結果を表１にまとめた。

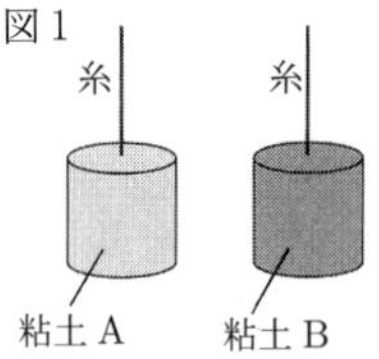

図１
糸　糸
粘土A　粘土B

表１

	空気中		水の中	
	ばねばかりの値	メスシリンダーの目盛りの値	ばねばかりの値	メスシリンダーの目盛りの値
粘土A	1.6N	500mL	0.6N	600mL
粘土B	2.0N	500mL	1.0N	600mL

［実験２］
① ２種類の粘土A，Bを，それぞれ160 gはかりとった後，図２のように糸を取り付けて形を整えた。
② １Lメスシリンダーに500 mLの水を入れた。
③ ①の粘土Aをばねばかりにつるし，空気中でのばねばかりの値を記録した。

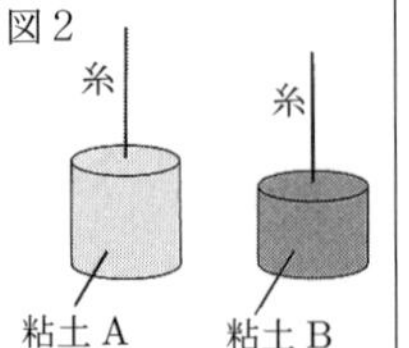

図２

④ 粘土Aを②のメスシリンダーの水の中にすべて入れ，ばねばかりの値とメスシリンダーの目盛りの値を記録した。
⑤ 粘土Aを粘土Bに変え，②～④を行った。
⑥ 実験の結果を表２にまとめた。

表２

	空気中		水の中	
	ばねばかりの値	メスシリンダーの目盛りの値	ばねばかりの値	メスシリンダーの目盛りの値
粘土A	1.6N	500mL	0.6N	600mL
粘土B	1.6N	500mL	0.8N	580mL

(1) 豆腐の原材料であるダイズは，子葉が２枚の植物である。被子植物のうち，ダイズのように，子葉が２枚の植物のなかまを何というか。書きなさい。

(2) 図３は，豆腐の種類の１つである木綿豆腐をつくる主な工程を表した模式図である。次のア，イに答えなさい。

図３
大豆
・水に浸す。
・ミキサーで砕く。
・加熱後，しぼる。
豆乳
・凝固剤を加える。
・型枠に入れる。
・圧力を加える。
木綿豆腐

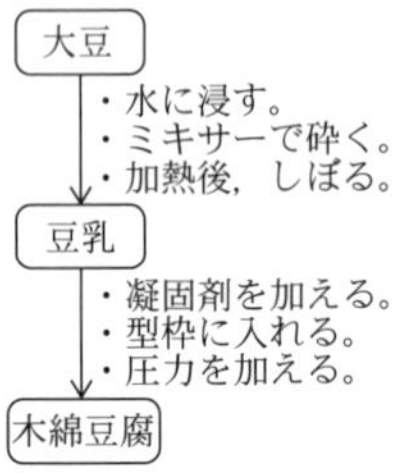

ア．豆乳に凝固剤を加えると，豆乳が固まる。凝固剤の１つである硫酸カルシウム$CaSO_4$に含まれる，カルシウムイオンと硫酸イオンの数の比として適切なものを，次の１～５から１つ選び，記号で答えなさい。
1．4：1
2．2：1
3．1：1
4．1：2
5．1：4

イ．木綿豆腐は，凝固剤で固まった豆乳をくずして型枠に入れ，図４のように，上から圧力を加えて型枠の穴から水を抜いてつくる。

図４
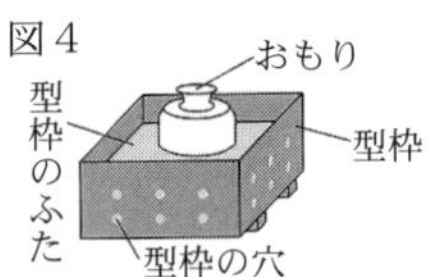

図４において，型枠のふたは１辺10 cmの正方形，型枠のふたとおもりは合わせて200 gとするとき，木綿豆腐の上面に加わる圧力は何Paか。求めなさい。

(3) KさんとLさんは，実験後，T先生と次の会話をした。あとのア，イに答えなさい。

Lさん：T先生，実験の結果は，表１，表２のようになりました。このことから，浮力は，水の中に入れた物体の体積と関係があることがわかりました。
T先生：結論をどのように導きましたか。
Lさん：表１から，［実験１］では［　あ　］ということがわかりました。また，表２から，［実験２］では［　い　］ということがわかりました。
これらのことから，浮力の大きさは，質量ではなく，体積と関係があると考えました。
T先生：よく考えましたね。アルキメデスの原理によると，「物体にはたらく浮力の大きさは，その物体が押しのけた液体の重さに等しい。」とされています。
つまり，「物体の重さ」と「その物体と同じ体積の水の重さ」を比較して，「物体の重さ」の方が小さいと，物体は水に浮くことになります。

Kさん：そうなのですね。これらの実験の結果をふまえると，なべの底に沈んでいた豆腐が浮いてきたのは，煮込むことによって，豆腐の［う］ので，「豆腐の重さ」より「豆腐が押しのけた水の重さ」が大きくなったからというわけですね。
T先生：そのとおりです。実験の結果をもとに正しく考察できましたね。

ア．Lさんの発言が，それぞれの実験の結果と合うように，［あ］，［い］に入る適切な語句を，次の１～３からそれぞれ１つずつ選び，記号で答えなさい。ただし，同じ記号を選んでもよい。
　1．粘土Aにはたらく浮力の大きさは，粘土Bにはたらく浮力の大きさより大きい
　2．粘土Aにはたらく浮力の大きさは，粘土Bにはたらく浮力の大きさより小さい
　3．粘土Aにはたらく浮力の大きさと，粘土Bにはたらく浮力の大きさは等しい
イ．Kさんの発言が，実験の結果をもとにした考察となるように，［う］に入る適切な語句を書きなさい。

＜山口県＞

6 次の(1)，(2)の問いに答えなさい。

(1)　太郎さんは，先生と理科の授業で学んだことについて振り返りを行っている。次の会話を読んで，あとの①，②の問いに答えなさい。

太郎：持続可能な社会の実現に向けて，再生可能エネルギーの研究は重要なものだとわかりました。特に，aバイオマス発電については，発電所で燃料を燃焼させるにもかかわらず，大気中の二酸化炭素は増加しないという点が興味深かったです。
先生：そうですね。間伐材を燃料にした場合は，その植物が光合成によって吸収した二酸化炭素と，発電の燃料として燃焼させた際に出される二酸化炭素の量がほぼつり合うのでしたね。
太郎：そのように考えると，植物の光合成は持続可能な社会の実現にとっても，大事な反応だと思います。
先生：そうですね。光合成については，授業ではオオカナダモとBTB液（BTB溶液）を使って実験し，BTB液の色の変化から，植物が二酸化炭素を吸収するのかどうかを調べましたね。では，これ以外の方法で植物が二酸化炭素を吸収するのかどうかを調べることはできますか。
太郎：はい，できると思います。石灰水を使えば調べられると思います。
先生：では，どのような実験を行えばよいと思いますか。
太郎：まず，２本の試験管A，Bを用意します。試験管A，Bそれぞれに採取したばかりの大きさがほぼ同じタンポポの葉を入れ，さらに試験管Bはアルミニウムはくで覆います。それから，試験管A，Bそれぞれにストローで息をふきこみ，すぐにゴム栓でふたをします。そして，それらの試験管に，光合成に十分な時間光を当てた後，石灰水を使って，植物が二酸化炭素を吸収したのかどうかを調べようと思います。
先生：よく考えましたね。でも，bこの実験だけでは，「植物が二酸化炭素を吸収するのかどうか」を調べる実験の対照実験としては不十分ではないでしょうか。

①　下線部aに関する説明として正しいものを次のア～エの中から２つ選んで，その記号を書きなさい。
　ア．バイオマス発電では，化石燃料を用いた火力発電と異なり，タービンは必要としない。
　イ．バイオマス発電では，動物の排泄物（はいせつぶつ）も燃料となる。
　ウ．バイオマス発電では，燃料を安定して確保することが課題である。
　エ．バイオマス発電では，放射線を出す放射性廃棄物の管理が重要である。
②　下線部bについて，もう１本試験管を増やし，「植物が二酸化炭素を吸収するのかどうか」を調べるための実験を行う場合，どのような実験を行えばよいか。
　次の追加実験に関する文中の［あ］～［う］に当てはまる語の組み合わせとして最も適切なものを，あとのア～クの中から１つ選んで，その記号を書きなさい。

　試験管Aの結果と比較するために，新しい試験管Cに，タンポポの葉を［あ］，アルミニウムはくで［い］，ストローで息を［う］ものを準備し，その後，光合成に十分な時間光を当てる実験を行う。

	あ	い	う
ア	入れて	覆い	ふきこんだ
イ	入れて	覆い	ふきこまない
ウ	入れて	覆わず	ふきこんだ
エ	入れて	覆わず	ふきこまない
オ	入れないで	覆い	ふきこんだ
カ	入れないで	覆い	ふきこまない
キ	入れないで	覆わず	ふきこんだ
ク	入れないで	覆わず	ふきこまない

(2)　花子さんと太郎さんは，光合成と光の強さについて話している。次の会話を読んで，あとの①，②の問いに答えなさい。

花子：光を強くすると光合成は活発になるのかな。試験管の中にタンポポの葉を入れて，LEDライトを１灯か２灯当てた場合で石灰水を入れて，にごり方を比べられたらおもしろいのだけど。
太郎：そうだね。でも，石灰水のにごり方って，数値として表すのは難しそうだね。吸収した二酸化炭素の量を数値として比較できるような方法がないかな。
花子：理科の授業で石灰水について勉強したよ。それを実験で利用できないかな。

花子さんのノートの一部．
○石灰水について
・石灰水は，水酸化カルシウム$Ca(OH)_2$が溶解した飽和水溶液である。また，二酸化炭素CO_2は水に溶けると，炭酸H_2CO_3となる。
・石灰水に二酸化炭素を通すと，次の化学反応が起こる。
$$Ca(OH)_2 + H_2CO_3 \rightarrow CaCO_3 + 2H_2O$$
・石灰水が白くにごるのは，炭酸カルシウム$CaCO_3$が，水に溶けにくい白色の固体だから。

・このように，この反応は，水に溶けた二酸化炭素と水酸化カルシウムの中和である。

≪実験≫

【方法】

❶ 4本の試験管D，E，F，Gを用意する。次の表に示す組み合わせで，大きさのほぼ同じタンポポの葉および同量の二酸化炭素を試験管に入れ，ゴム栓をする。(二酸化炭素の量は，光合成を行うのに十分な量とする。)

❷ 表に示すように昼白光のLEDライトを1灯または同じLEDライトを2灯用い，試験管に光を30分当てる。

❸ 試験管に石灰水を入れ，再びゴム栓をしてよくふる。

❹ 石灰水をろ過し，ろ液に少量のBTB液を入れる。

❺ BTB液の色の変化に注意しながら，ろ液にある濃度の塩酸を少しずつ加えていき，中性になるまでに必要な塩酸の量を測定する。

	実験の操作		
	方法❶で試験管に加えるもの		方法❷で用いるLEDライトの数
	二酸化炭素	タンポポの葉	
試験管D	入れない	入れない	1灯
試験管E	入れる	入れない	1灯
試験管F	入れる	入れる	1灯
試験管G	入れる	入れる	2灯

【結果の予想】

・試験管Dと試験管Eを比べた場合，方法❺で中性になるまでに必要な塩酸の量は，試験管Eの方が少なくなる。

(理由)

［ え ］ため，石灰水の中の水酸化カルシウムの量が減るから。

・試験管E～試験管Gで使用する塩酸の量の大小関係は［ お ］となる。

(理由)

タンポポの葉を入れた試験管では，光を強くすることで光合成が活発になり，タンポポの葉が吸収する二酸化炭素の量が増えるから。

① 文中の［ え ］に当てはまる内容として最も適切なものを，次のア～エの中から1つ選んで，その記号を書きなさい。

ア．石灰水は，水酸化カルシウムの飽和水溶液である

イ．二酸化炭素を入れることで，試験管内の酸素の割合が減っている

ウ．炭酸カルシウムが，水に溶けない白色の固体である

エ．炭酸と水酸化カルシウムが，中和している

② 文中の［ お ］に当てはまる内容として最も適切なものを，次のア～エの中から1つ選んで，その記号を書きなさい。

ア．試験管E＞試験管F＞試験管G

イ．試験管E＞試験管G＞試験管F

ウ．試験管G＞試験管F＞試験管E

エ．試験管G＞試験管E＞試験管F

<茨城県>

7 生徒が，国際宇宙ステーションに興味をもち，科学的に探究しようと考え，自由研究に取り組んだ。生徒が書いたレポートの一部を読み，次の各問に答えよ。

<レポート1> 日食について.

金環日食が観察された日の地球にできた月の影を，国際宇宙ステーションから撮影した画像が紹介されていた。

日食が生じるときの北極星側から見た太陽，月，地球の位置関係を模式的に示すと，図1のようになっていた。さらに，日本にある観測地点Aは，地球と月と太陽を一直線に結んだ線上に位置していた。

図1

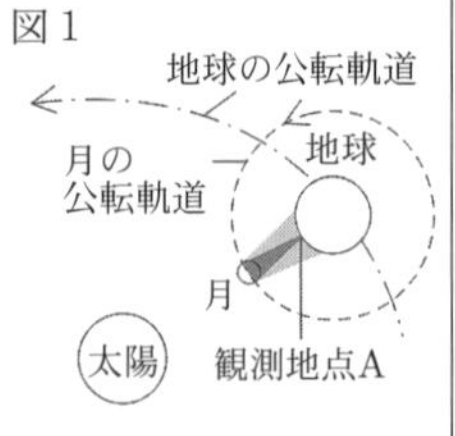

〔問1〕 <レポート1>から，図1の位置関係において，観測地点Aで月を観測したときに月が真南の空に位置する時刻と，この日から1週間後に観測できる月の見え方に最も近いものとを組み合わせたものとして適切なのは，次の表のア～エのうちではどれか。

	真南の空に位置する時刻	1週間後に観察できる月の見え方
ア	12時	上弦の月
イ	18時	上弦の月
ウ	12時	下弦の月
エ	18時	下弦の月

<レポート2> 国際宇宙ステーションでの飲料水の精製について.

国際宇宙ステーション内の生活環境に関して調べたところ，2018年では，生活排水をタンクに一時的にため，蒸留や殺菌を行うことできれいな水にしていたことが紹介されていた。

蒸留により液体をきれいな水にすることに興味をもち，液体の混合物から水を分離するモデル実験を行った。図2のように，塩化ナトリウムを精製水(蒸留水)に溶かして5％の塩化ナトリウム水溶液を作り，実験装置で蒸留した。蒸留して出てきた液体が試験管に約1 cmたまったところで蒸留を止めた。枝付きフラスコに残った水溶液Aと蒸留して出てきた液体Bをそれぞれ少量とり，蒸発させて観察し，結果を表1にまとめた。

図2

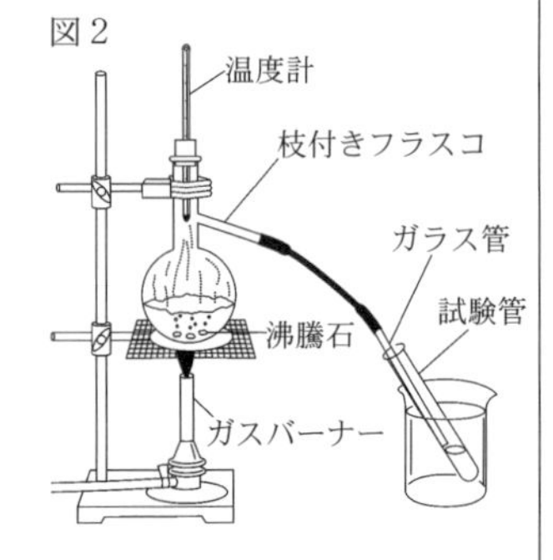

表1

蒸発させた液体	観察した結果
水溶液A	結晶が見られた。
液体B	結晶が見られなかった。

〔問2〕 <レポート2>から，結晶になった物質の分類と，水溶液Aの濃度について述べたものとを組み合わせたものとして適切なのは，次の表のア～エのうちではどれか。

	結晶になった物質の分類	水溶液Aの濃度
ア	混合物	5％より高い。
イ	化合物	5％より高い。
ウ	混合物	5％より低い。
エ	化合物	5％より低い。

<レポート3>　国際宇宙ステーションでの植物の栽培について.

国際宇宙ステーションでは，宇宙でも効率よく成長する植物を探すため，図3のような装置の中で植物を発芽させ，実験を行っていることが紹介されていた。植物が光に向かって成長することから，装置の上側に光源を設置してあることが分かった。

図3

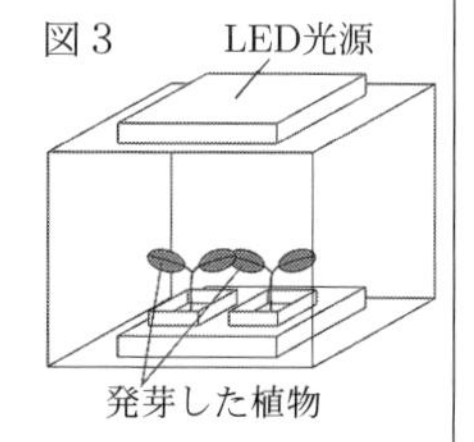

植物の成長に興味をもち，植物を真上から観察すると，上下にある葉が互いに重ならないようにつき，成長していくことが分かった。

〔問3〕　<レポート3>から，上下にある葉が互いに重ならないようにつく利点と，葉で光合成でつくられた養分(栄養分)が通る管の名称とを組み合わせたものとして適切なのは，次の表のア～エのうちではどれか。

	上下にある葉が互いに重ならないようにつく利点	光合成でつくられた養分(栄養分)が通る管の名称
ア	光が当たる面積が小さくなる。	道管
イ	光が当たる面積が小さくなる。	師管
ウ	光が当たる面積が大きくなる。	道管
エ	光が当たる面積が大きくなる。	師管

<レポート4>　月面での質量と重さの関係について.

国際宇宙ステーション内では，見かけ上，物体に重力が働かない状態になるため，てんびんや地球上で使っている体重計では質量を測定できない。そのため，宇宙飛行士は質量を測る際に特別な装置で行っていることが紹介されていた。

地球上でなくても質量が測定できることに興味をもち調べたところ，重力が変化しても物体そのものの量は，地球上と変わらないということが分かった。

また，重力の大きさは場所によって変わり，月面では同じ質量の物体に働く重力の大きさが地球上と比べて約6分の1であることも分かった。

図4のような測定を月面で行った場合，質量300 gの物体Aを上皿てんびんに載せたときにつり合う分銅の種類と，物体Aをはかりに載せたときの目盛りの値について考えた。

図4

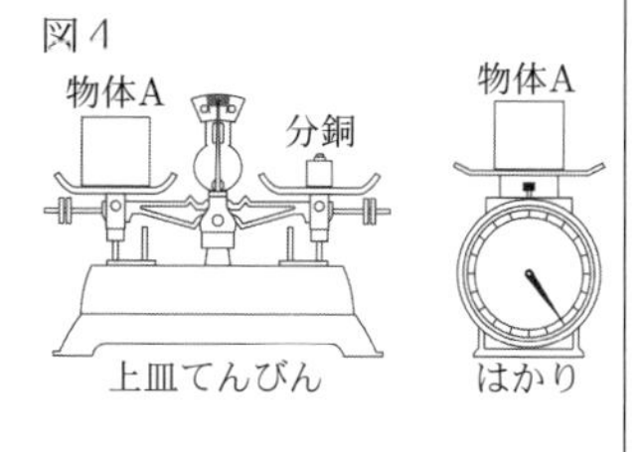

〔問4〕　<レポート4>から，図4のような測定を月面で行った場合，質量300 gの物体Aを上皿てんびんに載せたときにつり合う分銅の種類と，物体Aをはかりに載せたときの目盛りの値とを組み合わせたものとして適切なのは，次の表のア～エのうちではどれか。

	上皿てんびんに載せたときにつり合う分銅の種類	はかりに載せたときの目盛りの値
ア	50gの分銅	約50g
イ	50gの分銅	約300g
ウ	300gの分銅	約50g
エ	300gの分銅	約300g

<東京都>

025年 受験用 全国高校入試問題正解

分野別過去問483題

理科 化学・物理・生物・地学

別冊解答・解き方

旺文社

目　次

化学編

第1章 物質とその性質

実験器具の使い方，身のまわりの物質

●実験器具の使い方

1 ア

2 ウ
【解き方】Aは空気調節ねじ，Bはガス調節ねじである。上から見て時計回りに回すとねじが閉まり，反時計回りに回すとねじが開く。

●身のまわりの物質

3 イ

4 0.0016 g/cm^3
【解き方】状態変化しても質量は変わらないため，エタノールの気体の質量は4.0 g，体積2.5 L＝2500cm^3より，密度は4.0÷2500＝0.0016 [g/cm^3]

5 (1) 0.91 g/cm^3　(2) カ
【解き方】(1) 50÷55≒0.91 [g/cm^3]　(2) 物体の密度が固体のほうが液体より大きいとき，固体は液体に沈む。

6 問1．ポリスチレン　問2．エ　問3．有機物
問4．(例) メスシリンダーにプラスチックBを入れる前と入れたあとの目盛りの差によってはかる。
問5．(密度) 1.5 g/cm^3，(物質) ポリ塩化ビニル
【解き方】問1．プラスチックAは，表3から，水より密度が大きく，20%食塩水より密度が小さいことがわかる。
問4．体積を直接はかることが難しい場合は，水に入れた場合の体積変化によってその体積をはかることができる。
問5．$\frac{12}{8.0}$＝1.5 [g/cm^3]

7 (1) (デンプン)C，(白砂糖)B，(食塩)A　(2) G
【解き方】(1) デンプン，白砂糖は有機物であるため，加熱すると黒くこげ二酸化炭素を発生するが，無機物の食塩は加熱しても燃えない。(2) グラフの原点と点D～Hをそれぞれ直線で結ぶと，DとGは同一直線上にある。よって，DとGの密度は同じだから，DとGは同じ種類の金属である。

8 問1．メスシリンダー　問2．密度　問3．7.0 g/cm^3
問4．(1) ① ウ　② イ　(2) エ
【解き方】問3．水50 cm^3を入れたメスシリンダーに金属球Xを入れたので，金属球Xの体積は55.0－50.0＝5.0 [cm^3]，質量は35 gなので，求める密度は35÷5.0＝7.0 [g/cm^3]　問4．(1) 原点とそれぞれの●を結んだグラフの傾きが大きいものほど，密度は大きい。

9 問1．4　問2．8.8　問3．(例) 物質の種類によって密度　問4．ア．P　イ．(例) 水銀よりも密度が小さい
【解き方】問1．水の体積30.0 mLにBの体積4.0 cm^3＝4.0 mLが加わるので，水面は34.0 mLを示す。
問2．$\frac{40.5}{4.6}$≒8.8 [g/cm^3]　問4．固体を液体の中に入れると，液体よりも密度が小さい固体は浮き，液体よりも密度が大きい固体は沈む。

10 ウ

11 (1) 砂糖
(2) 水素，炭素

12 (1) 有機物　(2) (粉末X) 食塩，(粉末Z) 砂糖

13 (1) エ　(2) W．イ　Y．ウ
(3) ① ア　② ア　③ エ
【解き方】(1) 有機物が燃焼すると含まれる炭素が酸化されて二酸化炭素が発生する。
(2) WとYは有機物であることから砂糖かデンプンで，水に溶けにくいYがデンプンである。
(3) フェノールフタレイン溶液はアルカリ性の水溶液に加えると赤色に変化する。

気体とその性質

1 エ

2 イ

3 エ

4 6

5 (1) A，D　(2) (イ)，(カ)
【解き方】それぞれの気体は，Aは酸性・刺激臭があることより塩化水素，Bはすべての気体の中で密度が最も小さいことより水素，Cは酸素，Dは刺激臭があって上方置換法で集めることよりアンモニア，Eは消火剤として用いられることより二酸化炭素である。(1) 気圧Eを入れたペットボトルがへこんだのは，少量の水に気体が溶けてペットボトル内の気圧が小さくなったからである。A～Dの気体の中で，水に溶けやすい気体はAの塩化水素とDのアンモニアである。
(2) 上方置換法で集めるアンモニアは空気より密度が小さく，下方置換法で集める塩化水素や二酸化炭素は空気より密度が大きいことから考える。

6 1．NH_3
2．① 青　② 赤　③ 酸
3．(記号)イ，(理由)(例)試験管Xのほうが試験管Y(空気)よりも酸素の割合が高いから。
【解き方】Aはアンモニア，Bは水素，Cは二酸化炭素，Dは酸素である。
3．酸素の体積の割合が大きいほど，線香は激しく燃える。

水溶液の性質

1 132 g
【解き方】溶質の質量は$150\times\frac{12}{100}=18$ [g] より，溶媒の質量は$150-18=132$ [g]

2 5%
【解き方】溶質の食塩の質量は，$100\times\frac{4}{100}=4$ [g]
一部蒸発したあとの食塩水の濃度は，$\frac{4}{80}\times100=5$ [%]

3 104 g
【解き方】20℃の水300 gに溶ける硝酸カリウムの質量は$32\times3=96$ [g]　よって，$200-96=104$ [g]

4 (1) (ア)
(2) A．(イ)　B．24
【解き方】(2) A．70℃の水100 gでつくった物質Xの飽和水溶液の質量は$100+138=238$ [g]，実験でつくった飽和水溶液の質量は119 gであるから，溶けている物質Xの質量は$138\times(119\div238)=69$ [g]　$119-69=50$ [g] より，水50 gに物質X69 gを溶かして飽和水溶液を作成したとわかる。この飽和水溶液を冷やして物質Xの固体53 gが取り出されるのは，$(69-53)\times(100\div50)=32$ [g] より，飽和水溶液の温度を20℃にしたときである。B．20℃における飽和水溶液の質量パーセント濃度は$32\div(100+32)\times100\fallingdotseq$ 24 [%]

5 (1) ① Na^+　② Cl^-(順不同)　(2) 再結晶　(3) イ
【解き方】(3) 20℃の水25 gに溶ける塩化ナトリウムは$36\times\frac{25}{100}=9$ [g] なので，塩化ナトリウムは溶けたままである。20℃の水25 gに溶けるミョウバンは$11.4\times\frac{25}{100}=2.85$ [g]　現れた結晶は$6-2.85=3.15$ [g]

6 1．20%　2．5 g　3．ア　4．(記号)イ，
(理由)(例)同じ温度での溶解度は等しいから。
【解き方】1．$\frac{25}{100+25}\times100=20$ [%]
2．100 gの水に対してホウ酸は44℃で10 g溶けるため，20 gの水に対しては，5分の1の2 gしか溶けない。問題では7 gのホウ酸を加えているため，$7-2=5$ [g] 溶けずに残る。

7 1．イ　2．4.2 g　3．ア
4．a．B
b．(例) 温度による溶解度の変化がほとんどない
【解き方】2．塩化ナトリウムの質量をx [g] とすると，$\frac{x}{100+x}\times100=4.0$より$x=4.16\cdots\fallingdotseq4.2$ [g]

8 (ア) 5　(イ) 1　(ウ) (i) 2　(ii) 3
(エ) あ．3　い．2
【解き方】(イ) 溶解度曲線より，60℃の水100 gに硝酸カリウム50 gは溶けるが，塩化ナトリウム50 gは溶け残る。
(ウ) (ii) 水が蒸発する前後とも水溶液は飽和水溶液であるから，濃度は変化しない。
(エ) 水溶液を冷却する前の質量パーセント濃度は$30\div130\times100\fallingdotseq23$ [%]　水溶液を10℃に冷却すると，溶解度曲線により，硝酸カリウム30 gは溶けきれず飽和水溶液となり，水溶液の質量パーセント濃度は$22\div122\times100\fallingdotseq18$ [%] で，冷却前より小さい値になる。

9 問1．炭素　問2．イ，ウ，オ
問3．9%　問4．ウ　問5．2.2 g
【解き方】問2．オの炭酸ナトリウム(Na_2CO_3)は有機物ではないが，炭素原子が含まれる。問3．$0.5\div(5+0.5)\times100\fallingdotseq9$ [%]　問4．溶解度の関係より，水5 gに4 gの物質を溶かすことは水100 gに80 gの物質を溶かすことと同じである。図5より，硝酸カリウムは水の温度20℃，30℃，40℃，50℃，60℃でそれぞれ約32 g，約46 g，約64 g，約85 g，約109 g溶けるから，80 gすべて溶けるのは50℃と60℃のときである。問5．20℃で塩化ナトリウムは水100 gに約36 g溶けるから，水5 gには$36\div20=1.8$ [g] 溶ける。よって，溶け残りは$4-1.8=2.2$ [g]

10 (1) ウ　(2) イ　(3) ア
(4) ① エ　② (例) 水の温度が下がると，ミョウバンの溶解度は小さくなるが，塩化ナトリウムの溶解度はあまり変化しない
【解き方】(3) 資料より，20℃の水50 gに溶けるミョウバンの質量は$11.4\div2=5.7$ [g]　質量パーセント濃度 [%] ＝溶質の質量 [g] ÷溶液の質量 [g] ×100　で求められるので，$\frac{5.7}{50+5.7}\times100\fallingdotseq10$ [%]

状態変化

1 (1) イ　(2) 水
【解き方】(2) 沸騰中は水中に水蒸気の泡が生じる。

2 (1) 融点　(2) ア，イ

3 (1) 状態変化　(2) イ　(3) ウ
【解き方】(2) 融点が20℃より高い物質の状態は液体ではない。

4 (1) ウ　(2) イ
(3) (記号) A，(理由) (例) (選んだ物質では，物質の温度 (60℃) が) 融点より高く，沸点より低いから。
【解き方】(3) 60℃のとき，物質Bは気体，物質Cは固体である。

5 エ

6 (a) 蒸留　(b) イ
【解き方】(b) エタノールの割合が多い順は，A＞B＞Cである。

7 (1) 4
(2) (例) エタノールの沸点が水の沸点より低いから。
(3) 蒸留
【解き方】(1) 温度計の液だめはフラスコの枝と同じ高さにして，出てくる蒸気の温度をはかる。

8 (1) エ　(2) ウ　(3) (例) エタノールと水の沸点の違い

9 1．(1) エ　(2) エ　(3) オ　(4) ウ
2．(1) ウ　(2) イ　(3) ア　(4) 10.2%
【解き方】1．(4) エタノールの割合が2番目に高い試験管Bの液体の密度は $\frac{1.89}{2.1}=0.9$ [g/cm³]　この液体の質量パーセント濃度は図3より約61%。2．(3) 図4は硝酸カリウムの結晶である。20℃の水150 gに溶ける硝酸カリウムの質量は $31.6\times\frac{150}{100}=47.4$ [g] であるから，取り出した結晶の質量は $50-47.4=2.6$ [g]　(4) 20℃の水100 gに溶ける質量が最も小さいミョウバンの質量パーセント濃度が最も小さく，その値は $\frac{11.4}{100+11.4}\times 100=10.23\cdots\fallingdotseq 10.2$ [%]

第2章 物質のつくりと化学変化

物質の成り立ち

1 分子

2 原子核

3 5
【解き方】酸化銀の分解の化学反応式は
$2Ag_2O \rightarrow 4Ag + O_2$

4 (1) ① 水上置換法　② ア　(2) ウ
(3) (例) 水に溶けると酸性を示す。
【解き方】(1) ② 生じた液体は水で，塩化コバルト紙を青色から桃色に変化させる。(2) フェノールフタレイン溶液はアルカリ性で赤色を示し，アルカリ性が強いほど濃い赤色になる。(3) 二酸化炭素は水に溶けると酸性を示す。

5 (1) (例) 液体が発生した場合，加熱部分に流れて試験管が割れないようにするため。
(2) エ　(3) ア
【解き方】(2) 炭酸水素ナトリウムが熱分解すると二酸化炭素が発生する。

6 (1) ア　(2) ウ　(3) ウ
(4) $2NaHCO_3 \rightarrow Na_2CO_3 + H_2O + CO_2$
(5) (例) 二酸化炭素が発生した
【解き方】(1) 加熱をやめると，試験管内部の気体の温度が下がり，試験管内部の気圧が小さくなる。
(3) フェノールフタレイン液はアルカリ性で赤色を示す。$NaHCO_3$水溶液およびNa_2CO_3水溶液はそれぞれ弱アルカリ性，強アルカリ性である。
(5) 生じたCO_2が生地間に入って隙間を作るため膨らむ。残ったNa_2CO_3は強いアルカリ性で苦みを感じさせるが，ベーキングパウダーは中和剤 (酸性) を入れておくことでこれを防いでいる。

7 (1) エ　(2) ア
【解き方】(2) 酸素はものを燃やすはたらきがある。

8 問1．エ　問2．イ　問3．カ　問4．$4Ag + O_2$
問5．3.72 g
【解き方】酸化銀を加熱すると銀と酸素に分解される。
問1．銀は金属なので，たたくとうすく広がり，電気を通す。
問5．表より，酸化銀1.00 gを完全に反応させたときに発生する酸素の質量は0.07 gである。また，酸化銀5.00 gを

加熱して途中で反応をとめたときに発生した酸素の質量は$5.00-4.72=0.28$ [g]　このとき反応した酸化銀の質量をx gとすると，$1.00：0.07=x：0.28$より$x=4.00$ [g]　よって，酸化銀4.00 gが分解してできる銀の質量は$0.93\times4.00=3.72$ [g]

9　1．(例)手であおぎながらかぐ。
2．右図
3．イ

$CuCl_2 \rightarrow Cu + Cl_2$

【解き方】 3．図2より，0.20 Aの電流を50分流した場合，付着した固体が0.20 gとなる。電流の大きさを0.40 Aにした場合，50分で0.40 gの固体が付着すると考えられるため，1.0 gの固体が付着するには$1.0\div0.40=2.5$ [倍] の時間電流を流せばよい。よって，$50\times2.5=125$ [分]

10　イ
【解き方】 水を電気分解すると，陰極側に水素が発生する。

11　問1．7.5 g　問2．ウ　問3．ウ，エ
問4．$HCl\rightarrow H^+ + Cl^-$
問5．(実験1)ア，(実験2)エ

【解き方】 問1．求めるNaOHの質量をx gとして，$\frac{x}{300}\times100=2.5$より$x=7.5$ [g]　問2．電極A (陰極) では水素イオン (H^+) が引き寄せられて水素が発生する。問3．選択肢ア，イ，オはすべてCO_2が発生する反応。問5．実験1の反応式は$2H_2O\rightarrow 2H_2+O_2$で$a：b=2：1$，実験2では$2HCl\rightarrow H_2+Cl_2$で$c：d=1：1$となるが，塩素は水に溶けやすいため，$c$が多い。

さまざまな化学変化

1　ウ

2　$2Mg+O_2\rightarrow 2MgO$

3　$2H_2+O_2\rightarrow 2H_2O$

4　1

5　$Fe+S\rightarrow FeS$

6　(1) 単体　(2) ウ
(3) A．磁石についた。B．磁石につかなかった。
(結果からいえること) (例) 加熱後の試験管Bにできた物質は，もとの鉄とは別の物質である。
(4) ⓐ C　ⓑ D　ⓒ イ
(5) $Fe+S\rightarrow FeS$

【解き方】 (1) 2種類以上の元素から成り立っている純粋な物質(純物質) を化合物という。純物質でないものは混合物。(3) Aには鉄粉が含まれるので磁石につく。Bは鉄が硫黄と結びついて硫化鉄になっているため磁石につかない。(4) ⓐ 鉄に塩酸を入れると水素が発生。ⓑ・ⓒ 硫化鉄に塩酸を入れると硫化水素(卵が腐ったようなにおい)が発生。

7　(1) エ　(2) $(2Ag_2O\rightarrow)4Ag+O_2$　(3) (例) (試験管の中にできた赤色の固体が，) 空気にふれて反応するから。
(4) 0.64 g　(5) ク

【解き方】 (4) 酸化銅の粉末4.0 gから銅3.2 gができたので，酸化銅の粉末0.80 gからできる銅の質量をx gとすると，$0.80：x=4.0：3.2$よりxを求める。

8　(1) ① イ　② エ　(2) ウ
(3) $2Cu+CO_2$
(4) (二酸化炭素) 0.44 g，(酸化銅) 0.40 g

【解き方】 (4) 炭素と結びついた酸素の質量は$2.00-1.68=0.32$ [g] であるから，発生した二酸化炭素の質量は$0.12+0.32=0.44$ [g]　酸化銅が還元されて生じた銅の質量をx gとすると，$x：0.32=4：1$より$x=1.28$ [g]　よって，残った黒色の酸化銅の質量は$1.68-1.28=0.40$ [g]

9　1．(1) (例) 石灰水が逆流して，試験管A内に入ること。
(2) 金属光沢 (「光沢」も可)
2．(1) 還元
(2) 右図
3．イ，ウ，オ

Mg O
Mg O

【解き方】 1．(1) 加熱をやめると，試験管Aの内部の気体の温度が下がり，気圧が小さくなる。(2) 金属の特徴は，展性，延性，熱・電気の伝導性，金属光沢。
2．(2) $2Mg+O_2\rightarrow 2MgO$　3．マグネシウムによる二酸化炭素の還元の反応式は$2Mg+CO_2\rightarrow 2MgO+C$　アは二酸化炭素の還元より誤り。エは銅の還元より誤り。

10　問1．イ　問2．ウ　問3．① イ　② 吸熱
問4．NH_3　問5．エ

【解き方】 問5．アンモニアは有毒で，非常に水にとけやすいので，ろ紙に含まれる水分に吸着させることで周囲に広がることを防ぐ。

化学変化と物質の質量

1　(1) 質量保存の法則　(2) イ
【解き方】 (2) ピンチコックを開くと，鉄粉と結びついた酸素の分だけフラスコ内に空気が入ってきて，その分だけ質量が増加する。

2　3
【解き方】 発生した気体の質量を求めるには，反応前の塩酸と石灰石の質量の合計と反応後のビーカーに残った反応物の質量との差を求めればよい。

3 イ

【解き方】 スチールウール（鉄）の燃焼では気体が発生せず，燃焼後には鉄と結びついた酸素の分だけ質量が大きくなる。木片のような有機物が燃焼すると，炭素が酸化されて二酸化炭素が発生する。

4 ウ

5 2.4 g

【解き方】 Aからは塩化ナトリウムは加熱しても質量変化が起こらないことが，Bからは3.2 gの炭酸水素ナトリウムを加熱すると1.2 g減少することがわかる。Cの皿に入っている炭酸水素ナトリウムの質量をxgとすると，Cの皿の質量変化はすべて炭酸水素ナトリウムによるため，3.2：1.2＝x：0.9という比例式が立てられる。

6 (1) $2Mg+O_2 \rightarrow 2MgO$　(2) 1.5 g　(3) ウ

【解き方】 (2) 銅：酸素＝4：1より，銅：酸化銅＝4：5　よって，金属Yは銅，金属Xはマグネシウムである。また，(酸化物の質量)－(金属の質量)＝(金属と反応する酸素の質量) であるから，図より(1.5，2.5)のとき，マグネシウム1.5 gと反応した酸素の質量は1.0 gである。(3) (2)より，マグネシウム1.5 gと酸素1.0 gが反応したので，反応する質量の比は1.5：1.0＝3：2である。反応する銅と酸素の質量の比が4:1なので，銅とマグネシウムが同じ質量のとき，それぞれの金属と過不足なく反応する酸素の質量の比は，銅が12：3，マグネシウムが12：8　よって，$\frac{8}{3}$倍である。

7 (1) MgO　(2) オ

(3) (例)(銅やマグネシウムが) すべて酸素と反応したから。

(4) カ　(5) 2.16 g

【解き方】 (1) $2Mg+O_2 \rightarrow 2MgO$

(4) 下表より，$Cu:Mg=\frac{1.80}{0.45}:\frac{1.80}{1.20}=8:3$

物質	加熱後[g]	結びついた酸素[g]
Cu　1.80g	CuO　2.25g	O_2　2.25－1.80＝0.45[g]
Mg　1.80g	MgO　3.00g	O_2　3.00－1.80＝1.20[g]

[別解] $Cu:CuO:O_2=1.80:2.25:0.45=4:5:1$
$Mg:MgO:O_2=1.80:3.00:1.20=3:5:2$　よって，同じ質量の酸素と結びつくCuとMgの質量の比は (4×2)：3＝8：3

(5) Cuの質量をxgとすると，加熱後の質量は$\left(\frac{x}{1.80}\times 2.25\right)$g。Mgは(3.00－$x$)gと表せるので，加熱後は$\left(\frac{3.00-x}{1.80}\times 3.00\right)$g。よって，$\frac{x}{1.80}\times 2.25+\frac{3.00-x}{1.80}\times 3.00=4.10$より$x$を求める。

[別解] Cuの質量をx g, Mgの質量をy gとすると, (4)の [別解] より，$x+y=3.00$,　$\frac{5}{4}x+\frac{5}{3}y=4.10$　これを解くと，$x=2.16$ [g]，$y=0.84$ [g]

8 1．(例)石灰水が試験管の中に逆流するのを防ぐため。

2．(1) $2Cu+CO_2$　(2) ア　(3) イ

3．4：1

【解き方】 1．試験管内の温度が下がって石灰水が加熱部分に流れ込むと，急激な温度変化により試験管が割れるおそれがある。

2．(1)･(2) 酸化銅が還元されて銅に，炭素が酸化されて二酸化炭素になる。(3) e．試験管内に残った固体の質量が最低になった炭素粉末の質量が0.30 gのとき，炭素粉末と酸化銅4.00 gはすべて反応した。f．発生した気体の質量＝反応前の質量－反応後の質量　より，発生した気体の質量は(4.00＋0.15)－3.60＝0.55 [g]

3．4.00 gの酸化銅が還元されて3.20 gの銅になった。このとき，酸化銅に含まれていた酸素の質量は4.00－3.20＝0.80 [g] で，銅：酸素＝3.20：0.80＝4：1

9 (1) エ

(2) $2CuO+C \rightarrow 2Cu+CO_2$

(3) (例) 石灰水が逆流しないようにするため。

(4) (1.0 gのとき) ア, イ　(0.1 gのとき) ア, ウ　(5) イ

【解き方】 (1) 炭素を含む物質でなければ，二酸化炭素は発生しない。(4) 発生した二酸化炭素の質量は(酸化銅の質量)＋(炭素の質量)－(固体の質量) で求められ, 表Ⅰ・Ⅱより，炭素の質量が0.4 gのときまでは1.4 gのまま変わらない。したがって，炭素が5.0 gから0.4 gの間は酸化銅がすべて還元され, 反応後には銅と未反応の炭素が残る。炭素が0.3 g以下になると，発生する二酸化炭素の質量が1.4 gより小さくなる。したがって，炭素がすべて酸化されて二酸化炭素になり，反応後には銅と未反応の酸化銅が残る。

(5) 炭素が0.4 gから0.1 gのときに発生した二酸化炭素の質量は次のようになる。

炭素の質量[g]	0.4	0.3	0.2	0.1
発生した二酸化炭素の質量[g]	1.4	1.1	0.7	0.3
二酸化炭素の質量の変化[g]	－0.3	－0.4	－0.4	

炭素の質量を0.4 gから0.3 gに減らしたときには二酸化炭素の質量は0.3 gしか減っていないが，そのあとは炭素が0.1 g減るごとに二酸化炭素が0.4 gずつ減っている。したがって，炭素の質量が0.3 g以上0.4 g未満で5.0 gの酸化銅と過不足なく反応すると考えられる。

10 (1) D　(2) 50%　(3) 0.6 g

(4) $CuO+H_2 \rightarrow Cu+H_2O$　(5) 4 g

【解き方】 (1) (銅と結びついた酸素の質量)＝(加熱後の物質の質量)－(銅の質量) により，銅と結びついた酸素の質量を求めてグラフに表すと下の図のようになり，じゅうぶんに酸化されなかったのはDである。

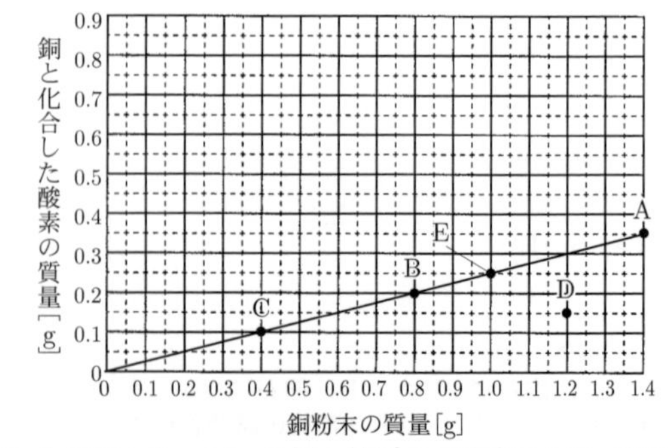

(2) 上の図より，1.2 gの銅と結びつく酸素は0.30 gであるが，半分の0.15 gしか結びついていないので，酸化された銅粉末は50%である。(3) 上の図のBより，0.8 gの銅と0.2 g

の酸素が結びついて1.0 gの酸化銅ができる。質量比は，酸化銅：銅と結びついた酸素＝5：1で，3.0 gの酸化銅ができたときに結びついた酸素の質量は$3.0\times\frac{1}{5}=0.6$ [g]
(5) 水素と酸素の原子の質量比から，水の質量の$\frac{16}{16+2}=\frac{8}{9}$が酸素原子の質量である。0.9 gの水ができたとき，酸化銅から奪われた酸素は$0.9\times\frac{8}{9}=0.8$ [g] で，酸化銅：酸素＝5：1より，還元された酸化銅は0.8×5＝4 [g]

11 (1) ア．2Mg，O_2
イ．0.54 g
(2) ア．3
イ．右図
(3) 4
(4) 0.80 g (0.8 gも可)

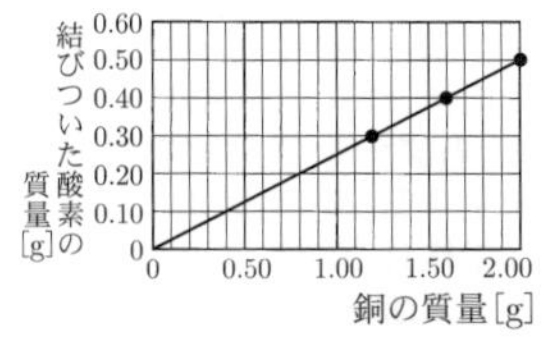

【解き方】 (1) イ．実験1の表より，マグネシウム1.20 gに対して過不足なく反応する酸素の質量は2.00－1.20＝0.80 [g] とわかる。1回目の加熱でマグネシウムと反応した酸素の質量は1.56－1.20＝0.36 [g]　よって，1回目の加熱で酸素と反応したマグネシウムの質量は0.36÷0.80×1.20＝0.54 [g]　(4) 銅粉の質量をx [g] とすると，銅粉と過不足なく酸素が反応したときの化合物 (酸化銅) の質量は(x×1.50÷1.20)g　また，マグネシウムの質量は(1.10－x)gと表せるので，このマグネシウムと過不足なく酸素が反応したときの化合物 (酸化マグネシウム) の質量は((1.10－x)×2.00÷1.20)g　よって，x×1.50÷1.20＋(1.10－x)×2.00÷1.20＝1.50という方程式が立つ。これを解くと，x＝0.80 [g]
[別解] 銅の質量をx [g]，マグネシウムの質量をy [g] とすると，$x+y=1.10$，$\frac{1.50}{1.20}x+\frac{2.00}{1.20}y=1.50$　これを解いて，$x=0.80$ [g]，$y=0.30$ [g]

12 1．イ　2．エ　3．0.28 g　4．3.72 g
【解き方】 3．1.00 gの酸化銀を十分に加熱すると，1.00－0.93＝0.07 [g] の酸素が発生するので，4.00 gの酸化銀を十分に加熱すると，$0.07\times\frac{4.00}{1.00}=0.28$ [g] の酸素が発生する。4．このときに発生した酸素の質量は，5.00－4.72＝0.28 [g]　前問3．より熱分解した酸化銀は4.00 gと判断できるので，試験管に残った固体のうち，銀の質量は4.00－0.28＝3.72 [g]

13 1．質量保存の法則
2．CO_2
3．右図
4．イ

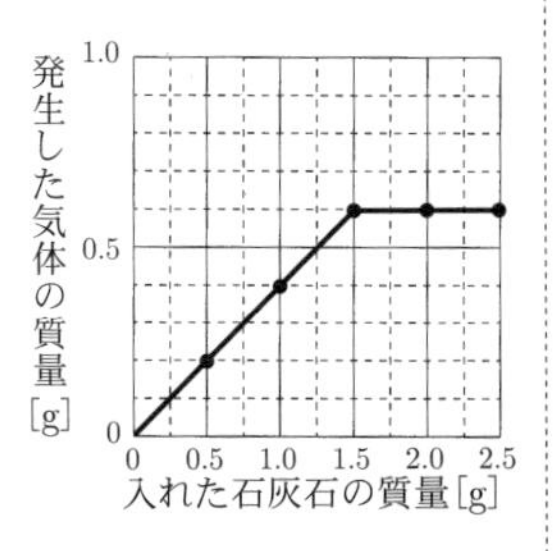

【解き方】 3．発生した気体の質量は，反応前の全体の質量から反応後の全体の質量を引いて求める。反応前の全体の質量は，うすい塩酸を入れたビーカーの質量59.0 gに，入れた石灰石の質量を足す。4．実験では塩酸を12 cm³用いているが，本問では18 cm³である。3のグラフから，石灰石をじゅうぶんに入れた場合に発生した気体の質量は0.6 gであるので，$0.6\times\frac{18}{12}=0.9$ [g] と求められる。

14 問1．H_2SO_4，$Ba(OH)_2$，$2H_2O$
問2．(番号) 4，Z．質量保存
問3．(番号) 2，(理由) (例) 容器の中の気体が容器の外へ出ていったから。
【解き方】 問1．白い沈殿は硫酸バリウム($BaSO_4$) である。化学反応式の左辺と右辺で原子の種類と数が等しくなるようにする。問3．うすい塩酸と炭酸水素ナトリウムが反応して，塩化ナトリウムと二酸化炭素，水ができる。

15 (1) あ．2　い．イ　(2) ア　(3) エ　(4) イ
(5) ア，ウ，エ，オ
【解き方】 (2) 質量保存の法則。今回の反応においては，二酸化炭素がビーカーから気体として出ていくので，その分だけ質量が減少すると考えられる。(3) グラフをかく際は，横軸には【結果】の表の炭酸カルシウムの質量 [g] をとり，縦軸には，発生した二酸化炭素の質量 [g] をとるとよい。縦軸の値は，【結果】の表の炭酸カルシウムの質量 [g] ＋20.00 gから反応後の質量 [g] を引けば求められる。グラフをかいた際に，発生した二酸化炭素の質量が一定となるときの炭酸カルシウムの質量を求める。

16 (1) ① 0.44　② ウ
(2) 8 cm³
(3) イ
【解き方】 (1) ① 発生した二酸化炭素の質量＝(a)の質量－(c)の質量　炭酸カルシウムが1.00g増加すると，二酸化炭素が0.88－0.44＝0.44 [g] 増加する。
② 表1より，20.0 cm³の塩酸がすべて反応すると，1.10 gの二酸化炭素が発生するので，反応した炭酸カルシウムは，1.10÷0.44＝2.5 [g] である。よって，塩酸40.0 cm³では炭酸カルシウム5.0 gが過不足なく反応し，二酸化炭素が2.20 g発生する。
(2) ビーカーA～Fに入れた炭酸カルシウムの合計は21.0 g，塩酸の体積は実験1で120.0 cm³，実験2で40.0 cm³加えているので，合計160 cm³である。21.0 gの炭酸カルシウムと過不足なく反応する塩酸の体積は，$40\times\frac{21.0}{5.0}=168$ [cm³] で，8 cm³不足している。
(3) 容器に入れた物質は，炭酸カルシウム21.0 g，塩酸168×1.05＝176.4 [g] で，合計197.4 gである。発生した二酸化炭素は21.0×0.44＝9.24 [g] なので，容器に残っている物質の質量は，197.4－9.24＝188.16 [g]

第3章
化学変化とイオン

水溶液とイオン

1 (1) 電解質　(2) イ，エ
【解き方】 (2) 塩酸や炭酸水のようにイオンが存在する水溶液には電流が流れる。

2　a.電子　b.陽子　c.中性子

3　(1) 中性子　(2) イ
【解き方】(2) カリウム原子が電子を1個失って，陽イオンのカリウムイオン（K^+）になる。

4　エ

5　(1) イ，エ　(2) エ　(3) Cu^{2+}

6　(化学式)NaCl，(混合した水溶液)BとC
【解き方】Aは塩化ナトリウム水溶液，Bは塩酸，Cは水酸化ナトリウム水溶液，Dは水酸化バリウム水溶液，Eは砂糖水。

7　(1) ($CuCl_2$→)Cu^{2+}＋$2Cl^-$　(2) 塩素
(3) ① イ　② エ　(4) ウ
【解き方】(4) うすい塩酸を電気分解すると，陽極付近から塩素，陰極付近から水素が発生する。

8　(1) Cu^{2+}　(2) 6.48 g　(3) 2
(4) 下図　(5) 0.66 g

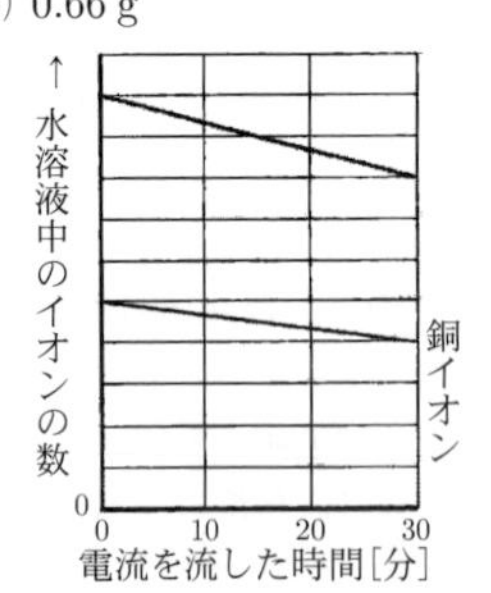

【解き方】(1) イオンの化学式の係数はイオンの個数の比を表している。
(2) 1.08×60.0＝64.8 [g]　64.8×0.10＝6.48 [g]
(3) 選択肢1はH_2，3はCO_2，4はO_2の特徴を表している。
(4) (1)の電離を表す式より，水溶液中のイオンの数の比はCu^{2+}：Cl^-＝1：2　電流を流して銅イオンが1つ減るごとに塩化物イオンが2つ減り，塩素分子が1つ生じる。
(5) 塩素は分子として生じ，その質量をxgとすると，20：(11×2)＝0.60：xよりx＝0.66 [g]

9　1．(1) エ　(2) (例)水に溶けやすい　(3) Cl^-
2．イ，オ
【解き方】 1．(1)・(2) 塩酸の電気分解では陰極からは水素，陽極からは塩素が発生する。塩素は水によく溶ける。
2．電解質の水溶液や金属には電流が流れる。

10　問1．(例)電流を通しやすくするため。
問2．電解質　問3．$CuCl_2$→Cu^{2+}＋$2Cl^-$
問4．エ　問5．◎◎

【解き方】問5．陽極では，電子1個を余分にもつ塩化物イオン（陰イオン）が陽極に電子を1個あたえて塩素原子になり，塩素原子が2個結びついて塩素分子（Cl_2）となっている。

11　問1．(1) ① 水素　② イ　(2) ① イ　② (例)水に溶けやすい　問2．(1) Cu　(2) エ
問3．①（例）塩素に漂白作用がある（「漂白」は「脱色」でも可）
② ア　③（例）塩化銅水溶液（銅イオンも可）
【解き方】問1．(1) マッチの火を近づけると音を立てて燃えたことから，電極Aで発生した気体は水素である。塩酸の電気分解では，陰極(ここでは電極A)で水素が発生する。(2) 塩酸の電気分解では，陽極(ここでは電極B)で塩素が発生する。塩素は水に溶けやすいので，集まった気体の量は電極Bのほうが少なくなる。問2．(2) 電気分解を進めると，水溶液中の銅イオンが銅になり，水溶液中のイオンの数は減少する。塩化銅水溶液の青色は銅イオンの色であり，色がうすくなったのは水溶液中の銅イオンの数が減少したためである。この状態ではまだイオンは存在しているのでエが適切。

12　〔問1〕ア　〔問2〕エ　〔問3〕イ　〔問4〕① イ　② ウ
【解き方】〔問1〕塩化銅は水溶液中で$CuCl_2$→Cu^{2+}＋$2Cl^-$と電離するので，陰イオンの数は陽イオンの2倍となる。
〔問3〕$2Cl^-$→Cl_2＋$2e^-$という化学変化が起こる。
〔問4〕銅イオンは電子を受け取って銅原子となるので，時間が経つと銅イオンの数は減少する。<実験2>では水が電気分解され，ナトリウムイオンは変化しないので，時間が経っても数は変わらない。

酸・アルカリとイオン

1　指示薬

2　① ウ　② ア
【解き方】溶液Aはリトマス紙に電流を流すために用いる。よって，実験結果に影響を与えない中性の電解質の水溶液が適している。

3　ウ

4　イ
【解き方】アルカリ性では赤色リトマス紙が青色に変化し，アルカリ性の性質を示す水酸化物イオン(OH^-)は陽極に引かれるのでaが変化する。

5　1．ウ　2．(例)電流が流れるようにするため。
3．(1) 水素　(2) イ　4．165 g

【解き方】 3．(1) 塩酸中には，陽イオンの水素イオンと陰イオンの塩化物イオンが存在する。(2) 水酸化物イオンは陰イオンなので，陽極側に引かれる。よって，赤色リトマス紙の陽極側が青色に変化する。
4．質量パーセント濃度が35％の濃い塩酸10 gに溶けている塩化水素は$10\times\frac{35}{100}=3.5$ [g]　2％のうすい塩酸がx [g] できたとすると，$\frac{3.5}{x}\times100=2$より$x=175$ [g]
よって，必要な水は$175-10=165$ [g]

6　問1．H_2　問2．(ビーカーB) い，(ビーカーC) あ
問3．$H_2SO_4+Ba(OH)_2\rightarrow BaSO_4+2H_2O$　問4．塩
問5．(例) ビーカーC，Dともにすべての硫酸イオンがバリウムイオンと反応し，沈殿したから。
【解き方】 問5．フェノールフタレインが赤色であるため，ビーカーCとDはともにアルカリ性である。そのため，ビーカーCとDのうすい硫酸はすべて中和に使われている。

7　1．アルカリ　2．(1) ウ
(2) (例) 水酸化物イオンと結合して水になっている
【解き方】 2．(1) この実験で，ナトリウムイオンは水溶液中では塩化物イオンと結合せず，うすい水酸化ナトリウム水溶液の体積は一定であるため，ナトリウムイオンの数は一定である。

8　1．ア　2．(例) 水溶液の水を蒸発させる。
3．H^+　Na^+　4．エ
【解き方】 3，4．化学反応式は，$HCl+NaOH\rightarrow H_2O+NaCl$　中性になるまでは，うすい水酸化ナトリウム水溶液を加えた分Na^+の数は増加し，加えたOH^-と同じ数だけうすい塩酸中のH^+が減少しH_2Oになるので，Na^+が増加した分H^+が減少するだけで，混ぜた溶液中のイオンの総数は変わらない。うすい水酸化ナトリウム水溶液5.0 cm³は塩酸10.0 cm³を完全に中和させるのに必要な量のちょうど半分なので，H^+の数は当初の半分まで減少し，その分Na^+が増加したので，H^+とNa^+は同数である。中性になるまではイオンの総数は変化しないが，さらに水酸化ナトリウム水溶液を加えると，Na^+とOH^-が増えるので，イオンの総数は増加する。この様子を表すグラフはエである。

9　① 1.5 g　② 中和　③ $\frac{3}{4}n$　④ 24
【解き方】 (2) ① $50\times\frac{3}{100}=1.5$ [g]　③ 塩酸の中の水素イオンと，水酸化ナトリウム水溶液中の水酸化物イオンは同数でちょうど中和して中性になるので，水酸化ナトリウム水溶液8 cm³に含まれる水酸化物イオンの数はn。さらに，6 cm³入れたときの水酸化物イオンの数は$\frac{6}{8}\times n=\frac{3}{4}n$
④ ビーカーXの水溶液を水溶液X，ビーカーYの水溶液を水溶液Yとする。ビーカーBで水溶液Xを3 cm³入れたので，同じ濃度の水溶液Xはあと5 cm³必要になる。表では水溶液Yを15 cm³加えて中和しているので，水溶液Xに比べて水溶液Yは$\frac{1}{3}$の濃度になる。ビーカーCでは水溶液Yのみで中和させている。水溶液Xだけでは8 cm³必要なので，水溶液Yのみでは$8\times3=24$ [cm³] 必要になる。

10　1．エ　2．$H^++OH^-\rightarrow H_2O$　3．NaCl
4．a．変わらない　b．ふえる
【解き方】 2．BTB溶液が黄色から緑色になったのは中和が起こったからである。
4．中和が起こっている間は，中和で減ったH^+と同数のNa^+が加わるため，陽イオンの数は変化しない。H^+がなくなり中和が起こらなくなると，加えたNa^+の分だけ陽イオンが増加する。

11　1．$BaSO_4$
2．ウ　3．水素
4．(例) 酸性の原因の水素イオンと，アルカリ性の原因の水酸化物イオンが結びつき，互いの性質を打ち消し合い，水を生じる反応。5．右図

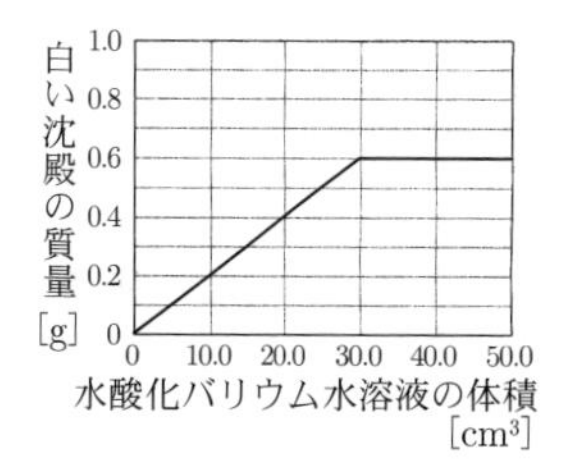

【解き方】 3．ビーカーBのろ過したあとの液は酸性なので，金属のマグネシウムリボンと反応して水素が発生する。
5．表より，ビーカーDのときちょうど中性になり，ビーカーA～ビーカーCは酸性，ビーカーDは中性，ビーカーEとビーカーFではアルカリ性になっている。よって，水酸化バリウム水溶液の体積が0 cm³～30.0 cm³までは，白い沈殿の質量は加えた水酸化バリウム水溶液の体積に比例する。水酸化バリウム水溶液の体積が30 cm³，40.0 cm³，50.0 cm³のとき，白い沈殿は0.6 gで一定である。

12　問1．エ　問2．ウ　問3．イ
問4．NaCl，H_2O　問5．ア，オ
【解き方】 問3．水溶液が黄色を示している間は，中和によって水素イオンと水酸化物イオンが結びつき，水溶液中の水素イオンの数は減少し，水酸化物イオンは存在しない。また，ナトリウムイオンの数は中和に使われた水素イオンの数と等しい。さらに，溶け出したマグネシウムイオンの数は塩酸中に含まれていた水素イオンの数より少ないので，黄色の水溶液中には塩化物イオンが最も多く含まれる。
問5．水酸化ナトリウム水溶液15 cm³は図2の6 cm³の2.5倍なので，含まれるナトリウムイオン，水酸化物イオンの数は$2\times2.5=5$ [個] ずつである。そのうち，水酸化物イオン4個と水素イオン4個が結びつき，水酸化物イオン1個が残るため，水溶液はアルカリ性である。よって，pHは7より大きい。

13　1．(1) イ　(2) 電解質　(3) OH^-　(4) X．赤　Y．陰
2．(1) $HCl+NaOH\rightarrow NaCl+H_2O$　(2) エ　(3) ウ
(4) エ
【解き方】 1．(4) pH試験紙は酸性で赤色，アルカリ性で青色になる。酸性を示す水素イオンH^+は陽イオンなので，陰極に引かれる。2．(2) 中性になった試験管cでは，中和でできた塩化ナトリウムの水溶液になっていて，水を蒸発させると白い塩化ナトリウムが残る。塩化ナトリウムは加熱を続けても変化しない。(3) 塩酸を加えると，中和により塩酸中のH^+は水溶液中のOH^-と結びついて水になる。加えた塩酸中のCl^-と結びついたOH^-は同数なので，中和が完了するまではイオンの総数は変化しない。塩酸3 mLを加えて中和が完了すると，その後は加えた塩酸の分のイオンが増えていく。(4) 酸性の水溶液にマグネシウムを入れると水素が発生する。

化学変化と電池

1　燃料

2　エ

【解き方】硫酸銅水溶液に亜鉛片を入れると亜鉛片に銅が付着したことから，イオンへのなりやすさは亜鉛＞銅である。硫酸銅水溶液と硫酸亜鉛水溶液それぞれにマグネシウム片を入れるとマグネシウム片に銅，亜鉛がそれぞれ付着したことからイオンへのなりやすさは，マグネシウム＞銅，マグネシウム＞亜鉛である。以上より，マグネシウム＞亜鉛＞銅となる。

3　ア．Zn^{2+}　イ．1

【解き方】イ．たとえば，硫酸銅水溶液に亜鉛板を入れると「銅が付着した」のは，銅よりも亜鉛のほうが陽イオンになりやすいからである。同様にして，他の水溶液と金属板についても考える。

4　(1) 170 g
(2) $Mg \to Mg^{2+} + 2e^-$
(3) オ

【解き方】(1) 水溶液200 gに含まれる硫酸銅の質量は$200 \times \frac{15}{100} = 30$ [g] なので，水の質量は$200 - 30 = 170$ [g]
(2) 下線部は，亜鉛よりイオンになりやすいマグネシウム原子が電子を放出してマグネシウムイオンになり，水溶液中に溶け出すために起こる。一方で，亜鉛イオンは電子を受け取って亜鉛原子になり，マグネシウム板に付着する。
(3) 亜鉛板と硫酸銅水溶液の反応より，イオンへのなりやすさは亜鉛＞銅，マグネシウム板と硫酸亜鉛水溶液の反応より，マグネシウム＞亜鉛，マグネシウム板と硫酸銅水溶液の反応より，マグネシウム＞銅である。したがって，マグネシウム＞亜鉛＞銅。

5　(1) 4.9 g　(2) 下図　(3) (イ)

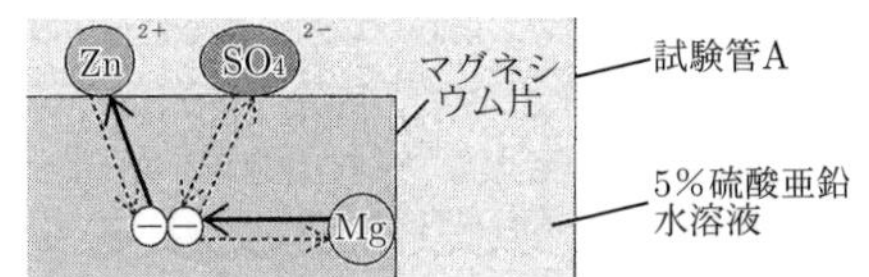

【解き方】(1) 5%硫酸亜鉛水溶液5.0 mL（＝5.0 cm³）の質量は$5.0 \times 1.04 = 5.20$ [g]　この質量の5%が硫酸亜鉛であり，残り95%は水であるから，求める質量は$5.20 \times \frac{95}{100} \fallingdotseq 4.9$ [g]　(2) マグネシウムのほうが亜鉛よりも陽イオンになりやすいため，解答図のような電子の動きをして，ZnとMg^{2+}が生成される。

6　ア．ダニエル電池　イ．① 4　② A

7　(1) (エ)　(2) i 群. (ア)　ii 群. (コ)

【解き方】(2) 亜鉛板では，亜鉛原子が電子を失って亜鉛イオンになり，残った電子は導線を通って銅板に移動し，水溶液中の銅イオンが電子を受けとって銅原子になる。電流の向きは電子が移動する向きとは逆になる。

8　問1．電離　問2．エ
問3．$(2Ag^+ + Cu \to)\ 2Ag + Cu^{2+}$
問4．ウ　問5．カ

【解き方】問2．硝酸銀水溶液中には銀イオンAg^+，硝酸イオンNO_3^-があり，Ag^+が電子を受け取って銀原子となったため，銀の結晶が現れ，銅線の銅原子が電子2個を失い，銅イオンCu^{2+}となって溶け出したため，水溶液が青色に変化した。問4．銅原子より陽イオンになりやすい亜鉛板の亜鉛原子が電子を失い亜鉛イオンZn^{2+}になって水溶液中に溶け出す。このとき亜鉛板に残った電子2個が銅板へ移動し，硫酸銅水溶液中の銅イオンCu^{2+}が電子を受け取り，銅板上で銅原子となる。問5．陽イオンへのなりやすさは実験1より銅＞銀，実験2より亜鉛＞銅なので，亜鉛＞銅＞銀。

9　(1) 順に，マグネシウム，亜鉛，銅
(2) (例) マグネシウムがマグネシウムイオンとなるときに放出した電子を亜鉛イオンが受け取り亜鉛となる。
(3) ① ア　② ウ　(4) ウ　(5) ① ア　② エ

【解き方】(1) イオンになりやすい金属の(イオンを含む)水溶液にイオンになりにくい金属の板を入れても，金属板に金属は付着しない。(3) イオンになりやすい金属の金属板が－極となる。また，電流の流れる向きは電子の流れる向きとは逆である。(5) 実験1より，亜鉛よりもマグネシウムのほうがイオンになりやすいので，マグネシウム原子が電子を放出してマグネシウムイオンとなり，亜鉛板では亜鉛イオンが流れてきた電子を受け取って亜鉛となる。

10　1．ウ　2．ウ　3．カ　4．ア　5．14 g
6．$Cu^{2+} + 2e^- \to Cu$　7．Zn^{2+}

【解き方】2．赤色の銅は硫酸銅水溶液中の銅イオンが電子を受け取ることで生じるので，銅イオンの数は減少する。水溶液中に銅イオンがあると青色になるので，色はうすくなる。5．硫酸銅水溶液100 mLの質量は$1.13 \times 100 = 113$ [g]　このうち12%が硫酸銅であるから，$113 \times 12 \div 100 = 13.56 \fallingdotseq 14$ [g] が硫酸銅の質量である。6．亜鉛と比べると銅はイオンになりにくいので，銅板付近の銅イオンが電子を受け取って銅に変化する。7．亜鉛側では陽イオンである亜鉛イオンが増加し，電気的なかたよりができているため，亜鉛イオンがセロハンを通過して硫酸銅水溶液中に移動する。

11　(1) ① 電離
② a．$Zn \to Zn^{2+} + 2e^-$
b．イ
③ (例) 金属板の面積も変えたから。
(2) ① エ　② 右図

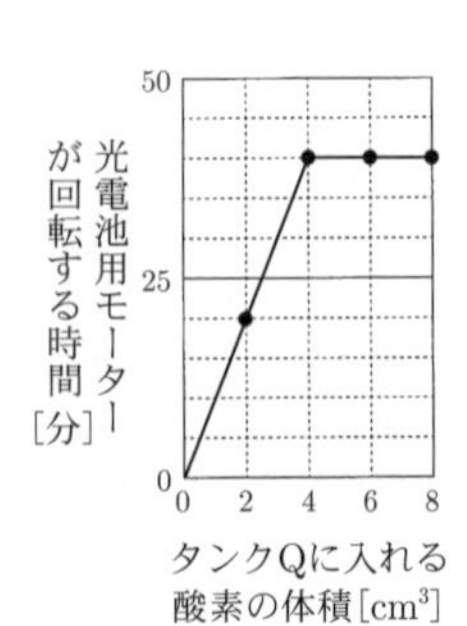

【解き方】(2) ① アでは酸素，イでは二酸化炭素，エでは水素が発生する。ウでは気体が発生しない。② 水素が8 cm^3のとき，酸素は8÷2＝4［cm^3］　また，水素1 cm^3が減少するのにかかる時間が5分なので，水素8 cm^3では5×8＝40［分］かかる。横軸が4 cm^3，縦軸が40分の点までは比例的に変化する。酸素が4 cm^3以上あっても水素がないので，回転する時間は変化しない。

第4章
化学領域の思考力活用問題

1 問1.(1) エ　(2) 水酸化物イオン
問2.(1)（例）酸素はものを燃やす性質があるので，火のついた線香を試験管の中に入れた。
(2) $2Ag_2O \rightarrow 4Ag + O_2$　(3) エ
問3．(1) ビーカーC，D，E　(2) 78％
【解き方】問1．(2) アンモニアは水に溶けると水酸化物イオンを生じてアルカリ性を示す。問3．(1) ビーカーA，Bは炭酸カルシウムが0.40 g増えるごとに発生した二酸化炭素が0.16 gずつ増えたが，ビーカーCでは，二酸化炭素の発生が0.46 gで，ビーカーBで発生した0.32 gから0.14 gしか増えておらず，炭酸カルシウムが反応せずに残っている。(2) 表より，炭酸カルシウム0.40 gが反応すると0.16 gの二酸化炭素が発生するので，1.56 gの二酸化炭素が発生した石灰石には$1.56\times\frac{0.40}{0.16}=3.90$［g］の炭酸カルシウムが含まれている。その割合は$\frac{3.90}{5.00}\times100=78$［％］

2 (1)（例）加熱した試験管に水が逆流するのを防ぐため。
(2) ① a．青　b．赤(桃)　② a．ア　b．ア
③ Na, C, O
(3)（例）アンモニアは水に溶けやすいから。
(4) ①（例）炭酸水素ナトリウムの分解が起こらなくなったから。
② 4.41 g
【解き方】(2) ② 炭酸水素ナトリウムを加熱すると，炭酸ナトリウム，水，二酸化炭素に分解される。炭酸ナトリウムは炭酸水素ナトリウムよりも水に溶けやすく強いアルカリ性を示す。③ 化学反応の前後では，原子の組み合わせは変わるが，原子の種類と数は変化しない。
(4) ② 表より，炭酸水素ナトリウム2.00 gを加熱すると，加熱後には1.26 gの物質が残る。炭酸水素ナトリウム7.00 gを加熱した後に残る物質の質量をx gとすると，2.00：1.26＝7.00：xより$x=4.41$［g］

3 (1) 混合物　(2) ア　(3) ウ　(4) 生分解性プラスチック
(5) ①（例）水溶液に浮かぶ　② 200
【解き方】(5) ① ものの浮き沈みは密度の大きさの比較でわかる。PETのみを水に浮かせるためには，砂の密度よりも密度が小さくPETの密度よりも密度が大きい水溶液を用意すればよい。② グラフと文から，濃度40％の溶液を，溶媒300 gを用いて作る際の溶質の質量（x［g］とする）を求めればよいことがわかる。このときの濃度の関係から，$\frac{x}{300+x}\times100=40$が成り立つので，これを解いて$x=200$［g］

4 問1．ウ，エ　問2．X．H^+　Y．Cl^-（順不同）
問3．（例）水にとけにくい性質。問4．ア
問5．ダニエル電池　問6．電解質　問7．ア
問8．（例）イオンを通過させる。
【解き方】問1．金属は熱を伝えやすい。磁石につくのは鉄などの一部の金属である。問4．亜鉛や鉄などの金属にうすい塩酸を加えると水素が発生する。うすい水酸化ナトリウム水溶液を電気分解すると，陰極に水素，陽極に酸素が発生する。イは酸素，ウは二酸化炭素，エは酸素が発生する。問7．亜鉛板では亜鉛が電子を放出して亜鉛イオンになり，電子は導線を銅板に向かって移動する。電子の移動の向きと電流の向きは逆になる。問8．硫酸イオンがセロハンチューブの外へ，亜鉛イオンがチューブの中へ移動して，溶液中の電気的な偏りが解消され，電流が流れ続ける。

5 (1) ⓐ ア　ⓑ エ　(2) ① イ　② 水上　(3) ウ
(4) 0.6 g　(5) エ　(6) 0.8　(7) 2.1
【解き方】(2) ① アでは水素，ウでは二酸化炭素が発生する。エでは気体は発生しない。(3) 2.16－1.30＝0.86［g］
(4) マグネシウム0.9 gと結びつく酸素の質量をx gとすると，0.9：x＝0.6：0.4より$x=0.6$［g］　(6) 図Ⅲから，0.3 gのマグネシウムと結びつく酸素の質量は0.2 g。0.2 gの酸素と結びつく銅の質量は0.8 gである。(7) マグネシウム原子や銅原子の数は結びつく酸素原子の数と等しく，結びつく酸素の質量は結びつく酸素原子の数に比例するので，立方体に含まれる原子の数は，銅はマグネシウムの$\frac{2.3}{1.1}=2.09\cdots\fallingdotseq2.1$［倍］

物理編

第5章 身のまわりの現象

光による現象

●光の反射・屈折

1 全反射

2 エ

【解き方】下の図のように，水の量を増やすと底の文字が大きく浮き上がって見えるので，文字全体が見えるようになる。

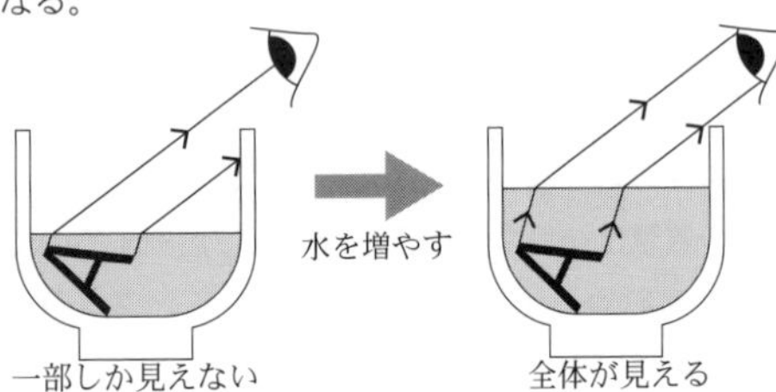

3 (1) ウ (2) カ (3) ア

【解き方】(1) 左右が逆になる。
(2) 鏡の上端で反射して目に入る光は下の左図のようになり，グレーで示した範囲は鏡に映る像を見ることができる。
(3) Eから出て鏡の左の端で反射した光は下の右図のようになり，Qの位置まで対角線1個分を移動すれば，鏡に映ったクモを見ることができる。その距離は，$PQ=7.1\times\dfrac{25}{5.0}=35.5$ [cm]

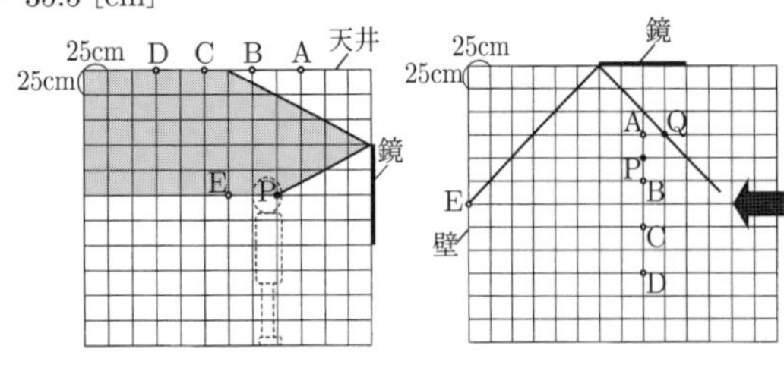

4 ア．2 イ．右図

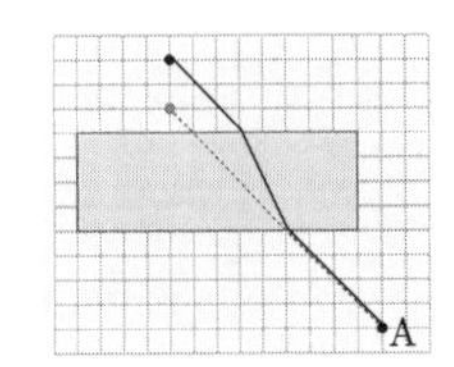

5 (1) ア (2) ウ (3) エ
(4) X．77 Y．71

【解き方】(3) 光は入射角＝反射角となるように鏡で反射すること，鏡の上端の高さ＝和実さんの目の高さであることから，目より上の部分は鏡には映らない。また，鏡の下端で反射して目に届くのは，目の高さから鏡の長さ52 cmの2倍の104 cm下の部分から出た光である。(4) 全身の像を観察するには，$(154-142)\div2+142\div2=77$ [cm]（身長の半分の長さ）の鏡が必要である。また，目の高さから142 cm下の部分から出た光が鏡の下端で反射するように鏡を設置すればよい。

●凸レンズを通った光

6 1

7 イ

【解き方】物体が焦点距離の2倍の位置よりも凸レンズから離れた位置にあるので，焦点と焦点距離の2倍の位置の間に，物体よりも小さな実像ができる。

8 1．エ
2．右図
3．ア
4．凸レンズQのほうが8 cm長い。

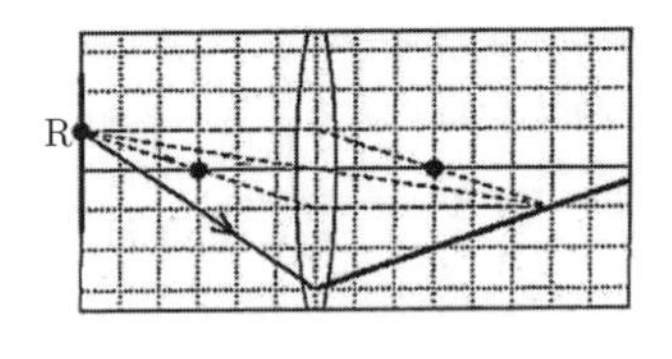

【解き方】1．上下左右が逆の実像ができる。
2．点Rの実像ができる点を作図し，その点と矢印の線の先をつなぐ。
3．光の量が少なくなるので，像は暗くなる。
4．物体を凸レンズの焦点距離の2倍の位置に置いたとき，焦点距離の2倍の位置に実像ができるので，凸レンズPの焦点距離は$\dfrac{24}{2}=12$ [cm]，凸レンズQの焦点距離は$\dfrac{40}{2}=20$ [cm] であるから，凸レンズQのほうが$20-12=8$ [cm] 長い。

9 (ア) 2 (イ) 2 (ウ) 4 (エ) (i) 1 (ii) 4

【解き方】(イ) スクリーンに像が映り，凸レンズと物体との距離が凸レンズとスクリーンとの距離と等しくなるのは，その距離が焦点距離の2倍のときである。図2より，凸レンズと物体との距離が40 cmのとき，凸レンズとスクリーンとの距離と等しくなる。よって，焦点距離は$40\div2=20$ [cm]
(エ) 作図は下図のようになる。

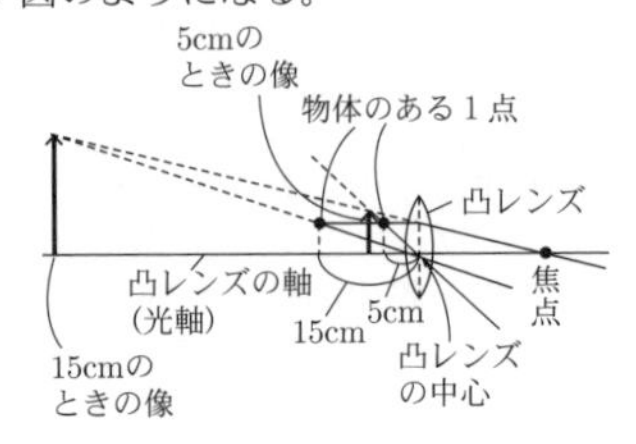

10 1．屈折　2．20 cm　3．① イ　② ア　4．右図

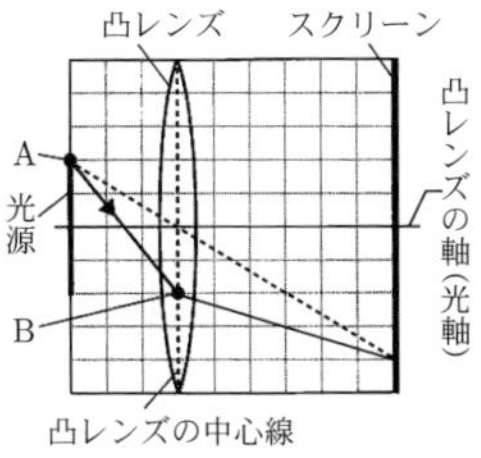

【解き方】 2．光源と同じ大きさの実像がうつるのは，Xが焦点距離の2倍のとき。4．凸レンズの中央を通る光は直進し(補助線)，A点から進んだ光はB点で屈折し，凸レンズを直進した光がスクリーンにぶつかった点と同じ点で重なる。

11 (1) 右図　(2) 20.0 cm　(3) ① ア　② ウ

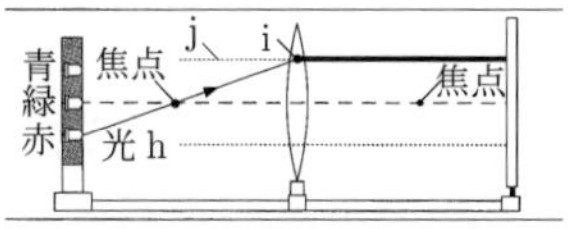

【解き方】 (2) 物体を凸レンズの焦点距離の2倍の位置に置くと，物体と同じ大きさの実像ができる。したがって，表の測定2が，物体を焦点距離の2倍の位置に置いたときの結果とわかるので，焦点距離は40.0÷2＝20.0 [cm]

12 問1．反射　問2．右図

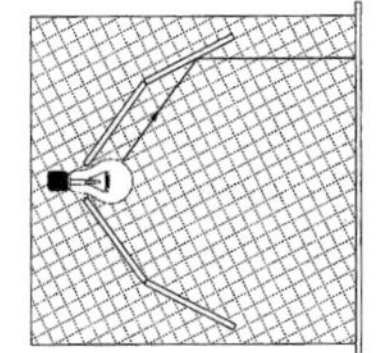

問3．イ

問4．(例) 焦点から出た光は，凸レンズを通ったあと，凸レンズの軸(光軸)に平行に進むから。

問5．エ

【解き方】 問2．光が鏡に反射するとき，入射角＝反射角となるように光の道すじを作図する。

問3．光源から凸レンズまでの距離が焦点距離の2倍(20 cm)のとき，凸レンズから焦点距離の2倍(20 cm)の位置に，光源と同じ大きさの実像ができる。

問4．光源から凸レンズまでの距離が10 cmなので光源は焦点上にある。このとき，光源から出て凸レンズを通った光は平行になり一点に集まらないため，凸レンズの直径と同じ大きさの円としてうつる。

問5．図5の凸レンズの曲面の色のついた部分だけを図6の位置にそのまま並べるように三角柱のガラスを置くと，それぞれのガラスの面で光が屈折し，1点に集まるように進む。

13 問1．エ　問2．(1) 右図　(2) (焦点距離) 10 cm，(大きさ) 3 cm

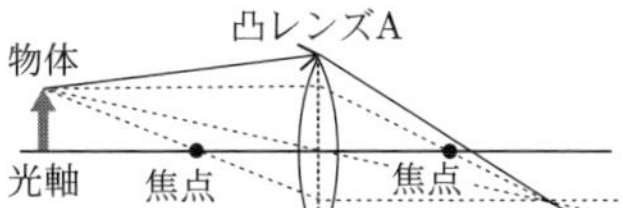

問3．① 30　② 15　③ 45

④ (例) 物体から凸レンズまでの距離と凸レンズからスクリーンまでの距離が入れかわる　問4．(例) 物体とほぼ同じ大きさになる。

【解き方】 問2．(2) 凸レンズから焦点距離の2倍の位置に物体があるときに，同じ大きさの実像が焦点距離の2倍の位置にできる。図2より，どちらも同じ距離になっているのは20 cmとわかるので，20 cmが焦点距離の2倍となる。

問3．グラフを参考に求める。

14 1．エ　2．イ　3．下図　4．(例) 焦点距離よりも近い位置にスクリーンを置いたときは，レンズを通った光は一点で交わることがないため。5．(1) 12 cm (2) 24 cmよりも大きく，36 cmよりも小さい範囲

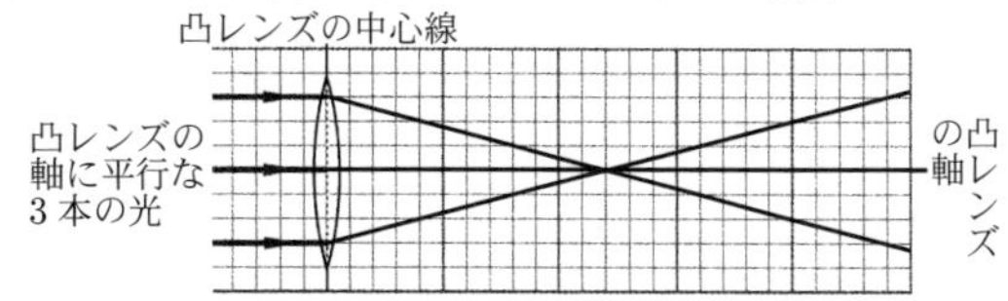

【解き方】 1．下の左図参照。表2より，屈折角は入射角より大きい。入射角を40°より大きくしていくと，ある角度で屈折角が90°になる。ここから先はガラスの表面ですべて反射する。2．図3の光の道すじがヒント。下の右図も参照。

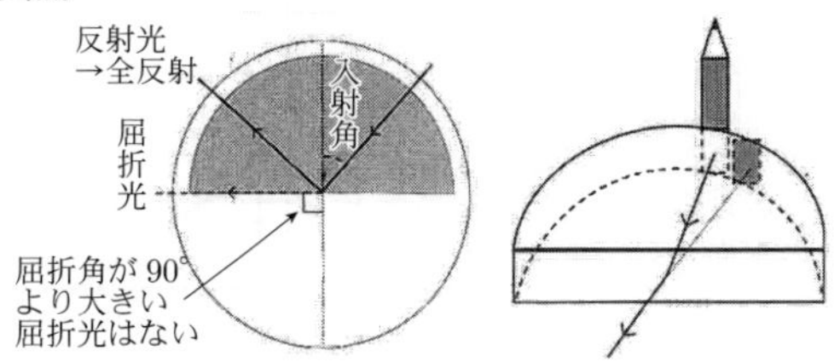

3．3本の線は焦点(焦点距離12 cm)で交わる。4．レンズを通った光が交わる点は焦点の外側にある。5．(1) 下図参照。物体を遠ざけると実像をうつすスクリーンは焦点に近づく。

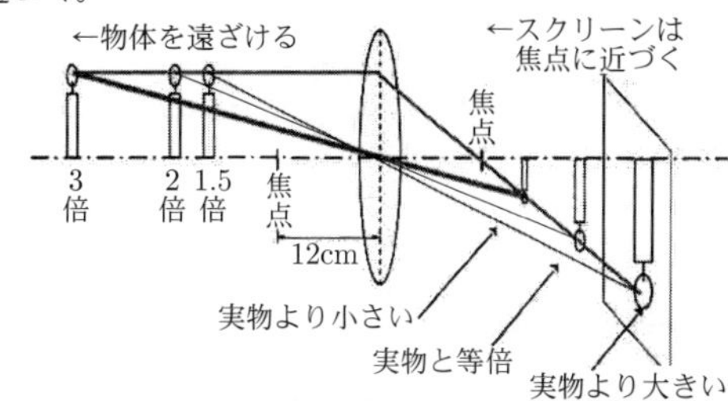

(2) 上図参照。物体を焦点距離から2倍の24 cmにおくと，凸レンズの反対側の24 cmの位置に実物と等倍の実像ができる。それより近い位置におくと，24 cmより遠い位置に大きな実像ができる。なお，スクリーンの位置は問題文から36 cmよりも小さいことに注意する。

15 1．ウ　2．ア

3．(例) 入射角より屈折角のほうが大きくなるように，光が屈折して進むから。

4．右図

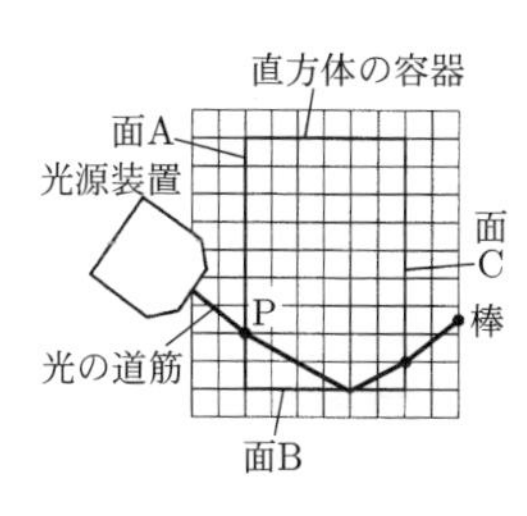

5．(鏡の上下の長さ) 101 cm，(鏡の下端の床からの高さ) 57 cm

【解き方】 2．置き時計は，左右の鏡にはそれぞれ左右が逆転して映るが，鏡のつなぎ目ではまた左右反転するので，正面では図3と同じ像が映る。

4．光は面B上で全反射するので，面Aに入射した角度と同じ角度で屈折して面Cの外の棒に当たる。

5．次の図のように，鏡の下端の床からの高さは114÷2＝57 [cm] で，鏡の上端の床からの高さは(164－152)÷2＋152＝158 [cm]　よって，鏡の上下の長さは158－57＝101 [cm]

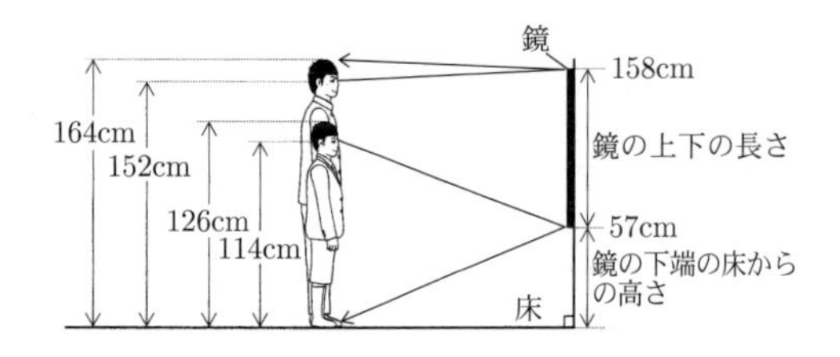

16 1．ウ
2．(1) エ　(2) 右上図
3．(1) エ　(2) ア

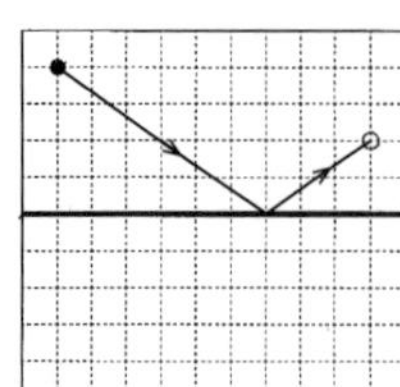

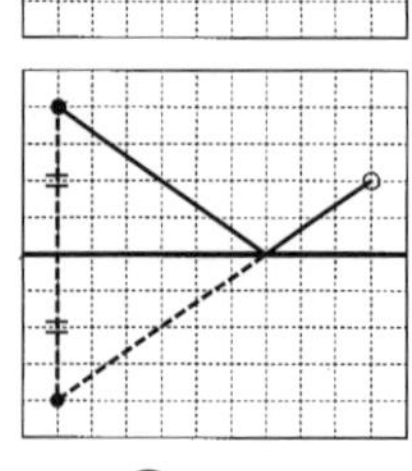

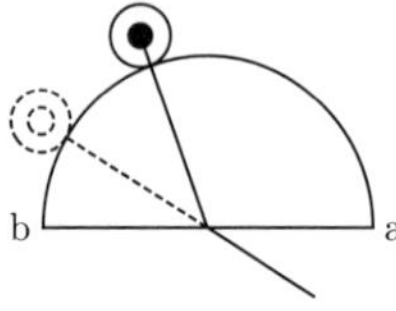

【解き方】 2．(1) 水面に映った文字は実際の物体と上下が逆転して見えている。
(2) 右中図のように，文字をつくる物体の一部の水面に対して線対称な位置から，優斗さんの目の位置に向かって線を引いたときの水面との交点で光が反射する。
3．(1) 入射角および屈折角の大きさが大きくなるほどA，Bから縦軸に引いた垂線ACおよびBDの長さは大きくなる。
(2) 右下図のように，鉛筆から出た光は半円形レンズの境界面baで屈折して進むので，図9の矢印の方向から観察すると，鉛筆の下側が左にずれて見える。

音による現象

1 (1) イ　(2) ア
【解き方】 (2) (音が聞こえ始めた時刻) − (光が見えた瞬間の時刻) = 7 [秒]　よって，雷までの距離は340×7÷1000＝2.38 [km]

2 ア

3 オ
【解き方】 条件ⅠとⅡで音の高さを比べると，おもりの質量が大きいⅡのほうが音が高い。条件ⅡとⅢでは弦が細いⅢのほうが音が高い。高いほうから順にⅢ，Ⅱ，Ⅰとなる。また，ⅡとⅣの音の高さを比べると，木片間の距離が短いⅣのほうがⅡよりも音が高い。Ⅱより音が高いのはⅢとⅣであることから，音が同じ高さになったのはⅢとⅣである。

4 (1) ア　(2) 400 Hz　(3) B．Y　C．X　D．Z
【解き方】 (2) 1秒間の振動数は$5\times\frac{1}{0.0125}=400$ [Hz]

5 (1) ① ウ　② イ　③ ア
(2) ① エ　② オ
(3) ① ウ　② イ
【解き方】 (2) ①は弦の長さだけが異なる実験ⅡとⅢを比較し，②は弦の太さだけが異なる実験ⅡとⅣを比較する。
(3) ① 実験ⅡとⅣより，弦が太いほうが振動数が小さくなる。実験Ⅳの225 Hzより小さくするには0.5 mmより太くする。② 実験ⅡとⅢより，弦の長さを3倍にすると振動数は$\frac{125}{370}\fallingdotseq\frac{1}{3}$より，約$\frac{1}{3}$になる。実験Ⅰの弦を3倍の60 cmにすると振動数は約90 Hzになるので，150 Hzにするには20 cmから60 cmの間にする。

6 1．空気　2．100 Hz　3．(砂袋の重さと音の高さの関係) AとC，(弦の太さと音の高さの関係) AとD，(弦のPQ間の長さと音の高さの関係) AとB
4．① 太く　② 長く　(波形の変化) (例) 縦軸の振動の振れ幅が大きくなる。
【解き方】 2．図2より，1回の振動に$\frac{2}{200}$秒かかっていることがわかる。このことから，振動数 [Hz] ＝振動した回数 [回] ÷振動するのにかかった時間 [秒] より100 Hz。
3．それぞれの関係について，知りたい条件以外はすべて同じ条件であるものを選ぶ。4．図3の振動数は図2と比べて少ないため，低い音であることがわかる。

7 (1) (a) 鼓膜　(b) エ　(2) (a) 250 Hz　(b) ウ
【解き方】 (2) (a) 振動数は弦が1秒間に振動する回数のことである。図3より，4目盛り(0.004秒) で1回振動していることから，$\frac{1}{0.004}=250$ [Hz]　(b) 音の高さは変わらず，音の大きさが小さくなったとあるので，振動数が図3と同じで，振幅が図3よりも小さいウを選ぶ。

8 (1) イ，ウ
(2) ① 振幅　② ア
(3) (例) ([図3] の方が [図4] より音が高くなったとしても，) 弦の太さが細いから音が高くなったのか，弦の長さが短いから音が高くなったのか，判断できないから。
(4) ① 250 Hz　② ウ　(5) 30 m
【解き方】 (1) ア．音を伝える空気が減るので，ブザーの音は小さくなる。エ．音は空気中よりも水中や固体中のほうが速く伝わる。
(2) ② 音の高さは変わらないので，太鼓の皮が一定時間に振動する回数は変わらない。
(4) ① 1回の振動にかかる時間は8目盛りで，0.0005×8＝0.004 [s]　振動数は1秒間に振動する回数なので，1÷0.004＝250 [Hz]
② 音が高くなると予想したので，振動数が多くなる。
(5) 超音波が魚の群れに届く時間は0.02秒なので，群れとの距離は0.02×1500＝30 [m]

力による現象

1 ア

2 ア, エ

【解き方】イ．複数の力がはたらいていても，つり合っていれば物体は静止している。ウ．圧力の単位はパスカル（記号Pa）である。

3 ア

4 9 cm

【解き方】ばねののびは，$3\times\frac{0.4}{0.2}=6$［cm］　ばねの長さは，$3+6=9$［cm］

5 (1) 1.5 N

(2) ばねばかりが引く力：物体Tが引く力：地球が引く力＝4：1：3

【解き方】(1) 図1では，ばねばかりの示す値は地球が物体Sを引く力の大きさと等しい。(2) 図2より，地球が物体Tを引く力の大きさは$2.0-1.5=0.5$［N］であるから，求める力の比は2.0：0.5：1.5＝4：1：3となる。

6 問1．① 比例　② フック　問2．イ　問3．1 cm

問4．4倍

【解き方】問3．質量20 gの小さな磁石Aにはたらく重力の大きさは0.2 Nであるから，図2より，ばねののびは1.0 cmである。

問4．表より，磁石Aと磁石Bの距離が2.0 cmのときのばねののびは5.0 cmであり，このののびには磁石Aにはたらく重力によるばねののびも含まれているので，磁力によるばねののびは$5.0-1.0=4.0$［cm］である。同様に，磁石Aと磁石Bの距離が4.0 cmのとき，磁力によるばねののびは$2.0-1.0=1.0$［cm］である。ばねに加えた力はばねののびに比例するから，$4.0\div1.0=4$［倍］

第6章　電流とそのはたらき

電流の性質

1 オーム

2 ウ

【解き方】イ，エは電流計のつなぎ方がまちがっている。アは$\frac{10}{20}=0.5$［A］を示し，ウは$\frac{10}{10}+\frac{10}{10}=2$［A］を示す。

3 4

【解き方】電流＝電力÷電圧より，コードXを流れる電流の大きさは$0.3+0.2+1.2+12=13.7$［A］なので，定格電流（15 A）を超えない。

4 1．120 mA

2．（電圧）2.0 V，（電気抵抗）15 Ω

3．エ，1.0 A

【解き方】2．抵抗器Yに加わる電圧は，$10\times0.20=2.0$［V］　回路全体の抵抗は，$5.0\div0.20=25$［Ω］より，抵抗器Zの抵抗は，$25-10=15$［Ω］　3．抵抗線の太さ，長さで電気の流れやすさを考える。抵抗線を太く短くするほど電気は流れやすく（抵抗値小），細く長くするほど電気は流れにくい（抵抗値大）。抵抗器の並列つなぎは抵抗線を太くすることに対応するので電流は大きくなり，抵抗器の直列つなぎは抵抗線を長くすることに対応するので電流は小さくなる。よって，電流を最も大きくするには，並列つなぎになるようスイッチAとCを閉じる。この回路で並列つなぎとなる2つの10 Ωの抵抗器に流れる電流はそれぞれ（電流）＝（電圧）÷（抵抗）より，$5.0\div10=0.5$［A］なので，全体で1.0 Aとなる。また，選択肢アでは$5.0\div10=0.5$［A］，イでは$5.0\div(10+10)=0.25$［A］，ウでは$0.5+0.25=0.75$［A］となる。

5 ウ

【解き方】エアコンを使用したときに流れる電流は$1200\div200=6$［A］　電磁調理器を使用したときに流れる電流は$2300\div100=23$［A］　$6+23=29$［A］　ドライヤーを使用したときに流れる電流は$600\div100=6$［A］　$29+6=35$［A］の電流が流れると電気の供給が止まる。よって，この家庭で使用できる最大の電流は30 A。

6 (1) 不導体（絶縁体）　(2) 0.16 W

【解き方】(2) 図より，5.0 Vの電圧を加えると0.20 Aの電流が流れるので，2.0 Vでは$2.0\times\frac{0.20}{5.0}=0.08$［A］の電流が流れる。電力は$2.0\times0.08=0.16$［W］

7 ケ

【解き方】③の並列回路では，電熱線A，電熱線Bの両方に3.0 Vの電圧がかかり，電熱線A，電熱線Bに流れる電流の合計が電流計の示す値となり，図4より$30+60=90$［mA］である。また図4より，2つの電熱線の抵抗はそれぞれ$\frac{1.0\,[\mathrm{V}]}{0.01\,[\mathrm{A}]}=100$［Ω］と$\frac{1.0\,[\mathrm{V}]}{0.02\,[\mathrm{A}]}=50$［Ω］である。④の直列回路では全体の抵抗は$100+50=150$［Ω］で，電流計の示す値は$\frac{3.0\,[\mathrm{V}]}{150\,[\Omega]}=0.02$［A］＝20［mA］　よって，$\frac{90}{20}=4.5$［倍］

8

1．ア
2．オームの法則
3．20 Ω
4．200 J
5．右図
6．40 Ω

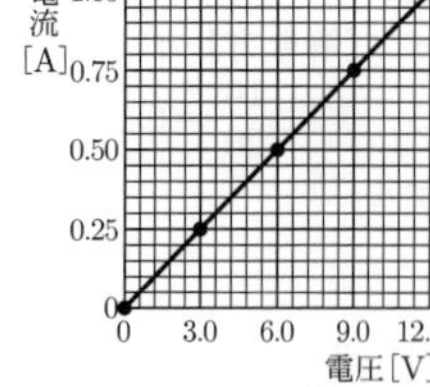

【解き方】 3．3.0÷0.15＝20［Ω］　4．抵抗器Bの抵抗は3.0÷0.10＝30［Ω］　5.0 Vの電圧を加えたときの電流は5.0÷30＝$\frac{5}{30}$［A］　4分は240秒なので，抵抗器Bで消費された電力量は5.0×$\frac{5}{30}$×240＝200［J］　5．並列回路にしたとき，抵抗器には同じ電圧が加わる。3.0 Vにしたときに，抵抗器Aには0.15 A，抵抗器Bには0.10 Aの電流が流れる。このとき，回路全体の電流は0.15＋0.10＝0.25［A］となる。6．抵抗器Bに流れる電流は表より0.20 A。回路全体に流れる電流が0.30 Aなので，抵抗器AとCに流れる電流は0.30－0.20＝0.10［A］　抵抗器Bと抵抗器A・Cの部分は並列の関係なので，電圧は同じ6.0 Vである。また，抵抗器Aに加わる電圧は0.10×20＝2.0［V］であるので，抵抗器Cには6.0－2.0＝4.0［V］の電圧が加わる。よって，抵抗器Cの抵抗は4.0÷0.10＝40［Ω］

9

(1) ① 24 mA　② 125 Ω　(2) 200 mA　(3) 0.45 W
(4) 順に，ウ，イ，ア，エ

【解き方】 (1) ② 24 mA＝0.024 Aより，$\frac{3.0}{0.024}$＝125［Ω］
(2) 30 Ωの電熱線bが2つ並列につながれているので，電流計は$\frac{3}{30}+\frac{3}{30}$＝0.2［A］＝200［mA］を示す。(3) 10 Ωの電熱線cが2つ直列につながれているので，電流計は$\frac{3}{10+10}$＝0.15［A］を示す。2つの電熱線cが消費する電力の合計は3.0×0.15＝0.45［W］

10

(1) エ　(2) イ　(3) ア　(4) オ

【解き方】 (3) 図2より，抵抗器Aの抵抗は$\frac{6.0}{0.4}$＝15［Ω］，抵抗器Bの抵抗は$\frac{6.0}{0.2}$＝30［Ω］　図4より，図3の電流計に流れる電流は300 mA（＝0.3A）と読みとれるので，図3の回路全体の抵抗は$\frac{6.0}{0.3}$＝20［Ω］　抵抗器Aと抵抗器Bを並列につないだ部分の全体の抵抗をR［Ω］とすると，$\frac{1}{R}=\frac{1}{15}+\frac{1}{30}$より$R$＝10［Ω］　よって，抵抗器Cの抵抗は20－10＝10［Ω］　(4) 図3でスイッチを入れたときの全体の抵抗は20 Ω。クリップPを端子Xから外すと抵抗器Aと抵抗器Cが直列につながれるので，全体の抵抗は15＋10＝25［Ω］　クリップPを端子Zにつなげると抵抗器Bと抵抗器Cが並列につながった部分と抵抗器Aが直列につながる。抵抗器Bと抵抗器Cが並列につながった部分の全体の抵抗をR'［Ω］とすると$\frac{1}{R'}=\frac{1}{30}+\frac{1}{10}$より$R'$＝7.5［Ω］　よって，回路全体の抵抗は7.5＋15＝22.5［Ω］　電圧が一定のとき電流と抵抗は反比例するので，時間経過に伴う電流の大きさの変化を考えると，求めるグラフはオ。

11

問1．(1) 下の左図　(2) 2倍
問2．(1) 下の右図　(2) 順に，エ，ア，イ，ウ
問3．① 0.5
② (例) 抵抗器を流れる電流がほとんどなくなった

【解き方】 問2．(1) 図3の回路は並列回路なので，電圧計の示す電圧と各抵抗の両端にかかる電圧は等しく，電流計の示す電流は各抵抗に流れる電流の和と等しい。図2より，電熱線aに2 Vの電圧をかけると0.2 Aの電流が流れ，電熱線bに2 Vの電圧をかけると0.1 Aの電流が流れる。よって，電圧計が2 Vを示すとき電流計の示す電流は0.2＋0.1＝0.3［A］　同様に，各電圧における電流の大きさを計算してグラフを作成する。(2) 豆電球は流れる電流が大きいほど明るく光る。電源の電圧をV，豆電球の抵抗をRとおき，回路ア～エで豆電球に流れる電流の大きさを式で表すと，アはV÷（並列つなぎにした電熱線aとbの全体の抵抗＋R），イはV÷（電熱線aの抵抗＋R），ウはV÷（電熱線bの抵抗＋R），エはV÷Rとなる。よって，明るい順に，エ，ア，イ，ウ。

12

(1) ① (例)抵抗器に加わる電圧の大きさに比例
② イ　(2) ウ　(3) カ　(4) 10 mA　(5) 24 Ω

【解き方】 (2) 図1の回路上のどの点でも流れる電流の大きさは等しい。(3) 図2の回路は並列回路なので，グラフより，電池と抵抗器aに加わる電圧の大きさは1.2 Vである。図1と図2における電池の電圧の大きさは等しいので，図1と図2の電流計Xの値は等しい。また，図1の電流計Yの値は電流計Xの値と等しく40 mAであり，図2の電流計Yの値は50 mAである。オームの法則より，同じ電圧では流れる電流の大きさが大きいほど抵抗の大きさは小さいので，図2の回路全体の抵抗の大きさは抵抗器aの抵抗の大きさよりも小さい。(4) 50－40＝10［mA］
(5) (3)より，1.2÷0.05＝24［Ω］

13

(1) 1.2 A　(2) ⓐ ア　ⓑ オ

【解き方】 (1) 回路に流れた電流の大きさをx Aとすると，6×x×300＝2160より，x＝1.2［A］
(2) ⓐ ①で電圧計が6 Vになるようにしたときに電熱線に流れる電流をI Aとすると，全体の抵抗が$\frac{1}{2}$になる②では，回路全体に2I Aの電流が流れる。全体の抵抗が2倍になる③では，回路全体に$\frac{1}{2}I$ Aの電流が流れる。
ⓑ 電圧は同じなので，消費電力は電流に比例し，③は②の$\frac{1}{4}$倍になり，水の温度が5℃上昇する時間は，③は②の4倍かかる。

14

問1．(例) 逃げる熱量を少なくすることができるから。
問2．次の左図
問3．次の右図
問4．ア．B　イ．大きい

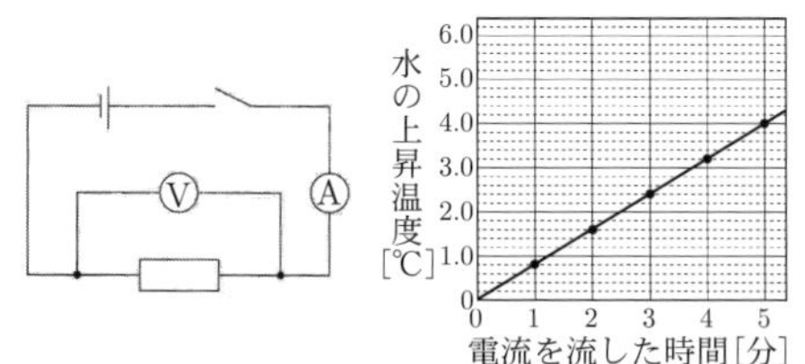

【解き方】問2．電源装置，スイッチ，電流計，電圧計，電熱線の，図1のすべての電気器具を電気用図記号で表し，導線でつなぐ。問4．ア．表1で，6Vの同じ電圧を加えたときに電力が大きい電熱線ほど大きな電流が流れる。したがって，電力が最も大きいB班の電熱線が最も電気抵抗が小さい。イ．表2，図3から，電力が大きい電熱線のほうが発熱量は大きい。

15

(1) 2.0 A
(2) X．比例
Y．短く
(3) 右図
(4) P．3.0　Q．b　R．c
S．ア

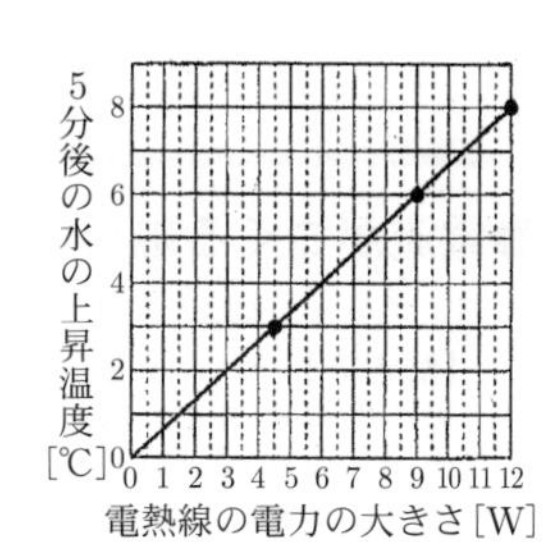

【解き方】(1) $\frac{6.0}{3.0}=2.0$ [A]　(3) 電熱線aの電力は$6.0\times2.0=12$ [W]，電熱線bの電力は$6.0\times\frac{6.0}{4.0}=9.0$ [W]，電熱線cの電力は$6.0\times\frac{6.0}{8.0}=4.5$ [W]　(4) 消費する電力は$\frac{2.0}{8.0}=\frac{1}{4}$より$12\times\frac{1}{4}=3.0$ [W]　(方法1) 電圧をx Vとすると，$x\times\frac{x}{3.0}=3.0$より$x=3.0$ [V]　(方法2) 電熱線1本のときよりも水の上昇温度が低いので，アのように直列につないだと考えられる。直列回路全体の抵抗を$y\ \Omega$とすると，$6.0\times\frac{6.0}{y}=3.0$より$y=12$ [Ω] となるから，電熱線bとcを直列につないだと考えられる。

16

1．1800 J　2．(1) 6 V　(2) イ　(3) ア　3．ウ
【解き方】1．$1.5\times4\times5\times60=1800$ [J]
2．(1) $50\times0.12=6$[V]　(2) スイッチX, Yを入れたとき，表1より，抵抗器bに流れる電流は$360-120=240$ [mA]，抵抗器cに流れる電流は$200-120=80$ [mA]　よって，求める値は$120+240+80=440$ [mA]
(3) 抵抗器bの電気抵抗の値は$6\div0.24=25$ [Ω]，抵抗器cは$6\div0.08=75$ [Ω]　よって，$25\div75=\frac{1}{3}$ [倍]
3．表2の電気器具を100 Vで使用したときに流れる電流は，表2の上から，それぞれ12 A，3.5 A，8.5 A，0.3 Aとなる。これらを2つ以上つないで15 A以下になる組み合わせは，$12+0.3$，$3.5+8.5$，$3.5+0.3$，$8.5+0.3$，$3.5+8.5+0.3$の5通りである。

17

1．(1) 12.6 Ω　(2) 1.89 A　(3) エ
2．(1) ① 光　② 熱　(2) 19%
【解き方】1．(1) 豆電球X_1, X_2の抵抗は$3.8\div0.5=7.6$[Ω]，豆電球Yの抵抗は$3.8\div0.76=5.0$ [Ω]　〔実験〕の③は直列回路なので，$7.6+5.0=12.6$ [Ω]　(2)〔実験〕の④は並列回路なので，豆電球X_2，Yに流れる電流の和を求めればよいので，$\frac{5.7}{7.6}+\frac{5.7}{5.0}=0.75+1.14=1.89$ [A]
(3) 豆電球の消費する電力が大きいほど豆電球は明るく点灯し，電圧と電流の積の値が大きいほど電力は大きくなる。各豆電球に流れる電流が最も大きいのは〔実験〕の④の豆電球Yである。また，直列回路では各豆電球に加わる電圧の和が電源装置の電圧であること，並列回路では各豆電球に電源装置の電圧が加わることから，〔実験〕の③よりも④のほうが各豆電球に加わる電圧は大きい。
2．(2) $\frac{10.6\times4+8.0\times8}{60\times4+40\times8}\times100=19$ [%]

18

問1．右図
問2．1.2 W
問3．イ
問4．50℃
問5．(1) ア
(2)（例）流れる電流が大きくなって，発生する熱量が大きくなる

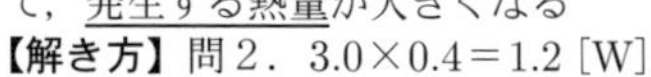

【解き方】問2．$3.0\times0.4=1.2$ [W]
問4．電気ケトルが発生させた熱量は$910\times90=81900$ [J] であり，水150 cm³が得た熱量は$4.2\times150\times(100-20)=50400$ [J] である。2つの熱量の差は$81900-50400=31500$ [J] なので，求める上昇温度をx℃とすると，$4.2\times150\times x=31500$より$x=50$ [℃]
問5．(1) 電源タップは並列回路になっているため，接続した電気器具に加わる電圧の大きさはすべて等しい。また，それぞれの電気器具のみをつないで電流を流したときの消費電力と，2つの電気器具を電源タップにつないだときのそれぞれの消費電力は変わらないので，全体の消費電力は2つの電気器具の消費電力の和となる。

19

1．(例)容器内の水に温度の差ができるため。
2．図1
3．(例) 電熱線が消費する電力が大きいほど電流による発熱量は大きい。
4．(1) 24 kWh
(2) a．2　b．4　c．8　d．1
5．図2 (f, gは入れかえ可)

図1
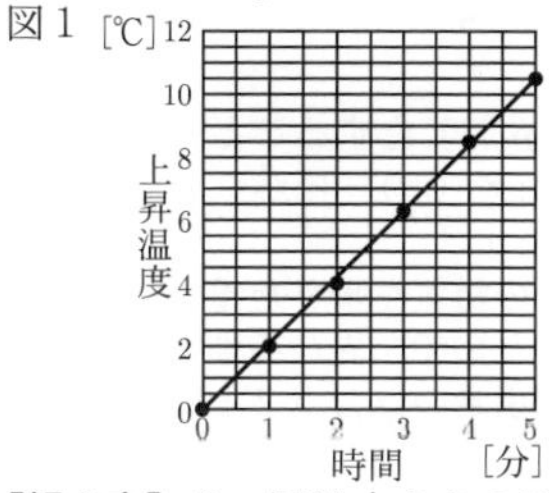

図2
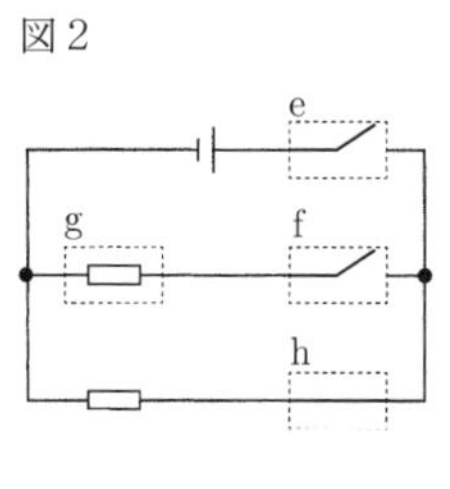

【解き方】3．同じ大きさの電圧を加えたときに抵抗が小さいほど消費する電力が大きくなる。結果から，同じ時間電流を流したとき，水の上昇温度は抵抗の小さいものほど大きくなっていることがわかる。
4．(1) $800\times30=24000$ [Wh] $=24$ [kWh]
(2) 図2（直列回路）の全体の抵抗の大きさは$2+2=4$ [Ω]（b）より，回路全体に流れる電流の大きさは$\frac{8}{4}=2$[A]（a）
図3（並列回路）では，回路全体に流れる電流の大きさは$\frac{8}{2}+\frac{8}{2}=8$ [A]（c）　回路全体の抵抗の大きさは$\frac{8}{8}=1$ [Ω]（d）

5．一方の電熱線だけに電流を流すためには，電熱線XとYを並列につなぐ必要があるので，電熱線Yをｆかｇに入れる。「電熱線Xと電熱線Yの２本ともに電流が流れない」ようにするには，ｅにスイッチを入れる必要がある。もう１つのスイッチをｈにつなぐと，「電熱線Yにのみ電流が流れる」ことはできるが，「電熱線Xにのみ電流が流れる」ことはできない。よって，もう一方のスイッチをｆかｇに入れ，ｈは導線でつなぐ。

静電気と電流

1　ウ

2　ア

3　(1) 電子
(2) A．－　C．－

4　ア．真空放電
イ．① －　② －　③ ＋
【解き方】この電子の流れを陰極線と呼ぶ。異符号の電気は引き合うため電極Cが＋極。

5　3
【解き方】蛍光板を光らせる粒子(電子)は真空放電管の内部で－極から＋極に向かって流れる。電子は－の電気を持っていて，電圧を加えると電子の流れは＋極側に曲がる。

6　(1) (例)コイル内部の磁界が変化することで，コイルに電圧が生じる現象。(2) ア．(例)－極から出る
イ．2　(3) 電子
【解き方】(2) イ．陰極線は－の電気を帯びた電子が＋極のほうへ引きつけられて曲がったので，異なる種類の静電気を帯びたプラスチックと紙が引きつけ合う２と同じしくみである。

7　(1) ア　(2) エ　(3) ア　(4) オ
【解き方】(1) ストローA, Bともポリエチレンなので，ティッシュペーパーでこすると同じ種類の電気を帯び，近づけると反発し合う。
(2) Ⅰ．異なる物質をこすり合わせたときに物質間を移動する電子はマイナスの電気を持っている。Ⅱ．ティッシュペーパーとストローは異なる電気を持っているので引き合う。
(3) Ⅰ．電子はマイナスの電気を持っているので，物体C中の電子はストローBから遠ざかるように移動する。
Ⅱ．電子が移動したY付近はプラスの電気を帯びている。
(4) Ⅰ･Ⅱ．光はスリットを通り抜けているので，電子は電極Eから電極Fに移動したことがわかる。よって，電極Eが－極である。Ⅲ～Ⅴ．電子はマイナスの電気を持ち＋極に引かれるので，電極板Gが＋極である。

8　1．イ　2．(例)ティッシュペーパーからストローに電子が移動したから。3．(例)ポリ塩化ビニルのパイプに蓄えられた静電気が蛍光灯の中を通ることで，電流が流れたから。4．真空放電　5．ウ
【解き方】1･2．同じ種類の電気の間では退け合う力，異なる種類の電気の間では引き合う力がはたらく。ストローA，Bはティッシュペーパーから電子が移動して－の電気を帯びており，電子が移動したティッシュペーパーは＋の電気を帯びているため，ストローAがティッシュペーパーに引き寄せられる。5．結果より，電子は－極から＋極に向かって移動していることがわかる。この電子の移動が電流であるが，電流の向き(＋極から－極)とは逆である。

電流と磁界

●電流がつくる磁界

1　(a) ① イ　② ア　(b) イ
【解き方】(b) 方位磁針のN極（色のついているほう）が磁界の向きを示す。導線に電流が流れるとき，導線のまわりに同心円状の磁界ができる。電流の向きと磁界の向きの関係は右ねじの法則によって表すことができる。

2　D
【解き方】導線に最も近い点を選択する。

3　(1) イ　(2) ア
【解き方】(1) コイルに電流を流したとき，点Pに置いた方位磁針が南を指したことから磁界は南向きである。よって，右手の親指を南に合わせたときに残りの4本の指先が示す向きが電流の向きになることから，電流の向きは①である。(2) コイルのまわりに同心円状の磁界ができる。

4　1．ア　2．① 下向き　② D
3．(例)（コイルがつくる磁界の強さは）コイルからの距離が近いほど強く，流れる電流が大きいほど強い。
【解き方】2．② N極はAでは北東，Bでは南東，Cでは南西向きになる。
3．方位磁針が大きく動くほど磁界が強い。

●電流が磁界から受ける力

5　(1) イ　(2) エ
【解き方】(1) 磁針のN極が指す向きが磁界の向きを示し，磁界は右回りになる。
(2) 電流の向きと磁界の向きの両方を変えたので，導線の動く向きは図２と変わらない。

6　(1) 直流　(2) 3　(3) 4
【解き方】(2) 流れる電流の向きを逆にすると，コイルの各部にはたらく力も逆向きになる。

7 問1．ア
問2．右図
問3．0.15 W
問4．順に，(ア，)ウ，イ，エ
問5．(例)(コイルの中の)磁界が変化したから。

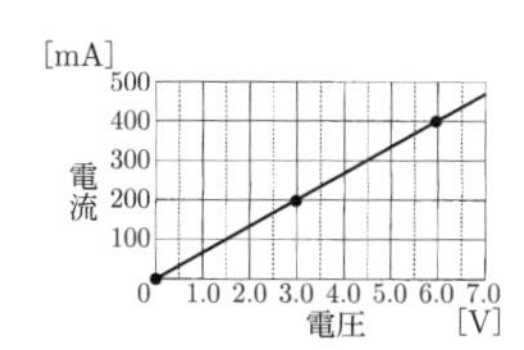

【解き方】問3．問2より，電流の大きさが100 mA (0.1 A)のとき電圧の大きさは1.5 Vであるから，1.5×0.1＝0.15 [W]　問4．電流の向きと磁界の向きの関係から，アのとき，ab間は磁石の内側方向に，cd間はその逆向きに磁界から力を受け，回転を始める。整流子によって電流の向きを変えるため，コイルが回転しても磁界から受ける力の向きはつねに同じである。

8 (1) ① ア　② ウ　(2) ① イ　② イ　(3) エ
【解き方】(2) ② 電磁石の右側はN極，左側はS極になっている。電磁石をさらに左側にくるようにするには，磁石のN極を電磁石の左側（S極）に近づけるとよい。(3) 導線の回転方向から，導線の下側は磁石のX側の極に引かれ，Y側の極からしりぞけられている。電流の向きから，導線の下側にはX側を向く向きに磁界が生じているので，導線の下側内部に生じる磁界はX側がN極，Y側がS極になる。導線内部の磁界のN極が磁石のX側の極に引かれ，S極がY側の極からしりぞけられているので，磁石のX側，Y側の極はともにS極。

●電磁誘導

9 ア．誘導電流
イ．1

10 (1)（電流の向き）イ，
（N極の針が指す向き）右図
(2) 電磁誘導
(3)（例）大きな電流が流れないようにする

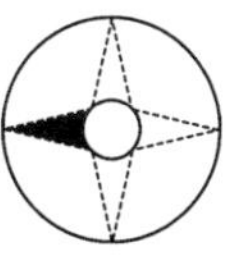

【解き方】(1) Pの方位磁針の向きから，コイルXの右端がN極になる向きに磁界ができる。

11 (1) 磁力線　(2) ウ
【解き方】(2) コイルに図Ⅲと逆の向きに誘導電流が流れて検流計の針が－側に振れるのは，「N極をコイルの中心から離したとき」または「S極をコイルの中心へ近づけたとき」である。また，磁石を速く動かすと誘導電流が大きくなり，検流計の針が大きく振れる。

12 (1) 電磁誘導
(2)（例）コイル内部の磁界が変化しなくなったから。
(3) ア，ウ
(4) エ
(5) 7.3 Wh
【解き方】(4) 台車はコイルAよりコイルBを通過するときのほうが速いので，磁界の変化が大きく，コイルを通過する時間は短い。よって，図3と比べてより大きい誘導電流がより短い時間に生じる。
(5) $11\times\frac{40}{60}\fallingdotseq 7.3$ [Wh]

13 (1) 誘導電流　(2) ア　(3) イ
(4)（仕事）1.5 J，（変換効率）25％
【解き方】(2) コイルに近づく棒磁石の極は[2]と同じなので，電圧は図Ⅱと同じようにプラスからマイナスに変化する。[3]のように板を傾けると，台車にはたらく重力の斜面に平行な向きに分力がはたらくので，台車の速さはしだいに速くなる。台車の速さ，つまりコイルを通過する棒磁石の動きが速くなると，生じる電圧の大きさは大きくなるので，アが正しい。(4) 仕事 [J] ＝力の大きさ [N] ×力の向きに移動した距離 [m] より，2.5×0.60＝1.5 [J]　また，実験3で得られた電気エネルギーは5.0 [V] ×0.60 [A] ×2.0 [s] ＝6 [J]　これが運動エネルギーへと変換されたので，エネルギーの変換効率は $\frac{運動エネルギー}{電気エネルギー}\times 100$ より
$\frac{1.5}{6}\times 100 = 25$ [%]

14 1．電磁誘導　2．9000 J　3．イ
4．磁界（磁場も可）
【解き方】2．30分を秒に直すと30×60＝1800 [秒]　電力量は電力と時間の積であるから，5×1800＝9000 [J]
3．図1の状態から磁石を通過させているので，電流の値は図2のように＋側に振れてから－側に振れると考えられる。－側に振れるのは磁石がコイルの中を通過してしまうためであり，磁石の速さがだんだん速くなっていくので，電流の大きさは－側のほうが大きいと考えられる。

第7章 運動とエネルギー

力のはたらき

●力の合成と分解

1 (1) ① ア　② イ
(2) エ
(3) ① 5.0　② 右図

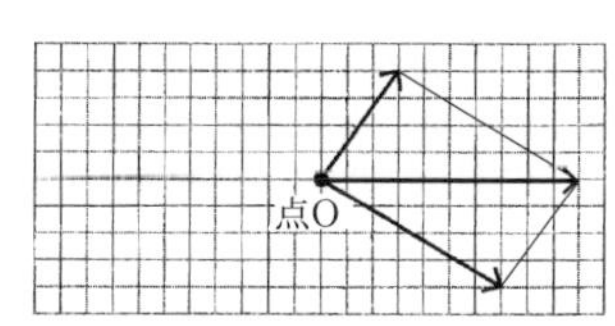

【解き方】(2) ばねばかりXの示す値とばねばかりYの示す値の合計が5.0 Nになる。(3) ① 角度xと角度yがそれぞれ60°のときの，ばねばかりXが引く力とばねばかりYが引く力，合力の力の矢印は，右図のようにそれぞれ正三角形の辺になる。したがって，ばねばかりX，Yの示す値は合力の大きさと等しい5.0 Nである。

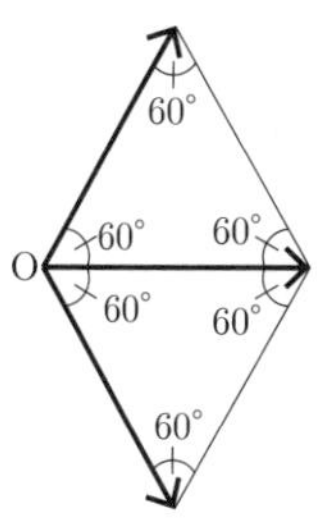

2　1.(力の)合成　2.右図
3.a.ア　b.ウ　4.5.0 N

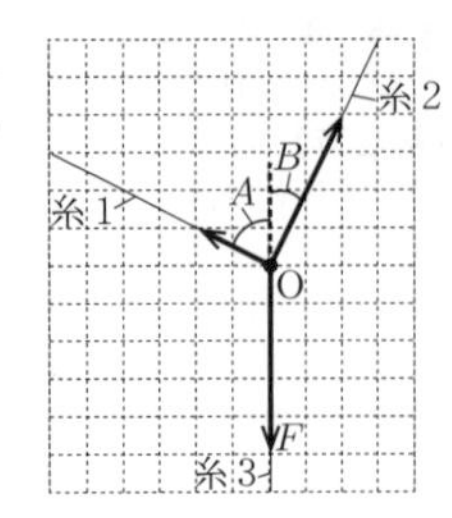

【解き方】 2．作図の際は，力Fと同じ大きさで逆向きの力をかき，糸1と糸2の方向に分解をする。3．問題用紙に，簡単な図でかまわないので，極端にAとBの角度を大きくした図をかくとよい。2で作図した糸が点Oを引く力は大きくなるが，物体Xを引いていることは変わらないので，合力の大きさは変わらない。

●水圧と浮力

3　ウ

4　問1．X．と等しい
Y．より大きい
問2．右図

【解き方】 問1．深くなるほど，水圧は大きくなる。
問2．水中に物体がすべて沈んだあとは，物体の上面にはたらく力と下面にはたらく力の差である浮力の大きさは変わらない点に注意。

5　1．(1) ウ　(2) 0.10 N　(3) イ
2．c．(例) 体積が大きく，また，2つの物体の質量が同じであることから，密度が小さい　d．亜鉛
3．ア，エ

【解き方】 1．(2) ばねばかりの示す値＋浮力＝物体Bにはたらく重力(＝0.30 [N])。(3) 物体Bがすべて水の中に入ったあとは浮力の大きさは変わらないので，ばねばかりの示す値も変わらない。2．水中で物体Xが上に動くことから，こちらのほうが浮力が大きいため体積が大きいとわかり，質量は同じであるから，物体Xの密度は物体Yよりも小さく，物体Xは亜鉛。3．物体Zにはたらく重力は水の内外によらず同じで，重力 i ＝重力 ii …①　図6で静止しているので，重力 ii ＝浮力 ii …②　図5と図6で水中にある物体Zの体積が異なるので，浮力 i ＞浮力 ii …③　イは①と②，ウは②と③，オは③よりそれぞれ不適。

6　(1) 2.5 N　(2) 11 cm　(3) フックの法則(弾性の法則)
(4) ⓐ 4　ⓑ 1.2　(5) ① ア　② ウ　(6) ① 1.0
② 1.9　③ 1.8　(7) (例) 鉄のおもりの一部を切り離すことで，浮力と重力がつり合うようにしている。

【解き方】 (1) $1\times\frac{250}{100}=2.5$ [N]　(4) ⓑ 水面から円柱の底面までの長さが2.0 cm増えるごとに，浮力の大きさは0.4 Nずつ大きくなるので，$0.4\times\frac{6.0}{2.0}=1.2$ [N]　［別解］図Ⅱより，ばねの長さが19 cmのときにばねに加えた力の大きさは0.8 N。円柱Aにはたらく浮力は2.0－0.8＝1.2 [N]
(5) 水の抵抗が「しんかい6500」の運動の向きとは逆向きにはたらく。(6) ① 水面に浮かんでいるので，円柱Bにはたらいている浮力の大きさは重力の大きさと等しくなる。
② 1.0＋0.30×3＝1.9 [N]　③ 図Ⅵの円柱全体の高さは6.0＋1.0×3＝9.0 [cm]　浮力の大きさは$0.4\times\frac{9.0}{2.0}=1.8$ [N]　［別解］図Ⅱより，ばねの長さが12 cmのときにばねに加えた力の大きさは0.1 N。円柱Cにはたらく浮力は0.30－0.1＝0.2 [N]　円柱Bが完全に水中にあるときにはたらく浮力は円柱Aと同じ大きさなので，一体になった物体がすべて水中にあるときの浮力は1.2＋0.2×3＝1.8 [N]
(7) 鉄のおもりを複数個取り付けたままでは重力のほうが大きいために下降し，すべて切り離すと浮力のほうが大きくなるために上昇する。よって，おもりの一部を切り離す。

7　(1) 仕事の原理
(2) 2 N
(3) 右図
(4) 8 N

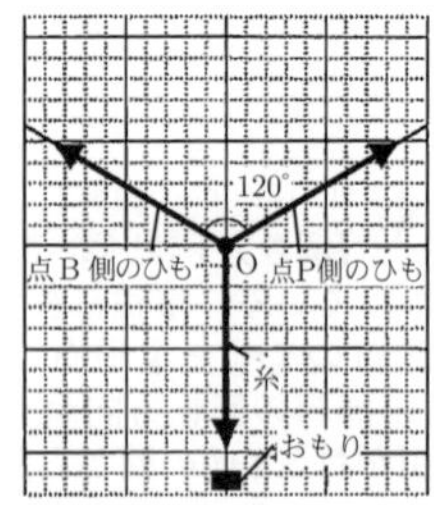

【解き方】 (2) 空気中にある質量1 kgのおもりにはたらく重力の大きさは10 Nである。②でばねばかりの目盛りが示す力の大きさは4 Nとなっているが，実験1では動滑車を用いているので，水中にあるおもりが糸を引く力の大きさは4×2＝8 [N]　よって，浮力の大きさは10－8＝2 [N]
(4) ここで求めたいのは，おもりが糸を引く力とつり合う力 (OPとする) のOQ方向の分力の大きさである。OQが分力になるように力OPを図5にかき込むと，右図のようになる。△ROQと△OQPは相似なので，RO：RQ＝OQ：OP　分力OQの大きさをx Nとすると，0.8：1.0＝x：10よりx＝8 [N]

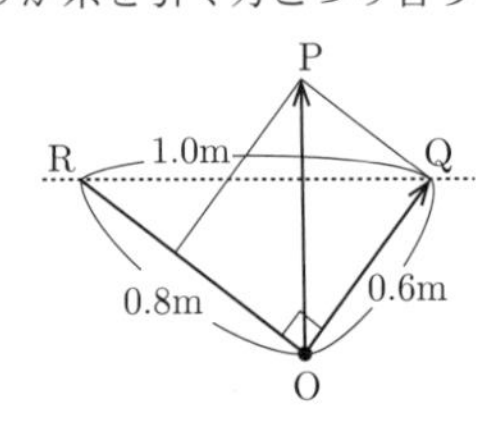

物体の運動

1　ウ
【解き方】 45分間を45÷60＝0.75 [時間] とし，平均の速さ＝移動距離÷かかった時間であるから，36÷0.75＝48 [km/h]

2　42 cm/s
【解き方】 テープを5打点ごとに切ると，テープ1本分の長さは0.1秒間の移動距離を示す。平均の速さは4.2÷0.1＝42 [cm/s]

3　ウ
【解き方】 記録テープのXの区間は10打点していて，かかった時間は10÷50＝0.2 [s] となるから，平均の速さは24.5÷0.2＝122.5 [cm/s]

4　(1) 摩擦力
(2) 右図

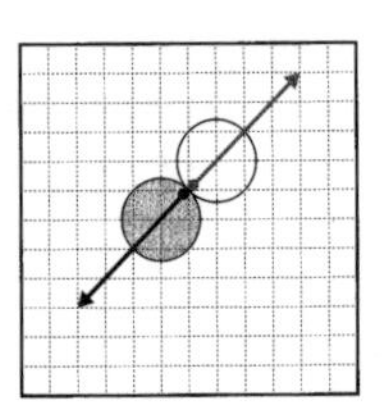

【解き方】 (2) 作用・反作用の法則より，ストーンAはストーンBが受けた力と同じ大きさの力を反対向きに受ける。

5 イ
【解き方】つり合いの関係にある力は１つの同じ物体に，作用・反作用の力は２つの物体間ではたらく。

6 (1) A. (イ)　B. (ク)
(2) C.（例）つり合っている（７字）　D. 慣性
【解き方】(1) 人は自分が加えた力の反作用の力を受けることとなる。そのため，人と荷物の双方に力が加わっている状況となる。(2) 垂直抗力と重力など，大きさが同じで，向きが反対である２つの力は「つり合っている」力である。

7 1. 右図
2. (1) イ　(2) 14 cm/s
3. オ 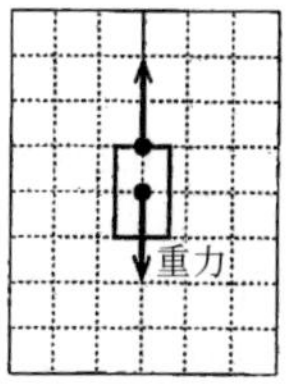
【解き方】1. おもりにはたらく重力と糸がおもりを引く力とがつり合っている。
2. (1) 記録タイマーは0.1秒間に５打点記録する。(2) $53-39=14$ [cm/s]
3. a. おもりを重くした実験２のときのほうが台車にはたらく力が大きく，図３は図２より速さの変化の割合が大きい。b. 区間ⅠとＪでは速さが26 cm/sずつ増加したが，区間Ｋでは速さが22 cm/s増加したので，速さの変化の割合が減少したＫでおもりが床についた。

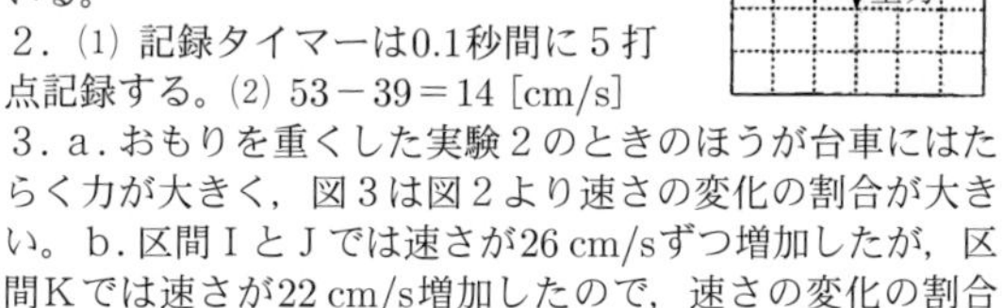

8 (1) 右図
(2) ① イ　② ウ

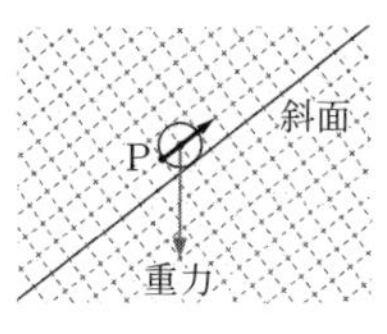

【解き方】(1) 手が小球を静止させるために必要な力の大きさは，小球の重力の斜面に平行な分力の大きさに等しい。

9 (1) 右図
(2) イ
(3) 147 cm/s
(4) エ 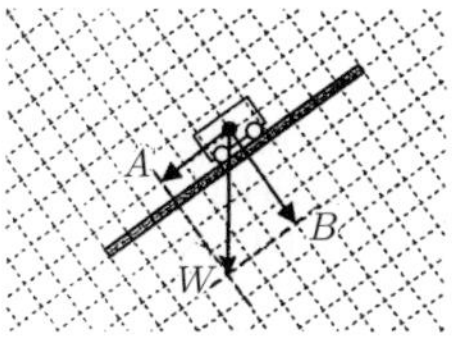
【解き方】(1) もとの矢印 W が対角線となる平行四辺形を考え，その一辺になるように，斜面に沿う向き（力 A）と斜面に垂直な向き（力 B）に矢印を描く。
(3) $\frac{14.7}{0.1}=147$ [cm/s]

10 1. 右図
2. 130 cm/s

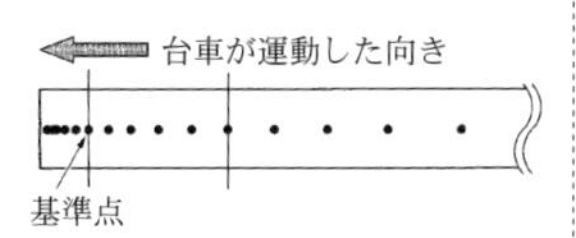

3.（例）台車の運動の向きに力がはたらいていないから。
4. ⓐ ア　ⓑ イ　5. ア
【解き方】2. $(11.0+15.0)\div0.2=130$ [cm/s]　4. 力の平行四辺形の法則より，斜面上の台車にはたらく重力 W は垂直抗力 N よりもつねに大きい。5. 台車が斜面上を進む距離は変えずに斜面の傾きを大きくした場合，台車の高さが高くなり，台車の速さは〔実験〕のときよりも大きくなるので，５打点ごとの紙テープの長さも長くなる。また，斜面上の台車の速さが大きいほど〔実験〕のときよりも早く水平面に到達するため，記録テープの長さは図２よりも早い段階で一定になる。一定になったときの記録テープの長さも図２より長くなる。

11 問1. 60 cm/秒
問2. ア
問3. 等速直線運動
問4. 右図
問5. ウ

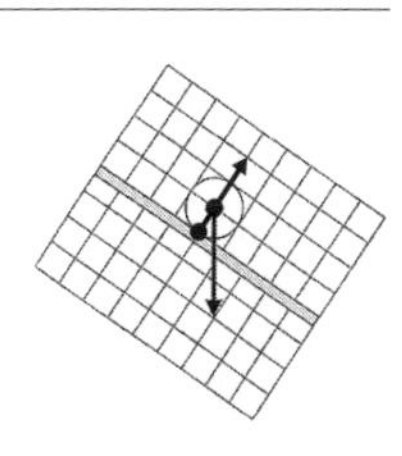

【解き方】問１．$\frac{10.8-4.8}{0.3-0.2}=60$ [cm/s]　問２．各区間での平均の速さは12，36，60，84，108（単位はすべてcm/s）で比例している。問４．垂直抗力の作用点は小球と斜面の接点にある。問５．力学的エネルギーの保存から，はじめの高さが同じであれば水平面での速さは同じ。

12 (1) 0.3秒
(2)（位置エネルギー）A，（運動エネルギー）C
(3) 右図　(4) ウ
(5)（例１）速さの大きい部分が短くなったから。（例２）速さの小さい部分が長くなったから。 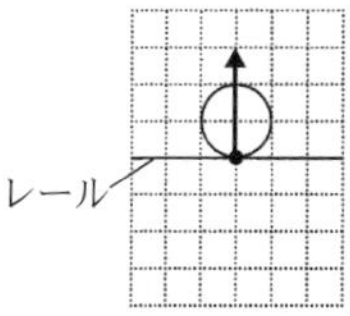
【解き方】(1) $90\div300=0.3$ [s]
(2) 位置エネルギーが最大なのは高さがいちばん高い点（A），運動エネルギーが最大なのは高さがいちばん低い点（C）。
(4) A～G点は水平なので等速直線運動をする。
(5) Bを含む水平方向の部分が長くなり，運動エネルギーが最大となる（速さが最大となる）C点を含む水平方向の部分が短くなった。

13 問1. 180 cm/s
問2. 右図
問3. 1.4 N　問4. エ 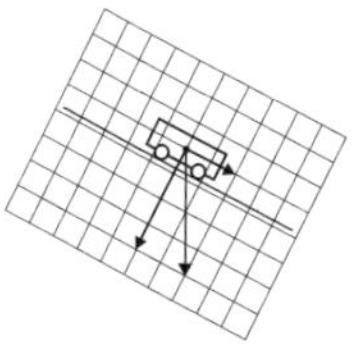
【解き方】問１．0.1秒から0.2秒の間の0.1秒間に $41-23=18$ [cm] 進む。よって，その平均の速さは $\frac{18}{0.1}=180$ [cm/s]
問３．0.7 Nの物体が２つ付いて，糸１を引いている。静止している状態では，これと同じ大きさで向きが逆の力が加わっている。問４．物体Bが床面に達するまでは，物体AとB両方の重さがかかっているが，物体Bが床面に達すると，物体Aの重さのみがかかっている状態となる。

14 (1) ウ　(2) ① ウ　②・③ エ　(3) イ　(4) 0.91秒
【解き方】(2) 水平面では小球は等速直線運動をする。実験１では，６番以後に等速直線運動になり，５番と６番の間でB点を通過した。また，水平面での速さは $\frac{90.3-66.0}{0.1}=243$ [cm/s] である。実験２では，５番以後に等速直線運動になり，その速さは $\frac{70.9-51.1}{0.1}=198$ [cm/s] である。実験１のほうが水平面での速さが大きいので，小球のはじめの位置は20 cmよりも高かった。(3) 実験３では，小球のはじめの高さが20 cmなので，水平面での速さは実験２と同じになるが，斜面が長いので水平面に達するまでに時間がかかる。(4) 実験３の小球の水平面での速さは実験２と同じ198 cm/sで，斜面での平均の速さは水平面の速さの $\frac{1}{2}$ の99 cm/sである。したがって，小球がC点を通過するまでにかかる時間は $\frac{60}{99}+\frac{60}{198}\fallingdotseq0.91$ [秒]

15 問1．自由落下
問2．右図

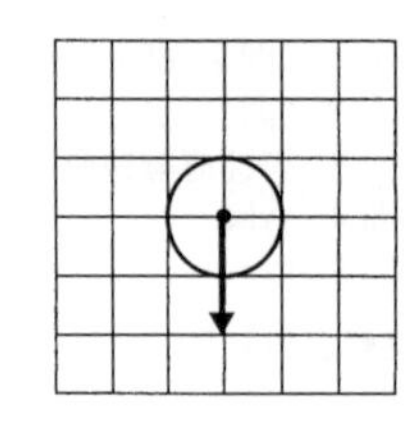

問3．ア
問4．76
問5．ウ
【解き方】問2．重力を矢印で表すときは，物体の中心を作用点として，下向きの矢印をかく。
問3．縦軸は「0.05秒間に進んだ距離」であることに注意する。図2より，区間⑤の距離は44.5－30.9＝13.6［cm］
問4．区間①の距離は5.1－1.3＝3.8［cm］　よって，平均の速さは3.8÷0.05＝76［cm/s］

16 (1) ア
(2) 右図

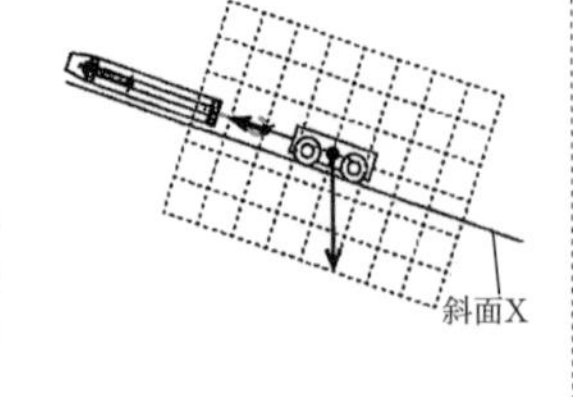

(3) (a) ウ
(b) 189 cm/s
(4) あ. 大きく　い. (例) 力学台車の運動の向きと反対の向きにはたらく力が小さい
(5) 22本
【解き方】(3) (a) 下図参照。

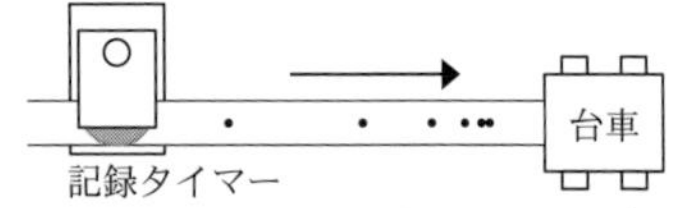

(b) 記録タイマーは1秒で60打点するので，6打点は0.1秒で18.9 cm進む。よって，平均の速さは$\frac{18.9}{0.1}$＝189［cm/s］
(5) 1本目が19.8 cm，2本目は19.8－0.9×1＝18.9［cm］，3本目は19.8－0.9×2＝18.0［cm］と0.9 cmずつ短くなっていく。$\frac{19.8}{0.9}$＝22を目安にして，22本目は19.8－0.9×21＝0.9［cm］，次の23本目は19.8－0.9×22＝0［cm］なのでテープはできない。

仕事とエネルギー

●仕事

1 6 J
【解き方】水平に移動させたときは，加えた力の向きと物体を移動させた向きが垂直なので，仕事は0である。20［N］×0.3［m］＝6［J］

2 (1) 0.9 J
(2) ア
【解き方】(1) 仕事［J］＝力の大きさ［N］×移動した距離［m］より，3×0.3＝0.9［J］
(2) 動滑車を用いると，力の大きさは半分になるが，ひもを引く距離は2倍になる。

3 イ
【解き方】動滑車を使って物体を持ち上げると，糸を引く力の大きさは直接持ち上げるときの半分，糸を引く距離は2倍になる。

4 ア．仕事の原理
イ．60 cm
【解き方】イ．図1より，手が物体にした仕事の大きさは3.0×0.4＝1.2［J］　1.2÷2.0＝0.6［m］　よって，60 cm。

5 (1) (仕事の大きさ)0.1 J，(語)仕事の原理
(2) 0.2

6 (1) 0.2 W
(2) ① 1.6 N　② ア
【解き方】(1) おもりを引く力の大きさは$1\times\frac{400}{100}=4$［N］　12秒かけておもりを60 cm＝0.6 m引き上げたときの仕事は4×0.6＝2.4［J］より，仕事率は$\frac{2.4}{12}=0.2$［W］
(2) ① 400 gのおもりを60 cm引き上げるときの仕事は2.4 Jなので，仕事の原理より，おもりを斜面に沿って1.5 m引き上げたときの引く力は$\frac{2.4}{1.5}=1.6$［N］

7 (1) 右図
(2) 位置

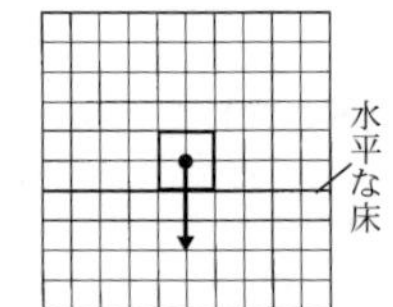

(3) (例) 仕事の大きさは変わらない
(4) ア
(5) 75 J
【解き方】(4) Ⅰ，Ⅱ，Ⅲとも，同じおもりを同じ高さに引き上げたので，仕事は同じ。Ⅰ，Ⅱ，Ⅲとも同じ速さで引き上げたので，Ⅰ，Ⅱが仕事をした時間は同じ。Ⅲは距離が2倍なので，時間も2倍。仕事率は1秒あたりに行った仕事なので，P_1とP_2は同じ。P_3は同じ仕事を時間をかけて行ったので，P_1，P_2より小さい。
(5) 質量15 kg＝15000 gのおもりにはたらく重力は15000÷100＝150［N］　動滑車を1個使っているので，ひもを引く力は150÷2＝75［N］　1.0 m引き上げたので，仕事の大きさは75×1.0＝75［J］

8 (1) (例) 位置エネルギーが大きくなる
(2) ① J
② 手が加えた力の大きさが2.7 N，手が引いた糸の距離が0.2 mなので，仕事の大きさは2.7［N］×0.2［m］＝0.54［J］　よって，仕事率は0.54［J］÷3［秒］＝0.18［W］
③ 580 g
④ X. (例) 長く　Y. (例) 小さく
【解き方】(2) ③ おもりの質量をx［g］とすると，動滑車2つと動滑車をつなぐ板の質量は100 gなので，合計は(x＋100)gとなる。したがって，重力の大きさは$\frac{x+100}{100}$［N］
　これを動滑車2つで持ち上げるのに必要な力が1.7 Nなので，$\frac{1}{2}\times\frac{1}{2}\left(\frac{x+100}{100}\right)=1.7$が成り立つ。これより，$x+100=680$　よって，$x=580$［g］

●力学的エネルギーの保存

9 ア.(運動エネルギー最大)Q点,
(位置エネルギー最大) S点
イ.1.5倍
【解き方】 ア．運動エネルギーと位置エネルギーの和はつねに一定。位置エネルギーは基準面からの高さに比例し，Pが最大値（このとき運動エネルギーはゼロ）である。
イ．$\frac{18}{12}=1.5$ [倍]

10 (1) 重力
(2) (例) おもりの位置エネルギーの減少する量が，位置Aから位置Bまで移動するときと，位置Aから位置Cまで移動するときで等しいから。
【解き方】 (2) 水平面を基準面とすると，図1，2の位置Aでのおもりの位置エネルギーは等しく，高さが等しい位置B，Cの位置エネルギーも等しいため，移動時に減少する量も等しい。よって，位置A(おもりの運動エネルギーは0)から位置B，位置Cにそれぞれに移動するとき，おもりの運動エネルギーの増加する量も等しくなるため，速さも等しくなる。

11 問1．ア
問2．イ
問3．右図
問4．イ
【解き方】 問1．(10.6＋9.0＋5.6)÷0.3
＝84 [cm/s]
問2．①から③のそれぞれの区間の速さは32 cm/s，56 cm/s，80 cm/sで，速さは0.1秒間に24 cm/sずつ一定の割合で増加している。したがって，小球には運動の向きにほぼ一定の大きさの力がはたらき続けている。
問4．点a，点dは同じ高さなので，レールA，Bにおいて小球が持つ力学的エネルギーは等しい。したがって，点eより高さが低い点bのほうが小球の運動エネルギーが大きい。点cと点fはともに高さが0なので，小球の運動エネルギーは等しい。

12 問1．ジュール　問2．2.5 N
問3．イ
問4．28
問5．(例)(おもりの位置エネルギーの一部が) 熱や音などのエネルギーに変換されたため。(電気エネルギー以外のエネルギーに変換されたため。)

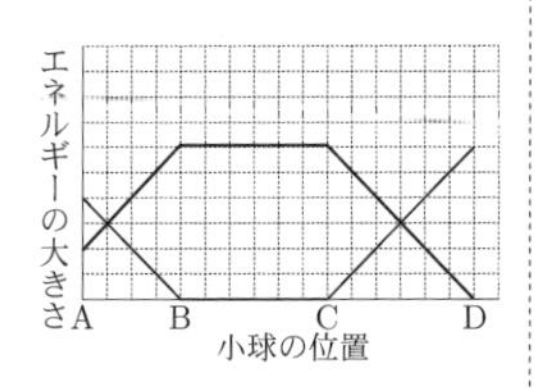

問6．ウ
問7．(1) 力学的エネルギー
(2) 右上図
【解き方】 問2．500 gの台車を30 cm引き上げる仕事は5×0.3＝1.5 [J] である。この仕事を行うのに，斜面を使って台車を0.6 m引き上げたので，台車を引き上げる力は1.5÷0.6＝2.5 [N] である。
問3．仕事率＝仕事÷かかった時間 [秒] なので，2倍の時間がかかると仕事率は$\frac{1}{2}$になる。
問4．豆電球を光らせた電気エネルギーは0.2×1.1×1.4＝0.28×1.1 [J] で，おもりの持つ位置エネルギー1.1 Jのうち，電気エネルギーに変換された割合は$\frac{0.28\times1.1}{1.1}\times100=28$ [%]
問6．水力発電ではダムに貯めた水を落下させて水の位置エネルギーを電気エネルギーに変換する。
問7．(2) 点Dで小球の位置エネルギーが最高になったときに運動エネルギーは0になるので，この小球の持つ力学的エネルギーは6である。点Aで位置エネルギーは4なので，小球を押し出した運動エネルギーは2，BC間では位置エネルギーはすべて運動エネルギーに変換されて6になる。

13 (1) 力学的エネルギー
(2) ウ
(3) エ
(4) 10 cm
(5) イ
【解き方】 (2) AとCは，位置エネルギーは最大だが，運動エネルギーは0。逆にBは，運動エネルギーは最大だが，位置エネルギーは0である。運動エネルギーと位置エネルギーの和は一定なので，①と④の大きさは等しい。
(3) Cの位置では，運動エネルギーが0なので小球の速さは0となり，重力のみを考える。

●エネルギーの移り変わり

14 地熱発電

15 順に，イ，エ，ア，ウ

16 (a) 変換効率
(b) ウ

17 (1) ① イ　②(例)増加しない
(2) ① エ　② (例) 熱が発生するため。
(3) X.化学　Y.運動
【解き方】 (1) ② 排出される二酸化炭素は，植物の光合成によって大気からとり込まれたものなので，全体として，大気中の二酸化炭素は増加しない。
(2) ① 交流の電流の向きは一定でなく，＋極と－極が交互に変化しているので，2本の点線に見える。

第８章
物理領域の思考力活用問題

1 (1) ① ウ　② W　③ ア
(2) エ
(3) 30度
(4) ウ
(5) 右図
(6) 200 cm/秒
(7) ⓑ ア
ⓒ (例) 運動の向きと反対の向きであった

【解き方】 (1) ③ 直列につながれた乾電池の１個を取り外すと，回路が途切れ，電流が流れない。
(3) 入射角と反射角は等しくなる。
(4) ア．入射角が大きくなると屈折角も大きくなっているが，比例の関係ではない。イ．入射角が10度大きくなったとき，屈折角の大きさは4～7度大きくなっている。
エ．入射角が0度以外で屈折角の大きさが0度になることはない。
(5) 半円形ガラスの平らな面に垂直に当たった光はそのまま直進する。半円形ガラスを出た光はスクリーン上のXまで直進する。
(6) $\dfrac{60}{0.1\times3}=200$ [cm/s]

2 問１．X. 電磁誘導　Y. 再生可能
問２. ア
問３. b, c
問４．70 km^2

【解き方】 問２．図２では棒磁石のN極を近づけるので，検流計の針が逆になるためには，N極を遠ざけるか，S極を近づける操作が必要になる。問４．長崎県全世帯をまかなうために必要な風力発電機は560000÷800＝700［基］となる。よって，風力発電に必要な面積は700×0.10＝70［km^2］

3 (1) ウ　(2) エ
(3) 6.9％
(4) X. イ　Y. ア　Z. イ

【解き方】 (3) 80 cm＝0.8 mなので，おもりを80 cm持ち上げる仕事の大きさは0.12×0.8＝0.096［J］　このときの電力量は0.70×1.0×2.0＝1.4［J］　変換効率は$\dfrac{0.096}{1.4}\times100$＝6.85…≒6.9［％］

4 (1) 誘導電流　(2) イ
(3) 等速直線運動
(4) (例) A点よりも高い位置で手をはなしたため，台車の速さが大きくなり，コイルをつらぬく磁界の変化が大きくなったから。
(5) (例) A点とC点は高さが同じため，位置エネルギーが同じであり，力学的エネルギーの保存から，水平面での運動エネルギーが同じになり，コイルをつらぬく磁界の変化の大きさが同じため。
(6) エ　(7) 6.3 kWh

【解き方】 (2) S極がa側からコイルに近づくときにはN極が近づくときとは逆向きに誘導電流が流れる。(4) 8の台車を高さ10 cmのB点に置いたときのほうが，6の高さ5 cmのA点に置いたときよりも台車の持つ位置エネルギーが大きいので，水平面での台車の運動エネルギーが大きくなり台車の速さも大きくなる。(5) A点とC点は高さが同じなので，10と6で手を離したときの台車の持つ力学的エネルギーは等しい。(7) 白熱電球とLED電球の消費電力の差は60－7.4＝52.6［W］なので，30日間で削減できる電力量は52.6×(4×30)＝6312［Wh］≒6.3［kWh］

5 (ア) 3　(イ) 2
(ウ) 3　(エ) 1

【解き方】 (ウ) 電圧を大きくすると速さの増える割合が大きくなるので，図２よりも短い時間で金属棒がQに達する。
(エ) エネルギーの変換効率＝$\dfrac{\text{変換後のエネルギー量}}{\text{変換前のエネルギー量}}\times100$で求められる。変換前のエネルギー(電気エネルギー)量は，電力×時間＝電圧×電流×時間＝VIt，変換後のエネルギー(位置エネルギー)量は，重さ×金属棒が移動した高さ＝WHと計算できるので，１を選ぶ。

6 (1) ① (例) (ばねを)引く力
② a. (例) 重力の斜面に平行な分力の大きさが大きくなるから。
b. オ
(2) ① 力学的エネルギー
② (例) 運動エネルギーが大きいため，移動距離は大きくなる。
(3) ① ア　② 0.4秒後

【解き方】 (1) ② b．0.6 Nの金属球を静止させたとき，ばねばかりの値が0.45 Nなので，その割合は0.45÷0.6＝0.75［倍］である。同じ角度の斜面であれば，この割合は等しくなる。図２は1.2 Nの金属球なので，1.2×0.75＝0.9［N］となる。よって図２より，0.9 Nのときの角度は約50°となる。
(3) ① 時間と距離は２次関数的に変化する。
② 金属球Rは２倍の速さでBC間を運動するので，BC間は0.8÷2＝0.4［s］で移動する。1.2－0.4＝0.8［s］のときに速さ2となり，右図のようになる。速さ1になる時間は0.4秒後。

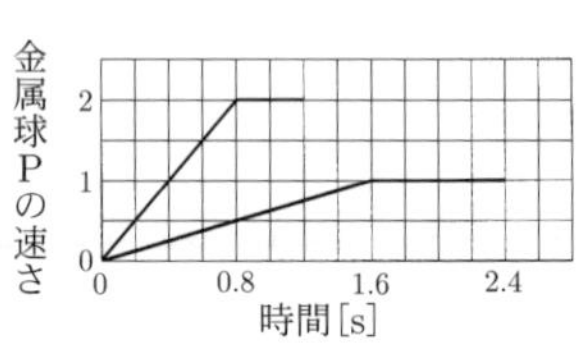

生物編

第9章 生物の特徴と分類

身近な生物の観察

1 (1) ア (2) エ (3) ウ
【解き方】(1) ルーペは目に近づけて持ち，動かさない。(3) 合弁花類は双子葉類についての分類で，ユリは単子葉類，マツは裸子植物である。アブラナは双子葉類だが離弁花類のなかまである。

2 4

3 ア
【解き方】倍率が低いほうが視野は広くなる。

4 (1) 順に，イ，エ，ウ，ア (2) 600倍
【解き方】(2) 15×40＝600［倍］

5 (1) 順に，エ，イ，ウ，ア (2) イ，ウ
【解き方】(2) アの花粉管がのびるようす，エの細胞分裂のようすは拡大倍率の高い顕微鏡でないと観察できない。

植物の分類

●花のつくり

1 子房

2 (記号)ア，(名称)花弁

3 イ

4 やく

5 (a) イ (b) 被子植物

6 (1) おしべ (2) 合弁花
(3) 順に，ケ，キ，ク，コ
【解き方】(2)花弁のつき方がエンドウのような花を離弁花，ツツジのような花を合弁花という。
(3) 外側から，がく，花弁，おしべ，めしべの順になる。

7 (1) ウ (2) 順に，(めしべ，)おしべ，花弁，がく
(3) 離弁花類 (4) 胚珠
【解き方】(1) 観察する対象物を動かせる場合は対象物だけを動かし，動かせない場合は顔だけを動かしてピントを合わせる。

8 (1) イ (2) 順に，b，c，a (3) ア
(4) ① ア ② ウ

●植物の分類

9 ウ

10 エ
【解き方】スギ，イチョウ，ソテツは子房を持たず胚珠がむき出しになっている裸子植物の代表例。裸子植物は子房を持たないので果実を作らない。

11 (1) 子房 (2) イ
【解き方】(1) 種子植物は子房がなく胚珠がむき出しの裸子植物と，胚珠が子房の中にある被子植物に分かれる。

12 1．胞子 2．(例)子房がなく，胚珠がむき出しになっている。3．① ア ② イ
【解き方】3．ツユクサのような単子葉類の葉脈は平行脈である。

13 (1) ② エ ④ ウ (2) A．ア B．ウ C．イ
(3) オ
【解き方】(1) 種子植物は子房の有無で被子植物と裸子植物に，被子植物は子葉の枚数で双子葉類と単子葉類に分かれる。(3) コケ植物は維管束がないので，水を体の表面全体から取り入れる。

14 (1) ① 順に，イ，ウ，ア，エ
② 離弁花類 ③ P.イ Q.ア R.ウ
(2) ① (例) 胞子のう ② (例) 色水に差しておく
③ Y.イ Z.ウ
【解き方】 (1) ③ アブラナは被子植物に分類され，マツは裸子植物に分類されるが，どちらも種子でなかまを増やすため種子植物である。(2) ①「胞子のう」は「蒴(さく)」でも可。

15 (1) (例) どの葉も多くの日光を受けとるのに都合がよい。(2) ウ (3) (花)合弁花，(符号)ア (4) x.胞子のう y.胞子
【解き方】 (1) 植物にとって，効率よく光合成を行うことは重要である。植物の葉を上から見たとき，葉のつき方が互いに重ならないようになっているのは，上から注ぐ光をなるべく多く利用するために都合がよいと考えられる。

16 (1) (a) あ.ア い.エ (b) (名称)胚珠，(記号)H
(c) 被子植物 (d) ウ (e) 離弁花類 (2) ウ
(3) (Xのグループ) ア，(Zのグループ) ウ
【解き方】 (2)･(3) シダ植物とコケ植物は種子を作らず胞子で増える。シダ植物は維管束を持ち，根・茎・葉の区別がある。コケ植物は維管束がなく，根・茎・葉の区別がない。図中Pの構造は仮根で，根のように見えるが，水を吸収するはたらきはなく，からだを固定するための構造である。

17 1. (1) ⓑ
(2) (例) からだの表面全体から直接吸収する。
2.エ
3.① 被子 ② イ ③ ア
【解き方】 2. B (シダ植物) は胞子，C (裸子植物) は種子でふえる。 3. Dは単子葉類，Eは双子葉類でともに被子植物である。サクラやアブラナは花弁が1枚ずつ離れている。

動物の分類

1 a.胸部 b.6

2 ア. 節足動物 イ. 1，3

3 (1) 軟体動物 (2) ① ア ② エ

4 (1) 魚類 (2) 胎生
(3) 恒温動物 (4) A，E
(5) ① カエル ② えら ③ 肺 (6) 3
【解き方】 はじめの会話からAは魚類 (サケ)，次の会話でDがほ乳類 (ネズミ) とわかる。その次の会話でCかEがは虫類か鳥類となるが，Cが恒温動物であることから，Cが鳥類 (ハト)，Eがは虫類 (ヘビ)，残るBが両生類 (カエル) である。
(4) 両生類は皮膚呼吸のためうろこはなく，体表面は薄い皮膚でつねにぬれている。魚類にはうろこを持たないものもある (ナマズ等)。
(6) コウモリはほ乳類，イモリは両生類，カメ，トカゲはは虫類，ワシ，ペンギンは鳥類。

5 (1) イモリ
(2) ① イヌ，ニワトリ ② 恒温
【解き方】 (1) Xに当てはまるのはセキツイ動物の両生類である。イカは無セキツイ動物，イヌはホニュウ類，ニワトリは鳥類である。

6 ① ア ② ウ
【解き方】 Aはセキツイ動物，Bは節足動物，CとDは軟体動物。

7 (1) 葉緑体
(2) ① ウ ② エ ③ キ

8 (1) ウ (2) 外骨格 (3) ウ (4) 下表

例1.

分類のしかた	(子のうみ方)・体温の調節方法	
特徴	A. 卵生	B. 胎生
動物	X. トカゲ，イモリ，フナ，スズメ	Y. ネズミ

例2.

分類のしかた	子のうみ方・(体温の調節方法)	
特徴	A. 変温動物	B. 恒温動物
動物	X. トカゲ，イモリ，フナ	Y. ネズミ，スズメ

【解き方】 (3) 細胞内では，酸素を使って養分を二酸化炭素や水にまで分解してエネルギーを取り出す細胞の呼吸がつねに行われている。(4) 子のうみ方では胎生と卵生に分かれ，胎生はホニュウ類のネズミだけである。体温の調節方法では変温動物と恒温動物とに分かれ，恒温動物は鳥類のスズメとホニュウ類のネズミである。

9 1. うろこ
2. A. カ D. イ
3. ② イカ ③ ネズミ
4.(動物名) カエル，(理由) (例) 幼生のときは水中で生活するが，成体のときは陸上で生活することもできるため。
【解き方】 2. 図2で，ゼニゴケは種子を作らず胞子で増える。イチョウは胚珠がむき出しである。イネとアサガオは胚珠が子房に包まれていて，イネは子葉が1枚であるが，アサガオは子葉が2枚である。
3. 図3で，Gには「背骨がある」，Hには「背骨がない」。Iには「卵生」，Jには「胎生」があてはまる。

第10章
生物の生きるしくみ

生物をつくる細胞

1 葉緑体

2 問1.ウ
問2.右図

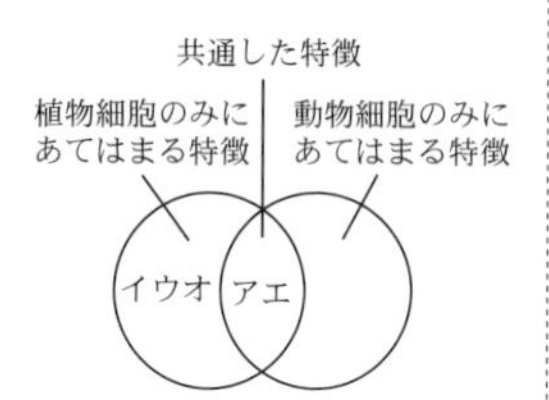

【解き方】 問1．対物レンズで上下左右が反転した実像ができ，接眼レンズで向きが変わらない虚像ができる。問2．アの細胞膜は共通だが，いちばん外側にウの細胞壁があれば植物細胞。イは葉緑体，エは核，オは液胞。

植物のからだのつくりとはたらき

●光合成と呼吸

1 ① 水　② 葉緑体　③(例)養分からエネルギーをとり出す
【解き方】 ① ○は二酸化炭素，◇は水，●は酸素を表している。

2 (1) ① ウ　② ア　③ イ
(2) 光合成
【解き方】 光合成は，植物が光を受けて根から吸収した水と空気中の二酸化炭素を材料にデンプンなどの有機物を作るはたらきで，発生した酸素が空気中に出される。

3 1.ウ　2.デンプン　3.ア　4.(例)光合成によって吸収された二酸化炭素の量と，呼吸によって放出された二酸化炭素の量がつり合っているから。
【解き方】 3・4．実験(2)では，光合成によって二酸化炭素が吸収されることは示されているが，酸素が放出されていることは確認していない。また，水が使われているかも確認していない。また，植物のはたらきの一つに，酸素をとり込んで二酸化炭素を放出する呼吸がある。下線部を使い簡潔な文にして小問4に答える。葉を入れない袋の実験で二酸化炭素が透過しないことを確認している。

4 1.(例)葉の大きさと葉の枚数を同じにする。
2．気孔　3．ウ　4．(1) イ　(2) ア
【解き方】 3．植物は，光が当たるところでは光合成と呼吸を行い，光が当たらないところでは呼吸のみを行う。
4．(2) 植物を入れていなければ，光を当てる前と後で袋の中の二酸化炭素の濃度は変化しない。

5 問1．対照実験
問2．① B　② 二酸化炭素　③ (例) タンポポの葉が光合成を行うときに二酸化炭素を使ったから

6 1．(1) 器官　(2) デンプン
2．(1) (例) (アジサイの葉が) 二酸化炭素をとり入れているかどうかを調べるため。(2) イ
【解き方】 2．(1) アジサイの葉が光合成を行うと，試験管内の二酸化炭素をとり入れるため，石灰水に変化が見られない。(2) 試験管Cは対照実験なので，試験管Aと光以外の条件をすべて同じにする。

7 (1) ① ア　② (薬品a)イ，(薬品b)エ　③ 葉緑体
(2) ① アルカリ　② イ　③ 酸素　(3) (例) オオカナダモを入れないこと以外は全て試験管Bと同じ条件の試験管。(4) X．ア　Y．ウ　Z．エ
【解き方】 (4) 試験管Xでは，光が当たらないのでオオカナダモは呼吸のみを行っているため，光合成による二酸化炭素の吸収量は0になる。試験管Yでは，BTB液が緑色のままなので，二酸化炭素の量が変化していないことがわかる。よって，光合成による二酸化炭素の吸収量＝呼吸による二酸化炭素の放出量となる。試験管Zでは，BTB液が青色になったので，実験を行う前より二酸化炭素の量が少なくなっている。よって，光合成による二酸化炭素の吸収量>呼吸による二酸化炭素の放出量となる。

8 問1．合弁花類
問2．イ
問3．(1) 対照実験　(2) あ．エ　い．(例) 引火しやすい
(3) ア　(4) (例) 光合成で取り入れられた二酸化炭素の量のほうが呼吸によって出された二酸化炭素の量よりも多かったから。
【解き方】 問3．(3) 葉にデンプンが残っていると，光合成が行われなくても，ヨウ素液による葉の色の変化が見られる。そのため，鉢植えのタンポポを一晩暗室に置くなどの操作を行う必要がある。(4) 試験管Bのほうは，光合成によって取り入れられた二酸化炭素の量と呼吸によって出された二酸化炭素の量が等しいので，BTB溶液の色は変化しない。

9 (1) (2番目)エ，(4番目)ア
(2) ① 葉緑体　② A
(3) ① イ　② イ　(4) ア, エ, カ
【解き方】 (3) 60分から100分までは20分ごとの酸素の発生量は0.6 cm³だが，100分を超えるとしだいに減少する。160分から180分の間の酸素の発生量は0.2 cm³なので，二酸化炭素を加えて，20分間の酸素の発生量がこれより増えれば，二酸化炭素が不足していたと考えられる。(4) BTB液の色から，Aは酸性になったが，Bは中性のまま変化していないので$X>Y$である。Cで水中の二酸化炭素が減少してアルカリ性になったことから$Z>X+Y$である。

10 (1) エ
(2) (例) 葉の緑色の部分を脱色するため。
(3) デンプン
(4) ⓐ A　ⓑ D　ⓒ A　ⓓ C
(5) (違う結果となった部分) C,
(結果) (例) 青紫色になった。

【解き方】(1) 光が当たると葉緑体で光合成が行われる。(2) ヨウ素液による反応を観察しやすくする。(5) Cの部分は明るい部屋に置いている間に光合成を行い，そのときに生成したデンプンが残っている。

●葉・茎・根のつくりとはたらき

11 問1.(茎)b,(葉)c
問2. 維管束
【解き方】問1. 根からとり入れた水などが通る部分は道管であり，道管は植物の茎の部分では維管束の内側，葉の部分では維管束の中で葉の表側のほうにある。また，一般に，気孔の数は葉の表側よりも裏側のほうが多いため，図2の葉の下側の表皮は葉の裏側である。

12 (1) (名称)道管，(はたらき)(例)根から吸収した水や養分を通すはたらき。
(2) ア

13 (1) (例)空気の泡が入らない
(2) ① 維管束
② ア　③ ウ
(3) (ユリ)エ，(ブロッコリー)ア

14 (例)aのほうがbよりも蒸散がさかんに行われたから。
【解き方】蒸散のときに水蒸気の出口となる気孔は葉に多く存在している。

15 (1) 気孔　(2) (例)XとYの値を比べて，XがYよりも大きければよい。(3) $X+Y-Z$
【解き方】(2) Xは葉の裏側と茎からの蒸散量，Yは表側と茎からの蒸散量を表すので，XがYより多ければよい。(3) Zは茎からの蒸散量を表す。葉の裏側からの蒸散量＋表側からの蒸散量＋茎からの蒸散量＝$(X-Z)+(Y-Z)+Z=X+Y-Z$

16 問1. 2，3　問2. 蒸散
問3. ア. AとB(またはBとA)　イ. Q
問4.(例) 表面積が広くなる
【解き方】問1. 葉脈が網目状に通っているアブラナとアサガオは双子葉類である。問3. 装置Aと装置Bを比べると，ワセリンを表側に塗ったAのほうが裏側に塗ったBよりも水の吸収量が多いことから，葉の表側よりも裏側からの蒸散量が多いことがわかる。

17 問1. (1) ① ア　② ア　(2) イ
問2. (1) (例) 水が蒸発するのを防ぐ
(2) ① ウ　② 3.8　(3) (グラフ)イ，(理由)(例) 明るいところでは気孔が開くから。
【解き方】問2. (2) 花の部分で蒸散が起こっていることを確かめるには，花の有無の条件のみが異なるAとCを比較すればよい。CとAの水の減少量の差から，花の蒸散量は2.7－2.2＝0.5 [cm³]　AとBの水の減少量の差から，葉の蒸散量は2.2－0.3＝1.9 [cm³]　よって，1.9÷0.5＝3.8より，葉の蒸散量は花の3.8倍である。

18 (1) ① ア　② ウ
(2) ① 葉脈　② ア
(3) エ，オ
(4) ① 茎　② 根，(性質)(例) 水に溶けやすい性質。
【解き方】(3) 葉の維管束では，表側に道管の束がある。Cは師管，Dは道管である。
(4) 葉でできたデンプンは水に溶けやすい物質に分解されて運ばれるため，茎にはデンプンが見られなかった。

19 (1) (a) エ　(b) 気孔
(2) (a) (例) 水が水面から蒸発するのを防ぐため。
(b) (記号)ウ，(名称)道管　(c) イ　(d) 3.6 g　(e) ア
【解き方】(2) A～Dにおける蒸散箇所はそれぞれ次の通り。A…葉の表側・裏側・葉以外(の部分)，B…葉の裏側・葉以外，C…葉の表側・葉以外，D…葉以外　(c) AやBに比べてCの水の減少量が少なくなったのは，葉の裏側の気孔がワセリンによってふさがれたからである。(d) 葉の裏側からの蒸散量＝A－Cより，4.8－1.2＝3.6 [g]　(e) 葉以外からの蒸散量＝B－葉の裏側からの蒸散量より，4.1－3.6＝0.5 [g]

20 (ア) 1　(イ) 5　(ウ) (i) あ. 1　い. 3　(ii) 4
【解き方】(イ) 日光を当てたときの葉の裏面からの蒸散量を求めたいのだから，条件②が「日光の当たる場所」である装置A～Dのうち，装置D(葉の表面，裏面，茎から蒸散)の水の減少量から装置B(葉の表面，茎から蒸散)の水の減少量を引けばよい。よって，10.0－2.0＝8.0 [cm³]
(ウ) (ii) 一般に，気孔の数は葉の表面よりも裏面のほうが多いが，装置C～Fの結果からはわからないのでaは適さない。

動物のからだのつくりとはたらき

●消化と吸収

1 ウ
【解き方】リパーゼはすい液に含まれ，脂肪の分解にはたらく。ペプシンは胃液，トリプシンはすい液に含まれ，タンパク質の分解にはたらく。

2 オ

3 (1) ① イ　② (例)(ヒトの)体温に近づけるため。
③ (例) なくなった　④ (例) 加熱する
(2) ① (記号)X，(名称)毛細血管
② (例) 小腸内の表面積が大きくなるから。
【解き方】(1) ③ だ液に含まれるアミラーゼにより，ヨウ素液に反応するデンプンが分解され，糖になった。
(2) ① タンパク質が消化酵素によって分解されるとアミノ酸になり，Xの毛細血管に入る。また，デンプンが分解されてできたブドウ糖も毛細血管に入る。一方，脂肪が分解されてできたモノグリセリドと脂肪酸は柔毛内で再び脂肪となり，Yのリンパ管に入る。

4 (ア) 6　(イ) 2　(ウ) 5　(エ) 4
【解き方】(ウ) 表2・3と図より，酵素液に含まれる上澄み液の体積が2分の1になれば，タンパク質を分解するのにかかる時間は2倍になるとわかる。(エ) 仮説を確かめるには，にごりの度合いが0になった試験管A内に消化酵素が存在していて，脱脂粉乳溶液をさらに加えると消化酵素がくり返しはたらくことを示せばよい。

5 (1) 右図
(2) ア，オ
(3) ① A　② D
(4) (セロハンの袋に入れる液)(例) デンプン溶液20 cm^3と水10 cm^3を混ぜた液，(試験管A′) イ，(試験管B′) ウ，(試験管C′) ウ，(試験管D′) ウ
【解き方】(1) 脂肪から脂肪酸が2個はずれてモノグリセリドになる。(3) 試験管Aのヨウ素液が変化しないことから，セロハンの袋の中にはデンプンが存在しないことがわかる。試験管Dのベネジクト液が変化したことから，袋の外にはデンプンが分解されてできた麦芽糖が袋のセロハンの穴を通過して存在する。(4) だ液のはたらきを確認する対照実験なので，だ液のかわりに水をセロハンの袋の中に入れる。袋の中はデンプン溶液のまま，袋の外は水のままで変化しない。

6 (1) 感覚器官
(2) ウ
(3) ① a, b　② ア
(4) (例1) 温度によってだ液がはたらかない場合があること。(例2) だ液は5℃でははたらかないが，35℃ではたらくこと。
(5) あ アミラーゼ　い柔毛
【解き方】(2) ベネジクト液は麦芽糖といっしょに加熱すると赤褐色になる。
(3) ② デンプンは麦芽糖より分子が大きいので，セロハン膜を通り抜けることはできない。

7 (1) エ　(2) カ
(3) イ　(4) ウ，カ
【解き方】(2) デンプンが分解されたことはヨウ素液の反応で，麦芽糖などができたことはベネジクト液の反応で確認できる。
(3) デンプンはセロファンを通り抜けないので，試験管e, gともヨウ素液は変化しない。ビーカーⅠでは，だ液のはたらきでできた麦芽糖がセロファンを通り抜けて湯の中に存在するので，試験管fに加えたベネジクト液は赤かっ色に変化する。
(4) ①胃，②胆のう，③すい臓，④小腸である。

8 (1) 2
(2) あ. D　い. A　う. E
(3) え. アミノ酸　お. 毛細血管　か. グリコーゲン
【解き方】(2) それぞれペプシンを溶かす液体，アミラーゼを溶かす液体だけが異なる試験管2つを比べる。

●血液のはたらき

9 ア

10 (1) 赤血球　(2) a. 血しょう　b. 組織液

11 (1) 動脈血
(2) ア
【解き方】(1) 心臓から組織へ向かう血液は，酸素を多く含む動脈血である。(2) 小腸の柔毛内では脂肪酸とモノグリセリドは脂肪に再合成されてリンパ管に入る。

12 (1) (記号)B，(名称)大動脈
(2) ① 肺胞　② ア
(3) 45秒
(4) (例) ヘモグロビンは酸素の少ないところで酸素をはなす性質があるから。
(5) ア, エ, カ
【解き方】(1) 全身へ送られる血液が通る大動脈は左心室から出ている。
(3) 心臓が全血液量を送り出すには，4200÷70＝60 [回] の拍動が必要である。表より，安静時の15秒間の心拍数の平均は20回なので，心臓が全血液量を送り出すには$\frac{60}{20}\times 15=45$ [s] かかる。(5) 運動時には，筋肉などの細胞ではさかんに細胞の呼吸を行って，酸素を使って体内に蓄えた栄養分を分解し多量のエネルギーをとり出す。そのため，呼吸数を増やして酸素を多くとり入れ，心拍数を増加させて，一定時間に流れる血液量を増やす。

13 9
【解き方】 a は肺(器官W)，b は小腸(器官Y)，c は腎臓(器官Z)，d は肝臓(器官X) についての説明である。

14 (1) ウ　(2) イ
【解き方】(1) 肺循環は心臓と肺の間で起こる血液循環である。心臓から肺へ流れる血管は肺動脈で，肺から心臓に戻る血管が肺静脈である。(2) 呼吸では，酸素を使って養分を分解し，エネルギーを取り出す。

●呼吸・排出

15 ウ

16 ア. 2　イ. (器官A)腎臓，(血管)動脈
【解き方】イ．動脈は腎臓へ入る血液を，静脈は腎臓から出る血液を運んでいる。腎臓へ尿素を運んでいるのはおもに動脈の血液である。

17 問1．(例)酸素と二酸化炭素が交換される
問2．イ
問3．右図
問4．(例)ゴム風船の周りの気圧が下がったため。
問5．①(例)横隔膜が上がったり下がったり
②(例)ヘモグロビンと結びつく

取り込まれる酸素の体積[cm³]
3000
1500
0
安静時　運動時

【解き方】問1．吸う息と吐く息の酸素と二酸化炭素の割合の増減に着目する。「酸素を取り込み，二酸化炭素を排出する」などの解答も可。問3．(安静時) 20(呼吸数)× 500× $\frac{3}{100}$ =300 [cm³]　(運動時) 60(呼吸数)×1000× $\frac{6}{100}$ =3600 [cm³]　問4．ゴム膜を下に引くことでゴム風船の周りの気圧が小さくなるため，ゴム風船を外から押す圧力が風船の中の圧力よりも小さくなり，その差によってゴム風船は膨らんだ。

刺激と反応

1 (1) 反射　(2) イ
【解き方】(2) 目は脳に近いので，目からの刺激の信号は脊髄を通らずに目から脳へ感覚神経を通って伝わり，命令の信号は脊髄と運動神経を通って手の筋肉に伝わる。

2 1．右図
2．(1) 0.28
(2) 末しょう神経
(3) ① イ　② ア

<受けとる刺激>　<感覚>
光　聴覚
におい　視覚
音　嗅覚

【解き方】2.(1) 表の1人あたりの時間を1～3回目まで求めると，0.292秒，0.278秒，0.282秒であるから，平均は(0.292＋0.278＋0.282)÷3＝0.284≒0.28 [秒]

3 (1) (エ)
(2) X.(ウ)　Y．5.8 m/s
(3) (ウ)，まっしょう(神経)
【解き方】(2) 3回の実験結果の平均値は1.56秒である。今回の実験では7人で実験しているが，Aさんの分は計算に入れないため，1.56÷6＝0.26 [s] が1人あたりの時間である。また，右手から左手までの距離1.5 mの情報伝達を0.26秒で行っているため，その平均の速さは1.5÷0.26≒5.8 [m/s]

4 1.イ　2.エ　3．中枢
4．(1) イ, ウ, エ, カ　(2) 5.6 m/s
【解き方】4．(2) 表から，1人あたりにかかる時間は2.70÷10＝0.27 [秒] なので，平均の速さは1.5÷0.27≒5.6 [m/s]

5 ① ウ　② イ　③ イ，オ
【解き方】② ものさしが落ちる距離の5回の平均は16 cmになる。図3から，ものさしが落ちる距離が16 cmのときの，ものさしが落ちるのに要する時間を読みとる。③ 反射は，刺激の信号が脳に到達する前に，せき髄などから命令の信号が出るので，無意識に反応する。イとオは無意識に起こる。

6 (1) (ウ)　(2) i 群.(ア)　ii 群.(キ)
(3) X．組織，(多細胞生物) (イ)
【解き方】(1) 筋肉を作る細胞は，酸素を使って栄養分を分解してエネルギーをとり出し，二酸化炭素を出している。(2) 骨についている筋肉は，両端がけんになっていて，関節を隔てた2つの骨についている。

7 (1) 末しょう神経　(2) ウ　(3) エ
(4) (例) 脳に伝わらずに，せきずいから運動神経を通って
(5) イ
【解き方】(4) 反射：感覚神経からの信号が，せきずいなどから運動神経へ直接伝わる（同時に，せきずいから脳へも信号は伝わる）。

第11章 生命の連続性

生物の成長と生殖

●生物の成長と細胞の変化

1 ウ

2 (1) (イ)　(2) (エ)
【解き方】(1) 細胞どうしを離れやすくしてつぶしやすくする解離の操作をしていないと考えられる。(2) 根の細胞は先端部分が小さくなることを押さえておこう。

3 イ

4 (1) (a) ウ　(b) イ
(2) 順に，(A,) B，F，D，E，C
【解き方】(1) (a) ヨウ素溶液はデンプン，ベネジクト溶液は麦芽糖やブドウ糖の検出に使われる。(b) 酢酸オルセイン溶液は核や染色体を赤紫色に染める。

5 1.⑴ a.根毛　b.(例)接する面積が広くなる
⑵ ウ　2.⑴ A　⑵ ア
【解き方】 1.⑴ 根毛は多く生えることによって水や養分と多く接して，これらを効率よく吸収するために存在する。⑵ 根端付近に分裂する細胞が多く存在しているため，根の先端付近の印のほうが間隔が広くなる。
2.⑵ 染色体が複製されるのは細胞分裂を始める前の細胞。染色体の様子は見えない。

6 ⑴ ア,オ
⑵ エ
⑶ 順に,(A,)C,D,F,E(,B)
⑷ 32本　⑸ ア　⑹ イ　⑺ c.発生　d.6　⑻ DNA
【解き方】 ⑶ 染色体は中央に並んだあと(D)，2本ずつに分かれて,それぞれが両端に移動する(F)。仕切りができて(E)，2つの細胞になる(B)。⑷ Fでは，それぞれの染色体が2本ずつに分かれるので，1つの細胞には32本の染色体がある。⑸ 根の先端付近に細胞分裂直後の小さい細胞が多数あり，その上の部分で大きい細胞が見られれば細胞が大きくなることが確認できる。⑺ 細胞の数は，4回の分裂で16個，5回の分裂で32個，6回の分裂で64個となって，はじめて50個を超える。⑻ DNAは「デオキシリボ核酸」でも可。

●生物のふえ方

7 ウ

8 Ⅰ.イ　Ⅱ.オ

9 イ

10 1.(方法)Y，(無性生殖)栄養生殖　2.ア
3.(例)新しい個体は体細胞分裂で増え，遺伝子がすべて同じであるから。
【解き方】 2.ジャガイモA，Bの核から1つずつ受け継ぐ形で作られるのがジャガイモPの染色体である。3.無性生殖は体細胞分裂によって子孫を残す生殖である。

11 ⑴ エ　⑵ カ
【解き方】 ⑴ 胚珠が種子に，子房が果実になる。⑵ 生殖細胞は減数分裂をして作られるため染色体数が半分。

12 ⑴ DNA　⑵ 2　⑶ 1
【解き方】 ⑴「DNA」は「デオキシリボ核酸」でも可。

13 ⑴ (例)試料を乾燥させないようにするため。
⑵ 2個
【解き方】 ⑴ めしべの柱頭は湿っているので，同じような状態を再現し，花粉が生きている状態を保つようにする。⑵ 花粉管の中に精細胞は2個存在する。

14 問1.あ,え　問2.③
【解き方】 問1.対照実験とするためには，砂糖水の濃度は同じにして，花粉の状態のみを変える必要がある。問2.胚珠に相当する部分が種子となる。

15 ⑴ ① エ　② a.㋐ 柱頭　㋑(例)精細胞が卵細胞まで移動する
b.(卵細胞)x，(受精卵)$2x$
⑵ ①(名称)根毛，(理由)(例)土と接する面積が大きくなるから。② ウ
⑶ 順にエ，ア，ウ，イ
⑷ (例)子は親と同じ染色体を受けつぐため，形質が同じ農作物をつくることができる。
【解き方】 ⑵ ② 細胞分裂は根の先端付近にある成長点で盛んに行われ，分裂した細胞が大きくなることで根が成長する。

16 ア

17 ⑴ ① 有性生殖　② イ
⑵ ① ウ
②(例)ミカヅキモは体細胞分裂によって子をつくるので，子は親の染色体をそのまま受けつぐため。
【解き方】 ⑴ ② 減数分裂により，生殖細胞の染色体の数は体細胞の2分の1になる。⑵ ① アオミドロは細胞が縦にいくつも並んでいる。ミジンコは節足動物，オオカナダモは被子植物で，両方とも多細胞生物である。

18 ⑴ 減数分裂
⑵ ウ
【解き方】 ⑵ 減数分裂によってできた精子と卵の染色体の数はそれぞれ1であり，それらが合わさった受精卵の染色体の数は2である。その後，受精卵は体細胞分裂によって細胞の数をふやしていくので，体細胞分裂によって分裂した細胞の染色体の数は受精卵の染色体の数と変わらない。

19 問1.生殖細胞　問2.発生　問3.2
問4.(例)子は親の染色体をそのまま受け継ぐので，子は親と同じ形質を示すから。
【解き方】 問2.受精卵から成体になるまでの過程を発生という。問3.卵や精子などの生殖細胞の染色体の本数は減数分裂によって親の体細胞の半分になるが，そのあとの受精によって，受精卵の染色体の本数は親の体細胞と同じになる。問4.無性生殖は親の体の一部から体細胞分裂によって細胞が増えて新しい個体ができるので，新しい個体の染色体は親と全く同じで，形質も親と同じになる。

20 ⑴ 順に，ウ,イ,エ,ア
⑵ (名称)減数分裂，(染色体数)12本
⑶ ア,ウ,エ
⑷ (陸地が必要な理由)(例)えら呼吸から肺呼吸と皮膚呼吸に変わったから。
(水が必要な理由)(例)皮膚が乾燥に弱いから。
【解き方】 ⑶ イ.有性生殖では，親と異なる遺伝子を持ち，親と異なる形質が現れることがある。オ.ヒドラやイソギンチャクは無性生殖で子孫を増やす。

遺伝の規則性

1　分離

2　2

【解き方】 親の遺伝子は減数分裂によって分かれて別々の生殖細胞に入り，受精によって両親の遺伝子を半分ずつ持つ子ができる。したがって，個体X（生殖細胞：A, a）と個体Y（生殖細胞：a, a）を掛け合わせてできる子の遺伝子の組み合わせはAa, aaの２種類で，その数の割合は1：1となる。

3　(1) 分離
(2) ① しわ　② 1　③ 1

【解き方】 (2) 遺伝子の組み合わせは右の表のようになる。

	A	a
a	Aa	aa
a	Aa	aa

4　問1．潜性（劣性）形質
問2．75%　問3．ウ

【解き方】 問2．子世代の丸い種子の遺伝子の組み合わせは，親がそれぞれ丸としわの純系のため，Aaである。このAaの遺伝子の組み合わせをもつエンドウどうしを掛け合わせるため，その孫世代の遺伝子の組み合わせは上表のようになり，AA：Aa：aa＝1：2：1　つまり，丸：しわ＝3：1となる。問3．エンドウXどうしの受粉では丸型が0%（しわ型のみ）になることから，エンドウXの遺伝子の組み合わせはaaである。エンドウX～Zのめしべと受粉させたとき，子の形質に関しては下図のようになると考えられる。

♂＼♀	A	a
A	AA	Aa
a	Aa	aa

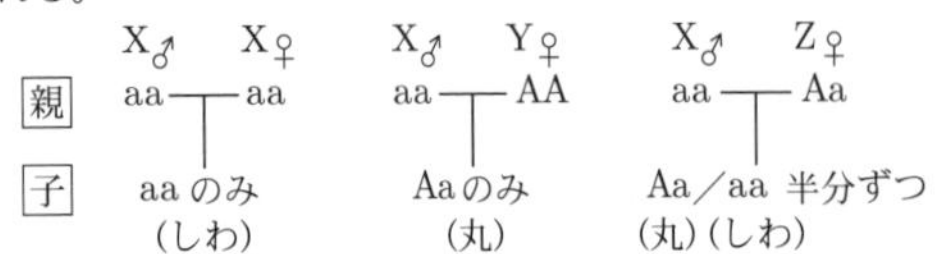

5　(1) 対立形質
(2) （例）それぞれ別の<u>生殖細胞</u>に入り<u>受精</u>する
(3) A, C　(4) 1：1　(5) F, H

【解き方】 (4) 丸形の遺伝子をA，しわ形の遺伝子をaとすると，孫にしわ形が現れたことから，子の丸形の種子の遺伝子はAaで，Aaとaaの交配ではAa（丸形）：aa（しわ形）＝1：1の比でできる。(5) DはAaとAAの交配でも孫はすべて丸形になる。Fでは丸形としわ形の交配で孫がすべて丸形になったことから，AAとaaの純系同士の交配で，孫はすべてAaの丸形の種子になったと考えられる。Hはaa（しわ形）の純系同士の交配である。

6　(1) X．柱頭　Y．花粉　(2) 対立形質
(3) ①（丸形の種子の遺伝子の組合せ）ア，
（しわ形の種子の遺伝子の組合せ）ウ　② オ　(4) 3：5

【解き方】 (3) ① 下線部分Ⅱのしわ形の種子の遺伝子の組合せはaa。できた種子（孫）はすべて丸形になったので，下線部分Ⅰの丸形の種子は遺伝子aを持たない。(4) 実験3で生じた丸形の種子（孫）の遺伝子の組合せはAa，しわ形の種子の遺伝子の組合せはaa。丸形の種子（孫）を自家受粉させたときに生じる種子の遺伝子の組合せの数の比は，AA：Aa：aa＝1：2：1。しわ形の種子（孫）を自家受粉させた場合に生じる種子の遺伝子の組合せはaa。全体では，遺伝子の組合せの数の比は，AA：Aa：aa＝1：2：(1＋4)＝1：2：5で，AA，Aaは丸形，aaはしわ形になるので，丸形：しわ形＝3：5

7　1．右図　2．顕性形質（優性形質も可）
3．（例）同じ<u>遺伝子</u>を持つから
4．イ
5．イ，ウ，オ

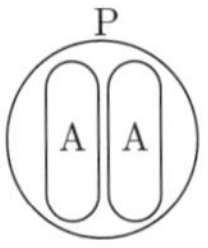

P
A　A

【解き方】 4．子の代の種子（Aa）を自家受粉させると，孫の代には，遺伝子の組み合わせAA，Aa，aaの種子が1:2:1の数の割合でできる。よって，子の代の種子と同じ遺伝子の組み合わせの種子は，孫の代の種子全体の$\frac{2}{4}=\frac{1}{2}$

8　(1) 顕性（優性も可）　(2) ① a．50　b．25　② 5：3
(3) ① 胚珠　②（例）自家受粉しやすいから。
(4)（例）親と同じ<u>遺伝子</u>を持つ個体が生じるので，親と同じ<u>形質</u>を引き継ぐことができるから。

【解き方】 (2) ① b．「図Ⅱの孫では，Aaの種子の数はAAの種子の2倍である」ことに注意する。種子全体に対するAaの種子の割合は$\frac{4}{16}=\frac{1}{4}$なので，25%である。② 丸形の種子（AA, Aa）：しわ形の種子（aa）＝10：6＝5：3

9　(1) 顕性形質（優性形質も可）　(2) ア，イ
(3)（黒色）エ，（黄色）オ

【解き方】 (3) 黄色のメダカは潜性形質だから，遺伝子の組み合わせはbbである。黒色のメダカは顕性形質だから，遺伝子の組み合わせはBBかBbのどちらかであるが，黄色のメダカとかけ合わせて黒色と黄色のメダカが同じ割合で生まれていることからBbと考えられる。

10　(1) ① ア　② イ　③ オ　(2) イ
(3) エ

【解き方】 (2) 子の遺伝子の組み合わせはAaで，孫はAA：Aa：aa＝1：2：1となり，Aaの割合は50%である。
(3) 実験3，4ともAa×Aaのかけ合わせがあるので，白色の花ができる。

11　問1．エ　問2．イ　問3．顕性　問4．Aa
問5．⑤ エ　⑥ ウ

【解き方】 問5．黒色メダカと黄色メダカとの交配から黒色メダカだけが生まれたので，黒色が顕性形質。問4から，今回生まれた黒色メダカはすべてAaの遺伝子の組み合わせを持つ。黄色は潜性形質であり，黄色メダカの遺伝子の組み合わせはaaである。今回生まれた黒色メダカとももらってきた黄色メダカとの交配は右図の通りで，黒色メダカと黄色メダカの生まれる数の比は1：1となる。

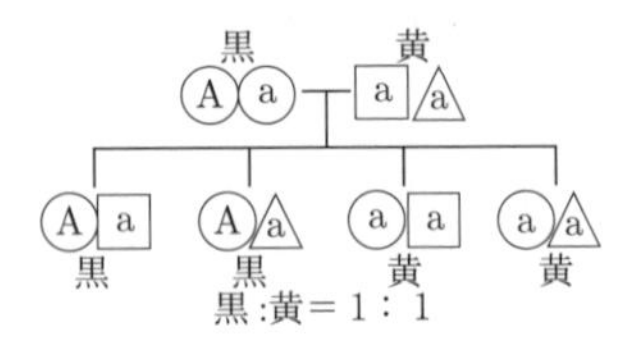

生物の多様性と進化

1 進化

2 エ

3 問1. Ⅰ. 相同器官　Ⅱ. 進化
問2. ウ

4 (1) v. オ　w. ウ
(2) エ　(3) イ
(4) (例) 長い年月をかけて代 (世代) を重ねる
【解き方】(4) 進化の説明として,「長い年月がかかること」と「代 (世代) を重ねる間に起こること」の2点を押さえる。

5 (1) 軟体動物　(2) (記号) ア, (名称) えら　(3) ア
(4) エ　(5) ウ　(6) ア
【解き方】(2) イはろうと, ウは口, エは胃, オは肝臓である。(6) 殻のある卵を産むのはハチュウ類と鳥類である。

6 1. ウ　2. ⓑ ①, ④　ⓒ ②, ③
3. (記号) Y, (理由) (例) ハチュウ類は変温動物で, グラフYは周囲の気温の変化にともなって体温が変化するようすを示しているから。4. 相同　5. イ
【解き方】1. フズリナとサンヨウチュウは古生代, ナウマンゾウは新生代の示準化石である。

第12章 自然と人間

自然界のつり合い

1 ア

2 ア. 生態系　イ. 4
【解き方】イ. 生態系のバランスの観点から考える。食べられる生物が増えればそれを食べる生物も増える。生態系においてこのような増減は繰り返される。

3 (1) エ
(2) 食物網
【解き方】(1) 草食動物の数量が減少すると, まず, 植物は食べられる数量が減るので数量が増え, 肉食動物は食べ物が減るので数量が減る (B)。すると, 食べ物が増えて食べられる数量が減るので, 草食動物が増える (C)。さらに, 食べられる数量が増えるので植物が減り, 食べ物が増えるので肉食動物が増える (A)。

4 イ

5 (1) 消費　(2) ① イ　② ウ
(3) (菌類・細菌類) A, (カビ) 菌類
(4) (肉食動物) K, (数量の変化) イ
【解き方】(2) 光合成は, 光を用いて二酸化炭素と水からデンプン (有機物) をつくり出すはたらきである。(3) 図1のBは草食動物, Cは肉食動物である。

6 (1) エ　(2) ウ
(3) ア　(4) イ
【解き方】(2) 肉食動物であるムカデ, モグラ, ヘビは, 分解にはかかわっていない。(4) 生産者は光合成によって二酸化炭素をとり入れるので, 大気からCへ矢印が出る。生物は呼吸によって酸素をとり入れ, 二酸化炭素を大気中に排出しているため, C, D, E, Fから大気中へ炭素が出ているイが正解。

7 (1) ア. 生産者　イ. B, C, D, E　ウ. 食物網
(2) ア. ① (例) デンプンを分解した
② (例) 死んでしまい, デンプンが分解されなかった
イ. 3
【解き方】(2) ア. 試験管PとQを比べることで, 微生物にデンプンを分解するはたらきがあることがわかる。試験管QとRを比べることで, 上ずみ液を沸騰させると微生物のデンプンを分解するはたらきが失われたことがわかる。

8 1. (1) イ　(2) ア
(3) (細胞の) 呼吸　(4) エ
2. (1) 食物網　(2) エ
(3) ① ア
② (例) 大規模な自然災害, 外来種が持ち込まれる, 人間による乱獲　など
【解き方】1. (1) 変化を生ずる原因が微生物であることを確認するために行っている。このような実験を対照実験という。(2) 微生物が取り込んだ培地のデンプンは分解され, ヨウ素液を加えても青紫色に変化しない。(4) 微生物の中には人体に害を与えるもの (悪玉菌) もある。
2. (1) 食物連鎖が複雑に入り組んでいるものが食物網。(2) 草食動物は1次消費者, 肉食動物は2次消費者と分けて扱うこともある。(3) ① 1次消費者が減少する (図3のB) と, それを捕食する2次消費者も減少し, 1次消費者が消費していた生産者が増加する。

9 (1) ア
(2) ① ウ　② ア　③ ㋐ イ　㋔ ア　㋕・㋖ ウ

【解き方】(2) ② ヨウ素溶液を加える前の寒天培地で円形ろ紙のまわりの透明な部分は，脱脂粉乳が微生物によって分解されていて，この部分ではデンプンも分解されているのでヨウ素溶液の反応はない。③ 円形ろ紙のまわりの透明な部分が層Aから層Cにかけてしだいに小さくなっているので，微生物がしだいに減少していることがわかる。

第13章
生物領域の思考力活用問題

1 (1) ① a．ウ　b．葉緑体　② ア，エ
③ a．0.5 g　b．ウ　(2) ① 単細胞生物
② (例) 水中の酸素が不足するから。(分解に大量の酸素を使うから。)

【解き方】(1) ③ a．葉の表にワセリンを塗ったツバキは「葉の裏＋葉以外」から，葉の裏に塗ったツバキは「葉の表＋葉以外」から，何も塗らないツバキは「葉の表＋裏＋葉以外」から蒸散したことを表す。葉の表のみから蒸散した量は6.8－6.0＝0.8 [g]　よって，葉以外から蒸散した量は1.3－0.8＝0.5 [g]　b．表から，蒸散量はツバキの葉の表で0.8 g，葉の全体で6.3 g，アサガオの葉の表で1.4 g，葉の全体で3.9 gとなる。全体に対する葉の表の蒸散量の割合は，ツバキでは0.8÷6.3×100≒13 [%]，アサガオでは1.4÷3.9×100≒36 [%]

2 (1) イ　(2) けん　(3) ⓑ ア　ⓒ ウ
(4) ア　(5) 相同器官
(6) ① ア　② カ　③ ク　④ サ
(7) 組織液　(8) ⓔ イ　ⓕ カ

【解き方】(4) 骨につく2つの筋肉は，一方の筋肉が収縮するとき，もう一方の筋肉はゆるむ。筋肉Aはうでを曲げるときに縮む筋肉，筋肉Bはうでをのばすときに縮む筋肉である。
(6) ③ アミラーゼはだ液やすい液に含まれデンプンを分解する。ペプシンは胃液に含まれタンパク質を分解する。
④ タンパク質は消化酵素のはたらきで分解され，アミノ酸ができる。

3 1．(1) ア，イ　(2) 赤血球　(3) イ　(4) ウ　2．(1) 脱色　(2) デンプン　(3) (装置)ウ，(状態)Y，(結果)Ⅱ
3．(1) ウ　(2) (例)エネルギーを得る

【解き方】1．(1) 水中に卵をうむ魚類と両生類の子はえらで呼吸し，水中で生活する。(3) ヘモグロビンは肺のような酸素の多いところで酸素と結びつき，組織のような酸素の少ないところでは結びついた酸素をはなす性質を持っている。そのため，酸素を肺から組織へと運ぶことができる。(4) 二酸化炭素が溶けた水溶液は酸性を示す。2．(3) 装置Bの対照実験なので，装置は，装置Bと同じものにして，光を当てない点だけを変える。3．(1) オオカナダモが光合成を行い，二酸化炭素を吸収して酸素を放出した。

4 1．柱頭　2．花粉管　3．ア，イ，エ　4．分離の法則
5．(例) 模様ありの個体と模様なしの個体の数の比がおよそ1：1となっていることが言えればよい。

【解き方】1．花粉がめしべの柱頭につくことを受粉という。
3．ジャガイモのいもは茎で，親の体の一部から子ができる無性生殖である。
4．2個の玉が入っている箱から玉を1個取り出すのは，対になっている遺伝子が分かれて別々の生殖細胞に入る「分離の法則」を表している。
5．遺伝子の組み合わせが(●○)と(○○)の個体が受精すると，子の遺伝子の組み合わせは(●○)：(○○)＝1：1になる。

5 (1) ア　(2) オ
(3) Ⅰ．ア　Ⅱ．エ　(4) カ

【解き方】(3) A～Cの水の減少量には，葉以外の部分の蒸散量が含まれている。Aの減少量 (26.2 cm^3) は，葉の裏側と葉以外の部分の蒸散量である。葉の裏側からの蒸散量は，(Cの減少量)－(Bの減少量)＝36.2－20.2＝16.0 [cm^3] で，葉以外からの蒸散は26.2－16.0＝10.2 [cm^3] である。
(4) (3)より，葉の裏側からの蒸散量は16.0 cm^3で，葉の表側からの蒸散量は，(Cの減少量)－(Aの減少量)＝36.2－26.2＝10.0 [cm^3]　葉の裏側からの蒸散量は表側からの蒸散量の16.0÷10.0＝1.6 [倍] になる。

地学編

第14章 大地の変化

地震と大地の変動

1 (1) マグニチュード (2) 2
【解き方】(2) 緊急地震速報では，震源に近い場所に伝わった縦波であるP波を解析することで地震の規模を予測し，あとの横波のS波によるゆれ(主要動)の各地への到達時刻やゆれの大きさを予測する。

2 4

3 午前9時23分51秒
【解き方】P波とS波は一定の速さで伝わると書かれているので，初期微動継続時間は震源からの距離に比例する。地点Bでの初期微動継続時間は$10\times\frac{144}{80}=18$ [秒] で，主要動が始まったのは9時23分33秒＋18秒＝9時23分51秒

4 1．隆起
2．(例) マグニチュードの大きい地震のほうが，大きなゆれの伝わる範囲が広い。
3．ア
4．右図

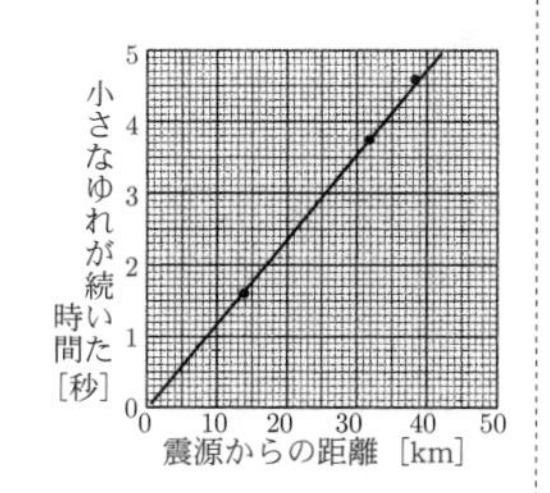

5．(例) P波はS波より早く伝わるため，最初に観測されたP波を分析することで，大きなゆれを起こすS波の到着を予測することができるから。
【解き方】 2．マグニチュードは地震のエネルギーの大きさを表す指標。エネルギーが大きいと広い範囲に影響をおよぼす。3．震央からの距離が震度4の地点Dとほぼ同じ。4．小さなゆれが続いた時間は調べ学習の表から求める。地点Aは4.0－2.4＝1.6 [秒]，地点Bは11.1－6.5＝4.6 [秒]，地点Cは9.2－5.4＝3.8 [秒]

5 1．(1) A
(2) (例) BとDでは，震源からの距離が違うから。
2．(1) ① P波 ② S波 ③ 7
(2) 6時56分52秒 (3) 16秒後
【解き方】 2．(2) 初期微動を伝えるP波は地点a，bの震源からの距離の差12 kmを2秒で伝わっているので，P波の速さは12÷2＝6 [km/s] また，震源で発生したP波が地点aに伝わるまでにかかる時間は36÷6＝6 [s] なので，地震の発生時刻は6時56分58秒の6秒前である。(3) 震源からの距離が72 kmの地点で初期微動を感知したのは，72÷6＝12 [s] より，地震発生の12秒後である。つまり，緊急地震速報が発信されたのは地震発生の20秒後の6時57分12秒。地点dで主要動が始まったのは6時57分28秒なので，地点dでは緊急地震速報を受信してから16秒後に主要動が始まった。

6 (1) ① ア ② 津波 (2) C
(3) 9時43分44秒 (4) ウ
【解き方】(2) 図2より，この地点における初期微動継続時間は10秒である。図1より，初期微動継続時間が10秒の地点は，地点Cとわかる。(3) 図1の各点を直線で結び，初期微動継続時間が0秒のときの時刻を読みとる。(4) 地点Bにおける初期微動継続時間は8秒なので，地点Bで主要動が観測され始めたのは9時43分56秒の8秒後の9時44分4秒。これは緊急地震速報が発表された9秒後である。

7 (1) オ
(2) ウ
(3) 22秒
(4) Ⅰ．ウ Ⅱ．カ
【解き方】(2) 図2より，地点Aと地点Cの震源からの距離の差が30 kmで，P波の到達時刻の差が5秒であることより，P波の速さは30÷5＝6 [km/s]
(3) 緊急地震速報を受信する時刻は地点AにP波が到達した5秒後で，地点AにS波が到達した時刻である。求める時間は，地点Xと地点Aの震源からの距離の差66 kmをS波が伝わる時間に等しい。S波の速さは(2)と同様に求めると30÷10＝3 [km/s] なので，S波が66 kmを伝わる時間は66÷3＝22 [s]
[別解] 地震発生からP波が地点Aに到達するまでにかかる時間は(2)より30÷6＝5 [s] であるから，緊急地震速報が出されたのはその5秒後で地震発生からは10秒後。S波の速さは30÷10＝3 [km/s] であるから，地震発生からS波が地点Xに到達するまでにかかる時間は96÷3＝32 [s]
よって，緊急地震速報を受信してから32－10＝22 [s] 後である。

8 (1) 初期微動 (2) 15時9分50秒 (3) X．32 Y．54
(4) ① ア ② エ (5) エ
【解き方】(2) S波はBとCの震源からの距離の差80 kmに対して20秒の差で伝わっているので，速さは$\frac{80}{20}=4$ [km/s] 地震発生は，地点BにS波が到着する160÷4＝40 [秒] 前の15時9分50秒である。(3) X．地点Aは地震発生からS波が到着するまでに8秒かかっているので，震源からの距離は4×8＝32 [km] Y．地点B，Cのデータより，P波の伝わる速さは$\frac{240-160}{20-10}=8$ [km/s] であるから，P波が到着したのは地震発生から$\frac{32}{8}=4$ [秒] 後の15時9分54秒。

9 (1) ア (2) イ

10 (1) ア　(2) ① イ　② イ　③ 6.1 km/s
【解き方】(2) ① ④の地点がもっとも近く，⑦の2地点からほぼ同じ距離で，⑧の2地点からもほぼ同じ距離にある地点を探す。③ 地震が発生してから地点AにS波が到着するまでにかかった時間は$\frac{73.5}{3.5}=21$ [s]　緊急地震速報が発表されたのは，地震が発生してから$21-12=9$ [s] 後なので，P波の伝わる速さは$\frac{73.5}{9+3}\fallingdotseq 6.1$ [km/s]
[別解] P波の伝わる速さをx km/sとすると，
$\frac{73.5}{3.5}-\frac{73.5}{x}=12-3$より，$x\fallingdotseq 6.1$ [km/s]

11 (1) エ　(2) イ　(3) ウ　(4) エ
【解き方】(2) S波は地点A・Bの震源からの距離の差12 kmを4秒で伝わったので，S波の伝わる速さは$\frac{12}{4}=3$ [km/s]　よって，地震発生時刻は地点Bで主要動が始まる$\frac{60}{3}=20$ [秒] 前の8時49分6秒である。[別解] 初期微動が始まった時刻・主要動が始まった時刻と震源からの距離の関係を表すグラフをかき，震源からの距離が0 kmのときの時刻を求める。(3) 緊急地震速報が届いたのは8時49分25秒である。震源から105 kmの地点で主要動が始まったのは地震発生の$\frac{105}{3}=35$ [秒] 後の8時49分41秒で，緊急地震速報の$41-25=16$ [秒] 後である。(4) プレートの境界で起こる地震の震源は太平洋側から日本海側に向かって深くなるので，アは矢印X，ウは矢印Zから見たものである。また，図2の震源の•印を南北に分けて見ると，北側より南側に多く分布してるので，矢印Wから見たものとしてはエが当てはまる。

12 (1) ① ウ　② ア
③ (例) プレートの境界が海底にあるため。
(2) ① ア　② エ　③ 2時52分46秒　④ 15秒後
【解き方】(1) ③ 下線部Xに，大きな地震はプレートの境界で起こると書いてあり，図1から日本付近のプレートの境界はほとんどが海底にあることがわかる。(2) ③ 観測点AとBの震源からの距離の差$112-77=35$ [km] をS波は10秒間で進んでいることから，S波の伝わる速さは3.5 km/sである。震源から35 km離れたC地点にS波が到着する時刻の10秒前の2時52分46秒に地震が発生した。④ 緊急地震速報が発表されたのは，地震発生の$55-46=9$[秒] 後で，震源からの距離が84 kmの地点にS波が到達するのは，地震発生の$84\div 3.5=24$ [秒] 後である。したがって，緊急地震速報発表の$24-9=15$ [秒] 後にS波による揺れが起こる。

火山と火成岩

1 マグマ

2 ア，ウ

3 イ

4 1．(1) ウ　(2) エ　(3) 有色鉱物　2．(1) ⓐ イ
ⓑ ア　(2) (例) 気体が抜け出た
【解き方】 1．(1) 双眼実体顕微鏡はプレパラートをつくる必要がなく，観察する試料を立体的に見ることができる。

5 (1) 火山噴出物　(2) エ
(3) (例) 水を加え，親指の腹でよく洗い，にごった水を捨てる。
(4) い．ア　う．ウ
(5) (例) (マグマのねばりけが) 強く，激しい爆発をともなうことが多い。
【解き方】(2) 中学校の火山灰の層は観測地よりも薄いことから，図より，観測地も中学校も火山Aより東に位置し，中学校のほうが観測地よりも火山Aから遠いことがわかる。(5) セキエイやチョウ石が多く，白っぽい火山灰を噴出するのはマグマのねばりけが強く激しい噴火をする火山である。

6 ア

7 1

8 ア．3
イ．(例) マグマが地下深くで長い時間をかけてゆっくりと冷えるから。
【解き方】 ア．1，4は無色鉱物である。

9 (1) 石基　(2) イ

10 (1) ウ，オ
(2) (例) ミョウバンのほうが溶解度の差が大きく，温度を下げたときに多くの結晶をとり出すことができるから。
(3) ① イ　② 斑状　(4) ア
【解き方】(4) 斑晶はマグマだまりでゆっくり冷え固まってでき，石基の部分は地表や地表付近で急激に冷え固まってできた。

11 1．ウ　2．イ
3．(斑晶) (例) 地下深くで，ゆっくりと冷え固まってできた。(石基) (例) 地表付近で，急に冷え固まってできた。
【解き方】 3．火成岩Yは大きな結晶の斑晶と小さな結晶やガラス質の石基から成る。そのでき方は，まず，マグマが地下深く高温のところでゆっくり冷え固まることで大きな結晶が育ち斑晶となる。次に，斑晶を含むマグマが上昇し地表付近で急に冷え固まって小さな結晶やガラス質などから成る石基ができる。下線部分を使って簡潔な文章で解答する。

12 (1) 12　(2) ア　(3) 斑状　(4) ① イ　② エ
(5) ① ア　② ウ

【解き方】(1) 表の中で有色鉱物は輝石と角閃石なので，求める割合は7＋5＝12［%］

13 1．ア　2．(火山)A，(理由)エ　3．P．斑晶
Q．石基　4．(1) 火山ガス
(2) (実験) (例) ぬるま湯と洗濯のりの体積の合計は100 mLのままで，ぬるま湯を少なく洗濯のりを多くして，マグマのモデルの粘りけを強くする。(結果) (例) 噴き出たマグマのモデルが図5より盛り上がった形を作る。

【解き方】2．Aのような形の火山のマグマは粘りけが強く，そのマグマからは白っぽい色の火山灰ができる。Bのような形の火山はマグマの粘りけが弱く，そのマグマからは黒っぽい色の火山灰ができる。図1の火山灰は無色鉱物のチョウ石やセキエイが多く白っぽい色をしているので，噴出した火山の形はAである。3．Qの石基の部分は顕微鏡で見ると細かい結晶が見られることが多い。4．(2) 実験のマグマのモデルはBのような傾斜がゆるやかな形を作ったので，粘りけの弱いマグマのモデルである。したがって，粘りけの強いマグマのモデルを，ぬるま湯の割合を減らし，洗濯のりの割合を増やして作り，Aのような盛り上がった形が得られるとよい。

14 (1) オ
(2) 順に，ウ，ア，エ，イ
(3) (a) ア，イ　(b) 等粒状組織　(c) 火山岩
(d) (マグマが) 地下深くで長い時間をかけて (冷やされたから。)
(e) エ

【解き方】(3) (a) クロウンモも有色鉱物であるが，白っぽい火成岩に含まれる。(d) 石基部分は斑晶を含んだマグマが地表または地表付近で急に冷やされてできる。(e) 花こう岩と斑れい岩は深成岩，玄武岩は黒っぽい火山岩である。

地層と堆積岩

1 ① 風化
② (記号)ウ，(理由) (例) 粒が最も小さいから。

2 (1) 堆積岩
(2) ウ

3 (1) ① 風化　② 侵食
(2) イ

【解き方】(2) 細かい粒ほど沈みにくく河口から遠くまで運ばれる。

4 (1) ウ
(2) ① 示準　② ア　③ ア

5 (1) 2　(2) 示相化石
(3) (例) 傾斜がゆるやかな形の火山ができるマグマと比べて，マグマのねばりけが大きいから。
(4) (例) れきや砂は，泥に比べて粒が大きいので，河口から遠くには運ばれないから。

6 (1) 示準化石
(2) ① エ　② (例)流水によって運ばれたから。
③ 1.4 km

【解き方】(2) ③ 問題の図を標高ごとに並べると右図のようになる。火山灰層を基準に考えると，A地点とB地点では3 mの差，B地点とC地点では7 mの差がある。この地域の地層は曲がっていないので，B地点とC地点の水平距離を$x$kmとすると，0.6：3＝x：7よりx＝1.4［km］

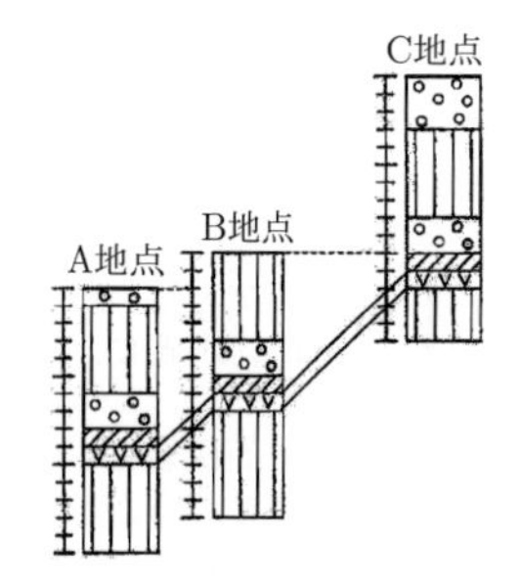

7 (1) 炭酸カルシウム
(2) A. H^+　B. OH^- (順不同)
(3) エ
(4) (記号)ウ，(理由) (例) れき，砂，泥の順に粒が大きく，粒が大きいものほどはやく沈むから。

8 1. (1) ウ
(2) ① 示相　② ア　③ ア
2. イ
3. (名称) 石灰岩，(反応のようす) (例) 溶けて気体が発生する。

【解き方】1．(1) ルーペは目に近づけて持ち動かさない。(2) シジミは湖や淡水と海水が混じり合う河口に生息する。
2．地層は下にあるものほど古い。また，粒の小さい土砂ほど海岸から離れたところに堆積する。
3．石灰岩は塩酸をかけると二酸化炭素を発生して溶ける。

9 (1) エ
(2) a. オ　b. イ　c. 南

【解き方】断層やしゅう曲，地層の逆転がないため，地表より深いところほど古い時代の層となる。
(1) 各地点の凝灰岩より深いところにある砂岩はエ。
(2) 地表からの深さが0 mでその地点の標高となるので，その地点の標高から凝灰岩までの深さを引けばよく，AとDの凝灰岩の上端が標高300 m，BとCのそれは285 m。

10 (1) 4
(2) (例) 火山灰などが固まってできた凝灰岩があるから。
(3) (化石) 示準化石，(番号) 3
(4) ア. 63 m　イ. 右図

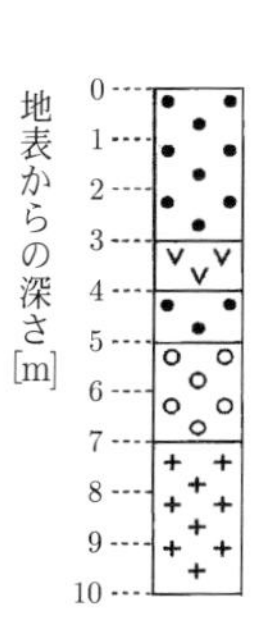

【解き方】(1) $CaCO_3$＋$2HCl \rightarrow CaCl_2$＋H_2O＋CO_2
(3) 示準化石は地層の堆積した時代がわかり，示相化石は堆積した当時の環境がわかる。特定の時代に数多く，広く分布した生物の化石がよい示準化石となる。
(4) a，b，cすべてに共通する凝灰岩の層をそろえて，柱状図をかき直すと右図となる。

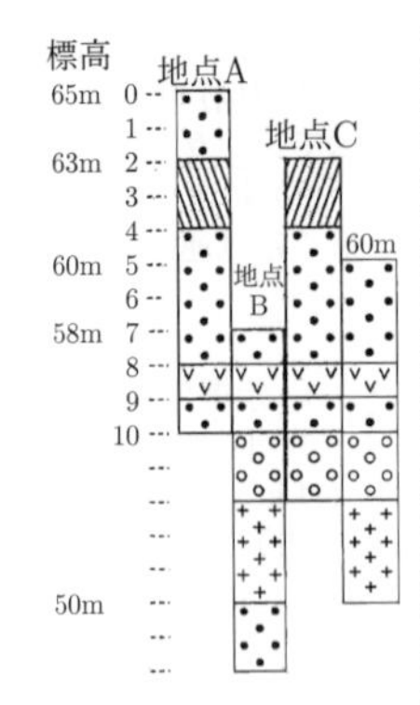

11 (1) ① ア　② 示相化石
(2) エ　(3) 順に，ア，ウ，イ
(4) 54 m
【解き方】(2) 石灰岩は塩酸と反応してCO_2を放出する。また，かたさはやわらかい。
(3) 凝灰岩の層は「かぎ層」であり，火山噴出物が堆積してできたため，同時代に堆積したと考えられる。凝灰岩層から何m上にア～ウの各層があるのかを確認して解く。
(4) X地点の凝灰岩層は地表から2 m下の地点であるから，凝灰岩層の上面は標高47－2＝45 [m] になる。よって，Y地点の地表は凝灰岩層の上面から9 m上なので，標高は45＋9＝54 [m] である。[別解] 凝灰岩層の深さを比べるとYがXより7 m深いので，Yの標高はXより7 m高いともいえる。

12 (1) イ　(2) キ　(3) オ
(4) 右図

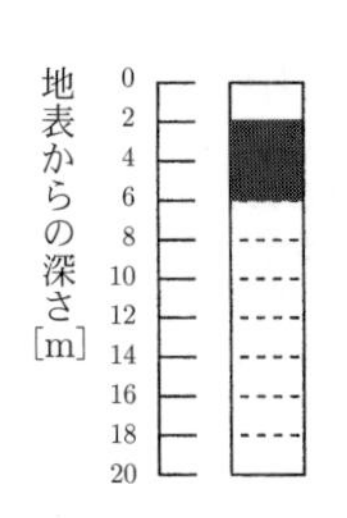

【解き方】(3) 図2の柱状図Ⅰに見られる2つの凝灰岩の層のうち，上部の凝灰岩の層の上面は地表から4 mの深さだが，柱状図Ⅱでは地表から14 mの深さにある。また，柱状図Ⅰの下部の凝灰岩の層の上面は地表から14 mの深さだが，柱状図Ⅲでは地表から4 mの深さにある。したがって，柱状図の地表の標高は，ⅠはⅡより10 m低く，ⅢはⅠより10 m低い。地表の標高は低いほうからⅢ，Ⅰ，Ⅱの順番で，それぞれ地点A, B, Cがあてはまる。(4) 柱状図Ⅳは標高75 mの地点Dのもので，Pの泥岩の層の上面が地表からの深さ10 mの位置にあることから，Pの層の上面の標高は65 mである。地層は東西方向には傾いておらず，地点Dの真西に位置する標高67 mの地点Xでは，Pの泥岩の層が地表から2 mから6 mの深さにある。

13 (1) エ　(2) オ
(3) ウ　(4) エ
【解き方】(1) ナウマンゾウは新生代，アンモナイトは中生代の示準化石。(2) 凝灰岩の層が「かぎ層」になる。(3) 凝灰岩の層の標高は，地表面の標高から凝灰岩の層の地表からの深さを引いて求める。(4) 泥岩のほうが砂岩よりも粒の大きさが小さく，この場合はより海岸までの距離が長いと考えられる。

14 (ア) 3　(イ) 6
(ウ) 1　(エ) 4
【解き方】(エ) 標高80 mの地点Pにおける火山灰を含む層の上端の標高は80－10＝70 [m]　問題文中に「この地域の地層は水平であり」とあるので，標高90 mのS地点でも標高70 mのところに火山灰を含む層の上端が見られるはずである。したがって，その深さは90－70＝20 [m]

第15章 天気とその変化

大気のようす

●気象の観測

1 1.(例) 温度計に日光が直接当たらないようにするため。2. 右図

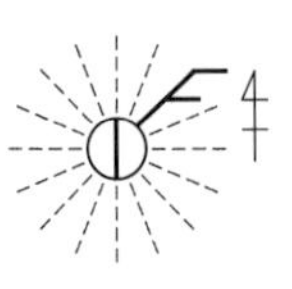

【解き方】2. ひもが南西にたなびいているので，風向は北東である。雲が空全体の4割をおおっているときの雲量は4で，表より晴れである。

2 68%
【解き方】乾球の示す温度と湿球の示す温度の差は，10.0－7.5＝2.5 [℃] より，湿度は68%である。

3 1
【解き方】湿度が低いほどガーゼの水が多く蒸発して湿球の熱を奪うことから，乾球温度計と湿球温度計の温度差が大きいほど求めた湿度は低くなる。湿球に巻かれたガーゼが完全に乾いていると，湿球の熱が奪われないため湿球温度計の示す温度は高くなる。最終的に，乾球温度計と湿球温度計の温度差がなくなるため，求めた湿度は100%になる。

4 (1) 偏西風　(2) ア

5 エ

6 (1) カ　(2) 9.3 g
(3) ① A.ウ　B.エ　C.キ　D.露点　② ウ
【解き方】(1) 雲量から晴れで，煙が北東になびいたことから南西の風である。(2) 図1，2と表1から12時の湿度は45%で，水蒸気量は$20.6 \times \frac{45}{100} = 9.27 \fallingdotseq 9.3$ [g/m³]
(3) ② 北半球では，低気圧の中心に反時計回りに風が吹き込む。

●圧力

7　イ

8　2.5倍

【解き方】圧力は力のはたらく面積に反比例するので，$\frac{6\times 10}{6\times 4}=2.5$［倍］

9　(1) 1000 Pa
(2) オ

【解き方】(1) 水の入ったペットボトルにはたらく重力は3.6 N，板の面積は0.06×0.06＝0.0036［m^2］なので，圧力は3.6÷0.0036＝1000［Pa］　(2) 1辺の長さを半分にしたときの面積は0.03×0.03＝0.0009［m^2］　このときの圧力は3.6÷0.0009＝4000［Pa］となるので，圧力は約4倍になる。

●大気圧

10　(1)（例）地点Xより標高が高い
(2) 240 N

【解き方】(1) 気圧はその地点より上にある大気による圧力なので，標高が高くなると気圧は小さくなる。(2) 圧力［Pa］$=\frac{\text{面を垂直に押す力の大きさ［N］}}{\text{力がはたらく面積［m}^2\text{］}}$，1 hPa＝100 Paより，地点X，Yにおいて大気がタブレット端末の画面を押す力の大きさをそれぞれxN，yNとすると，$\frac{x}{0.03}=102000$，$\frac{y}{0.03}=94000$より，$x=3060$［N］，$y=2820$［N］　したがって，3060－2820＝240［N］

11　(1) (エ)　(2) (ウ)
(3) 300 N

【解き方】(3) 30 cm^2＝0.003 m^2なので，吸盤上面全体にかかる力の大きさは100000［Pa］×0.003［m^2］＝300［N］

12　問1．(1) ① 0.6　② 0.0012
(2) ① イ　② イ　③ ア
問2．(1) ① ア　② ア　(2) 90 N
(3) ① イ　② ウ

【解き方】問1．(1) 空気を500 cm^3出して減った質量は105.9－105.3＝0.6［g］　よって，密度は0.6÷500＝0.0012［g/cm^3］　問2．(1) ② 36÷(0.03×0.03)＝64÷(0.04×0.04)＝100÷(0.05×0.05)＝40000［Pa］　(2) 大気圧×ゴム板の面積＝100000×(0.03×0.03)＝90［N］
(3) 下図参照。

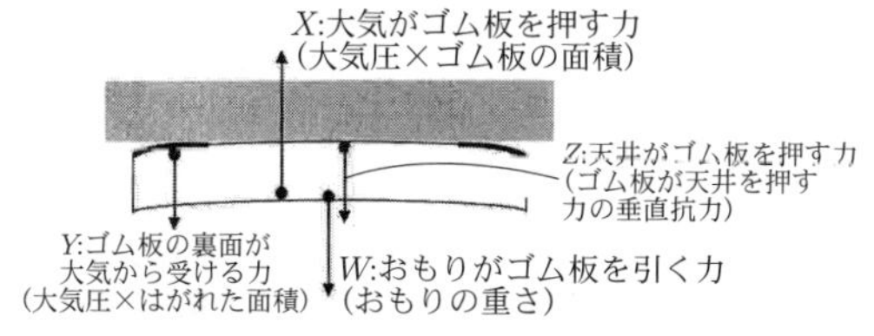

① 問題文のように，ゴム板の端から空気が入り，さらにおもりを増やすと，天井と接している裏の面がさらに小さくなることを前提として解答する。おもりを増やすと，天井からはがれる裏の面は大きくなるので，Yが大きくなる。② $X=W+Y+Z$においてXは表の面の面積に比例する力の大きさ。この場面では，大気圧を受ける表の面の面積は変わらないのでXは一定。おもりを増やすと，Wが大きくなる。また，前問よりYも大きくなるので，Zが小さくなる。

大気中の水の変化

1　1

【解き方】湿度＝$\frac{\text{空気1 m}^3\text{あたりの水蒸気量}}{\text{その気温での飽和水蒸気量}}\times 100$より，空気1 m^3あたりの水蒸気量とその気温での飽和水蒸気量の差が小さいほど湿度は高くなる。よって，与えられたグラフから，8時の湿度が最も高く，14時の湿度が最も低くなると考えられ，この条件に当てはまるのは1である。

2　(1) エ　(2) ウ
(3) イ　(4) 1.2

【解き方】(3) 空気1 m^3中に含まれる水蒸気量は$18.4\times\frac{48}{100}$≒8.8［g/m^3］　(4) 9時の空気1 m^3中に含むことができる水蒸気量は，神戸市は$5.2-5.2\times\frac{48}{100}$≒2.7［$g/m^3$］，豊岡市は$5.2-5.2\times\frac{72}{100}$≒1.5［$g/m^3$］で，その差は2.7－1.5＝1.2［$g/m^3$］

3　問1．(1)（例）熱を伝えやすいから。(2) 17.0
問2．(湿度) 66％，(水蒸気量) 12.8 g

【解き方】問1．(1) 金属は熱を伝えやすいので，水と金属のコップの表面付近の空気は同じ温度と考えることができる。(2) コップの表面がくもり始めたときの平均の水温が露点となる。問2．図2で，乾球と湿球との目盛りの読みの差は22－18＝4［℃］　気温は乾球の示度になるので，観測を行ったときの理科室の室温は22℃である。表1の湿度表から，このときの湿度は66％である。また，表2より，気温22℃のときの飽和水蒸気量は19.4 g/m^3なので，理科室の空気1 m^3中の水蒸気量は$19.4\times\frac{66}{100}$≒12.8［g］

4　(1) 21℃
(2)（例）(コップPの表面の) 水滴が水蒸気になった。
(3) ウ　(4) ① イ　② イ

【解き方】(3) 実験室の空気1 m^3中の水蒸気の量は$24.4\times\frac{62}{100}$≒15.1［g/m^3］なので，この空気の露点は約18℃。(4) 実験室と廊下の湿度は等しいので，気温の高い廊下のほうが空気1 m^3中の水蒸気量が多く露点も高い。

5　(1) 状態変化　(2) あ.（例）低くなり　い.（例）下がる

6　① 0.79　② エ
③（例）下がる　④ ア

【解き方】① $\frac{11.9\text{［g］}}{15\text{［cm}^3\text{］}}$≒0.79［$g/cm^3$］

7 問1．(例) 水蒸気を水滴にしやすくするため。
問2．ア　問3．エ　問4．(1) エ　(2) ア

【解き方】問2・問3．まずフラスコ内のぬるま湯（の一部）が水蒸気となる。次に，ピストンを引くと空気が膨張して温度が下がるので，線香のけむりを凝結核として水蒸気が液体（水）に戻って白く見える。問4．(2) 地点Pでの気温が20℃であるから，表より空気1 m³中に含まれる水蒸気量は17.3×0.48≒8.3 [g]　この空気の露点は表から8℃であるので12℃下がればよい。100 mで1℃下がるので1200 m付近から雲ができる。

8 1．① 高く　② 大きく
2．AとBの比較：(例)（ビーカー内の）空気に，より多くの水蒸気が含まれること。
AとCの比較：(例)（ビーカー内の水蒸気を含んだ）空気が冷やされること。
3．① 晴れ　② 水蒸気　③ 凝結

【解き方】2．AとBの違いはビーカー内のぬるま湯の有無であり，空気中に含まれる水蒸気の量に影響する。AとCの違いは氷水の有無であり，冷やされる度合いに影響する。
3．朝霧が発生するときの夜間から明け方にかけての天気は晴れとなる。これは，曇りの場合，熱が宇宙空間に逃げずに地表の温度が下がりにくいため，晴れに比べて水蒸気が凝結しづらいからである。

9 (1) 露点　(2) ウ　(3) イ
(4) ① 40%　② 225

【解き方】(4) ① 湿度は空気1 m³中に含まれる水蒸気量を飽和水蒸気量で割って求める。$\frac{5.8}{14.5}\times 100=40$ [%]
② 最初にこの部屋の空気に含まれる水蒸気量は(5.8×50) g…(A)
加湿・暖房後は湿度が50%つまり23℃の飽和水蒸気量の半分の水蒸気を含むので，この部屋の水蒸気量は$\left(\frac{20.6}{2}\times 50\right)$ g…(B)　よって，(B)から(A)を引き，答えを求める。

前線と天気の変化

1 気団

2 (例) 強い雨が短時間に降る。

3 エ

4 右図

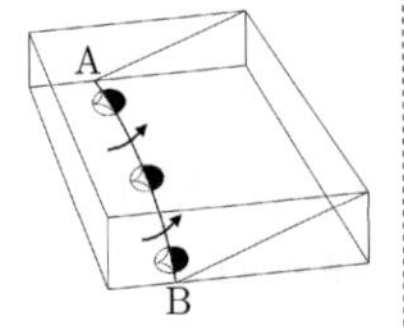

5 (1) ア　(2) ウ

6 (1) 偏西風
(2) 3

【解き方】(2) Bのとき，■の地点の気圧は等圧線から，992～996 hPaである。また，寒冷前線が通過しているので気温が急に下がり，風向が南寄りから北寄りに変化する。これらの条件にあてはまる時刻は21時である。

7 1．エ　2．① P　② 強い　③ 積乱雲
3．(記号) ウ，(理由) (例) 気温が急激に下がり，風向が南寄りから北寄りに変わったから。

【解き方】2．図2では，左側に温暖前線，右側に寒冷前線がある。Qの方向から見ると，逆に左側に寒冷前線，右側に温暖前線が見られる。

8 (1) 右図
(2) ① ウ
② (例) 下降気流が生じるから。
(3) 16 g/m³

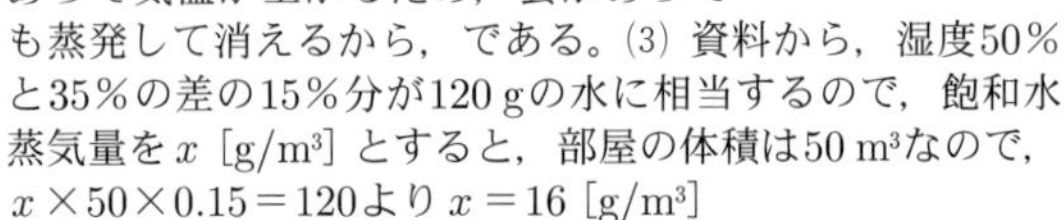

【解き方】(2) ② 正確には，下降気流があって気温が上がるため，雲があっても蒸発して消えるから，である。(3) 資料から，湿度50%と35%の差の15%分が120 gの水に相当するので，飽和水蒸気量をx [g/m³] とすると，部屋の体積は50 m³なので，$x\times 50\times 0.15=120$より$x=16$ [g/m³]

大気の動きと日本の天気

●大気の動き

1 ア
【解き方】地面が熱せられる赤道付近では上昇気流が，地面が冷やされる北極付近では下降気流が生じる。

2 (a) ① ア　② イ
(b) (例) 太平洋高気圧が発達するため。

【解き方】(a) 晴れた日の夜は陸上の気温が海上の気温よりも低くなり，陸上の気圧が高くなり，陸上から気圧の低い海上に向かって風が吹く。(b) 夏は南の海上にある太平洋高気圧から大陸に向かって暖かく湿った風が吹く。

3 問1．ア
問2．(記号) イ，(しくみ) (例) 陸上の気温が海上の気温より高くなり，陸上で上昇気流が生じ，海から陸に向かって風が吹く。
問3．(記号) ア　T．(例) 偏西風に押されながら（追い風を受けながら，偏西風にのってなども可。）

【解き方】問2．陸は海よりも温まりやすく冷めやすい。そのため，晴れた日の昼は暖かい陸上で上昇気流が生じ，海から陸に風が吹くが，晴れた日の夜は冷えた陸上で下降気流が生じ，陸から海に風が吹く。

問3．偏西風とは西から東に吹く風である。表2，表3より，偏西風の吹く高度と緯度の範囲内を飛行機が飛ぶことや，羽田と福岡の経度から，帰りの飛行機は西から東に向かって飛んでいることがわかる。よって，帰りの飛行機は偏西風に乗って速くなる。また，行きの飛行機は偏西風と逆向きに飛ぶので遅くなっている。

4　問1．ア　問2．停滞前線
問3．(1) 1.2 g　(2)（符号）ウ，（理由）（例）風向が北寄りに変わり，気温が低下したから。
問4．（符号）ア，（理由）（例）夜は北寄りの陸風が吹き，昼は南寄りの海風が吹いているから。
【解き方】 問3．(1) 空気1 m^3中に含まれる水蒸気の質量は，9時は$18.3\times\frac{50}{100}=9.15$ [g/m^3]，15時は$17.3\times\frac{60}{100}=10.38$ [g/m^3] なので，その差は$10.38-9.15=1.23\fallingdotseq1.2$ [g]
問4．昼は気温の低い海から陸に向かって南寄りの海風が吹き，夜は気温の低い陸から海に向かって北寄りの陸風が吹く。

5　問1．温暖前線　問2．エ
問3．順に，ウ，ア，イ，エ
問4．① 低　② 高
問5．偏西風
【解き方】 問3．地点Eが温暖前線の進行方向にあるとき，乱層雲に覆われ長い時間雨が降る。温暖前線通過後，地点Eは暖気に入り，南寄りの風が吹き気温が上がる。寒冷前線が近づくと地点Eには積乱雲による強いにわか雨が降る。寒冷前線通過後，地点Eは寒気に入り，北寄りの風が吹き気温が急に下がる。問4．気温が高い赤道付近は上昇気流が生じ，地表の気圧は低くなる。気温が低い極付近では下降気流が生じ，地表の気圧が高くなる。

●日本の天気

6　(1) イ　(2) ウ　(3) ア　(4) 順に，ウ，エ，ア，イ
【解き方】 (4) アは日本列島の南に東西に長くのびた停滞前線が見られるので梅雨の時期（6月）の天気図，イは南高北低の気圧配置になっているので夏（7月）の天気図，ウは高気圧，前線が図1に比べてやや西の位置にあるので，図1の前日（10月）の天気図，エは西高東低の気圧配置になっているので冬（12月）の天気図である。

7　問1．右図
問2．1
問3．① ア　② ウ
問4．（記号）Q，（内容）（例）勢力が強く
【解き方】 問2．低気圧の西側に寒冷前線，東側に温暖前線ができる。前線の記号は進む方向につける。
問3．気団Yはオホーツク海気団，気団Zは小笠原気団である。両方とも海洋上にできる気団で，水蒸気を多く含み湿っている。
問4．小笠原気団は夏に勢力が強くなり，シベリア気団は冬に勢力が強くなる。

8　(1) ア．1　イ．停滞前線（梅雨前線）
ウ．① 小笠原気団　② オホーツク海気団　③ 北
(2) ア．順に，Z, X, Y
イ．（例）水蒸気が供給される
【解き方】 (2) ア．図2で北海道付近に見られる発達した低気圧が，時間の経過とともにどのように変化していくかを考える。Yでは北海道よりさらに北東側に2つの低気圧が移動しているので，図2よりあとの天気図と判断できる。また，XとZを比較すると，Zで太平洋上にある低気圧が，Xでは東へ進んでおり，Zで朝鮮半島付近にあった気圧の谷で発生したと思われる2つの低気圧がXで見られる。それらが北東へ進んで図2の位置に進んだと考えられる。したがって，Z→X→図2→Yの順。

9　1．1012 hPa
2．（天気）雨，（風向）北西，（風力）1
3．エ
4．（記号）ウ，（理由）（例）10月1日1時ごろの気圧がいちばん低いから。
5．164.8 g
【解き方】 1．図1の日本列島の東側にある高気圧（1024 hPa）を基準に考えると，$1024-4\times3=1012$ [hPa]
5．表より，気温23.0℃における飽和水蒸気量は20.6 g/m^3であり，この中の$81.0-65.0=16.0$ [%] が除湿された水蒸気量である。よって，部屋の体積は50 m^3なので，$20.6\times0.16\times50=164.8$ [g]

10　問1．250 Pa
問2．A．（例）軽い　B．（例）小さい
問3．ア
問4．（位置）C，（名称）シベリア気団
問5．F．水蒸気　G．上昇
【解き方】 問1．スポンジの上の物体は$\frac{1000}{100}=10$ [N] の力を与えている。400 $\text{cm}^2=0.04$ m^2であるため，求める圧力は$\frac{10}{0.04}=250$ [Pa]
問2．標高が上がると，その地点より上の空気の量は少なくなる。問3．水と土のあたたまり方の特徴を押さえておく。水は土よりもあたたまりにくく，冷めにくい。つまり，海は陸よりあたたまりにくい。

11　(1) 右図
(2) イ

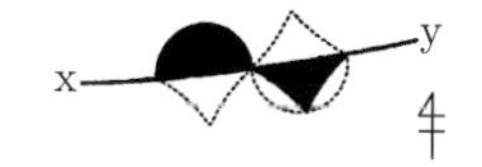

(3) オ
(4) エ
【解き方】 (2) Ⅰ．気温が同じ場合，湿度の高いほうが，含まれている水蒸気量が多く，露点は高くなる。
Ⅱ．図1と表1～3より，午前9時の湿度は75%で，水蒸気量は$20.6\times0.75=15.45$ [g/m^3] であるから，露点は，表3より18℃が最も近い。
(3) Ⅰ．梅雨前線はQのオホーツク海気団とSの小笠原気団が接するところにできる。
Ⅱ．地表付近の大気が日差しによってあたためられると軽くなり，上昇気流が生じる。
Ⅲ．強い上昇気流では，雲ができやすく，積乱雲が発達する。
(4) ア．移動性高気圧と低気圧は偏西風によって西から東へ移動する。イ．夏は等圧線の間隔が広いため，弱い季節風が吹く。ウ．台風は日本付近を北上する。

第16章 地球と宇宙

地球の運動と天体の動き

●太陽の動きと季節

1 ① ア　② イ

2 (i) 2
(ii) 3
【解き方】(i) 春分の日はどこでも太陽が真東から昇る。また，春分の日の南中高度は90°－緯度で求められるので，緯度の高い場所ほど南中高度は低くなる。(ii) 太陽が昇る方角は春分から夏至にかけて真東よりも北寄りに移動していく。また，春分から夏至にかけて太陽の南中高度は高くなっていく。

3 ア. 3
イ. 4時6分
【解き方】イ．30.2÷2.0＝15.1［時間］より，この日太陽が出ていたのは15時間6分。19時12分の15時間6分前は4時6分。

4 (1) (例)円の中心
(2) 南中高度
(3) エ
【解き方】(3) 太陽が真東より南から出て真西より南に沈んでいるので，選択肢の中では12月しか当てはまらない。

5 (1) B　(2) 日周運動
(3) (例) 油性ペンの先端の影が円の中心にくるようにして印をつける。
(4) イ　(5) ア　(6) イ
【解き方】(1) 太陽は東から昇って南の空を通り西へ沈むので，Aが南である。(5) 午前9時の点から午後3時の点までの長さが12 cmであることから，1時間に2 cmずつ透明半球上の太陽の位置が移動していることがわかる。このことから，点Pの時刻は午前9時から5.5÷2＝2.75［時間］後であるから，11時45分となる。

6 問1. ア
問2. 28.8日
【解き方】問1．地球の公転方向は北極側から見て反時計回りである。地軸の北極側がもっとも太陽のほうに傾いているbが夏，以下，公転方向の順に，cが秋，dが冬，aが春である。問2．黒点が1日で12.5°ずれるので，360°ずれて元の場所に戻るのは，360÷12.5＝28.8［日］

7 1
【解き方】夏至のころは日の出と日の入りの位置が北に寄ることで，昼間の時間が他の季節に比べて長くなる。これは地軸が傾いて公転しているためで，年間を通じて日光の当たる時間や太陽高度に変化が生ずることで，地面が受ける熱が変化して季節も変化する。

8 2
【解き方】夏至の日には，北半球では太陽が真東よりも北寄りから昇り，真西よりも北寄りに沈む。そのため影が東西の直線よりも南側にできる時間帯がある。

9 (1) ① ア　② 恒星
(2) (冬至)ア，(太陽の南中高度) 34.1度
(3) イ　(4) イ, エ
【解き方】(2) 冬至の日の太陽の南中高度は90－32.5－23.4＝34.1［度］ (3) 右図のように，竹串の延長線上に北極星があり，時刻盤を天球まで広げると，その円周が春分・秋分の日の太陽の日周運動の軌跡になる。時刻盤は天の赤道に平行になっているので，竹串の影は太陽の日周運動にしたがって1時間に15°ずつ移動していく。したがって，図4の状態から3時間経過した15時10分には，影は45°時計まわりに回ったイの位置に来る。

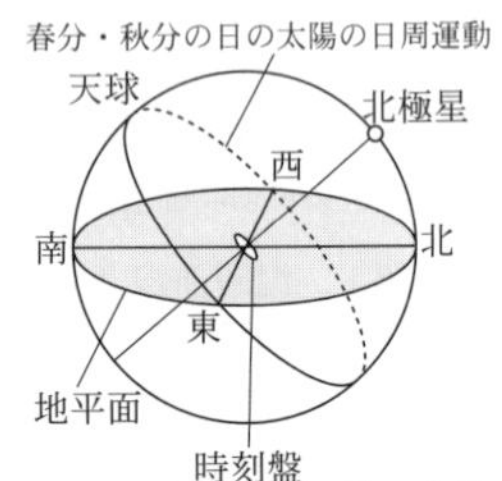

(4) ア．時刻盤は天の赤道に平行になっているので，太陽の方向と時刻盤のなす角度は1日中一定である。たとえば夏至の日であればその角度は23.4°で一定である。したがって，1日の中で影の長さは変わらない。イ．春分や秋分のころは太陽光が時刻盤とほぼ平行にくるので，影の長さは極端に長くなる。ウ．夏至の日と秋分の日では昼の長さが異なる。エ．秋分から春分までの半年間は太陽が時刻盤の南側を通るので，時刻盤に竹串の影はできない。ただし，時刻盤の裏側に影ができる。

10 (1) 日周運動
(2) ⓐ イ　ⓑ ア
(3) C　(4) エ　(5) 10.6度
【解き方】(2) ⓐ 地球が西から東に自転しているため，天体が1日に1回東から西へ回転して見える日周運動が起こる。ⓑ 地球は1日に約360°，1時間に360÷24＝15［度］自転している。(3) 3月21日の春分の日には，日の出の方位は真東，日の入りの方位は真西になる。(4) 太陽の光が当たっている地域と当たっていない地域の境界線の傾き方から，太陽は南半球側にあり，冬である。地球が西から東に自転するので，このあと図2の地図上では，太陽の光が当たっていない地域が東から西へと広がっていく。したがって，地点Xは夕方である。
(5) 右図のように，南中時に太陽光が太陽光発電パネルに垂直に当たるとき，パネルと床面の角度をαとすると，α＝90－(南中高度)となる。夏至の日の南中高度は，90－(34－23.4)＝79.4［度］なので，α＝90－79.4＝10.6［度］

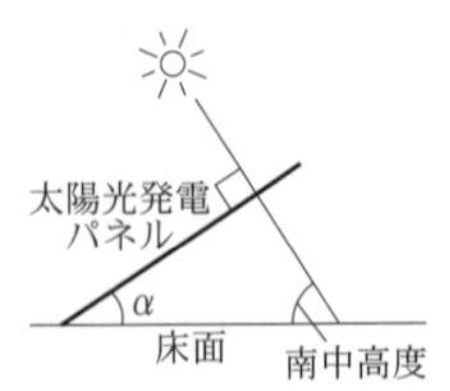

11 (1) (太陽の動き)c, (地球の位置)A
(2) エ　(3) ウ
(4) 11.6度
(5) ウ
【解き方】(1) 北半球では，夏至の日に南中高度が最も高く，地軸の北極側が太陽のほうを向く。(2) 日没直後に東の空に見えるのは太陽の反対側の星座である。(3) 同じ時刻に見える星の位置は1か月に約30度西に寄る。(4) 夏至の日の南中高度は$90-35+23.4=78.4$［度］であるから，傾きは$90-78.4=11.6$［度］ (5) 南半球では，太陽は東から出て北の空を通り西へ沈む。

12 (1) イ　(2) エ　(3) カ
(4) (冬至の日) エ，(夏至の日) イ
【解き方】(1) 南中したときのテープ上の太陽の位置は，点Pから$\frac{3.8+4.0\times8+3.0}{2}=19.4$ ［cm］ 離れたところで，午前8時の点からは$19.4-3.8=15.6$ ［cm］ 離れている。太陽は1時間に4.0 cm移動しているので，午前8時から$\frac{15.6}{4.0}=3.9$［時間］，つまり3時間54分経った午前11時54分に南中した。(3) 春分の日は地球上のどこでも日の出の方角は真東で，昼の長さは12時間になる。(4) 棒の影の先端は冬至の日はRよりも北側を動き，夏至の日は日の出，日の入りのころはRより南側にある。影の長さは，1日では南中時に最も短く，1年では夏至の日に最も短くなる。

●天球上の星の動き

13 ウ
【解き方】地球の公転によって，北の空の星は1か月に約30度ずつ反時計まわりに動いているように見え，3か月後の午後10時には90度回転したイの位置に見える。また地球の自転によって，北の空の星は1時間に約15度ずつ反時計まわりに動いているように見え，午後7時には午後10時よりも45度もどった位置に見える。したがって，3か月後の午後7時には，Aの位置から45度もどったウの位置に北斗七星が見えると考えられる。

14 ア
【解き方】北の空の恒星を同じ時刻に観測すると，その位置は北極星を中心に反時計回りに1か月に約30度回転する。

15 (1) 天球　(2) イ　(3) エ　(4) ア
【解き方】(4) 地球が図２のAの位置にあるときは，真夜中にさそり座が南中する。図１では23時にさそり座が真南より西に寄った位置にあり，真夜中には南中を過ぎているので，地球はA→Bの区間にある。

16 (1) ア. 天球　イ. 4
ウ. ① 地軸 (自転軸)　② 日周運動
(2) ア. 3　イ. ふたご座
【解き方】(2) ア. このような図では，北極側の地軸が太陽のほうに傾いている夏至を探すと，他の季節の関係がわかりやすくなる。イ. 9か月後の22時に南中するのは，かに座である。今回は，その2時間前の20時に南中する星座を答えるので，図から，ふたご座であるとわかる。

17 (1) (a) 恒星
(b) あい. エ　う. 年周運動
(c) イ
(2) (a) 黄道　(b) ウ
(c) (例) (さそり座は) 太陽と同じ方向にあるから。
(d) エ
【解き方】(1) (c) 南の空の星は1か月で約30°西へ動いているように見えるので，2か月前の午後8時にはアの位置に見える。また，南の空の星は1時間で約15°西へ動いているように見えるので，2時間後の午後10時にはイの位置に見える。
(2) (d) 5月1日午前0時にてんびん座が南中しているので，3月1日午前2時にはおとめ座が南中し，東の空にはいて座が，西の空にはふたご座が見える。以下，同様に見ていくと，12月1日午前2時にはふたご座が南中し，西の空にはうお座が見えるというエが正しい。

月と金星の見え方

●月の見え方

1 (1) イ
(2) ウ
【解き方】(2) 図Ⅱのような形の月を下弦の月という。下弦の月は，真夜中に東の空から昇り，明け方に南中し，正午ごろ西の空に沈む。

2 (1) 衛星　(2) D
(3) (例) 太陽，地球，月が一直線に並び，月が地球のかげに入る現象。
【解き方】(2) 太陽-月-地球の順に一直線に並んだときに日食が起こる。(3) 太陽-地球-月の順に一直線に並んだときに月食が起こる。

3 (1) B
(2) ア
(3) イ
(4) エ
(5) (例) 太陽，地球，月の順で，３つの天体が一直線に並んだとき。
【解き方】(3) 9月29日には月はCの位置にある。

4 ① ウ
② キ
③ 21時9分
【解き方】② 北極側から見ると，地球は自転・公転とも反時計回りに回転している。月の公転も反時計回りなので，地球から見ると，右図のように月は右から左に移動して地球の影に入るので，月の左側から欠け始める。地球の影から出るときは左側から輝き始める。③ 月の見える位置が12°移動するのに$\frac{12}{15}\times60=48$［分］かかる。月の南中時刻は20時21分の48分後の21時9分になる。

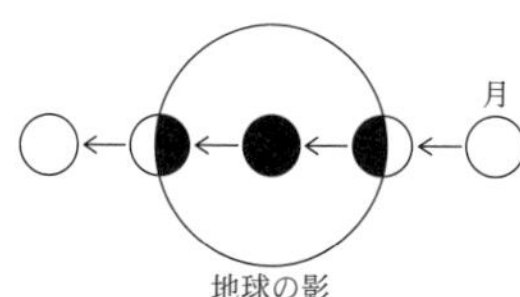

5 (1) 衛星
(2) A
(3) イ
(4) (a) ① イ　② ア　(b) 48分

【解き方】(2) 下の左図より，西に太陽が見える位置Aを選ぶ。

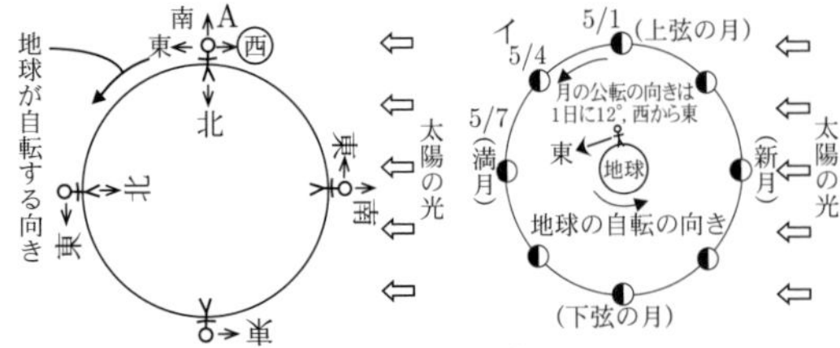

(3) (2)でAの位置は夕方。午後7時もほぼAの地点で観測する。それを念頭において上の右図で考える。5月1日の半月は南，5月7日の満月は東に見える。同じ時刻でイの月は地球から見て半月と満月の間で明るい面が多いので，5月4日の月。(4) (a) ① 5月1日の上弦の月は観測している午後7時に南中している。5月7日の満月は午後7時に東にあるので，南中する時刻はその後になる（遅れる）。② 上の右図から，月は地球を中心にして反時計まわりに公転。(b) 地球は1日に360°自転する。12°自転する時間を求めると，$24 \times 60 \times \frac{12}{360} = 48$ [分]

●金星の見え方

6 ① ウ
② エ
③ (例) 金星は地球の内側を公転しているため。

【解き方】① 図1より，4月には地球から見て金星は太陽より遅れて日周運動をするので，夕方に西の空に見える。② 図1より，7月～9月には金星は明け方に東の空に見えるので，太陽のある左側が輝いている。地球から離れていくので，しだいに小さくなり，欠け方も小さくなる。

7 1．エ
2．(例) (金星は) 地球よりも内側を公転するから。
3．イ

【解き方】1．図3のイの位置にある金星は日没後に西の空に見え，エは日の出前に東の空に見える。ア，ウの位置にある金星は太陽の方向に近く，金星を観察できない。3．金星の公転周期は地球の1年に対し約0.6年と短い。観察29日目のほうが大きく見えることから，1日目より地球に近い場所に金星があったことになる。金星が最も長く見えるのは半月型のときであり，細くなるにつれて太陽と近づいて見えるため，短い時間しか観察できない。

8 1．衛星　2．エ
3．d　4．イ

【解き方】2．月の出の時刻は日がたつにつれて遅くなり，日の出とほぼ同じになると新月になる。4．2か月後に金星は地球からさらに離れるので，大きさは小さくなり，欠け方も小さくなる。

9 1．惑星　2．エ　3．ウ
4．(例) 1年で，地球は約1周公転するのに対して，金星は約1.6周公転するため。
5．冬

【解き方】2．金星と地球の太陽光が当たっている向きと，自転・公転の方向を図示しながら考えるのがポイント。真夜中になるにしたがって自転が進むため金星は見えなくなっていく。3．この日，地球から金星を見たときに，左側の一部分は太陽光が当たっていない状態である。解答の際は，上下左右が反転している点に留意すること。4．公転周期がずれているということは，1年後の同じ日の地球と金星の位置関係は一致しない。

10 (1) a．恒星　b．衛星
(2) ① ア　② ア　③ A，B
(3) ① (例) 太陽の光を反射しているから。
② a．ア　b．エ
③ (例) 金星は太陽のまわりを公転しているため地球との距離は変化するが，月は地球のまわりを公転しているため地球との距離は一定であるから。

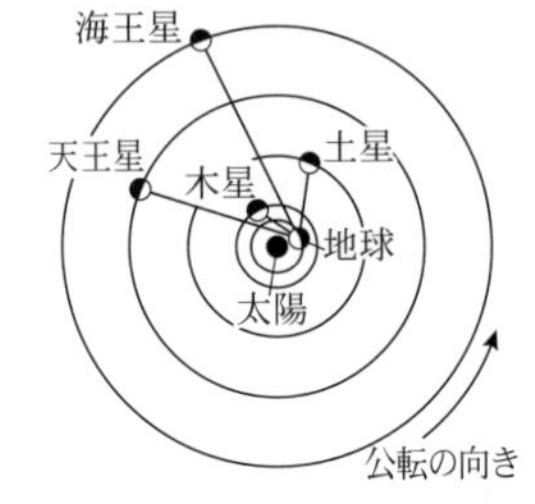

【解き方】(2) ① 金星が東の空に見られたことから，明け方である。② 公転軌道が内側にあるものから順に，木星，土星，天王星，海王星である。図Ⅰで，明け方に土星が南にあることから，右図のように土星・地球・太陽がつくる角度が90°よりやや大きいところに地球があり，地球から見て，図Ⅰのように南から東の空に土星，海王星，木星，天王星の順に並ぶのは，アである。イ，ウでは，明け方に天王星は空に出ていない。また，ウ，エでは，海王星は土星よりも西側になる。(3) ② 金星の公転周期は約226日，月の公転周期は約30日なので，太陽と地球の位置を図Ⅲと同じにしたまま10日後の位置関係を表すと右図のようになる。

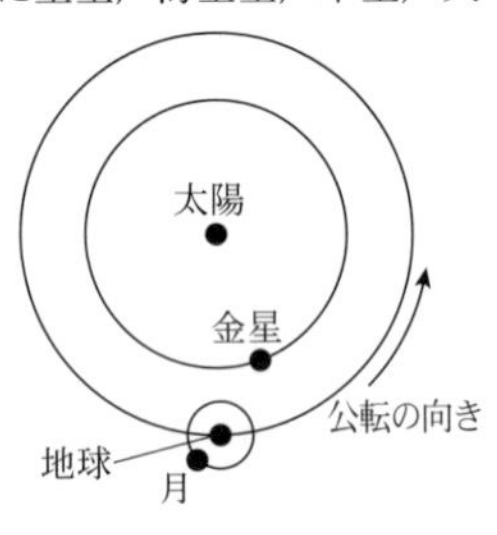

a．金星は地球に近いので大きく欠けて見え，アのように太陽のある左側が輝いて見える。b．月は新月から10日後で，エのように半月よりも大きく右側が輝いて見える。

11 問1．恒星
問2．(例) 地球の影に入る
問3．エ　問4．水星，金星
問5．液体の水（水も可）　問6．エ　問7．イ

【解き方】問2．月食は月が地球の影にかくれる満月のときに起きる。問4．地球よりも内側を公転する水星，金星は明け方か夕方に近い時間帯しか観察できない。問6．地球―金星―太陽の角度が90度ぐらいのとき，ウのような金星が見える。そこからさらに公転した金星は，光る部分がより多く見える。問7．図1から，金星は東，火星は南東に見える。地球上に地平線を書くと，右図のようになる。

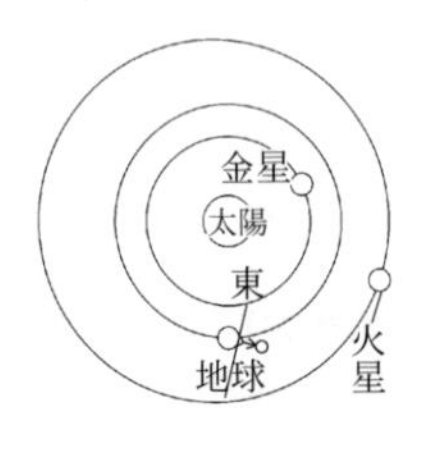

宇宙の広がり

1 1．(例)(黒点はまわりに比べて，)温度が低いから。
2．イ
3．a．自転　b．球形
4．2.2倍
【解き方】 4．黒点の直径を地球の直径のx倍とすると，$10:0.2=109:x$より$x=2.18 \fallingdotseq 2.2$［倍］

2 (1) イ
(2) ウ
【解き方】 (2) ア．水星と金星以外の惑星は衛星をもっている。イ．金星，火星はおもに二酸化炭素からなる大気をもち，木星，土星，天王星，海王星はおもに水素とヘリウムからなる大気をもつ。エ．海王星は木星型惑星である。

3 (1) 太陽系　(2) エ

4 問1．(水星)イ，(土星)エ
問2．木星型惑星
問3．① 岩石　② ヘリウム　③ A
【解き方】 問1．太陽からの距離が大きいほど，公転周期が長くなるので，アは木星，イは水星，ウは天王星，エは土星，オは金星、カは海王星，キは火星である。
問2．地球型惑星は直径が小さいが，平均密度が大きい。木星型惑星は直径が大きいが，平均密度が小さい。

5 (1) 銀河系
(2) (例) 地球からの距離が遠い
【解き方】 (1) 銀河のうち，太陽系を含むのは銀河系(天の川銀河)で，ベガやリゲルなどの恒星は銀河系内の天体である。

第17章　地学領域の思考力活用問題

1 (1) D　(2) 年周運動
(3) イ　(4) エ
(5) ① 寒冷前線　② エ
(6) b　(7) 14 J
【解き方】 (1) 北半球では，夏は地軸の北極側が太陽の方向に傾いていて（A），冬は地軸の北極側が太陽と反対方向に傾いている（C）。(3) 北緯34.5°における冬至の日の太陽の南中高度は$90-34.5-23.4=32.1$［°］　(4) 夏至の日の南中高度＝90－その地点の緯度＋23.4なので，地軸の傾きが1°小さくなると，南中高度は小さくなり，昼の長さは短くなる。冬至の日の南中高度＝90－その地点の緯度－23.4なので，地軸の傾きが1°小さくなると，南中高度は大きくなり，昼の長さは長くなる。(6) 春分の日の太陽の南中高度は$90-34.5=55.5$［°］
太陽光に垂直に設置された板の傾きは$90-55.5=34.5$［°］
(7) aの黒い面全体が120秒間に受け取ったエネルギーは$11\times150=1650$［J］　1秒間あたりに太陽光から受け取ったエネルギーは$\frac{1650}{120}=13.75 \fallingdotseq 14$［J］

2 (1) ア
(2) ① ア　② エ　③ 砂
(3) エ
(4) ① 西高東低
② (例) 日本海から水蒸気を供給される
③ 4倍　④ ⓐ ア　ⓑ エ
(5) ウ
【解き方】 (1) 石灰岩(イ)とチャート(エ)は堆積岩で，花こう岩(ウ)は深成岩である。(4) ② 日本海には南からのあたたかい海流が流れているので，シベリア気団から吹き出した季節風は多量の水蒸気を含む。③ $\frac{6.0\times0.80}{1.5\times0.80}=4$［倍］
④ ⓐ 空気が上昇すると，気圧が下がった空気が膨張して，温度が下がり，露点に達して雲が発生しやすい。ⓑ 降った雨の分だけ水蒸気の量が減少する。

第18章 全領域の思考力活用問題

1 問1.(1) 液体　(2) ① 精細胞　② 卵細胞
問2. イ
問3. 1000 Pa
問4. (1) クレーター　(2) (符号)ア, (理由)(例) 冬至で満月が観測できるときは，地球の地軸の北極側が月の方向に傾いており，夏至で満月が観測できるときは，地球の地軸の北極側が月と反対の方向に傾いているから。

【解き方】 問2. 太陽は東からのぼり，南の空を通って西に沈むので，棒の影は北側にでき，南中時に最も短くなる。アとイのうち，アは夏，イは冬のものである。問3. 山田さんにはたらく重力は500 N，スノーボードが雪に触れる面積は5000 cm^2＝0.5 m^2なので，スノーボードが雪の面を押す圧力は$\frac{500}{0.5}$＝1000 [Pa]
問4.(2) 次の図のように地球の地軸の北極側は，冬至では月のほうに，夏至では月と反対側にある太陽のほうに向いている。北半球の観測地点Pでは冬至のほうが月の南中高度が高い。

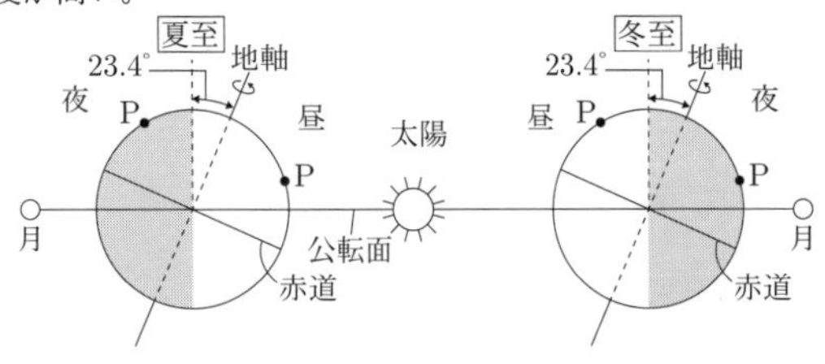

2 問1. 位置エネルギー　問2. アルミニウム
問3. (1) 感覚器官　(2) ① 鼓膜　② うずまき管
問4. 1.5 m/s　問5. (符号)ア，(理由)(例) 物体は点A，点Bどちらの位置で離しても点Cの位置を通過するとき，等速直線運動をしていると考えられることから，物体にはたらく摩擦力の大きさは，物体にはたらく斜面に平行な重力の分力と等しく，また，点Cの位置で離すと静止することから，物体にはたらく摩擦力の大きさは，物体にはたらく斜面に平行な重力の分力と等しいから。

【解き方】 問2. 質量21.6 gの物体Xの体積は2×2×2＝8 [cm^3] なので，右図のように，物体Xの体積と質量を表す点と原点を結ぶ直線を引いたときに，この直線上にあるものの密度は等しい。

問4. $\frac{15}{0.1}$＝150 [cm/s] ＝1.5 [m/s]

3 〔問1〕イ
〔問2〕① イ　② ア
〔問3〕エ
〔問4〕ウ

【解き方】〔問1〕$\frac{6-2}{122.2-40.4}$＝0.048…より，平均の速さは0.05 m/s 〔問2〕3％の食塩水100 gに含まれる食塩の量は100×$\frac{3}{100}$＝3 [g] で，凍った部分の表面を取り除き残った部分100 gに含まれる食塩の量は100×$\frac{0.84}{100}$＝0.84 [g] であるから，$\frac{0.84}{3}$×100＝28 [%] 〔問3〕胚に含まれる細胞1つ1つが染色体を24本持っている。
〔問4〕日本が夏至となるとき，地軸の北極側が太陽のほうへ傾いている。

4 (1) イ
(2) (例) 視野が広く，観察したいものを見つけやすいから。
(3) (ビーカーA) ア，(ビーカーB) イ，(ビーカーC) ウ
(4) (顕性形質) 丸形，(記号) ア
(5) (例) 地球からの距離が変わるから。
(6) ア　(7) ア

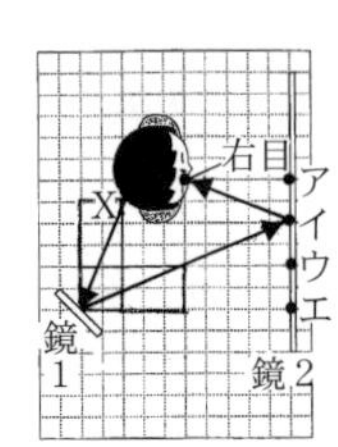

【解き方】 (1) 鏡1で反射した光は右の図のように進み，鏡2のイで反射して目に入る。反射する光を作図するときは，右の図のように，長方形の対角線を利用するとよい。(3) BTB溶液で緑色になったビーカーAには中性の食塩水が入っていた。水酸化バリウム水溶液と反応して硫酸バリウムの沈殿を生じたビーカーCには硫酸が入っていた。(4) 丸形の種子でもしわ形にする遺伝子を持っていることがあることから，丸形が顕性形質である。潜性のしわ形どうしを掛け合わせると，できた種子はすべてしわ形になる。(6) 1か月後の午後8時に，オリオン座は真南から30度西へ移動した位置に見える。日周運動では1時間に15度西へ移動するので，1か月後真南に見えるのは2時間前の午後6時である。(7) 凝灰岩の層の中央の標高は，A地点では280－60＝220 [m]，B地点では260－40＝220 [m]，C地点では240－10＝230 [m] である。地層はAB方向には傾いていないが，BC方向ではC地点からB地点に向かう方向に低くなるように傾いている。標高260 mのD地点では凝灰岩の層は，C地点と同じ標高230 mで，地表からは30 mの深さにある。

5 (1) 双子葉類
(2) ア. 3　イ. 200 Pa
(3) ア. あ. 3　い. 1　イ. (例) 体積が大きくなった

【解き方】 (2) イ. 10 cm＝0.1 m，1 [N] ×$\frac{200\ [g]}{100\ [g]}$＝2 [N] より，2 [N] ÷(0.1×0.1) [m^2] ＝200 [Pa]
(3) ア. 表1より浮力は，粘土Aが1.6－0.6＝1.0 [N]，粘土Bが2.0－1.0＝1.0 [N]　粘土A，Bの体積は100 cm^3だから，水中の物体の体積が等しいとき浮力の大きさも等しい。表2より浮力は，粘土Aが1.6－0.6＝1.0 [N]，粘土Bが1.6－0.8＝0.8 [N]　粘土Aの体積100 cm^3，粘土Bの体積80 cm^3より，水中の物体の体積が大きいほど浮力は大きい。

6 (1) ① イ，ウ　② キ
(2) ① エ　② ウ

【解き方】 (2) 光合成が進むと試験管中の二酸化炭素の量は減少する。試験管に残った二酸化炭素の量が少ないほど，石灰水の中和が進まず，水酸化カルシウムは多く残る。石灰水のろ液中の水酸化カルシウムの量が多いほど，中性に

するのに必要な塩酸の量は多い。よって，光合成が活発なほど，この実験に要する塩酸の量は多くなる。

7 問1．ア
問2．イ
問3．エ
問4．ウ

【解き方】問1．観測地点Aでは，月と太陽は一直線上にあるので，太陽が南中する12時に月も南中する。ただし，問題の状況は非常に特殊であり，毎回12時に日食が起こるわけではない。新月の約1週間後には上弦の月が見られる。また，図1では月の本影が地球まで届いているように見えるが，金環日食の場合は届かないのが正しい。
問2．水溶液Aでは蒸留して出ていった分，水が減少するので，濃度が高くなる。問4．上皿てんびんは物体の質量を測るので，月面でも地球上でも300 gの分銅とつり合う。はかりは物体にはたらく重力の大きさを測るので，場所によって変化する。よって，はかりの目盛りの値は地球上の約$\frac{1}{6}$の約50 gになる。

Obunsha